I0050714

LES MERVEILLES

DE LA SCIENCE

SUPPLÉMENT

*

CORBEIL. — IMPRIMERIE CRÉTÉ

LES MERVEILLES
DE LA SCIENCE

OU

DESCRIPTION POPULAIRE DES INVENTIONS MODERNES

PAR

LOUIS FIGUIER

SUPPLÉMENT

A LA PHOTOGRAPHIE — AUX POUDRES DE GUERRE
A L'ARTILLERIE MODERNE — AUX ARMES A FEU PORTATIVES — AUX BATIMENTS CUIRASSÉS
A L'ART DE L'ÉCLAIRAGE — A L'ART DU CHAUFFAGE — AU MOTEUR A GAZ
AUX PHARES — LE PHONOGRAPHE

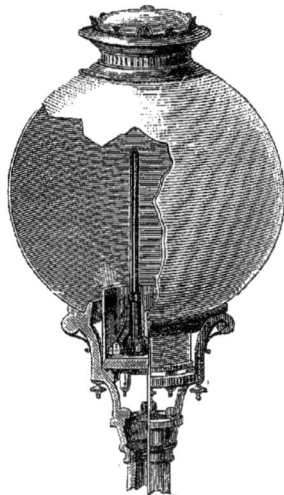

PARIS

LIBRAIRIE FURNE
JOUVET ET Cⁱᵉ, ÉDITEURS

5, RUE PALATINE, 5

Droits de traduction réservés.

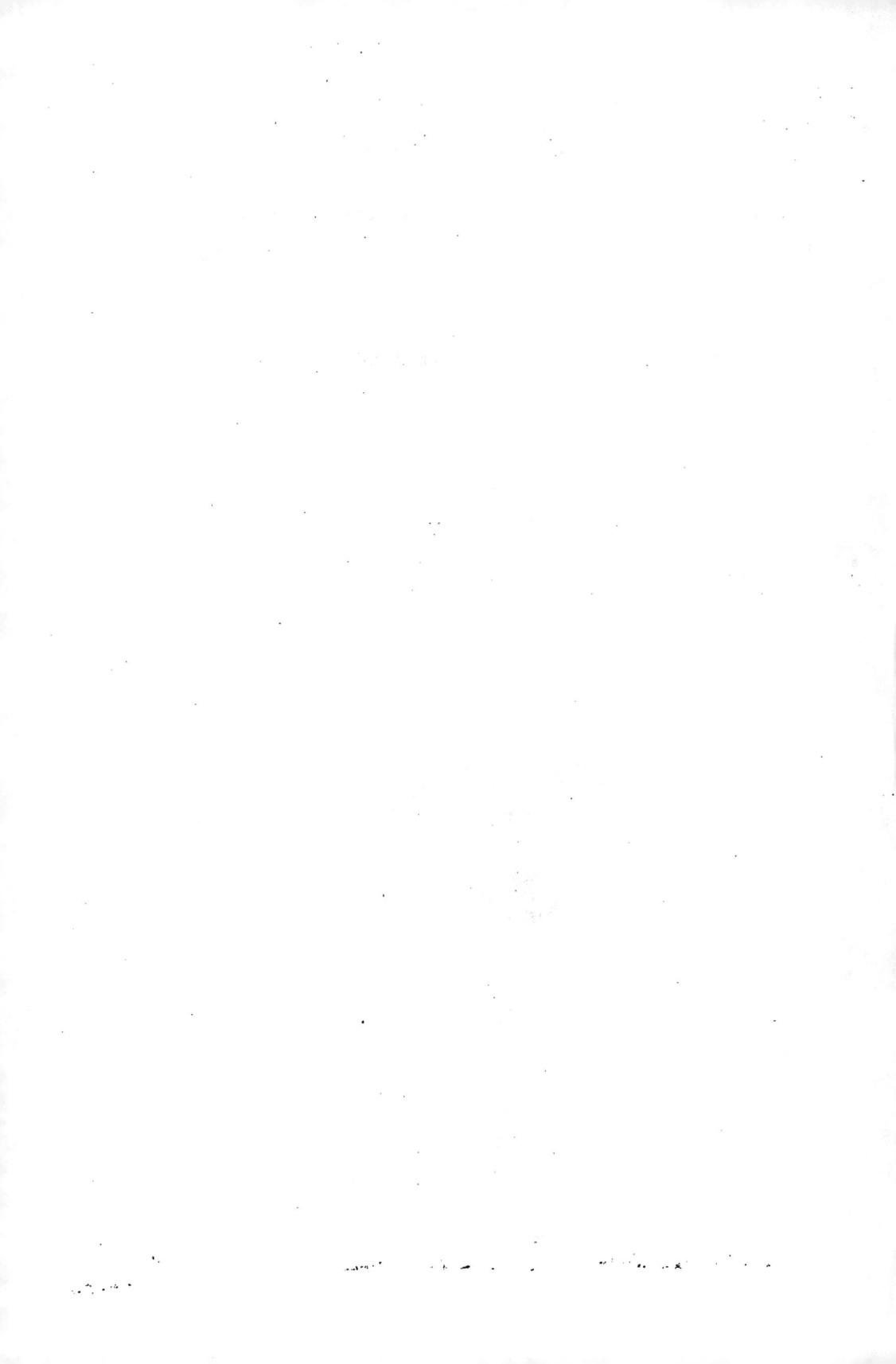

SUPPLÉMENT

A LA

PHOTOGRAPHIE

Depuis la publication de notre Notice sur la *Photographie*, dans les *Merveilles de la science* (1), une véritable révolution s'est opérée dans la pratique de cet art. Un procédé nouveau, le procédé au *gélatino-bromure d'argent*, est venu détrôner la plupart des anciens modes opératoires. Les plaques au gélatino-bromure d'argent, que l'on trouve toutes préparées dans le commerce, et qui s'influencent à sec, ont remplacé les plaques que le photographe devait péniblement préparer avec le collodion humide ou l'albumine. Et ce procédé réunit tant de conditions surprenantes — une promptitude de pose inouïe et une simplicité d'exécution extraordinaire, — qu'aujourd'hui, on ne voit guère chez les photographes de profession, comme entre les mains des amateurs, que la plaque sèche gélatino-bromurée, ou le papier négatif au gélatino-bromure. Cet engouement, disons-le, va même trop loin ; car l'ancien procédé des négatifs au collodion humide est bien préférable au gélatino-bromure, quand on veut obtenir des

œuvres irréprochables, sous le rapport de la finesse et de la précision.

Quoi qu'il en soit, le procédé au gélatino-bromure, où le temps de pose est réduit à quelques secondes, et le développement de l'image à quelques minutes, a eu pour résultat de donner à la photographie un élan sans pareil. Aujourd'hui, tout le monde peut devenir photographe. Non seulement le voyageur, mais toute personne, peut se donner la distraction charmante de cet art ; et les dames elles-mêmes s'y adonnent, sans crainte de tacher leurs doigts, ou d'afficher des prétentions savantes. Tandis qu'il fallait autrefois des semaines pour copier une vue, un monument, pour achever un portrait et en tirer des épreuves positives, aujourd'hui ces opérations se font, pour ainsi dire, à la vapeur, en d'autres termes, d'une manière instantanée, pour la pose, et extrêmement rapide pour le développement et le fixage. Plus de ces interminables préparatifs, qui décourageaient d'avance les plus patients praticiens ; plus de perte de temps, dans le travail de l'atelier. Tout est rapide, au plus haut degré, et c'est ce qui a déterminé la

(1) Tome III, pages 1-188.
S. T. II.

vulgarisation de la photographie, devenue un instrument usuel pour l'artiste, et un délassement sans pareil pour l'oisif et l'amateur.

Cette méthode remplace aujourd'hui le dessin, dans une foule de cas. Les ingénieurs, les architectes, s'en servent pour le lever des plans topographiques, pour les projets de construction, les modèles de charpente et d'échafaudage, etc. Quand on construit une pile de pont, un navire, un appareil mécanique, une maison ou un édifice, il est plus commode de prendre, chaque semaine, la photographie de la situation actuelle du travail, que de dresser d'interminables états. Aucune infidélité n'est à craindre avec le dessin pris par l'instrument optique et chimique.

Dans les travaux de l'art militaire, les officiers du génie prennent, par la photographie, les levers de plans des fortifications et des constructions diverses, des ponts, des batteries, des pièces d'artillerie, etc. Ils peuvent en avoir plusieurs exemplaires, et les distribuer dans les ateliers, quand cela est nécessaire, le tout presque sans frais.

Aucun dessin de paysage ne se fait plus à la chambre claire, qui nécessitait tant d'adresse et d'application. La plus mauvaise photographie est préférable au plus habile croquis relevé à la chambre claire, instrument dont l'usage est même ignoré de la nouvelle génération d'artistes. On est trop heureux de pouvoir, par une opération de quelques minutes, conserver le souvenir des sites, des motifs de paysage ou de végétation, etc., pour s'inquiéter d'une autre méthode.

Les industries de l'ameublement, c'est-à-dire les ébénistes, les tapissiers, qui faisaient exécuter autrefois des gravures très coûteuses, pour faire connaître à leurs clients les modèles de meubles, tapis, décorations, étoffes, etc., réalisent une économie consi-

dérable en faisant photographier leurs ouvrages. Il n'est pas jusqu'aux modistes et couturières qui n'aient recours à ce moyen, pour faire connaître leurs costumes.

Enfin, le touriste et le voyageur résistent bien difficilement aujourd'hui au désir de fixer, par une opération commode et rapide, le souvenir de ce qu'ils ont vu.

La photographie est donc entrée maintenant dans le domaine public ; elle est devenue comme une nécessité du temps. La profession de photographe a ainsi perdu de son privilège : elle peut être exercée par tout le monde, sauf, hâtons-nous de le dire, l'habileté spéciale que quelques opérateurs doivent à la pratique assidue de leur art, et au sentiment artistique qui leur appartient, et justifie leurs succès.

Dans le *Supplément* que l'on va lire, et qui a pour but de faire connaître les progrès de tout genre réalisés par l'invention de Daguerre et de Niepce, depuis 1870, environ, jusqu'au moment présent, nous nous attacherons à décrire, avec exactitude, tous les procédés aujourd'hui en usage dans les ateliers, pour l'exécution de l'art multiple qui nous occupe.

Nous commencerons par la description du procédé au gélatino-bromure d'argent, qui a été la cause déterminante de la diffusion générale de la photographie dans les masses. Et comme ce procédé a conduit à créer un matériel particulier, tant pour l'obtention de l'épreuve négative, que pour le tirage des positifs, nous aurons à décrire les procédés nouveaux de tirage des épreuves positives, c'est-à-dire le tirage au charbon, au sel de fer et au sel de platine.

Les applications de la photographie, déjà si nombreuses, se sont singulièrement accrues, dans ces dernières années. L'exposé de ces nouvelles applications nous permettra d'initier nos lecteurs à bien des faits originaux, et encore peu connus de la généralité du public.

Voici, d'après les considérations qui précèdent, quelle sera la distribution des matières de ce *Supplément :*

1° Description du procédé au gélatino-bromure d'argent, en ce qui concerne la préparation de l'épreuve négative obtenue sur glace (pose, développement et fixage);

2° Description du procédé au gélatino-bromure d'argent, en ce qui concerne la préparation de l'épreuve négative obtenue sur du papier recouvert de gélatino-bromure, et donnant, au lieu de glace, une pellicule souple de gélatine (pose, développement et fixage);

3° Description des procédés pour le tirage des épreuves positives, qui n'ont pas été exposés dans notre Notice des *Merveilles de la science*, c'est-à-dire tirage des épreuves positives au charbon, au sel de platine et au sel de fer.

Passant aux *applications nouvelles de la photographie*, nous étudierons successivement :

1° Les applications de la photographie aux sciences naturelles. Ici se placent la *photographie instantanée* et ses étonnants résultats, la manière de procéder pour obtenir l'image des corps en mouvement, ainsi que les appareils à employer dans ce but;

2° Les applications de la photographie aux sciences physiques et naturelles (microphotographies, enregistreurs photographiques, etc.);

3° L'application de la photographie à l'astronomie, c'est-à-dire la manière d'obtenir l'image photographique des corps célestes (étoiles, planètes, comètes, satellites et soleil), branche nouvelle de la science et de l'art, qui a fini par amener le commencement d'exécution, par une commission internationale, d'une *Carte du ciel par la photographie ;*

4° Les applications récentes de la photographie à l'art de la gravure, c'est-à-dire les moyens de remplacer la main de l'artiste, ou le burin du graveur, par la chambre noire ou l'objectif, art multiple et nouveau, qui comprend le *gillotage*, la *photogravure directe*, la *photolithographie*, la *photoglyptie*, et la *gravure photographique en creux ;*

5° Certaines applications nouvelles de la photographie, telles que la *photographie en ballon* et la *photographie instantanée en voyage.*

CHAPITRE PREMIER

LE PROCÉDÉ AU GÉLATINO-BROMURE D'ARGENT POUR L'OBTENTION DES NÉGATIFS. — LES PLAQUES DE VERRE GÉLATINO-BROMURÉES. — L'EXPOSITION DANS LA CHAMBRE NOIRE. — LES OBTURATEURS INSTANTANÉS.

La rapidité d'impression photogénique du mélange de gélatine et de bromure d'argent a été connue pendant bien des années, sans que l'on eût réussi à en tirer un parti sérieux. Dès l'année 1850, Poitevin, qui obtenait de si beaux résultats de la gélatine employée en photographie, sous toutes sortes de formes, signalait la grande rapidité que procurait le mélange du bromure d'argent et de gélatine pour la production des épreuves sur verre. Mais, à cette époque, le collodion, sec ou humide, était exclusivement en faveur, et le gélatino-bromure d'argent ne parut pas devoir l'emporter sur le collodion. On continua donc d'opérer avec cette substance, mélangée de bromure d'argent.

A partir de l'année 1871, jusqu'en 1878, les opérateurs reconnurent les avantages du bromure d'argent émulsionné dans de la gélatine, et de nombreuses formules furent publiées par Maddox en 1871, — par King, en 1873, — par Burgen, pendant la même année, — par Bennett, en 1874; — par

Wratten et Wainwright, en 1877, — sans toutefois que ces recettes donnassent le moyen d'opérer plus vite qu'avec le collodion mélangé au bromure d'argent.

Une observation fondamentale, faite en 1878, par le photographe anglais, Bennett, vint perfectionner singulièrement le nouveau procédé, et lui donner une extension universelle.

Bennett reconnut que si, après avoir préparé l'émulsion du bromure d'argent dans la gélatine, on fait bouillir ce mélange, — bien entendu, à l'abri de la lumière — pendant une demi-heure, et que l'on coule ensuite l'émulsion sur les glaces, on communique à ce mélange une propriété photogénique d'une prodigieuse sensibilité, à ce point que quelques secondes suffisent pour obtenir l'image, et qu'il ne faut pas même dépasser ce temps de pose, si l'on veut obtenir une bonne épreuve.

Les glaces préparées au gélatino-bromure d'argent conservent pendant des années entières leur propriété photogénique. C'est ce qui permet d'en faire une provision, et de les tenir en réserve, jusqu'au moment de s'en servir, sans crainte de les trouver altérées.

Cette stabilité de la surface sensible a permis à l'industrie de s'emparer de la fabrication des glaces au gélatino-bromure. Aujourd'hui, aucun photographe ne prépare lui-même ses glaces gélatino-bromurées. Il les trouve toutes prêtes dans le commerce, et l'on compte en France (à Paris, Lyon, etc.) de nombreuses fabriques de ces plaques, qui livrent leurs produits dans de petites boîtes convenablement conditionnées, et avec la marque de leur maison.

Il ne serait pas très intéressant pour le lecteur de donner la description de la manière dont les fabricants de glaces gélatino-bromurées s'y prennent pour préparer l'émulsion de bromure d'argent dans la gélatine, pour étaler cette émulsion sur la glace, la sécher et l'empaqueter dans les boîtes. Contentons-nous de dire que, dans ces fabriques, l'étendage de l'émulsion sur les glaces se fait mécaniquement. Les glaces sont posées sur des rubans mobiles, comme ceux des machines servant au tirage des journaux. Ces rubans se déroulent devant un réservoir, d'où s'écoule l'émulsion, et les glaces entraînées sur ces rubans reçoivent, l'une après l'autre, la couche de gélatino-bromure d'argent. Une fois recouvertes de la couche sensible, on les sèche à l'abri de la lumière, dans un courant d'air, et enfin, on les empaquète dans une boîte à rainures telle que la représente la figure ci-dessous.

Fig. 1. — Boîte à glaces à rainures.

Le photographe qui veut faire une provision de ces glaces commence par les retirer de la boîte à rainures des fabricants ; puis il les place l'une contre l'autre, face à face, en les séparant par une bande de papier épais, posée aux quatre coins, de manière qu'elles ne se touchent pas l'une l'autre. Il en fait alors des paquets d'une demi-douzaine, qu'il enveloppe de papier épais. Deux de ces paquets, formant une douzaine de glaces, sont enfermés dans une boîte de bois revêtue de carton, que l'on entoure elle-même d'une enveloppe de papier noir.

Ainsi préparées et enveloppées, les glaces se conservent pendant un temps illimité, si on les place dans une armoire, à l'abri de l'humidité.

Notons, en passant, que l'on peut, avec les glaces gélatino-bromurées, rendre avec une entière fidélité les tons de la nature. Tout le monde sait qu'en photographie le vert, le rouge et le jaune impressionnent faussement les surfaces sensibles : ces couleurs viennent en noir dans les épreuves positives. Au contraire, le bleu et le violet se traduisent en blanc. De là, sur les tableaux reproduits par la photographie, une traduction peu fidèle des couleurs du modèle, et d'autant moins fidèle que les couleurs sont plus vives. Une robe jaune, par exemple, donne un ton bien plus vif sur l'épreuve photographique ; au contraire, une robe bleue, ou violette, paraît bien plus lumineuse sur l'épreuve que dans la nature. Dans l'uniforme du soldat français, le rouge paraît beaucoup moins vif que le bleu, ce qui est l'opposé des tons naturels.

Or, on a reconnu que certaines matières colorantes ajoutées au gélatino-bromure d'argent rendent exactement les couleurs jaune, rouge et verte. Telles sont l'*orsine*, l'*éosine*, la *résorcine*, la *cyanine*, l'*érythésine*, l'*azuline*. On peut donc, en faisant usage de ces substances, être assuré de reproduire très exactement tous les tons d'un tableau. Il faut savoir seulement que les glaces ainsi préparées, sauf celles à l'azuline, ne se conservent que quelques jours.

Nous devons ajouter que, traitées de cette manière, les glaces exigent un temps de pose plus long que d'ordinaire.

On appelle *isochromatiques* les glaces qui ont reçu la préparation spéciale que nous venons de décrire.

Pour reproduire des tableaux, il est indispensable de faire usage de glaces *isochromatiques*, et si l'on n'en a pas sous la main, il faut savoir les préparer. La formule suivante a été donnée par MM. Mallmann et Scolick.

On laisse tremper la glace dans une solution aqueuse d'ammoniaque à 1 p. 100, pendant deux minutes, puis on la plonge pendant une minute environ dans :

Eau........................	175 c. c.
Ammoniaque.................	4 c. c.
Solution d'érythrosine, à 1 p. 100.	25 c. c.

Égoutter, laisser sécher et exposer. La meilleure lumière pour la reproduction des tableaux est celle du pétrole.

Après cette digression sur l'avantage particulier que donnent les glaces gélatino-bromurées, de reproduire avec fidélité les tons de la nature, quand on leur ajoute les agents ci-dessus nommés (*éosine*, *résorcine*, etc.,) nous arrivons à l'objet de ce chapitre, qui est la description de la série d'opérations à exécuter pour obtenir une épreuve négative sur la glace recouverte de gélatino-bromure d'argent.

Il faut commencer par placer la glace dans le *châssis négatif*.

On appelle *châssis négatif* la planchette qui doit être substituée à la glace dépolie de la chambre noire, pour remplacer la surface sensible, c'est-à-dire la glace gélatino-bromurée, sur laquelle doit se faire l'impression lumineuse. Pour cela, le côté intérieur

Fig. 2. — Châssis négatif, à volet.

du châssis, celui qui est destiné à s'ouvrir, pour exposer la glace à la lumière, est fermé, soit par un volet, qu'on rabat pendant la pose, soit par un rideau qui, en se déroulant, va se loger derrière le châssis. On voit dans la figure ci-dessus le *châssis à volet*, c'est-à-dire le modèle principal de châssis en usage dans les ateliers.

Le châssis doit s'adapter assez exactement au devant de la chambre, pour ne laisser pénétrer aucune lumière à l'intérieur de cet espace. On vérifie si cette condition est remplie, et si aucun rayon de lumière diffuse ne pénètre à l'intérieur, en fermant l'objectif, s'enveloppant la tête du voile noir, et regardant si l'intérieur de la chambre est complètement obscur. On découvre facilement, de cette manière, s'il existe un orifice qui laisse passer le jour. On ne doit placer le châssis dans sa coulisse, pour remplacer la glace dépolie de la chambre obscure, que quand on s'est bien assuré de l'absence de tout filet lumineux.

Quant à la chambre obscure elle-même, nous l'avons décrite, avec les détails suffisants, dans notre Notice des *Merveilles de la science*. Ses dispositions n'ont pas sensiblement varié depuis cette époque; seulement, l'emploi général du gélatino-bromure d'argent et la nécessité de fournir aux amateurs et aux voyageurs des chambres obscures de petit volume, ou de forme spéciale, ont amené à construire des appareils présentant quelques dispositions nouvelles, que nous allons faire connaître.

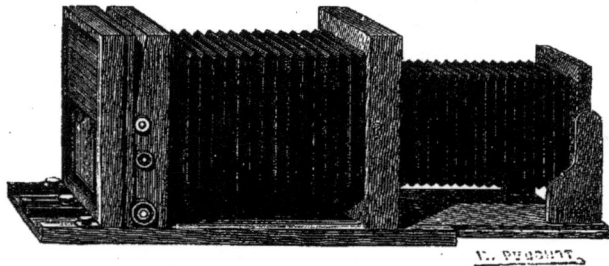

Fig. 3. — Chambre noire d'atelier à deux corps de soufflet carrés rentrant; deux châssis à rideau; deux planchettes d'objectif, pouvant se placer à l'intérieur de la chambre pour les instruments à court foyer; crémaillère de rappel, pour la mise au point.

Les types divers de chambres noires que l'on construit aujourd'hui sont : la

Fig. 4. — Pied carré de la chambre obscure d'atelier.

chambre noire d'atelier, ou *chambre universelle*, et la *chambre noire des voyageurs*.

La *chambre noire d'atelier*, ou *chambre universelle*, se prête aux reproductions de toute sorte, au portrait, comme au paysage, grâce aux nombreux accessoires qui l'accompagnent.

La figure 3 représente la chambre noire d'atelier et la figure 4 le pied de cette même chambre. Ce pied est carré, et grâce au chariot mobile qu'il porte, on peut donner à la chambre noire toutes les positions et inclinaisons que l'on désire.

La chambre noire d'atelier est, généralement, de grande dimension, car elle peut atteindre un mètre de hauteur et sa longueur deux mètres, quand le soufflet est complètement tiré. L'objectif peut se placer sur un tube, qui s'avance à l'extérieur ou à l'intérieur de la chambre, pour augmenter ou diminuer sa longueur. Portée sur son pied, elle est installée à poste fixe, et c'est le modèle que l'on déplace, au lieu de la chambre. La *chambre noire de voyage* (fig. 5) diffère

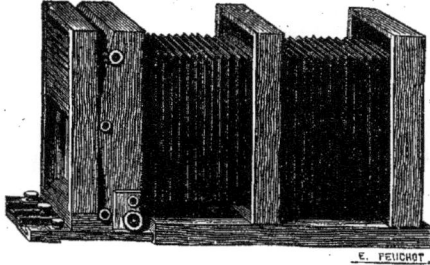

Fig. 5. — Chambre noire de voyage, à deux corps de soufflet carrés de mêmes dimensions, chariot à rallouge, deux châssis à rideau ; deux planchettes pour objectif, pouvant se placer également sur le cadre du milieu du soufflet pour les courts foyers ; crémaillère à double piguon, pour la mise au point.

peu, par sa structure, de la chambre d'atelier ; mais elle est de plus petite dimension

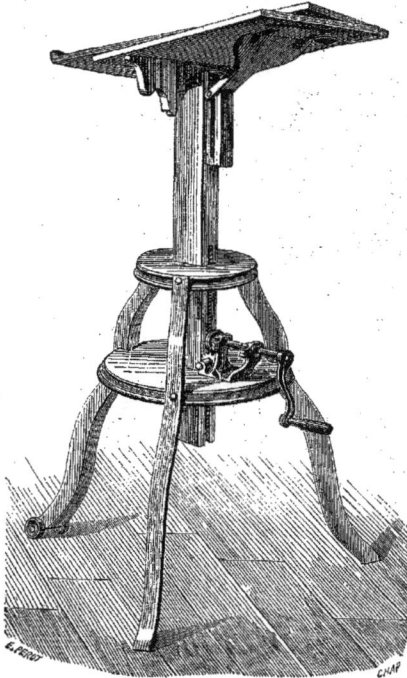

Fig. 6. — Pied de la chambre noire de voyage.

et portée sur un chevalet léger et mobile (fig. 6). C'est la chambre noire des touristes,

qui la font construire avec un certain luxe.

On voit sur les figures 7 et 8 un modèle de *chambre noire universelle*, ou *chambre d'atelier*, très répandu chez les photographes, et qui leur sert à toute sorte d'usages. Dans certains ateliers, cet énorme support peut rouler sur des rails.

Ce grand appareil sert dans les ateliers des graveurs et des administrations publiques, pour copier les cartes, réduire les dessins, les plans, etc.

Reprenons la suite de notre opération. Nous avons placé les châssis à l'intérieur de la chambre noire, pour remplacer la glace dépolie, et nous avons ouvert le châssis, qu'il soit à volet ou à rideau, de façon que la surface sensible soit prête à être impressionnée par l'agent lumineux. Il s'agit maintenant de découvrir l'objectif, pour faire arriver la lumière sur la couche gélatino-bromurée que porte la glace fixée dans le châssis.

Autrefois, c'est-à-dire avant la découverte du gélatino-bromure d'argent, le photographe se contentait d'enlever à la main le couvercle, ou opercule, en métal, qui fermait l'objectif, et de le replacer, après le temps de pose voulu. Cette façon simple d'opérer n'est plus possible aujourd'hui que la pose est réduite à une ou deux secondes, et quelquefois à bien moins. Il faut se servir d'obturateurs mécaniques, qui découvrent et referment l'objectif d'une manière instantanée.

La création des obturateurs mécaniques présentait beaucoup de difficultés, car il fallait que le mécanisme pût produire, en une fraction de seconde, ce que la main faisait autrefois pour les poses prolongées. Le problème a été résolu de bien des façons, et il existe aujourd'hui plus de cent systèmes différents d'obturateurs mécaniques. Nous allons décrire et représenter les modèles les plus répandus, en commençant par le plus simple de tous, l'obturateur dit à *guillotine* et à *poire de caoutchouc*.

Fig. 7. — Grande chambre noire d'atelier, avec son pied carré.

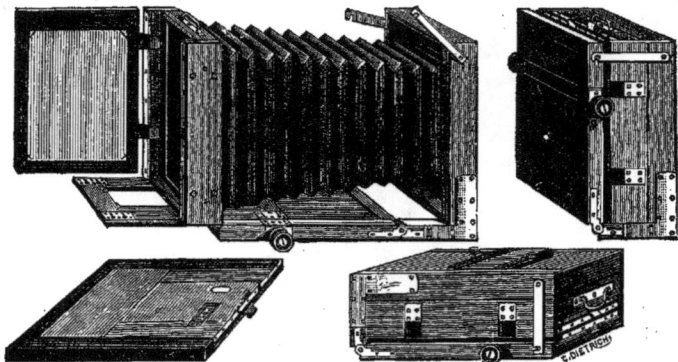

Fig. 8. — Soufflet toile, mouvements horizontal et vertical de la planchette d'objectif, glace
dépolie à charnières, châssis doubles.

Cet appareil, que nous représentons dans les figures 9, 10 et 11, est formé d'une plaque métallique présentant une ouverture, rectangulaire ou carrée, qui vient tomber verticalement au devant de l'objectif de la chambre noire, quand on presse, à la main, une poire de caoutchouc, ajoutée à un long tube de même matière. L'air comprimé venant de la poire de caoutchouc déplace un petit levier, qui fait tomber la guillotine, et la lumière ne peut impressionner la glace gélatino-bromurée que pendant le temps très court, où le trou de la plaque métallique la laisse arriver à l'objectif.

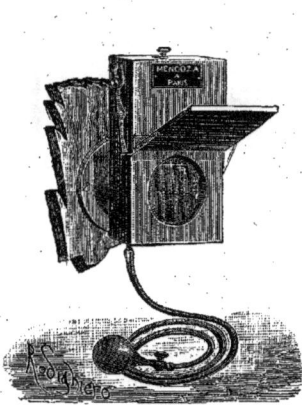

Fig. 9. — Obturateur Mendoza.

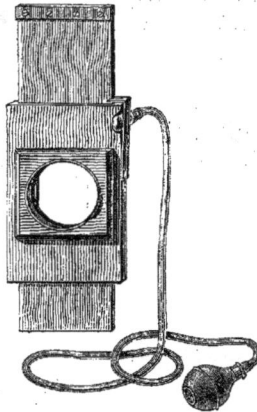

Fig. 10. — Obturateur à guillotine simple.

Fig. 11. — Obturateur à guillotine double.

Fig. 12. — Obturateur Londe et Dessoudeix disposé sur la chambre noire.

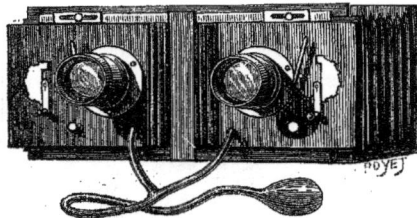

Fig. 13. — Obturateur stéréoscopique à objectif double de Londe et Dessoudeix.

La figure 12 représente l'obturateur de MM. Londe et Dessoudeix disposé sur la chambre noire, derrière l'objectif. Il se place sur la planchette de l'objectif, avec quatre vis. L'objectif est fixé, au moyen d'une planchette mobile, sur l'obturateur lui-même.

La figure suivante montre un obturateur pour les vues stéréoscopiques, à écartement variable. Cet appareil se compose de deux petits obturateurs indépendants, qui fonctionnent dans le même sens, de bas en haut, afin de permettre la meilleure utilisation des rayons pour les premiers plans.

Ils glissent dans deux coulisses, ce qui permet un écartement variable, suivant qu'on le juge nécessaire.

Deux petits soufflets interceptent tout passage à la lumière.

Pour le stéréoscope, les deux appareils sont déclanchés en même temps, au moyen d'une poire unique et d'un tube à embranchement.

Veut-on s'en servir successivement, ce qui dans certains cas peut être précieux, on obtient ce résultat au moyen de deux poires : chaque appareil fonctionne alors comme s'il était seul.

Dans les figures 14 et 15 on voit l'obturateur Guerry à simple volet. La figure 16 donne le même appareil avec un volet double.

Fig. 14. — Obturateur Guerry à volet simple placé en avant de l'objectif.

On voit dans la figure 17 l'*obturateur rapide* de MM. Thury et Amey, pour les poses instantanées.

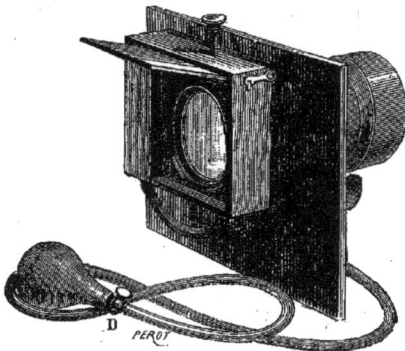

Fig. 15. — Obturateur Guerry à volet simple placé à l'intérieur de la chambre.

Cet instrument, placé entre les lentilles de l'objectif, au centre optique du système, se compose de deux lames métalliques

percées chacune d'une ouverture circulaire et marchant simultanément en sens inverse. Ainsi l'ouverture et la fermeture de l'objectif

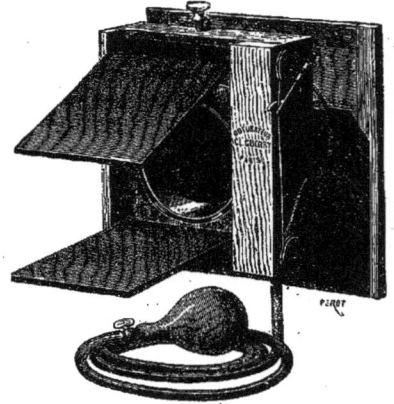

Fig. 16. — Obturateur Guerry à volet double.

se font par le centre, en sorte que l'on profite de toute la lumière possible pendant le

Fig. 17. — Obturateur rapide Thury et Amey.

plus court espace de temps, condition essentielle pour de bonnes épreuves instantanées.

Parfaitement équilibré, il ne donne aucune trépidation, et peut fonctionner dans toutes les positions. Son déclanchement est pneu-matique.

L'obturateur Boca donne le moyen de mesurer exactement et automatiquement le

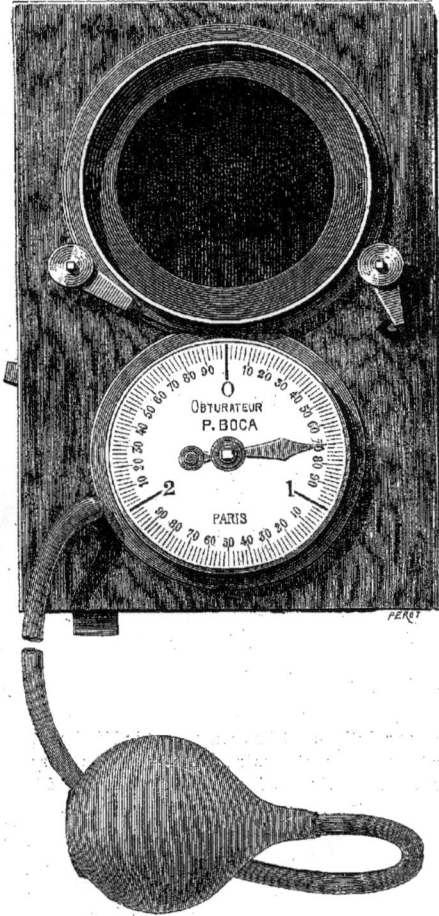

Fig. 18. — Obturateur Boca.

temps de pose, depuis 1/50 de seconde jus-qu'à 5 secondes, par fractions de 1/50 de seconde.

L'obturation se produit entre l'objectif et la chambre noire.

Le mouvement des volets se faisant de haut en bas pour l'ouverture, et de bas en haut pour la fermeture, les premiers plans sont découverts les premiers et marqués les derniers ; leur pose est donc relativement plus longue.

Le déclanchement de l'obturateur est ins-tantané. Il s'obtient sans produire d'ébran-lement et sans réclamer aucune attention de la part de l'opérateur.

CHAPITRE II

DÉVELOPPEMENT DE L'IMAGE. — FIXAGE. — LAVAGE DE L'ÉPREUVE NÉGATIVE. — PROCÉDÉ A L'OXALATE DE FER ET A L'ACIDE PYROGALLIQUE. — LE PROCÉDÉ A L'HYDROQUINONE.

Après l'exposition à la lumière à travers l'obturateur, il faut retirer de la chambre ob-scure le châssis contenant la glace impres-sionnée, et le porter dans le cabinet noir, pour opérer le *développement de l'image.*

Personne n'ignore, en effet, que la sur-face photogénique de la glace, bien qu'ayant reçu l'impression de la lumière, ne présente aucune modification extérieure visible. Ce-pendant, l'impression chimique existe : l'image est formée sur le gélatino-bromure ; il s'agit de la faire apparaître, de la *déve-lopper,* selon le terme technique.

En quoi consiste la modification qu'a subie la couche de bromure d'argent, sous l'influence de la lumière ? C'est une ques-tion bien controversée. Dans l'impossibilité de reconnaître la nature de la réaction chi-mique que la lumière a provoquée sur le bromure d'argent, mélangé de gélatine ou d'autres substances organiques, telles que le collodion, l'albumine, ou la gélatine, on a coutume de dire que la lumière a modifié physiquement, moléculairement, le bro-mure d'argent, sans y occasionner de trans-formation chimique. Il est peu de questions sur lesquelles on ait autant discuté. S'il nous est permis d'émettre une opinion, après tant de travaux d'expérimentateurs du premier ordre, nous dirons que nous admettons que la lumière, en frappant le chlorure d'argent mélangé de collodion ou de gélatine, réduit le sel d'argent à l'état d'oxyde. Lorsque, ensuite, le réactif, par exemple le protoxyde de fer, qui doit faire apparaître, *développer* l'image, est mis en présence de l'oxyde d'argent impressionné par la lumière, l'oxyde d'argent est ramené à l'état métallique. C'est donc la couleur noire de l'argent métallique très divisé qui produit la coloration noire du dessin dans les parties frappées par la lumière.

Quoi qu'il en soit de la cause du développement des images, parlons de la pratique de l'opération.

Il existe deux méthodes pour *développer* l'image. La première consiste à employer un sel de protoxyde de fer, comme agent réducteur. Le protoxyde de fer s'empare de l'oxygène de l'oxyde d'argent, qui constitue l'image, et le ramène à l'état d'argent métallique, lequel forme les traits noirs du dessin. Le développement au sel de fer convient surtout pour les portraits, les groupes et les vues instantanées. Il donne à l'image une grande douceur de ton et une grande profondeur dans les ombres, surtout avec les glaces à grande épaisseur de gélatinobromure.

La seconde méthode consiste à faire usage comme agent réducteur de l'acide pyrogallique, qui réduit l'oxyde d'argent.

Pour faire connaître exactement la méthode par les sels de fer, nous emprunterons cette description à un auteur d'une grande autorité dans cette question, à M. Audra, qui a traité ce sujet avec précision et clarté, dans sa brochure intitulée *le Gélatino-bromure d'argent*.

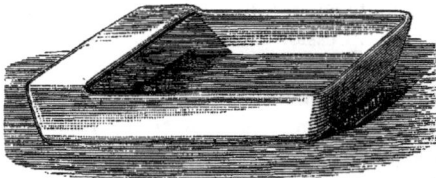

Fig. 19 et 20. — Cuvettes à développement.

« On a préparé d'avance, dit M. Audra, les dissolutions suivantes :

« 1° Oxalate neutre de potasse 90 grammes dans l'eau distillée 300 grammes.

« 2° Sulfate de protoxyde de fer pur bien vert, et non peroxydé, 30 grammes, dissous dans 100 grammes d'eau distillée. L'eau distillée est indispensable, sous peine d'introduire ensuite dans le développateur des traces de chaux qui se précipiteraient à l'état d'oxalate insoluble sur le cliché. Il est également utile d'y ajouter environ 1 gramme d'acide tartrique pour chaque 200 grammes de solution, soit 1/2 pour 100. Cette addition a pour but de conserver pendant longtemps le sel de fer à l'état de protoxyde, pourvu qu'il demeure exposé à la lumière du jour; sans cette précaution, la solution se peroxyde rapidement et perd toutes ses propriétés développatrices.

« 3° Bromure d'ammonium ou de potassium, 2 grammes pour 100 d'eau distillée.

« Les solutions 1 et 3 se conservent indéfiniment.

« On a également sous la main plusieurs cuvettes. L'une doit servir au développement (fig. 19 et 20),

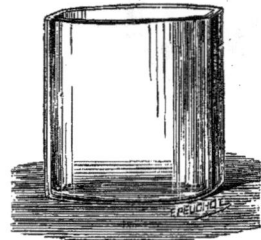

Fig. 21. — Cuvette pour le fixage.

une autre au fixage (fig. 21), et les autres (fig. 22 et 23) aux lavages. Dans une éprouvette graduée, on verse d'abord 3 parties de la solution de fer.

Le mélange devient immédiatement jaune-rouge, mais ne doit pas être trouble lorsqu'il a été remué. Ce mélange est versé dans la cuvette à développer en quantité suffisante pour recouvrir entièrement la glace à développer. 90 centimètres cubes de la solution n° 1 et 30 centimètres cubes de la solution n° 2 faisant ensemble 120 centimètres cubes de liquide suffisent pour une cuvette demi-plaque, le double pour une cuvette de dimension à développer un cliché 0ᵐ,18 × 0ᵐ,24. On retire la glace du châssis négatif, et on la plonge, sans temps d'arrêt, dans la cuvette, en ayant bien soin que toutes ses parties soient immergées. On agite quelques instants,

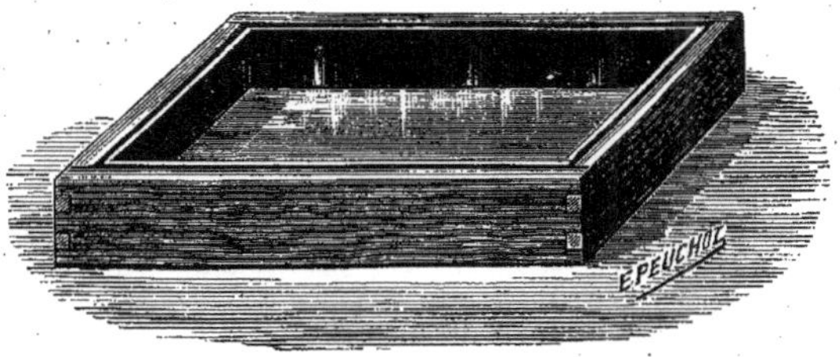

Fig. 22. — Première cuvette de lavage.

et on ne tarde pas à voir apparaître d'abord les grandes lumières de l'épreuve, si la pose a été convenable. Les demi-teintes suivent de près.

« Cette apparition a lieu généralement au bout de dix à quinze secondes pour les premières épreuves, c'est-à-dire quand le développement est fraîchement préparé. Si au contraire l'image apparaissait tout d'un coup, sans une différence marquée entre les lumières et les ombres, ce serait un signe certain d'une pose exagérée, et il faudrait, sans perdre un instant, retirer la glace du développateur et la plonger dans une cuvette pleine d'eau, pendant qu'on ajouterait à celui-ci 8 à 10 centimètres cubes de la solution n° 3 de bromure alcalin;

Fig. 23. — Deuxième cuvette de lavage.

puis la glace rincée dans l'eau distillée serait replacée dans la cuvette de développement. Le bromure a pour but de ralentir considérablement la venue de l'image, et de permettre aux lumières de prendre de l'intensité, sans que les demi-teintes s'accentuent outre mesure : on comprendra donc que le résultat dépendra surtout de l'appréciation de la quantité de bromure à ajouter au développateur.

« Si la pose paraît avoir été convenable, il est inutile d'avoir recours à l'addition du bromure dans le développateur. Il tendrait à exagérer l'opacité des noirs du cliché et ferait venir une épreuve dure, heurtée, avec des contrastes exagérés.

« Le développement continue pendant quelque temps, une à deux minutes, souvent plus, rarement moins. Il faut, pour qu'il soit complet, que la glace, vue par transparence devant la lumière rouge, paraisse avoir dépassé de beaucoup le but à atteindre, et que, vue par réflexion dans le liquide, les parties restées blanches au début du développement aient pris une teinte marquée, non point uniforme, mais proportionnelle à l'impression qu'elles ont reçue.

« Dans le développateur, l'épreuve monte donc progressivement de ton jusqu'à ce qu'elle ait atteint le degré voulu, degré d'ailleurs difficile à saisir au début.

« Lorsque la glace est développée à point, on la plonge dans une cuvette pleine d'eau que l'on renouvelle deux ou trois fois jusqu'à ce qu'elle soit débarrassée de la plus grande partie du développateur qui la mouillait, ce que l'on reconnaît lorsque l'eau de lavage ne se teinte plus en blanc par la formation d'un précipité d'oxalate de chaux. On l'immerge alors dans un bain neuf d'hyposulfite de soude à 26 pour 100 dans l'eau, et on l'y laisse séjourner non seulement le temps nécessaire pour que la couche de bromure non impressionnée soit dissoute, et que, vue de dos, il n'y ait plus trace de matière blanche, mais quelques minutes de plus, afin que le fixage soit bien complet. Ensuite, on lave abondamment sous le robinet d'eau courante.

« Mais il est une précaution utile à prendre au sortir du dernier bain d'hyposulfite, bien qu'elle ne soit pas indispensable : c'est d'immerger le cliché pendant quelques minutes dans un bain d'alun ordinaire à saturation. Non seulement la couche impressionnée se raffermit et se tanne dans cette solution, mais surtout elle se nettoie et s'éclaircit dans les grandes lumières, c'est-à-dire dans les parties sombres de l'épreuve. Les clichés baissent légèrement de ton dans ce bain, mais ils gagnent beaucoup en pureté, en transparence et en douceur. Il est préférable de ne pas les laver entre le bain d'alun. Après quelques minutes de séjour dans ce dernier, la glace est abondamment lavée sous le robinet et mise à séjourner dans une cuvette pleine d'eau pendant douze heures, cette eau devant être fréquemment renouvelée, afin de faire disparaître les plus légères traces des différents produits employés dans les bains précédents.

« Un lavage parfait est indispensable à la conservation des clichés, et l'on ne saurait y apporter un trop grand soin. On construit pour cet usage des cuvettes verticales en zinc avec des rainures, de façon à y introduire plusieurs glaces à laver à la fois, et on les y laisse séjourner dix à douze heures, en renouvelant sans cesse l'eau par un écoulement lent sous le robinet. »

La seconde méthode pour le développement des images négatives est, avons-nous dit, l'emploi de l'acide pyrogallique, qui réduit les parties du sel d'argent ramenées par la lumière (selon nous, du moins) à l'état d'oxyde d'argent, et réduit cet oxyde à l'état d'argent métallique très divisé et noir.

L'acide pyrogallique était l'agent qui servait autrefois au développement des images sur collodion sec ou humide. C'est le même produit que l'on emploie avec le gélatino-bromure d'argent, et cela sans grande modification. Cette dernière méthode est même encore souvent préférée à l'oxalate de fer.

Voici comment on opère. On a préparé d'avance une solution à 1 pour 100 d'acide pyrogallique.

On a préparé, d'autre part, la solution ammoniacale suivante :

Eau distillée............	500 cent. cubes.
Ammoniaque concentrée.	10 —
Bromure d'ammonium..	10 —

On mélange parties égales des deux liquides (50 centimètres cubes de chacun, par exemple), et on verse ce mélange, sans temps d'arrêt, dans une cuvette contenant la glace à développer, en remuant sans cesse le liquide, pour que les parties de la couche sensible se trouvent également et constamment mouillées par l'agent dé-

veloppateur. L'image doit apparaître en quelques secondes, et arriver en peu d'instants à son état complet ; ce dont on juge en examinant l'image par réflexion et par transparence, à travers la glace, dans l'obscurité, en s'éclairant avec une lanterne rouge.

Le cliché étant convenablement développé, on rejette le liquide qui a servi au développement, et on lave abondamment la glace sous un robinet d'eau courante. On l'immerge ensuite dans le *bain de fixage*, indiqué plus haut (20 d'hyposulfite de soude pour 100 d'eau) ou mieux dans deux bains successifs, pour enlever toute trace de sels solubles d'argent.

Pour transporter la glace sur le robinet d'eau concentrée, il est commode de se ser-

Fig. 24. — Pince à lavage.

vir d'une pince telle que la représente la figure ci-dessus et qui est due à M. Faller.

L'emploi du crochet étant indispensable avec les plaques au gélatino-bromure dont la plupart ne sont pas rodées. M. Faller a imaginé le petit *doigtier* que l'on voit sur la figure 25, et qui doit rester constamment au doigt pendant qu'on travaille ; ce qui fait qu'il ne s'égare pas dans l'obscurité du laboratoire, au moment où l'on en a besoin.

La durée du *fixage* peut varier de cinq minutes à dix minutes, mais on peut la prolonger sans inconvénient au delà de ce temps, pourvu que la solution servant au fixage n'ait pas encore servi, et sur-

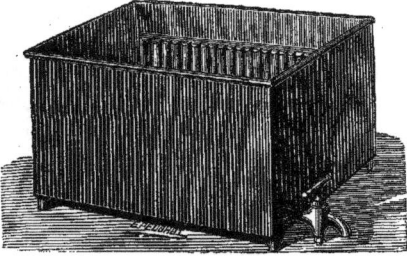

Fig. 25. — Doigtier à crochet.

tout n'ait point servi à fixer antérieurement des clichés développés au fer, ce qui serait une cause à peu près certaine de taches.

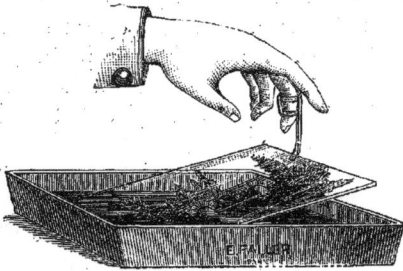

« D'une manière générale, le liquide fixateur, dit M. Audra, doit toujours être neuf, ou, du moins, ne servir que pour une série d'opérations successives, et ne jamais être conservé pour l'usage du lendemain. »

Après le fixage, un lavage à l'eau courante, minutieux et prolongé, est indispensable, de même qu'après le développement au fer.

Du lavage complet qui enlève toute trace d'hyposulfite dépend la parfaite conservation du cliché. On soumet les plaques au courant continu de l'eau d'une fontaine dans des boîtes de zinc à rainures, en évitant que le jet ne tombe directement sur les clichés, qu'il finirait par détériorer, et on prolonge ce lavage jusqu'à cinq à six heures.

On voit dans les figures ci-dessous la

Fig. 26 et 27. — Cuves pour le lavage à grande eau des glaces développées ou fixées.

forme que l'on donne aux cuves à rainures servant à diriger un large courant d'eau sur les glaces développées ou fixées.

Il arrive souvent qu'un cliché est reconnu trop faible après le fixage. Il présente bien tous les détails et tout le fouillé voulus, mais les noirs manquent d'opacité. Dans ce cas, il faut le faire *monter*, et lui donner plus de vigueur.

Le *renforçateur* le plus commode et le plus

puissant est le bichlorure de mercure, suivi de l'action de l'ammoniaque. On prend :

Eau distillée............ 100 grammes.
Bichlorure de mercure. 5 —
Alcool .... 10 cent. cubes.

Le cliché, trempé pendant quelques minutes dans de l'eau pure, est plongé dans ce bain, où il blanchit rapidement. Plus il blanchit et plus l'action de l'ammoniaque sera énergique ; on peut donc déterminer à volonté le degré du renforcement.

On lave ensuite le cliché dans l'eau pure, pendant cinq ou six minutes, et on le plonge dans une eau ammoniacale, ainsi composée :

Eau pure.............. 100 cent. cubes.
Ammoniaque.......... 10 —

La couche noircit immédiatement : le renforcement est instantané.

On lave ensuite le cliché avec beaucoup de soin.

Cette opération peut se faire soit après le lavage des clichés, soit plusieurs jours après.

Il arrive quelquefois que le cliché, au lieu d'être pâle, est trop monté, trop opaque. Si l'on veut réduire l'intensité de ton, on emploie avec avantage le prussiate rouge de potasse, mélangé à l'hyposulfite de soude. On prépare une dissolution composée de :

Hyposulfite de soude... 15 grammes.
Eau pure.............. 100 —
Solution saturée de prussiate rouge de potasse. 6 ou 8 gouttes.

La glace, préalablement trempée dans l'eau pure, étant plongée dans ce bain, on voit le cliché s'affaiblir peu à peu. Au bout de quelques minutes, on retire le cliché de ce bain, et l'on ajoute deux ou trois gouttes de la solution de prussiate rouge de potasse;

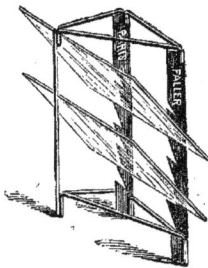

Fig. 28. — Égouttoir.

on agite le mélange et l'on y remet le cliché. On peut continuer ainsi à ajouter, toutes les cinq minutes, quelques gouttes de prussiate, jusqu'à ce que l'affaiblissement ait atteint le degré voulu.

Comme ce bain contient de l'hyposulfite, il faut terminer l'opération par un lavage à l'eau courante aussi prolongé que s'il sortait directement du bain fixateur.

Quand le cliché est terminé, on le place sur l'égouttoir (fig. 28), ou contre un mur, à l'ombre, et loin de tout foyer de chaleur. En effet, la gélatine imbibée d'eau fond à une très basse température; et si l'on voulait activer le séchage en chauffant le cliché, soit au soleil, soit près du feu, on le ferait inévitablement couler.

Outre le développement par l'oxalate de fer et l'acide pyrogallique, il est une troisième méthode découverte et propagée en 1886 : c'est le développement à l'*hydroquinone*.

La *quinone*, ou *hydroquinone*, s'obtient, dans les laboratoires de chimie, en traitant l'acide *quinique* retiré de l'écorce de quinquina, par quatre parties de peroxyde de manganèse et 11 parties d'acide sulfurique, mélange qui dégage de l'oxygène. Dans l'industrie, on prépare plus économiquement l'hydroquinone en opérant sur les produits extraits du goudron de houille. Aussi cette substance se trouve-t-elle aujourd'hui dans le commerce à très bas prix (25 centimes le gramme).

Le développement avec une dissolution d'*hydroquinone* donne au cliché la beauté propre au développement par les sels de fer, en même temps que la vigueur qu'assure l'emploi de l'acide pyrogallique.

Depuis quelque temps, les amateurs se sont fort engoués de ce nouveau révélateur.

MM. Balagny et Ducom, à qui l'on doit l'introduction de l'*hydroquinone* dans la photographie, composent comme il suit le bain de dé vel oppement:

600 cc. d'une solution de carbonate de soude à 25 p. 100.
300 cc. — sulfite de soude à 25 p. 100.
10 grammes d'hydroquinone.

Ce bain doit être incolore. Il peut servir immédiatement, ou être conservé tout préparé. Le même bain peut être employé pour douze ou quinze clichés; mais il perd nécessairement de son énergie, à mesure qu'il sert. Il est donc utile d'avoir deux ou trois flacons, où l'on mettra les bains ayant déjà été utilisés. On ne se servira alors du bain neuf que pour les épreuves instantanées, et pour revivifier les autres, dans le cas où cela deviendrait nécessaire, pendant le développement d'un cliché.

Le liquide deviendra jaune après avoir servi, mais il ne doit pas dépasser la teinte du cognac. S'il noircissait, c'est qu'il se serait trouvé mélangé, dans les cuvettes, à des substances étrangères; l'acide pyrogallique notamment, même à faible dose, lui fait prendre une coloration très foncée.

Si l'on veut faire varier à son gré et peu à peu la quantité d'hydroquinone, pour obtenir différentes intensités dans le développement même, on emploie la solution suivante :

      100 cc. de sulfite de soude à 25 p. 100.
      200 cc. de carbonate de soude à 25 p. 100.

dans laquelle on ajoute, au fur et à mesure des besoins, de 10 à 30 centimètres cubes d'une solution à 10 p. 100 d'hydroquinone dans l'alcool à 40°.

Quel que soit le bain employé, le bromure de potassium n'est pas nécessaire, les blancs restent purs et il n'y a pas de voile.

La suite des opérations, c'est-à-dire le lavage à l'alun et le fixage, restent les mêmes qu'avec les autres agents révélateurs.

Dans le numéro du 1er septembre 1888 du journal la Nature, M. Balagny a publié une longue description des procédés de développement à l'hydroquinone. Ce travail contient différents renseignements pratiques sur l'emploi de ce révélateur. M. Balagny fait connaître les modifications à apporter au mode opératoire, selon que l'on veut obtenir des épreuves instantanées, des portraits, des reproductions de tableaux, etc.

S. T. II.

La difficulté principale consiste à savoir tirer bon parti des bains ayant déjà servi.

Nous citerons seulement, de la note de M. Balagny, la manière de préparer le bain révélateur, et la formule à laquelle il s'est arrêté, après bien des expériences infructueuses.

On préparera d'abord, dit M. Balagny, la solution suivante :

      1° Eau ordinaire.......... 1 litre.
      Sulfite de soude.......... 250 grammes.

Et d'autre part, on préparera la solution ci-dessous :

      2° Eau ordinaire......... 1 litre.
      Carbonate de soude...... 250 grammes.

On laissera reposer ces deux dissolutions, on les décantera, et on les conservera.

Quand on voudra préparer un bain d'un litre d'hydroquinone, on fera chauffer, au bain-marie, dans un flacon, 300 centimètres cubes de la solution de sulfite. Dès que la température se sera élevée de + 60 à + 70° environ, on retirera le flacon du feu, et on y mettra 10 grammes d'hydroquinone en poudre.

On dissoudra ces 10 grammes dans la solution chaude de sulfite, jusqu'à ce qu'il ne reste plus rien au fond du flacon. Quand tout l'hydroquinone aura disparu, on finira en mettant dans le même flacon 600 centimètres cubes de la solution de carbonate de soude. On agitera le tout; on bouchera avec un bouchon neuf, et on laissera reposer.

Avec ce mélange on opérera le développement et le fixage, comme il a été exposé plus haut.

CHAPITRE III

LE CABINET NOIR DU PHOTOGRAPHE MODERNE.

Nous n'avons pas besoin de dire que c'est dans l'obscurité que s'exécutent les opérations du développement ou du fixage.

Fig. 29. — Lanterne à gaz.   Fig. 30. — Lanterne à pétrole.   Fig. 31. — Lanterne d'atelier, à pétrole.

Le *cabinet noir* du photographe était primitivement un simple réduit, où l'on s'éclairait avec la flamme d'une bougie. On trouva ensuite que la lumière de la bougie était susceptible de donner une faible impression chimique sur la plaque sensible, et on la supprima, en garnissant la vitre d'un verre jaune, couleur qui n'impressionne pas les plaques au collodion. Mais les glaces au gélatino-bromure étant infiniment plus sensibles que celles au collodion exigent un éclairage par la lumière rouge, qui a le privilège d'être absolument anti-photogénique. Le commerce fournit d'excellents verres rouges, pour cet objet particulier.

Il est bon de faire usage d'un double verre rouge, dont l'un est mobile. Quelques opérateurs se servent d'un verre jaune, auquel ils superposent un verre rouge, mobile.

Il ne doit y avoir, dans le cabinet noir, d'autre lumière que celle qui traverse le verre rouge. Toutes les fissures doivent être recouvertes de mastic ou de papier noir. Il est même bon de garnir la porte d'un rideau noir, qui ne laisse passer aucune lumière. Malgré toutes ces précautions, il ne sera pas inutile de recouvrir d'une planchette noircie les épreuves en voie de développement.

La lumière du jour étant sans cesse va-riable, plus d'un photographe préfère y renoncer, et s'éclairer au moyen d'une lanterne, qui fournit une lumière toujours égale. La lanterne est garnie de verres jaunes ou rouges.

On trouve dans le commerce différents modèles de lanternes pour éclairer les laboratoires des photographes. Les unes brûlent du pétrole, d'autres de l'huile ou du gaz.

La figure 29 donne l'aspect d'une lanterne de laboratoire brûlant du gaz; la figure suivante une lanterne à pétrole. La figure 31 montre un autre modèle de lanterne à pétrole disposée pour l'éclairage d'un atelier, et d'une assez grande dimension. Elle est fermée par un verre rouge, mais construite de manière à ce que la lumière rouge soit projetée en bas, pour que la vue n'en soit pas affectée. Le couvercle supérieur se soulève, pour démasquer la lumière d'un carreau jaune, qui permet de mieux juger, par transparence, de l'intensité du cliché.

La mèche se règle par un bouton, que l'on tourne à l'extérieur.

La figure 32 représente une lampe-bougeoir pour le voyage : le verre qui la ferme est couleur rubis. On la serre dans un étui de fer blanc, ce qui la préserve de tout accident. La figure 33 montre une lanterne de voyage ouverte ; la figure suivante

Fig. 32. — Lampe-bougeoir de voyage.   Fig. 33. — Lanterne de voyage ouverte.   Fig. 34. — Lanterne de voyage fermée.   Fig. 35. — Lanterne de voyage grand modèle.

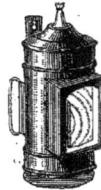

la montre fermée. La figure 35 est une lanterne de voyage de plus grand modèle, éclairée par une bougie. La figure 36 est encore une lanterne de voyage, mais de forme triangulaire, et éclairée, comme la précédente, par une bougie.

Sans recourir à un appareil coûteux, l'opérateur peut se contenter d'une lanterne

Fig. 36. — Lanterne de voyage triangulaire.

ordinaire, dont on colore les verres au moyen d'un vernis de gomme-laque, teint en rouge avec la chrysoïdine, ou en collant sur les verres blancs de la lanterne du papier enduit de chrysoïdine.

On peut encore éclairer le laboratoire à l'aide d'une lampe alimentée par de l'alcool dans lequel on a dissous du chlorure de sodium ou de strontium, qui colorent la flamme en jaune ou en rouge. On peut aussi employer un bec de gaz de Bunsen, dans la flamme duquel on maintient constamment une petite quantité d'un sel de strontium.

M. Davanne conseille simplement d'entourer une bougie d'une sorte d'étui de papier coloré en jaune-orange, analogue à ceux qu'emploient les marchandes d'oranges. Pour obtenir ce papier, on dissout 1 gramme de chrysoïdine dans 100 centimètres cubes d'alcool, on filtre le liquide, et on l'étend sur un papier blanc mince, qu'on fait ensuite sécher, en le suspendant : il prend ainsi une couleur orangée.

CHAPITRE IV

LES CLICHÉS PELLICULAIRES.

Les glaces au gélatino-bromure ont des avantages d'un ordre supérieur, mais elles ont un inconvénient : elles ont l'inconvénient d'être des glaces, c'est-à-dire des objets fragiles, qui exposent l'opérateur au chagrin de perdre en un instant le fruit de plusieurs journées de travail. Dans les ateliers, de tels accidents ne sont pas rares.

Ajoutez que la conservation des glaces demande un grand emplacement. Pour le voyageur, les glaces gélatino-bromurées alourdissent singulièrement son bagage, nécessitent de sa part mille précautions, et l'empêchent de rapporter autant de clichés qu'il le voudrait.

Ces considérations ont amené, dans ces dernières années, un retour vers l'ancien procédé de la photographie sur papier, dans lequel l'image négative s'exécutait sur une simple feuille de papier, au lieu d'une glace. Telle fut, on le sait, la méthode primitive de la photographie, celle qui a illustré les noms des Talbot, des Bayard, des Blanquard-Evrard, et qui fut remplacée, plus tard, par le cliché négatif de verre recouvert d'une couche d'albumine ou de collodion. C'est cette ancienne méthode, c'est-à-dire les négatifs du passé, que l'on a été conduit à restaurer de nos jours.

Multa renascentur quæ jam cecidere.

Il faut, toutefois, remarquer que dans la méthode primitive des Talbot, des Bayard et des Blanquard-Evrard, le papier ne servait pas seulement de support. Il était pénétré, imprégné, des substances sensibles, et c'est dans sa pâte que se produisait la décomposition chimique du bromure d'argent. Dans le procédé auquel on revient aujourd'hui, le papier ne sert plus que de support, et la couche sensible en est même souvent détachée, après l'impression lumineuse.

C'est l'émulsion de gélatino-bromure d'argent qui, jusqu'ici, s'est prêtée seule à la préparation des papiers négatifs destinés à remplacer les glaces.

Il existe plusieurs sortes de papiers destinés à former des épreuves négatives, dont on peut séparer ou non la pellicule sensibilisée.

Nous citerons d'abord le *carton Thiébaut*, le premier qui ait été proposé et breveté. On prend un carton ou un bristol épais, et on

étend à sa surface l'émulsion de gélatino-bromure d'argent. On impressionne dans la chambre noire, on développe, et on fixe l'image comme à l'ordinaire. Ensuite on sépare du carton la pellicule de gélatino-bromure impressionnée et formant l'image, et l'on a un cliché *pelliculaire* transparent, avec lequel on tire les positifs.

Avec le procédé *Balagny* ce n'est plus le carton mais le papier ordinaire qui sert à former l'épreuve négative; et selon les préférences des opérateurs, on peut avoir des pellicules adhérentes ou non adhérentes au papier.

Si l'on veut que la couche sensible adhère au papier, on étend sur une glace un mélange de benzine, cire blanche, gomme Dammar et résine ordinaire; puis on prend du papier à calquer, que l'on a fait préalablement tremper pendant douze heures, pour le ramollir. On étend sur ce papier de la colle d'amidon, formée de 15 grammes d'amidon pour 100 grammes d'eau. On applique sur la glace, lorsqu'elle est sèche, ce papier collé. Avec un couteau on chasse les bulles d'air, et quand la surface est sèche, on y verse l'émulsion au gélatino-bromure. Quand le tout est sec, on a un papier avec pellicule adhérente.

Si l'on veut avoir une pellicule se détachant du papier, on ajoute à la colle d'amidon 3 grammes de talc. Le papier étant collé sur la glace, avant d'étendre l'émulsion, on commence par y étendre une couche de poudre de talc, que l'on recouvre d'une couche de collodion. Le collodion étant sec, on applique l'émulsion. Cette pellicule sert à recevoir l'épreuve négative.

Les *papiers négatifs* se traitent comme les glaces gélatino-bromurées, pour le développement. Il faut seulement rendre l'image plus vigoureuse que quand on opère sur les glaces. Il faut aussi prolonger davantage le fixage et les lavages, parce que la couche de gélatino-bromure d'argent est plus épaisse.

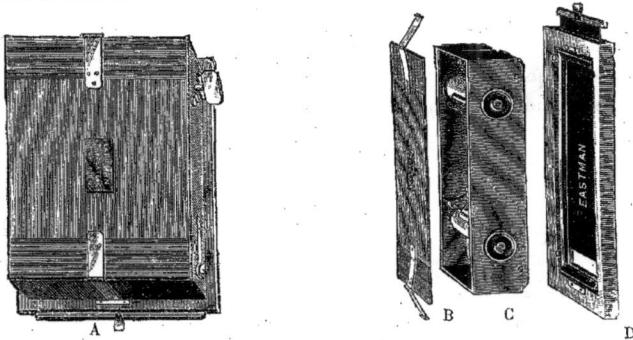

Fig. 37. — Châssis à rouleaux Eastman.

A, châssis fermé. — B, couvercle du châssis. — C, corps du châssis. — D, devant du châssis et volet.

M. Morgan, M. de Chennevières, M. Chardon, préparent, par des moyens analogues, des pellicules adhérentes au papier.

La compagnie américaine Eastman vend un papier, qui est généralement recherché, surtout pour le tirage des épreuves positives, mais le *papier Eastman* s'emploie également pour l'obtention des négatifs.

Le principal avantage du papier Eastman, c'est de se présenter sous forme de rouleaux qui, montés dans un châssis spécial, peuvent se dérouler à volonté, et donner des séries de vingt-quatre à quarante-huit épreuves, réunies sous le plus petit volume possible. Cette manière d'opérer rend de grands services, surtout pour la photographie instantanée. Le changement des glaces pour prendre des épreuves successives est, en effet, une grande difficulté, dans la photographie instantanée. L'emploi de papiers sensibles disposés en rouleaux est un excellent moyen de simplifier ce changement. Il suffit de tourner le cylindre, pour enrouler à sa surface l'épreuve qui vient d'être obtenue à la lumière et pour faire venir à sa place une nouvelle portion de papier qui recevra l'impression lumineuse.

La figure 37 (A, B, C, D) représente le *châssis à rouleau Eastman-Walker*, qui peut s'adapter à toute chambre obscure, quelles que soient ses dimensions.

Cet ingénieux appareil, qui a été popularisé en France par M. Nadar, se compose d'un double système de bobines (fig. 38). Le papier négatif a été enroulé, à la fabrique,

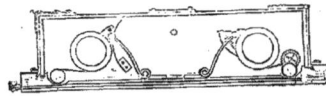

Fig. 38.

au moyen d'une machine spéciale qui lui donne une tension uniforme, sur une bobine, que l'on place dans le châssis, dans une rainure et qui est fixée par une vis (fig. 39). Le papier, passant sur une planchette qui

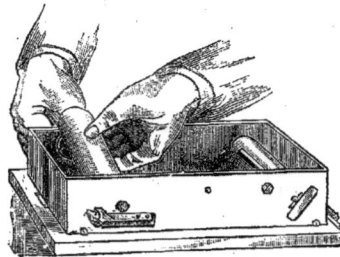

Fig. 39.

le maintient rigide pendant l'exposition à la lumière (fig. 40), est fixé ensuite par pression sur une baguette de cuivre (fig. 41). Dès qu'il est en pression, le papier est enroulé, au moyen d'une clef, sur la bobine opposée. Ce mouvement prépare un nouveau déroulement de papier sensible et une nouvelle exposition à la lumière.

Un frein automatique assure et régularise la tension du papier, en raison des va-

Fig. 40.

riations de la température ; en outre, un indicateur extérieur fait connaître lorsque le papier est en bonne position pour opérer,

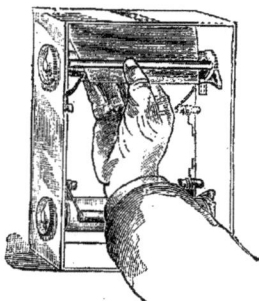

Fig. 41.

et un perforateur automatique sert à tracer une série de trous qui délimitent la séparation exacte entre les clichés consécutifs. M. Nadar a complété l'appareil américain en y ajoutant un *marqueur*, s'adaptant aux châssis à rouleau et indiquant automatiquement le nombre de poses déjà faites, renseignement qui est d'une grande utilité pratique. Le *marqueur* de M. Nadar se compose d'une roue à encliquetage portant,

en chiffres, sur sa surface, le nombre de poses effectuées, qui peut aller jusqu'à 50.

Les papiers négatifs au gélatino-bromure ne sont pas assez transparents pour servir au tirage des épreuves positives. On a donc l'habitude de commencer par le rendre transparent à l'aide de la vaseline.

M. Nadar opère comme il suit. Il enduit d'huile de ricin, à l'aide d'un pinceau, le papier sur ses deux faces, puis il y passe un fer chaud. La chaleur et la pression ayant fait pénétrer l'huile dans tout le tissu du papier, on essuie avec soin, on plonge quelques instants dans un vernis à l'alcool, puis on sèche. Le vernis emprisonne l'huile et rend le cliché inaltérable. Le tirage est presque aussi rapide

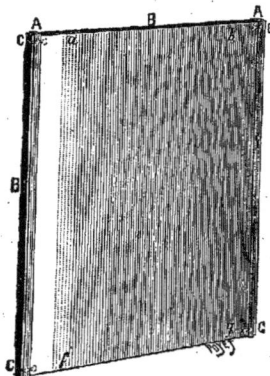

Fig. 42. — Extenseur de pellicules.

qu'avec le verre et les épreuves n'offrent aucune trace de pointillé ni de granulé.

Pour tirer des épreuves avec les papiers négatifs ou les pellicules, il faut, à défaut du matériel précédent, un appareil pour maintenir la couche sensible parfaitement plane. Si l'on opère dans l'atelier, on peut couper le papier en feuilles de grandeur convenable, et les tendre comme on le fait souvent pour le dessin, mais les fabricants vendent un grand nombre d'appareils extenseurs pour cet usage, et qui s'adaptent à tous les modèles de chambres noires.

Un extenseur de pellicule fort simple est représenté (fig. 42). C'est un cadre-châssis A, B, C, sur lequel on étend la pellicule *a b f g* que l'on tire au moyen des pinces C.

Le *porte-membrane Eastman* est un autre appareil, très pratique. Il est formé d'une mince planchette, composée de feuilles de bois collées ensemble, pour éviter tout gauchissement, et d'un cadre métallique à bords rabattus, qui sert à fixer la feuille de papier négatif sur la planchette. Le papier est ainsi parfaitement tendu.

CHAPITRE V

LA RETOUCHE DES CLICHÉS. — LA CONSERVATION DES NÉGATIFS.

Théoriquement, un cliché négatif devrait être sans défaut, et n'exiger aucune correction. Mais cet idéal ne se réalise jamais. Les clichés négatifs présentent des piqûres transparentes, et même des taches, qui se traduisent en points blancs, sur le positif. Dans le portrait, le visage montre les taches de rousseur et les verrues. Il faut que l'art intervienne, pour corriger les défauts du procédé : l'objectif a exagéré les imperfections du modèle, il faut les atténuer, pour ne pas produire une image trop réaliste.

L'appareil nécessaire pour retoucher les épreuves est aujourd'hui bien connu. C'est un pupitre (fig. 43) composé de trois châssis à charnières, qui se développent en forme de Z. Le châssis horizontal, en bois, encadre une glace étamée, qui renvoie la lumière sur le châssis incliné, lequel se trouve au milieu, et qui est formé d'une glace dépolie assez grande pour qu'on puisse y poser le cliché. Le châssis supérieur, qui est en bois plein, fait fonction d'abat-jour. Il peut soutenir un voile noir qui, tombant des deux côtés et derrière l'opérateur, l'empêche

d'être gêné par la lumière extérieure, et lui permet de voir l'épreuve et d'en juger tous les défauts.

Fig. 43. — Pupitre à retouches.

Le cliché est ainsi complètement éclairé par transparence.

Le *pupitre à retouches* peut être remplacé par le moyen suivant. On pose sur une table une feuille de papier blanc, de chaque côté de laquelle on dispose quelques livres formant deux piles, espacées entre elles d'une largeur un peu moindre que celle du cliché. On applique le cliché par ses bords, entre les livres, et la feuille de papier sert de réflecteur.

Pour retoucher un cliché, il faut commencer par le vernir à chaud, mais le crayon prend mal sur cette couche, et il faut préparer la surface qui doit recevoir le crayon. Pour cela, on prend de la cendre de bois bien tamisée, ou de la poudre d'os de seiche très fine, et avec le doigt indicateur on en frotte doucement toutes les parties où devra porter la retouche. La couche de vernis étant ainsi dépolie, le crayon mord très bien à sa surface.

Les retouches se font avec un crayon Faber (fig. 44) taillé en pointe très fine. Elles ne peuvent porter que sur les parties transparentes du cliché épais, et les rendre plus opaques. Ce travail demande beaucoup d'attention.

On commence par enlever, avec le grattoir,

toutes les petites taches ou irrégularités, qui se traduiraient par autant de points, plus ou moins clairs, sur le portrait. Si une ombre est trop dure, on peut, avec le crayon, ménager une demi-teinte, qui l'adoucisse. On marque bien le point visuel du portrait, et on atténue les rides du visage, en passant à plusieurs reprises le crayon coloré sur la ligne claire qui représente ces rides.

Fig. 44. — Crayons à retouches.

Il n'est pas toujours nécessaire de procéder avec autant de soin. Dans la plupart des cas, quelques parties du cliché ont seules besoin de recevoir une teinte générale, qui leur donne un peu plus d'intensité, soit pour rendre ces parties plus légères comme demi-teintes, si l'épreuve est trop uniforme, soit pour permettre à d'autres parties trop dures d'arriver au point voulu, si le cliché est heurté. On peut accentuer, par le même moyen, la séparation des plans, adoucir des masses de verdure trop foncées, etc. On applique, pour cela, au dos de l'épreuve des couches de collodion ou de vernis teinté.

Nous terminerons ce chapitre par quelques mots sur la conservation des clichés négatifs.

Les clichés négatifs sur verre s'enferment généralement dans une boîte à rainures, dite *boîte à glaces*, que nous avons représentée dans les premières pages de cette Notice (fig. 1).

Au lieu d'employer les boîtes à rainures, on peut empiler les glaces les unes sur les autres, en les mettant à nu dos à dos, et en séparant les faces par trois ou quatre doubles de papier-joseph. On fait un paquet par douzaine de clichés, et on enveloppe ce paquet avec un fort papier, dont on colle les parties rabattues, pour éviter des épaisseurs de cire ou de ficelle qui, interposées entre les paquets, pourraient occasionner des ruptures. Ces paquets mis dans des caisses, avec du foin ou des rognures de papier, peuvent voyager sans danger.

Si les négatifs sont des pellicules de gélatine, on les conserve entre des buvards bien secs. Pour assurer leur *planité*, il est préférable de ne pas les mettre dans des cahiers reliés, la reliure faisant presque toujours goder le papier. On prépare des feuilles de papier buvard coupées un peu plus grandes que les épreuves ; on interpose un cliché entre chaque feuille, et on serre le tout entre deux planches, avec des sangles à boucles. Des boîtes avec planchettes à ressort semblables aux châssis positifs seraient parfaites pour conserver les clichés pelliculaires.

CHAPITRE VI

LE TIRAGE DES ÉPREUVES POSITIVES. — L'ANCIEN PROCÉDÉ DE TIRAGE DES POSITIFS SUR LE PAPIER AU CHLORURE D'ARGENT. — LES NOUVEAUX PROCÉDÉS DE TIRAGE DES POSITIFS. — LE TIRAGE AU PLATINE, AU CHARBON, AU FER, AU GÉLATINO-BROMURE D'ARGENT.

Le procédé de tirage des positifs encore le plus répandu est celui au chlorure d'argent, c'est-à-dire le tirage sur le papier imprégné d'une certaine quantité de chlorure d'argent, qui noircit dans les parties qui reçoivent la lumière par les clairs du négatif, et qui reproduit ainsi une image *directe*, ou *positive*, du modèle.

Dans les *Merveilles de la science*, nous avons longuement traité du tirage des épreuves positives sur le papier imprégné de chlorure d'argent, et représenté le châssis à pression dans lequel on place l'épreuve

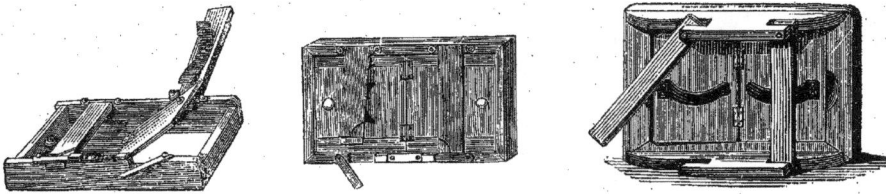

Fig. 45, 46, 47. — Châssis-presse.

négative avec le papier chloruré, pour l'exposer à la lumière diffuse. Nous avons également fait connaître les moyens de débarrasser le papier des parties de chlorure d'argent non impressionnées par la lumière, c'est-à-dire le *fixage* de l'*épreuve positive*, ainsi que le *virage*, pour donner à l'épreuve le ton voulu. Nous n'avons donc pas à revenir sur ce sujet. Nous nous bornerons à décrire les appareils qui servent aujourd'hui au tirage des épreuves au chlorure d'argent ; car ces appareils ont reçu, depuis la publication de notre Notice, certains changements ou perfectionnements.

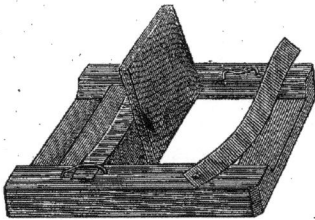

Fig. 48. — Châssis-presse anglais.

Les figures 45, 46, 47, 48 représentent les châssis-presse, tels qu'on les emploie aujourd'hui pour le tirage des épreuves au chlorure d'argent.

Nous disons que le tirage des épreuves positives sur le papier imprégné de chlorure d'argent est le procédé encore le plus universellement répandu. Ce n'est pas qu'il soit absolument exempt d'inconvénients. On a reconnu, dès les premiers temps de la création de la photographie sur papier, que les épreuves obtenues sur le papier au chlorure d'argent ont le grave défaut de s'altérer avec le temps. C'est par suite d'un défaut de soin dans le lavage de l'épreuve, que ce fâcheux résultat se produit. En effet, la plus faible trace de chlorure d'argent, ou d'hyposulfite de soude, laissée dans la masse du papier, par suite d'un lavage trop peu continué, altère l'épreuve, qui, au bout de quelques années, pâlit, sous l'influence de la lumière, et finit par disparaître presque en entier. Sans doute un lavage long et rigoureux met à l'abri de ce danger, mais il faut toujours s'en préoccuper, car le meilleur opérateur n'est jamais certain que le temps n'altérera pas un jour les dessins qu'il a obtenus avec le plus de soin.

C'est pour parer à cet inconvénient fondamental que, dès l'origine de la photographie sur papier, on a cherché de nouveaux moyens de tirage des positifs, et ici se rangent les nouveaux procédés de tirage, à savoir :

1° Au charbon ;
2° Au sel de platine ;
3° Au sel de fer ;
4° Au gélatino-bromure d'argent.

Procédé au charbon. — Le tirage des épreuves par ce procédé est fondé sur le phénomène chimique que Poitevin découvrit, il y a bien des années, et qui consiste en ce que la gélatine mélangée de bichromate de potasse est influencée par la lumière, de façon à devenir insoluble dans l'eau, même dans l'eau chaude ; tandis que la gélatine non touchée par la lumière demeure soluble dans l'eau, et peut être enlevée par des lavages. Dès lors, si l'on prépare un papier contenant un mélange de bichromate de potasse et de gélatine, et qu'à ce mélange on ajoute une poudre insoluble dans l'eau, c'est-à-dire non impressionnable à la lumière, du charbon, par exemple, on aura un papier sur lequel s'imprimera fidèlement le modèle primitif.

Si, en effet, on expose une feuille de papier enduite de gélatine colorée par de la poudre de charbon, sous un cliché négatif, qu'on l'expose à la lumière un temps suffisant, et qu'on lave ensuite à l'eau tiède, la gélatine se dissoudra dans les parties que les noirs du cliché auront protégées contre les rayons lumineux, et entraînant avec elle la poudre colorée, elle laissera apparaître la surface blanche du papier. Au contraire, dans les parties claires qui ont reçu la lumière, la gélatine, devenue insoluble, reproduira par la couleur noire du charbon les ombres du modèle, après le lavage.

Pour préparer le *papier au charbon*, on fait dissoudre 200 grammes de gélatine dans un litre d'eau chaude, et on la mélange avec de la poudre de charbon. On étend ce mélange sur le papier, et on applique ce papier sur une glace bien horizontale disposée préalablement. Quand ce mélange adhère suffisamment au papier, on enlève la feuille, et on la fait sécher. Il faut ensuite sensibiliser le papier, en le trempant dans un bain de bichromate de potasse à 5 pour 100, en opérant dans l'obscurité.

Cependant on n'a pas en général la peine de préparer soi-même son papier : on le trouve dans le commerce. Quand on veut s'en servir, on n'a qu'à le sensibiliser, en le faisant flotter sur une dissolution de bichromate de potasse ou de chromate d'ammoniaque, à 3 pour 100 d'eau, et en opérant dans l'obscurité.

On laisse flotter le papier trois minutes, et on le laisse sécher dans l'obscurité. Il faut seulement se servir des feuilles sensi-bilisées dans les 24 heures ; car au bout de quelque temps, le mélange de bichromate et de gélatine devient insoluble spontanément.

Dans le tirage au charbon, la durée de l'exposition à la lumière est environ moitié plus petite que dans le tirage au papier à chlorure d'argent. Il y a seulement dans le *tirage au charbon* une particularité à signaler. La couche sensible ressemble à une toile cirée, et ne laisse apparaître d'image qu'au moment du fixage. On ne peut donc suivre les progrès de la venue de l'épreuve. Pour se rendre compte du temps nécessaire au tirage, il faut se servir d'un *photomètre*.

Le *photomètre de Vidal* est le plus employé par les photographes dans l'industrie qui nous occupe.

Le photomètre de M. Léon Vidal est fondé sur les colorations successives que prend un papier au chlorure d'argent, selon l'intensité de la lumière qui le frappe. On prend des bandes de papier recouvertes de chlorure d'argent, dans l'obscurité, et on les expose à la lumière du jour, un temps variable, de manière à obtenir toutes les nuances, depuis le brun-clair jusqu'au plus foncé. On compare ces teintes avec celles obtenues avec le papier bichromaté fourni par le commerce. Après un ou deux essais préalables, on sait que l'exposition précise d'un cliché doit correspondre à telle ou telle teinte, pour donner une bonne épreuve avec le papier bichromaté. On note sur le cliché le numéro qui correspond à cette teinte, et on opère à coup sûr, avec le papier chromaté.

Il y a, dans le *procédé au charbon*, un grand inconvénient : c'est que, dans les demi-teintes, la couche de gélatine ne subissant qu'imparfaitement l'action de la lumière n'est insoluble qu'à la surface, et que la partie profonde du mélange, n'ayant pu être attaquée, se dissout, pendant qu'on traite le papier par l'eau chaude. Dès lors, la pellicule impressionnée dans ces parties, n'adhérant pas au papier, est exposée à s'arracher.

Cette difficulté a été surmontée par un artifice très ingénieux, dû à M. l'abbé Laborde (1858), et à M. Fargier (1859). Le papier gélatino-chromaté a deux faces : l'une extérieure, et l'autre qui touche au support. On développe l'image par la face qui n'a pas reçu l'impression de la lumière, c'est-à-dire par la face adhérente au support.

Pour cela, on colle sur l'épreuve non encore développée un papier préparé spécialement, que l'on nomme *papier de transfert*, et on place le cliché négatif dans l'eau tiède. Le support se détache peu à peu ; l'image adhère au nouveau support, et y conserve ainsi toutes ses finesses.

On fixe l'épreuve par un passage à l'alun et un lavage à l'eau froide.

L'opération du *transfert* oblige forcément à retourner le cliché, car la droite est devenue la gauche et inversement. Pour la redresser, il faut transporter de nouveau l'image terminée, sur un dernier support, qui est le support définitif, où elle se retrouve dans le vrai sens.

En faisant usage de *pellicule* pour obtenir l'épreuve négative, l'opération du retournement est plus facile ; il n'y a qu'à prendre la face opposée à celle qui a reçu l'impression lumineuse pour épreuve définitive.

Tel est le procédé dit au *charbon*, non que le charbon intervienne comme agent photographique, puisque chimiquement c'est un corps absolument inerte, mais parce que la poudre de charbon (qui pourrait être remplacée par une matière pulvérulente colorée quelconque, pourvu qu'elle soit insensible à l'action de la lumière) sert à garantir le papier de l'impression lumineuse.

La description que nous venons d'en donner suffit pour faire comprendre que ce mode de tirage est d'un emploi plus long que le procédé au chlorure d'argent. Il a, toutefois, l'avantage de donner des épreuves inaltérables, et il est surtout employé par les opérateurs qui se servent des procédés pelliculaires.

Si l'on remplace le charbon par des poudres diversement colorées, on obtient des photographies de couleurs différentes, selon la matière ajoutée, ou selon la couleur du papier qui sert de support. C'est ainsi que l'on obtient des images rouges, violettes, bleues, etc.

Le *tirage au charbon* qui a joui d'une grande vogue, pendant vingt ans, a été à peu près abandonné depuis la création du procédé au gélatino-bromure.

Procédé au platine ou *platinotypie*. Un procédé de tirage des positifs qui est, au contraire, encore en grande faveur aujourd'hui, c'est la *platinotypie*, c'est-à-dire le tirage des positifs sur du papier enduit d'un sel de platine. On obtient par cette méthode des images qui ressemblent à des dessins au crayon ou au fusain, genre qu'affectionnent beaucoup d'amateurs. Mais leur principal avantage, c'est que l'épreuve positive étant composée d'un métal inaltérable, le platine, est absolument indestructible, et sous ce rapport, le tirage au platine doit être recommandé de préférence au tirage au chlorure d'argent. Ajoutons que les manipulations sont simples, rapides, et que l'impression par la lumière exige beaucoup moins de temps qu'avec les papiers au sel d'argent.

Toutes ces considérations expliquent la faveur dont jouit aujourd'hui le tirage des épreuves positives au sel de *platine*.

Le commerce fournit du *papier au platine*, pour les tirages des épreuves positives. On le conserve dans des étuis contenant du chlorure de calcium, substance avide d'eau, qui empêche le papier de s'altérer par l'humidité.

Voici comment le *papier au platine* est préparé dans le commerce. On encolle du papier avec une dissolution de gélatine, d'arrow-root ou de varech, en prenant 10 grammes de gélatine pour 300 grammes d'eau, et on fait flotter ce papier dans un bain chromaté à 18 degrés et contenant 3 grammes d'alun dissous dans 200 centimètres cubes d'alcool.

Pour sensibiliser ce papier, on le plonge, en opérant dans l'obscurité dans une dissolution de chlorure double de platine et de potassium et d'oxalate de peroxyde de fer, dans les proportions de 24 centimètres cubes de solution de platine et 22 centimètres cubes de solution de fer pour 4 centimètres cubes d'eau distillée.

La lumière agit sur le sel de platine en réduisant le sel à l'état métallique et laissant un dépôt de platine pur.

Le *papier au platine* est d'une couleur jaune citron qui, par l'action de la lumière, se modifie jusqu'à la teinte gris-foncé, ce qui permet de suivre l'action de la lumière sur la couche sensible. L'image n'apparaît donc pas comme sur le papier au chlorure d'argent.

Pour *développer*, c'est-à-dire pour faire apparaître l'image, on se sert d'un bain composé de 300 grammes d'oxalate neutre de potasse pour un litre d'eau.

Ce bain est placé dans une cuvette en tôle émaillée, que l'on chauffe environ à 70°, sur un fourneau à gaz.

Après le développement on lave les épreuves dans deux ou trois bains d'acide chlorhydrique à 1,5 p. 100 pour enlever le sel de platine et de fer non impressionné. Enfin on lave et on sèche.

On trouve dans le commerce un *papier de platine*, dit *à la sépia*, parce qu'il fournit des épreuves d'un ton plus foncé que le papier de platine ordinaire, et qui est analogue à celui de la *sépia* ou de l'encre de Chine étendue. Ici le chlorure de platine est mélangé de chlorure de palladium. Les ombres sont plus rigoureusement dessinées qu'avec le *papier au platine* ordinaire.

On tire les épreuves au *papier sépia*, comme avec le papier de platine pur. Il faut seulement ajouter au bain de développement du carbonate de soude, ou du succinate de soude, et selon quelques opérateurs, du benzoate d'ammoniaque.

Le tirage au platine donne des épreuves un peu *flou*, comme disent les artistes, c'est-à-dire n'ayant pas la finesse des lignes des épreuves obtenues par les sels d'argent, surtout avec les papiers albuminés, mais l'extrême finesse n'est pas la qualité que les amateurs recherchent toujours, et l'on apprécie souvent mieux que le léché d'un dessin, le vague et l'estompé, qui rappellent les grands ensembles de la nature.

Tirage sur le papier au gélatino-bromure. — Un moyen fort employé aujourd'hui consiste à faire les tirages positifs sur des papiers enduits de gélatino-bromure d'argent, le même produit qui sert à obtenir l'épreuve négative. Ce papier, qui se trouve dans le commerce, est fabriqué en France par M. Marion, M. Morgan, M. Lami, et en Amérique par M. Eastman. Ce qui le fait rechercher par les photographes, c'est sa grande impressionnabilité, et le peu de temps qu'exige l'exposition à la lumière. En effet, la clarté d'un bec de gaz suffit pour l'impressionner, en quelques secondes. On évite ainsi cette longue exposition à la lumière du jour, qui était nécessaire quand on opérait avec le papier au chlorure d'argent, et on peut travailler à toute heure.

La sensibilité de ce papier est telle qu'en une seconde, à la lumière du jour, et en dix secondes, avec un bec de gaz, placé à 30 centimètres de distance, l'effet est produit. On peut donc obtenir l'épreuve positive sur le même papier qui a servi à donner

Fig. 49. — Meubles et accessoires rustiques construits en bois et en liège pour servir de fond aux photographies.
(Modèles Faller.)

l'épreuve négative. Il faut seulement, quand on veut opérer vite, mouiller le papier devant servir au tirage positif, et appliquer sur sa surface l'épreuve négative, encore humide, que l'on vient de retirer du bain. L'eau empêche les deux surfaces impressionnées de se coller l'une à l'autre, et permet de les séparer facilement après l'impression lumineuse.

Pour développer l'image, quand on emploie les papiers Morgan, Marion et Eastman, on se sert d'un bain de 100 grammes d'oxalate de potasse à 25 p. 100 un peu acidulé, de 15 grammes de sulfate de fer à 3 p. 100 acidulé, et de 2 grammes de bromure de potassium à 2 p. 100. On opère comme il suit.

On commence par tremper l'épreuve dans l'eau, pour la ramollir et éviter les bulles d'air. Ensuite on l'égoutte et on la place dans le bain révélateur, le côté impressionné en dessus. L'image apparaît graduellement. On arrête son développement quand les ombres ont atteint la valeur désirée. Après le bain révélateur, on passe l'épreuve, à trois reprises, dans une solution d'acide acétique très étendu, renouvelée chaque fois, et qui sert à dissoudre le sulfate de fer et à l'empêcher de pénétrer dans les fibres du papier. Ensuite on la lave à l'hyposulfite de soude pur, et à grande eau.

Les papiers au gélatino-bromure employés aux tirages positifs ont l'avantage d'une extrême rapidité, mais ils portent en eux un germe de destruction : c'est l'hyposulfite de soude, comme les épreuves tirées au chlorure d'argent. Sous ce rapport on ne saurait prédire à ce procédé un grand avenir, et les tirages au papier platiné ou au charbon assurent seuls une durée indéfinie.

Tirage aux sels de fer. — Il faut consigner ici le tirage aux sels de fer des épreuves positives, parce qu'il est d'un emploi considérable dans les bureaux d'ingénieurs, de constructeurs, de mécaniciens et d'architectes, quand il s'agit de reproduire écono-

miquement et rapidement des dessins et des plans tracés sur papier transparent.

Remarquons cependant que les dessins qu'il s'agit de reproduire ne sont pas des épreuves photographiques, mais des dessins ordinaires et que, sous ce rapport, les procédés de tirage aux sels de fer sortent du domaine des faits que nous considérons ici, c'est-à-dire de la reproduction des épreuves positives. Cette remarque faite, nous pouvons passer en revue et décrire le mode de reproduction aux sels de fer.

Il existe aujourd'hui de nombreux moyens de reproduire par un papier photogénique des dessins ou des épreuves, sans se servir d'aucun appareil, à la seule condition de rendre ces objets transparents. Le modèle sert de cliché, pour obtenir une épreuve négative sur papier. Cette dernière, rendue transparente, est employée, à son tour, comme cliché, pour donner de nouvelles épreuves, qui alors sont positives. Par ce moyen on obtient des copies, qui reproduisent tous les détails du modèle avec ses propres dimensions.

Pour ces reproductions, industrielles, en quelque sorte, on pourrait employer un papier photographique quelconque fourni par le commerce. L'usage a prévalu, dans les bureaux des dessinateurs de machines, chez les ingénieurs et les constructeurs, de faire ces tirages en blanc sur un fond bleu, ou en bleu sur un fond blanc.

Le papier qui sert à cet usage et qui se trouve dans le commerce se prépare en mélangeant deux dissolutions, l'une d'une partie de citrate de fer et d'ammoniaque dans quatre parties d'eau, l'autre d'une partie de prussiate de potasse rouge dans six parties d'eau. On mélange les deux liquides, et on conserve à l'abri de la lumière. Pour l'étaler sur le papier, on se sert d'une brosse et on fait usage de papier huilé.

C'est le papier qui sert à tirer les épreuves. On le place dans un châssis-presse, et si l'on veut obtenir des épreuves à traits blancs sur un fond bleu, on place le modèle dans le châssis, le côté dessiné touchant la glace, afin d'éviter le renversement de l'image ; et l'on met par-dessus un papier imprégné de ferro-prussiate de potasse, la face sensible du côté du dessin. On expose le tout à la lumière, dans le châssis-presse. Le papier contient un sel de fer (ferrocyanure de potassium) que la lumière réduit en donnant du bleu de Prusse (cyanure de fer et de potassium).

Après un temps convenable d'exposition lumineuse, on plonge le papier dans de l'eau pure, en opérant dans l'obscurité, et on le lave jusqu'à ce que l'eau cesse d'être colorée. L'excès de sel de fer non impressionné est enlevé par l'eau, et le bleu de Prusse fixé demeure sur le papier.

On a ainsi une épreuve négative, car les parties claires de l'objet sont indiquées par une teinte bleue et les traits noirs sont reproduits en blanc, puisqu'ils ont arrêté l'action lumineuse et empêché la formation du bleu de Prusse.

Si l'on veut obtenir des épreuves positives à traits bleus sur un fond blanc, on tire d'abord une épreuve négative en opérant à peu près comme il vient d'être dit. Le cliché négatif transparent ainsi obtenu sert à tirer l'épreuve positive donnant des traits bleus sur un fond blanc. Pour cela, on place le cliché négatif dans le châssis-presse, le côté sensible en contact avec le cliché. On produit ainsi un second renversement de l'image qui corrige le premier, l'épreuve positive est donc identique au modèle.

Après le fixage et le lavage, on a une copie à traits bleus sur fond blanc.

Tirage des positifs sur verre. — Les photographes font souvent des tirages d'épreuves positives sur verre. C'est ce qu'il faut faire quand ce cliché a été fendu, ou lorsque, ayant été trop développé, il nécessiterait une trop longue exposition pour le tirage.

Dans le premier cas, on fait la retouche de la fente sur le positif et une autre retouche sur le négatif, et le mal est réparé ; dans le second cas, on tire une épreuve sur une plaque sensible. L'épreuve positive étant sèche, on recommence la même opération, et on a un cliché négatif, qui est plus doux que l'original, et qui fournira un bon tirage.

Le grand emploi des épreuves positives sur verre, c'est la reproduction des objets d'histoire naturelle, d'appareils de physique, de mécanique, d'astronomie, ou les vues de monuments, qui doivent servir aux projections, dans l'enseignement et les cours publics. Il y a là un grand débouché de photographies positives sur verre. Le commerce de l'optique fournit ces clichés, mais il est facile de les produire soi-même, pour des recherches, ou pour des conférences et cours, en opérant comme il suit :

On emploie des glaces au gélatino-bromure, pour obtenir l'image négative, et on la développe aux sels de fer, selon le procédé ordinaire. Pour tirer l'épreuve positive, on emploie également la glace gélatino-bromurée. On obtient ainsi des épreuves de petit format, qui, agrandies dans la lanterne magique servant aux projections, rendent très bien les détails du modèle.

Les épreuves photographiques tirées sur verre et recouvertes de vernis copal ont été employées, dans ces derniers temps, pour remplacer économiquement les vitraux peints des églises. On s'en est servi également pour imiter en noir les vitraux colorés qu'il est de mode aujourd'hui de placer aux fenêtres.

CHAPITRE VII

LES AGRANDISSEMENTS. — APPAREILS NOUVEAUX POUR
L'ÉCLAIRAGE DES LENTILLES GROSSISSANTES.

Le besoin de l'agrandissement d'une image photographique se présente assez souvent.

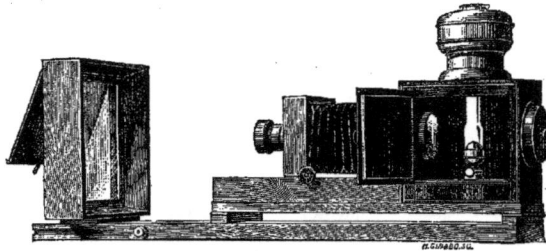

Fig. 50. — Appareil d'agrandissement avec une lampe à pétrole.

Le voyageur qui s'est contenté de prendre un très petit cliché d'une vue, d'un monument ou d'un paysage, doit s'occuper, au retour du voyage, d'agrandir cette image aux dimensions ordinaires. Pour obtenir un portrait de grandes dimensions, que recherchent quelques amateurs, il serait peu commode de préparer un cliché dépassant une certaine mesure. On pourrait sans doute y parvenir, mais c'est une opération difficile, et qui exige un matériel de grandes dimensions, que l'on possède rarement. Les fabricants de plaques au gélatino-bromure fournissent aujourd'hui de très grandes glaces à des prix fort accessibles. Là n'est donc pas la difficulté. Elle vient de l'appareil optique ; car pour produire une très grande image il faut que le modèle et la glace sensible soient tous les deux à la même distance de l'objectif, cette distance étant égale au double de la longueur focale. C'est ce qui nécessiterait une chambre noire énorme. En outre, le modèle, à cause de sa grande dimension, serait fort peu éclairé. De là la nécessité d'objectifs à large ouverture et à long foyer. Enfin, la pose est toujours très longue, et quand il s'agit d'un portrait, l'immobilité étant rarement obtenue, on peut perdre plus d'une glace, par une pose manquée.

Toutes ces raisons font comprendre que, pour obtenir de grandes images, on procède généralement du petit au grand, c'est-à-dire que l'on prend un petit cliché, que l'on s'occupe ensuite d'agrandir.

L'opération de l'agrandissement est de date ancienne en photographie, et de bonne heure on a possédé le matériel nécessaire à l'amplification d'une épreuve. Nous avons consacré un long chapitre dans les *Merveilles de la science* (1) à cette question. Nous avons représenté l'appareil à agrandissement du photographe américain Woodward (fig. 78, page 121) qui est éclairé par la lumière solaire, ainsi que l'appareil d'agrandissement de Monckoven (fig. 79 et 80). Nous n'avons pas, par conséquent, à revenir sur cette question, et nous renvoyons le lecteur, pour tout ce qui concerne l'agrandissement des photographies au moyen d'appareils éclairés par le soleil, aux pages sus indiquées des *Merveilles de la science.*

Cependant le soleil n'est pas l'hôte assidu des climats moyens ou septentrionaux, et d'ailleurs, son éclat varie selon les saisons. La rapidité d'impression des plaques que l'on emploie aujourd'hui permet de se contenter d'une lumière moins brillante que celle du soleil. De là est venue la construction de nouveaux appareils d'agrandissement, dans lesquels la lumière solaire est remplacée par des lumières artificielles, telles que la lumière provenant de la combustion du magnesium, le gaz oxhydrique et la lumière électrique.

Nous avons donc à faire connaître ici les

(1) Tome III, page 119-124.

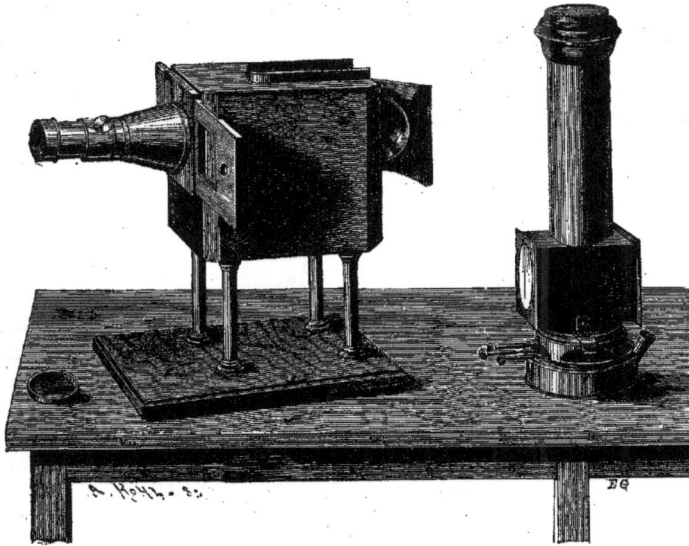

Fig. 51. — Appareil d'agrandissement de M. Merville.

appareils nouveaux d'éclairage artificiel qui servent aux agrandissements.

La figure 50 représente un appareil d'agrandissement éclairé par une simple lampe à pétrole. La lanterne, noircie à l'intérieur, arrête complètement toute lumière autre que celle de la lampe. Une lentille de verre qu'on aperçoit par la porte ouverte éclaire le cliché placé derrière cette lentille. En éloignant le soufflet de la chambre obscure on recule plus ou moins l'objectif pour obtenir le grossissement désiré. Un chariot destiné à recevoir la glace dépolie se meut sur une règle en bois, qui assure son parallélisme avec le cliché.

M. Merville construit un appareil d'agrandissement monté sur des colonnes de cuivre, que l'on voit sur la figure 51, qui

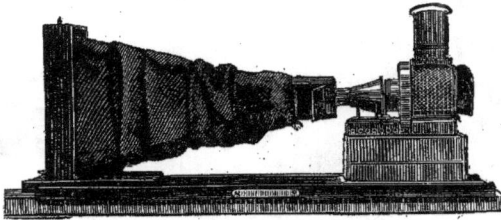

Fig. 52. — Autre appareil d'agrandissement.

s'éclaire avec une lampe à pétrole à trois mèches. La lentille éclairante du *condensateur* se compose de deux lentilles plan-convexe. Le faisceau lumineux obtenu va de 0^m,50 à 2 mètres de diamètre avec la lampe à pétrole. Avec l'éclairage électrique, le diamètre du faisceau lumineux irait jusqu'à 3 et 4 mètres.

M. Faller appelle *lanterne universelle* un appareil (fig. 52) qui se compose de l'instrument de grossissement, d'un chariot avec soufflet à crémaillère et d'un châssis négatif mobile.

La figure 53 représente un appareil d'agrandissement avec chambre noire attenante, dont les dispositions diffèrent peu de celles des précédents, et qui s'éclaire également avec le pétrole.

Citons enfin la lanterne Morgan (fig. 54) qui donne également de très bons résultats, notamment avec le papier Morgan au gélatino-bromure. Elle est éclairée par une lampe à pétrole à trois larges mèches, et se prête aussi bien aux projections qu'aux agrandissements.

Outre la lumière du magnesium et du pétrole, on a fait récemment usage, pour éclairer la lanterne magique des photographes, de sulfure de carbone brûlant dans du bioxyde d'azote,

Fig. 53. — Appareil d'agrandissement avec chambre noire.

et le même effet a été obtenu plus économiquement, en faisant brûler du soufre dans du gaz oxygène. La lumière électrique est enfin quelquefois mise à contribution pour remplacer la lumière solaire.

C'est sur le papier positif au chlorure d'argent que l'on projette l'image agrandie par les appareils que nous venons de décrire. Mais le papier au

Fig. 54. — Lanterne Morgan pour agrandissements.

chlorure d'argent est d'une faible impressionnabilité, et la pose est nécessairement fort longue avec cette surface chimique. On a voulu, pour accélérer la fabrication d'un cliché agrandi, se servir des agents rapides, c'est-à-dire faire emploi de papier au gélatino-bromure de M. Marion, de M. Morgan ou

de M. Eatsman. On obtient, avec ces papiers, une impression très rapide. Seulement, tandis qu'avec le papier au chlorure d'argent il suffit de laver l'épreuve à l'hyposulfite de soude, pour la terminer, ici il faut développer l'image, c'est-à-dire la traiter par l'oxalate de fer, ainsi que nous l'avons exposé en traitant du développement des images obtenues sur une surface gélatino-bromurée.

Le *chevalet Nadar* (fig. 55) est très commode pour soutenir les glaces ou les papiers sur lesquels on projette l'image qu'il s'agit d'agrandir ; le chevalet glisse sur des rails. Il contient une boîte-magasin, où se trouve un rouleau de papier Eastman, qu'on développe à mesure des besoins. Du côté opposé à celui destiné aux agrandissements, une planchette à rebord sert d'appui aux tableaux, portraits et dessins à reproduire ou à agrandir. Une crémaillère verticale et des glissières guident les mouvements avec précision.

Le lecteur remarquera que la manière d'opérer qui vient d'être décrite consistant à produire une seule épreuve par l'amplifi-

Fig. 55. — Chevalet Nadar-Eastman.

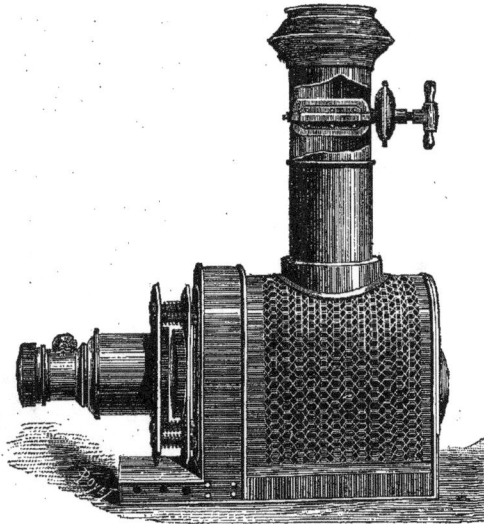

Fig. 56. — Appareil de projection en usage dans les cours
et conférences.

cation d'un petit cliché a l'inconvénient d'exiger autant de poses nouvelles qu'on veut tirer de positifs. Si l'on a besoin de pratiquer des retouches, il faut les faire sur chaque positif. On préfère, avec juste raison, tirer sur verre une épreuve du petit cliché de même taille, et ce positif transparent est placé ensuite dans l'appareil d'agrandissement, pour le projeter, non plus sur un papier, mais sur une glace sensible, qui se trouve transformée en un grand cliché. Grâce à ce grand cliché, on tire autant de positifs qu'on veut. La retouche, si elle est nécessaire, se fait une fois pour toutes sur les négatifs.

C'est ainsi que l'on opère généralement.

Aux agrandissements des photographies se rattache la jolie opération des projections, qui est la joie des spectateurs et auditeurs des conférences scientifiques et des cours de sciences diverses. Dans une conférence d'astronomie, de physique, d'histoire naturelle, le professeur projette sur un écran blanc,

au moyen d'un appareil ordinaire d'agrandissement, tel que le représente la figure 56, les images d'astres, d'appareils ou instruments divers, d'objets d'histoire naturelle, etc., etc. Ce procédé est une véritable opération d'agrandissement. Seulement, dans ce cas, l'image que l'on obtient n'est pas conservée, n'est pas fixée. Elle n'a pour but que de faire apparaître, pour quelques instants, à tout un auditoire, des objets amplifiés dans leurs dimensions. Faire des projections, c'est donc opérer un agrandissement photographique.

Cela est si vrai que l'appareil de M. Molteni, qui est en usage dans les conférences, pour produire des projections, est également installé chez les photographes, pour servir à l'agrandissement des clichés. Seulement, comme nous le disions plus haut, le photographe fixe et conserve l'image agrandie, tandis que le conférencier se contente de la montrer sur l'écran, et de remplacer aussitôt par une autre la projection amplifiante.

Fig. 57. — Mouvement d'un sauteur de corde saisi par la photographie instantanée.

CHAPITRE VIII

LES APPLICATIONS NOUVELLES DE LA PHOTOGRAPHIE. — SES APPLICATIONS AUX SCIENCES NATURELLES. — ÉTUDE DES MOUVEMENTS DES ANIMAUX PAR LA PHOTOGRAPHIE INSTANTANÉE. — LA PHOTOGRAPHIE APPLIQUÉE AUX TRAVAUX MICROSCOPIQUES. — APPAREILS NOUVEAUX.

Les applications de la photographie sont devenues innombrables. Dans l'état présent de la science, de l'industrie et des besoins sociaux, une opération chimique qui fixe instantanément et fidèlement toutes les scènes de la nature, tous les faits, tous les détails, tous les documents écrits, quels qu'ils soient, doit nécessairement intervenir dans une quantité de circonstances impossibles à dénombrer. D'après le but de cet ouvrage, nous n'avons à considérer que les applications de la photographie aux sciences naturelles et aux sciences physiques, et

nous devons nous attacher uniquement à celles que nous n'avons pas mentionnées dans la Notice sur la photographie des *Merveilles de la science*.

Les faits que nous avons à passer en revue, les appareils que nous avons à faire connaître, pour exposer les applications récentes de la photographie aux sciences naturelles et physiques, ont besoin d'être distribués dans un ordre méthodique. Nous distinguerons, pour la clarté de ce qui va suivre :

1° Les applications récentes de la photographie aux sciences naturelles ;

2° Les applications récentes de la photographie aux sciences physiques (météorologie, physique, astronomie);

3° Les applications nouvelles de la photographie à l'imprimerie et à la gravure ;

4° L'emploi des appareils photographiques par les voyageurs, savants, ou simples touristes ;

Fig. 58. — Le saut à la perche, d'après une photographie instantanée.

5° Enfin les applications d'ordre varié, présentant un intérêt spécial.

APPLICATIONS NOUVELLES DE LA PHOTOGRAPHIE AUX SCIENCES NATURELLES.

C'est l'étude des mouvements rapides de l'homme ou des animaux, mouvements qui n'auraient jamais pu être saisis et enregistrés avant la découverte de la *photographie instantanée*, qui a le plus frappé, dans ces derniers temps, l'attention du public. Pouvoir reproduire par des dessins, grâce à la glace sensible, les diverses périodes du vol des oiseaux, de la progression de l'homme ou des animaux, du galop d'un cheval, etc., c'est un tour de force qui peut donner l'idée des ressources infinies de la science actuelle.

C'est à un savant physicien et physiologiste français, le professeur Marey, que sont dus les premiers essais consistant à saisir et conserver l'image de phénomènes tellement rapides qu'il est presque impossible de les fixer, et dont notre œil même ne nous donne souvent qu'une idée imparfaite, à cause de la persistance des images sur la rétine, qui empêche la succession trop prompte de la série des impressions visuelles. La photographie, qui n'a pas le défaut de cette persistance naturelle de l'impression de la surface sensible, permet seule de séparer les impressions lumineuses que donne la succession d'un mouvement, chez les animaux ou chez l'homme.

Le professeur Marey avait donc pu, grâce à la photographie, ébaucher ce curieux genre d'études. Mais à l'époque où M. Marey exécuta les premiers travaux en ce genre, la *photographie instantanée*, la photographie au gélatino-bromure d'argent, n'était pas connue, et les résultats qu'il obtint étaient fort incomplets. La découverte de la *photographie instantanée* vint permettre de résoudre, avec une extrême élégance, le problème de la découverte des mouvements des animaux.

Ce ne fut pas cependant M. Marey qui entra le premier dans cette nouvelle voie. Il fut devancé par un photographe américain, M. Muybridge, de San Francisco, qui sut, le premier, photographier, à des intervalles égaux et très courts, les différentes parties des membres des animaux en mouvement pendant la marche.

Comment le photographe américain a-t-il obtenu ces résultats? Muybridge, quand il s'agit de photographier les mouvements du galop d'un cheval, par exemple, dispose à côté les unes des autres trente chambres obscures, munies chacune d'un obturateur électrique, en les plaçant à 33 centimètres l'une de l'autre. Le cheval galopant le long d'une piste passe devant les 30 objectifs, et sur son chemin il brise de petits fils conducteurs tendus à travers le sol, à une certaine hauteur. En se brisant, chaque fil détermine la fermeture d'un courant électrique, qui va découvrir et refermer aussitôt un des obturateurs de la chambre noire. Au devant de l'objectif est un écran blanc, vertical, sur lequel l'animal se détache vigoureusement; ce qui permet de prendre plus nettement l'image photographique.

En développant les trente images ainsi formées sur la plaque de gélatino-bromure, on obtient les positions des membres du cheval pendant le galop.

C'est par un procédé semblable que M. Muybridge a fixé les différentes positions d'un chien levrier à la course, du cerf, du taureau, du bœuf. L'homme en mouvement fut également fixé sur la plaque sensible par M. Muybridge, qui obtint huit images d'un clown faisant le saut périlleux.

Les photographies de M. Muybridge furent envoyées, en 1859, à Paris, où elles firent beaucoup de sensation. Les physiologistes y voyaient un moyen de décomposer, comme l'avait fait M. Marey, les mouvements naturels des animaux; les artistes se rendaient mieux compte des attitudes des animaux pendant leurs mouvements de progression, de course, de saut, etc.

On ne tarda pas à imiter, à Paris, les curieuses expériences du photographe américain. C'est ainsi qu'un photographe, M. A. de Lugardon, a obtenu l'image des sauteurs tels que nous les reproduisons, à la page précédente, dans les figures 57 et 58.

M. Marey s'empressa de suivre la voie qui lui était ouverte, et il se distingua par des perfectionnements fondamentaux, qu'il apporta au procédé américain.

En effet, M. Muybridge, comme on vient de le dire, prenait plusieurs images successives d'un animal en mouvement, sur une série de plaques. Mais en opérant ainsi, on ne peut connaître exactement le temps qui sépare les différentes impressions. Il est bien plus avantageux, au lieu d'opérer sur des plaques différentes, d'opérer sur une seule et même plaque. Il faut seulement que la plaque conserve toute sa sensibilité, d'une pose à l'autre.

M. Marey, est parvenu à résoudre cette difficulté par l'emploi de l'instrument que l'éminent astronome français, M. Janssen, avait imaginé pour l'observation photographique des éclipses de soleil, et qu'il avait appelé le *revolver photographique*.

M. Marey, appliquant à l'étude des mouvements des animaux le *revolver photographique* de M. Janssen, a pu reproduire les différentes attitudes d'un coureur vêtu de blanc, qui passait devant un écran noir. Un obturateur à plusieurs trous, mû par un mécanisme d'horlogerie, tournant devant l'objectif, démasquait cet objectif, à intervalles égaux. Le fond étant complètement noir ne produisait aucune impression sur la plaque, mais on fixait, à chaque ouverture, l'homme dans une nouvelle attitude et dans un autre point. On pouvait ainsi déterminer les distances parcourues entre chaque pose.

Les figures ci-dessous, qui représentent les photographies prises par M. Marey pour la course et la marche de l'homme, montrent la succession des mouvements qui se produisent dans la marche. Les positions du

Fig. 59. — La course de l'homme, saisie dans ses mouvements successifs par la photographie instantanée.

membre gauche sont teintées en gris, pour mieux faire comprendre ces positions.

Pour l'étude du vol des oiseaux, M. Marey a employé l'appareil qu'il nomme *fusil photographique*, et dont voici la description.

Au fond du canon d'un fusil est un objectif photographique. Une culasse cylindrique qui contient un mouvement d'horlo-

Fig. 60. — La course de l'homme, saisie dans ses mouvements successifs par la photographie instantanée.

gerie est placée sur la crosse. Quand on appuie sur la détente du fusil, le ressort fait tourner un disque, percé d'une étroite fenêtre, qui laisse pénétrer ainsi, douze fois par seconde, la lumière au fond du canon. La plaque sensible, de forme circulaire, avance, après chaque pose, d'un douzième de tour, et peut alors recevoir une nouvelle image. Douze clichés peuvent être pris de cette manière en une seconde. Un appareil de changement de plaques instantané permet de changer vingt-cinq fois la plaque sensible. La mise au point se fait en allongeant ou en raccourcissant le canon ; ce qui déplace l'objectif. On s'assure que la mise au point est faite, en observant par une ouverture faite à la culasse l'image reçue sur un verre dépoli, qui doit être d'une grande netteté.

La figure ci-dessous montre l'image des formes successives d'un pigeon en état de vol, pris par M. Marey. On voit que les pattes de

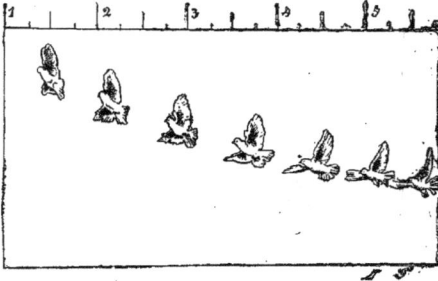

Fig. 61. — Images successives d'un pigeon volant.

l'oiseau se portent très vivement en avant et cachent la tête de l'animal, et qu'en outre elles s'abaissent et s'infléchissent pendant toute la durée de cette période d'abaissement.

M. Marey a également multiplié ses études sur la fixation par la photographie des mouvements de l'homme et des animaux, et il a, d'ailleurs, beaucoup varié les dispositions et le mode d'emploi de ces délicats appareils. Nous ne pouvons suivre le savant physiologiste dans le développement de ces études, d'un ordre spécial. Il nous suffit d'avoir exposé le principe général de l'une des plus intéressantes découvertes de la physiologie moderne.

Après l'application de la photographie à l'histoire naturelle des grands animaux et de l'homme, vient son application à l'étude des petits êtres et des éléments des tissus organiques. La plaque sensible recevant et conservant l'image des objets naturels que l'anatomiste ou le physiologiste a besoin d'étudier dispense celui-ci d'une observation longue et fatigante. L'opérateur peut,

en même temps, par l'agrandissement, faire voir cette même image à une assistance nombreuse.

Nous avons décrit dans notre Notice des *Merveilles de la science* (1) les premiers résultats de la *photographie micrographique*. Nous avons parlé des travaux du Dr Donné et de Léon Foucault, nous avons dessiné l'appareil de Bertsh, et reproduit, dans des figures spéciales, les dessins obtenus par l'appareil de ce dernier opérateur (fig. 108-111).

Depuis les travaux de Bertsh, la photo-micrographie est entrée largement dans la pratique des études des naturalistes. En France, M. Nachet, en Allemagne, M. Mayer, en Angleterre, MM. Hodgson, Shadboldt et Wenham, se sont appliqués à perfectionner, tant le microscope qui sert à produire l'image, que les appareils photographiques qui la fixent et la perpétuent.

Voici, d'après les travaux de ces divers savants, en quoi consistent les appareils qui servent, dans les laboratoires des naturalistes, à prendre les clichés photographiques des objets amplifiés par l'appareil optique.

Il s'agit de mettre l'objet microscopique au point de la vision, en manœuvrant la vis de l'instrument à la manière ordinaire, pour voir bien nettement l'objet, puis de remplacer l'oculaire du microscope par une surface photogénique, sur laquelle se forme l'image qui, tout à l'heure, n'existait que sur la rétine de l'œil de l'observateur, et à impressionner ainsi la plaque photographique. Cette plaque est ensuite traitée comme une épreuve photographique ordinaire, c'est-à-dire qu'on développe l'image, et qu'on la fixe par les procédés habituels.

Dans tout microscope il faut très vivement éclairer les objets; car, destinés à être grossis par la lentille de l'instrument, ils ont besoin de concentrer une grande quantité

(1) Tome III, pages 163-170.

de lumière, pour demeurer bien éclairés après leur grossissement.

En lisant dans les *Merveilles de la science* la description de l'appareil de Bertsh, qui fut le premier de ce genre, on a vu que l'éclairage de cet appareil était produit par le soleil. L'appareil de Bertsh se fixait, en effet, au volet d'une chambre fermée, et on recevait les rayons du soleil réfléchis par un miroir plan mobile. Mais l'emploi de la lumière solaire est sujet à bien des incertitudes, car le soleil manque souvent dans les climats du Nord, et l'intensité de son éclat est très variable. La lumière oxhydrique, ou *lumière Drummond*, est d'un usage dispendieux, et quelquefois dangereux. L'éclairage au magnesium est d'une durée bien courte. Une lampe à pétrole a assez de puissance pour remplacer le soleil ou la lumière oxhydrique. Cependant, après avoir essayé ces divers moyens d'éclairage intense, on a fini par se contenter de la lumière diffuse, en la concentrant par une série de lentilles, qui recueillent toute la quantité de lumière ambiante.

Les objets placés dans l'appareil photo-micrographique sont donc éclairés par un miroir argenté, qui envoie, parallèlement à l'axe du microscope, un faisceau de lumière, lequel venant tomber sur une puissante lentille est réduit à un filet lumineux, d'une puissance considérable.

Voici la disposition de l'appareil le plus généralement employé aujourd'hui pour l'impression photographique des images des objets vus au microscope.

M est le miroir argenté qui reçoit le faisceau de lumière réfléchie par le miroir plan argenté I; un diaphragme, E, arrête la partie du faisceau lumineux qui serait perdue et ne laisse passer que la quantité de lumière qui peut être utilisée pour l'éclairage de l'objet. D est la lentille convergente qui concentre les rayons lumineux en un filet unique, pour l'envoyer dans l'ins-

trument. H est un simple écran que l'on enlève quand on veut opérer, c'est-à-dire laisser arriver la lumière sur l'objet. M est, comme il vient d'être dit, le miroir argenté mobile à la main, qui reçoit la lumière envoyée par le miroir plan I et la lentille D, et la rejette sur le corps placé sur le porte-objet F.

Pour obtenir l'image photographique de l'objet étudié, on manœuvre à l'aide de la vis le tuyau du microscope, en regardant par l'oculaire placé en B, c'est-à-dire à l'extrémité du tube. Quand on voit bien l'objet agrandi par le jeu des lentilles inté-

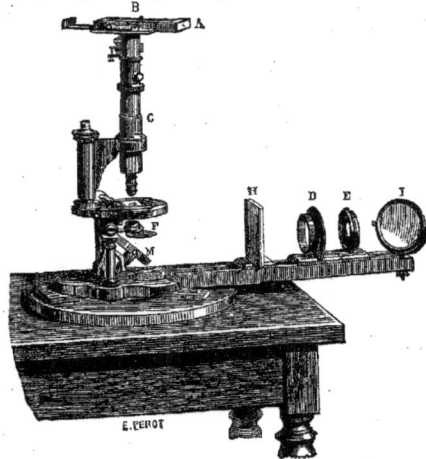

Fig. 62. — Appareil pour la production des épreuves photo-micrographiques.

rieures du microscope, on enlève l'oculaire et on le remplace par un petit châssis photographique A, contenant la plaque sensible. A cet effet, sur l'extrémité du microscope est fixée une platine bien dressée, sur laquelle le châssis peut se poser très exactement. La plaque que renferme ce châssis est de très petites dimensions, elle est seulement de 9 centimètres de long sur 4 de large. Bien entendu que la platine qui supporte le châssis est percée d'un trou, pour laisser passer la lumière.

Tout étant ainsi disposé, on fait glisser dans sa rainure la planchette inférieure du châssis, de manière à impressionner la surface sensible, et on le referme, au bout du temps de pose jugé nécessaire. Il ne reste plus qu'à porter le châssis dans l'atelier obscur, pour opérer le développement et le fixage de l'image.

Quelle est la substance sensible dont on fait usage, pour la photographie microscopique? Les glaces au gélatino-bromure sont seules employées, tant en raison de leur rapide sensibilité, que parce qu'elles évitent les préparations préalables qu'un photographe exécute fort bien, mais qui déconcerteraient le naturaliste, ou lui feraient perdre inutilement du temps.

Cependant, comme les plaques albuminées donnent des images bien plus fines que les glaces au gélatino-bromure, les opérateurs désireux d'obtenir des épreuves irréprochables feront bien de se servir de plaques albuminées, quitte à faire exécuter les préparations préalables par des hommes du métier.

Comment se fait le tirage de l'épreuve positive? Le papier au chlorure d'argent sert d'ordinaire à ce tirage. Cependant, pour avoir plus de finesse, il vaut mieux tirer sur un papier au collodion; car le papier au chlorure d'argent est nécessairement d'une texture grenue et poreuse, qui enlève la finesse des traits et rend l'image flou. Le collodion, au contraire, par son velouté, accuse les détails les plus fins, et les demi-teintes conservent ainsi une douceur et une transparence complètes.

Rien n'empêche, d'ailleurs, de reporter sur le papier, par une dernière opération, l'épreuve sur collodion.

Le procédé que nous venons de décrire et l'appareil que nous avons figurés sont le plus généralement en usage dans les laboratoires d'histoire naturelle. Il existe cependant une deuxième méthode, qu'il est nécessaire de décrire, car elle comporte un appareil particulier.

Nous venons de voir la manière de recueillir et de fixer l'image de l'infiniment petit. Dans ce cas, des appareils de faible dimension, un simple châssis, suffiraient; mais s'il s'agit de fixer des images d'un plus grand développement, d'embrasser de plus grandes étendues, par exemple de reproduire l'ensemble d'un organe ou un animal grossi, un insecte ou une partie du corps de cet insecte amplifiés, pour montrer sa structure interne, alors le simple châssis ne suffit plus, il faut en revenir à l'appareil de Bertsh, que nous avons décrit dans les *Merveilles de la science*, c'est-à-dire adjoindre à un microscope une chambre obscure complète. Dès lors, il ne sera plus nécessaire d'amplifier le cliché pour le faire servir aux études, il conservera la dimension que lui aura donnée l'objectif du microscope, avec la chambre obscure à laquelle il est accolé.

Il y a beaucoup d'appareils micrographiques appliqués à une chambre noire et servant à fixer l'image d'objets d'histoire naturelle, petits animaux entiers, tels que bacilles, microbes, ou même insectes complets.

Nous représentons d'abord l'appareil construit par le docteur Roux (fig. 63). Le microscope est fixé sur une plaque tournante, AB, ce qui permet de choisir la partie de l'objet se prêtant le mieux à la reproduction. La chambre noire, CD, est à soufflet, et peut prendre un développement de 1ᵐ,20. Elle se meut sur une rainure, grâce au chariot qui la supporte. Le châssis portant la plaque sensible est placé à l'extrémité, E, de la boîte. Dans ce châssis, est la plaque de verre dépoli, qui doit recevoir l'image agrandie par la lentille intérieure du microscope. La partie antérieure de la chambre obscure est en rapport avec le microscope M. L'éclairage de l'objet est obtenu par une lanterne L, dans laquelle brûle une forte lampe à pétrole. La partie du faisceau

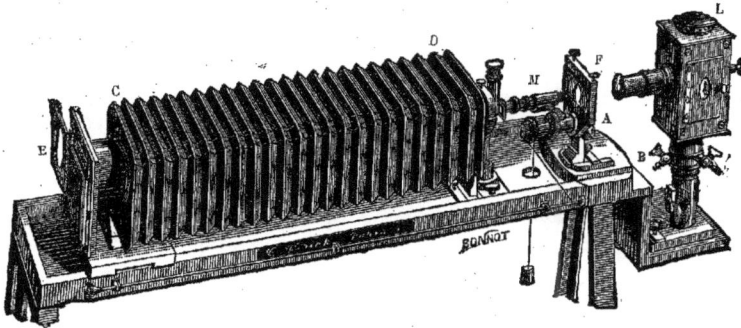

Fig. 63. — Appareil du Dr Roux pour les épreuves photo-micrographiques prises dans la chambre noire.

lumineux qui serait perdue pour l'éclairage de l'objet est arrêtée par l'écran F.

M. Moitessier, professeur à la Faculté de médecine de Montpellier, à qui l'on doit un excellent ouvrage sur la *Photographie appliquée aux recherches micrographiques*, emploie, pour les vues micrographiques obtenues dans la chambre noire, l'appareil que représente la figure ci-contre; et dans lequel, comme dans le précédent, on donne au microscope une position horizontale, afin de pouvoir diriger le

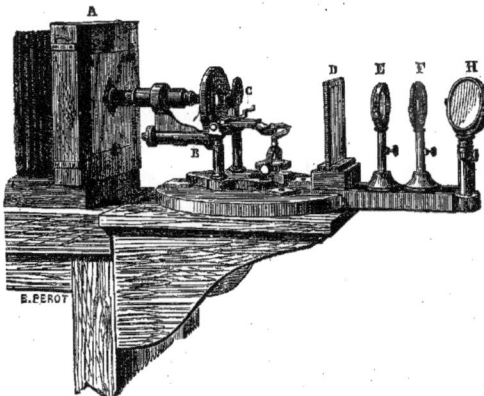

Fig. 64. — Appareil de M. Moitessier pour la photo-micrographie dans la chambre noire.

faisceau lumineux dans l'ouverture de la chambre noire pour impressionner la plaque posée verticalement.

Cet appareil est semblable, en principe, à celui que représentait la figure 62. Il se compose du microscope et de l'ensemble du miroir, diaphragme et lentille, destinés à produire l'éclairage de l'objet, le tout identique à ce que nous avons décrit plus haut. Le miroir mobile H, le diaphragme F, la lentille convergente E produisent le filet lumineux, et pénètrent dans le microscope M. La chambre obscure, A, est accolée au microscope horizontal; l'objectif de ce microscope est enlevé et remplacé par l'objectif de la chambre noire, ou plutôt par le corps du microscope privé de son oculaire, ce qui donne une chambre noire munie d'un objectif de microscope. Les deux instruments sont raccordés au moyen de l'écran F, qui ne laisse passer aucun rayon de lumière étranger au puissant filet lumineux qui pénètre dans la chambre obscure.

Si la nature de l'objet à photographier ne permet pas de le placer verticalement devant l'objectif, on dispose au haut du microscope un prisme transparent, à réflexion totale, qui, réfléchissant l'image à travers sa substance, rend le filet lumineux horizontal et le renvoie dans la chambre obscure, avec cette direction.

Il est bon de dire que les images microscopiques obtenues dans la chambre obscure sont beaucoup moins fines et précises que celles que donne le simple objectif du microscope impressionnant une plaque. Sans doute on peut arriver à donner à l'image la grandeur que l'on désire, en augmentant, grâce au soufflet, la longueur de la chambre obscure. Des détails qui seraient inaperçus deviennent ainsi appréciables. Mais ce que l'on gagne en surface, on le perd en netteté, et les images ont toujours ce vague, ce *flou* qui caractérise les projections d'une chambre obscure.

Cette remarque fera comprendre la différence qui existe entre les épreuves micrographiques obtenues par l'un et l'autre de ces systèmes que nous venons de décrire.

CHAPITRE IX

LES APPLICATIONS DE LA PHOTOGRAPHIE AUX SCIENCES PHYSIQUES. — LES INSTRUMENTS ENREGISTREURS, THERMOMÉTROGRAPHE, BAROMÉTROGRAPHE, MAGNÉTO-GRAPHE.

Dans les sciences physiques on fait une continuelle investigation des phénomènes de la nature. La physique et la météorologie reposent sur des observations méthodiques de la température, de la pression atmosphérique, de l'humidité de l'air, de la direction et de l'intensité des vents, des mouvements de l'aiguille aimantée, du degré d'électricité atmosphérique, etc. Mais l'obligation de consulter sans cesse les instruments, et d'en noter les indications, dépasserait les limites du plus grand dévouement et de la patience la plus robuste. On a donc cherché, de bonne heure, à substituer à l'homme des machines, qui enregistreraient elles-mêmes les observations des instruments de physique.

Il est assez curieux de noter que ce désir fut réalisé dès le dernier siècle. En 1772, le navigateur Magellan avait trouvé le moyen de construire des thermomètres et des baromètres, qui, par un effet mécanique, enregistraient leurs propres indications.

Nous n'avons pas besoin de dire que l'inscription des observations par de simples organes mécaniques était impossible à généraliser, avec les ressources dont on disposait au siècle dernier. C'est à la photographie qu'il appartenait de fournir les moyens de résoudre cet intéressant et utile problème.

Aujourd'hui, dans la plupart des observatoires météorologiques, si nombreux et si répandus en tous pays, le physicien est délivré de l'ennui, de la fatigue et de l'assujettissement de lire et d'inscrire les chiffres représentant la température, la pression atmosphérique, etc. La photographie exécute la besogne. Nous donnerons une idée sommaire de la manière dont sont disposés aujourd'hui les appareils enregistreurs fondés sur la photographie.

Pour le baromètre, on utilise la partie supérieure du tube, là où est l'espace connu sous le nom de *vide de Torricelli*. Le mercure, en s'élevant et s'abaissant dans cet espace, selon les variations de la pression de l'air, arrête, en raison de son opacité, le passage de la lumière à travers sa substance. Si l'on projette un rayon lumineux sur le vide de la colonne barométrique, et que l'on place derrière celle-ci un papier photographique impressionnable, et se déroulant d'un mouvement uniforme, on aura une impression ou une absence d'impression sur la surface sensible, selon les variations de la pression atmosphérique. La lumière d'un bec de gaz, ou celle d'une lampe à pétrole, sont les sources d'éclairage avec lesquelles on a réussi pour ce genre d'appareils, et le papier au chlorure d'argent est l'agent chimique impressionné par ces lumières.

Le *thermométrographe*, ou *thermomètre enregistreur*, est disposé à peu près comme le *barométrographe*. Seulement, la lumière ne passe pas par l'espace vide situé au-dessus du mercure. Elle traverse une petite bulle d'air, qui a été introduite à l'avance dans la petite colonne de mercure du thermomètre. La lumière ainsi transmise produit sur le papier sensible un point noir, et le déroulement méthodique du papier permet de déterminer l'instant où chaque point a été produit.

Dans les observatoires météorologiques, on emploie, pour les températures et les pressions, des instruments enregistreurs diversement disposés. Il nous serait difficile de décrire en particulier les *barométrographes* et les *thermométrographes* en usage aujourd'hui dans les divers observatoires; nous signalerons seulement le bel appareil que M. Salleron a construit pour l'observatoire de Kiew, et qui est à la fois un *barométrographe* et un *thermométrographe*. Il enregistre même, simultanément avec les températures et les pressions, les variations de l'humidité de l'air.

Les variations de l'aiguille aimantée en déclinaison et en inclinaison sont également enregistrées, dans les observatoires météorologiques, par la photographie.

A l'extrémité de l'aiguille aimantée est attaché un petit miroir sur lequel la lumière d'une lampe vient se réfléchir, et le rayon réfléchi vient tomber sur un papier impressionnable placé dans une chambre noire, en y traçant un arc d'autant plus grand que sa distance à cette surface photographique est plus considérable. Au moindre mouvement de l'aiguille aimantée, la marque du rayon réfléchi se déplace sur l'écran, suivant la marche de l'aiguille, et sans en laisser perdre la plus petite oscillation.

Le papier photographique se déroule d'un mouvement uniforme; il fait en vingt-quatre heures une révolution sur son axe.

A la fin de la journée on retire le papier, on développe les traits, et on les fixe par les procédés ordinaires.

La ligne continue ainsi obtenue indique la marche du rayon lumineux réfléchi par le miroir fixé à l'aiguille aimantée, et représente ses divers mouvements pendant les vingt-quatre heures.

Ce *magnétographe*, qui est de l'invention du docteur Brooke, fonctionne depuis bien des années à l'Observatoire de Greenwich.

On a vu, dans la Notice sur la *télégraphie atlantique*, que le procédé consistant à amplifier les mouvements de l'aiguille aimantée en munissant son extrémité d'un petit miroir, qui réfléchit la lumière d'une lampe, et envoie sur un écran cette image amplifiée, a été utilisé par sir William Thomson pour la construction du récepteur des signaux du câble atlantique.

Les variations de l'état électrique de l'air sont enregistrées, à l'Observatoire de Kiew, par un procédé analogue. Le *photo-électrographe* dû à l'ingénieur physicien Francis Ronalds est un véritable paratonnerre, muni d'un électroscope à feuilles d'or. On sait que les feuilles d'or de cet instrument s'écartent plus ou moins l'une de l'autre, selon leur degré d'électrisation par l'air ambiant. Dans cet instrument on éclaire les feuilles d'or par une lampe et ces deux surfaces métalliques réfléchissant la lumière projettent leur double image sur un papier impressionnable, qui se déroule d'un mouvement uniforme, par l'effet d'un mécanisme d'horlogerie. Les deux courbures sinueuses que l'on obtient ainsi, qui se rapprochent ou s'écartent à toute heure du jour, représentent l'état électrique de l'air pendant les vingt-quatre heures, et à chaque instant de cet intervalle.

Les appareils qui viennent de nous occuper n'en sont encore que dans la période des essais. Ils sont certainement appelés à se multiplier dans les Observatoires et les cabinets de physique, mais leur nombre est encore peu considérable, parce que leur prix est élevé, et qu'ils ont à combattre beaucoup de défiances, de la part de plusieurs savants. A l'Observatoire de Kiew, de Greenwich, à celui de Paris et dans celui de Meudon, on voit fonctionner des appareils enregistreurs auxquels toute confiance est accordée; mais ce ne sont là, il faut le reconnaître, que des exceptions dans le nombre immense d'établissements météorologiques installés dans tous les pays où la science est en honneur. Un jour viendra où la résistance que rencontre la méthode photographique sera vaincue, et le rôle des physiciens et de leurs aides se bornera alors à venir, à quelques heures d'intervalle, relever les papiers portant les indications des déterminations baromé-triques, magnétiques, etc. Ce seront alors les forces de la nature qui suffiront à ins-crire les changements intermittents qui se reproduisent dans leur propre sein. La nature opérera, l'homme se bornera à regarder et à compter.

CHAPITRE X

LES APPLICATIONS NOUVELLES DE LA PHOTOGRAPHIE A L'ASTRONOMIE. — LES PHOTOGRAPHIES DES ASTRES. — LE CONGRÈS POUR LA CARTE PHOTOGRAPHIQUE DU CIEL, SES DÉBUTS EN 1888.

L'application de la photographie à l'as-tronomie physique n'est pas de date ré-cente. Nous avons rapporté dans les *Mer-veilles de la science* (1) ses premiers débuts en exposant les résultats obtenus par MM. Warren de la Rue et Airy en Angle-terre, le père Secchi à Rome, M. Schmidt à Athènes, M. Rutherford à New-York, pour la photographie des principaux astres de notre système solaire. Mais ce genre

(1) Tome III, pages 154-160.

d'application de l'art photographique a pris de nos jours un développement considé-rable, et a abouti à la grande opération qui sera l'honneur scientifique de notre siècle. Nous voulons parler de l'exécution d'une carte du ciel par la photographie, projet arrêté dans un congrès mémorable d'astro-nomie qui s'est réuni à Paris en 1887, pour se concerter sur cette œuvre magnifique. Nous ferons connaître dans ce chapitre les dé-couvertes faites depuis l'année 1870 jus-qu'à ce jour, dans ce champ particulier de recherches.

Disons d'abord comment on opère pour obtenir l'épreuve photographique des astres, tels que planètes, satellites et comètes.

On comprend qu'une simple épreuve prise dans la chambre noire ne saurait donner une image suffisante d'un astre. Il faut nécessairement agrandir cette image par les objectifs des grands télescopes ins-tallés dans les Observatoires astronomiques et fixer ces images agrandies. Seulement, les verres des lunettes astronomiques sont achromatisés pour les rayons visibles, et non pour les radiations chimiques. La mise au point faite dans ces lunettes à la simple vue ne saurait être la même pour la photo-graphie : on n'aurait qu'une épreuve con-fuse. On est donc forcé de prendre des téles-copes dont l'objectif, formé d'un miroir concave argenté, est toujours achromatique pour tous les rayons. On remplace l'appa-reil réfringent qui forme l'oculaire par le papier photographique.

Nous n'avons pas besoin de dire que les télescopes destinés à la photographie cé-leste doivent pouvoir suivre le mouvement apparent de la sphère céleste, c'est-à-dire être montés équatorialement.

Ainsi que nous l'avons dit dans les *Mer-veilles de la science*, la lune et le soleil ont été les premiers astres photographiés par MM. Warren de la Rue, Airy, Grubb, le père Secchi et Rutherford.

Les éclipses de soleil vinrent fournir à la photographie céleste les moyens de próuver son utilité. L'instrument photographique a permis de découvrir des phénomènes que leur rapidité empêchait de laisser étudier. En 1862, Warren de la Rue à Riva Bellosa, le père Secchi et les observateurs espagnols au Discerto de las Palmas, obtinrent, pendant l'éclipse solaire, de belles photographies de la couronne du soleil, et pendant la même éclipse, la photographie fit reconnaître que les protubérances étaient partie constituante du soleil.

La couronne solaire fut observée dans les éclipses suivantes. Le 6 mai 1883, M. Janssen obtint, pendant l'éclipse totale, de belles épreuves, qui mirent en évidence d'importants détails de structure, et il put examiner avec soin les astres qui environnent le soleil. M. Janssen avait préparé deux grands appareils avec huit chambres photographiques qui avaient été dressées pour saisir le passage des planètes intra-mercurielles.

C'est en effet pour l'observation des passages des planètes sur le disque du soleil que la photographie rend de grands services et notamment pour l'examen des contacts extérieur et intérieur. On sait que M. Janssen fit installer pour le passage de Vénus sur le soleil, en 1882, une sorte de *révolverphotographique*, permettant d'obtenir rapidement un certain nombre d'épreuves.

On doit également à M. Janssen de remarquables photographies de la surface du soleil, obtenues en réduisant la durée de la pose.

C'est aux travaux de deux astronomes français, les frères Henry, de l'Observatoire de Paris, que sont dus les progrès immenses qui ont été faits récemment par la photographie céleste.

Voici dans quelles circonstances intéressantes MM. Prosper et Paul Henry ont été conduits à entreprendre ces recherches, qui devaient aboutir à la grande entreprise internationale de l'exécution de la carte entière du ciel par les procédés photographiques.

Depuis l'invention des lunettes et des télescopes, les astronomes ont sondé dans tous les sens les profondeurs du ciel. A l'aide de grossissements considérables, ils ont pu distinguer des millions d'étoiles, des milliers de nébuleuses, des comètes et des planètes qui fussent à jamais restées inconnues, si les observateurs avaient toujours été condamnés à faire usage, comme les anciens, de l'organe de la vue, sans le secours des instruments qui rapprochent des centaines et des milliers de fois les corps disséminés dans l'espace. Des catalogues et des cartes célestes ayant été dressés dans notre siècle, avec un soin minutieux, à l'aide des plus fortes lunettes, il semblait que le nombre des astres accessibles aux investigations dût rester à peu près stationnaire. Il n'en est rien cependant : grâce à la photographie, des étoiles, ainsi que des nébuleuses dont on ne soupçonnait pas l'existence, sont venues se dessiner sur des épreuves obtenues à l'Observatoire de Paris par les frères Henry. La photographie céleste, on peut le dire avec toute assurance, nous ménageait, sous leur impulsion, de magnifiques surprises.

La trace laissée sur la voûte céleste par la marche apparente du soleil (ou l'écliptique) est parsemée d'étoiles dont il importe de connaître exactement la position, car c'est dans cette région que se trouvent les planètes, les grosses comme les petites. On sait que celles-ci sont nombreuses ; 280 ont été trouvées jusqu'à 1889 circulant entre Mars et Jupiter. La recherche de ces astres a été singulièrement facilitée par la construction de cartes écliptiques, dont l'Observatoire de Paris s'occupe depuis longtemps.

Ce travail important, c'est-à-dire celui des cartes célestes, fut entrepris par Chacornac, en 1852. Interrompu à la mort de cet astronome, il fut repris, en 1873, par MM. Paul et Prosper Henry. Ces cartes représentent toutes les étoiles, jusqu'à la 13ᵉ grandeur, comprises dans la zone écliptique. Chacune de ces cartes, dans son cadre de 32 centimètres, représentant un carré de 5 degrés de côté sur le ciel, il en faudrait 72 semblables pour figurer toute la zone écliptique. 36 de ces feuilles, renfermant 36 000 étoiles, furent construites en 1886 par MM. Henry, qui en terminèrent bientôt d'autres contenant 15 000 étoiles. Ce travail, très long et très minutieux, était poursuivi avec persévérance par ces deux astronomes ; mais ils se trouvèrent arrêtés par la très grande difficulté que présente la partie du ciel où ils étaient arrivés, et qui contient la voie lactée. Dans cette partie, certaines feuilles auraient eu jusqu'à 15 000 ou 18 000 étoiles chacune. Avec une telle condensation d'astres, les procédés ordinaires deviennent à peu près inapplicables. MM. Henry songèrent donc à recourir à la photographie, déjà essayée dans plusieurs observatoires (à Meudon notamment) et qui avait donné en Angleterre de si remarquables résultats pour certains astres aussi pâles que la nébuleuse d'Orion.

La première tentative qu'ils firent, en 1884, avec un appareil provisoire, qui était insuffisant pour le but qu'on poursuivait, réussit pourtant fort bien.

Les épreuves que nous avons vues ont été obtenues avec un objectif de 16 centimètres de diamètre, et de 2ᵐ,10 de distance focale, achromatisé pour les rayons chimiques. Elles représentaient, sur une surface d'un peu moins de 1 décimètre carré, une étendue du ciel de 3 degrés en ascension droite et de 2 degrés en déclinaison, et l'on pouvait apercevoir sur le cliché 15 000 étoiles de la 6ᵉ à la 12ᵉ grandeur,

c'est-à-dire jusqu'à la limite de visibilité que permet un objectif de cette dimension. On sait qu'à la vue simple on ne peut apercevoir les étoiles que jusqu'à la 6ᵉ grandeur ; il n'y en a qu'une seule dans l'espace figuré sur l'épreuve dont il s'agit. Les diamètres de ces étoiles sont à peu près proportionnels à leur éclat, sauf pour les étoiles jaunes, qui viennent un peu plus faibles.

L'appareil photographique provisoire qui servit à faire ces essais se composait d'une caisse carrée de bois, adaptée à l'une des lunettes équatoriales du jardin, de 25 centimètres d'ouverture, qui formait un puissant chercheur, permettant de suivre les astres avec une très grande précision. On n'a pas employé les plaques au gélatino-bromure.

Les étoiles vinrent avec une telle netteté que nulle part on n'a obtenu des résultats aussi satisfaisants.

Ces premiers résultats engagèrent MM. Henry à construire un puissant appareil spécial pour photographier la voûte céleste.

L'appareil construit par les frères Henry, et qui est établi aujourd'hui à l'Observatoire de Paris, pour reproduire les images agrandies des astres ou des nébuleuses, se compose de deux lunettes juxtaposées, et contenues dans un même tube rectangulaire. L'objectif de la première lunette a 0ᵐ, 24 d'ouverture et 3ᵐ, 60 de foyer. C'est une sorte de *pointeur* ou de *chercheur*, car son axe optique est parallèle à celui de la lunette photographique. Les deux lunettes ont le même champ. On est donc certain de reproduire une portion du ciel sur le cliché, quand on voit cette même partie dans la première lunette. La seconde lunette, qui sert à la production de l'image photographique, a 0ᵐ,34 d'ouverture et 3ᵐ,43 de foyer. Elle est achromatisée pour les rayons chimiques. L'appareil est monté de manière à recevoir tous les mouvements convenables pour suivre la marche d'un astre.

Dès le 18 janvier 1886, on savait que MM. Henry avaient obtenu un succès dépassant toutes les espérances. En une heure de pose, ils avaient des clichés de 6 à 7 degrés carrés, sur lesquels étaient reproduits, avec un éclat. et une pureté de contours extrêmes, tous les astres, au nombre de plusieurs milliers, jusqu'à la 16ᵉ grandeur, c'est-à-dire bien au delà de la visibilité donnée par les meilleures lunettes sous le ciel de Paris. Des étoiles de 17ᵉ grandeur avaient même été obtenues en assez grand nombre, lesquelles n'avaient sans doute jamais été vues dans les meilleures lunettes.

Outre les étoiles, on découvrit aussi, quelquefois, sur les clichés, d'autres objets, invisibles dans les plus grands instruments : telle est la nouvelle nébuleuse des Pléiades, citée plus haut.

La séparation des étoiles doubles et multiples se trouvera ainsi grandement simplifiée, à l'avenir.

De belles images des principales planètes et des satellites furent obtenues; plusieurs épreuves laissaient voir des étoiles inconnues jusqu'ici.

La nébuleuse d'Orion montra très nettement ses plus faibles détails.

C'était donc là un nouveau et immense champ d'études ouvert à l'activité des astronomes. Tout observateur pourra désormais, profitant d'une belle soirée, recueillir avec un appareil photographique convenable deux ou trois clichés, contenant chacun plusieurs milliers d'astres d'une pureté de définition irréprochable et d'une exactitude absolue de position, et ces clichés, transportés dans son cabinet de travail, lui procureront plusieurs mois de recherches fructueuses, à l'aide d'un simple microscope muni d'une vis micrométrique.

Ajoutons que cette étude se fera avec bien plus de facilité et moins de fatigue qu'avec ces lunettes de dimensions exceptionnelles, qu'on construit aujourd'hui, à

grands frais, dans divers Observatoires, sans qu'on soit encore assuré qu'elles auront une supériorité bien sensible sur les instruments de moyenne dimension actuellement en usage, et qui, d'ailleurs, ne peuvent être utilement employés que par de belles nuits, assez rares sous le ciel de Paris.

Un devoir impérieux s'imposait donc aux

Fig. 65. — M. l'amiral Mouchez, directeur de l'Observatoire astronomique de Paris.

astronomes : c'était d'entreprendre immédiatement le levé photographique de la carte complète du ciel, pour léguer aux astronomes des siècles futurs l'état du ciel à la fin du dix-neuvième siècle.

M. Mouchez, le savant directeur de l'Observatoire astronomique de Paris, qui a eu la belle pensée de faire procéder au travail dont nous parlons, par le concours général des astronomes de tous pays, expliqua, dans une note présentée, en 1886, à l'Académie des sciences de Paris, comment ce vaste travail, réparti sur tout le globe, entre huit ou dix Observatoires bien situés, pourrait se faire sans grands frais, en quelques années, et permettrait de fixer la position actuelle de vingt ou trente millions d'étoiles.

Quand on songe que c'est au milieu de l'atmosphère si troublée de Paris qu'ont été obtenues les photographies d'étoiles inférieures à la 16° grandeur, il est difficile d'imaginer la quantité prodigieuse d'astres nouveaux qui viendraient se révéler sur les clichés de MM. Henry, si ces astronomes pouvaient établir leurs appareils sous le ciel si pur des tropiques, ou dans des stations aussi favorables que le Pic du Midi, en France. Peut-être obtiendraient-ils alors des étoiles de 18° grandeur. En pénétrant plus profondément dans le ciel qu'on ne l'a fait jusqu'ici, leurs clichés prendraient sans doute, à quelque distance, l'apparence d'une nébulosité continue, comme le ciel lui-même, dans les belles nuits tropicales.

Bien des corps inconnus ayant une marche sensible pendant une heure ou deux de pose, comme les petites planètes, les comètes, la planète trans-neptunienne, si elle existe, ou des satellites encore inconnus, révéleraient leur existence par le tracé de leur route au milieu des étoiles fixes, comme cela a déjà eu lieu pour Pallas.

Le Congrès pour l'exécution de la carte du ciel par les procédés photographiques, s'est réuni à Paris, pour la première fois, au mois d'avril 1887.

Dans la séance de l'Académie des sciences du 18 avril 1887, le président, M. Janssen, annonçait la présence de nombreux astronomes de divers pays, venus à Paris pour ce congrès.

« Au nom de l'Académie, dit M. Janssen, je souhaite la bienvenue aux savants qui sont venus pour assister au Congrès qui doit fixer les conditions dans lesquelles doit s'effectuer la photographie de tout le ciel. On se rappelle qu'à propos des beaux travaux des frères Henry, concernant la reproduction du ciel étoilé, on décida d'exécuter une photographie complète de tous les astres qui parsèment le firmament, avec le concours des observateurs de tous les pays. D'après le désir de M. Mouchez, directeur de l'Observatoire de Paris, l'Académie s'est chargée de faire les invitations. Elle a la satisfaction de remercier les astronomes qui ont bien voulu venir coopérer à l'œuvre scientifique qui doit donner l'état exact de la voûte céleste à la fin du dix-neuvième siècle. Soixante membres étrangers font partie de ce Congrès, qui sera présidé par M. Struve, directeur de l'observatoire de Pulkova. Deux séances ont déjà été tenues ; les questions se succèdent rapidement ; on a déjà arrêté les grandeurs des étoiles qui seront photographiées, ainsi que le genre des instruments à employer. »

Les réunions eurent lieu à l'Observatoire, du 16 au 25 avril 1887. On comptait 56 astronomes, appartenant à seize nations différentes.

Sans entrer dans le détail des travaux présentés par les membres de cet important aréopage scientifique, nous rapporterons les conclusions votées par le Congrès. Ce sont les suivantes :

1° Les progrès réalisés dans la photographie astronomique rendent absolument nécessaire que les astronomes du siècle actuel entreprennent, d'un commun accord, la reproduction photographique du ciel.

2° Cette œuvre sera entreprise à certaines stations, qu'il faudra choisir, et à l'aide d'instruments, identiques dans leurs parties essentielles.

3° Le principal but qu'on doit chercher à réaliser est la représentation de l'état général du ciel à l'époque actuelle.

4° On adoptera pour la photographie un instrument *réfractant*, c'est-à-dire en combinant des lentilles pour projeter l'image sur la plaque sensibilisée par le gélatino-bromure.

5° On choisira, parmi les étoiles à photographier, les étoiles de quatorzième grandeur comme limite extrême : ce qui implique un temps de pose nettement déterminé.

La carte du ciel renfermera environ 20 millions d'étoiles, qui seront reproduites sur les clichés photographiques après une pose de 15 minutes. A côté des clichés destinés à la construction de la carte, il sera fait des clichés pour lesquels la durée de pose sera réduite à 3 minutes environ, et sur lesquels on trouvera toutes les étoiles jusqu'à la onzième grandeur.

Cette carte céleste comprendra 1 800 ou 2 000 feuilles, qui représenteront les 42 000 degrés carrés compris dans la surface sphérique formant la voûte céleste.

Dans sa dernière séance, le Congrès a élu les membres du Comité permanent d'exécution, lequel a constitué un bureau de neuf membres (M. Mouchez, président), pour exécuter les expériences et les études arrêtées par le Congrès et pour activer les préparatifs d'exécution.

Dans une séance suivante du même mois, M. Mouchez offrait à l'Académie le résultat des premiers travaux photographiques exécutés par MM. Paul et Prosper Henry, pour l'exécution de la carte du ciel.

« MM. Paul et Prosper Henry viennent, dit M. Mouchez, de donner ainsi aux astronomes la possibilité de faire facilement, en quelques années et à l'aide du concours d'une dizaine d'observatoires répartis sur la surface du globe, la carte complète de la voûte céleste, comprenant non seulement les 5000 à 6000 astres visibles à l'œil nu, mais aussi les millions d'étoiles, jusqu'aux plus faibles, visibles seulement avec les plus puissants instruments. »

M. Mouchez donne ensuite la liste des principaux catalogues d'étoiles, et le programme provisoire des questions à résoudre pour atteindre le but proposé.

Six magnifiques planches sont annexées à ce travail. La lune, l'amas des Gémeaux, celui d'Hercule, Jupiter, Saturne, sont figurés, d'après les photographies obtenues à l'Observatoire de Paris.

Un *Bulletin spécial du comité d'exécution de la carte du ciel* a commencé de paraître en 1888. M. l'amiral Mouchez, en présentant à l'Académie le premier numéro de ce *Bulletin*, annonçait que les expériences et les études préparatoires étaient activement poursuivies par les savants des divers pays qui s'en sont chargés, à la suite du Congrès de 1887. M. le docteur D. Gill, directeur de l'Observatoire du Cap de Bonne-Espérance, envoyait un mémoire sur la meilleure méthode de montage des plaques photographiques. M. le docteur Vogel, de Potsdam, avait fait d'excellents réseaux de repère ; il avait également à peu près terminé l'étude

de la déformation de la couche sensible.

M. le docteur Scheiner avait constaté que la durée de pose des photographies stellaires semble être sans influence sur l'exactitude des positions des étoiles.

Disons, en terminant ce chapitre, qu'un astronome des États-Unis a publié, en 1888, une notice dans laquelle il prétend que la

Fig. 66. — M. Janssen.

photographie astronomique est une science exclusivement américaine. C'est se montrer bien injuste ou tout à fait ignorant des travaux exécutés en Angleterre et en France, les seuls pays qui aient le droit de réclamer l'invention de la photographie astronomique. Il y a un demi-siècle que les physiciens français s'occupent de cette question, et aujourd'hui la France est à la tête de l'imposant mouvement qui va permettre de faire l'application la plus grandiose de la photographie à la construction de la carte du ciel de la fin du dix-neuvième siècle.

La carte dont le Congrès astronomique de Paris a tracé le programme sera certainement, aux yeux des astronomes de l'avenir, le monument scientifique le plus considérable et le plus fécond en découvertes que les siècles passés leur auront légué.

CHAPITRE XI

APPLICATIONS DE LA PHOTOGRAPHIE AUX ARTS DE LA TYPOGRAPHIE ET DE LA GRAVURE. — LE PROCÉDÉ GILLOT ET LA PHOTOGRAVURE DIRECTE.

Dans les *Merveilles de la Science* (1) nous avons exposé les débuts de l'art de la gravure photographique, et décrit les procédés primitivement créés par Poitevin, Garnier, Nègre, Baldus, etc. Ces procédés consistaient à appliquer la gélatine bichromatée à la formation d'un négatif photographique, en ménageant sur la planche métallique un *grain*, analogue à celui de la gravure en taille-douce. Nous avons dit qu'en 1867 Garnier obtint, de la *Société d'encouragement*, le prix fondé par M. de Luynes, pour la meilleure application de la photographie à la typographie et à la gravure.

Depuis l'année 1867, qui vit ainsi couronner les premiers essais de la gravure photographique, une foule de recherches ont été entreprises, pour perfectionner ces procédés et en étendre la sphère, ou pour les introduire dans les usages de l'imprimerie. Ce serait une tâche beaucoup trop longue que de raconter toutes les tentatives faites depuis 1867 jusqu'à ce jour, dans cette direction. Négligeant toutes les phases qu'a pu traverser l'art qui nous occupe, nous nous attacherons à décrire son état présent, et les procédés qui sont aujourd'hui acquis à la pratique industrielle.

Disons, pour commencer, que l'art de l'imprimerie fait aujourd'hui un emploi

(1) Tome III, pages 129-144.

très étendu de la photographie appliquée à produire des clichés en relief, soit en zinc soit en cuivre. Aujourd'hui, les livres de science, d'art ou d'industrie, sont remplis de gravures, qui viennent éclairer et compléter les descriptions de l'auteur. Les ouvrages de pure imagination ont même recours aux illustrations : le récit a bien plus d'attrait quand un dessinateur de talent vient, presque à chaque page, mettre, pour ainsi dire, le sujet du récit sous nos yeux. A quelles dépenses n'auraient pas entraîné ce déluge d'illustrations, s'il eût fallu employer, comme autrefois, la gravure sur bois, qui demande un artiste pour dessiner sur le bois, puis un graveur pour tailler ce bois, et traduire, sans la dénaturer, l'œuvre du dessinateur ! La gravure par la photographie a permis de supprimer le plus souvent les deux intermédiaires entre la création et l'exécution de l'œuvre, c'est-à-dire le graveur sur bois, et quelquefois même le dessinateur lui-même.

Arrêtons-nous ici, pour faire une remarque rétrospective historique.

On sait que le but primitif du créateur de la photographie, Nicéphore Niepce, c'était précisément de produire des gravures par l'action de la lumière, au moyen de la chambre obscure et d'un agent chimique. L'agent chimique auquel Nicéphore Niepce avait recours était le bitume de Judée. Or, c'est précisément le bitume de Judée qui sert aujourd'hui de matière sensible pour produire les clichés en relief par les procédés photographiques.

Sans insister davantage sur ce rapprochement historique, nous dirons que les moyens d'obtenir des clichés en relief applicables à la typographie, c'est-à-dire donnant des dessins, que l'on tire en typographie en même temps que les pages de texte, ce qui procure une économie considérable, peuvent être réduits à deux :

1° La production d'un cliché en relief en zinc, qui rend avec une fidélité rigoureuse le dessin tracé par l'artiste.

2° La production d'un cliché en relief en cuivre, qui rend très fidèlement une vue photographique quelconque, paysage, portrait, monument, etc., sans aucune intervention du dessinateur.

Le premier de ces procédés s'appelle gillotage, du nom de l'inventeur, Gillot ; le second porte le nom de photogravure directe.

Tels sont les deux procédés qui servent à donner les clichés en relief, applicables aux tirages typographiques. Nous allons décrire l'un et l'autre, dans ce chapitre. Quant aux lithographies et gravures en creux, obtenues par la photographie, nous en ferons l'objet d'un chapitre particulier.

PROCÉDÉ GILLOT.

C'est à un graveur de Paris, François Gillot, mort en 1875, après avoir consacré sa vie à cette invention, que l'on doit la découverte et les perfectionnements de la remarquable méthode qui sert à transformer le dessin d'un artiste en un cliché de zinc, devant suffire à un tirage énorme, par la presse typographique.

Cette méthode a été désignée longtemps sous le nom simple de procédé, qui impliquait une certaine défaveur. Aujourd'hui, ce nom n'est plus synonyme d'un art inférieur ; il a pris un rang honorable dans les arts, il est recherché dans la typographie, pour l'illustration des livres, comme le plus utile et le plus économique auxiliaire.

Voici les diverses opérations du procédé Gillot, que l'inventeur désignait sous le nom de paniconographie, mot rébarbatif, justement oublié aujourd'hui. Il vaut mieux employer le terme gillotage, qui a l'avantage de rappeler le nom de l'inventeur.

Le dessin à reproduire en cliché de zinc, pour le tirage typographique, est exécuté à la plume par l'artiste, sur un papier-carton, qui est remis à l'opérateur.

On remarquera les avantages d'un tel moyen, en ce qui concerne l'artiste. Il n'a pas à se préoccuper des côtés pratiques de l'impression, ce qui pourrait le gêner dans

Fig. 67. — François Gillot.

son inspiration. Il dessine, comme à l'ordinaire, sur du papier ; l'opérateur se charge de fixer son œuvre à jamais, tout en la respectant, d'une façon intégrale. Si bien qu'après avoir servi à fabriquer un cliché pour l'imprimeur typographe, on peut rendre à l'artiste son dessin, qui n'a été mis à contribution que pour en faire une photographie. On sait, au contraire, que dans la gravure sur bois, le dessin est à jamais détruit par le graveur. S'il sert à faire des reports, des transports, des décalques, il est détérioré ou perdu. Ici, il est conservé sans altération. Un dessin de prix peut être emprunté à un Musée, et lui être ensuite rendu, quand il a servi à faire un cliché.

Il n'est pas même toujours nécessaire d'emporter l'original à l'atelier. On peut apporter au musée ou dans la collection publique la chambre obscure, prendre la photographie du tableau ou de la gravure, et la replacer dans la vitrine. C'est là un avantage très appréciable.

Le dessin tracé à la plume par l'artiste, sur le papier, doit donc être photographié. On le réduit ordinairement au quart ou au tiers de ses dimensions, selon le format de l'ouvrage où il doit entrer.

L'épreuve négative est prise sur une glace collodionnée.

Il faut seulement ajouter que les glaces collodionnées que l'on trouve dans le commerce ne répondraient pas à l'opération qu'il s'agit d'exécuter. L'image obtenue sur glace collodionnée doit, en effet, être détachée du verre, sous forme de pellicule. Pour faciliter le détachage de la pellicule, on a le soin, avant d'étendre la couche de collodion sur la glace, de déposer sur cette glace une légère couche de caoutchouc dissous dans la benzine. Cette couche rendra facile la séparation de la pellicule.

L'épreuve photographique obtenue sur la glace collodionnée est détachée sans peine de la glace, en coupant ses quatre bords et la tirant légèrement. On a ainsi une pellicule collodionnée reproduisant, en négatif, le dessin de l'artiste.

On prend alors une plaque de zinc bien polie, que l'on recouvre d'une couche de bitume de Judée dissous dans la benzine.

On sait que le bitume de Judée a la propriété d'être influencé par la lumière, de telle sorte qu'il devient insoluble dans l'essence de térébenthine, tandis qu'il est parfaitement soluble dans cette essence, quand la lumière ne l'a pas touché.

Cette propriété, découverte par Nicéphore Niepce, et qui fut mise à profit par lui pour créer les premières photographies, est la base du procédé Gillot. En effet, sur la lame de zinc recouverte d'une couche de bitume de Judée, on applique la pellicule de collodion contenant l'image négative, et en serrant dans un châssis la pellicule et la plaque de zinc, on expose le tout à la lumière solaire ou diffuse. Les parties transparentes du cliché laissent passer la lumière, qui va modifier chimiquement le bitume de Judée, de manière à le rendre insoluble dans l'essence de térébenthine. Dès lors, si, au bout d'un temps suffisant d'exposition à la lumière, on retire la plaque de zinc, et qu'on la place dans un bassin plat contenant de l'essence de térébenthine, on *fixe* l'épreuve, c'est-à-dire que l'essence dissout les parties de bitume de Judée non influencées par la lumière, en formant les ombres, et laisse à la surface de la plaque les parties modifiées, c'est-à-dire les clairs.

On a ainsi une plaque de zinc contenant la reproduction de la photographie, et par conséquent du dessin de l'artiste, et dans laquelle les noirs et les clairs, ainsi que les demi-teintes, répondent exactement à ceux du modèle.

Le zinc étant attaquable par les acides, si l'on place la plaque dans un vase contenant de l'acide nitrique étendu d'eau, le même dont on fait usage pour les gravures sur acier ou sur cuivre, l'acide dissout et creuse le métal, dans les portions non défendues par le bitume de Judée qui forme le dessin; et si, enfin, on se débarrasse du bitume qui a défendu le métal de l'attaque de l'acide, on a une véritable planche de gravure, sur laquelle des traits en relief reproduisent le dessin primitif.

Il n'y a donc plus qu'à passer sur la plaque un rouleau d'encre, et à tirer une épreuve. On a l'image exacte du dessin primitif reproduit, en faible relief, sur une planche de zinc.

En cet état la plaque de zinc pourrait suffire au tirage d'un petit nombre d'épreuves; et si on le tirait à la presse des lithographes, on aurait des épreuves convenables.

C'est ce que l'on fait quelquefois, d'ailleurs, et l'on appelle ce genre d'épreuves des *photolithographies*.

Mais on ne se propose pas, dans le procédé qui nous occupe, de produire une simple planche pour les lithographes. Il faut donner au dessin un relief considérable, pour qu'il puisse être tiré à la presse des typographes.

L'invention propre de Gillot consiste à avoir trouvé le moyen de creuser profondément la planche de zinc, de manière à lui donner un relief suffisant pour le tirage typographique. Pour cela, on passe sur la planche un rouleau d'encre, et on la met dans un vase contenant de l'acide nitrique, plus concentré que celui qui a servi à la première morsure. On obtient ainsi un relief plus fort. En continuant la même opération un nombre suffisant de fois, on arrive à donner à la planche de zinc gravée un relief très considérable, qui permet le tirage en typographie.

Fig. 68. — Bassin automatique, pour la morsure des plaques par l'acide nitrique.

Dans les ateliers, pour faire agir sur la plaque de métal l'acide nitrique étendu d'eau, on se sert d'un bassin animé d'un mouvement lent et continuel, pour renouveler constamment la surface du contact de l'acide et du métal. La figure ci-dessus montre cet appareil, qui se compose d'un bassin AB, contenant l'acide étendu d'eau, qui reçoit un mouvement continuel de droite à gauche au moyen de la tige T, en rapport elle-même avec l'arbre moteur de l'atelier.

Quand le métal a été attaqué à la profondeur désirée, il ne reste plus qu'à faire le tirage au rouleau des lithographes, ainsi que le montre la figure 69.

La partie essentielle du *procédé Gillot*, c'est-à-dire la morsure progressive du cliché de zinc par l'acide azotique, a été exposée avec beaucoup de soin par M. L. Davanne, dans un rapport présenté à la *Société d'encouragement*, et inséré dans le numéro d'août 1883 du *Bulletin* de cette société. Nous citerons textuellement cette partie du travail du savant écrivain, en raison du nombre des détails qu'il nous donne sur une opération délicate et peu connue.

Sur une planche de zinc de 3 millimètres d'épaisseur, préalablement planée, bien décapée et dont la surface est convenablement préparée, polie ou graissée, suivant les sujets, on obtient, dit M. L. Davanne, l'image à graver avec une substance, encre, bitume ou vernis, formant réserve; cette image a été produite directement par la photographie. La planche est alors couverte sur le dos, sur les tranches et sur les grands espaces blancs, avec une matière isolante quelconque, qui empêchera l'acide de mordre inutilement ces parties. Les marges et les espaces ainsi ménagés serviront, dans le courant du travail, à soutenir le rouleau encreur et l'empêcheront de plonger dans les creux qu'il ne doit pas atteindre; ces parties seront ensuite enlevées à la scie à découper.

La planche est alors prête pour la morsure.

L'examen des difficultés à résoudre pour obtenir une bonne gravure nous aidera à mieux comprendre l'ensemble du travail.

Il faut empêcher que l'acide, par le fait de saturation par le zinc et de la densité qui en résulte, ne stationne, à l'état de nitrate de zinc inactif, dans les parties creusées, laissant l'action de l'acide libre se porter vers la surface, miner en

Fig. 69. — Tirage d'une épreuve de photogravure à la presse lithographique.

dessous les traits du dessin et leur ôter toute solidité.

Ces creux doivent être assez profonds pour ne pas s'empâter rapidement au tirage par l'encre d'impression. Il est nécessaire, pour obtenir la résistance convenable, la solidité dans les traits, d'empêcher l'acide d'amincir trop les cloisons qui les supportent ; il faut au contraire les renforcer à la base en donnant aux creux la forme de V, tandis que la base du plein s'élargira en forme d'A.

La profondeur doit être assez considérable dans les grands blancs pour empêcher le rouleau de plonger, sans quoi ils seraient salis ; mais lorsque les traits sont rapprochés cette crainte n'existe plus ; une profondeur inutile entre des parois très minces pourrait les affaiblir ; or, par le fait seul du procédé employé, l'attaque par l'acide ne continue qu'en proportion de la largeur des espaces à creuser.

Ces résultats sont obtenus régulièrement par les mises en œuvre suivantes :

La planche préparée, portant le dessin, est encrée avec une encre grasse contenant un peu de cire et placée dans une cuve avec de l'eau acidulée qui mord légèrement le métal ; cette cuve est montée en bascule, un levier actionné par un moteur à vapeur la maintient en mouvement, l'eau va et vient sur toute la surface, lavant continuellement les parties non réservées contre son action ; il ne se produit donc pas de saturation locale, et le liquide incessamment renouvelé mord les fonds aussi bien que les parois, qui ne tarderaient pas à être minées, si on prolongeait trop longtemps la morsure. C'est pour cela que cette première attaque est faite avec le plus grand soin, c'est d'elle que dépend la finesse de l'épreuve : on emploie l'acide azotique à un état de dilution tel qu'il est peu sensible au goût, un ou deux centimètres cubes par litre d'eau. L'acidité est maintenue par la petite quantité d'acide à 36°, qu'un flacon à robinet verse goutte à goutte dans la bassine.

Après un quart d'heure environ, la planche est retirée ; le creux est à peine sensible à l'ongle, il faut, en le continuant, protéger les parois verticales et ne creuser que le fond ; pour cela on éponge, on sèche la planche, on la met sur une table de fonte chauffée régulièrement par la vapeur du moteur ; l'encre grasse qui couvre les traits se liquéfie légèrement, elle déborde et descend le long de la paroi qu'elle protège ; à ce moment on retire la plaque qu'on laisse refroidir, puis on l'encre de nouveau ; on la couvre ensuite en plein avec de la résine en poudre impalpable qui s'attache seulement sur les parties encrées, l'eau du nouveau bain enlèvera tout l'excédent ; on la remet dans la cuve avec un acide un peu plus fort et on recommence l'ensemble de ces opérations huit, dix ou douze fois. En procédant ainsi, l'encre qui déborde et descend le long des parois empiète de plus en plus sur la base du creux et, si les traits sont rapprochés, les deux coulées d'encre protectrice se rejoignent par le pied d'autant plus vite que l'écart est moins grand. Ainsi les morsures se trouvent arrêtées successivement et les creux sont d'autant plus profonds que les traits sont plus éloignés.

Il est facile de suivre la marche de la gravure et des réserves faites par l'encre ; à mesure que celle-ci remplit complètement les creux, les finesses du dessin s'empâtent, et à la fin de l'opération la surface présente un placard entièrement noir.

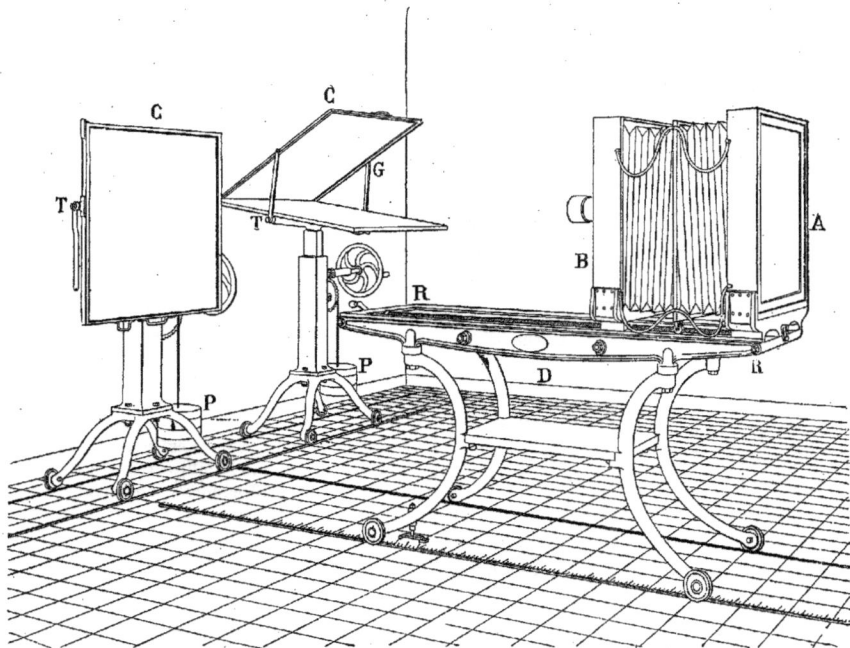

Fig. 70. — Atelier et chambre obscure de Gillot.

A chaque morsure nouvelle, on augmente l'acidité du bain, et quand les larges parties restent seules exposées à l'attaque, on peut employer l'acide à 6° B. A cet état, la plaque de zinc retirée du bain, lavée, essuyée, est traitée par la benzine, puis par la potasse, pour éliminer tous corps gras. On peut voir alors que les parois ne présentent pas un plan incliné, mais une série de talus ou bourrelets correspondant à la série des morsures. Ces renflements pourraient prendre l'encre d'impression et altérer la pureté des lignes et des blancs; il faut les faire disparaître par une opération analogue à la première, mais menée rapidement en sens inverse. A cet effet, la plaque bien nettoyée et chauffée sur la table de fonte est encrée à chaud, avec un rouleau dur et lisse, au moyen d'une encre composée par moitié avec l'encre d'imprimerie et moitié avec un mélange à parties égales de résine et de cire jaune. Cette encre, qui ne peut être employée qu'à chaud, descend sur les parois latérales; on arrête quand elle est arrivée à moitié de la profondeur, on refroidit la plaque, on renouvelle un encrage à froid, pour bien couvrir toute la surface, on chauffe de nouveau, pour glacer l'encre et n'avoir aucun point qui ne soit protégé, on porte à la cuve avec de l'acide à 5° B. qui ronge rapidement les talus

et creuse encore plus profondément. On recommence l'opération entière, en ménageant l'encrage, de manière à pouvoir enlever les talus supérieurs; On termine en préservant seulement la surface et en faisant sur toutes les parois une morsure très légère, qui fait disparaître les dernières traces de bourrelets.

La gravure est alors terminée, il ne reste qu'à enlever à la scie toutes les larges parties qui, en le maintenant, facilitaient l'action régulière du rouleau encreur; on contourne également à la scie la forme générale, et on monte la plaque gravée sur les bois d'épaisseur.

Ces opérations sont menées rapidement, dans un vaste atelier, largement aéré pour éliminer les gaz nitreux résultant de l'attaque des zincs. Des séries de grandes cuves contenant les liquides acides reçoivent les planches à graver; deux machines, l'une à gaz de la force de 4 chevaux, l'autre à vapeur, de la force de 6 chevaux, servent à mettre en mouvement les cuves, les outils à scier et découper, ainsi qu'une machine Gramme pour opérer à la lumière électrique, quand il est nécessaire.

On voit que la pose, pour obtenir les épreuves photographiques, joue un grand rôle dans le *gillotage*. C'est pour cela que Gillot a donné à l'installation de l'atelier photographique un soin tout particulier. Il a fait construire des modèles spéciaux de chambre obscure et d'appareils d'éclairage. Un appareil pour ce genre de photographies renferme trois chambres obscures. La figure 70 représente un modèle de ces chambres. La partie A, qui correspond à la glace dépolie et qui reçoit la surface sensible, est fixe ; la partie B est mobile, c'est celle qui porte l'objectif. Elle est reliée par un écrou à une longue et forte vis qui est fixée sur le pied D, et qui la fait avancer et reculer sur les règles métalliques RR, qui empêchent toute déviation de parallélisme entre les deux parties A et B. L'une de ces règles est divisée en millimètres ; un vernier permet d'opérer le déplacement de l'objectif à un dixième de millimètre près. Les deux pièces A et B sont assemblées perpendiculairement sur le pied.

Chaque appareil complet repose sur quatre galets et se meut, en arrière et en avant, sur des rails fixes ; une division en centimètres avec vernier donne, à un millimètre près, la distance entre la surface sensible placée en A et le châssis C portant les sujets à reproduire.

D'autre part, les chevalets sont formés d'un pied en fonte et d'un châssis ; ils ne peuvent avoir aucun mouvement en avant ou en arrière, ils ont seulement un déplacement latéral sur deux petits rails perpendiculaires aux premiers ; le châssis en fer est fermé par une forte glace GG ; il est mobile autour de deux tourillons T, et il prend à volonté la position horizontale, pour y enfermer, rangées les unes près des autres, les diverses pièces à copier, et la position verticale parallèle à la chambre noire ; un engrenage et un contre-poids, P, rendent facile la manœuvre de ce châssis sur son pied, malgré son poids considérable.

Le déplacement en hauteur donné par l'engrenage et le déplacement latéral sur les rails permettent d'amener dans l'axe de l'objectif les divers sujets à copier, tout en laissant fixes la distance de l'objectif et le parallélisme des appareils.

« Avec cette disposition, dit M. Davanne, dans le rapport déjà cité, on n'a plus à rechercher la mise au point rigoureuse, qui est toujours si longue et si délicate à arrêter lorsqu'on la fait directement sur la glace dépolie ; des calculs exacts ont déterminé la longueur focale vraie de chaque objectif, on en a déduit pour les réductions (et les agrandissements, s'il y avait lieu) la distance qui doit séparer l'objectif et la surface sensible, puis la distance de celle-ci au modèle ; un tableau placé sur le mur en face de chaque appareil donne ces calculs tout faits. Sauf les cas forcés de copie au dehors, le modèle apporté est mis au châssis ; on règle le tirage de la chambre et son écart du modèle d'après les chiffres correspondants au tableau pour la proportion demandée, et on peut opérer avec une sécurité et une rapidité que ne donneraient pas les tâtonnements de la mise au point sur la glace dépolie. »

Tel est, dans son ensemble et dans les détails pratiques, le *procédé Gillot*, qui rend aujourd'hui de si grands services et qui trouve tant d'emplois aujourd'hui dans les publications illustrées et les ouvrages d'enseignement. Nous donnons, dans la figure 71, un spécimen de ce genre de gravure photographico-typographique.

PHOTOGRAVURE DIRECTE.

Le *gillotage*, c'est-à-dire la transformation en un cliché de zinc en relief, du dessin fourni par un artiste, est déjà une industrie d'une grande importance ; mais la *photogravure directe*, qui donne une gravure en relief (en cuivre) au moyen d'une simple photographie, sans le concours d'aucun dessinateur, serait d'une importance industrielle plus grande encore, si elle était aussi sûre dans ses résultats. Dans le *gillotage* on supprime le travail du graveur sur bois, en opérant sur le dessin de l'artiste ; avec la photo-gravure directe, on supprime, tout à la fois, le travail du graveur sur bois et celui du dessinateur. Tout se fait automatiquement, par des moyens mécaniques ou chimiques.

On comprend toute l'économie et la simplification qui résulteraient de cette dernière méthode. Malheureusement, la *photogravure directe* est beaucoup moins avancée que

Fig. 71. — Spécimen d'une gravure par le procédé Gillot.

le *gillotage*, et ses produits sont inférieurs en netteté à ceux du procédé Gillot.

En quoi consiste la *photogravure directe*? Quels sont ses agents, ses moyens opératoires?

La *photogravure directe* s'exécute au moyen du procédé Gillot, convenablement modifié. Les opérations sont à peu près les mêmes; seulement, il faut se préoccuper ici de donner à la gravure le *grain*, qui la constitue essentiellement. Dans le *gillotage*, l'artiste, en exécutant son dessin, trace lui-même, à la plume, les tailles qui doivent composer la gravure : avec de l'habitude et une étude spéciale, il arrive à tracer son dessin avec les traits convenables pour simuler les tailles de la gravure. Mais quand on opère sur une simple photographie, on n'a plus cette ressource ; la photographie transformée en gravure ne donnerait que les teintes plates qui lui sont propres. Il faut donc ici, tout à la fois, produire une gravure en relief, et créer un grain de gravure, artificiel, pour ainsi dire.

On vend aujourd'hui dans le commerce des papiers gaufrés, quadrillés, grainés, etc., dont les graveurs-photographes se servent, et sur lesquels ils tirent les négatifs à pourvoir d'un grain. Cependant la plupart des opérateurs préfèrent obtenir eux-mêmes le grain de leur papier. Pour cela, ils ont recours aux différents moyens qui sont en usage depuis longtemps dans les ateliers des graveurs en taille-douce.

On sait que le grain d'une gravure s'obtient, généralement, par le procédé dit à *la résine*. On enferme dans une armoire bien close la planche de cuivre ou d'acier à pourvoir d'un *grain ;* puis on projette, grâce à une manivelle que l'on tourne de l'extérieur, un nuage de résine en poudre. La résine, en tombant sur la surface métallique, y forme une couche grise. La plaque retirée de l'armoire, ainsi recouverte de vernis par petites places, est traitée par l'acide azotique. Les grains de vernis résultant des petits espaces non attaqués par l'acide constitueront, au tirage, les grains de la gravure.

Le *procédé à la résine* est souvent employé par les graveurs-photographes pour remplacer les papiers quadrillés, gaufrés, etc.

Quoi qu'il en soit des moyens permettant de donner le grain aux plaques métalliques, la *photogravure directe* s'exécute, comme nous l'avons dit, par les diverses

opérations décrites ci-dessus à propos du *gillotage*, mais en opérant sur une lame de cuivre. Le *gillotage* donne un relief de zinc, la *photogravure directe* un relief de cuivre.

Différents opérateurs en France, mais surtout en Allemagne, exécutent d'assez bonnes gravures pour l'usage de la typographie, par la *photogravure directe*. Seulement, ils tiennent, presque tous, leurs procédés secrets, bien qu'ils soient décrits tout au long dans leurs brevets d'invention. C'est que la réussite de l'opération ne dépend pas exclusivement de la mise en pratique des procédés décrits dans les brevets, mais bien des tours de main particuliers, dont chaque graveur se réserve l'usage, et qu'il n'a garde de divulguer.

M. Ch. Petit, M. Gillot fils, M. Michelet, produisent, à Paris, de bonnes gravures par ce moyen. Nous mettons sous les yeux de nos lecteurs (fig. 72) un spécimen de *photogravure directe* obtenu par M. Ch. Petit.

Il serait à désirer que la *photogravure directe* pût devenir d'un usage courant dans l'imprimerie, comme l'est aujourd'hui le *gillotage*. Obtenir directement, sous forme de gravure, au moyen de la photographie, les vues de la nature, les portraits, les monuments, etc., c'est le *desideratum* de la photographie, qui, en reproduisant mécaniquement, sans l'intervention du dessinateur ni du graveur, les spectacles de la nature, aurait atteint les dernières limites de l'art.

CHAPITRE XII

LA PHOTOLITHOGRAPHIE, LA PHOTOGLYPTIE ET LA GRAVURE PHOTOGRAPHIQUE EN CREUX.

Nous avons fait un groupe distinct des applications de la photographie à la lithographie et à la gravure en creux (taille-

Fig. 12. — Spécimen de *photogravure directe* exécuté par M. Ch. Petit, graveur à Paris.

douce), dans le but de simplifier l'exposé général de la question de la gravure photographique, assez complexe, et que l'on trouve traitée avec beaucoup de confusion dans les ouvrages scientifiques. En effet, d'une part, la gravure typographique (*gillotage* et *photogravure directe*) est maintenant d'une importance industrielle considérable, tandis que la photolithographie et la gravure photographique en creux ne trouvent que de rares débouchés. Aujourd'hui, la plupart des ouvrages de science et d'art se remplissent de gravures dérivant de la photographie et s'imprimant avec le texte, tandis que les lithographies et gravures, qu'il faut tirer à part, et qui, dès lors, reviennent à un prix élevé, ne se voient que très rarement dans les publications, et ne servent qu'à des besoins vraiment artistiques.

Nous ne pouvons cependant nous dispenser de traiter ici rapidement de la *photolithographie* et de la *gravure photographique en creux* (ou taille-douce), en rattachant à ce dernier genre la *photoglyptie*.

PHOTOLITHOGRAPHIE.

On peut obtenir des épreuves de photographie tirées à la presse lithographique, de deux manières :

1° En pratiquant la première des opérations du *gillotage*, telles que nous les avons décrites (pages 53-58), c'est-à-dire en obtenant sur le zinc, recouvert de l'épreuve photographique positive, une impression en très léger relief, au moyen d'une faible morsure par l'acide azotique. On a ainsi une planche de zinc contenant le dessin. Si l'on passe à sa surface le rouleau d'encre grasse, et que l'on tire à la presse lithographique, on a, comme nous l'avons dit pages 54-55, une assez bonne lithographie.

Ici le zinc remplace la pierre lithographique. Mais on sait qu'en lithographie (en dépit de son nom : *lithos*, pierre) le zinc sert souvent à recevoir le dessin et à fournir la planche pour le tirage : c'est, alors, la *zincographie*, simple variante de la *lithographie*.

En résumé, obtenir, par le *gillotage*, une planche de zinc en relief contenant le dessin à tirer en lithographie, et tirer à la presse des lithographes, voilà une première ressource de la *litho-photographie*.

Mais ce procédé ne pouvant fournir qu'un petit nombre d'épreuves, on pratique généralement la *litho-photographie* par une tout autre voie.

Le procédé consiste dans l'emploi de la gélatine bichromatée, c'est-à-dire le vieux moyen photogénique découvert par Poitevin, et qui a reçu tant d'applications différentes. On opère comme il suit :

On prend une pierre lithographique, et on la recouvre d'une couche de gélatine bichromatée. Sur cette couche, on place l'épreuve photographique négative, que l'on veut imprimer lithographiquement, et l'on expose la pierre au soleil. La lumière qui traverse les parties claires rend insoluble dans l'eau la gélatine, qu'elle a touchée, tandis que la gélatine des parties noires, qui n'a pas reçu de lumière, reste soluble. Donc, si après un temps suffisant d'exposition lumineuse on lave la pierre à l'eau chaude, la gélatine non impressionnée se dissout, et la pierre reste recouverte de gélatine insoluble. Or, cette gélatine insoluble a la propriété de retenir l'encre d'impression lithographique, tandis que le rouleau ne laisse pas d'encre sur les parties de la pierre non gélatinisées. Au tirage, on obtient donc des lithographies.

La presse qui sert à obtenir les photolithographies se voit dans la figure 73.

On opère quelquefois autrement. On tire une épreuve photographique négative sur du papier enduit de gélatine bichromatée, on expose à la lumière, et on lave le papier, pour faire disparaître la gélatine non impressionnée. On passe le rouleau chargé de noir lithographique sur ce cliché même. L'encre adhère partout où la gélatine est sèche, par suite de son imperméabilité à l'eau ; tandis qu'elle est repoussée dans les parties humides où la gélatine non impressionnée par la lumière a conservé la propriété d'absorber l'eau. On fait ensuite un report de ce papier sur la pierre lithographique, et on tire à la presse lithographique.

Nous n'avons pas besoin de faire remarquer que ce dernier procédé est préférable ; car le maniement d'une pierre lithographique, toujours si lourde et si encombrante, crée bien des difficultés aux opérateurs.

Ajoutons que l'on n'obtient guère par la *photolithographie* que des reproductions de simples dessins au trait, et qu'il est bien rare de pouvoir reproduire ainsi des dessins à demi-teintes, c'est-à-dire les véritables œuvres de l'art du dessin.

Fig. 73. — Presse pour le tirage des photolithographies.

PHOTOGLYPTIE.

On reproche à la *litho-photographie* de ne fournir qu'un nombre très limité d'épreuves, la planche étant vite hors de service. C'est pour réaliser les grands tirages d'épreuves de photographie que l'industrie met depuis assez longtemps en pratique une méthode que nous avons longuement décrite dans les *Merveilles de la science* (1) et qu'il nous suffira de rappeler.

(1) Tome III, pages 141-142.

Il s'agit de la *photoglyptie*, cette curieuse méthode découverte par l'anglais Woodbury.

Le principe de la *photoglyptie* de Woodbury, c'est qu'un cliché photographique en gélatine, obtenu par le procédé de Poitevin, c'est-à-dire par l'action de la lumière sur le bichromate de potasse, étant soumis à une pression considérable, sous la presse hydraulique, en contact avec un bloc de plomb, imprime sur le métal tous ses creux et reliefs ; et que l'empreinte ainsi formée étant reproduite par la galvanoplastie donne des clichés en creux, qui servent à un très grand tirage.

Voici comment ce procédé est mis en pratique aujourd'hui, dans la maison Goupil, à Paris.

On commence par prendre une épreuve positive de l'objet à reproduire, sur une lame de gélatine bichromatée, en exposant la couche sensible de gélatine sous un négatif ; on développe l'image à l'eau tiède, et l'on a un cliché, sur lequel les reliefs de gélatine représentent les ombres. On place ce cliché de gélatine sur une feuille de plomb, et on le soumet à une forte pression, à l'aide d'une presse ou d'un laminoir ; ce qui permet d'obtenir des planches de grandes dimensions. La gélatine est d'une telle dureté, qu'au lieu de s'écraser sous la presse, elle pénètre dans le plomb, et y laisse son empreinte.

Mais le plomb n'est pas assez dur pour servir au tirage d'une presse typographique.

On en fait donc, par la galvanoplastie, un premier moule, au moyen duquel on obtient ensuite autant de copies galvanoplastiques qu'on le désire, et qui sont identiques à la planche de plomb primitive. Ces clichés sont ensuite aciérés, pour les rendre plus résistants, et on les livre à l'impression.

Quand la couche d'acier commence à s'user, on peut en déposer une nouvelle par la galvanoplastie, et les planches peuvent encore servir aux tirages.

Dans la maison Lemercier, à Paris, on emploie le même procédé, avec quelques variantes. On prend, sur une feuille de gélatine bichromatée, une épreuve négative, et après le temps voulu d'exposition à la lumière, on lave la feuille à l'eau chaude, pour développer l'image. On obtient ainsi une planche représentant l'original par des creux ou des reliefs de gélatine d'une délicatesse inouïe. On durcit cette feuille de gélatine, en la plongeant dans une dissolution d'alun, et on la fait sécher. Elle est mise alors sur une plaque d'acier, que l'on recouvre d'un bloc métallique d'alliage d'imprimerie, et l'on comprime le tout, à la presse hydraulique, sous une pression d'environ 1 000 kilogrammes par centimètre carré. Après la pression, la feuille de gélatine, sans être aucunement altérée, a laissé dans le métal son empreinte très fidèle. On a ainsi un moule parfait, que l'on place dans un appareil spécial, la *presse photoglyptique;* on recouvre le moule de papier légèrement humide, après l'avoir rempli de gélatine colorée et maintenue liquide par la chaleur, et on presse. Quand on retire la feuille de papier, elle a reçu l'empreinte du dessin, lequel s'est formé par des épaisseurs plus ou moins fortes de gélatine colorée. Les grands creux ont donné les noirs ; les demi-teintes, les demi-creux ; dans les blancs toute la gélatine ayant été chassée par la presse, le papier est à nu et donne les blancs.

Les épreuves *photoglyptiques* ressemblent aux épreuves ordinaires de la photographie. C'est une manière de tirer à bas prix un grand nombre d'épreuves d'une photographie, sans passer par les opérations ordinaires du tirage des positifs.

La *photoglyptie* n'est donc pas, à proprement parler, de la gravure photographique. Nous ne l'avons mentionnée ici que parce qu'elle joue un certain rôle dans l'industrie générale de la photographie, particulièrement pour la reproduction des tableaux. Ces reproductions peuvent être obtenues en nombre considérable, ce qui rend ce procédé industriel. En effet, on tire jusqu'à 1 000 épreuves avec un seul moule.

Pour reproduire des tableaux en photographie et en tirer un grand nombre d'épreuves, la photoglyptie offre de très grands avantages. On sait que M. Lemercier a publié de belles collections de photographies de tableaux obtenues par ce moyen, et que l'on doit à M. Goupil et à Ad. Braun, de Munich, plusieurs collections du même genre.

La *photoglyptie* peut donner des épreuves colorées, en teignant la gélatine avec des substances de couleurs diverses.

GRAVURE PHOTOGRAPHIQUE EN CREUX.

La transformation des photographies en gravures en creux (taille-douce), qui a beaucoup occupé les industriels, au début de cet art, est aujourd'hui très délaissée.

Il faut dire qu'elle a fait peu de progrès depuis sa création, qui remonte aux premiers temps de la photographie. La difficulté réside toujours dans la production du *grain*, qui remplace les tailles de la gravure en creux. Garnier, Poitevin, Baldus, Tessié du Motay et Maréchal, Nègre, etc., ont obtenu, dès l'année 1850, de très bonnes gravures en taille-douce par des procédés photographiques. Ils reproduisaient des estampes avec une grande fidélité, et avec l'avantage de pouvoir suffire à de grands tirages.

Les procédés employés à l'origine par ces artistes ont subi de nos jours peu de changements. Nous les avons longuement décrits dans les *Merveilles de la science* (1). Il nous suffira de les rappeler.

Le procédé consistait à prendre une planche de cuivre ou d'acier, à la recouvrir de gélatine bichromatée, à impressionner la gélatine, pour avoir un cliché négatif, puis à laver la planche à l'eau chaude, pour développer l'image. Comme nous l'avons dit ci-dessus, on obtient ainsi une impression en creux de la planche. Ensuite on recouvre la plaque métallique de plombagine, et on la porte dans un bain de galvanoplastie, pour obtenir une épreuve de cuivre en creux.

Cependant, les occasions de reproduire des estampes ou d'obtenir des gravures sur acier ou sur cuivre, par les procédés photographiques, se présentent rarement. D'un autre côté, le *gillotage* et la *photo-gravure directe*, qui donnent des clichés en creux ou en relief, propres à la typographie, sont d'un emploi si avantageux, par leur économie et la promptitude de leur exécution, qu'ils ont fait renoncer à la gravure photographique en creux, beaucoup plus difficile et d'un débouché peu étendu. Cette branche de la gravure photographique a donc perdu aujourd'hui presque toute importance; ce qui nous dispense de nous y arrêter plus longtemps.

(1) Tome III, p. 134-142.

CHAPITRE XIII

LA PHOTOGRAPHIE EN BALLON. — RÉSULTATS OBTENUS PAR M. NADAR EN 1868, PAR M. DAGRON EN 1878. — L'APPAREIL A DÉCLANCHEMENT ÉLECTRIQUE DE M. TRIBOULET. — ASCENSIONS EN BALLON CAPTIF ET EN BALLON LIBRE ENTREPRISES RÉCEMMENT, POUR OBTENIR DES VUES AÉRIENNES.

C'est M. Nadar père qui, le premier, tenta de prendre en ballon des vues photographiques. Ses expériences eurent lieu en 1868, avec le ballon captif de Giffard, qui se trouvait alors à l'Hippodrome du bois de Boulogne.

En 1878, M. Dagron, le même photographe qui s'est rendu célèbre par l'exécution de ces photographies microscopiques que l'on enfermait dans le chaton d'une bague, ou sur la tête d'une épingle à cravate, et qui rendirent, pendant le siège de Paris, les immenses services que nous avons signalés dans notre *Supplément aux Aérostats*, exécuta, du haut du ballon captif de Giffard, alors établi dans la cour du palais des Tuileries, des vues aériennes du quartier du Panthéon.

Cependant, on ne possédait alors que le collodion et l'albumine, comme agents photogéniques. La découverte du gélatinobromure d'argent, agent instantané, vint rendre plus facile ce curieux genre de reproductions de la nature.

C'est un photographe de Paris, M. Triboulet, qui, en 1879, exécuta les premières photographies aériennes irréprochables, grâce à un appareil qui permettait de prendre d'un seul coup l'image de tout le tour de l'horizon, ainsi que les portions de terrain situées au-dessous de la nacelle du ballon.

L'appareil de M. Triboulet se composait de six chambres obscures, disposées en cercle, et placées dans une nacelle percée d'ouvertures, pour donner passage aux objectifs. Une septième chambre noire placée verticalement au centre de la couronne des chambres obscures servait à prendre une vue en plan, tandis que le centre prenait des vues panoramiques. La nacelle photographique était attachée au cercle du ballon, par une suspension à la Cardan, pour lui assurer la position constamment verticale. Un fil électrique, qui se déroulait sur un chevalet, à mesure que le ballon montait, reliait les objectifs des chambres noires à une pile. Un commutateur électrique placé à terre, étant manœuvré par l'opérateur, permettait de découvrir instantanément les obturateurs dans la nacelle de l'aérostat. Le photographe resté à terre, quand il jugeait le ballon captif arrivé à la hauteur suffisante, faisait manœuvrer le commutateur, et découvrait les obturateurs. On pouvait prendre ainsi des vues en plan, en panorama, ou des vues horizontales.

Les épreuves en plan et horizontales réussirent seules.

Cependant il était fort incommode d'avoir à dérouler un fil de cuivre allant de la terre à un ballon captif. On peut affirmer, sans crainte d'être démenti, qu'un tel procédé n'avait rien de pratique.

Après M. Triboulet, beaucoup de photographes ont pris des épreuves de paysages du haut d'un ballon; mais le ballon était libre. Le photographe s'installait dans la nacelle, et il découvrait l'obturateur à la manière ordinaire, c'est-à-dire avec la poire de caoutchouc, qui produit un déclanchement instantané.

C'est ainsi qu'ont opéré M. Paul Desmarest, à Rouen, en 1880; MM. Glaisher, à Boston; M. Shalbodt, à Londres, en 1883; enfin, en 1885, MM. Georget et Renard, ce dernier attaché, comme on le sait, à l'école aérostatique militaire de Meudon, et M. le commandant Fribourg, qui appartient à la même école.

Au mois de juin 1885, M. Gaston Tissandier, accompagné d'un amateur instruit, M. J. Ducom, prit en ballon des vues pa-

noramiques, qui furent présentées à l'Académie des sciences, où elles excitèrent beaucoup de curiosité.

M. Gaston Tissandier s'était placé dans la nacelle d'un ballon captif, et avait disposé une chambre obscure ordinaire sur une planchette mobile, qui pouvait prendre toutes les positions sur l'horizon. Il put ainsi obtenir des vues en panorama, en plan, ou horizontales. L'obturateur était découvert instantanément, par le procédé ordinaire. A des altitudes de 600 à 1100 mètres, on obtint plusieurs clichés bien réussis.

Cette expédition aérienne eut lieu le 19 juin 1885, dans l'aérostat le Commandant Rivière, cubant 1000 mètres. M. J. Ducom s'occupait spécialement de la partie photographique de l'expérience, tandis que M. Tissandier prenait soin de l'aérostat; M. G. Prus, ingénieur des arts et manufactures, les accompagnait.

L'appareil photographique, disposé sur le bord de la nacelle, de manière à pivoter sur son axe et à être fixé verticalement, était une chambre dite de touriste (13×18), à soufflet tournant. L'objectif était un rectiligne rapide n° 4, de 36 centimètres de foyer. Il fut employé avec un diaphragme de 26 millimètres, son ouverture étant de 36 millimètres. Les photographies furent successivement faites avec un obturateur de M. Français, avec une guillotine à déclanchement pneumatique et à ressort de caoutchouc, tout spécialement construite pour cette expédition. Ce système donne un temps de pose d'un cinquantième de seconde.

L'agent photogénique était le gélatinobromure d'argent. Le départ eut lieu à 1 heure 40 minutes de l'après-midi, par un vent sud-ouest, la direction étant nord-est.

Dix minutes après l'ascension, une première photographie fut exécutée, à 670 mètres, au-dessus de la rue de Babylone et des magasins du Bon-Marché. L'épreuve obtenue montrait les détails des jardins qui se trouvent ce quartier et les rues avoisinantes. Une autre opération fut faite au-dessus du pont Saint-Michel, à une hauteur presque semblable. On distingue nettement sur cette épreuve le pont et le quai Saint-Michel, le quai du Marché-Neuf, l'État-major des pompiers près de la Préfecture de police. On compte quinze voitures de place stationnant sur le quai du Marché-Neuf. On distingue encore les tramways, les passants, et la trace d'une voiture d'arrosage qui a marqué sur l'épreuve une traînée grisâtre.

Au-dessus de l'île Saint-Louis, à 600 mètres d'altitude, l'appareil fournit un cliché d'une netteté parfaite. Ce cliché donne, en plan, le pont Louis-Philippe, le port et le quai de l'Hôtel-de-Ville, la rue du Bellay et la pointe de l'île Saint-Louis. On voit deux bateaux-mouches sur la Seine, ainsi que les établissements de bains froids, de chaque côté du pont. Quand on examine le cliché à la loupe, on découvre les plus petits détails, tels que des rouleaux de corde dans un bateau amarré près de l'établissement de bains froids, des passants arrêtés sur le quai, etc.

Une nouvelle photographie assez remarquable fut obtenue, quelques minutes après, à 800 mètres d'altitude (à 2 heures 8 minutes), au-dessus de la prison de la Roquette. On y voit une partie de cette prison et le groupe des maisons comprises dans le voisinage entre la rue Saint-Maur, la rue Servan, la rue Merlin, avec les entre-croisements formés par les rues Omer-Talon et Duranty. L'établissement du dépôt du Mont-de-Piété s'y voit très nettement.

Au moment de la sortie de Paris, un beau cliché fut obtenu, à 2 heures 12 minutes, au-dessus du réservoir de Ménilmontant (altitude, 820 mètres). On y voit le fossé des fortifications, le boulevard Mortier, la rue

Saint-Fargeau, la porte de Ménilmontant, et la caserne qui se trouve près de Bagnolet.

Deux autres bonnes photographies furent faites hors Paris, à des hauteurs plus considérables, c'est-à-dire de 1000 à 1100 mètres. L'une représente les maisons de Lizy-sur-Ourcq (Seine-et-Marne), et l'autre la campagne de Germiny-l'Évêque (Seine-et-Marne), avec des chemins et des constructions.

La descente se fit à 6 heures 30 minutes, aux Rosais, près Rilly, dans les environs de Reims : on avait dépassé l'altitude de 1900 mètres.

On pourrait facilement avoir dans la nacelle deux appareils photographiques, avec deux opérateurs, qui prendraient une série continue de clichés. Enfin, il ne serait pas impossible d'opérer avec des appareils panoramiques spéciaux, dont les résultats offriraient un intérêt tout particulier pour l'art militaire.

De nouvelles expériences de photographie aérienne ont été faites, en 1886, par M. Paul Nadar, fils du célèbre artiste et photographe de ce nom, pendant une ascension exécutée avec MM. Gaston et Albert Tissandier.

Cette ascension eut lieu le 2 juillet 1886, à 1 heure 20 minutes. La descente s'opéra à 7 heures 10 minutes du soir, à Segré (Maine-et-Loire), après un parcours de 180 kilomètres environ. L'altitude maxima ne dépasse pas 4700 mètres. Pendant ce voyage, de près de six heures de durée, M. Paul Nadar n'exécuta pas moins de trente photographies instantanées. Parmi celles-ci, il y en a une douzaine de fort belles.

Ces épreuves et leurs agrandissements furent mis sous les yeux de l'Académie des sciences, par M. Mascart. On remarque principalement la vue de Versailles, prise à une hauteur de 800 mètres, celle de la ville de Bellême (Orne), celle de la ville de Saint-Remy (Sarthe).

Plusieurs des vues en perspective ont été obtenues à 1200 mètres d'altitude Toutes les glaces au gélatino-bromure d'argent ont été impressionnées à l'aide d'un obturateur donnant un temps de pose de 1/250 de seconde.

En 1885, comme il est dit plus haut, M. Gaston Tissandier avait obtenu des photographies aériennes d'une grande netteté, mais elles ne donnaient que des vues planimétriques, beaucoup plus faciles à réaliser que des vues en perspective. Les nouvelles photographies de M. Paul Nadar sont d'une netteté irréprochable ; elles démontrent toute la perfection des opérations aériennes, auxquelles la topographie et l'art militaire pourront si utilement recourir.

C'est, en effet, à l'art militaire pour les reconnaissances, et à la géographie pour donner l'aspect des régions peu connues ou inaccessibles, que s'appliquera la photographie aérienne, dont nous venons d'enregistrer les débuts.

CHAPITRE XIV

LA PHOTOGRAPHIE EN VOYAGE. — APPAREILS A L'USAGE DES TOURISTES PHOTOGRAPHES. — CHAMBRE OBSCURE ET BAGAGE PHOTOGRAPHIQUE. — APPAREILS RÉDUITS. — LES APPAREILS DE POCHE ET A MAIN. — FAUT-IL PRENDRE DES GLACES OU DU PAPIER SENSIBLE ? — LA PHOTOGRAPHIE EN VÉLOCIPÈDE. — LA PHOTOGRAPHIE PRISE PAR UN CERF-VOLANT. — LA PHOTOFUSÉE.

La pratique de la photographie dans le cours de voyages n'intéressait autrefois que les personnes s'adonnant à des travaux scientifiques ou géographiques, ainsi que les opérateurs chargés de former des collections de vues, de monuments et de sujets, pour les marchands de photographies et de stéréoscopes. On faisait alors usage d'un matériel lourd, embarrassant et d'un transport difficile. Les choses sont bien changées aujourd'hui. La photographie est devenue le plaisir favori de bien des touristes, qui se plaisent à recueillir et à enregistrer les souvenirs de ce qu'ils ont vu en différents pays. La découverte du gélatino-bromure d'argent, pour la production instantanée de l'image, a mis à la portée de tous la photographie en voyage, devenue maintenant une opération très vulgaire, et l'industrie a créé à l'usage des amateurs un matériel nouveau de peu de volume et d'un faible prix.

C'est à la revue des appareils que l'on construit aujourd'hui pour l'agrément des touristes et des amateurs, que nous consacrerons ce dernier chapitre.

Quand on opère dans un atelier ordinaire, le poids des instruments n'est pas un élément dont on ait à s'inquiéter. Il n'a ici aucun inconvénient : il a même l'avantage de donner de la stabilité aux appareils. Mais en voyage, on est forcé de réduire autant qu'on le peut le poids, ainsi que le volume des instruments, et d'éviter tout ce qui est encombrant et superflu, pour s'en tenir à ce qui est indispensable.

Il faut, pour cela, construire des chambres noires très légères, et réduire à un petit nombre les opérations du développement et du fixage des épreuves. On se contente même généralement, aujourd'hui, de prendre les clichés négatifs, et de les conserver, pour ne les développer qu'au retour du voyage.

Ce que le touriste photographe doit nécessairement emporter, c'est 1° une chambre obscure, avec son pied ; 2° des objectifs, de force diverse ; 3° une boîte contenant les réactifs et les cuvettes destinés à faire le développement des négatifs, quand on juge cette opération exceptionnellement utile.

Fig. 74. — Chambre obscure de voyage.

Fig. 75. — Chambre obscure de voyage.

Quelle est la grandeur qu'il faut choisir pour la chambre obscure ? En d'autres termes, quel format doit-on adopter pour le cliché ? Le format le plus commode, le plus pratique, parce que c'est le plus petit, c'est le format des épreuves stéréoscopiques. En prenant, avec tous les soins nécessaires, une épreuve négative dans ce format, on a un cliché qui donne une idée suffisante du résultat, et qui, agrandi plus tard, fournira une épreuve positive, dans les conditions voulues de netteté et de beauté.

Si l'on ne veut pas se contenter de ce format réduit, il faut prendre le format de 15 centimètres sur 21, et même, si on le peut, de 18 sur 20, car ici l'agrandissement ne sera plus nécessaire.

Dans les figures 74-78, on a réuni les modèles des principales chambres obscures à l'usage des photographes voyageurs, qui existent actuellement dans le commerce de l'optique photographique, c'est-à-dire celles que construisent MM. Faller, Merville et Enjalbert, à Paris.

Quand le soufflet est replié, la chambre forme une sorte de boîte, que l'on enferme dans un sac en toile, pour le porter sur le dos.

Le pied, qui est en bois, est à trois branches, constituées chacune par trois parties évidées, qui peuvent rentrer l'une dans l'autre pour en faciliter le transport. Pour prendre une épreuve on déplie les branches du pied, et on serre toutes les vis pour obtenir une parfaite rigidité. On fixe la chambre sur le pied et on visse l'objectif. Puis on procède à la mise au point, et l'on prend l'image du sujet (fig. 78).

Tous ces appareils diffèrent peu les uns des autres. Leur mise au point exige un temps assez long. Pour les épreuves instantanées, il existe des chambres de voyage plus expéditives.

Telle est, par exemple, la chambre de voyage de M. Enjalbert (fig. 79, 80, 81), à laquelle le constructeur a donné le nom d'*appareil alpiniste*, pour rappeler son affec-

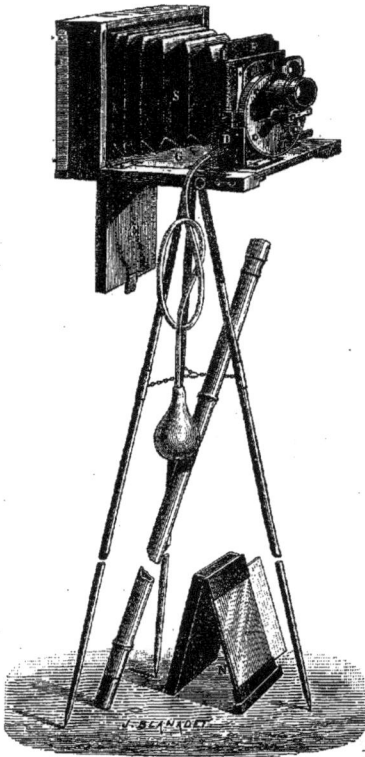

Fig. 76. — Chambre obscure de voyage.

Fig. 77. — Chambre obscure de voyage.

tation aux excursions en montagnes, et particulièrement aux voyages alpestres.

Avec les 12 plaques gélatino-bromurées qu'il renferme, l'alpiniste ne pèse pas plus de 2 kilogrammes, et sa longueur ne dépasse pas 15 centimètres, ce qui permet de le porter en bandoulière, au moyen d'une courroie. Pour s'en servir on tire en avant le soufflet; on presse sur les deux équerres, ainsi qu'on le voit sur la figure 79, ce qui fait chavirer la planchette-support, qui se fixe très solidement d'elle-même et l'on accroche la planchette-objectif au moyen de ses deux gâches à baïonnette. On arme l'obturateur en soulevant le bouton, et en ayant soin de boucher l'objectif.

On porte généralement l'appareil, ainsi tout monté, pour être plus sûr de ne pas manquer l'occasion d'un instantané, qui ne se représenterait plus.

Tenant l'appareil dans les deux mains et à hauteur voulue, le rayon visuel passant par le sommet des deux guidons et par le centre du modèle, on suit de l'œil le sujet à reproduire, et on déclanche l'obturateur au moment voulu, en pressant graduellement, entre le pouce et l'index, le bouton de déclanchement.

Les glaces sont emprisonnées dans les châssis en tôle, qui ont la forme de cuvettes, dont les rebords à rainures préservent la couche sensible de toute éraillure, dans leur frôlement des unes contre les autres. Ces châssis, légèrement bombés en avant, forment ressorts, pour maintenir les glaces appliquées contre les rainures qui sont au point. Ils se superposent, sans aucune séparation.

Le dispositif adopté pour faire disparaître

Fig. 78. — Chambre obscure de voyage (pose).

la première glace et lui substituer la seconde se compose (fig. 79) d'un sac conique S en toile caoutchoutée, parfaitement imperméable et très flexible. Ce sac est fixé sur le couvercle qui surmonte la chambre noire et se loge, replié, dans son intérieur, sans augmentation de volume (fig. 80).

Le premier châssis, que l'on soulève au moyen du levier extérieur que l'on rabat ensuite, rentre, à moitié de sa hauteur, dans le sac. Un petit ressort intérieur le maintient en place. Saisissant extérieurement ce premier châssis, la main ouverte, par les deux côtés extrêmes et faisant glisser l'enveloppe jusqu'en bas, on le dégage entièrement, pour le placer dans l'espace laissé libre par les autres, qui sont poussés en avant par quatre ressorts intérieurs.

La seconde glace est devenue première, et cela sans erreur possible, ni tâtonnements. On opère de la même manière pour toutes les autres.

Après cet ingénieux appareil citons, pour ses dimensions très réduites, le *kinégraphe* de M. Français (fig. 82) qui se porte à la main. Il enferme trois châssis doubles, portant chacun deux glaces de 8 centimètres sur 9. Pour opérer on place l'objectif, on arme l'obturateur, et l'on tire en bas l'étui du châssis, en appuyant l'instrument contre sa poitrine. Une petite chambre obscure, contenue dans la boîte, fournit une image des objets que l'on voit de l'extérieur, car elle vient se peindre sur une petite glace dépolie, placée à la partie supérieure. On suit, de cette manière, ce qui se passe dans le champ de l'objectif. Quand on reconnaît que le sujet forme son image entre les traits horizontaux de la petite glace dépolie, on n'a plus qu'à presser avec le pouce sur la détente de l'obturateur, pour obtenir l'impression sur la glace gélatino-bromurée.

M. Faller construit un support particulier pour les chambres noires de voyage. Il est muni d'un serre-joint très fort. Ce support (fig. 83) permet de placer un appareil photographique dans toutes les situations imaginables, même dans la position renversée (photographies aérostatiques ou prises du haut d'un monument, de la barre d'appui d'une fenêtre, d'un balcon), dans tous les cas enfin où l'usage du pied de campagne est incommode ou même impossible.

La facilité qu'on a de pouvoir le placer solidement au sommet d'une échelle, à la portière d'un wagon, sur une roue de voiture ou de tricycle, sur le bastingage d'un yacht, aussi bien que sur la première élévation qui se présente, branche d'arbre, sommet de mur ou de grille, remplace dans

Fig. 80. — L'appareil dans son sac.

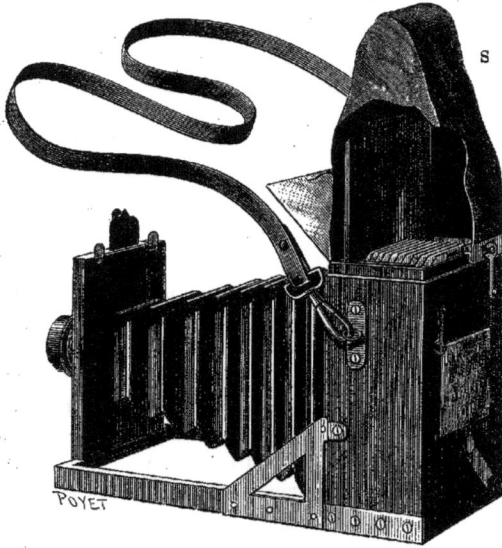

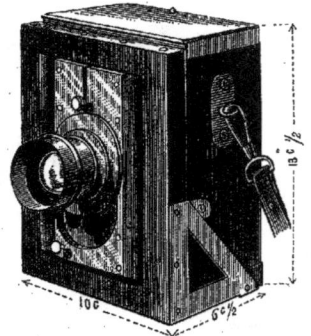

Fig. 79. — Alpiniste prêt à fonctionner.

Fig. 81. — L'appareil replié.

la majorité des cas l'emploi du pied de campagne.

Fig. 82. — Le kinégraphe.

Il y a toutefois dans les appareils que nous venons de décrire une grande difficulté

à surmonter, c'est la *mise au point*. Sans doute il est plus commode d'être dispensé de mettre au point, et la plupart des appareils

Fig. 83. — Serre-joint des chambres obscures de voyage, de M. Faller.

que nous venons de décrire permettent de s'en passer. Il est pourtant à craindre que les objets reproduits ne soient pas toujours bien nets. C'est pour cela que M. Molteni a imaginé une méthode particulière. On mesure la distance de la chambre au modèle, et une graduation indique immédiatement la position qu'il faut donner à l'objectif. On obtient ainsi une plus grande netteté, tout en évitant également les ennuis de l'appareil ordinaire qui fait perdre un certain temps, oblige à se munir d'un voile noir, fort embarrassant.

L'appareil Molteni (fig. 84) se compose d'une boîte en bois, qu'on porte à la main, à l'aide d'une poignée. Lorsqu'on veut s'en servir, on relève les deux couvercles d'avant et d'arrière, et l'on peut tenir la chambre à la main, au moyen de sa poignée. On applique ensuite l'œil à un trou percé au centre du couvercle postérieur, et l'on regarde le sujet à reproduire, qui paraît dans l'encadrement formé par le couvercle antérieur.

Des divisions tracées sur la coulisse permettent de faire la mise au point très rapidement, si l'on connaît la distance de la chambre à l'objet principal. Cette distance

Fig. 84. — Appareil Molteni.

doit être déterminée avec soin, à l'aide d'une règle si elle est inférieure à 5 ou 6 mètres ; jusqu'à 15 mètres, on peut la mesurer au pas, enfin l'estimer approximativement si elle dépasse cette distance.

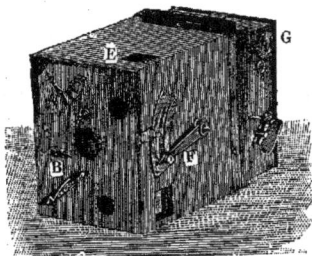

Fig. 85, 86. — *Express-détective* de M. Nadar.

L'*express détective* de M. Nadar (fig. 85-86) est une chambre obscure à l'usage des voyageurs. Cet appareil, à mise au point variable et automatique, permet de photographier de près et de loin. Il suffit, pour avoir une image nette, de mesurer la distance approximative qui sépare du sujet à reproduire, et de pousser l'aiguille F sur le chiffre de mètres correspondant, indiqué sur le cadran.

Ce calcul approximatif de distance est

très facile ; et à partir de 12 mètres, tous les plans sont au point, sans déplacer le foyer. Pour les distances inférieures à 12 mètres, il est aisé de s'assurer de la mise au point en mesurant, soit au pas, soit au besoin avec un mètre, la distance qui sépare du sujet. Il est, du reste, toujours possible de contrôler rapidement l'exactitude de cette mise au point grâce au verre dépoli que nous signalons plus loin.

L'obturateur, qui s'arme extérieurement

en tournant la petite clef B, et qui déclanche sous la simple pression d'un bouton,
peut passer graduellement d'une vitesse
minima à une très grande vitesse et faire en
même temps la pose. D'excellents clichés
ont été obtenus avec cet appareil, en opérant dans un train de chemin de fer en
marche.

A l'appareil est adjoint un chariot G,
qui s'y adapte par un simple bouton à ressort, et qui renferme un châssis dépoli,
maintenu toujours en place pour la mise
au point par la pression de deux ressorts.

Un double ressort assure la fermeture
des volets, qui ne peuvent pas être soulevés
par mégarde, et qui sont complètement
enlevés lors de l'exposition, car deux autres
ressorts doubles empêchent la lumière de
pénétrer.

Ces volets sont en même temps préparés
de façon à pouvoir y inscrire des notes
comme sur une ardoise.

Un compteur automatique indique exactement lorsque le négatif est en place et
marque en même temps par un chiffre le
nombre de clichés déjà exposés et, naturellement, ceux dont on peut encore disposer.

Un *viseur* E, composé d'un petit objectif
reflétant l'image sur une glace, laquelle
la renvoie sur le verre dépoli, permet de
juger avec précision et de la rectitude des
lignes, et de la position occupée par le sujet
principal.

La chambre est donc maintenue par la
main droite, *sans qu'il soit nécessaire de la
porter à la hauteur de l'œil pour viser*, la
main gauche restant libre pour obtenir le
déclanchement de l'obturateur au moment
voulu.

Cette combinaison de viseurs permet de
photographier en tournant complètement
le dos au modèle, lorsqu'il s'agit de faire
des instantanés, sans crainte d'éveiller l'attention.

Un petit sac en cuir, avec courroie, pour
le porter en bandoulière (fig. 86), cache
l'appareil complet en le préservant des accidents éventuels, tout en permettant d'opérer
sans le retirer de son étui.

Un petit appareil récemment importé
d'Amérique, et que l'on nomme le *rodack*,
remplit le même office que l'*express-détective* de M. Nadar. Il donne des épreuves avec
une prodigieuse rapidité et d'une manière
tout à fait automatique.

Nous n'avons encore rien dit du choix à
faire de l'agent chimique impressionnable,
pour le cas spécial qui nous occupe. Faut-
il prendre des glaces collodionnées, albuminées, ou bien au gélatino-bromure? Faut-
il, au lieu de glaces, prendre des papiers
sensibles?

La préparation chimique à choisir doit
fournir un support léger et facilement
transportable. C'est dire que les glaces,
soit collodionnées, soit gélatino-bromurées,
prendront difficilement place dans le bagage du touriste photographe; car elles sont
d'une trop grande fragilité, et leur transport
en voyage est une cause de perpétuelles
craintes.

Il faut croire pourtant que ces craintes
ne sont pas partagées par tous les opérateurs. En effet, le docteur Lebon a pris
3,000 clichés dans un voyage en Orient, et
il n'en a eu qu'un seul de brisé. D'autres
voyageurs sont revenus sans un accident.
Mais que de précautions et quelle prudence ne faut-il pas pour manier les
caisses fermées qui renferment les pré-
cieuses glaces? Les constructeurs vendent
des boîtes garnies de glaces gélatino-bromurées, que l'on recommande de placer
dans une caisse de fer-blanc fermée à
la soudure d'étain, et qui font éviter les
malheurs.

L'emploi des papiers négatifs s'impose,
pour ainsi dire, dans le cours des voyages.

Seulement, il faut faire un choix entre : 1° les papiers recouverts d'une couche de gélatino-bromure d'argent, qu'ils soient opaques ou transparents, tels que les papiers Morgan, Eastman, Balagny et Lamy ; 2° la simple pellicule de gélatine recouverte d'une couche de gélatino-bromure d'argent, et qui est entièrement transparente.

Les opérateurs consultent leur habitude ou leur adresse, pour se décider entre l'un ou l'autre de ces agents impressionnables.

La difficulté, en voyage, surtout quand on opère avec des glaces, c'est de changer et de manier les glaces dans un lieu obscur. En général, on fait cette opération la nuit, en s'éclairant au moyen d'une lanterne à verres rouges ; mais dans le jour il faut trouver une petite pièce, chambre d'auberge, ou cabine de bateau à vapeur, que l'on puisse transformer en chambre noire, pour y effectuer les changements de négatifs, impressionnés ou non. On doit boucher hermétiquement tous les joints, et se servir, pour cela, de papier noir, dont on doit emporter une bonne provision.

Les lanternes de voyage, que nous avons déjà décrites et représentées dans un autre chapitre (pages 18-19), sont aujourd'hui très employées pour effectuer ces changements à l'abri de la lumière du jour.

Nous parlons seulement ici du maniement des glaces dans des lieux obscurs, et non de la manière d'exécuter en voyage toutes les manipulations de la photographie. Comme nous l'avons dit, il ne saurait, en effet, être question de terminer des clichés en voyage. On ne peut y songer que si l'on séjourne quelque temps dans une ville où l'on puisse trouver un atelier propice aux travaux de photographie. On ferait, sans cela, de mauvaise besogne.

Il est, toutefois, indispensable d'emporter quelques cuvettes, afin de pouvoir développer quelques clichés, pour s'assurer si l'on n'a pas commis d'erreur sur le temps de pose. Faisons remarquer seulement que s'il doit s'écouler un temps assez long entre la pose des épreuves pendant le voyage et leur développement au retour, il faut augmenter un peu la durée de l'exposition à la lumière.

Nous passons à une seconde série d'appareils de voyage, d'une dimension plus réduite encore, et auxquels on a recours quand il ne s'agit que de saisir rapidement certaines vues de la nature ou de l'art. Nous voulons parler des appareils dits de *poche*, ou *à main*, pour lesquels le pied de la chambre obscure est totalement proscrit.

Ici le format du cliché étant extrêmement restreint, son agrandissement est obligatoire.

L'*appareil à main* tend de plus en plus à s'introduire dans les habitudes des amateurs de photographie. On peut, grâce à ces minuscules instruments, opérer instantanément, et pour ainsi dire sans s'arrêter dans sa marche. Il est possible, en effet, de saisir et de fixer le portrait d'une personne sans qu'elle en soit aucunement prévenue. Tout le monde sait qu'un Musulman, de par sa foi religieuse et morale, ne consent jamais à poser pour son portrait. Ce n'est qu'en recourant à des subterfuges inouïs, que l'on peut reproduire par le dessin les traits d'un serviteur de Mahomet. Mais avec un appareil de photographie de poche, on peut, en dépit d'Allah, portraicturer un Turc.

L'*appareil de poche* a un objectif toujours prêt à fonctionner, et une chambre obscure disposée de telle sorte que l'opérateur n'ait qu'à viser l'objet, et à lâcher la détente qui découvre l'obturateur. C'est un fusil chargé, toujours prêt à partir, à la volonté du chasseur.

Les *appareils de poche*, ou *à main*, sont nombreux aujourd'hui ; ce qui ne veut pas dire qu'ils soient parfaits. Nous les citerons seulement pour donner une idée des immenses progrès de la photographie, et de la révolution qui s'est faite dans cet art, depuis qu'il est sorti des mains de Niepce et de Daguerre. On a peine à croire que la photographie telle qu'elle existe aujourd'hui ait eu pour origine les ébauches de ses premiers créateurs.

Les appareils de poche les plus répandus aujourd'hui parmi les amateurs sont le *chapeau photographique*, qui se compose

Fig. 87. — Chapeau photographique.

d'une canne et d'un appareil pouvant être porté dans un chapeau. La canne, se séparant en 3 parties, forme un pied à trois branches, qui supporte l'appareil, lorsqu'on veut opérer. Un chapeau, de grandeur convenable, est la chambre noire, qui reçoit des clichés 9 × 12. On place le chapeau sur la canne, comme le montre la figure 87, et le petit appareil est prêt à fonctionner.

Le photo-revolver (fig. 88) se porte dans la poche ou dans un étui à courroie. Dans le canon est un objectif, et neuf châssis, contenant des glaces de 4 centimètres de surface, qui peuvent venir successivement s'impressionner au fond du canon. L'objectif est *aplanétique*, c'est-à-dire reproduit tous les objets placés à plus de 5 ou 6 pas, avec une égale netteté, de sorte que la mise au point est inutile. Par la dimension considérable de ses lentilles, par rapport aux glaces, l'objectif donne assez de lumière

pour produire des épreuves instantanées, et son champ est assez grand pour que l'image se trouve au centre, sans qu'il soit nécessaire de viser bien juste. L'obturateur est réglé par un mouvement d'horlogerie ; pour faire une épreuve il suffit de tourner le barillet et de presser la détente.

Les constructeurs d'appareils photographiques et les opticiens, obéissant au goût du public, ont mis dans le commerce différents appareils instantanés, très portatifs et de très faible volume.

Tel est, par exemple, la *chambre portefeuille* de M. Mendoza (fig. 89 et 90), pour opérer à la main, en chemin de fer, sur un omnibus en marche, etc., etc. Cet appareil se compose d'une chambre à soufflet en noyer verni, et à ferrures nickelées, d'un objectif à paysages et portraits rapides, d'un obturateur circulaire à vitesse variable, muni d'un tube et d'une poire en caoutchouc, de trois châssis doubles et d'un manche-poignée.

La netteté des épreuves obtenue avec cet appareil est telle que l'on peut les agrandir sans la moindre déformation. Il permet de prendre des épreuves de 6 1/2 × 9 dans toute occasion, sans s'encombrer d'un lourd bagage ; son poids total est de 500 grammes, ce qui fait qu'on le porte aisément dans la poche.

Le *Photo-éclair Petter* (fig. 91), que construit M. Merville, est un appareil entièrement métallique, qui se compose de : 1° un porte-objectif, avec obturateur instantané ; 2° un châssis-magasin, pour recevoir cinq plaques au gélatino-bromure ; 3° un objectif instantané ; 4° une courroie de cuir, permettant de porter l'appareil sous le vêtement ; 5° un verre dépoli, pour se rendre compte de l'image à obtenir.

Ce petit appareil, qui se dissimule facilement sous le gilet ou la redingote, permet

Fig. 88. — Photo-revolver.

de saisir, pour ainsi dire, le sujet, sans l'avertir.

Pour aller de plus fort en plus fort,

Fig. 89. — Chambre-portefeuille de M. Mendoza.

comme chez Nicolet, nous citerons le fait extraordinaire qui a été annoncé en 1887, d'un opérateur qui, lancé sur un vélocipède, prenait des photographies instantanées. Les épreuves ont été montrées à la *Société de photographie*, et elles ne différaient en rien des épreuves ordinaires.

L'appareil était fixé au-dessus de la roue du vélocipède, comme le montrent les figures 92 et 93, dont la dernière fait voir le mode d'installation du *serre-joint*. C'est le même support que nous avons figuré plus

haut (page 74), en parlant du *serre-joint* de M. Faller.

Cet habile opticien est, en effet, le constructeur de ce curieux appareil.

On voit sur la figure 92 le mode d'instal-

Fig. 90. — Chambre-portefeuille de M. Mendoza.

lation de la chambre obscure sur le vélocipède. Le *serre-joint* de M. Faller sert à le fixer. Nous montrons, à part, dans la figure 93) les détails du *serre-joint*.

On a réussi, en 1888, à obtenir des photographies aériennes, à l'aide d'un appareil très léger, enlevé par un cerf-volant.

Enfin, et comme le comble de l'art, nous citerons le tour de force qui a été réalisé en 1888, d'une photographie prise automatiquement, par une fusée d'artifice, au moment où la cartouche descend du haut des airs, après avoir fait explosion.

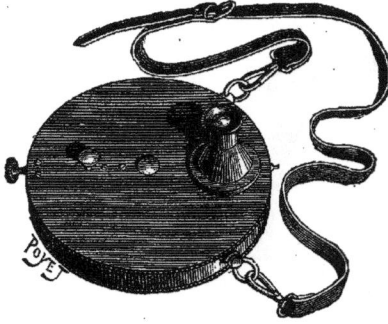

Fig. 91. — Photo-éclair.

Cet étrange appareil *photo-pyrotechnique*, dû à M. Amédée Denisse, consiste en une toute petite chambre noire, cylindrique,

Fig. 92. — Appareil photographique établi sur un vélocipède.

ayant 12 lentilles espacées régulièrement sur une circonférence. Des cloisons évitent le croisement des rayons.

Le châssis, qui est à double enveloppe et

cylindrique, supporte une pellicule sensibilisée que l'on place au centre de la chambre obscure. Un obturateur circulaire,

Fig. 93. — Serre-joint de l'appareil fixé sur un vélocipède.

percé de trous en regard des objectifs, fonctionne par son propre poids. L'obturateur est suspendu à une mèche d'artifice, que la fusée brûle au terme de son ascension. En retombant, il découvre et referme instantanément l'ouverture de la chambre obscure. La fin de cette même mèche actionne la détente du parachute, qui se déploie, et la fusée, retenue captive par une cordelette, est ramenée à son point de départ.

Le châssis, aussitôt recueilli, est enfermé dans une boîte obscure, jusqu'au moment de développer le cliché.

La *photo-fusée* opère en quelques secondes, sans avoir à redouter le tir de l'ennemi ; le parachute apparaît seul, comme un oiseau qu'il serait difficile d'atteindre avec un projectile.

Pour assurer la réussite, il ne faut négliger aucun des détails suivants : 1° employer des fusées chargées avec le plus grand soin ; 2° veiller à ce que la baguette de direction soit assez longue et bien droite ; 3° la cordelette doit se dérouler sans résistance, ni secousse.

Après l'épreuve prise en vélocipède, l'épreuve saisie par un cerf-volant ; après l'épreuve en cerf-volant, celle que relève une fusée dans un feu d'artifice. On voit que la photographie ne marche pas : elle vole!

Il ne faut pas désespérer de voir une épreuve photographique prise par un boulet de canon. Cela viendra!

Les *appareils à main*, venant à la suite de la découverte du gélatino-bromure, ont opéré toute une révolution dans la photographie à l'usage des voyageurs et des amateurs. Autrefois il fallait, pour s'adonner à ce genre de délassement, mettre en bataille tout un attirail encombrant et compliqué. La chambre obscure était lourde, et pour lui servir de support, il fallait un trépied, d'un transport difficile. On emportait des piquets, une tente, pour servir de laboratoire ou pour la pose; enfin, un arsenal de flacons, d'éprouvettes et de petites boîtes contenant les agents chimiques révélateurs. Les résultats étaient, d'ailleurs, loin d'être en rapport avec la peine que coûtaient les opérations. Il n'était pas facile de travailler en plein air; le froid ou la chaleur, le soleil ou la pluie, dérangeaient les influences qui produisent l'image lumineuse, ou sa révélation sur la plaque impressionnée. Il arrivait souvent que les photographes les plus expérimentés ne rapportaient de leurs excursions que des déceptions et le souvenir des ennuis qu'ils avaient éprouvés de la part des curieux et des passants, quand ils opéraient en pleine campagne.

La découverte du gélatino-bromure, en permettant d'opérer instantanément, jointe à l'invention des *appareils à main*, dans lesquels la mise au point est supprimée, et qui donnent une image exacte, rien qu'en connaissant la distance où l'on se trouve du modèle, est venue révolutionner la photographie du voyageur et de l'amateur. Du jour où le commerce a pu vendre des appareils d'un petit volume, se portant dans un chapeau, les amateurs ont pu s'adonner

à cœur-joie à un passe-temps rempli pour eux de charme et d'intérêt.

De nos jours, on a pu prendre des clichés à la dérobée, pour ainsi dire, sans que le modèle, la victime quelquefois, puisse se douter qu'il est l'objet d'une reproduction secrète. Les opticiens et les photographes ont multiplié, à l'envi, les artifices pour dissimuler les appareils photographiques sous des formes qui ne puissent aucunement éveiller l'attention du dehors.

Voyez-vous ce monsieur, aux allures indifférentes, en apparence, qui porte en bandoulière un petit sac, semblable à un étui de lorgnette. Tout d'un coup il s'arrête, et place devant sa poitrine le prétendu sac de voyage. De sa main droite il pousse un ressort, pour mettre l'objectif au point, d'après le jugé qu'il a pu faire de la distance, et de la main gauche il soulève et laisse retomber, en une fraction de seconde, l'obturateur du petit objectif contenu dans la boîte. Cela fait, il continue son chemin.

Ce mystérieux personnage est un amateur photographe, qui a remarqué, en passant, un type d'homme ou de femme ou une scène de mœurs, qu'il a eu la fantaisie de conserver. Il en a pris l'épreuve photographique, sans que personne, autour de lui, se doutât de son acte, et il rapporte dans son laboratoire, pour la développer et la fixer, l'image qu'il a saisie au vol.

Pendant que s'éloignait l'homme au sac de voyage, un autre amateur s'arrête, et, frappé du même type ou de la même scène, il ôte, d'un air indifférent, sa montre de sa poche.

Cette montre n'est pas une montre : c'est le *photo-éclair photographique;* et, traîtreusement, notre homme prend, comme le précédent, l'impression photographique du même modèle, puis il s'éloigne d'un pas tranquille.

Remarquez maintenant ce nouveau passant qui se découvre, et pendant quelques secondes, tient son chapeau à la main.

Ce chapeau n'est pas un chapeau : c'est une chambre obscure, dissimulée au fond du couvre-chef; l'opérateur n'a pas voulu saluer, mais bien photographier son modèle.

Remarquez un quatrième amateur. Il tient à la main une lorgnette. Cette lorgnette n'est pas une lorgnette : c'est encore un appareil photographique secret, qui prend, à la dérobée, l'empreinte de la même scène.

Pendant que nos quatre amateurs s'escrimaient, à tour de rôle, un autre s'arrêtait au bord du trottoir, entr'ouvrait son gilet, et du bout du doigt, semblait effleurer un des boutons de son habit.

Ce gilet n'était pas un gilet : c'était une *cuirasse photographique*. Un imperceptible ressort avait déplacé la lentille d'un objectif, pour la mettre en rapport avec une chambre obscure, de forme aplatie, cachée sous son vêtement. Comment se douter qu'une lentille photographique se trouve perdue au milieu des boutons d'un gilet?

Un sixième passant s'arrête; il tire de sa poche un revolver, et il appuie sur la détente de son arme, qui parcourt plusieurs crans, avec un bruit de fer. Rassurez-vous pourtant. Ce passant ne veut tuer personne. Il veut seulement, à chaque détente du tourillon de son arme, prendre un nouveau cliché.

Telles sont les surprises charmantes et les distractions pleines d'une saveur innocente et naïve, que la *photographie instan-tanée* offre aux nombreux amateurs de cet art nouveau. Est-il une distraction plus heureuse, plus agréable, plus digne des loisirs d'un galant homme? Toutes les autres occupations des gens du monde sont coûteuses, dangereuses, ou inabordables à la masse des particuliers. Le collectionneur de tableaux et d'objets rares se ruine; le joueur brûle son sang et son âme, aux terribles émotions du baccara; les courses de chevaux ne sont pas des distractions, mais de fièvreuses transes; la peinture et la sculpture exigent une vocation spéciale et de longues études; les travaux littéraires ne sont pas à la portée de tous; seule, la photographie instantanée procure à l'oisif intelligent une distraction facile et charmante. Le papier bromuré et la glace sensible remplissent à merveille les moments de l'homme désœuvré, mais amoureux de l'art. C'est en pleine campagne, au sein de la nature, qu'il peut chercher ses modèles et ses sujets. Et, comme récompense de ses travaux et de ses opérations de laboratoire, il a une série de vues, qui peuvent orner son salon, remplir ses albums et mériter les éloges de ses proches et de ses amis. Tout cela ne demande qu'un peu de goût, une adresse de main qui s'acquiert et reste acquise, de l'intelligence et de bons instruments d'optique. Ne soyons donc pas surpris, dès lors, de voir que la photographie d'amateurs soit devenue aujourd'hui l'apanage de tous, et que cet art fidèle et discret trouve dans les deux mondes une armée de pratiquants et d'adeptes.

FIN DU SUPPLÉMENT A LA PHOTOGRAPHIE.

POUDRES DE GUERRE

(LES EXPLOSIFS)

CHAPITRE PREMIER

LES NOUVELLES POUDRES DE GUERRE. — DIVERSES ESPÈCES DE POUDRES A GRAINS. — LES POUDRES A DÉFLAGRATION LENTE. — CARACTÈRES ET AVANTAGES DES NOUVELLES POUDRES : LA POUDRE SANS FUMÉE. — ÉTAT ACTUEL DE NOS POUDRERIES. — LES APPAREILS DE MESURE POUR LES POUDRES FABRIQUÉES.

La guerre de 1870 avait surpris la France dans un regrettable état d'infériorité militaire. Tandis qu'en dehors de nos frontières tout se transformait, et que l'art de la guerre profitait largement des nouvelles découvertes de la science, nous en étions encore à nos vieux errements. Tandis que l'Allemagne et l'Autriche avaient des canons se chargeant par la culasse, nous n'avions que des pièces rayées se chargeant par la bouche. Tandis que la dynamite et les poudres progressives étaient connues partout, ce ne fut qu'après nos premiers revers que l'on s'occupa, en France, de les employer. Mais, dès ce moment, nos officiers, nos ingénieurs, nos savants, redoublent d'énergie, et bientôt ils font des prodiges. Le général de Reffye crée un ma-

tériel d'artillerie entièrement nouveau. On photographie les cartes qui manquent à l'armée, on installe le service des pigeons voyageurs, on barre, avec des torpilles, le cours des fleuves, celui de la Seine en particulier.

Après la signature de la paix, ce mouvement de progrès prit un essor beaucoup plus important encore.

En 1870, la France ne possédait que quatre poudreries militaires, placées sous la direction d'un colonel d'artillerie. Nous avons aujourd'hui dix poudreries, à Esquerdes, Saint-Ponce, Vonges, le Ripault, le Pont de Buis, Angoulême, Saint-Chamas, Toulouse, Saint-Médard, et Sevran-Livry, ainsi qu'une fabrique de coton-poudre, au Moulin-Blanc. Il existe une raffinerie de soufre et salpêtre à Marseille, deux raffineries de salpêtre à Lille et à Bordeaux. En outre, un atelier de dynamite a été joint à la poudrerie de Vonges. En tout temps, nos approvisionnements sont énormes : quarante millions de kilogrammes de poudre et deux millions de kilogrammes de dynamite. Toutes les mesures sont prises, d'ailleurs, pour qu'en temps de guerre, les poudreries livrent à l'armée un million de kilogrammes de poudre par mois ; ce qui, avec les approvisionnements du temps de paix, suffirait amplement à tous les besoins. Enfin, comme on le verra dans les chapitres suivants, nos officiers, nos ingénieurs des poudres et salpêtres et nos chimistes, poursuivent sans relâche l'étude des explosifs. Nos obus sont maintenant chargés de dynamite ou de mélinite ; la poudre ancienne, la poudre proprement dite, ne sert plus qu'au chargement des cartouches de fusil et des gargousses de canon.

Cette transformation ne s'est pas accomplie en un jour. Elle a fait l'objet de longues études, que nous avons à exposer dans ce *Supplément*.

Nous parlerons d'abord des nouvelles poudres de guerre et ferons connaître les principes sur lesquels repose leur fabrication ; nous traiterons ensuite des *explosifs* et de leurs diverses applications.

De nos jours, la poudre de guerre contient les mêmes éléments qu'autrefois, mais on a singulièrement modifié la proportion de ces mêmes éléments, et on fabrique une série particulière de poudres pour chaque destination particulière.

Si l'on a modifié la composition de la poudre, c'est que de nombreux essais ont démontré, d'une façon péremptoire, la supériorité des *poudres à déflagration lente* sur les poudres à *déflagration vive*.

Supposons que l'on enflamme un tas de poudre contenu dans un espace clos ; tous les grains prendront feu presque au même instant, mais ils ne brûleront pas tous avec la même vitesse, s'ils n'ont ni la même épaisseur, ni la même composition. Les grains très minces brûleront très vite, les grains plus gros brûleront lentement, en dégageant, au fur et à mesure de leur combus-

tion, des gaz, dont la pression déterminera le départ du projectile. Ce n'est pas tout : le grain de poudre brûle d'autant plus vite que la pression développée dans l'espace clos est plus forte. Assimilons la chambre d'une bouche à feu à un vase clos, tenons compte des considérations qui précèdent, et nous arrivons à cette conclusion : Si l'on veut obtenir un effort prolongé sur le culot d'un projectile, il ne faut pas seulement modifier la composition de la poudre, il est surtout essentiel de déterminer la forme et les dimensions à donner au grain de poudre.

Cette découverte capitale a été, pour ainsi dire, le résultat du hasard. Un officier, M. de Saint-Robert, avait reconnu, en tirant avec un même fusil, dans trois circonstances différentes, que l'échauffement du canon diminuait sensiblement si l'on plaçait la balle non contre la poudre, mais à une certaine distance de la poudre. Deux chimistes, en Angleterre et en Suède, MM. Abel et Nobel, partirent de là pour faire toute une série d'expériences, très curieuses, qui amenèrent ces deux savants à formuler cette loi : « Quand on met le feu à la poudre dans l'âme d'un canon, les produits de l'explosion sont les mêmes qu'en vase clos ; le travail sur le projectile est effectué par les gaz permanents dont l'abaissement de température est compensé, en grande partie, par la chaleur emmagasinée dans le résidu liquide. » Il résulte de ces expériences que la densité et la pression des gaz produits par la combustion de la poudre, à la température à laquelle ils ont été portés, sont liées par la loi de Mariotte.

Quand la combustion d'une charge de poudre a lieu très rapidement, les gaz, qui sont renfermés à haute pression, sous un petit volume, se détendent promptement, pendant que le projectile parcourt l'âme de la pièce. Si la combustion est lente, au contraire, les gaz se produisent successivement, ne se détendent que peu à peu, et l'on obtient alors une pression beaucoup plus considérable, au moment précis où le projectile sort du canon.

Il résulte de ces considérations théoriques qu'une poudre doit réunir la densité et la dureté. C'est pour obtenir des poudres douées de ces qualités que l'on a été conduit, depuis 1870, à modifier l'ancien dosage qui était, comme on le sait : 75 pour 100 de salpêtre, 12,50 de charbon et 12,50 de soufre.

On fait aujourd'hui usage de poudres de guerre de qualités très diverses, selon leur affectation à un usage déterminé. Nous citerons comme exemple la poudre M.C$_{30}$.

Que signifie cette désignation? Elle veut dire que cette poudre est fabriquée aux meules, qu'elle n'est destinée qu'aux canons et que la durée de sa trituration est de 30 minutes.

Les grains de cette poudre ont une épaisseur de 2 millimètres et demi ; on l'emploie dans le tir des mortiers lisses et des canons se chargeant par la bouche. C'est dire qu'on n'en fabrique plus, depuis plusieurs années, dans les poudreries françaises.

Pour le fusil Gras, modèle 1874, qui est aujourd'hui remplacé par le fusil Lebel, mais qui serait donné, en cas de mobilisation, à l'armée territoriale, nos ingénieurs avaient imaginé la poudre F$_1$, qui se compose de 77 parties de salpêtre, 8 parties de soufre et 15 parties de charbon noir. Les grains de la poudre F$_1$ ont une épaisseur d'un millimètre en moyenne.

Nous avons encore les poudres C$_1$, C$_2$, SP$_1$, SP$_2$ et SP$_3$. Les poudres C$_1$ et C$_2$ sont destinées au service des canons de place et de siège. Toutes ont le même dosage : 75 parties de salpêtre, 10 parties de soufre et 15 parties de charbon noir ; elles ne diffèrent que par l'épaisseur des grains, et par conséquent par la vitesse de leur combustion.

Après la découverte des poudres de guerre

à combustion lente et à grains durs, une invention d'une portée plus grande encore peut-être fut faite en France : nous voulons parler de la poudre brûlant sans fumée, c'est-à-dire la poudre qui s'applique spécialement au fusil Lebel.

Nos lecteurs peuvent apprécier aisément l'importance d'une poudre brûlant sans fumée. Dans un combat naval, au bout de quelque temps de tir, les navires sont environnés d'un tel nuage de fumée, qu'ils ne s'aperçoivent plus l'un l'autre, et qu'ils tirent, pour ainsi dire, en aveugles. Si l'on tirait, dans un combat naval, avec une poudre sans fumée, l'effet des coups de l'artillerie étant jugés à chaque instant, l'engagement serait rapidement meurtrier, de part et d'autre. Avec une poudre brûlant sans fumée, un bataillon d'infanterie peut couvrir de balles toute une zone de terrain ; un canon de campagne peut tirer à mitraille, sans que l'adversaire, écrasé, puisse reconnaître d'où part le feu.

La découverte de la poudre brûlant sans fumée est due à un ingénieur des poudres et salpêtres, M. Vieille, ancien élève de l'école polytechnique. Depuis dix ans, M. Vieille poursuivait de patientes recherches, au laboratoire central d'artillerie de Paris. Il s'efforçait de modifier la composition de la poudre, pour atténuer, dans l'âme des bouches à feu, la violente action due à la pression des gaz, et conjurer ainsi les dangers d'éclatement et de déculassement des pièces de canon. C'est au cours de ses travaux, conduits avec une admirable sagacité, qu'il fit la rencontre — c'est ici la véritable expression — d'une poudre qui brûlait et faisait explosion sans bruit ni fumée.

La poudre de M. Vieille a été appliquée spécialement au fusil Lebel. Les nations étrangères fabriquent aussi cette poudre, mais elles ne sont pas exactement fixées sur la formule de nos dosages.

Nous ne connaissons pas la composition

de la poudre sans fumée fabriquée en France, et la connaîtrions-nous, que nous n'aurions garde de la divulguer. La poudre que l'on fabrique aujourd'hui en France pour le fusil Lebel est, pour ainsi dire, un patrimoine national, et celui qui, pour satisfaire la curiosité de ses lecteurs, en dévoilerait le secret, commettrait une coupable imprudence.

On fait usage aujourd'hui, en France et en Allemagne, d'une poudre qui jouit de propriétés balistiques remarquables, et qui, à cause de sa couleur brune, a été désignée sous le nom de *poudre chocolat*. La composition de la *poudre chocolat* est restée secrète, ainsi que la manière de la préparer, mais, d'après les analyses qui en ont été publiées, c'est un mélange de soufre, de salpêtre, de charbon et d'une matière résineuse. Au point de vue balistique, cette poudre présente les caractères des poudres très lentes, et n'est utilisée que dans des canons ayant une longueur d'âme supérieure à 30 calibres.

L'expérience a montré que pour tirer le meilleur parti possible d'une bouche à feu il convient d'employer des grains de poudre « d'autant plus gros et plus denses que le « diamètre du canon est plus grand. » Pour ce motif, on a renoncé, en France, à se servir, comme avant 1870, de la même poudre pour toutes les bouches à feu.

On fabrique, dans nos poudreries, dix espèces de poudre pour l'artillerie de terre et l'infanterie, onze espèces de poudres pour la marine et pour la chasse, enfin, trois espèces de poudre de mine. Chacun des types de ces poudres est désigné par une lettre affectée d'un indice.

Toutes les poudres françaises sont des poudres grenées; *les poudres à grains fins* présentent des formes anguleuses; *les poudres à gros grains* ont une forme sphérique régulière. Pour les canons du système Reffye, la charge est constituée au moyen de rondelles de *poudre comprimée*. Par la compression de la poudre, on a pu augmenter la charge sans risquer de briser les parois du canon; mais l'emploi des poudres comprimées n'est considéré que comme un simple expédient servant à diminuer les effets brisants de la poudre. On en a reconnu, en effet, tous les inconvénients.

Quand on enflamme une charge de poudre, le feu se communique d'abord à la partie extérieure de cette charge, de sorte que la poudre brûle par couches successives. A mesure que l'inflammation se propage l'épaisseur des couches diminue, ainsi que le volume des gaz produits. Il est facile de comprendre que, si la poudre brûlait brusquement, la pression des gaz subitement développés déterminerait la rupture de la bouche à feu et peut-être l'éclatement du projectile dans l'âme de la pièce. De là la nécessité de créer des *poudres progressives*.

La *poudre française*, inventée par le colonel Castan, est une poudre éminemment progressive. Chaque grain de cette poudre est un parallélipipède de très faible hauteur, et qui brûle par couches successives, en produisant toujours le même volume de gaz.

L'artillerie russe emploie une poudre prismatique, dont chaque grain a six faces et est percé, suivant son épaisseur, de sept canaux. Quand on met le feu à l'un de ces grains, l'inflammation se communique par l'intermédiaire des canaux. Seulement, les cloisons qui séparent ces canaux les uns des autres se détruisent tout à coup, sous l'influence de la combustion, et, à moment, le feu se communique dans toute l'étendue du grain, de sorte que l'inflammation progressive, obtenue au début, fait place, presque aussitôt après, à une inflammation brusque.

En résumé, nos poudreries fabriquent, pour l'artillerie, les poudres progressives

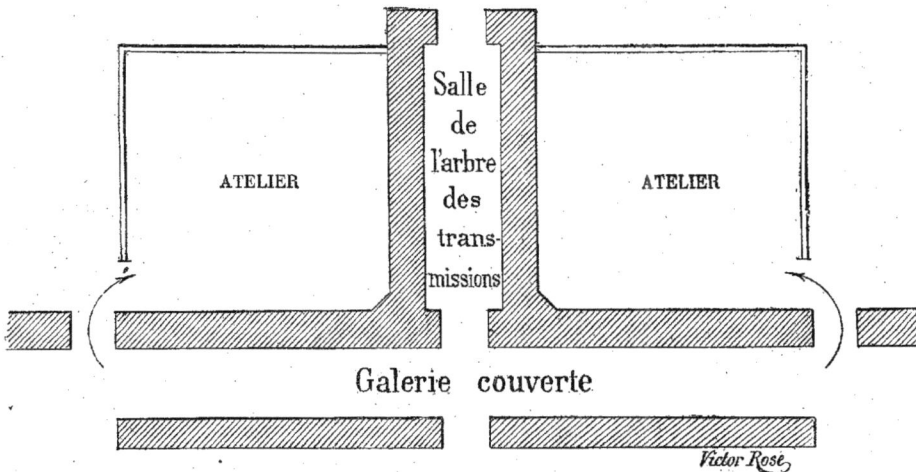

Fig. 94. — Plan d'un *groupe d'usines* composant une poudrerie française.

du colonel Castan et, pour le fusil Lebel, la poudre spéciale, inventée par M. Vieille et qui brûle sans fumée.

Pour fabriquer ces diverses poudres on effectue les six opérations suivantes :

Réduction du soufre, du salpêtre et du charbon, à l'état de galettes homogènes ;

Division de ces galettes en grains, de dimensions et de formes déterminées ;

Lissage de ces grains ;

Séchage de ces grains ;

Égalisage et époussetage de ces grains ;

Mise en magasin.

Nous avons décrit, dans les *Merveilles de la science*, les appareils servant à la fabrication de la poudre avec assez de soin pour n'avoir pas à y revenir dans ce *Supplément*. Nous avons dit que pour les mélanges des ingrédients on a depuis longtemps renoncé à l'emploi des *pilons*, et que l'on ne se sert que de *meules*. Le salpêtre est tamisé à la main, pendant que le soufre et le charbon sont triturés dans des tonnes en cuir. Le mélange du soufre, du salpêtre et du charbon, s'effectue ensuite, comme nous l'avons expliqué, dans des ateliers spéciaux, don

nous avons donné les dessins, et qui sont construits en planches légères, de façon à prévenir, autant que possible, les redoutables effets de l'explosion. Nous avons également représenté par des dessins les *tonnes de lissage*.

Sans revenir sur la description de ces appareils, nous dirons qu'un *groupe d'usines*, dans une poudrerie française, se compose actuellement de deux bâtiments, soit à parois de bois, soit à parois de tôle, qui communiquent avec un couloir étroit, où est logé l'arbre de transmission du moteur hydraulique qui met en action les meules. Dès que les meules sont en mouvement, les ouvriers quittent les deux ateliers, et se retirent dans une galerie couverte. Le travail mécanique se fait donc automatiquement et dans un atelier désert, sans pouvoir compromettre la vie des ouvriers, en cas d'accident.

Nous donnons dans la figure 94 la coupe des deux bâtiments composant une poudrerie française, ou plutôt un *groupe d'usines à poudre du type réglementaire*.

Les dimensions de chaque pièce composant un groupe d'usines sont de 7 mètres sur 7 mètres.

La construction des groupes d'usines dans lesquels on exécute les diverses opérations de fabrication des poudres est soumise à des règles spéciales, en prévision des accidents que cette fabrication peut causer.

Les bâtiments doivent être isolés les uns des autres, de manière qu'une explosion survenant dans l'un d'eux n'entraîne pas la destruction du reste de la poudrerie.

Un groupe d'usines comprend généralement, comme le montre la figure 94, deux compartiments dans lesquels sont installés les appareils de fabrication et qui sont séparés par une salle exclusivement affectée au câble de transmission de la force.

Chaque usine est construite avec deux *murs forts*, en maçonnerie, de 1 mètre d'épaisseur, et deux *côtés faibles*, soit en bois, soit en tôle, d'une grande légèreté, qui offrent, ainsi que la toiture, le moins de résistance possible, en cas d'explosion. Il en résulte que toute la violence du choc porte dans une direction déterminée, et que le compartiment voisin ainsi que les chemins de service sont absolument protégés.

Les murs forts sont, en outre, reliés, soit l'un à l'autre au moyen de poutrelles en fer qui traversent le cabinet des transmissions, soit à un mur suplémentaire, dit *mur de masque*, qui forme une galerie couverte où se tiennent les ouvriers chargés de la surveillance.

La plupart des usines sont construites en bois; mais comme, en cas d'explosion, les débris de bois enflammés projetés au loin peuvent porter l'incendie dans toutes les parties de l'établissement, on cherche aujourd'hui à construire ces usines avec charpente, devanture et couverture entièrement métallique.

C'est dans cet atelier que sont installés les appareils nécessaires à la fabrication de la poudre. Quand le mélange des trois éléments est fait, on soumet les galettes à l'action de presses hydrauliques. A cet effet, le mélange est versé dans un cadre en bois, qui a 70 centimètres de côté et 3 centimètres de hauteur. Ce cadre est évasé de façon à donner à la couche de poudre la forme d'un tronc de pyramide quadrangulaire. On recouvre le cadre et la poudre qui y est contenue avec une toile de chanvre et on place le tout sous le piston d'une presse hydraulique. Cette presse agit lentement, progressivement; sa force varie de 20 à 30 kilogrammes par centimètre carré de matière.

Voilà la *galette* préparée; il faut maintenant la diviser en grains. La grosseur de ces grains varie, suivant que l'on veut obtenir telle ou telle poudre à canon ou à fusil. Le *grenage* s'opère, comme nous l'avons indiqué dans les *Merveilles de la Science*, dans une *tonne-grenoir*. On lisse ensuite les grains, pour les polir, arrondir leurs angles et boucher leurs pores.

Nous avons décrit les *tonnes de lissage* à deux compartiments et les trémies au travers desquelles on fait passer la matière. Aujourd'hui, la charge d'un compartiment atteint 400 kilogrammes et la vitesse de rotation va jusqu'à vingt tours par minute.

Les conditions dans lesquelles s'opère le *séchage* n'ont pas été modifiées depuis 1870, sauf que l'on ne se sert plus que du séchage artificiel, et que l'on emploie, pour l'*époussetage*, des tamis à fond de toile métallique percés de trous plus ou moins gros suivant que l'on veut obtenir telle ou telle poudre.

La poudre, ainsi préparée, était enfermée autrefois dans des doubles barils. On la place maintenant dans des caisses rectangulaires en bois, qui sont, sur leur surface extérieure, recouvertes d'une enveloppe en zinc, et que l'on enferme dans une deuxième caisse en bois, un peu plus grande. Chacune de ces caisses vides pèse 30 kilogrammes; on y introduit 50 kilogrammes de poudre.

Ces caisses sont réunies ensuite dans les magasins à poudre.

Avant 1870, nous construisions des magasins à poudre de vastes dimensions. C'est ainsi que dans une place forte, comme Strasbourg, il n'existait que trois magasins à poudre. Mais si l'un de ces magasins venait à sauter, l'autre faisait aussi explosion et l'explosion d'une si énorme quantité de poudre avait des résultats foudroyants. Ajoutez que la garnison allait manquer de poudre. C'est ce qui faillit arriver, en 1870, pendant le siège de Strasbourg. Les obus de l'artillerie allemande avaient fait une telle trouée dans l'épaisse couche de terre qui devait protéger le magasin à poudre, que l'on craignit l'explosion de ce magasin, et que l'on fut obligé, sous le feu de l'ennemi, de déménager, baril par baril, la poudre qui y était renfermée.

C'est pour cela qu'aujourd'hui on multiplie les magasins à poudre. Chaque fort en contient deux ou trois, chaque place centrale cinq ou six. Pour les besoins du service en temps de paix, on enferme une petite quantité de poudre dans un bâtiment situé à l'extrémité de la cour des casernes.

La puissance de production des poudreries françaises est, normalement, par année, de 15 millions de kilogrammes d'explosifs de toute espèce (poudre noire, brune et coton-poudre, mélinite, poudre sans fumée, etc.).

La *Poudrerie nationale du Moulin-Blanc*, près de Brest, occupe 625 ouvriers. Sa superficie est de 10 hectares et demi.

La *Poudrerie nationale du Pont-de-Brest* (Finistère) occupe 340 ouvriers. Sa superficie est de 37 hectares.

La *Poudrerie nationale du Ripault* (Indre-et-Loire) occupe 150 ouvriers : superficie, 48 hectares.

La *Poudrerie nationale de Sevran-Livry* (Seine-et-Oise) occupe 279 ouvriers : superficie, 115 hectares.

La *Poudrerie nationale d'Esquerdes* (Pas-de-Calais) occupe 175 ouvriers : superficie, 34 hectares.

La *Poudrerie nationale de Saint-Ponce* (Ardennes) occupe 34 ouvriers : superficie, 9 hectares 1/2.

La *Poudrerie nationale de Vonges* (Côte-d'Or) occupe 204 ouvriers : superficie, 34 hectares 1/2.

La *Poudrerie nationale de Saint-Chamas* (Bouches-du-Rhône) occupe 372 ouvriers : superficie, 58 hectares 1/2.

La *Poudrerie nationale de Toulouse* occupe 90 ouvriers : superficie, 44 hectares.

La *Poudrerie nationale de Saint-Médard*, près Bordeaux, occupe 370 ouvriers : superficie, 68 hectares.

Les *Raffineries nationales de Lille, Bordeaux* et *Marseille* fournissent aux poudreries les quantités de salpêtre et de soufre nécessaires pour la fabrication des poudres noires ou brunes.

Le *Laboratoire central des poudres et salpêtres* (12, quai Henri IV, à Paris) comprend, indépendamment des laboratoires où s'effectuent les épreuves d'échantillons et les recherches scientifiques, des locaux affectés : 1° à l'*Inspection générale des poudres et salpêtres*; 2° à la *Commission de fabrication des poudres*; 3° à la *Commission des substances explosives*.

Dans chaque poudrerie nationale, il existe deux appareils servant à mesurer la pression que donne à l'intérieur d'un fusil une poudre fabriquée : c'est l'*appareil Maissin*, adapté à un canon de fusil lisse du calibre de 16.

Le fusil employé pour la mesure des pressions, dans les conditions mêmes du tir des armes de chasse, se compose d'un canon du calibre 16, se terminant à la hauteur de l'arrière de la cartouche, et fileté à cette extrémité, pour recevoir une culasse démontable, qui contient l'appareil proprement dit de mesure des pressions. Cet appareil se réduit essentiellement à deux pièces, appelées le *marteau* et l'*enclume*.

Le *marteau* est une pièce cylindrique ayant le diamètre de la cartouche au bourrelet et la plus petite longueur possible, afin de réduire sa masse. Ce marteau est percé d'un canal incliné, de 3 millimètres de diamètre, pour le passage du percuteur destiné à l'inflammation de la cartouche. Un ergot, disposé parallèlement aux génératrices du cylindre, sert à maintenir le marteau dans la position convenable pour que le percuteur puisse être introduit dans le canal oblique, à travers une fente longitudinale ménagée dans la culasse.

L'*enclume* est un bouchon fileté qui sert à fermer la culasse.

C'est entre le *marteau* et l'*enclume* qu'on place le petit cylindre de cuivre rouge, de 13 millimètres de longueur et de 8 millimètres de diamètre, appelé *crusher*, dont l'écrasement doit servir à mesurer la pression exercée sur le culot de la cartouche.

La mise de feu est obtenue au moyen d'un percuteur spécial, disposé de façon à obtenir le relèvement automatique du marteau, après le choc sur le percuteur. Il est essentiel de n'opérer qu'avec des cartouches métalliques, préalablement plongées dans l'huile de pied de bœuf.

Les pressions mesurées varient généralement de 1 500 à 2 500 atmosphères selon la vivacité ou la lenteur des poudres essayées. Ce sont ces pressions considérables que doit pouvoir supporter une bonne arme de chasse, car souvent les chasseurs graissent la chambre du fusil afin de faciliter l'introduction et l'extraction des cartouches, et ils se placent ainsi dans des conditions défavorables pour la préservation de l'appareil de fermeture de leur arme.

Pour la mesure de vitesse, on se sert de l'installation suivante :

1° Un *fusil de guerre, modèle 1874*, monté sur un chevalet fixe et muni d'un dispositif spécial pour la mesure des pressions (appareil *crusher*). En vue de la mesure des vitesses, un fil de cuivre argenté, tendu sur la bouche du canon, est destiné à être rompu par le passage de la balle.

2° Une *plaque-cible en acier chromé*, boulonnée sur un support fixe et munie d'un interrupteur spécial proposé par l'École normale de tir du Camp de Châlons. Cet interrupteur est traversé par un courant qui se trouve rompu au moindre choc imprimé à la plaque d'avant en arrière.

3° Un *chronographe Le Boulengé*, composé essentiellement de deux électro-aimants qui maintiennent par attraction magnétique deux tiges cylindriques suspendues verticalement, dont l'une est garnie d'une cartouche en zinc.

Au moment où la balle sort de la bouche du canon, le courant de l'un des électro-aimants se trouve rompu et la plus longue des deux tiges, dite *chronomètre*, se détache librement. Dès que la balle frappe la plaque-cible le courant du second électro-aimant se trouve également rompu et la plus petite tige tombe à son tour et déclanche un couteau qui vient frapper horizontalement la cartouche du chronomètre en marche.

Une formule très simple permet de déduire, de la hauteur du trait ainsi obtenu, la vitesse du projectile.

Pour mesurer la densité des poudres à gros grains, on se sert du *densimètre Bianchi*, dit *balance pneumatique*, aujourd'hui d'un usage universel.

Le mode opératoire consiste à peser un œuf en fonte préalablement rempli de mercure, puis à le peser plein de mercure et d'un poids déterminé de poudre. Connaissant la densité du mercure à la température de l'expérience, on en déduit le poids spécifique cherché.

L'appareil est complété par une balance

et par une machine pneumatique du système Bianchi, laquelle permet de faire le vide à l'intérieur de l'œuf pour en extraire les bulles d'air.

D'après ce qui précède, on comprend que les poudres fabriquées aujourd'hui dans les ateliers de l'État soient très variées.

Voici les types des poudres fabriquées pour la vente à l'intérieur et pour l'exportation :

Nouvelles poudres de chasse *ordinaires* et *fortes* (huit types différents) ;

Poudre de chasse *spéciale*, poudre de chasse pyroxylée ;

Poudres de commerce extérieur ;

Poudres de mine rondes (travaux de sautage et de pétardement), poudres de mine anguleuses (pour cartouches comprimées), poudres de mine à fin grain (pour mèches de sûreté), poudre de mine lente, spéciale ;

Pulvérin pour artifices, etc.

Les poudres de guerre fabriquées par les départements de la guerre et de la marine, sont :

Poudres pour fusil de guerre modèle 1874, dites F_1 et F_3.

Poudre pour fusil modèle 1878 de la marine, dite F_2 ;

Poudre pour canon-revolver, dite R ;

Poudre pour canon de 65 millimètres ;

Poudre pour canons de campagne, dite C_1 ;

Poudre pour canon de 90 millimètres de la marine, dite C_2 ;

Poudres pour canons de siège et de place et pour canons de la marine de 14 centimètres à 42 centimètres, dites : SP_1, SP_2, $^{16}/_{20}$, $^{26}/_{24}$, $^{30}/_{40}$; prismatique noire PA_1 ; prismatiques brunes PB_1, PB_2, PB_3.

CHAPITRE II

LES POUDRERIES ÉTRANGÈRES. — LES POUDRERIES EN AUTRICHE ET EN PRUSSE.

En Autriche, les deux principales poudreries sont celles de Stein, près de Lay-

bach, et de Félixdorf, dans les environs de Wiener Neustadt.

L'établissement de Felixdorf n'appartient pas à l'État ; on y fabrique toutes les espèces de poudres, poudres de guerre, à canon et à fusil, poudres de chasse, poudres de mines. Parmi les poudres de guerre, citons celles qui sont destinées aux canons de campagne, aux principales pièces de siège et aux canons de la marine.

Dans la fabrication de la poudre de guerre, en Autriche, on se propose surtout de produire des poudres à combustion lente, ou progressive. La poudre progressive n'a pas seulement de merveilleuses qualités balistiques ; elle est aussi d'un emploi plus sûr que la poudre ordinaire, surtout pour les essais des pièces de très gros calibre, où l'emploi de la poudre progressive suffit, en général, à prévenir toute espèce d'accident : rupture de la bouche à feu, éclatement du projectile dans l'âme.

C'est par la manière de préparer la *galette*, qui doit être soumise à l'action de la meule, que l'on arrive à obtenir des poudres à combustion lente et d'une grande dureté.

Un de nos savants ingénieurs des poudres et salpêtres, envoyé en Autriche, par le ministère de la guerre, M. Desortieux, a décrit en ces termes le mode de *galetage* usité en Autriche :

« Pour la poudre de 7 millimètres la galette est formée de poussier humecté à 3 ou 4 pour 100 d'eau. La matière est préalablement pesée par un procédé très simple, puis versée sur une plaque en zinc, de $0^m,60$ de côté, recouverte d'une toile, à l'intérieur d'un cadre en bois, dont la hauteur dépasse celle de la galette, de manière que l'on soit assuré de conserver le poids de poudre réglementaire ; une règle en bois, présentant un rebord saillant, sert à égaliser la surface de la galette. On place sur la poudre une seconde toile ; puis les bords des deux toiles sont soigneusement repliés l'un sur l'autre, de façon à enfermer la poudre dans une sorte de sac.

« Il semble que, par ce procédé, on obtienne des densités fort régulières, et que l'on diminue considérablement l'importance des ébarbages. La densité finale varie de 1,625 à 1,665.

« Pour les poudres de 13,38 et 54 millimètres on fait le galetage en deux opérations distinctes.

« Dans la première, s'il s'agit par exemple de la poudre de 13 millimètres, on forme des galettes de 6 millimètres et demi d'épaisseur, dites *primaires*, composées d'un mélange de poussier humecté de 3 à 4 p. 100 d'eau, avec 30 p. 100 de grain séché ; ce grain a environ 2 millimètres de grosseur et sa densité varie de 1,600 à 1,620. La densité des galettes primitives est comprise entre 1,600 et 1,650.

« Dans la seconde opération, on forme les galettes *finales* en réunissant deux par deux les galettes *primaires*, de manière à les souder ensemble, par un nouveau galetage. Pour la poudre de 13 millimètres, la densité des galettes finales varie de 1,680 à 1,690. La densité des galettes primaires pourrait être diminuée, ce qui faciliterait le soudage, mais le maniement en deviendrait plus difficile en raison de leur plus faible consistance. »

Cette remarque est d'autant plus vraie, et l'objection est d'autant plus forte qu'à trois reprises différentes de graves accidents ont eu lieu, provoqués uniquement par l'emploi de galettes moins denses.

En divisant en deux opérations bien distinctes le galetage les ingénieurs autrichiens cherchent surtout à obtenir des poudres progressives. Ils y sont parvenus ; en d'autres termes, l'accroissement de vitesse correspondant à une augmentation uniforme de la charge croît en même temps que la charge elle-même. Pour le canon de 15 centimètres de la marine, si l'on substitue une charge de 9 kilogrammes à une charge de 8 kilogrammes et demi, l'augmentation de la vitesse initiale est 12 mètres 62 centimètres ; si l'on porte la charge de 9 à 9 kilogrammes et demi, la vitesse initiale croît de 14 mètres 36 centimètres ; enfin, si la charge passe de 9 kilogrammes et demi à 10 kilogrammes, l'augmentation de la vitesse initiale n'est pas inférieure à 21 mètres.

C'est bien là le caractère essentiel d'une poudre progressive.

En Allemagne, l'importante poudrerie de Dünebourg est située, près de Hambourg, dans une propriété de M. de Bismark. D'après le rapport de M. l'ingénieur Desortieux, la *Société des poudreries de Rossweil-Hambourg*, qui possède actuellement la poudrerie de Dünebourg, a fait un bail de vingt-cinq ans avec le tout-puissant chancelier de l'empire d'Allemagne.

Nous venons de parler des poudreries autrichiennes, il n'est pas sans intérêt de visiter, avec M. l'ingénieur Desortieux, une poudrerie prussienne.

La poudrerie de Dünebourg, dont nous donnons le plan, dans la figure ci-contre, est située sur les bords de l'Elbe ; sa superficie est d'environ quatre-vingts hectares. Deux machines accouplées fournissent une force motrice totale de trois cents chevaux. Chaque compartiment d'une usine ne contient qu'un seul appareil. Le séchoir et les magasins forment un groupe à part, auprès du champ de tir, où les canons sont installés à 120 mètres de la chambre à sable.

Cent cinquante ouvriers sont occupés à la poudrerie de Dünebourg ; ils travaillent, tantôt de cinq heures du matin à sept heures du soir, tantôt de sept heures du soir à cinq heures du matin. L'administration leur donne des vêtements sans poches. Tous les matins et tous les soirs, quand ils se présentent à la porte d'entrée, ils sont fouillés, et pourvus de chaussures spéciales, sans clous. Le sol des ateliers est recouvert de tapis ; une couche de paille ou de varech est étendue devant chaque porte ; les ouvriers y jettent le sable et les détritus. La poudre ou les matières premières qui tombent à terre sont immédiatement déposés dans une boîte métallique mouillée. D'après le règlement, « avant d'entreprendre une réparation dans les ateliers, on doit enlever les matières en cours de fabrication, et le sol doit être mouillé de façon qu'une étincelle ne puisse pas provoquer d'inflammation.

« Il est interdit de fumer, de boire de l'eau-de-vie, d'apporter des couteaux, des

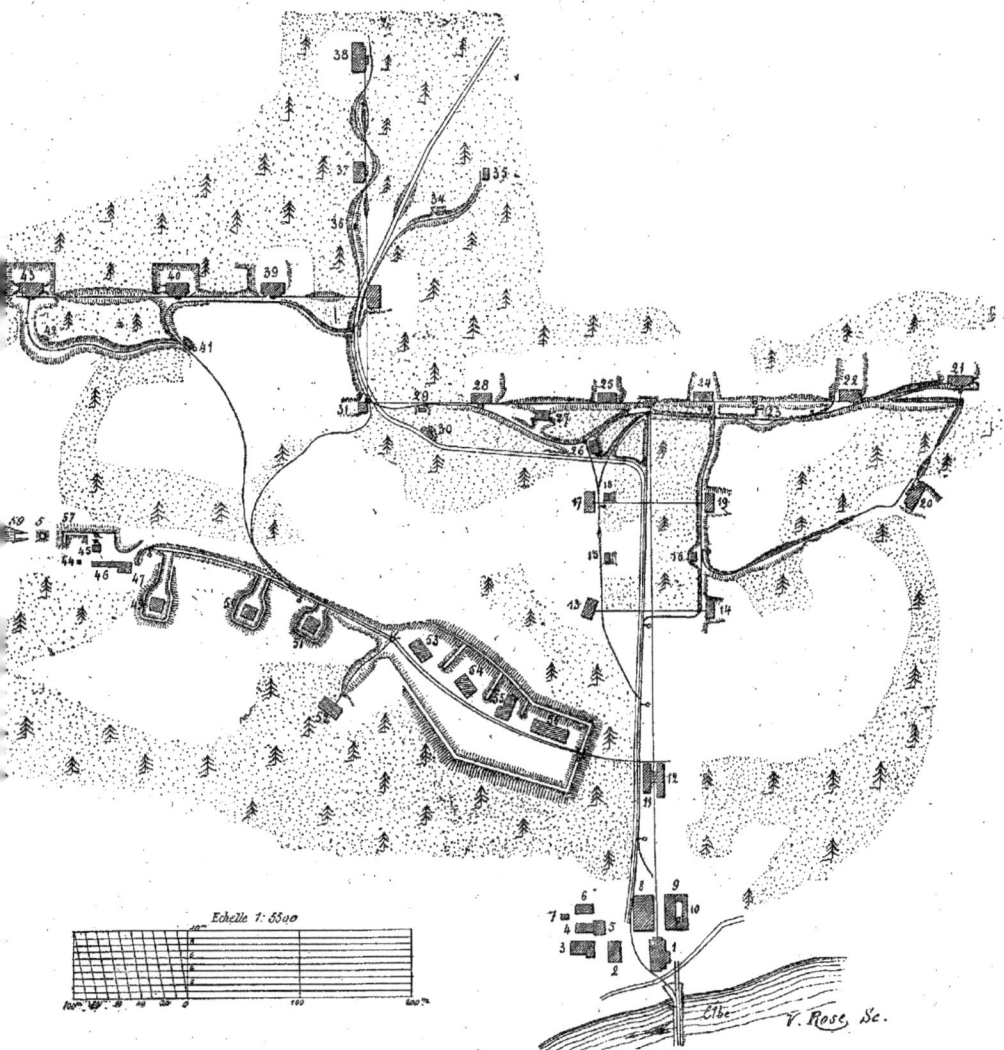

Fig. 95. — Plan de la poudrerie de Dunebourg, près Hambourg.

1, bâtiment des machines. — 2, bâtiments de la Direction. — 3, logements d'employés. — 4, écurie et remise. — 5, salles d'épreuve. — 6, logements d'employés. — 7, glacière; — 8, magasin. — 9, 10, carbonisation; atelier de réparation et raffinerie de salpêtre. — 11, appareils de trituration. — 12, presses prismatiques. — 13, laminoir et appareil de concassage. — 14, appareils de mélange. — 15, 16, dépôts. — 17, appareil de grenage. — 18, pompe pour la presse hydraulique. — 19, appareils de mélange. — 20, 21, 22, meules. — 23, dépôt. — 24, meules. — 25, appareils de concassage et de mélange. — 26, dépôt. — 27, presse hydraulique. — 28, appareils de mélange. — 29, dépôt. — 30, salles d'épreuve. — 31, appareil de grenage. — 32, dépôt. — 33, appareils de lissage et de mélange. — 34, dépôt. — 35, presse hydraulique. — 36, dépôt. — 37, appareils de lissage. — 38, appareils de lissage et presse prismatique. — 39, 40, appareils de lissage. — 41, 42, dépôts. — 43, appareils d'époussetage et d'assortissage. — 44, fourneau à souder. — 45, 46, 47, abris pour le tir. — 48, salle du chronographe. — 49, 50, 51, 52, 53, 54, magasins. — 55, enfonçage. — 56, séchoir. — 57, premier cadre-cible. — 58, second cadre-cible. — 59, chambre à sable.

objets en fer, une lanterne. Dès qu'un orage se déclare, les ateliers sont fermés, le travail est suspendu et les ouvriers se réunissent au dépôt des pompes à feu. »

Ce sont là, on en conviendra, de sages précautions.

C'est à l'oubli de prescriptions semblables qu'il faut attribuer la catastrophe qui épouvanta la ville d'Anvers, le 6 septembre 1889.

Un industriel belge, nommé Corvilain, avait acheté au gouvernement espagnol *cinquante millions* de vieilles cartouches, qu'il voulait dépecer, pour en revendre la poudre et les balles. Le gouvernement français lui avait refusé l'autorisation de se livrer, sur notre territoire, à cette opération dangereuse, uniquement utile au spéculateur; mais les autorités municipales d'Anvers furent moins sévères, et autorisèrent l'installation, aux portes de la ville, d'un atelier pour ce travail.

Il paraît qu'une des ouvrières employées à défaire les cartouches se servit d'une épingle à cheveux, pour détacher la poudre de son enveloppe, et que le frottement du fer suffit à déterminer l'inflammation d'une cartouche. Aussitôt tout sauta, et des 200 ouvriers, enfants et ouvrières, qui travaillaient dans l'atelier, pas un seul ne survécut!

Par une inconcevable imprudence les autorités municipales d'Anvers avaient laissé l'atelier de Corvilain s'installer près des célèbres réservoirs de pétrole, que connaissaient tous les touristes, et qui s'étendaient non loin du port. Les débris enflammés de l'explosion des cartouches mirent le feu aux réservoirs de pétrole, et *dix mille barils* de ce liquide s'enflammèrent instantanément. On put heureusement préserver *vingt mille* autres barils, emmagasinés plus loin.

On conçoit l'effroyable brasier qui résulta de l'inflammation d'une telle masse de pétrole, qui courait comme une rivière brûlante, jusqu'au port, où quelques navires furent endommagés, pendant que le reste se hâtait de prendre le large.

L'incendie des magasins de pétrole causa de nouveaux malheurs, de nouvelles ruines et de nouvelles victimes.

Et tout cela pour une épingle à cheveux!

Revenons à la poudrerie allemande.

On emploie dans la poudrerie de Dünebourg, huit paires de meules du système Gruson; chacune de ces meules pèse 5,500 kilogrammes; elles font neuf tours par minute, et la charge varie de 30 à 75 kilogrammes.

Pour la fabrication de la poudre ordinaire, les procédés en usage à Dünebourg n'offrent pas un intérêt spécial; il n'en est pas de même pour ce qui concerne la *poudre prismatique*. Il y a dix ans que l'artillerie allemande emploie des *poudres prismatiques*, et poursuit ainsi ce double objectif : accroître la vitesse initiale, et diminuer la pression à l'intérieur de la bouche à feu.

CHAPITRE III

LES NOUVEAUX EXPLOSIFS. — POUDRE AU PICRATE. — LE COTON-POUDRE. — INCONVÉNIENTS DE CES PRODUITS. — CE QUE C'EST QUE LA DYNAMITE. — FABRICATION DE LA NITRO-GLYCÉRINE; SES PROPRIÉTÉS. — RÉACTIONS CHIMIQUES. — EMPLOI DANS LES MINES DE LA NITRO-GLYCÉRINE PURE.

On appelle *explosifs* les agents chimiques dont les effets balistiques sont notablement supérieurs à ceux de la poudre de guerre, parce qu'au lieu de brûler progressivement, comme la poudre ordinaire, qui est un mélange et non un corps unique, ils brûlent presque instantanément. Comme la substance qui les compose est homogène, forme un produit organique, elle subit la combustion dans toute sa masse à la fois, ce qui détermine des effets explosifs énormes.

La recherche d'*explosifs* applicables aux armes de guerre remonte au milieu de notre siècle. C'est en 1846 que le coton-poudre fut découvert par Pelouze, ainsi que nous l'avons raconté dans notre Notice sur les *Poudres de guerre* des *Merveilles de*

Fig. 96. — L'explosion de la poudre Fontaine, à la place Sorbonne.

la science ; et dès 1848 on essayait de le substituer à la poudre, dans les armes à feu et les pièces d'artillerie. Mais on reconnut bien vite que ce produit ne convient aucunement pour le chargement, ni des bouches à feu, ni des fusils.

Dans notre Notice des *Merveilles de la science*, nous avons fait l'histoire de la découverte des premiers emplois du coton-poudre, et rapporté les nombreuses tentatives faites par un grand nombre d'officiers et de savants, pour modifier certaines propriétés de ce produit et pour l'employer dans les armes portatives, aussi bien que dans les bouches à feu. Les essais du même genre qui ont été continués depuis l'année 1870 jusqu'à nos jours, dans les deux mondes, n'ont abouti qu'à de mauvais résultats. Sans doute, on n'a pas eu de peine à trouver que le coton-poudre a quatre fois plus d'action que la poudre ordinaire, mais on n'a jamais réussi à enlever à ce corps ses propriétés brisantes, qui en rendent le maniement si dangereux.

L'action brisante du coton-poudre est tellement énergique que pas un canon ne supporte, sans être rompu, un tir prolongé de trois à quatre cents coups.

Quelques tentatives ont été faites pour charger les obus avec du coton-poudre (nous en reparlerons plus loin), mais disons tout de suite qu'elles n'ont pas été heureuses. Neuf fois sur dix, quand les artilleurs se servaient d'obus chargés avec du coton-poudre, le projectile éclatait dans la bouche à feu. Or, on sait que rien n'est plus redoutable que ces éclatements prématurés, qui provoquent très souvent la rupture de la pièce, et qui mettent toujours en péril l'existence des servants. Ajoutons que le coton-poudre se conserve très difficilement.

Nous avons raconté dans les *Merveilles de la science* la terrible explosion qui détruisit l'atelier pour la fabrication du fulmicoton, à la poudrerie du Bouchet, le 17 juillet 1848. On a attribué la cause de cette explosion à la présence de quelques gouttelettes d'acide sulfurique dans un kilogramme de coton-poudre. Sous l'influence de cet acide, qui peut demeurer en petite quantité dans la préparation du coton-poudre, on a vu plus d'une fois le coton-poudre, enfermé dans des barils, sauter par suite de sa décomposition.

En résumé, le coton-poudre s'est montré une substance d'un usage impossible dans les armes ; et si les Allemands et les Anglais persistent à étudier son emploi, nous avons, en France, renoncé depuis longtemps à poursuivre un but considéré comme chimérique.

La même déconvenue pratique attendait un produit dont nous avons parlé dans les dernières pages de notre Notice sur les *Poudres de guerre*, des *Merveilles de la science*. Nous voulons parler des poudres dites *blanches*, qui sont formées de picrate de potasse.

Ainsi que nous l'avons dit dans les *Merveilles de la science*, l'acide picrique fut découvert, en 1788, par un chimiste alsacien, Haussmann ; et Chevreul l'analysa, en 1869. On l'obtient en traitant le phénol, ou l'huile de goudron de houille, par l'acide azotique.

Le picrate de potasse, qui se représente sous la forme d'aiguilles dorées, est un produit très employé en teinture, en raison de sa grande puissance colorante.

L'acide picrique détone à $+300°$; et par sa décomposition, il ne donne que des gaz : acide carbonique, oxyde de carbone, hydrogène et azote. Aussi sa décomposition produit-elle des effets foudroyants.

On a fabriqué différentes poudres à base d'acide picrique, et nous avons parlé de ces composés explosifs dans notre Notice des *Merveilles de la science* (1).

(1) Tome III, page 296 et suivantes.

La *poudre verte* était un mélange d'acide picrique avec du chlorate et du prussiate de potasse ; la *poudre de Désignolle* était un mélange de picrate de potasse, de salpêtre et de charbon ; la *poudre Fontaine* un mélange, à parties égales, de picrate de potasse et de chlorate de potasse ; enfin le picrate d'ammoniaque mélangé au salpêtre a donné naissance à la *poudre blanche Brugère, ou poudre Abel.*

Nous n'avons pas à insister sur la composition, la fabrication et les propriétés des poudres au picrate, car on ne les utilise plus aujourd'hui, leur manipulation exposant aux plus graves dangers. De fréquents accidents arrivés à la poudrerie du Bouchet, où l'on fabriquait la poudre de Designolle, et surtout l'explosion qui eut lieu à Paris, sur la place de la Sorbonne, en 1869, où de grandes quantités de *poudre Fontaine* avaient été emmagasinées, firent renoncer à ces dangereuses substances.

L'explosion de la place de la Sorbonne, arrivée en plein Paris, au milieu d'un quartier populeux, fit de nombreuses victimes. Nous en rappellerons les péripéties.

M. Fontaine, fabricant de produits chimiques, dont le magasin était situé au coin de la place Sorbonne et de la rue de ce nom, fabriquait, pour le compte de l'État, la poudre au picrate et au chlorate de potasse, qu'il avait inventée, et à laquelle il avait donné son nom : la *poudre Fontaine*. Le 16 mars 1869, à 4 heures de l'après-midi, les employés de la fabrique étaient occupés à emballer dans des caisses une très grande quantité de cette poudre, pour l'envoyer à Toulon, où elle devait servir au chargement de torpilles.

On ne sait par quelle cause, mais probablement par un choc que dut recevoir une certaine quantité du mélange détonant, le produit s'enflamma, et toute la provision de poudre au picrate sauta aussitôt. L'explosion fut formidable ; les maisons furent se-

couées ; les passants heureusement peu nombreux, jetés à terre, étaient meurtris par des éclats de vitres et par les débris hachés des vitrines ou des comptoirs, qui entrèrent par toutes les fenêtres de l'hôtel du Périgord, situé en face.

Plusieurs femmes sautèrent dans la rue, l'une du quatrième, dans un état déplorable. Une autre tomba du premier, dans les bras de gens qui rendirent, à leurs dépens, sa chute moins dangereuse.

Dans les alentours de la place Sorbonne, et sur cette même place, on crut à un tremblement de terre : les meubles s'étaient déplacés, les objets posés sur des étagères avaient été renversés ; des fenêtres s'étaient ouvertes d'elles-mêmes ; les persiennes étaient sorties de leurs gonds.

Toutes les croisées de la façade du lycée Saint-Louis, sur le boulevard Saint-Michel, étaient endommagées.

Quelques secondes après l'explosion, une épaisse fumée, mélangée de flammes bleuâtres, s'échappait du rez-de-chaussée de la maison, occupée par la fabrique de produits chimiques.

Pendant une demi-heure, sur la place Sorbonne, on entendit pousser des cris déchirants. Le spectacle le plus navrant, c'était celui que l'on voyait à chaque fenêtre des cinq étages de la maison. Les locataires, reconnaissant que c'était au rez-de-chaussée de leur habitation qu'existait le foyer de l'incendie, furent pris d'une terreur, que l'on comprend aisément. Ils voulurent fuir par l'escalier, mais la fumée asphyxiante qui montait par la cage de l'escalier les forçait à rentrer. C'est alors que l'on vit des locataires descendre par les fenêtres et les persiennes, d'un étage à l'autre, au risque de tomber sur le trottoir, et de se briser la tête.

D'autres locataires voulaient se jeter par les croisées. On eut toutes les peines du monde à obtenir qu'ils attendissent qu'on vînt les délivrer. Des échelles étaient apportées et attachées l'une au bout de l'autre. Tandis que les sauveteurs s'empressaient de prendre entre leurs bras des femmes et des enfants affolés et poussant des cris lamentables, quelques-uns déménageaient des meubles et des objets précieux.

On eut à déplorer la mort de six personnes, parmi lesquelles plusieurs employés de la maison Fontaine, MM. Dautresme, Rendu, Balle, dont les corps avaient été projetés au milieu de la place Sorbonne et brisés sur le pavé. Une fille, mademoiselle Biot, fut brûlée vivante : on lui arracha ses vêtements tout en flammes : elle perdait connaissance à 9 heures du soir, et le lendemain elle rendait le dernier soupir. Le cadavre carbonisé du fils de M. Fontaine fut retrouvé, le lendemain, dans les décombres.

Les mauvais résultats qu'ont donnés le fulmi-coton et le picrate de potasse n'ont pas détourné les hommes de l'art de l'étude des explosifs. On a seulement cherché à se mieux rendre compte des causes de leur décomposition, pour y porter remède, sans renoncer à des produits dont l'utilité est de toute évidence pour les usages industriels, si l'on parvient à en écarter les dangers.

Nos ingénieurs et nos officiers ont été amenés, de cette manière, à découvrir des faits qui ont beaucoup éclairé la question de l'utilisation des explosifs.

C'est ainsi que l'on a reconnu que certains explosifs, qui ne détoneraient pas par eux-mêmes, détonent lorsque, dans leur voisinage, un autre corps vient à faire explosion.

M. Abel, directeur du laboratoire de chimie de Woolwich (Angleterre), fit l'expérience suivante, aujourd'hui classique. Il plaça à chacune des deux extrémités d'un tube métallique une cartouche de dynamite ; en faisant détoner l'une des cartouches, il détermina aussitôt l'explosion de l'autre. Cependant les deux cartouches ne

se touchaient pas, elles étaient même séparées par une longue colonne d'air. A quelle cause faut-il attribuer l'explosion de la deuxième cartouche ? Ce n'est pas aux gaz produits par la détonation de la première cartouche, puisqu'en plaçant des flocons d'ouate au milieu du tube, on empêche la transmission de l'explosion. Quel est donc le rôle que jouent ces flocons d'ouate ? Ils font obstacle à la transmission des vibrations.

Ce phénomène est désigné aujourd'hui sous le nom d'*explosion par influence*. Ce principe a été mis à profit de nos jours. On détermine, à distance, l'explosion de matières explosibles, en faisant détoner une autre matière dans leur voisinage.

Le même principe de l'*explosion par influence* explique les dangers dont s'accompagne la manipulation des matières explosives. Que, dans un atelier, une parcelle de fulminate fasse explosion, et tout le fulminate contenu dans la même chambre détonera ; le fulminate enfermé dans les chambres contiguës fera même également explosion, parce que la vibration sera transmise par les parois des murailles.

Un autre principe qui a été découvert de nos jours, c'est que certains explosifs qui détonent par le choc ne détonent nullement par la chaleur.

Ce fait a été reconnu à la suite d'expériences auxquelles donna lieu un accident désastreux, arrivé à Paris, le 14 mai 1878, où une maison fut renversée et un quartier ébranlé, par l'explosion de matières contenant du fulminate de mercure.

La maison portant le numéro 22 de la rue Béranger, située entre le passage Vendôme et le magasin de nouveautés du *Pauvre Jacques*, contenait un magasin d'articles de ménage et jouets d'enfants, appartenant à M. Blanchon. Dans le nombre des jouets étaient compris, pour une large part, des pistolets et de petits canons, qui détonaient au moyen d'amorces en papier, c'est-à-dire de petites parcelles de fulminate déposées sur un carré de papier spécial.

A 8 heures du soir, une détonation semblable à un coup de canon retentit, et fut suivie d'un bruit sourd. C'était le dépôt d'amorces de M. Blanchon qui venait de sauter. La maison qui le contenait, une maison à six étages, s'était effondrée et renversée sous le choc formidable résultant de l'explosion des gaz subitement formés par la détonation des amorces fulminantes.

Le sol avait tremblé, comme secoué par un tremblement de terre. Les vitres volaient en éclats, en même temps qu'une épaisse fumée emplissait toute la place du Château-d'Eau et les alentours.

Bientôt le feu éclata. Le combustible des cuisines, mis en contact, par l'effondrement de la maison, avec les matières inflammables, produisit un incendie, sans flamme, mais accompagné d'une fumée noire et intense.

A 9 heures seulement, on put approcher de cet amas de décombres fumants, et procéder au sauvetage des malheureux ensevelis vivants sous ces débris amoncelés, et en retirer les morts.

Pendant la nuit et la journée du lendemain on dégagea les blessés et les morts. Quinze personnes environ furent trouvées mortes et quarante blessées. Ce ne fut que quelques jours après que l'on retira des décombres le corps de la femme du gérant de la maison Blanchon, madame Mathieu, et le corps de sa servante.

D'après la déclaration de M. Mathieu, le gérant de M. Blanchon, le magasin de la rue Béranger contenait 800 grosses de capsules-amorces, représentant 576 000 capsules-amorces. En tenant rigoureusement compte de la proportion de fulminate qui entre dans ces engins, on comprend aisément l'effondrement épouvantable qui s'était produit.

A la suite de ce malheur, des expériences furent ordonnées pour en rechercher la cause, et voici les faits curieux que l'on mit en évidence.

On accumula sur le sol des paquets contenant, chacun, plus de vingt-cinq mille amorces Chaslin; on arrosa ces paquets avec du pétrole, on y mit le feu. La flamme gagna la masse, mais aucune explosion ne fut constatée. Mais si l'on faisait tomber un morceau de bois, pesant à peine 3 kilogrammes, sur un tas des mêmes amorces, la masse faisait aussitôt explosion, et projetait au loin les matériaux divers dont elle avait été recouverte.

Certains explosifs exigent donc pour détoner le choc, la percussion, et non la chaleur.

Aussi l'étude des corps explosifs est-elle fertile en difficultés. Pour un même corps explosif, l'intensité des effets brisants varie avec la quantité de matière employée ; et la nature de ces effets varie suivant les conditions dans lesquelles l'explosion a été provoquée. Chaque substance explosive a deux modes d'action bien distincts : le moins énergique provient d'une explosion relativement lente ; le plus énergique provient d'une explosion instantanée. Les effets les plus violents sont ceux qui ont été provoqués par des agents produisant à la fois choc brusque, dégagement de chaleur et mouvement vibratoire.

L'une des grandes difficultés de l'emploi des corps explosifs se trouve donc dans la nécessité d'avoir de bonnes capsules-amorces. Avec une mèche à mine, par exemple, on n'aura qu'une explosion lente, et ce n'est évidemment pas ce que l'on recherche, pas plus dans l'industrie que dans l'armée. Avec une capsule très forte, au contraire, on obtiendra une explosion instantanée.

On a remarqué qu'on augmentait l'effet de la capsule-amorce en augmentant son épaisseur. C'est ainsi que des mineurs, munis d'amorces qui contenaient une charge insuffisante de fulminate de mercure, ont pu la renforcer en l'enfermant simplement dans une deuxième enveloppe de fer-blanc.

Après ces quelques aperçus théoriques, nous allons étudier les diverses substances explosives connues aujourd'hui. Nous analyserons ensuite leur mode d'emploi dans les armes de guerre et leur application à l'industrie.

On peut dire que le nombre des explosifs que l'on peut obtenir est presque illimité. La difficulté est de faire passer ces agents chimiques, de l'état de produits de laboratoire, à l'état d'auxiliaires utiles à l'industrie et à l'art de la guerre.

C'est à la revue de ces produits que ce *Supplément* sera consacré.

Nous devons commencer cette étude par un produit, devenu aujourd'hui industriel, tant son usage est répandu. Nous voulons parler de la *dynamite*.

On a donné le nom de *dynamite* à une foule de matières explosives qui diffèrent par leur composition et leur aspect, autant que par la nature et la puissance des effets qu'elles produisent ; mais toutes les *dynamites* ont un principe actif identique, et ce principe, c'est la *nitro-glycérine*.

Qu'est-ce que la nitro-glycérine ? C'est le produit résultant de l'action de l'acide azotique sur la glycérine.

La *glycérine* ($C^6H^8O^6$) fut découverte, au siècle dernier, par l'illustre chimiste suédois Scheele. Chevreul, à qui l'industrie moderne doit tant de découvertes, prouva que la glycérine est un véritable alcool.

La glycérine s'obtient, comme produit accessoire, ou résidu, dans la fabrication du savon. C'est la substance qui demeure dissoute dans l'eau, quand on a saponifié une huile ou une graisse ; en évaporant l'eau, on en retire la glycérine.

Pour préparer la *nitro-glycérine*, on traite,

disons-nous, la glycérine par l'acide azotique. Voici la manière d'opérer. On place de la glycérine dans un vase en verre, maintenu dans un courant d'eau froide, et l'on y ajoute, par petites quantités et très lentement, un mélange de quatre parties d'acide sulfurique et de deux parties d'acide azotique. On agite constamment, afin d'éviter une brusque élévation de température ; la nitro-glycérine se forme, et si, après avoir versé le tout dans une grande quantité d'eau froide, on imprime à la masse un mouvement circulaire, la nitro-glycérine se sépare, et tombe au fond du vase.

« Le produit, dit M. Dumas-Guilin, dans son ouvrage *La dynamite de guerre et le coton-poudre*, présente, en cet état, l'aspect d'une huile trouble d'un blanc jaunâtre. On le soumet d'abord à des lavages prolongés à grande eau ; puis on le traite par une solution alcaline, afin de neutraliser l'excès d'acide qu'il contient. Après de nouveaux lavages, qui entraînent les dernières traces de corps étrangers, la nitro-glycérine peut être considérée comme suffisamment pure. On la place alors sous la cloche d'une machine pneumatique, au-dessus d'une cuve d'acide sulfurique concentré, où elle se débarrasse de l'eau dont elle demeure naturellement imprégnée, à la suite des précédentes manipulations.

« La nitro-glycérine est quelquefois desséchée dans des étuves chauffées au moyen de l'eau. La température de ces étuves ne doit pas être supérieure à + 40 degrés. »

Industriellement, la nitro-glycérine se fabrique dans des appareils où l'on fait intervenir le moins possible la main de l'homme.

Nous citerons, comme type de ce genre de fabrication, l'atelier pour la préparation de la nitro-glycérine qui a été installé par la Compagnie *la Forcite*, à Baelen-sur-Nethe (Belgique).

La figure 97 donne une coupe de cet atelier, qui est divisé en deux étages, et largement ventilé par des cheminées d'appel. La glycérine est emmagasinée dans le réservoir supérieur *g*, d'où on la fait couler par un tube, dans le bac *a*. D'autre part, les acides azotique et sulfurique arrivent dans le

Fig. 97. — Appareil pour la préparation automatique de la nitro-glycérine, à Baelen-sur-Nethe (Belgique).

même vase, *a*, par un *monte-acide* à air comprimé, et y pénètrent par le tuyau *m*. Un courant d'eau froide circule constamment autour du bac *a*, pour s'opposer à une trop grande élévation de température résultant de la réaction. Un large tube en verre, *h*, donne issue aux vapeurs acides qui se dégagent pendant l'opération.

On se rend compte des progrès de la réaction et on la modère à volonté, connaissant la température du mélange dans le bac *a*, et la couleur des gaz qui s'échappent par le tube en verre, *h*.

La réaction accomplie et la combinaison entièrement produite entre la glycérine et les éléments de l'acide azotique, on fait écouler la nitro-glycérine qui vient d'être

formée dans un autre bac *b*, placé au-dessous, qui contient de l'eau pure, et où se lave le produit, lequel tombe ensuite dans les vases *c, c′, d*, contenant, les premiers, du carbonate de soude et le dernier de l'eau pure. La nitro-glycérine arrive ainsi dans le vase *f*, où elle est filtrée et recueillie.

Comme il peut arriver que la réaction soit trop vive et menace d'amener une explosion, deux grands réservoirs pleins d'eau, *e, e, e*, sont placés au-dessous de l'appareil général. Si les circonstances l'exigent, on peut faire écouler instantanément la glycérine contenue dans le bac *a*, ou dans les vases *b, c, c′, d*, au moyen de gros robinets de grès, et arrêter ainsi l'opération.

L'appareil qui vient d'être décrit entraîne à un assez grand nombre de manipulations, qui peuvent être dangereuses. Pour simplifier l'opération on se sert, dans la même usine, d'un bac parcouru par des courants d'eau froide et d'air froid, pour modérer la réaction. L'eau circule dans un serpentin, l'air traverse un tube recourbé. Voici les dispositions de ce dernier appareil, que représente la figure 98.

C'est un bassin rectangulaire en bois et en plomb, à doubles parois latérales. Sa paroi supérieure est en verre, pour surveiller la réaction des matières, c'est-à-dire de la glycérine et de l'acide nitrique, que l'on y introduit, successivement, par le tube A. Deux thermomètres, b, b', ayant leurs tiges à l'extérieur, servent à apprécier l'intensité de la réaction, en indiquant à chaque instant la température du mélange. Les gaz qui prennent naissance s'échappent au dehors, par le tube X.

Un courant d'eau froide circule entre les deux parois du bassin. Elle sort inférieurement par le robinet P. En outre, une circulation d'eau froide est constamment entretenue dans le mélange, au moyen du serpentin en plomb, B : l'eau arrivant d'un réservoir supérieur, par le tube C et s'écoulant à l'extérieur par le tube D.

Un courant d'air froid arrivant par le tube $c\ c'$ et sortant par le tube t concourt au refroidissement de la masse.

Quand la réaction est achevée la nitro-glycérine, plus légère que l'eau, surnage sur le mélange : on l'évacue par le tube à robinet R, et on la reçoit dans un bac plein d'eau froide. Le résidu liquide, composé de l'excès d'acide azotique et de glycérine, est évacué au moyen du robinet, qui termine le tube E. Le reste du liquide s'évacue par le robinet F.

Un tube indicateur de niveau, aa', fait voir la quantité de liquide restant dans la cuve.

Chimiquement, la nitro-glycérine est une combinaison de glycérine et d'acide azotique. Au cours de sa préparation il se forme de l'eau : l'acide sulfurique n'intervient que pour absorber cette eau. La glycérine ($C^6H^8O^6$) cède trois équivalents d'eau (H^2O^2) et s'assimile trois équivalents d'acide azotique.

La nitro-glycérine a l'aspect huileux ; elle est incolore, douée d'une odeur aromatique, et bout à $+185$ degrés ; sa densité est de 1,64. Elle détone avec une extrême violence, sous l'action du choc, et brûle à l'air, sans faire explosion, ni produire de fumée.

« De tous les corps ou mélanges explosifs usités, écrit M. Berthelot, c'est la nitro-glycérine qui fournit le plus grand volume gazeux, lors de son explosion. La *roburite* et la *mélinite* ne développent pas autant de gaz ni de chaleur que la nitro-glycérine. »

MM. Vieille et Sarrau, ingénieurs des poudres et salpêtres, ont estimé qu'un gramme de nitro-glycérine produit, en détonant, sept cent dix centimètres cubes de gaz, d'après la formule chimique suivante :

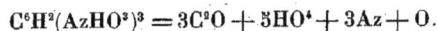

$$C^6H^2(AzHO^2)^3 = 3C^2O + 5HO^4 + 3Az + O.$$

La nitro-glycérine se décompose donc en acide carbonique (trois équivalents), eau (cinq équivalents), azote (trois équivalents), et oxygène (un équivalent).

On remarquera que les gaz qui se développent ne sont pas délétères, tandis que le coton-poudre, en faisant explosion, donne naissance à une certaine quantité d'oxyde de carbone, dont les propriétés toxiques ne sont que trop connues.

Quelques corps, parmi lesquels l'ozone, provoquent aussi, par leur simple contact, l'explosion de la nitro-glycérine.

La nitro-glycérine est tellement explosible, elle se décompose et détone avec tant de rapidité, et sous l'influence de causes si faibles et si insignifiantes, qu'il est à peu près impossible d'en faire usage avec sécurité, ni dans les mines ni dans les armées Cependant, en usant de précautions exces-

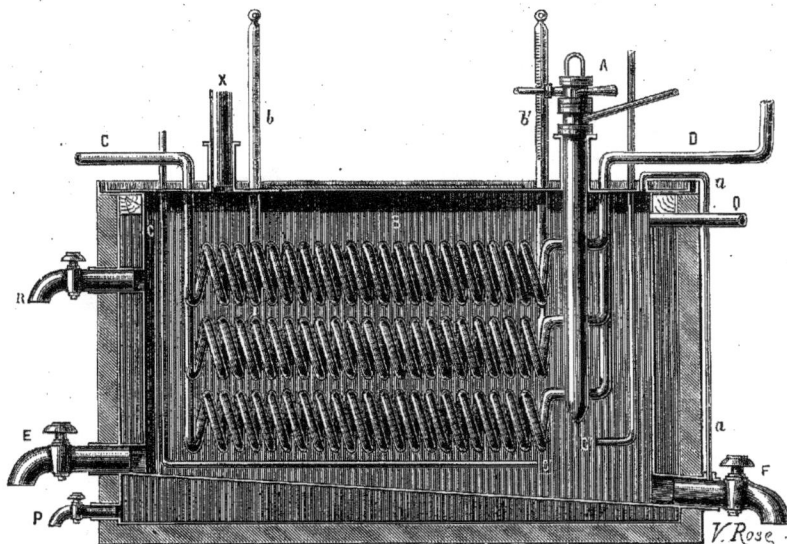

Fig. 98. — Autre appareil (à circulation d'eau froide) pour la préparation de la nitro-glycérine.

sives, on est quelquefois parvenu à en tirer parti dans l'exploitation des mines.

Dans les dernières pages de notre Notice des *Merveilles de la Science*, sur les *Poudres de guerre* (1), nous avons mentionné les premiers essais faits en 1863 par M. Nobel dans la mine d'Altenberg ; nous avons même donné le dessin des outils qui furent employés pour perforer les roches et placer la cartouche explosive (fig. 172, 173).

Dans les mines de la Vieille-Montagne, on put également se servir de la nitro-glycérine. On creusait un trou, que l'on enduisait d'argile, afin de le rendre imperméable. On y versait ensuite, et successivement, la nitro-glycérine et une notable quantité d'eau, qui produisait, par son poids, l'effet du bourrage. On introduisait dans la nitro-glycérine l'extrémité d'une mèche, armée d'une capsule fulminante assez forte. Une fois le trou de mine bien

(1) Tome III, pages 306-307.

rempli d'eau, l'ouvrier, après s'être mis à l'abri à une certaine distance, mettait le feu à la mèche, et se retirait le plus loin qu'il pouvait. La capsule détonait et la nitro-glycérine faisait explosion. Dans ces conditions l'action destructive de la nitro-glycérine sur les roches équivaut à dix fois celle de la poudre.

En Alsace, dans la vallée de la Zorn, près de Saverne, où les entrepreneurs essayaient de faire sauter d'immenses quartiers de roches, on recouvrait la nitro-glycérine d'un petit cylindre en bois ou en carton, que l'on emplissait de poudre ordinaire. La poudre faisait ici l'office de capsule. Bien entendu l'ouvrier enflammait la poudre à l'aide d'une mèche de mineur, et se réfugiait au loin, car les fragments de roche étaient quelquefois projetés jusqu'à deux ou trois cents mètres.

On sait que le percement du tunnel de Hoosac, aux États-Unis, a précédé le percement des Alpes, au mont Cenis et au mont Saint-Gothard. C'est avec la nitro-glycérine que l'on fit sauter les roches de cette énorme masse montagneuse, sur une longueur qui n'avait pas moins de 7500 mètres.

Au moyen d'un entonnoir et d'un tuyau on déposait le liquide explosif au fond du trou pratiqué par l'outil d'acier, ensuite on versait par-dessus une petite quantité d'eau, dont le poids produisait l'effet du bourrage. Une capsule de fulminate de mercure était plongée dans la nitro-glycérine, et on provoquait l'explosion de la capsule fulminante au moyen d'une mèche de mineur rendue imperméable à l'eau.

Pour les roches fissurées, on enfermait la nitro-glycérine dans un cylindre de tôle, de même diamètre que le trou de la mine et ouvert à sa partie supérieure. Si le trou de mine était horizontal, on plaçait la nitro-glycérine dans une cartouche de tôle, dont le couvercle était traversé par la mèche de mineur, et on bourrait avec du sable.

On constata que l'effet était plus grand avec la nitro-glycérine simplement versée dans le trou de mine, qu'enfermée dans des cylindres de tôle.

C'est de 1869 à 1873 que fut percé le grand tunnel du mont Hoosac.

Toutefois, le maniement de la nitro-glycérine pure exposait à de très grands dangers, et l'on ne pouvait guère songer à généraliser dans l'industrie l'usage d'un agent de destruction aussi terrible et d'un emploi aussi difficile.

C'est alors que vint l'idée de mélanger la nitro-glycérine avec une substance inerte, comme le sable, et d'atténuer ainsi ses effets, en les limitant à un degré utile et pratique.

C'est le chimiste suédois Nobel, qui, le premier, eut l'idée d'employer la nitro-glycérine ainsi diluée dans le sable. C'est ce mélange de nitro-glycérine et de sable qui porte le nom de *dynamite*.

CHAPITRE IV

C'est en 1867 que M. Nobel prenait un brevet pour la fabrication d'une nouvelle matière, qu'il décrivait en ces termes :

« Mon invention consiste à supprimer les propriétés dangereuses de la nitro-glycérine de telle sorte qu'elle ne soit sensible ni au choc, ni au feu, et à la mettre sous une forme plus convenable pour les maniements et pour le transport que sous la forme liquide; ce qui se fait par l'incorporation de la nitro-glycérine dans les pores de matières poreuses inexplosives, sans aucune influence chimique sur la nitro-glycérine, telles que silice, poudre de brique, argile sèche, pâte. »

Il paraît que M. Nobel dut au hasard la découverte de la dynamite.

A l'époque où le chimiste suédois fabriquait sa nitro-glycérine, il l'enfermait dans des boîtes de fer-blanc, qui étaient ensuite réunies, par dizaines, dans de vastes caisses, garnies de terre d'infusoires.

« Or, il arrivait, dit M. Châlon, dans son ouvrage sur *les Explosifs*, que cette terre, par suite de coulages, s'imbibait de nitro-glycérine, et prenait une consistance pâteuse. En l'examinant attentivement, on reconnut que son pouvoir absorbant était considérable. Des essais postérieurs montrèrent que la nitro-glycérine ainsi absorbée conservait ses qualités explosives, et que, d'autre part, sa tendance à exploser avait considérablement diminué. »

Ce n'était pas seulement une découverte d'une immense portée que M. Nobel réalisait, en 1867; c'était aussi sa revanche. En effet, de 1863 à 1864, M. Nobel avait livré à l'industrie des quantités considérables de nitro-glycérine, avec capsules de fulminate de mercure. Il avait créé deux usines, l'une à Stockholm, l'autre à Lanenburg (Angleterre), et cette seconde usine expor-

Fig. 99. — Cabane pour la fabrication de la nitro-glycérine, à Isleten (Suisse).

tait en Amérique des quantités énormes de nitro-glycérine, que l'on appelait alors *huile Nobel*. Tout à coup, deux terribles accidents vinrent émouvoir l'opinion publique : l'usine de Stockholm sauta, et le steamer *European*, qui transportait de l'*huile Nobel* en Amérique, fit explosion, dans la rade de Colon. Ce fut assez pour décider la plupart des gouvernements à interdire formellement la fabrication et l'importation de l'*huile Nobel*.

Le chimiste suédois tint bon ; il démontra d'abord que les explosions qui avaient eu lieu étaient dues à de fâcheuses imprudences. Il se remit ensuite à l'œuvre, dans son laboratoire, et c'est alors qu'il inventa la dynamite, à laquelle il a donné son nom. Il triompha si complètement qu'aujourd'hui un grand nombre d'usines en Europe sont exclusivement consacrées à la fabrication de la dynamite.

La dynamite Nobel, type des dynamites à base inerte, se compose donc de nitro-glycérine et d'un corps absorbant. La terre d'infusoires, ou *kieselguhr*, dont se servait M. Nobel au début, existe en très grande quantité à Oberlohe, dans le Hanovre. C'est une marne siliceuse, très friable lorsqu'elle est sèche, et qui absorbe trois fois son poids de nitro-glycérine.

On emploie, cependant, beaucoup d'autres matières absorbantes. Ainsi, à la poudrerie de Vonges et dans presque toutes les poudreries françaises, on donne à la dynamite la composition suivante : 75 parties de nitro-glycérine, 20,8 parties de *randanite*, 3,8 parties de silice de Vierzon, 0,4 partie de sous-carbonate de magnésie.

La *randanite* est analogue, par sa composition et par ses propriétés, à la *kieselguhr*. On la trouve en abondance aux environs de Ceyssat (Auvergne).

Ailleurs, on fabrique la *dynamite rouge*, qui contient 68 parties de nitro-glycérine et 32 parties de tripoli ; — la dynamite noire, qui contient seulement 45 parties de nitro-glycérine et 55 parties de coke et de sable pulvérisés ; — la dynamite blanche : 75 parties de nitro-glycérine et 25 parties de terre siliceuse.

Dans les usines Nobel on procède comme il suit pour fabriquer la dynamite.

Afin d'enlever l'eau et les matières organiques renfermées dans la terre d'infusoires, on commence par griller cette terre ; on la broie et on la passe au tamis. L'ouvrier place ensuite dans un baquet en bois 3 kilogrammes de nitro-glycérine et un kilogramme de terre d'infusoires. Il mélange le tout, et pétrit soigneusement la masse. L'opération est sans danger. La dynamite est ensuite découpée en cartouches.

Ce qui fait l'importance des fabriques de dynamite, c'est qu'on s'y livre à toutes les opérations préliminaires de la fabrication de la nitro-glycérine, opérations que nous avons décrites dans le chapitre précédent, et qui sont extrêmement compliquées. Nous n'avons pas besoin de dire que toutes les fabriques de dynamite sont établies dans des lieux inhabités, à grande distance de tout centre de population. A Isleten, l'une des plus importantes usines de M. Nobel, la nitro-glycérine se prépare au fond d'un ravin, comme le représente, d'après une photographie, la figure 99.

A Avigliana, l'atelier où se fabrique la nitro-glycérine est entouré d'un épaulement circulaire en terre, pour amortir les effets de l'explosion qui viendrait à se produire.

La figure 100 donne une vue générale, d'après une photographie, de l'usine d'Avigliana. On voit à droite l'atelier où se fabrique la nitro-glycérine, qui est entouré d'un bourrelet de terre et enfoncé dans le sol, à une certaine profondeur. A gauche sont les ateliers où l'on se livre au broyage et au tamisage du sable, ainsi qu'à la préparation de l'acide azotique.

Dans les poudreries françaises, on fabrique beaucoup de dynamite pour l'armée, et l'on a adopté, pour cette fabrication, la méthode de MM. Foucher et Boutmy, ingénieurs des poudres et salpêtres, méthode qui a l'avantage de faire disparaître presque toutes les causes d'explosion accidentelle.

MM. Foucher et Boutmy préparent la nitro-glycérine en traitant 10 kilogrammes de glycérine par 32 kilogrammes d'acide sulfurique. Ils obtiennent ainsi un composé sulfo-glycérique, qu'ils traitent ensuite par un mélange de 28 kilogrammes d'acide azotique et de 28 kilogrammes d'acide sulfurique. Dans ces conditions, la combinaison de la glycérine et de l'acide azotique, au lieu de s'effectuer brusquement, avec une subite élévation de la température et un fort dégagement de chaleur, ne s'effectue que lentement. On débarrasse ensuite la nitro-glycérine de l'excès d'acide qu'elle a entraîné, en la traitant par une dissolution de bicarbonate de soude, et on la filtre, à travers des éponges, pour retenir l'eau.

Quant à la *randanite*, qui mélangée à la nitro-glycérine constitue la dynamite, on la dessèche dans un four à réverbère, où elle demeure pendant 5 à 6 heures, exposée à l'action d'un feu violent, ce qui la rend chimiquement pure.

Pour donner une idée de l'installation d'une fabrique de dynamite nous mettrons sous les yeux du lecteur, d'après une photographie (fig. 102, page 109), une vue pittoresque de la fabrique d'Ablon (près Honfleur) appartenant à la *Société centrale de dynamite*, qui a son siège à Paris, et compte dix usines en activité.

Ces usines sont situées : à Paulilles, près Port-Vendres (Pyrénées-Orientales) ; à Ablon, près Honfleur (Calvados) ; à La Rachée, près Saint-Chéron (Seine-et-Oise) ; à Avigliana, près Turin (Italie) ; à Cengio, près Savone (Italie) ; à Galdacano, près Bilbao (Espagne) ; à Trafaria, près Lisbonne (Por-

Fig. 100. — Fabrique de dynamite à Avigliana, près de Turin.

tugal); à Isleten, près Altdorf-Uri (Suisse); à Sabanetta, près Ciudad Bolivar; à Vénézuéla (Amérique); à Leuwfontein, près Pretoria, Transwaal (Afrique Centrale).

On prépare, pour l'armée, dans les poudreries françaises, quatre espèces de dynamites à bases de *randanite* et silice de Vierzon, — de craie de Meudon et silice de Vierzon, — de silice de Launois et de laitiers de hauts fourneaux, avec une légère addition de carbonate de chaux, — de silice et *randanite*, avec 10 pour 100 de sous-carbonate de magnésie.

Dès qu'on a fait le mélange de la nitro-glycérine avec la matière poreuse, quelle que soit, d'ailleurs, cette dernière, on met la dynamite dans des sacs de 5 kilogrammes chacun; on procède alors aux opérations de l'*encartouchage*.

Les cartouches de dynamite destinées à à l'industrie pèsent 100 ou 200 grammes. Pour l'armée, les poudreries nationales four-

nissent des cartouches de 100 et de 25 grammes. Quel que soit le poids de ces cartouches, on les range dans des caisses en bois, qui contiennent chacune 250 cartouches.

Dans les écoles d'artillerie, les officiers et les gardes examinent la dynamite, avant de l'emmagasiner. Ils s'assurent qu'elle est dans un parfait état de conservation, et tous les six mois, on soumet aux mêmes épreuves la dynamite qui fait partie des approvisionnements de guerre. A cet effet, on cherche si la nitro-glycérine n'a pas subi de décomposition, si l'enveloppe des cartouches n'a pas été défoncée, si l'amorce n'a pas été déformée. Il est bien facile de s'assurer que l'enveloppe des cartouches et l'amorce ont toujours leur aspect primitif.

La décomposition spontanée de la nitro-glycérine est l'objet d'un examen plus minutieux. On introduit dans les boîtes de dynamite un papier de tournesol; s'il rougit, c'est que l'acide nitreux, composé volatil, s'est dégagé de la masse. Alors, on lave 5 grammes de cette dynamite douteuse dans 300 grammes d'eau distillée; on porte ce liquide à l'ébullition, dans un ballon à long col, à l'orifice duquel on a suspendu une bande de papier tournesol. Si le papier rougit, c'est que des vapeurs nitreuses se sont dégagées et qu'il y a eu altération de la dynamite.

L'autorité militaire prescrit la destruction immédiate des lots de dynamite avariée. Cette opération s'effectue dans les polygones, à 300 mètres au moins de tout bâtiment; on fait exploser la dynamite avec une cartouche amorcée par le fulminate de mercure. D'après la circulaire ministérielle du 29 novembre 1880, c'est l'artillerie qui est chargée de conserver la dynamite. Des magasins spéciaux ont été construits à cet effet. Ils sont en briques très minces, recouverts de tuiles, et divisés en quatre ou cinq compartiments, par des cloisons en bois, de 50 centimètres d'épaisseur, tout au plus. Ces magasins sont surmontés de greniers vides, qui jouent le rôle de « chambres à air », pour arrêter les rayons solaires; enfin ils sont entourés, à 2 ou 3 mètres de distance, de remparts en terre. Chaque compartiment contient 100 kilogrammes de dynamite.

La fabrication et le transport de la dynamite ont fait l'objet de plusieurs lois, qu'il est utile d'analyser.

Jusqu'en 1875, au terme de la loi du 13 fructidor an V, l'État avait le monopole de la fabrication et de la vente de la poudre; ce n'est qu'en 1875 que l'Assemblée nationale autorisa les particuliers à fabriquer la dynamite et tous les explosifs à base de nitro-glycérine, en frappant ces produits d'un droit énorme (2 francs par kilogramme de dynamite).

Nul fabricant ne peut s'établir sans une autorisation spéciale du gouvernement, et sans avoir versé dans les caisses de l'État un cautionnement de 50,000 francs.

Les industriels qui exploitent des mines ou des carrières de pierre peuvent également obtenir l'autorisation de fabriquer sur place la nitro-glycérine dont ils ont besoin; ils payent alors un impôt supplémentaire de 4 francs par kilogramme de nitro-glycérine. Toute contravention à ces dispositions législatives entraîne une condamnation à un mois de prison et à 2000 francs d'amende.

Des règlements très sévères ont été portés en ce qui concerne le travail à l'intérieur des fabriques de dynamite. A titre d'exemple nous citerons les principales dispositions du règlement de la fabrique de dynamite de Paulilles (Pyrénées).

Les ateliers ne doivent pas contenir plus de quatre ouvriers chacun. Ils sont, à cet effet, construits en planches de bois très léger, et séparés entre eux par un intervalle de 20 mètres au moins. Une discipline rigoureuse est observée dans l'intérieur de la fabrique.

Sous aucun prétexte les ouvriers ne doivent pénétrer dans les ateliers où ne les appelle pas leur travail. Ils ne sont admis dans la manufacture qu'à l'heure fixée pour le commencement du travail, et doivent se retirer aussitôt que le signal du départ a été donné. Nul ne s'absente des ateliers, sans permission spéciale, pendant toute la durée du travail. Les chefs d'atelier arrivent une demi-heure avant les ouvriers; eux seuls sont chargés d'ouvrir et de fermer les portes. Ils s'assurent que le thermomètre marque au moins $+12°$ centigrades, afin de prévenir tout accident provenant d'une brusque congélation de la nitro-glycérine. Si un appareil fonctionne mal, l'ouvrier est tenu de prévenir le chef d'atelier, qui seul peut exécuter les réparations nécessaires, car il est formellement défendu aux ouvriers de manier aucune pièce métallique.

Après le travail, on vérifie s'il ne reste pas, sur les tables, une parcelle de nitro-glycérine ou de dynamite. Défense est aussi

Fig. 101. — Emballage de la dynamite.

faite d'introduire dans les ateliers des allumettes, des capsules, des cigares ou cigarettes, du vin ou des liqueurs. Si le temps devient orageux, le travail est suspendu dans tous les ateliers, et les ouvriers se réunissent dans les hangars, où sont toujours prêtes les pompes à incendie.

A l'entrée et à la sortie de l'usine, les ouvriers et les employés de la fabrique sont fouillés, chaque jour. Dans chaque atelier, des seaux d'eau froide et d'eau chaude sont déposés sur le sol.

La dynamite est enfermée dans des magasins souterrains, généralement à 3 ou 4 mètres de profondeur. Les murs sont en brique, et n'ont pas plus de 30 centimètres d'épaisseur. Deux portes ferment l'entrée du magasin ; l'une de ces portes est en panneaux de chêne, l'autre est en tôle de fer. La toiture du magasin est formée par une

voûte en briques de 12 centimètres d'épaisseur ; quelquefois même on substitue une simple cloison en bois à cette voûte en brique.

Les caisses de dynamite sont disposées sur des chantiers en bois, placés à quelques centimètres au-dessus du sol, afin de les préserver de l'humidité. Il n'y a point de paratonnerre sur ces dépôts, mais bien des conducteurs métalliques reliés à la toiture, qui semblent beaucoup plus utiles pour garantir les magasins contre les effets de la foudre.

Avant de livrer la dynamite au commerce, de l'emmagasiner, de la transporter, il est nécessaire de l'analyser, de s'assurer de son degré de pureté et de sa stabilité. Voici comment on procède ordinairement :

« Les épreuves, dit M. Châlon, dans son ouvrage sur les *Explosifs*, telles qu'elles sont pratiquées au bureau des explosifs de Londres, comprennent deux séries d'opérations : la séparation de la nitro-glycérine et l'essai de son degré de pureté.

On commence par préparer un papier réactif spécial. A cet effet, on traite 3 grammes d'amidon blanc, bien lavé, par 265 grammes d'eau distillée ; on agite, on chauffe jusqu'à ébullition et on laisse bouillir doucement pendant dix minutes. On mélange ensuite avec une dissolution, dans 265 grammes d'eau distillée, d'un gramme d'io-dure de potassium qui a été cristallisé dans l'alcool. Quand le liquide est refroidi, on y plonge pendant dix secondes des feuilles de papier-filtre blanc, préalablement lavées à l'eau et desséchées. On recoupe ces feuilles en plaquettes de 10 milli-mètres, et on les conserve dans .es flacons bien bouchés et à l'abri de la lumière. »

Ce sont ces feuilles qui vont servir de papier réactif. Avant de s'en servir, il faut tracer sur l'une d'elles des lignes quelconques, à l'aide d'une plume trempée dans une disso-lution aqueuse de caramel ; la plume laisse une trace brune sur le papier réactif.

On place alors dans un tube à filtrer 25 à 30 grammes de dynamite pulvérisée ; on y verse de l'eau ; la nitro-glycérine se sépare de la substance poreuse, et tombe au fond de l'eau. En mettant le tube à filtrer en communication avec un aspirateur, la nitro-glycérine sera entraînée ; on la fait parvenir dans une éprouvette que l'on chauffe au bain-marie jusqu'à + 70 degrés. Si l'on présente alors des feuilles de papier réactif au-des-sus de l'éprouvette, les vapeurs nitreuses provenant de la décomposition de la nitro-glycérine agiront sur l'iodure de potassium, comme la plume trempée dans la dissolution de caramel, et mettront l'iode en liberté. On peut, en comparant le papier réactif placé au-dessus de l'éprouvette et le papier réactif sur lequel on a tracé quelques lignes, éva-luer la durée de la décomposition de la nitro-glycérine. Ce produit est considéré comme bon si cette durée ne dépasse pas 10 minutes.

La dynamite destinée au commerce doit être enfermée dans des cartouches, recou-vertes de papier, et non amorcées.

L'emballage et l'expédition de la dynamite exigent des précautions particulières. Nous représentons (fig. 101, page 107), d'après une photographie, l'emballage de la dy-namite.

Les cartouches sont placées dans une pre-mière enveloppe bien étanche en carton, zinc ou caoutchouc, à parois non résistantes ; les vides sont exactement remplis au moyen de sable fin ou de sciure de bois. Le tout est renfermé dans une caisse ou dans un ba-ril en bois, consolidé exclusivement au moyen de cerceaux et de chevilles en bois, et pourvu de poignées non métalliques. Les emballages portent, sur toutes leurs faces, cette inscription, en très gros caractères :

DYNAMITE. — MATIÈRE EXPLOSIVE.

Chaque cartouche est, en outre, revêtue d'une étiquette semblable. Les débitants tiennent un registre d'entrée et de sortie des matières existant dans leurs magasins ; ils peuvent vendre des cartouches en détail, mais il leur est formellement interdit de les ouvrir ou de les fractionner.

Il était indispensable que le gouverne-ment prît des mesures aussi rigoureuses, puisqu'il est responsable de la sécurité pu-blique. Si, en effet, la fabrication et l'emploi de la dynamite ordinaire n'offrent plus, grâce aux progrès de la science, d'inconvénients sérieux, il n'en est pas de même des pro-duits similaires que des industriels peu scru-puleux vendent sous le nom de dynamite. Le désastre arrivé au mois de janvier 1877 au fort de Joux, dans le Jura, suffit pour prouver quelles terribles conséquences peut avoir la méconnaissance des règlements ci-tés plus haut.

Des douaniers français avaient saisi six tonneaux de dynamite, que des contreban-diers italiens avaient apportés de Genève, et qu'ils avaient tenté d'introduire sur notre territoire, alléchés par l'espoir d'un gros bé-néfice, puisque chaque kilogramme de dy-

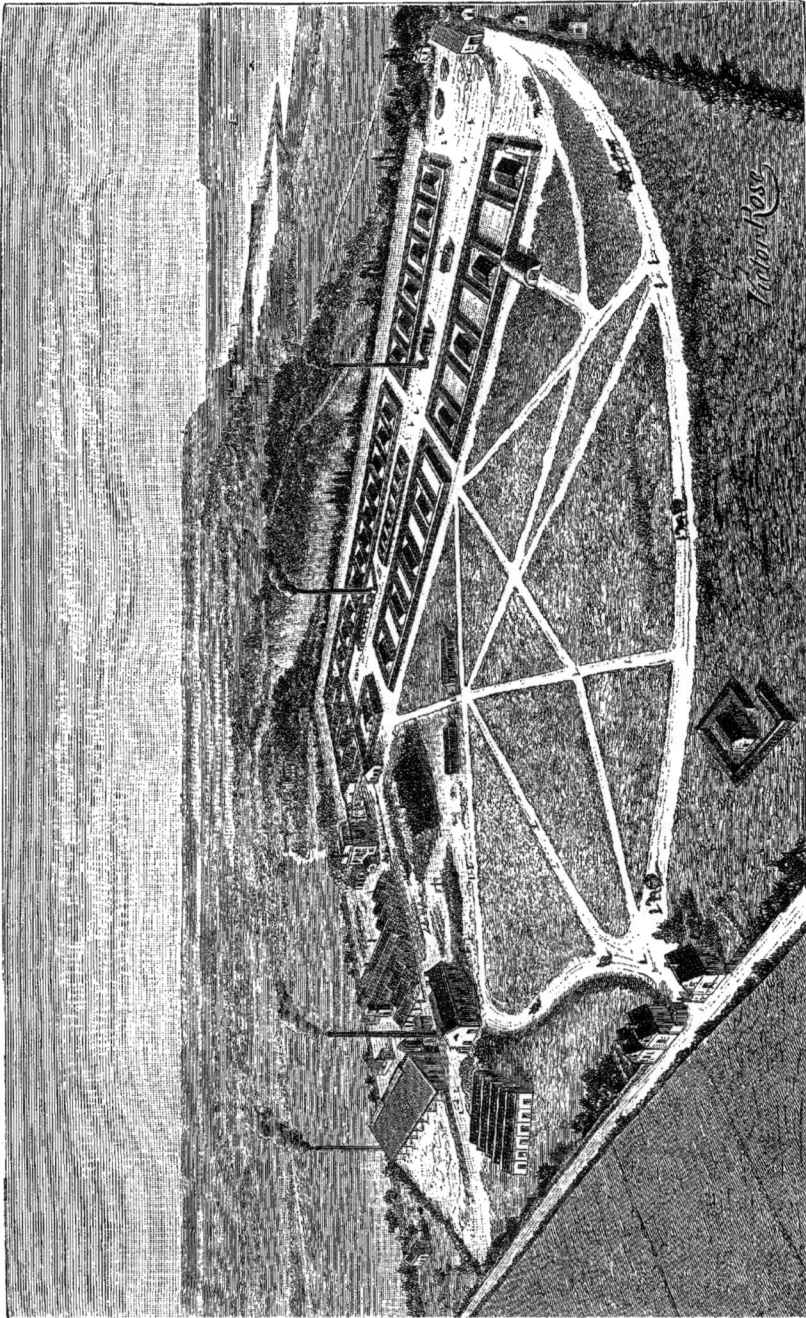

Fig. 102. — Vue à vol d'oiseau de la fabrique de dynamite d'Ablon, près Honfleur.

namite fabriquée en France paye, ainsi qu'il a été dit, 2 francs d'impôt. Les douaniers avaient déposé les tonneaux de dynamite au fort de Joux, lequel, on le sait, commande, avec le fort Larmont, une vallée du Jura (fig. 103). Un entrepreneur de constructions fit l'acquisition de cette dynamite ; mais la Compagnie des chemins de fer de Paris-Lyon-Méditerranée refusa de transporter en France cette substance, et on dut employer des voitures pour la déménager du fort et l'envoyer au chantier de construction. Toutes les précautions indiquées en pareil cas avaient été prises ; les ouvriers avaient des chaussons de laine, et des toiles de caoutchouc couvraient le sol, pendant le transport du fort aux charrettes. Cependant, le 17 janvier, vers 5 heures du soir, la dynamite faisait explosion ; une partie des murailles du fort s'écroulait, et les débris en étaient lancés sur la voie ferrée, où la circulation des trains fut interrompue pendant quatre heures. Huit ouvriers furent tués sur le coup.

L'enquête établit que le fabricant de cette dynamite, un M. Biel, se servait, comme base inerte, de craie ordinaire, au lieu de terre d'infusoires, c'est-à-dire d'une matière qui n'a pas un pouvoir absorbant suffisant. Dès lors, la nitro-glycérine s'était séparée du mélange ; elle avait même coulé en dehors des tonneaux. Dans ces conditions, l'explosion était inévitable.

Ce fabricant fut condamné, par défaut, à trois ans de prison.

La dynamite bien préparée peut être maniée sans danger ; mais si le fabricant n'observe pas strictement les prescriptions qui résultent à la fois de l'expérience et de l'étude faite dans les laboratoires, un accident n'est pas seulement probable, mais inévitable.

Quant au transport de cette substance par voie ferrée, il a fait l'objet de trois arrêtés ministériels et d'un traité passé, en 1873, entre l'État et les grandes Compagnies de chemins de fer.

Il est défendu d'admettre dans les convois qui transportent des voyageurs « aucune matière pouvant donner lieu, soit à des explosions, soit à des incendies ». Cette exclusion ne souffre pas d'exception.

Sur les lignes secondaires où ne circulent pas de trains de marchandises, la dynamite est transportée par trains spéciaux. Les agents des poudres et salpêtres apposent sur les caisses de dynamite de l'industrie privée, des médailles, du module d'une pièce de deux centimes, et qui portent sur l'une de leurs faces l'inscription P. S. et sur l'autre les mots : RÈGLEMENT 1879, 10 JANVIER.

Les caisses, ou barils, de dynamite, sont chargés dans des wagons couverts et fermés ; ils sont couchés et posés de façon à éviter tout choc. Dix wagons au plus, chargés de dynamite, peuvent faire partie d'un même train ; ils sont précédés et suivis d'au moins trois wagons, ne contenant aucune matière inflammable. Chaque wagon de dynamite est accompagné par une escorte. Si le chargement n'est pas enlevé dans un délai de trois heures après l'arrivée du train, les Compagnies demandent à l'autorité militaire une garde, pour veiller sur les wagons de dynamite. Les Compagnies sont prévenues vingt-quatre heures à l'avance des transports de dynamite qu'elles auront à effectuer.

La garde des convois de dynamite fabriquée par l'industrie civile est exclusivement confiée, depuis le 1er octobre 1879, à des escortes civiles.

Des mesures à peu près analogues ont été prises par les législateurs étrangers. En Autriche, le gouvernement a promulgué, le 2 juillet 1877, une ordonnance sur la fabrication, la vente et le transport de la dynamite, et institué un bureau spécial pour l'étude de tout ce qui touche à l'industrie des explosifs.

En Angleterre, l'État n'a pas le monopole

Fig. 103. — Les forts de Joux et de Larmont, dans le Jura.

de la fabrication de la dynamite, mais le ministère de l'intérieur examine avec soin les demandes faites par les futurs fabricants. Ces demandes doivent, en outre, être accompagnées d'échantillons, qui sont analysés dans les laboratoires de l'État. En un mot, les prescriptions des législations étrangères ne diffèrent que par des détails insignifiants de celles de la législation française.

CHAPITRE V

DEUX ESPÈCES DE DYNAMITES. — LA DYNAMITE INERTE ET LA DYNAMITE A BASE ACTIVE. — INVENTION ET COMPOSITION DE LA GÉLATINE EXPLOSIVE OU GOMME EXPLOSIBLE. — LA VIGORITE, LA FORCITE, LA DUALINE, LA NITROLYTE. — DESCRIPTION D'UNE FABRIQUE DE GÉLATINE EXPLOSIVE.

On vient de voir que la dynamite ordinaire est un mélange de nitro-glycérine avec du sable, ou toute autre substance poreuse. Si, au lieu d'ajouter à la nitro-glycérine une substance inerte, comme le sable, on y mélange un autre produit, explosif ou inflammable, comme du chlorate de potasse, on a une dynamite d'une puissance notablement supérieure.

On appelle *dynamites à base inerte* les dynamites mélangées de sable, et *dynamites à base active* les mêmes produits mélangés avec du chlorate de potasse, ou d'autres produits analogues.

Les bases actives connues jusqu'à ce jour, telles que l'azotate de potasse, le chlorate de potasse, le coton-poudre, la poudre elle-même, ont le grave inconvénient d'absorber l'humidité de l'air. En outre, ces dynamites ne sauraient être employées dans l'eau, puisque le simple contact de l'eau suffit à séparer la nitro-glycérine du chlorate ou de l'azotate de potasse.

De toutes les *dynamites à base active* expérimentées jusqu'à ce jour, c'est la dynamite à base de coton-poudre, ou la *dynamite gomme*, qui a donné les résultats les plus satisfaisants.

Le chimiste suédois Nobel fabrique sa *dynamite active* en mélangeant 90 à 92 parties de nitro-glycérine et 8 à 10 parties de collodion (coton-poudre dissous dans l'alcool et l'éther). Le produit obtenu a l'aspect de la gélatine; aussi les industriels le désignent-ils sous le nom de *gélatine explosive*, ou de *gomme explosive*.

La densité de la *gélatine explosive*, ou *gomme explosive*, est de 1,6; elle gèle à +1° et détone alors beaucoup plus facilement.

Une balle de fusil tombant sur la dynamite ordinaire ne provoque pas son explosion; au contraire, quand elle est gelée, il suffit du moindre choc pour en déterminer l'explosion.

Les ingénieurs français ajoutent de quatre à cinq pour cent de camphre à la gélatine explosive, ce qui la rend d'un maniement plus commode.

La *gélatine explosive* se conserve très longtemps, sans subir d'altération. Tant qu'elle n'a pas été gelée, elle ne fait pas explosion sous l'action d'un choc quelconque, et elle est infiniment plus puissante que la dynamite à base inerte. Autant de motifs pour qu'on l'emploie comme dynamite de guerre, et comme dynamite industrielle.

Les expériences faites par le général Abboth, aux États-Unis, ont démontré que la *gélatine explosive*, ou *dynamite gomme*, ne détone pas sous l'action dite *par influence*.

Le général Abboth plaçait dans un réservoir rempli d'eau une certaine quantité de gélatine explosive; et à deux ou trois mètres de distance, il plaçait de la dynamite à base inerte, dont il déterminait l'explosion : la gélatine explosive demeurait insensible. Pour les travaux industriels et les destructions de rails, dont nous aurons à parler plus tard, cette propriété de ne pas détoner par influence est, dans la pratique, un avantage précieux. Aussi la *gélatine explosive* ou *dynamite gomme* est-elle presque exclusivement employée, en France, pour les opérations destructives.

Pour la faire détoner, on emploie des capsules, contenant environ 1 gramme de fulminate de mercure, en plaçant 50 grammes de fulmi-coton dans l'amorce.

Comme M. Nobel, l'inventeur de la gélatine explosive, avait pris un brevet pour la *dynamite active à base de coton-poudre*, les concurrents ont imaginé d'innombrables variétés d'autres dynamites à base active. Nous citerons la *sébastine*, de M. Boeckmann, la *sévanine*, la *dualine*, de M. Dittmar, la *forcite*, de M. Lewin, la *virite*, la *vigorite*, la *nitrolite*, et dix espèces de dynamites analogues, que l'on fabrique en Autriche et en Allemagne.

Le chimiste anglais, Abel, prépare une *dynamite active* en mélangeant la nitro-glycérine et la nitro-cellulose. Il a obtenu d'autres produits explosifs connus sous la dénomination de *nitro-gélatines*; la *dualine* est un de ces produits.

Les *nitro-gélatines* sont moins sensibles que la *gélatine explosive* à l'action de la chaleur et de l'humidité et elles se décomposent moins rapidement. On les obtient en traitant du coton par un mélange à poids égaux d'acide azotique et d'acide sulfurique. On a ainsi de la nitro-cellulose, qu'on lave avec soin, et que l'on chauffe ensuite, dans un vase en cuivre, avec de la nitro-glycérine.

La *vigorite*, la *forcite*, la *nitrolite*, les *dualites* américaines, ne sont autre chose que des nitro-gélatines; elles ne diffèrent de la *nitro-gélatine Abel* que par la proportion de nitro-cellulose et de nitro-gly-cérine.

Les faits qui précèdent font deviner que la fabrication en grand de la *gélatine explosive* et des autres produits analogues doit exiger une série de manipulations, toutes dangereuses. Le peu de stabilité de la nitro-glycérine et de la nitro-cellulose fait redouter constamment une explosion brusque. Aussi des règlements particuliers et des décrets ont-ils été pris par les gouvernements, pour fixer, jusque dans leurs moindres détails, la situation des fabriques de *gélatine explosive*, ainsi que le mode de transport de cette substance; et les fabricants, dans leur propre intérêt, ont redoublé de précautions.

Pour faire connaître la fabrication des *gélatines explosives*, nous décrirons une manufacture étrangère, celle de MM. Lundstrom et Eissler, sur la rive sud-est du lac Hopatcong, dans l'État du New-Jersey (États-Unis).

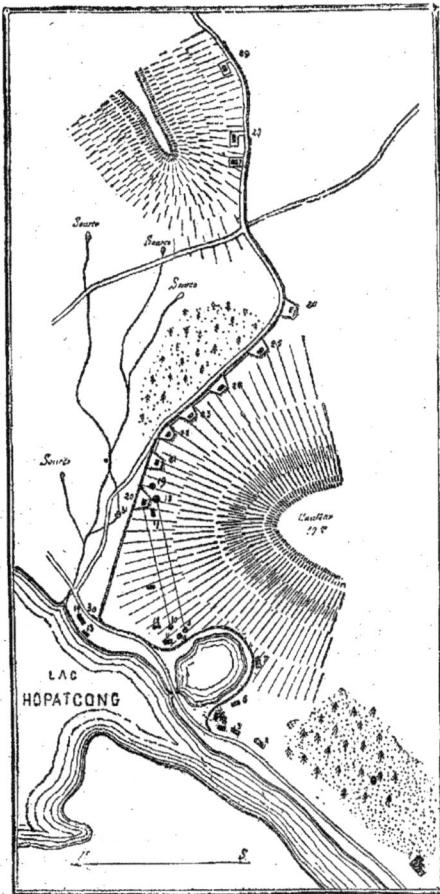

Fig. 104. — Plan de la fabrique de forcite de MM. Lundstrom et Eissler, au lac Hopatcong (Amérique septentrionale).

1, maison de la direction. — 2, bureau et laboratoire. — 3, écurie. — 4, magasins. — 5, atelier de menuiserie. — 6, dépôt de nitrate. — 7, maison des machines. — 8, mélange des acides. — 9, appareil de concentration. — 10, 18, réservoirs d'acides. — 11, regagnage des acides. — 12, magasin d'acides. — 13, 14, maisons d'ouvriers. — 15, hôtel pour ouvriers. — 16, préparation des matières. — 17, glacière. — 19, 31, réservoirs d'eau. — 20, atelier de nitro-glycérine. — 21, atelier de lavage. — 22, atelier de mélange. — 23, 24, 25, cartoucheries. — 26, atelier d'emballage. — 27, maison de garde. — 28, 29, poudrières. — 30, forge.

La fabrique de MM. Lundstrom et Eissler, dont nous donnons le plan dans la figure ci-jointe, occupe une superficie de 180 hectares, et est située près de deux grandes lignes de chemin de fer. Elle renferme 31 constructions ou bâtiments divers, reliés entre eux par 1500 mètres de voie ferrée. Une machine à vapeur donne le mouvement aux appareils de l'usine. L'eau froide est fournie par un puits artésien et par plusieurs sources.

Voici la série d'opérations qui constituent la fabrication de la gélatine explosive :

Les acides sulfurique et azotique sont mélangés dans un réservoir en plomb. Une conduite en plomb les amène dans un second réservoir, en fer, d'où, par l'effet de l'air comprimé, ces acides sont refoulés à l'étage supérieur, dans la cuve où est placée la glycérine. Lorsque la nitro-glycérine est obtenue par la réaction des acides, on la transporte à l'atelier de lavage, puis à un autre atelier, où se fait le mélange de la nitro-glycérine et de la nitro-cellulose.

Cette dernière opération s'effectue dans des récipients en cuivre, à double fond, chauffés par la vapeur. La pâte de gélatine explosive est aussitôt envoyée aux cartoucheries, et découpée en boudins, de 12 centimètres de longueur.

« Pour les pâtes peu plastiques, écrit M. Chalon, on emploie une presse à cartouches, analogue aux machines à boucher les bouteilles, et composée d'une douille verticale en cuivre dans laquelle glisse un piston guidé que l'on actionne à la main par l'intermédiaire d'un balancier. Quand la pâte est plastique, on remplace les presses à percussion par des presses rotatives. La matière est distribuée sur une petite vis d'Archimède qui la pousse dans un tube en bronze d'où elle sort sous une forme cylindrique. On la reçoit sur des plateaux en bois, fendus transversalement de cannelure à la distance qui correspond à la longueur des cartouches. On découpe les boudins au couteau en promenant celui-ci dans les fentes ménagées sur les parois des cannelures. Dans l'atelier d'emballage, les cartouches sont enroulées dans des feuilles de papier parchemin, puis mises dans des boîtes de carton qui sont emballées, dix par dix, dans des caisses en bois. L'emballage est une opération très importante; chaque boîte doit être enfermée dans du papier goudronné imperméable, et les parois de la caisse doivent être revêtues du même papier. »

CHAPITRE VI

LES AUTRES EXPLOSIFS. — EXPLOSIFS A BASE DE CHLORATE DE POTASSE. — LES FULMINATES ; FABRICATION DES AMORCES. — LES NITRO-GÉLATINES, LA BELLITE, etc.

Avant de parler de l'emploi de la dynamite, et des explosifs, en général, tant pour la destruction des ouvrages, en temps de guerre, que pour les travaux des mines et carrières, en temps de paix, nous devons énumérer les autres explosifs les plus connus, mais qui ne sont pas encore entrés dans la pratique industrielle.

En réalité, ainsi que nous l'avons déjà fait remarquer, le nombre des explosifs est illimité. On peut en faire varier à l'infini la composition et les propriétés, en mélangeant entre eux certains corps détonants. Seulement, la plupart des corps que l'on obtient ainsi ont une action absolument brisante, et on ne saurait en faire aucun usage d'une façon pratique.

Le chlorate de potasse est le composé auquel on a le plus souvent recours pour obtenir des *explosifs*. Rien de plus élémentaire que cette expérience : Mélangez du soufre et du chlorate de potasse, en très petite quantité; enfermez le tout dans un morceau de papier, et frappez sur le mélange avec un marteau : il y aura explosion. Si, au lieu de frapper, vous projetez sur ce mélange quelques gouttes d'acide sulfurique, le soufre et le chlorate de potasse s'enflammeront. Remplacez le soufre par du phosphore, de la benzine, du sulfure de carbone, ou d'autres sulfures métalliques, vous aurez ainsi mille explosifs différents, ayant la même base : le chlorate de potasse. Tous seront brisants, et par conséquent, d'un emploi dangereux.

Au point de vue purement industriel, le chlorate de potasse offre un autre inconvénient : c'est son haut prix. Un officier suisse avait pourtant proposé de remplir les obus avec une poudre à base de chlorate de potasse. Dans l'axe du projectile, il plaçait un tube en verre plein d'acide sulfurique. Au moment du choc, le tube était brisé; l'acide sulfurique se répandait sur le chlorate de potasse, en déterminait la décomposition, et l'obus faisait explosion. Il est vrai que le choc produit par l'inflammation de la charge du canon pouvait amener la rupture du tube de verre; alors, l'obus éclatait dans l'âme de la pièce, ou immédiatement au sortir de l'âme, et c'étaient les servants qui étaient atteints, et non pas l'adversaire.

M. Divine, chimiste à Jersey, a pris un brevet pour la fabrication d'une poudre, qu'il appelle *rackarock*, et qui se compose de quatre parties de chlorate de potasse, d'une partie de nitro-benzol et de quelques centièmes de soufre pulvérisé. On a employé le *rackarock* en Amérique.

La poudre de *Siemens* est un mélange de chlorate de potasse et de salpêtre avec de la paraffine ; enfin la *poudre verte*, qui se prépare à peu près comme la poudre ordinaire, a pour composition :

Chlorate de potasse............ ...	70
Acide picrique...	20
Prussiate jaune de potasse.........	10

Cette *poudre verte* peut assez facilement être conservée, en perdant toutefois sa couleur primitive, pour devenir jaune. Elle a un pouvoir détonant qui équivaut au double de celui de la poudre ordinaire.

Les fulminates, découverts par Howard, peuvent fournir de terribles *explosifs;* mais ils sont surtout employés dans la fabrication des amorces et des capsules pour les armes portatives. Ils dérivent tous de l'acide fulminique, qui n'a pas été isolé. La formule chimique de l'acide fulminique est Cy^2O^2,H^2O^2, où Cy représente le cyanogène (C^2Az).

Pour préparer le fulminate d'argent, on fait chauffer dans de l'alcool une dissolution d'argent dans l'acide azotique concentré.

Le fulminate de mercure, qui est un peu plus stable que le fulminate d'argent, a une composition à peu près identique, sauf que l'argent est remplacé par le mercure.

En faisant explosion, le fulminate de mercure donne naissance à de l'azote, à de l'oxyde de carbone et à des vapeurs de mercure, d'après l'équation :

$$C^4Hg^2(AzO^2)^2 = 4\,CO + 2\,Az + 2\,Hg.$$

Le fulminate de mercure détone à $+187$ degrés, sous l'influence d'un choc violent, ou de l'étincelle électrique. Cette dernière propriété est précieuse, puisqu'elle permet de se servir du fulminate de mercure pour amorcer les torpilles.

Pour préparer industriellement le fulminate de mercure, on mélange dans un grand ballon 3 parties de mercure, 30 parties d'acide azotique et 19 parties d'alcool ; on chauffe jusqu'à $+90$ degrés. Il faut ensuite laver le fulminate et le dessécher au moyen du papier buvard. On mélange alors le fulminate de mercure avec de l'azotate de potasse, dans les proportions de 2 à 1 ; cela fait, on procède au *grenage* et au *séchage* du produit.

Le *grenage* consiste à faire passer la matière à travers un tamis en crin ; cette opération est éminemment dangereuse ; on doit toujours redouter une explosion.

Les grains de fulminate de mercure obtenus par le grenage sont déposés sur des feuilles de papier ; ces feuilles sont alignées dans des augets en bois, pour les faire sécher. Les vitres de l'atelier sont recouvertes d'une couche de peinture, pour arrêter les rayons du soleil. Alors on les dépose par petits grains dans une capsule en cuivre.

Chaque capsule renferme environ 8 décigrammes de fulminate et d'azotate.

Beaucoup d'autres *explosifs*, ou mélanges détonants, ont été proposés. Nous citerons, en particulier, la *panclastite* inventée par M. Turpin, et qui est un mélange d'acide hypoazotique avec de l'éther, du pétrole, du sulfure de carbone ou du benzol. On a beaucoup parlé de ce produit, parce que M. Turpin a découvert la *mélinite*.

En mélangeant la nitro-glycérine et la nitro-cellulose, on obtient toute une autre série de produits, connus sous le nom générique de *nitro-gélatines*. Le plus important de ces produits a été inventé par M. Dittmar, qui l'a appelé *dualine;* c'est un mélange de 50 parties de nitro-glycérine, 30 parties de nitro-cellulose et vingt parties d'azotate de potasse.

Les *nitro-gélatines* sont peu sensibles à l'action de la chaleur et de l'humidité, et elles retiennent bien la nitro-glycérine. On a donc, en les employant, moins de chances d'explosion prématurée que si l'on fait usage des explosifs similaires.

Dans les mines, où l'on a constamment occasion de se servir d'explosifs, pour détacher des quartiers de roc ou des masses de terre, certains ouvriers hésitent à utiliser la dynamite, qui développe, en faisant explosion, une énorme quantité de chaleur, et risque ainsi de déterminer une inflammation du *grisou*. Pour remédier à cet inconvénient, un chimiste de Cologne a mélangé 100 parties de dynamite ou de nitro-gélatine, avec 50 parties de carbonate de soude. Ce mélange renferme 30 pour 100 d'eau ; à une température inférieure à celle de l'explosion, l'eau se sépare, et remise en liberté elle empêche une trop forte élévation de température.

La *grisoutite* est donc une dynamite brûlant sans flamme, avantage précieux pour le travail dans les mines qui sont sujettes au *grisou*, mais son action est bien inférieure à celle des dynamites ordinaires.

Dans les poudreries françaises, on a étudié et recommandé le mélange de la dynamite avec de l'azotate d'ammoniaque.

En mélangeant 1 partie de binitro-benzine et 4 à 5 parties d'azotate d'ammoniaque, un chimiste suédois, M. Carl Lamm, a fabriqué, en 1888, un produit qui ne détone, ni par le choc, ni par le frottement, ni au contact du feu. C'est donc un explosif d'un emploi particulièrement facile ; M. Lamm lui a donné le nom de *bellite*.

Cet explosif, qui a été essayé dans les carrières d'Argenteuil, en poudre et en cartouches comprimées, forme une poudre jaunâtre et presque sèche au toucher, qui a la saveur et l'odeur du nitrate d'ammoniaque.

Les cartouches de *bellite* préparées par M. Carl Lamm, comprimées, sont recouvertes de papier et d'un enduit analogue à la paraffine. Elles portent sur l'une des bases un ou deux trous, destinés à recevoir une ou deux capsules de fulminate de mercure, qui provoque leur détonation.

La *bellite* fait explosion à l'air libre, aussi bien dans les mines bourrées, qu'à l'état pulvérulent ; aussi bien à l'air libre qu'en cartouches comprimées, pourvu qu'on l'enflamme à l'aide d'une capsule contenant un demi-gramme de fulminate de mercure.

Elle agit comme poudre lente, en mines bourrées, et comme explosif brisant, à l'air libre, quand elle est renfermée dans un récipient.

Elle peut être employée dans les mines pour l'abatage des roches, ou à l'air libre, pour les travaux militaires de campagne, et pour le chargement des obus.

La bellite peut être fabriquée, manipulée, transportée et emmagasinée, sans aucun danger, car elle n'est sensible ni aux chocs accidentels, ni aux frottements, ni à l'action du feu ou de la flamme.

Sa force est équivalente à deux ou trois fois celle de la poudre noire.

Nous avons dressé la liste à peu près complète des explosifs-types ou, si l'on aime mieux, des différentes variétés d'explosifs. Pour résumer et compléter ces renseignements, nous donnerons le tableau de la composition de différents explosifs qui ont été proposés ou qui sont employés pour charger les torpilles.

La nitro-glycérine intervient presque toujours dans ces matières, dont voici la composition :

1° *Dynamite* : 73 p. 100 de nitro-glycérine et 22 p. 100 de sable.

2° *Coton-poudre* : c'est la nitro-cellulose comprimée.

3° *Dualine* : 80 p. 100 de nitro-glycérine et 20 p. 100 de nitro-cellulose.

4° *Rendrock* ou *Lithofacteur* : 40 p. 100 de nitro-glycérine, 40 p. 100 de nitrate de potasse ou de soude, 13 p. 100 de cellulose et 7 p. 100 de paraffine.

5° *Poudre géant* : 36 p. 100 de nitroglycérine, 48 p. 100 de nitrate de potasse ou de soude, 8 p. 100 de soufre; 8 p. 100 de résine ou charbon de bois.

6° *Poudre vulcain :* 35 p. 100 de nitro-glycérine, 48 p. 100 de nitrate de potasse ou de soude, 10 p. 100 de charbon de bois et 7 p. 100 de soufre.

7° *Poudre mica :* 52 p. 100 de nitro-glycérine et 48 p. 100 de mica.

8° *Poudre Hercule :* 77 p. 100 de nitro-glycérine, 20 p. 100 de carbonate de magnésie, 2 p. 100 de cellulose et 1 p. 100 de nitrate de soude.

9° *Poudre électrique:* 33 p. 100 de nitro-glycérine et le reste inconnu.

10° *Poudre Dessignolle :* 50 p. 100 de picrate et 50 p. 100 de nitrate de potasse.

11° *Poudre Bruyère,* ou *picrique :* 50 p. 100 de picrate d'ammoniaque et 50 p. 100 de nitrate de potasse.

12° *Tonite :* 52,5 p. 100 de coton-poudre et 47,5 p. 100 de nitrate de baryte.

13° *Gélatine explosive :* 89 p. 100 de nitro-glycérine, 7 p. 100 de coton nitré, 4 p. 100 de camphre.

14° *Gélatine explosive :* 92 p. 100 de nitro-glycérine, 8 p. 100 de coton nitré.

15° *Poudre Atlas* (A): 75 p. 100 de nitro-glycérine, 21 p. 100 de fibre de bois, 2 p. 100 de carbonate de magnésie, 2 p. 100 nitrate de soude.

16° *Poudre Atlas* (B) : 50 p. 100 de nitro-glycérine ; 34 p. 100 de nitrate de soude ; 14 p. 100 de fibre de bois et 2 p. 100 de carbonate de magnésie.

17° *Poudre Judson* (1) : 17,5 p. 100 de nitro-glycérine et le reste inconnu.

18° *Poudre Judson* (2) : 20 p. 100 de nitro-glycérine, 59,9 p. 100 de nitrate de soude, 13,5 p. 100 de soufre et 12,6 p. 100 de charbon pulvérisé.

19° *Poudre Judson* (3) : 5 p. 100 de nitro-glycérine, 64 p. 100 de nitrate de soude, 16 p. 100 de soufre, 15 p. 100 de charbon pulvérisé.

20° *Rackarock :* 77,7 p. 100 de chlorate de potasse et 22,3 p. 100 de nitro-benzol avec quelque faible quantité de soufre.

21° *Forcite-gélatine :* 95 p. 100 de nitro-glycérine et 5 p. 100 de cellulose non nitrée.

22° *Gélatine-dynamite :* n° 1, 65 p. 100 de matière A et 35 p. 100 de matière B; n° 2, 45 p. 100 de matière A et 55 p. 100 de matière B. (La matière A est formée de 97,5 p. 100 de nitro-glycérine et 2,5 p. 100 de coton-poudre soluble. La matière B est formée de 75 p. 100 de nitrate de potasse, 24 p. 100 de cellulose et 1 p. 100 de soude).

23° *Gelignite :* 56,50 p. 100 de nitro-glycérine; 3,5 p. 100 de coton nitré; 8 p. 100 de bois pulvérisé et 32 p. 100 de nitrate de potasse.

24° *Bellite :* 1 partie d'azotate d'ammoniaque, 4 parties de binitro-benzine.

25° *Mélinite :* composition inconnue. On croit qu'il y entre de l'acide picrique et de la trinitro-cellulose, dissoute dans l'éther.

26° *Roburite :* composition variable. Éléments principaux : la naphtaline nitrée et le nitrate de potasse, selon le procédé de fabrication.

27° *Helloffite :* nitro-benzine et acide azotique.

Nous n'avons pas fait mention, sauf pour *l'explosif américain Rackarock* et la *bellite,* des combinaisons nitrées de la benzine dérivées du goudron, parce qu'elles n'ont pas encore donné lieu à des essais suffisamment prolongés. Avec d'autres dérivés du goudron on obtiendra des substances douées de propriétés détonantes, mais ces propriétés sont encore peu connues.

CHAPITRE VII

LES APPLICATIONS DE LA DYNAMITE ET DES AUTRES EXPLOSIFS. — EMPLOI DE LA DYNAMITE POUR LE CHARGEMENT DES OBUS. — EXPÉRIENCES EN EUROPE ET EN AMÉRIQUE. — L'OBUS-TORPILLE. — LA HELLOFITE. — POUDRE PARONE. — LA MÉLINITE EXPÉRIMENTÉE EN 1886 ET 1887 EN FRANCE. — L'ACCIDENT DE BELFORT.

Les applications qui ont été faites de la

dynamite et des autres explosifs que l'industrie peut employer sans danger sont de deux ordres : militaires et industrielles. En effet, les explosifs ne sont pas uniquement utilisés pour des œuvres de destruction et de guerre. Ils servent à exécuter des travaux d'excavation et de déblayement, qui seraient impossibles sans leur secours. Si bien que la dynamite, cet agent de destruction, est devenu, en fait, un des plus puissants auxiliaires de la civilisation moderne.

C'est ce double emploi des explosifs qui doit maintenant nous occuper.

Nous traiterons d'abord des emplois militaires des explosifs, ensuite de leurs emplois dans l'industrie.

EMPLOIS MILITAIRES DES EXPLOSIFS.

Dans l'armée, la dynamite est le seul explosif adopté. La dynamite sert aujourd'hui à deux usages : 1° pour le chargement des obus, 2° pour la destruction rapide d'obstacles de nature diverse.

Chargement des obus. — Dans la lutte aujourd'hui engagée entre le navire cuirassé et le canon, entre le rempart et l'obus, c'est la poudre qui joue le rôle essentiel. A force d'augmenter la puissance de nos grosses pièces d'artillerie de terre, de côte et de marine, nous sommes arrivés à d'étranges contradictions : nous fabriquons des plaques de blindage, qui ont 50 centimètres d'épaisseur; mais nous possédons des canons de 100 tonnes, dont les projectiles trouent ces mêmes plaques; l'Italie a même fait construire, par l'usine Krupp, des canons de 121 tonnes, qui sont destinés à la défense des côtes. Marchera-t-on indéfiniment dans cette voie vertigineuse? Continuerons-nous à faire des canons dont chaque coup revient au prix de 1000 à 2000 francs? C'est ce que nul ne saurait dire aujourd'hui : le problème paraît même insoluble.

Il est naturel que l'on ait pensé à utiliser la dynamite et quelques autres explosifs pour charger des obus, qui, en éclatant, démoliraient et les cuirasses métalliques des navires et les murs mêmes de l'intérieur des forts, ainsi que les talus de terre.

Dès 1874, les Italiens avaient un *obus-torpille*, qui pesait 75 kilogrammes, et qui contenait 8 kilogrammes de substance explosive. Ce projectile était lancé par l'obusier rayé de 22 centimètres, se chargeant par la bouche. A l'usine Krupp, on étudiait, presque à la même époque, un obus à fusée, en acier, à faibles parois, et qui, pour un poids total de 21 kilogrammes, renfermait 14 kilogrammes de poudre. D'autre part, l'usine Gruson, à Buckau (Allemagne), fabriquait des obus avec disques de poudre comprimée, où le feu se propageait à la fois dans tous les sens. On n'avait songé jusque-là qu'à concentrer l'action brisante de la poudre : l'heure de la dynamite allait sonner.

Et quand on connaît les effets formidables produits par des pétards de dynamite isolés, déposés près d'une voie ferrée, ou sous un pont en pierre, on est tout surpris que l'artillerie n'ait pas pensé plus tôt à se servir de la dynamite pour emplir ses projectiles, et pour centupler leur puissance de destruction. C'est qu'il y avait deux sérieuses difficultés : d'abord, charger l'obus, et le transporter, sans s'exposer à des éclatements prématurés, dont les conséquences devaient être désastreuses; puis, régler la fusée de l'obus de telle façon qu'il ne fît explosion qu'au moment propice. Or, quel est le moment propice? Il faut que l'obus, avant l'explosion, ait pénétré profondément dans le talus du fort que l'on se propose de détruire, dans le mur que l'on cherche à démolir. S'il éclate à la surface de l'obstacle, il ne détermine que des dégâts insignifiants.

En Allemagne, en Italie, en Russie, l'artillerie se sert de bouches à feu courtes, qui se rapprochent des mortiers; et elle emploie des obus d'un poids énorme, qui sont remplis de coton-poudre comprimé et humide. L'obus décrit alors une trajectoire parabolique ; il tombe presque verticalement, s'enfonce dans le sol, et éclate, en soulevant, avec une violence incomparable, la terre, les pierres, tout ce qu'il heurte sur son passage et qu'il a laissé au-dessus de son parcours.

Les Américains ont imaginé, pour tirer des obus chargés de dynamite, le *canon pneumatique*, imité du *canon accélérateur* de Lymann-Haskell, et qui se compose d'une succession de poches, communiquant avec l'âme du canon par une gorge cylindrique. Ces poches sont emplies de dynamite, qui s'enflamme par les gaz surchauffés, au fur et à mesure du passage du projectile. On obtient ainsi une accélération de vitesse constante, jusqu'à ce que le projectile soit sorti du canon, et l'on évite que la charge de dynamite fasse explosion dans l'âme de la pièce.

L'accélération constante, c'est l'idéal de l'artilleur, et le fait est qu'aux premières expériences, un de ces projectiles, lancé par un canon Withworth, traversa, à 180 mètres de la bouche à feu, une plaque en fer, de 127 millimètres d'épaisseur. Après avoir accompli ce quasi-prodige, l'obus parcourut encore 115 mètres, sans dévier de sa trajectoire primitive.

Le 17 octobre 1885, au fort Lafayette, dans le port de New-York, on essayait un canon de 8 pouces, long de 18 mètres, formé par quatre parties en fer forgé, réunies par des fresses et des boulons, disposé sur un support métallique évidé, et que l'on pointait à l'aide d'un appareil à air comprimé. C'est aussi l'air comprimé qui, contenu dans huit réservoirs, remplace la poudre et qui, chaque réservoir s'ouvrant l'un après l'autre, produit une accélération constante. Quant au projectile, il consiste en un cylindre en laiton, de 1 mètre de longueur, terminé par une pointe conique, et en un sabot en bois,

long de 1 mètre 30, faisant l'office de culot. Le culot dirige le projectile pendant son parcours. Cet obus renferme 46 kilogrammes de *gélatine explosive ;* la cartouche d'inflammation est à base de dynamite, et c'est une fusée percutante qui met le feu à la cartouche.

Le premier projectile lancé, dans ces conditions, parcourut 2000 mètres, et ne fit pas explosion. On n'avait cependant pas perdu son temps, puisqu'il était démontré que le tir des obus chargés à la dynamite n'offrait pas des difficultés insurmontables.

Le 28 novembre suivant, on tirait trois obus chargés de *gélatine explosive,* dont l'un franchit 4000 mètres et tomba dans l'eau ; les deux autres firent explosion au fond de la mer, en projetant des gerbes, dont la hauteur dépassait 80 mètres.

Il était donc établi que l'on pouvait lancer des obus chargés de *gélatine explosive,* qui produisaient des effets prodigieux. Il ne restait, par conséquent, qu'à perfectionner le mode de chargement de ces obus, et à chercher la forme de canon qui convenait le mieux pour les lancer.

En réalité, le problème se posait en ces termes : Envoyer un projectile contenant une forte dose de substance explosive, sans que le choc provoqué par l'inflammation de la charge détermine une explosion prématurée. Il existe deux solutions à ce problème : ou bien, employer des pièces courtes, à trajectoire très peu tendue, à charge très faible, et remplir de substances explosives des sortes de bombes ; ou bien se servir des canons nouveaux, où la charge ne s'enflamme que progressivement, et où l'on n'a pas à craindre un à-coup assez violent pour causer l'explosion de la dynamite.

Les ingénieurs et les officiers américains ont adopté la seconde de ces solutions, sans avoir toutefois réussi, au moins jusqu'à présent, à construire un canon réellement susceptible d'être mis en batterie. En

France, en Russie, en Italie, en Allemagne, c'est l'autre solution qui a prévalu, c'est-à-dire que l'on a conservé les obusiers ordinaires et chargé les obus avec la dynamite.

Pourquoi?

D'abord, parce que les poudres progressives n'ont pas fourni des résultats satisfaisants. C'est en vain qu'au Bouchet, notamment, on s'est efforcé de perfectionner la poudre prismatique; on n'est pas arrivé à la certitude, et en pareille matière, le doute n'est même pas admissible. Supposons qu'on se soit trompé, que la charge s'enflamme brusquement; l'obus, qui contient assez de dynamite pour faire sauter une portion de rempart, éclate dans l'âme de la pièce; le canon est rompu, et ses morceaux sont projetés tout à l'entour, en tuant les canonniers. Voilà de terribles accidents, dont nul n'oserait assumer la responsabilité.

En Allemagne, on a fabriqué des obus de 21 centimètres, que l'on charge de coton-poudre. Ces projectiles sont en acier, à parois minces. D'après le général belge Brialmont, ils contiennent 26 kilogrammes de pyroxiline humide et comprimée. Quand l'obus est chargé, on y introduit de la paraffine fondue, destinée à boucher les interstices et à empêcher la dilatation de l'eau qui entre dans la composition de la pyroxiline. Au centre de la partie supérieure de l'obus, on place une charge de coton-poudre, munie d'une capsule de fulminate de mercure.

Des expériences ont été faites, avec ces projectiles, au polygone de Kummersdorf, et aux environs de Cosel. Le polygone de Kummersdorf a été construit en 1878, par les soins et aux frais de l'usine Krupp; c'est le polygone le mieux aménagé qui existe en Europe.

Les obus dont nous parlons, pénétrèrent à 4 mètres de profondeur, dans les terres sablonneuses de ce polygone, et creusèrent un entonnoir de 4 mètres 80 de diamètre, sur 2 mètres 40 de profondeur. Les officiers de pionniers allemands avaient édifié une voûte en pierres, d'une épaisseur d'un mètre, protégée par une couche de sable de 3 mètres : les obus entrèrent dans la voûte, et la détruisirent !

A Cosel, l'artillerie allemande s'exerça à battre en brèche des fortifications déclassées; les obus de 21 centimètres chargés de pyroxiline percèrent des voûtes maçonnées recouvertes d'un mètre de béton !

Contre les coupoles cuirassées, l'action de ces projectiles fut moins considérable : l'obus éclatait en touchant la coupole, et ne produisait guère que l'effet d'un obus chargé de poudre ordinaire. A ce propos, le général Brialmont exprimait l'opinion que les substances explosives n'agissent pleinement que lorsqu'elles sont en contact intime avec l'obstacle à détruire.

Mais si l'obus glisse sur une coupole métallique sans effets destructeurs, il exerce, au contraire, des ravages prodigieux quand il vient à rencontrer les fondations, en granit ou en béton, des tourelles.

En Russie, l'artillerie a essayé d'utiliser la *helloffite*, substance inventée par MM. Helhoff et Gruson, et qui paraît être une dissolution de nitro-benzine dans de l'acide azotique concentré. C'est un liquide rougeâtre, épais, corrosif et très instable, que l'on utilise, comme la nitro-glycérine, en la mélangeant avec une base inerte. Alors elle résiste aux chocs, à l'action du feu, et ne détone plus que sous l'influence d'une capsule chargée de fulminate de mercure; on peut donc la transporter d'un endroit à un autre, sans courir un danger quelconque. Seulement, la *helloffite* est tellement volatile qu'on est obligé de l'enfermer dans des vases hermétiquement clos; enfin, il suffit qu'elle soit mélangée avec de l'eau, pour qu'elle perde aussitôt ses qualités. On ne doit donc songer à l'utiliser que pour l'artillerie de terre; elle ne rendrait aucun service pour les défenses sous-marines.

Fig. 105. — Essais des obus à la mélinite contre les talus de terre et les remparts de granit, faits en 1887, au polygone de Vincennes.

En Italie, les recherches pour l'emploi d'explosifs nouveaux dans les obus ont été poursuivies avec une rare ténacité. Dès 1882, on y connaissait une substance explosive, due aux essais de M. Parone, et composée de chlorate de potasse et de sulfure de carbone. Les obus chargés de cette substance ne faisaient explosion qu'au contact du fulmi-coton contenu dans la fusée.

Voilà donc une première difficulté surmontée : l'obus est transportable. Mais, au premier coup tiré, le canon éclata. Pourquoi? On ne l'a jamais dit, et nous sommes réduits, sur ce point, à des hypothèses. L'obus avait-il fait explosion, sous l'impulsion du choc initial reçu dans l'âme de la pièce? Il serait difficile de l'affirmer. Toujours est-il que l'artillerie italienne a renoncé à utiliser la composition Parone.

Deux ans plus tard, plusieurs officiers du ministère de la guerre et de l'artillerie italienne assistaient à d'importantes expériences, à Palmanora. On se servait de canons de 15 centimètres en acier, du système Krupp, et d'obus-torpilles, contenant une charge de 12 kilogrammes, que l'on tirait contre des voûtes en maçonnerie, d'un mètre d'épaisseur, protégées par une couche en terre de 2 mètres.

Ce qui caractérise ces expériences et les rend tout à fait intéressantes, c'est qu'on y compara les effets des obus-torpilles avec ceux des obus ordinaires. L'obus ordinaire pénétrait jusqu'à 50 centimètres au-dessus de la chape des voûtes, et produisait simplement un entonnoir de 2 mètres de diamètre à l'intérieur des terres; l'obus chargé de fulmi-coton, pesant 58 kilogrammes et lancé sous un angle de 45 degrés, détruisait la voûte.

Avec de pareils projectiles, les casemates ne constituent plus qu'un abri dérisoire. Avec l'obus-torpille Gruson, chargé d'*hellofite* (binitro-benzol et acide nitrique), les fascines et les poutrelles qui protègent la voûte sont réduites en morceaux, la couche de terre est dispersée ; les dégâts, d'après le rapport de témoins oculaires, sont à peu près irréparables. Il y a bien encore quelques inconvénients : le tir manque de précision ; mais il ne faut pas oublier que le jour où l'obus-torpille fera partie du matériel de guerre, des tables de tir seront dressées tout exprès, et l'on parviendra bien vite à une régularité analogue à celle des canons de 120 et de 155.

En résumé, l'*obus-torpille* destiné à démolir les talus de terre et les remparts de granit existe. Ce qui le prouve, c'est que, depuis 1887, l'artillerie française ne fabrique plus qu'un très petit nombre d'obus chargés avec de la poudre ordinaire. Tous les obus destinés à l'artillerie de place et de siège sont chargés avec de la *mélinite*.

Qu'est-ce que la mélinite ? Comme nous l'avons dit plus haut, elle paraît consister en un mélange d'acide picrique et de trinitro-cellulose soluble : c'est tout ce que l'on en sait.

Au mois de septembre 1886, le Ministre de la guerre assistait, à la Fère, à d'importantes expériences sur les obus-torpilles chargés de mélinite. Les députés, membres de la commission du budget, l'avaient accompagné, pour examiner de près, sur place, les résultats obtenus, et pour demander ensuite aux Chambres les crédits nécessaires à la poursuite de ces intéressantes recherches. Ces expériences furent continuées plus tard au polygone de Vincennes (fig. 105). C'est à leur suite que le Ministre de la guerre décida l'adoption des obus à la mélinite, et la généralisation des tourelles cuirassées pour la défense des places.

Le gouvernement français avait acheté de M. Turpin le brevet de la *mélinite ;* depuis cette époque, deux savants, MM. Berthelot et Sarrau, ont perfectionné le mode de fabrication de cette substance, si bien que sa préparation et son emploi n'offrent plus, dit-on, le moindre danger.

Il est d'autant plus nécessaire qu'on nous rassure sur ce point, que personne n'a perdu le souvenir de la terrible catastrophe arrivée à l'arsenal de Belfort, le 10 mars 1887.

A onze heures et demie du matin, une formidable détonation se faisait entendre dans la cour de cet arsenal. On avait récemment construit, dans cette cour, une barraque en planches, où les artificiers et les soldats du 9° bataillon de forteresse procédaient au chargement d'obus à mélinite. Une trentaine d'obus avaient été remplis, durant les deux précédentes journées. Les règlements militaires déterminaient de la façon la plus minutieuse les précautions à prendre dans ce cas : l'officier présent devait consulter le thermomètre, pour s'assurer que la température ne s'élevait jamais au-dessus d'une certaine limite. Comment cette explosion eut-elle lieu ? L'enquête a établi qu'un artilleur avait tassé dans un obus de la mélinite encore chaude ; des gaz se développèrent, atteignirent une forte pression, et l'explosion eut lieu.

Tous les soldats présents furent renversés, par la violence du choc ; trois furent tués sur le coup ; l'un d'eux, le chef artificier, eut le haut de la tête emporté ; un autre fut littéralement mis en morceaux ; un troisième fut coupé en deux. Il y eut neuf morts, au total.

Aujourd'hui, heureusement la mélinite, rendue insensible aux chocs et aux frottements, ne fait plus explosion que sous l'influence d'un détonateur particulier. C'est tout ce que nous avons le droit de dire sur ce point de notre organisation militaire, où le secret s'impose de lui-même.

L'apparition de l'*obus-torpille* capable de

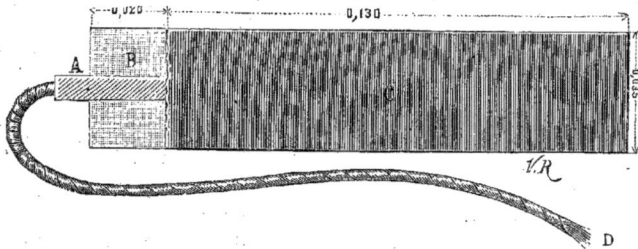

Fig. 106. — Coupe d'un pétard de dynamite, avec son amorce, confectionné, pour les usages militaires, à la poudrerie de Vonges (Côte-d'Or).

C, pétard; A, amorce ; B, dynamite ; D, cordeau ou mèche.

détruire les talus de terre et les remparts de pierre, est un fait de la plus haute importance. On sait qu'un fort, une fois cerné, est condamné, et que la lutte de ses défenseurs ne fait que prolonger une résistance inutile. Avec les *obus-torpilles* chargés de *mélinite* ou de *hellofite*, aucune forteresse ne pourra plus résister à l'assaillant plus de vingt-quatre heures. Grâce à ce projectile et à cet explosif formidables, la poudre et le canon l'emporteront, sans nul doute, sur la cuirasse et le rempart; l'artilleur triomphera, à coup sûr, de l'ingénieur, l'assiégeant sera le maître de l'assiégé.

CHAPITRE VIII

AUTRES EMPLOIS DE LA DYNAMITE, EN TEMPS DE GUERRE. — DÉVOUEMENT HÉROÏQUE DES LIEUTENANTS POL ET BEAU. — DESTRUCTION DES MURS, DES ARBRES, DES PONTS, DES VOIES FERRÉES AU MOYEN DE LA DYNAMITE. — LA DESTRUCTION DU PONT DE FONTENOY, EN 1870, APRÈS LA RETAITE DE SÉDAN. — MANIÈRE D'ENFLAMMER LA DYNAMITE POUR LA DESTRUCTION DES OBSTACLES.

Sous quelle forme la dynamite est-elle employée, pour la destruction des obstacles, en temps de guerre ? La dynamite s'emploie, dans ce but, en *charges allongées* et en *charges concentrées* : en *charges allongées*, pour l'ouverture des brèches, pour abattre de très gros arbres; en *charges concentrées*, s'il s'agit de percer des créneaux dans un mur, de faire sauter des piliers de pont, d'en-

foncer des portes et des barricades, enfin de rendre un chemin impénétrable à l'ennemi.

Dans les *charges concentrées*, les pétards de dynamite sont réunis dans des caisses, que l'on place dans un trou pratiqué sous l'obstacle; dans les *charges allongées*, ces pétards sont disposés bout à bout et maintenus dans cette position, à l'aide de baguettes ou de cordeaux de ficelle. Il y a tout avantage à creuser, si l'on peut, un trou, qui fera l'office de fourneau de mine; mais cette opération n'est pas toujours d'une exécution aisée.

Le pétard de dynamite employé dans l'armée est de forme prismatique; son enveloppe est métallique. L'amorce qui s'y trouve implantée est de forme cylindrique. Le pétard est long de 130 millimètres et haut de 35 millimètres. Sur chaque fond est fixé un tube, destiné à recevoir l'amorce. L'orifice extérieur de ce tube est fermé par un ruban de fil. Le tout est recouvert de papier. Nous représentons dans la figure 106 le pétard de dynamite réglementaire dans l'armée.

L'*amorce fulminante* dont on fait usage est une grosse capsule en cuivre, contenant un gramme et demi de fulminate de mercure. Pour amorcer, on prend un morceau de cordeau de mineur (*bickford*) de 1 mètre à $1^m,50$ de long; on introduit l'une de ses extrémités dans le pétard; on serre l'entrée du tube avec une pince, de manière à y produire un étranglement qui l'empêche de sortir. Alors on découvre l'orifice du tube d'amorce, et on y introduit la capsule fulminante fixée à l'extrémité du cordeau de mineur.

Pour mettre le feu à la dynamite, on fend, avec un couteau, l'extrémité libre du *cordeau de mineur*, on engage dans la fente un morceau d'amadou, on l'allume et on se retire.

Les pétards de dynamite s'appliquent, avons-nous dit, en *charges allongées* ou *concentrées*.

Nous représentons dans la figure 107 un pétard de dynamite fixé à la porte d'un fort.

On enfonce au milieu de la porte un pic de terrassier, en le disposant comme le montre notre dessin, et on suspend au fer du pic la dynamite en *charge allongée*. Le *cordeau de mineur* étant mis en rapport avec la charge de dynamite, on enflamme le pétard à distance, au moyen d'un *exploseur électrique* et d'un fil conducteur du courant de la pile.

Le 18 janvier 1871, sur le plateau qui fait face au mont Valérien, l'armée française attaquait les Prussiens, retranchés derrière l'interminable mur du château et du parc de Buzenval. Précédé d'un large fossé, crénelé, que défendaient d'habiles tirailleurs, ce mur était à peu près infranchissable. Il existait, tout à l'extrémité, une porte, que nos artilleurs avaient essayé de défoncer à coups de canon. La porte avait cédé en partie, et nos soldats donnaient l'assaut ; cependant elle tenait bon encore. Un lieutenant du génie, l'héroïque Beau, se jette dans la mêlée, et, suivi d'un sapeur, il va, malgré une pluie de balles, placer un pétard de dynamite sous la porte. Il n'eut pas le temps d'y mettre le feu. Le lieutenant et le sapeur tombèrent presque aussitôt, criblés, chacun, de plus de vingt balles (1).

(1) Les camarades de Beau ont fait placer son buste dans la salle d'honneur du collège de Bourg, où il avait fait ses premières études.

Au Sénégal, en 1881, un lieutenant d'artillerie de marine, Pol, renouvela cet exploit. Une colonne de soldats français, commandée par le colonel Borgnis-Desbordes, faisait le siège du fort de Kita ; l'entrée du fort était fermée par une porte massive, en bambou ; les obus pénétraient dans la porte et traversaient le bois, mais ils ne pratiquaient pas de brèche. Le lieutenant Pol s'avance jusqu'au pied du fort, il installe deux pétards de dynamite sous la porte, y met le feu... mais il tombe. Quand les soldats, qui s'étaient précipités sur ses pas, et qui, par la brèche, enfin ouverte, avaient pénétré dans l'intérieur du fort, eurent rapporté l'héroïque officier à l'ambulance, il était mourant ; les indigènes l'avaient percé de coups de lances. Le colonel Borgnis-Desbordes le décora sur son lit de mort.

On voit, par ces deux exemples, combien il est utile de posséder des chargements de dynamite convenablement préparés pour une inflammation rapide. A la guerre, la bravoure ne supplée pas toujours à l'insuffisance du matériel et de l'armement.

Revenons aux procédés employés pour l'inflammation de la dynamite. Quand les détachements militaires ne possèdent pas d'outils, pelles, pioches, pour creuser un trou de mine, ou pour forer une pierre, on a recours à la méthode dite des *charges successives*. Pour cela, on fait détoner une faible charge de dynamite tout contre l'obstacle à détruire. En faisant explosion, cette première charge creuse un logement pour la seconde charge, qui, elle-même, provoque la destruction définitive de l'obstacle.

Pour mettre le feu aux pétards de dynamite, il est trois procédés différents. On peut, ainsi qu'il a été dit plus haut, allumer directement la mèche de mineur qui communique avec l'amorce, et se retirer ; il faut alors avoir soin d'entourer de pulvérin l'ex-

Fig. 107. — Pétard de dynamite, en charge allongée, fixé à la porte d'un fort.

trémité de la mèche. Si cette mèche n'est pas assez longue pour la sécurité du soldat, on taille un morceau d'amadou, long d'environ 5 centimètres ; on l'introduit dans la fente d'une feuille de papier, on place sur

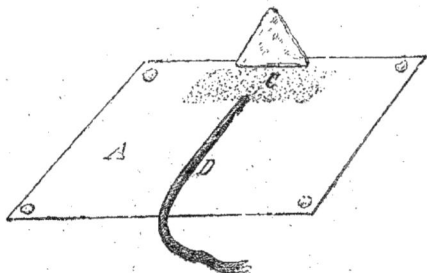

Fig. 108. — Un *moine*, pour l'inflammation de la mèche des pétards.

la feuille du pulvérin, et l'on enflamme l'amadou, qui se consume en 2 minutes et demie, met le feu au pulvérin, et par son inter-médiaire, à la mèche du pétard de dynamite. Ce morceau d'amadou est désigné sous le nom singulier de *moine* (fig. 108).

La feuille de papier, A, est maintenue sur le sol, au moyen de quatre pierres ; le morceau d'amadou, B, est en contact, par sa base, avec le pulvérin, C, et ce dernier en rapport avec la mèche, D, aboutissant au pétard de dynamite.

Le second procédé présente moins de dangers. On appelle *cordeau de mineur*, ou *bickfort*, une double enveloppe en fils de chanvre roulés en spirales et en sens contraire, dans l'axe de laquelle on a versé de la poudre. La longueur du *bickfort* est d'environ 5 à 6 mètres. D'habitude, son diamètre est de 5 millimètres, et sa vitesse de combustion d'un mètre, en 90 secondes. Les soldats, ou les ouvriers, ont donc le temps, après avoir allumé le *bickfort*, de se mettre

Fig. 109. — Destruction des rails d'une voie ferrée par un pétard de dynamite.

à l'abri avant que le pétard fasse explosion.

L'étincelle électrique est le troisième moyen servant à enflammer les pétards de dynamite. Il suffit de mettre en contact les extrémités des deux fils conducteurs, reliés chacun à l'un des pôles d'une pile, pour produire le courant électrique, et déterminer l'explosion de l'amorce fulminante que contient le pétard.

Ce procédé exige de minutieuses précautions. En effet, si le contact des deux fils a lieu par accident, avant que les ouvriers ou les soldats se soient éloignés, l'explosion se produit, et de terribles accidents sont alors inévitables. On signale tous les ans quelques faits de ce genre, soit dans les mines, soit dans les écoles régimentaires du génie.

Nous verrons, en parlant des emplois industriels de la dynamite, que les appareils servant à l'inflammation des mines par l'électricité sont aujourd'hui très perfectionnés et d'un usage très sûr.

Pour abattre des arbres, on emploie des charges circulaires et latérales. Dès que le pétard a fait explosion, l'arbre tombe.

Les Américains consacrent de grandes quantités de dynamite à la destruction rapide des immenses forêts vierges qu'ils font disparaître, pour les transformer en champs de labour et en pâturages.

Pour calculer le poids de dynamite à employer, on se sert de la formule suivante, qui n'est qu'approximative :

$$P = 40\,d^3$$

d désignant le diamètre de l'arbre et P le poids de dynamite.

On consomme moins de dynamite si l'on a soin de creuser un trou, de 4 centimètres de profondeur, perpendiculairement à l'axe de l'arbre, et de placer dans ce trou la cartouche de dynamite.

S'il s'agit d'abattre un mur, il est bon de pratiquer le long de sa base un trou de mine, prolongé jusqu'au milieu de l'épaisseur du mur. On dispose dans cette rainure une charge de dynamite, évaluée d'après la formule :

$$P = 1,20\,e^2$$

e désignant l'épaisseur du mur. Quand cette charge éclate, elle fait une brèche, dont la largeur totale est double de l'épaisseur du mur.

S'il s'agit de détruire des voûtes, le mieux est de disposer de chaque côté de la clef de voûte, et parallèlement, des pétards de dynamite, formant, comme nous l'avons dit plus haut, une *charge allongée;* ces pétards feront explosion simultanément.

En campagne, les troupes sont fréquemment arrêtées par des palissades, des palanques, des chevaux de frise ou des grilles en fer. On se fraye un passage à travers tous ces obstacles, en les entourant d'un *saucisson* de pétards de dynamite.

Pour détruire les voies ferrées, on fixe solidement deux pétards, du poids de 100 grammes, contre les rails, entre les deux saillies et des deux côtés de la voie.

C'est ce que nous représentons dans la figure 109, qui donne en même temps le dessin exact, en élévation, de la forme d'un pétard de dynamite réglementaire dans l'armée.

L'explosion de ces deux pétards produit une brèche de 50 centimètres de longueur, et la circulation des trains est interrompue. Cette brèche suffirait, en tout cas, pour amener le déraillement d'un train.

Si l'on veut obtenir une détérioration plus grave et détruire une grande portion de la voie ferrée, on fait exploser 50 ou 100 pétards, placés à 20 ou 30 mètres les uns des autres, et l'on recherche principalement les points où les rails décrivent des courbes, puisque la réparation des courbes d'une voie ferrée est beaucoup plus difficile que celle des parties en ligne droite.

S'il s'agit de couper des routes, 40 kilogrammes de dynamite suffisent pour démolir les remblais d'une route, sur une étendue de 20 à 30 mètres. On retarde, de cette manière, la marche de l'ennemi, surtout si l'on a affaire à de la cavalerie.

Pour détruire les ponts, les officiers du génie font sauter les piles avec la dynamite, et

Fig. 110. — Pétards de dynamite placés pour la rupture d'un pont métallique.
A, B, pétards; C, cordeau.

s'efforcent, en démolissant ainsi une ou deux arches, de créer une interruption du tablier du pont, de 20 mètres de largeur.

Nous représentons sur la figure 110 deux pétards de dynamite placés sur un pont métallique pour déterminer sa rupture.

En 1870, quand les armées allemandes étaient arrivées sous les murs de Paris, deux cents francs-tireurs, hommes résolus, partis de Langres, parvinrent, après une marche audacieuse à travers des lignes ennemies, jusqu'au pont de Fontenoy, et ils réussirent à faire sauter deux arches de ce pont. Ces braves soldats risquaient leur vie; car si les ennemis les avaient découverts et faits prisonniers, ils auraient été immédiatement fusillés. Ils réussirent dans leur hardi coup de main, et leur dévouement héroïque fut couronné par le succès.

Quelle était la raison qui les poussait en avant?

La ligne du chemin de fer de l'Est passe sur le pont de Fontenoy. C'est par cette voie ferrée que les Allemands faisaient venir, pour le bombardement de Paris, leurs canons de gros calibre, leurs obus, leurs poudres et leurs immenses approvisionnements. Le pont une fois détruit, les Allemands étaient obligés de faire transporter leur matériel et les vivres sur des voitures attelées de chevaux, ce qui était à peu près impossible.

La destruction du pont de Fontenoy, pendant la retraite de Sedan, a été racontée avec de grands détails, dans l'ouvrage considérable que l'État-major allemand a consacré à l'histoire de la guerre de 1870-1871. Cette publication, jointe à des notes données par les officiers des francs-tireurs, a permis au général Thoumas de donner, en 1889, une relation exacte du coup de main exécuté le 22 janvier 1871 par le capitaine Coumès.

Nous trouvons le récit du général Thoumas résumé dans un journal de Paris, par un écrivain de mérite, M. de Saint-Hérem, à qui nous emprunterons cette analyse.

« Après Sedan, dit M. de Saint-Hérem, on avait formé à la Vacheresse, dans les Vosges, près de la petite ville de Lamarche, un camp retranché. On y installa un bataillon de mobiles du Gard, auquel on adjoignit bientôt une compagnie de francs-tireurs, qui prit la dénomination de *francs-tireurs des Vosges*. Cette compagnie, qui comptait environ trois cents hommes, était composée de soldats provenant de divers régiments qui, échappés du champ de bataille de Sedan, avaient été ralliés par quelques officiers. Le camp était placé sous l'autorité du commandant Bernard, qui avait sous ses ordres le capitaine Coumès.

« Pendant un ou deux mois on s'appliqua à réorganiser les petites troupes rassemblées au camp, et on fit contre les Allemands des expéditions souvent heureuses. Dans une de ces rencontres, le commandant Bernard, à la tête de trois cents combattants, sans canons, ni cavalerie, défendit la ville de Lamarche contre la landwher prussienne, et ne se retira qu'après trois heures de lutte. Les Allemands n'osèrent pas le poursuivre.

« Mais le commandant Bernard préparait une entreprise de grande portée : il songeait à couper les communications de l'ennemi en faisant sauter le pont de Fontenoy. De la Vacheresse à Fontenoy on compte 60 kilomètres. Il fallait franchir cette distance la nuit, en pleine neige, se glisser à travers de nombreux détachements allemands, s'emparer de Fontenoy, occupé par une garnison ennemie, établir une mine sous un des piliers du pont, assurer le bon fonctionnement de l'explosion, puis revenir au camp, en évitant d'être attaqué par les forces supérieures dont disposaient les Prussiens.

« L'opération fut longuement étudiée par le capitaine Coumès, qui, vêtu en civil, alla d'abord explorer la région à parcourir. Il s'agissait de traverser des bois, de contourner, dans le plus grand silence, des villages et des bourgs remplis de soldats prussiens, d'arriver à Fontenoy, avant le lever du jour afin de mieux surprendre l'ennemi, et au besoin, de livrer combat dans cette petite localité, sans donner l'éveil à la garnison allemande de Toul, postée à quelques kilomètres.

« Au départ, presque toutes les troupes du camp se formèrent en colonne. Les francs-tireurs marchaient en avant, suivis, à courte distance, par les mobiles du Gard. Il y avait à franchir un espace dangereux, dans lequel on risquait d'être attaqué par plusieurs bataillons prussiens, accompagnés d'artillerie. Il faisait une nuit profonde, la neige tombait, amortissant le bruit des pas. On atteignit bientôt une région où les risques d'attaque étaient moins fréquents, et on renvoya les mobiles à la Vacheresse.

« La colonne qui poursuivit sa route comprenait les trois cents francs-tireurs. A deux cents mètres en avant, cheminait un petit peloton d'éclaireurs, chargé de pousser des patrouilles dans toutes les directions. Ce premier groupe était précédé par un homme en bourgeois, qui allait tantôt à pied, tantôt à cheval, et qui, s'il avait été pris, aurait donné un signal, tout en se faisant passer auprès de l'ennemi pour un propriétaire des environs qui gagnait le village le plus voisin. L'homme était muni de deux lanternes, une blanche et une rouge au moyen desquelles il correspondait, dans l'obscurité, avec la colonne. Enfin, le premier peloton emmenait un chien de garde, dressé à reconnaître l'odeur des Prussiens et à aboyer.

« La première étape fut de quarante kilomètres, parcourus en partie dans les sentiers forestiers, où la neige avait un mètre de hauteur. Le matin on fit halte dans une grande ferme, où, par les soins du chef de l'expédition, un repas avait été préparé. Quelques assiettées de soupe aux pommes de terre, bien chaude, du vin, du café, une forte rasade de cognac, une pipe bien bourrée, rendirent du jarret à tout le monde. On reprit l'étape.

« Il y eut une seconde nuit de marche, sans autre ennui que la rigueur du froid, et le 22 janvier, à cinq heures du matin, la petite troupe entra dans Fontenoy.

« A Fontenoy étaient établis une cinquantaine de soldats de la landwher prussienne, principalement chargés de la garde du pont. La veille, le commandant prussien de Toul, averti, on ne sait comment, qu'il se préparait quelque chose, fit tirer deux coups de canon. C'était un avertissement convenu pour donner l'éveil aux Allemands de Fontenoy, et les prévenir de se tenir sur leurs gardes.

« Le chef des landwhériens de Fontenoy, sans trop savoir quel danger le menaçait, avait rassemblé son monde dans la gare. Un factionnaire était placé à la porte des salles d'entrée ; les autres factionnaires, installés à une centaine de mètres de la gare surveillaient la place. Enfin, une sentinelle double se tenait à l'entrée du pont. Il semblait que les précautions fussent bien prises. Les Allemands massés dans la gare dormaient en laissant tomber la neige ou fumaient leurs interminables pipes de porcelaine, lorsque, cinq heures sonnant, le détachement du capitaine Coumès, se glissant par une rue de Fontenoy, déboucha sur la place de la gare.

« Il était interdit de faire feu; on devait aborder l'ennemi à l'arme blanche; et opérer en faisant le moins de bruit possible.

« La nuit était si épaisse que le factionnaire allemand eut quelque peine à apercevoir les francs-tireurs. Il entrevit d'abord une masse confuse, et il a déclaré depuis qu'il croyait voir devant lui une troupe de paysans se rendant à l'église. Tandis qu'il cherchait à bien distinguer ce qu'il regardait, deux coups de baïonnette le firent rouler dans la neige. Le capitaine Coumès, suivi de deux sous-officiers et d'une centaine d'hommes, s'élançait au pas de course sur la gare. Le second factionnaire fut tué. Les Allemands sautèrent sur leurs fusils et voulurent sortir, mais ils furent refoulés; d'autres groupes de francs-tireurs pénétrèrent dans la salle d'attente par les fenêtres. Une courte lutte à la baïonnette s'engagea, plusieurs Allemands furent blessés, d'autres se rendirent, le reste s'échappa et courut à Toul donner l'alarme.

« Aussitôt la gare prise, les francs-tireurs se portèrent vers le pont, tuèrent les deux sentinelles et, sans perdre une minute, disposèrent de la poudre le long d'un des piliers. Une explosion, entendue à plusieurs lieues à la ronde, fit sauter le pont. Il était temps, car il arrivait de Nancy un train chargé d'ennemis.

« La troupe du capitaine Coumès avait accompli sa mission. Les communications des Allemands étaient coupées; les approvisionnements destinés au siège de Paris devraient désormais faire un très long détour, pendant lequel ils étaient exposés à être enlevés.

« Les francs-tireurs revinrent sans être inquiétés au camp de la Vacheresse.

« Cette courte opération a été certainement un des beaux faits de guerre de la campagne. »

Si le pont de Fontenoy avait été coupé deux mois plus tôt, le siège de Paris n'eût commencé qu'au mois de décembre, le gouvernement de la Défense nationale aurait eu le temps de faire entrer dans Paris beaucoup plus de vivres, d'équiper, d'armer et surtout d'exercer tous les soldats improvisés de nos bataillons de la garde mobile et de la garde nationale; et qui sait ce qui fût arrivé! Or, le fait est bien démontré, si après Sedan on ne fit pas sauter le pont de Fon-

tenoy et les six tunnels des Vosges, pendant la retraite de l'armée commandée par le maréchal de Mac-Mahon, c'est qu'on ne disposait d'aucun moyen de transport pour amener de Paris quelques tonneaux de poudre! Nous n'éprouverions pas aujourd'hui les mêmes difficultés, il y a toujours de la place dans un fourgon, pour y loger quelques pétards de dynamite.

La dynamite est souvent employée dans l'armée, pour mettre hors de service une pièce d'artillerie de siège ou de campagne. Pour cela, on introduit dans l'âme de la pièce une charge de 500 grammes de dynamite, que l'on fait exploser.

Pour briser un canon, de manière à le réduire en blocs de fonte, faciles à transporter, on fait descendre la pièce dans une fosse, et on la cale, la bouche en haut. Ensuite on fait arriver dans l'âme (fig. 111) deux charges de dynamite, attachées à une baguette en bois, la plus forte au fond, la plus faible à la hauteur des tourillons. On prend autant de grammes de dynamite qu'il y a de kilogrammes de métal du canon. On met au fond les deux tiers de la charge, et un tiers au milieu. On remplit d'eau la pièce, et on ferme la bouche avec un tampon de bois, qui ne laisse passer que les fils électriques conducteurs.

C'est, en effet, avec l'étincelle électrique qu'il est préférable d'opérer l'inflammation de la charge.

Un exploseur électrique sert à déterminer l'envoi du courant dans l'amorce fulminante, que l'on a disposée au-dessous de la charge, ainsi que nous le représente la figure 111.

Le canon est brisé en 90 à 100 morceaux.

Au lieu de chercher à décharger les obus qui n'ont pas éclaté, il vaut mieux les détruire avec de la dynamite, qui brise l'enveloppe métallique, et fait brûler à l'air libre la poudre de l'obus, ce qui ne présente aucun danger.

On opère sur trois obus à la fois : deux étant placés l'un près de l'autre et le troi-

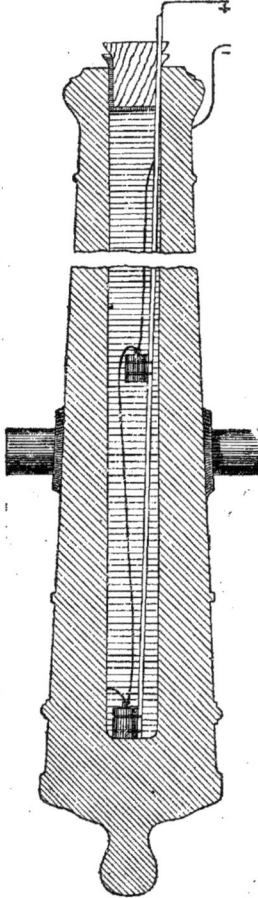

Fig. 111. — Rupture d'un canon par la dynamite.

sième au-dessus. On tasse la dynamite dans l'intervalle qui existe entre les projectiles, de manière qu'elle soit bien en contact avec les obus qu'il s'agit de briser.

CHAPITRE IX

LES EMPLOIS INDUSTRIELS DE LA DYNAMITE. — LA DYNAMITE DANS L'ART DU MINEUR. — SUPÉRIORITÉ DE LA DYNAMITE SUR LA POUDRE DE MINE. — RÉSULTATS CONSTATÉS. — POSE ET MISE A FEU DES CHARGES DE DYNAMITE POUR L'EXPLOSION DES MINES. — RÈGLES POUR LE CHARGEMENT DES TROUS DE MINE. — DIVERSES APPLICATIONS RÉALISÉES JUSQU'A CE JOUR DE LA DYNAMITE, DANS L'EXPLOITATION DES MINES. — LE SAUTAGE DES MINES PAR L'ÉLECTRICITÉ.

La supériorité de la dynamite pour les travaux de mine et de sautage est aujourd'hui un fait incontesté. Dans le pays où l'on est familiarisé avec cette matière, l'emploi de la poudre est à peu près nul. « A la poudrerie d'Oker, en Suède, dit le capitaine Kaygorodoff, de l'artillerie impériale russe, la fabrication de la poudre de mine est presque arrêtée, par suite de la généralisation de l'emploi de la dynamite, qui présente d'énormes avantages sur la poudre, pour le sautage des roches. »

Suivant l'expression d'un maître mineur : *La dynamite ne coûte rien;* ce qui veut dire que les avantages que l'on retire de son emploi sont tels que le coût de la matière explosive est plus que couvert par l'excédent du travail produit. Par exemple, l'ouvrier tâcheron qui aura dépensé dans sa journée pour dix francs de dynamite, aura abattu, dans ce même temps, un cube de rocher qui lui sera payé dix francs de plus que s'il avait travaillé avec la poudre. Il est donc vrai de dire que la dynamite ne lui aura rien coûté.

Mais si l'économie est énorme pour le simple mineur, elle est bien autrement considérable pour l'entrepreneur de travaux, qui peut diminuer la main-d'œuvre, restreindre le nombre des travailleurs, et terminer sa tâche dans un délai beaucoup plus court, avantage immense, quand il y a de grands capitaux engagés.

Ajoutons que l'usage de cet explosif

réduit considérablement le nombre des accidents. Il fallait autrefois, quand on avait un personnel important d'ouvriers, compter, chaque année, sur un nombre assez grand de victimes ; avec la dynamite ce nombre diminue considérablement.

« Je suis absolument convaincu, dit le major anglais Beaumont, que pour l'usage et le transport, la dynamite offre bien plus de sécurité que la poudre. Dans les travaux que j'ai eu à exécuter j'ai eu plusieurs accidents avec la poudre : je n'en ai pas eu un seul avec la dynamite qui ait fait des victimes. »

« J'ai essayé la dynamite de toutes façons possibles, dit M. E. Taylot, régisseur des mines de Chester et d'Abérystwith, et je n'ai jamais eu d'accidents... L'usage de la poudre est tellement dangereux, j'ai eu tant de monde tué par cette matière, que je ne voudrais à aucun prix être obligé de l'employer de nouveau... J'ai eu sept hommes tués en une seule année (1). »

L'emploi de la dynamite offre aux ouvriers mineurs une sécurité bien plus grande que la poudre ordinaire. Depuis que son emploi s'est répandu dans les mines du sud-est de l'Angleterre, on ne pourrait citer un seul accident qui lui soit attribuable.

L'économie de temps et de main-d'œuvre que l'on réalise dans l'emploi de la dynamite tient aux causes suivantes :

La matière explosive étant beaucoup plus forte que la poudre, on a, pour le même travail, moins de mine à percer.

La matière étant beaucoup plus dense que la poudre (le double environ), on peut en placer le même poids dans un volume de moitié moins grand, et par conséquent, faire des trous de mines beaucoup plus petits.

La dynamite ne craignant pas l'humidité, il est inutile, comme avec la poudre, de

perdre du temps à dessécher les trous de mine.

L'inflammation de la dynamite au moyen de la capsule étant instantanée, il suffit d'un bourrage sommaire, comme de verser dans le trou de mine le sable ou la terre que l'on a sous la main, en le tassant avec un bourroir en bois. On sait, au contraire, qu'avec la poudre, on n'a presque pas d'effet si elle n'est pas parfaitement bourrée.

Enfin, on peut, quand les circonstances le permettent, employer le bourrage à l'eau, qui donne un résultat excellent, tout en étant aussi simple qu'économique. Le bourrage à l'eau est impossible avec la poudre, que l'eau détruit immédiatement.

La sécurité que l'on trouve dans l'emploi de la dynamite provient de ce que cet explosif, qui s'enflamme, du reste, assez difficilement, ne produit aucun effet, quand il est enflammé par les moyens ordinaires. Il faut absolument la présence de la capsule au fulminate de mercure, pour amener son explosion ; de sorte que, dans les conditions ordinaires, il n'y a pas plus de danger à avoir avec soi de la dynamite, que du charbon, du coton ou tout autre corps inflammable.

La dynamite, il est vrai, peut détoner par le choc ; mais il faut pour cela que la matière soit placée, en couche mince, entre deux corps durs. C'est pour cela qu'il ne faut jamais employer, pour bourroirs, des tiges de fer. A l'état de cartouche et surtout enfermée dans des sacs, boîtes ou caisses, la dynamite ne craint rien et peut supporter les chocs ou les secousses les plus violents, sans qu'il en résulte d'accident. On a fait souvent l'expérience qui consiste à faire tomber sur une caisse de dynamite un poids en fonte de 100 kilogrammes, d'une hauteur de 10 mètres, sans qu'il en résulte d'autre effet que d'écraser la matière.

On a prétendu que la dynamite n'est point une substance stable et qu'elle peut se dé-

(1) *Pétition au ministre des travaux publics par les ingénieurs des mines de la Société de l'industrie universelle.* — Octobre 1877.

composer en magasin. Cette crainte est chimérique. Nous ne parlons ici, bien entendu,
que de la stabilité chimique. Quant à la séparation mécanique entre la nitro-glycérine
et la substance inerte, il est clair que la
dynamite étant, non une combinaison, mais
un simple mélange de parties liquides et solides, ces parties se sépareront à la longue,
sous l'influence de l'eau ou de l'humidité, si

Fig. 112. — Emploi de la dynamite dans les mines.

l'on ne prend aucune précaution. Mais il
suffit de conserver la dynamite dans les
conditions où elle est livrée par le fabricant,
pour n'avoir rien à craindre à cet égard.

Un des reproches que l'on fait quelquefois à la dynamite, c'est de produire, par
son explosion, des gaz qui incommodent
les ouvriers, dans les galeries mal ventilées.
Ces gaz ne sont point malsains, et quand
les ouvriers s'y sont accoutumés, ils n'en

souffrent nullement; mais ce n'est qu'à une
condition absolue, c'est que la dynamite
ait franchement détoné, car il est vrai que
quand elle brûle simplement, les gaz qu'elle
produit sont irrespirables. On devra donc
s'attacher à ne pas avoir de *ratés*, et employer, pour cela, des capsules très fortes.

Un défaut plus grand de la dynamite, c'est
de geler, et alors, de durcir facilement.
C'est à ce point de vue seul que l'on peut
dire que ce n'est point un explosif parfait.
Presque tous les accidents qui arrivent dans
l'emploi de la dynamite proviennent de
l'impatience des ouvriers à dégeler les cartouches qu'ils placent directement sur le
feu, sans prendre garde, quelquefois, qu'une
capsule est demeurée dans la cartouche.
Aussi doit-on s'abstenir absolument d'approcher ces matières des poêles, des cheminées, foyers, etc., etc. Quelque sécurité
qu'elles présentent, il ne faut jamais oublier
que l'on a affaire à un explosif.

Nous verrons plus loin la manière de dégeler la dynamite sans danger, au moyen de
l'eau chaude où l'on plonge les cartouches
disposées dans un vase de métal.

La dynamite est un corps solide, gras et
pâteux, formé par le mélange de diverses
substances avec une huile prodigieusement
explosive, la nitro-glycérine. Ainsi que
nous l'avons dit, on commença par se servir, comme explosif, de cette huile seule;
mais l'usage en était incommode et dangereux. A la suite de nombreux accidents
arrivés dans les transports, il fut reconnu
que la nitro-glycérine ne pouvait être utilisée qu'à la condition d'être préparée sur
place, et employée immédiatement. L'invention de la dynamite, mélange de nitro-
glycérine et d'une substance inerte ou active, vint donner le moyen de produire,
sans danger, à peu près les mêmes effets
qu'avec la nitro-glycérine.

Les dynamites, avons-nous dit dans un

autre chapitre, se divisent en deux catégories suivant la nature de la matière qui est associée à la nitroglycérine.

Dans la première, la matière absorbante est *inerte*, et ne sert, par conséquent, que de véhicule à l'huile explosive. Pour qu'une dynamite de cette nature soit de bonne qualité, il faut qu'il y ait, non pas seulement mélange entre le corps solide et la nitro-glycérine, mais une véritable absorption, de telle manière que sous l'influence des variations atmosphériques et des secousses ou trépidations résultant d'un transport prolongé, il n'y ait pas de séparation entre le liquide et le solide. C'est le choix judicieux de cet absorbant qui a assuré le succès de la dynamite n° 1 de Nobel. Aussi, quoique la présence du sable, dit *terre d'infusoires*, qui entre pour 25 pour 100 environ dans le poids de la dynamite, ait pour effet de diminuer la force de l'huile explosive, les avantages sont tels que l'usage de la nitroglycérine pure a été et devait être totalement abandonné

Les dynamites de la seconde catégorie, nommées, par opposition, dynamites *à base active*, sont un mélange de diverses substances détonantes avec la nitro-glycérine. Le type le plus répandu est la dynamite n° 3, de la fabrique de Paulilles, de la *Société générale de dynamite*, qui, moins forte que le n° 1, est cependant suffisante pour la plupart des travaux, est d'un prix moins élevé, et présente des garanties de sécurité très grandes, car elle est peu sensible au choc et ne s'enflamme que difficilement.

La dynamite n° 2, intermédiaire entre les dynamites n° 1 et n° 3, remplace avantageusement la première, dont elle égale presque la puissance tout en procurant une grande économie.

Toutes les dynamites de bonne qualité ont les caractères communs suivants :

Elles se présentent sous la forme d'une masse plus ou moins grasse et plastique, d'une grande densité (1, 6 environ);

Elles s'enflamment simplement par le contact d'une flamme ou d'un corps en ignition, et brûlent tranquillement, sans faire explosion.

Pour les faire détoner, il faut employer la capsule-amorce, dont nous indiquerons l'usage ultérieurement.

Néanmoins il est toujours prudent de tenir la dynamite loin du feu. Si une certaine quantité de dynamite peut brûler impunément, il est à craindre qu'il n'en soit pas de même pour une grande masse.

Toutes les dynamites gèlent, et perdent leur plasticité à une température assez peu élevée, à + 7 ou 8 degrés centigrades. Pour s'en servir et en retirer un bon effet, il faut les dégeler et les ramener à l'état mou.

C'est une erreur de croire que la dynamite gelée soit plus sensible au choc que la dynamite molle; mais elle peut détoner par le choc d'un corps métallique, si ce choc est assez violent.

La dynamite est toujours livrée en cartouches faites avec le *papier parchemin*, papier très solide, qui ne se déchire pas, et n'est pas traversé par l'huile explosive.

Toute dynamite enfermée dans une enveloppe rigide, résistante, ou se laissant traverser par la nitro-glycérine, doit être repoussée par l'industrie.

Les poudres de dynamite sont livrées au commerce en cylindres légèrement plastiques, nommés *cartouches*, dont le diamètre est ordinairement de 20 à 25 millimètres, sur 2 centimètres de long. On les vend dans des caisses contenant 20 ou 25 kilogrammes de cartouches.

Ces explosifs détonent, comme la nitroglycérine, sous l'influence d'une capsule au fulminate de mercure, que l'on enflamme au moyen d'une mèche ou *cordeau de mineur* (*bickford*). La chaleur et le choc produits simultanément par la détonation

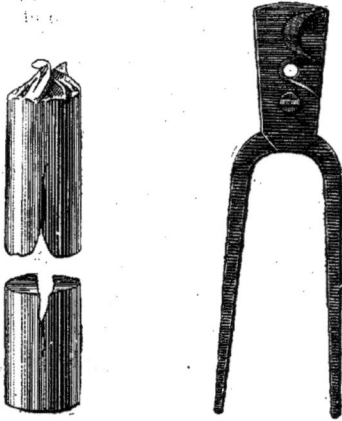

Fig. 113. — Cartouche de dynamite.

Fig. 114. — Pince à sertir.

du fulminate déterminent l'explosion de la dynamite.

L'emploi de la dynamite pour faire sauter les mines comprend, d'après cela, deux opérations différentes : 1° le chargement du trou de mine, 2° la préparation de la *cartouche-amorce*.

Pour charger le trou de mine, on prend la quantité de cartouches nécessaire pour constituer la charge, et après les avoir fait dégeler, si c'est nécessaire, car il faut qu'elles soient toutes molles, *on les coupe toutes en deux*, par le milieu, et on les fend ensuite dans le sens de la longueur, comme l'indique la figure 113. On introduit dans le trou de mine les demi-cartouches les unes après les autres, en ayant soin que la partie coupée se trouve tournée vers le fond, et en écrasant chacune d'elles énergiquement, avec le bourroir en bois. On ajoute ainsi successivement toutes les demi-cartouches les unes sur les autres, toujours dans le même sens, de façon que le bourroir appuie toujours sur le papier qui recouvre l'extrémité non coupée. Il faut comprimer fortement et écraser chaque demi-cartouche l'une sur

l'autre, au fur et à mesure qu'on les superpose : cette précaution est importante, car il est absolument indispensable qu'il n'y ait pas de vide dans la charge. Il faut également avoir soin que le bourroir en bois reste toujours bien propre, et l'essuyer avec précaution, surtout si l'on s'apercevait qu'en le retirant du trou il ramène de la dynamite.

Lorsque toute la charge est mise en place, il faut ajouter la *cartouche-amorce*.

Dans toutes les caisses de dynamite il y a de petites cartouches de 25 à 30 millimètres de longueur destinées à recevoir la capsule et à faire détoner la charge ; c'est ce que l'on nomme les *cartouches-amorces*.

L'emploi de la *cartouche-amorce* a pour effet de provoquer l'explosion totale de la charge de dynamite et de donner plus de facilité pour assujettir la capsule convenablement.

Pour exécuter cette dernière opération voici comment on procède :

Après avoir débarrassé une *capsule-amorce* de la sciure de bois dans laquelle elles sont emballées, ce qui se fait simplement en secouant légèrement l'alvéole pour la vider, on s'assure que le fulmi-

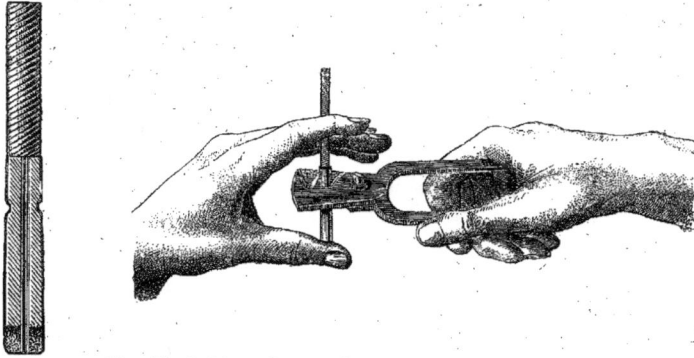

Fig. 115 et 116. — Serrage de la cartouche de dynamite.

nate est bien à découvert, puis on la fixe à la mèche de la façon suivante :

A l'aide du premier cran de la *pince à sertir* (*fig.* 114) on abat un morceau de l'extrémité de la mèche d'environ un centimètre, et on introduit la mèche ainsi rafraîchie dans la capsule en ayant soin qu'elle descende jusque sur le fulminate ; puis, à l'aide du second cran de la *pince à sertir*, on serre solidement la partie supérieure de la capsule sur la mèche (fig. 115 et 116), à deux millimètres environ du bord.

On ouvre ensuite le papier de l'extrémité de la *cartouche-amorce*, après avoir fixé une ficelle sur la mèche tout contre la capsule en Y (fig. 117), et on introduit celle-ci dans la dynamite jusqu'aux trois-quarts de sa longueur environ. On fait passer la ficelle en X autour du papier rabattu sur la mèche, puis on fait une solide ligature en croix comme l'indique la figure 117.

Fig. 117. — Cartouche amorce serrée.

La *cartouche-amorce*, ainsi préparée, est poussée sur la charge qui est déjà dans le trou de mine (fig. 118). On presse légèrement pour assurer le contact avec la charge,

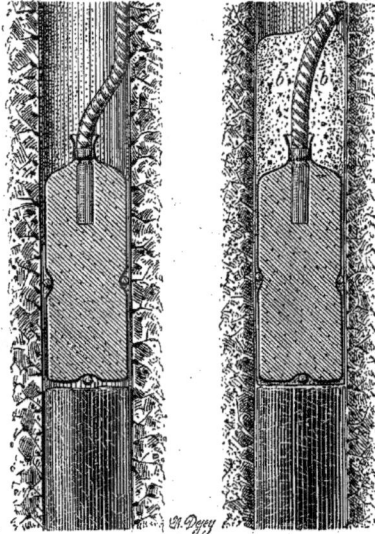

Fig. 118. — Capsule-amorce placée dans la cartouche.

Fig. 119. — Autre manière de placer la cartouche-amorce.

mais il ne faut jamais frapper dessus avec le bourroir, car on pourrait changer la position de la capsule et même la faire sortir de la dynamite.

Il arrive quelquefois qu'en bourrant et en tirant sur la mèche cette dernière sort de la capsule ou l'ensemble sort de la dynamite et le coup rate.

Le colonel Locher, entrepreneur d'un tunnel du Saint-Gothard, pour parer à cet inconvénient, faisait confectionner des cylindres en papier, dans le fond desquels on plaçait la cartouche-amorce (fig. 119). On achevait de les remplir avec du sable sec, puis on ligaturait le papier rabattu sur la mèche *b b*. A l'aide de ce dispositif on a évité presque tous les ratés au tunnel de Pfafensprung. Ce procédé est à recommander à tous les ingénieurs.

On procède ensuite à un bourrage aussi résistant et aussi soigné que possible, en commençant par du papier ou par de petites bourres, et en achevant, soit avec de la brique pilée, soit avec du sable renfermé, comme d'habitude, dans du papier.

A la troisième bourre, il faut comprimer solidement, et continuer de même jusqu'à ce que le trou de mine soit rempli.

Dans tout ce travail, il faut toujours se servir du *bourroir en bois. Il est expressément recommandé de ne jamais se servir de bourroir en fer, ou en tout autre métal.*

L'ouvrier allume alors la mèche avec un bout d'amadou, et se retire.

Si l'on a suivi exactement les indications qui précèdent il ne peut pas se produire de *ratés.*

Toutefois si un coup de mine vient à rater, le mineur, qui connaît toujours exactement la hauteur du bourrage qu'il a fait, doit débourrer son trou, de manière à laisser 10 à 15 centimètres de bourrage au-dessus de l'explosif. On y replace alors une cartouche de dynamite munie de son amorce, on bourre de nouveau, et l'explosion de cette deuxième charge détermine, par influence, celle de la première. Ce moyen est le seul pratique.

Il est important qu'aucune sorte de dynamite ne soit employée quand elle est gelée.

L'appareil à dégeler est représenté en coupe dans la figure 120. C'est un seau composé de deux cylindres concentriques en zinc, fermés par un couvercle.

Les cartouches se placent dans le cylindre intérieur et l'on verse de l'eau chaude dans l'espace annulaire.

Quoiqu'il n'y ait aucun danger à faire

Fig. 120. — Coupe de l'appareil à eau chaude pour dégeler la dynamite.

usage d'eau bouillante, il vaut mieux néanmoins n'employer que de l'eau à + 50° environ, car une eau trop chaude désagrège les cartouches et les fait souvent exsuder.

Quand l'eau se refroidit on la change. On ne doit jamais mettre le seau lui-même sur le feu, dans la crainte que, par suite de négligence ou d'oubli, le métal ne soit chauffé à nu, ce qui pourrait déterminer un accident.

L'enveloppe et le couvercle du seau étant formés d'une simple feuille de métal, on peut envelopper l'appareil d'une couverture de laine, pour éviter l'abaissement de la température, par le rayonnement.

Dans le cas où l'on ne serait pas pourvu d'appareil à dégeler, on peut faire cette opération au moyen d'un seau en zinc, dans lequel on met les cartouches, et qu'on plonge ensuite simplement dans un baquet rempli d'eau chaude.

Pour que la dynamite reste en bon état, on doit avoir soin de la couvrir, afin que la vapeur d'eau n'arrive pas jusqu'à elle.

Il ne faut jamais placer le vase contenant la dynamite sur un poêle, sur une chaudière ou sur le feu.

Fig. 121. — Inflammation d'une mine par l'électricité.

On peut aussi dégeler la dynamite en portant les cartouches, pendant un quart d'heure environ, dans la poche du pantalon. C'est ce que font souvent les ouvriers; mais il ne faut jamais essayer de dégeler des cartouches amorcées.

C'est au moyen du *cordeau de mineur* que l'on allume généralement les cartouches de dynamite, dans les mines et carrières. Cependant, dans certains cas l'inflammation des mines par l'électricité offre de grands avantages, et ce procédé se répand de plus en plus. Nous le décrirons, en conséquence, avec soin.

L'emploi de l'électricité (fig. 121) permet de faire partir une ou plusieurs mines exactement au moment voulu et en se plaçant à telle distance qu'on le désire. Cette méthode est encore très avantageuse quand les mines sont dans des posi-

tions difficiles, dans le fonçage des puits, par exemple, ou sous une grande charge d'eau.

Enfin le *sautage électrique* met les mineurs à l'abri des accidents provenant des longs-feux.

L'outillage nécessaire pour la mise à feu électrique se compose : 1° de l'*exploseur;* 2° des fils conducteurs; 3° des fusées, ou amorces.

Exploseur. — Les *exploseurs* que l'on peut employer sont extrêmement variés. L'*exploseur Breguet*, que nous avons décrit dans les *Merveilles de la science*, a été longtemps en usage, et il est encore employé dans l'armée, mais il expose, paraît-il, à de réels dangers, et on l'a remplacé, de nos jours, par des appareils d'inflammation d'un effet plus sûr.

L'*exploseur* employé par la *Société générale de dynamite* a été importé d'Allemagne par M. G. Vian, l'un des deux directeurs de cette société.

Il se compose de deux plateaux en ébonite, ou caoutchouc durci, qui reçoivent un rapide mouvement de rotation, par l'intermédiaire d'engrenages commandés, à l'extérieur, par une manivelle.

Ces plateaux tournent entre des frottoirs garnis de peau de chat. L'électricité dont ils se sont chargés par le frottement est recueillie par des peignes, protégés par un disque isolant en ébonite, et mis en communication avec les armatures extérieures d'une bouteille de Leyde.

Un écran indépendant, également en ébonite, est placé en avant des armatures extérieures des bouteilles, entre ces armatures et les disques, dans le but d'empêcher la déperdition du fluide.

L'électricité produite par la petite bouteille de Leyde extérieure est amenée aux conducteurs.

L'appareil est renfermé dans une boîte en bois, de forme rectangulaire, de 0^m,38 de haut et de 0^m,55 sur 0^m,27 de base, divisée en deux compartiments par la cloison. L'un, toujours fermé, contient les appareils producteurs d'électricité ; l'autre, contenant les armatures extérieures et le bouton, est muni d'un couvercle, qui peut être rabattu sur le dessus de la boîte.

Voici maintenant comment on procède pour enflammer une mine avec cet appareil.

On saisit la manivelle de la main droite, et l'on fait tourner avec une vitesse modérée (2 tours par seconde). Pendant le onzième tour, on presse le bouton qui met le courant électrique en rapport avec le fil extérieur, et on appuie sur lui pendant une seconde.

Si, après onze tours, les étincelles ne se produisent pas, il faut recommencer en doublant le nombre de tours de la manivelle ; puis en triplant, etc..., jusqu'à la production de l'étincelle.

Fils conducteurs. — Il faut apporter un soin particulier à l'installation des conducteurs métalliques.

Leur rôle est d'amener à l'explosif, qui constitue la charge, toute l'électricité que l'appareil peut produire. Ils se composent donc d'une suite non interrompue de fils isolés et bons conducteurs de l'électricité.

Dans chaque conduite on distingue deux parties :

1° Les conducteurs principaux, qui sont ordinairement exposés à l'air libre, et le fil de retour ;

2° Les fils d'accouplement, qui réunissent ensemble les diverses amorces électriques.

Pour les grands travaux et quand on veut s'assurer un succès complet, il faut employer des conducteurs isolés. Il ne faut jamais non plus, dans ce cas, fermer le circuit avec la terre, pour économiser un fil conducteur ; car alors, pour produire l'étincelle, on a besoin d'un beaucoup plus grand nombre de tours de la manivelle, et il suffit qu'un des fils d'accouplement touche le sol, pour que le retour se fasse par ce contact accidentel.

Les fils conducteurs dans les galeries sèches peuvent être en fil de fer recuit ; mais dans les puits, où l'humidité oxyderait bientôt le fer, on doit employer des fils en laiton bien recuit, de 1/2 millimètre, ou des fils de cuivre recouvert de gutta-percha. On sait que le cuivre possède une conductibilité six fois plus grande que celle du fer.

Les fils des conducteurs principaux sont tendus sur des isolateurs, qui reposent eux-mêmes sur des potelets, ou sur des morceaux de bois disposés à cet effet (fig. 121).

Les isolateurs dont on se sert habituellement sont en verre, en porcelaine, ou en caoutchouc vulcanisé. Ils ont la forme d'une cloche ; ce qui assure l'isolement, quelles que soient les conditions climatériques extérieures. Ainsi, malgré la pluie la plus abondante, le dessous de la cloche reste-t-il toujours parfaitement sec.

Les manches des isolateurs sont en corne et sont pourvus de deux rigoles, ou rainures, pour la pose des fils conducteurs.

Si les isolateurs sont placés à l'air, il faut faire en sorte que le fil ne touche à aucun des objets environnants, et qu'il soit tendu librement à travers l'espace. Ce n'est qu'à cette condition qu'on obtient un isolement parfait.

Cependant si l'emploi de ces conducteurs ne doit pas être de longue durée il suffit de poser le fil librement sur le sol.

Quand les conducteurs doivent servir pendant un certain temps, comme dans le percement d'un tunnel, il est bon de les soutenir tous les 100 à 150 mètres.

S'il s'agit du fonçage d'un puits, les fils conducteurs enroulés sur des bobines sont descendus au fur et à mesure dans l'approfondissement du puits, et maintenus à 20 mètres du fond, pour éviter les projections des débris.

Ils sont, d'ailleurs, reliés, à l'extérieur du puits, aux pôles de la machine.

Les conducteurs devant aller jusqu'à 250 mètres ont 0m,002 de diamètre ; ils pèsent 36 grammes, et reviennent à 0 fr. 60 le mètre courant.

Ceux qui vont à 300 mètres ont un diamètre de 0m,0023 ; ils pèsent 70 grammes, et reviennent à 0 fr. 75 le mètre courant.

Amorce. — Le troisième facteur important de l'allumage électrique est l'*amorce*, qui permet la production de l'étincelle électrique destinée à enflammer la capsule.

L'amorce se compose d'un petit cylindre en mastic isolant, qui maintient séparées les deux extrémités des deux fils de cuivre formant le conducteur. Au cylindre fait suite une petite cartouche en papier, renfermant une matière explosive, dans laquelle plongent les deux bouts du fil conducteur, qui sont à une distance d'environ un quart de millimètre l'un de l'autre.

Au-dessous est placée une capsule contenant le fulminate de mercure. Le tout est re-couvert d'un enduit de poix. On voit donc que dès que l'étincelle envoyée par l'appareil électrique jaillit, elle enflamme la matière explosive, et par suite, fait détoner la capsule.

Dans les travaux sous-marins on remplace la petite cartouche en papier par une cartouche en métal.

Dans l'armée française, on préfère aux appareils que nous venons de décrire les simples piles.

Avec ces dernières on peut constamment, même pendant la durée de la manipulation, vérifier, à l'aide d'une pile au sel marin, très faible, si le courant passe dans tout le circuit. De plus, l'isolement des conducteurs principaux n'est pas d'une nécessité absolue.

Quand, au contraire, on se sert d'un appareil faisant jaillir une étincelle électrique, il est de toute nécessité que la machine, les conducteurs et les amorces soient en parfaite communication.

Voici maintenant comment on prépare un coup de mine, quand on fait usage de l'électricité, comme agent d'explosion.

Avant tout, on distribue au mineur préposé à la charge des trous de mine les fils conducteurs reliés aux amorces.

Ces fils peuvent être disposés ou sur des bâtons, comme il a été dit plus haut, ou dans des conduits en papier ou dans des gaînes de chanvre, ou enfin dans une enveloppe de gutta-percha.

Le mineur devra veiller à ce que les fils isolés soient assez longs pour sortir en partie du trou de mine.

Les conducteurs sur bâtons ne s'emploient que dans les endroits très secs. Les conducteurs *à ruban* avec enveloppe de chanvre, sont destinés aux endroits humides. Les conducteurs avec enveloppe de gutta-percha, conviennent pour les travaux mouillés.

Le *conducteur à gaine de chanvre*, soigneusement goudronné, est semblable à la

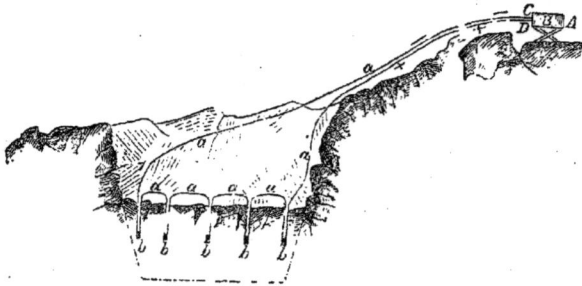

Fig. 122. — Allumage électrique de plusieurs coups de mine.

mèche ordinaire à poudre, et relié solidement à l'amorce électrique.

Le *conducteur ruban* est également relié à l'amorce électrique.

Ce conducteur est solidement conditionné; les fils sont isolés par du papier très fort, enduit de poix, et ils présentent des garanties suffisantes pour être employés dans les endroits humides.

Les *bâtons conducteurs* sont des baguettes en bois d'environ 0^m,01 carré de section, dans lesquelles on a pratiqué deux rainures opposées où les fils sont logés.

L'assemblage des divers éléments du fil conducteur, c'est-à-dire la réunion des différentes parties du conducteur général, exige beaucoup d'attention, et ne peut être exécuté que par un manouvrier expert, qui rattache les deux bouts, et consolide la jointure avec les plus grandes précautions.

Quand les trous de mines ont été chargés comme nous l'avons indiqué précédemment, l'ouvrier chargé de l'opération de la pose des fils fait communiquer un des fils de la première charge, par un fil intermédiaire, avec le conducteur venant de la machine électrique et il relie l'autre fil à la seconde charge, par un autre fil intermédiaire. Il continue ainsi le chapelet, de proche en proche, en reliant chaque charge à la suivante, par les fils intermédiaires, jusqu'à la dernière charge, qu'il relie alors elle-même au fil de retour, par un dernier fil intermédiaire.

Ces fils intermédiaires s'appellent fils d'*accouplement*.

Si ces fils reposent sur des roches ou des terrains très secs, on emploie du fil de fer recuit, de 1/4 à 1/2 millimètre. Sur un terrain humide on emploie des fils de fer pour fleurs artificielles, qu'on enduit de suif. Enfin si les fils sont submergés, ils doivent être revêtus d'un enduit en gutta-percha.

Le petit fil de cuivre entouré de gutta-percha donne des résultats très satisfaisants, dans tous les cas. Cent mètres de ces fils pèsent 1 kilog. 11 et coûtent 0 fr. 12 le mètre courant. On en consomme environ 100 mètres, pour foncer 20 mètres de puits.

La figure 122 indique les dispositions générales pour l'allumage électrique et simultané de plusieurs coups de mine.

Le conducteur négatif, se composant de fils isolés, amène le courant du pôle C de l'armature de la machine électrique placée en A ; le conducteur positif, composé de fil ordinaire, amène le courant du pôle D de l'armature du même appareil. Les fils d'accouplement *a a a a* servent de liaison entre les charges *b b b b* qu'ils réunissent entre elles.

Les fils d'accouplement ne doivent pas toucher la terre, ils ne sont pas isolés.

Pour les tranchées de chemin de fer on

Fig. 123. — Destruction du rocher de *Hallets-Point*, à New-York, par une mine monstre, chargée de dynamite.

plante, de dix en dix mètres, des pieux, auxquels on fixe les conducteurs isolés, ou ceux pour lesquels on a employé simplement du fil de fer, suivant les besoins.

Pour opérer, on interpose entre la première charge et le conducteur principal un conducteur intermédiaire, en fil de fer. Ce conducteur ne doit jamais reposer sur rien. On réunit de la même manière le fil de retour du conducteur principal avec la dernière charge, mais alors il importe peu que le fil intermédiaire repose sur le sol environnant.

Dans les puits, on peut faire passer le conducteur principal à travers une petite conduite en bois (tuyau de ventilation), et on le relie à la façon ordinaire, à la première charge.

Le conducteur principal peut être disposé de la même façon dans une galerie de mine. Quand le fil de cuivre recouvert de guttapercha est posé dans un conduit en bois, il est protégé de cette manière contre tous les chocs qui pourraient l'endommager.

Allumage des charges. — Une fois que toutes les charges communiquent entre elles et avec les conducteurs, l'employé introduit les bouts des conducteurs principaux dans les boucles des récepteurs de l'appareil producteur de l'électricité. Il fixe la manivelle à l'appareil, charge celui-ci, en donnant 30 à 60 tours de manivelle, et il presse le bouton, ce qui détermine l'inflammation simultanée de toutes les charges.

Ceci fait, on dégage les fils fixés à la machine électrique, et on peut visiter le chantier en exploitation sans danger, sans se préoccuper des charges qui ne seraient pas parties, et sans être incommodé des fumées provenant de la combustion des mèches et des gaz délétères produits par la distillation de leur enveloppe cotonneuse.

Tels sont les moyens qui servent à faire sauter les roches et les terres par le courant électrique, pour l'exploitation des mines, pour l'excavation des tunnels et pour le fonçage des puits.

CHAPITRE X

PRINCIPAUX TRAVAUX PUBLICS EXÉCUTÉS PENDANT NOTRE SIÈCLE AU MOYEN DE LA DYNAMITE.

Nous rappellerons les principaux grands travaux qui ont été exécutés, dans notre siècle, au moyen de la dynamite.

Le percement du tunnel du mont Saint-Gothard est un des plus intéressants exemples à citer, sous ce rapport.

Nous n'avons rien à dire du percement du tunnel du mont Cenis, entreprise qui précéda celle du mont Saint-Gothard, attendu que les directeurs (italiens) de l'entreprise, à qui M. Nobel proposa la dynamite, pour la substituer à la poudre, ne voulurent pas même en permettre l'expérience, et firent exécuter tous les travaux à la poudre... Point de commentaires!

La dynamite employée au déblaiement des roches, pour le percement du tunnel du mont Saint-Gothard, permit d'effectuer le travail avec une rapidité inconnue jusque-là.

Le tunnel du Saint-Gothard a 8 mètres de largeur, sur 6 mètres et demi de hauteur et une longueur de 15 kilomètres. Voici comment on procéda à son percement.

Six machines perforatrices, mues par l'air comprimé, attaquaient en même temps le roc. Ces six machines, reliées entre elles, fonctionnant en même temps et avec une régularité parfaite, pratiquaient dans le rocher six trous, d'une profondeur d'un mètre environ. Quand ces trous étaient creusés, on y introduisait les cartouches de dynamite. Les travailleurs se retiraient alors, à quelques centaines de mètres, dans des refuges creusés dans l'épaisseur de la galerie, après avoir allumé les mèches, qui devaient faire détoner l'amorce des cartouches. Le rocher sautait, les six cartouches avaient fait explosion; alors, les ouvriers revenaient et déblayaient le terrain.

On employa pour le percement du Saint-Gothard, qui fut fait en deux ans, 12000 kilogrammes de dynamite. Si les ingénieurs n'avaient eu que la poudre ordinaire à leur disposition, il en aurait fallu 7 à 8 fois autant, et l'œuvre gigantesque qu'ils avaient entreprise ne serait peut-être pas encore terminée. On employait 26 kilogrammes de dynamite par mètre d'avancement.

Le port de New-York était en partie barré, du côté de l'est, par un énorme banc de rochers, le rocher de *Hallets-Point*. A maintes reprises, des navires étaient venus s'échouer sur ce récif. En 1868, le gouvernement des États-Unis décida que cet obstacle serait détruit, et le général Newton fut choisi pour accomplir ce travail gigantesque.

Ce n'était pas chose facile; le 24 septembre 1876 seulement, les travaux étaient terminés. On avait ouvert dans l'épaisseur du récif deux galeries, ayant, chacune, une longueur d'environ 100 mètres, une largeur de 7 mètres, et une hauteur de 5 mètres; elles étaient reliées entre elles par des galeries transversales.

Les rochers de *Hallets-Point* avaient une superficie totale de 12000 mètres carrés. On creusa 5000 trous, qui furent remplis de 40000 kilogrammes de dynamite. Toutes ces charges furent réunies à l'aide de fils conducteurs, dont le développement total était de 70 kilomètres.

C'était la première fois qu'on faisait détoner en même temps une aussi énorme quantité de matières explosives.

Le général Newton, chargé de l'entreprise, ayant choisi une des plus grandes marées de l'année, les roches qu'il s'agissait de faire sauter étaient surmontées par une colonne d'eau de plus de 12 mètres. Aussi la hauteur du jet liquide fut-elle singulièrement atténuée. On estime que sa hauteur fut de 25 mètres et son diamètre de 100 mètres seulement (fig. 123).

Le reflux de l'eau vint mourir au pied du réduit casematé où le général Newton se tenait, avec sa fille, sa femme et quelques amis. Ce fut par la main de sa fille, enfant de deux ans, que le feu fut mis à la mine, par l'intermédiaire du commutateur que l'enfant fit agir.

La lame balaya le rivage, une seconde avant le bruit de l'explosion.

Quelques minutes après l'explosion, les vapeurs, les yachts, les canots, qui avaient été maintenus à distance par les embarcations de la police de New-York, se précipitaient dans la rade, encore encombrée de débris.

La vibration des terres environnantes avait été très faible. On n'observa pas de commotion atmosphérique; ni le son ni la secousse ne se transmirent à un rayon de 5 milles de la mine.

Le déblayement des débris commença immédiatement après.

Un correspondant du *Journal de Genève* a fait le récit suivant de la journée du 24 septembre 1876.

« Quelle décharge allait faire cette pièce d'artillerie, à côté de laquelle les canons Krupp n'étaient qu'un misérable jouet d'enfant? C'est ce que l'on se demandait à New-York. La foule avait pris position tout le long du rivage de la rivière de l'Est et sur toutes les éminences qui lui permettaient de jouir du spectacle auquel elle était venue assister. Les dernières heures avant le dénouement du drame furent employées à visiter les fils qui se rendaient du rocher à la station de décharge et à disposer la batterie électrique. Tout était prêt. *Il ne restait plus qu'à appuyer sur un bouton pour mettre la batterie en communication avec les fils.* Le général Newton avait auprès de lui une jeune enfant de deux ans et demi, sa fille. Son père prend sa main dans la sienne, l'approche de l'appareil électrique. Ainsi qu'il avait été annoncé, un coup de canon avait donné un premier signal, une sorte de *garde à vous*, à 2ʰ,25; un second coup avait été tiré à 2ʰ,40; un troisième à 2ʰ,48',30".

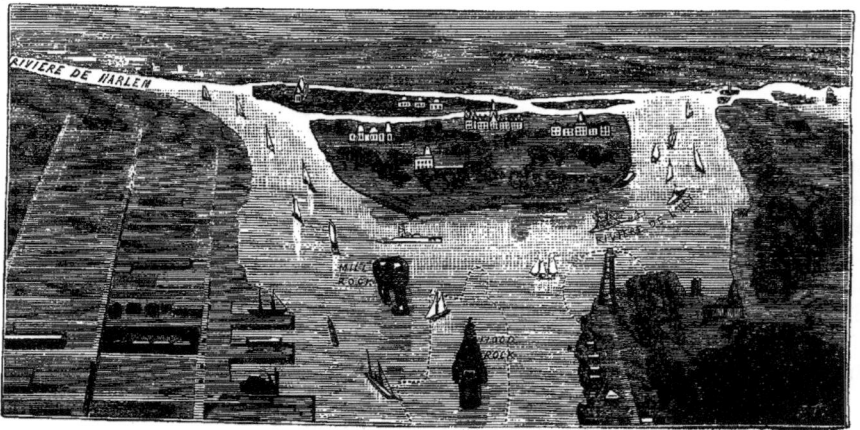

Fig. 124. — Les écueils de Flood Rock et de Mill Rock, dans le port de New-York.

Avant que la détonation eût fini de résonner aux oreilles, on entendit un bruit sourd, suivi d'un grondement semblable à l'écho d'un coup de canon lointain; la terre vibra l'espace de deux secondes, une gerbe d'eau jaunâtre s'éleva à une hauteur de trente à quarante pieds. C'était tout : le rocher de Hallets Point s'était effondré. »

On entendit le bruit de l'explosion jusqu'à 300 kilomètres de distance.

Il fallut deux ans pour draguer les débris d'un autre écueil que le général Newton fit ensuite sauter, pour continuer de débarrasser le port de New-York. Cette roche sous-marine, qui se nomme *Flood Rock* (fig. 124), avait une superficie de 3 hectares. L'explosion de cette nouvelle et colossale mine consomma 50 000 kilogrammes de dynamite, deux fois plus que celle du 4 septembre. Mais, grâce à l'expérience acquise, on s'en tira avec deux fois moins d'argent, et en trois fois moins de temps.

Le rocher de *Mill Rock* (fig. 123), que l'on fit sauter par le même procédé, termina le déblaiement du port.

CHAPITRE XI

AUTRES APPLICATIONS INDUSTRIELLES DE LA DYNAMITE. — LA DESTRUCTION DES ÉCUEILS SOUS-MARINS. — LA DÉMONTE DES NAVIRES ÉCHOUÉS SOUS L'EAU. — TRAVAUX AGRICOLES ET FORESTIERS. — DESTRUCTION DES GLACES DANS LES MERS DU NORD.

Les travaux sous-marins sont tellement dispendieux et difficiles, quand on fait usage de la poudre, substance que l'eau réduit à néant, que l'emploi de la dynamite, dans ce cas, est pour ainsi dire forcé.

Le mode d'opérer est, d'ailleurs, des plus simples. Il suffit de placer, sous la roche qu'il s'agit de briser, une charge de 1/2 ou 1 kilogramme de dynamite en cartouche. Mais c'est là le dernier travail à accomplir.

Il faut commencer par faire nettoyer et râcler la roche, par des plongeurs scaphandriers, de manière à mettre le roc bien en contact avec la dynamite : l'effet serait presque nul si on la plaçait sur la vase ou les herbes qui recouvrent souvent les rochers.

Pour de faibles profondeurs, on peut employer la mèche en gutta-percha; mais à partir de 2 et 4 mètres, il faut avoir recours

Fig. 125. — Destruction d'une épave de navire par la dynamite.

à l'électricité, à moins d'avoir des mèches spéciales.

En tous cas il faut mettre absolument le fulminate de la capsule à l'abri du contact de l'eau. Dans ces conditions, la destruction des écueils sous-marins par la dynamite est une opération élémentaire.

Le sautage des rochers sous-marins a donné l'idée de la pêche à la dynamite. On voit, en effet, après l'explosion d'une charge sous-marine appliquée à faire sauter des rochers sous-marins, les poissons qui se trouvaient dans un certain rayon, arriver à la surface, complètement étourdis. On peut donc employer ce moyen pour la pêche. Hâtons-nous de dire, pourtant, que cette pêche, qui est très destructive, est sévèrement interdite. Elle peut cependant rendre service dans certains cas, quand il s'agit de pêcher dans des étangs particuliers, remplis de souches, où le poisson trouve des retraites inabordables.

Aux États-Unis, le général Henri Abbot a fait de nombreuses recherches pour appliquer la dynamite à détruire d'un seul coup un navire échoué, et faisant obstacle, d'une manière quelconque.

Ces expériences ne sont pas sans mérite. En 1869, quand le général Abbot commença de les entreprendre, le problème était nouveau, et les lois générales concernant l'action des forces développées n'étaient pas connues; la théorie de ces recherches devait donc être basée sur des moyens de mesure précis. Il fallait, avant tout, employer un appareil capable d'enregistrer avec certitude les effets des explosions sous-marines. L'appareil imaginé par le général Abbot est le *cercle dynamométrique,* qui se compose d'un anneau en fer et de 6 dynamomètres.

Avec cet appareil, le général Abbot a constaté que la dynamite, le fulmi-coton et la gélatine explosive pouvaient être employés pour les explosions sous-marines.

De fréquentes applications de l'appareil du général Abbot ont été faites, notamment pour faire sauter les navires échoués à l'entrée d'un port, et dont la présence fait obstacle à la navigation.

Au mois de mars 1885, le steamer *Lader* s'était échoué à l'entrée du port d'Anvers.

« Après des efforts infructueux, écrit M. Châlon, ce steamer s'était brisé en deux tronçons. Le navire, construit en fer, mesurait 86 mètres de longueur, 11 mètres de largeur et 8 mètres de creux. L'épave, quoique se trouvant en dehors de la passe navigable, occasionnait des remous dangereux pour les navires à faible vitesse; en outre le jeu des marées produisait des affouillements dans le lit du fleuve, tout autour du navire, et les sables entraînés allaient se déposer dans la passe à 300 mètres en amont. Il y avait donc de puissants motifs pour détruire au plus vite cet obstacle à la navigation. Le commandant des pontonniers, M. Simonis, et le commandant des artificiers militaires, M. Collard, furent chargés de l'opération.

« Les deux parties du navire s'étaient séparées ; l'arrière avait glissé latéralement vers l'aval, d'environ 14 mètres. L'un des tronçons mesurait 38 mètres de longueur, l'autre 48 mètres. On commença l'attaque le 16 avril 1885, par le tronçon d'arrière, qui présentait le plus d'obstacle à la navigation. Les charges furent réparties de la façon suivante : 26 kilogrammes de dynamite-gomme contre l'étambot tout près de l'hélice ; 24 kilogrammes de dynamite à la cellulose à un mètre de la charge précédente; 24 kilogrammes de dynamite-gomme dans le fond, à la claire-voie du salon; 23 kilogrammes de dynamite-gomme par l'écoutille de chargement. »

A la suite de l'explosion, l'avant fut détruit, mais l'arrière s'enfonça plus profondément dans le lit du fleuve. On fut obligé de pratiquer une ouverture dans la cale, d'y faire pénétrer des plongeurs pour y déposer 23 kilogrammes de dynamite-gomme. Ce n'est qu'après 45 jours de travail, que l'opération fut complètement achevée.

Depuis les essais du général Abbot, on a fait de fréquentes applications de la dynamite pour faire sauter des vaisseaux engloutis.

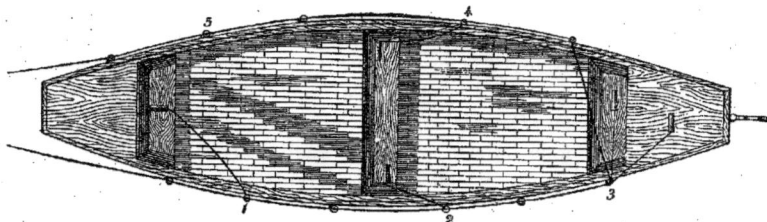

Fig. 126. — Destruction par la dynamite d'un navire échoué.

Pour indiquer la marche à suivre dans ce cas, nous décrirons les opérations qui furent pratiquées pour la destruction d'un navire sombré en 1874, au mouillage de Mohac (Hongrie), opération qui réussit parfaitement. Le navire avait 22 mètres de long et 6 de large. La profondeur de l'eau était de 5 mètres et le courant avait 1m,50 de vitesse par seconde. Pour assurer la position des charges et amener les conduits à feu à la surface, on commença par enfoncer des pieux de 5 mètres le plus près possible des endroits où l'on devait placer les charges de dynamite. Celles-ci étaient renfermées dans des boîtes en zinc. Il y avait seize charges, onze à l'intérieur et cinq à l'extérieur, contenant chacune 6 kilogrammes de dynamite. Les pétards furent préparés, comme le montre la figure 126, avec des cordeaux à combustion rapide (1, 2, 3, 4, 5) qui furent tous réunis en un seul à la sortie de l'eau. L'explosion de toutes les charges eut lieu simultanément; le vaisseau fut complètement détruit et les sondages indiquèrent une profondeur d'eau de plus de 6 mètres. On avait consommé 100 kilogrammes de dynamite.

Un bateau en fer, échoué dans la Save sur un banc de sable, fut démoli, en 1875, de la manière suivante. Ce bateau avait 70 mètres de long sur 9 mètres de large. L'ingénieur chargé de l'opération commença par défoncer le pont, au moyen de deux charges de dynamite n° 1, de 840 grammes chacune. Il plaça ensuite, dans le magasin central, deux charges de 8 kilogrammes et six

de 4 kilogrammes; total, 40 kilogrammes. Dans chacun des deux magasins latéraux on plaça quatre charges de 5 kilogrammes de dynamite, soit 20 kilogrammes pour chaque; dans la cabine, à l'extrémité du bateau, une charge de 5 kilogrammes, et sous le fond du bateau, deux charges de 5 kilogrammes : en tout, dix-neuf charges contenant 95 kilogrammes. La descente des charges, faute de plongeur, s'opéra au moyen de perches.

Toutes les charges ayant été enflammées à la fois au moyen de l'électricité, le bateau fut entièrement détruit, à l'exception d'une partie, qui demeura sous l'eau. On attacha à ces débris deux charges de 4 kilogrammes de dynamite et deux charges de 5 kilogrammes, dont l'explosion simultanée démolit tout ce qui restait du navire (fig. 125).

Quand le cas se présente d'avoir à briser des pièces de fer, la dynamite offre de grands avantages.

Pour briser une pièce de fer rectangulaire, on place la charge sur le grand côté de la section droite, de manière à en occuper toute la longueur. Cette charge croît avec les épaisseurs.

Dans la destruction des charpentes en fer les croisements doivent recevoir des charges doubles.

Les tuyaux doivent être considérés comme des plaques massives, dont la largeur serait la circonférence du tuyau et l'épaisseur celle du fer. Le boudin de dynamite doit entourer le tuyau.

Pour briser des ponts de fer on procède d'après les mêmes principes.

Nous citerons comme exemple la destruction par la dynamite du pont de fer de Culera près Cerbère (Pyrénées-Orientales).

Le magnifique pont en fer de Culera, sur la ligne de Figueras à Banyuls, venait à peine d'être lancé, et d'être posé sur ses piles, qu'un coup de vent le précipitait, d'une hauteur de 15 mètres, dans la vallée qu'il devait traverser. La partie contiguë à la culée restait seule adhérente. Il s'agissait donc de séparer les parties tordues en tronçons utilisables, et de briser, à la dynamite, pour en faciliter le transport, les poutres qui ne pouvaient plus servir à la reconstruction. Pour cela un boudin de dynamite du poids de 500 grammes fut enveloppé de terre grasse, et placé suivant le tracé de la section qu'il s'agissait de déterminer, contre la tôle et les fers composant une des poutres. Cette poutre était formée de deux feuilles de tôle de 1 centimètre d'épaisseur, assemblées par deux cornières, le tout fortement rivé. L'explosion de la dynamite la rompit net. La section totale de la poutre était de 120 centimètres carrés. Or, en admettant que la résistance de la tôle au cisaillement soit de 4 tonnes par centimètre carré, on trouve que les 500 grammes de dynamite employés ont développé, pour rompre la poutre, un effort de cisaillement de 48 tonnes.

La dynamite offre ce caractère remarquable que sa force peut être pondérée, de manière à ne produire que l'effet voulu, sans dépasser les limites que l'ingénieur s'est imposées. Il est toujours facile de produire un effet violent, brutal, mais il est beaucoup plus intéressant, et même dans certains cas, il est indispensable, de pouvoir mesurer d'avance l'étendue du choc que l'on veut produire.

Parmi les exemples que l'on peut citer de cette particularité, nous rapporterons les faits suivants, empruntés à une communication faite le 21 mai 1885, à la *Société scientifique industrielle de Marseille*, par M. Brunet de Saint-Florent, ingénieur de la *Société générale de dynamite*.

Il s'agit d'abord du découpage des tôles d'un navire submergé.

Le paquebot *l'Ethelwine* ramenait d'Espagne un chargement de 1,000 tonnes de minerai de fer, lorsqu'il fut abordé par un autre bâtiment à vapeur, venant de Rotterdam, qui défonça complètement ses tôles de l'arrière. Il coula immédiatement, et le capitaine n'eut que le temps d'enlever sa caisse et ses papiers. Tout le reste fut englouti, mais l'équipage fut sauvé.

Cette collision avait eu lieu près de l'embouchure de la Meuse, à 30 kilomètres de Rotterdam.

Ce navire, quoique complètement sous l'eau, ne pouvait être laissé sur place, parce qu'il aurait constitué un danger permanent pour la navigation, très active dans ces parages.

Le gouvernement hollandais fut donc obligé de mettre en adjudication l'enlèvement complet de ce bâtiment. M. Brunet de Saint-Florent fut chargé de ce travail.

Le paquebot étant complètement sous l'eau, on ne pouvait employer les moyens ordinaires, qui consistent à tirer de très forts coups de dynamite, de manière à écraser, en quelque sorte, le navire, et à accumuler ses débris au fond du lit du fleuve. Il fallait, au contraire, opérer avec beaucoup de méthode, découper et enlever toutes les parties en bois ou en tôle placées sur le pont, la cabine du capitaine et sa passerelle, les cabines latérales en tôle, les petits treuils à vapeur, et ensuite découper tout le pont par bandes (pouvant être enlevées à l'aide de chèvres à vapeur, installées sur 2 navires placés de chaque côté de l'épave), et enfin retirer le minerai, à l'aide de machines à draguer.

C'est cette méthode qui fut suivie par M. Brunet de Saint-Florent. Le découpage du pont en tôle et des poutres en fer qui le soutenaient fut une opération longue et délicate, surtout parce qu'on voulait enlever les treuils à vapeur sans les briser. L'opération réussit complètement. Tout le pont et les parties supérieures furent enlevées. Ensuite on s'occupa d'extraire le minerai à l'aide des machines à draguer. Quand cette opération fut terminée on procéda au renflouage par les moyens ordinaires.

Le mode de découpage, imaginé par M. Brunet de Saint-Florent, peut recevoir de nombreuses applications, non seulement dans les travaux sous-marins, mais aussi dans les travaux du jour, lorsqu'on veut opérer rapidement.

M. Brunet de Saint-Florent fut chargé de la démolition d'une pile de pont, dans les circonstances suivantes :

Dans la petite ville de Kampen (Hollande), l'une des magnifiques piles du pont métallique ayant été affouillée, il fallut la démolir.

Pour y parvenir rapidement et économiquement, on fit d'abord une série de trous de mines sur tout le pourtour, en ne conservant que la partie centrale ; puis cette dernière fut démolie de la même manière. Il ne resta plus alors que la maçonnerie en béton. La profondeur ne permettant pas de faire de nouveaux trous de mines, on commença par tirer des coups de dynamite, en plaçant des paquets de cartouches dans les anfractuosités de la maçonnerie ; puis on enleva les gros blocs détachés par l'explosion à l'aide de grands paniers de feuillards remplis par les plongeurs ; enfin, une drague à vapeur amenée au-dessus de la pile enleva toute la partie désagrégée ; le niveau de la démolition s'abaissa alors sensiblement.

Une nouvelle série d'opérations semblables enleva la tranche inférieure, et peu à peu la maçonnerie fut déblayée jusqu'au niveau du fond de la rivière.

La démolition totale dura 25 jours. On aurait pu opérer beaucoup plus rapidement, mais il fallait agir très prudemment, et ne tirer que de très petits coups de dynamite, pour éviter les vibrations qui auraient pu compromettre la solidité des maisons environnantes, construites toutes sur des sables plus ou moins mouvants.

Le pont métallique de Miramont fut découpé, sous l'eau, par le même ingénieur.

A la suite d'un accident survenu pendant son montage, ce pont s'affaissa subitement, et tomba dans le lit de la Garonne. Il fallait donc le découper par tronçons, qui devaient être tirés sur les bords, à l'aide d'engins convenables, au fur et à mesure de leur rupture.

M. Brunet de Saint-Florent découpa d'abord les tôles, en employant de longues cartouches de dynamite (de 4 à 5 mètres de longueur). Certaines de ces poutres présentaient une grande résistance à la rupture, car elles étaient formées de 10 feuilles de tôle superposées, de 1 centimètre chacune. Sans la dynamite, le découpage de ces pièces de tôle en fer, sous l'eau, eût été une opération extrêmement coûteuse et difficile.

Des moyens à peu près semblables furent employés pour la démolition d'une autre pile de pont, dans la Garonne, près de Muret. Les circonstances permettant d'opérer rapidement, on put faire partir simultanément, par l'électricité, 20 coups de mine. Tous les trous étaient espacés de 1m,25.

A Domremy, près de Sedan, une pile de pont fut démolie de la même manière.

A Witterthiem, près Marquises (Pas-de-Calais), pendant le forage d'un puits, un trépan était resté engagé dans un trou de sonde. Le sondage allait être abandonné, lorsqu'on demanda à M. Brunet de Saint-Florent de le dégager, en brisant le trépan en plusieurs fragments. L'opération présentait des difficultés spéciales, à cause de la grande profondeur du puits, mais elle réussit parfaitement. Le premier coup de dynamite brisa le trépan en 2 points, et le deuxième coup détermina la rupture en un point plus éloigné. Les morceaux furent retirés et le sondage fut repris.

Depuis, deux autres opérations semblables, l'une au sondage de Réty, près Hardinghen, l'autre près de Narbonne, ont été couronnées de succès, et sans ces heureux résultats les sommes considérables dépensées auparavant auraient été complètement perdues.

La dynamite a rendu de précieux services aux vaillants navigateurs qui se dévouent à la recherche de passages du pôle nord. Jadis, bien des navires étaient bloqués par les glaces des mers septentrionales, et l'on a publié bien des récits des terribles souffrances qu'ont endurées de courageux marins, prisonniers dans les glaces. L'histoire tragique des matelots de la *Jeannette*, par exemple, est encore présente à la mémoire de tous. Aujourd'hui, les hardis explorateurs des régions polaires ne manquent pas d'emporter une ample provision de dynamite. Si leur salut est compromis, ou simplement pour continuer leur route, ils se frayent un passage de vive force, à coups de dynamite, à travers les glaces accumulées.

Pour briser les glaces, on se contente de creuser un trou, dans lequel on place une charge de dynamite, de 3 kilogrammes, contenue dans une boîte en bois. Sur une nappe de glace de 0^m,45 à 0^m,50 de hauteur, une explosion de dynamite a pratiqué une ouverture de 2^m,70 de long, sur 0^m,60 de large, dans toute la profondeur de la couche solide.

Des cartouches de 40 à 50 grammes suffisent pour briser une glace de 0^m,25 à 0^m,30 d'épaisseur.

Pour empêcher la dynamite de geler par le contact de la glace, on entoure la boîte de sciure de bois.

Pour faire sauter des pieux ou des pilotis placés au fond d'une rivière, la dynamite est très avantageuse. Si les pilotis sont émergents, on creuse un trou dans le sens de leur axe, et on les détruit à la hauteur désirée.

Si, au contraire, les pilotis sont au fond de la rivière, on descend les charges à la profondeur voulue, au moyen d'une tige en bois, en ayant soin de maintenir les charges contre l'obstacle à détruire.

L'emploi de la dynamite peut rendre de grands services dans la culture de la terre ; mais les travaux ne peuvent être rémunérateurs qu'à condition de se faire avec un explosif peu coûteux. En Autriche, où ce genre d'emploi a pris le plus de développement, on se sert de dynamite ne coûtant que 2 francs, ou même 1 fr. 80 le kilogramme. En France, ces travaux sont à peu près impossibles, à cause des impôts excessifs dont sont frappées, uniformément, toutes les dynamites, impôts qui pèsent surtout sur celles de peu de valeur. Nous donnerons, néanmoins, un aperçu des circonstances dans lesquelles on peut tirer parti de ces explosifs, tant au point de vue de l'exportation que dans l'espoir que le régime de l'impôt sur cette matière en France sera profondément modifié.

Le sautage des troncs d'arbre par la dynamite est très avantageux dans les grands défrichements, surtout dans les pays où la main-d'œuvre est rare et chère. Ce mode d'exploitation a pour résultat d'écarter et de détruire les insectes nuisibles.

L'espèce de dynamite à employer dans ce cas est le n° 2.

Les trous sont faits avec une tarière de 0^m,028 ; on leur donne à peu près, comme profondeur, le diamètre de l'arbre. Cette profondeur doit être le triple de la charge. Tout l'espace vide au-dessus de la charge est rempli par un bourrage de terre et de mousse.

Pour des troncs de dimension moyenne, on donne à la charge autant de grammes qu'il y a de centimètres au diamètre. Pour des troncs très forts et noueux, on dépasse cette proportion. Pour des troncs de très grande dimension, on fore deux ou trois trous, à la distance de 0^m,30. Il suffit d'amorcer une seule charge ; les autres partent par la commotion.

Il faut soigneusement essarter les troncs que l'on veut faire sauter, en coupant les racines latérales.

Les trous de mine doivent toujours être dirigés dans le pivot de la racine ou dans les racines les plus résistantes.

Les mêmes procédés peuvent être employés avantageusement pour l'arrachage des souches, et la mise en culture des terrains occupés antérieurement par des forêts. On les a employés au Brésil, sur une grande échelle.

Dans ce cas le moyen le plus économique c'est de couper, à la hache, les petites ra-

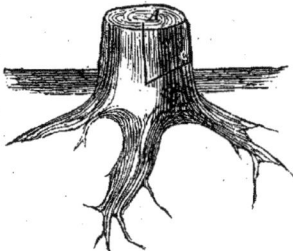

Fig. 127. — Destruction des racines d'arbres par la dynamite.

cines, puis de pratiquer à la mèche un trou de mine central A, suivant l'axe du tronc, comme l'indique la figure ci-dessus.

Un défoncement de terre au moyen de la dynamite a donné de bons résultats dans le terrain schistique du Roussillon. On emploie une forte barre en acier, munie d'un *tourne-à-gauche*, fixé à la partie supérieure. On frappe, avec une masse, sur la tête du ringard, pendant qu'on tourne au fur et à mesure qu'il enfonce.

On pousse le forage à une profondeur de 0^m,80 à 0^m,90. On charge chaque trou avec 150 grammes de dynamite n° 3. Après l'explosion la surface défoncée est de 3 à 4 mètres carrés.

Deux ouvriers employés à ce travail font quinze trous de mine à l'heure. Ils arrivent quelquefois à en creuser trente-cinq en deux heures. Les trous sont espacés de 2 mètres en 2 mètres.

En appliquant cette méthode aux vignes, on est arrivé, à ce qu'il paraît, à faire disparaître le phylloxéra.

C'est ce qui a été constaté en Autriche, où des agents de M. Nobel étaient occupés à défoncer, à l'aide de la mine, le sol, à une certaine profondeur, de l'ameublir en un mot, afin de donner aux racines l'air et l'humidité dont elles ont besoin. Ils percèrent, dans ce but, des trous, d'environ 1 mètre, disposés de façon à ne pas détériorer les plants environnants ; ils purent constater, après l'explosion, que le résultat attendu était complètement atteint. Le sol, en effet, remué jusqu'à une profondeur de 1^m,50, s'était parfaitement ameubli. Mais une conséquence à laquelle ils étaient loin de s'attendre, c'est que partout où l'expérience avait été faite, le phylloxéra disparut.

Ajoutons que les agriculteurs italiens utilisent la dynamite sur une vaste échelle, pour le défoncement de l'*agro romano*. Avec la dynamite sans impôt et à bas prix, les agriculteurs français pourraient suppléer en partie à la pénurie de main-d'œuvre dont ils se plaignent tant.

Concluons que la dynamite, type des corps explosifs, n'est pas seulement un moyen de destruction, mais qu'elle est aussi un agent réel du progrès et de la civilisation modernes.

FIN DU SUPPLÉMENT AUX POUDRES DE GUERRE
(EXPLOSIFS)

L'ARTILLERIE

MODERNE

En 1870, au moment où éclata la guerre franco-allemande, nos pièces de campagne étaient rayées, conformément aux remarquables études du général Treuille de Beaulieu, mais elles ne portaient pas le boulet à plus de 800 à 900 mètres; et pour l'armement de nos parcs de siège, nous n'avions que des pièces à âme lisse. Aujourd'hui, nos pièces de campagne portent à 6 000 mètres, et nos grosses pièces de siège ou de place envoient, avec une merveilleuse précision, un obus à 10 kilomètres. Quel progrès réalisé en vingt ans ! D'après l'adage *si vis pacem, para bellum*, notre tranquillité est assurée, car nos canons font à la France une frontière à peu près invulnérable. C'est à l'abri de cette défense, que nos ingénieurs poursuivent leurs travaux, que nos savants travaillent dans leurs laboratoires, que les artilleurs, les fantassins et les cavaliers veillent sur la sécurité de la patrie.

Le public n'a pas été mis au courant des progrès successifs réalisés dans notre armement depuis 1870. Les renseignements publiés à cet égard ont été rares et confus, et ne donnent point une idée précise des avantages de notre nouveau matériel de guerre.

Quand on parlait, chez nous, de pièces de canon ayant une portée de 6 000 mètres, le vulgaire doutait, et les vieux soldats demandaient : « A quoi bon ? » Ils ajoutaient : « Pour envoyer un obus a plus de 4 kilomètres, il faudrait donner aux canonniers pointeurs des télescopes, et toujours opérer en rase campagne. » Ceux qui parlaient ainsi oubliaient que plus la portée d'une pièce est considérable, plus sa trajectoire est tendue, plus son tir est rasant. Quand une pièce peut atteindre à un but situé à 6 000 mètres, et qu'on s'en sert pour tirer à 3 000 mètres seulement, l'obus s'élève très peu au-dessus du sol, et il s'en rapproche rapidement; la zone de terrain dite *dangereuse* est alors extrêmement longue. Or, tel est le but que doit poursuivre l'artillerie; la meilleure façon de défendre une position, c'est d'en rendre les approches impraticables.

113

Nous allons retracer le plus clairement possible les transformations qu'a subies, depuis 1870 jusqu'à l'heure actuelle, le matériel de notre artillerie.

Faisons remarquer, avant d'aborder notre sujet, que depuis trente ans l'artillerie a pris un rôle tout à fait prépondérant dans les campagnes militaires. Si l'infanterie est la reine des batailles, si c'est elle qui se meut le plus facilement, qui se fractionne ou qui se masse le mieux, suivant la volonté du général en chef, c'est l'artillerie qui prépare le combat, et dont l'intervention transforme en déroute la défaite de l'ennemi. C'est elle aussi qui, dans certaines circonstances désespérées, sauve une armée compromise. Le 6 août 1870, à Wœrth, quatre batteries placées sur les hauteurs de Langensoulzbach eussent permis au maréchal de Mac Mahon de se retirer sans être sérieusement inquiété. La charge des cuirassiers, cette charge immortelle, n'aboutit, au contraire, qu'à une inutile effusion de sang.

L'artillerie n'agit pas, d'ailleurs, uniquement par ses projectiles. Le bruit du canon produit un effet moral immense ; les plus grands capitaines l'ont reconnu. A mesure que la qualité de ses troupes diminuait, Napoléon Ier augmentait le nombre de ses canons. A la bataille de Rivoli, il n'avait qu'une pièce pour mille hommes ; à la bataille de Leipzig, il en avait quatre pour un effectif égal.

Si le rôle de l'artillerie, en temps de guerre, est immense, il n'est pas moins important en temps de paix. L'artillerie française, dont le domaine est encore plus vaste que celui des autres artilleries européennes, ne s'occupe pas seulement de son armement ; c'est elle qui est chargée de fournir leurs fusils aux régiments d'infanterie et leurs sabres aux régiments de cavalerie. Par ses établissements, ses directions, son budget, elle assure et prépare l'outillage de la défense nationale.

C'est l'importance donnée depuis quelques années au poste de Directeur de l'artillerie, au Ministère de la guerre, qui a assuré, de nos jours, les progrès de cette arme.

On sait que dans l'ancienne armée française, il existait un *grand maître de l'artillerie*, qui imposait à ce service une direction unique et continue. Les Sully et les Gribeauval ont illustré ce poste. Supprimé par la Convention nationale, remplacé par le *Comité d'artillerie*, le grand maître de l'artillerie a été indirectement rétabli de nos jours. Après d'innombrables tâtonnements, on a fini par en revenir, sous un autre nom, à ce poste supérieur.

Aujourd'hui, le comité d'artillerie n'est plus qu'une commission consultative ; c'est le Directeur de l'artillerie, c'est-à-dire le général placé à la tête de la troisième direction du Ministère de la guerre, qui résoud toutes les questions touchant à l'armement. Ce général, quelque nom qu'il porte et quelle que soit la durée de ses fonctions au Ministère, est, en réalité, le grand maître de l'artillerie française. Il n'est point responsable devant les Chambres, puisque le Ministre de la guerre signe les règlements, défend les projets de loi et les demandes de crédits ; mais, s'il demeure officiellement à l'écart, le Directeur de l'artillerie sait ce que le pays attend de son initiative et de son zèle. Il sait que notre artillerie ne doit pas être distancée par celle d'une autre nation ; il sait qu'au jour des batailles, les obus, les shrapnels, les explosifs, seront autant de facteurs de notre victoire, et il n'écoute que les conseils que lui dicte son patriotisme.

En 1874, quand nous avions à peine entrepris la réorganisation de notre armée et la fabrication de notre matériel, le directeur de l'artillerie était le colonel Berge, maintenant général de division et commandant du 14e corps d'armée, à Lyon. Il y avait à craindre, en ce moment, une nouvelle inva-

Fig. 128. — La charge des cuirassiers, à Reichshoffen, le 6 août 1870.

sion allemande. Entre les différents modèles de bouches à feu qu'il avait étudiés, le Comité d'artillerie n'avait pas encore fait son choix. Convaincu que nous courions un danger pressant, le colonel Berge n'hésita pas; il fit la commande de mille canons de 95 millimètres, du système Lahitolle. Et quand, six mois plus tard, le gouvernement allemand fit ouvertement ses préparatifs d'entrée en campagne; quand l'intervention de l'Empereur de Russie permit seule d'éviter à la France et à l'Europe de nouvelles catastrophes, nous étions presque prêts à soutenir la lutte.

Dix ans plus tard, le général Tricoche, aujourd'hui retraité, était Directeur de l'artillerie au ministère de la guerre. L'expérience avait démontré qu'il était indispensable de séparer l'artillerie de campagne et l'artillerie de forteresse; mais rien, ou presque rien n'avait encore été fait dans ce but. Dix-neuf, de nos trente-huit régiments d'artillerie, comptaient, chacun, trois batteries à pied, affectées exclusivement au service des grosses pièces de siège et de place; mais l'instruction de ces hommes, de ces batteries, laissait à désirer. Le général Tricoche trancha la question : « Nous n'avons pas « d'argent, dit-il, pour augmenter l'effectif « de notre armée; mais nous avons, dans « chacune de nos brigades d'artillerie, trois « compagnies du train d'artillerie, qui ne « sont pas utiles en temps de paix, et que « nous reconstituerons aisément, en temps « de guerre. Je supprime ces compagnies, « et je les remplace par autant de batteries « à pied. J'organise ainsi seize bataillons « d'artillerie de forteresse, à six compa- « gnies par bataillon. »

La Chambre des députés rejeta le projet,

en première lecture et le Sénat en fit autant. Heureusement, le général Tricoche et le général Thibaudin, alors Ministre de la guerre, avaient autant d'obstination que de conviction. Leurs efforts ont abouti. La séparation des services entre l'artillerie de campagne et celle de forteresse est aujourd'hui un fait accompli.

Fig. 129. — Le général Tricoche.

Il n'était pas inutile de jeter ce coup d'œil en arrière, au début d'une étude aussi longue que celle que nous avons à faire. Décrire l'artillerie actuelle, c'est mesurer le chemin parcouru depuis 1870 jusqu'à ce jour, et comment le ferait-on sans citer au moins les noms des officiers généraux qui ont travaillé à l'œuvre gigantesque de la défense nationale? Les noms des généraux Berge et Tricoche seront un jour populaires, en France, ainsi que celui du général de Reffye, qui, aux jours tragiques de la guerre contre l'Allemagne, fut l'auxiliaire le plus puissant

du gouvernement de Tours et de Bordeaux Ce qu'ont fait ces hommes de mérite et de cœur, nous le dirons dans les pages qui vont suivre. Nous décrirons les canons qu'ils ont fait construire et l'organisation, si rationnelle, qu'ils ont su donner à notre artillerie. Il était juste de leur rendre hommage avant d'entreprendre la description de ce que nous leur devons, en fait de matériel de guerre. Les Allemands citent avec orgueil le nom de Krupp, le créateur des usines d'Essen, le fabricant des premiers canons se chargeant par la culasse; il faut que tous les Français connaissent aussi les noms des généraux de Reffye, Berge, Tricoche, des colonels Lahitolle et de Bange. L'artillerie française leur doit d'être ce qu'elle est : la première artillerie de l'Europe.

CHAPITRE PREMIER

L'ARTILLERIE FRANÇAISE DEPUIS 1870 JUSQU'EN 1875. — FABRICATION DES PREMIERS CANONS SE CHARGEANT PAR LA CULASSE, AVANTAGES DE CE SYSTÈME. — LE GÉNÉRAL DE REFFYE ET LE COLONEL LAHITOLLE, PRÉCURSEURS DU COLONEL DE BANGE. — DESCRIPTION DES CANONS DE 7, DE 5 ET DE 95. — SYSTÈME D'OBTURATION DES CANONS DE 90 ET DE 95.

Dans les *Merveilles de la science* (1), nous avons exposé la découverte, faite par le général Treuille de Beaulieu, de la rayure des canons, artifice qui vint modifier de fond en comble les conditions de la tactique moderne, en augmentant, dans des proportions extraordinaires, tout à la fois la portée des pièces et la précision de leur tir. Malheureusement, le général Treuille de Beaulieu n'eut pas le loisir de poursuivre ses études, et de doter la France d'un puissant matériel d'artillerie. Il avait eu fort à faire pour lutter contre l'obstinée résistance des partisans de la routine et du *statu quo*.

(1) Tome III, page 432 (*L'artillerie ancienne et moderne*).

D'ailleurs, pour que l'emploi des rayures portât tous ses fruits, il était indispensable de doubler, voire même de tripler, la charge de poudre, et par conséquent, d'employer, pour la fabrication des canons, un métal plus résistant, plus dur que le bronze, dont nous avions jusqu'alors fait exclusivement usage. Ce métal, on le connaissait, c'était l'acier; seulement, nous ne savions pas fabri-

Fig. 130. — Le général Treuille de Beaulieu.

quer des blocs d'acier assez volumineux, assez épais, pour qu'on pût y forer une pièce, et ce secret, l'Allemagne le possédait depuis de longues années. L'usine Krupp avait pu fournir à l'armée prusienne, avant 1866, et de 1866 à 1870, aux armées de Bavière, du Wurtemberg, de la Saxe et du grand-duché de Bade, des pièces en acier rayées, qui se chargeaient par la culasse, et dont la portée n'était pas inférieure à 6 000 ou 7 000 mètres.

L'artillerie française, momentanément distancée, fit les plus remarquables efforts pour regagner le temps perdu. Pendant l'année terrible, à l'heure où les Allemands marchaient sur Paris, de Reffye installait des ateliers, à Nantes d'abord, ensuite à Tarbes, et il livrait à nos armées improvisées des canons de 7, qui se chargeaient par la culasse.

L'œuvre de Reffye a été appréciée par un bon juge en fait d'artillerie. Le 30 décembre 1883, à l'inauguration du buste de Reffye, à Tarbes, le général Tricoche, qui représentait, à cette touchante cérémonie, le Ministre de la guerre, s'exprimait en ces termes :

« Les admirables travaux de Reffye sur les canons à longue portée venaient à peine d'aboutir quand la guerre fut déclarée. A cette heure suprême, Reffye se multiplie. Il presse fiévreusement l'achèvement de ses mitrailleuses, les porte lui-même à nos troupes, déjà en marche vers la frontière, et enseigne à nos soldats surpris le maniement de ces engins redoutables. Puis, il dote nos jeunes armées d'un matériel plus puissant que celui de l'ennemi, et leur permet ainsi de continuer cette lutte héroïque qu'on peut appeler la lutte pour l'honneur du nom français. »

Après la guerre de 1870-1871, le matériel d'artillerie était insuffisant pour notre armée réorganisée. Il fallait se hâter, car une nouvelle guerre paraissait alors imminente. De Reffye se remet à l'œuvre. En 1874, il crée, à Tarbes un grand atelier de construction. En moins de deux ans, il arme nos batteries. Toutes les pièces qui avaient été fabriquées pendant l'hiver de 1870-1871, à Paris ou en province, furent soumises à des essais de tir, et provisoirement affectées à l'armement de nos régiments d'artillerie.

Il serait difficile d'imaginer le spectacle confus qu'offrait alors notre artillerie. Certaines pièces de 7 étaient rayées de droite à gauche, d'autres de gauche à droite. Chaque régiment se composait de batteries de 7, de batteries de mitrailleuses, de batteries de canons Withworth, et même de batteries de canons de 4, 8 ou 12, qui dataient d'avant la guerre, et qui se chargeaient par la bouche. Peu à peu, de Reffye remit de l'ordre dans ce chaos. Aux affûts en bois, trop lourds, peu mobiles et difficiles à réparer, quand ils étaient brisés, il substitue des affûts en fer. Les pièces de 7, qui avaient été fabriquées trop à la hâte, et qui étaient réellement défectueuses, reçurent un frettage, qui permit de les employer. Enfin, de Reffye fabriqua, pour les batteries à cheval, un canon de 5, d'un système analogue au canon de 7, mais plus léger.

Le général de Reffye est mort à Versailles, le 3 décembre 1880.

Entré à l'École polytechnique en 1839, il fut nommé chef d'escadron d'artillerie en 1867, après quatorze ans de grade de capitaine.

Il s'occupait avec beaucoup d'ardeur de métallurgie. Un jour, le général Favé le présente à l'Empereur, qui lui donne l'autorisation de faire exécuter, en secret, aux frais de l'État, une pièce d'artillerie absolument nouvelle. Les premières expériences eurent lieu, toujours en secret, devant le comité d'artillerie, puis devant l'Empereur : la *mitrailleuse* était inventée.

Ce nouvel engin de guerre introduisait un principe tout nouveau dans l'artillerie. Jusque-là on ne pouvait lancer la mitraille qu'à 300 ou 400 mètres, et la nouvelle portée du fusil rayé la rendait vaine. De Reffye inventait un canon qui projetait les balles à 2 000 mètres, et il rendait très juste le tir de cette mitraille. Il pouvait, presque instantanément, envoyer à la fois, à l'aide d'une simple manivelle, vingt-cinq balles, ou les lancer par saccades.

On a dit que les mitrailleuses n'ont pas rendu tous les services qu'on en attendait. Mais a-t-on oublié la bataille de Gravelotte, où les Allemands étaient fauchés par centaines, sous les coups de cet instrument meurtrier? Tout ce que l'on peut prétendre, c'est

que la mitrailleuse étant maintenant connue et employée dans les armées de tous les pays, n'a plus rien qui constitue un avantage particulier à une seule nation ; mais cela n'enlève rien à la valeur de cet engin de guerre, considéré en lui-même et dans les applications judicieuses que peut en faire un bon général.

Le canon de 4, que nous avons décrit dans les *Merveilles de la science*, avait fait merveille dans la campagne d'Italie, à cause de la rayure, disposition alors toute nouvelle et inconnue aux autres nations. Ce canon ne conserva pas sa supériorité en 1870, pendant la guerre franco-allemande. C'est alors que de Reffye inventa le canon de 7, qui, d'un avis unanime, est l'égal du canon prussien.

Le mauvais destin qui nous poursuivait dans cette guerre fatale voulut que le canon de Reffye ne fût pas encore adopté. On reconnut pourtant ses avantages, et pendant l'investissement de Paris, le canon de Reffye de 7 fut fabriqué en grande quantité. De Reffye, envoyé à Indret, par le gouvernement de la Défense nationale, confia son secret au colonel Potier, qui dirigea, pendant le siège, à l'établissement Cail, la fonderie de ses canons. Tous les Parisiens présents au siège se souviennent de ces formidables pièces.

Nous représentons dans la figure 131, une batterie d'artillerie servie, aux remparts, par la garde nationale, et qui se composait d'un canon de 7, se chargeant par la bouche, et d'une grosse pièce d'artillerie de forteresse, se chargeant par la culasse, que l'on avait eu le temps de faire entrer dans Paris.

A Nantes ou plutôt à Indret, de Reffye dirigeait la fabrication de ses canons, qui devaient reconstituer notre artillerie perdue. Dans l'espace d'un mois plus de 300 mitrailleuses et près de 400 canons de 7 furent envoyés à l'armée de la Défense nationale.

A la conclusion de la paix, le lieutenant-colonel De Reffye fut nommé commandeur

Fig. 131. — Batterie d'artillerie servie par les gardes nationaux, pendant le siège de Paris.

de la Légion d'honneur ; mais ce n'est qu'en 1873 qu'il fut fait colonel, et général en 1878.

L'État lui avait confié la direction de la fabrique d'armes et de canons de Tarbes. Là il continuait à perfectionner ses pièces d'artillerie.

Les énormes canons de rempart à pivot qui servent à nos frontières de l'Est c'est-à-dire nos canons d'avant-garde, sont des canons de de Reffye.

Doué d'un ardent patriotisme, le général de Reffye avait été cruellement affecté des désastres de sa patrie. L'éloignement dans lequel le gouvernement de la République l'a obstinément tenu des postes militaires où ses talents auraient été si utiles contribua à abréger ses jours, car il était très impressionnable et ressentait vivement les injustices ou la défaveur. Une chute de cheval qu'il fit à Tarbes accéléra sa fin, qui était

bien imprévue, car il est mort à cinquante-neuf ans.

La mort de ce général, qui fut un grand savant et, en même temps, un grand patriote, passa presque inaperçue. Le gouvernement de la République ne s'associa, par aucun concours imposant, aux regrets que toute la France militaire ressentait de sa perte. C'est que de Reffye ne fut pendant sa vie qu'un modeste et laborieux officier, et que l'on ne voulut jamais consentir à oublier que c'était l'Empereur Napoléon III qui avait le premier discerné son mérite.

Nous disons que de Reffye prit part aux études du nouveau canon dit de 95 milli-mètres.

C'était en 1880 ; on apprit, en France, que les puissances étrangères se préoccupaient d'augmenter le calibre de leurs pièces d'artillerie de campagne, afin d'obtenir des effets plus puissants dans le tir contre les abris, tels que maisons, palissades, retranchements de fortification passagère. On voulait marcher dans la même voie. Heureusement, un officier d'artillerie d'une grande valeur, le colonel de Lahitolle, soumettait, presque aussitôt, aux commissions d'expériences de Tarbes, de Bourges et de Calais, un canon, du calibre de 5 millimètres, qui sembla

Fig. 132. — Le général de Reffye.

parfait, fut vite adopté et destiné à l'armement de trente-huit batteries.

Chaque corps d'armée reçut deux de ces batteries, dites *batteries de position*, et destinées à la destruction des obstacles, et en cas de défaite, à la protection de l'armée en retraite.

Ces pièces, c'est-à-dire celles de Reffye et celles du colonel de Lahitolle, ne sont plus en service aujourd'hui, mais on les conserve dans nos arsenaux, et elles seraient utilisées, lors de la mobilisation, pour l'ar-

mement d'un certain nombre de régiments territoriaux, en particulier pour l'armement des batteries territoriales qui font partie des troupes chargées d'assurer *la défense mobile* des places fortes. A ce titre, il convient de les faire connaître.

Nous commencerons par décrire le canon de 7 du général de Reffye.

Le canon de 7 est en acier, du calibre de 85 millimètres; il pèse 620 kilogrammes, et lance, sous une charge de 1120 grammes, un obus de 7 kilogrammes, avec une vitesse initiale de 390 mètres et une portée de 5800 mètres.

Voici quelles sont les principales dimensions du canon de 7 :

Longueur totale de la bouche à feu.......	2^m,012
Longueur de la volée..................	1^m,099
Longueur de la partie frettée............	0^m,865
Longueur des tourillons................	0^m,90
Longueur de la chambre de la gargousse.	0^m,242
Longueur de la chambre du projectile...	0^m,156
Nombre des rayures...................	14
Largeur des rayures..................	0^m,013
Longueur de la partie rayée...........	1^m,466
Prix approximatif de la pièce..........	5,000 fr.

Le canon est formé d'un tube en acier, dont la partie postérieure est renforcée par sept frettes. Le mécanisme de fermeture de la culasse du canon de 7, tel que le représente

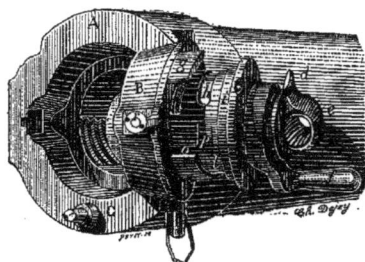

Fig. 133. — Culasse du canon de 7 de Reffye.

la figure ci-dessus, se compose d'une vis intérieure, à filets trois fois interrompus, et d'un volet mobile, B, qui supporte la vis. Le pointeur servant ouvre de gauche à droite le volet, qui tourne autour de sa charnière; il introduit successivement l'obus et la gargousse ; puis il repousse le volet contre la tranche A de la culasse, et quand la vis est parvenue à l'extrémité de sa course, il fait faire à la manette de la manivelle un sixième de tour, pour fermer la culasse. Mais, cela fait, la culasse n'est pas hermétiquement fermée, comme dans les canons qui se chargent par la bouche. Il reste des fissures, qui donneraient passage aux gaz de la poudre, et provoqueraient ainsi une déperdition considérable de force vive. C'est pour cette raison que le tir des canons se chargeant par la culasse exige l'emploi d'un *obturateur.*

L'obturateur des canons du système de Reffye fait partie de la gargousse.

La gargousse du canon de 7 (fig. 134) se divise en trois parties : la douille A, les rondelles B, B′, B″, et le culot C.

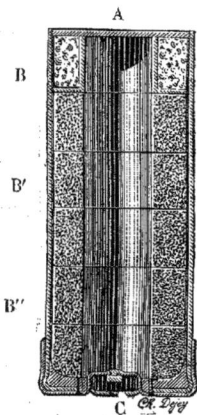

Fig. 134. — Gargousse du canon de 7 (1/4 de grandeur naturelle).

La douille est un cylindre en fort papier recouvert de fer-blanc ; les rondelles de poudre, qui sont au nombre de 5, pèsent chacune 224 grammes et sont composées de poudre ordinaire MC_{90}. Le culot C consiste en un godet en laiton, dont la partie inférieure forme des bourrelets. Au moment où l'étoupille enflammée met le feu à

la charge contenue dans les rondelles, la pression des gaz, qui tendent à s'échapper par l'arrière comme par l'avant, repousse sur l'orifice de la gargousse la tête d'un petit rivet dont la présence rend alors, de ce côté, toute fuite de gaz impossible. En même temps, le culot se dilate ainsi que la douille ; les bords du culot se joignent aux parois de la chambre, et le cylindre de fer-blanc, qui sert d'enveloppe à la douille, s'appuie sur le couvre-joint, de telle façon que l'obturation de la culasse est à peu près complète.

Ce système d'obturation offre un grave inconvénient. La douille et le culot de la gargousse restent, après que le projectile est parti, dans la chambre de la gargousse. Il suffit, au début du tir, de rouvrir la culasse avec une certaine force pour en extraire tout naturellement ces débris ; mais, dès que la pièce s'échauffe, ces débris demeurent littéralement collés aux parois ; il faut les retirer, et c'est du temps perdu.

Le canon de 7 tire un obus ordinaire, un obus à double paroi, un obus à balles et une boîte à mitraille.

L'obus ordinaire est en fonte, de forme cylindrique et ogivale à son extrémité antérieure. Il est garni, sur son pourtour, de deux cordons de plomb, qui pénètrent dans les rayures du canon, et assurent au projectile un mouvement de rotation autour de son axe. Vide, cet obus pèse 6^k,425 grammes. On l'emplit avec 350 grammes de poudre, et on l'arme avec une fusée Budin (voir le chapitre VII).

L'obus à balles renferme 58 balles en plomb ; il pèse 7^k,870 grammes. Quant à la boîte à mitraille, elle ne diffère pas de la boîte à mitraille du canon de 90, que nous décrirons au chapitre suivant.

Le canon de 5 de Reffye, du même système que le canon de 7, était destiné aux batteries qui accompagnent la cavalerie. Il

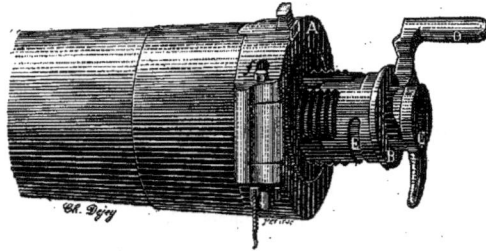

Fig. 135. — Fermeture du canon de 95 (culasse à demi fermée, vue de droite).

devait donc posséder des qualités supérieures de mobilité et de légèreté. Voici les principales données sur cette pièce :

Calibre	0m,075
Poids de la pièce	460 kil.
Poids du projectile	4k,850
Vitesse initiale	417 mèt.
Portée de la pièce	6,400 mèt.
Longueur de la pièce	2 mèt.
Longueur de la volée	1m,205
Longueur de la partie frettée	0m,865
Longueur de la chambre de la gargousse.	0m,228
Longueur de la chambre du projectile	0m,126
Nombre des rayures	14

Le mécanisme de fermeture est le même que celui du canon de 7. L'obus ordinaire, qui pèse 4k,440, est pourvu d'une charge de poudre de 210 grammes.

Arrivons au *canon de* 95, du colonel de Lahitolle, qui remplaça le canon de Reffye.

Faisons remarquer, avant d'aller plus loin, la différence de dénomination des pièces d'artillerie construites de nos jours, avec les noms adoptés antérieurement pour les mêmes pièces. Les canons dits de 7 et de 5, dont nous venons de donner la description, tiraient leurs noms du poids du projectile qu'ils lançaient : canon de 7 ou de 5 veut dire : pièce lançant un boulet ou un obus du poids de 5 ou de 7 kilogrammes. Dans les nouvelles bouches à feu, les dénominations sont empruntées au diamètre intérieur de la pièce : canon de 95 signifie canon ayant 95 millimètres de diamètre intérieur, à la bouche.

Cela posé, disons que le *canon de* 95 du colonel de Lahitolle est en acier, rayé à gauche, avec 28 rayures. Il pèse 700 kilogrammes, et tire, avec une charge de 2k,100, un obus qui pèse 10k,900, avec une vitesse initiale de 443 mètres et une portée de 6 500 mètres.

Par son poids, qui serait un gros inconvénient pour une marche à allures vives, par sa portée considérable, ce canon était naturellement désigné pour le service des places fortes. On peut dire que le canon de 95 est maintenant le *canon de campagne des garnisons de nos forteresses.*

Au premier abord, cette définition a l'air d'un paradoxe. Que l'on se reporte aux sièges de Belfort et de Paris, où l'assiégé prit l'offensive, et vint attaquer l'assiégeant jusque dans ses tranchées, et l'on comprendra que ce paradoxe sera plus tard une vérité.

Le corps proprement dit du canon de 95 est formé d'un tube en acier et de six frettes. Voici ses données principales :

Longueur du canon de 95	2m,500
Longueur de la volée	1m,530
Nombre des rayures	28
Longueur de la partie rayée	1m,931
Poids de la pièce	700 kilos.
Prix approximatif de la pièce	6,000 fr.

La fermeture de ce canon ne mérite pas de description spéciale. Nous nous contenterons de la représenter par le dessin de la figure 135. Mais le système d'obturation,

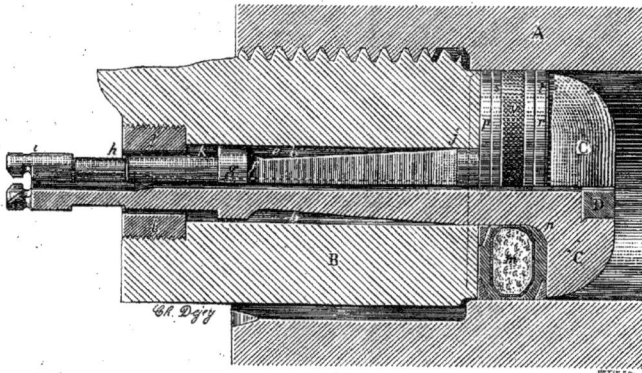

Fig. 136. — Obturateur du canon de 95 millimètres, de Bange, avec sa tête mobile (demi-coupe et demi-plan) (Échelle 1/4.)

quoique imparfait, est aussi original qu'intéressant.

A parler franc, l'obturateur de Bange, que nous allons décrire, est celui du canon de Lahitolle. M. de Bange, le créateur de nos canons de campagne actuellement en service, n'a fait subir à l'obturateur imaginé par le colonel de Lahitolle que de très légères modifications.

Comme on le voit dans la figure 136, un canal cylindrique *e* traverse, suivant son axe, le corps de vis A B. Une pièce en acier, appelée *tête mobile*, terminée à son avant par un *champignon* C C, est logée dans ce canal, qui est occupé par une longue tige *f*, *g*, *h*. La tête mobile elle-même est percée d'un *trou de lumière*, D, dont le diamètre est d'environ 5 millimètres, et qui sert au passage de la flamme qui jaillit de l'étoupille et qui met le feu à la charge de poudre. Sur la tige de la tête mobile est placé l'obturateur proprement dit, *p*, *s*, terminé par une galette cylindrique *m*, faite d'un mélange d'amiante et de suif, et renfermée dans une enveloppe en toile, flanquée, sur ses deux faces, de plaques d'étain appelées *coupelles*. Le mélange d'amiante et de suif contenu dans l'obturateur, dont on voit la coupe en *m*, est fait dans les proportions de

65 d'amiante pour 35 pour 100 de suif. Il est percé d'un trou, pour le passage de la tige de la tête mobile. Le pointeur servant met le feu à la charge, au moyen de l'étoupille ; le champignon de la tête mobile est violemment ramené en arrière, sous l'influence de la pression exercée par les gaz de la poudre ; la galette d'amiante et de suif, comprimée, se dilate, et s'appuie, sur tout son pourtour, contre les parois de la culasse. Dans ces conditions, toute issue est fermée aux gaz ; ils ne peuvent plus s'échapper que par l'âme de la pièce, en portant, par conséquent, tout leur effet sur le culot du projectile. Il n'y a presque pas de déperdition de force vive. Au cours d'un tir prolongé, l'obturateur cesse parfois de fonctionner convenablement ; on sait alors que la galette est échauffée et ramollie, et qu'il est urgent de lui restituer toutes ses propriétés en la plongeant, pendant quelques instants, dans un seau d'eau froide.

Tel est l'obturateur découvert par le colonel de Lahitolle, et qui fut adopté par le colonel de Bange, pour ses diverses bouches à feu.

CHAPITRE II

L'ARTILLERIE DE CAMPAGNE ACTUELLE. — CANONS DE 90 ET DE 80, DU SYSTÈME DE BANGE. — PROJECTILES DE CES CANONS : OBUS A BALLES, BOITES A MITRAILLE. — SERVICE EN CAMPAGNE.

En 1877, le Comité d'artillerie, ayant à faire un choix pour la pièce de campagne, eut à se prononcer entre le canon du colonel

Fig. 137. — Le colonel de Bange.

de Lahitolle et un modèle proposé par le colonel de Bange.

Dix batteries de l'un et de l'autre modèle furent mises en service et expérimentées, et c'est le canon de Bange qui réunit la presque unanimité des suffrages de nos officiers d'artillerie. Depuis lors, le colonel de Bange, qui était devenu directeur de l'atelier de précision à Saint-Thomas d'Aquin, a donné sa démission; on lui avait fait at-

tendre trop longtemps, comme à de Reffye, les étoiles de général.

Si la guerre éclatait, le canon de campagne de Bange se mesurerait avec le canon Krupp, et nous sommes bien persuadé, tout chauvinisme à part, que l'avantage serait de notre côté. On en a eu la preuve en 1885. Les officiers et les ingénieurs du royaume de Serbie réunis à Belgrade, ayant à choisir entre les canons Krupp, de l'usine d'Essen, et les canons de Bange, fabriqués par l'usine Cail, à Paris, c'est le canon de Bange qui l'emporta.

Aujourd'hui toutes nos batteries de l'armée active sont garnies du canon de campagne du colonel de Bange. La description détaillée des canons de Bange présente donc un intérêt exceptionnel. On ne fait pas la guerre rien qu'avec de braves soldats, et les plus fortes volontés ne remplacent pas un canon à longue portée. Cette expérience, nous l'avons faite à nos dépens, en 1870. Quand nos fantassins abordaient de près l'ennemi, nos artilleurs étaient obligés d'interrompre leur tir, tandis que l'artillerie prussienne, pourvue de pièces à longue portée et à trajectoire tendue, tirait, quand même, par-dessus ses compagnies, et contribuait, d'une façon efficace, au succès final. Le canon de Bange et le fusil modèle de 1886, voilà les deux puissants outils de notre défense nationale.

Le canon de Bange, ou *canon de 90* (fig. 138), a, comme on le devine, d'après la définition donnée page 162, un diamètre de 90 millimètres à la bouche. C'est une pièce en acier, rayée à droite, du poids de 530 kilogrammes ; l'obus ordinaire pèse 8 kilogrammes. A la charge normale de 1900 grammes de poudre C, la vitesse initiale de ce projectile est de 455 mètres par seconde, et sa portée est exactement de 6900 mètres.

Avant de décrire les parties essentielles

Fig. 138. — Canon de Bange, ou canon de 90.

de cette bouche à feu, citons ses principales données :

Longueur totale de la bouche à feu...	2^m,280
Longueur de la partie frettée........	1^m,010
Longueur des tourillons.............	0^m,070
Longueur de la chambre à poudre...	0^m,430
Diamètre de la chambre à poudre...	0^m,094
Nombre des rayures................	28
Profondeur des rayures.............	0^m,0006
Épaisseur de la pièce à la bouche....	0^m,0325
Poids de la pièce..................	530 kilos.
Prix approximatif.................	3,850 fr.

Le corps du canon de 90 se compose d'un tube en acier fondu, qui a été martelé et trempé à l'huile, et de six frettes, placées à sa partie postérieure, qui sont : la *frette de calage* qui s'appuie sur un ressaut du tube et qui s'oppose au glissement des autres frettes ; la *frette des tourillons*, qui porte les tourillons et leurs embases ; c'est autour de l'axe des tourillons, qui est perpendiculaire à l'axe de la pièce, que le canon se dé-

place, dans un plan vertical, pour prendre l'inclinaison convenable au tir ; les trois frettes ordinaires qui, par leur présence, consolident la pièce ; enfin, la *frette de culasse*. Toutes ces frettes sont en acier puddlé. La partie rayée de l'âme de la pièce se raccorde avec la chambre à poudre, par une portion tronconique ; quant à la chambre à poudre elle-même, elle est de forme cylindrique.

Le mécanisme de culasse du canon de 90 ne diffère pas sensiblement de ceux que nous avons décrits au chapitre précédent. Il se compose, comme on le voit sur la figure 139, d'une vis en acier, B, à filets trois fois interrompus, portée par un volet V, mobile autour d'une charnière. Cette vis s'introduit dans un écrou, dont les filets sont également trois fois inter-

Fig. 139. — Culasse du canon de Bange de 90 millimètres (culasse ouverte, vue par la gauche).

rompus, et que l'on appelle le logement de la culasse.

Pour ouvrir la culasse, l'artilleur, placé à gauche de la pièce, à hauteur de la culasse, saisit le *levier-poignée* D, avec la main gauche, le relève le plus possible et le tire à lui, jusqu'à l'arrêt du mouvement, afin de faire tourner la vis de culasse. Il saisit alors la poignée fixe, avec la main droite, et tire franchement la culasse en arrière, pour ouvrir le volet. L'opération inverse s'exécute, pour refermer la culasse après l'introduction du projectile. Cette manœuvre est des plus simples, et ce n'est pas un avantage à dédaigner sur le champ de bataille. Le *levier-poignée*, lorsqu'il est rabattu, empêche la vis de culasse de tourner pendant le tir, parce que sa tête est engagée dans une mortaise de sûreté pratiquée dans le volet.

Quant à l'obturateur, nous l'avons représenté dans la figure 136 (page 163) : c'est celui du colonel Lahitolle, ainsi que nous l'avons fait remarquer d'avance.

Le canon de 80 est spécialement affecté aux batteries à cheval. Il ne diffère pas, dans son ensemble, du canon de 90; mais il est moins lourd, et il est naturellement doué d'une mobilité supérieure et se prête mieux aux allures rapides de la cavalerie. Il ne pèse que 425 kilogrammes, et lance un obus de $5^k,600$, avec une charge de poudre de 1 300 grammes, une vitesse initiale de

490 mètres et une portée de 7 100 mètres. Le rapport entre le poids de la charge et le poids du projectile est : 0,27 pour le canon de 80, et 0,23 seulement pour le canon de 90. C'est ce qui explique pourquoi la vitesse initiale de l'obus de 80 — et, par conséquent, sa portée — sont supérieures à celles de l'obus de 90.

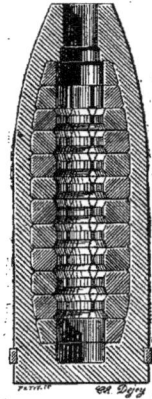

Fig. 140. — Obus du canon de Bange, de 90 millimètres.

Ces deux canons (celui de 90 et celui de 80) lancent quatre espèces de projectiles : des obus ordinaires, des obus à balles, des obus à mitraille et des boîtes à mitraille.

L'obus ordinaire (fig. 140) est en fonte, de forme allongée, et présente un vide intérieur, contenant la charge destinée à le faire éclater.

Le diamètre de l'obus de 90 n'est que

de 88^{mm},7. A son extrémité inférieure le projectile est entouré d'une ceinture en cuivre rouge, incrustée dans la fonte ; le diamètre de cette ceinture est de 91^{mm},6. Au moment où le pointeur servant met le feu à la charge, le projectile est chassé en avant, et la ceinture en cuivre dont le diamètre est supérieur au diamètre de l'âme de la pièce pénètre dans les rayures. L'obus n'avance donc qu'en tournant, et c'est ainsi qu'à sa sortie de la bouche à feu il se trouve animé d'un mouvement de rotation autour de son axe.

La charge de poudre contenue dans l'obus est de 300 grammes pour le canon de 90, et de 240 grammes pour le canon de 80.

L'obus à balles est en fonte comme l'obus ordinaire ; il renferme 92 balles, disposées régulièrement autour de la charge de poudre intérieure.

L'obus à mitraille présente extérieurement la même forme que l'obus ordinaire. Il se compose d'une enveloppe en tôle d'acier, d'une grenade en fonte, logée dans l'ogive et chargée de poudre, de plusieurs rondelles en fonte et d'un culot en acier formant la partie cylindrique et de balles en plomb durci ; il pèse 8 kilog. et demi.

Pour distinguer entre eux ces projectiles, on les a peints de couleurs différentes : l'obus ordinaire est noir et rouge, l'obus à mitraille est entièrement rouge.

La boîte à mitraille (fig. 141) comprend un culot, un couvercle et un corps de boîte en zinc ; elle contient 123 balles en plomb durci reliées par du soufre fondu.

L'explosion de ces projectiles est déterminée à l'aide d'une fusée dont on trouvera la description et le dessin au chapitre VII. Suivant que l'on emploie la fusée dite à double effet, ou la fusée percutante, l'obus éclate en l'air, ou en touchant le sol. Il y a tout avantage à faire éclater en l'air l'obus à balles, qui couvre alors de ses éclats toute une zone de terrain. C'est dans ce but que

les obus à balles et les obus à mitraille sont armés de fusées à double effet, tandis que

Fig. 141. — Boîte à mitraille du canon de Bange, de 90 millimètres.

les obus ordinaires sont armés de fusées percutantes.

La charge de poudre des canons de 90 et de 80 est contenue dans un sachet de toile amiantine. Dans les coffres, chaque gargousse est recouverte d'une enveloppe de papier goudronné, pour la défendre de l'humidité.

Les affûts des canons de campagne sont en métal : l'essieu, les flasques et la vis de pointage sont en acier doux ; les ferrures en fer, les semelles de sabot et le bout de crosse lunette, en acier de cémentation, et les autres parties de l'affût en bronze.

Le système de pointage qui sert à lever ou à baisser la culasse de la pièce comprend : le support de pointage ; l'excentrique ; la vis de pointage.

Lorsque la culasse repose sur la petite tête de l'excentrique, cet excentrique ne peut tourner autour de son axe ; mais si l'on imprime à la vis de pointage un mouvement de rotation, par l'intermédiaire d'une manivelle, la vis ne peut descendre, ni monter, puisqu'elle est arrêtée des deux côtés par une crapaudine et par une rondelle-écrou, et c'est alors l'écrou de la vis qui monte ou qui descend, entraînant la culasse. Dans ces circonstances, la marche ascendante ou descendante est régulière et lente, et rien n'est plus aisé que de donner à la pièce telle inclinaison que l'on voudra.

Le résultat ainsi obtenu est capital, car devant l'ennemi bien imprudent qui gaspille ses munitions, il ne faut tirer qu'à peu près à coup sûr. L'artilleur est donc forcé de modifier incessamment l'angle de son tir, selon que l'adversaire qui lui tient lieu de but se rapproche ou s'éloigne.

Chaque pièce de 90 est servie par six canonniers. On en compte huit pour les pièces de 80, parce que deux canonniers sont chargés de tenir les chevaux de leurs camarades.

La charge se fait en quatre temps. Au commandement : *En action*, le second servant de droite s'empare du levier de pointage et dirige la pièce à peu près vers le but; le premier servant de gauche ouvre la culasse, et s'assure que l'obturateur est en bon état. Au commandement : *chargez!* le premier servant de gauche introduit dans la culasse successivement l'obus et la gargousse; le premier servant de gauche referme ensuite la culasse. Au commandement : *pointez!* le premier servant de gauche pointe la pièce, à l'aide de la hausse. Au commandement : *feu!* le premier servant de droite met le feu à la charge, au moyen de l'étoupille.

Ces mouvements, que nous avons tenu à reproduire ici sommairement, ne s'exécutent en si bel ordre que sur le terrain de manœuvres. Il arrive fréquemment, sur le champ de bataille, qu'une pièce soit desservie par deux ou trois hommes, leurs camarades ayant été tués ou blessés. Mais il est indispensable que les artilleurs soient absolument rompus, en temps de paix, avec les détails de la charge. Les canons de Bange sont, en effet, susceptibles de détériorations, et la moindre avarie suffirait à les mettre momentanément hors de service.

Plus l'industrie fait des progrès, et plus l'art de la guerre devient une science compliquée; plus aussi l'intérêt suprême de la défense nationale exige de notre part des efforts constants, un zèle sans limites, et une application soutenue. Nous avons des canons incomparables; il faut de bons pointeurs, pour les employer.

CHAPITRE III

LES MITRAILLEUSES, DÉCEPTIONS ET PRÉVENTIONS. — EXPÉRIENCES RÉCENTES. — LA MITRAILLEUSE GATLING. — LES MITRAILLEUSES ANGLAISE ET ALLEMANDE. — LE CANON REVOLVER HOTCHKISS. — RÔLE QUE JOUERONT LES MITRAILLEUSES DANS L'AVENIR.

Au moment où, dans les *Merveilles de la science*, nous décrivions les mitrailleuses française, belge et américaine, notre armée se mesurait, sur les champs de bataille de l'Est, avec l'armée allemande. On se tromperait fort en croyant que l'énorme supériorité du canon Krupp en acier sur nos pièces de 4, de 8 et de 12 en bronze, ait surpris tout le monde. On se doutait bien un peu, dans l'armée et même dans le public, que les canons prussiens avaient une portée plus considérable et une trajectoire plus tendue que les nôtres. Mais, d'une part, nombre d'officiers étaient encore persuadés que l'attaque à la baïonnette était le dernier mot de la tactique, et qu'il suffirait d'une compagnie de nos troupiers pour enlever toutes les batteries de l'ennemi. D'autre part, le public était alors si peu familiarisé avec les questions militaires, qu'il se payait volontiers de mots. C'est pour ces diverses raisons que la confiance dans la mitrailleuse était universelle en France, en 1870.

Cette confiance ne devait pas être de longue durée. Les mitrailleuses ne nous furent d'aucune utilité, pendant la guerre. Nos généraux, qui ne les avaient jamais vues à l'œuvre, essayèrent de s'en servir contre un adversaire qui se tenait à 3 000 ou 4 000 mè-

Fig. 142. — Le général Abel Douay tué par l'explosion du caisson d'une mitrailleuse.

tres de distance, alors que leur portée ne dépassait pas 500 mètres.

A la bataille de Wissembourg, le 4 août 1870, un obus prussien tombe sur un caisson de mitrailleuse. Le caisson fait explosion, et l'une des balles qu'il renferme va frapper mortellement le général Abel Douay. Ce fut assez pour provoquer tout un concert de récriminations contre les mitrailleuses, qui, du Capitole, furent bientôt traînées aux gémonies. Pour parler sans métaphore, ceux qui avaient le plus recommandé l'emploi des mitrailleuses furent les premiers à en demander la suppression.

C'était aller trop brusquement d'un extrême à l'autre.

Deux mois plus tard, en effet, les chefs de notre armée, qui avaient profité d'une expérience si chèrement acquise, tiraient parti des mitrailleuses. C'est ainsi qu'à Champigny, le 2 décembre 1870, deux mitrailleuses, commandées par le chef d'escadron Ladvocat, aujourd'hui général de division, exécutaient, à 500 mètres de distance, un tir rapide contre une division bavaroise; et leur feu produisait de tels ravages que la marche en avant des colonnes ennemies était arrêtée net; de sorte que le corps d'armée du général Ducrot put achever sa retraite, sans être inquiété. Nous verrons plus loin que les mitrailleuses figurent dans l'armement de nos forteresses, et qu'elles sont tout spécialement affectées à la défense des *caponnières*. A ce titre, ces engins, trop vantés jadis, trop décriés aujourd'hui, méritent une mention spéciale ; d'autant plus qu'ils ont été perfectionnés, qu'ils le seront encore, dans un avenir très prochain ; de sorte que la mitrailleuse future sera au canon ce que le fusil à répétition est au fusil à aiguille.

Nous avons donné, dans les *Merveilles de la science* (1), la figure, la description et la coupe de la *mitrailleuse Gatling,* ou *mitrailleuse américaine.* Nous renvoyons le lecteur à ces pages de notre ouvrage, auxquelles nous n'aurions que peu à ajouter ; la mitrailleuse Gatling n'ayant subi que des modifications sans importance depuis 1870.

Sa portée effective ne dépasse pas 500 mètres, mais, à cette distance, toutes les balles se logent dans un rectangle de 20 mètres de superficie. On a réussi, à l'aide de quelques perfectionnements ingénieux, à doubler presque la rapidité de son tir, et à lui faire tirer jusqu'à six coups, c'est-à-dire lancer 150 balles, dans l'espace d'une minute. Le diamètre des balles de cette mitrailleuse est de 13^{mm},6.

Pour la défense des places, l'artillerie a adopté une mitrailleuse de 13^{mm},5 ; chaque cartouche contient trois balles superposées. On devine aisément quels sont les avantages de cette substitution, quand il s'agit de repousser un assaut, et par conséquent, de couvrir une petite étendue de terrain du plus grand nombre possible de projectiles. Ajoutons que l'affût de la mitrailleuse actuelle est en bronze.

La *mitrailleuse Gatling* a été expérimentée dans une foule de circonstances, non seulement à terre, mais aussi à bord des navires. Au siège de Plewna, en novembre 1877, les Russes se servirent de deux batteries de mitrailleuses Gatling, pour arrêter les détachements turcs qui cherchaient à pénétrer jusque dans les tranchées. A cet effet, les mitrailleuses, abritées derrière de petits épaulements, étaient pointées, avant la nuit, vers la zone de terrain que devaient forcément traverser les Turcs, et au premier signal, les mitrailleuses étaient mises en mouvement.

A Tel el Kébir, en octobre 1882, les An-

(1) Tome III, pages 516-518.

glais avaient une batterie de six mitrailleuses Gatling, servie par trente marins. Le 12 octobre, cette batterie reçut l'ordre de se porter en avant : elle vint à bonne distance des retranchements de Tel el Kébir. Devant elle, à sa droite et à sa gauche, se trouvaient des batteries ennemies, qui tiraient vivement sur les nouveaux arrivants. Immédiatement, le commandant ordonne d'ouvrir le feu ; en peu d'instants les parapets sont balayés, les embrasures sont criblées de projectiles, les Égyptiens se retirent, et les marins anglais, s'élançant à l'assaut, franchissent les retranchements, et poursuivent l'ennemi jusqu'auprès de son camp. Il est clair que si les Égyptiens avaient eu des canons à tir rapide, et s'ils avaient su les manier, les mitrailleuses anglaises auraient été bientôt démontées.

Aujourd'hui, où les expéditions coloniales ont pris un si large développement, l'usage des mitrailleuses est tout naturellement indiqué. Le crépitement qu'elles produisent agit sur l'esprit des indigènes, et produit presque autant d'effet que leur tir même.

Très légères, très mobiles, les mitrailleuses se plient à toutes les exigences d'un combat naval. Elles peuvent être installées et déplacées du pont d'un navire dans les hunes. En 1877, au combat livré par deux bâtiments anglais contre un vaisseau péruvien, une petite mitrailleuse Gatling fixée dans la hune du mât de misaine rendit de précieux services.

La *mitrailleuse Gatling* est formée, à volonté, d'une réunion de six, huit ou dix canons ; on choisit un de ces chiffres, d'après les conditions à remplir de légèreté et de vitesse du tir. Ce faisceau est maintenu rigide par des fresses placées de telle sorte qu'elles ne s'opposent pas à la dilatation naturelle du métal. Chacun des canons de fusil correspond à une platine. Au moyen d'une manivelle, l'artilleur fait tourner, en même temps, les canons et les platines. Indépendamment de ce mouvement de rotation commun, les platines vont en avant et en arrière : en avant, pour introduire les cartouches dans le tonnerre ; en arrière, pour opérer l'extraction des douilles vides. L'extracteur, qui n'a pas de ressort, saisit le culot de la cartouche, au moment de son introduction et avant qu'elle ait été poussée dans le canon. Le tir n'est possible que si la manivelle tourne de gauche à droite ; de cette façon, on prévient tout accident dans le cas où l'on est obligé de faire manœuvrer la pièce toute chargée. Pendant l'action, cinq cartouches sont constamment en marche ; tandis que l'une d'elles fait feu, une autre est introduite dans le canon, une troisième est extraite, la quatrième et la cinquième sont saisies par la platine. Ces mouvements alternatifs se succèdent sans aucune interruption, si bien que le tir se continue régulièrement et automatiquement tant que la pièce est approvisionnée.

Jusqu'en 1880, la mitrailleuse Gatling était approvisionnée par l'intermédiaire d'un tambour ; on fit usage, plus tard, d'un étui, dans lequel on introduisait quarante cartouches, qui descendaient dans le canon sous l'action de la pesanteur ; les cartouches pleines et les douilles vides se croisaient, et se faisaient obstacle.

Le chargement de la mitrailleuse actuelle se fait par un disque vertical dans lequel 104 cartouches sont contenues. Ces cartouches suivent une spirale, qui va du centre à la circonférence, et cela jusqu'à l'instant où elles sont introduites de force dans les canons. Des ailettes placées dans le disque, et mues par la manivelle de la mitrailleuse, poussent et guident les cartouches dans la spirale. Le chargement peut donc être effectué quelle que soit l'inclinaison de la pièce, fût-elle même verticale, ce qui permet d'exécuter des feux plongeants du haut en bas d'un parapet, d'un mât de misaine ou du pont d'un navire. Avec 10 ca-

nons, la mitrailleuse Gatling tire jusqu'à 1 200 coups par minute.

La mitrailleuse Gatling n'est pas certainement le type définitif. Elle peut être utile dans certaines circonstances, mais il serait inutile d'en introduire plusieurs batteries dans nos parcs de siège. Tout ce que l'on peut dire, c'est qu'elle est la seule qui ait été largement essayée depuis la guerre de 1870.

Un constructeur américain, M. Maxim, a, plus récemment, construit une mitrailleuse dont les dispositions mécaniques diffèrent de celles de la mitrailleuse Gatling, en ce que le mouvement de recul de la pièce est utilisé pour recharger le canon. Cette mitrailleuse figurait à l'Exposition de Paris de 1889, et le shah de Perse se donna la satisfaction de faire tirer cette bouche à feu sous ses yeux.

Nous emprunterons la description de la *mitrailleuse Maxim* au journal *la Science illustrée*, du 27 avril 1889.

« *Le canon automatique Maxim* est construit, dit la *Science illustrée*, de telle façon qu'il suffit de tirer un seul coup pour le faire fonctionner indéfiniment et vider son magasin de cartouches, le tireur n'ayant qu'à diriger la pièce. La force du recul est employée à extraire la cartouche vide, à en glisser une neuve dans le tonnerre et à faire partir le coup ; le canonnier maintient simplement la détente poussée. Toutes ces opérations se font automatiquement, et la pièce tire sans interruption jusqu'à épuisement complet de son magasin.

« Décrivons brièvement l'opération.

« La culasse est d'abord manœuvrée à la main, la première cartouche poussée dans le canon, et la gachette pressée pour faire partir le premier coup. Le recul produit par l'explosion est reçu par la culasse qui se trouve lancée en arrière, entraînant le canon à sa suite. Pendant ce mouvement, la culasse s'est ouverte, le culot vide a été extrait, l'aiguille mise au cran de sûreté, et une

Fig. 143. — La mitrailleuse Maxim en action.

nouvelle cartouche est venue se placer devant l'ouverture du canon, toute prête à y être poussée. Mais toute la force du recul n'a pas été employée dans cette première action ; elle a tendu aussi un ressort en spirale qui, en revenant à sa position primitive en vertu de son élasticité, ramène le canon dans sa position normale pour le tir, y pousse la nouvelle cartouche et ferme la culasse. Au même moment, l'aiguille vient frapper sur la capsule de la cartouche.

« La mitrailleuse se compose de deux parties, l'une mobile, l'autre immobile. La portion mobile comprend le canon, la platine, le levier, la culasse et une charpente intérieure supportant les diverses parties du mécanisme.

« La partie mobile constitue à elle seule, en réalité, le canon ; la partie immobile ne lui sert que de support.

La figure 143 représente le fusil en action, avec sa boîte à munitions, et montre les culots extraits et projetés en avant.

« La figure 144 est une vue de la portion immobile de la mitrailleuse, montée sur tourillons, permettant les mouvements latéraux aussi bien que les verticaux, et munie de manettes et d'une détente pour le tir.

« La figure 145 est une section longitudinale du fusil en position pour tirer.

« La figure 146 est une projection horizontale du fusil ; le dessus (n° 32 dans la figure 143) a été enlevé, ainsi que certaines autres parties, pour permettre de voir le mécanisme.

« La figure 147 est une vue de la boîte à munitions et d'une partie du mécanisme qui opère le chargement.

« La figure 148 est une vue de la partie du fusil inclinée en arrière, de façon à permettre de voir la culasse. La partie immo-

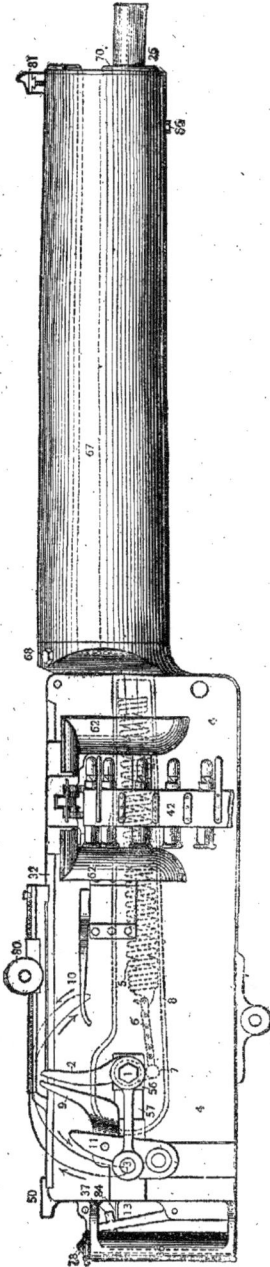

Fig. 144. — Diagramme de la partie immobile du canon de la mitrailleuse Maxim.

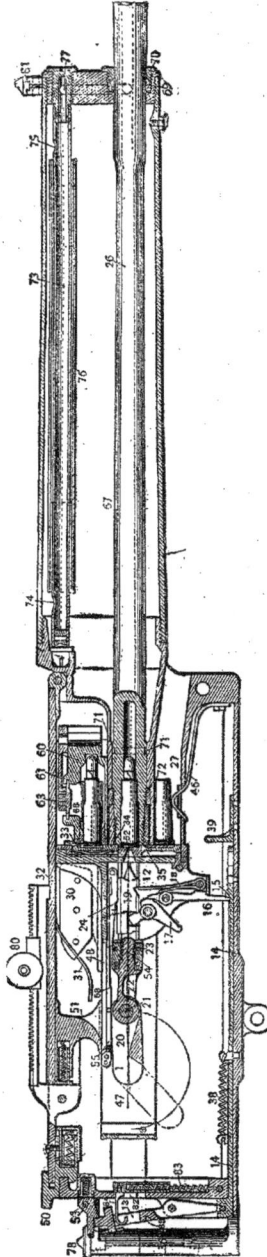

Fig. 145. — Section longitudinale du fusil.

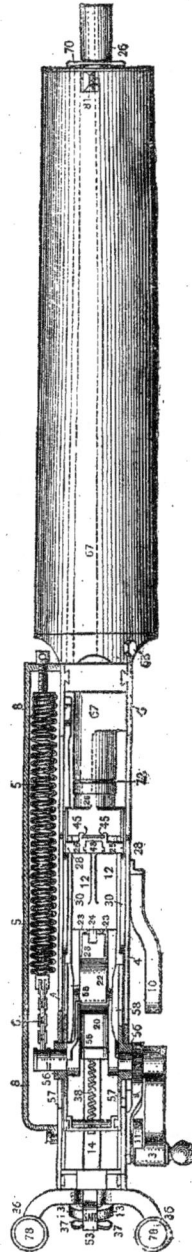

Fig. 146. — Projection horizontale.

bile a été enlevée et les différentes parties sont vues dans la position qu'elles occupent au moment où la culasse arrive à la fin de son mouvement de recul.

La figure 149 représente ce qu'on appelle la targette, inclinée en arrière pour montrer le mécanisme qui constitue à la fois la platine, la culasse, le chargeur et l'extracteur. On voit que, dans le mouvement de la charge et de l'extraction, la tête du culot est fortement prise des deux côtés. Cette pièce est assez petite et peut facilement tenir dans la poche d'un soldat. Comme c'est une des parties les plus sujettes aux accidents et déran-

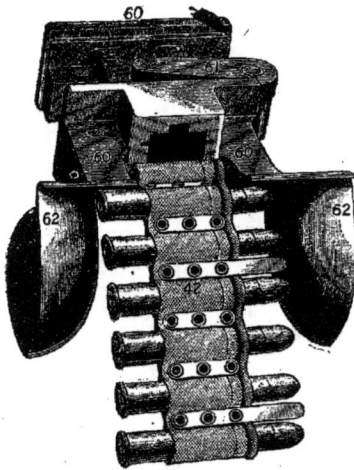

Fig. 147. — Boîte à munitions.

gements, chaque mitrailleuse en possède deux, de façon à pouvoir remplacer rapidement celle qui serait dérangée.

Toutes les parties dessinées en traits pleins dans la figure 144 restent immobiles pendant le tir, à l'exception du levier coudé, n°s 2, 3, fixé sur un axe qui fait partie de la portion mobile. Cette portion mobile est montée sur le fût du fusil, 4, de manière à pouvoir reculer de $0^m,025$.

« A la gauche et à l'extérieur du canon, du côté opposé au levier, n°s 2, 3, un ressort en spirale, n° 5, est attaché à l'axe, n° 1, du levier au moyen d'une chaîne, n° 6, et d'une petite fusée, n° 7, vues en traits pointillés.

« Dans la figure 146, la boîte, n° 8, qui contient le ressort, n° 5, est ouverte pour montrer le ressort et sa chaîne, s'attachant sur l'axe, n° 1.

« Quand l'arme fait feu, le bras, n° 4, du levier, n°s 2, 3, qui appartient à la portion mobile, est poussé violemment contre un buttoir, n° 9, fixé sur le fût du fusil, n° 4 ; cet arrêt brusque fait tourner l'axe, n° 1, et force le bras, n° 3, à venir frapper un ressort d'arrêt, n° 10, établi à l'extérieur de la charpente ; il le dépasse et y reste accroché, si bien que le ressort, n° 5, est non seulement allongé de $0^m,025$ par le recul, mais encore se trouve tendu par la chaîne attachée à la fusée n° 7.

« Le bras du levier, n° 3, étant resté sur le ressort, n° 10, l'action du ressort, n° 5, ramène d'abord le canon et toute la partie mobile dans sa position de tir, puis fait tourner le levier. Le bras, n° 3, vient s'abattre sur un arrêt, n° 11, qui peut tourner autour d'un point fixe. Ce buttoir reçoit le coup, pivote et prévient ainsi tout rebondissement du levier.

« Dans la section (fig. 145), toutes les pièces sont vues dans la position qu'elles occupent quand le fusil est prêt à tirer. La platine, n° 12, porte une aiguille, un ressort, un percuteur et une gachette.

« Quand la détente, n° 13, placée entre les deux manettes verticales, n° 36, est pressée, la tige, n° 14, est tirée en arrière et son buttoir, n° 15, accroche la partie inférieure de la gachette, n° 16, provoque ainsi la chute du percuteur, n° 17, sur l'aiguille, n° 19, qui, projetée violemment en avant, vient frapper l'amorce de la cartouche et la faire partir. Un ressort, n° 38, ramène par sa contraction la détente et la tige, n° 14, à leur position première. Toutes les opérations du mécanisme de la culasse sont effectuées par les mouvements réciproques du levier, n°s 2, 3.

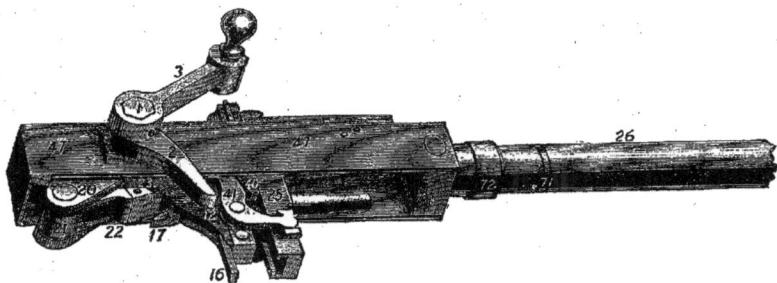

Fig. 148. — Partie mobile du canon.

Le levier du fusil a un bras, n° 20, placé à l'intérieur du fût de l'arme, n° 4, et disposé à angle droit avec le bras, n° 2, du levier extérieur. A ce bras, n° 20, est attachée, de manière à pouvoir pivoter, l'extrémité postérieure d'un transmetteur, n°ˢ 22, 23, dont la partie n° 23 est reliée à la culasse, n° 12. Quand le levier extérieur est poussé en avant, le bras, n° 20, du levier intérieur est renversé en arrière, dans la position indiquée par la ligne pointillée (fig. 145). La partie n° 23 de la tige se trouve en contact avec la tête du

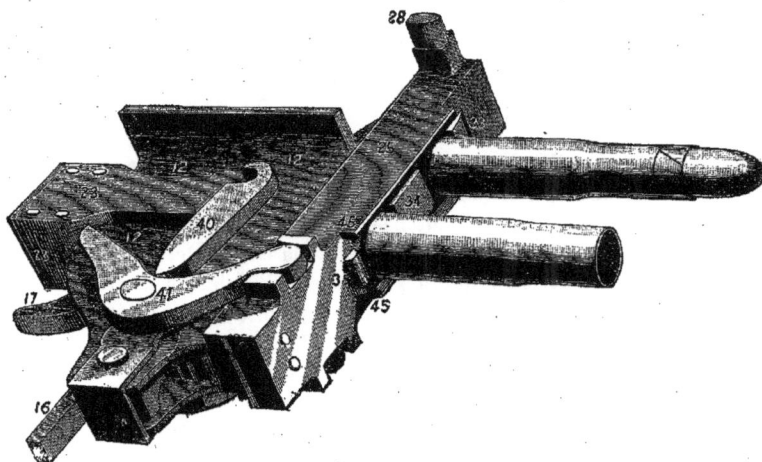

Fig. 149. — Culasse démontable, porteur et platine.

percuteur, n° 17, le baisse, tire en arrière l'aiguille et comprime le ressort, 15, jusqu'à ce que la gachette, 16, se soit engagée dans le marteau et qu'une autre gachette, 24, ait arrêté l'aiguille dans un cran de sûreté. En même temps la culasse est rejetée en arrière, le culot vide extrait une nouvelle cartouche tirée de la ceinture, le porteur, 25, qui contient le déchargeur et l'extracteur s'abaisse, la cartouche est portée devant le canon, 26, et le culot vide devant le tube de décharge, 27.

Les coulisses 28, de la pièce 25, pendant le recul et l'ouverture de la culasse, glissent sur les cames, 30, portées par le fût, 4. La pièce, 25, se trouve ainsi soutenue pendant l'extraction du culot vide et la prise d'une nouvelle cartouche dans le ceinturon. Elle descend ensuite par son propre poids et par l'effet d'un ressort, 31, attaché à l'intérieur du couvercle, 32, sur le fût 4. Le porteur est tenu et guidé pendant son mouvement en avant par les coulisses, 28, qui glissent sur la surface inférieure des cames, 30, jusqu'à ce que la culasse soit fermée. La pièce, 25, porte des crochets à ressort, 33, 34 et 35, qui, par leurs saillies, retiennent la cartouche neuve et le culot vide, comme le montre la figure 143.

Les cames, 40, pendant la fermeture de la culasse, actionnent un levier, 41, qui soulève le porteur, 25. Au même instant le crochet à ressort, 33, cède et passe sur la tête d'une cartouche de ceinturon, 42; le crochet, 34, passe sur la tête de la cartouche qui se trouve dans le canon et le crochet, 35, passe sur le culot vide dans le tube, 27. Le porteur est donc débarrassé de la cartouche vide et tient déjà une nouvelle cartouche du ceinturon.

« Dans les coulisses, 45, du porteur, 25, s'engagent les rebords de la cartouche qui se trouve ainsi complètement prise. Pendant le double mouvement en avant et en arrière de la culasse la cartouche est extraite du ceinturon et poussée ensuite dans le canon; de même le culot vide a été retiré du canon, puis poussé dans le tube de décharge, 27, où il est pris par un ressort, 46, jusqu'au moment où il est rejeté par la cartouche vide qui lui succède.

« L'aiguille, 19, glisse entre des guidons dans la culasse, et ne peut frapper la cartouche qu'à travers un trou, 52, du porteur, 25; elle ne peut donc faire partir le coup que lorsque le porteur, 25, a achevé son mouvement et que la culasse est fermée, comme on le voit dans les figures 139 et 140. La gachette de sûreté, 24, empêche encore l'aiguille de partir, jusqu'au moment où, par le mouvement de fermeture de la cu-

lasse, elle se trouve soulevée par les tiges, 22, 23, et met l'aiguille en liberté. Un petit crochet de sûreté, 53, empêche la détente d'être poussée tant qu'il n'est pas soulevé et tiré en arrière.

« Dans le tir continu, les culots vides sont portés à tour de rôle dans le tube, 27, et en sont chassés avec une grande force par le coup reçu du culot qui succède, au moment de son entrée dans le tube.

« Les deux parties, 22, 23, de la tige sont jointes au moyen d'un écrou sans fin, 54, si bien que, grâce à ce système, la platine du fusil peut être enlevée et replacée en quelques secondes. Un petit crochet, 56, attaché à la charpente mobile 47, soutient la pièce, 22, au moment où elle est levée pour remplacer la platine, facilitant ainsi l'opération.

« L'axe, 1, est soutenu dans des portants, 56, pris sur la charpente intérieure mobile, 47, et s'étendent par des pistes extérieures, 57, dans le fût externe, 4, ces pistes étant d'une longueur suffisante pour permettre le recul de la pièce, 47, et de son mécanisme.

« Quand la culasse est fermée, le bras de levier, 20, porte contre des buttoirs, 58, attachés à la charpente, 47. Aussi pendant la période de l'explosion la culasse est fortement appliquée contre le canon et supporte le choc du recul, si bien que le canon, le levier et le fût, 47, ou toute la partie mobile du canon, reculeront jusqu'au moment où le bras, 2, frappe le buttoir, 9, comme nous l'avons dit plus haut. C'est alors que ce bras, 2, se trouve poussé en avant et ouvre la culasse d'abord lentement, puis plus rapidement. Le culot vide est ainsi extrait du canon, d'abord très lentement, et de même pour la cartouche neuve retirée du ceinturon.

« La plus grande partie du temps qui s'écoule entre deux décharges se passe dans l'ouverture de la culasse, si bien que la pression des gaz a produit tout son effet

Fig. 150. — Mitrailleuse anglaise placée dans un hunier.

Fig. 151. — Mitrailleuse Hotchkiss, pour la défense des places (pièce fixe).

dans le canon avant que la culasse n'en soit retirée.

« Le chargement des cartouches se fait de la façon suivante. Les cartouches sont placées dans le ceinturon, 42, formé de deux bandes d'étoffe réunies entre elles par des œillets et des lames de cuivre. Au bord le plus rapproché de la balle, la ceinture est fortifiée par une corde cousue dans un repli de l'étoffe, si bien que les cartouches restent horizontales, et de quatre en quatre les lames de cuivre se prolongent entre les balles, maintenant ainsi les cartouches bien droites dans leurs étuis.

« La boîte ou magasin qui contient le ceinturon, 42, rempli de cartouches est placée dans le montant. Les boîtes de réserve peuvent être placées et transportées sur le même montant. Le levier, 61, vu en haut de la figure 147, est actionné par le mouvement du canon, de telle façon que les cartouches se mettent en position une par une. Les pièces recourbées, 62, guident les balles et les maintiennent dans la bonne position.

« Le fût, 4, porte une chambre à eau, 67, à travers laquelle le canon, 26, glisse longitudinalement. Cette chambre contient environ trois litres et est remplie par une ouverture percée près de son extrémité postérieure et bouchée par un tampon, 68. Les joints sont serrés autour du canon de la manière suivante. A l'extrémité antérieure du canon est une boîte à étoupes, 69, avec sa garniture et un anneau, 70, qui se visse à l'intérieur comprimant la garniture autour du canon.

« A l'autre extrémité du canon est un anneau de piston, 71, qui empêche l'eau de s'échapper pendant les mouvements, et en 72 se trouve une soupape, qui se ferme, empêchant l'écoulement de l'eau quand la mitrailleuse ne tire pas et que le canon est à l'intérieur.

« Le canonnier au moyen des manettes, 36, peut diriger le canon et le pointer dans toutes les directions. Les pouces se trouvent tout naturellement placés pour le maniement de la détente. On peut ainsi couvrir de balles en un court instant un espace déterminé. Au moyen des guidons 80 et 81, le soldat peut viser avec la plus grande exactitude comme s'il avait un fusil. La rapidité de tir varie de 600 à 700 coups par minute suivant le type des cartouches employées. »

Les Anglais ont modifié la mitrailleuse Gatling en plaçant verticalement les magasins de cartouches. Nous représentons dans la figure 150, *la mitrailleuse anglaise* servie par des marins, et tirant dans un hunier. Le mécanisme qui amène chaque canon en face des cartouches est le même que celui de la mitrailleuse Gatling.

Nous devons une mention spéciale à une mitrailleuse aujourd'hui adoptée dans l'armée française, et qui est utilisée à la fois sur nos vaisseaux, et pour la défense de nos places fortes. Nous voulons parler de la *mitrailleuse*, ou *canon-revolver* Hotchkiss, que nous représentons dans les figures 151 et 152.

En 1879, la marine française adopta cette bouche à feu, pour combattre les bateaux-torpilleurs. La Russie, la Hollande, le Danemark, la Grèce, ont aussi installé le canon-revolver Hotchkiss à bord de leurs bâtiments de guerre, et l'Amirauté allemande a suivi leur exemple, en 1886.

On s'étonnait de ne pas

Fig. 152. — Mitrailleuse Hotchkiss mobile, adoptée par l'artillerie française pour la défense des places (pièce attelée).

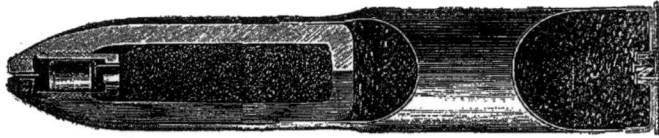

Fig. 153. — Coupe de la cartouche de la mitrailleuse Hotchkiss.

voir les artilleurs de terre faire usage de cette pièce, à la fois puissante et légère, dont les mérites avaient vivement frappé M. le général Favé, dès 1877, ainsi qu'il le dit dans son *Cours d'art militaire*, professé à l'École polytechnique. Il semblait que le canon-revolver Hotchkiss était susceptible d'un emploi plus varié, et l'événement a justifié ces prévisions, puisqu'il a été adopté en 1881, par notre artillerie de terre, pour concourir à la défense des places fortes.

La mitrailleuse Hotchkiss se compose de cinq tubes, montés parallèlement l'un à l'autre, autour d'un axe central et placés entre deux disques en bronze. Ce groupe de tubes peut tourner devant un bloc de culasse, qui contient les mécanismes de chargement, d'inflammation et d'extraction de la douille des cartouches. La manivelle, placée sur le côté droit du canon, fait mouvoir simultanément le piston de chargement, le percuteur, l'extracteur et les tubes. Une disposition ingénieuse fait qu'à chaque tour de la manivelle un coup part, un canon reçoit une cartouche tandis que l'extracteur retire la douille d'un troisième. Les mêmes organes servent donc pour tous les tubes, ce qui a permis de les faire très résistants et capables de soutenir un tir prolongé.

La figure 151 représente un canon-revolver du calibre de 17 millimètres, monté sur bloc, et qui peut être tiré dans toutes les directions, au moyen d'une crosse, A, que le pointeur épaule, et la figure 152 un canon de 42 millimètres monté sur affût de campagne pour la défense des places, avec ses différentes munitions et son brancard d'attelage.

Nos vaisseaux font usage d'un canon de 37 millimètres, monté sur pivot, comme celui que représente la figure 151, et que le pointeur épaule de la même manière.

Avec les petits canons, le pointeur tourne lui-même la manivelle; avec les canons de 47 millimètres, un second servant tourne la manivelle, sans pouvoir faire partir le coup, et le pointeur tire lorsqu'il juge convenable en pressant sur une détente adaptée à une crosse de pistolet, placée sous la culasse, et qui sert également pour la manœuvre. Un troisième servant est chargé d'alimenter le magasin à cartouches placé sur le côté gauche de la culasse, comme l'indique la figure 151.

La mitrailleuse Hotchkiss peut tirer jusqu'à 80 coups dans une minute.

Généralement on fait usage d'un obus explosif, en fonte, armé d'une fusée percutante (fig. 153). On emploie aussi un

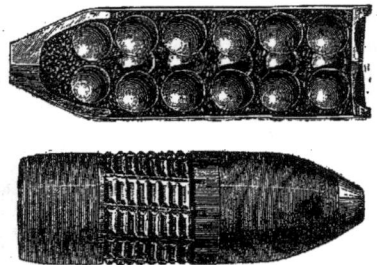

Fig. 154. — Boîte à mitraille de la mitrailleuse Hotchkiss, vue extérieure et coupe.

boulet ogival en acier, à pointe durcie, pour percer, à distance, les bateaux torpilleurs, ainsi qu'une petite boîte à balles.

La cartouche (fig. 154) se compose,

Fig. 155. — Mitrailleuse allemande, attelée.

comme celle du fusil Gras, d'une feuille de cuivre enroulée, garnie d'un culot, au centre duquel se trouve une amorce ordinaire.

Tous ces projectiles sont pourvus d'une ceinture en laiton, simplement posée sur des rainures ménagées dans la fonte ou l'acier. Quand on met le feu, le laiton, comprimé par la pression des gaz, entre dans les rainures, et la liaison du projectile et de son enveloppe se trouve ainsi assurée.

Le canon-revolver moyen (de 42 millimètres) pèse 475 kilogrammes, et son affût, avec accessoires, 530 kilogrammes. Sa portée est de plus de 2000 mètres. Comme il peut tirer 80 coups à la minute, sans que le pointage se dérange, et sans que la solidité de l'affût soit compromise, il est facile de se rendre compte des services qu'il peut rendre, dans une place assiégée, pour battre certaines parties des défenses que l'ennemi pourrait envahir par une nuit obscure. En modifiant la rayure des cinq tubes du canon-revolver, de façon à obtenir une grande dispersion de la mitraille, et en pointant d'avance les pièces, on empêchera toute attaque de vive force que l'ennemi tenterait, à la faveur de l'obscurité ou du brouillard.

Pour terminer cette revue nous mettrons sous les yeux du lecteur (fig. 155) le dessin du modèle d'une nouvelle mitrailleuse adoptée en 1889, par l'État-major allemand. C'est un canon-revolver à 6 tubes placés horizontalement, et qui lancent, comme la mitrailleuse Gatling, une pluie de balles, à la distance de 1 000 mètres, au moins. Elle peut être attelée comme un canon de campagne.

En résumé, les mitrailleuses longtemps délaissées, en raison de leur insuccès pendant la guerre franco-allemande, ont repris faveur à notre époque, par suite d'une étude attentive des conditions dans lesquelles on doit recourir à leurs services.

Quel que soit son effectif et la mobilité des pièces qu'elle attelle, l'artillerie ne saurait être partout, sur un champ de bataille. Dès que l'armée s'engage dans les montagnes, l'artillerie de campagne ne se meut que très lentement, et l'on verra, au chapitre suivant, que les canons de montagne ne suppléent pas d'une façon absolue aux canons de 90 et de 80. Pendant la guerre d'Orient, le général Skobeleff avait imaginé, pour repousser les attaques des Turcs, de commander des feux de salve à grandes distances. Les Russes appuyaient la crosse du fusil, soit contre leur jambe, soit même à terre, et ils donnaient ainsi à l'arme l'inclinaison à peu près convenable. Mais ce genre de tir est d'un usage à la fois difficile et restreint, et l'on aperçoit tout de suite le parti que l'on pourrait tirer des mitrailleuses, pour le remplacer. Enfin, le principe même des canons à balles, c'est-à-dire la réunion de plusieurs canons, leur chargement presque simultané et le tir presque automatique, ce principe est fécond en applications diverses. Un jour, certainement, quelque ingénieur trouvera le moyen de réunir des canons de plus gros calibre, et de construire une mitrailleuse qui lancera, non plus des balles, mais des obus. C'est pour cette raison que nous avons décrit tous les types actuels de mitrailleuses, bien qu'elles aient perdu la plupart des défenseurs qu'elles comptaient jadis.

CHAPITRE IV

LES CANONS DE MONTAGNE, LE PERSONNEL ET LE MATÉRIEL. — CANONS DE 80. — LES CANONS DÉMONTABLES.

La France possédait depuis longtemps des canons de montagne, mais il n'y avait pas de batteries spécialement affectées à ce service. Cette lacune fut comblée, en 1887,

Fig. 156. — Canon de montagne, de 80 millimètres.

par le général Ferron, alors Ministre de la guerre. Il est, d'ailleurs, surprenant que l'on eût attendu si longtemps pour cette création. En effet, l'artillerie de montagne est la seule qui ait été employée pendant la période, si longue et si tourmentée, de la conquête de l'Algérie. En Tunisie, le général Forgemol ne put se servir que de pièces de montagne. Au Tonkin, on dut armer avec des pièces de montagne les batteries d'artillerie de campagne qui faisaient partie du corps expéditionnaire, commandé par le général Millot, et les canons de campagne ne servirent que pour la défense et l'attaque des places.

Ce n'est pas que la différence de poids entre le canon de campagne et celui de montagne soit très considérable, mais la pièce de montagne est un *canon démontable*, qui peut être transporté par morceaux, d'un

lieu à l'autre, particularité à laquelle ne prétend pas le canon de campagne.

Pour le dire en passant, les Russes ont trouvé ce procédé si avantageux, qu'ils ont construit un canon de siège démontable, dont ils se sont servis devant Plewna.

Ce que nous venons de dire sur la guerre de montagne suffit pour indiquer les conditions que doit remplir un canon de montagne. Tel qu'il est, tel que le représente la figure 156, le canon de 80, du système de Bange, remplit toutes les conditions voulues. D'un transport facile, il ne se prête pas seulement à la guerre de montagne; il ne serait pas moins utile pour la guerre de rues, puisqu'on le hisserait très facilement jusqu'aux étages supérieurs des maisons.

Le canon de 80 millimètres, qui fut définitivement adopté en 1878, est une bouche à feu en acier, rayée à droite, et se char-

Fig. 157. — Canon de montagne traîné à la limonière.

geant par la culasse. Elle tire, avec une charge de 400 grammes, un obus, qui pèse 5 kilogr. 600, avec une vitesse initiale de 257 mètres et une portée de 4 050 mètres.

Longueur totale de la bouche à feu...	1^m,200
Longueur de la partie frettée........	0^m,550
Nombre des rayures...............	24
Épaisseur de la bouche à feu........	15 millim.
Prix approximatif..................	1,700 fr.

La pièce pèse 105 kilogrammes et l'affût 195 kilogrammes. La caisse à munitions, qui contient 7 charges de poudre et 7 projectiles, à savoir 4 obus ordinaires, 2 obus à balles et 1 boîte à mitraille, pèse 58 kilogrammes. Le mécanisme de culasse est identique à celui des canons de campagne du système de Bange. L'affût, entièrement métallique, est pourvu d'un système de freins, pour modérer le recul de la pièce. Ce recul est d'autant plus considérable que le rapport du poids de la pièce au poids du projectile est plus faible.

Comme le montre la figure 157, l'affût du canon de montagne peut être monté sur un brancard double, appelé *limonière*. Cette limonière se compose de deux bras, A, d'une entretoise, B, et d'une bande de support, C. La partie centrale de la bande de support s'engage dans le bout de crosse de la flèche d'affût. Alors, le mulet, au lieu de porter la pièce, la traîne. Le second mulet, celui qui transportait l'affût, est attelé en avant du premier, à l'aide de traits, que l'on fixe aux crochets d'attelage des bras de la limonière. On a recours à ce mode de transport dès que l'on marche en terrain peu accidenté.

Dans les montagnes, on charge le matériel sur trois mulets : un mulet porte, comme on le voit sur la figure 158, la pièce de canon. A cet effet, l'animal est pourvu d'un bât, A, en bois et matelassé. Ce bât est ingénieusement aménagé pour recevoir la charge. Chaque mulet ne doit pas transporter un poids supérieur à 150 kilogram-

Fig. 158. — Mulet portant le canon de montagne.

mes. Comme le canon lui-même ne pèse que 105 kilogrammes, un seul mulet le porte sans difficulté ; mais il n'en est pas de même pour l'affût, dont le poids total est d'environ 190 kilogrammes. Le colonel de Bange a réussi à résoudre ce problème, en divisant l'affût en deux parties : un mulet porte l'affût sans flèche et sans roues ; un autre mulet est chargé de la flèche, des roues et de la limonière.

Les pièces d'artillerie de montagne sont destinées à être portées à dos de mulet, pour la traversée des montagnes. Les conducteurs, qui ne montent jamais sur les mulets, sont équipés en servants à pied, chaussés de guêtres, au lieu de bottes, et le bas du pantalon en cuir (fig. 158). Ils doivent savoir bâter un mulet et arrimer sur le bât les différentes pièces si compliquées du matériel de montagne. C'est toute une éducation spéciale que reçoivent ces soldats. De plus,

en campagne, ils sont armés du mousqueton, et même d'un mousqueton à répétition. Que de fois n'arrivera-t-il pas, en effet, qu'une batterie d'artillerie de montagne ou une section (composée de deux pièces) sera surprise, dans un défilé, au passage d'un col, par un petit détachement ennemi ! Contre la fusillade, l'effet du canon seul ne serait pas suffisant. Les canonniers se transformeront alors en fantassins, et feront le coup de feu, comme de simples tirailleurs.

Ce n'est pas seulement en vue des campagnes hors d'Europe que la France a complété son matériel et spécialisé le personnel de l'artillerie de montagne. La nouvelle diplomatie italienne veut que nos anciens compagnons d'armes de Magenta et de Solférino soient aujourd'hui les défenseurs de la triple alliance, et les serviteurs de la politique de M. de Bismark. Il faut donc nous tenir prêts contre une attaque du côté des Alpes. Nos frontières du nord, du nord-est et de l'est sont défendues par nos armées et par nos forts, et le rempart des Alpes nous protège contre l'ingrate Italie; mais il importe de fermer les débouchés de cette énorme chaîne de montagnes. C'est dans ce but que douze bataillons de chasseurs à pied sont cantonnés entre Grenoble et Nice, et que chacun des *bataillons alpins* est pourvu d'une batterie de montagne.

Bataillons et batteries, fantassins et canonniers, ont accompli, dans les Alpes, de véritables tours de force. Ils ont franchi le col de la Béranda, et bien d'autres passages, réputés dangereux. Tous les officiers de ces batteries et de ces bataillons sont membres du *club alpin français;* ils guident leurs troupes, avec autant de sang-froid que d'adresse, à travers les glaciers et les neiges, sur les pentes escarpées de l'un et de l'autre versant. Aux *bersagliers* italiens, la France opposerait donc ses bataillons alpins. Dieu veuille que cette lutte fratricide nous soit épargnée !

Chaque batterie de montagne compte une forge, qui est transportée à dos de mulet, comme les pièces et l'affût. La forge proprement dite et le soufflet sont enfermés dans une caisse, qui pèse 44 kilogrammes. Une autre caisse, qui pèse 43 kilogrammes, contient la bigorne et son bloc, le seau et les outils du maréchal ferrant.

Au total, chaque batterie d'artillerie de montagne comprend 6 canons de 80 millimètres, 60 caisses à munitions, 1 forge, 2 caisses d'outils, 6 caisses d'approvisionnement, 1 caisse aux instruments et 7 caisses de transport. 57 mulets suffisent au transport de tout ce matériel. En outre, chaque batterie est escortée par une *section de munitions d'artillerie*, comptant 1 canon et 3 affûts de rechange, 60 caisses à munitions,

1 forge et 6 caisses transportées par 41 mulets, enfin, par une *section de munitions d'infanterie* comptant 33 caisses à munitions d'infanterie et 3 caisses à munitions de revolver, plus une forge et trois caisses, portées par 21 mulets.

Les Anglais, dans l'armée des Indes, emploient les éléphants pour transporter leurs pièces d'artillerie. Un seul de ces énormes animaux pourrait porter une demi-douzaine de nos canons de 80. Aussi les artilleurs anglais juchent-ils sur le dos de leurs éléphants des pièces de bien plus gros calibre.

CHAPITRE V

L'ARTILLERIE DE SIÈGE. — RÔLE DE L'ARTILLERIE PENDANT LE SIÈGE D'UNE PLACE. — DESCRIPTION DES CANONS DE 120 ET DE 155, ET DES MORTIERS RAYÉS. — LES PARCS DE SIÈGE. — LE PARC DE SIÈGE DE L'ARMÉE ALLEMANDE.

Quel est le but que poursuit l'artillerie de siège? Le colonel Plessix, qui a été professeur du cours d'artillerie à l'École de Saint-Cyr, le définit en ces termes, dans son ouvrage :

« Combattre et réduire au silence la puissante artillerie de la place assiégée, qui comprend généralement des pièces du plus fort calibre ; rendre inhabitables les terre-pleins de la fortification; disloquer les abris qui y sont établis ; ruiner toutes les défenses de la place; ouvrir, de loin si cela est possible, les remparts à l'armée assiégeante, en détruisant les escarpes de la fortification et en renversant les parapets dans le fossé, de manière à former des rampes praticables aux colonnes d'assaut (1). »

On ne saurait être plus précis; pourtant quelque nombreuses que soient, d'après le colonel Plessix, les obligations de l'artillerie de siège, il en est une qu'il a négligée,

(1) *Cours spécial pour les sous-officiers*, 1 vol. in-8°, chez Baudoin.

Fig. 159. — Canon de siège de 155 millimètres, du colonel de Bange.

et nous nous garderons bien de lui en faire un reproche. L'artillerie de siège peut être appelée à bombarder la ville. Ce mot de bombardement éveille sans doute de cruels souvenirs, et ce n'est pas nous qui inviterons nos artilleurs à faire subir jamais, aux villes qu'ils assiégeront, le traitement qui fut infligé par l'artillerie allemande aux habitants de Strasbourg, de Phalsbourg, de Belfort, de Toul, de Longwy et de Paris. Il ne faut pas perdre de vue, pourtant, que le premier devoir du général en chef consiste à ménager le sang de ses soldats, et que tout est préférable à un assaut. Puis, dans la guerre future, les villes elles-mêmes, entourées de forts situés à des distances qui varient entre sept et douze kilomètres, ne seront que très rarement atteintes par les obus. Il est bien évident, au contraire, que les forts seront bombardés à outrance. Il ne manque même pas d'adversaires de la fortification qui ont appliqué aux forts détachés entourant Paris l'épithète, peu flatteuse, de « nids à bombes ».

Les considérations humanitaires n'ont rien à voir dans l'espèce ; un fort est un ouvrage défendu par des soldats, attaqué par d'autres, et tous les moyens sont bons pour le détruire, y compris la dynamite et la mélinite. Nous ne sommes plus au xviiie siècle ; à mesure que la civilisation se développe, la guerre apparaît avec des raffinements plus cruels, et se fait plus féroce. Où est l'époque où nos chevaleresques aïeux criaient à leurs ennemis : « Messieurs les Anglais, tirez les premiers ! » Les Prussiens ont changé cela : aujourd'hui, c'est à qui tirera le premier et de plus loin !

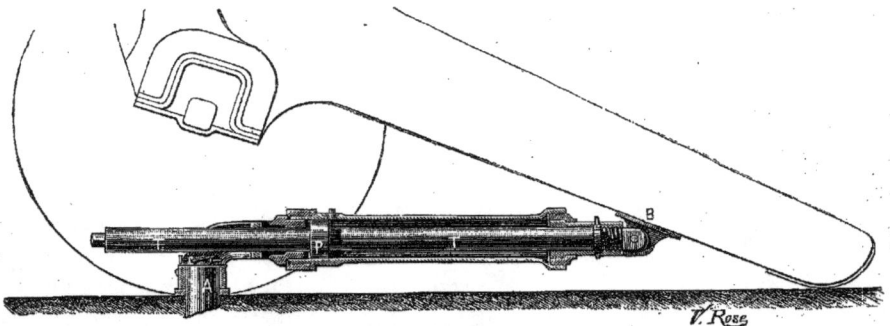

Fig. 160. — Frein hydraulique d'affût.

On le voit, l'artillerie de siège a des occupations aussi nombreuses que variées;
encore ne lui est-il pas toujours facile de
s'acquitter d'une seule de ces missions. Au
fond, nous assistons, depuis des années, à
un véritable duel entre l'artillerie et le génie. Les officiers du génie ont usé de mille
ressources pour s'abriter contre les obus;
l'artillerie, piquée au jeu, a redoublé d'efforts
pour démolir l'escarpe en pierre ou le talus

Fig. 161. — Affût du canon de siège de 155 millimètres.

du rempart caché derrière d'énormes ouvrages en terre.

Ouvrir une brèche dans un rempart n'est
pas une tâche aussi facile qu'on serait tenté
de le croire. Si le tir est précipité, les premiers blocs de terre qui tombent forment
obstacle, et arrêtent la chute des autres
terres. Le sommet du talus s'écroule, mais
pour refaire plus bas un autre talus, souvent infranchissable. Il est vrai que ceux
qui ont trouvé des lois pour construire ont
aussi découvert des lois pour démolir. On
procède au tir contre les défenses dans un
ordre régulier, par rangées successives, en
découpant des escaliers dans le mur du
rempart, de telle façon qu'un morceau tout

Fig. 162. — Canon de 155 millimètres, court, pour siège.

entier de l'escarpe s'écroule à la fois, et livre passage aux soldats qui, dans les tranchées profondes, attendent le signal de l'assaut.

Le canon de 155, construit par le colonel de Bange, et que nous représentons par la figure 159 (p. 187), se prête à merveille à ce genre de tir.

Ce canon, dont le diamètre, comme le dit son nom, est de 155 millimètres, à la bouche, est en acier, rayé à droite, se chargeant par la culasse. Il pèse 2 330 kilogrammes et tire, avec une charge de 8 kil. 750, un obus qui pèse 40 kilogrammes, dont la vitesse initiale est de 464 mètres et la portée exacte de 9 100 mètres.

Longueur totale de la bouche à feu...	4m,200
Longueur de la partie frettée........	3m,015
Nombre des rayures................	48
Épaisseur de la pièce..............	52mm,5
Prix approximatif de la pièce........	17,800 fr.

Le corps du canon est formé d'un tube en acier fondu, martelé et trempé à l'huile, renforcé par deux rangs de frettes, à sa partie postérieure. Ces frettes sont en acier puddlé, fabriquées par enroulement et trempées. Celles du premier rang sont au nombre de 10 ; elles sont posées sur le tube, au diamètre de 300 millimètres, avec un serrage de 45 centièmes de millimètre. Les frettes du second rang, au nombre de 6, sont posées par-dessus les frettes du premier rang, au diamètre de 370 millimètres, avec un serrage de 55 centièmes de millimètre.

Le mécanisme de fermeture de la culasse est le même que celui du canon de 90 ; les dimensions seules sont différentes. Il en est de même pour l'obturateur.

Au début, on s'était contenté, pour modérer le recul, d'engager des sabots d'enrayage sous les roues de la pièce. Ce procédé étant insuffisant, la direction de l'artillerie a fait munir les affûts des canons de 155, de *freins hydrauliques*, du modèle 1883.

Le *frein hydraulique* représenté par la figure 160 (p. 188) se compose d'un cylindre dans lequel se déplace un piston P, guidé par une tige T. La tige T est reliée à l'affût B de la pièce ; le frein est attaché, en A, à un pivot en acier fixé sur la plate-forme. On verse entre le piston P et l'affût B un mélange de 60 parties de glycérine et de 40 parties d'eau. Le coup part, l'affût recule, en entraînant la tige T, et, par conséquent, le piston P. Au fur et à mesure que ce piston recule, il comprime le mélange de glycérine et d'eau, et la résistance de ce mélange augmentant *progressivement* fait obstacle au recul de la bouche à feu, et l'arrête assez vite. Une fois le recul limité, le mélange de glycérine et d'eau comprimé tend à se dilater, en repoussant le piston P ; le piston, à son tour, entraîne vers l'avant la tige T, laquelle ramène l'affût à sa position primitive.

Il est inutile d'insister sur les avantages de ce système. Autrefois, les mouvements de mise en batterie éveillaient l'attention de l'ennemi et lui permettaient de régler son tir ; l'application du *frein hydraulique*, qui rend inutile tout mouvement du pointeur, les a supprimés ; c'est double bénéfice de temps et de sécurité.

Le canon de 155 lance des obus ordinaires, des obus à balles, des boîtes à mitraille et des obus de rupture. Le type des obus de rupture n'est pas encore définitivement adopté. Tout ce que l'on peut dire avec certitude, c'est que ces projectiles, destinés au tir contre les coupoles cuirassées, seront en acier.

L'obus ordinaire est en fonte ; il reçoit une charge intérieure d'un kilogramme 400 de *mélinite*, et est armé d'une fusée percutante de siège.

L'obus à balles est en fonte aussi, un peu moins long que l'obus ordinaire, rempli de 270 balles en plomb durci, et de 450 grammes de poudre MC_{30}. La boîte à mitraille contient 429 balles en plomb durci reliées entre elles par du soufre fondu ; elle pèse 40 kilogrammes.

La charge du canon de 155 est enfermée dans un sachet de toile amiantine incombustible ; le poids de cette charge varie avec le tir que l'on veut obtenir.

C'est une observation que nous ferons une fois pour toutes, et qui s'applique à toutes les pièces de siège : si l'on tire sur un but *découvert*, on emploie le *tir de plein fouet* et la *charge normale* de $8^{kilog},750$; mais si l'on se propose d'atteindre, et c'est le cas le plus fréquent dans la guerre de siège, un but protégé par des épaulements, c'est au *tir indirect* qu'il faut avoir recours. Les charges affectées à ce dernier genre de tir, pour le canon de 155, sont de 7, 6 et 5 kilogrammes. Elles sont renfermées dans des sachets, comme la charge normale, et pour conserver à ce sachet une longueur invariable, chose nécessaire, puisque la longueur de la chambre à poudre du canon est toujours la même, on place au-dessus de la poudre un cylindre en carton.

L'affût du canon de 155, que nous représente la figure 161 (p. 188), est entièrement métallique, et permet d'utiliser le canon, soit comme pièce de siège, soit comme pièce de place, c'est-à-dire de l'installer derrière les retranchements d'une batterie de siège ou sur les terre-pleins d'une forteresse. Cet affût se compose de deux flasques, de deux roues, d'un essieu de siège, d'un système de pointage et de deux sabots d'enrayage. Ces sabots ne sont utilisés que pour le transport de la pièce. Pendant le tir, on les met de côté et c'est le frein hydraulique, seul, qui fait obstacle au recul de la pièce. Les flasques sont en tôle d'acier épaisse de 15 millimètres ; elles sont réunies entre elles par des plaques en tôle de 5 millimètres d'épaisseur. A l'avant de l'affût, elles sont reliées par une plaque en tôle d'acier ; cette plaque est destinée à maintenir l'écartement des flasques. Pour le transport de la pièce, on rattache l'affût à un *avant-train de siège*.

L'artillerie de siège ne comprend pas uniquement des canons de 155. Pour satisfaire aux multiples obligations que nous avons énumérées plus haut, il faut être pourvu d'un matériel plus varié. Tantôt l'assiégeant sera très éloigné de la place, tantôt il en sera très rapproché. Dans l'un ou l'autre cas, des bouches à feu essentiellement distinctes seront mises en batterie. Notre artillerie de siège compte, à l'heure qu'il est, huit modèles de bouches à feu :

Le canon de 95 ; — le canon de 120 ; — le canon de 165 long ; — le canon de 155 court ; — le canon de 220 ; — un mortier rayé de 220 ; — un mortier rayé de 270 ; — un mortier à âme lisse de 15.

Le *canon de 155 court* (fig. 162, p. 189) est destiné au tir plongeant. Il ne mesure que 2m,40 de longueur, tandis que le canon de 155 *long*, que nous venons de décrire, a 4m,20. Cette bouche à feu ne pèse que 1025 kilogrammes ; mais elle tire les mêmes projectiles que le canon de 155 long. Dans la figure 162, on voit un canon de 155

court tirant sous un angle voisin de l'angle droit.

Le *canon de 120 long* (fig. 163, p. 192) est en acier, rayé à droite, se chargeant par la culasse. Il pèse 1 200 kilogrammes et tire, avec une charge de 4k,500 de poudre SP, un projectile qui pèse 18 kilogrammes, avec une vitesse initiale de 480 mètres et une portée de 8 650 mètres. Sauf ses dimensions, qui sont plus restreintes et que nous indiquons dans le tableau suivant, le canon de 120 est l'image fidèle du canon de 155.

Longueur totale de la bouche à feu...	3m,250
Longueur de la partie frettée........	3m,180
Nombre des rayures..............	36
Épaisseur de la pièce.............	50 millim.
Prix approximatif.................	8,000 fr.

Il n'y a qu'une rangée de frettes, qui sont au nombre de 17. Quand la pièce est munie de sa culasse, elle se tient en équilibre sur ses tourillons ; les calculs ont été faits de la sorte afin de permettre le tir sous de grands angles. L'affût est métallique ; on y voit, comme dans l'affût de 155, deux flasques métalliques, deux roues, un essieu de siège, un système de pointage et un *frein hydraulique*.

L'obus ordinaire est rempli avec 800 grammes de mélinite et armé d'une fusée percutante de siège. L'obus à balles contient 150 grammes de mélinite et 214 balles en plomb durci.

La boîte à mitraille (fig. 164, p. 192) renferme 228 balles en plomb durci ; chacune de ces balles pèse 44 grammes. La charge normale est de 4k,500 de poudre SP1. Pour le tir plongeant on fait usage de charges de 4 kilog., de 3k,500 et de 2k,500.

Nous avons décrit au chapitre I le canon de 95, qui figure à la fois dans le matériel de l'artillerie de siège et de l'artillerie de place.

Il nous reste à parler des mortiers de

Fig. 163. — Canon de 120 millimètres, long, pour siège.

gros calibre employés dans la guerre de siège.

Autrefois, c'est-à-dire aux xviie et xviiie siècles, quand la guerre consistait surtout

Fig. 164. — Boîte à mitraille du canon de siège, de 120 mill.

à assiéger des villes et se faisait à petites journées, les mortiers entraient pour une très large part dans l'armement des troupes assiégeantes. On faisait alors la guerre de

siège suivant les règles classiques. Quand les sapeurs étaient sur le point d'atteindre les chemins couverts, les mortiers criblaient de bombes les terre-pleins et les abords des remparts, pour forcer les défenseurs à se réfugier au loin, et frayer le passage aux troupes d'assaut.

Aujourd'hui, les gros canons qui garnissent les remparts des forts démonteraient bien vite les batteries d'anciens mortiers dont se seraient pourvus les assiégeants. Il a donc fallu créer des mortiers de plus grand calibre. En 1878, on mit à l'étude un projet de mortier de gros calibre, et, deux ans plus tard, le ministre de la guerre ordonnait la fabrication du mortier rayé de 220 millimètres, proposé par le colonel de Bange.

La figure 165 représente cette énorme bouche à feu, qui pèse 2 130 kilogrammes, et qui lance, avec une charge de 6k,350, un projectile du poids de 98 kilogrammes. La vitesse initiale du projectile n'est que de 260 mètres et sa portée de 5 500 mètres.

Ce projectile a une longueur de 610 millimètres et un diamètre de 219 millimètres. On le remplit avec 6ᵏ,540 de mélinite. Si sa vitesse initiale est relativement très faible, c'est qu'il est uniquement destiné au tir plongeant, et l'on sait que plus la vitesse

Fig. 165. — Mortier rayé de 220 millimètres, pour les sièges.

C, culasse et sa fermeture ; O, obus ; PR, affût avec frein hydraulique ; T, tourillon ; DG, appareil de chargement, au repos.

initiale est considérable, plus la trajectoire est tendue.

L'affût du mortier de 220 millimètres est métallique, et disposé de manière à permettre le tir sous les angles compris entre 0 et 60 degrés. Le projectile pesant 98 kilogrammes, on a été obligé d'imaginer un dispositif spécial pour le chargement de la

118

pièce. Notre dessin représente la pièce au moment où l'obus vient d'être introduit dans la culasse ouverte.

La commission d'expériences de Calais a essayé un mortier rayé, de 270 millimètres. Voici quelques renseignements sur ce canon :

Longueur totale de la bouche à feu...	3^m,200
Longueur de la partie frettée........	2^m,500
Nombre des rayures................	80
Longueur de la partie rayée.........	2^m,242
Épaisseur de la pièce..............	45 millim.
Poids de la pièce..................	5,750 kilos.
Poids du projectile................	170 kilos.
Poids de la charge................	8 kilos.
Portée de la pièce.................	5,200 mèt.

Les mortiers lisses, dont nous avons parlé dans les *Merveilles de la science* (1), ont été maintenus pour la guerre de siège et l'armement des places fortes. Ils sont susceptibles de rendre encore des services pour le tir plongeant à courtes distances.

L'artillerie belge a expérimenté tout récemment, au polygone de Brosschaet, un mortier rayé de 9 centimètres, fabriqué en acier de Seraing, d'après un tracé établi à la fonderie de canons. Ce mortier, analogue au mortier Krupp de même calibre, a une portée de 3 500 mètres.

C'est le cas de remarquer qu'on en est revenu de nos jours aux grandes subdivisions de l'artillerie à âme lisse, c'est-à-dire qu'après avoir admis pendant quelques années que le tir tendu des premiers canons rayés, ainsi que leur tir courbe, suffisaient à toutes les exigences d'un siège, on a dû fabriquer à nouveau des obusiers et des mortiers rayés. Avec cette division très naturelle le mortier joue désormais un rôle nettement défini, qui consiste à lancer des bombes et des obus à balles, et l'on est conduit à se demander s'il est urgent de construire des mortiers énormes tirant à des distances où les anciens mortiers lisses n'ont jamais eu la prétention d'atteindre.

(1) Tome III, page 399.

A l'étranger, ces idées ont prévalu. Le mortier autrichien ne pèse que 80 kilogrammes, le mortier italien 100 kilogrammes, le mortier russe 90 kilogrammes.

L'affût du mortier autrichien est, pour les déplacements, muni d'un essieu et de deux roues en bois. On le transforme en brouette, à l'aide de deux bras de limonière, et rien n'est alors plus facile que de le promener tout le long d'une tranchée, et même d'une tranchée à une autre. A 1 500 mètres, on emploie ce mortier pour atteindre, au moyen d'obus ou de *shrapnels* (obus à balles) les troupes et les servants des pièces derrière les épaulements. Avec une charge de 50 grammes, le projectile est envoyé à 400 mètres et l'écart probable, en direction, ne dépasse pas *un* mètre. Avec une charge de 140 grammes, la bombe va jusqu'à 1150 mètres et l'écart probable, en direction, n'est que de 2 mètres ; c'est-à-dire que le tir est presque rigoureusement précis.

L'artillerie espagnole possède un mortier rayé de 15 centimètres, qui, monté sur son affût, repose sur une plate-forme pourvue de roues. On transporte à la fois la pièce, l'affût et la plate-forme, le tout rattaché à un avant-train de campagne. Cet avant-train contient 12 projectiles, et le poids total de cet étrange véhicule n'est pas sensiblement supérieur au poids d'un canon de campagne.

L'artillerie belge a suivi cet exemple ; elle est en train de construire un mortier monté sur plate-forme, avec deux roues en fer du type Arbel ; le roulage n'aurait lieu que du parc ou des magasins jusqu'à l'emplacement de batterie. L'affût est brêlé sur la plate-forme, pendant le transport. L'avant-train renferme vingt projectiles, les charges et les accessoires de la bouche à feu.

C'est dans cette voie certainement que s'engagera l'artillerie française. Les mortiers de très grandes dimensions sont d'un emploi difficile ; il est curieux de les expérimenter; mais il serait au moins oiseux d'en fabriquer davantage.

Nous terminerons ce chapitre par quelques mots sur les *parcs de siège.*

Il est nécessaire, si l'on ne veut pas être pris au dépourvu, d'organiser, en temps de paix, des *parcs de siège,* c'est-à-dire de vastes agglomérations de canons de siège, avec toutes leurs munitions, leurs pièces de rechange, leurs artifices et leurs accessoires de toute nature. Aucun renseignement officiel n'a encore été publié concernant les parcs de siège français; nous nous garderons donc de commettre à ce sujet la moindre indiscrétion. Mais nous possédons des renseignements très précis sur les parcs de siège de l'armée allemande.

Il en existe deux, l'un à Posen, l'autre à Coblentz, aux deux frontières de l'empire. Chacun de ces parcs ce compose de :

40 canons de 90 ; — 120 canons de 120 ; — 120 canons de 150 ; — 40 canons courts de 150 ; — 40 mortiers rayés de 210 en bronze ; — 40 mortiers lisses de 150 ; — 150 fusils de rempart.

Soit, au total, 400 pièces et 150 fusils de rempart. L'approvisionnement de ces parcs de siège est très considérable. Veut-on en avoir une idée? Prenons les chiffres officiels des rapports du grand État-major allemand.

Au siège de Paris, depuis le 22 décembre 1870 jusqu'au 26 janvier 1871, l'artillerie de siège allemande consomma 110 286 projectiles et gargousses, et devant Strasbourg, pendant le bombardement de cette ville, les Allemands tirèrent 117 575 obus, 3 883 obus de rupture, 20 589 obus à balles, 60 027 bombes, 60 113 balles de fusils de rempart et 131 935 balles de fusils Mauser.

De pareils chiffres donnent le vertige, comme le disait le général Farre, et l'on se demande comment les armées de siège assureront, dans l'avenir, leur ravitaille-ment en munitions. Il est vrai que notre matériel de siège, comme nous aurons l'occasion de le rappeler au chapitre suivant, nous servirait aussi, le cas échéant, comme matériel de place, et que notre principal souci doit être de nous défendre contre toute agression. A ce point de vue, nous pouvons reposer tranquilles : notre armement défensif est complet. Si nous dépensons des centaines de millions, tous les ans, pour perfectionner notre outillage militaire, les idées de justice et de droit ont pourtant fait quelques progrès chez les nations européennes, et toute guerre purement offensive, préméditée, dirigée contre nous, déterminée seulement par des pensées de rapine et de conquête, paraîtrait odieuse à l'Europe entière, au monde civilisé, peut-être même aux sauvages!

CHAPITRE VI

L'ARTILLERIE DE FORTERESSE ET DE CÔTES. — DESCRIPTION DU MATÉRIEL D'ARTILLERIE D'UNE PLACE FORTE. — EMPLOI DES CANONS A TIR RAPIDE, POUR LA DÉFENSE DES PLACES.

Nous entreprendrions une nomenclature fastidieuse, si nous voulions décrire en détail le matériel de l'artillerie française, qui est destiné à la défense de nos forteresses et places. On en comprendra très facilement la raison. L'artillerie de campagne ne peut employer que des canons d'un modèle uniforme, puisque les batteries accompagnant les corps d'armée se meuvent au loin, souvent en pays étranger, toujours à grande distance des arsenaux. Il est donc indispensable que les sections d'artillerie portent le ravitaillement, en munitions, de ces batteries, et chacune de ces sections peut être envoyée vers chacune de ces batteries. D'où l'absolue nécessité d'avoir, pour les guerres de campagne, un seul type de canons, et un seul type de projectiles. Nous n'avons que trop souffert, en 1870, de l'excessive variëté de notre armement. Pendant cette guerre, on apportait des obus Withworth aux batteries de 7, et réciproquement!

Il en est tout autrement dans une place forte ; on peut y employer n'importe quel canon, pourvu que les abris de la place renferment une quantité suffisante de projectiles et de gargousses pour alimenter le tir de cette pièce. Quel que soit le nombre des pièces de divers modèles affectés au service des remparts d'un fort ou d'une place, rien n'est plus aisé que de les approvisionner à coup sûr, avec ordre, sans aucune confusion possible.

L'artillerie française a largement tenu compte de ces considérations. Depuis 1870, tous ses efforts ont été dirigés vers l'artillerie de campagne et vers l'artillerie de siège. N'oublions pas, d'ailleurs, que si par malheur notre territoire était envahi de nouveau, les canons de nos parcs de siège serviraient tout aussitôt à la défense des forts.

D'une façon générale, on peut dire que l'artillerie de place comprend toutes les pièces de gros calibre qui n'ont pas encore été mises hors de service. Il est de toute évidence que l'État dépenserait inutilement des sommes considérables, si l'on garnissait de canons neufs et très coûteux les remparts de certaines villes, presque déclassées, et dont, tout au moins, le rôle, en temps de guerre, serait sans importance.

Somme toute, voici la liste complète des bouches à feu qui figurent sur nos remparts :

Le canon rayé, en acier, de 95 ; — le canon rayé, en acier, de 120 ; — le canon rayé, en acier, de 155 (long) ; — le canon rayé, en acier, de 220 (long) ; — le mortier rayé, en acier, de 220 ; — le mortier lisse, en bronze, de 32 ; — le mortier lisse, en bronze, de 27 ; — le mortier lisse, en bronze, de 15 ; — le canon rayé, en bronze,

de 138 ; — le canon rayé, en bronze, de 24 ; — le canon rayé, en bronze, de 12 ; — le canon rayé, en acier, de 7 ; — le canon rayé, en bronze, de 5 ; — le canon rayé, en bronze, de 8 ; — le canon rayé, en bronze, de 4 ; — le canon obusier, lisse, de 16 ; — les obusiers lisses, de 15 et de 16 ; — la mitrailleuse de Reffye ; — le canon revolver Hotchkiss.

Nous avons décrit la plupart de ces bou-

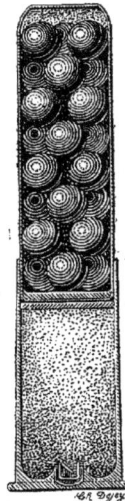

Fig. 166. — Boîte à mitraille du canon revolver.

ches à feu, soit dans les *Merveilles de la science*, soit dans les chapitres de ce *Supplément* consacrés à l'artillerie de campagne et à l'artillerie de siège. Le canon de 138 millimètres, qui entre pour une assez large part dans l'armement de nos places de seconde ligne, n'est autre chose que l'ancien canon de 16 lisse, modifié par le général de Reffye. A l'heure tragique où la France, vaincue et démembrée, redoutait une nouvelle agression, de Reffye eut l'heureuse idée, puisque le temps pressait, de rayer les canons de 16, et de les transformer en canons se chargeant par la culasse. Cet essai, très hardi, fut couronné de succès,

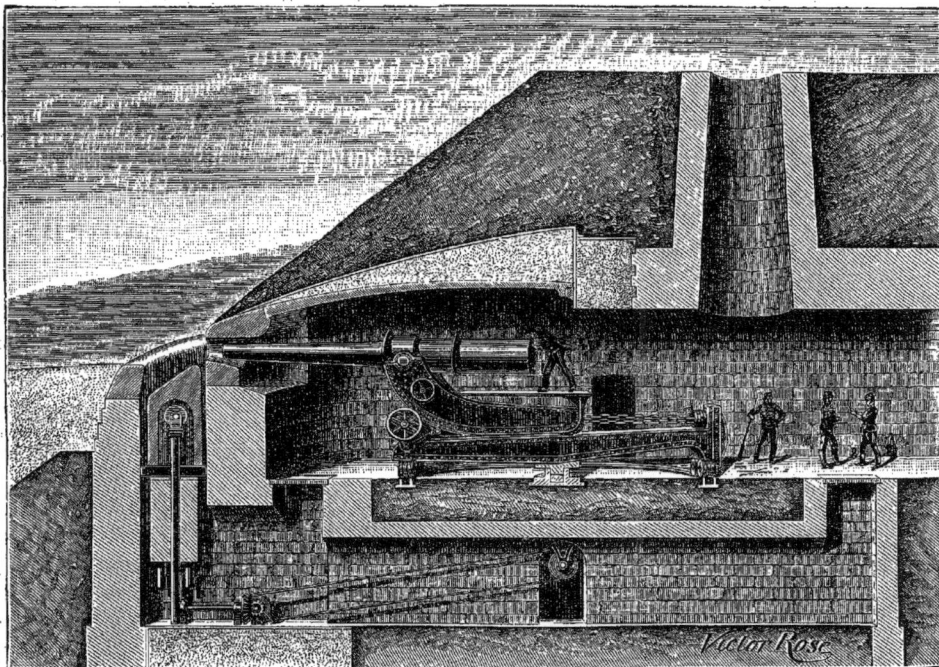

Fig. 167. — Canon de 138 millimètres, tirant sous casemate.

et donna des résultats inespérés. Avec une charge de poudre de 3 kilogrammes 540, le canon de 138 envoie, à la distance de 7 700 mètres, un projectile qui pèse 23 kilogrammes 750. L'obturation était obtenue, comme dans les autres pièces du système de Reffye, à l'aide d'une gargousse métallique. Les affûts avaient également été remaniés, et permettaient le tir de la pièce sous un angle de 40 degrés au-dessus de l'horizon.

Les mitrailleuses et les canons-revolvers Hotchkiss, dont nous avons parlé au chapitre III, sont réservés pour le flanquement des fossés; les mitrailleuses Reffye sont aussi destinées à cet usage.

Le *canon-revolver* Hotchkiss est formé, ainsi qu'on l'a vu dans ce chapitre, par la réunion d'un arbre et de cinq canons en acier. Ces canons ont un calibre uniforme

de 40 millimètres; ils sont parallèles et rayés à droite; deux disques les fixent autour de l'arbre; la culasse est un bloc de fonte cylindro-prismatique, muni de chaque côté d'une oreille qui sert à l'assujettir dans le châssis; sa tranche antérieure porte sur la partie supérieure un évidement de forme circulaire. Le mécanisme se compose d'un arbre en acier qui est mû par une manivelle de manœuvre en fer, placée sur le côté droit. Après cinq tours de manivelle, le faisceau a terminé sa révolution complète et le canon est ramené exactement à la position qu'il occupait avant le commencement du premier tour. On peut ainsi tirer jusqu'à 60 coups par minute.

La cartouche à balles du canon-revolver est formée d'un étui en laiton et d'une boîte à balles. Cette boîte à balles (fig. 166) est un cylindre en laiton, dans lequel on introduit 24 balles sphériques en plomb durci. Chacune de ces balles pèse 32 grammes ; elles sont reliées les unes aux autres à l'aide de sciure de bois ; la cartouche est chargée avec 90 grammes de poudre à canon ordinaire.

Pour les bouches à feu rayées qui étaient en service avant 1870, on s'est contenté de remanier de fond en comble les affûts, et de les approprier au tir, sous des angles de 10 à 27 degrés. En outre, de nouveaux affûts ont été construits pour le tir des pièces placées dans les casemates et dans les tourelles.

Ces pièces sont exclusivement destinées au flanquement des fossés. Nous décrirons, dans une autre partie de cet ouvrage (chapitre X) la fortification actuelle, dite *fortification polygonale*.

Disons, en passant, qu'autrefois l'abord des remparts était surveillé par les artilleurs installés dans les bastions. Chaque portion de l'enceinte d'une place ou d'un fort était comprise entre deux bastions, pourvus de canons, dont les feux se croisaient, et qui pouvaient tirer à mitraille sur les troupes d'assaut. Aujourd'hui, comme nous le dirons, un petit ouvrage situé dans le fossé, et nommé *caponnière*, remplace les bastions. La *caponnière* est protégée par d'énormes revêtements ; elle est même, dans plusieurs forts, surmontée d'une coupole métallique, armée de canons à tir rapide. Les pièces installées au fond des caponnières tirent au ras du fossé, par d'étroites embrasures ; c'est pour cette raison que l'on a dû les fixer sur des affûts spéciaux.

Ces affûts de casemate que nous représentons dans la figure 167 (p. 197) sont entièrement métalliques, le système de pointage se prête au tir depuis l'angle de 10 degrés au-dessous de l'horizon, jusqu'à l'angle de 14 degrés au-dessus de l'horizon. Aussi les canons de casemate sont-ils également utilisés pour la défense de la contrescarpe et

pour celle du fossé. Le poids de ces affûts varie de 430 à 500 kilogrammes.

D'autres pièces, empruntées à la marine, sont également affectées à la défense des places. Elles font donc aussi partie de l'artillerie de côtes, dont nous allons entreprendre la description. Auparavant, il nous faut signaler de curieuses expériences faites tout récemment, et qui concernent l'emploi des canons à tir rapide, pour la défense des places et des côtes. Avec l'usage des obus à mélinite, et d'une façon générale, des obus contenant des explosifs, les parapets les plus épais sont voués à une prompte destruction ; c'est tout au plus si les défenseurs d'un fort réussiront à se garer. Quant à rendre coup pour coup à l'artillerie de l'assiégeant, c'est, dès à présent, une prétention tout à fait chimérique. Dans ces conditions, il est clair que l'assiégé bornera son ambition à repousser les troupes d'assaut. Quelle serait alors l'utilité d'une grosse pièce, même si elle est montée sur affût de casemate ou de tourelle et si elle tire, comme le canon de 138 représenté sur la figure 167, par une embrasure où n'atteignent pas les projectiles de l'assiégeant ? Quand l'assiégeant aura plus ou moins réduit au silence les batteries de l'assiégé, les défenseurs n'auront plus à compter que sur les canons à tir rapide, pour prolonger leur résistance.

Des expériences ont été faites à ce sujet, à Lydd, en Angleterre. L'amirauté anglaise avait le projet de remédier à l'infériorité des batteries de côtes, qui, elles aussi, sont presqu'exclusivement armées de canons de gros calibre tirant assez lentement. Ces batteries sont, par conséquent, à la merci d'un hardi coup de main tenté par les compagnies de débarquement de l'escadre ennemie, et les observations qui précèdent s'appliquent aussi bien aux batteries situées le long de nos côtes qu'à celles qui garnissent les terrepleins de nos forts.

Les seuls adversaires d'une côte fortifiée ne sont pas les bâtiments cuirassés, mais aussi les bateaux-torpilles, les sloops et les troupes de débarquement. Avec les lourdes pièces de place ou de côte, il est difficile de tirer sur un but qui se déplace constamment ; mais on obtient aisément ce résultat avec des canons à tir rapide. Si les troupes de débarquement — ou les colonnes d'assaut d'un fort — apparaissent dans une direction inattendue, il est souvent impossible d'amener les grosses pièces de ce côté. On peut, au contraire, garnir de canons à tir rapide toute la ligne de défense ; car les canons à tir rapide, de petites dimensions, ne coûtent pas très cher, et c'est une considération à méditer, à présent que les budgets de la guerre et de la marine subissent une constante et inquiétante augmentation.

Même au début d'un siège, les canons à tir rapide rempliront un rôle important dans la défense active des postes extérieurs les plus avancés. Si l'assiégeant fait des progrès, les batteries improvisées construites par les défenseurs de la place seront démolies et désarmées, de façon à ce que leurs gros canons ne tombent pas au pouvoir de l'ennemi ; mais rien ne s'opposera à ce qu'on y laisse des canons à tir rapide, dont les projectiles gêneront les tirailleurs de l'assiégeant, ainsi que ses sapeurs, occupés à tracer les cheminements vers les remparts. Le canon Nordenfelt, par exemple, de 47 millimètres de diamètre, pèse 216 kilogrammes, et tire, avec une charge de 790 grammes, un obus de 1 kilo 50, avec une vitesse initiale de 630 mètres ; ce canon peut tirer jusqu'à 32 coups par minute.

Le canon-revolver Hotchkiss, employé par la marine française, a le même diamètre ; il pèse 223 kilogrammes, et lance, comme nous l'avons dit, avec une charge de 790 grammes, un projectile de 1 kilo 50, avec une vitesse initiale de 600 mètres. Le mode de pointage est le même que celui de notre mitrailleuse.

Notre artillerie de côte emploie :

Le canon de 16 centimètres ; — le canon de 27 centimètres ; — le canon de 32 centimètres ; — l'obusier de 22 centimètres ; — le canon de 240, en acier ; — le canon de 19 centimètres.

Toutes ces pièces sont installées à poste fixe, dans des batteries, casemates ou tourelles ; elles sont, comme nous l'avons dit plus haut, également employées pour l'armement de nos forts.

La bouche à feu la plus importante construite de nos jours pour la défense des côtes est le grand canon en acier appartenant au système de Bange et qui est du diamètre de 240 millimètres.

Nous représentons cette dernière bouche à feu dans la figure 168.

Le grand canon de 240 pèse 14,000 kilogrammes ; ses dispositions essentielles ne diffèrent pas de celles du canon de 155. Avec une charge de 38 kilogrammes de poudre SP, ce canon tire un obus, qui pèse 152 kilogrammes et qui contient 5 kilogrammes de mélinite. L'affût est à frein hydraulique ; à l'arrière de l'affût existe une *potence de chargement*, qui sert à amener le projectile en face de la culasse ouverte. Pour donner à la pièce l'angle de tir convenable, l'affût est muni d'un appareil spécial de pointage en hauteur.

Les autres pièces de côtes ne méritent pas une description spéciale : les unes ont été décrites dans notre précédent ouvrage ; les autres ne diffèrent pas suffisamment des pièces du système de Bange dont nous avons déjà longuement parlé.

Fig. 168. — Canon, en acier, de 240 millimètres, pour la défense des côtes.

CHAPITRE VII

LES FUSÉES PERCUTANTES ET LES FUSÉES FUSANTES. —
FUSÉES EN BOIS ET FUSÉES MÉTALLIQUES. — LES AR-
TIFICES DE GUERRE. — LES ARTIFICES D'ÉCLAIRAGE. —
AMORCES, ÉTOUPILLES ET FUSÉES ÉCLAIRANTES.

Un obus n'éclate pas tout seul ; il contient
une charge de poudre variable, dont nous
avons indiqué le poids pour chaque projectile, et c'est *une fusée* qui met le feu à la
charge de poudre, pour provoquer l'explosion de l'obus.

L'emploi des projectiles creux contenant
de la poudre et des balles n'est pas de date
récente ; mais ce n'est que vers 1875 que
l'on a découvert la *fusée fusante*, c'est-à-dire
la fusée qui part à tel moment que l'on a
choisi, et qui détermine l'explosion de l'obus.

L'artillerie fait usage de deux types de

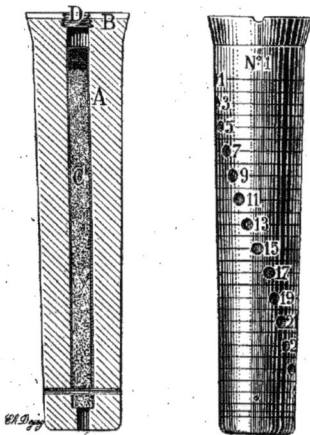

Fig. 169 et 170. — Fusées en bois.

fusées : les *fusées en bois*, qui sont exclusivement affectées aux bombes et aux grenades ; *les fusées percutantes* et les *fusées
fusantes*, qui sont les fusées normales.

Les *fusées en bois* (fig. 169 et 170) sont
composées d'un corps de fusée en bois, A, terminé par une tête tronconique, B ; un tube
en laiton, C, est enfoncé dans cette tête, B. Ce
tube, de 9 millimètres de diamètre, contient

la composition fusante. Un calice, D, est fixé
dans la tête, B ; ce calice contient l'amorce.

La composition fusante brûle en 24 secondes ; à l'extérieur le corps de la fusée
porte des traits circulaires, comme l'indique
la figure 170. Avant d'introduire la fusée
dans l'œil de la bombe, le canonnier perce
la fusée, à hauteur du trait 15, par exemple ;
la charge du mortier, en brûlant, enflamme
l'amorce de la fusée, et après 15 secondes,
la bombe fait explosion, puisque le feu se
communique, par le trou fait à la 15e graduation, à la charge contenue dans le projectile. C'est le principe de la *fusée fusante*.

Deux espèces de *fusées de grenade* sont
encore en service. La fusée de grenade de
mortiers ne diffère de celle que nous venons
de décrire que par ses dimensions, et par la

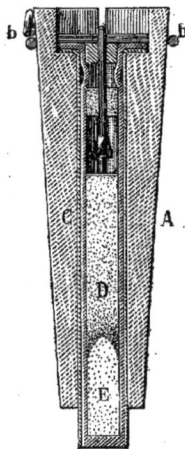

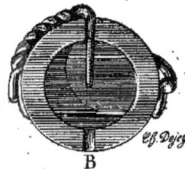

Fig. 171. — Fusée de grenade.

composition de la matière fusante : 3 parties de pulvérin, 2 de salpêtre et 2 de soufre.

La *fusée de grenade à main* adoptée en

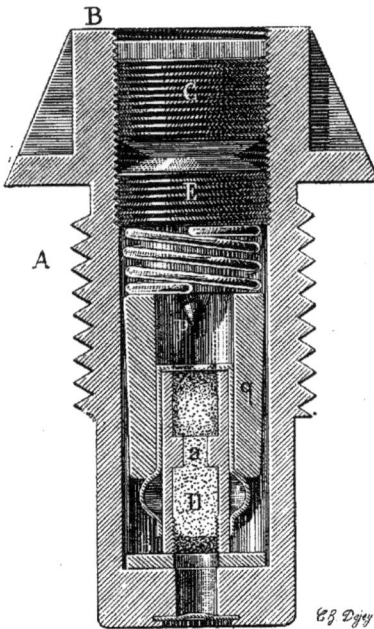

Fig. 172. — Fusée percutante de campagne,
système Budin (avant le départ).

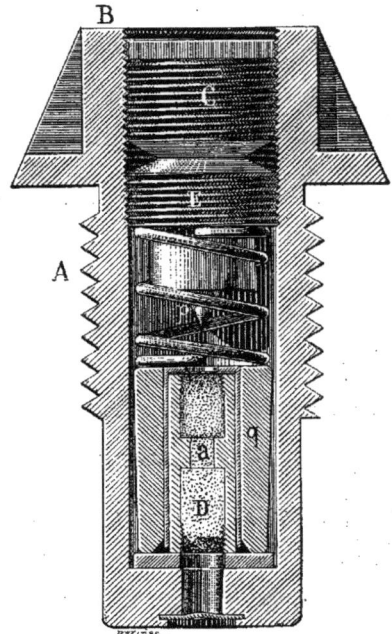

Fig. 173. — Fusée de campagne, modèle Budin
(après le départ).

1882 consiste (fig. 171) en un tube en cuivre rouge, AC, dans lequel est introduit un petit tube d'étoupille fulminante, D. Ce petit tube intérieur s'appuie, par le bas, sur la composition fusante, E, ainsi composée : 3 parties de pulvérin, 2 de salpêtre et 1 de soufre : elle brûle en quatre secondes et demie.

C'est en 1875 qu'on a commencé de fabriquer les *fusées percutantes*, modèle Budin, pour canons de campagne. Cette fusée se compose (fig. 172) d'un corps de fusée, en bronze, A, qui pèse 162 grammes et demi, et dont la tête, B, est de forme tronconique, de telle façon qu'elle prolonge la pointe de l'ogive du projectile et qu'elle offre une surface restreinte à la résistance de l'air. La tête et le noyau du corps de fusée sont traversés par un canal cylindrique, C, qui a 15 millimètres de diamètre et qui s'arrête à 6 millimètres de l'extrémité inférieure du corps de fusée ; ce canal se nomme canal

du percuteur. Un second canal, D, qui n'a que 4 millimètres de diamètre, se prolonge jusqu'au bas du corps de fusée. Le bouchon fileté, E, est vissé dans la partie supérieure du canal du percuteur ; ce bouchon pèse 32 grammes 4. Le porte-amorce, a, repose sur une rondelle de carton, b ; il se divise en deux chambres, dont l'une, la chambre supérieure, est remplie de fulminate et l'autre, la chambre inférieure, de poudre de chasse. Enfin, une *masselotte* tronconique, q, en bronze, emboîte la partie supérieure du porte-amorce, et le maintient à distance de la pointe, p, du *rugueux*.

Le coup part (fig. 173) ; la masselotte recule et touche la rondelle de carton, b. Alors on dit que le percuteur est armé, car, dès que le projectile touche le sol, le fulminate se heurte à la pointe, p, du rugueux, détone, enflamme la charge intérieure du projectile, et le fait éclater. Il faut l'impulsion déterminée par l'inflammation de la charge du canon pour provoquer le recul de la masselotte. Ceci est extrêmement important, puisque les obus peuvent tomber pendant qu'on les transporte. On a remarqué que la masselotte ne reculait pas lorsqu'on laissait tomber un obus de 30 mètres de hauteur sur le sol. Dans ces conditions, les accidents sont peu à redouter.

Il est également vrai que, pour armer la *fusée Budin*, c'est-à-dire pour faire reculer la masselotte, il faut que la charge de poudre imprime au projectile une vitesse initiale assez considérable ; c'est ce qui n'arrive pas

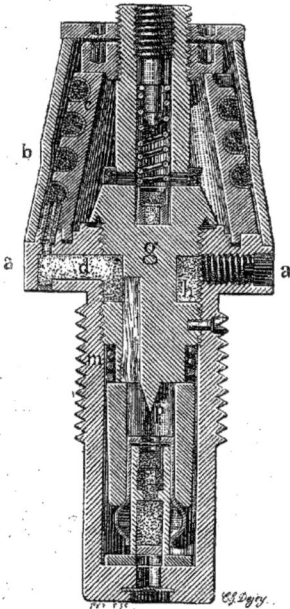

Fig. 174. — Fusée à double effet (de 25 millimètres).

dans le tir à charges réduites et dans le tir des canons de montagne.

On a muni les projectiles des canons de siège et du canon de 80 de montagne, d'une fusée spéciale, pourvue d'une *boucle d'armement* que tend la masselotte. C'est alors cette bande d'armement qui rapproche le porte-amorce du rugueux.

La *fusée fusante*, ou *fusée à double effet* (fig. 174), a 25 millimètres de diamètre. Le corps de fusée est en bronze ; il se termine à sa partie supérieure par un plateau, *aa*, qui sert d'appui au chapeau mobile, *b*, et au barillet, *c*. Le plateau, *a*, est pourvu d'une graduation de 0 à 10, pour servir au réglage de la fusée ; dans l'épaisseur de ce plateau est percé un canal horizontal, *d*, qui relie l'appareil fusant à l'appareil percutant. A l'intérieur, le corps de fusée est analogue au corps de fusée de la fusée percutante Budin, dont nous venons de parler. La tige-bouchon, *g*, est en laiton ; elle est vissée par sa partie médiane dans le corps de fusée, sur le plateau duquel elle s'appuie.

Dans la partie moyenne, le filetage de la *tige-bouchon* est interrompu par une gorge circulaire, *h*, qui correspond avec la chambre à poudre, *d*, qui, elle, est remplie de poudre de chasse en grains. Cette gorge, *h*, communique avec le canal percutant par trois petits canaux verticaux, *m*, qui sont chargés avec des brins de mèche à étoupilles et qui débouchent autour du rugueux, *p*.

Le barillet est en métal mou, composé de 4 parties de plomb, 4 d'étain, et 1 d'antimoine ; sa forme est tronconique. Le tube fusant est en plomb étiré à la filière ; il contient du pulvérin tassé, qui brûle avec une vitesse de 13 millimètres exactement à la seconde ; le diamètre de ce tube étiré est de 4 millimètres. Après avoir été étiré, le tube est coupé en morceaux ; chacun de ces morceaux est enroulé sur le barillet. Le chapeau mobile, *b*, est en laiton ; il est percé de 22 trous, dont 21 sont numérotés de 0 à 20. La position de ces trous a été déterminée *expérimentalement* de telle sorte qu'ils correspondent aux durées de combustion de 1 à 20 secondes. Le 22ᵉ trou, non numéroté, sert à l'écoulement des gaz.

Cela posé, si l'on veut employer la fusée de 25 millimètres comme fusée percutante, il n'y a qu'à tirer l'obus tel qu'il est. Si l'on veut se servir de la fusée fusante, il faut commencer par la régler. Dans ce but, on s'assure que le trait 0 de l'évent est en exacte coïncidence avec le 0 de la graduation du plateau. L'obus doit-il éclater après dix secondes, on perce à l'aide d'un débouchoir à vrille l'évent marqué 10. Au moment du départ de l'obus, la composition fusante commence à brûler ; elle communique le feu à la charge intérieure de l'obus à l'instant où la flamme arrive à l'évent débouché. C'est ainsi que, si l'on débouchait l'évent 0, ce qu'il faut bien se garder de faire, l'obus éclaterait presque au sortir de la bouche à feu.

Bien que la *fusée à double effet* et la *fusée Budin* soient exclusivement employées dans l'armement de nos batteries de campagne, quelques autres fusées, d'invention plus ancienne, ont été conservées dans nos arsenaux, soit que l'approvisionnement en fusées réglementaires ne soit pas encore tout à fait au complet, soit que ces fusées soient destinées à jouer un rôle dans certaines circonstances exceptionnelles. C'est ainsi que les obus des canons rayés de 4, 8 et 12, et ceux des canons Withworth sont munis de

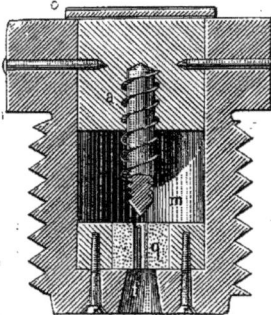

Fig. 175. — Fusée Démarest (coupe).

la *fusée Démarest*, imaginée en 1858 par le capitaine d'artillerie de ce nom.

La *fusée Démarest* (fig. 175) est percutante. Elle se distingue de la *fusée Budin* par ce

fait, que la fusée ne s'arme pas au départ de l'obus. C'est seulement au moment où le projectile touche le sol que le tampon *a*, qui est en bois dur, enfoncé par la violence du choc, repousse le rugueux *m*, contre l'amorce fulminante *q* ; le feu se communique à la charge par le canal *f*.

La figure 175 représente la coupe de la fusée Démarest : la figure ci-dessous la

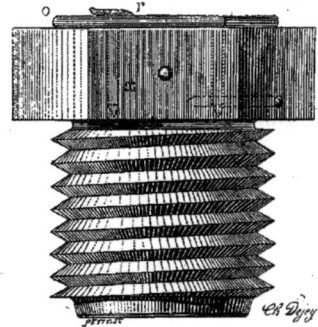

Fig. 176. — Fusée Démarest (élévation).

montre telle qu'elle est, avec le corps de fusée que l'on visse dans la tête de l'obus.

Il résulte de ce qu'on vient de lire que si l'obus tombait à terre, par hasard, il éclaterait. Pour remédier à ce grave inconvénient, le capitaine Démarest a recouvert la fusée, à sa partie supérieure, d'une plaque de sûreté O (fig. 176). Quand on introduit l'obus dans la bouche à feu, le pointeur arrache un fil *r* qui entoure cette plaque de sûreté ; les deux pointes en laiton *xx* qui relient la plaque de sûreté à la fusée sont arrachées ; on dit alors que la fusée est *décoiffée*.

Telles sont les fusées employées dans l'artillerie française pour l'armement des projectiles.

Outre les *fusées*, toutes les artilleries européennes emploient d'autres moyens d'inflammation des obus. Ce sont, d'abord, les artifices pour la communication du feu, tels que le *bickford*, que nous avons décrit dans notre *Supplément aux Poudres de guerre*, et les *étoupilles*, qui sont en usage actuellement.

L'*étoupille* est un tube rempli d'une préparation chimique, dont la combustion détermine l'inflammation de la charge de poudre du canon. L'étoupille adoptée en 1877 se compose (fig. 177) d'un grand tube exté-

intérieur ; un fil rugueux, *c*, la traverse suivant son axe. La fermeture est complétée par une rondelle de caoutchouc interposée entre le petit tube et le tampon en bois ; enfin, le fil rugueux est en cuivre rouge terminé par un crochet, *j*. C'est dans ce crochet que l'on introduit le crochet du tire-feu, de telle façon qu'au moment où le

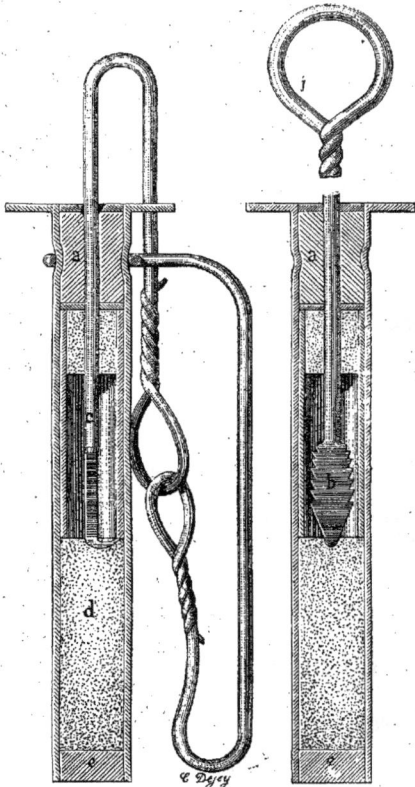

Fig. 177. — Étoupille fulminante.

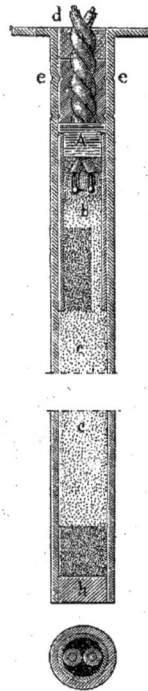

Fig. 178. — Étoupille électrique.

rieur en cuivre rouge, *a*, qui se termine à sa partie supérieure par deux oreilles rabattues, et d'un tube inférieur, *d*, en cuivre rouge aussi, et qui contient la substance fulminante, formée d'une partie de chlorate de potasse et de deux parties de sulfure d'antimoine, le tout humecté d'eau gommée et séché soigneusement ensuite. Cette substance fulminante occupe le tiers du tube

pointeur servant tire ce crochet, le fil rugueux *a*, *b* par son frottement détermine l'inflammation de la substance fulminante.

Pour empêcher qu'après la mise du feu le tube de l'étoupille soit projeté en arrière et qu'il vienne blesser les servants placés autour de l'avant-train, à l'arrière de la pièce, on relie l'étoupille et le rugueux par un fil de laiton ; alors, l'étoupille reste accrochée au tire-feu.

Dans les tourelles cuirassées des forts, que

nous décrirons au chapitre XIII, on fait usage d'une étoupille électrique dont la figure 178 représente la coupe. Le corps de cette étoupille est identique à celui de l'étoupille ordinaire. L'amorce consiste en deux fils conducteurs, d, recouverts de gutta-percha, et tordus ensemble, sur une partie de leur longueur. A leur extrémité seulement, ces fils sont séparés et nus; ils sont alors repliés en crochet, et séparés par un fil de platine, d'un quarantième de millimètre de diamètre. Une pile électrique fait, au moment voulu, passer un courant entre les pointes de ces deux fils, et ce fil, brusquement échauffé par le passage du courant,

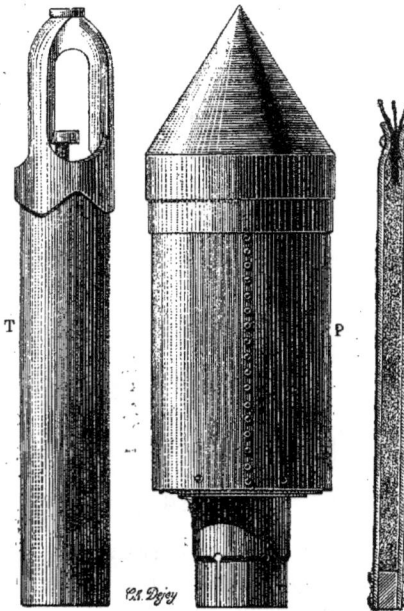

Fig. 179. — Fusée éclairante.   Fig. 180.—Flambeau Lamarre.

détermine l'explosion de la substance fulminante.

Toutes ces étoupilles sont fabriquées à l'École de pyrotechnie de Bourges.

Nous terminerons ce chapitre en parlant des moyens d'éclairage par des fusées destinées à servir de signaux, ou à éclairer, pendant la nuit, les postes ennemis.

L'artillerie française se sert de *fusées éclairantes* et d'*artifices éclairants*, pour la transmission des ordres, à l'aide de signaux.

La *fusée éclairante*, de 8 centimètres, se compose (fig. 179) d'un tube, T, rempli avec une substance fusante, formée de 64 parties de salpêtre, 12 de soufre et 24 de charbon, et d'un *pot* en carton P, collé contre la cartouche. Le pot renferme du pulvérin et du charbon, ainsi que des artifices à feu blanc et rouge.

On fixe ces fusées à l'extrémité d'une perche, d'un arbre ou d'un édifice, et on met le feu à la cartouche. Les gaz résultant de la combustion de la substance fusante provoquent le départ de la fusée, qui s'élève à une certaine hauteur dans les airs. On aperçoit alors d'assez loin les artifices blancs et rouges qui s'échappent du pot de la fusée, et qui servent de signaux.

Les *artifices éclairants* comprennent les

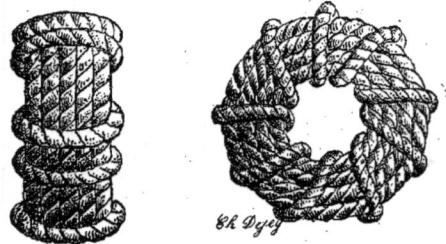

Fig. 181. — Tourteau éclairant.

flambeaux, les grenades et les tourteaux.

Les *flambeaux* dont on fait usage dans l'artillerie française, inventés par M. Lamarre, sont des cylindres de 18 à 40 millimètres de diamètre, de 75 millimètres de longueur (fig. 180), qui donnent, en brûlant, une flamme blanche ou rouge, suivant qu'ils contiennent du nitrate de baryte, pour les feux blancs, ou des sels de strontiane, pour les feux rouges. L'enveloppe cylindrique de ces flambeaux est en caoutchouc et renferme une pâte fusante faite avec de la glu de lin et du chlorate de potasse.

Un *tourteau* (fig. 178) est une couronne en vieille mèche à canon, enduite avec de la glu, du chlorate de potasse et du nitrate de baryte. Si l'on a à traverser un défilé de nuit, par exemple, on installe, de 60 en 60 mètres, deux de ces tourteaux, que l'on enflamme. On peut même les faire porter par des soldats.

La *grenade éclairante* (fig. 182) se compose d'une sphère en caoutchouc, A, remplie de la même composition que les flambeaux Lamarre et que les tourteaux, et d'un tube d'amorce, B. Le tube d'amorce, qui est en étain, contient une composition fusante qui brûle avec une vitesse d'un millimètre à la seconde. Après avoir mis le feu à cette amorce, on lance la grenade

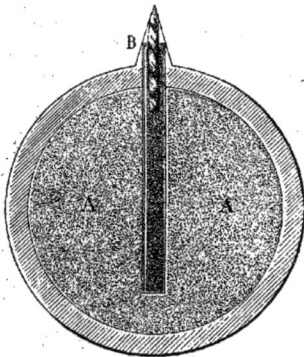

Fig. 182. — Grenade éclairante.

vers l'endroit que l'on veut éclairer; la grenade brûle pendant une minute et demie, et éclaire le terrain jusqu'à dix mètres de distance environ.

On n'utilise plus les *artifices incendiaires* ni les *artifices de rupture*, depuis que la dynamite a été mise en service.

CHAPITRE VIII

ORGANISATION DE L'ARTILLERIE ACTUELLE. — ARTILLERIE DE CAMPAGNE ET DE FORTERESSE. — MOBILISATION DE L'ARTILLERIE. — COMPOSITION DES BATTERIES ET DES SECTIONS DE MUNITIONS.

La description détaillée que nous venons de donner de son matériel offensif et défensif de campagne et de siège ne suffirait pas pour donner une idée exacte de l'état actuel de l'artillerie française. Il reste à faire connaître la répartition des différentes bouches à feu, et la manière dont elles sont employées en temps de guerre. En d'autres termes, il convient de faire connaître ici l'organisation générale de notre artillerie.

En 1870, nous avions vingt régiments d'artillerie ; à l'heure où nous écrivons, la France possède 16 bataillons d'artillerie de forteresse à 6 batteries chacun, 38 régiments d'artillerie de campagne, 2 régiments de pontonniers, 12 batteries à pied, détachées en Algérie, 10 compagnies d'ouvriers, 3 compagnies d'artificiers, et 18 régiments d'artillerie de l'armée territoriale. Chaque bataillon d'artillerie de forteresse, commandé par un chef d'escadron, compte 6 batteries à pied qui sont affectées à la défense des places.

Comme on le verra plus loin, nous avons été obligés de construire un grand nombre de places fortes et de forts détachés, tant pour couvrir le nord de la France contre une attaque des armées allemandes, que pour substituer à la frontière naturelle du Rhin une frontière artificielle. Les modifications de la politique internationale nous ont forcés, également, à édifier les camps retranchés de Grenoble, de Nice et de Lyon, et à fermer, à l'aide de forts, les passages des Alpes. En temps de guerre, chacune des six batteries de chaque bataillon de forteresse se dédoublerait, et nous aurions alors

Fig. 183. — Une section d'artillerie en marche.

96 batteries pour assurer la défense de nos remparts, et 96 autres pour former les parcs de siège. Il faut espérer que les premières seraient utilisées, et que les autres demeureraient inactives.

A chaque corps d'armée sont attachés deux régiments d'artillerie de campagne. Prenons un exemple. Le 3ᵉ corps d'armée, dont le chef-lieu est à Rouen, a deux régiments d'artillerie, les 11ᵉ et 22ᵉ, qui tiennent garnison à Versailles. Le 11ᵉ régiment se compose de douze batteries montées, dont les servants sont transportés sur les coffres de l'affût des pièces et des caissons. Les quatre premières batteries de ce régiment sont destinées à marcher avec la 1ʳᵉ division du corps d'armée. Quatre autres batteries, qui portent les numéros 5, 6, 7 et 8, accompagnent la 2ᵉ division du corps d'armée. Enfin, les batteries 9, 10, 11 et 12 sont ordinairement affectées à la défense des places; mais, si nous prenions l'offensive, ces batteries constitueraient une puissante réserve.

Toutes ces batteries sont armées de canons de 90 millimètres, du système de Bange, dont nous avons donné la description. Le 22ᵉ régiment comprend huit batteries montées et trois batteries à cheval. Six de ces batteries montées attellent des pièces de 90, et deux des pièces de 95, du système Lahitolle. Toutes forment la réserve d'artillerie du corps d'armée; elles sont à la disposition du général en chef. Les trois dernières batteries, qui ont les numéros 9, 10 et 11, sont des batteries à cheval. Elles sont pourvues de canons de 80 millimètres, du système de Bange, et les servants sont à cheval. C'est assez dire qu'elles se déplacent avec une facilité incomparable, et qu'elles se meuvent très aisément, même dans les terres labourées. Au moment de la mobilisation, la plupart de ces batteries à cheval partiraient avec les divisions de cavalerie indépendantes, qui ont pour mission de précéder l'armée, de découvrir l'ennemi, et de former, au devant de l'armée, comme un impénétrable rideau, à l'abri duquel le général en chef ordonne des mouvements stratégiques et prépare la défaite de l'ennemi.

Napoléon Ier a, le premier, fait usage, en campagne, d'une réserve d'artillerie. Le maréchal de Moltke s'inspira de l'exemple de ce grand ca-

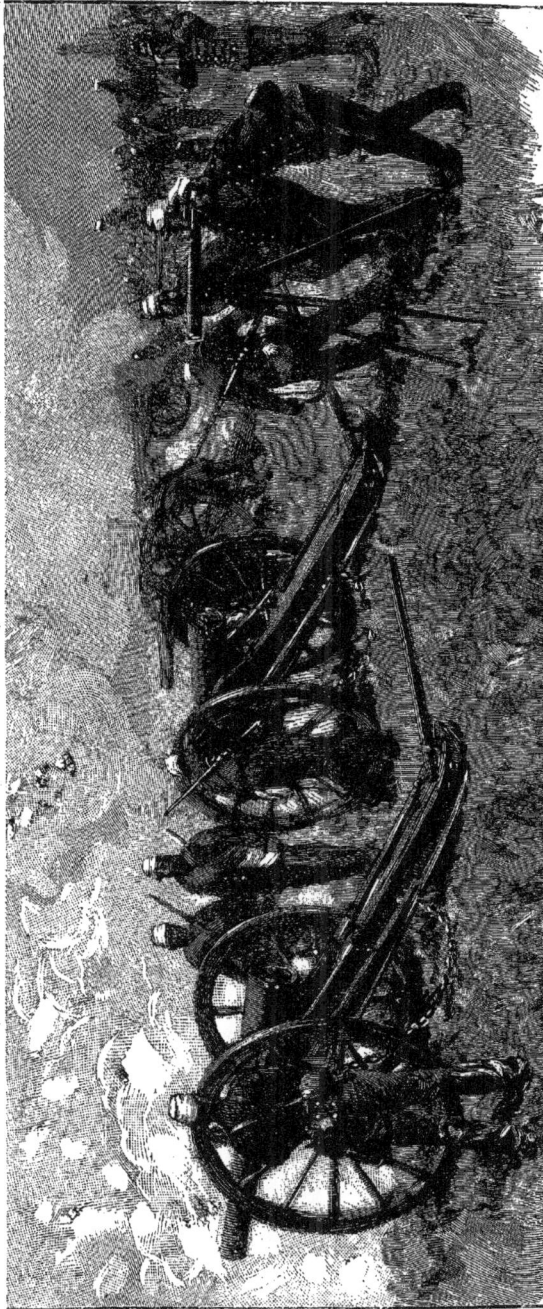

Fig. 184. — Une section d'artillerie mise en batterie.

pitaine. Pendant la guerre de 1870, l'armée allemande n'a jamais attaqué l'armée française sans que l'assaut de l'infanterie eût été préparé et facilité par un tir prolongé de l'artillerie. Il n'y eut qu'une seule exception à cette règle prudente : à Saint-Privat, le 16 août, la garde prussienne s'aventura, sans attendre l'intervention préalable de l'artillerie. Il lui en coûta cher, d'ailleurs, et la plaine de Saint-Privat a mérité d'être appelée par les écrivains allemands « le tombeau de la garde prussienne ».

Rien n'est plus facile, au surplus, si l'on a lu avec attention les ouvrages des écrivains spéciaux et les règlements allemands et français sur le service de l'artillerie en campagne, que de faire la description d'une bataille future.

Dès que le général en chef a reconnu la position de l'ennemi, et qu'il a pris la résolution d'attaquer, il déploie sa réserve d'artillerie. On est à cinq ou six kilomètres de distance. Chaque capitaine va reconnaître un emplacement convenable, et choisit de préférence une crête. Il fait signe à son lieutenant en premier ; les pièces sont à la file. Au commandement du lieutenant en premier, la tête de colonne part, au trot. On débouche sur le terrain ; le lieutenant commande : *Sur la droite en batterie, au galop, marche !* La première pièce fait à droite, les autres continuent droit devant elles, et font successivement le même mouvement. En moins de deux minutes, elles sont alignées les unes à côté des autres. Il ne faut qu'une demi-minute pour charger la pièce, pour pointer et pour mettre le feu à la charge. L'obus part ; l'artillerie ennemie riposte ; et c'est alors à qui tirera, tout à la fois, avec le plus de précision et de rapidité. En thèse générale, quand le tir de l'artillerie est réglé, nulle troupe ne peut rester exposée à son feu.

Au surplus, la réserve d'artillerie est bientôt puissamment secondée. Les deux divisions du corps d'armée prennent position, débouchent sur le terrain, et chacune d'elles amène quatre autres batteries, qui joignent leurs efforts à ceux de l'artillerie de réserve. Il faut, d'abord, éteindre le feu de l'artillerie opposée, puis, détruire les obstacles qui arrêteraient la marche en avant de l'infanterie, et qui briseraient son élan. Cela fait, l'artillerie se tait pendant un instant ; l'infanterie entre en ligne ; mais, quand la victoire est assurée et que l'adversaire bat en retraite, l'artillerie couvre de projectiles les troupes déjà débandées, et elle réussit presque toujours à transformer leur défaite en déroute.

Ces courtes considérations suffisent pour expliquer l'organisation actuelle de l'artillerie française, et sa répartition en *artillerie divisionnaire*, et *artillerie de corps*, ou *de réserve*.

Chaque batterie montée comprend 18 voitures, six pièces de canon, neuf caissons, une forge, un chariot de batterie et un chariot-fourragère. Les batteries à cheval attellent les mêmes voitures ; seulement, les batteries à cheval emmènent, en outre, 4 fourgons de vivres et 2 fourgons de bagages, tandis que les batteries montées n'ont que 3 fourgons de vivres.

Nous décrirons plus loin les pièces et les caissons de munitions. Disons, dès à présent, et pour n'y plus revenir, que le chariot de batterie sert au transport du harnachement, des outils et des pièces de rechange, la forge aux réparations usuelles et au ferrage des chevaux, et le chariot-fourragère, comme son nom l'indique, au transport des fourrages.

Un autre chariot, attelé de quatre chevaux, renferme la boulangerie (fig. 186, page 212).

Il est inutile d'insister sur l'utilité de ces accessoires. Que de fois une batterie ne campe-t-elle pas loin de tout village, non seulement en temps de guerre, mais encore durant les manœuvres d'automne? Les chevaux, qui ont trotté sur les routes, plus ou moins bien entretenues, ont perdu leurs fers : si l'on était obligé de requérir un forgeron civil, on attendrait longtemps. N'est-on pas aussi dans la nécessité d'aller chercher au loin l'avoine et le foin? En d'autres termes, les progrès qu'a faits l'art de la guerre exigent que chaque unité, compagnie, escadron ou batterie, puisse vivre isolément. Quant aux fourgons qui suivent les batteries et qui servent au transport des vivres et des bagages, ce sont des voitures à quatre roues, conduites à grandes guides, par des canonniers, assis sur le siège de devant.

Mais l'artillerie ne fournit pas uniquement des batteries de combat. Au moment de la mobilisation de l'armée, plusieurs de ces batteries « se dédoublent », c'est-à-dire qu'elles donnent les éléments, hommes, chevaux et matériels, nécessaires à la constitution d'une batterie, d'abord, et d'une section ensuite. C'est le capitaine en premier et ses trois lieutenants, qui commandent la batterie; le capitaine en second, aidé par deux sous-lieutenants de réserve, commande la section.

Qu'est-ce qu'une section? Chaque corps d'armée doit avoir, en temps de guerre, deux *sections de munitions d'infanterie* et quatre *sections de munitions d'artillerie*. Les unes et les autres sont destinées au ravitaillement des troupes avant, pendant et après la bataille.

Chaque section de *munitions d'infanterie* se compose de 32 caissons à munitions, d'une forge, d'un chariot de batterie et d'un chariot-fourra-

Fig. 185. — Dédoublement d'une section d'artillerie.

Fig. 186. — La boulangerie de campagne.

gère. Un caisson de munitions renferme 18144 cartouches, de sorte qu'outre les cartouches contenues dans le sac du soldat, l'approvisionnement de première ligne d'un corps d'armée est de 1161216 cartouches de fusil.

Chaque *section de munitions d'artillerie* se compose de 14 caissons à munitions, contenant des obus et des gargousses pour les canons de 90 des batteries montées, et de 3 caissons à munitions contenant des obus et des gargousses pour les canons de 80 des batteries à cheval. En outre, chaque section d'artillerie traîne un canon de rechange sur son affût, un affût de rechange sans pièce, une forge, un chariot de batterie et un chariot-fourragère.

Tel est ce que nous avons appelé l'approvisionnement de première ligne d'un corps d'armée. Les six sections dont nous venons de faire la description accompagnent les régiments d'infanterie et les batteries d'artillerie jusque sur le champ de bataille, et leur distribuent des munitions, sous le feu de l'ennemi. En arrière du corps d'armée, et à quelque distance, marche le parc d'artillerie, qui comprend 175 voitures, à savoir : 69 caissons à munitions pour les canons de

90; 12 caissons à munitions pour les canons de 80; 45 caissons à munitions d'infanterie ; 2 caissons à munitions pour les revolvers.

Quand les sections de première ligne ont épuisé leurs munitions, elles se réapprovisionnent au parc du corps d'armée.

Enfin, le parc du corps d'armée comprend un équipage de pont, c'est-à-dire 41 voitures, dont 21 haquets à bateaux, 15 chariots de parc, 2 forges.

Cet équipage de pont, qui est destiné à jouer un rôle très important dans les opérations de guerre, est desservi par une compagnie de l'un des deux régiments de pontonniers que nous avons énumérés plus haut, et qui tiennent garnison, en temps de paix, à Angers et à Avignon.

Il serait injuste de mentionner purement et simplement les pontonniers. Depuis quinze ans, on a beaucoup et souvent discuté la question de savoir si les pontonniers devaient être des artilleurs ou des sapeurs ; ce n'est là, toutefois, qu'un détail d'importance secondaire. Ce qui est certain, c'est qu'à maintes reprises, les pontonniers ont contribué à la victoire et que, dans une circonstance critique, ils sauvèrent

Fig. 187. — Les pontonniers de la Grande Armée au passage de la Bérésina.

les débris de l'armée française. Pendant la funeste retraite de Russie, au passage de la Bérésina, les pontonniers de la Grande Armée travaillèrent pendant trente heures, sous les ordres du général Eblé, pour construire trois ponts de bateaux. Ils avaient de l'eau glacée jusqu'à hauteur des épaules. Ceux qui succombaient aux atteintes du froid, et dont les cadavres étaient emportés par le courant impétueux du fleuve qui charriait des glaçons, étaient aussitôt remplacés par des camarades de bonne volonté.

L'arrière-garde de la Grande Armée était à peine de l'autre côté de la Bérésina, que les éclaireurs russes apparaissaient sur la rive opposée.

A propos des pontonniers militaires et de la construction des ponts en campagne, nous devons mentionner une importante découverte, faite en 1889, pour la rapide installation d'une communication à travers les fleuves et rivières. Nous voulons parler des *ponts militaires démontables* qui ont été expérimentés sur le Var, par le ministère de la guerre.

On connaît depuis longtemps la grande importance des ponts dans les communications des armées en campagne. Ainsi que le disait le lieutenant-colonel Henry, à propos de la reconstruction, par la main-d'œuvre militaire, des ponts et viaducs détruits par l'ennemi, « de deux nations adverses, de forces à peu près égales, celle qui possède sur la frontière le réseau le plus complet de routes et de voies ferrées permettant de pénétrer dans le territoire ennemi, et qui a tout préparé pour l'utiliser rapidement, est certaine d'obtenir les premiers succès ».

Fig. 188. — Le pont démontable du Var : les travaux sur la rive droite.

La continuation de ces succès, les investissements des grandes places et toutes les opérations d'une guerre d'invasion, dépendent essentiellement de la facilité des communications existantes, et de la puissance des moyens matériels dont dispose l'envahisseur pour franchir les obstacles, pour rétablir et conserver les passages de rivière, les viaducs détruits, les tunnels effondrés, etc.

« Toute armée, dit le général Pierron, dans son ouvrage sur la *Stratégie et la grande tactique*, doit, avant toute chose, maintenir et protéger sa ligne de ravitaillement, et posséder, dans ce but, un corps spécial de constructeurs, chargés de tous les travaux de réparation. »

Le lieutenant-colonel Henry s'est proposé de résoudre le problème de la réparation improvisée des ponts militaires par la main-d'œuvre exclusivement militaire, en partant de principes tout différents de ceux admis jusqu'alors, et que l'on peut résumer comme il suit.

1er Principe. — Ramener tout ouvrage d'art quelconque à n'être plus qu'une combinaison simple et méthodique d'un nombre variable d'éléments constitutifs en acier laminé, très rigides, portatifs et interchangeables, réduits à un très petit nombre de modèles-types. Ces éléments sont assemblés par de simples boulons ou par des axes d'articulation peu nombreux, de manière à former dans le sens de la longueur, de la largeur et de la hauteur de l'ouvrage, une série indéfinie de mailles triangulaires, identiques, qui sont rigoureusement indéformables, attendu que chaque pièce rectiligne est calculée pour résister aux efforts maximum de traction ou de compression passant par les axes d'assemblage.

2° Principe. — Les détails ont été étudiés et combinés de manière que tout le travail technique d'ajustage, qui entraîne des lenteurs et des difficultés, soit entièrement réalisé d'avance, à l'usine, en temps de paix, avec toute la perfection possible. Il résulte de cette disposition, qu'en temps de guerre, les officiers du génie pourvus d'un matériel tout prêt n'ont plus à se préoccuper que du transport et de l'assemblage rapide des éléments portatifs. Ces éléments sont, d'ailleurs, assez légers et assez maniables pour que la construction d'une travée ou d'une pile de viaduc puisse être opérée avec une facilité et une promptitude extrêmes, par des soldats du génie, aidés d'auxiliaires d'infanterie.

C'est pour appliquer ces deux principes et réaliser cette conception, qui peut s'appliquer à toute espèce de construction, que le colonel Henry constitue l'ossature principale de chaque catégorie d'ouvrages, soit par de grandes fermes, soit par des palées, soit par des poutres maîtresses horizontales, à parois simples ou multiples, ayant pour plans de symétrie les plans déterminés par les résultantes des forces maxima auxquelles la construction est appelée à résister. Comme dans la plupart des cas les efforts les plus considérables sont verticaux ou horizontaux, les poutres maîtresses divisibles auront généralement leur plan de symétrie vertical.

Chaque palée, ou poutre maîtresse, est composée de fortes membrures, divisibles, réunies par un réseau de mailles très rigides, en acier, se reproduisant identiquement dans tout l'ouvrage. Ces grandes fermes parallèles (au nombre de 2, 3 ou 4 pour un pont ou une pile, de 4, 5 ou 6 pour une estacade) sont réunies horizontalement par des entretoises, égales entre elles, disposées, suivant les cas, de manière à servir, soit de pièces de pont inférieures ou supérieures, soit de traverses, soit de poutres, de planchers, etc. Des barres obliques, ou contreventements, à tendeurs, d'un modèle unique, assurent la rigidité complète des appareils de charpente dans les plans normaux aux plans des fermes principales.

Fig. 189. — Le pont du Var : les travaux sur la rive gauche, la veille du passage des troupes.

On voit que ce système de construction est surtout caractérisé par l'adoption exclusive, pour ce genre déterminé d'ouvrages, d'un même type de ferme élémentaire, composée d'une ou de plusieurs mailles rigides, en acier, indéformables, et dont la reproduction systématique constitue les parties essentielles et résistantes de l'ouvrage.

On connaît toute l'importance stratégique du camp retranché de Nice. Malheureusement, ses communications avec l'intérieur n'étaient rien moins qu'assurées. Elles reposaient uniquement, en ce qui concerne les voies ferrées, sur la ligne du chemin de fer de Nice à Toulon par Cannes et Fréjus, et en ce qui concerne les voies de terre, sur la route de Nice à Toulon. Enfin, ces deux grandes lignes de communication traversent le Var près de son embouchure, en deux points dont le voisinage de la mer rend la sécurité très problématique.

Une deuxième voie ferrée est en construction ; elle part de la gare de Nice, et doit traverser le Var, dans l'intérieur des terres, en face de Gattières, pour rejoindre la ligne de Toulon par Grasse et Draguignan. Afin de gagner du temps, le département de la guerre a imaginé de s'entendre avec la Compagnie des chemins de fer du Sud, chargée de la construction de la ligne Nice-Draguignan, pour construire, comme pont de service de la voie ferrée, un pont mobilisable en acier du système Henry : ce pont devant être retrocédé au département de la guerre, après l'achèvement du double viaduc de la ligne.

La Compagnie du chemin de fer fit donc établir dans le lit du Var 17 palées, destinées à supporter 18 travées démontables, de 20 mètres de portée chacune.

Le pont de service devant avoir la même longueur que le viaduc et s'appuyer sur la digue de la rive droite, on dut constituer provisoirement une plate-forme en remblai.

D'autre part, le courant principal du Var se trouve actuellement reporté sur la rive droite, où il forme un véritable torrent de 110 mètres de largeur. On se décida, par économie, à compléter la troisième partie du passage par un pont mixte de bateaux et de chevalets.

Une compagnie de sapeurs de chemins de fer, venue de Versailles, aidée d'un détachement de pontonniers du régiment d'Avignon, fut chargée de cette importante opération, et trois jours (du 3 au 6 juillet 1889) suffirent pour la mener à bonne fin.

Les travaux furent exécutés avec une admirable précision, en présence du général Japy, commandant le 15ᵉ corps d'armée, et sous la direction du colonel Henry et de M. Martin, directeur de la Compagnie des chemins de fer du Sud.

Dès que la pose du pont fut achevée, toutes les troupes qui avaient participé à l'opération défilèrent sur le pont (fig. 190), et pas la moindre oscillation ne fut constatée.

L'Avenir militaire, en rapportant les faits qui précèdent, ajoute, en forme de conclusion, que nos armées sont dès maintenant en possession d'un matériel qui leur permettrait de rétablir, en quelques jours, les communications stratégiques sur les fleuves les plus larges.

La mobilisation, c'est-à-dire la mise sur pied de guerre de notre artillerie, est une opération des plus compliquées. Sans entrer dans tous ses détails, nous avons tenu à en parler sommairement, après avoir donné la description de ce matériel immense, qui est enfermé dans nos arsenaux, ou dispersé sur les remparts de nos forteresses.

Un mot encore : tant vaut l'ouvrier, dit-on, tant vaut l'outil. Nos batteries seraient inefficaces si elles étaient mal commandées. Avant 1870, c'est à Metz qu'était installée l'école d'application du génie et de l'artillerie ; elle est maintenant à Fontainebleau

Fig. 190. — Passage des troupes sur le *pont militaire démontable* du Var, le 6 juillet 1889. Défilé du 159ᵉ de ligne, colonel Caze

dans les bâtiments de la cour Henri IV et de la cour des Princes. Les officiers-élèves, qui y reçoivent une instruction très complète (balistique, fortification, art militaire, sciences appliquées, hippiatrique, langue allemande), sortent de l'École polytechnique. Quand ils ont passé deux ans à l'école de Fontainebleau, ils sont promus au grade de lieutenant en second, et répartis entre les bataillons de forteresse, les régiments d'artillerie et les régiments de pontonniers. En outre, le général Thibaudin, quand il était Ministre de la guerre, a créé une école pour les sous-officiers de l'artillerie, du génie et du train des équipages qui aspirent à l'épaulette ; cette école est établie à Versailles.

La section technique de l'artillerie, qui siège à Saint-Thomas-d'Aquin, étudie tout ce qui a trait au perfectionnement du matériel.

Tous les capitaines d'artillerie vont faire un séjour de deux mois à Poitiers, où des officiers supérieurs leur enseignent les méthodes de réglage du tir.

Dans la fonderie de Bourges, l'atelier de Puteaux, et les forges de l'industrie privée on exécute, sous la surveillance de nos officiers, les commandes de l'artillerie.

CHAPITRE IX

FABRICATION DES BOUCHES A FEU ET DES PROJECTILES. — FABRICATION DES BOUCHES A FEU EN BRONZE ET EN ACIER. — CANONS EN FONTE. — BRONZE UCHATIUS. — FABRICATION DES PROJECTILES DANS LES FORGES. — MOULAGE ET USINAGE DES BOUCHES A FEU.

Le mode de fabrication des bouches à feu varie suivant qu'elles sont en bronze ou en acier; mais, dans l'un et dans l'autre cas, certaines dispositions, que nous indiquerons plus loin, demeurent identiques.

Jusqu'en 1870, tous les canons furent fabriqués par l'État; mais aujourd'hui l'État ne possède plus qu'une seule fonderie, qui

est établie à Bourges, où l'on ne fabrique même que des canons en bronze ; et comme nous l'avons dit dans les chapitres précédents, le nombre de ces canons est extrêmement restreint.

Tous nos canons en acier sont commandés à l'industrie, qui les fournit *forés et trempés*. Il ne reste donc plus qu'à les *usiner*, suivant l'expression consacrée. Cette dernière opération est exécutée dans les ateliers de l'État, à Tarbes et à Puteaux.

L'industrie privée peut produire à meilleur marché que l'État, puisqu'elle ne fabrique pas seulement des canons, mais aussi des rails, des locomotives, des ponts métalliques, des chaudières, etc., tout comme le fait, d'ailleurs, l'usine Krupp, à Essen. Il est clair que si l'État avait été forcé de construire un marteau-pilon comme celui du Creusot, de Saint-Chamond, ou de Rive-de-Gier, les frais de construction et d'entretien de cet énorme engin eussent singulièrement augmenté le prix de revient d'une bouche à feu. Et pourtant, comment obtenir des blocs d'acier convenables, si l'on ne dispose pas d'un outillage perfectionné? Les tubes d'acier ne prennent la forme propre au forage des canons, qu'après avoir été soumis à un martelage puissant et prolongé.

Pour donner une idée de l'outillage énorme dont dispose l'industrie privée pour la fabrication des bouches à feu, nous représentons dans la figure 192 (page 221) l'atelier des forges de Saint-Chamond contenant le marteau-pilon de 100 tonnes employé pour le martelage d'une barre d'acier destinée à former la masse d'un canon.

Le bronze est un alliage de 100 parties de cuivre et de 11 parties d'étain. On ne l'emploie plus que pour la fabrication des mortiers, bien qu'il offre cet avantage sur l'acier, que le métal étant refondu peut servir à couler de nouvelles pièces.

On fond le bronze dans des fourneaux à reverbère. Quand il est au point, on le coule dans un moule, qui présente, en creux, la forme extérieure de la pièce que l'on veut fabriquer. On a seulement soin d'augmenter les dimensions du moule, de façon à couler un canon en bronze, flanqué d'un appendice, que l'on appelle *masselotte*. L'ensemble du moule se compose, comme le montre

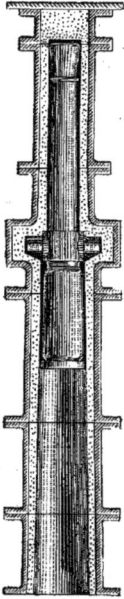

Fig. 191. — Moule de canon.

la figure ci-jointe, de plusieurs tronçons ajustés et boulonnés les uns aux autres.

On fabrique ces tronçons en entourant d'un châssis en fer une pièce du même modèle que celle que l'on veut obtenir; on jette un mélange de sable, d'argile et de crottin de cheval entre le châssis et la pièce modèle; on attend que ce mélange, nommé *terre à mouler*, soit fortement tassé, et l'on n'a plus qu'à retirer le châssis et la pièce modèle pour avoir le moule qui reproduit en creux les portions extérieures du canon.

Quand les moules sont placés dans *la fosse à couler*, on fait couler le bronze fondu dans l'intérieur de ces moules, et l'on refait

ainsi exactement la pièce modèle. Par suite du refroidissement, le métal se contracte; c'est alors *la masselotte* qui fournit du métal. En même temps, les crasses et les bulles d'air remontent à la partie supérieure de la pièce, et se logent dans cette même masselotte. Dès que la coulée est terminée, le moule est recouvert d'une couche de charbon en poudre; il se refroidit alors lentement. Après quarante-huit heures de refroidissement, on n'a plus qu'à retirer le moule de la fosse.

En cet état, le canon est informe; il faut, pour l'amener à la forme voulue, lui faire subir toutes sortes d'opérations. On commence par couper la masselotte, puis on fore la pièce, au calibre de 80 millimètres, par exemple, si l'on veut obtenir une pièce de 90 millimètres.

Après ce premier forage la bouche à feu doit encore être soumise à des épreuves de résistance et d'homogénéité. Ces épreuves consistent essentiellement en ceci : on tire cinq ou six coups avec de très fortes charges, deux ou trois fois plus considérables que la charge normale; ensuite, on remplit l'âme de la pièce avec de l'eau, que l'on refoule à l'aide d'un piston cylindrique, pour s'assurer qu'il n'existe pas la moindre fissure. Cela fait, il n'y a plus qu'à procéder à *l'usinage*.

C'est la *machine à raboter* qui donne à la bouche à feu ses formes extérieures; puis, on met en mouvement un foret en acier, qui tournant autour de son axe, pénètre dans l'intérieur du canon et achève de le forer au calibre définitif (90 millimètres, s'il s'agit d'un canon de 90, comme nous l'avons supposé).

Pour cette opération, la pièce est placée sur un *banc de forerie*, horizontal, qui se déplace, et qui, peu à peu, ramène la pièce vers le foret.

On s'occupe ensuite de poser la bague en acier, qui doit recevoir la culasse mobile.

Il faut commencer par élargir l'âme au diamètre de la chambre et du logement de la culasse, et pratiquer les filets de l'écrou. Il ne reste plus qu'à rayer la pièce.

On la dispose sur un *banc de rayage* horizontal, identique à peu de chose près au banc de forerie. Un arbre de couche imprime à la bouche à feu un mouvement continu, de l'arrière à l'avant, pendant qu'un couteau en acier entame les parois de l'âme, et y trace les rayures. Les mouvements de la bouche à feu et du couteau en acier sont calculés de telle façon que les rayures aient *le pas* choisi à l'avance.

Quand la pièce est rayée, elle est visitée dans tous ses détails. On y dessine alors la charnière du volet, l'emplacement du verrou du guidon, de la craupaudine et de la hausse. Quant à la *vis de culasse* qui, même pour les canons en bronze, est en acier, elle est fabriquée à part.

Les canons de fonte dont on fait encore usage dans les places fortes et la marine, doivent être renforcés avec plus de solidité que les canons de bronze. Ils reçoivent, outre les frettes, un tube d'acier, qui se pose avant le frettage. Ce tube d'acier est tourné plus gros que son logement dans la pièce. Pour pouvoir faire entrer le tube d'acier dans le canon, on place celui-ci debout dans une fosse, et on le chauffe assez fortement pour que, par l'effet de la dilatation, le tube puisse pénétrer et être vissé dans son logement. Quand elle se refroidit, la pièce comprime le tube diamétralement et longitudinalement, et celui-ci demeure bien en place.

Après toutes ces opérations le canon est terminé. Il ne reste qu'à lui donner un tournage extérieur définitif, et à le pourvoir de ses accessoires : guidon, fourreau de la hausse, gâche et fermeture de culasse. Ces accessoires sont fabriqués par d'excellentes machines-outils.

Sous le rapport de la durée comparative des pièces en bronze et en acier, on peut dire que les canons d'acier ont une durée presque indéfinie, sauf le cas de fissure ou d'arrachement.

Les canons de bronze, au contraire, ne peuvent fournir que 1 500 coups environ. Après ce tir, ils sont hors d'usage, et doivent être refondus.

La durée des canons de fonte varie avec leur calibre. Un canon de 19 centimètres est usé après 1 100 coups; un canon de 27 centimètres, après 400 coups seulement. Ce n'est donc que dans les places de peu d'importance ou sur les côtes maritimes, dont la défense est aisée, que l'on relègue ces bouches à feu.

La fabrication d'un canon d'acier diffère très peu de la fabrication d'une bouche à feu en bronze.

Les tubes d'acier, dans lesquels on doit forer le canon, sont livrés par l'industrie privée, sous la surveillance de capitaines en second d'artillerie, qui sont momentanément détachés de leurs batteries, et affectés à ce service.

Les frettes sont faites en *acier puddlé*, tandis que les canons sont fabriqués avec de l'*acier fondu*, obtenu dans les différentes usines françaises, par le procédé Bessemer ou par le procédé Siemens.

Les frettes sont des barres d'acier enroulées au laminoir, soudées au marteau-pilon, et trempées à l'eau. Toutes ces parties accessoires de la bouche à feu sont, elles aussi, soumises à des épreuves très précises et très concluantes.

Pour les bouches à feu en fonte, qui sont destinées aux places fortes ou à la marine, ainsi qu'il est dit plus haut, et qui sont de très gros calibre, on se sert, comme axes, de noyaux d'arbres en fer, et l'on fait la coulée dans les moules tournés la bouche en bas. Deux siphons amènent la fonte liquide, l'un au bas du moule, et l'autre vers le milieu de sa hauteur.

Nous ne pouvons nous empêcher de parler ici d'un bronze employé par l'artillerie

Fig. 192. — Le marteau-pilon de 100 tonnes de la fabrique d'armes de Saint-Chamond, forgeant une masse d'acier, destinée à former un canon.

autrichienne, et que l'on désigne sous le nom de *bronze Uchatius,* du nom de son

inventeur, le général Uchatius. C'est en 1875 que des expériences furent faites à Vienne avec des canons soumis aux procédés du général Uchatius, expériences qui réussirent parfaitement et déterminèrent l'emploi du métal désigné aujourd'hui sous le nom de *bronze Uchatius*.

Il est probable qu'avant peu, l'artillerie française tentera de fabriquer des pièces en bronze Uchatius, car nos arsenaux sont encombrés de pièces en bronze de 4, de 8 et de 12, sans compter les pièces de siège et de place, et que l'on ne voudra pas perdre cette quantité considérable de bronze, qu'il est possible d'utiliser. Si nous avons momentanément renoncé à l'emploi du bronze et presque exclusivement adopté l'acier, c'est que le bronze est trop mou, et ne se prête pas au tir à fortes charges et à trajectoire tendue. Mais le général Uchatius a trouvé qu'en diminuant la proportion d'étain dans la composition du bronze, et en coulant ce nouvel alliage en coquilles, on obtient un bronze infiniment plus résistant. Il sera donc possible, en suivant le procédé autrichien, de tirer parti de notre vieux matériel de bronze.

Qu'elles soient en bronze, en acier ou en métal *Uchatius*, les pièces doivent, après leur fabrication, être mesurées avec une exactitude absolue. Les capitaines d'artillerie attachés à ce service vérifient tous les ans, au mois d'octobre et au mois d'avril, le bon état de leur matériel. Pour mesurer le calibre, on se sert de l'*étoile mobile*.

L'*étoile mobile* est une hampe cylindrique en laiton, pourvue d'une tête en acier à quatre pointes et de deux supports mobiles. Deux des pointes de la tête sont vissées sur ces supports mobiles ; les deux autres pointes sont fixes. Deux cylindres en acier, reliés par une pièce d'acier à une tringle faite du même métal, et qui traverse la hampe suivant son axe, guident les supports mobiles. Les axes de ces cylindres sont inclinés à

angle égal sur l'axe de la tringle. Il en résulte que, si l'on avance ou recule la tringle, on écarte ou rapproche les deux pointes mobiles de la tête. Si la tringle avance d'un centimètre, les pointes ressortent d'un millimètre. Il est alors très facile de constater qu'une bouche à feu a le diamètre réglementaire, et dans le cas contraire, d'estimer à un dixième de millimètre près les détériorations qui se sont produites.

Les projectiles de l'artillerie française sont en fonte de fer ; on se sert de préférence de fonte dite *truitée*, c'est-à-dire de fonte intermédiaire entre la fonte grise et la fonte blanche ; en effet la fonte grise est trop molle et la fonte blanche trop cassante. Prenons, par exemple, le coulage d'un obus de 90. On en possède un modèle *en acier* (fig. 193) autour duquel on place un châssis en fonte. Entre le modèle et le châssis, on jette du sable à mouler, dont nous avons donné la composition en décrivant la fabrication des canons. Cela fait, on retire le moule, que l'on badigeonne avec un mélange d'argile et de poussière de charbon, afin d'empêcher l'adhérence de la fonte au moule. On grille le moule, en l'exposant, à l'intérieur, à l'action prolongée de charbons ardents.

Il faut alors procéder au *remmoulage*, c'est-à-dire placer le noyau sur son axe, dans la position précise qu'il doit occuper à l'intérieur de l'obus. On fait arriver la fonte liquide, dans le moule, par la partie inférieure de ce moule ; comme dans la fonte des canons, les crasses et les bulles d'air se dirigent vers la partie supérieure, et l'on n'a plus qu'à laisser refroidir.

Les projectiles sont livrés aux arsenaux par l'industrie privée. Il faut alors les *calibrer*, puis les graisser, avec un mélange de suif de mouton, de savon de Marseille et de sulfate de cuivre, enfin, les garnir de leurs ceintures de plomb.

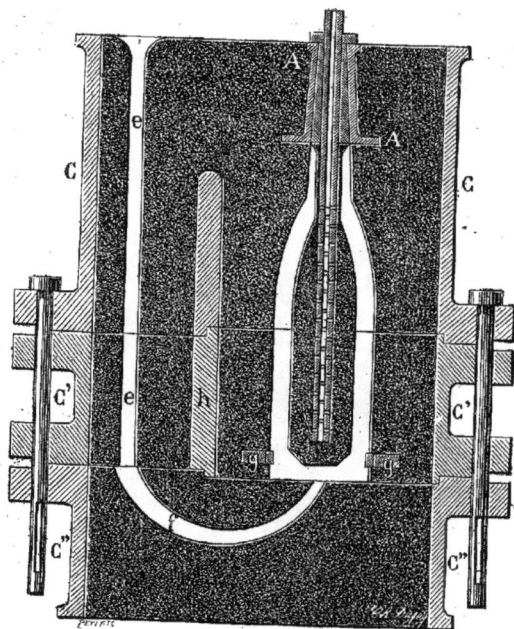

Fig. 193. — Moulage d'un obus. Châssis et moule pour la coulée.

Pour cette dernière opération, on place le projectile dans un moule en fonte, et on verse du plomb fondu entre l'obus et le moule. Il ne reste plus qu'à enlever la portion de l'enveloppe en plomb sur toutes les portions de la surface extérieure de l'obus qui ne doivent pas être entourées de couronnes.

Nous disons que les usines de l'industrie privée sont seules à même de fournir à l'État des canons du poids et du volume énormes exigés aujourd'hui. Les usines du Creusot, de Saint-Chamond, de Rive-de-Gier, sont pourvues de tout le matériel nécessaire à cette fabrication. Elles possèdent notamment des marteaux-pilons d'un poids extraordinaire, qui permettent seuls de forger des pièces d'acier d'énormes dimensions nécessaires pour former le corps d'un canon et ses accessoires.

On a vu, dans la figure 192, le marteau-pilon de 100 tonnes de Saint-Chamond, au moment du forgeage d'un canon. Au Creusot il existe un marteau-pilon plus puissant encore, et qui dépasse par son poids le marteau-pilon de l'usine prussienne d'Essen. A Rive-de-Gier, le marteau-pilon est également de plus de 100 tonnes.

CHAPITRE X

LA FORTIFICATION MODERNE ; L'ENCEINTE BASTIONNÉE ET L'ENCEINTE POLYGONALE. — UN FORT MODÈLE. — ARMEMENT DE CE FORT. — COUPOLES CUIRASSÉES. — BATTERIES DE SIÈGE.

Nous avons décrit les transformations qu'a dû recevoir l'artillerie de siège, depuis l'année 1888. Étudions les conséquences de ces transformations.

L'obus-torpille avait à peine fait son apparition, ainsi que nous l'avons raconté

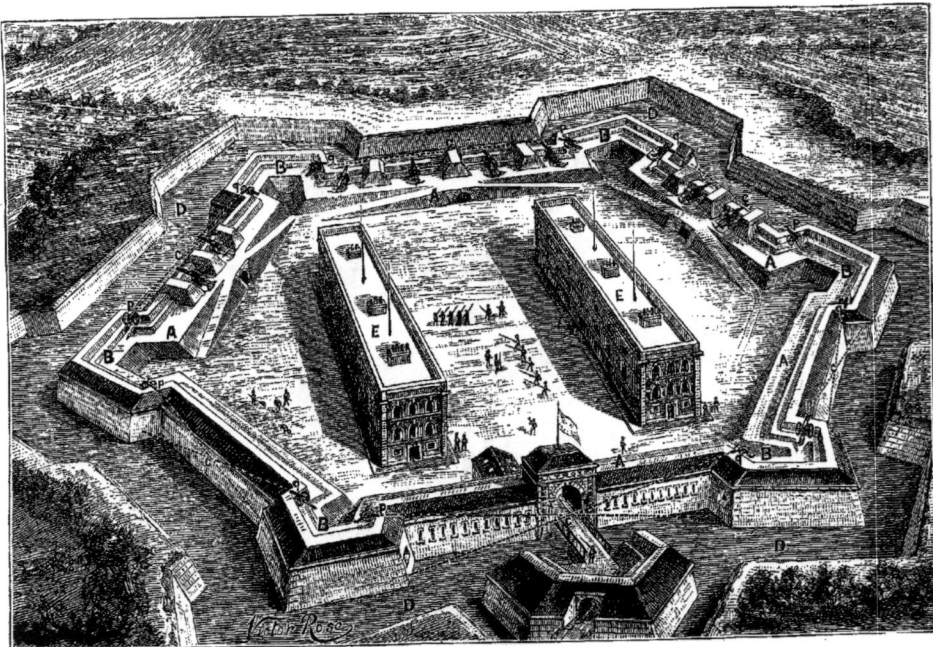

Fig. 191. — Fort bastionné (système Vauban).

dans un précédent chapitre (page 121), que l'on proposait de garnir tous nos forts de coupoles en acier, et de revêtir de cuirasses certaines parties des remparts de nos places de guerre. En effet, si l'assiégeant dispose d'obus contenant de la dynamite ou de la mélinite, l'assiégé aura beau posséder des moyens de défense analogues, il sera entouré, écrasé sous la puissance des obus, et condamné à capituler, à moins qu'il ne réussisse à se soustraire aux atteintes de l'artillerie de siège.

Il résultait d'expériences qui avaient eu lieu, en 1887, en Allemagne, qu'une couche de terre de 4 mètres d'épaisseur protège des voûtes ordinaires construites en béton, contre l'action d'un obus chargé de 19 kilogrammes de coton-poudre. Mais depuis cette époque, les mortiers ont été prodigieusement perfectionnés ; des obus, tirés tout récemment, ne contenaient pas moins de 40 kilogrammes de matière explosive !

La question se posait donc en ces termes: « Augmenterait-on indéfiniment l'épaisseur des maçonneries et des retranchements ? » La lutte est aujourd'hui engagée entre l'artillerie et la fortification, comme entre la cuirasse des navires et la torpille. Il est bien permis de prévoir que, dans cette bataille qui se livre, en temps de paix, à coups de millions, les artilleurs l'emporteront, et que les ingénieurs auront le dessous. On peut ajouter que, désormais, les fortifications, qui n'avaient déjà plus l'importance qu'elles avaient autrefois, joueront dans l'avenir un rôle de plus en plus effacé, et que l'invention presque simultanée de l'obustorpille et du fusil modèle de 1886 doivent entraîner la transformation de la défense des places.

Fig. 195. — Fort moderne (place de Belfort).

Hâtons-nous, toutefois, d'ajouter que les forts serviront, pendant quelques jours, à briser l'élan des colonnes d'invasion ; et qu'à l'abri de ces forts, les armées de défense pourront compléter leur organisation et achever leur mobilisation.

Enfin, comme le dit le général belge Brialmont, « les forts stratégiques fournissent à l'armée défensive le moyen de rétablir l'équilibre rompu par une défaite ou par un accroissement notable des forces ennemies, et lui permettent ensuite, lorsqu'elle s'est reconstituée ou accrue par l'arrivée de secours, de reprendre l'offensive au moment opportun ».

A ces titres divers nous devons donner la description de la fortification contemporaine.

Un fort, ou une place forte, se composait autrefois d'un certain nombre de portions

de rempart, A, A (fig. 194), nommées *cour tines*, et d'un nombre égal de bastions, B, B. Les bastions étaient destinés à protéger le fort ou la place contre toute attaque de vive force. Avant que l'assiégé fût arrivé au pied du rempart et qu'il en pût tenter l'escalade, il était obligé de traverser le fossé, D. Or, comme on le voit, les canons placés sur les bastions B, B croisaient leurs feux au milieu de ce fossé, sur le pont-levis, C, et tirant à mitraille sur les troupes d'assaut, ils défendaient le rempart, ou *courtine*, A, ainsi que les casernes, E.

Ce système de fortification, dû à l'illustre Vauban, était excellent, à l'époque où l'artillerie n'avait que peu de puissance. Mais il était à prévoir qu'avec la précision du tir des pièces actuellement en service, les canons des bastions seraient vite démontés par l'assiégeant, et que les troupes d'assaut ne seraient pas longtemps arrêtées au pied du rempart.

Le système de fortification en usage de nos jours est le système dit *polygonal*, dans lequel les bastions sont à peu près entièrement supprimés, et remplacés par des ouvrages défensifs, placés dans les fossés et garnis d'une puissante artillerie.

Un ingénieur français, Montalembert, avait imaginé, vers la fin du siècle dernier, ce système, que les Allemands ont pratiqué depuis longtemps, et que nous avons adopté après eux. Il constitue aujourd'hui notre système général de forts.

Nous décrirons comme type des forts, tels qu'on les construit aujourd'hui, en France, celui de Belfort (fig. 195).

Destiné à battre deux routes, à tirer dans les deux directions, A et B, il a deux fronts, E, et PL. Sur le front E, sont établis quatre canons de gros calibre, séparés les uns des autres par des traverses en terre ; trois canons sont disposés sur le front PL. Les casernes sont construites sous le rempart, en *a, b*. Ce sont des logements assez confortables, recouverts d'une énorme masse de terre, et par conséquent, presque à l'abri des obus. Un passage blindé, XX, conduit, de l'entrée du fort, soit jusqu'au pied du rempart, soit jusqu'à la porte des casernes, ou plutôt des casemates.

Les fronts d'attaque, PL, sont droits. Là, point de bastions. Comment, sans aucun bastion, empêchera-t-on l'assiégeant de descendre dans le fossé, et de tenter l'escalade du fort ?

Trois ouvrages ont été élevés dans le fossé même ; ces ouvrages, R, P, M, se nomment *caponnières*. L'un, P, est plus vaste que les deux autres ; il est situé juste à l'angle des deux fronts d'attaque. Imaginez une sorte de chambre en maçonnerie protégée par une couche de terre de 10 mètres d'épaisseur et par deux ou trois rangées de madriers. A l'avant, un petit fossé plein d'eau,

LO, et des créneaux, d'où jaillirait, en cas d'assaut, un violent feu de mousqueterie. A droite et à gauche, trois ou quatre mitrailleuses, qui tirent à travers des embrasures étroites, et dont les projectiles brûleraient littéralement les troupes d'assaut. Cette même caponnière, P, défend les deux fossés du front d'attaque ; les *caponnières* M et R enfilent les fossés O et L ; enfin la gorge EE, à l'entrée du fort, est défendue par des bastions.

Ces bastions sont, d'ailleurs, ici, à titre d'exception. Il ne faut pas oublier que le fort que nous décrivons est celui de Belfort, et que l'attaque par les revers du fort n'est pas à redouter, en raison des dispositions locales.

Ajoutons que quand on le peut, on remplit d'eau les fossés.

Tel est le *fort polygonal*, ou *fort moderne*, qui défend aujourd'hui nos places de guerre. C'est dans ce système que sont construits les forts placés autour de Paris, les forts de l'Est, du Nord-Est et du Sud-Est, ceux de Verdun, de Belfort et de tant d'autres places.

Mais depuis la construction de ces forts, on a découvert la mélinite, et les étrangers ont rempli leurs obus de substances explosives très puissantes. Nous avons décrit les terrifiants effets produits par l'explosion de ces compositions chimiques. Nos officiers du génie se sont préoccupés de mettre nos places fortes à l'abri de ces terribles agents de démolition qui détruisent pierre et terre. Ils ont construit, pour résister aux obus à la mélinite, des tourelles métalliques tournantes.

L'idée de garnir les forts de tourelles en métal ne date pas d'aujourd'hui. En France, on a essayé, depuis 1870, trente ou quarante modèles de coupoles en acier, en métal *compound*, ou en fer laminé. On a reconnu que le métal *compound* et l'acier se fissurent

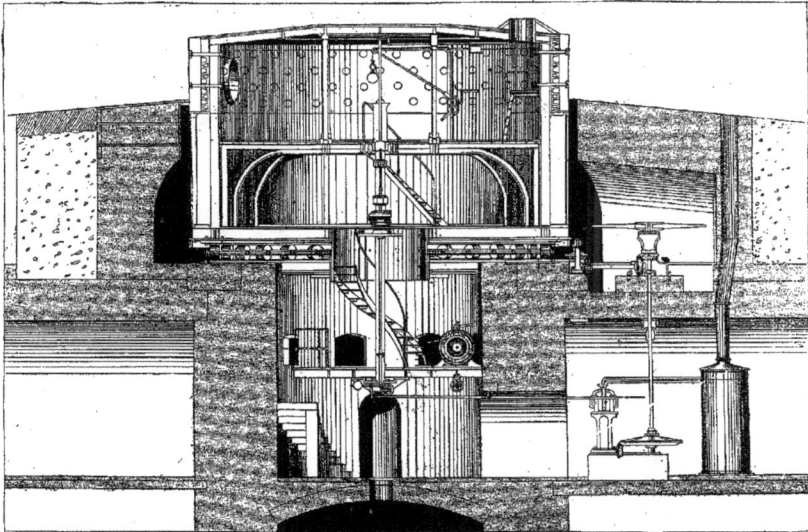

Fig. 196. — Tourelle à coupole tournante du fort Saint-Philippe, à Anvers.

sous l'action des gros projectiles; le fer laminé résiste seul, sans se briser, ni se fendre.

Ce n'est que tout récemment que l'industrie française a découvert le moyen de faire des plaques de fer laminé, épaisses de 60 centimètres, tandis que l'on sait depuis longtemps marteler des plaques d'acier de 70 et même de 80 centimètres d'épaisseur.

Les projectiles explosifs démoliront forcément n'importe quel talus en terre; ce ne sera jamais qu'une question de temps. On ne saurait, d'autre part, songer à construire un fort entièrement métallique. Les tourelles tournantes métalliques répondent aux nouveaux besoins de la défense.

Supposez, en effet, que l'assaillant se risque dans le fossé, et se dirige vers l'escarpe, où il aura frayé une brèche, pour pénétrer jusque dans l'intérieur du fort; ses colonnes d'assaut seront obligées de défiler sous le feu des mitrailleuses des caponnières, et l'on devine sans peine l'effet produit par le tir rapide de ces pièces, croisant leurs feux dans le fossé. Le tout est donc de conserver intacte la caponnière. Pour y parvenir, il faut répondre au tir de l'ennemi, et puisque nos remparts en terre ne sont plus en état de résister aux obus, il faut pourvoir nos forts de coupoles cuirassées et mobiles.

C'est le duc d'Aumale qui, en 1877, alors qu'il commandait le 7e corps d'armée, à Besançon, fit installer la première coupole cuirassée tournante, au fort de Giromagny, près de Belfort. L'Allemagne possède aujourd'hui près de cent cinquante coupoles cuirassées; la Belgique en a vingt, rien qu'autour de son camp retranché d'Anvers; l'Angleterre en a construit une à l'entrée du port de Douvres. En France, nous avons des coupoles cuirassées à Paris, à Toul, à Belfort, à Laon, à Maubeuge, à Nice et à Verdun. Mais ce n'est que le commencement de la réforme de notre défense.

Le général belge Brialmont, dont nous avons déjà cité le nom, est l'inventeur des coupoles cuirassées actuelles. Il créa de toutes pièces, dès l'année 1868, les coupoles

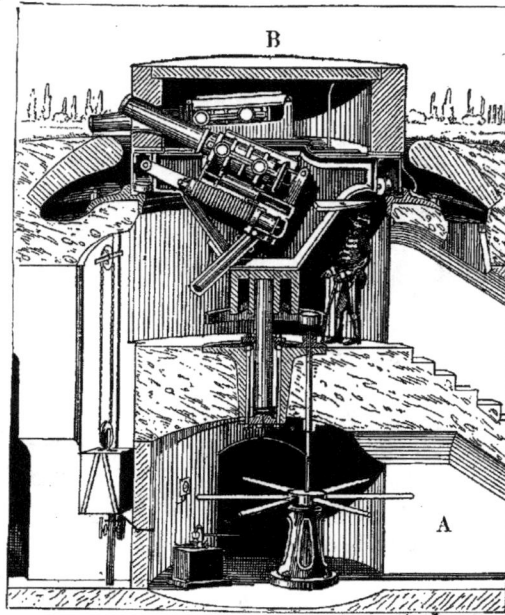

Fig. 197. — Tourelle à coupole tournante de Bucharest.

du fort Saint-Philippe à Anvers que nous représentons dans la figure 196.

Qu'est-ce qu'une *coupole cuirassée?* C'est un cylindre en tôle qui s'appuie sur une base en béton, et qui tourne sur des galets métalliques, autour de son axe, sa portion supérieure ne dépassant que très faiblement les terrassements avoisinants. Le pointeur fait mouvoir la tourelle à son gré. A l'instant qu'il a choisi, l'embrasure apparaît du côté convenable ; il met le feu à la pièce. Aussitôt après le coup de canon, la coupole continue son mouvement de rotation. Quand l'assiégeant riposte, son obus, s'il arrive, ne rencontre plus qu'une cuirasse métallique, dont l'épaisseur varie entre 30 et 120 centimètres. Or, nous avons dit plus haut que même les projectiles contenant des substances explosives, mélinite, hellofitte, etc., glissent sur les coupoles métalliques, sans les entamer.

Un officier français, le commandant du génie Mougin, qui poursuit depuis longtemps d'intéressantes recherches sur l'emploi du fer et de l'acier dans la fortification, a construit une coupole perfectionnée qu'il a installée sur le fort de Bucharest (fig. 197). Cette coupole, B, a un diamètre de 3^m,90 et 90 centimètres d'épaisseur ; les plaques sont en fer laminé ; les deux plaques de la toiture pèsent, à elles seules, 19 900 kilogrammes. Le tout s'appuie sur un pivot hydraulique, par l'intermédiaire d'une couche de glycérine, de telle façon que ce n'est pas du métal qui frotte ou qui roule sur un autre métal, mais sur une couche de liquide, presque sans aucun frottement. La pièce est tirée à l'aide de l'électricité.

Le mouvement de rotation est imprimé à la coupole B, par un axe tourné à bras, A, placé au-dessous du canon.

Au camp de Châlons, le commandant Mou-

Fig. 198. — Tourelle cuirassée du camp de Châlons.

gin a élevé une tourelle sphérique du même genre, que nous reproduisons, en coupe, dans la figure 198.

Le commandant Bussière a, de son côté, imaginé une tourelle dite à contrepoids accumulateur. Cette tourelle (fig. 199) a une hauteur de 1^m,20, un diamètre de 3 à 4 mètres et une épaisseur de 45 centimètres ; elle est faite en métal *compound*, et plonge presque tout entière dans une sorte de puits en béton. Le cylindre s'appuie sur une couronne en acier, qui se prolonge de 30 à 50 centimètres vers l'intérieur du puits.

Le colonel Hennebert décrit en ces termes le fonctionnement de cet ingénieux appareil (1) :

« Le guidage vertical est obtenu, à la partie supérieure, par le moyen d'une couronne de centrage munie de galets à axes verticaux, scellés dans la maçonnerie du puits, couronne dans laquelle se meut la virole porte-cuirasse. Les galets directeurs sont *à centrage réglable* et, par conséquent, organisés de façon à permettre d'assurer à la tourelle

(1) *La Science illustrée*, n° 61, p. 135.

une position rigoureusement verticale. A la partie inférieure, le pivot de l'appareil glisse à frottement doux dans une lunette de centrage portée par un plancher métallique, solidement encastré dans la maçonnerie.

« Une collerette en acier *à position réglable* est disposée au-dessus de la couronne de centrage à galets. Pourvue d'une gorge, sa face intérieure ne laisse subsister qu'un millimètre de jeu à l'entour de la face extérieure de la virole porte-cuirasse. De là un joint assez étanche peut s'opposer à l'introduction des gaz extérieurs dus à l'explosion des projectiles ennemis ou au tir des pièces de la tourelle.

« Le poids total de la partie mobile de l'ouvrage — cuirassement, bouches à feu, personnel et approvisionnements compris — est d'environ 180 000 kilogrammes. Cette partie mobile a pour support une presse hydraulique dont le cylindre est solidaire de la partie inférieure du pivot en tôlerie et qui — moyennant le jeu d'une tuyauterie convenablement organisée — est mise en communication avec un *contrepoids accumulateur*.

« Destiné à équilibrer la majeure partie du poids de la tourelle cuirassée et à réduire ainsi au minimum possible le travail moteur à développer au moment des manœuvres de mise en batterie ou d'éclipse, ce contrepoids accumulateur — logé dans une cave voisine du puits de la tourelle — se compose d'un cylindre vertical mobile de 0^m,30 de diamètre intérieur, lesté par des rondelles de fonte

Fig. 199. — Tourelle Bussière, à contre-poids accumulateur.

constituant une charge de 68 000 kilogrammes et reposant sur un piston différentiel dont la tige mesure 0ᵐ,26 de diamètre. La partie inférieure de celle-ci se trouve encastrée dans un socle scellé lui-même dans la maçonnerie.

« La tige du piston de l'accumulateur — qui est creuse — met en communication l'intérieur du cylindre avec celui de la presse de soulèvement de la tourelle. Un second conduit, également enfermé dans la tige de ce piston, se relie avec un appareil de manœuvre à soupapes, appareil qui permet d'établir, à volonté, la communication entre ce conduit et le premier, ou de le mettre à l'évacuation. Il suit de là que le poids de la partie mobile de l'accumulateur est reporté : tantôt, sur toute la surface du piston de 0ᵐ,30 de diamètre; tantôt, sur la surface réduite de la tige de 0ᵐ,26. La pression de l'eau qui s'y trouve contenue varie ainsi de 96 à 128 kilogrammes par centimètre carré. Les efforts correspondants, exercés sur le piston de la presse de soulèvement de la tourelle, sont respectivement de 160 000 ou de 213 000 kilogrammes à l'état statique.

« Dans le premier cas, si la tourelle est en batterie, son poids l'emporte sur celui de l'accumulateur et, nécessairement, elle s'éclipse; au second cas, la tourelle éclipsée monte en batterie sous l'action prépondérante de l'accumulateur. La commande de ces manœuvres se fait d'un poste situé au niveau du plancher d'approvisionnement; et ce, au moyen de volants à manettes.

« Tel est, rapidement esquissé, l'organe essen-

tiellement original de la tourelle Bussière, organe dont le jeu permet d'obtenir l'éclipse quasi instantanée d'une masse métallique considérable. La hauteur d'éclipse ou course de la tourelle de la position de repos à la position de combat, et réciproquement, est de 0ᵐ,80. Le soulèvement et la mise en batterie ne demandent ensemble qu'un intervalle de temps de *sept secondes;* l'éclipse n'en exige que *cinq*. En ajoutant à la somme de ces nombres un chiffre de deux secondes représentant le temps de l'ordre, on obtient le total de *quatorze secondes* pour l'apparition de la muraille métallique, pour le tir des pièces qu'elle abrite et, enfin, pour son éclipse. Les embrasures — partie faible de la tourelle — se trouvent éclipsées *quatre secondes* après le coup tiré.

« Ces chiffres ont leur éloquence.

« Le mouvement de rotation de la tourelle s'obtient à bras, à la vapeur, ou à l'aide d'appareils hydrauliques. Il ne s'exécute, d'ailleurs, que durant les éclipses, car le pointage se fait à l'abri des coups de l'artillerie ennemie. »

Tel est le dernier mot de la fortification actuelle, qui assure aux places les meilleures garanties de défense. Il est probable, toutefois, que l'art de défendre une place forte trouvera dans l'avenir de moins en moins l'occasion de s'exercer. C'est en rase campagne que les armées se rencontreront, et on ne verra plus, comme dans les deux derniers siècles, les généraux s'attarder devant les villes fortifiées.

Ce qui, toutefois, ne tombera pas en désuétude guerrière, c'est ce que l'on appelle la *fortification passagère*, par opposition avec la *fortification permanente*, que nous venons de décrire. Dans bien des occasions, en effet, une armée en marche ou en retraite est obligée de s'entourer de défenses et de créer, en peu de temps, et sur une position déterminée, des obstacles capables d'arrêter, ou tout au moins de retarder, la marche de l'ennemi.

De tout temps, les commandants d'armée ont fait usage de la *fortification passagère*. C'est ainsi qu'une armée, pour se mettre à l'abri d'une attaque subite, couvre toute l'étendue de sa position de *lignes* ou de *retranchements*. Ces retranchements sont creusés à 2 mètres de profondeur. On ne fera plus guère usage désormais que de *tranchées-abris*.

Une *tranchée-abri*, que nous représentons dans la figure 200 (page 233), est une excavation de 50 centimètres de profondeur, sur 1^m,30 de largeur, protégée par un petit bourrelet en terre, de 60 centimètres de hauteur. Le fantassin installé dans le fossé a donc une protection de 1^m,10.

CHAPITRE XI

LES ARTILLERIES ÉTRANGÈRES. — L'ARTILLERIE ALLE-
MANDE, SON ORGANISATION ET SON RECRUTEMENT.
— POURQUOI ELLE A JOUÉ UN RÔLE IMPORTANT EN
1870; POURQUOI ELLE SERA INFÉRIEURE DÉSORMAIS.
— L'USINE KRUPP A ESSEN. — LES ARTILLERIES ITA-
LIENNE ET ANGLAISE.

Nous terminerons cette étude par un coup d'œil sur les artilleries étrangères; mais il faut nous hâter de dire que ce chapitre n'aura pas à recevoir de grands développements. En décrivant, en effet, l'artillerie française, nous avons à peu près exposé ce qui concerne les artilleries étrangères, attendu que ce que nous avons créé en France, tous nos voisins l'ont servilement copié. Faire une description minutieuse de l'artillerie allemande, autrichienne, italienne, anglaise, serait répéter ce que nous avons dit dans les pages qui précèdent.

L'artillerie allemande offre seule pour nous un intérêt particulier.

On peut, chez les Allemands, mettre en ligne 2 220 grosses pièces de canon, soit un peu plus de trois pièces par mille hommes.

L'artillerie allemande a quatre ateliers de construction, à Strasbourg, à Dantzig, à Deutz et à Spandau. Les obus sont maintenant fabriqués à Burkau, dans les ateliers de l'usine Grüson; ils sont chargés avec une substance explosive spéciale, analogue à la hellofite. Quant aux canons, ils sortent tout fabriqués, essayés et vérifiés, des ateliers de l'usine Krupp.

Il ne sera pas sans intérêt pour nos lecteurs de connaître avec quelques détails la célèbre usine dont l'Allemagne s'enorgueillit, et qui, en effet, dépasse par son importance nos plus grands établissements industriels, tels que le Creusot.

On peut dire que l'usine Krupp est tout une ville. Essen n'était jadis qu'une bourgade. En 1820, Frédéric Krupp eut l'idée de créer une fabrique d'acier fondu; mais il eut à lutter avec de sérieuses difficultés, et son fils fut le premier à obtenir quelques résultats des efforts de son prédécesseur. En 1851, Alfred Krupp envoyait à l'Exposition universelle de Londres un bloc d'acier, qui pesait 2 500 kilogrammes. Quatre ans plus tard, il fabriquait couramment des blocs d'acier de 5 000 kilogrammes. En 1862 enfin, Alfred Krupp produisait dans ses ateliers un bloc d'acier long de 2^m,50, large de

$1^m,16$, et qui pesait 20 000 kilogrammes. Le problème de la fabrication de grosses masses d'acier était définitivement résolu. Ce n'était qu'en 1856, que Krupp avait commencé de fabriquer des canons en acier, et en 1862 il en avait déjà livré plus d'un millier à l'armée prussienne.

A cette époque, huit cents ouvriers étaient employés dans les ateliers de l'usine Krupp ; cette usine ne comportait alors que douze machines à vapeur.

Aujourd'hui, le voyageur qui, après avoir dépassé Düsseldorf et traversé des landes et des bois, s'arrête à la gare d'Essen, aperçoit sur sa gauche la vieille ville, amas pittoresque de cinq à six cents maisons, et sur sa droite une cité toute noire, enveloppée, jour et nuit, d'un nuage de fumée. C'est la cité nouvelle, et pas un seul de ses habitants n'est étranger à l'industrie métallurgique. L'usine possède 13 hauts-fourneaux, 1 618 fourneaux ordinaires, 461 chaudières, 91 marteaux-pilons et 482 machines à vapeur, qui développent une force totale de 210 000 chevaux. Il y a là un marteau qui tombe d'une hauteur de 50 mètres et qui frappe avec une violence de mille quintaux.

Quand l'empereur Guillaume Ier visita l'usine d'Essen, on lui présenta l'ouvrier qui maniait ce marteau avec une telle dextérité qu'il l'arrêtait à tel ou tel point de sa course. L'empereur plaça sous le marteau une montre, garnie de brillants, et donna l'ordre à l'ouvrier d'abaisser l'énorme marteau. L'ouvrier hésitait : « Allons, Fritz, s'écria Guillaume Ier, tape dessus ! » Et, à 5 ou 6 centimètres au-dessus de la montre, le marteau faisait halte. Inutile d'ajouter que le souverain fit cadeau de cette montre à l'habile ouvrier. M. Krupp, de son côté, fit graver sur le marteau l'inscription, désormais historique : « Allons, Fritz, tape dessus ! »

Vingt-trois mille ouvriers sont employés dans les ateliers Krupp. Leurs familles occupent les maisons de la ville ; on a créé, pour leur alimentation et leur habillement, seize sociétés coopératives, et M. Krupp a fait construire quatre écoles. Chaque année, l'usine travaille environ 300 millions de kilogrammes d'acier ou de fonte ; elle dispose de voies ferrées, dans l'intérieur même de l'usine ou dans ses polygones, dont la longueur totale n'est pas inférieure à 60 kilomètres, et sur lesquelles circulent constamment 40 locomotives et 910 wagons.

L'artillerie anglaise se compose, comme la nôtre, de pièces de campagne et de montagne et d'obusiers. Les types de ces pièces sont les mêmes que les nôtres. On est seulement frappé des dimensions que nos voisins donnent à certaines de leurs bouches à feu.

Les Italiens dépassent encore les Anglais par l'incroyable dimension qu'ils donnent à leurs pièces de siège et de défense des ports et des côtes. Tout le monde connaît le fameux canon de 100 tonnes qui a eu des mésaventures si nombreuses. Nous parlerons de ces dernières bouches à feu dans la notice que nous consacrerons plus loin aux *Bâtiments cuirassés*.

Pour terminer cette description de l'artillerie contemporaine, citons les chiffres de l'État-major militaire, chez les principales nations européennes. Ces chiffres ont leur éloquence, mais ils méritent aussi d'être convenablement interprétés.

L'Allemagne compte 37 régiments d'artillerie, dont 2 de la garde, soit au total 312 batteries, dont 50 à cheval. Toutes les batteries montées attellent des canons de 90 ; les batteries à cheval attellent des canons de 80. Sur pied de guerre, chaque batterie a 6 pièces, 8 caissons, 3 chariots de batterie et 1 forge. La *Landwehr* fournit 200 batteries. En outre, l'artillerie à pied,

Fig. 200. — Tranchée-abri.

ou artillerie de forteresse, comprend 124 compagnies sur pied de paix et 248 compagnies sur pied de guerre.

L'Angleterre a 106 batteries, dont 76 batteries montées, 24 batteries à cheval et 6 batteries de dépôt; ces batteries sont à 6 pièces; l'artillerie de forteresse anglaise a 11 brigades à 10 batteries, soit 110 batteries.

L'Autriche-Hongrie dispose de 230 batteries, dont 184 batteries montées, 16 batteries à cheval et 30 batteries de montagne; et de 72 compagnies d'artillerie de forteresse. Les batteries montées attellent des canons de 90 ou de 80 millimètres, les batteries de montagne des canons de 70 millimètres.

L'Italie a 190 batteries, à 8 pièces chacune, dont 174 batteries montées, 4 batteries à cheval et 12 batteries de montagne et 60 compagnies d'artillerie de forteresse, avec deux équipages de siège de 200 pièces chacun. Ces équipages se composent de 60 canons de 16 centimètres, 100 canons de 12 centimètres, 30 obusiers de 22 centimètres et 10 mortiers de 15 centimètres.

L'artillerie de l'armée russe comprend 360 batteries, dont 108 batteries montées *lourdes*, 188 batteries montées *légères*,

44 batteries à cheval et 20 batteries de montagne. Chacune de ces batteries attelle 8 pièces. Les canons de l'artillerie montée *lourde* ont 106 millimètres de diamètre; ceux de l'artillerie montée *légère* ont 86 millimètres, et ceux de l'artillerie de montagne 63 millimètres. Les troupes de réserve auraient, en outre, 200 batteries, dont la plupart n'ont que 6 pièces. 42 bataillons d'artillerie de forteresse, à 4 compagnies chacun, font, en outre, partie de l'armée russe.

Nous avons déjà dit que l'artillerie allemande peut mettre en ligne 2220 grosses bouches à feu. La Russie dispose, sur sa frontière occidentale, de 425 batteries à 8 pièces, soit de 3300 canons. Les publicistes allemands ne se lassent pas de faire ressortir cette infériorité de leur part. Ils oublient, ou font semblant d'oublier, qu'en cas de guerre, la Russie n'aurait pas seulement à faire face à l'Allemagne, mais aussi probablement à l'Autriche.

Tel est l'effectif, en bouches à feu, dont disposent les États militaires de l'Europe. Bien que ces chiffres soient authentiques, il ne faudrait cependant pas les prendre trop au sérieux. Il ne suffit pas, en effet, pour obtenir des résultats, de mettre en ligne un grand nombre de canons; il faut encore qu'ils soient approvisionnés, et que leur tir soit réglé. Une seule pièce bien servie fera plus de mal à l'ennemi que vingt autres pièces servies par des conscrits. Or, ce personnel bien instruit, bien préparé, croit-on que toutes les armées le possèdent en nombre suffisant? L'expérience seule permettra de résoudre ce problème, et cette expérience porte un nom redoutable : la guerre. Quand nous l'aurons faite, nous n'aurons plus besoin d'être renseignés.

En ce qui touche la production manufacturière, nous dirons que les usines françaises et l'usine Krupp ont exclusivement le privilège de fournir des canons et des mortiers aux peuples dont l'industrie n'est pas assez avancée pour produire ces engins de guerre. Et quant au mérite comparé des produits des usines françaises et de celles d'Essen, nous rappellerons un fait significatif.

En 1885, le gouvernement serbe avait décidé d'acheter trente batteries d'artillerie de campagne. Il s'agissait, en chiffres ronds, d'une dépense de trois millions de francs. Des expériences comparatives eurent lieu, avec les matériels français et allemand : Krupp contre Bange. Ce n'étaient ni des Français ni des Allemands qui étaient juges. Or, le matériel français l'emporta haut la main!

FIN DU SUPPLÉMENT A L'ARTILLERIE MODERNE.

SUPPLÉMENT

ARMES A FEU

PORTATIVES

Nous nous proposons de faire connaître, dans ce *Supplément*, les modifications introduites dans l'arme à feu portative militaire, depuis la guerre 1870-71 jusqu'au moment présent.

Pour introduire quelque clarté dans ce sujet complexe et quelque peu confus, en raison de la multiplicité des faits particuliers à considérer, nous diviserons ce travail en deux parties, l'une théorique, pour ainsi dire, l'autre pratique.

Les premiers chapitres seront consacrés à des *Considérations générales sur les transformations du mécanisme et de l'emploi des fusils depuis* 1870. Ces transformations ont consisté : 1° à diminuer le calibre des balles, et par conséquent des canons de fusils, qui, de 11 millimètres de diamètre, ont été réduits à 8 millimètres ; ce qui assure un tir plus rigoureux et une portée plus grande : 2° à adopter définitivement le *fusil à répétition*, au lieu du *fusil coup par coup ;* ce qui évite au soldat l'obligation de charger son arme, et met dans sa main la possibilité

de tirer trente coups par minute, si cela est nécessaire.

Dans la deuxième partie, ou partie pratique, nous ferons connaître l'état actuel de l'armement du fantassin et du cavalier, chez les principales nations de l'Europe. Passant successivement en revue la France, l'Allemagne, l'Autriche, la Russie, l'Angleterre, l'Italie, etc., nous dirons quelle est l'arme portative adoptée chez elles et les études ou circonstances diverses qui ont déterminé l'adoption de l'arme aujourd'hui réglementaire.

Comme application des principes et des faits exposés dans ce travail, nous dirons quelques mots des revolvers pour l'usage des troupes, et nous terminerons en parlant du mécanisme adopté aujourd'hui pour les fusils de chasse.

CHAPITRE PREMIER

AVANTAGES DE LA RÉDUCTION DU CALIBRE DANS LES ARMES A FEU PORTATIVES. — ÉTUDES DE M. HÉBLER, DE ZURICH. — EXPÉRIENCES FAITES CHEZ DIFFÉRENTES NATIONS DU FUSIL A PETIT CALIBRE. — DIFFÉRENTS MODÈLES DE CE FUSIL.

Un officier suisse, le professeur Hébler, de Zurich, faisait, dès l'année 1878, de profondes études sur l'avantage qu'il y aurait à diminuer le calibre des balles, et par conséquent celui des canons de fusil. Les idées du professeur de Zurich avaient beaucoup frappé les militaires français, allemands, belges et suisses ; et en 1883, les gouvernements de France et d'Autriche-Hongrie se disposaient à expérimenter d'une manière pratique le fusil de petit calibre.

Il est incontestable, en effet, que le petit calibre est préférable au gros, et même au moyen calibre. La vitesse initiale du projectile lancé par le fusil prussien, le fusil Mauser, est de 440 mètres par seconde : elle atteint 1 600 mètres avec un fusil de petit calibre.

Il faut aussi considérer la légèreté du fusil de petit calibre et de ses cartouches, ainsi que la force de pénétration de ses projectiles. Il a été prouvé que la force de pénétration des balles à manteau d'acier du fusil de 8 millimètres dépasse six fois celle des balles du fusil de 9 millimètres et demi. Trois chevaux, placés l'un derrière l'autre, ont été traversés par une balle de 8 millimètres, et cette même balle s'est ensuite enfoncée profondément dans un mur en bois.

Il est vrai que la balle de 8 millimètres ne subit aucune déformation, quand elle touche le but, et qu'ainsi les blessures qu'elle occasionne sont infiniment moins dangereuses que celles que provoquent les balles de gros calibre. Tandis que les balles du fusil Chassepot produisent, dans les parties du corps qu'elles frappent, d'énormes déchirures, la balle de petit calibre traverse, sans trop les offenser, les tissus vivants. Mais comme ce dernier projectile est animé d'une vitesse suffisante pour blesser quatre hommes placés à la file, et comme il importe, à la guerre, non de tuer des hommes, mais de les mettre hors de combat momentanément, il s'est rencontré, une fois par hasard, que les intérêts de l'humanité et ceux de l'art militaire se sont trouvés d'accord.

On obtient, au point de vue de la portée, des résultats extraordinaires avec le fusil de petit calibre.

Un soldat armé du fusil de 8 millimètres atteint, à coup sûr, un homme debout, à 520 mètres de distance. Pour la cavalerie, cette précision du tir s'étend jusqu'à 600 mètres. Si le tireur est à genoux, ce qui arrivera souvent dans les combats de l'avenir, le fusil de 8 millimètres donne une précision rigoureuse à la distance de 420 mètres, tandis que cette limite est de 300 mètres avec le fusil Gras. A 2 000 mètres, portée maximum, le fusil de 8 millimètres a les mêmes écarts en portée et en direction, que le canon de 90, dont nous avons parlé dans notre précédente notice ; c'est dire que sa trajectoire est rasante et que la zone dangereuse — pour l'adversaire — est très considérable.

Faire un petit fusil tirant à longue portée, envoyant une petite balle douée d'une pénétration suffisante, avec une grande précision, tel est donc le problème. L'histoire des dernières années nous montre qu'il a été résolu avec succès.

Les premières expériences avec le fusil de petit calibre eurent lieu en Suisse. En 1854, l'armée helvétique possédait un fusil du calibre de 10^{mm},4. En 1871, le major Rubin proposait un fusil de 9 millimètres ; enfin, en 1879, le professeur Hébler, de Zurich, dont les travaux sont universellement estimés, et qui fait autorité dans le monde militaire, publiait la description de son fusil, dont le calibre n'est que de 7 millimètres et demi.

La vitesse initiale du projectile du fusil Hébler est de 560 mètres par seconde ; le poids de la cartouche est de 14^{gr},60 ; l'arme elle-même ne pèse que 4 kilogrammes et demi. Le soldat armé de ce fusil pourrait donc emporter 140 cartouches, alors que l'homme muni du fusil Mauser n'en pourrait prendre que 80. La supériorité du premier frappe les yeux ; il n'est pas besoin de théories pour faire saisir la valeur de comparaisons aussi éclatantes.

C'est en Espagne qu'on fit, pour la première fois, des essais de tir avec le fusil Hébler. Plus tard, l'Angleterre expérimenta le fusil Magee, dont la balle, du calibre de 10 millimètres et du poids de 25 grammes, perçait, à 180 mètres, une plaque de fer de 6 millimètres d'épaisseur.

L'infanterie norvégienne emploie, depuis 1882, le fusil à répétition Jarhman.

Aucun de ces fusils ne donne les mêmes résultats que le fusil Hébler, dont la balle, à 400 mètres de distance, traverse dix planches de 3 millimètres d'épaisseur chacune.

A ceux qui objectent qu'une balle de 7 millimètres et demi n'occasionnerait pas de blessures sérieuses, M. Hébler répond par l'anecdote personnelle suivante : « Je tirais sur une cible située à 900 mètres ; un de mes amis, M. Wengi, qui relevait les coups, resta malheureusement derrière la cible, et fut atteint au bras. La balle n'avait pas touché l'os ; mon ami fut, cependant, malade pendant trois mois. »

Voilà, en effet, un exemple décisif, et la plupart des inventeurs seraient fort empêchés d'en invoquer un pareil à l'appui de leur thèse !

Est-ce à dire que le fusil Hébler soit un modèle idéal ? Nous ne le pensons pas. Le fusil français modèle de 1886, que nous décrirons dans un des chapitres suivants,

est doué de qualités aussi remarquables.

Ce n'est pas tout, en effet, que de fabriquer un fusil et une cartouche, il faut encore remplir toutes sortes de conditions : la balle ne doit pas se déformer, ni dévier de la trajectoire ; la poudre ne doit pas encrasser le tonnerre, ni l'âme du fusil ; il ne faut pas que le recul soit trop fort. La plupart de ces problèmes ne sauraient être traités à l'aide de formules rigoureusement mathématiques. Il est, en tout cas, impossible d'établir ce que l'on pourrait appeler l'équation complète du fusil. On tâtonne, on cherche à tout concilier, et c'est grâce à une foule de raisonnements, qu'il serait trop long d'énumérer ici, que l'on est arrivé à ces conclusions : faire un fusil à répétition du calibre 7 à 8 millimètres, tirant une cartouche métallique, composée d'une balle entourée d'une chemise d'acier et d'une charge de poudre comprimée.

CHAPITRE II

LE FUSIL A RÉPÉTITION, SES AVANTAGES

Nous disons dans l'énoncé général qui précède, qu'il faut, avec le fusil de petit calibre, adopter le mécanisme à répétition. En effet, ces deux éléments se commandent l'un l'autre, et se combinent d'une façon nécessaire.

Nous avons mis en évidence les avantages du fusil de petit calibre, et signalé les études dont cette question a été l'objet. Parlons maintenant de l'utilité que doit présenter, dans la guerre, la faculté de mettre à la disposition du soldat un nombre considérable de cartouches, qui lui évitent le soin de recharger son arme, et lui permettent, à un moment donné, de tirer un nombre énorme de coups, en peu de temps.

Si l'on substitue au fusil de gros calibre (11 millimètres) un fusil de petit calibre

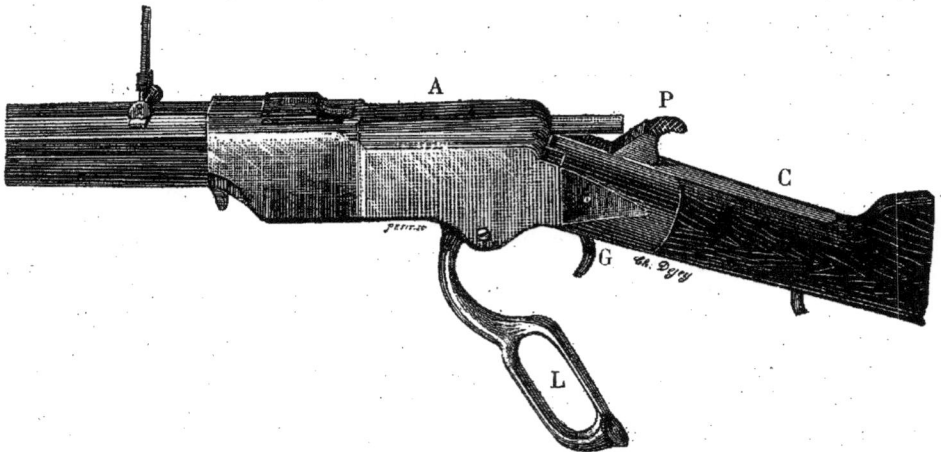

Fig. 201. — Fusil Winchester, vue extérieure.

(8 millimètres) à trajectoire tendue, on obtient une précision de tir incomparable, et l'on a, tout à la fois, le bénéfice d'un tir précis à grandes distances et d'un tir rapide à petites distances. Enfin, si à ce canon de petit calibre on ajoute un magasin de cartouches, on donne au soldat l'avantage de ne pas avoir à recharger souvent son arme.

C'est ce que nous avons fait.

Il a fallu quatre à cinq ans d'études à la Commission d'expériences qui travaillait à Versailles, pour décider, en 1886, d'une manière définitive, l'adoption du mécanisme à répétition, et faire choix de ce mécanisme.

Les fusils qui étaient en usage en France, en 1886, étaient presque tous du calibre de 11 millimètres. La cartouche du fusil Gras pèse 43^{gr},80; celle du fusil Mauser, 42 grammes. Le soldat français portait 78 cartouches dans son sac, et le soldat allemand 80 dans son sac, et dans ses poches. Si l'on se fût contenté, comme il en fut un moment question, de fixer au fusil Gras un magasin, c'est-à-dire si l'on eût transformé cette arme, d'ailleurs excellente, en arme à répétition, il eût fallu naturellement augmenter le nombre et le poids des cartouches mises à la disposition du tireur. Comment faire? Le calibre ne variant pas, le poids de la cartouche reste le même, et le soldat est déjà trop chargé, pour qu'on songe à le fatiguer davantage.

On est bien parvenu à alléger la cartouche, en se servant de laiton très malléable, et en amincissant la douille. On a réduit ainsi aux 8/9 de son poids actuel le poids de la cartouche, le soldat peut alors emporter 88 cartouches au lieu de 78. Mais ce sont là des demi-solutions, et si l'on veut que le mécanisme à répétition soit utile, il faut que le soldat dispose d'un nombre considérable de cartouches. D'où cette conclusion : il faut diminuer le calibre du fusil, sans diminuer le nombre des cartouches que peut porter le soldat.

Cette vérité a été reconnue de bonne heure; car dès l'année 1867, le gouvernement suisse fut sur le point d'adopter le fusil Winchester, fusil à répétition dont nous avons fait usage, d'ailleurs, nous-mêmes, pendant la guerre de 1870-1871.

Le fusil Winchester (fig. 201) a une longueur de 1^m,175; il pèse 3^k,910. *Le magasin,* A, qui est l'organe essentiel du système à répétition, contient 14 cartouches. Pour in-

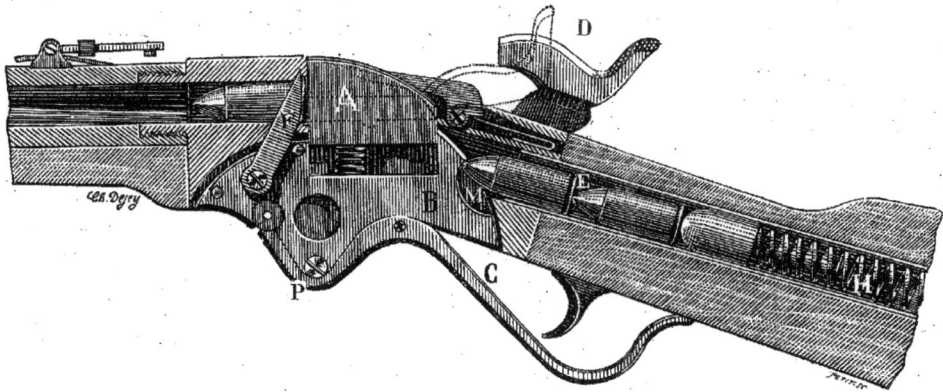

Fig. 202. — Coupe du fusil Spencer.

A, bloc mobile formant obturateur du canon; il tourne autour du pivot P et reçoit la cartouche, venant du magasin, poussée par le ressort H. — B, secteur mobile, qui transmet au bloc A, le mouvement de rotation du levier C et fait sortir la douille vide de la cartouche brûlée, à l'aide du doigt F. Ce secteur B est muni aussi d'une encoche circulaire, M, qui maintient les cartouches à l'état d'immobilité dans le magasin. — C, levier servant à manœuvrer le bloc de culasse. Il est recourbé de façon à servir aussi de pontet protecteur de la détente. — D, chien frappant sur le percuteur, pour déterminer l'inflammation de la cartouche. — E, tube métallique logé dans la crosse et servant de magasin à cartouches. — F, extracteur de la cartouche. — H, ressort à boudin poussant les balles en avant, pour les amener successivement dans le logement préparé au milieu du secteur mobile A.

troduire la provision de cartouches dans la culasse, on découvre celle-ci en abaissant le levier, L, qui est désigné par les armuriers sous le nom de *pontet*. Ce levier abaissé découvre la culasse. Après avoir placé les cartouches dans la culasse, on relève le *pontet*, L, pour la refermer. Un ressort à boudin placé à l'intérieur de la crosse, C, pousse les cartouches devant le percuteur P. Quand on tire la détente G, on fait partir le coup.

Plusieurs régiments de l'armée de la Loire et de l'armée de l'Est, en 1871, étaient pourvus du fusil Winchester.

Pendant la guerre d'Orient, en 1878, la cavalerie irrégulière de l'armée ottomane était armée de fusils Winchester, à 16 coups. Lors de la défense de Plevna, Osman-Pacha, qui a joué un rôle militaire si brillant, employait le fusil Winchester, pour le tir à distances rapprochées. Il avait fait distribuer dans chaque bataillon des fusils Winchester à deux compagnies, et des fusils Martini aux deux autres compagnies. Tant que les Russes étaient éloignés, les Turcs employaient les fusils Martini; dès qu'ils se rapprochaient, les Turcs se servaient du fusil Winchester, dont les effets, à 300 ou 400 mètres, sont littéralement foudroyants.

Le *fusil Spencer* a été l'un des premiers adoptés en France, comme arme à répétition. En 1870, durant la retraite de l'armée de la Loire, un régiment d'éclaireurs à cheval, muni du fusil Spencer, arrêta net la marche en avant des colonnes de l'armée allemande.

C'est en 1862 que M. Spencer avait construit les premiers exemplaires de son fusil.

Le magasin du fusil Spencer (fig. 202) se trouve dans la crosse, comme celui du fusil Winchester. Ce fusil pèse $4^k,480$; son calibre est de 13 millimètres. (On voit quel chemin nous avons parcouru depuis lors, puisque nous en sommes aujourd'hui au calibre de 8 millimètres.) Il y a six rayures héliçoïdales.

Pas des rayures......................	$1^m,20$
Profondeur des rayures.............	$0^{mm},25$
Largeur des rayures................	$3^{mm},6$

Le bloc de culasse se compose d'une fermeture A, d'un secteur mobile B, et

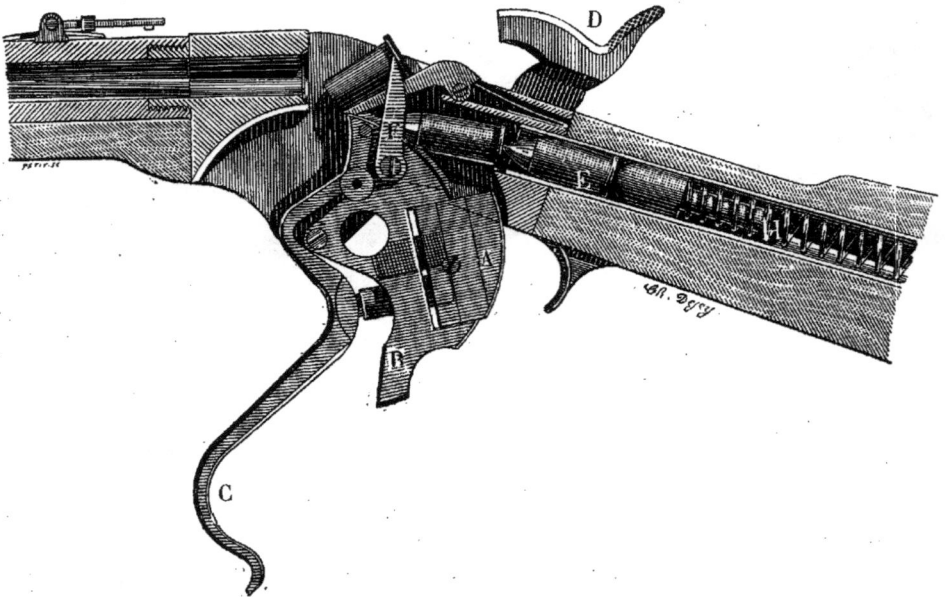

Fig. 203. — Fonctionnement du fusil Spencer.

d'un *pontet* C. La fermeture renferme le percuteur, qui, frappé par le chien D, se meut en ligne droite, et s'encastre dans le secteur mobile B, quand on découvre le tonnerre. Sur la face gauche du secteur, B, on voit un extracteur F, qui rejette les cartouches vides. C'est à l'aide du *pontet* C, que l'on détermine la rotation du secteur mobile.

Un tube en acier, E, de 35 centimètres de longueur, constitue le magasin. Pour le remplir, on commence par introduire, à la main, une cartouche dans la chambre, puis on fait glisser dans le magasin sept autres cartouches, en les poussant à la main, la pointe en bas. On introduit ensuite un étui en fer-blanc vers le fond duquel la colonne de cartouches comprime le ressort en spirale, H. L'étui étant arrivé à fond, on le ramène à sa position première, en le faisant tourner de droite à gauche (1).

(1) *Cours théorique de tir*, par le capitaine Bert.

Supposons que le coup soit parti (fig. 203) On abaisse le *pontet* C, la pièce de fermeture et le secteur mobile se rapprochent; leur ensemble prend un mouvement de rotation; un extracteur F, dont l'extrémité était engagée en avant du bourrelet de

Fig. 204. — Cartouche du fusil Spencer.

la cartouche, fait sortir la douille vide; du même coup, l'ouverture du magasin est démasquée, et une autre cartouche vient d'elle-même se placer entre le guide et le

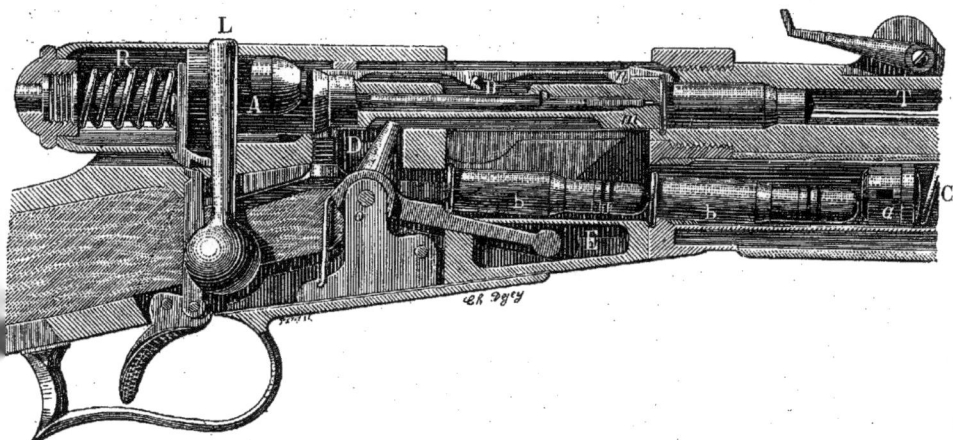

Fig. 205. — Coupe du fusil Westerli.

T, canon. — C, magasin à cartouches logé sous le canon, dans la monture. Une sorte de piston (a) poussé par un ressort à boudin, amène successivement les cartouches sur le levier E. — b, b, cartouches. — L, levier se mouvant de droite à gauche, pour décaler la culasse mobile, et ensuite d'avant en arrière pour ouvrir cette culasse. — R, ressort à boudin produisant pression sur la croisière A et l'extracteur et donnant l'impulsion au percuteur P. — B, culasse mobile contenant dans son milieu le percuteur P, et formant par son extrémité (n) le tire-cartouche ou *extracteur*. La partie (n) extrait et rejette la cartouche vide. Quant à la partie m, aussitôt que par l'effet de recul de la culasse mobile elle vient toucher l'extrémité du levier D, elle le force à reculer en pivotant autour de la charnière (O). Ce mouvement fait lever la branche longue E, qui élève alors une cartouche et la place en face du tonnerre. A ce moment, à l'aide du levier L, on ramène la culasse mobile B en avant, ce qui engage la cartouche dans le canon. Puis, en ramenant ce levier L de gauche à droite, on replace la croisière A dans l'axe du canon, ce qui ferme complètement la culasse et met l'arme en état de tirer.

contour circulaire du cylindre mobile.

La cartouche du fusil Spencer a 41 millimètres et demi de longueur; elle pèse 31 grammes. La balle, qui pèse 22^{gr},725, a un diamètre de 13 millimètres 8.

L'étui en cuivre pèse 4 grammes, et la charge 3^{gr},375.

Le fusil Westerli est, avec le fusil Spencer, une des premières armes portatives à répétition qui aient été employées.

Ce fusil a été fabriqué en Autriche-Hongrie, dans la manufacture d'armes de Heyer. Il est infiniment supérieur au fusil Spencer. M. Westerli avait construit, en 1867, un premier modèle; il l'a perfectionné en 1870.

Le canon du fusil Westerli (fig. 205) est vissé dans la boîte de culasse; il a cinq rayures, dont les pleins sont égaux aux vides; le calibre est de 10^{mm},5; le pas des rayures de 0^m,60. Quand on fait tourner le levier L à

gauche, la croisière A est forcée de reculer; en ramenant ensuite le levier en arrière, on entraîne la culasse mobile, jusqu'à ce qu'elle soit arrêtée par une clavette. Alors la partie postérieure de l'extracteur, n, qui fait ressort

Fig. 206. — Cartouche du fusil Westerli.

et qui était maintenue primitivement par la boîte de culasse, se relève, et quand on ramène la culasse mobile en avant, la queue de l'extracteur, poussée par la boîte de culasse, quitte l'entaille. La noix ou croisière, A, revient à sa position en arrière de la tête de gâchette, en s'appuyant sur le sommet des rampes. La partie antérieure de la culasse mobile, B, pousse alors une cartouche en avant.

La cartouche du fusil Westerli pèse 30 grammes et demi. La balle est en fil de plomb et pèse $20^{gr},4$; la charge est de $3^{gr},6$. Cette cartouche a une longueur de 26 millimètres ; le fusil peut en contenir 13, dont 11 dans le magasin, 1 dans le transporteur et 1 dans le canon. Pour exécuter la manœuvre, il faut relever le levier et retirer le cylindre en arrière, puis pousser le cylindre en avant. On peut brûler les 13 cartouches en 25 secondes, soit 80 cartouches en une minute.

Le fusil Westerli pèse 500 grammes de moins que le fusil Gras, et il est muni d'une hausse graduée jusqu'à 1 800 mètres. La vitesse initiale est de 500 mètres. On voit par là toute la supériorité du fusil de petit calibre (8 millimètres) sur un fusil de fort calibre (11 millimètres) du même modèle. On a tiré, avec ce fusil, 40 balles en 8 minutes, sans qu'il ait été nécessaire de s'arrêter, pour nettoyer l'âme du canon. La chambre de la cartouche est un peu plus courte que la cartouche, de sorte que la cartouche est forcée, au moment de la fermeture de la culasse.

Tels sont les premiers fusils à répétition qui aient fait partie de l'armement militaire depuis 1862 jusqu'à 1870-1871.

Après cette époque, les essais de fusils à répétition ont été poursuivis, en divers pays, avec une égale persévérance. En Suisse, quelques officiers et deux ou trois ingénieurs avaient pris les devants. En Portugal, M. Diaz, lieutenant au 3e régiment de chasseurs, faisait adopter un modèle de fusil à tir rapide, avant même que le gouvernement allemand se fût décidé à transformer le fusil Mauser en fusil à répétition, et que le gouvernement français eût commencé la fabrication du fusil Lebel.

Le lieutenant Diaz a publié un résumé très exact de ses travaux, dans un numéro du journal l'*Exercito Portuguez*.

Le lieutenant Diaz avait d'abord construit un fusil qui tirait, avec une charge de poudre de 10 grammes, une balle qui pesait 50 grammes.

La vitesse initiale était de $477^m,50$; la vitesse du tir, de 18 coups par minute. On tirait sur une cible qui avait 8 mètres de largeur sur 3 mètres de hauteur. A 1 000 m. de distance, on constata que la zone périlleuse avait une longueur de 21 mètres et que 60 balles sur 100 atteignaient la cible.

Ces résultats étaient satisfaisants, mais pendant que M. Diaz se livrait à ses recherches, M. Hébler, en Suisse, et le colonel Lebel, en France, démontraient, d'une façon péremptoire, que le fusil de petit calibre était supérieur à tous les autres, par sa portée aussi bien que par la précision de son tir. M. Diaz n'hésita pas, dès lors, à transformer son fusil, et il fit adopter par le gouvernement de la Grèce un fusil de 8 millimètres de diamètre, dont la cartouche pèse 30 grammes et la balle 16 grammes seulement. Le pas de la rainure du canon est de 30 centimètres, avec une profondeur de 2 millimètres.

Dans les armes dont nous avons donné jusqu'à présent la description, le magasin est placé dans la crosse, ou un peu en avant du fût.

En Allemagne, Dreyse, l'inventeur du fusil à aiguille, qui a fait toute une révolution dans l'armement des peuples modernes, s'appliqua à transformer cette arme en un fusil à répétition. Il plaça le magasin de cartouches à la même hauteur que le canon (fig. 207). On a vu, dans les fusils qui ont

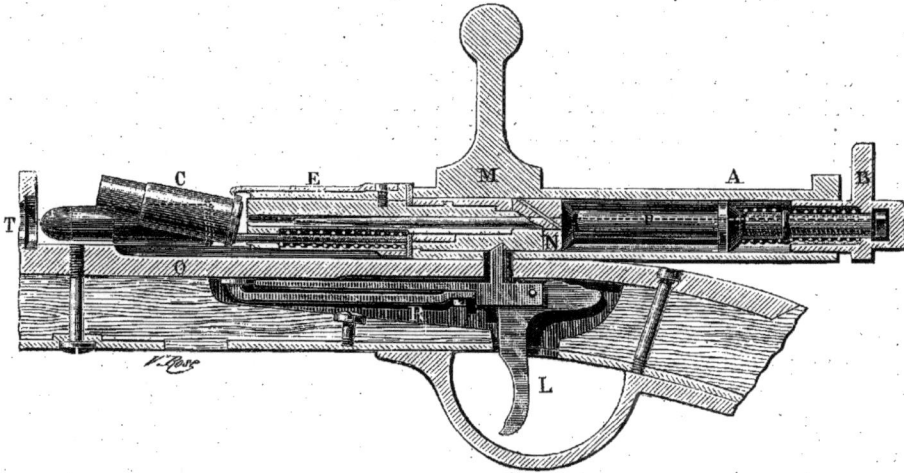

Fig. 207. — Fusil Dreyse a répétition.

A, culasse mobile contenant le percuteur P avec son ressort et le chien. — B, chien. — M, levier servant à ouvrir et fermer la culasse mobile. — E, crochet extracteur des douilles vides. — T, entrée du canon. — C, douille de cartouche vide, rejetée au dehors par l'extracteur et faisant place à la cartouche pleine venant du magasin. — O, orifice du magasin qui est placé sur le côté. Au-dessus de cet orifice, et dans une chambre faisant corps avec la culasse mobile, se trouve un petit ressort à boudin qui, à l'aide d'une tige, prend et pousse la cartouche vers le canon. — R, ressort mis en mouvement par la détente et qui fait élever les cartouches du magasin à hauteur de la culasse. — L, détente.

été représentés plus haut, que chaque cartouche est amenée jusque dans l'axe de la chambre par l'effet d'un appareil spécial appelé *transporteur*, qui est mû par un levier à ressort, poussé par le *pontet*. Dans le fusil Dreyse, les cartouches du magasin étant à la même hauteur que le canon, il suffit d'un ressort placé, non dans la crosse, mais dans le magasin, pour les pousser en arrière, et les tenir prêtes à être tirées. Cette disposition permet, en outre, de regarnir le magasin pendant le tir, en chargeant après chaque coup tiré.

Voici les dimensions du fusil Dreyse, ou *fusil à aiguille allemand transformé en fusil à répétition*:

Longueur du fusil	1m,34
Poids du fusil	5k,500
Nombre de rayures	5
Pas des rayures	0m,55
Profondeur des rayures	0mm,3
Largeur des rayures	5mm,75

On tire, avec ce fusil, la cartouche de fusil Mauser. en ayant soin de diminuer un peu la charge. Il y a dans le magasin sept cartouches qui peuvent être tirées en 18 secondes.

Les essais faits en Allemagne avec le fusil Dreyse à répétition n'ont pas dû être très satisfaisants, puisque, en 1888, le général Bronsard de Schellendorf, qui était alors ministre de la guerre à Berlin, a fait définitivement adopter, à sa place, le fusil Mauser à répétition.

CHAPITRE III

LE TIR A GRANDES DISTANCES. — APPRÉCIATION DES DISTANCES SUR LE CHAMP DE BATAILLE. — FEUX DE SALVE. — INCONVÉNIENTS DU FUSIL A RÉPÉTITION. — CONSÉQUENCES QUI RÉSULTENT DE L'ADOPTION DU FUSIL A RÉPÉTITION POUR LA TACTIQUE ET POUR LA STRATÉGIE.

Il ne suffit pas d'avoir entre les mains une arme excellente, ni de disposer d'un nombre suffisant de cartouches ; il faut encore, comme nous l'avons montré dans notre *Supplément à l'artillerie moderne*, apprécier la distance qui vous sépare du but à atteindre, c'est-à-dire de l'ennemi. Pour l'infanterie, comme pour l'artillerie, il est indispensable de régler la hausse. Si l'on néglige cette précaution élémentaire, les balles tomberont au delà ou en deçà du but, et l'ennemi laissera les bataillons gaspiller leurs munitions, en se réservant de les attaquer au moment opportun. Comme nous l'avons indiqué dans la Notice précédente, les officiers d'artillerie utilisent, pour apprécier les distances, l'observation des points de chute des obus, mais ce procédé ne saurait être employé par l'infanterie. Une balle, en touchant terre, soulève si peu de poussière, et le nombre de balles tirées au même instant et envoyées dans la même direction, est si considérable, qu'une telle façon d'évaluer les distances serait absolument illusoire. On a bien proposé de faire exécuter des feux de salve : on aurait alors une gerbe de cinquante ou de cent balles, dont on pourrait observer le point de chute ; mais cette méthode, expérimentée au camp de Châlons, a été jugée inapplicable.

Les moyens d'appréciation des distances dont dispose l'infanterie sont de deux sortes : la vue et le son, d'où résultent deux procédés absolument distincts. La vue d'abord. Les commandants de compagnie apprennent à leurs soldats à *étalonner* leur pas, c'est-à-dire à mesurer une distance quelconque en comptant le nombre des pas qu'ils ont faits pour la franchir ; puis, on exerce les hommes à apprécier les distances à la vue. On cite des montagnards qui ont l'œil assez exercé pour ne commettre, dans l'appréciation d'une distance de 1 500 à 2 000 mètres, tout au plus qu'une erreur de 10 à 50 mètres. Mais ce sont là des exceptions.

En se basant sur ce fait que le son parcourt 333 mètres par seconde, on peut essayer d'apprécier la distance en comptant le temps écoulé entre la vue et l'audition d'un coup de feu. Ce procédé n'est applicable que si l'on a en face de soi une batterie, car l'observation sur un coup de fusil, déjà très difficile au delà de 300 mètres, devient impossible au delà de 1 000 mètres. L'appréciation des distances est d'autant plus difficile, sur un champ de bataille, que l'adversaire se déplace presque constamment. Aux petites distances, en dehors du moment très court de l'attaque décisive, l'ennemi profite de tous les accidents de terrain, pour se dérober. Sa présence ne se révèle alors que par la fumée des coups de fusil, le déplacement des blessés, le mouvement des hommes qui quittent un abri pour un autre, ou pour gagner du terrain en avant. Encore les grandes puissances européennes possèdent-elles, à présent, une poudre qui brûle sans produire le plus léger nuage de fumée.

Il existe, toutefois, quelques instruments destinés à atteindre ce but. L'armée française et l'armée belge font usage de télémètres compliqués et d'un usage difficile. Nous ferons connaître, en raison de sa simplicité, le télémètre en usage dans l'armée autrichienne, ou *télémètre de Roksandic* (fig. 208).

Cet instrument, tel qu'il est décrit dans l'ouvrage allemand de Schmidt, consiste en une chambre cubique, A, longue de 4 centimètres et haute de 3 centimètres. Le côté postérieur, qui fait face à l'œil de l'observateur, est complètement ouvert. La paroi antérieure est munie du regard, D, et la paroi latérale de droite, du regard, E. La paroi latérale de gauche ainsi que les parois inférieure et supérieure ne sont pas percées. Deux miroirs, B, C, inclinés à angle aigu, permettent de voir, à l'extérieur, les objets par la réflexion de la lumière sur le miroir B, puis sur le miroir C. Une vis micrométrique, contenue dans le fourreau F, fait varier l'inclinaison des deux miroirs. Une

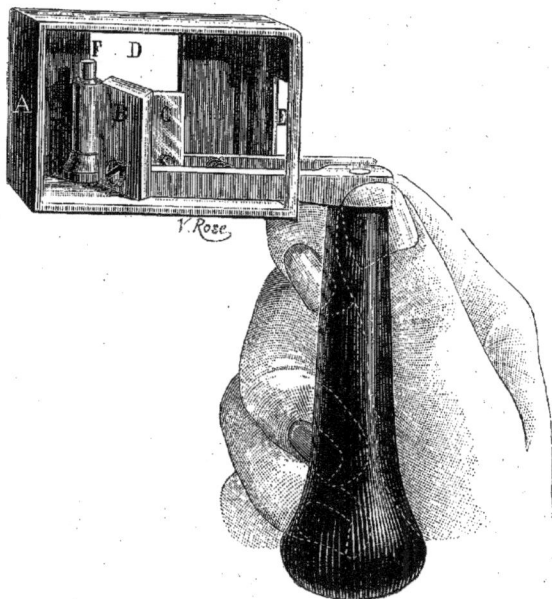

Fig. 208. — Télémètre autrichien.

lunette, graduée en minutes et en secondes, se trouve à la partie inférieure du miroir, et qui n'est point visible sur notre dessin, pour mesurer le déplacement des images.

Dans sa traduction du *Tir de l'infanterie*, *par un officier supérieur allemand*, M. Ernest Jæglé donne de cet instrument la description suivante :

« Le télémètre Roksandic s'appelle aussi *télémètre-monocle*. Si on le tient devant l'œil droit, on verra dans le miroir C les objets qui se trouvent dans un angle droit par rapport à la direction du regard, et, en même temps, on apercevra au-dessus du rebord supérieur du miroir, par le regard D, ceux des objets qui se trouveront dans la direction même dans laquelle on regardera de telle façon que l'angle formé par les miroirs projettera l'image du terrain latéral sous le terrain s'étendant en avant et les fera voir tous les deux à la fois, le rebord supérieur du miroir formant la limite entre les deux terrains.

En avançant en ligne droite — et pour ne pas dévier de cette ligne, on devra avoir soin de constamment observer un point de direction et un point intermédiaire — on constatera que toutes les images qu'on verra dans le miroir se déplacent de gauche à droite; celles qui sont les plus rapprochées se déplaceront plus vite, celles qui sont les plus éloignées moins vite.

Si l'objet que nous observons dans le miroir est éloigné de 100 pas, il se déplacera à chaque pas en avant que nous ferons de 34 minutes 4 secondes, et comme la vitesse angulaire est en rapport inverse avec la distance, un objet éloigné de 200 pas ne se déplacera que de la moitié, soit de 17 minutes 2 secondes.

Dès lors, pour employer le télémètre-monocle à déterminer une distance, on devra faire les opérations suivantes :

1. Un à-gauche, placer l'appareil devant l'œil, chercher dans le miroir l'objet dont il s'agit de déterminer la distance, réunir par la pression des doigts les poignées des miroirs. (Tout cela demandera de 3 à 5 secondes.)

2. Choisir un point de direction et un point intermédiaire, se graver dans la mémoire l'image du miroir par rapport à la direction et au terrain s'étendant en avant. (Temps nécessaire : de 3 à 5 secondes.)

3. Mesurer la base au pas et disposer l'image du miroir par rapport à la direction. (Cette opération demandera un temps plus ou moins long selon que la base sera plus ou moins étendue; chaque pas

exigera tout au plus une seconde de temps.)

Il est donc facile, quand une fois on a acquis une certaine pratique, de mesurer les distances inférieures à 3 000 pas dans un tiers de minute, une demi-minute au plus, en employant le rapport 1 : 100.

Les erreurs, avec ce rapport, ne montent en aucun cas à 2 p. 100 de la distance, dit-on.

Il résulte, des considérations qui précèdent, que les limites de l'emploi des feux de l'infanterie dépendent, non seulement de la justesse et de la portée de l'arme, mais aussi de la connaissance des distances, des dimensions, du but, de l'habileté des tireurs et de la forme du terrain. A la guerre, il convient encore de tenir compte de l'état moral de la troupe qui tire, et de la quantité de munitions dont elle dispose. On ne saurait donc fixer d'une façon absolue les limites de l'emploi des feux de l'infanterie.

On a constaté, pourtant, à l'aide de nombreuses expériences, que les distances auxquelles on a des chances d'atteindre le but, avec le fusil Gras ou le fusil modèle de 1886, sans faire une consommation exagérée de munitions, sont les suivantes : à 200 mètres, sur un homme abrité ou couché ; à 300 mètres, sur un homme debout ou à genoux ; à 450 mètres, sur un cavalier isolé ; à 500 mètres, sur une escouade ; à 600 mètres, sur une ligne de tirailleurs ; à 800 mètres, sur une compagnie en ordre dispersé ; à 1 500 mètres, sur des compagnies, des sections d'artillerie ou des escadrons de cavalerie. Ces limites qui, d'ailleurs, n'ont rien d'absolu, peuvent être dépassées quand les circonstances atmosphériques sont favorables ou que le réglage du tir est facile.

Au surplus, les feux sur un but éloigné, même s'ils n'ont pas d'effet matériel, peuvent avoir pour résultat d'ébranler le courage de l'ennemi, de retarder son entrée en ligne ; ils peuvent rendre difficile l'occupation d'un point important, tel qu'un pont, un croisement de routes, un débouché de défilé.

On se livra en Suède, en 1883, et en France, en 1887, à des essais de tir comparatif, avec le fusil ordinaire et le fusil à répétition. A 200 mètres, soixante-huit tireurs ont tiré 1 544 coups en deux minutes avec le fusil à répétition, et 1 374 coups avec le fusil ordinaire, soit 20 et 23 coups par soldat. En revanche, on a mis 35 balles p. 100 dans la cible, avec le fusil à répétition.

La conclusion est aisée à formuler : on ne doit employer le tir à répétition qu'à des distances de 200 à 300 mètres, sur des buts de grande largeur. Pendant l'assaut, quelques instants avant que les soldats engagent le combat à l'arme blanche, le tir à répétition sera aussi très utile. Mais aux distances éloignées les officiers devront toujours s'opposer à l'emploi du tir à répétition ; on n'aboutirait, de la sorte, qu'au gaspillage des munitions.

Nous ajouterons maintenant que les désavantages du tir à répétition sont assez nombreux. Un fusil à répétition nécessite une plus forte consommation de cartouches ; son entretien est, en général, difficile et délicat ; son poids est relativement plus considérable ; il cause une plus grande fatigue au soldat, pendant toute la campagne, pour obtenir l'avantage, qui se présentera bien rarement, d'envoyer à l'ennemi beaucoup de plomb, à un moment donné.

En outre, les essais entrepris jusqu'à ce jour, essais faits, non dans les arsenaux ou les villes de garnison, mais à la guerre, n'ont pas mis en évidence la supériorité du fusil à répétition sur le fusil Gras.

Nos marins, dans la campagne de Tunisie, avaient cette arme, et on a pu constater, à Sfax notamment, qu'ils n'avaient point fait usage du magasin, quoiqu'ils eussent eu à répondre à un feu des plus vifs. Au Tonkin, certaines unités ont été armées du fusil à répétition, et rien n'a montré qu'elles fussent supérieures aux autres.

Au surplus, même en admettant que le

Fig. 209. — Bataille de Sadowa.

fusil à répétition soit supérieur au fusil coup à coup, l'histoire des dernières guerres nous montre que l'armement de l'infanterie n'a pas une importance tout à fait primordiale.

En Italie, en 1859, les Autrichiens sont battus par nous, quoique leur fusil soit meilleur que le nôtre. En 1870, nous sommes battus à notre tour, et cependant notre arme, le chassepot, est incomparablement supérieure au fusil à aiguille. C'est que l'armement de l'artillerie a une bien autre importance que celui de l'infanterie. C'est grâce à la supériorité de leurs canons que les Français furent vainqueurs en Italie, en 1859.

Pour ces raisons on ne devrait donc pas adopter l'arme à répétition; mais un facteur de la plus haute importance est à considérer.

Il est évident que notre infanterie aura sa valeur morale considérablement augmentée le jour où chaque soldat, étant pour-vu d'une arme à répétition, se sentira capable d'envoyer, en un très court intervalle de temps, neuf ou dix balles à l'ennemi. Notre infanterie sera alors irrésistible, et on n'éprouvera aucune difficulté à la mener à l'assaut; car elle se sentira capable, la position une fois conquise, de repousser tout retour offensif de l'ennemi, grâce à son magasin de cartouches de réserve. En serait-il de même si, armée du fusil à un coup, elle se trouvait en présence d'un ennemi pourvu lui-même de l'arme à répétition?

C'est en raison de cette considération capitale qu'on s'est vu forcé d'adopter en France le fusil à répétition.

Mais, bien téméraire serait celui qui voudrait assigner d'avance le rôle de l'arme à répétition dans les guerres futures; et ce n'est pas sans raison que toutes les nations ont longtemps hésité à adopter ce nouveau système. Une arme vaut surtout par l'emploi que l'on en fait. Souhaitons, dans l'intérêt de l'humanité, que cette expérience, qui sera décisive, mais qui ne laissera pas que d'être horriblement meurtrière, soit retardée le plus longtemps possible.

Rien n'est plus difficile que de déterminer dès à présent quelle sera l'influence de l'adoption du fusil à répétition sur la tactique et sur les combinaisons stratégiques futures. Tout ce que l'on peut dire, c'est que la guerre aura, dans l'avenir, grâce au fusil à petit calibre et au mécanisme à répétition, une physionomie toute différente de ce qu'elle a eu jusqu'ici. Les batailles, très courtes et très meurtrières, auront six phases distinctes : déploiement de tirailleurs et de colonnes d'attaque; — feu de salve et feu rapide de répétition; — feu rapide coup par coup, quand on sera à brève distance; — attaque à la baïonnette, victoire ou défaite, tout cela en un temps fort court.

Batailles instantanées, siège d'un jour, la guerre sera aussi rapide dans sa marche que meurtrière dans ses résultats.

CHAPITRE IV

LE RENOUVELLEMENT DE L'ARMEMENT EN FRANCE. — LE FUSIL CHASSEPOT CÈDE LA PLACE AU FUSIL GRAS. — DESCRIPTION DE CE FUSIL.

Après ces considérations théoriques sur les raisons qui ont fait adopter le petit calibre et le mécanisme à répétition dans les fusils de guerre de toutes les nations, nous passons à l'exposé de l'état actuel de l'armement des troupes chez les différents peuples de l'Europe, en commençant par la France.

On a dit que les fusils à aiguille avaient déterminé la défaite des Autrichiens à Sadowa, en 1866, et l'on a ajouté que le canon Krupp avait été le facteur des victoires

prussiennes en 1870. L'une et l'autre de ces assertions sont peu exactes. Certes, le tir de l'infanterie prussienne causa de grands ravages dans les rangs de l'armée autrichienne à Sadowa (fig. 209), et l'artillerie allemande a joué un rôle considérable à Sedan, à Wœrth et même à Villersexel; mais croit-on que ces canons et ces fusils

Fig. 210. — Le général Gras.

auraient rendu les mêmes services entre les mains de soldats inexpérimentés? Aucun général n'oserait uniquement compter sur tel ou tel armement, pour assurer sa victoire. Le canon Krupp, comme le fusil à aiguille et le fusil à répétition, exigent une tactique spéciale de la part du chef de l'armée, et une instruction approfondie de la part des troupes. C'est ce que nous expliquerons plus péremptoirement quand nous aurons décrit les armes à feu portatives qui sont actuellement en service dans les armées d'Europe.

Un général français écrivait en 1883 :
« Un fusil médiocre entre les mains de tireurs habiles et bien commandés produira,
toutes choses égales d'ailleurs, des effets
supérieurs à ceux d'une arme parfaite entre
les mains de tireurs maladroits et mal commandés. »

Il n'en faut pas d'autre preuve que
celle-ci :

En 1870, l'infanterie française était armée
du fusil Chassepot, qui était infiniment supérieur au fusil Dreyse ou Mauser, dont
l'infanterie prussienne était pourvue.

Un écrivain allemand s'exprime à ce
sujet en ces termes :

« Le fusil Chassepot portant très loin,
l'infanterie allemande se voyait obligée
d'ouvrir, elle aussi, le feu à des distances
relativement considérables, et d'entretenir
un feu plus vif qu'elle n'avait coutume de
le faire. »

Seulement, nous n'avions pas assez préparé nos troupes, ainsi que leurs cadres, et
la tactique des feux était alors à peu près à
l'état de néant. C'est pour cela qu'en dépit
de la supériorité de notre fusil Chassepot
sur le fusil Dreyse ou Mauser, dont les
Prussiens faisaient usage, nous n'avons eu
que rarement l'avantage dans les batailles,
les combats ou les sièges.

Aujourd'hui, la tactique a été forcément
transformée. Les colonnes d'attaque profondes et larges ont été supprimées. Puisqu'on a le moyen de tirer vingt coups
par minute, et de mettre cinquante balles
sur cent dans le but, on est bien obligé d'adopter *l'ordre dispersé*, et de soustraire, en les éparpillant, les soldats au tir,
trop bien réglé et trop fréquent de leurs
adversaires. Cela est si vrai qu'à la bataille
de Solferino, nous n'eûmes qu'un homme
hors de combat pour 700 coups de fusil
tirés par les Autrichiens, tandis qu'en 1870,
on a eu un blessé pour 300 coups de fusil
tirés par les Allemands.

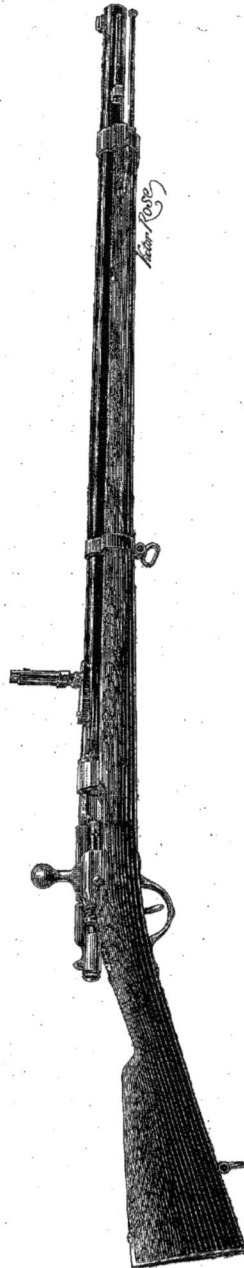

Fig. 211. — Vue extérieure du fusil Gras.

Arrivons à la description du fusil en usage en France, aujourd'hui.

En 1870, le fusil Chassepot était réglementaire dans nos régiments. Nous avons décrit dans les *Merveilles de la science* (1), avec beaucoup de détails et de soin, le fusil Chassepot. Il nous suffit donc de renvoyer le lecteur à notre principal ouvrage, et aux dessins qui accompagnent la description de l'arme dont il s'agit.

Le fusil Chassepot était une arme extrêmement remarquable pour l'époque où il vit le jour. Cependant on lui reconnut de graves inconvénients : la difficulté de chasser le culot métallique de la cartouche, après son explosion, la délicatesse extrême de son mécanisme, et le poids trop considérable de l'arme.

En 1870, le fusil Chassepot fut modifié par le colonel Gras, aujourd'hui général et inspecteur de nos manufactures d'armes, de façon à faire disparaître tous les défauts qu'on lui reprochait; et le fusil Chassepot, ainsi modifié, devint le *fusil Gras*. Cette transformation s'opéra d'ailleurs, sans grandes dépenses. Ce qui décida surtout l'adoption du fusil Gras, c'est que l'on put conserver les fusils Chassepot pour les transformer en fusils Gras.

Le fusil Gras, dit *fusil modèle* 1874, se divise en cinq parties principales :

Le canon,

La culasse mobile,

La monture,

Les garnitures,

L'épée-baïonnette.

Toutes les pièces du canon sont en acier, sauf la hausse, qui est en fer. Le canon est à l'extérieur ; sa forme est celle d'un tronc de cône ; son épaisseur va en diminuant depuis le *tonnerre*, où se place la cartouche, jusqu'à la bouche du canon. L'âme du canon

(1) Tome III, p. 499 502.

est creusée de quatre rayures, en hélice qui tournent de droite à gauche et dont le pas est de 55 centimètres. Profondes d'un quart de millimètre, larges de 4^{mm},32, ces rayures se raccordent aux pleins de l'âme par des arcs de cercle. Elles impriment à la balle un mouvement de rotation rapide autour de son axe.

Voici les dimensions du fusil Gras, dont la figure 211 donne la vue extérieure :

Diamètre de l'âme : 11 millimètres ;

Longueur du canon : 820 millimètres et demi ;

Longueur de la partie rayée : 760 millimètres et demi.

Du côté du tonnerre l'âme se termine par la *chambre*, qui est destinée à recevoir la cartouche ; cette chambre se compose de troncs de cône successifs qui sont placés de telle façon que, la cartouche étant dans la chambre, la balle se trouve à l'entrée des rayures. Vers sa partie postérieure la chambre est terminée par un *chanfrein*. Deux tenons servent à fixer l'*épée-baïonnette* au bout du canon.

La *hausse* du fusil Gras se compose de

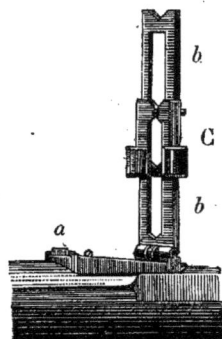

Fig. 212. — Hausse du fusil Gras.

neuf pièces. Le *pied de hausse*, qui est en fer, est brasé à l'étain, sur le canon du fusil. Ce pied de hausse, *a* (fig. 212), comprend une partie plane, qui sert d'appui au ressort de hausse *b*,*b*. Le ressort *b*,*b* est destiné à maintenir la planchette dressée ou couchée. La planchette porte, à sa partie inférieure, un autre cran de mire, de 1 300 mètres ; ce sont les deux limites extrêmes du tir du fusil Gras avec la hausse ordinaire ; mais un curseur à rallonge, C, permet de viser jusqu'à 1 800 mètres.

Le pied de la hausse est bronzé, comme le canon ; les autres parties de la hausse sont en couleur bleue.

La boîte de culasse (fig. 213) est vissée

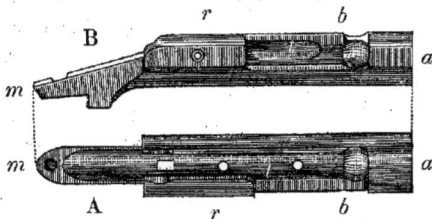

Fig. 213. — Fermeture de culasse du fusil Gras et culasse.

A, vue en plan. — B, vue en élévation.

sur le canon et bronzée extérieurement ; on y loge la culasse mobile.

Il faut distinguer, dans cette boîte de culasse : l'écrou *a*, dans lequel se visse le canon, l'échancrure *b*, qui reçoit le renfort du cylindre et qui permet de placer la cartouche dans le canon, le rempart *r*, qui donne appui au cylindre pendant le recul et qui est taillé en forme hélicoïdale de façon à permettre d'achever sans brusquerie la fermeture du tonnerre. Cette boîte est pourvue, en outre, de quelques pièces qui ont un rôle à jouer dans le maniement de l'arme. Ce sont : la vis-arrêtoir *m*, qui limite le jeu de la culasse mobile en avant et en arrière ; le ressort-gâchette, *l*, dont la tête, sous l'action de la branche de ressort, fait saillie à l'intérieur de la boîte de culasse et de la détente, qui, sous la pression du tireur, glisse en roulant, sur la boîte de culasse, et détermine ainsi l'abaissement de la tête de gâchette.

La culasse mobile se compose de sept

pièces : l'*extracteur*, — la *tête mobile*, — le *cylindre*, — le *chien*, — le *percuteur*, — le *manchon* — et le *ressort à boudin*.

Il est à peine nécessaire de dire que cette culasse mobile est la partie essentielle des fusils qui se chargent par la culasse. C'est cette culasse mobile dont on parlait tant avant 1870, et surtout après la victoire de Sadowa.

C'est la tête mobile qui donne appui, par sa branche antérieure, au culot de la cartouche, et qui sert, en outre, à loger l'*extracteur*. Elle est constituée par un corps de forme à peu près cylindrique, et qui se termine à l'arrière par un collet qui pénètre dans le cylindre. Le corps de cette tête mobile est percé, suivant son axe, d'un canal, pour le passage du percuteur. Le canal et le percuteur ont une forme absolument identique, de sorte qu'ils ne peuvent pas se mouvoir indépendamment l'un de l'autre.

L'*extracteur* se compose de deux bran-

Fig. 214. — Extracteur.

ches *a* et *b* qui forment ressort, et d'un pivot *c*, fixé à la branche supérieure *b*. A la branche inférieure *a* est attachée une griffe, inclinée à l'avant et munie d'une entaille, à l'arrière. Les deux branches *a* et *b* sont séparées par une fente. La griffe passe, quand on ferme le tonnerre, par dessus le bourrelet de la cartouche ; la branche supérieure se comprime alors, réagit sur la branche inférieure, et l'extracteur est *tendu*.

C'est le *cylindre* (fig. 215) qui est la pièce essentielle du mécanisme de fermeture. Ce cylindre, qui est creux, loge le ressort à boudin et le percuteur, autour duquel le ressort à boudin est enroulé. Le renfort, *a*, sert à guider les mouvements de la culasse mobile dans la boîte de culasse ; et pour assurer la fermeture du canon, on l'engage à fond dans l'échancrure; il sert, en outre, d'embase au levier A, qui permet de manœuvrer la culasse mobile.

Le chien du fusil produit, par l'intermédiaire du percuteur, l'inflammation de la cartouche. Ce percuteur (fig. 216) est une tige d'acier, dont la pointe frappe l'amorce de la cartouche. Enfin le ressort à boudin,

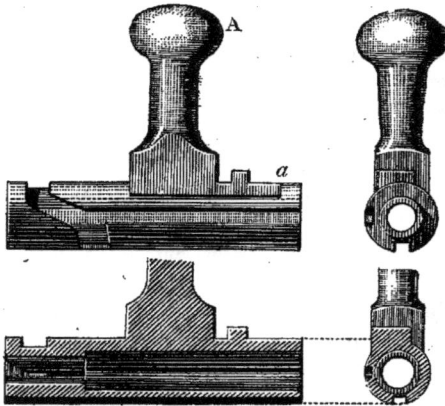

Fig. 215. — Cylindre du fusil Gras.

qui est le véritable moteur du mécanisme de percussion, consiste en un fil d'acier d'un millimètre et demi de diamètre, qui est enroulé en hélice sur une longueur de 75 millimètres. Ce ressort entoure le percuteur; il s'appuie, à l'une de ses extrémités, contre le fond du cylindre et à l'autre extré-

Fig. 216. — Percuteur du fusil Gras.

mité contre l'embase du percuteur. Lorsque les spires hélicoïdales du ressort à boudin se touchent, ce ressort peut résister à un effort de 17 kilogrammes

Nos lecteurs connaissent maintenant le fusil Gras; voyons comment on s'en sert.

Le coup est parti; le tonnerre est fermé (fig. 219). Le soldat tourne franchement le le-vier A de droite à gauche et il retire la culasse mobile en arrière, jusqu'à ce que la tête mobile soit arrêtée par la vis-arrêtoir. Il rejette ainsi l'étui de la cartouche brûlée. Quand le levier est relevé, le coin d'arrêt a pénétré dans le cran de l'arme et le ressort à boudin est comprimé; le tireur introduit la nouvelle cartouche et ferme le tonnerre en poussant très doucement la culasse mobile en avant. Il tourne ensuite le levier pour le rabattre complètement à droite. Dans ce mouvement la partie antérieure de la griffe achève de pousser la cartouche dans sa chambre. Il ne reste plus alors qu'à agir sur la détente D, pour que le chien C, devenu libre, ramène le ressort à boudin sur le percuteur, dont la pointe atteint alors l'amorce et détermine l'inflammation de la cartouche.

La baguette du fusil (fig. 217), qui est en acier, sert à laver le canon et à décharger l'arme, dans le cas, très rare, où l'extracteur n'aurait pas agi avec efficacité. Enfin, l'*épée-baïonnette* (fig. 218), dont l'usage devient de moins en moins fréquent à mesure que

Fig. 217. — Baguette du fusil Gras.

les progrès de l'artillerie et les transformations de la tactique rendent moins probable les combats à l'arme blanche, se compose

Fig. 218. — Épée-baïonnette du fusil Gras.

d'une lame, d'une monture et d'un fourreau.

La lame est en acier; la poignée comprend le pommeau en laiton et le poussoir, sur l'extrémité duquel il faut appuyer pour enlever l'épée-baïonnette, une fois qu'elle a été fixée au bout du canon. Le fourreau

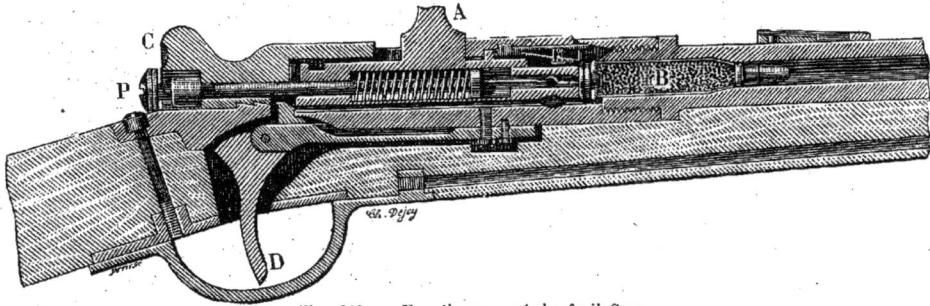

Fig. 219. — Fonctionnement du fusil Gras.

A, levier de culasse mobile. — B, cartouche engagée dans le canon. — C, chien. — D, détente. — E, extracteur de la cartouche.
P, percuteur avec sa tige et son ressort.

est en tôle d'acier, bronzé à l'extérieur.

Dans ses parties essentielles, le fusil Gras, adopté en 1874, ne diffère pas radicalement du fusil Chassepot, dont on commença la fabrication en 1866. Quand le fusil Gras fut choisi, le Ministre de la guerre et les membres des commissions de Châlons et de Versailles se rendaient bien compte que l'heure n'était plus très éloignée où nous serions forcés de modifier de fond en comble l'armement de notre infanterie. Il s'agissait donc de dépenser le moins d'argent possible, tout en assurant à nos fantassins un armement supérieur à celui des fantassins allemands. C'est ce problème qu'avait résolu le général Gras. Mais comme les fusils Lebel que nous possédons ne seront peut-être pas en nombre suffisant, il est à peu près certain qu'en cas de mobilisation, l'armée active aurait seule des fusils Lebel et que l'armée territoriale serait armée de fusils Gras, autrement dit de *fusils modèle* 1874; c'est pour ces raisons que nous avons cru devoir donner une description détaillée du fusil Gras

CHAPITRE V

PASSAGE DU FUSIL GRAS AU FUSIL LEBEL. — LA COMMISSION DE VERSAILLES ÉTUDIE LES ARMES A RÉPÉTITION QUI LUI SONT PROPOSÉES PAR LES ARMURIERS ET LES INGÉNIEURS. — RÉSULTATS DE SES RECHERCHES. — LE FUSIL MODÈLE DE 1886. — LA POUDRE SANS FUMÉE EMPLOYÉE POUR LE FUSIL LEBEL.

Le fusil Gras était excellent, mais il était à peine adopté en France, que les Allemands poursuivaient, sans perdre un instant, la transformation de leur armement, et décidaient l'adoption du fusil à petit calibre. En même temps, ils songeaient sérieusement à munir leur fusil Mauser d'un mécanisme à répétition. Il fallait se hâter, pour n'être point inférieur à nos adversaires, au point de vue de l'armement de l'infanterie.

Le ministre de la guerre, — c'était le général Thibaudin — nomma, en 1883, une commission chargée de s'assurer, par une comparaison entre différents systèmes d'armes, si le fusil Gras devait être conservé, modifié ou remplacé.

Cette commission se réunit à Versailles, le 1er avril 1883. Présidée par le général Dumond, elle était composée du colonel Tramond, sous-directeur de l'infanterie, du colonel Gras, inspecteur des manufactures d'armes, du lieutenant-colonel Bonnet, commandant l'école normale de tir du camp de Châlons, du colonel Lebel, commandant l'école régionale de tir du camp de Châlons.

La construction d'un fusil à répétition irréprochable présente bien des difficultés.

Un fusil à répétition doit avoir 600 ou 700 mètres de portée et une trajectoire assez tendue pour que la flèche n'en dépasse point, en hauteur, la taille moyenne de l'homme. Il faut que le mécanisme de répétition soit assez perfectionné pour que, *sans désépauler*, le tireur puisse faire, à jet continu, emploi de toutes les cartouches enfermées dans le magasin. Le mode de chargement de ce magasin doit être assez ingénieux pour que le soldat puisse le remplir aussi facilement, aussi rapidement qu'il remplace aujourd'hui la cartouche simple du fusil Gras, rejetée par l'extracteur. En outre, il faut que le mécanisme servant à l'introduction de la cartouche dans la chambre fonctionne correctement, depuis le premier coup jusqu'au dernier, afin que le tir n'ait point d'interruptions à subir; — que le passage du tir par coups successifs au tir roulant rapide, ou réciproquement, s'effectue d'une manière simple; — que le magasin puisse, jusqu'au moment décisif, garder intact l'approvisionnement qu'il contient; — que le poids de l'arme ne dépasse point la moyenne du poids généralement admis pour les armes portatives; — que le centre de gravité en soit convenablement situé; — que l'entretien du mécanisme soit simple et facile; — que le prix de revient n'en soit pas trop élevé.

Telles sont les principales conditions à remplir.

D'après ce qui a été dit précédemment, on peut distinguer trois catégories de fusils à répétition:

1° Les armes à magasin placé dans la crosse; de la crosse, les cartouches arrivent dans la boîte à culasse, poussées par un ressort. Tels sont les fusils Winchester, Spencer, Hotchkiss, Evan.

2° Les fusils à verrou, dans lesquels un mécanisme spécial fait arriver les cartouches dans la boîte à culasse, que l'on ouvre pour y placer le magasin à cartouches. Tels sont le fusil autrichien Mannlicher, le fusil Westerli et le fusil Gras à répétition.

3° Les fusils dans lesquels les cartouches sont placées le long du canon, c'est-à-dire dans la *monture*, dans un canal ménagé le long de cette *monture*, et qui sont poussées par un ressort à boudin dans la boîte à culasse.

La Commission de Versailles examina et étudia comparativement plus de cinquante formes de fusils, et au mois de décembre 1883 elle fit procéder, par différents corps de troupes, à des essais pratiques et comparatifs sur les deux systèmes les plus rationnels qui avaient été proposés pour l'emmagasinement des cartouches dans les fusils à répétition, à savoir, le *système à chargeur*, à magasins multiples et amovibles, constitués par de petites boîtes métalliques, dans lesquelles les cartouches sont superposées horizontalement ou juxtaposées verticalement, et le système à répétition proprement dit, dont le magasin fixe et unique, logé le long du canon, dans la monture, contient des cartouches placées à la suite l'une de l'autre, et qui sont poussées par un ressort à boudin, jusqu'au point où le percuteur doit les enflammer.

En 1883 et 1884, le général Campenon, qui était alors Ministre de la guerre, avait songé à pourvoir le fusil Gras d'un magasin. Or, le fusil Gras coûtait déjà 65 francs; la nouvelle boîte de culasse eût exigé un supplément de dépense de 11 francs 90, et le mécanisme de répétition (magasin) eût coûté 12 francs 60. Cette solution, d'ailleurs, avait le grave défaut d'être incomplète. Car, d'une part, le fusil de petit calibre se serait imposé tôt ou tard; et d'autre part, il faut qu'une armée n'ait qu'un seul modèle de fusil. Pour le démontrer, il suffirait de se reporter aux événements de la guerre de

1870, où la plus grande cause de confusion et d'arrêt dans les opérations provint de ce que l'on recevait des magasins de la guerre des munitions qui n'entraient pas dans les calibres des canons ou des fusils.

Au mois de mars 1884, la commission de Versailles terminait ses expériences de tir et ses comparaisons, en proposant de remplacer le fusil Gras par un autre type d'arme, soit à répétition, soit à chargeur, soit même à tir coup par coup, qui jouirait, grâce à son faible calibre, d'une plus grande puissance balistique.

La réduction du calibre à 8 millimètres avait surtout été soutenue par le colonel Luzeux, du 22ᵉ d'infanterie, aujourd'hui général. Toutefois, aucun des modèles proposés n'avait paru réunir toutes les conditions nécessaires; de sorte que pour prononcer en dernier ressort sur la question des dernières études elle institua une sous-commission, dite *Commission des armes à répétition et de petit calibre.*

Présidée par le général Tramond, que l'armée a perdu trop tôt, cette sous-commission était composée du colonel Gras, du lieutenant-colonel Bonnet, du colonel Lebel du commandant d'artillerie Tristan, chef du service des armes portatives au dépôt central de l'artillerie, des capitaines Heimburger et Desaleux. Elle devait, dans les plaines du camp de Châlons, inaccessibles aux curieux, essayer les modèles qui avaient paru les meilleurs.

Les premiers essais eurent lieu au mois de juin 1884, sur deux fusils construits suivant ses indications. L'un, du calibre de 8 millimètres, était présenté par la manufacture de Châtellerault; l'autre, de 9 millimètres, par celle de Saint-Étienne. L'arme de Châtellerault, à tir coup par coup, fut sur le point d'être adoptée. Différant seulement du fusil Gras par le calibre du canon, elle aurait permis une transformation rapide de notre matériel.

Cependant, la Commission voulait trouver mieux. Elle se remit au travail, et elle créa, cette fois, une arme à répétition irréprochable, qui prit le nom de *fusil modèle de 1886.* Le colonel Lebel, et les colonels Gras et Bonnet, déterminèrent la forme et le fonctionnement des différentes pièces de ce fusil.

Il restait à faire choix de la poudre destinée à ce nouveau fusil.

Pendant que les officiers de la sous-commission de Versailles s'appliquaient, de concert avec MM. Lebel, Tramond, Gras et Bonnet, à créer le nouveau fusil modèle de 1886, M. Vieille, alors jeune ingénieur des arts et manufactures, cherchait, comme nous l'avons dit dans le *Supplément aux poudres de guerre,* la poudre sans fumée, et il finissait par la trouver. L'une des inventions s'adapta à l'autre; la *poudre sans fumée* fut le complément nécessaire du *fusil modèle de 1886,* et ainsi fut créée l'arme nouvelle, avec laquelle la France peut attendre tranquillement, sans bravade, mais avec confiance, les agressions étrangères, qu'elles viennent de l'Est ou du Nord, des bords du Rhin ou du côté des Alpes.

Les cartouches chargées de la poudre sans fumée de M. Vieille et l'arme de petit calibre à répétition, ayant été définitivement adoptées sous le nom réglementaire de *fusil modèle de 1886,* le général Gras se rendit aussitôt en Amérique, pour y acheter les machines-outils nécessaires à la fabrication de cette arme.

En décembre 1886, on commença à fabriquer dans les manufactures de l'État le fusil dit *modèle de 1886.*

En résumé, le *fusil modèle de 1886* est improprement nommé *fusil Lebel,* puisque plus d'un officier a concouru à sa création. Il est dû à la collaboration active du général

Tramond, qui commandait alors l'école de
Saint-Cyr, du colonel Lebel, qui était directeur de l'école normale de tir au camp de
Châlons, et du colonel Gras, aujourd'hui
général et inspecteur général de nos manufactures d'armes. On a pris l'habitude d'appeler cette arme *fusil Lebel*; mais pour éviter
toute équivoque, il faut la désigner sous
le nom que lui attribuent les règlements
militaires : *fusil modèle de 1886.*

Il serait, en effet, extrêmement difficile
de faire la part de chacun des officiers très
distingués qui ont aidé à résoudre le problème dont ils étaient saisis. Le général
Tramond a surtout insisté sur la nécessité
d'adopter un petit calibre; le colonel Lebel
a établi ce que l'on appelle la trajectoire
du fusil, en multipliant les essais de tir,
en faisant varier à l'infini le rapport du poids
de la charge au poids de la balle. Avec sa
haute expérience, le colonel Gras, qui nous
avait donné déjà un très bon fusil, au lendemain des défaites de 1870, a rectifié certains détails de construction, particulièrement ceux qui concernent la fermeture de
culasse. Enfin, les officiers de la commission
de Versailles, qui était présidée par le général Dumond, avaient soumis cinquante
modèles successifs de fusils à des épreuves
très utiles.

C'est le cas de dire que ce fusil ne s'est
pas fait tout seul!

Arrivons maintenant à la description de
cette arme.

La fermeture du fusil modèle 1886 (fig. 220)
est à verrou, comme celle du fusil Gras,
que nous avons décrit plus haut. Cette fermeture est donc dissymétrique; seulement
on a fait disparaître, par une modification
ingénieuse, l'un des principaux inconvénients de la fermeture à verrou. La pression des gaz développés au moment du tir
s'exerce contre la cuvette de la tête mobile;
cette cuvette s'appuie sur le cylindre; elle

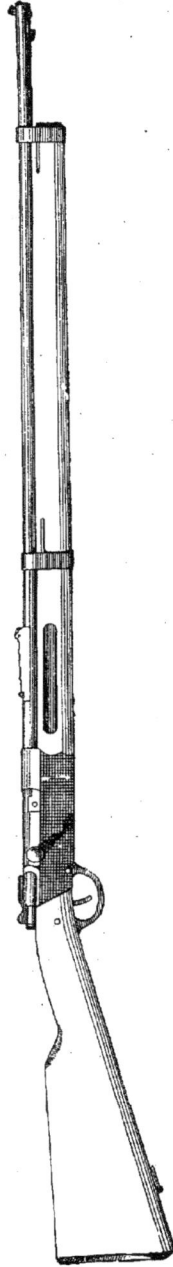

Fig. 220. — Fusil modèle de 1886, vu de profil.

Fig. 221. — Fusil modèle de 1886, vu en dessus.

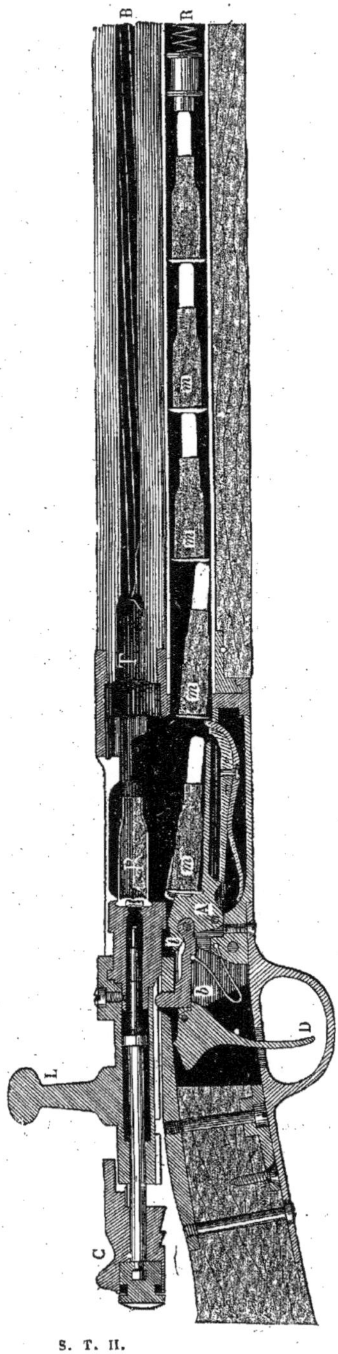

Fig. 222. — Fusil modèle de 1886, la culasse ouverte avant le chargement.

A, auget recevant la cartouche venant du magasin, pour l'élever et la placer dans la chambre. — B, canon. — T, chambre où se loge la cartouche. Elle s'appelle aussi la *tonnerre*. — C, culasse mobile. — t, levier de manœuvre. — D, détente. — b, ressort-levier permettant de faire manœuvrer ou d'immobiliser l'auget. — t, petit taquet qui reçoit de la culasse mobile un mouvement d'oscillation faisant lever ou baisser l'auget A. — m,m, les cartouches pleines. — n, la cartouche vide que l'on rejette de l'arme. — R, le ressort du magasin qui pousse les cartouches vers l'auget.

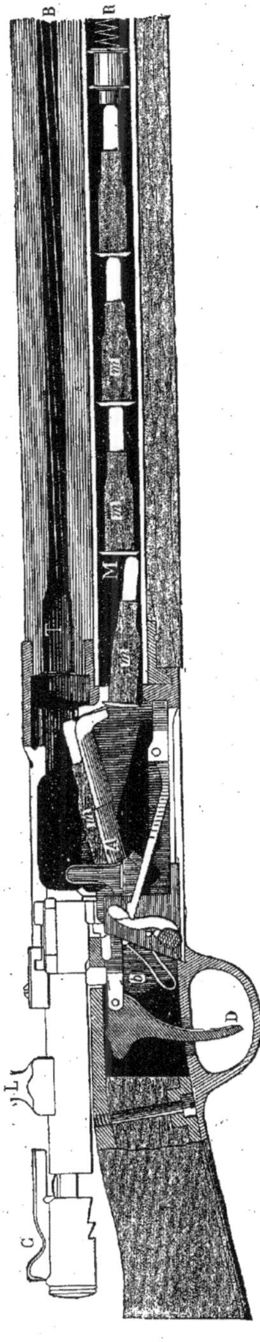

Fig. 222 *bis*. — Fusil modèle de 1886, la culasse pendant le chargement.

lui communique donc la pression qu'elle subit, et le cylindre, à son tour, transmet cette impulsion au renfort de la boîte de culasse; il en résulte qu'au moment où le coup part, l'arme tend à tourner. En outre, la pression des gaz est suffisante pour fausser, à la suite d'un tir prolongé, l'une ou l'autre des pièces que nous venons d'énumérer. Ce sont les inconvénients propres aux fusils Dreyse et Chassepot.

Pour obvier à cet inconvénient, le colonel Gras a garni la partie antérieure de la culasse mobile du fusil modèle 1886, de deux tenons, qui reçoivent directement la pression des gaz, et la transmettent symétriquement jusqu'à l'arrière du fusil, c'est-à-dire jusqu'à l'épaule du tireur.

Voyons maintenant comment fonctionne la fermeture de culasse; nous ferons en même temps la description du fusil, que représentent dans son aspect général les figures 220 et 221.

Supposons (fig. 222) la culasse ouverte; le magasin est placé sous le canon, d'une façon à peu près analogue à celle dont est disposé le magasin du fusil Mauser. L'auget A, dont nous avons expliqué le fonctionnement au chapitre précédent, élève les cartouches contenues dans le magasin jusqu'à l'entrée de la chambre. A l'aide du levier de manœuvre b, le soldat peut immobiliser l'auget ou le mettre en mouvement; dans le premier cas, on tire coup par coup, en chargeant le fusil à chaque fois; dans le second cas, on emploie le tir à répétition. Admettons que l'auget fonctionne librement. Au moment où le tireur refoule la culasse en arrière pour expulser l'étui vide n, le cylindre de culasse heurte un taquet t qui fait basculer l'auget; alors la cartouche qui a été refoulée dans l'auget A par le ressort à boudin R pénètre dans la chambre T. Le soldat ramène la culasse mobile en avant pour la fermer; la cartouche est chassée dans la chambre

et le levier du cylindre, par l'intermédiaire du butoir (fig. 222), abaisse l'auget et l'incline jusqu'à ce qu'il ait reçu une nouvelle cartouche.

Le magasin contient dix cartouches, qu'un tireur exercé peut brûler dans d'assez bonnes conditions de précision, en 30 et 40 secondes; si l'on ne fait pas usage du mécanisme de répétition, on tire facilement dix coups par minute.

Nous avons donné les dimensions essentielles du *fusil modèle* 1886, et fait voir que le poids de la cartouche est notablement inférieur au poids de la cartouche du fusil allemand. Le fantassin français en porte 118 sur lui. Les caissons de munitions de première ligne contiennent 100 cartouches par soldat d'infanterie, et les sections de parcs qui marchent à l'arrière en renferment 85 par homme, de façon que, sur le champ de bataille, chaque soldat dispose de 218 cartouches et que, dans l'espace de deux jours au plus, il peut en brûler 303.

La balle du fusil modèle 1886, qui est en plomb durci (90 parties de plomb pour 10 parties d'antimoine), a 32 millimètres de longueur. Elle est animée d'une vitesse initiale de 625 mètres par seconde; sa trajectoire est tellement rasante qu'elle ne s'élève pas à plus de 2m,50 au-dessus du sol, tandis que la flèche du fusil Gras atteignait une hauteur de près de 5 mètres. Au camp de Châlons, le capitaine Journée a démontré que, pendant 6 secondes au moins, la balle traverse l'espace avec la même rapidité que le son. A 300 mètres de distance, ce projectile traverse des planches épaisses d'un mètre à 1.000 mètres; il percerait quatre hommes et deux chevaux.

Toute notre armée active est munie aujourd'hui du fusil modèle 1886; mais, en outre, deux fusils à répétition, d'une construction particulière, font partie de notre armement: le *fusil Kropatchek*, qu'emploient

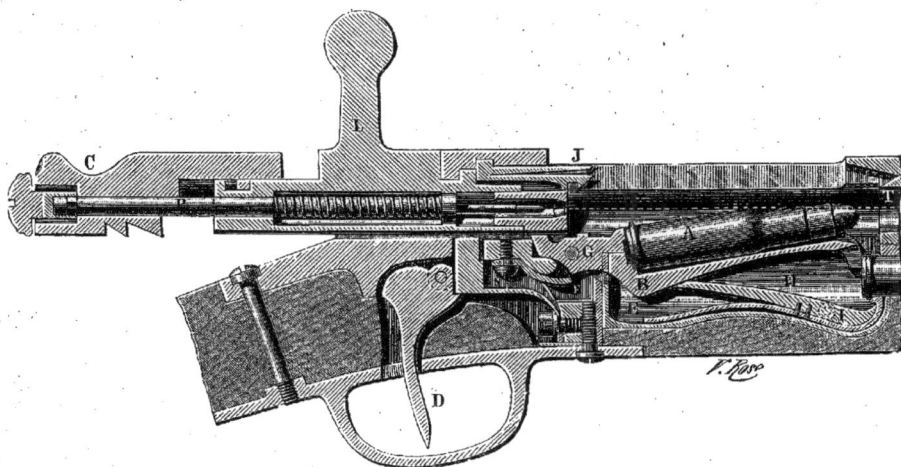

Fig. 223. — Coupe du fusil Kropatchek.

A, la cartouche amenée dans le tonnerre par l'auget. — B, l'auget, recevant la cartouche du magasin et l'élevant jusqu'au tonnerre T. — I, ressort faisant lever l'auget. — H, le logement de l'auget servant d'entrée au magasin. — G, articulation de l'auget. — D, détente. — J, tire-cartouches. — L, levier de manœuvre, ou verrou. — C, le chien.

les équipages de la flotte, ainsi que les régiments de l'infanterie de marine et le *fusil Gras transformé en fusil à répétition*.

Le fusil inventé par le colonel autrichien Kropatchek (fig. 223) est une arme à verrou ; le magasin est situé dans le fût ; la culasse mobile ne diffère pas de celle du fusil Gras ; le magasin est en laiton, et contient sept cartouches, que le tireur y introduit à la main. C'est une arme assez ingénieusement combinée, mais qui ne peut servir longtemps, car la plupart des pièces qui constituent le mécanisme à répétition s'usent, à la suite d'un tir prolongé. En outre, comme arme à tir à un coup, le Kropatchek ne rend que de médiocres services.

On a procédé, à Cherbourg, à des expériences comparatives entre le fusil Kropatchek et deux autres modèles adoptés par des marines étrangères, et l'on s'est aperçu que le chargement du Kropatchek exigeait trop de temps, et qu'il valait mieux, sur le champ de bataille, une fois que l'on aurait brûlé toutes les cartouches contenues dans

le magasin, continuer le tir coup par coup, plutôt que de s'attarder à remplir de nouveau le magasin. Dans ces conditions l'emploi du fusil Kropatchek ne peut guère être mis qu'entre les mains des troupes de la marine, qui n'ont pas à soutenir des combats prolongés, mais qui, soit pendant un débarquement, soit durant une reconnaissance à terre, peuvent obtenir de brillants résultats en tirant coup sur coup sept ou huit balles. Le ministre de la marine a prescrit toutefois d'allonger le magasin, de façon qu'il puisse recevoir désormais huit cartouches.

Le *fusil Gras à répétition* est une transformation du fusil Gras modèle 1874, à peu près analogue à celle qu'a subie le fusil allemand.

En 1884, au moment où l'on apprit que l'Allemagne s'occupait avec activité de transformer ses fusils Mauser en fusils à répétition, le ministre de la guerre craignit que nous ne fussions attaqués à l'improviste avant l'achèvement du matériel de calibre réduit, et on crut devoir créer un armement

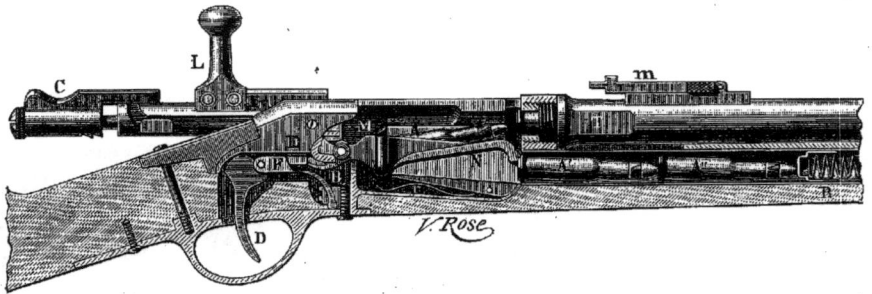

Fig. 224. — Fusil Gras à répétition, fermeture de la culasse.

C, chien. — L, levier de manœuvre ou verrou. — D, détente. — E, partie extérieure de la culasse. — F, levier faisant sortir le chien du cran d'arrêt, au moment du tir. — B, ressort de l'auget. — M, levier permettant d'utiliser les cartouches du magasin ou d'en immobiliser l'emploi. — A, cartouche. — A' A', cartouches dans le magasin. — R, ressort du magasin. — T, tonnerre. — N, plaque obturatrice de la chambre. — m, la hausse, rabattue.

transitoire, en mettant à profit les études faites pour la création de ce matériel. Nos manufactures entreprirent donc, en toute hâte, l'exécution de fusils Gras à répétition, auxquels on a donné la dénomination de *fusils modèle 1884* et *modèle 1885*. Elles continuèrent à les fabriquer jusqu'au moment où le nouvel outillage exigé pour le forage des canons des fusils Tramond-Lebel et le fraisage de leurs différentes pièces fût arrivé d'Amérique.

Le *fusil Gras transformé en fusil à répétition* pèse 4 kilogrammes 230, et n'a que 1m,24 de longueur, le poids du mécanisme à répétition ayant imposé l'obligation de lui donner le canon de la carabine de cavalerie.

La figure 224 représente la fermeture de culasse de ce fusil au moment où la culasse a été ramenée en arrière, et où l'auget amène la cartouche à l'entrée de la chambre.

Depuis que le fusil *modèle de 1886* a été adopté dans l'armée française, le capitaine d'artillerie Pralon, attaché à l'École de pyrotechnie, à Bourges, a soumis au ministre de la guerre un fusil, dont on a fait le plus grand éloge, mais qui n'a jamais été décrit. Le général Ferron, alors qu'il était ministre de la guerre, en 1887, fit tout exprès le voyage de Bourges, pour assister aux essais de tir du fusil Pralon.

La cartouche de ce fusil est recouverte d'une enveloppe en acier malléable, et l'on assure qu'elle est douée d'une force de pénétration cinq ou six fois supérieure à celle de la balle du fusil modèle 1886; une de ces balles suffirait pour percer un caisson en tôle métallique, et pour déterminer l'explosion des obus renfermés dans ce caisson.

C'est tout ce que nous pouvons dire à ce sujet: le capitaine Pralon, qui a été décoré de la Légion d'honneur par le général Ferron, en témoignage de haute considération, continue ses recherches.

CHAPITRE VI

PRINCIPAUX MODÈLES D'ARMES A RÉPÉTITION EN USAGE A L'ÉTRANGER. — LE FUSIL MAUSER, OU FUSIL ALLEMAND. — SA DESCRIPTION ET SES PROPRIÉTÉS. — MÉTHODE DE TIR EN USAGE DANS L'ARMÉE ALLEMANDE. — COMPARAISON ENTRE LE FUSIL FRANÇAIS ET LE FUSIL ALLEMAND.

Les Allemands ont mis beaucoup d'hésitation à adopter le fusil à répétition, et à choisir un modèle définitif de cette arme. Ils ont longtemps tâtonné, soit que la dépense nécessitée par une transformation ainsi radicale de l'armement leur parût excessive, soit que leur choix ne fût pas encore bien arrêté.

Quand on apprit, au mois de février 1887, que le gouvernement allemand convoquait 100 000 réservistes, pour leur faire apprendre le maniement du fusil à répétition, l'émotion fut profonde en France, et dans toute l'Europe. Toutes les puissances qui avaient hésité jusque-là à substituer le fusil à répétition au fusil ordinaire à aiguille furent, en quelque sorte, obligées, sous la pression de l'opinion publique, de renouveler leur armement. Et le renouvellement de l'armement d'une nation, comme la France, n'est pas chose de mince importance ; car il ne demande pas moins de 500 millions de dépenses, et exige un temps considérable, pour sa fabrication dans les manufactures de l'État.

Nous avions déjà commencé, dans nos manufactures de Tulle et de Saint-Étienne, la fabrication du *fusil modèle de 1886*, mais on comprit, à l'annonce de l'adoption du fusil à répétition en Allemagne, qu'il n'y avait plus une minute à perdre, et qu'il fallait, par tous les moyens possibles, activer cette fabrication. La lutte engagée entre les différentes nations de l'Europe est à l'état tellement aigu, bien qu'elle ait, momentanément, un caractère pacifique, que nul ne doit laisser prendre l'avance à son voisin. Dans vingt ou trente ans, quand on aura découvert quelque nouvel engin de destruction, canon ou fusil, tout sera peut-être à recommencer, et le matériel actuel des armées d'Europe ne sera plus qu'une vieille quincaillerie ; on créera un armement non encore soupçonné, et les nations continueront de jeter des milliards dans le gouffre sans fond du budget de la guerre. Mais, en attendant, il faut parer aux dangers actuels.

En ce qui concerne la transformation de l'armement en Europe, c'est la France qui a pris les devants, et le fusil qu'elle possède et que nous avons décrit est bien supérieur au fusil allemand.

C'est ce qui sera établi à la fin de ce chapitre.

On a prétendu un moment que les Allemands se contentaient de modifier provisoirement le fusil Mauser, qui était en service depuis 1871, en lui adaptant un chargeur, et qu'ils se réservaient de fabriquer plus tard un fusil à répétition de petit calibre, construit, ajoutait-on, sur des plans du professeur Hébler, de Zurich. C'était une double erreur. Le gouvernement allemand a si peu cherché à réaliser une économie que pas une seule des pièces de l'ancien fusil n'a été utilisée pour la fabrication du nouveau fusil, dont il est temps de donner la description.

Le *fusil Mauser à répétition*, ou fusil allemand, comprend : une monture en bois de noyer, une culasse mobile, un canon en acier, un mécanisme de répétition et les garnitures.

La figure 225 représente ce fusil au moment où la culasse mobile est fermée ; alors, une cartouche sortie du magasin a été transportée par l'auget A, jusque dans la chambre, le soldat peut faire feu. En même temps, une autre cartouche est venue se loger dans l'auget.

La figure 226 montre le fusil au moment où la culasse mobile est ouverte. L'auget, A, qui s'est soulevé a poussé une cartouche *b* dans la chambre, et quand l'auget sera redescendu, la cartouche viendra s'y placer.

Comme on le voit sur nos deux dessins, la partie inférieure de la boîte de culasse, qui affecte une forme rectangulaire, contient tout le mécanisme de répétition. Le magasin dans lequel sont renfermées huit cartouches est un tube en tôle d'acier, parallèle au canon du fusil, et situé au-dessous de ce canon, dans la monture. A l'avant, un ressort à boudin, B, s'appuie

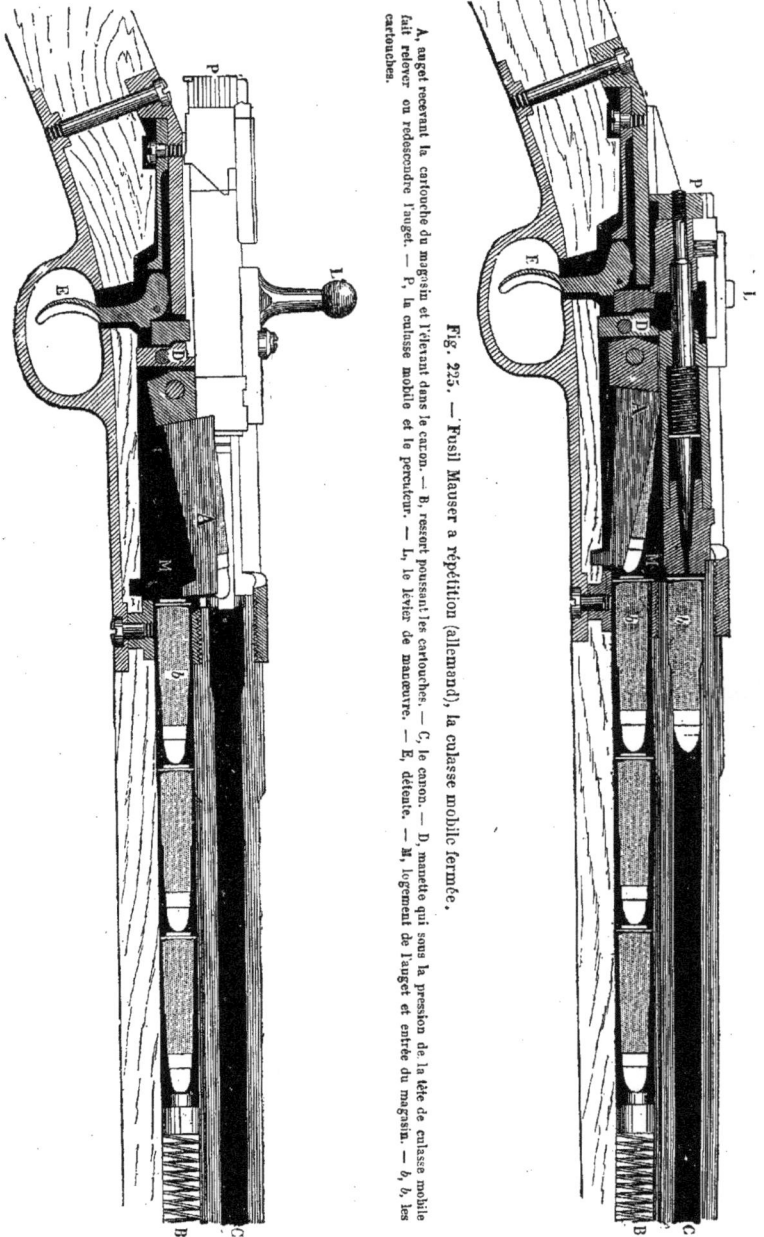

Fig. 225. — Fusil Mauser a répétition (allemand), la culasse mobile fermée.

A, auget recevant la cartouche du magasin et l'élevant dans le canon. — B, ressort poussant les cartouches. — C, le canon. — D, manette qui sous la pression de la tête de culasse mobile fait relever ou redescendre l'auget. — P, la culasse mobile et le percuteur. — L, le levier de manœuvre. — E, détente. — M, logement de l'auget et entrée du magasin. — b, b, les cartouches.

Fig. 226. — Fusil Mauser a répétition (allemand), la culasse ouverte.

L'auget A est une sorte de demi-cylindre

sur la pointe de la dernière cartouche. | creux, qui se meut autour d'un pivot C, une petite saillie empêche l'auget de s'élever trop haut. Quand on ouvre la culasse, l'extracteur entraîne l'étui vide; une targette D, dont la partie supérieure est repoussée par le butoir de la culasse, relève alors l'auget, qui présente une cartouche à l'entrée de la chambre. Le tireur referme la culasse, et pousse ainsi la cartouche dans la chambre; l'auget redescend, et le ressort à boudin, B, renvoie la première cartouche *b* dans l'auget. Le tir continue ainsi, jusqu'à ce que le magasin soit vide.

On a dit, dans quelques journaux étrangers, que les expériences faites jusqu'à présent avec ce fusil n'avaient pas donné des résultats excellents; le mécanisme de répétition ne marcherait pas dans des conditions convenables et s'encrasserait trop rapidement. Nous reproduisons ces critiques sous toutes réserves. Les officiers, pas plus en Allemagne qu'en France, n'ont l'habitude de communiquer leurs impressions aux journaux.

Quoi qu'il en soit, une bonne partie des contingents allemands est pourvue du fusil Mauser.

Il n'est pas difficile, pourtant, d'établir que le fusil Mauser à répétition est bien inférieur au fusil français modèle de 1886.

D'abord, le nouveau fusil allemand a 11 millimètres de calibre, et nous avons établi plus haut que le fusil de petit calibre (7 ou 8 millimètres) jouit de propriétés balistiques (portée, hauteur et précision du tir) bien supérieures à celles du fusil de gros ou de moyen calibre.

Si l'on veut s'assurer, par d'autres comparaisons, de la supériorité du fusil français sur le fusil allemand, on n'a qu'à jeter un coup d'œil sur le tableau suivant :

	Fusil Mauser.	Fusil Lebel.
Poids du fusil......	4^k,600	4^k,100
Calibre.............	11 millim.	8 millim.
Poids de la cartouche	33 grammes	29^{gr}, 7
Vitesse initiale.....	410 mètres	625 m.
Portée maximum...	2,000 m.	3,000 m.

Le fantassin français porte 118 cartouches sur lui ; le fantassin allemand n'en a que 100 ; la différence est sensible.

Les Allemands se sont efforcés, pour compenser autant que possible une évidente infériorité, de simplifier jusqu'à l'excès les opérations préliminaires de la charge, afin d'obtenir, le cas échéant, une extrême rapidité de tir; et d'autre part, ils multiplient les séances de tir, afin de familiariser leurs soldats avec le maniement du fusil à répétition, et d'éviter, sur le champ de bataille, le gaspillage des munitions. Il faut reconnaître qu'ils avaient obtenu ce résultat, avec le fusil Mauser ordinaire, en 1870, et que la régularité, aussi bien que la parfaite exécution de leur tir, nous ont alors coûté bien cher.

Il est intéressant de voir comment les Allemands pratiquent le tir, d'autant plus que d'importantes modifications ont été consacrées par le règlement du 1er septembre 1888. Dans l'*Avant-propos* de ce nouveau règlement, l'empereur Guillaume II s'exprime en ces termes :

« Tout manquement aux prescriptions de ce règlement sera sévèrement réprimandé. Je réprimerai, sans considération, par la mise à la retraite toute résistance à cette expression de ma volonté.

« Au commandement : *Au magasin! Bataillon, pour charger; chargez!* Soulever l'arme de la main droite et l'abattre en avant. Saisir l'arme de la main gauche vers le centre de gravité, le pouce étendu sur le fusil. Le guidon environ à hauteur de l'œil, le bord inférieur de la crosse à un travers de doigt au-dessus du bord supérieur de la cartouchière droite. Poser le bras droit sur le bord extérieur de la crosse. Tourner la tête vers le chien, saisir le levier de la main droite, tourner le cylindre vers la gauche et le ramener en arrière, d'un seul coup et avec vigueur. Porter la main à la cartouchière, saisir une cartouche, l'introduire dans le magasin et continuer jusqu'à ce que le magasin soit rempli. La 9e cartouche n'entre plus dans le magasin, mais elle est ramenée par le ressort à boudin dans l'auget.

« Ramener la culasse en arrière pour relever l'auget avec la cartouche. Pousser la culasse mobile contre le canon et rabattre le levier à droite. »

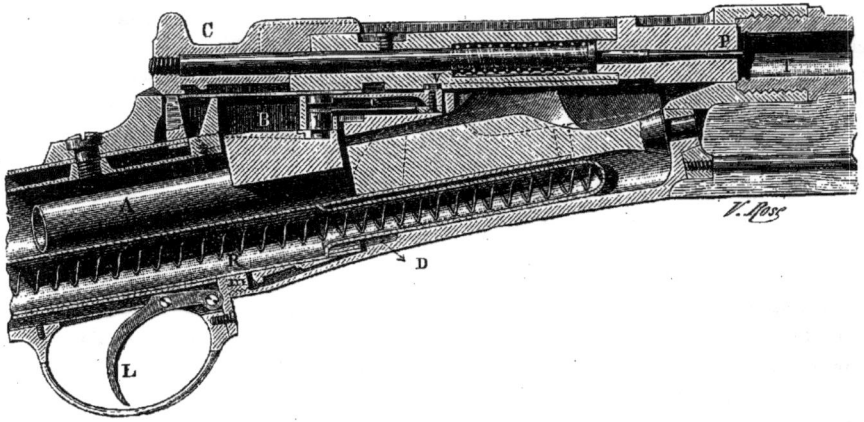

Fig. 227. — Premier type du fusil autrichien

A, l'un des tubes servant de magasin. — B, tambour cannelé mettant successivement en mouvement les tubes A. — c, coulisse à répétition transmettant le mouvement aux tubes A. — R, section intérieure de l'un des tubes magasins montrant le ressort propulseur. — D, une partie de l'ouverture de chargement du magasin. — L, détente. — C, culasse mobile. — P, percuteur. — T, canon.

Hâtons-nous d'ajouter que ni les soldats, ni les sous-officiers, ni même les officiers, ne sont astreints à apprendre par cœur cette interminable nomenclature. Ce que l'on veut, c'est que le soldat exécute tous ces mouvements machinalement, et dans l'ordre exact indiqué par le règlement ; c'est la condition essentielle à remplir pour obtenir, sur le champ de bataille, un tir bien réglé. En se reportant aux figures 225 et 226, nos lecteurs pourront aisément se figurer les mouvements de la charge, et s'assurer ainsi que le règlement allemand n'indique absolument que les opérations indispensables

Les Allemands ont essayé trois cartouches pour le fusil Mauser. La cartouche définitivement adoptée est composée d'un étui en laiton, qui est verni à l'intérieur. La charge de poudre est de 5 grammes ; une rondelle en cire et deux rondelles en carton séparent la charge de poudre de la balle.

Comme nous l'avons dit plus haut, le fantassin allemand emporte 100 cartouches. Les caissons de munitions qui accompagnent chaque bataillon renferment, en outre,

80 cartouches par homme ; enfin, les voitures à bagages, les caissons de munitions des colonnes de corps d'armée qui suivent les régiments, à dix ou quinze kilomètres en arrière, contiennent encore 72 cartouches par homme. Au total l'approvisionnement en cartouches dans l'armée allemande, est de 252 par soldat d'infanterie.

On croit que la poudre employée par les Allemands, dans la cartouche du fusil Mauser est, comme la poudre de notre nouveau fusil, une *poudre sans fumée*. Mais les renseignements précis font jusqu'à présent défaut à ce sujet. Il paraît, toutefois, que les poudres sans fumée essayées en Allemagne ont de grands défauts.

CHAPITRE VII

LE FUSIL AUTRICHIEN ET LE FUSIL SUISSE.

Un armurier de Vienne, Mannlicher, a créé quatre types de fusils à répétition, dont le quatrième (par la date de sa fabrication)

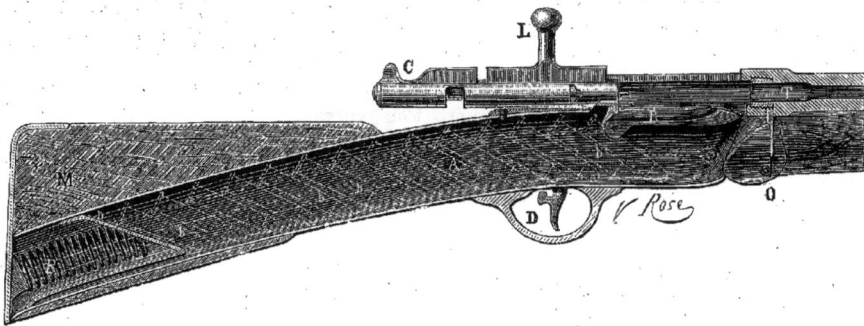

Fig. 228. — Deuxième type de fusil autrichien.

A, magasin. — *bbb*, les cartouches placées obliquement, la balle en bas. — B, le ressort propulseur. — R, l'auget. — M, la crosse du fusil. — C, culasse mobile et percuteur. — L, levier de manœuvre. -- T, canon. — D, détente.

a été introduit en 1889 dans l'armée austro-hongroise. Le ministre de la guerre a obtenu des Délégations un premier crédit de 80 millions, pour subvenir aux frais de la fabrication de près de 800 000 fusils de ce type.

Ce type de fusil à répétition est peut-être celui de tous dont le maniement est le plus facile et le plus rapide, le tir pouvant donner 35 coups par minute. Nous décrirons pourtant les trois autres types.

Le premier type (fig. 227) est destiné à l'armement des dragons, des servants de l'artillerie de campagne et des équipages de la flotte. C'est dans la crosse du fusil qu'est le magasin, qui renferme 15 cartouches. Ce magasin A se compose de trois tubes contenant chacun 5 cartouches ; à sa partie antérieure, ce magasin est en rapport avec un tambour cannelé, B, qui détermine son mouvement de rotation, grâce à une coulisse à répétition *c*. Quand on veut remplir le magasin, on le fait tourner de droite à gauche et on le garnit le long de la rainure D.

Pour le tir, il faut exécuter cinq mouvements :

Soulever le levier ; — ramener le cylindre en arrière ; — repousser le cylindre en avant ; — rabattre le levier ; — presser la gâchette.

Ces mouvements sont élémentaires, presque instinctifs, nous n'y reviendrons pas puisque l'emploi des trois autres modèles Mannlicher exige la succession des mêmes opérations.

Ce premier fusil ne pèse que 3 kil. 500 quand il est chargé de 15 cartouches.

Le second modèle (fig. 228) est muni d'un *magasin fixe*, qui contient 12 cartouches placées diagonalement. Ce magasin, A, est une boîte métallique enfermée dans le fût et la crosse. On y introduit les cartouches par la partie latérale, O, de la monture.

Le fonctionnement de ce système est d'une merveilleuse simplicité ; seulement, le chargement du magasin est long, et, de plus, par la disposition même des cartouches dans le magasin, le centre de gravité de l'arme est trop reporté vers l'arrière.

Le troisième et le quatrième modèles ont des chargeurs séparés. Comme ils ne diffèrent l'un de l'autre que par des détails de construction, nous nous contenterons de décrire le quatrième modèle, c'est-à-dire le fusil dont est munie actuellement l'infanterie de l'armée autrichienne.

127

L'obturation de cette arme est assurée par un verrou; la fermeture à cylindre a été transformée de telle façon (fig. 229) que pour l'ouvrir ou la refermer il suffit de faire avancer ou reculer le cylindre A, sans être obligé de le faire tourner à droite ou à gauche. On voit tout de suite que cette modification simplifie singulièrement les opérations préliminaires du tir; aussi ne sera-t-on pas surpris d'apprendre qu'un soldat exercé tire aisément, comme il a été dit plus haut, avec le fusil Männlicher, trente-cinq coups par minute.

Toutes les cartouches que le fantassin emporte dans son sac, en campagne, et celles aussi qui sont contenues dans les caissons de munitions d'infanterie, sont réparties par groupes de cinq, dans les *boîtes-chargeurs* (fig. 230). Une enveloppe rigide est fixée au fusil, au-dessous du système de fermeture; elle entoure une boîte à cartouches, dans laquelle le tireur introduit la boîte-chargeur, constituée par une lame en tôle très légère. Un ressort soulève successivement chacune des cinq cartouches, et les amène à la hauteur du canon. Ce ressort, lorsque l'on ramène le système de fermeture en avant, saisit la cartouche supérieure par son bord, et par pression, l'introduit dans la chambre à cartouche du canon. En même temps que l'on ramène la fermeture en arrière, la cartouche vide et l'étui sont extraits automatiquement.

Les figures et coupes réunies sous les numéros 223-229 montrent ces différents organes.

Hâtons-nous de faire observer qu'avec le fusil Mannlicher le soldat est à peu près dans l'impossibilité de faire usage du tir ordinaire. En effet, toutes les cartouches dont il dispose sont groupées, cinq par cinq, dans les boîtes-chargeurs; le tir à répétition est donc le seul tir que l'on puisse pratiquer avec le fusil autrichien. Sans doute, le soldat pourra, bien qu'il ait cinq cartouches à brûler, viser posément et tirer lentement. Mais avec les troupes actuelles, instruites à la hâte, il ne faut pas compter sur le sang-froid, ni sur la sagacité des soldats. Excités, entraînés par la fièvre du combat, ces jeunes gens qui, tous, verront le feu pour la première fois, brûleront leurs cinq cartouches — et dix autres ensuite — quand ce ne serait que pour faire du bruit. On a remarqué que, durant les dernières campagnes, en 1866, en 1870, en 1871, le *rendement* du fusil avait été très faible; ce qui revient à dire que pour un nombre très considérable de cartouches consommées, il y a eu très peu de morts et de blessés.

A la bataille de Gravelotte, en 1870, les Allemands tirèrent deux cent trente coups de fusil pour faire tomber un Français, et douze coups de canon pour obtenir le même résultat. Ce fut pourtant une rencontre singulièrement meurtrière, où les deux adversaires se rapprochèrent de bien près, puisque sur cent blessés français ou allemands on en compta cinq qui avaient été frappés à l'arme blanche!

La Suisse s'est distinguée, dans ces vingt dernières années, par ses études approfondies sur les armes portatives. La balle de petit calibre et le fusil à répétition ont été mis en usage de très bonne heure, dans la république helvétique.

Le fusil à répétition, aujourd'hui adopté en Suisse, est le fusil du major Hébler; mais il avait précédé d'autres types remarquables, auxquels nous devons une mention.

Rien n'est plus intéressant, à ce titre, que le *fusil Rubin*, qui a été construit par trois Français, le major Rubin, le chef armurier Pariès et le soldat Herla.

Le *fusil Rubin* fut soumis, en 1883, à la Commission de Versailles, qui crut devoir l'écarter, parce qu'il ne répondait pas aux conditions d'ensemble exigées, avec juste raison, par cette Commission. Toutefois, son mécanisme, tel qu'il a été décrit par le

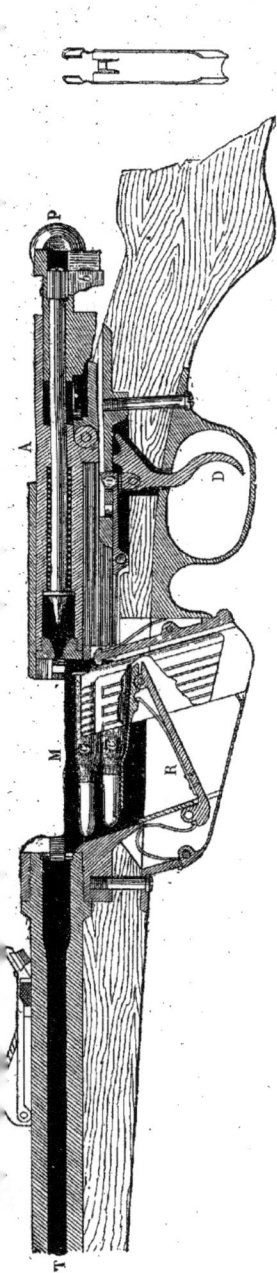

Fig. 229. — Fusil Mannlicher (autrichien). Coupe du fusil, montrant le chargeur avec ses dernières cartouches poussées par le ressort.

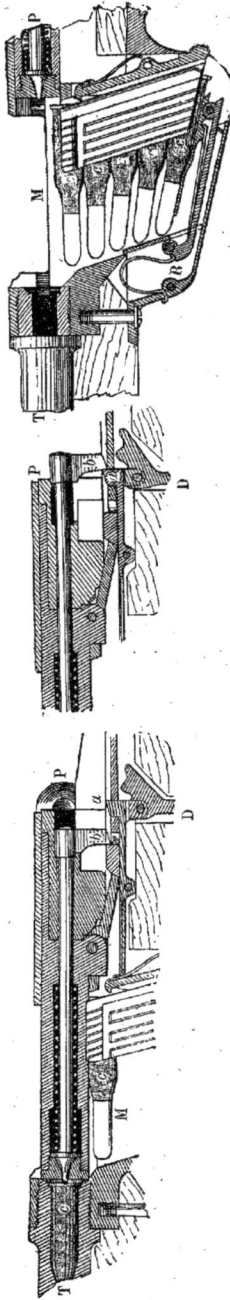

Chargeur muni de ses cartouches

Position du chien avant le coup.

Fig. 230. — Fusil Mannlicher.

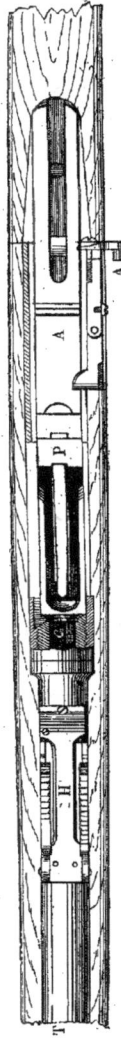

Après le coup.

Fig. 231. — Fusil Mannlicher, vu en dessus.

A, la culasse mobile ou cylindre. — T, le canon. — M, le magasin. — c, c, c, les cartouches. — R, le ressort placé en dessous des cartouches et servant à les élever au fur et à mesure jusqu'au canon. — P, le chien ou percuteur. — a, le taquet qui, lorsque la culasse mobile est fermée, appuie sur la butée (b) et retient en arrière le percuteur. — D, la détente. En appuyant dessus, le taquet a se baisse par l'action du ressort; la butée b n'étant plus arrêtée laisse libre le ressort du percuteur qui se détend et fait passer la cartouche. — B, la hausse pour le tir. — V, verrou qui neutralise le mécanisme du magasin quand on ne veut pas s'en servir.

La figure 229 montre le fusil ouvert. L'avant-dernière cartouche est prête à être pressée par la culasse mobile dans le canon. La position du ressort R indique son mouvement d'élévation des cartouches.

La figure 230-1 montre le fusil plein. Le magasin est plein; le ressort R complètement abaissé subit sous le poids des cartouches.

La figure 230-2 montre la position d'arrêt du chien avant le coup. En enfonçant la culasse la butée b a rencontré le taquet a qui l'a forcé à s'arrêter. Le ressort du percuteur se resserre, et retient le percuteur pour l'empêcher de toucher la cartouche qui est dans le canon.

La figure 230-3 montre la position du chien après le tir. Le taquet abaissé a laissé libre la butée b qui, entraînée par le ressort du percuteur, a glissé en avant de tout le chemin parcouru par le percuteur lui-même.

La figure 231 montre le fusil vu de dessus. La culasse mobile A est fermée, mais une déchirure laisse voir l'extrémité du percuteur et l'entrée du canon C.

journal *La France militaire*, est ingénieux et mérite une mention.

Nous représentons cette arme dans la figure 232. Son mécanisme de répétition diffère des autres par cette particularité très curieuse : le tireur peut continuer le tir à répétition sans cesser d'épauler et sans déplacer la main droite. On augmente ainsi notablement la rapidité du tir, tout en diminuant la fatigue du soldat. La première de ces considérations nous touche médiocrement, puisque sur le champ de bataille le soldat ne sera déjà que trop enclin à gaspiller ses munitions; mais la seconde a une valeur incontestable.

Le chargement de l'arme se fait *en vrac*, de telle sorte que, lorsque le magasin est épuisé, il est possible de le regarnir sans déplacer l'arme.

Le magasin, A, est placé sur le côté gauche de la boîte de culasse, et il tourne autour d'une charnière, F, qui permet de mettre le mécanisme à nu. Composé d'une boîte en tôle d'acier, qui contient six cartouches, il est muni d'un couvercle, E, maintenu par un ressort, qui assure l'adhérence du magasin à la boîte de culasse, au moyen d'un bouton-arrêtoir. La partie postérieure du magasin et du couvercle forme une sorte de gueule, par laquelle on introduit les cartouches, pour le tir coup par coup. Le *distributeur* ne forme qu'une seule pièce; il comprend le transporteur et l'auget.

Quand le magasin est vide, le soldat, ainsi qu'il est dit plus haut, ne cesse pas d'épauler, et de sa main gauche il vide dans le magasin un paquet de six cartouches empaquetées d'une façon spéciale.

On a fait, avec ce fusil, quelques expériences au polygone de Langres, où M. Rubin était en garnison, et l'on a constaté que la durée du chargement du magasin n'excédait pas huit secondes. En tirant vingt balles par minute, à une distance de 50 mètres, sur un panneau de 1 mètre de côté, des tireurs exercés ont réussi à mettre les vingt balles dans le panneau, tandis qu'ils n'en mettaient que treize avec le fusil Gras.

Si l'on veut avoir une idée exacte des travaux de tout genre qu'exige la transformation de l'armement d'une nation, que l'on parcoure l'aperçu sommaire que nous allons donner des recherches faites par l'ordre du gouvernement suisse. Dans ce pays, où la guerre de montagne est imposée par la configuration du sol, l'infanterie joue naturellement le rôle tout à fait prépondérant, et le soldat de la Confédération helvétique, s'il avait à défendre les défilés des Alpes, devrait avoir fréquemment recours au tir à répétition.

Aussi, dès 1882, le département militaire fédéral avait-il chargé le chef de l'Infanterie de commencer des études relatives à l'adoption d'un nouveau fusil. En 1886, cette mission fut transférée à un comité spécial, présidé par le colonel Feiss, et dont faisaient partie M. Amsler, professeur à Schaffhouse, six colonels, deux députés aux États et un conseiller national. Après une longue série d'études et d'expériences pratiques, cette commission s'est prononcée en faveur d'un nouveau fusil à répétition, de petit calibre.

Déjà, en 1881, le major Rubin, alors directeur de la fabrique de munitions de Thoune, avait présenté au département militaire fédéral un fusil, du calibre de 9 millimètres, qui tirait une balle, revêtue d'un manteau de cuivre. Les expériences faites avec ce fusil conduisirent bientôt à la fabrication d'armes des calibres de 8 millimètres et même de 7^{mm},5. En même temps, on reconnaissait qu'il serait impossible d'utiliser pour la fabrication du nouveau fusil aucune pièce du Westerli, qui était alors en service.

Vers la même époque, le professeur Hébler, de Zurich, dont nous avons déjà mentionné le beau travail, présentait une balle à revêtement d'acier, dont l'emploi paraît ex-

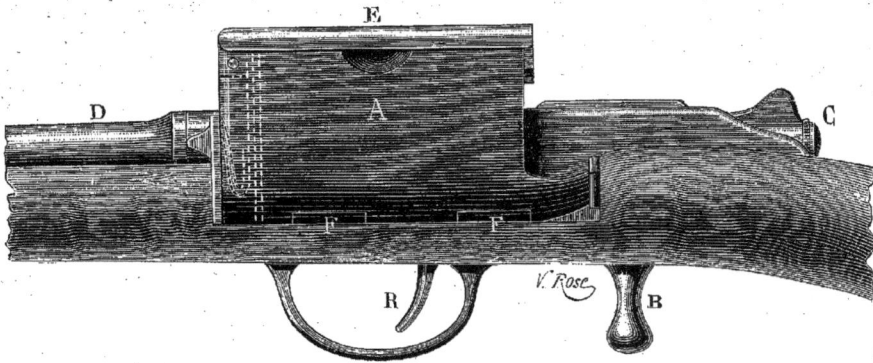

Fig. 232. — Fusil Rubin (fusil suisse).

A, magasin. — B, levier de manœuvre de la culasse mobile. — C, chien, ou percuteur. — D, canon. — E, couvercle. — FF, les charnières du magasin A. — R, la détente.

trêmement avantageux. Cette balle, qui pèse 14^{gr},6, n'est pas cylindrique (fig. 233); elle a une longueur totale de 50 millimètres; sa partie cylindrique a 21 millimètres de lon-

Fig. 233. — Balle du fusil suisse.

gueur, dont 16 millimètres pour la portion qui est enfoncée dans l'étui de la cartouche. Elle se termine, à son extrémité antérieure, par une partie conique, suivie d'une partie ogivale. La portion cylindrique de la balle qui s'engage dans les rayures de l'âme du fusil n'a donc que 5 millimètres de longueur; le frottement, qui cause une déperdition notable de force vive, et par conséquent de vitesse initiale, est considérablement diminué.

Enfin, vers le milieu de l'année 1887, M. Schenker avait réussi à produire une poudre sans fumée, qui résiste mieux aux influences atmosphériques que la poudre noire, jusqu'alors utilisée dans l'armée helvétique, et qui s'emploierait exclusivement dans les cartouches du fusil Hébler.

La trajectoire du fusil Hébler est très tendue. A 300 mètres de distance, sa précision est trois fois supérieure à celle du fusil Westerli. La précision du tir est encore augmentée par le revêtement en acier du projectile, puisque la balle subit moins l'influence des inégalités de l'âme du canon. Le magasin est placé sous l'ouverture de la culasse; un mécanisme très simple permet d'interrompre le fonctionnement de ce magasin.

Cela fait, il s'agissait d'armer l'infanterie confédérée avec le nouveau fusil. Aux termes de la loi, l'effectif de l'infanterie suisse et de sa réserve est de cent trente-neuf mille sept cent soixante-seize hommes ; il faut donc fabriquer cent cinquante mille fusils, soit une dépense de 12 millions de francs pour la fabrication de l'arme elle-même, et de 5 millions pour l'approvisionnement en cartouches, à raison de 300 cartouches par soldat.

Le conseil fédéral a décidé, en 1889, qu'il solliciterait du peuple suisse, en 1890, les crédits nécessaires à la transformation de son armement.

CHAPITRE VIII

LES FUSILS EN RUSSIE, EN ALLEMAGNE, EN ITALIE, ETC.

Les dépenses énormes qu'exige le renouvellement de l'armement d'une nation deviennent un obstacle insurmontable, si cette nation comporte une armée active de plus d'un million d'hommes. Tel est le cas de la Russie, et l'on comprend que le Czar hésite à entreprendre cette réforme militaire. Le gouvernement a décidé, jusqu'à ce jour, de ne point modifier son armement. Il ne manque pas, d'ailleurs, en Russie, d'officiers très distingués et avantageusement connus par leurs publications militaires, qui blâment l'emploi du fusil à répétition. Il ne nous appartient pas d'entrer dans les détails de cette polémique, ni d'essayer de résoudre une question aussi controversée. Constatons seulement que, parmi les armées européennes, l'une des plus puissantes s'en tient encore au fusil ordinaire, c'est-à-dire à percussion centrale et à décharges successives. C'est le cas de répéter le titre de la comédie de Diderot : *A-t-il tort, a-t-il raison ?*

Après de longs tâtonnements, l'Italie a adapté le petit calibre à son fusil Westerli, muni d'un chargeur, de M. Westerli.

L'Angleterre avait fabriqué, en 1883, plus de cent mille fusils de Magée, contre-maître à la manufacture d'armes d'Enfield. Mais les effets de cette arme ont paru peu satisfaisants, puisqu'on a fait transformer cette arme en fusil Martini, tirant coup par coup.

Le fusil à répétition n'a donc pu s'introduire, ou du moins persister en Angleterre. Chez nos voisins, l'armement de l'infanterie est aussi imparfait, aussi fautif, que celui de l'artillerie. Les fabricants d'armes de ce pays se sont si bien gâté la main, à fabriquer et à vendre aux nègres des fusils de pacotille, qu'ils ne savent plus se faire, pour eux-mêmes, de bons fusils de guerre.

Le dernier fusil belge est du système autrichien. C'est un Mannlicher perfectionné, et tirant à répétition, avec sécurité.

L'Espagne, qui possède un énorme approvisionnement de fusils Remington, modèle de 1871, s'occupe de les transformer en armes de répétition. Un chargeur, inventé par deux de ses officiers, MM. Freyre et Brüll, est adapté à ce fusil.

Le gouvernement portugais a adopté, en 1887, un fusil Mauser à répétition et de petit calibre (8 millimètres) fabriqué par l'usine d'Oberndorf-sur-Neckar. Cette arme pèse 4 kil. 530, et 4 kil. 867 avec son approvisionnement de dix cartouches. Le poids de la cartouche est de $35^{gr},2$, dont 16 grammes pour la balle enveloppée de cuivre, qui est animée d'une vitesse initiale de 532 mètres. La hausse est graduée jusqu'à 2,200 mètres.

La même usine d'Oberndorf fournit au gouvernement turc des fusils Mauser à répétition de petit calibre (9 millimètres).

Le Danemark a adopté, en 1887, un fusil du calibre de 8 millimètres.

La nouvelle arme danoise est à chargeurs,

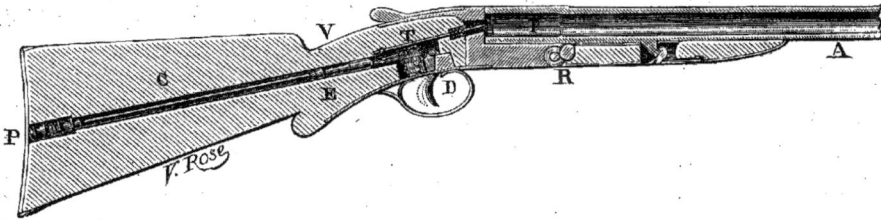

Fig. 234. — Coupe du fusil électrique de M. Pieper.

A, le canon. — R, mouvement de bascule du fusil semblable à celui des fusils de chasse. — D, détente, établissant contact entre les deux tiges T et P. — T, petite tige communiquant l'électricité à la cartouche. — C, la crosse. — V, verrou de fermeture du canon. — P, tige de fer traversant la crosse et conduisant à la cartouche le courant électrique.

contenant cinq cartouches, du poids de 32 grammes. La balle, enveloppée de cuivre, est animée d'une vitesse initiale de 534 mètres.

La Serbie a adopté un fusil du calibre de $10^{mm},15$, inventé par le capitaine Milanowitch. Simple modification du fusil Mauser, ce fusil est fabriqué par l'usine d'Oberndorf-sur-Neckar. Il lance, avec une vitesse initiale de 512 mètres, une balle, pesant $24^{gr},9$, dont la portée s'élève à 3,250 mètres. La hausse est graduée jusqu'à 2,025 mètres; dix balles peuvent être envoyées successivement.

En Suède-Norvège on a distribué aux troupes, en 1883, un fusil à répétition, inventé par l'ingénieur Jarhmann, et fabriqué par la manufacture de Karl Gustave Stad. Ce fusil, analogue au *kropatchek*, pèse 4 kil. 435, et 4 kil. 770 quand il est approvisionné; il a $10^{mm},25$ de calibre, son magasin s'approvisionne de dix cartouches. La cartouche lance, avec une vitesse initiale de 487 mètres, un projectile, pesant $21^{gr},85$, dont la portée est de 2,800 mètres.

Nous ne voulons pas terminer ce qui concerne les fusils proposés ou mis en service depuis 1870, sans dire un mot des essais qui ont été faits pour appliquer l'électricité aux armes à feu portatives. Depuis trente ans, et dans tous les pays, une foule de chercheurs ont poursuivi ce problème, qui nous paraît pourtant d'une parfaite inutilité, dans les conditions actuelles de nos ressources pour la production de l'électricité. La seule solution vraiment pratique a été donnée, en 1883, par un armurier de Liège, M. Pieper, qui présenta à l'Exposition universelle d'électricité de Vienne (Autriche) un fusil électrique, lequel, sans doute, ne saurait être admis dans les armées européennes, mais qui offre des particularités curieuses.

La crosse de ce fusil (fig. 234) est percée dans toute sa longueur. Le canal, C, ainsi pratiqué, contient une baguette en fer, qui communique avec la détente D. Quand on appuie sur la détente, la baguette en fer, T, est mise en contact avec une autre baguette, plus courte, qui touche à la charge de la cartouche. Le tireur porte dans sa poche un petit accumulateur électrique, dont il relie, au moment du tir, les deux pôles à l'extrémité de la crosse, P. Quand il presse sur la détente, le courant passe dans la baguette T, et l'étincelle électrique enflamme une amorce, qui met le feu à la charge de la cartouche. On peut, de cette manière, enflammer, si on le veut, la charge par sa partie antérieure, et obtenir une combustion plus complète, une perte de gaz moins considérable.

C'est là un appareil ingénieux, mais superflu aujourd'hui. Qui peut dire, toutefois, qu'avant qu'il s'écoule un siècle, les armées ne seront pas pourvues de fusils et même de canons électriques? L'électricité n'est-elle pas un véritable nid à surprises? La guerre faite avec l'électricité pour agent général aurait ainsi un caractère tout scientifique. Mais combien alors l'humanité aurait le droit de maudire certains inventeurs!

CHAPITRE IX

LES REVOLVERS. — DESCRIPTION DU REVOLVER FRANÇAIS. — REVOLVERS EN USAGE DANS LES ARMÉES ÉTRANGÈRES. — COMPARAISON DES DIFFÉRENTS MODÈLES. — USAGE DU REVOLVER EN TEMPS DE GUERRE.

Le ministère de la guerre, en France, adopta, dès l'année 1873, un modèle de revolver à six coups, qui est encore en service dans l'artillerie et dans la cavalerie. Ce revolver a 242 millimètres de longueur et pèse 1 kilogramme 195. C'est une arme de précision. A 40 mètres de distance, un bon tireur peut réussir à loger toutes les balles dans une cible de 50 centimètres de diamètre.

Notre revolver réglementaire pour la cavalerie et l'artillerie (fig. 235) se compose de six parties : le canon, la carcasse, le barillet, la platine, la monture et les garnitures.

Le mécanisme de percussion comprend un chien relié à son ressort par une chaînette, une détente, avec son ressort et une gâchette. En agissant seulement sur la détente, on fait tourner le barillet, qui s'arrête au moment juste où la chambre est en face du canon. On fait alors partir le coup, en armant le chien et en tirant la gâchette. La détente est pourvue d'une élévation — came, qui pénètre successivement dans les six échancrures pratiquées sur le pourtour du renfort du barillet, et qui arrête ainsi ce barillet, au moment voulu. Le chien est maintenu par le cran de sûreté et par le crochet du mentonnet; de sorte que le tir peut être continué sans que l'on ait à redouter aucune interruption ni aucun accident.

Pour charger le revolver, il faut mettre le chien au cran de sûreté, rabattre la chambre mobile en arrière, introduire une cartouche dans chaque chambre, en faisant tourner le barillet avec la main, et refermer la chambre

On peut exécuter, avec le revolver, le tir intermittent, ou le tir continu. Si l'on veut exécuter le tir intermittent, c'est-à-dire faire une pause et viser après chaque coup, on arme en faisant effort sur la crête du chien; si l'on veut, au contraire, exécuter le tir continu, il suffit, une fois le coup parti, de presser avec l'index sur la queue recourbée de la détente.

La cartouche de ce revolver pèse 16 grammes, et comprend : un étui en cuivre rouge, de 11^{mm},2 de diamètre intérieur et de 11^{mm},8 de diamètre extérieur, une capsule à double enveloppe en laiton et en cuivre rouge, qui renferme 35 milligrammes de composition fulminante, une charge de 35 centigrammes de poudre de chasse superfine, et une balle en plomb dur, de forme cylindro-ogivale, qui a 11^{mm},7 de diamètre, 15 millimètres de hauteur, et qui pèse 11^{gr},6.

Nous représentons dans la figure 235 le revolver français avec les diverses pièces qui le composent.

Le revolver modèle 1873 est une arme à percussion centrale, c'est-à-dire que le chien frappe la cartouche en son milieu.

Il se compose, avons-nous dit, de six parties principales : le canon, A ; la carcasse, B ; le barillet, C ; la platine, D ; les garnitures et la monture, E.

Le canon, A, est en acier puddlé; il mesure 114 millimètres de long et a un calibre de 11 millimètres. L'intérieur, ou âme, a quatre rayures dont le pas est de 35 centimètres, et qui ont 2 dixièmes de milli-

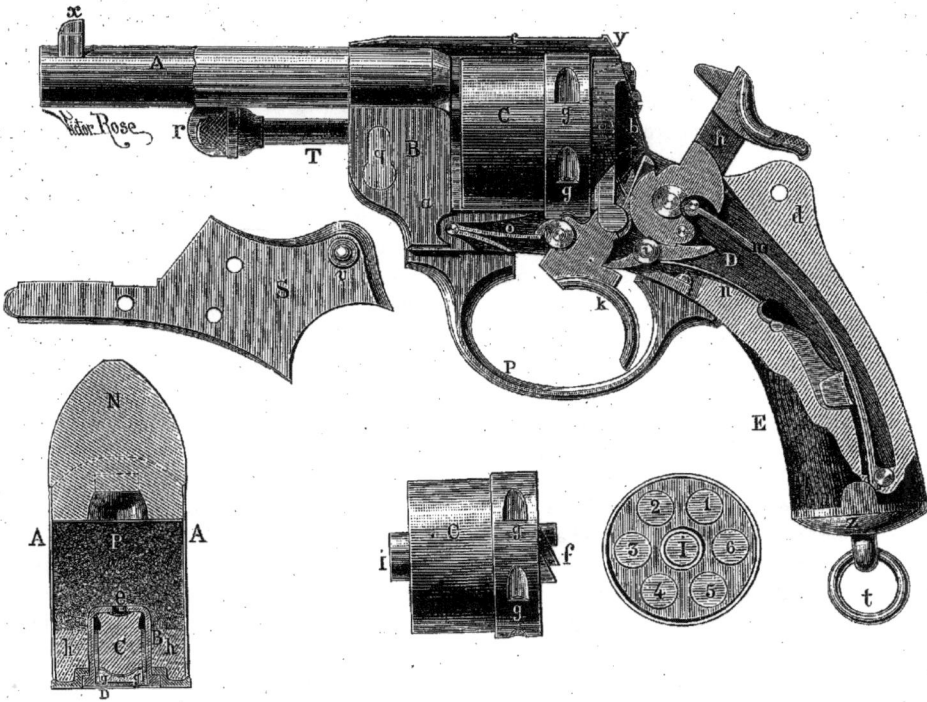

Fig. 235. — Révolver français (modèle 1873).

A, le CANON. — B, la CARCASSE. — C, le BARILLET. — D, la PLATINE. — E, les GARNITURES et la MONTURE.

Carcasse. — *a*, console supportant le canon. — *b*, rempart portant l'axe du barillet. — *c*, bande réunissant la console et le rempart. — *d*, corps de platine. — E, poignée. — *z*, calotte ou crosse.

Barillet. — l, trou par où passe l'axe du barillet T. — 1, 2, 3, 4, 5, 6, chambres où se placent les cartouches. — *f*, crémaillère à 6 dents. — *gg*, échancrures au nombre de 6.

Platine. — *h*, le chien et la noix. — *ı*, gâchette. — *k*, détente. — *m*, grand ressort. — *n*, ressort de gâchette. — *o*, ressort de détente. — *p*, pontet.

Garnitures. — T, l'axe du barillet. — *g*, le poussoir. — *r*, la tête quadrillée de la baguette. — S, plaque de recouvrement. — *t*, l'anneau.

mètre de profondeur. A l'extérieur il est formé d'un cylindre portant à son extrémité le guidon *x*, d'une partie centrale à huit pans, et en arrière d'une partie tronconique qui touche le barillet.

La carcasse, B, est, avec le barillet, la partie la plus importante de l'arme, en ce sens qu'elle supporte tous les organes du revolver. Elle est comme la colonne vertébrale d'un animal, car toutes les pièces viennent s'y fixer, et par les points d'appui qu'elles y trouvent, elles y puisent leurs forces respectives.

Par la console, *a*, la carcasse supporte le canon et la partie d'avant de l'axe du barillet, ainsi que la gaîne de la baguette. Le rempart, *b*, achève de soutenir l'axe du barillet, et la bande *c*, qui porte le cran de mire, *y*, réunit ces deux parties, leur donne la rigidité voulue et forme la cage du barillet.

Le corps de platine, *d*, qui est logé dans la poignée, sert de support à toutes les pièces du mécanisme de percussion, et aux deux parties en bois formant la poignée E.

Il sert aussi à retenir l'anneau *t*, qui

termine la poignée, et se complète par une partie bombée *z*, que l'on appelle, pour cela, *calotte* et qui remplace, dans le revolver, la plaque de couche des fusils.

Le barillet, C, est ce gros cylindre percé de six trous (fig. 235) qui est placé entre le canon et le chien. Il est traversé en son milieu par une tige de fer, T, qui lui sert d'axe, autour duquel il prend son mouvement de rotation. Parallèlement à cet axe, sont percés six trous, appelés *chambres*, 1, 2, 3, 4, 5 et 6, dans lesquels on introduit les six cartouches qui forment l'approvisionnement du revolver chargé. Chacune de ces chambres vient successivement se placer, avec son projectile, devant le canon. A l'arrière du barillet, et en son milieu, se trouve une crémaillère *f*, formée de six crans correspondant à chacune des chambres. Cette crémaillère donne au barillet le mouvement de rotation qu'elle reçoit du mécanisme spécial de la platine. On a pratiqué sur le pourtour extérieur du barillet six encoches, *g,g*, permettant de faire mouvoir le barillet avec le doigt, sans le secours de la platine. Seulement ce mouvement de rotation n'est possible que quand le chien est armé et qu'on le maintient fortement avec le pouce pour détruire l'effet des ressorts. Cette opération se fait soit pour retirer les cartouches brûlées, soit pour charger l'arme.

La platine, D, est l'ensemble de toutes les pièces mécaniques qui forment l'âme du revolver, utilisant toutes les forces qui en ont déterminé la forme et l'emploi. Elle se compose de trois parties principales : le chien *h*, qui frappe les cartouches et les fait brûler ; la gâchette *i*, qui maintient le chien en arrêt ou le fait partir, la détente *k*, qui reçoit l'effort produit par le doigt du tireur.

Le chien se termine à sa partie inférieure par un demi-cercle, appelé *noix*, dans lequel se trouvent divers crans où viennent

se fixer ceux de la gâchette, *i*, et qui permettent de l'arrêter à différents espaces que l'on appelle *cran de sûreté* et *cran de l'armé*. Un troisième cran, le plus grand, reçoit la tête du grand ressort, *m*. C'est ce grand ressort qui, en se détendant brusquement quand la détente, *k*, dégage la noix des crans de la gâchette, donne l'impulsion au chien, et le fait frapper la cartouche avec la force voulue pour produire l'inflammation.

La gâchette, *i*, est une petite pièce formée de deux queues, dont l'une, munie de crans, engrène sur la noix du chien, et l'autre s'appuie sur la détente, pour en recevoir le mouvement d'oscillation, nécessaire au déclanchement du chien.

La gâchette est maintenue rigide par un ressort *n*, qui lui donne toute sa force.

La détente, *k*, est cette partie découpée en demi-cercle qui dépasse l'arme en dessous et sur laquelle le tireur appuie le doigt pour tirer.

Cette détente a un double mouvement : d'abord de faire partir le chien et la balle ; ensuite, à l'aide d'un mécanisme spécial, placé en *o*, de faire tourner le barillet au fur et à mesure du tir des cartouches pour en amener une nouvelle devant le canon.

La détente est protégée, comme dans les fusils, par une pièce annulaire P, appelée *pontet*, qui la garantit contre les contacts involontaires en dehors de ceux du soldat au moment du tir.

Les pièces accessoires ne formeront pas l'objet d'une description plus détaillée, qui serait en dehors du cadre de cet ouvrage. Nous nous contenterons de les indiquer sommairement.

Ce sont : l'axe du barillet, T, tige de fer traversant celui-ci et se vissant à l'arrière dans le rempart *b*, par une partie taraudée qui lui donne sa stabilité ; — le poussoir *q*, qui vient s'engager encore dans des crans

Fig. 236. — Revolver allemand.

A, barillet. — B, partie à 8 pans du canon. — T, canon. — E, axe de rotation du barillet. — M, chien. — F, carcasse. — C, platine contenant le mécanisme. — G, crosse. — H, anneau. — D, détente.

pratiqués dans l'axe T et l'empêche ainsi de se déplacer en avant ou en arrière; — la baguette *r*, dont on aperçoit, dans la gravure, seulement la tête quadrillée. Elle est placée, à droite de l'arme, à la même hauteur que l'axe T, et s'engage au besoin dans une des chambres du barillet pour en paralyser la rotation et rendre l'arme hors d'usage. Elle sert aussi, après le tir, à extraire les douilles des cartouches et à laver le canon.

La plaque de recouvrement, S, est une partie métallique qui se visse sur la crosse à l'aide d'une vis *v*, et met toute la platine à l'abri de la poussière et des chocs qui la détérioreraient.

L'anneau de culasse, *t*, sert à attacher l'arme à l'aide d'une courroie ou d'une corde, soit à la selle du cavalier, soit même à son bras, ou à toute autre partie de son équipement.

La monture, E, est formée de 2 plaquettes de bois de noyer, bombées extérieurement et quadrillées. et s'ajustant avec la plaque

de recouvrement et la queue de culasse, ceci pour la partie gauche. La partie droite est entièrement fixe.

La cartouche du revolver, établie sur les mêmes principes que celle du fusil Gras, se compose (fig. 235, page 273) :

1° D'un étui A, en laiton rougi, de 11^{mm},2 de diamètre intérieur, refoulé à sa base, *b*, pour former deux épaulements, dont l'un est le bourrelet extérieur, et l'autre intérieur sur lequel s'appuie le porte-capsule ;

2° D'une alvéole porte-capsule, B, percée au fond d'un trou *e*, pour le passage des gaz qui enflammeront la poudre ;

3° D'une enclume C, en laiton, appuyée à sa base sur l'alvéole, B;

4° D'une capsule D, à double enveloppe, chargée de 0^{gr},035 de fulminate;

5° D'un tampon *h,h*, en carton comprimé ;

6° D'une charge de poudre P, de 65 centigrammes. C'est de la poudre de chasse superfine ;

Fig. 237. — Revolver autrichien (Smith et Wesson).

T, canon. — A, barillet. — C, chien. — E, détente. — N, mécanisme de rotation du barillet. — H, baguette.

7° D'une balle N, en plomb pur, de forme cylindro-ogivale, mesurant 11^{mm},7 de diamètre, 15 millimètres de hauteur, et pesant 11^{gr},6.

La cartouche totale pèse 16 grammes.

En 1874, le ministère de la guerre a fait fabriquer un revolver spécial pour les officiers. Il ne pèse que 995 grammes, soit environ 200 grammes de moins que le revolver modèle 1873. Pour obtenir cette diminution de poids, on a réduit les épaisseurs des pièces du mécanisme; mais dans son ensemble, comme dans la plupart des détails de sa construction, ce revolver ne diffère pas du précédent. La carcasse, la plaque de recouvrement, le canon, le *pontet* et le barillet, ont été bronzés au feu.

On a donné ce revolver à tous nos officiers d'infanterie.

Dans l'armée allemande, au contraire, on a longtemps jugé que l'emploi du revolver était, sinon dangereux, tout au moins superflu. Aussi les officiers allemands ne possédaient-ils, pendant la guerre de 1870-1871, que des pistolets à canon lisse. Ce n'est qu'en 1879 que le ministère de la guerre allemand s'est décidé à faire fabriquer des revolvers, et à les distribuer aux officiers de toutes armes, à la cavalerie et même aux servants de l'artillerie de campagne, qui, eux, n'ont pas de mousqueton, comme les servants de notre artillerie montée.

Ce revolver (fig. 236, page 275) n'est pas, comme le revolver français, susceptible d'être employé à volonté pour le tir intermittent ou pour le tir continu; il ne se prête qu'au tir intermittent.

Poids du revolver.......	1^k,300
Calibre.................	10^{mm},6
Longueur d'âme........	181 millimètres
Nombre des rayures....	4

Comme le revolver français, le revolver de l'armée allemande est à percussion centrale. La charge est de 1 gramme et demi; la balle pèse 17 grammes, et la cartouche a une longueur totale de 36^{mm},5.

Fig. 238. — Revolver américain.

A, canon. — D, chien. — C, barillet. — a, a, cartouches rejetées par l'*extracteur*.

L'armée autrichienne possède deux revolvers : le revolver Gasser, qui est une arme d'arçon, pesant 1 kil. 350, destinée à la cavalerie de ligne et que l'on porte dans les fontes de la selle; et le revolver Smith et Wesson, beaucoup plus léger.

Le revolver Gasser est de calibre de 11 millimètres; il a une longueur totale de 325 millimètres. Le canon, qui est long de 184 millimètres, est muni de six rayures. La cartouche, à percussion centrale, pèse 28 grammes.

Le revolver Smith et Wesson (fig. 237), moins long de 3 millimètres, tire la même cartouche.

L'armée des États-Unis emploie un revolver, dû à MM. Mervin et Hulbert, qui mérite une mention spéciale. Ce revolver se compose d'un canon, de l'axe du barillet, qui se relie à la poignée du chien et de la platine, qui sont portés par la poignée. Quand on a tiré les six coups, on dégage la pièce qui retient à la poignée le canon et le barillet, et alors les étuis vides sortent du barillet. Ce revolver est donc à extracteur automatique.

Les revolvers qui sont en usage dans les différentes armées européennes ont les calibres suivants :

Calibre de 11 millimètres et au-dessus. — Angleterre, Autriche-Hongrie, Belgique, Espagne, France, Suède.

Calibre de 10 millimètres. — Allemagne, Danemark, Hollande, Norvège, Russie, Suisse, Italie.

CHAPITRE X

LES FUSILS DE CHASSE. — DIFFÉRENCE ENTRE LES FUSILS DE CHASSE ET LES ARMES DE GUERRE. — DÉFINITION DU CALIBRE DES FUSILS DE CHASSE. — QUALITÉS QUE DOIT POSSÉDER UN FUSIL DE CHASSE. — LE FUSIL A BROCHE, OU FUSIL A PERCUSSION CENTRALE. — LE FUSIL SANS CHIEN OU FUSIL HAMMERLESS. — LE FUSIL DE CHASSE A RÉPÉTITION. — FABRICATION DES FUSILS A SAINT-ÉTIENNE ET A LIÈGE.

Si nos forêts et même nos plaines se dépeuplent avec une rapidité inquiétante, ce n'est pas seulement parce que le nombre des chasses bien gardées a diminué depuis trente ans, presque à vue d'œil; c'est aussi parce que, de nos jours, tout le monde est, ou se prétend chasseur. La chasse n'est plus une distraction captivante, privilège de quelques-uns : c'est une mode générale. Le gibier n'y trouve pas son compte, mais les fabricants de fusils ont largement profité de cette révolution cynégétique, et il est juste de reconnaître qu'ils ont redoublé d'efforts pour faciliter les plaisirs du chasseur. Celui qui comparerait le fusil de chasse actuel au fusil à piston, dont se servent encore les gardes-chasse des Vosges ou des Alpes, demeurerait singulièrement surpris.

Nous n'avons pas l'intention de décrire ici tous les fusils de chasse des armuriers ; ce serait une entreprise ingrate et difficile. Ce que nous voulons seulement, c'est bien marquer les différences d'ensemble et de détail qui existent entre le fusil de guerre et le fusil de chasse, et décrire les deux types de fusil actuellement entre les mains des chasseurs, avec quelques mots sur les tentatives que l'on a faites pour adapter au fusil de chasse le mécanisme à répétition des fusils de guerre. Ainsi limitée, notre tâche sera vite remplie.

Commençons par dire que les calibres des fusils de chasse les plus petits sont encore supérieurs aux calibres des plus gros fusils de guerre. Et cela, pour deux raisons. On ne saurait employer, dans un fusil de chasse, la même charge de poudre, ni surtout la même force de chargement que dans un fusil de guerre, parce que le recul, très considérable, nuirait à la précision du tir. Ensuite, il est absolument inutile d'obtenir, avec le fusil de chasse, une portée de plus de 80 à 100 mètres. Enfin, le poids de la cartouche n'est pas strictement limité, comme dans le fusil de guerre; puisque le chasseur n'est pas lourdement chargé, comme le soldat, qu'il peut se faire accompagner d'un porteur, et qu'au cas où il aurait brûlé toutes ses cartouches, le mal ne serait pas grand.

Le calibre des fusils de chasse varie entre 6 et 10 millimètres; mais il faut bien remarquer que la désignation de leur calibre n'a pas les mêmes bases que celles des fusils de guerre. Quand on dit qu'un fusil de chasse est du calibre 12, par exemple, cela ne veut pas dire que son calibre soit de 12 millimètres, comme lorsqu'il s'agit des pièces d'artillerie ; cela veut dire que douze balles de ce fusil pèsent une livre : seize balles du fusil calibre 16 pèsent une livre. En réalité, le fusil dit du calibre 21 a un diamètre de 19 millimètres, et le fusil dit du calibre 16 a un diamètre de 17 millimètres.

Le meilleur fusil de chasse est un fusil de poids moyen, ni trop lourd, ni trop léger. S'il est trop lourd, le chasseur se fatigue vite à le porter ; s'il est trop léger, le recul produit par le tir est trop violent. On admet ordinairement qu'un fusil de chasse doit peser environ 3 kilogrammes, et que le canon doit être long de 60 à 75 centimètres. Si l'on dépasse ces limites, le tir à grenaille de plomb, qui est presque le seul usité à la chasse, ne donne plus de bons résultats.

Il faut se préoccuper aussi de l'équilibre des différentes parties du fusil : s'il est trop pesant à la bouche du canon, le chasseur risque de tirer trop bas ; si c'est la crosse qui est trop lourde, le fusil s'épaule difficilement.

Les types des fusils de chasse les plus généralement en usage ne sont qu'au nombre de trois : 1° le *fusil à piston*, type aujourd'hui passé de mode, 2° le *fusil Lefaucheux*, ou *fusil à broche*, 3° le *fusil à percussion centrale*.

Fusil à piston. — Nous avons parlé du fusil à piston dans notre Notice sur les *Armes à feu portatives*, des *Merveilles de la science* (1). Nous avons dit que l'armurier Pauly, en 1812, remplaça la batterie des armes à silex, par une cheminée verticale, sur laquelle on posait une capsule fulminante, en communication avec la charge de poudre. Le *chien* venant frapper la capsule fulminante déterminait l'inflammation de la poudre.

Le *fusil à piston*, ou *à percussion verticale*, n'est plus en usage aujourd'hui. C'est tout au plus, comme nous le disions en commen-

(1) Tome III, p. 476.

Fig. 239. — Fusil à percusion centrale à verrou simple.

çant, si les gardes-chasse de quelques forêts, dans des contrées ou des montagnes reculées, s'en servent encore.

Fusil à broche. — Les *fusils à broche*, ou à *percussion verticale*, sont universellement connus sous le nom de *fusils Lefaucheux.* Ils sont essentiellement caractérisés par la séparation du canon de la culasse, qui s'effectue, pour opérer le chargement, en brisant l'arme au canon, à l'aide d'un long levier mobile appliqué sous les deux canons et à leur base. Le fusil est muni de deux clefs, l'une qui sert à faire jouer le levier mobile et basculer l'arme, pour y introduire les cartouches, l'autre qui sert à le démonter, quand on veut le nettoyer et séparer les canons de la culasse. Pour ouvrir la grande clef, il suffit de la pousser de gauche à droite; la petite clef s'ouvre dans le sens opposé. C'est un genre de fermeture extrêmement solide.

Nous avons représenté, dans les *Merveilles de la science* (1), le fusil Lefaucheux, et décrit son mécanisme dans tous ses détails. Nous renvoyons le lecteur à cette description et aux dessins qui l'accompagnent.

Fusil à percussion centrale. — Une modification d'une certaine importance a été apportée, depuis Lefaucheux, au procédé d'inflammation de la cartouche. On sait que la cartouche du fusil Lefaucheux porte

(1) Tome III, p. 491-492.

une tige verticale, laquelle, frappée par le chien, détermine l'inflammation de la capsule et celle de la poudre. On a imaginé, de nos jours, de faire frapper la capsule par une tige horizontale. Le chien en s'abattant déclanche un levier qui retenait un ressort coudé, d'une grande force. Ce ressort une fois libre vient frapper, par son extrémité, la capsule fulminante, et enflamme l'amorce.

Tel est le mécanisme dit de *percussion centrale.* Le *fusil* à *percussion centrale* diffère donc du modèle primitif de Lefaucheux en ce que la tige qui détermine l'inflammation est horizontale, comme celle du fusil à aiguille, et qu'elle fait elle-même partie du ressort.

Nous représentons dans la figure 239 le *fusil à percussion centrale.*

On obtient une fermeture plus sûre en employant une fermeture à double verrou.

La figure 240 représente les crochets du canon de fusil à double verrou. Le

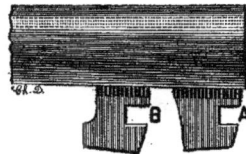

Fig. 240. — Double verrou.

double canon pénètre, par sa base, dans les encoches A et B. On accroche ensuite les deux tenons du canon dans

Fig. 241. — Fusil à percussion centrale à double verrou.

la partie inférieure de la bouche du canon.

On voit dans la figure 241 le *fusil à percussion centrale à double verrou*.

On ajoute quelquefois un prolongement de la bande qui s'ajuste dans une entaille ménagée dans la bascule, entre les deux chiens. Un trou est pratiqué dans ce prolongement de la bande, et un troisième verrou sortant du côté gauche de la bascule pénètre automatiquement dans ce trou, le traverse, et va se fixer dans l'autre partie de la bascule. Ce crochetage des trois verrous s'opère donc simultanément, sans que l'on ait besoin d'agir sur la clef. Si l'on veut fermer le fusil, on le tient par la poignée avec la main droite ; avec la main gauche, on relève vivement le canon, et les trois verrous prennent leur place respective.

Nous devons une mention particulière à un fusil qui se distingue des précédents modèles par ce fait qu'il est pourvu d'un éjecteur automatique de la cartouche, après le coup tiré, et que le chien est supprimé. A l'imitation de ce qui existe dans les fusils de guerre, la cartouche, une fois tirée, est rejetée au dehors par un *extracteur* opérant automatiquement.

Les amateurs d'*anglomanie* appellent cette arme *fusil Hammerless*, du nom de l'armurier anglais qui l'a popularisée. Il est plus simple de l'appeler *fusil sans chien*.

L'invention d'un *fusil sans chien* est loin, d'ailleurs, d'être récente ; car le créateur du fusil à piston, Pauly, fabriquait des fusils sans chien, en 1821. Malgré ses efforts, il ne put parvenir à produire avec ce système une arme irréprochable, parce que la cartouche alors en usage ne se prêtait pas bien à la percussion centrale. La découverte et l'usage devenu général de la cartouche composée d'une capsule de cuivre, c'est-à-dire la cartouche dite *Gévelot*, ont rendu possible ce système, et de nos jours le *fusil sans chien*, sous le nom de *fusil Hammerless*, a conquis une vogue générale.

Nous représentons dans la figure 242 le *fusil sans chien*.

Il existe plusieurs modèles de *fusil sans chien*. Celui que nous représentons ici renferme deux extracteurs indépendants, et qui agissent énergiquement, après le coup tiré, pour expulser la douille vide. L'arme se charge absolument comme tout autre système de fusil à percussion centrale. Si le fusil est ouvert sans avoir tiré, le mécanisme de l'éjecteur n'opère pas ; il n'agit que juste assez pour permettre de prendre et sortir les cartouches chargées, mais il reste prêt à fonctionner dès que l'un ou l'autre des deux coups est tiré. L'arme étant alors ouverte, la douille vide se trouve projetée en arrière, et une nouvelle cartouche peut même instantanément être introduite

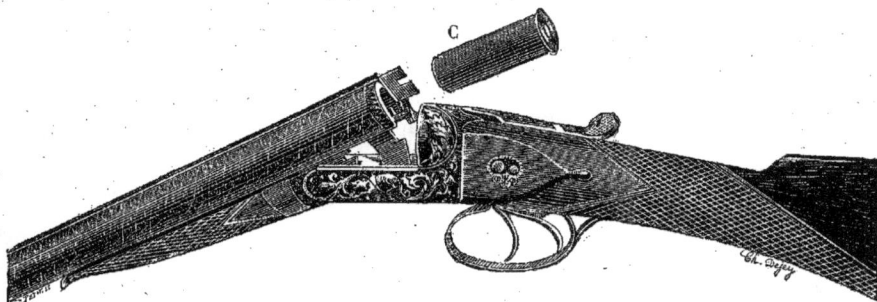

Fig. 242. — Fusil Hammerless, ou fusil sans chien.
C, cartouche rejetée par l'*extracteur*, ou *éjecteur*.

dans la chambre : si les deux coups sont déchargés, les deux douilles vides sont de même instantanément rejetées. En un mot, il est impossible d'*éjecter*, de faire jaillir du canon une cartouche non tirée, mais toutes les deux sont expulsées par l'éjecteur, isolément ou simultanément, dès que le marteau percuteur les a frappées, dès qu'elles sont tirées.

Il est des fusils sans *chien* à trois coups et à quatre coups, mais ces armes deviennent alors bien lourdes et d'un prix fort élevé. Le *fusil sans chien à deux coups* est déjà une arme assez chère (de 300 à 500 francs)

Comme il fallait s'y attendre, le grand développement qu'a pris, dans ces derniers temps, la fabrication des armes à répétition, a décidé quelques armuriers à fabriquer des fusils de chasse à répétition. Mais disons tout de suite que la nécessité d'une telle arme pour la chasse est très contestable.

En premier lieu, le prix des fusils à répétition, quand ils ne sont pas fabriqués sur une très vaste échelle, est très élevé ; ensuite, l'entretien du mécanisme de répétition exige beaucoup de soins ; enfin, le poids de la plupart de ces armes est très considérable.

Le fusil Winchester à répétition et à six coups, que nous avons représenté dans cette même Notice (fig. 197, page 238), a servi de modèle à ce genre de fusil de chasse, que nous représentons dans la figure 243. Comme nous avons décrit tout le mécanisme du fusil Winchester, nous n'avons pas à y revenir. Disons seulement que le fusil de chasse à répétition pèse $3^k,600$. Il ne peut guère servir que pour les chasses à l'ours, au lion, en un mot aux bêtes fauves, chasses au cours desquelles le tir à répétition offre d'incontestables avantages. Mais on ne saurait songer sérieusement à l'appliquer à la chasse, dans les conditions ordinaires. Un fusil qui porte à 300 mètres, qui tire six coups, qui pèse près de 4 kilogrammes, et coûte 500 francs, ne peut faire l'affaire d'un pacifique Nemrod de la plaine Saint-Denis.

Les opérations nécessaires pour la fabrication d'un fusil sont peu nombreuses. Nous les décrirons rapidement, telles qu'elles s'exécutent, soit à Saint-Étienne, soit à Liège, la fabrication étant à peu près la même dans tous les pays.

La pièce principale du fusil de chasse, c'est le canon. Les autres pièces auraient beau être parfaites, si le canon est défectueux, le chasseur n'a plus entre les mains qu'un

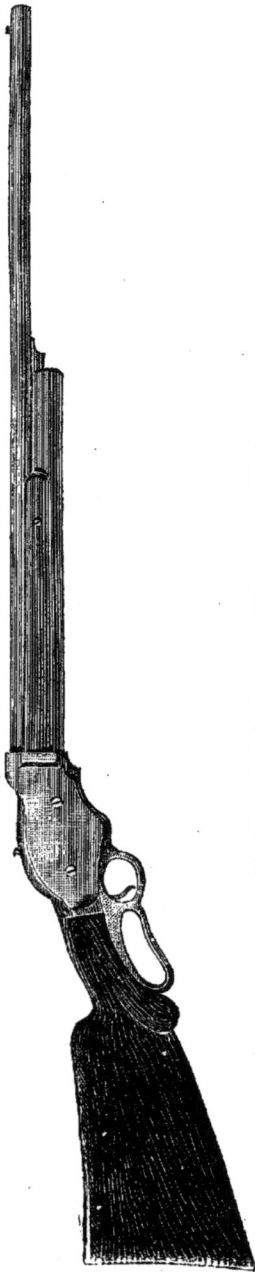

Fig. 243. — Fusil de chasse à répétition (système Winchester).

instrument dangereux pour lui-même, plutôt que pour le gibier.

Les canons des fusils de chasse sont
doubles. Ils se composent de deux tubes
juxtaposés horizontalement, et reliés par
deux bandes, soudées à l'étain ou au cuivre.

Voici comment on fabrique un tube de
canon pour un fusil dit *à ruban*. Sur une
tige métallique, on enroule, en spirale,

Fig. 244. — Ruban pour former un canon de fusil.

comme le montre la figure ci-dessus, une
lame de fer, de 3 centimètres de largeur,
plus épaisse à l'extrémité qui doit former
le tonnerre du canon, qu'à l'autre extrémité,
qui constituera la bouche. Cette lame, que
l'on désigne sous le nom de *ruban*, est alors
soumise au travail de la forge. On lui fait
ainsi perdre toute solution de continuité,
on en fait un tube homogène, et l'on éli-
mine, en même temps, du métal, tous les
corps étrangers, tels que le phosphore, le
soufre ou le carbone. Ensuite, on façonne
le canon, à l'extérieur, à l'aide de meules
puissantes, et on le fore à l'intérieur, avec
une machine spéciale, qui en creuse les
parties saillantes, et donne au canon exactement le calibre qu'il doit avoir. Les deux
tubes sont enfin ajustés l'un contre l'autre,
et attachés ensemble par un fil de fer, ainsi
que les deux bandes et les crochets qui
doivent servir de fermeture au canon sur
le levier à bascule.

Toutes ces parties étant ajustées sont
maintenues l'une contre l'autre avec des
fils de fer, puis soudées au cuivre.

On distingue le *canon à ruban*, qui se fabrique comme il vient d'être dit, avec une
lame de fer étirée au martinet, le *canon* en

acier fondu, qui est forgé, non à ruban, mais d'un seul bloc, comme le canon du fusil Lebel, et le *canon moiré.*

Ce dernier se fabrique à l'aide d'arbillons en acier et en fer, que l'on réduit en baguettes carrées, et que l'on tord régulièrement, afin d'épurer la matière. Ces baguettes, une fois tordues, sont aplaties légèrement, et liées ensemble, par deux, trois ou quatre. Quand elles ont été soudées, on les étire de façon à ce qu'elles offrent une résistance supérieure au tonnerre, puis on les réduit en lames, qu'on enroule, et l'on en fait un *ruban,* qui est travaillé comme nous l'avons montré plus haut.

La plupart de nos fusils de chasse sont fabriqués à Saint-Étienne, pour la France, et à Liège, pour la Belgique.

Les premières fabriques d'armes de Saint-Étienne ont été créées vers le milieu du seizième siècle. En 1535, François Ier fit fabriquer, dans cette ville, des mousquets à mèche et des arquebuses à rouet; et depuis cette époque, Saint-Étienne est resté en possession de la fabrication, presque privilégiée, de la confection des fusils de chasse, en France.

En Belgique, Liège est le siège principal de cette fabrication.

Avant 1789, la ville de Liège était l'arsenal du continent. Elle fournissait plus de 200 000 fusils, mousquets et mousquetons, au commerce de l'Allemagne du Nord, de la Hollande, de la France, de l'Espagne, du Portugal, de la Turquie et de l'Amérique du Sud.

En 1800, on commença à fabriquer, à Liège, les armes à percussion, et jusqu'à nos jours on y a produit tous les modèles de fusils de chasse et de guerre, au fur et à mesure de leur invention, ou de leur adoption par les États.

Nous représentons dans la figure 245 (page 284) le principal atelier mécanique de l'armurerie liégeoise, atelier qui a environ 30 mètres de largeur, sur 40 de longueur. On peut y placer 200 à 300 métiers, en y joignant les annexes.

Depuis l'adoption des nouveaux systèmes de fusils de chasse à chargement par la culasse, l'industrie armurière de Liège a réuni dans ses fabriques toutes les machines-outils nécessaires à la confection des petites pièces. Nous représentons dans la figure 246 (page 285) les principales de ces machines-outils. C'est avec leur aide que, par une division infinie du travail, les ouvriers appareilleurs et ajusteurs produisent, avec une célérité étonnante, quantité d'armes de tout calibre.

Il existe, à Liège, outre les grands ateliers d'armurerie, spécialement affectés aux armes de guerre, un nombre considérable de familles, que l'on peut évaluer à plus de 20 000, qui se livrent à la fabrication des canons de fusil, et qui vont les apporter aux fabriques. Là, après les épreuves nécessaires, on les reçoit, pour les achever, en y joignant les bois et les accessoires.

L'industrie des canons de fusil est particulièrement localisée dans la vallée de la Verdre, depuis Chaudfontaine jusqu'à Nessonvaux.

Toutes les armes à feu fabriquées dans le pays, de quelque calibre et dimension qu'elles soient, sont apportées à l'usine, et présentées à la *réception,* qui est prononcée, après toute une série d'épreuves.

Les canons apportés à l'usine (fig. 247, page 286) sont placés sur une manne, et amenés sur des rails (fig. 248) aux chambres de chargement.

On peut s'imaginer ce que doit être la *salle de tir,* pour les épreuves des canons de fusil, quand on saura que plus de 60 000 armes de tout calibre sont expédiées annuellement des ateliers de Liège. Dans ces chambres, bardées de fer, on se croirait en pleine batterie, au milieu de feux de peloton continuels

Les canons doubles sont soumis au tir,

avant l'assemblage des deux canons, et à un second tir, après l'assemblage.

Toutes les armes sont éprouvées avec une charge de poudre correspondant aux deux tiers du poids de la balle applicable à leur calibre. Pour les armes de guerre, la charge

Fig. 245. — Un atelier d'armurerie mécanique, à Liège.

de poudre est égale au poids de la balle.

Après les épreuves de tir faites dans les *chambres de chargement*, les canons sont soumis à un examen attentif, pour la consta-tation des effets du tir (fig. 249, page 287).

Ceux qui ont convenablement supporté les épreuves sont marqués d'un poinçon (fig. 250).

Fig. 246. — Machines-outils pour la fabrication des fusils, à Liège.

A, machine à forer les chambres — B, machine à percer les verrous. — C, machine à percer les canons. — D, machine à finir les chambres.

Le poinçon d'admission définitive, indiquant les calibres, doit toujours demeurer attaché à l'arme mise en vente. Les fabricants ne sauraient enfreindre cette règle sans encourir certaines pénalités.

Il en est de même des armes à feu impor-

Fig. 247. — Réception des canons au bureau de l'usine.

tées de l'étranger, à moins qu'elles n'aient été éprouvées dans les pays de leur provenance, et que le poinçon constatant cette épreuve ne s'y trouve déjà apposé.

Les poudres de chasse sont fabriquées dans

Fig. 248. — Conduite des canons aux chambres de chargement.

les manufactures de l'État. Nous n'avons rien à ajouter à ce que nous en avons dit dans notre *Supplément aux poudres de guerre.*

Bien que l'État ait le monopole de la fa- brication de la poudre de chasse, ainsi que de la poudre de guerre et de mine, le gouvernement a autorisé l'emploi d'une poudre de chasse inventée en Allemagne, la *poudre Schultze*, ou poudre au bois, qui ne contient pas de soufre, mais seulement du salpêtre, du charbon, et une petite quantité de bois, non carbonisé. Cette poudre produit très peu de fumée, de sorte que le chasseur peut suivre du regard la pièce qu'il a tirée; mais elle a des effets brisants, qui la rendent parfois dangereuse.

Fig. 249. — Visite des canons, pour la constatation des effets du tir.

Nous ne terminerons pas sans mentionner le grand développement qu'a pris, depuis plusieurs années, la fabrication des armes de tir pour les salons, les parcs et les jardins. Tout le monde connaît le *pistolet Flobert*, qui se tire avec une simple cap-

Fig. 250. — Poinçonnage des calibres.

sule à fulminate de mercure, armée d'une petite balle de plomb; le *pistolet Remington*, le pistolet anglais *Tranter*, etc. Les petits fusils pour amorce Flobert, qui sont connus sous le nom de *carabines Flobert*, et sont à canon lisse, sont également très répandus, en France et en Angleterre.

Aujourd'hui, les armuriers de tous les pays possèdent des types variés de ces pistolets et carabines de salon ou de jardin, provenant des manufactures de Saint-Étienne, Liège, Châtelleraut, Paris, Londres, Manchester, etc. C'est toujours le même principe, qui reçoit dans ses détails d'exécution des modifications infiniment variées.

On ne saurait trop encourager la diffusion générale de ces réductions d'armes à feu portatives, dans lesquelles une simple capsule fulminante remplace la poudre et la balle, car elles sont d'un usage infiniment commode et ne présentent aucun danger. Avec une carabine ou un pistolet de ce genre, pourvu que sa portée soit juste, on peut s'exercer, en toute sécurité, pour acquérir la sûreté du coup d'œil et la délicatesse du doigté, dans le maniement d'une arme à feu. C'est un passe-temps à recommander à tout le monde ; car le tir de salon et de jardin prépare à l'école de tir et aux concours de tir, aujourd'hui si nombreux, et qui rendent d'inestimables services, comme préparation aux exercices du tir au régiment. Aujourd'hui que tout le monde, en France, est appelé à passer plusieurs années sous les drapeaux, il faut que chacun se prépare de longue main au maniement des armes à feu et à leur emploi efficace en temps de guerre. L'adage, *Si vis pacem para bellum*, coûte, chaque année, des milliards aux grandes nations de l'Europe ; mais c'est une nécessité qu'elles doivent subir, puisque la politique prussienne les contraint à une mesure sociale qui écrase leurs budgets, et dévore leurs meilleures ressources, en hommes et en argent.

FIN DU SUPPLÉMENT AUX ARMES A FEU PORTATIVES

BATIMENTS CUIRASSÉS

(LES BATIMENTS CUIRASSÉS, LES CROISEURS ET LES TORPILLEURS)

CHAPITRE PREMIER

CONSIDÉRATIONS GÉNÉRALES. — LES TRANSFORMATIONS
DE NOTRE MARINE MILITAIRE DEPUIS 1870 JUSQU'A
CE JOUR. — AUGMENTATION DE L'ÉPAISSEUR DES
CUIRASSES. — LES CHAUDIÈRES ET LES MACHINES
A VAPEUR, LEURS MODIFICATIONS. — TRANSFORMA-
TIONS DE L'ARTILLERIE DE MARINE. — ÉTAT ACTUEL
DE L'ARTILLERIE DE MARINE, EN FRANCE ET A
L'ÉTRANGER.

Depuis 1870, les navires de guerre ne se
sont pas moins modifiés que les paquebots
à vapeur et les navires de commerce. Dans
leur construction, on a renoncé à l'emploi
du bois, pour adopter, successivement, le
fer et l'acier. Les cuirasses de fer, destinées
à protéger les navires contre les boulets
ennemis, ont augmenté d'épaisseur et d'é-
tendue, au fur et à mesure que l'artillerie
accroissait sa puissance ; la vitesse des
navires s'est élevée dans des proportions
considérables ; enfin, de nouveaux types de
ces navires de guerre ont été créés, parmi
lesquels figurent surtout les *croiseurs rapides* et les *torpilleurs*.

C'est cette transformation de notre marine

militaire que nous avons à décrire ; mais il
faut, auparavant, expliquer dans quelles
conditions et pour quels motifs cette évolution s'est produite, et faire connaître
l'état actuel de notre artillerie de marine,
dont les progrès ont été si considérables ; ce
qui a eu d'importantes conséquences pour
la forme, le revêtement métallique et l'armement de nos grands cuirassés. Nous classe-
rons ensuite les divers types de bâtiments
qui entrent dans la composition de notre
flotte de guerre, et nous étudierons tour à
tour ces divers types.

Après une étude particulière des torpilles
et des navires, ou bateaux torpilleurs, puis
des nouveaux bateaux *sous-marins*, nous
terminerons en faisant connaître les forces
navales militaires des diverses nations des
deux mondes.

Dans notre Notice sur les *Bâtiments cuirassés, des Merveilles de la science* (1), nous
avons suivi pas à pas les transformations

(1) Tome III, p. 521-578.

successives qu'a reçues, dans notre siècle, la marine de guerre, non seulement en France, mais en Europe et en Amérique, et nous avons signalé, depuis la guerre de Crimée jusqu'en 1870, deux phases distinctes de cette évolution vers le progrès : d'abord la substitution de la vapeur à la voile; puis, l'apparition de la cuirasse de fer et du gigantesque éperon des navires. Nous avons décrit les deux types alors les plus récents de la flotte cuirassée française, c'est-à-dire la frégate cuirassée le Marengo, et la corvette cuirassée l'Alma, construites en 1865.

Notre flotte militaire aurait pu jouer un rôle dans la guerre de 1870-1871. On sait, toutefois, que son intervention y fut presque nulle. Sans doute, nos marins débarqués déployèrent le plus brillant courage, soit en défendant une grande portion de l'enceinte de Paris assiégé, soit en prenant une part importante aux combats livrés par l'armée de la Loire. Mais sur mer, aucun fait militaire n'est à signaler. On ne peut que citer la rencontre qui eut lieu, près de la Havane, entre un petit croiseur français, le Bouvet, et une canonnière prussienne, le Meteor.

On parla beaucoup, à la vérité, d'une expédition à tenter contre les côtes septentrionales de la Prusse, mais elle ne fut pas exécutée. C'est que nous ne disposions que d'un nombre tout à fait insuffisant de bâtiments cuirassés à faible tirant d'eau, et que les grands cuirassés, comme le Marengo et le Solferino, ne pouvaient être d'aucun secours pour un débarquement, ou même pour un bombardement à courte distance. Certes, si l'escadre française avait pu, le jour même de la déclaration de guerre, c'est-à-dire le 16 juillet 1870, cingler vers la mer du Nord, elle eût facilement détruit les trois vaisseaux cuirassés de l'escadre prussienne, qui s'étaient réfugiés à l'embouchure de la Jahde. « Mais, comme le dit

l'amiral Bourgeois, on discutait, dans les conseils du gouvernement, la nomination du commandant en chef de l'escadre du Nord, lorsque celle-ci aurait déjà dû être à la mer. »

Nos escadres ont pourtant rendu à la France de signalés services. Pendant que nos armées de terre prolongeaient bravement une résistance opiniâtre et désespérée, elles bloquaient quatre navires de guerre prussiens : l'Augusta dans le port de Vigo, la Hertha et la Medusa dans les ports de la Chine, l'Arcona dans le port de Lisbonne. Si bien que la navigation de nos bâtiments de commerce et de transport ne fut jamais sérieusement entravée.

Depuis la guerre de 1870-1871, l'Allemagne a développé sa flotte militaire dans des proportions telles qu'elle a mérité de prendre rang désormais parmi les puissances maritimes, et d'autre part, l'Italie et l'Angleterre, aussi bien et même mieux que l'Allemagne, ont fait de grands sacrifices pour augmenter, non seulement le nombre de leurs bâtiments de guerre, mais aussi la valeur offensive et défensive de chacun d'eux.

Nous ne pouvions demeurer en arrière. Depuis 1870, nous avons perfectionné et agrandi nos ressources de destruction et d'attaque par mer. A mesure que les machines et chaudières à vapeur se perfectionnaient et que l'artillerie, de son côté, acquérait une puissance extraordinaire, la tactique navale subissait des modifications complètes et presque radicales.

Il devint indispensable de remanier tout notre matériel naval. Dès que la puissance offensive a augmenté (nous entendons par puissance offensive les canons, les armes diverses et l'éperon d'un navire cuirassé), nos ingénieurs se sont appliqués à imprimer de nouveaux progrès à la puissance défensive (blindage par la cuirasse, murailles cellulaires, filets Bullivan, contre les torpilles). Nous avons vu, dans le *Supplément à l'artillerie moderne*, la lutte s'engager, sur terre, entre l'artilleur et l'ingénieur. La même émulation se poursuit, sur mer, entre le marin, qui conduira les bâtiments au combat, et celui qui s'occupe à les construire.

Au fond, nous avons profité des leçons du passé, et des faits constatés chez les nations étrangères qui ont fait la guerre d'escadre. Les incidents de la guerre de Sécession, en Amérique, apportaient avec eux leur enseignement. Pour des officiers instruits, il était clair que l'éperon dont on avait armé, au début, ces colosses maritimes, n'avait été d'aucune utilité, et qu'il ne fallait plus compter que sur le canon.

Mais quant au canon lui-même, l'espoir qu'avaient eu les Américains du Nord de demander aux boulets énormes, lancés par des canons lisses, l'éventrement des cuirasses métalliques, fut complètement déçu. On s'occupa, dès lors, de faire des canons rayés de gros calibre, lançant des *obus de rupture*, et c'est de ce moment que date la lutte qui s'est ouverte entre la cuirasse et le canon, lutte qui dure encore, et qui a coûté des milliards.

Un exemple frappant de la lutte dont nous parlons entre la cuirasse métallique et l'obus fut donné en 1879. Le 7 octobre, deux cuirassés chiliens attaquaient un cuirassé péruvien. Les trois bâtiments qui étaient engagés présentaient presque au même degré que la plupart de ceux actuellement en service en Europe les derniers perfectionnements.

Le cuirassé péruvien, le *Huascar*, avait dans ses tourelles deux canons de 24 centimètres d'épaisseur. Les cuirassés chiliens, le *Cochrane* et le *Blanco-Encelada*, étaient à réduit central, à peu près du même modèle, mais de dimensions plus modestes que celles des cuirassés qui forment actuellement notre escadre. Ils portaient, chacun six

canons, tirant par les sabords du réduit, tandis que ceux du *Huascar* avaient « l'horizon tout entier pour champ de tir ». Ces trois navires, qui sortaient des chantiers anglais, avaient fait preuve de brillantes qualités nautiques.

Le capitaine de vaisseau Gougeard, qui fut plus tard ministre de la marine, et qui est mort en 1886, a fait du combat entre ces deux navires cuirassés le récit suivant :

« L'action s'engage à 9 h. 20 du matin. Le *Cochrane* s'étant approché à 2,500 mètres du *Huascar*, ce dernier lui envoie un obus, et continue un tir en retraite, auquel il n'est pas répondu. Le *Cochrane* marche sensiblement mieux ; en dix minutes, il s'est approché de 1 500 mètres, et le combat sérieux s'ouvre à 500 mètres environ. L'efficacité du tir est loin d'être égale de part et d'autre ; le cuirassé chilien ne perd pas un seul des projectiles, tandis que les obus du *Huascar* manquent presque toujours le but et se perdent inutilement dans la mer. »

Le combat se termina par l'échouement du navire cuirassé chilien (fig. 251).

La lutte entre l'épaisseur de la cuirasse et la puissance de l'artillerie n'a fait que continuer depuis l'engagement naval des deux navires, péruvien et chilien, qui marqua le premier combat de ce genre. Toutes les nations ont suivi ce mouvement, et la transformation des flottes de guerre a été incessante en Europe.

Le principal perfectionnement a consisté à substituer, dans la fabrication des coques de navire, l'acier au fer, ce qui a permis de réduire considérablement le poids de la coque des navires. En même temps, l'ensemble du bâtiment a acquis une rigidité et une solidité plus grandes. Enfin, la protection intérieure (ce que l'on a coutume d'appeler le *cofferdam*) n'a pas cessé de progresser. En d'autres termes, on s'est appliqué et on est parvenu à résoudre ce problème : construire un navire qui soit

Fig. 251. — Combat des deux navires cuirassés le *Huascar* et le *Cochrane*.

défendu par ses cuirasses et par son pont cuirassé contre les projectiles de gros calibre.

Les canons rayés que l'on mit sur les premiers bâtiments cuirassés avaient un diamètre minimum de 16 centimètres. Ils lançaient des boulets allongés, pleins et très durs, que l'on désignait sous le nom de *boulets de rupture*. Mais à peine ces canons étaient-ils connus, que l'on augmentait l'épaisseur des cuirasses des navires, et c'est de ce moment que date la lutte dont nous venons de parler entre la cuirasse et le canon.

En vingt ans nous avons construit, en France, successivement des canons de 18, 24, 27, 34 centimètres, et nous avons fini par aboutir à l'emploi des énormes pièces de 42 et de 45 centimètres, qui pèsent, respectivement, 75 et 100 tonnes, tandis que le poids des anciens canons de 16 centimètres ne dépassait pas 5 tonnes (5 000 kilogrammes).

C'est ici le lieu de faire connaître une invention intéressante, due à nos ingénieurs de marine, qui remédie très efficacement à la perforation des coques métalliques

Fig. 252. — Batterie centrale du *Richelieu*.

des navires par les obus ennemis, en obturant les trous ou les déchirures du métal; ce qui empêche le navire de couler, et lui permet de continuer le combat assez longtemps encore.

On a découvert qu'un matelas de cellulose interposé entre la cuirasse et la coque d'un bâtiment empêche l'eau de mer de pénétrer à travers les fractures de la coque métallique.

La *cellulose*, ou plutôt la *moelle extraite du fruit du cocotier*, suffit pour assurer quelque temps la *flottabilité* des bâtiments percés par l'artillerie. 1 000 kilogrammes de cellulose occupent un volume de 7 mètres cubes. Avec une assez forte quantité de cette matière, on peut donc matelasser toute une cuirasse. La cellulose conserve une grande élasticité, et ne se laisse traverser par l'eau qu'avec une extrême difficulté. Une couche d'un mètre d'épaisseur, sous la pression d'un volume d'eau de mer, haut de 3 mètres,

n'est traversée par l'eau qu'au bout de deux heures. Un matelas de cellulose, si un obus a percé la cuirasse, fera donc l'office d'obturateur, en ne laissant passer qu'une très faible quantité d'eau. Le bâtiment continuera de flotter, et le combat ne sera pas interrompu.

L'artillerie, disons-nous, a successivement gagné en puissance, pour répondre à l'accroissement d'épaisseur des blindages de fer. Donnons la description de notre artillerie de marine actuelle.

Le canon de 16 que nous avons représenté dans ce volume (*Supplément à l'artillerie moderne*) (1) est la principale pièce en service à bord de nos navires de guerre. Il est supporté, à bord des navires, par un affût à quatre roues.

Un canon de 32 centimètres porté sur un

(1) Pages 187, 188.

affût à quatre roues est également en usage sur nos navires. Ce canon est en acier; il pèse 43 000 kilos, et tire, avec une charge de poudre prismatique de 113 kilos, un obus qui pèse 345 kilos, sous une vitesse initiale de 550 mètres; tandis que le canon de 32 employé par l'artillerie de terre pour la défense des côtes ne pèse que 35 000 kilos, et lance un projectile de 345 kilos également, avec une vitesse initiale de 421 mètres seulement. Ce dernier canon ne diffère pas lui-même de la bouche à feu que nous avons représentée dans le *Supplément à l'artillerie moderne*.

L'*obus de rupture*, lancé par ces grosses pièces, est en acier; il ne porte pas de fusée, mais il contient une charge de 2 kilos 600 de poudre. Quand l'obus heurte la cuirasse d'un navire, la chaleur développée suffit à déterminer l'inflammation de la charge intérieure de l'obus, lequel en éclatant perce la cuirasse ou l'endommage considérablement. On remplit d'ailleurs maintenant les *obus de rupture* avec de la dynamite.

Un canon de plus gros diamètre qui a 42 centimètres à la bouche est également installé dans nos batteries. Il est en acier et pèse 75 800 kilos. Il tire, avec une charge de 274 kilos de poudre prismatique, un obus qui pèse 780 kilos et qui est animé d'une vitesse initiale de 530 mètres. A bout portant, ce projectile traverse, de part en part, une cuirasse de 850 millimètres d'épaisseur!

La plupart de ces gros canons sont placés à l'avant ou à l'arrière des navires, dans des tourelles cuirassées, analogues par leur structure et leur mode de révolution sur leur axe, à celles que nous avons décrites dans notre Supplément à l'*Artillerie moderne* (1).

Les autres sont installés dans les batteries qui sont, d'ailleurs, protégées également par la cuirasse.

(1) Pages 227-228.

On voit dans la figure 252 un de ces canons dans la batterie d'un navire de guerre, le *Richelieu*

Outre ces gros canons, la marine française possède des canons à tir rapide, qui ont pour but de protéger les cuirassés contre l'attaque des bâtiments plus légers, des torpilleurs en particulier, et qui servent aussi à l'armement des canonnières destinées à remonter jusqu'assez loin le long des fleuves.

Voici quelques renseignements numériques sur ces canons :

	POIDS du canon.	POIDS de l'obus.	VITESSE initiale.
	kilogr.	kilogr.	mètres.
Canon de 10 centimètres...	2.100	13	760
Canon de 12 centimètres...	3.300	21	760
Canon de 15 centimètres...	6.300	40	760

Mais, hâtons-nous de le dire, il se produit, depuis quelque temps, une réaction prononcée contre les canons à très gros calibre. Il est évident que si l'on est forcé, pour répondre à l'accroissement de l'épaisseur du blindage, d'augmenter indéfiniment la puissance des pièces d'artillerie, les mouvements des grands cuirassés deviendront de plus en plus lents, et d'une évolution de plus en plus difficile. Qu'arrivera-t-il alors? Un croiseur, de dimensions restreintes, pourvu de canons à tir rapide, et qui lancera des projectiles remplis de substances explosives, pourra jouer un rôle plus important que celui des cuirassés. Pour ne citer qu'un seul exemple à l'appui de cette opinion, le *Lepanto*, cuirassé italien, porte jusqu'à 4 canons de 103 tonnes, et en outre, toute une batterie de canons de 16 centimètres. Mais le tir des canons de 103 tonnes est fort lent; le poids énorme des projectiles, et celui des gargousses, nécessite de nombreux mécanismes auxiliaires, pour effectuer le chargement. Qu'un obus ennemi vienne à éclater près de la culasse de ce canon, et qu'il brise un seul des mécanismes, si compliqués, qui font partir le coup, voilà ce canon monstre momentanément hors de service, et cela juste au moment où son intervention devrait décider de l'issue du combat naval engagé !

La vitesse des bâtiments cuirassés s'est trouvée sensiblement réduite par le continuel accroissement de poids des revêtements métalliques. La limite qu'il était possible d'atteindre est aujourd'hui réalisée, et augmenter encore l'épaisseur des cuirasses serait se préparer des déceptions qu'il faut savoir prévoir et éviter.

Le journal *le Yacht*, du mois de janvier 1890, exprimait cette vérité d'une manière très frappante. Nous n'avons qu'à transcrire ici ses judicieuses remarques.

« En ce qui concerne les cuirassés, dit le *Yacht*, le problème de la vitesse se pose dans des termes qui ne laissent que peu de place aux hypothèses.

« On est généralement d'accord, en France, pour reconnaître que le maximum de déplacement d'un cuirassé ne doit pas dépasser 10 000 à 11 000 tonnes avec une longueur de 100 à 105 mètres et un tirant d'eau moyen de 8 mètres. Étant donné le poids de la coque, celui de la cuirasse à la flottaison et dans les hauts, le poids de l'artillerie et des approvisionnements de toute nature, il est facile de déterminer le poids disponible pour la machine et les approvisionnements en charbon et eau qui lui sont nécessaires. Dans ces conditions, la vitesse de quinze nœuds en service pourra être obtenue, sous la réserve, bien entendu, d'avoir une machine robuste, sans exagération de poids cependant, et d'un système perfectionné, c'est-à-dire à triple ou quadruple expansion. On peut espérer qu'un cuirassé de ce genre naviguera dix à douze jours à bonne allure sans avoir besoin de renouveler ses approvisionnements.

« Vouloir sortir de ces limites, c'est s'exposer à des déboires presque certains ; car on ne peut accroître la vitesse sans augmenter le poids de la machine et aussi la quantité de charbon consommé par suite les dimensions du navire, ce que réprouvent nos marins. On pourrait en déduire, non sans raison, que le cuirassé est, somme toute, un médiocre engin de combat, il coûte environ 22 millions et ne rendra jamais de services en rapport avec la dépense.

« Nous sommes, au reste, peut-être à la veille d'une transformation de ce type de navire de guerre. Il a été constaté que les plaques de cuirasse de 55 centimètres ne résistaient pas aux projectiles lancés avec les nouvelles poudres, par des canons de 32 centimètres. A quoi bon, dès lors, exagérer un cuirassement dont le poids est devenu excessif ? Est-ce pour entrer dans une voie nouvelle qu'on réduit la cuirasse du *Hoche* et du *Brennus* actuellement en construction ? Elle aura, pour le premier, de 45 à 35 centimètres à la flottaison et pour le second, uniformément 40 centimètres.

« Dans quelques années, on se contentera, en fait de cuirasse, d'une protection partielle de la machine, nous l'espérons du moins. On aura alors un type de navire qui, outre l'avantage de coûter moitié moins, présentera des qualités compensant largement l'absence d'une protection illusoire ; puis les conditions de poids étant modifiées, on atteindra sans peine des vitesses normales supérieures à dix-huit nœuds. »

Ces réserves posées, nous nous hâtons de revenir à la description de notre artillerie de marine, et de la faire connaître, non pas telle qu'elle pourrait être, mais telle qu'elle est ; car c'est avec cette artillerie que nos cuirassés auront à attaquer les bâtiments ennemis, ou à rendre coup pour coup à leurs adversaires.

Nous avons donné plus haut les dimensions des divers types de canons de notre marine. Il est à peine nécessaire d'ajouter que toutes les bouches à feu qui arment nos vaisseaux se chargent par la culasse.

Les bouches à feu de nouveaux modèles sont composées d'un corps en acier, d'un tube intérieur en acier, et d'un ou deux rangs de frettes, également en acier.

La marine française usine elle-même ses canons, dans la fonderie de Ruelle. Après qu'ils ont été définitivement usinés, ils sont essayés au polygone de Gavre, près de Lorient.

Les poudres employées pour lancer les obus sont les poudres belges de Wetteren, les poudres françaises de Sevran-Livry, d'Angoulême et du Bouchet.

Les projectiles comprennent des boulets

à forme ogivale en fonte dure et massifs, des *obus de rupture* en acier, des obus en fonte dure ordinaire, des obus à balles et des boîtes à mitraille. Le montage de tous ces projectiles est le même; il se compose d'un bourrelet en fonte à l'avant, et d'une ceinture en cuivre, à l'arrière.

Après l'artillerie de la marine militaire française, jetons un coup d'œil sur l'artillerie navale de nos voisins.

Les canons de la marine allemande sortent, comme les canons de campagne et de siège, des ateliers de l'usine Krupp, d'Essen. Ils sont en acier fondu, à l'exception des canons destinés aux embarcations et des canons de débarquement, qui, les uns et les autres, sont en bronze. Ces bouches à feu, construites d'après le système du *manchon*, sont frettées et se composent d'un tube en acier, entouré d'un manchon en acier dans la partie correspondant au renfort; des frettes du même métal sont disposées autour de ce manchon, pour le renforcer.

Les canons de la marine anglaise proviennent de l'arsenal de Woolwich, ou des ateliers de M. Armströng, à Elswick. Les uns se composent d'un tube en acier recouvert d'un manchon en fer forgé; les autres d'un tube en acier qui va en s'amincissant vers l'arrière. Sur ce tube est placé un manchon avec serrage, et en avant de ce manchon, est serrée une longue frette. L'usine Armströng fabrique, en outre, des canons de 111 tonnes, destinés à l'armement des cuirassés de premier rang.

Le tube intérieur de ces énormes canons est tout d'une pièce, et s'étend jusqu'au logement de l'obturateur; l'écrou de culasse est pratiqué dans une jaquette qui recouvre le tube. Trois rangs de frettes renforcent la jaquette. Le système de fermeture est identique à celui de nos canons de siège et de campagne.

Voici maintenant quelques données nu-mériques auxquelles le lecteur pourra se reporter, au cours de la lecture des chapitres suivants. Il comparera, de cette façon, la puissance défensive de nos cuirassés et la puissance offensive des bâtiments de guerre européens :

	POIDS du canon,	CALIBRE.	POIDS du projectile.	VITESSE initiale.	ÉPAISSEUR de cuirasse traversée par le projectile.
Angleterre.	kilogr.	millim.	kilogr.	mètres.	millim.
Canons Armstrong	111.700	413	815	641	880
Canons de 13.....	68.000	343	566	617	782
Canons de 12.....	44.000	305	323	576	559
Allemagne.					
Canons de 45.....	155.000	449	1430	600	1022
Canons de 40.....	72.000	400	770	502	820
Canons de 35.....	52.000	355	525	500	670
Autriche.					
Canons Krupp...	27.500	280	253	478	429
Danemark.					
Canons Krupp...	52.000	355	525	500	575
Espagne.					
Canons de 35.....	76.500	355	525	605	600
États-Unis.					
Canons de 16.....	111.780	406	907	642	1080
Canons de 12.....	47.760	305	382	642	665
Italie.					
Canons de 45.....	100.700	450	1000	451	780
Canons de 43.....	100.000	408	908	553	720
Canons Krupp...	121.000	400	920	550	1049
Canons de 34.....	68.000	343	305	502	480
Russie.					
Canons de 14.....	58.500	355	518	396	462
Canons de 12.....`	51.271	305	332	592	404
Canons Armstrong.					
Canons de 17.....	137.000	432	907	687	940
Canons de 16.....	127.000	413	816	700	927

Nous n'avons, bien entendu, cité pour chaque flotte que les plus gros canons en service en ce moment; nous devons ajouter que les canons Armströng, par lesquels nous avons clôturé ce tableau, n'ont pas donné de brillants résultats.

Après l'artillerie, il convient de parler

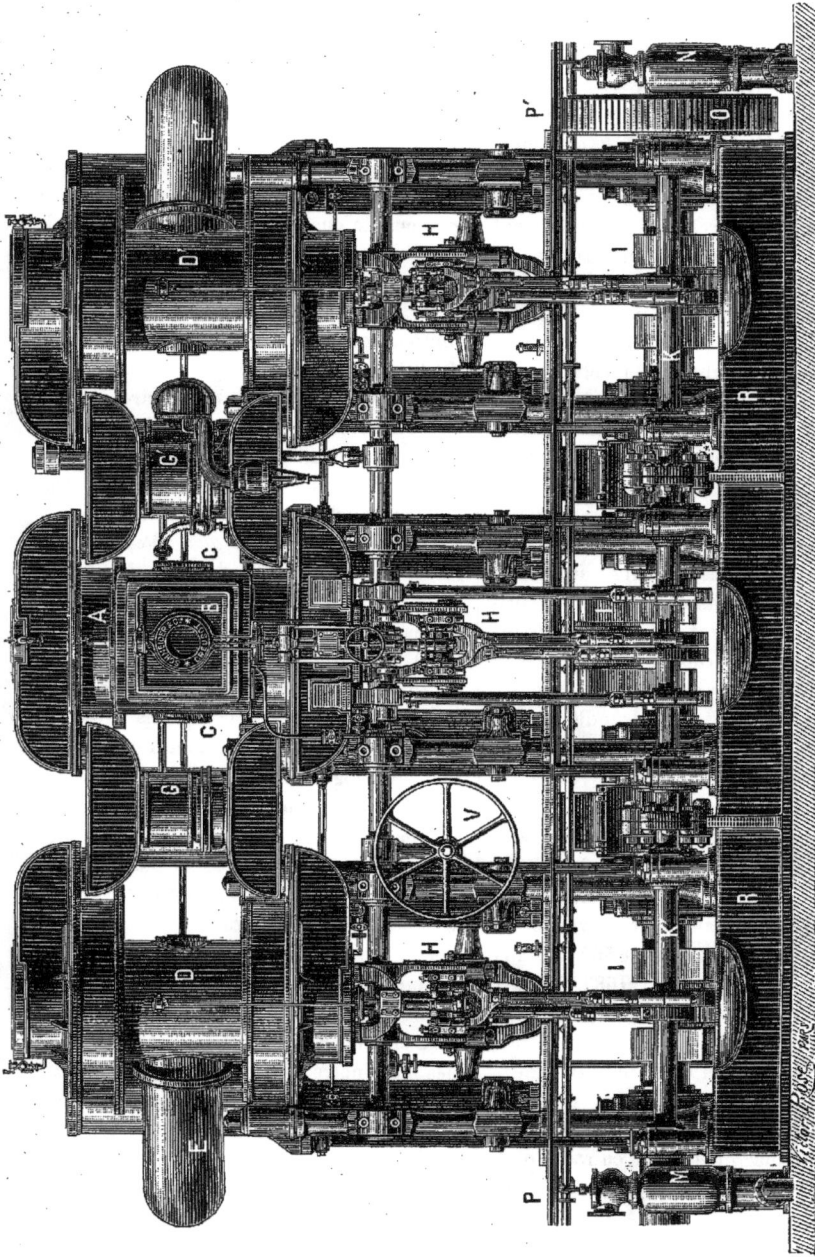

Fig. 253. — Élévation longitudinale de l'une des machines *compound* installées à bord du cuirassé *le Formidable*, de la marine française.

A, petit cylindre d'admission de vapeur. — B, tiroir de distribution du petit cylindre. — C, brides où s'adaptent les tuyaux amenant la vapeur des générateurs. — D, D', les deux grands cylindres de détente. — E, E', tuyaux d'échappement conduisant la vapeur aux condenseurs. — G, G', appareils intermédiaires de transmission de la vapeur du petit cylindre A dans les deux grands D, D. — H, H, H, tige des pistons, des bielles et des excentriques. — I, I, I, les manivelles de l'arbre de l'hélice. — K, K, arbre où sont calés les excentriques de distribution. — O, engrenage mettant en communication l'arbre K avec celui de l'hélice I. — M, N, pompes d'épuisement de l'eau des cales. — P, P', plancher en fer pour les mécaniciens. — V, volant de mise en marche. — R, R, le socle d'assise de la machine.

du moteur des bâtiments de guerre, c'est-à-dire des machines et des chaudières à vapeur en usage pour imprimer la vitesse nécessaire à ces énormes masses.

Machines. — Dans le premier volume de ce *Supplément* (*Bateaux à vapeur*) (1) nous avons décrit et figuré les machines à vapeur et les chaudières actuellement employées par notre marine marchande, celles surtout que l'on admire à bord de nos immenses paquebots transatlantiques. Les machines des bâtiments militaires n'en diffèrent que par les dimensions des pièces du mécanisme et par le nombre des machines que l'on réunit sur le même bâtiment.

Nous avons donné, dans le *Supplément aux bateaux à vapeur* (1), les plans et les coupes des machines à vapeur du *Destaing*, du *Forfait* et du *Bayard.* Nous compléterons ces renseignements en donnant ici (fig. 253) le dessin des machines du *Formidable.* Ce grand cuirassé d'escadre est sorti des usines du Creusot, où tant d'améliorations ont été apportées aux machines à vapeur, pour donner aux navires de notre flotte de guerre toutes les conditions de force et de vitesse dont ils doivent être pourvus.

Si nous choisissons le *Formidable* pour faire comprendre les dispositions actuellement adoptées pour l'emploi de la vapeur comme force motrice des bâtiments de guerre, ce n'est pas au point de vue de sa puissance motrice (qui est de 8 500 chevaux nominalement et qui atteint 9 687 chevaux en marche forcée), puisque en ce moment on construit en Angleterre, pour des cuirassés monstres, du port de 14 000 tonneaux, des machines à vapeur d'une force de 20 000 chevaux. Si nous décrivons particulièrement les machines de ce cuirassé d'escadre, c'est parce qu'elles représentent pour nous un des types les mieux étudiés, à tous

égards, des machines marines de toutes les nations.

Le *Formidable* a deux hélices de 5^m,700 de diamètre, et à quatre ailes. Chacune de ces hélices est indépendante, de telle sorte qu'en cas d'avaries produites par déroute ou combat, le navire conserve toujours le moyen de marcher. Il y a donc deux groupes de chaudières et deux groupes de machines. Nous décrirons successivement les chaudières et les machines motrices.

1° Les chaudières, au nombre de 12, comportent chacune deux cent cinquante-six tubes, de 0^m,07 de diamètre. Chaque corps de chaudière mesure 3 mètres de longueur, 3^m,470 de largeur et 4^m,290 de hauteur. Elles sont à foyers intérieurs et à retour de flamme, c'est-à-dire toutes semblables à celles que nous avons figurées dans notre *Supplément aux bateaux à vapeur* (1). L'ensemble de tous les foyers donne une surface de grilles de 78 mètres carrés, et la surface totale de chauffe est de 1 980 mètres carrés produisant un volume de 108 mètres cubes de vapeur. Le poids total des chaudières complètes avec les boîtes à fumée et les cheminées est de 384 800 kilogrammes.

2° Chaque machine à vapeur, du système *compound*, est à trois cylindres, le plus petit (1^m,570 de diamètre) est placé au milieu, c'est le cylindre d'admission de vapeur; les deux autres, plus grands (2^m,020 de diamètre), sont les cylindres de détente. La vapeur sortant de ces deux cylindres se rend aux condenseurs, qui sont placés derrière chacun d'eux, et qui ne sont pas visibles sur notre dessin. Le petit cylindre met directement en action la pompe à air, qui est placée derrière lui, entre les deux condenseurs.

Les machines sont verticales, à pilon, et à bielles directes. La distribution de va-

(1) Tome Ier, pages 129-135.

(1) Tome Ier, pages 156-162.

peur se fait par coulisses et tiroirs; la condensation s'opère par surface.

L'arbre moteur tourne à la vitesse de 80 tours par minute, fournissant une vitesse moyenne de 16 nœuds, avec une pression de 4^k,25 dans les chaudières.

Les avantages de ce type de machines résident dans le faible poids de matière brute qui s'y trouve employé, par rapport à la force produite. Leur poids n'est, en effet, que d'environ 150 kilogrammes par cheval-vapeur, alors qu'il y a quelques années ce poids était encore de 450 kilogrammes, comme cela existe pour la machine du *Caraïbe*, que nous avons décrite dans notre *Supplément aux Bateaux à vapeur* (1). On comprend que cette diminution sensible du poids des machines ait permis de loger dans des navires de dimensions presque pareilles à celles des anciens types des moteurs considérablement plus forts, et réalisant des vitesses qui rivalisent presque avec celles des paquebots de commerce.

La figure 253 (page 297), qui représente une des machines du *Formidable* vue de face, montre la disposition des trois cylindres et les organes transmettant la puissance à l'arbre de l'hélice. Au second plan, on voit la pompe et les tuyaux d'échappement conduisant la vapeur aux condenseurs.

La légende qui accompagne ce dessin explique le rôle de chacun des organes de la machine.

Le *Formidable* est un des plus importants cuirassés de la marine française. Tout armé, il a coûté 28 millions. Sa longueur est de 104^m,40; sa largeur atteint 21^m,30, et sa hauteur est de 15^m,60. L'épaisseur du blindage de ceinture est de 55 centimètres.

La force motrice est, comme nous l'avons dit, de 8 500 chevaux. L'équipage est de 500 hommes.

Le tirant d'eau est de 7^m,80 en moyenne.

Trois pièces d'artillerie, de 37 centimètres, placées chacune dans une tourelle, sur des gaillards, forment son armement. Les tourelles sont placées en trois points différents de la longueur et dans l'axe du navire.

En outre, 12 pièces de 14 centimètres se trouvent dans la batterie, et 24 mitrailleuses Hotchkiss sur le gaillard avant et arrière.

Le *Formidable* n'est pas, d'ailleurs, destiné à des expéditions lointaines. Son tirant d'eau est trop fort pour qu'il puisse entrer dans le canal de Suez. Il est d'une construction qui ne lui permettra pas de s'éloigner beaucoup des côtes. Il possède de petits mâts, pour porter les pavillons et servir aux signaux.

Chaudières. — Les chaudières de la marine militaire étaient autrefois du type locomotive; mais avec ces chaudières il était tout à fait impossible d'obtenir de grandes pressions. En outre, les chaudières des bâtiments de guerre doivent non seulement donner facilement de fortes pressions, mais aussi permettre des variations subites et rapides dans cette pression, pour se prêter aux manœuvres d'escadre ou aux péripéties d'un combat. Or, pour atteindre ce but, il faut avoir des chaudières très sensibles à la chaleur et possédant de très vastes surfaces de chauffe. On a été ainsi amené à transformer les anciennes chaudières marines.

Nous avons décrit avec de grands détails, dans le *Supplément aux bateaux à vapeur*, dans le premier volume de ce supplément (1), les chaudières à vapeur des grands transatlantiques. Nous renvoyons le lecteur à ces dessins et à ces descriptions, car les chaudières de nos navires de guerre sont les mêmes que celles qui sont installées à bord des paquebots de la Compa-

(1) Tome Ier, pages 120-121.

(1) Pages 156-162.

gnie transatlantique *la Normandie, la Bretagne,* etc.

Les chaudières de notre marine militaire se composent, comme on l'a vu sur ces divers dessins, de générateurs à tubes longs, ou à tubes courts, mais pouvant être aisément visités, de sorte qu'ils ne peuvent jamais s'engorger et qu'on les nettoie sans difficultés. C'est ainsi qu'avec une chaudière à générateurs à tubes courts, le *Milan,* qui est un médiocre croiseur de deuxième classe, peut filer 18 nœuds, avec une machine du poids de 358 tonnes. Il est vrai de dire que les accidents sont assez fréquents avec ces chaudières perfectionnées. C'est ce qui est arrivé, en 1888, à bord du *Forbin,* où une chaudière fit explosion, tuant et blessant des chauffeurs.

A l'étranger, on a cherché, comme en France, à résoudre le problème de la vitesse pour les navires cuirassés, en multipliant le nombre des machines et celui des chaudières. Le cuirassé anglais le *Collingwood,* possède 2 machines compound à pilon, 12 chaudières, 36 foyers et 2 hélices. Le cuirassé anglais *Colossus* a 2 machines compound à pilon, à cylindres renversés, 10 chaudières, 28 foyers, 2 hélices en bronze de 6^m,55 de diamètre. Le croiseur anglais *Blake* a des machines verticales à triple expansion et 2 hélices. Au mois de mai 1889, l'amirauté anglaise a décidé de remettre en service deux vieux cuirassés, l'*Achille* et le *Minotaure,* qui avaient des machines de 5 720 et 6 700 chevaux-vapeur. On a pourvu ces deux bâtiments, qui étaient à peu près considérés comme hors d'usage, de nouvelles chaudières, et l'on assure qu'ils sont à présent en état de tenir la mer. Ces chaudières ont coûté 750 000 francs chacune.

Un des plus récents et le plus grand des bâtiments cuirassés de la marine anglaise, la *Victoria* (fig. 254), est pourvu de deux machines *compound* à triple expansion, fabriquées par MM. Humphys et Tennant, à Londres. Le premier cylindre a 1^m,09 de diamètre, le deuxième cylindre 2^m,43, le troisième 1^m,57, et la course du piston est de 1^m,270.

Ces machines, qui actionnent chacune une hélice, développent une force de 1200 chevaux-vapeur.

Les deux hélices ainsi actionnées tournent avec une vitesse de 95 tours par minute.

L'épaisseur du blindage d'acier de la *Victoria,* le plus fort qui ait encore été appliqué aux bâtiments anglais, est de 0^m,46. Il s'étend de 3 ou 4 pieds au-dessus et au-dessous de la ligne de flottaison. Sa longueur totale autour du bâtiment est de 152 pieds. Elle embrasse toutes les parties essentielles du navire, à savoir : l'appareil moteur, les magasins à poudre, et la base de la tourelle de commandement.

Un pont protecteur, de 0,0762 d'épaisseur, tout en acier, est posé sur le sommet de la ceinture cuirassée, et va d'un bout à l'autre du navire. Une autre ceinture cuirassée de 0^m,46 protège la base de la tourelle, laquelle a déjà 0^m,42 d'épaisseur.

De l'avant à l'arrière, le navire est donc entièrement protégé par des plaques ou des murs épais.

La longueur totale de la *Victoria* est de 340 pieds anglais (103 mètres). Son déplacement d'eau est de 10 500 tonnes, quand le navire est complètement équipé.

Son armement se compose : 1° de deux canons, du poids de 110 tonnes chacun (du calibre de 0^m,41), placés dans une tourelle située à l'avant; 2° d'un canon de 30 tonnes (calibre 0^m,28) placé à l'arrière du tillac supérieur; 3° de 12 canons de 0^m,15 (poids 5 tonnes), placés dans une tourelle en arrière des canons de 110 tonnes.

Ajoutez à cet armement principal douze canons de *six livres de poudre* (comme disent les Anglais) à tir rapide, placés sur le faux-

Fig. 254. — La *Victoria*, le plus grand vaisseau cuirassé de la marine anglaise.

pont, neuf canons de *trois livres* de poudre à tir rapide, placés sur les tillacs et dans la mâture. Enfin deux fusils Nordenfelt à deux canons de $0^m,0254$ et quatre autres canons $0^m,0127$ sont placés sur le tillac du combat et dans la mâture.

La tourelle qui contient les deux canons de 110 tonnes est enveloppée d'une cuirasse en acier, de $0^m,42$ d'épaisseur. La base de cette tourelle est protégée par un mur en maçonnerie, de $0^m,46$ d'épaisseur, qui l'entoure complètement et par la cuirasse, dont il a été parlé plus haut.

Les projectiles lancés par ces derniers canons sont du poids de 1800 livres, et la charge de poudre n'est pas moindre de 960 livres.

A l'arrière de cette tourelle, de chaque côté du navire, est installée une batterie de 6 canons, du calibre de $0^m,13$ et du poids de 5 tonnes, qui sont protégés par un cuirassement approprié.

Des mitrailleuses sont installées en haut du mât d'acier.

Le navire porte quatre bateaux-torpilleurs, et est muni de filets métalliques, pour le protéger contre les torpilleurs ennemis.

Le commandant se place dans la tourelle principale, qui est défendue par une cuirasse épaisse de 26 à 30 centimètres et il communique, de là, ses ordres à toutes les parties du navire, non par des appareils et des fils électriques, mais par des appareils hydrauliques.

C'est, du reste, une particularité intéressante, que la force hydraulique est employée à bord de la *Victoria*, comme dans plusieurs de nos grands paquebots transatlantiques, en remplacement du travail manuel, non-seulement pour faire mouvoir les lourds fardeaux dans toutes les parties du navire, mais aussi pour actionner différentes pièces de la salle des machines à vapeur, et pour manœuvrer, déplacer et pointer les canons.

La *Victoria* est entièrement éclairée par l'électricité, qui sert aussi à mettre le feu aux canons.

Elle est destinée à porter le pavillon des amiraux d'escadre.

Sa vitesse est estimée à 16 ou 17 nœuds.

CHAPITRE II

CLASSIFICATION DES BATIMENTS COMPOSANT NOTRE FLOTTE DE GUERRE. — LES GRANDS CUIRASSÉS; LES CUIRASSÉS D'ESCADRE. — TYPES PRINCIPAUX DE NOS NAVIRES CUIRASSÉS. — L'AMIRAL-DUPERRÉ; LE GRAND CUIRASSÉ D'ESCADRE LE COLBERT, L'AMIRAL-BAUDIN, ETC. — LES GARDE-CÔTES CUIRASSÉS.

Après ces considérations générales, nous pouvons entrer dans la description du matériel actuel de notre marine militaire.

On peut classer notre flotte de guerre en *vaisseaux cuirassés, garde-côtes, croiseurs, navires torpilleurs et bateaux torpilleurs.*

Examinons successivement ces divers types.

Vaisseaux cuirassés. — La France possède aujourd'hui huit cuirassés d'escadre, portant des tourelles blindées, pour abriter l'artillerie : l'*Amiral-Duperré*, l'*Amiral-Baudin*, le *Hoche*, le *Marceau*, le *Neptune*, le *Brennus* et le *Magenta;* — huit cuirassés d'escadre, à réduit central : le *Marengo*, l'*Océan*, le *Suffren*, le *Friedland*, le *Richelieu*, le *Colbert*, le *Trident*, le *Redoutable*, le *Courbet* et la *Dévastation;* — deux cuirassés d'escadre à batterie : l'*Héroïne* et la *Revanche*, — et neuf cuirassés de croisière : le *Montcalm*, la *Thétis*, le *La Galissonière*, la *Triomphante*, la *Victorieuse*, le *Bayard*, le *Duguesclin*, le *Turenne* et le *Vauban*.

En admettant que chacun de ces cuirassés ait coûté six millions, en moyenne, on voit que nous avons dépensé une assez grosse partie de nos budgets annuels pour la construction de nos bâtiments de guerre.

Le beau navire cuirassé, l'*Amiral-Duperré*, est le type de nos meilleurs navires de guerre.

L'*Amiral-Duperré*, qui a été lancé le 11 septembre 1879, à la Seyne (près Toulon), a été construit sur les plans de M. Sabatier, directeur du matériel de la marine, dans les chantiers de la *Société des forges de la Méditerranée*. Ce cuirassé, l'un des plus grands de notre flotte — avec ceux qui sont du même type — possède, sur l'*Inflexible*, de la marine anglaise, et sur le *Duilio*, de la marine italienne, cette supériorité, que sa cuirasse va d'un bout à l'autre de la flottaison, et que son pont cuirassé le rend à peu près impénétrable aux plus gros projectiles. Son blindage, qui est en acier, a environ 2^m,30 de hauteur en moyenne, et les plaques de ce blindage atteignent jusqu'à 55 centimètres d'épaisseur.

L'étrave, qui affecte la forme d'un éperon, et qui est en fer forgé, reçoit les aboutissements des plaques de la cuirasse qui, à cet endroit, descendent jusqu'à 3 mètres au-dessous de la ligne de flottaison. Dans ces conditions, toutes les précautions sont prises pour prévenir les avaries qui résulteraient d'un choc violent.

Long de 97 mètres, large de 20^m,40, l'*Amiral-Duperré* déplace 10 487 tonneaux, avec un tirant d'eau de 7^m,85. Ses moyens de propulsion consistent en une voilure ordinaire et deux machines à vapeur indépendantes, du système compound vertical, à pilon, avec trois cylindres et activant chacune une hélice. Ces machines développent ensemble une force de 8 000 chevaux.

L'*Amiral-Duperré* est armé de quatre canons de 34 centimètres, placés dans deux tourelles cuirassées, et de quatorze canons de 14 centimètres.

Le *Colbert* a des dimensions un peu plus considérables. En axe, il mesure 98 mètres de longueur, sur 18 de largeur ; ses machines développent une force de 5 000 chevaux ; il est armé de huit canons de 27 centimètres, de neuf canons de 24 centimètres, de quatre canons de 19 et de six canons de 14 centimètres.

Le *Hoche* (fig. 255, p. 305), plus récent que les deux cuirassés dont il vient d'être parlé, a été lancé le 29 septembre 1886. Voici quelles sont ses dimensions principales :

Longueur............	105 mètres.
Largeur	20 —
Tirant d'eau.........	8 —
Déplacement........	10.581 tonneaux.

La coque est en acier ; elle est construite d'après le système cellulaire, c'est-à-dire que la carène est divisée en nombreux compartiments, indépendants l'un de l'autre et séparés par des cloisons longitudinales et latérales. On compte, en outre, seize cloisons transversales étanches et une cloison longitudinale médiane, qui s'élève jusqu'au pont cuirassé ; l'épaisseur de ce pont est de 8 centimètres. Le *Hoche* est pourvu d'une ceinture qui l'entoure de toutes parts et qui est composée de plaques métalliques de 45 centimètres. Le *cofferdam* cuirassé, qui va jusqu'à la première cloison étanche du navire, est rempli de cellulose.

L'armement se compose de deux canons de 34 centimètres, placés chacun dans une tourelle fermée, dont la partie inférieure est fixe, et dont la partie supérieure, mobile, est mue par des appareils hydrauliques, — de deux canons de 27 centimètres, contenus dans deux autres tourelles en forme de dôme, dites *tourelles-barbettes*, — de dix-huit canons de 14 centimètres, placés dans la batterie, — et d'un grand nombre de canons à tir rapide.

La construction de ce magnifique et puissant cuirassé a coûté environ 15 millions.

Un écrivain spécial, M. Tachert, a donné de ce nouveau cuirassé une description que nous allons reproduire en partie, parce qu'elle contient des renseignements très intéressants sur ce type nouveau de bâtiments de guerre.

« Le *Hoche*, construit par M. Huin, ingénieur de première classe de la marine, d'après ses plans et devis, a, dit M. Tachert, un aspect qui étonne, car cette architecture navale est d'un style nouveau.

« Ce cuirassé de haut bord a été coupé à l'avant et à l'arrière dans ses œuvres légères, afin que ses deux massives tourelles portant des canons de trente-quatre centimètres, cuirassées, fermées et mobiles, soient assez rapprochées de la flottaison pour ne nuire en rien à ses qualités nautiques. Entre ces deux tourelles, limitées par deux cloisons d'acier à pans coupés pour laisser un plus grand champ de tir à ces pièces, s'élève la superstructure, comprenant le pont principal, le pont de la batterie et le spardeck. Les deux mâts, placés sur l'arrière des tourelles et s'élevant à 28 mètres environ au-dessus de la flottaison, sont de doubles tours d'acier concentriquement placées ; le tube intérieur sert au passage des munitions desservant les hunes militaires. Dans l'espace laissé libre entre les deux tubes, est pratiqué un escalier, pourvu à chaque tournant d'un palier, qui permet au commandant de voir une partie de l'horizon par un sabord convenablement disposé. En outre chaque mât possède un donjon circulaire muni de regards.

« Le pont principal est aménagé pour le logement des officiers subalternes et des maîtres.

« La batterie, qui arme quatorze canons de 14 centimètres, est coupée vers son milieu par deux tourelles cuirassées, fixes avec plates-formes mobiles, disposées en barbette et armées de canons de 20 centimètres à $7^m,90$ au-dessus de la flottaison ; cette hauteur permet de les utiliser même par une grosse mer. Un boulevard extérieur est ménagé sur chaque bord pour que ces canons puissent tirer en chasse comme en retraite.

« Le pont des gaillards, en temps ordinaire, sert de logement aux officiers supérieurs ; leurs chambres de combat sont placées sous la flottaison. Enfin le spardeck sert de promenoir.

« La muraille de la batterie suit les formes du bâtiment, mais celle du pont des gaillards après un ressaut monte verticalement pour constituer les boulevards cités plus haut. Puis entre les deux mâts sont disposées des passerelles longitudinales recevant des bastingages. Une passerelle transversale plus vaste relie les deux tourelles barbettes et reçoit des canons-revolvers, des bastingages, des kiosques, des cabines pour les canons à tir rapide.

« Son abri cuirassé, ses embarcations haut perchées, qui ne craignent rien des coups de mer, les fenêtres, les hublots pour éclairer et aérer les logements, ainsi que toutes les parties élevées, y compris les mâts, sont couronnées de canons à tir rapide et de revolvers Hotchkiss. Des regards et des meurtrières ménagés dans les moindres espaces des gardes-corps, lui dessinant son triple étage de galeries, donnent à ce navire l'aspect d'un château fort flottant.

« La longueur totale du *Hoche* est de 105 mètres ; dans sa plus grande largeur, il mesure $19^m,75$; malgré cette largeur, ses formes d'attaque font bien augurer pour la rapidité de sa marche. Sa profondeur, mesurée du pont principal jusqu'au-dessus de la quille, est de $8^m,50$; du pont du spardeck au fond de la cale, elle est de $15^m,80$. La grande passerelle est à une hauteur de $12^m,50$ de la flottaison. Il y a cinq ponts et une plate-forme de cale. Son tirant d'eau est de 8 mètres environ.

« Pour mettre cette forteresse métallique en mouvement, il y a un appareil moteur de 11 700 chevaux de 75 kilogrammètres. Cet appareil est composé de quatre machines

Fig. 255. — Le *Hoche*, grand cuirassé d'escadre de la marine française.

principales, placées dans deux compartiments, deux à tribord, deux à babord, et actionnant deux hélices de 5^m,40 de diamètre,
en porte à faux à ailes fixes déployées et à
pas constant, de l'extrémité au milieu. Ces
machines sont du système à pilon, égales et
symétriquement placées. Chacune est composée de deux cylindres fixes verticaux : un
grand et un petit. L'admission de vapeur se
fait dans le petit et la détente dans le grand.
Chaque machine est conjuguée sur un arbre
en acier, à deux coudes. De chaque bord,
les deux machines peuvent être rendues so-
lidaires ou indépendantes l'une de l'autre,
par un système d'embrayage.

« La condensation de la vapeur s'opère par
contact ; les pompes de circulation sont mues
par des moteurs spéciaux. Deux machines
auxiliaires à piston actionnent les turbines
de cale. La mise en train et le vireur peuvent
être manœuvrés, soit à bras, soit à la vapeur. Les bâts des machines motrices sont
en tôle, ce qui fait une économie de poids
sans rien faire perdre à la solidité.

« Cet appareil a été construit à l'établissement maritime d'Indret, d'après les plans
de l'ingénieur du bâtiment.

« La marche à outrance est de quatre-
vingt-dix tours, à 7 kilogrammes de pression absolue.

« Pour fournir de la vapeur à ces énormes
machines, il y a huit générateurs, cylindriques, à haute pression, à enveloppe d'acier
et à trois fourneaux par corps, placés dans
quatre chambres de chauffe, séparées par
des cloisons étanches longitudinales et transversales. Ces chaudières sont timbrées à 6 kilogrammes.

« Le volume total de l'eau qui remplit
les chaudières est de 179 360 litres. Pour
vaporiser cette eau, il faut une surface de
grille de 52 mètres carrés.

« Les cheminées de ces chaufferies se réunissent à la hauteur du spardeck, en une
seule, qui est protégée par une enveloppe en
tôle d'acier chromé ; cette enveloppe est elle-
même entourée à sa base d'un glacis cuirassé.

« La consommation de charbon par heure,
à marche réduite, est à peu près de 5 500 kilogrammes. Pour la marche à outrance,
elle est d'environ 12 500 kilogrammes.

« Ce cuirassé appuyant la chasse ou filant
en retraite, poussé par ses 877 500 kilogrammètres, peut parcourir 33 kilomètres
à l'heure.

« Filant avec cette rapidité, par une mer
houleuse, il offrirait à un spectateur un peu
éloigné un aspect vraiment surprenant,
car c'est à peine si l'on verrait la coque : les
substructures, les tourelles et les mâts seuls
émergeraient.

« Ce navire, si bon marcheur, a des
moyens de défense formidables.

« Pour se mettre à l'abri de l'artillerie
des gros navires ou de l'artillerie des côtes,
il a une cuirasse d'acier, épaisse de 45 centimètres, sur un matelas de bois de teck,
de 20 centimètres d'épaisseur, et qui, lui-
même, est renforcé de deux tôles d'acier,
de 18 millimètres d'épaisseur chacune.

« Le blindage de son *cofferdam* et sa ceinture cuirassée, qui vient recouvrir jusqu'à
la pointe extrême de son étrave, lui constituent un éperon redoutable.

« Contre les tirs plongeants, il a son pont
principal, recouvert d'un blindage de 10 centimètres d'épaisseur. Les surbaux des panneaux sont cuirassés, pour empêcher l'introduction des projectiles dans les fonds.

« Ses tourelles, d'un diamètre aussi petit
que possible, pour diminuer la surface vulné-
rable, sont blindées avec des plaques d'acier
de 35 centimètres d'épaisseur, fixées sur un
matelas de bois de teck, de 25 centimètres,
doublé lui-même, pour pare-éclats, de deux
tôles d'acier, de 15 millimètres d'épaisseur.

« Pour l'offensive, l'artillerie est puissante
et savamment disposée.

« Pour le combat en pointe, soit en chasse
ou en retraite, nous trouvons un canon de

34 centimètres, tirant dans l'axe et battant un secteur de 254°. Le champ de tir de l'avant est parfaitement dégagé pendant le combat, car les grues qui servent à la manœuvre des ancres se rabattent sur le pont. Deux canons de quatorze centimètres, placés sur le pont du spardeck, dans les pans coupés des cloisons avant et arrière, battent un secteur de 70°; deux canons de 27 centimètres, en barbette, ont pour champ de tir un demi-cercle; enfin des canons à tir rapide et des Hotchkiss, soit pour la chasse extrême ou la retraite.

« Pour le combat par le travers, il y a les deux canons de 34 centimètres, un canon de 27 centimètres, sept canons de 14 centimètres et presque toutes les mitrailleuses lançant à peu près 1 130 kilogrammes de métal.

« Entouré et battant de toute son artillerie, il arme deux canons de 34 centimètres, deux canons de 27 centimètres, dix-huit canons de 14 centimètres, six canons de 47 millimètres dans l'abri central, deux canons de 47 millimètres dans la hune de misaine, six canons-revolvers de 37 millimètres sur la passerelle centrale, quatre de 37 millimètres sur la superstructure; deux canons de 37 millimètres dans la hune du grand mât; enfin, deux canons de 65 millimètres : soit quarante-quatre canons, lançant près de 2 000 kilogrammes de boulets ou d'obus chargés de poudre brisante.

« Pour l'abordage, le *Hoche* dispose d'une mousqueterie de cinq cents combattants environ et de cinq tubes lance-torpilles : deux en chasse, deux au centre et le cinquième en retraite.

« Puis, par-dessus tout cela, quoi qu'on dise, et peut-être avant tout cela, l'éperon !

« Quel sera l'audacieux capitaine qui, le premier, jugeant le moment opportun, et choisissant le bon endroit, avec un bélier comme le *Hoche*, qui déplace près de onze mille tonneaux, ébranlera son ennemi, d'un formidable coup d'éperon qui le blessera

certainement à mort? La prochaine guerre navale nous le dira peut-être...

« A voir ces canons monstres qui ont 8 et 10 mètres de longueur, on se figurerait que l'on éprouve de très grandes difficultés à les manœuvrer et qu'il faut encore un temps assez long pour charger et tirer. Il ne faut cependant que quelques minutes pour cette opération. Le chargement peut s'effectuer dans toutes les positions du canon, que celui-ci soit en repos ou en mouvement.

« L'appareil hydraulique nécessaire au monte-charge est placé bien au-dessous de la flottaison. Cette ascension se fait très rapidement et très simplement par traction de chaînes. Les tubes de chargement contenant les munitions arrivent à l'arrière du canon, prêtes à être refoulées au moyen d'un refouloir télescopique et juste à l'endroit où il le faut. Enfin, le pointage en direction s'opère par des chaînes croisées tirées par de puissantes presses hydrauliques mouflées, qui font rouler les tourelles ou les plates-formes sur de forts galets d'acier.

« L'éclairage, à l'intérieur, est fourni par des centaines de lampes électriques à incandescence.

« L'aération et la ventilation ont été étudiées avec soin. L'air pénètre à profusion dans toutes les parties du navire.

« Les conditions qui peuvent rendre le navire habitable pour sept cents hommes ont été prises avec humanité.

« Quant à l'aménagement général, les chambres des officiers, des maîtres, les postes des mécaniciens, leurs lavabos, le logement de l'équipage, l'hôpital, les postes des blessés, la boulangerie, les cuisines, etc., n'ont pas été établis avec la stricte économie de place que l'on remarque sur certains navires de l'État. »

Le *Richelieu* (fig. 256), qui a remplacé le *Magenta*, dont nous avons donné la description dans les *Merveilles de la science*, est un

cuirassé de premier rang. Sa longueur est
de 100 mètres, sa largeur de 17 mètres, son
tirant d'eau de 8 mètres. Il mesure, de la
sorte, 16^m,50, de la quille aux bastingages :
c'est la hauteur moyenne d'une maison de
Paris.

Son déplacement d'eau est de 8500 tonneaux, c'est-à-dire qu'il pourrait supporter un
poids maximum de 8500000 kilogrammes.

Il porte quatre tourelles latérales blindées
(on en voit deux sur notre dessin), et est
armé d'un puissant éperon. Au milieu, est
un réduit central blindé.

Son appareil moteur se compose de deux
hélices, placées une à chaque bord, et qui
sont mises en mouvement par une machine
à vapeur, chacune de la force effective de
4500 chevaux.

Son gouvernail, du système Joëssel, est en
bronze. Il pèse 30000 kilogrammes, et est
mis en mouvement par une machine à vapeur, de la force de 3000 chevaux. Grâce à
ce gouvernail, le vaisseau peut opérer sa
révolution sur lui-même, par un mouvement de 116 mètres de rayon. Les meilleurs
bâtiments blindés demandaient, autrefois,
un rayon double, pour exécuter cette même
parabole.

Le *Richelieu* est porteur de mâts à voiles
qui concourent à sa marche, pour remplacer
la machine à vapeur, en temps favorable. Le
plus haut de ses mâts a 60 mètres de hauteur. En mettant au vent toutes ses voiles,
il offre une surface de toile de 2500 mètres
carrés.

Sa vitesse normale est de 14 nœuds, soit
26 kilomètres à l'heure.

L'épaisseur de la cuirasse est de 22 centimètres à la flottaison, 10 centimètres à la
batterie et 15 centimètres sur les tirants.

Son artillerie se compose de 6 pièces de
27 centimètres, placées dans la tourelle centrale, et lançant un projectile du poids de
206 kilogrammes.

Cinq autres pièces, de 24 centimètres,
sont installées dans les tourelles et le fort
de l'avant.

Son équipage se compose de 760 hommes.

Le *Richelieu*, un des plus beaux spécimens de l'artillerie et de l'art des constructions navales, a coûté 20 millions.

Ce cuirassé a son histoire. Construit à
Toulon, en 1873, il fut victime, en décembre 1880, d'un épouvantable sinistre. Il fut
en partie consumé par le feu, dans le port,
et il se renversa sur l'eau, en s'enfonçant
vers la droite. On désespéra quelque temps
de pouvoir le renflouer, mais on finit par y
parvenir. Remis en chantier, en 1881, il fut
réparé dans toutes ses œuvres, et reprit la
mer en 1885. Aujourd'hui, c'est un des plus
importants et un des plus rapides de nos
cuirassés d'escadre.

L'un des plus beaux cuirassés de notre
flotte est l'*Amiral-Baudin* (fig. 257, page 312).

L'*Amiral-Baudin* est le similaire du *Formidable*, dont nous avons décrit et représenté les machines motrices à la page 297
de cette Notice, dans les considérations générales sur les nouvelles transformations
de nos bâtiments de guerre. Le dessin que
nous donnons de l'*Amiral-Baudin* représente donc également le *Formidable*.

Ces deux cuirassés sont les plus grands
de notre flotte. Voici leurs dimensions principales :

Longueur.....................	104^m,62
Largeur.....................	21 ,24
Creux.......................	12 ,40
Tirant d'eau moyen...........	7 ,98
Déplacement d'eau............	11400 tonnes
Hauteur de commandement des	
canons	8^m,52

La coque, en tôle d'acier, est partiellement
cuirassée. La cuirasse s'étend sur la flottaison, de bout en bout du navire. Un blindage
protège trois tourelles, où sont placées les
grosses pièces d'artillerie, et couvre jusqu'au
pont blindé le passage des projectiles destinés à ces pièces. Le commandant du navire

Fig. 256. — Le *Richelieu*, grand cuirassé d'escadre de la marine française.

se loge dans un abri blindé, à l'épreuve du tir de la mousqueterie et des pièces légères.

Le moteur se compose de deux machines à vapeur distinctes, séparées par une cloison médiane. Elles actionnent, chacune, une hélice ; en sorte que, dans le cas d'avarie de l'une des hélices, le navire n'est pas immobilisé.

L'artillerie se compose : 1° de trois canons de 37 centimètres, placés dans les tourelles ; 2 de deux canons de 14 centimètres, installés dans la batterie ; 3° d'un grand nombre de canons à tir rapide et de mitrailleuses, disséminés soit sur les gaillards, soit dans les hunes.

L'*Amiral-Baudin* et le *Formidable* n'ont pas de voilure. Les mâts que l'on voit sur notre dessin sont des mâts dits *militaires*, c'est-à-dire destinés à porter à une certaine hauteur des mitrailleuses, qui permettent de diriger des feux plongeants contre les bateaux ou navires torpilleurs.

A propos de l'*Amiral-Baudin*, nous donnerons une idée des *mâts militaires* qui, avec quelques modifications, existent aujourd'hui sur la plupart des grands cuirassés de toutes les marines.

Ces mâts sont en tôle, avec escalier intérieur en spirale. Ils portent des hunes étagées, qui reçoivent des mitrailleuses ou de la mousqueterie, destinées, au moment d'un combat, à couvrir de projectiles le pont du navire ennemi.

Dans certains cuirassés on a placé sur le *mât militaire* le poste du commandant du navire, et celui de l'officier torpilleur. C'est la disposition adoptée sur l'*Amiral-Baudin*, comme on le voit sur notre dessin.

De tels postes sont mal défendus, sans doute, contre l'artillerie ennemie, mais on ne pouvait songer à les protéger par des blindages. L'utilité de ces hautes tours militaires, qui remplacent les anciens mâts, c'est de donner au commandant le moyen d'observer d'une grande élévation tout l'en-

semble du navire et les mouvements de l'escadre ennemie. La durée d'un combat étant très courte, l'abri du commandant serait sans doute suffisant.

C'est ce que pensent la plupart de nos marins, mais leur confiance n'est pas partagée par tous.

Quoi qu'il en soit, sur l'*Amiral-Baudin*, le poste de commandant, au moment d'un combat, se trouverait sur le *mât militaire*, à la partie supérieure : de là, il dominera tout le pont. Au-dessous de lui et sur le même mât, dans un kiosque de dimensions un peu plus grandes, se trouve le poste de l'officier torpilleur, qui reste en communication constante avec le commandant.

Après cette description de l'*Amiral-Baudin* et du *Formidable*, nous ajouterons que nos ingénieurs ont été mieux inspirés que les ingénieurs anglais, quand ils en ont conçu les plans.

Un rapport à l'amirauté anglaise sur les manœuvres de 1886 signale ce fait, que les cuirassés anglais, trop peu élevés sur l'eau, à l'avant, se trouvent dans des conditions d'infériorité sensible sur nos cuirassés, au point de vue de la navigabilité.

C'est ainsi que le cuirassé anglais *le Trafalgar* est élevé de 3^m,40 seulement au-dessus de l'eau, alors que, pour un tirant d'eau à peu de chose près analogue, cette hauteur est de 5^m,68 sur l'*Amiral-Baudin*. Il en résulte qu'à puissance égale, nos cuirassés auraient l'avantage sur les vaisseaux anglais du même type d'une meilleure navigation, pour peu que la mer fût agitée.

Nous passons à la description des *garde-côtes* cuirassés.

Entre les *cuirassés d'escadre* et les *garde-côtes cuirassés*, la différence n'est pas toujours très sensible. C'est ainsi que l'*Indomptable* appartient, en réalité, à l'une et à l'autre de ces deux catégories. Il a 84 mètres de longueur, sur 18 mètres de largeur, et déplace 7 239 tonneaux, mais sa vitesse n'est que de 14 nœuds, et s'il est presque entièrement en fer et en acier, si la ceinture qui le protège à la flottaison atteint une épaisseur de .50 centimètres, il n'est armé que de deux canons, de 42 centimètres, placés dans une tourelle mobile, et de quatre canons de 10 centimètres. C'est ce qui lui assigne plus particulièrement le rôle de garde-côtes.

L'*Indomptable*, abrité par un pont en acier, est mis en mouvement par deux hélices, actionnées par deux machines à vapeur *compound* à trois cylindres. La vapeur est fournie aux machines par deux chaudières. A l'intérieur, le navire est divisé en dix compartiments, par des cloisons étanches.

Le garde-côtes cuirassé, *le Tonnerre*, construit sur les plans de M. de Bussy, ingénieur des constructions navales, a été lancé en 1877. Ce qui fait l'originalité de ce bâtiment, c'est que tous ses mouvements, grâce aux appareils que nous avons décrits dans le *Supplément aux Bateaux à vapeur*, sous le nom de *servo-moteurs* (1), sont littéralement sous la main de son commandant, qui, installé dans le réduit du centre, domine son énorme bâtiment, et le fait, à proprement parler, évoluer du doigt. Dans ce garde-côtes, tout s'exécute à la machine, même la ventilation. La lumière est artificielle; ce qui était nécessaire, puisque, sauf le réduit cuirassé central, tout le reste du navire est presque entièrement sous l'eau, et n'émerge que de 2 mètres au plus au-dessus de la mer.

Le *Tonnerre* a deux coques, distantes l'une de l'autre de 90 centimètres, et superposées. Il ne possède qu'un seul mât, où l'on hisse les signaux, et où l'on place les vigies.

Ce navire, qui déplace 4 524 tonnes, se compose d'un réduit, d'une tour et d'une *superstructure*. La coque, doublée en fer, est

(1) Tome Ier, pages 174-177.

armée d'un éperon de 3 mètres. A sa partie moyenne, cette coque a 7 mètres de hauteur; elle est partagée en neuf sections à l'aide de huit cloisons étanches transversales.

Le réduit central, qui se trouve sur le pont, et qui contient la tour, est blindé. Il a 40 mètres de longueur sur 12 mètres de largeur et 2 mètres de hauteur, et renferme les logements du commandant et de son second, l'hôpital, ainsi que le poste de l'équipage. La tourelle a un diamètre extérieur de 10^m,50; elle s'élève de 6 mètres au-dessus du pont, et elle est elle-même surmontée d'une petite tourelle, d'un mètre. Percée de deux sabords, elle est armée de deux canons de 27 centimètres; comme la tour tourne sur un pivot ses canons peuvent être pointés dans toutes les directions. Enfin, dans l'espace laissé libre sur le pont, à l'avant et à l'arrière, on a construit deux sortes d'immenses caisses en tôle, où sont les logements des maîtres et de l'état-major.

Quant à la *superstructure*, élément dont nous avons pour la première fois l'occasion de parler, c'est un vaste palier en tôle, qui a 3 mètres de largeur, sur 27 mètres de longueur, et qui, installé au centre du navire, renferme la cheminée et supporte une large plate-forme. A chacun des angles de cette plate-forme se trouve un canon de 12; les hamacs de l'équipage sont, pendant le jour, rangés dans les bastingages de cette plate-forme.

Quand un petit modèle de ce navire parut à l'Exposition universelle de 1878, quelques marins prétendirent que ce bâtiment manquerait de stabilité. La navigation qu'il a faite depuis a largement démontré que ces critiques étaient mal fondées.

Sur le modèle du *Tonnerre* et en différant à peine par quelques dispositions, a été construit, à Rochefort, et lancé en 1881, le magnifique garde-côtes cuirassé, le *Tonnant*, que nous représentons dans la figure 258.

Fig. 257. — L'Amiral-Baudin, grand cuirassé de la marine française.

Fig. 258. — Le *Tonnant*, garde-côtes cuirassé de la marine française.

Ce formidable engin de guerre mesure 75^m,60 à la flottaison ; il a 17^m,60 de largeur extérieure, 5^m,49 de creux et 5^m,10 de tirant d'eau. Son déplacement et de 4 523 tonneaux. Sa cuirasse a 33 centimètres au milieu, 25 centimètres à l'avant, et 24 centimètres à l'arrière. Sa tour est également cuirassée à l'épaisseur de 35 centimètres.

Son artillerie se compose de deux canons de 34, enfermés dans une tourelle, et de 4 canons-revolvers, placés sur les gaillards.

Comme on le voit par notre dessin, les puissants garde-côtes du genre du *Tonnant* n'ont plus du navire que le nom. Il faut un effort d'imagination pour comprendre que cette succession d'étages, placés les uns au-dessus des autres, sont supportés par une coque qui rappelle les anciens bâtiments. La coque est, en effet, presque entièrement noyée, et ce que l'on voit au-dessus du niveau de l'eau a plutôt l'apparence d'un château-fort bardé de fer, que d'un bâtiment. Nous sommes loin de ces élégantes frégates dont la légère voilure séduisait tant les peintres et les poètes. Mais il y a ici un autre genre de pittoresque et de poésie. Sans doute, nos navires de guerre ne rappellent plus le « goéland » étendant ses ailes, mais ils nous montrent un gigantesque édifice dominant la mer de toute sa puissance. A ce point de vue, le *Tonnant*, qui justifie bien son nom, a aussi sa beauté.

La classification nouvelle adoptée, pour les navires de notre flotte, comprend neuf *gardes-côtes*, dont le plus ancien, l'*Onondaga*, date de 1863. Le *Tonnant* est, avec le *Tonnerre*, le dernier lancé et le plus perfectionné.

Il porte 197 hommes.

La *Fusée* (fig. 259) est un autre navire cuirassé, qui est destiné à la défense des côtes. Construit à Lorient, il a été lancé le 7 mai 1884.

Sa coque est en acier et en bois doublé de cuivre ; ses dimensions sont restreintes, car sa longueur est seulement de 65 pieds,

sa largeur de 32 pieds, 7 pouces, son déplacement d'eau de 1045 tonnes.

La coque est protégée par une ceinture en acier, de 10 pouces d'épaisseur au-dessus et de 7 pouces au-dessous. Le pont est défendu par une plaque en acier, de 2 pouces d'épaisseur. Toutes les parties pleines et vides sont protégées de même.

La flottaison de ce navire est assurée par de nombreux compartiments étanches, faisant tout le tour du pont. Le bouclier placé en avant est lui-même protégé par une plaque de 4 pouces.

Le poids total de la cuirasse est de 333 tonnes.

L'armement de ce garde-côtes consiste en un canon de 27 centimètres, monté en avant de la tourelle. Deux mitrailleuses Hotchkiss et un tube *lance-torpille Whitehead* sont adaptés à l'une des batteries.

Les machines à vapeur, qui sont de la force de 1500 chevaux, font mouvoir deux hélices jumelles.

La vitesse de la *Fusée* est estimée à 13 nœuds.

L'équipage se compose de 70 hommes.

Les types des bâtiments cuirassés et des garde-côtes cuirassés que nous venons de décrire ont servi de modèle pour construire les grands cuirassés et les garde-côtes de notre flotte.

CHAPITRE III

LES CROISEURS. — DIFFÉRENTES CLASSES DE CROISEURS. — LE « CÉCILLE » ET LE « FORBIN ». — LE « HUSSARD ». — LES CROISEURS CUIRASSÉS. — LES AVISOS. — LES AVISOS DE TRANSPORT ET LES AVISOS DES COLONIES. — LE « FORFAIT ». — LA « SARTHE », ETC.

La vitesse, élément trop négligé depuis 1870, a repris, de nos jours, un rôle prépondérant, dans notre organisation maritime militaire. En effet, outre les combats

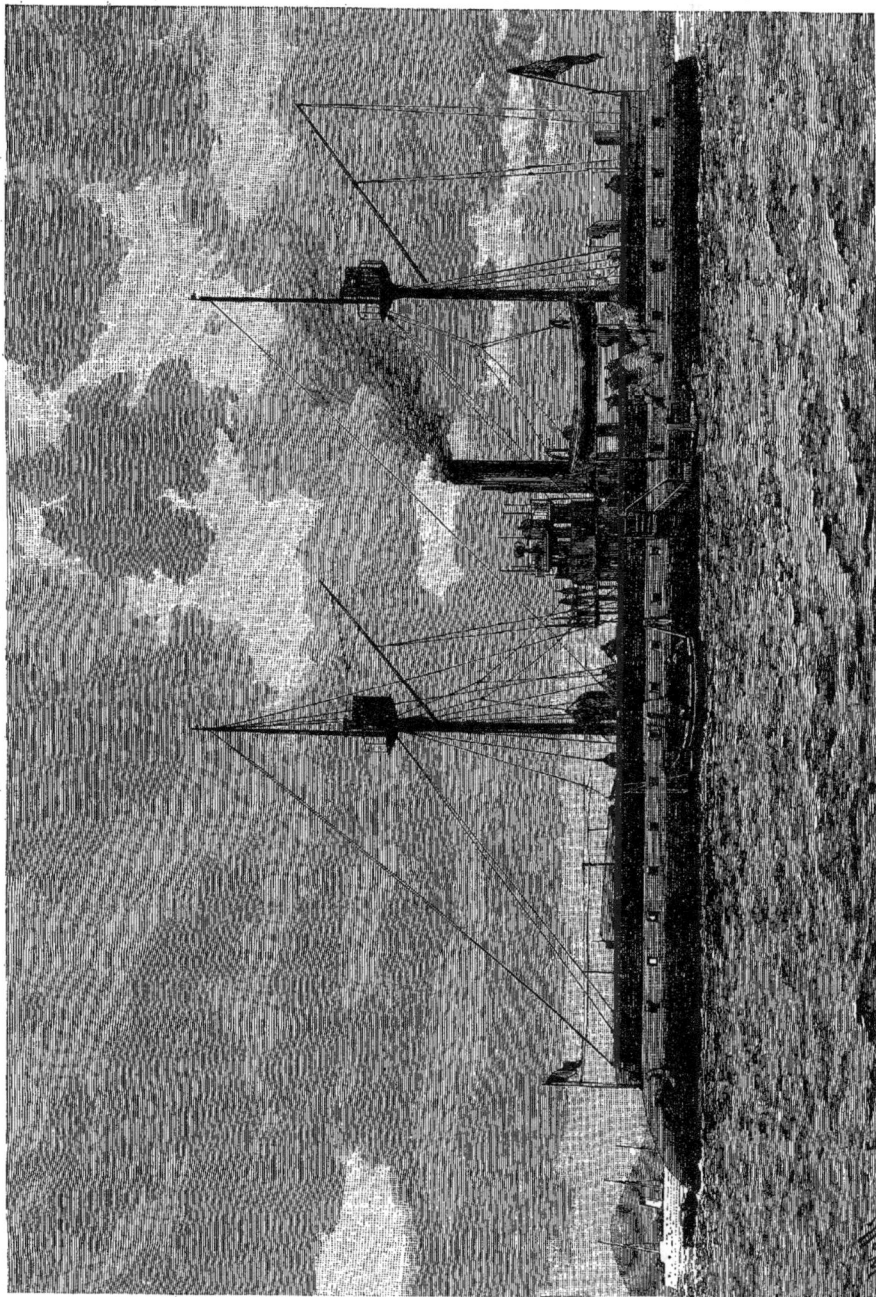

Fig. 259. — La *Fusée*, garde-côtes cuirassé de la marine française.

corps à corps, il faut encore se préoccuper des intérêts que chaque nation doit défendre sur les mers. Si, pendant une guerre, les navires qui apportent le blé, voire même les canons et les munitions, comme ceux qui voyagèrent, en 1870, des États-Unis en France, étaient pris ou arrêtés en route, la fortune et le sort d'un pays pourraient être compromis. D'où la nécessité d'ajouter aux bâtiments cuirassés d'autres navires de guerre, également cuirassés, mais plus petits, et à marche rapide.

On appelle *croiseurs* les navires répondant à cette nouvelle indication.

Le *croiseur* est au cuirassé ce que la cavalerie est à l'infanterie. Il veille à la sûreté du corps de bataille; il le protège contre les surprises de l'ennemi; il éclaire sa route, il explore l'horizon, dans toutes les directions, en avant, en arrière et sur les flancs, pour avertir l'amiral des mouvements ennemis qui peuvent menacer l'escadre. Dans la constitution des flottes modernes, le croiseur a donc une importance hors ligne.

Si nous possédons, en France, d'admirables vaisseaux cuirassés, nous ne sommes pas moins bien pourvus en fait de croiseurs.

Quand on commença à ajouter moins d'importance aux grands navires cuirassés, le gouvernement français ordonna la construction de plusieurs croiseurs. Au mois de janvier 1888, l'arsenal de Rochefort procédait au lancement d'un très beau et très puissant croiseur, le *Forbin*, et sur le même modèle, le *Surcouf*, le *Tonder*, la *Lalande*, le *Condor* et le *Coetlogon*. Pour faire connaître ces types de bâtiments de guerre, nous décrirons d'abord le *Forbin*.

Le *Forbin* est un des plus longs croiseurs qui existent. Il mesure 95 mètres de longueur, sur 9 mètres seulement de largeur; il déplace 1 848 tonneaux, avec un tirant moyen de 4ᵐ,24. Ses deux machines à vapeur sont d'une force de 6 000 chevaux. Il

est protégé par un pont cuirassé, qui a la forme d'un dos de tortue, et qui va de bout en bout du navire, au-dessous de la flottaison.

Ce croiseur, qui file 19 nœuds, et qui n'a que 150 hommes d'équipage, porte deux canons de 14 centimètres, placés sur le pont des gaillards, trois canons à tir rapide installés sur la dunette, et quatre canons-revolvers (mitrailleuses). Il a coûté 3 millions, dont 74 000 francs seulement pour le matériel d'artillerie, et plus d'un million pour les appareils moteurs.

Les croiseurs, dont nous venons de donner la nomenclature, et qui ont été faits sur le modèle du *Forbin*, sont connus sous le nom de *croiseurs de 3ᵉ classe*. Le *Dupuy-de-Lôme*, que nous allons décrire, est le type des croiseurs de 1ʳᵉ classe, et le *Davout*, le type des croiseurs intermédiaires, ou de 2ᵉ classe. Disons seulement, en ce qui touche ce dernier type, que le *Davout* a 88 mètres de longueur sur 12 mètres de largeur, qu'il file 20 nœuds, et qu'il est armé de quatre canons de 16 centimètres.

Le *Dupuy-de-Lôme*, type des croiseurs de 1ʳᵉ classe, est plus grand. Il a 114 mètres de longueur, sur 15ᵐ,70 de largeur. Ses deux machines à vapeur développent une force de 14 000 chevaux, et permettent à ce bâtiment, réellement exceptionnel, de filer 20 nœuds. Il a pour armement deux canons de 19 centimètres, trois canons de 16 centimètres à l'avant, et trois canons de même calibre à l'arrière, huit canons-revolvers (mitrailleuses) et huit canons à tir rapide. Il est protégé, dans ses œuvres vives, par un pont cuirassé, situé au-dessous de la ligne de flottaison.

Le *Hussard* appartient à la catégorie des croiseurs de 2ᵉ classe. Nous le représentons dans la figure 260.

Le croiseur *le Hussard* est un navire en bois et à éperon, qui a été construit au Havre, et lancé le 27 août 1877. Sa longueur est de 65 mètres, et sa largeur de 8 mètres.

Fig. 260. — Le *Hussard*, croiseur de la marine française.

Il porte 110 hommes d'équipage. Il peut marcher à la voile et à la vapeur. La machine à vapeur, de la force de 175 chevaux, et de 300 kilogrammètres, actionne une hélice qui procure au navire une vitesse moyenne de 14 nœuds.

Son artillerie se compose de 14 pièces, et de 2 mitrailleuses.

Somme toute, notre flotte possède six croiseurs de 3ᵉ classe, deux croiseurs du type intermédiaire — et qui disparaîtront tôt ou tard — et quatre croiseurs à barbette, de 1ʳᵉ classe, qui sont tous les quatre, et comme le *Dupuy-de-Lôme*, revêtus de cuirasses à l'épreuve des obus à la mélinite.

Il est bien évident que la construction des croiseurs de 1ʳᵉ classe s'imposait à nous. Les croiseurs de 3ᵉ classe, du type du *Forbin*, ne disposent pas d'une artillerie suffisante ; c'est tout au plus s'ils sont bons pour le service d'éclaireurs d'escadre. Ces croiseurs n'ont peut-être pas un rayon d'action suffisant : les croiseurs du premier type répondent seuls efficacement à leur mission.

La marine britannique, à l'exemple de la nôtre, n'a pas hésité à suspendre la construction des navires cuirassés, pour activer celle des croiseurs rapides. Sir Charles Dilke écrivait, en 1888, à ce sujet : « Toutes les puissances multiplient leurs croiseurs, pour attaquer notre commerce. Pour deux navires anglais qui filent 20 nœuds, on en cite cinq français et russes. Sans doute, nous avons nos steamers marchands, mais telle est la supériorité de la France en croiseurs à grande vitesse, qu'il est à douter que nous ayons assez de steamers à grande vitesse, pour contrebalancer sa supériorité. »

La vitesse est le principal facteur dans la guerre navale.

La marine anglaise en revient à rechercher la grande vitesse, pour ses navires de guerre. Mais il faut joindre à cette qualité la mobilité ; c'est cette double condition que nous nous sommes efforcés de réaliser dans la construction de croiseurs des types les plus récents sortis de nos chantiers et qu'il nous reste à décrire.

Tels sont les croiseurs torpilleurs, l'*Epervier*, et la *Cécille*.

L'*Epervier* est un bâtiment en acier et à deux hélices, qui a 68 mètres de longueur sur 8ᵐ,90 de largeur. Sa coque est divisée en dix compartiments étanches, dont les cloisons s'élèvent jusqu'au pont cuirassé. Le pont, qui a la forme d'un dos de tortue, pro-

tège toutes les parties vitales du navire, machines, chaudières, soutes à munitions, etc. Il est armé de cinq canons de 10 centimètres et de six canons-revolvers. Sa construction a coûté 2 millions.

Le *Cécille* est un croiseur de 1ʳᵉ classe, construit par la *Société des forges et chantiers de la Méditerranée*, et dont les plans ont été dressés par M. Lugane. Il est en acier, à double hélice, et mesure 122 mètres de longueur, sur 15 mètres de largeur. Un pont cuirassé protège les deux machines motrices, les chaudières et les soutes à munitions. Le pont est établi au-dessous de la ligne de flottaison; il s'abaisse en abord et sur les extrémités, et forme ainsi une ceinture, qui présente une réelle résistance aux projectiles de fort calibre. Au-dessus du pont, on a dressé une série de caissons en acier, qui sont remplis de cellulose comprimée; on assure, de cette façon, l'insubmersibilité du bâtiment, en cas d'avarie par les obus.

Quatre machines à vapeur, accouplées par deux, à deux hélices juxtaposées, développent une force de 9 600 chevaux-vapeur. Le *Cécille* est armé de six canons de 16 centimètres, placés sur le pont, de dix canons de 14 centimètres dans la batterie, et d'une trentaine de canons à tir rapide et de canons-revolvers. Il est éclairé à l'électricité, file 19 nœuds, et comporte un équipage de 486 hommes.

Le *Forfait*, qui a été lancé le 6 février 1879, à l'arsenal du Mourillon (Toulon), appartient à la catégorie de navires en bois de grande vitesse, destinés à combattre, non pas des cuirassés, mais des navires de même espèce. Toutefois, la rapidité de marche dont sont animés les bâtiments de ce type leur assure, pour le combat, des avantages particuliers sur les cuirassés eux-mêmes. Ils se classent dans les croiseurs de deuxième rang.

La longueur du *Forfait* est, à la flottaison, de 76 mètres, sur 11ᵐ,60 de largeur. Son tirant d'eau moyen est de 4ᵐ,85 ; il déplace 2268 tonnes. Sa coque est tout en bois. Armé de quinze canons de 14 centimètres, qui lancent leurs obus de 21 kilos jusqu'à une distance de 10 kilomètres, il a une machine à vapeur de 2500 chevaux, qui imprime au navire une vitesse de 16 nœuds. L'approvisionnement de charbon est de 400 tonnes.

Le *Forfait* a une voilure portée sur une mâture complète ; il est commandé par un capitaine de vaisseau, qui a sous ses ordres 250 hommes d'équipage.

Nous avons donné, dans le *Supplément aux Bateaux à vapeur*, au volume précédent (1), la description et les dessins de machines à vapeur du *Forfait*. Le lecteur est prié de s'y reporter, pour apprécier l'importance du moteur de ce navire.

Une autre catégorie de navires, les *avisos*, ont été construits récemment, selon un mode nouveau approprié aux missions qu'ils ont à remplir.

Comme type des nouveaux *avisos de transport*, nous rappellerons l'aviso *le Renard*, dont le premier type se perdit, en 1884, dans les mers de Chine, mais qui a été reproduit plusieurs fois depuis.

Un autre *aviso* de transport que l'on voit dans la figure 261 (page 320) est la *Sarthe*.

La *Sarthe* est un magnifique bâtiment à vapeur, mixte, en bois, qui a été construit à Cherbourg, sous la direction de différents ingénieurs et d'après les plans et devis de M. Guénot. Voici ses principales dimensions :

Longueur à la flottaison........	82ᵐ,90
Largeur extrême...............	13ᵐ,56
Creux......................	8ᵐ,14
Déplacement d'eau............	3 959 tonnes.

La *Sarthe* possède 2 batteries de 2ᵐ,30, un faux-pont de 2ᵐ,60, et une cale. Elle est pourvue d'une hélice mue par une machine

(1) Pages 129 et 131.

à vapeur horizontale, à bielle renversée, de la force de 249 chevaux. Sa vitesse et de 11 nœuds.

Un grand nombre de nos *avisos* sont destinés au service côtier du Sénégal et du Tonkin. Le *Laprade* peut être considéré comme le type de ce genre particulier d'aviso.

Le *Laprade*, qui a été lancé au mois de janvier 1888, a une longueur de 55 mètres ; il est entièrement construit en fer. Bien qu'il soit pourvu d'une machine à vapeur très puissante, son tirant d'eau ne dépasse pas 2 mètres, de telle sorte qu'il peut remonter tous les fleuves de nos colonies. Sa machine à vapeur est de la force de 400 chevaux.

Ce qui est curieux dans les *avisos* destinés au service côtier de nos colonies, c'est leur aménagement intérieur. On a dû prendre toutes les précautions exigées par le climat du Sénégal et du Tonkin, d'autant plus qu'en cas d'expédition à l'intérieur de ces contrées, ces avisos, accompagnant de loin les colonnes de troupes, seraient également désignés pour servir d'hôpitaux. Tous leurs compartiments intérieurs, sont à claire-voie. Les sabords et les panneaux, qui sont très larges, servent à la ventilation. Enfin, le pont est recouvert par un toit et par une vaste tente ; de telle façon que les hommes de l'équipage manœuvrent à l'abri de la pluie.

L'*aviso-transport*, la *Rance*, qui a été construit à Lorient, et terminé en 1888, est également destiné au service des colonies. Il est long de 64 mètres et large de 10ᵐ,50. Sa coque, qui est en bois, avec liaisons en acier, est divisée, à l'intérieur, par deux cloisons étanches.

La flotte française comprend trois bâtiments de ce même type : la *Rance*, la *Manche* et le *Vaucluse*. Ces trois *avisos* sont pourvus de machines à vapeur *compound*, à pilon, à deux cylindres, avec condenseurs à surface, produisant une force de 745 chevaux-vapeur. Ils sont armés, chacun, de

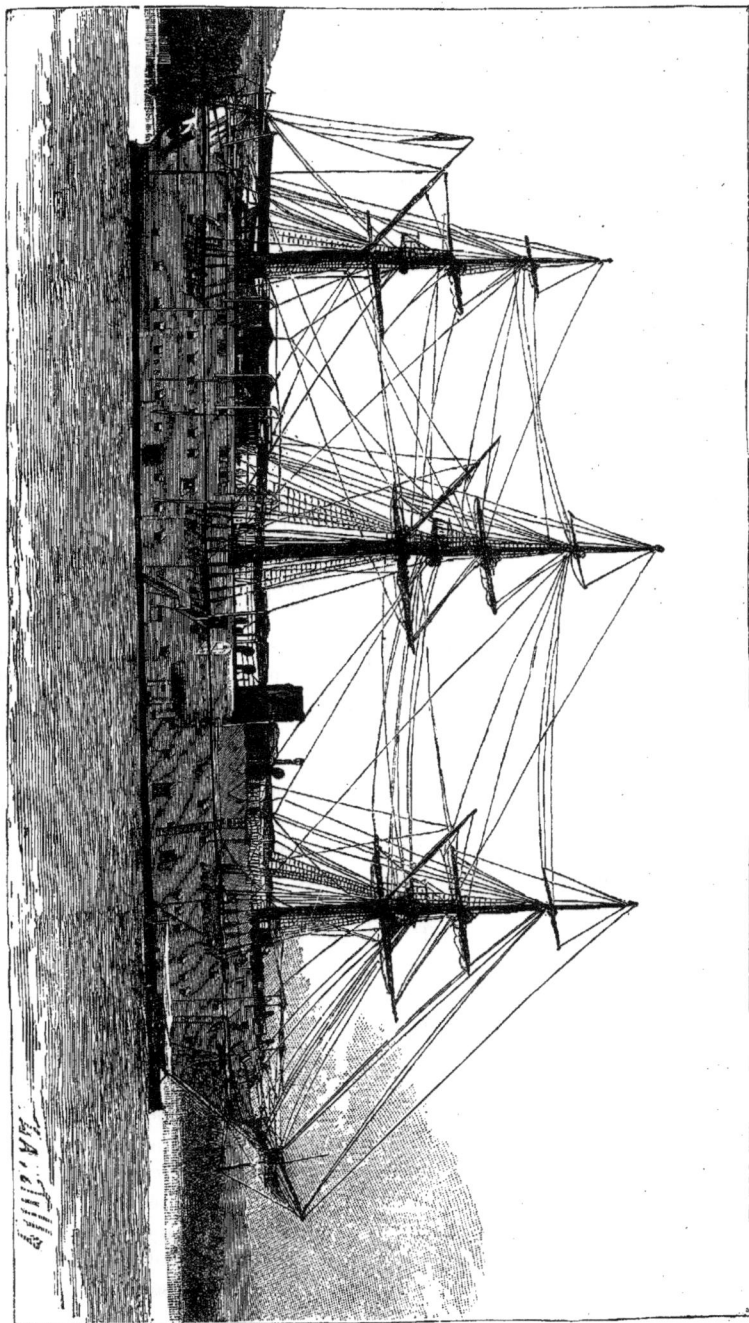

Fig. 261. — La *Sarthe, aviso* de la marine française.

Fig. 262. — Canonnière du Tonkin.

quatre canons de 14 centimètres, de deux canons de 90 millimètres et de quatre canons-revolvers.

Les *avisos* sont pourvus, comme beaucoup de cuirassés, d'un matelas de cellulose, pour empêcher la pénétration de l'eau, si un obus a percé leur coque.

Le *Sagittaire* est un *aviso* construit récemment, dans le but spécial de la navigation dans les mers de l'extrême Orient (Chine, Indes, Tonkin).

Pour le service de transport ou de campagne dans les fleuves du Tonkin, de l'Annam, de la Chine et de la Cochinchine, la marine française a construit, en outre des *avisos*, de simples canonnières à vapeur.

Le *Henri-Rivière* est une petite canonnière ayant cette affectation spéciale.

Une autre canonnière à l'usage spécial du Tonkin est représentée dans la figure 262.

Ces canonnières ont fait leurs preuves en Chine, en forçant les passes de la rivière Min.

CHAPITRE IV

LES TORPILLES; HISTOIRE DE LEUR DÉCOUVERTE ET DE LEUR PERFECTIONNEMENT. — L'AMÉRICAIN BUSHNELL. — FULTON ET SES PREMIERS ESSAIS. — CLASSIFICATION DES TORPILLES. — TORPILLES FIXES, MOBILES, AUTOMOBILES, DIRIGEABLES ET PROJETÉES. — LA TORPILLE AUTOMOBILE, OU TORPILLE WHITEHEAD. — MOYENS DE SE DÉFENDRE CONTRE LES TORPILLES : L'ÉCLAIRAGE DE LA MER PAR DES PROJECTIONS ÉLECTRIQUES ET LES FILETS BULLIVAN.

Une invention, terrible dans ses effets, est venue obliger toutes les marines militaires à modifier, ou à transformer leur matériel de défense et d'attaque, c'est-à-dire les flottes de cuirassés et de croiseurs, ainsi que les moyens de défense de nos ports, de nos cours d'eau, et des ouvrages fortifiés qui doivent mettre nos côtes à l'abri d'un débarquement ennemi. Ce n'est plus seulement contre les formidables projectiles des canons de 100 tonnes que les navires cuirassés et les croiseurs ont à se défendre, mais aussi contre un adversaire bien autrement dangereux : le *torpilleur*.

Le *torpilleur* est un bateau, de dimensions restreintes, qui porte un agent de destruction d'une puissance effroyable, la *torpille*, et qui vient l'attacher aux flancs d'un navire ennemi. Si la tentative réussit, la torpille éclate, et pratique une énorme brèche dans les flancs du bâtiment, qui coule presque aussitôt.

C'est en 1864, pendant la guerre de la Sécession américaine, que ce redoutable engin fit sa première apparition. Le 17 février, la corvette fédérale *le Housatenic* était à l'ancre au large de Charlestown. Il faisait nuit quand, vers 9 heures du soir, l'officier de quart aperçut, dit-il, « quelque chose qui se mouvait dans l'eau » et qui se rapprochait du navire. On eût dit une planche glissant sur la mer. En réalité, c'était un très petit bateau plat, commandé par un lieutenant, et monté par six marins. En deux minutes, ce bateau se trouva près du bord de la corvette. Le capitaine du *Housatenic* ordonna de faire machine en arrière, et appela l'équipage aux postes de combat. Mais, inutiles mesures ! Une explosion terrible éclate brusquement, le navire s'enfonçant par l'arrière s'incline sur bâbord, et coule à fond.

Le temps était beau, la mer calme ; presque tous les hommes de l'équipage furent recueillis, sains et saufs, par les embarcations d'un autre navire fédéral. Quant au lieutenant Dixon, qui commandait l'embarcation, il fut englouti, avec ses compagnons.

Le même genre d'attaque continua contre les vaisseaux de l'Union.

Le 6 mars 1864, le steamer *Memphis* était en station sur le North Edisto River, quand les matelots aperçurent, à 60 mètres seulement, un petit bateau arrivant sur eux à toute vitesse. On retira immédiatement les ancres, et on se mit à fuir, pendant que les hommes de quart concentraient sur l'assaillant un violent feu de mousqueterie. Heureusement, le mécanisme du bateau torpilleur s'étant dérangé, celui-ci dut battre en retraite.

Le 9 avril 1864, la frégate *Minnesota*, de l'escadre des confédérés faisant le blocus de l'Atlantique du Nord, était mouillée à la hauteur du Newport News, au milieu de navires de guerre, de cuirassés, et d'*avisos* de transport, lorsque l'officier de quart aperçut, à 250 mètres de distance, un corps sombre, qui s'avançait lentement. L'officier de quart héla l'embarcation, mais comme elle ne répondait pas, il s'apprêtait à faire feu, quand, tout à coup, une explosion terrible se produisit. La torpille avait touché la frégate ; celle-ci ne coula point, mais ses avaries furent considérables.

Dix jours après, la frégate *Wabash*, de l'escadre du blocus de Charlestown, se vit, à son tour, attaquée par un torpilleur. Elle se hâta de couper ses amarres, et prit le large, tout en lâchant une bordée de mousqueterie, dans la direction supposée de son chétif assaillant.

Le torpilleur put rentrer sain et sauf à Charlestown. Mais, on le voit, une frégate de guerre, armée de canons formidables, portant 700 hommes d'équipage, avait dû fuir devant quatre aventuriers dirigeant une frêle embarcation, du port d'un tonneau, dont tout l'armement consistait en quelques livres de poudre accrochées au bout d'un espar !

De semblables faits ne pouvaient être accueillis avec indifférence. Le gouvernement de l'Union prit enfin la résolution de munir sa flotte d'engins offensifs, analogues à ceux des Confédérés. Il commanda un bateau-torpille, qui fut désigné sous le nom de *screnpicket boat*, et il le mit à la disposition du capitaine Cushing, avec mission d'attaquer le cuirassé confédéré *l'Albemarle*.

L'*Albemarle* était un croiseur qui était devenu la terreur des passes maritimes. Son capitaine se vantait de couler tous les navires de l'Union, et on l'avait vu sortir victorieux de deux engagements très rudes. Décidé à détruire ce dangereux adversaire, le gouvernement de l'Union chargea de cette mission périlleuse le capitaine Cushing. Ce courageux marin, accompagné de treize hommes résolus, appareilla, dans la nuit du 26 octobre 1864, pour aller à la rencontre de *l'Albemarle*, alors mouillé dans

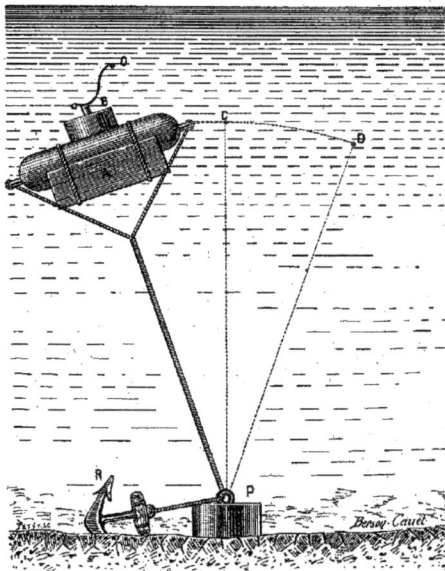

Fig. 263. — Fourneau submergé de Fulton, d'après une gravure du temps.

le Roancke River. Il s'en approcha, d'abord lentement, silencieusement, mais bientôt, découvert et accueilli par un feu de mousqueterie formidable, il lança à toute vapeur son bateau en avant, porta sa torpille sous le flanc du navire, et lâcha la détente.

L'*Albemarle* sauta en l'air. Le bateau torpilleur fut détruit, mais le capitaine Cushing put se sauver, à la nage, avec quelques-uns de ses compagnons.

Tels furent les débuts des torpilleurs dans la guerre maritime. Les procédés employés par les confédérés et les fédéraux étaient

encore élémentaires, mais l'art de la destruction n'en avait pas moins fait un grand pas : le navire *torpilleur* était créé.

Quant à la torpille elle-même, son invention remontait beaucoup plus haut, mais jusque-là on n'avait pas songé à la placer sur un bateau ou un navire, pour en faire un moyen d'attaque ou de destruction. Son emploi se bornait à la défense des fleuves, des ports et de certains points du littoral où l'ennemi pouvait tenter un débarquement de vive force.

Avant d'étudier les navires torpilleurs, leur construction, leur armement, leur tactique, il est donc indispensable de parler des torpilles.

Deux ingénieurs américains, Bushnell et Fulton, sont les inventeurs de la torpille. Dans notre notice sur les *Bateaux à vapeur* des *Merveilles de la science* (1), nous avons parlé de Bushnell, et dit que Fulton avait proposé, en 1803, au premier consul Bonaparte, de construire, à l'entrée de nos ports, ce qu'il appelait des *fourneaux submergés*.

Le *fourneau submergé* de Fulton se composait, comme le représente, d'après une gravure du temps, la figure 263, d'une boîte en cuivre, B, fixée à une boîte de sapin, A, contenant 100 kilogrammes de poudre, et retenue par un câble, permettant à la torpille

(1) Tome I, pages 185-186.

de flotter entre deux eaux. La torpille était fixée à un poids de 60 livres, P, retenu à la place voulue par une ancre R. On disposait le câble et l'ancre de telle façon que l'extrémité supérieure de la torpille fût à 8 ou 10 mètres au-dessous de la surface de la mer. A son extrémité supérieure, la torpille était pourvue d'une capsule en cuivre contenant l'amorce, et d'un levier O. Il suffisait qu'un bâtiment heurtât ce levier, pour que l'amorce prît feu et que la torpille éclatât.

Le ministre de la marine française (c'était l'amiral Decrès) ne fit pas bon accueil à la découverte de Fulton, et Bonaparte, après en avoir fait exécuter l'essai dans le port de Brest, repoussa avec énergie l'invention de l'ingénieur américain, comme tout à fait innapplicable.

Fulton passa alors en Angleterre, et proposa ses *fourneaux submergés* à l'Amirauté. Mais il ne fut pas plus heureux en Angleterre qu'en France, bien qu'il eût détruit, avec une charge de 200 livres de poudre, le vieux brick *Dorothée*. On lui faisait, non sans raison, une double objection. D'abord les amorces étaient fort imparfaites; ensuite, pour qu'un bâtiment fût détruit, ou tout au moins atteint, il fallait qu'il vînt heurter la torpille. Mais un navire neutre ou ami, un bâtiment de commerce, pouvait, dans l'obscurité, venir heurter la torpille, et être victime de l'explosion.

Cette objection était sans réplique. L'électricité peut seule fournir le moyen, comme on le fait de nos jours, d'enflammer à distance une mine sous-marine.

La torpille rudimentaire imaginée par Fulton était *automatique*, puisqu'elle détonait sous l'influence d'un choc. Mais comme ce choc est par trop livré au hasard, on n'a jamais songé sérieusement, en Europe, ni en Amérique, à faire usage des *fourneaux submergés* de Fulton. C'est tout au plus si les Chinois y ont eu recours, en 1886, pour fermer la rivière Min à l'escadre de l'amiral Courbet.

Le courant électrique est donc le seul moyen usité aujourd'hui pour enflammer les torpilles, et l'on distingue les *torpilles électriques à simple interruption*, et les *torpilles électriques à double interruption de courant*.

Supposez (fig. 264) une torpille placée en A, et reliée par deux fils conducteurs, avec deux postes d'observation, B et C. Les observateurs de ces deux postes sont munis d'une planchette, sur laquelle est indiquée fort exactement la situation des torpilles fixes.

Sur la planchette se trouve une lunette portée par un pivot, muni d'une aiguille de cadran. Cette aiguille est perpendiculaire à la direction de la lunette. Tout autour du pivot, et disposés comme les heures sur le cadran d'une montre, se trouvent les points d'attache, 1, 2, 3, etc., des fils conducteurs du courant électrique allant aux diverses torpilles placées sous l'eau au loin dans la mer. Les fils 1 de chaque appareil vont à la même torpille. De même pour les fils 2.

Sur la table de chaque poste d'observation, se trouvent, en n, n, deux petits appareils à levier mobile, qui servent, à l'aide d'un fil m, à établir le circuit électrique entre les deux postes B et C, au gré de chacun des observateurs.

C'est là le point intéressant du système, car c'est la possibilité de ne rendre la torpille inflammable que lorsque le navire qui passera au-dessus d'elle sera un navire ennemi.

Au moment où, dans la lunette avec laquelle ils observent les déplacements du navire ennemi, nos deux observateurs verront à la fois, tous les deux, le navire suivant la direction de la torpille, A, ils pourront en conclure que le navire passe au-dessus de la torpille. Ils n'auront alors qu'à fermer le circuit électrique A, B, C, en abaissant les leviers n, n, et le courant électrique, qui passera aussitôt, mettra le feu à la torpille.

Fig. 264. — Inflammation d'une torpille par le courant électrique.

Voilà un procédé très simple, il offre, cependant, un inconvénient. Si la foudre venait à tomber sur l'un des fils *a* A, *b* A, le courant électrique très intense qui serait produit suffirait peut-être pour déterminer l'explosion de la torpille. En temps de paix, ce serait déjà une excellente raison pour préférer à ce mode trop simple d'inflammation électrique la mise du feu *électro-automatique*.

Voici en quoi consiste ce procédé : le circuit électrique A C B est interrompu deux fois : d'abord à la station d'observation, ensuite dans la torpille elle-même. A la station, l'observateur rétablit le circuit à son gré, mais dans la torpille le circuit ne devient continu qu'à la suite d'un choc. Supposez que l'on n'ait à redouter aucune attaque ; alors on interrompt le circuit dans les postes, et les navires peuvent circuler à l'aise. Ils auront beau heurter les torpilles ; elles ne feront pas explosion. Mais si l'escadre ennemie apparaît, bien vite un tour de clef ; le circuit est rétabli dans les postes ; tout navire qui touchera une torpille achèvera par le choc de compléter le circuit, et alors la torpille éclatera.

Au début, on employait la poudre de guerre pour remplir les torpilles, ou plutôt les *fourneaux de démolition*, que l'on submergeait à l'entrée des passes à défendre ; et il fallait d'énormes quantités de poudre. Pour n'en citer qu'un seul exemple, en 1855, les Russes avaient installé, dans la mer Baltique, des torpilles Jacobi, qui ne renfermaient que 3 kilogrammes et demi de poudre.

Ces torpilles (fig. 265) étaient formées

de deux compartiments; le compartiment supérieur, T, contenait la charge; le compartiment inférieur, A, abritait l'appareil de mise du feu. Le tout était supporté par un disque flottant, R.

Quelques-unes de ces torpilles éclatèrent sous quelques navires, sans leur causer grand dommage.

Les Américains avaient précédemment

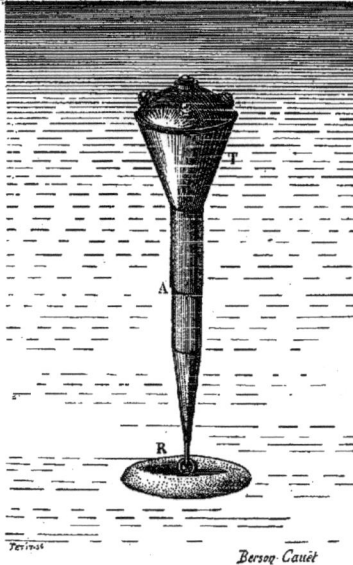

Fig. 265. — Torpille Jacobi.

inventé le *baril-torpille* (fig. 266), qui était disposé dans l'axe du courant de telle sorte qu'il présentait à la quille des navires cinq fusées saillantes, A, B, etc., vissées de part et d'autre de la partie centrale, et une *bouée-torpille* (fig. 267), en forme d'entonnoir T, T, fixée à une corde A C. Il suffisait que l'une de ces fusées ou de ces bouées fût heurtée pour que la torpille fît explosion.

En 1866, les Autrichiens se sont servis d'une torpille plus compliquée, que représente la figure 268. C'est un fourneau T, qui est maintenu dans l'eau par une calotte en fonte P, et une tringle C, C, reposant

sur le fond de la mer. A l'aide d'une chaîne B, qui passe par un rouet A, on

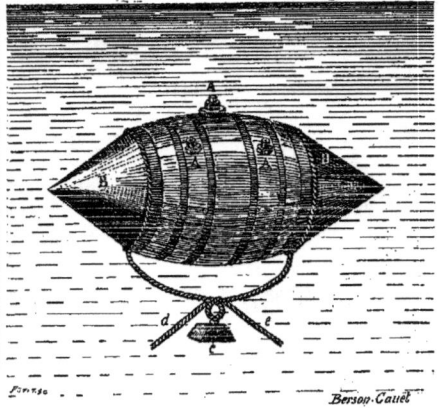

Fig. 266. — Baril-torpille.

mouille une ancre à laquelle l'appareil est fixé, et on le fait enfoncer à la profondeur voulue. Il suffit d'un choc contre le four-

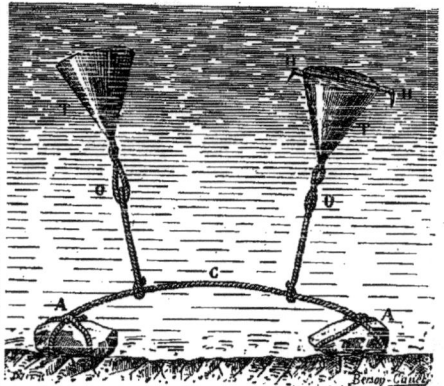

Fig. 267. — Bouée-torpille.

neau T pour faire éclater la composition explosible.

Un perfectionnement considérable a été réalisé dans l'art destructeur qui nous occupe, par l'invention des torpilles *automobiles*, c'est-à-dire se dirigeant d'elles-mêmes, grâce à un mécanisme approprié, vers le navire à atteindre et à démolir.

Avec la poudre ordinaire on n'aurait pu

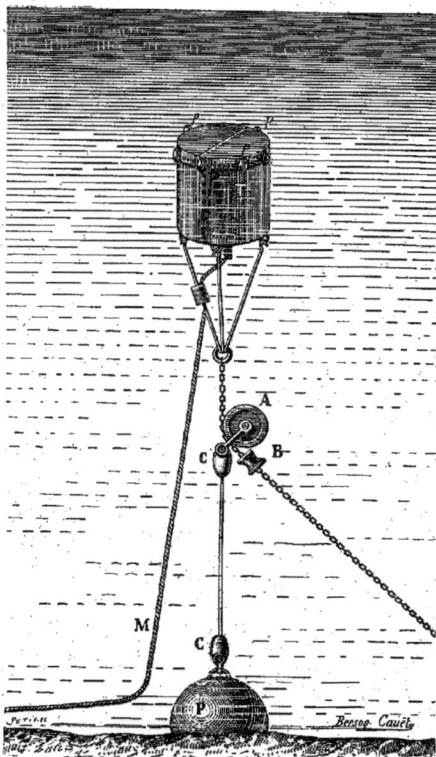

Fig. 268. — Torpille autrichienne.

songer à créer un tel engin, car il aurait fallu, pour détruire à son aide un navire, employer une quantité énorme de poudre, que l'on n'aurait pu embarquer sur un petit bateau. Mais grâce à la découverte des *explosifs* que nous avons étudiés dans notre *Supplément aux poudres de guerre*, substances qui, sous un faible poids, produisent des effets de destruction formidables, on a pu songer à fabriquer des torpilles qui, chargées d'un explosif puissant, peuvent être munies d'un mécanisme directeur, qui les pousse vers le but désigné.

C'est un constructeur autrichien, M. Whitehead, qui a créé la première *torpille automobile*, qui porte son nom, et que nous représentons dans la figure 269.

La *torpille Whitehead* a une longueur de 4 à 5 mètres et 35 centimètres d'épaisseur. Des tôles plates qui font saillie, ainsi que des ailerons, assurent la stabilité de cet appareil dans l'eau. A l'arrière de la torpille, se trouve une hélice, en bronze. L'appareil est divisé, à l'intérieur, en six compartiments. Le premier contient un tube rempli de fulminate de mercure, et communiquant avec la charge renfermée dans le second compartiment. Si l'amorce heurte un corps dur, elle fait détoner le fulminate, qui détermine aussitôt l'inflammation de la charge. Cette charge est, d'ordinaire, de 15 à 20 kilogrammes de fulmicoton ou de nitro-glycérine. Le troisième compartiment contient un appareil spécial, que l'on appelle *régulateur de la submersion*, et qui fait cheminer la torpille, soit à la surface de l'eau, soit à des profondeurs allant jusqu'à 12 mètres. On détermine cette profondeur à l'avance; cela fait, le *régulateur* maintient la torpille à la profondeur voulue. Le quatrième compartiment renferme un réservoir d'air comprimé à 60 atmosphères. C'est cet air comprimé qui, en s'échappant par un petit tube, fait mouvoir l'hélice de la torpille.

La torpille Whitehead peut parcourir une distance de 1500 à 2000 mètres.

Nous représentons dans la figure 269 la torpille Whitehead, au moment où elle est introduite dans le *tube lance-torpille*. Comme on le voit, elle a, extérieurement, l'aspect d'un fuseau d'acier, terminé par une double hélice. C'est un minuscule bateau sous-marin, divisé en quatre compartiments, que l'on voit représenté dans la figure 270 (page 329), qui en donne la coupe.

La charge explosive qui est placée à l'avant se compose de 30 kilogrammes de dy-

Fig. 269. — Torpille *Whitehead*. — Introduction de la torpille dans le tube lance-torpille.

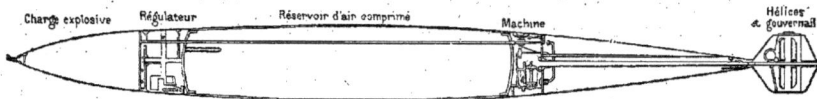

Fig. 270. — Coupe de la torpille Whitehead

namite. Un percuteur à plusieurs pointes, en frappant une amorce, à l'intérieur, détermine l'explosion de la dynamite. Dans le compartiment d'arrière se trouve une petite machine à trois cylindres, actionnant l'hélice. Cette machine est mue par de l'air comprimé, emmagasiné dans le compartiment du milieu : elle est mise en marche, aussitôt que la torpille est projetée hors du tube lance-torpille, par un doigt métallique, qui est accroché au passage, et qui ouvre le robinet de communication avec le réservoir d'air comprimé.

Un autre appareil du même genre permet de déterminer à l'avance le temps au bout duquel la machine s'arrêtera, et comme la torpille remonte alors à la surface, on peut régler ainsi son trajet à cinquante, cent, deux cents mètres, par exemple, de manière à savoir où elle émergera après le tir. Un troisième dispositif permet, au contraire, de la faire couler à fond, si elle accomplit son trajet sans avoir éclaté, ce qui deviendrait nécessaire en cas de combat, pour que l'ennemi ne pût repêcher les torpilles perdues.

On voit donc que la torpille automobile a les propriétés suivantes :

1° Elle marche d'elle-même, dans la direction où elle a été lancée, à une vitesse d'environ 40 kilomètres à l'heure.

2° Elle éclate aussitôt qu'elle choque le but, même dans une direction assez oblique.

3° Si ce but est manqué et qu'on ait réglé l'appareil en conséquence, la torpille coule à fond, de manière à échapper à l'ennemi.

4° Si, au contraire, on ne fait que de simples exercices à blanc, sans charge explo-

sive, la torpille remonte à la surface de l'eau, son trajet accompli, et l'on règle à volonté la longueur de ce trajet, en amenant un index en regard du chiffre correspondant.

Mais toutes ces propriétés si remarquables seraient inutiles si la torpille ne satisfaisait pas à une dernière condition, la plus importante de toutes : celle de se maintenir entre deux eaux, à la profondeur voulue pour atteindre le navire ennemi, dans ses œuvres vives. Supposons, par exemple, que le navire à torpiller ait un tirant d'eau de 10 mètres. Il est clair que la torpille passera sous sa quille, sans éclater, si elle s'enfonce à plus de 10 mètres. Il faudra qu'elle frappe en pleine carène, à 4 ou 5 mètres de profondeur, pour produire tout son effet.

La torpille automobile possède encore cette propriété, indispensable, de se maintenir d'elle-même au niveau pour lequel on l'a réglée. Le mécanisme employé à cet effet a été longtemps le secret de l'inventeur. Il est connu aujourd'hui, et nous allons l'expliquer sommairement.

Le mécanisme est placé dans le second compartiment, à partir de l'avant, et se compose essentiellement d'un pendule, ou balancier, relié par une tringle à un gouvernail horizontal, placé à l'arrière de la torpille, à la suite des hélices.

Ceci posé, supposons que la torpille tende à remonter à la surface en prenant la position inclinée ci-après (fig. 271), le pendule P reste vertical, à cause de son poids, mais il a repoussé la tringle T vers l'arrière, et celle-ci a fait tourner le gouvernail G, qui, en prenant la position indiquée dans la figure, va faire dévier la marche dans le sens de la flèche, c'est-à-dire ramener la torpille vers le fond. Si, au contraire, la torpille

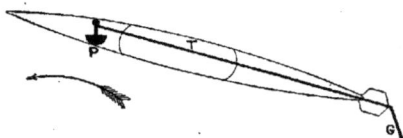

Fig. 271.

prend la position ci-dessous (fig. 272), le pendule, toujours vertical, agit maintenant de manière à tirer la tringle T vers l'avant;

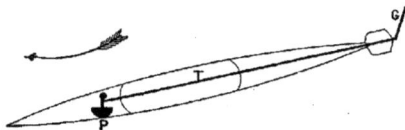

Fig. 272.

le gouvernail G prend la position opposée, et son action tend à faire remonter la torpille vers la surface.

Tel est le principe du mécanisme régulateur. D'ingénieuses dispositions accessoires en assurent la complète efficacité. Mentionnons, notamment, le piston relié au pendule et qui amortit les mouvements trop brusques de celui-ci, puis le système de réglage qui permet de déterminer la profondeur dont la torpille ne devra pas s'écarter.

La torpille Vhitehead a 5m,80 de long; son poids est de trois cents kilos environ, et sa flottabilité de 9 kilos, c'est-à-dire qu'au repos elle flotte à la surface de l'eau, et qu'il faut l'action combinée de l'hélice et du gouvernail horizontal, pour la maintenir entre deux eaux.

L'inventeur, M. Whitehead, a créé, à Fiume, en Autriche, une usine, où il construit les torpilles qu'il fournit aux différents gouvernements. Chaque torpille Whitehead coûte environ 10,000 francs.

Voyons maintenant la manière de faire usage de ce terrible engin.

La torpille automobile étant placée sur le pont du navire-torpilleur, on se met en devoir de la lancer dans le *tube lance-torpille*. C'est cette opération que l'on a vue représentée dans la figure 269 (p. 328).

Portée par une enveloppe de toile, la torpille est suspendue par des chaînes, à une potence, placée sur le côté du torpilleur. Deux hommes la dirigent en face de la culasse du tube, qui s'ouvre devant la guérite du poste-vigie, puis la poussent dans son logement. C'est une petite charge de poudre qui lance, par son explosion, la torpille hors du tube. Cette charge n'a que la force nécessaire pour pousser la torpille hors du tube; on voit donc aisément celle-ci s'élancer dans l'eau.

Feu! commande le capitaine... On entend un bruit sourd : au milieu d'un petit nuage de fumée, la torpille s'élance dans la mer, où on la voit s'enfoncer, comme un marsouin (fig. 273). Le remous de son hélice permet de suivre du regard, à la surface des eaux, sa marche mystérieuse. On perd sa trace, mais déjà elle est remontée à la surface... Les yeux perçants des marins l'ont aperçue : elle forme un petit point noir, à trois cents mètres, la distance exacte pour laquelle on l'avait réglée.

S'il s'agit d'un simple exercice de tir, on va la repêcher.

C'est cette opération que représente la figure 274 (p. 332). Deux hommes descendent dans un canot, la torpille est amarrée, puis suspendue à la potence, enlevée et replacée dans le tube lance-torpille, pour une nouvelle expérience.

Quelquefois, la torpille est perdue de vue, ou bien elle ne remonte pas à la surface. Dans ce cas, il faut draguer le fond, pour la retrouver. Mais cet accident est rare. Tout au contraire, on sait déterminer avec précision la direction et la longueur du trajet de la torpille.

Les marines militaires possèdent donc

Fig. 273. — Feu!

aujourd'hui un engin redoutable, qui, lancé d'une grande distance, soit par une embarcation, soit par un grand navire, à l'aide de systèmes qui tendent de plus en plus à se perfectionner, peut, en éclatant, défoncer la carène d'un bâtiment ennemi.

La *torpille Whitehead* a fait renoncer aux *torpilles divergentes*, qui, remorquées par les grands et les petits navires, à quelque distance de leurs flancs, faisaient explosion au contact des carènes ennemies. C'était là un retour aux torpilles dont avait fait usage Fulton. Les *torpilles divergentes* ont été réglementaires dans plusieurs marines, mais aujourd'hui, nous le répétons, elles sont complètement abandonnées pour les torpilles Whitehead, c'est-à-dire *automobiles*.

Les navires cuirassés n'ont-ils aucun moyen de prévenir les atteintes de ces terribles ennemis, qui portent, sournoisement, dans l'ombre et le silence, la destruction et la mort? Ils ne sont pas entièrement désarmés, mais leurs procédés de défense sont peu nombreux.

Un bâtiment exposé à l'attaque d'un bateau torpilleur se prémunit contre son adversaire en éclairant l'horizon, dans toute son étendue, par des projections de fais-

ceaux lumineux, produits dans l'appareil optique du colonel Mangin, que nous avons décrit dans le premier volume de ce *Supplément* (1). Le puissant éclairage fourni par la lumière électrique, grâce à cet appareil, permet de scruter au loin l'horizon, et de reconnaître toute embarcation suspecte.

C'est pour cela que tout navire cuirassé ou croiseur est pourvu d'un appareil de projection lumineuse électrique.

De nombreuses expériences, faites par toutes les marines, ont établi d'une façon péremptoire qu'un navire quelconque, dépourvu des moyens d'éclairer et de fouiller l'horizon à une distance de plusieurs kilomètres, peut être considéré comme perdu, s'il est exposé, pendant la nuit, à une attaque de torpilleurs. De là la nécessité d'établir des foyers et des projecteurs à bord des navires. Elle a été reconnue, chez nous, par le décret ministériel de janvier 1883, qui prescrit l'emploi d'appareils Mangin sur tous nos bâtiments, croiseurs, cuirassés, éclaireurs d'escadres, avisos, et qui en fixe le nombre et les dimensions.

Les figures 275, 276, 277 et 278 donnent une idée exacte de l'appareil optique en

(1) Pages 495-498.

usage à bord de nos navires, et montrent les détails de cet appareil.

Un grand croiseur, chargé de reconnaître une côte, lance, d'un projecteur placé à l'avant, un faisceau lumineux, aussi concentré que possible (fig. 275), qu'il promène

Fig. 274. — La torpille repêchée et hissée à bord.

de manière à explorer les moindres détails du rivage. Deux autres projecteurs éclairent les abords du navire; le faisceau qu'ils produisent, beaucoup plus étalé, permet de découvrir facilement les torpilleurs et de les maintenir à distance. On voit, sur le même dessin, un de ces petits bâtiments saisi par les rayons lumineux, au moment où il tentait une surprise, qui cherche à s'échapper et abandonne une attaque dont le succès n'est plus possible.

Les projecteurs actuellement employés à

Fig. 275. — Projections lumineuses électriques d'un navire pour la reconnaissance d'un bateau torpilleur.

bord de nos navires sont d'un type tout à fait récent, et leur construction mérite que nous en parlions avec quelque détail. On sait que les projecteurs de lumière sont des appareils destinés à concentrer les rayons produits par un foyer puissant, et à les diri-

Fig. 276. — Projecteur grand modèle.

ger dans une direction déterminée en un seul faisceau, aussi dense que possible, sans les laisser se disperser à droite ou à gauche. Les premiers projecteurs étaient des miroirs de forme parabolique, nécessairement très imparfaits comme profil métallique, et qui avaient surtout le défaut de se déformer facilement ; aussi ne portaient-ils guère qu'à quelques centaines de mètres. Ce ne fut qu'à l'apparition des projecteurs en verre que l'on put atteindre des portées plus considérables.

La construction des projeteurs en verre, l'une des branches les plus délicates de l'optique, a pris naissance à Paris. C'est à la suite de ses travaux sur les phares lenticulaires, — autre industrie d'origine toute française, — que M. Sautter fut amené à construire les premiers projecteurs à lentilles, tels que ceux du *Livadia*, au moyen desquels on atteignait déjà à quatre mille mètres. Plus tard, l'invention du colonel Mangin est venue perfectionner cette indus-

trie, qui s'est maintenue chez les constructeurs, MM. Sautter et Lemonnier, dont les ateliers ont fourni la presque totalité de ces appareils.

Le projecteur que l'on voit dans les figures 276 et 277 se compose d'un cylindre

Fig. 277. — Projecteur petit modèle.

de 60 centimètres de diamètre, reposant au moyen d'une fourche sur un socle fixé au pont du navire. Un double système de suspension, avec leviers et volants, permet de le

Fig. 278. — Générateur d'électricité du cuirassé *l'Indomptable.*

braquer dans toutes les directions, comme une pièce d'artillerie, et une graduation tracée sur le socle donne la mesure des angles qu'il parcourt dans son mouvement. Le câble qui amène le courant électrique arrive par la partie inférieure, dans le socle, et il aboutit aux bornes d'une lampe placée à l'intérieur du cylindre et qu'un mécanisme ingénieux permet de manœuvrer à la main ou de laisser brûler seule. Les charbons entre lesquels jaillit l'arc lumineux sont protégés de la pluie et du vent par une porte munie de glaces.

Le réflecteur en verre constitue la partie la plus originale du projecteur. Son invention est due, comme on le sait, au colonel du génie Mangin.

A l'aide d'une combinaison très ingénieuse de surfaces courbes, ce savant physicien sut réaliser un miroir en verre jouissant des mêmes propriétés mathématiques que le miroir parabolique, et pouvant être exécuté avec une perfection absolue, ce qui n'est pas le cas pour ce dernier.

Le faisceau qui sort du projecteur Man-gin est limité par une circonférence sans pénombre et n'a pas deux degrés d'ouverture angulaire. Aussi produit-il l'effet d'un trait lumineux dans le ciel, où il s'étend à perte de vue. C'est ainsi que le croiseur représenté dans la figure 275 (page 333) l'emploie, pour fouiller les côtes à grande distance (7 et 8 kilomètres). Lorsqu'il est nécessaire, au contraire, d'éclairer un espace considérable, il suffit de déplacer légèrement le foyer lumineux, à l'aide d'une vis. La lumière perd un peu de son intensité, mais elle est répandue dans un angle beaucoup plus large. C'est de cette manière que l'on surveille les abords du navire pour le défendre contre les torpilleurs jusqu'à 3 500 et 4 000 mètres.

Mais ce ne sont pas seulement les grands navires que l'on munit de ces appareils. L'expérience a montré qu'il était toujours fort utile, et parfois indispensable, d'en établir à bord des canots à vapeur et des chaloupes armées d'un cuirassé.

On a donc créé, dans ce but, des types moins puissants, de 30 centimètres de dia-

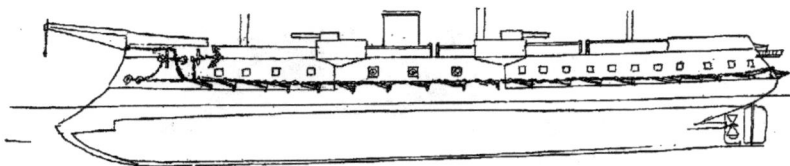

Fig. 279. — Filet Bullivan replié.

mètre seulement (fig. 277), qui donnent 300 becs Carcel au lieu de 2 000. On peut encore, à l'aide de ces petits projecteurs très légers et facilement maniables, discerner les objets à 2 000 mètres.

Quant au générateur d'électricité, c'est, généralement, une machine Gramme que l'on emploie ; mais, là encore, les perfectionnements réalisés sont considérables. Le poids et le volume des dynamos ont diminué et leur puissance a augmenté. Toute une série de moteurs à grande vitesse a été créée, de façon à actionner les dynamos directement, sans l'intermédiaire des cour-roies, ce qui permet de loger ces ensembles dans les locaux les plus resserrés.

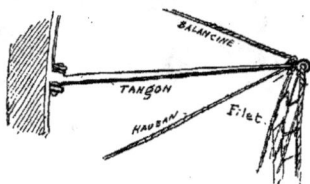

Fig. 280. — Manière de tendre le filet Bullivan.

Nous représentons dans la figure 278 (p. 335) un des types le plus perfectionnés de moteur dynamo-électrique, placé à bord

Fig. 281. — Filet Bullivan tendu.

du cuirassé l'Indomptable, par MM. Sautter et Lemonnier, qui permet d'alimenter, outre les projecteurs, tout l'éclairage intérieur du navire. L'ensemble du moteur et de la dynamo n'a pas plus de 1m,50 de hauteur et sa longueur atteint à peine 2m,50. C'est un jouet à côté des machines à vapeur qui occupent à elles seules plus du tiers du bâtiment.

L'éclairage de l'horizon par des traînées de lumière électrique est d'une grande efficacité, mais il n'est pas toujours suffisant. C'est pour cela qu'a été imaginé le filet appelé, du nom de son inventeur, filet Bullivan, réseau métallique qui, disposé tout autour du navire, et à une assez grande profondeur d'eau, arrête la marche du bateau-torpilleur.

Le filet pare-torpille (fig. 281) a d'abord été en usage dans la marine anglaise. Adopté en France depuis, il est destiné à préserver les navires cuirassés ou croiseurs des attaques des torpilleurs, soit que ceux-ci viennent placer eux-mêmes leurs torpilles ou qu'ils se contentent de lancer des torpilles automobiles Whitehead ou autres. Les filets descendant au-dessous de la ligne de

Fig. 282. — Le *Condor*, croiseur cuirassé de la marine française.

flottaison doivent forcément entraver la marche des engins destructeurs, en leur opposant une sorte de cotte de mailles, qui entoure le navire de tous côtés.

Pour les tendre on se sert d'une série de *tangons* ou simplement de *pistolets d'embarcation* fixés par une extrémité le long des flancs du bateau au-dessus de la flottaison, de manière à pouvoir tourner sur eux-mêmes, et venir se placer perpendiculairement au-dessus de la quille. Ils sont maintenus dans cette position au moyen de balancines frappées à leur extrémité et faisant retour à bord (fig. 280).

Suspendu au bout de tous ces arcs-boutants, le filet tombe par son propre poids à la mer. Entourant le navire, qui se trouve comme dans un bassin, le filet se rejoint à l'avant et à l'arrière, au moyen de nouveaux arcs-boutants installés de la même façon, mais placés dans le sens de la quille.

Pour le replier, une *cargue* est installée à l'extrémité de chaque *tangon* et agit comme pour une voile. Le filet se trouve alors former une sorte de bourrelet allongé suspendu au bout des arcs-boutants. On replie ceux-ci en les faisant tourner tous ensemble dans le même sens; ils viennent donc s'appliquer le long des flancs du navire, comme une ceinture (fig. 279).

Les filets sont composés de mailles rondes, enfilées les unes dans les autres dans tous les sens, comme les mailles d'une bourse, laissant à peine la place de passer le poing d'un homme.

Le défaut de ce genre de défense est dans le poids relativement considérable du filet et dans la lenteur avec laquelle il se manœuvre. Il exige au moins dix minutes et les bras d'une grande partie de l'équipage pour se mettre en place, alors qu'une torpille peut, en quelques secondes, fondre sur le bâtiment.

Il ne peut guère fonctionner qu'au mouillage, car en marche, cédant sous l'effort de l'eau, il perd toute son efficacité, en absorbant une grande partie de la vitesse du navire.

Son poids est d'environ 60 à 70 tonnes pour un grand cuirassé.

On a, sur quelques navires étrangers, remplacé ce filet par des chaînes reliées au moyen de plaques de tôle mince, qui formaient une ceinture tout autour du bâtiment.

CHAPITRE V

LES TORPILLEURS. — TORPILLEURS DE HAUTE MER. — ACCIDENTS SURVENUS AVEC DES TORPILLEURS. — RÔLE DES TORPILLEURS DANS LES GUERRES MARITIMES.

Après avoir chargé les torpilles avec les nouveaux explosifs créés par la chimie (les dérivés de la nitro-glycérine, le fulmi-coton, les fulminates, les picrates, la mélinite) et avoir muni ces engins destructeurs d'un mécanisme qui les dirige automatiquement vers le but, on a transformé cette tactique meurtrière. Au lieu de s'en rapporter aux éventualités de la mer, pour lancer les brûlots modernes, on a voulu aller chercher, à coup sûr, le navire ennemi, en mer ou dans les rades.

Pour y parvenir, on a construit un nouveau type de bâtiments, pourvus de qualités nautiques variées, mais toujours d'une excessive vitesse. Ces bâtiments sont les *torpilleurs*.

On distingue, parmi les *torpilleurs*, ceux qui s'approchent assez du navire pour les toucher et enfoncer la torpille dans leur coque, ce qui donne un résultat immédiat et certain, et ceux qui ne se rapprochent qu'à 200 ou 300 mètres du navire qui est leur objectif, et qui dirigent alors contre lui une de ces torpilles automobiles, de ces torpilles Whitehead, que nous avons décrites au chapitre précédent.

Qu'ils soient de l'un ou de l'autre de ces deux types, les navires torpilleurs jouent, dans les flottes modernes, le rôle que les brûlots jouaient dans les flottes de guerre, du temps de Duquesne, de Tourville et de Jean Bart.

Contre un adversaire désemparé, et même contre un adversaire au mouillage, l'action du torpilleur est irrésistible, mais il n'en est pas de même en haute mer. Là, un navire torpilleur est vite reconnu à son allure, à sa forme ; et dès qu'il est aperçu, la mousqueterie et les mitrailleuses le font bientôt fuir. Il est certain, toutefois, qu'une escadre qui serait privée de torpilleurs serait absolument à la merci de l'escadre ennemie. De là, la création, réglementaire, de navires torpilleurs, dans toutes les marines.

On distingue les croiseurs-torpilleurs, les avisos-torpilleurs, les torpilleurs de haute mer et les torpilleurs ordinaires.

Nous avons, en France, 5 croiseurs-torpilleurs, 10 avisos-torpilleurs, 9 torpilleurs de haute mer, 86 torpilleurs de 1re classe et 47 torpilleurs de 2e classe.

Les croiseurs-torpilleurs, du type du Condor, pour la plupart, ont un déplacement de 1200 tonnes, en moyenne. Leurs dimensions sont environ de 68 mètres de longueur, sur 9 mètres de largeur ; leur vitesse a de 17 à 18 nœuds et ils sont armés de 5 canons de 10 centimètres et de 6 canons-revolvers (mitrailleuses Hotchkiss).

Ces croiseurs sont appelés à rendre des services, comme éclaireurs d'escadre ; et en même temps, ils peuvent lancer des torpilles automobiles.

Nous représentons le Condor dans la figure 282, page 337.

Le Condor a beaucoup attiré l'attention de nos marins, qui se préoccupent aujour-d'hui surtout des navires de tonnage moyen, destinés à combattre, tout à la fois, les torpilleurs et les cuirassés.

Il fallait, en effet, des navires maniables ayant une vitesse analogue à celle des torpilleurs, mais pouvant mieux tenir la mer, et armés de torpilles et de canons à tir rapide : en un mot une sorte de bâtiment à tout faire, malgré son faible déplacement.

De cette pensée sont nés d'abord la Bombe (304 tonneaux), ensuite le Condor, plus perfectionné, et jaugeant 1272 tonneaux. Nous possédons aujourd'hui quatre spécimens de ce type, car l'Épervier, le Vautour et le Faucon, sont absolument semblables au Condor, au moins dans leurs caractères essentiels.

Ces bâtiments mesurent 68 mètres de longueur, 8m,90 de largeur au maître bau, avec un tirant d'eau de 4m,70.

La coque a un pont cuirassé en acier, s'étendant de bout en bout du navire, situé un peu au-dessous de la flottaison et abritant les parties vitales (machines, chaudières, servo-moteur du gouvernail, etc.). En outre, la coque est divisée en 10 compartiments étanches principaux, par des cloisons longitudinales et transversales, s'élevant jusqu'au pont cuirassé.

Le Condor a 5 canons de 10 centimètres, 5 tubes lance-torpilles et 6 canons revolvers.

L'appareil moteur, d'une puissance de 3200 chevaux-vapeur, se compose de 2 machines compound, à connexion directe.

Les plans du Condor sont les premiers qui aient été faits pour répondre au programme rappelé plus haut. D'après ces plans a été créé le Scout, en Angleterre ; mais le Condor est supérieur, comme vitesse, aux croiseurs-torpilleurs similaires construits par nos voisins. En effet, le croiseur anglais Cossack file seulement 17 nœuds 7, tandis que le Condor a filé 18 nœuds 5 ; et le premier jauge près de 400 tonneaux de plus que le second.

Fig. 283. — Coupe d'un *torpilleur*.

Le *Condor* maintient facilement la vitesse de 17 nœuds.

Les *avisos-torpilleurs* du type la *Bombe* ont un tirant d'eau beaucoup moins considérable; de sorte qu'ils n'ont à peu près rien à craindre eux-mêmes des torpilles automobiles, qui cheminent toujours à 8 ou 10 mètres au-dessous de la surface de la mer. Ces *avisos*, qui déplacent à peu près 390 tonnes, ont 59 mètres de longueur, sur 6 mètres de largeur, et ils sont armés de 4 canons de 47 millimètres, à tir rapide, et de 3 canons-révolvers. Ils sont destinés à courir sus aux torpilleurs ennemis, et à les couvrir de projectiles, avec leur artillerie légère.

Nos *torpilleurs de haute mer*, du type du *Balny* et du *Déroulède*, mesurent 41 mètres de longueur, sur 3 mètres de largeur. Leur tirant d'eau n'est que de $2^m,23$. Ils déplacent 66 tonnes, et sont armés de deux canons-révolvers Hotchkiss, de 37 millimètres.

Les *torpilleurs de haute mer* ne sont, en réalité, que des torpilleurs de 33 mètres, qui ont été modifiés. On les vit, le 14 avril 1883, pendant qu'ils accompagnaient l'escadre de la Méditerranée, résister à un coup de vent assez violent. Mais quelque temps après, il fut établi, de façon péremptoire, qu'ils n'étaient pas capables de naviguer isolément, ni même d'escorter longtemps les escadres en haute mer. C'est alors que le Ministre de la marine ordonna de les allonger, et de porter leur tonnage de 60 à 66 tonnes.

Jusque là, on avait beaucoup prôné, chez les différentes nations, les torpilleurs de 25 mètres, construits par un ingénieur anglais, M. Thornscroft. Ces petits torpilleurs ne lançaient pas de torpilles automobiles; ils allaient jusqu'aux flancs mêmes du navire, pour fixer la torpille. Mais on a reconnu l'inanité d'une telle manœuvre, avec les moyens de défense préventifs dont les cui-

Fig. 284. — Vue intérieure de l'avant, ou *poste-vigie*, d'un bateau torpilleur.

rassés et autres navires sont munis. Les torpilleurs de 25 mètres sont donc condamnés avec raison, bien qu'ils entrent encore aujourd'hui pour moitié dans la composition de la flottille des torpilleurs anglais. Nos voisins les conservent, on ne sait pourquoi ; car ils sont d'un emploi toujours difficile, et souvent dangereux.

En 1863 déjà, une commission française réunie à Rochefort avait étudié un modèle de torpilleurs construit par M. Charles Brun, qui était alors ingénieur de la marine et sénateur du Var, et qui fut ensuite, pendant quelques mois, ministre de la marine. Ce torpilleur était construit de manière à pouvoir s'enfoncer en grande partie sous l'eau, au moment opportun. Il affectait la forme d'un poisson. Muni d'une hélice, d'un gouvernail vertical et de deux gouvernails horizontaux, il était pourvu, à l'extérieur, de réservoirs, dans lesquels on comprimait de l'air, à la pression de douze atmosphères. On pouvait faire entrer de l'eau dans des compartiments situés à l'avant, de façon à former un lest, pour faire descendre le bâtiment au-dessous de la surface de l'eau.

On trouvera signalées d'autres applications de ce même principe, c'est-à-dire l'emploi de compartiments remplis d'eau à volonté, au chapitre de cette Notice où il sera traité des *bateaux sous-marins*.

Le type proposé par M. Ch. Brun n'est pas entré définitivement dans notre armement.

Les torpilleurs du type ordinaire, réglementaires aujourd'hui dans notre marine, sont dits de 1re *classe* et de 2e *classe*. Ils sont construits sur un modèle à peu près uniforme. Il y a, dans notre flotte actuelle, 80 *torpilleurs de 1re classe* et 47 de 2e classe.

Pour donner une idée exacte de la distribution intérieure d'un *torpilleur*, nous en exposons les détails complets dans la figure 283 (page 340), qui donne la coupe d'un *torpilleur*.

Le rôle de ces minuscules bâtiments est, comme on le sait, de s'approcher à l'improviste d'un navire cuirassé, et de déposer sous ses flancs la torpille, dont l'explosion doit l'anéantir. Pour que cette dangereuse mission ait quelque chance de succès, plusieurs conditions sont indispensables : d'abord, une extrême vitesse, afin que le torpilleur puisse, en cas d'insuccès ou d'arrêt dans sa marche, rejoindre le cuirassé d'où il est parti, et auquel son poids énorme ne permet qu'une marche relativement lente, et pour qu'il échappe, non pas seulement au tir de la grosse artillerie ennemie, mais à celui des canons-revolvers, dont les navires de guerre sont tous armés aujourd'hui et dont nous avons déjà parlé (1). Il faut

(1) Voir le Supplément à l'*Artillerie moderne*, t. II, p. 177, fig. 150.

encore que le torpilleur puisse s'approcher, sans être vu ni entendu. Sa machine à vapeur ne devra donc faire aucun bruit perceptible du dehors; et il sera très ras sur l'eau, en sorte que, les lames le recouvrant aisément, l'équipage devra pouvoir complètement s'enfermer.

Un bateau torpilleur a généralement de 18 à 30 mètres de longueur, et il est monté par dix hommes. Ainsi que le montre la figure 283, la plus grande place est occupée par la machine à vapeur, la chaudière et le ventilateur. A l'avant, se trouve le *poste-vigie*, dont la vue intérieure se voit dans la figure 284 (page 341). C'est là qu'au moment du combat est placé l'officier chargé du commandement. Il voit au dehors par d'étroites ouvertures garnies de fortes glaces. A sa droite, comme on le voit sur notre dessin, est le cadran-indicateur, servant à transmettre les ordres aux mécaniciens. Devant lui, le timonier tient la roue du gouvernail. Enfin, vers l'avant, un homme se tient prêt à faire fonctionner l'appareil servant à projeter la torpille.

Le *poste-vigie* est fermé par des cloisons étanches, en sorte que si une voie d'eau s'y produit, il est seul à s'emplir et le bateau reste à flot. Il en est de même du compartiment suivant, qui contient la chaudière et les machines à vapeur.

Celles-ci qui sont à condensation, et du système *compound*, sont à la fois très légères et très puissantes. La chaudière est tubulaire, du type de celles des locomotives. Pour arriver à lui faire produire, sous un assez petit volume, la quantité de vapeur nécessaire, on a recours à un puissant ventilateur, qui entretient dans son foyer un véritable feu de forge. C'est grâce à ces dispositions toutes spéciales qu'on est arrivé à donner à ces minuscules navires les vitesses extraordinaires de 20, 22 et même 24 nœuds, ou 44 kilomètres et demi à l'heure !

Indépendamment de leur mission particulière, les torpilleurs peuvent, dans un grand nombre de cas, jouer auprès d'une escadre le rôle que remplit la cavalerie légère dans une armée. Leur vitesse leur permet de se lancer en éclaireurs, et leur faible tirant d'eau de faire des reconnaissances le long des côtes.

Quand il s'agit de faire sauter un navire ennemi, il importe, avant tout, de s'approcher sans être vu ni entendu ; ce sera donc pendant la nuit qu'auront lieu les attaques. Les cuirassés, il est vrai, ont de puissants fanaux électriques, avec lesquels ils explorent les ténèbres de l'horizon, mais l'expérience a démontré que ces fanaux, tels qu'on les emploie généralement, ne portent guère à plus de quatre kilomètres, et que, même à cette distance, ils ne permettent d'apercevoir que les objets de couleur claire. C'est pour cela que le torpilleur est entièrement peint en noir ou en gris foncé. Les hommes eux-mêmes ont les mains noircies, et le visage couvert d'un voile, qui leur donne l'aspect étrange et sinistre à la fois qu'on remarque dans notre dessin (fig. 284).

Extérieurement, le torpilleur présente, sur toute sa longueur, une surface convexe, comme un dos de tortue. Un étroit passage règne des deux côtés de cette sorte de *rouf* bombé, sur lequel ne font saillie que la cheminée, la guérite de l'homme de barre et la manche à vent, sorte d'entonnoir en tôle, où le ventilateur aspire l'air, qu'il refoule dans la chaufferie.

Intérieurement, la majeure partie de l'espace disponible est occupée par l'appareil moteur. La machine à vapeur, qui est, comme il est dit plus haut, du système *compound*, se compose de deux cylindres, avec pompes indépendantes pour le condenseur ; elle imprime à l'arbre de l'hélice une vitesse de près de 380 tours par minute. La chaudière est du type de locomotive. Pour lui faire produire la quantité de vapeur nécessaire à la marche à toute vitesse, on a recours, avons-nous dit plus haut, au *tirage forcé :* toute la chambre de chauffe forme un compartiment entièrement fermé, dans lequel un ventilateur, mû par une petite machine à vapeur spéciale, comprime l'air puisé au dehors par la manche à vent. Cet air, ne trouvant pas d'autre issue, s'engouffre sous la grille du foyer, en donnant au feu une activité extraordinaire.

C'est un curieux spectacle que celui de la chaufferie en pleine marche. A chaque instant, un des chauffeurs ouvre la porte du foyer, y jette à la hâte une pelletée de charbon, et la referme vivement ; car l'afflux de l'air froid sur les tubes ferait baisser la pression. Par la porte ainsi brusquement ouverte, le foyer, blanc d'incandescence, projette une lueur éclatante sur les visages des chauffeurs, tandis que le ronflement du ventilateur complète l'impression saisissante de cet enfer en miniature ; enfer très supportable, d'ailleurs. Grâce à l'air frais qui y est constamment refoulé, la chambre de chauffe d'un torpilleur est, en effet, d'un séjour bien moins pénible que la chaufferie de la plupart des grands navires à vapeur et des paquebots. Toutefois, il a fallu prendre des dispositions spéciales pour éviter les dangers auxquels sont exposés les hommes enfermés dans cet étroit espace. Qu'un tube de niveau d'eau vienne à casser, qu'une fuite subite se déclare, et ceux-ci seraient brûlés vifs, si des appareils de fermeture automatiques n'avaient rendu à peu près impossibles les accidents de ce genre, qui étaient assez fréquents autrefois.

La chambre du capitaine et le logement des mécaniciens sont à l'arrière de la machine ; le poste de l'équipage est à l'avant, mais chacun d'eux n'a guère que trois mètres de long, sur autant de large, et l'on peut à peine s'y tenir debout.

C'est là le défaut capital, qui rend les

bateaux torpilleurs à peu près inhabitables pendant une traversée un peu prolongée. L'équipage d'un bateau de première classe est, en effet, composé de deux officiers et de dix-sept hommes. Qu'on se figure l'existence de ces dix-neuf personnes entassées dans un aussi étroit espace, en proie au mal de mer et privées de repos, car la trépidation rend tout sommeil impossible, et où l'on est tellement secoué par la grosse mer, que les marins les plus endurcis paient leur tribut, comme les novices.

Cependant, les traversées faites par quelques-uns de nos torpilleurs, pour se rendre de Brest à Toulon, ont donné, à ce point de vue, des résultats inespérés. Partis des ports de l'Océan, au commencement de février 1889, tous sont arrivés à Toulon, en une vingtaine de jours, sans avaries graves, quoique plusieurs d'entre eux eussent à lutter contre de très gros temps.

CHAPITRE VI

DISCUSSIONS ET POLÉMIQUES SUR LES AVANTAGES COMPARÉS DES NAVIRES CUIRASSÉS ET DES TORPILLEURS. — PERTE DE DEUX TORPILLEURS DE 2ᵉ CLASSE EN 1889. — RÔLE JOUÉ PAR LES TORPILLEURS DANS LES CAMPAGNES NAVALES DU CHILI, DE LA CHINE ET DU TONKIN. — CONCLUSION.

Des événements douloureux arrivés en haute mer, au mois de mars 1889, ont ravivé les discussions, depuis longtemps pendantes, entre les partisans et les adversaires des torpilleurs de haute mer.

Le 21 mars 1889, deux torpilleurs de 35 mètres, les torpilleurs 110 et 111, devaient se rendre du Havre au port de Cherbourg. Ils quittaient le Havre, où ils étaient venus changer leurs chaudières. Quelques semaines auparavant, le torpilleur 102 avait été renversé par une vague, à Toulon. Aussi toutes les précautions avaient-elles été prises, pour assurer la stabilité des deux torpilleurs 110 et 111 ; d'autant plus qu'ils n'avaient pas subi toutes les épreuves des essais de reception. Deux autres torpilleurs, les 71 et 55, longs de 33 et de 27 mètres, avaient été désignés pour convoyer les torpilleurs 110 et 111. Vers midi, les quatre torpilleurs quittaient le port du Havre. En approchant de Barfleur, ils trouvent une très grosse mer, avec commencement de mauvais temps. Jugeant qu'il ne pouvait pas continuer sa route et n'ayant d'autre point de relâche, dans le voisinage, que la rade de Saint-Vaast, qui était inabordable à ce moment, le torpilleur 55 vire de bord et rentre au Havre, dans la nuit, après avoir été fortement secoué, mais en bon état.

Les torpilleurs 71 et 111 trouvèrent à Barfleur une mer terrible et ils arrivèrent tous les deux à Cherbourg, au commencement de la nuit, après une navigation très pénible pour le 71, et très dangereuse pour le 111, dont l'avant faisait eau de toutes parts et dont le commandant, le lieutenant de vaisseau Crespel, avait dû se faire attacher sur le pont, pour éviter d'être emporté par les lames. Quant au torpilleur 110 (fig. 285), on l'attendit en vain ; un bateau-pilote annonça, depuis, qu'il l'avait vu chavirer.

Cette catastrophe eut un retentissement d'autant plus grand que les partisans des cuirassés et ceux des torpilleurs étaient depuis longtemps aux prises.

Les adversaires des bâtiments cuirassés disaient : « Nos vaisseaux cuirassés sont à la merci d'un torpilleur bien dirigé ; et d'un autre côté, ils sont d'une telle masse qu'il est impossible de leur imprimer une vitesse suffisante, en cas de guerre d'escadre. Ce qu'il y aurait donc à faire, ce serait de remplacer ces colosses par des navires d'un tonnage modéré, doués d'une grande vitesse, portant de gros canons, munis d'une

cuirasse impénétrable, et possédant une remarquable facilité de manœuvre. »

A cela les partisans des vaisseaux cuirassés
répondaient :

« Le problème est insoluble; gardons
nos cuirassés. »

Mais les adversaires répliquaient :

« Le problème n'est pas insoluble : nous
avons les croiseurs et les torpilleurs, qui
répondent à tous les besoins. »

La question en est là, et on n'entrevoit pas
la solution de cette grave difficulté, ou, du
moins, la possibilité de mettre les deux écoles
d'accord.

S'il nous est permis d'émettre une opinion, nous dirons que les vaisseaux cuirassés auront toujours un rôle très important
à jouer dans les guerres maritimes, mais
qu'il n'est pas nécessaire de continuer indéfiniment la lutte entre la cuirasse et le canon, d'entasser autour des flancs des bâtiments, des poids de plus en plus formidables
de fer et d'acier, au risque de les priver
ainsi de leurs qualités essentielles. Faut-il
admettre, d'autre part, que le matériel de
combat de l'avenir doive consister simplement dans les croiseurs et les torpilleurs,
si rapides qu'on les suppose ? Comme le
disait le capitaine Gougeard, le héros du
Mans, qui fut trop peu de temps ministre
de la marine, « ce n'est pas avec ces coquilles de noix que la France pourra régner
sur la mer, et conserver, pour son usage,
en les interdisant aux autres, les grandes
routes de l'Océan ».

D'où il faut tirer cette conclusion : Ayons,
tout à la fois, des vaisseaux cuirassés et
des torpilleurs. Nous avons d'admirables
cuirassés, il faut les conserver. Quant aux
navires torpilleurs, ils sont susceptibles de
quelques reproches, en ce qui touche leur
construction. A l'heure qu'il est on peut
dire que la France ne possède pas de véritables torpilleurs de haute mer.

En veut-on une preuve ? Pendant l'été de

Fig. 285. — Le torpilleur de 35 mètres, 110.

1889, les Italiens ont donné aux équipages des navires torpilleurs l'occasion de montrer le rôle qu'ils auront à jouer dans la guerre future. Le programme des exercices de leur flottille, arrêté par l'amiral Acton, était divisé en trois parties. D'abord, exploration et reconnaissance détaillée de la côte; — puis, lancement de torpilles, de jour et de nuit, afin d'habituer le personnel à se servir de ces engins, et à les manier avec habileté; — enfin, usage tactique des torpilleurs.

L'amiral Acton résumait ainsi les expériences dont il avait été le témoin :

« Le facteur principal du succès consiste, pour les torpilleurs, dans la valeur et la compétence technique du personnel appelé à les commander. »

Sans doute, il est très difficile d'apprécier, en temps de paix, la valeur comparée d'un cuirassé et d'un torpilleur dans une campagne navale. Tout ce que l'on peut faire c'est interroger l'histoire des combats auxquels ils ont pu prendre part jusqu'ici, et d'en tirer une conclusion motivée. Nous consacrerons la fin de ce chapitre à cette revue, aussi intéressante qu'instructive.

Pendant la guerre des Chiliens et des Péruviens, commencée en 1877, et qui dura deux ans, les torpilleurs jouèrent un rôle prépondérant. Les Chiliens se servirent, les premiers, de torpilles et de torpilleurs. Nous avons représenté au début de cette Notice (page 292, fig. 251) la première bataille navale entre le *Huascar* et le *Chochrane*. Les Péruviens ne tardèrent pas à prendre leur revanche. Le 25 mai 1880, le torpilleur péruvien, *Independencia*, envoyait dans les flancs du torpilleur chilien, *Janique*, une torpille chargée de 100 livres de poudre, qui coula très rapidement le torpilleur chilien.

Pendant la guerre des Turcs contre les Russes, en 1877-1878, les deux adversaires firent usage, chacun de son côté, de plusieurs espèces de torpilles fixes, remorquées, projetées et automobiles.

Dans la nuit du 12 au 13 mai 1877, les Russes firent, dans la mer Noire, leurs premières démonstrations torpopédiques contre les Turcs. Le cuirassé *Konstantin*, quittant le port de Sébastopol, arriva dans la rade de Batoum, où mouillaient plusieurs navires turcs, et il mit à le mer quatre chaloupes, à marche rapide, portant des torpilles. Les quatre chaloupes ne purent garder leur ordre convenu, et l'une d'elles, la *Tcheina*, entrant la première dans la rade de Batoum, se mit à attaquer la flotte turque, sans attendre les autres embarcations. Elle s'en prit à un grand navire à vapeur à roues, et lui posa la torpille sous la poupe. Mais les fils électriques, communiquant avec la torpille, s'embarrassèrent dans l'hélice de la chaloupe, et l'explosion n'eut pas lieu. Le navire turc ayant donné l'alarme à la flotte, les quatre chaloupes furent forcées de prendre le large, et de rejoindre le *Konstantin*.

Les Russes obtinrent un succès complet dans une seconde agression, qui eut lieu dans la nuit du 25 au 26 mai 1877.

Dans le Danube, non loin de la ville de Matchin, mouillaient plusieurs navires turcs; deux *monitors* à tourelles, le *Fetl-oul-Islam* et le *Douba-Seïfi*, montés chacun par un équipage de soixante hommes, escortés du navire à vapeur, le *Kilidj-Ali*.

Pour attaquer ces trois navires, la flotte russe n'avait que quatre chaloupes à vapeur : le *Cesarewitch*, avec quatorze hommes d'équipage, commandés par le lieutenant Dubasoff; la *Xenia*, avec neuf hommes d'équipage, sous les ordres du lieutenant Shestakoff; le *Djigit*, monté par huit hommes et le lieutenant Persine, et le *Cesarewna*, avec neuf hommes et l'aspirant Ball. Ces quatre chaloupes allaient, sans autre appui qu'elles-mêmes, essayer de détruire les grands monitors turcs.

Le lieutenant Dubasoff a donné de cette expédition hardie le récit complet, dans un rapport, que nous reproduirons, pour faire connaître exactement le genre de tactique qui nous occupe.

« J'avais, dit le lieutenant Dubasoff, donné les instructions suivantes :

En entrant dans le bras de Matchin, les quatre embarcations placées sous mes ordres se formeront en ligne de file ; le Cesarewitch *en tête ; puis, la* Xenia; *puis le* Djigit ; *enfin, la* Cesarewna. *La flottille glissera ainsi le long de la rive du Danube et ralentira sa marche lorsqu'elle arrivera en vue de l'ennemi. Alors, elle se dirigera vers le milieu du fleuve sur deux lignes, le* Cesarewitch *et la* Xenia *en tête. Du moment de l'entrée dans le bras de Matchin jusqu'à celui de l'attaque, la vitesse sera diminuée à l'effet d'atténuer, le plus possible, le bruit du sillage et des machines; elle sera notablement accrue lorsqu'on approchera de l'ennemi.*

J'attaquerai, suivi de près par Shestakoff; Persine se tiendra prêt à nous porter, en cas de besoin, secours ; Ball restera en réserve.

Si le premier navire attaqué par moi est détruit, Shestakoff se portera sur le deuxième navire; Persine appuiera cette attaque; Ball se tiendra prêt à les secourir ; moi-même, je demeurerai en réserve.

Enfin, si cette deuxième attaque est également couronnée de succès, Persine attaquera le troisième navire; Ball appuiera ; je me tiendrai prêt à les soutenir et Shestakoff formera réserve.

« La nuit était voilée de nuages, mais non absolument obscure, à raison d'un bel effet de clair de lune. Il soufflait, du nord-ouest, une jolie brise qui portait à l'ennemi des nouvelles de notre marche. Néanmoins, à l'exception du *Cesarewitch*, la flottille s'avança sans bruit...

« ... J'ordonnai à Shestakoff de me suivre et je me dirigeai sur le monitor le plus voisin, lequel se trouvait à la distance d'environ 130 mètres. .

« Malgré le bruit de notre marche, nous ne fûmes hélés par les factionnaires qu'après avoir parcouru la moitié de cette distance. Je fis une réponse que je croyais régulière... mais j'ai su, depuis lors, qu'elle ne l'était point ; que mon erreur avait, à l'instant, donné l'éveil à nos adversaires. Les servants des pièces d'artillerie, qui couchaient sur le pont, furent debout au premier coup de fusil du factionnaire. . . . .

« Le monitor que je visais était sous vapeur; ses canons de l'arrière pouvaient nous faire le plus grand mal. En conséquence, je résolus de l'attaquer par l'arrière pour lui détruire ses moyens de propulsion.

« Mes prévisions se réalisèrent.

« A notre approche, une pièce ouvrit le feu. Trois projectiles nous furent envoyés sans aucun effet et, avant que le quatrième coup pût être tiré, j'étais sur le navire à bâbord. Je le frappai de mon espar entre le centre et l'arrière, un peu en avant de l'étambot... L'eau se souleva sur les flancs du monitor et couvrit mon embarcation.

« Quelques débris furent projetés à près de quarante mètres de hauteur. La nature de ceux qui tombèrent sur le *Cesarewitch* nous permit d'estimer que l'explosion produite avait étendu ses effets jusqu'au pont du navire... L'équipage du monitor, dont l'arrière se submergeait à vue d'œil, dut se réfugier à l'avant...

« Pour assurer le salut de mes hommes, je fis jouer la pompe à vapeur, à l'effet de rejeter l'eau qui avait envahi mon embarcation...

« A ce moment, le monitor, à demi submergé, rouvrait son feu. J'ordonnai à Shestakoff de lui porter un second coup. Cet officier, marchant rapidement à l'ennemi, vint le frapper un peu en arrière de la tourelle, juste à l'instant où celle-ci nous envoyait son deuxième projectile. Il l'atteignit sous la quille, à six mètres environ de l'étrave...

« Comme la première fois, l'effet de l'explosion fut terrible, ainsi qu'on put en juger à l'examen des débris de mobilier des cabines qui, projetés haut en l'air, retombèrent sur la *Xenia*...

« Alors, n'ayant plus de coups de canon à tirer, les braves gens de l'équipage du monitor prirent leurs fusils, et nous envoyèrent une grêle de balles...

« Shestakoff et moi, nous ne nous dégagions pas aussi rapidement que nous l'eussions voulu. L'hélice de la *Xenia* était prise dans les débris du monitor; mon embarcation était tellement pleine d'eau, et ma pompe à vapeur si bien hors de service que je dus employer tous mes hommes à la manœuvre des seaux...

» Pendant ce temps, Skestakoff dirigeait contre l'adversaire un feu nourri de mousqueterie...

» Les deux navires, qui accompagnaient le navire attaqué, ne cessèrent de tirer sur nous, au cours de notre opération. »

En dix minutes, le monitor *Douba-Seïfi* avait coulé.

Le jour allait se lever : le lieutenant Dubasoff ordonna la retraite, malgré la résistance des commandants du *Djigit* et de la

Cesarewna, qui voulaient absolument torpiller les deux autres navires. Mais on avait réusi à couler un navire ennemi, sans avoir eu un homme tué, ni blessé. Vouloir continuer l'entreprise, c'était s'exposer à sacrifier inutilement d'héroïques matelots.

Les deux navires turcs couvrirent d'éclats d'obus les quatre chaloupes qui opéraient leur retraite ; mais rien ne les atteignit, et les flots du Danube reprirent bientôt leur tranquillité.

Pendant notre campagne contre la Chine, en 1884, les torpilleurs ont joué un rôle important.

Nous allons résumer les faits de guerre auxquels ils ont pris part.

Au mois d'août 1884, l'escadre, commandée par l'amiral Courbet, après avoir bloqué l'île de Formose, était engagée dans la rivière Min, où elle était exposée à de sérieux périls. Elle était menacée par une flottille chinoise mouillée non loin de là, et par toute une armée, renforcée par de nombreuses batteries, étagées en aval de la rivière.

Le 22 août, arriva heureusement à l'amiral Courbet la signification de la déclaration de guerre et l'autorisation de se dégager par un coup de maître. Un conseil de guerre fut tenu aussitôt, à bord du vaisseau amiral le *Volta*.

Voici quelle était la situation de la flottille française et des forces ennemies. A 12 milles en amont de la rivière Min, et un peu en aval de l'arsenal de Fou-chéou, à la pointe de la *pagode*, se trouvaient mouillées en lignes brisées, par suite du coude que formait le fleuve : 1° le croiseur de 3ᵉ classe le *Volta*, portant le pavillon de l'amiral Courbet, 2° les canonnières l'*Aspic* et le *Lynx*, ainsi que les bateaux torpilleurs rapides nᵒˢ 45 et 46 ; 3° un peu au-dessous, les croiseurs de première classe le *Duguay-*

Trouin, le *Villars* et le *d'Estaing*. C'est ce que l'on voit sur la figure 286, qui montre la situation de nos vaisseaux et ceux des chinois.

Tout près de nos navires se trouvait un égal nombre de bâtiments chinois. En amont du *Volta*, entre le croiseur et l'arsenal de Fou-chéou, étaient mouillés 8 autres navires chinois, deux jonques chargées de soldats et un certain nombre d'embarcations disposées en canots porte-torpille. Par le travers étaient encore 9 jonques de guerre, en ligne le long de la rive gauche, et sur cette même rive 6 ou 7 batteries, quelques-unes armées de canons Krupp.

La flottille française possédait, en définitive, 38 bouches à feu de 19, 14 et 10 centimètres ; la flottille chinoise disposait de 56 canons, parmi lesquels on comptait des pièces rayées de 25, 20 18, 16 et 15 centimètres, en outre, sur les jonques de guerre, 70 canons lisses, d'assez faible calibre.

Le 23 août 1884 à 1 heure 25 minutes de l'après-midi, le *Volta* et nos canonnières lèvent l'ancre, pour attaquer les navires chinois mouillés en amont. Aucun coup de canon n'avait encore été tiré, lorsque le torpilleur 46 s'élance sur le croiseur chinois le *Yang-Ou*, et le torpilleur 45 sur la canonnière le *Fou-Sing*. Le torpilleur 46 frappe de sa torpille-portée le flanc de son adversaire, qui, défoncé par l'explosion, va bientôt s'échouer sur la rive. Le torpilleur nᵒ 45 atteint seulement l'arrière du *Fou-Sing*, et fait éclater sa torpille ; mais il reste attaché au navire chinois par sa hampe, et son capitaine, gravement blessé, ne peut retirer son bateau qu'avec beaucoup de peine de cette position critique. Nos deux torpilleurs sont entraînés par le courant, et bientôt hors de tout danger.

Pendant ce temps, nos petites canonnières attaquent à bout portant les bâtiments à vapeur chinois. Nos croiseurs de 1ʳᵉ classe, à cause de leur grand tirant d'eau, ne peu

Fig. 286. — Situation des deux flottilles française et chinoise sur la rivière du Min, le 22 août 1884.

1, douane. — 2, le *Destaing*. — 3, canonnières chinoises et canots à vapeur armés et porte-torpilles. — 4, le *Lynx*. — 5, l'*Aspic*. — 6, torpilleurs 45 et 46. — 7, la *Vipère*. — 8, le *Volta*, bâtiment amiral. — 9, 9, canonnières chinoises et jonques de guerre. — 10, la *Pagode*. — 11, batteries chinoises. — 12, batterie chinoise de trois pièces de campagne. — 13, arsenal de Fout-Chéou. — 14, le *Duguay-Trouin*.

vent suivre le *Volta*, dans les eaux de la rivière Min, mais ils ouvrent un feu destructeur, d'un côté sur les trois navires ennemis placés par leur travers, et de l'autre, sur les jonques de guerre. Le navire cuirassé la *Triomphante*, qui vient d'arriver, leur prête bientôt le puissant appui de ses canons de 24.

Moins d'une demi-heure après le début de l'engagement, la lutte était terminée. Les jonques de guerre chinoises mouillées entre la pointe de la *Pagode* et l'arsenal, coulaient et brûlaient en même temps, et les deux grandes jonques chargées de soldats étaient en feu. Les trois navires chinois et deux de leurs canonnières, combattus par nos croiseurs de 1re classe, étaient allés s'échouer et se remplir d'eau, à quelque distance. Le *Yang-ou* et deux transports, amarrés le long des quais de l'arsenal, étaient bientôt détruits par les obus de nos canonnières et brûlés.

Le feu cessa vers 5 heures, et nos bâtiments allèrent prendre un mouillage pour la nuit, hors de la portée des forts.

En résumé, dans cette mémorable journée, l'amiral Courbet avait détruit 22 navires, en comptant les jonques. 5 des capitaines qui les commandaient, 40 officiers et 200 matelots ou soldats, étaient tués; nos pertes étaient seulement de 6 tués et 27 blessés.

L'arsenal de Fou-chéou, situé à peu de distance, était bombardé, le lendemain, sans pourtant qu'on réussît à le détruire en entier ; car les pièces de 14 et 10 centimètres de nos petits navires étaient impuissantes pour le détruire ; le *Duguay-Trouin* et la *Triomphante*, dont les gros canons auraient été nécessaires pour cette besogne, ne pouvaient remonter jusqu'à ce point de la rivière.

Cependant, il fallait se défendre d'un retour offensif des Chinois qui, dans le but de nous couper la retraite, accumulaient les obstacles en aval de la pointe de la *Pagode*. Nos marins surmontèrent toutes ces difficultés. A mesure que l'escadre descendait la rivière Min, en chaque point où elle rencontrait des batteries chinoises, la grosse artillerie de la *Triomphante* et du *Duguay-Trouin* commençait l'attaque, en battant méthodiquement chaque partie de l'ouvrage ennemi, et mettant successivement chacune de ses embrasures ou de ses pièces hors de service. Les canons de 14 centimètres de nos autres vaisseaux, appuyaient l'attaque ; enfin, sous la protection des petites pièces à tir rapide et des salves de mousqueterie de nos canonnières, une partie des compagnies de débarquement étaient jetées à terre, et tenaient en échec les troupes chinoises, pendant qu'une escouade de matelots torpilleurs brisaient les canons et affûts chinois, au moyen du fulmi-coton.

C'est en opérant ainsi que l'amiral Courbet ruina et franchit les solides fortifications des passes Mingan et Kimpaï.

Le 29 août, tous nos bâtiments sortaient victorieux de la rivière Min, après avoir perdu seulement 10 tués et 48 blessés. Mais pendant ces six jours de lutte, les 1800 marins qui les montaient, électrisés par l'audace et l'intrépidité de leur chef, avaient accompli des prodiges.

Le 1ᵉʳ octobre, Courbet occupa Kelung sans grande résistance de la part des Chinois.

A partir de ce moment l'amiral dut se contenter d'occuper Kelung et de bloquer les autres ports de l'île de Formose.

Personne, en France, ne se doutait des héroïques actions de notre escadre de Chine, quand un brillant fait d'armes vint les rappeler avec éclat.

Une escadre chinoise avait eu l'imprudence de prendre la mer. Courbet l'apprend, et, avec le *Bayard*, sur lequel il place son pavillon, il se met à sa recherche. Le 13 février 1885, il reconnaît les vaisseaux ennemis.

Trois des croiseurs chinois lui échappèrent, grâce à leur vitesse et à la brume. La frégate le *Yu-Yen* et la corvette le *Tchen-King* se réfugièrent à Shei-poo, port où l'on n'arrive que par des canaux très étroits et d'une navigation difficile. Comme on ne pouvait songer à s'engager dans ces passes presque inconnues, Courbet prit un autre moyen pour détruire les deux navires chinois. Il chargea le capitaine de frégate Gourdon et le lieutenant de vaisseau Dubois d'aller torpiller les navires ennemis.

Au lieu du bateau-torpille du *Bayard*, le capitaine Gourdon et le lieutenant Dubois préférèrent une simple chaloupe à vapeur.

Dans la nuit du 14 au 15 février, les deux chaloupes quittent le *Bayard*. Elles étaient accompagnées et guidées par une troisième, sous la conduite du lieutenant de vaisseau Ravel, qui avait précédemment exploré le chenal. L'obscurité était si grande qu'à diverses reprises les trois canots se perdirent de vue. Enfin, après un parcours de sept à huit milles, ils aperçoivent les navires chinois. On observe le plus grand silence et la vitesse est ralentie. Les petites machines à vapeur des chaloupes faisaient grand bruit ; ce qui était un danger. Heureusement les Chinois étaient en fête cette nuit ; car le 15 février est le premier jour de leur année, et ils en célébraient l'anniversaire par des feux d'artifice. Aussi le canot du commandant Gourdon put-il atteindre, sans être aperçu, le *Yu-Yen*. Il pose sa torpille portée, qui éclate avec un bruit formidable.

La chaloupe est un moment retenue par sa hampe, qui est prise sous la carène de la frégate chinoise, mais le commandant réussit bientôt à se dégager. Les Chinois, affolés par l'exploxion, tirent au hasard des coups de canon, de mitrailleuses et de fusil, qui ne portent pas.

Le lieutenant Dubois, qui s'était retardé, arrive alors, et lance sa chaloupe à toute vitesse. Il touche le flanc du *Yu-Yen* avec sa torpille portée, qui éclate aussitôt (fig. 287, page 353).

Après l'explosion de la deuxième torpille, les deux chaloupes s'éloignent le plus rapidement possible, non sans recevoir un certain nombre de balles et de mitraille, mais par un vrai miracle, aucune avarie grave n'en résulte, et un seul homme est mortellement frappé dans la chaloupe du commandant Gourdon.

Seulement, au milieu de l'obscurité, nos canots porte-torpille ne retrouvent plus ni leur route, ni le lieutenant Ravel, qui s'est arrêté à 800 mètres environ des navires chinois. Ils s'engagent au hasard dans un chenal autre que celui qui les a conduits devant Shei-poo; et, après de dangereuses péripéties, ils arrivent enfin à bord d'un de nos transports, la *Saône*, qui stationnait dans ces parages.

Quel avait été le résultat de l'admirable exploit de nos deux marins? Le *Yu-Yen* avait été coulé par l'explosion de nos deux torpilles. Quant au *Tchen-King*, il avait été démoli par les projectiles mêmes des canonniers chinois. En effet, au moment de l'apparition de nos canots porte-torpille, les matelots chinois avaient tous perdu la tête, et ils s'étaient mis à tirer dans toutes les directions; si bien que leurs canons mêmes avaient éclaté et démoli leur navire.

L'amiral Courbet se mit à la recherche des trois croiseurs qui lui avaient échappé. Il les trouva réfugiés dans la rivière de Ning-pô, en compagnie de quatre autres navires. Cependant il reconnut l'impossibilité de les attaquer en ces parages sans faire courir à ses bâtiments les plus extrêmes dangers.

Il s'en consola en s'emparant, le 29 mars 1885, avec les cuirassés le *Bayard* et la *Triomphante*, les croiseurs le *d'Estaing* et le *Du Chaffault*, qu'accompagnait la canonnière la *Vipère* et le grand transport l'*Annamite*, de Ma-Kung, port principal des îles Pescadores. Bien qu'il fût défendu par cinq forts avec des batteries armés de 27 canons, quelques-uns de gros calibre, tout le petit archipel de Pescadores tomba en notre pouvoir et donna un port magnifique à notre flotte de Chine

Le 11 juin 1885, dans ce même port de Ma-Kung, Courbet, usé par les fatigues et les déboires de toute espèce qu'il avait essuyés, mourait, à bord du vaisseau amiral, avec le stoïcisme d'un héros.

La campagne navale de la Chine de 1884 nous a laissé des enseignements importants. La destruction de la flotte chinoise, le 23 août 1884, prouve que la cuirasse est suffisante pour atténuer la force destructive de l'artillerie nouvelle; l'impuissance de nos obus de 14 centimètres pour ruiner l'arsenal de Fou-chéou, et le grand effet de nos pièces de 19 et de 24 centimètres contre les batteries blindées de la rivière Min, démontrent la nécessité des gros calibres dans de semblables opérations.

Enfin, la destruction des deux croiseurs chinois par le torpilleur du *Bayard* montre que l'art *torpéique* a aujourd'hui ses règles, confirmées par la victoire.

Notre escadre a essayé, en 1889, d'établir la tactique des torpilleurs en exécutant, à Toulon, des manœuvres navales. Ces manœuvres ont offert le plus vif intérêt. Malheureusement, il a été à peu près impossible de dire si les torpilleurs s'étaient assez rapprochés des cuirassés pour les couler, ou si les cuirassés avaient assez criblé de projectiles les torpilleurs, pour les empêcher d'avancer.

Un ancien officier de marine, qui fut le témoin très impartial de ces manœuvres, raconte en ces termes un épisode de ces derniers exercices :

« Vers 2 heures 30 du matin, le torpilleur 62, commandé par le lieutenant Dubois, le même qui avait fait sauter une frégate chinoise à Schee-poo, se présente, se dérobe en restant à la lisière d'un faisceau électrique, et poussant à toute vitesse, il entre dans la baie, avec une admirable crânerie. Il active son feu, en doublant la jetée. Le torpilleur n'a essuyé que quelques coups de canon-revolver ; malheureusement, le lieutenant se trompe sur la distance ; il est aveuglé par les foyers des projecteurs de lumière, et il lance sa torpille à 500 mètres de l'*Hirondelle*, le croiseur de tête ! »

Il est donc vrai que la manœuvre d'un torpilleur est sujette à bien des hasards.

En résumé, il n'appartient encore à personne de se prononcer sur la tactique à établir à l'égard des flottilles de torpilleurs. La nation qui voudrait se servir exclusivement de cuirassés, ou exclusivement de torpilleurs, irait certainement au devant de désastres ; mais si la tactique des cuirassés est faite, celle des torpilleurs est encore à trouver.

Ce qui est certain, c'est que les torpilleurs rendront d'autant plus de services qu'ils seront plus transportables. En 1885, le torpilleur 68 est allé du Havre à Marseille, en remontant la Seine, traversant Paris, puis le canal de Bourgogne, et descendant ensuite la Saône et le Rhône. On l'a vu à Paris amarré, pendant quelques jours, sur la Seine, au quai d'Orsay. Voilà un fait qui démontre la bonne construction de nos torpilleurs, sous le rapport de la facilité du transport.

Depuis cette époque, le gouvernement a mis à l'étude une très intéressante question : le transport des bateaux-torpilleurs par les chemins de fer. On a construit, pour cet objet particulier, un train spécial de chemin de fer. Il est composé de quatre wagons. Chacun de ces wagons est pourvu, en son milieu, d'une charpente horizontale métallique, articulée de manière à lui permettre de suivre toutes les courbes de la voie, pendant que le torpilleur, hissé sur les quatre trucks, conserve sa forme rigide ordinaire. C'est dans ces conditions que le torpilleur 71 fut transporté de Toulon à Cherbourg, en 1889.

Cette expérience est de la plus grande importance. Sans qu'il soit besoin de beaucoup insister, on devine quels avantages il y aurait à pouvoir transporter notre flottille de torpilleurs en deux jours, du Havre à Marseille, ou de Toulon à Cherbourg. C'est le cas de dire que nos torpilleurs seront toujours sur le lieu du danger.

En terminant l'examen de cette question, nous exprimerons un vœu : c'est que, de part et d'autre, on abandonne des procédés de polémique qui sont fâcheux. Nul ne songe à supprimer nos cuirassés, et à composer la flotte française uniquement de croiseurs et de torpilleurs. Ceux qui croient à l'action efficace des torpilleurs et ceux qui n'ont de confiance que dans la puissance, le tonnage et la masse des vaisseaux cuirassés, poursuivent, en définitive, le même but : les uns et les autres veulent que notre marine soit forte, nous allions dire invincible. Sur ce terrain, tous les Français sont d'accord !

Fig. 287. — Le torpilleur du *Bayard*, monté par le capitaine Gourdon, fait sauter le croiseur chinois le *Yu-Yen*.

CHAPITRE VII

LA NAVIGATION SOUS-MARINE. — LES PREMIÈRES TENTA-
TIVES FAITES PAR FULTON. — BATEAUX SOUS-MARINS
CONSTRUITS DANS LES PORTS D'AMÉRIQUE, D'ANGLE-
TERRE, D'ALLEMAGNE ET EN FRANCE. — LE « GYMNOTE »
ET LE « PÉRAL ». — LE NOUVEAU BATEAU SOUS-MARIN
LE « GOUBET ».

Il nous reste, pour terminer l'exposé des
ressources militaires de la marine actuelle,
à signaler une création encore à l'état
d'ébauche, mais qui, si elle se perfectionne
et devient pratique, jettera un trouble extraordinaire dans tout l'effectif des marines
de guerre du monde entier. Nous voulons
parler des bateaux sous-marins.

Les officiers et matelots attachés aux
bateaux torpilleurs fixent, à grand'peine,
et en s'exposant à d'énormes dangers, des
brûlots explosifs à la quille des navires
ennemis. Mais ils échouent souvent dans
ces coups d'audace, en raison de la surveillance et des moyens de défense qu'on
leur oppose. Outre les foyers électriques
dont les longues projections décèlent au
loin leur présence, les *filets Bullivan*, entourant le navire, peuvent arrêter leur élan.
Si, au lieu de naviguer sur la mer, les torpilleurs pouvaient plonger sous l'eau, et aller
placer leur infernal engin de destruction
au-dessous de la coque du navire, à l'insu
de l'équipage, en naviguant hors de sa vue,
on conçoit à quels dangers les bâtiments
seraient exposés. On ne voit pas de moyen
de protection contre un procédé d'attaque
aussi perfide.

Hâtons-nous de dire que, malgré de très
nombreuses tentatives, le bateau sous-
marin n'est pas encore créé; mais le moment s'approche peut-être où nos vaisseaux auront à s'inquiéter sérieusement de
cet effroyable ennemi. Que sera alors la
guerre maritime? Quelle sécurité pour-
ra-t-on espérer à bord des colosses qui sont
aujourd'hui l'orgueil de nos flottes? On ose
à peine entrevoir cette triste perspective.

Ce qui peut rassurer, c'est que les recherches concernant la navigation sous-marine
sont de date fort ancienne, et qu'elles n'ont
pourtant jamais abouti, jusqu'à ce jour, à
rien de pratique.

En 1801, ainsi que nous l'avons raconté
dans les *Merveilles de la science*, Fulton
avait construit un *bateau plongeur*, qui
était pourvu de deux hélices parallèles, et
dont les mouvements d'ascension et de descente s'obtenaient au moyen d'une vis fonctionnant verticalement. Fulton fit des essais
de son embarcation sous-marine au Havre
et à Rouen. Il accomplit même une partie
de la traversée du Havre à Brest, en naviguant sous l'eau.

L'empereur Napoléon Ier n'encouragea
pas la tentative de Fulton, pas plus qu'il
n'avait accueilli ses *fourneaux submergés*,
c'est-à-dire les torpilles.

La question fut reprise en France, en 1863.
L'amiral Bourgeois construisit, à Toulon,
un bateau sous-marin, qu'il nommait le
Plongeur.

Le *Plongeur* était en tôle, et affectait
la forme d'un cigare aplati. Il jaugeait
450 tonneaux, et mesurait 42 mètres de
longueur, sur 6 mètres de largeur et
3 mètres de hauteur, y compris la quille. Il
était propulsé par une hélice, que commandait une machine mue par de l'air comprimé à 12 atmosphères, et contenu dans
une série de réservoirs cylindriques, d'un
volume total de 150 mètres cubes, ce qui
suffisait à l'aération du bateau pendant un
temps assez long. Les moyens de descente
et de remonte se composaient de réservoirs
à eau, d'une capacité de 50 mètres cubes,
qui pouvaient se remplir ou se vider plus
ou moins complètement, par l'effet d'air
comprimé. Ces réservoirs, étant remplis
d'eau, rendaient le bateau plus lourd que le
liquide qu'il déplaçait, et il ne restait plus

alors qu'à maintenir sa stabilité d'immersion. On obtenait cette stabilité au moyen de deux *cylindres régulateurs*. Chacun de ces cylindres était pourvu de pistons, que l'on pouvait faire monter ou descendre, suivant que l'on désirait augmenter ou diminuer la *flottabilité*. Un gouvernail horizontal, double, placé à l'arrière du bateau, et mû à la main, ajoutait son action à celle des cylindres régulateurs.

Toutes ces dispositions étaient admirablement calculées ; malheureusement l'amiral Bourgeois ne réussit jamais à maintenir le *Plongeur* entre deux eaux. Il allait toucher le fond quand son mouvement de descente était commencé, même par 8 ou 9 mètres d'eau seulement.

Il est juste de dire qu'à l'époque où l'amiral Bourgeois fit les essais de son bateau sous-marin, on ne savait pas confectionner des réservoirs en acier suffisamment légers, et des pompes de compression assez puissantes pour emmaganiser couramment de l'air à la pression de 10 atmosphères.

On a fait un certain bruit, en Amérique, en 1880, d'un bateau sous-marin que le constructeur appelait le *Pacificateur*, voulant exprimer par là que la navigation sous-marine rendant la guerre maritime impossible, on devrait arriver aussi à une paix générale.

On voit dans la figure 288 la coupe du bateau le *Pacificateur* et dans les figures 289 et 290 l'ensemble du bateau.

Le bateau sous-marin le *Pacificateur* mesure 9ᵐ,15 de bout en bout, 2ᵐ,68 de largeur et 1ᵐ,83 de creux. Sur chacun des côtés est placée une certaine quantité de plomb, dont le poids est calculé exactement pour maintenir le bateau à fleur d'eau. Pour le faire descendre sous l'eau à des profondeurs variables, on remplit plus ou moins d'eau des compartiments *ad hoc*.

L'atmosphère est renouvelée au moyen de provisions d'air comprimé, contenu dans des réservoirs.

Le bateau est dirigé dans le sens horizontal, au moyen d'un gouvernail ordinaire ; dans le sens vertical, on fait agir un double gouvernail, dont les charnières sont placées des deux côtés à l'arrière et qui font monter ou descendre le torpilleur, en lui imprimant une direction oblique.

Une petite coupole, saillante de 30 centimètres, d'un diamètre de 35 centimètres, et percée d'ouvertures munies de glaces, se trouve à la partie supérieure de la coque. Le capitaine, assis au centre, a sa tête sous cette coupole.

L'équipage ne se compose que de deux hommes, le capitaine et le mécanicien. En passant sous la coque d'un navire ennemi, le capitaine fait jouer un appareil qui détache du torpilleur deux cartouches explosibles, reliées entre elles par un fil d'acier et communiquant au torpilleur par un fil électrique. Ces cartouches, munies de flotteurs qui tendent à les faire remonter à la surface, vont d'elles-mêmes se fixer contre les flancs du navire. Le torpilleur s'éloigne, et quand il est à distance convenable, le fil électrique enflamme l'amorce et détermine l'explosion.

Les diverses machines du torpilleur fonctionnent au moyen de l'air comprimé à une pression de 50 kilogrammes.

Ce bateau, d'après des expériences faites à New-York, est resté dans l'eau, avec ses deux hommes, à bord, à une profondeur de 17 mètres, pendant près de 7 minutes, parcourant près d'un mille et demi. A la surface sa vitesse était de 6 milles à l'heure, mais l'inventeur prétend que sous l'eau elle atteint 12 milles.

Le *Pacificateur* est passé sous la coque de 2 steamers en marche et s'est approché à 3 mètres d'un remorqueur. Il évoluait facilement dans toutes les directions.

Il n'est plus question aujourd'hui, en

Fig. 288. — Le *Pacificateur*, torpilleur sous-marin américain. — Le bateau s'immergeant.

Amérique, du *Pacificateur*; ce qui fait croire que les résultats ultérieurs n'ont pas répondu aux espérances conçues à l'époque de ses essais. Mais on parle en ce moment aux États-Unis d'un navire sous-marin, qui a été mis en chantier en 1890, qui est dû à un ingénieur nommé Thomas et qui est patronné par l'amiral Porter. Toutes ses parties hors de l'eau seront cuirassées; il aura un éperon et portera au-dessous de la flottaison un canon sous-marin, système Ericsson. Il sera même, ajoute-t-on, pourvu d'une tourelle abritant un canon.

Un autre inventeur, M. Cawett, conducteur des travaux de la *Poster machine Company*, de Pittsburg, a dressé les plans d'un *bélier sous-marin*, qu'on pourrait embarquer sur un bâtiment de guerre. Le pont, en forme de tortue, serait cuirassé. A la partie avant, il y aurait un cylindre horizontal, de 4^m,50 de longueur, contenant un piston de 50 centimètres de diamètre. Ce piston, traversant l'étrave du bateau et mis en action par la vapeur, agirait contre les flancs du navire ennemi, pour enfoncer sa quille, y pratiquer une rupture. La vapeur aurait assez de puissance pour donner au bateau une vitesse de 20 à 22 nœuds.

Tout ceci nous paraît quelque peu fantaisiste, et inspiré des romans de Jules Verne, plutôt que des conceptions calculées d'un homme de l'art.

Un troisième bateau sous-marin a été proposé en Amérique, par le lieutenant commandeur Basher, de la marine natio- nale et construit par le *Colombian Iron Works Company*, de Baltimore.

Il peut agir dans trois positions diffé-

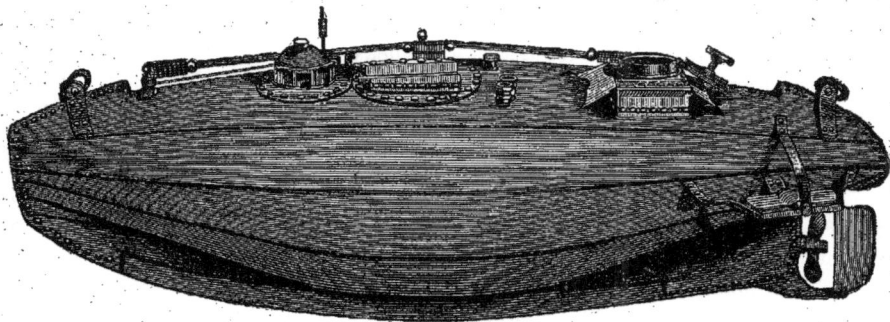

Fig. 289. — Le *Pacificateur* (vue extérieure).

rentes. Dans la première, le bateau a la moitié de la coque hors de l'eau, et se sert de toutes ses armes. Dans la seconde, il est à fleur d'eau et n'expose que sa tourelle tournante et quelques centimètres de sa surface arrière. Un tube placé dans l'axe

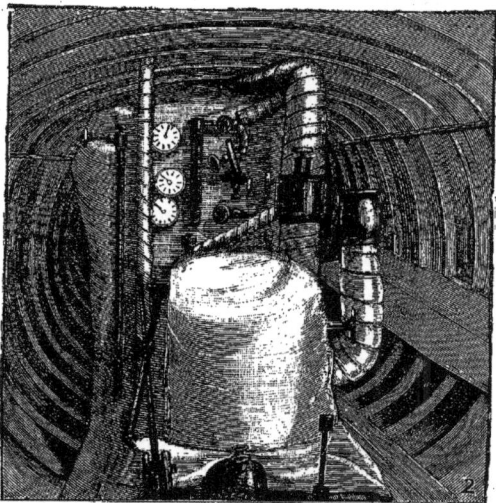

Fig. 290. — Le *Pacificateur* (vue intérieure).

du bateau peut alors lancer à environ 1000 mètres, un obus chargé de dynamite.

Dans la dernière position le bateau est complètement submergé. Le tube horizon- tal, placé dans l'axe du bateau, lance, soit à l'aide de l'air comprimé, soit avec de la poudre, des projectiles de 20 centi- mètres, à plusieurs centaines de mètres, et même des torpilles de tous les systèmes.

Ce bateau a la forme d'un cigare ; il a deux coques et entre l'une et l'autre des compartiments sont ménagés, pour recevoir l'eau et provoquer ainsi sa descente.

La respiration des matelots est assurée par une provision d'air comprimé.

Il ne s'agit, en tout cela, que de projets, et il est à craindre qu'ils aient le sort du *Pacificateur*.

En France, on a repris, en 1886, à Toulon, l'étude des bateaux sous-marins, commencée par l'amiral Bourgeois.

Le bateau sous-marin de l'amiral Bourgeois avait une stabilité parfaite à la surface de l'eau ; mais son équilibre entre deux eaux n'avait pu être obtenu, ni au repos ni en marche ; il montait ou descendait sans cesse. Le *Gymnote*, tel est le nom du nouveau bateau sous-marin qui a été construit à Toulon en 1886, dans les chantiers de l'État, a bénéficié des derniers progrès de l'art de l'ingénieur ; il s'enfonce, reste sur place, et revient à la surface, à la volonté du marin chargé de le diriger.

Le *Gymnote* a été mis en chantier à Toulon, sous la direction de M. Romazetti, ingénieur de la marine, le 30 avril 1887, et lancé à l'eau le 23 septembre 1889. L'illustre ingénieur de marine, Dupuy de Lôme, qui a touché à tant de questions, avait tracé le plan général de ce bateau sous-marin, qui a été exécuté sur chantier, par le commandant du port de Toulon, M. Zédé.

Le *Gymnote* (fig. 291, p. 360) a la forme d'un faisceau effilé. Il mesure 17 mètres de longueur sur 1ᵐ,80 de diamètre. C'est assez dire que ceux qui se trouvent dans l'intérieur peuvent tout juste se tenir debout. Il ne déplace que trente tonnes ; sous l'eau il doit pouvoir marcher avec une vitesse de 10 nœuds. Pour déterminer son immersion, il suffit de faire pénétrer une certaine quantité d'eau dans des réservoirs intérieurs.

Pour lui imprimer la direction, on met en action deux gouvernails horizontaux, tout à fait analogues au gouvernail de la torpille automobile de Whitehead.

L'enfoncement sous l'eau est produit par les deux gouvernails horizontaux, et par l'introduction de l'eau de la mer dans des réservoirs disposés dans l'entre-cloisonnement des deux enveloppes de la coque. En ouvrant plus ou moins les robinets, on descend plus vite et plus profondément. La stabilité du bateau est complète ; ce qui est d'autant plus remarquable que, dans les bateaux sous-marins de l'amiral Bourgeois, il suffisait d'un léger excès d'eau dans les réservoirs pour déterminer la chute du bateau au fond de la mer.

Sur la partie supérieure se dresse une petite coupole, une sorte de kiosque, garni de glaces, de 35 centimètres de diamètre, où se tient l'officier chargé de la direction. Au moyen de quelques leviers tenus à la main, il obtient la submersion du bateau, son inclinaison, les changements de vitesse, etc.

Le *Gymnote* est mu par des accumulateurs électriques, actionnant une machine dynamo-électrique. Le moteur électrique ne pèse pas plus de 2 000 kilogrammes, tout en donnant une vitesse de deux cents tours par minute. Ce moteur actionne l'hélice directement, c'est-à-dire sans transmission. Le bateau est éclairé, à l'intérieur, par des lampes électriques à incandescence.

Le *Gymnote* évolue comme un poisson, en direction ainsi qu'en profondeur, et on y respire à l'aise.

L'équipage comprend un officier, deux mécaniciens et un manœuvrier.

Pour sa sortie d'essai faite à Toulon, le *Gymnote* avait reçu cinq personnes : M. Zédé, le capitaine Krebs, M. Romazetti, M. Baudry de Lacantinerie, commandant du bateau et M. Picon, contre-maître, chef de construction.

Les résultats des essais donnent quelques espérances, si l'on peut appeler de ce nom la destruction et la ruine des superbes constructions qui font l'orgueil des nations maritimes.

En novembre et décembre 1889, le *Gymnote* a fait des plongées très précises, tant en profondeur qu'en direction. Il a franchi sous l'eau une distance de 1 200 mètres, évitant les ancres et les chaînes d'amarre, et passant sous les vaisseaux cuirassés avec facilité. Il est descendu jusqu'à la profondeur de 16 mètres. Les accumulateurs électriques alimentaient le courant avec une entière régularité.

Le commandant du *Gymnote*, M. le lieutenant de vaisseau Baudry Lacantinerie, a remplacé la lunette de vision coudée, qui servait lorsqu'on était à une petite profondeur, par un *périscope*, qui embrasse tout l'horizon.

Pour remplacer le *compas compensé*, qui, dans la coque de fer d'un bateau, est sujet à de continuelles perturbations, on a installé un giroscope électrique, qui donne la direction d'une façon régulière. Un ventilateur électrique renouvelle l'air en quelques minutes. Un *servo-moteur* électrique permet de gouverner de partout, et un plomb de sonde spécial sert à mesurer les profondeurs et, au besoin, servirait d'ancre.

Pendant qu'à Toulon le ministère de la marine faisait exécuter les expériences du *Gymnote*, un inventeur, M. Goubet, faisait construire à ses frais, risques et périls, un nouveau modèle de bateau sous-marin. Ce bateau a été construit sur la Seine, à Puteaux, en 1888. Il est en tôle et a la forme d'un cigare. Des lentilles permettent de voir au sein de l'eau. Son moteur est une machine dynamo-électrique Edison, alimentée par des accumulateurs, et actionnant une hélice par des roues dentées.

L'hélice s'incline dans tous les sens, de façon à faire plonger ou marcher l'embarcation. D'énormes cisailles, destinées à couper les fils des torpilles, sont placées à l'avant, et se manœuvrent de l'intérieur. Des lampes électriques à incandescence éclairent le bateau, dont l'équipage, réduit à deux hommes seulement, a pour respirer une provision d'oxygène comprimé.

Après les premiers essais faits sous la Seine, M Goubet fit transporter son bateau, sur un truck de chemin de fer, à Cherbourg, pour y continuer ses expériences

Là le bateau sous-marin a évolué sous l'eau, selon des directions différentes, désignées d'avance, et il est resté englouti assez de temps pour prouver que le problème de la respiration des hommes dans une embarcation submergée est désormais résolu.

Les premières expériences faites par l'inventeur à Cherbourg sont du mois de septembre 1888 ; elles ont été continuées au mois de mars 1889.

Un journal de Paris a publié un récit assez amusant du séjour de deux marins sous l'eau, dans l'expérience du 1er mars 1889.

Deux hommes, écrivait-on à ce journal, à la date du 1er mai 1889, le scaphandrier Kieffer et un de ses camarades, Prot, ont été enfermés dans le *Goubet* et descendus à six mètres de profondeur, à 9 heures 15 minutes. Ils ont été remontés à 5 heures 15 minutes, après 8 heures d'immersion, absolument frais et dispos. Nous allons laisser le scaphandrier Kieffer raconter ses impressions :

On nous a descendus à six mètres, profondeur constatée d'après nos manomètres.

Première heure. — La première heure a été prise à régler tous nos instruments, les tubes d'oxygène et les pompes.

Nous n'avions plus alors rien à faire qu'à donner un coup de piston de temps en temps.

Deuxième heure. — Nous avions emporté un jeu de cartes. Nous nous sommes mis à faire une partie de piquet.

Troisième heure. — L'oxygène nous avait rendus un peu gais : nous venions de prendre un petit apéritif. Nous nous mîmes donc à déjeuner de très bon appétit. Nous avons dévoré des hors-d'œuvre, un bon poulet, un pâté de lièvre, deux bonnes bouteilles de bordeaux, fromage, dessert, etc.

Quatrième heure. — Café! Nous avons bien du café dans une bouteille, mais il faut le faire chauffer. Mais comment? Nous n'avons qu'une veilleuse. On ne peut pourtant pas faire chauffer la bouteille...

— Allons, dis-je à mon compagnon, il reste quatre sardines dans la boîte. Nous allons en manger chacun deux, et nous ferons chauffer notre café dans la boîte.

— Bien trouvé, me répond-il.

Et nous nous remettons à table.

Cinquième heure. — Enfin, nous finissons par faire chauffer notre café, et nous le buvons. Nous l'avons bien gagné!

Nous nous remettons à jouer aux cartes; mais, à chaque instant, on nous dérange par le téléphone, pour nous demander si nous sommes bien. Nous sommes joliment mieux que la commission qui reçoit des averses, tandis que nous sommes à l'abri, avec nos six mètres d'eau sur la tête.

Sixième heure. — Le préfet maritime, M. Lespès, nous parle par le téléphone :

— Êtes-vous bien là dedans?

Réponse. — Très bien, amiral!

— Allons, du courage!

Septième heure. — Nous nous mettons à contempler notre entourage, qui n'est que du « bouillon », sauf quelques poissons, qui passent par-ci par-là.

Nous remarquons une embarcation qui passe au-dessus du bateau, et nous entendons très bien les limes grincer sur le bordage du *Cocyte*, à deux cents mètres de là. Nous avons également constaté que l'on entendait très bien tomber la pluie sur la surface de l'eau. Étant dans ces conditions d'immersion, on entendrait très bien un bateau à vapeur marcher de très loin.

— Quatre heures et demie, dis-je à mon compagnon.

— Déjà! répond-il, le temps passe vraiment vite là-dedans.

Huitième heure. — *Par le téléphone, le commandant président de la commission :* Eh bien! ça va-t-il toujours.

Réponse. — Très bien, commandant.

— Vous n'avez plus qu'une heure.

— Ça ne nous gêne guère.

Un autre membre de la commission : Vous savez, si vous êtes gênés, il faut le dire.

Réponse. — Mais non! nous sommes très bien!

Encore un coup de sonnette!

— Ils ne vont donc pas bientôt nous laisser tranquilles!

Cette fois c'est M. Goubet :

— Encore une demi-heure, Kieffer.

Réponse. — L'affaire est faite... Tiens! Une famille de poissons qui passe. Nous les contemplons. Ding! un coup de sonnette! Sont-ils ennuyeux avec leur carillon!

Fig. 291. — Profil du *Gymnote*.

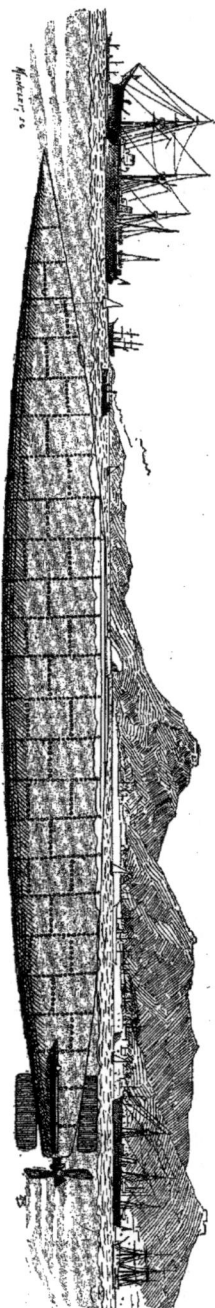

Fig. 292. — Le *Goubet* submergé.

— Vous n'avez plus qu'un quart d'heure!

— C'est bon, c'est bon! Ça va bien!

... — Encore cinq minutes, dis-je à Prot, mon compagnon.

— C'est tout de même curieux, comme le temps passe vite.

— Ding! Un coup de sonnette!

Le président de la commission. Les huit heures sont terminées. On va vous remonter. »

Le bateau expérimenté à Cherbourg est donc habitable. En ce qui concerne sa stabilité, les expériences sont concluantes. Le *Goubet* évoluait continuellement à Cherbourg, s'enfonçant à volonté à $0^m,50$, 1 mètre, 6 mètres, et 10 mètres. A cette profondeur, il manœuvrait avec la même régularité et la même précision.

Enfin, aucun arrêt dans la machine ne peut entraver sa marche, car il est pourvu de rames, et si l'air respirable manque, il suffit pour remonter à la surface de décrocher le poids de 900 kilogrammes, qu'il porte sous sa quille.

Le *Goubet* est demeuré impunément huit heures sous l'eau.

Il a l'avantage, au dire de l'inventeur, de rester immobile entre deux eaux, à une hauteur déterminée. Le *Gymnote*, actuellement à l'étude à l'arsenal de Toulon, et qui n'est guère autre chose qu'une torpille Whi-

Fig. 293. — Le *Goubet* remonté à la surface de l'eau.

tehead agrandie, ne peut se tenir immergé que *quand il est en mouvement;* aussitôt arrêté, il remonte forcément à la surface.

Le *Goubet* (fig. 292) a la forme d'un œuf allongé. Mais son museau pointu, les hublots de cristal de son dôme, qui sont comme des yeux vivants, les ailettes, en forme de nageoires, de ses flancs, la courbure de son ventre et sa queue hélicoïdale, lui donnent comme un air vague de bête d'Apocalypse.

Coulé en bronze, d'un seul morceau, il ne mesure pas plus de 5ᵐ,60 de long, sur 1ᵐ,53 de diamètre, et pèse, tout armé, 6000 kilogrammes, ce qui permet de le transporter comme un colis ou une chaloupe, sur un *truck* de chemin de fer ou à bord d'un cuirassé. N'est-ce pas par voie ferrée, et en grande vitesse, *dans les bagages de l'inventeur*, qu'il a fait le voyage d'Auteuil à Cherbourg?

Cette légèreté relative ne l'empêche pas d'avoir, en raison de ses formes, une assiette prodigieuse, et de tenir admirablement la mer. Quand il flotte à la surface même par une forte houle, il porte très bien sur son dos, sans vaciller, deux ou trois hommes.

Pendant les nouvelles expériences faites le 31 mars 1890, dans le bassin du commerce, à Cherbourg, l'invisible bateau-poisson évolua *entre deux eaux*, et, passant *par-dessous les torpilleurs*, alla, toujours *entre deux eaux*, couper les fils des bouées sous-marines suspendues autour d'un canot isolé au milieu du bassin.

La marine espagnole a suivi les traces des autres nations maritimes, en construisant le bateau sous-marin connu sous le nom de *Péral*, du nom du lieutenant de vaisseau de la marine espagnole qui en a dirigé l'exécution.

Ce bateau, qui a 21 mètres de long, sur 2ᵐ,75 de large, déplace 89 tonneaux. Il est muni de deux gouvernails et de trois hélices; on y embarque par une sorte d'écoutille. A l'avant se trouve un *tube lance-torpille*. Il est formé de lames d'acier bien assemblées.

On commence par faire pénétrer de l'eau dans des caisses spéciales disposées sur les deux flancs du bateau, jusqu'à ce que le pont soit au ras de la mer; alors, on met le moteur électrique en marche, de manière à obtenir la vitesse de cinq nœuds; on in-

cline les plaques de côté, et l'on fait ainsi immerger le bateau plus ou moins. Deux grands réservoirs contenant de l'air comprimé fournissent l'air respirable.

L'équipage ne comprend que deux hommes. Deux gouvernails horizontaux maintiennent le bateau horizontalement, quand il est immergé; et deux gouvernails verticaux servent à en régler la marche. Il est en outre pourvu de deux tubes lance-torpilles.

Les premières expériences ont été faites à la fin de février 1889. Il s'agissait alors non d'examiner les qualités du bateau comme plongeur, mais simplement de vérifier ses capacités nautiques, comme pour tout navire ordinaire. Il naviguait donc à fleur d'eau. Malheureusement, une des hélices refusa de tourner, et l'on dut rentrer, pour le réparer.

Le 20 juillet 1889, le *Péral* sortait, pour la seconde fois. Aucun accident ne fut alors à regretter; le bateau manœuvrait merveilleusement, il obéissait à son constructeur, « comme un esclave à son maître », dit la *Cronica general*. Mais les Espagnols sont enthousiastes, et bien avant les expériences, ils portaient déjà aux nues le bateau et son constructeur. Il ne faut donc pas trop prendre à la lettre les éloges décernés au *Péral*. Pendant les expériences de vitesse, ce bateau a toujours eu quelque contretemps; il s'est même échoué sur un banc de sable.

Mais un bateau sous-marin n'est pas destiné à manœuvrer à la surface de l'eau, il doit naviguer entre deux eaux. Sous ce rapport, les expériences sont loin d'être concluantes. Certainement, le *Péral* plonge, mais si peu, et pendant si peu de temps! Le bateau est resté submergé un quart d'heure, mais immobile, attaché au quai par une longue corde. On ne peut tirer d'une telle expérience aucune conclusion sur sa stabilité. Peut-il, à volonté, se maintenir à une profondeur déterminée, et peut-il, sans crainte, évoluer librement à cette profondeur? On ne saurait répondre à ces questions, et il faut attendre de nouvelles expériences.

Nous représentons dans les figures 294 et 295 (page 365) le *Péral* avant sa disparition sous l'eau.

Comme on peut le voir sur nos dessins le *Péral* a la forme d'un cigare; il est mû au moyen d'une hélice, actionnée par l'électricité. Sa cargaison consiste exclusivement en torpilles. Tous les détails du mécanisme intérieur sont tenus dans le plus profond mystère, et il n'y a que fort peu de personnes au courant de sa manœuvre. Au milieu du bateau s'élève une petite tourelle, où se tient le capitaine, et d'où il peut gouverner. Quatre hommes d'équipage suffisent pour la manœuvre, mais le bateau pourrait en contenir bien davantage.

Les premiers essais ont été faits à la Caraca, et ont été repris dans la baie de Cadix. Le *Péral* est resté sous l'eau pendant trois quarts d'heure, et a pu s'y mouvoir avec une vitesse de six nœuds, bien que l'inventeur prétende qu'il puisse fournir une vitesse double.

M. Péral espérait avoir résolu deux problèmes, qui sont jusqu'à présent demeurés sans solution de sa part. Il comptait que son bateau se maintiendrait d'une façon automatique, à la profondeur voulue, horizontalement, et que l'on pourrait sans difficulté lancer, de l'intérieur, une torpille. L'équipage devait se composer de quatre lieutenants de vaisseau, d'un mécanicien et d'un contremaître. Mais, nous le répétons, les essais n'ont pas entièrement réussi.

En Angleterre, deux ingénieurs, MM. Wadington et Nordenfeldt, ont imaginé un *torpilleur sous-marin*. Au-dessus du centre de ce bateau, se trouve un kiosque, pourvu de hublots assez larges, et d'un petit panneau, que l'on peut, à volonté, fermer hermétiquement. L'intérieur est divisé en trois compartiments. Quarante-cinq caisses d'accumulateurs fournissent l'électricité nécessaire à la production de la force motrice.

M. Nordenfeld, constructeur anglais, à qui l'on doit d'excellentes mitrailleuses et des canons à tir rapide, a expérimenté avec succès, dans un voyage de 150 milles, de Stockholm à Gottenburg, ce torpilleur sous-marin, dont il avait commencé la construction trois années auparavant.

Ce bateau, qui a une forme très allongée, a 19m,50 de long, sur 3m,65 dans sa plus grande largeur. C'est par une petite tour de 0m,30 de saillie et fermée par une coupole en verre, que le capitaine peut explorer l'horizon, quand le bateau flotte au-dessus de l'eau : c'est cette même tour qui est l'unique *capot* d'entrée et de sortie du bateau.

Une hélice à l'arrière et deux hélices latérales servent de propulseurs ; les hélices latérales agissent également de façon à faire enfoncer l'appareil de la quantité jugée nécessaire; quand elles cessent de fonctionner, le bateau remonte de lui-même à la surface. Des pompes puissantes peuvent rejeter au dehors l'eau qui aurait pu pénétrer à l'intérieur, ou celle qui remplit les chaudières.

Tous les appareils sont, en effet, actionnés par des machines à vapeur ordinaires, la chaudière étant chauffée par un mélange de vapeur de pétrole et d'oxygène comprimés. Quand le bateau est à fleur d'eau, c'est la vapeur qui fait marcher ses hélices; quand il plonge, c'est l'eau des chaudières surchauffée qui est employée. La provision d'eau chaude est assez considérable pour permettre de parcourir 16 milles marins sans production de nouvelle vapeur.

Un mécanisme automatique arrête le mouvement des hélices d'immersion, quand la profondeur, fixée d'avance, est atteinte ; et les fait agir de nouveau lorsque le bateau tend à remonter.

Pour donner passage à la torpille, la partie avant du bateau s'ouvre et fait bascule.

L'équipage se compose de 6 hommes, y compris le capitaine. Les expériences ont prouvé que ce bateau sous-marin peut rester, sans inconvénient, pour les hommes ni pour les machines, plus de six heures, à la profondeur de 5ᵐ,30, grâce au grand volume d'air qui est emmagasiné dans sa coque.

Deux autres ingénieurs anglais, MM. Chapman et Bright, ont mis en chantier un bateau sous-marin. Comme MM. Wadington et Nordenfeldt, MM. Chapman et Bright emploient pour produire la vapeur dans les chaudières un mélange d'essence de pétrole et d'oxygène, comprimé à 80 atmosphères, qui brûle, soit dans le foyer d'une chaudière ordinaire à vapeur, soit dans une machine spéciale à gaz. L'immersion s'obtient au moyen d'une pompe centrifuge qui introduit l'eau dans la cale, ou la rejette à l'extérieur, par deux tubes. La profondeur de l'immersion est automatiquement contrôlée par un appareil électrique.

L'Allemagne n'est pas restée en arrière du mouvement qui pousse les nations des deux mondes à des recherches concernant la navigation sous-marine. On a essayé, en 1888, à Wilhemshaven, puis à Dantzig, un torpilleur sous-marin, d'une capacité considérable, car il n'a pas moins de 35 mètres de longueur. Il filerait, dit-on, douze nœuds, et pourrait parcourir une étendue de 900 milles sans renouveler son charbon. Il pourrait descendre à une profondeur de 13 mètres.

L'appareil d'immersion consiste en deux propulseurs verticaux, mis en mouvement par une machine à vapeur de six chevaux, à double cylindre. Le degré d'immersion

est réglé par un réservoir, d'une capacité de cinq tonnes d'eau. Son armement consiste en un canon à tir rapide. Trois torpilles sont placées sur le pont, et sous le pont, deux autres torpilles mobiles peuvent être lancées par les moyens en usage.

Il y a là bien des singularités ; et l'on nous paraît demander ici à la mécanique beaucoup plus qu'elle ne peut accorder.

Hâtons-nous de dire qu'aucun de ces bateaux sous-marins dont nous venons de parler, pas plus le *Gymnote*, que le *Goubet* ou le *Péral*, n'ont fait l'épreuve décisive d'une navigation prolongée. Tout s'est réduit, pour eux, à des expériences dans les ports, expériences qui ne sont pas suffisantes pour tirer une conclusion certaine sur l'efficacité pratique de ces nouveaux engins.

En résumé, la navigation sous-marine, qui menacerait si gravement les marines militaires de toute nature, sera peut-être créée un jour, mais ce jour n'est pas encore venu.

CHAPITRE VIII

FORCES ACTUELLES DES MARINES MILITAIRES EUROPÉENNES. — COMMENT L'ALLEMAGNE A CRÉÉ SA FLOTTE DE GUERRE. — CE QUE COUTE L'ORGANISATION D'UNE MARINE. — LA MARINE ALLEMANDE. — EFFECTIF DE LA FLOTTE ALLEMANDE. — LA MARINE ANGLAISE. — LA MARINE ITALIENNE. — LA FLOTTILLE RUSSE DE LA MER NOIRE. — FORCES NAVALES DES AUTRES NATIONS DE L'EUROPE ET DES ÉTATS-UNIS.

Arrivons à la description des forces actuelles des nations militaires de l'Europe.

En 1870, la France et l'Angleterre possédaient une puissante marine militaire, tandis que l'Allemagne ne disposait encore que de quatre vaisseaux cuirassés, et d'une dizaine de bâtiments de guerre, de moindre tonnage. Les Prussiens avaient pourtant reconnu, dès 1864, qu'il était urgent pour eux de renouveler un matériel presque

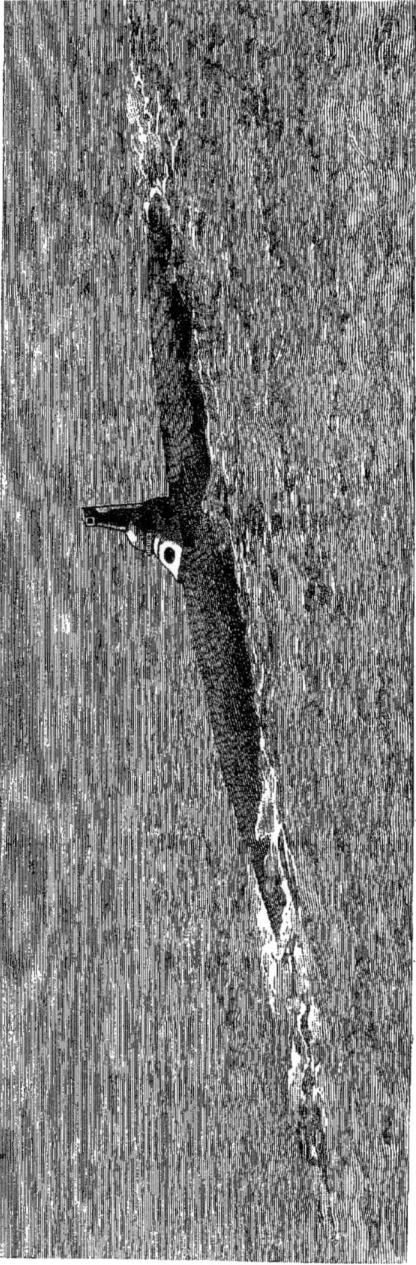

Fig. 294. — Le *Péral*, torpilleur sous-marin espagnol, en marche à la surface de l'eau.

Fig. 295. — Le *Péral*, torpilleur sous-marin espagnol, s'inclinant pour plonger sous l'eau.

hors d'usage, et d'augmenter le plus rapidement possible l'effectif d'une marine qui n'avait réussi à mettre en ligne, pendant la guerre de Danemark, que sept navires et quinze canonnières, tandis que le Danemark disposait lui-même de vingt-deux navires de premier ordre, armés de 321 canons. Dès ce moment, la question était posée pour l'Allemagne : elle avait à créer tout un armement naval.

Ce n'est pourtant qu'en 1873 que le but proposé fut atteint. Pendant neuf ans, les préoccupations militaires et diplomatiques avaient absorbé l'attention publique, chez nos voisins d'outre-Rhin. Mais dès que la guerre de France fut terminée, les conseillers du nouvel empire, jetant leurs regards vers les terres lointaines, songèrent à se faire colonisateurs, rôle fort nouveau pour eux, et peu dans leurs aptitudes. Le continent européen paraissant voué à la paix, c'est au-delà des mers qu'il fallait, selon les gros bonnets politiques de la Prusse, chercher des débouchés à l'activité germanique.

Dès 1867, le gouvernement prussien avait projeté la construction de quarante-quatre navires de guerre; mais, en 1868, l'affaire du Luxembourg le forçait à reporter toute son attention sur l'armée de terre. Le 6 mai 1872, seulement, le Reichstag invitait le gouvernement de l'empire à lui soumettre un plan définitif de réorganisation de la marine militaire allemande.

Ce plan fut adopté, dans les premiers jours du mois de février 1873. Pendant dix ans, l'amirauté germanique s'y est scrupuleusement conformée, et elle a réussi, contre toute attente, à l'exécuter dans les délais prévus.

Le Parlement de 1873 avait accordé au ministre 300 millions pour la transformation de la marine de guerre impériale. L'amirauté prussienne consacra 139 millions à la construction des bâtiments,

24 millions aux fortifications de Wilhelmshaven, 33 millions au port de Kiel, 13 millions aux établissements de Dantzig, et 10 millions à l'achat de torpilleurs.

Un mot à propos des ports militaires allemands ne sera pas de trop ici. Kiel, Wilhelmshaven, et Dantzig, sont les ports militaires, les centres de ravitaillement, d'action et de concentration, de la flotte allemande. Le *canal de jonction des deux mers*, qui est à l'étude, chez nos voisins, serait une frontière presque infranchissable contre une armée ou une flotte qui arriverait du nord.

La flotte allemande comprend aujourd'hui treize vaisseaux cuirassés de premier rang, dont dix ayant la vitesse de 14 nœuds, et deux la vitesse de 13 nœuds. Ils sont tous en fer et en acier, et leur rayon d'action est représenté par un approvisionnement en charbon qui varie de 600 à 700 tonnes. Ajoutons treize garde-côtes cuirassés, portant une artillerie puissante, et fortement blindés. Ces derniers navires sont d'une vitesse inférieure à celle des cuirassés (9 nœuds), mais ils sont appropriés au rôle qu'on leur destine, c'est-à-dire à la défense de la mer Baltique et de ses rivages, — dix-neuf croiseurs, tous en fer ou en acier, dont la vitesse varie entre 18 et 14 nœuds; — sept éclaireurs, à vitesse moyenne de 16 nœuds; — cent cinquante torpilleurs, qui ont une vitesse supérieure à 20 nœuds et qui sont armés de la torpille Schwarkof.

Le *Roi-Guillaume*, construit en 1870, est encore un des plus beaux vaisseaux de l'escadre cuirassée de l'Allemagne.

Parmi les cuirassés allemands récemment construits, il en est deux qui sont à tourelles fermées, deux autres à réduit, entre autres le *Kaiser*, qui a servi pour les voyages sur mer de l'empereur Guillaume II.

La coque du *Kaiser* (fig. 296, page 369) est

en fer; l'étrave est renversée. Le réduit, rectangulaire, à pans coupés est placé en avant et en saillie sur les flancs. On remarque un blockhaus en avant de la cheminée. La ceinture cuirassée s'étend de bout en bout. Les plaques, qui sont en fer forgé, ont, à la ceinture, une épaisseur de 234 millimètres.

Ce cuirassé est armé de huit canons, de 26 centimètres, installés dans une batterie; de six canons de 15 placés sur le pont des gaillards; de quatre canons de 8; de six mitrailleuses, et d'un éperon ayant 3^m,20 de saillie.

Sur le modèle du *Kaiser*, on a construit un second cuirassé d'escadre, le *Deutschland*.

Le *Kaiser* et le *Deutschland* ont chacun environ 285 pieds de longueur et une largeur de 62 pieds. Leur déplacement est de 7 600 tonneaux. La carène est divisée en compartiments étanches obliques; il y a 32 compartiments. Si le navire touchait un écueil, quatre à peine de ses cloisons seraient inondées. La capacité de chaque cloison est de 40 tonnes.

La batterie centrale établie sur le pont principal renferme quatre canons Krupp, sur chaque côté. Les canons les plus en avant tirent d'un bout à l'autre de la ligne, avec une inclinaison qui produit un feu convergent en avant. Les embrasures sont disposées de telle façon que tous les obus peuvent converger sur un espace de 276 pieds, c'est-à-dire à peu près la longueur du navire.

Les canons Krupp de 26 centimètres sont à culasse d'acier. Leur diamètre est de 9 pouces 3/4; ils pèsent environ 22 tonnes chacun. Un canon Krupp de 26 centimètres, du calibre de 8 pouces 1/4 et du poids de 18 tonnes, placé sur le pont d'arrière, complète la défense du navire, qui est protégé par une cuirasse. Toutes les parties exposées aux coups de canon sont défendues par des blindages de différentes épaisseurs, à l'extérieur et à l'intérieur du navire.

La puissance des machines à vapeur, qui ont été construites par MM. Denn, est de 8 000 chevaux. Le diamètre des cylindres est de 122 pouces, la longueur du corps du cylindre de 4 pieds, et le nombre de rotations de l'arbre est de 75 par minute.

Il y a huit chaudières. Les soutes contiennent 710 tonnes de charbon; ce qui est suffisant pour une distance de 3 400 milles, à une vitesse de 10 nœuds.

Le *Kaiser* et le *Deutschland* ont fourni aux essais une vitesse de 14 nœuds et demi.

Parmi les *croiseurs* de la marine allemande, il faut signaler la corvette *Irène*, qui porte le pavillon du prince Henri de Prusse, frère de l'empereur Guillaume II, et la *Princesse-Wilhem*, son congénère. La coque est en acier, avec revêtement en bois et doublage en cuivre; son cloisonnement est double, transversal et longitudinal. L'*Irène* possède un pont sous-marin cuirassé jusqu'à 2 mètres au dessous de la flottaison; l'épaisseur de la cuirasse de ce pont est de 76 millimètres.

L'armement de l'*Irène* comprend quatorze canons de 15 centimètres, dont six sont installés dans des tourelles; huit mitrailleuses et quatre tubes lance-torpilles.

L'*Irène* est long de 94 mètres et large de 14 mètres. La puissance de sa machine à vapeur est de 2 000 chevaux. Il file 16 à 18 nœuds.

Ses machines à vapeur, au nombre de deux, activent chacune une hélice à l'arrière.

Un navire de ce genre, c'est-à-dire le croiseur, ne devant naviguer qu'à la vapeur, l'*Irène* n'a que des *mâts militaires*, sans vergues.

Il compte 320 hommes d'équipage.

Ce sont là deux types les plus récents et les plus complets de la marine allemande; les autres bâtiments ne sont pas tous aussi largement pourvus d'artillerie. Le *Roi-Guil-*

laume, cuirassé d'escadre, dont nous parlions plus haut, n'a que dix-huit canons, de 24 centimètres.

Jusqu'en 1881, les navires de l'escadre allemande étaient, en outre, garnis de petits canons, destinés aux troupes de débarquement. L'apparition de torpilleurs qui marchent avec une vitesse de 24 milles marins à l'heure a forcé l'amirauté prussienne à prendre d'énergiques mesures de défense. On a remplacé les canons de débarquement par des mitrailleuses Hotchkiss. D'après un ordre impérial, du 14 janvier 1881, ces mitrailleuses doivent être en assez grand nombre à bord, pour pouvoir couvrir de leurs projectiles une zone de 200 mètres, à l'entour du bâtiment.

Quelques corvettes allemandes sont garnies de cuirasses de 406 millimètres d'épaisseur, qui ne peuvent être brisées que par un obus de 30 centimètres, lancé à 450 mètres seulement de distance, hypothèse tellement invraisemblable que les officiers de la marine allemande ont refusé de l'envisager jusqu'à présent.

La flotte allemande, outre le *Kaiser* et le *Deutschland*, renferme cinq cuirassés refondus, qui avaient été construits en 1870. En cas de guerre, ils formeraient l'escadre.

Il faut leur ajouter le cuirassé *Aldenbourg*, bâtiment remarquable ; 24 canonnières ; un vieux *monitor*, l'*Arminius* ; des croiseurs bien armés et de nombreux torpilleurs ; enfin des canonnières spéciales portant 8 canons et destinées à l'Afrique.

La défense des côtes serait confiée, en cas de guerre, à quatre corvettes de croisière, cuirassées et sans mâts, qui filent à peine 12 nœuds.

En résumé, la marine militaire allemande manque absolument d'originalité. On se borne à étudier ce qui se fait en France et en Italie, et à se l'appproprier, quand on

le juge bon. Nul programme n'est arrêté, et l'on tient secret l'emploi de l'énorme budget que l'on a fait voter au Parlement, pour accroître les forces navales de l'Empire.

Nous avons tenu à commencer la revue des forces navales étrangères par la flotte allemande et l'historique de sa formation. Ce n'est pas que cette flotte soit une des plus puissantes de l'Europe ; tant s'en faut. Si nous avons rendu justice aux qualités des hommes de l'art qui ont su la créer, c'est qu'il est bon de regarder en face l'adversaire de demain, et qu'il y aurait imprudence à ne montrer que les lacunes de l'organisation militaire d'un ennemi.

Nous passons à l'effectif de la flotte militaire française.

Notre armement militaire naval se compose de trente-huit bâtiments cuirassés, — en comptant les canonnières — de quarante croiseurs, de quelques corvettes et de cent trente navires ou bateaux torpilleurs. Ces forces sont, d'ailleurs, destinées à s'accroître prochainement, de façon à n'être inférieures à aucune de celles qu'elles peuvent rencontrer sur les mers.

Comme type de nos vaisseaux cuirassés, nous avons déjà représenté (pages 305 et 309) l'*Amiral-Baudin*, le *Hoche* et le *Richelieu*. Nous mettons sous les yeux du lecteur deux autres grands bâtiments cuirassés de la flotte française, le *Redoutable* (fig. 297) et le *Duguesclin* (fig. 298, page 373).

Le *Redoutable* est à réduit central comme la plupart de nos vaisseaux cuirassés construits depuis quelques années ; c'est-à-dire que sa cuirasse ne protège que son fort central, ainsi que sa carène, presque au-dessus de la flottaison. L'avant et l'arrière, légèrement construits en tôle, peuvent être détruits par les projectiles ennemis, sans causer de danger au navire.

Fig. 296. — Le *Kaiser*, vaisseau cuirassé d'escadre de la marine allemande.

A bord du *Redoutable*, le fort central est en ressaut, ce qui a permis de construire des sabords d'angle, pour que les pièces du réduit central puissent battre tout l'horizon, les pièces de l'avant tirant de l'avant au travers, et les pièces de l'arrière tirant du travers à l'arrière.

C'est là un perfectionnement sur l'artillerie du *Richelieu* et du *Suffren*, dont les angles de chasse et de retrait dans la batterie sont limités.

Le *Redoutable* a 95 mètres de long, 20 mètres de large, 7 mètres de tirant d'eau. Il déplace 9 200 tonneaux. Sa machine à vapeur, de la force de 6 000 chevaux, lui donne une vitesse de 14 nœuds, 5. Sa cuirasse métallique a 33 centimètres d'épaisseur. Son artillerie se compose de 4 canons de 27 centimètres, un à l'avant, le second à l'arrière, et les deux autres au-dessus du fort central, tirant dans toutes les directions.

Le *Duguesclin* (fig. 298) a 84^m,30 de longueur, 81^m,60 à la flottaison. Sa largeur est de 17^m,45. Il a 7^m,75 de creux. Le tirant d'eau moyen du plan est de 7^m,10, le tirant d'eau arrière de 7^m,70. Le déplacement total représente 5 869 tonneaux.

Sa mâture est celle d'un brick. La surface de voilure est de 2247 mètres carrés.

Les machines à vapeur, du système Compound, sont à trois cylindres verticaux : elles proviennent de l'établissement d'Indret. Il y a 8 corps de chaudières, avec 16 foyers, mettant en mouvement deux hélices.

Le *Duguesclin* est protégé par une ceinture cuirassée à la flottaison, d'une épaisseur de 25 centimètres au milieu, de 18 centimètres à l'extrême avant, et de 16 centimètres à l'extrême arrière. La tour est défendue par une cuirasse de 20 centimètres d'épaisseur. Le pont est également cuirassé avec des plaques de fer de 5 centimètres d'épaisseur.

Son artillerie se compose de quatre canons de 24 centimètres, placés dans la tou-relle blindée, de six canons de 14 centimètres dans la batterie. Sur les gaillards sont installés un canon de 19 et un canon de 12.

La coque a sept grandes cloisons étanches.

Un détail caractéristique de la construction du *Duguesclin*, c'est que la cuirasse repose sur matelas de bois de *teck*, qui est fixé sur les tôles du bordé. Sur cette même cuirasse, un soufflage en bois, avec doublage en cuivre, s'élève un peu au-dessus de la flottaison.

Les plans du *Duguesclin* sont de M. Lebelin de Dionne, un de nos meilleurs ingénieurs des constructions navales. Ce cuirassé, destiné aux stations lointaines, a coûté, matière et main-d'œuvre, environ 5 millions et demi.

Nous avons donné dans le chapitre II (pages 313-315) les dessins d'un garde-côtes cuirassé et d'un croiseur. Il serait donc inutile de revenir sur ces types de constructions navales se rattachant à notre flotte. Nous avons également représenté un torpilleur et donné ses plans et sa coupe. Mais nous n'avons rien dit de la composition des torpilles, qui sont l'âme de ces redoutables navires. Nous comblerons ici cette lacune.

La marine française fait usage de plusieurs sortes de torpilles. La plus employée est la *torpille portée*, ainsi nommée parce que le torpilleur va littéralement la porter sous les flancs du navire ennemi.

La *torpille portée* est une cartouche contenant 20 kilogrammes environ de fulmicoton, fixée à l'extrémité d'une barre ou hampe en fer, de 12 mètres de longueur, qui s'attache obliquement, de haut en bas, à l'avant du bateau. On met le feu à la charge au moyen de l'étincelle électrique, grâce à un fil conducteur attaché à la hampe et à un appareil placé à l'intérieur du poste-vigie. A la faveur de l'obscurité, le torpilleur s'approche, sans être aperçu, du navire à attaquer. Arrivé par le travers du cuirassé, il stoppe brusquement et met le feu à la torpille, qui éclate dès qu'elle est en contact avec la muraille de l'ennemi.

La gerbe d'eau produite par l'explosion, recouvre parfois complètement le bateau torpilleur qui serait coulé à fond si toutes les issues n'en étaient fermées, de manière à en faire une véritable bouée.

Il paraît extraordinaire que l'explosion ne soit pas aussi dangereuse pour l'assaillant que pour son adversaire. Pour le comprendre, il faut se rappeler que la matière explosive dont sont chargées les torpilles, c'est-à-dire le fulmi-coton, est extrêmement *brisante*, qu'elle fait brèche dans la cuirasse la plus résistante lorsqu'elle est en *contact* avec elle, mais qu'à une distance de quelques mètres, on n'en ressent d'autre effet que la commotion transmise par le liquide. C'est pour cela que l'intervalle d'une douzaine de mètres représenté par la hampe suffit pour protéger le torpilleur.

Il n'en est pas moins vrai que l'attaque d'un cuirassé, par un bateau armé d'une *torpille portée*, est une opération très périlleuse, qui exige des hommes déterminés, d'un sang-froid, d'un courage et d'une expérience à toute épreuve.

La marine française fait également usage de la *torpille Whitehead*, que nous avons décrite avec tous les détails nécessaires. La torpille Whitehead se compose, comme nous l'avons dit (page 327), d'un cylindre métallique, effilé aux deux bouts et contenant non seulement la charge de fulmi-coton, mais une machine à air comprimé, qui fait fonctionner deux hélices. C'est un véritable petit navire sous-marin, qui se meut de lui-même dans la direction où on l'a lancé, et à une profondeur réglée d'avance par un appareil spécial. La torpille Whitehead se loge, comme on l'a vu (fig. 269, page 328), dans un tube situé à l'avant du bateau torpilleur, et d'où on la chasse au moyen de l'air comprimé. Une fois lancée, elle s'immerge à la profondeur pour laquelle on l'a réglée, et chemine entre deux eaux, jusqu'au but, où le choc de sa pointe détermine l'explosion. Le navire torpilleur peut ainsi opérer à distance et éviter les dangers d'un contact immédiat avec l'ennemi.

Malheureusement, cet avantage est compensé par des inconvénients graves. D'abord, chaque torpille Whitehead coûte fort cher, environ 10 000 francs ; ensuite son action est incertaine, car les courants un peu forts la font dévier de la direction qu'on a voulu lui imprimer.

Quoi qu'il en soit, tous nos ports militaires sont munis de flottilles de torpilleurs, et d'écoles où les officiers et les hommes chargés de ce service sont soumis à de fréquents exercices sur les torpilles portées et les torpilles Whitehead.

Des canonnières de différents types dont nous avons décrit les plus récentes, c'est-à-dire celles qui sont destinées à naviguer avec sécurité et rapidité sur les fleuves et les rivières du Tonkin et de la Cochinchine, complètent l'effectif de la flotte militaire française.

Une considération particulière relative à nos bâtiments de guerre.

Autrefois, c'est-à-dire au temps de la marine à voile, nos bâtiments étaient *désarmés*, en temps de paix. Mais, en cas de déclaration de guerre, il fallait des mois entiers pour armer un navire. Sans chemins de fer, sans machines à vapeur, sans même de bonnes routes terrestres, un temps considérable était nécessaire pour faire arriver dans un port de guerre le matériel destiné à armer un navire ; de sorte que les combats d'escadre ne pouvaient commencer que longtemps après la déclaration de guerre. Aujourd'hui, on maintient dans nos ports militaires les navires tout armés et prêts à prendre la mer. Si bien que quatre ou cinq jours après la déclaration de guerre, cuirassés et croiseurs seraient en état de se

Fig. 297. — Le *Redoutable*, grand cuirassé d'escadre de la marine française.

Fig. 298. — Le *Duguesclin*, grand cuirassé d'escadre de la marine française.

rendre aux lieux désignés par l'amiral commandant l'escadre.

Il faut que la mobilisation d'une flotte militaire soit aussi prompte que la mobilisation des armées de terre.

On a d'autant plus raison d'en agir ainsi, que nos appareils à vapeur, nos chaudières, nos servo-moteurs, notre artillerie de marine et nos fusils, sont d'un mécanisme fort compliqué, et que le meilleur moyen de ne pas être exposé à des déceptions cruelles, c'est de tenir toujours ce matériel en état. A cette condition seule, il ne se dérangera pas, et pourra fonctionner au moment opportun.

C'est en raison de cette double nécessité que, dans nos arsenaux et ports militaires de Toulon, Cherbourg, Brest et Lorient, on garde, sur les cuirassés et les torpilleurs, le matériel complet, avec un équipage de matelots, réduit sans doute, mais suffisant pour l'entretien des coques, des chaudières, des tiroirs de machines à vapeur, des cuirasses, etc. Le bâtiment qui rentre, après un service de transport, ou après des manœuvres, n'est pas *désarmé*, comme autrefois : il est *mis en réserve*.

Comme l'Allemagne, l'Angleterre s'est imposé de lourds sacrifices, pour augmenter l'effectif de sa flotte militaire. Ce n'est pas, comme ont essayé de le faire croire quelques publicistes d'outre-Rhin, que l'Angleterre nourrisse le projet de prendre part à la guerre future dont on nous menace sans cesse, et dont l'échéance paraît être heureusement fort éloignée ; mais l'Angleterre possède un si grand nombre de colonies qu'elle est obligée de les défendre toutes, et de plus, comme le disait si justement un écrivain anglais, sir Samuel Baker, le véritable danger qui menace la Grande-Bretagne, en cas de guerre européenne, ce n'est pas une invasion, c'est plutôt la famine.

Le même écrivain ajoutait :

« Nous sommes si bien habitués à voir arriver ponctuellement dans nos ports tout ce qui nous est indispensable pour vivre et pour travailler, que l'idée ne nous vient même pas que les choses puissent aller différemment ; et pourtant, il n'est pas douteux qu'aux premiers bruits de guerre imminente avec une grande puissance maritime, le prix du pain doublerait d'emblée dans toute l'Angleterre, et que l'on assisterait à une panique industrielle comme on n'en a pas vu souvent. »

En d'autres termes, la marine anglaise doit posséder un nombre suffisant de croiseurs pour assurer la protection des convois de toute sa marine marchande. C'est pour cela que, depuis 1887, l'Angleterre a fait construire quarante-huit vaisseaux, d'un tonnage total de 164 000 tonneaux.

En somme, la flotte militaire anglaise comprend aujourd'hui :

42 cuirassés d'escadre ;
12 croiseurs cuirassés ;
18 garde-côtes cuirassés ;
58 croiseurs non cuirassés ;
10 croiseurs torpilleurs ;
23 croiseurs auxiliaires (steamers aménagés) ;
2 avisos ;
27 corvettes non cuirassées ;
97 canonnières et chaloupes canonnières ;
13 canonnières torpilleurs ;
164 torpilleurs ;
13 transports.

Parmi les vaisseaux cuirassés, le *Colosse*, le *Collingwood* et le *Trafalgar*, méritent une mention spéciale.

Le *Collingwood* est un cuirassé d'escadre à tourelles-barbette. Sa coque est en acier, à double fond, avec cloisonnement transversal et longitudinal ; le réduit central, surmonté d'un blockhaus, est rectangulaire. La cuirasse, qui s'étend sur une longueur de 45 mètres, se relie à des cloisons transversales cuirassées, pour former le réduit central. Le pont sous-marin est protégé par une cuirasse, dont les plaques, en fer et en acier, ont une épaisseur de 69 millimètres; la cuirasse du réduit central a une épaisseur de 406 millimètres. Le franc bord de ce navire est très bas; de sorte qu'il est forcé de ralentir sa marche, pour peu qu'il rencontre une mer houleuse.

Comme armement, le *Collingwood* possède quatre canons de 12 pouces, placés dans les deux tourelles, six canons de 6 dans la batterie; quinze canons à tir rapide et treize mitrailleuses.

Le *Colosse*, construit sur les plans du *Collingwood*, est un des plus beaux bâtiments de la marine anglaise.

Le *Trafalgar*, qui n'a été construit que cinq ans après le *Collingwood*, en diffère par quelques parties essentielles : deux tourelles cuirassées sont placées aux extrémités du réduit supérieur, et protégées, à leur base, par des cloisons paraboliques; chacune de ces tourelles contient deux canons de 13 pouces. Les plaques d'acier des tourelles ont 457 millimètres d'épaisseur; en outre, l'armement du *Trafalgar* comporte huit canons de 5 pouces, dix-neuf mitrailleuses Hotchkiss; le champ de tir des canons situés dans les tourelles est de 280°.

Le *Trafalgar* est représenté dans la fig. 300, page 377.

La *Dévastation* est un autre cuirassé anglais de premier rang.

Citons également le *Thunderer*, batterie flottante cuirassée d'une grande puissance.

Dans ces derniers temps, l'amirauté anglaise a fait construire un type remarquable de croiseurs à ceinture cuirassée, l'*Orlando*. Ce bâtiment, qui a été lancé en 1886, est mis en mouvement par deux machines à vapeur horizontales, à triple expansion, et possède quatre chaudières et deux hélices en bronze. La ceinture cuirassée a 60 mètres de longueur; elle recouvre les deux parties centrales du navire, et est reliée,

à ses deux extrémités, par des cloisons transversales cuirassées. On a constitué, de la sorte, vers le milieu du bâtiment, un réduit central cuirassé. Ce réduit est armé de deux canons de 22 tonnes, et de dix canons de 6 pouces. A l'avant et à l'arrière du navire, en dehors du réduit central, on a disposé seize canons à tir rapide et sept mitrailleuses. L'éperon de l'*Orlando* est en acier coulé; enfin, toutes les embrasures des canons sont protégées par des masques cuirassés.

Une mention particulière est due aux torpilleurs anglais. Nous représentons dans la figure 299 (page 376), un torpilleur de la flotte anglaise, le *Flamingo*.

Le *Flamingo* est disposé pour marcher tant à la vapeur qu'à la voile. Il est pourvu de deux canons, d'un éperon mobile, de torpilles, et, grâce à de nombreuses cloisons étanches, il est à l'abri des attaques de l'éperon d'un vaisseau ennemi. Il n'a pas davantage à redouter les bateaux torpilleurs qui tenteraient de l'approcher, car, grâce aux nombreux canons qu'il porte avec lui, il peut établir un cercle de défense.

Dans notre gravure, le *Flamingo* est représenté comme s'il devait entrer en ligne de bataille. Les porte-torpilles sont prêts pour descendre au-dessous du niveau de l'eau. Les terribles engins et les canonniers sont à leur poste.

Ce vaisseau est également muni d'un nouveau système qui lui permet de placer des torpilles sur les côtes sans arrêter sa marche : c'est le système Harvey.

En résumé, la flotte militaire de l'Angleterre manque de tout caractère d'originalité. On se borne, comme en Allemagne, à imiter les constructions navales de la France et de l'Italie. En cas de guerre l'effectif actuel serait insuffisant, mais l'armement en guerre d'une quantité considérable de paquebots et grands navires de commerce répondrait à toutes les nécessités des batailles navales, des croisières et des transports de troupe ou de matériel.

Depuis la triste défaite navale qu'elle subit à Lissa, où la flotte autrichienne lui infligea tant de pertes, l'Italie a redoublé d'efforts pour mettre sa marine sur le même pied que celle des autres puissances. Elle avait d'autant plus de motifs pour hâter son armement qu'elle a un plus grand développement de côtes à protéger.

La flotte militaire italienne compte aujourd'hui :

8 vaisseaux cuirassés ;

7 frégates, dont 5 antérieures à 1860 ;

2 corvettes cuirassées ;

1 canonnière cuirassée ;

12 béliers torpilleurs, non cuirassés ;

7 corvettes non cuirassées ;

4 croiseurs non cuirassés ;

8 croiseurs auxiliaires ;

8 canonnières ordinaires ;

Fig. 299. — Le *Flamingo*, vaisseau-torpilleur anglais.

Fig. 300. — Le *Trafalgar*, bâtiment cuirassé d'escadre de la marine anglaise.

64 torpilleurs de haute mer;

59 torpilleurs ordinaires.

Pour les cuirassés italiens, nous noterons une seule particularité. Ils ont deux réduits superposés, placés au centre du navire, et tous deux cuirassés. Le réduit inférieur, qui a 45 mètres de long, contient les trois canons, de 12 centimètres, de la batterie; le réduit supérieur abrite la base des deux tourelles cuirassées, qui sont armées, chacune, de deux canons de 103 tonnes.

Le *Re-Umberto*, qui est l'un des derniers cuirassés lancés par les chantiers du gouvernement italien, est muni d'un pont cuirassé, qui traverse le navire dans toute sa longueur, et qui, avec ses plaques de 400 millimètres d'épaisseur, protège les machines, les chaudières et les soutes à munitions. Les cheminées sont elles-mêmes cuirassées jusqu'à 90 centimètres au-dessus de la flottaison.

Le *Lépanto*, construit dans le même système, est un des plus beaux navires cuirassés de la marine italienne.

Son lancement eut lieu à Livourne, le 17 mars 1883. Avec le *Duilio*, le *Dandolo*, et l'*Italia*, il forme une importante escadre de quatre navires de guerre les plus grands du monde entier, pourvus d'une artillerie formidable.

Tous les quatre sont du même type, mais le *Lepanto* dépasse encore ses aînés en puissance et en dimensions. Si nous le comparons au plus puissant de ceux-ci, l'*Italia*, nous trouvons les mesures suivantes :

	Italia	*Lepanto*
Longueur, sans l'éperon...	120 m.	122 m.
Largeur...	22	22,28
Déplacement total...	13.708 t.	14,700 t.

Les plus grands cuirassés des autres nations maritimes n'approchent pas de tels chiffres. L'*Amiral Baudin* et la *Foudroyante*, en France, n'ont que 11 440 tonneaux de déplacement ; l'Angleterre a l'*Inflexible*, de 11 408 tonneaux ; la Russie le *Pierre-le-Grand*, de 9 510 tonneaux.

Le lancement de l'énorme masse du Lépanto présentait un intérêt tout particulier, en raison des conditions spéciales où il s'effectuait. Le bassin de Livourne, dans lequel il avait lieu, n'a, en effet, que 268 mètres de longueur, et il fallait arrêter la course du navire dans un espace de 100 mètres, pour l'empêcher d'aller se briser sur les quais situés en face de la cale.

Pour obtenir cet arrêt, on avait établi dans le bassin un réseau de vingt-trois cordages de 12 centimètres de diamètre, placés en travers de la route du navire.

L'*étambot* de celui-ci, garni de pièces de bois, devait rompre successivement ces cordages, et l'on avait calculé qu'il lui suffirait d'en rompre dix-huit sur vingt-trois, pour que son élan fût amorti.

L'exactitude de ces calculs fut confirmée par l'expérience, et l'opération du lancement eut lieu sans aucun accident.

L'*Italia*, que nous représentons dans la figure 301, page 381, est un des derniers et des plus formidables cuirassés de la marine italienne.

Notre dessin montre l'aspect de ce puissant navire, sa cuirasse, la disposition de ses batteries, celle des machines, des cloisons étanches et des ponts. Quatre canons Armstrong, se chargeant par la culasse, et du poids de 100 tonnes chacun, sont placés sur le pont supérieur, par paires, et en *barbette*, c'est-à-dire à découvert, de façon à tirer en avant et en arrière, en ligne et sur les côtés, dans toutes les directions.

La coque, qui est en acier, est doublée en bois. Les cloisons et les ponts donnent une grande force de résistance à cette masse. Deux lignes de cloisons étanches s'étendent, sur une longueur de 254 pieds 6 pouces, dans le navire. Celles-ci, avec les cloisons transversales, divisent la coque en cinquante-trois grands compartiments, qui sont eux-mêmes encore divisés en quatre ponts étanches.

Le premier des ponts cuirassés s'élève à

5 pieds 6 pouces au-dessous de la ligne d'eau, et est protégé par une cuirasse d'acier, de 3 pouces d'épaisseur. Il s'étend de l'avant à l'arrière du navire, formant une courbe à chaque extrémité, et allant rencontrer, à l'avant, l'éperon ; ce qui lui donnerait une grande puissance dans le cas où il faudrait se servir du navire comme bélier.

Immédiatement au-dessus de ce pont, il en est un autre, s'élevant de 6 pieds au-dessus de la ligne d'eau, construit en fer et acier et recouvert en bois.

Les compartiments des côtés entre les deux ponts, sont divisés en cloisons étanches, et remplis de liège, comme dans l'*Inflexible*.

Le pont de batterie est à 14 pieds au-dessus de la ligne d'eau. Douze canons, du calibre de six pouces, y sont installés. La puissance de ces canons semble modeste, mais leur nombre compense cette infériorité.

A 9 pieds 6 pouces du pont de batterie et à 25 pieds au-dessus de la ligne d'eau, s'élève le quatrième pont, supportant la batterie de casemate de 7 pieds 6 pouces de hauteur. Cette batterie porte les gros canons Armstrong de cent tonnes dont il est parlé au commencement.

Les machines à vapeur sont doubles. Elles sont du système Compound, à trois cylindres verticaux, ce qui donne douze cylindres en tout. La vapeur leur est fournie par vingt-six chaudières, ayant chacune trois fourneaux ; douze des chaudières sont séparées et placées derrière les machines, quatorze sont en avant. La force des machines à vapeur peut être estimée à quinze mille chevaux. Elles fournissent une vitesse de seize nœuds.

La longueur de l'*Italia* est, comme on l'a vu plus haut, de 120 mètres.

L'*Italia* est, avec le *Lépanto*, un colossal navire qui ne peut être comparé à aucune autre construction navale, par ses dimensions et sa puissance.

La flotte italienne, qui comptait à peine en 1870, est aujourd'hui une des plus puissantes de l'Europe. Elle vient après l'Angleterre et la France. Elle est plus remarquable par la force individuelle de ses bâtiments, que par leur nombre, qui est pourtant considérable. En effet, parmi ses vingt bâtiments cuirassés (navires d'escadre, croiseurs, frégates, garde-côtes), on en compte dix au moins qui sont d'énormes constructions de 11,000 à 14,000 tonneaux, filant de 14 à 17 nœuds, portant des cuirasses de fer épaisses de 50 centimètres, et des canons rayés, de 43 à 45 millimètres.

Il reste à savoir si les énormes cuirassés de la marine italienne seront plus redoutables au feu que des navires de dimension moindre, et si leurs mouvements seront faciles pendant le combat.

Comme conséquence du grand développement de ses cuirassés, la marine italienne possède peu de croiseurs, les premiers ayant dévoré les ressources des budgets annuels. Il est vrai que ces croiseurs sont joints à une flottille de 140 navires ou bateaux torpilleurs.

En résumé, la marine italienne profite des leçons du passé. Elle cherche, travaille et se perfectionne. Elle serait, en cas de guerre, une puissance navale redoutable. Nous voilà bien loin de Lissa, la bataille légendaire. La marine austro-hongroise était alors bien supérieure, quant au nombre des navires, à celle d'Italie. Aujourd'hui, les rôles sont bien changés.

La marine autrichienne compte, en effet, assez peu dans le contingent des flottes militaires européennes. Tout au plus peut-elle se comparer à la marine allemande ; car elle n'a que huit cuirassés, six bons croiseurs et cinquante torpilleurs.

La Russie possède deux flottes militaires, l'une destinée à défendre les côtes de la mer Baltique, à protéger les navires de commerce, et à intervenir, s'il y a lieu, dans une guerre européenne; l'autre, exclusivement affectée à la garde de la mer Noire.

La première de ces flottes comprend neuf vaisseaux cuirassés, six croiseurs cuirassés, et onze *monitors*, à tourelles cuirassées.

Le *Pierre-le-Grand* est le type des grands cuirassés russes.

La flotte de la mer Noire se compose : 1° de trois cuirassés à tourelles, qui déplacent chacun 10,000 tonneaux, et sont armés, chacun, de six canons de 12, de sept canons de 6 et de quatorze mitrailleuses; 2° de croiseurs cuirassés et de 2 canonnières; 3° de 9 croiseurs-canonnières non cuirassés, plus de 2 yachts et de 29 torpilleurs.

Il faut ajouter à l'effectif précédent la flottille de Sibérie et celle de la mer Caspienne, qui sont formées l'une et l'autre d'une dizaine de canonnières et de quelques bateaux à vapeur.

La flottille de Sibérie seule possède sept torpilleurs; la flottille de la mer Caspienne n'en a pas, par cette bonne raison que l'on ne voit pas très bien à quels puissants bâtiments ennemis les navires russes de la mer Caspienne pourraient jamais avoir affaire.

En résumé, douze à quinze cuirassés, quinze *monitors*, ou *batteries flottantes*, vingt croiseurs, cent quarante navires ou bateaux torpilleurs, tel est l'effectif total de la flotte russe, effectif peu considérable, sans doute, mais qui s'explique si l'on considère que depuis la guerre de Crimée la Russie n'avait plus sa liberté d'action dans la mer Noire. Pendant quinze années de recueillement, l'empire russe s'est contenté de réunir dans la mer Baltique une solide flotte de défense. Il s'occupe maintenant d'augmenter sa flotte de haute mer, au nord, comme au midi. Le grand-duc Constantin, l'amiral qui la commande, est animé du désir de la tenir à la hauteur des travaux modernes, et il se consacre avec ardeur à

reconstituer le matériel militaire naval de la mer Noire et de la Baltique.

Les torpilleurs ont été l'objet d'études toutes particulières en Russie. Nous représentons dans la figure 302 un torpilleur russe, avec les détails de l'installation intérieure de ses différents organes.

Les Russes ont pensé que les bateaux-torpilleurs, avec lesquels ils avaient accompli de si audacieux exploits sur le Danube, leur seraient de la plus grande utilité pour lutter contre d'autres flottes. A cet effet, ils ont fait construire cent bateaux, sur le modèle des quatre qui avaient opéré contre les cuirassés turcs.

La carapace blindée de ces torpilleurs a la forme du dos de la baleine; ce qui permet de donner une plus grande hauteur à la chambre de la machine, en même temps que le bateau offre moins de prise aux balles et aux boulets.

Ils ont 25 mètres de long, sur $3^m,33$ de large, avec un tirant d'eau de $1^m,66$, et peuvent acquérir une vitesse de 22 milles à l'heure. Ils sont divisés en plusieurs compartiments, avec cloisons étanches, et armés de trois porte-torpilles en acier creux : un à l'avant et les deux autres aux flancs du navire. La torpille elle-même est composée d'une boîte en cuivre, qui renferme une charge variant de 20 à 25 kilogrammes de dynamite. Cette charge est plus que suffisante pour faire sombrer, par son explosion, les plus forts cuirassés.

Ces cent bateaux-torpilles ont été construits ou assemblés, à Saint-Pétersbourg. Le gouvernement avait confié les différentes pièces des machines à plusieurs industriels d'Europe.

Plusieurs de ces bateaux sont aujourd'hui à flot dans la mer Noire, à quelques milles du Bosphore.

L'Espagne, venue la dernière dans la carrière navale militaire moderne, se trouve,

Fig. 301. — L'Italia, grand cuirassé d'escadre de la marine italienne.

par le fait, en harmonie avec les tendances actuelles des Amirautés. Elle ne s'est pas ruinée en constructions de navires cuirassés, et conformément à l'esprit du jour, elle s'applique à constituer une flotte de croiseurs rapides et de torpilleurs. Ses quatre cuirassés, commandés par de bons officiers, et manœuvrés par d'excellents équipages, suffiraient à composer une flotte de guerre, dans les conditions actuellement acceptées comme vraies.

La Turquie s'est longtemps appliquée à développer sa flotte militaire. Elle a fait construire, dans les chantiers anglais et français, jusqu'à dix bâtiments cuirassés. C'était la grande préoccupation des derniers sultans de Constantinople. Mais aujourd'hui, ces cuirassés sont vieux, et la guerre des Turcs contre les Russes, en 1877, a prouvé que les marins turcs, quel que soit leur courage militaire, ne possèdent pas les qualités nécessaires pour tirer parti de leur matériel naval. Il faut encore aujourd'hui, aux cuirassés turcs, des mécaniciens et des chauffeurs étrangers, pour diriger la marche et exécuter les manœuvres.

Pour terminer cette revue par les peuples chez lesquels la marine militaire est sans importance, disons que le Portugal n'a qu'un cuirassé et quelques croiseurs, qui suffisent, en temps de paix, à son commerce et à ses colonies, mais qui seraient bien au-dessous des besoins, en cas de guerre. C'est ce que l'on a vu, au mois de janvier 1890, dans le conflit du Portugal avec l'Angleterre, où cette dernière puissance, prompte à montrer les dents, fit rapidement baisser pavillon au gouvernement portugais, devant la simple menace d'envoyer ses forces navales devant Lisbonne.

La Grèce n'a que quelques navires de guerre, de peu de puissance.

La Hollande, le Danemark, la Suède et la Norvège, se contentent de quelques croiseurs et de flottilles de torpilleurs, spécialement constituées pour la défense des côtes, mais non pour l'attaque. *Monitors*, canonnières, croiseurs, bateaux torpilleurs, telles sont les bases de leurs insignifiantes forces navales. Mais les officiers qu'elles possèdent, très instruits, avec des matelots très braves, très disciplinés, et rompus au métier de la mer, suppléeraient, en cas de guerre, à l'insuffisance de ce matériel, surtout grâce à l'ardent patriotisme qui anime les peuples du Nord.

Si nous passons aux États-Unis d'Amérique, nous y trouverons une situation toute différente de celle qui existe en Europe, situation résultant, elle-même, de la différence des conditions politiques. Chez cette heureuse et puissante nation, la guerre est considérée comme une exception passagère, qu'il faut parfois subir, en vue de nécessités pressantes, mais qui ne doit pas être un élément à considérer en tout temps, et dont on ait à se préoccuper sans cesse, comme on le fait en Europe. Quand la guerre de Sécession éclata, les deux partis ennemis constituèrent une flotte de guerre avec leurs navires de commerce et les ressources de leurs vastes chantiers maritimes. Mais une fois la paix conclue, on a laissé pourrir dans les ports cuirassés et torpilleurs, et on ne les a pas remplacés. En moins de quatre années à l'époque de la guerre civile, on avait vu surgir cinquante à soixante vaisseaux cuirassés, et cinq cents à six cents navires de guerre, de toute espèce, grands cuirassés, *monitors*, corvettes, canonnières, bateaux de rivière, torpilleurs, etc. La guerre terminée, on ne s'est pas inquiété de les entretenir ou de les conserver. On a seulement construit quelques cuirassés, quelques croiseurs et quelques torpilleurs, que, d'ailleurs, on ne fait guère manœuvrer.

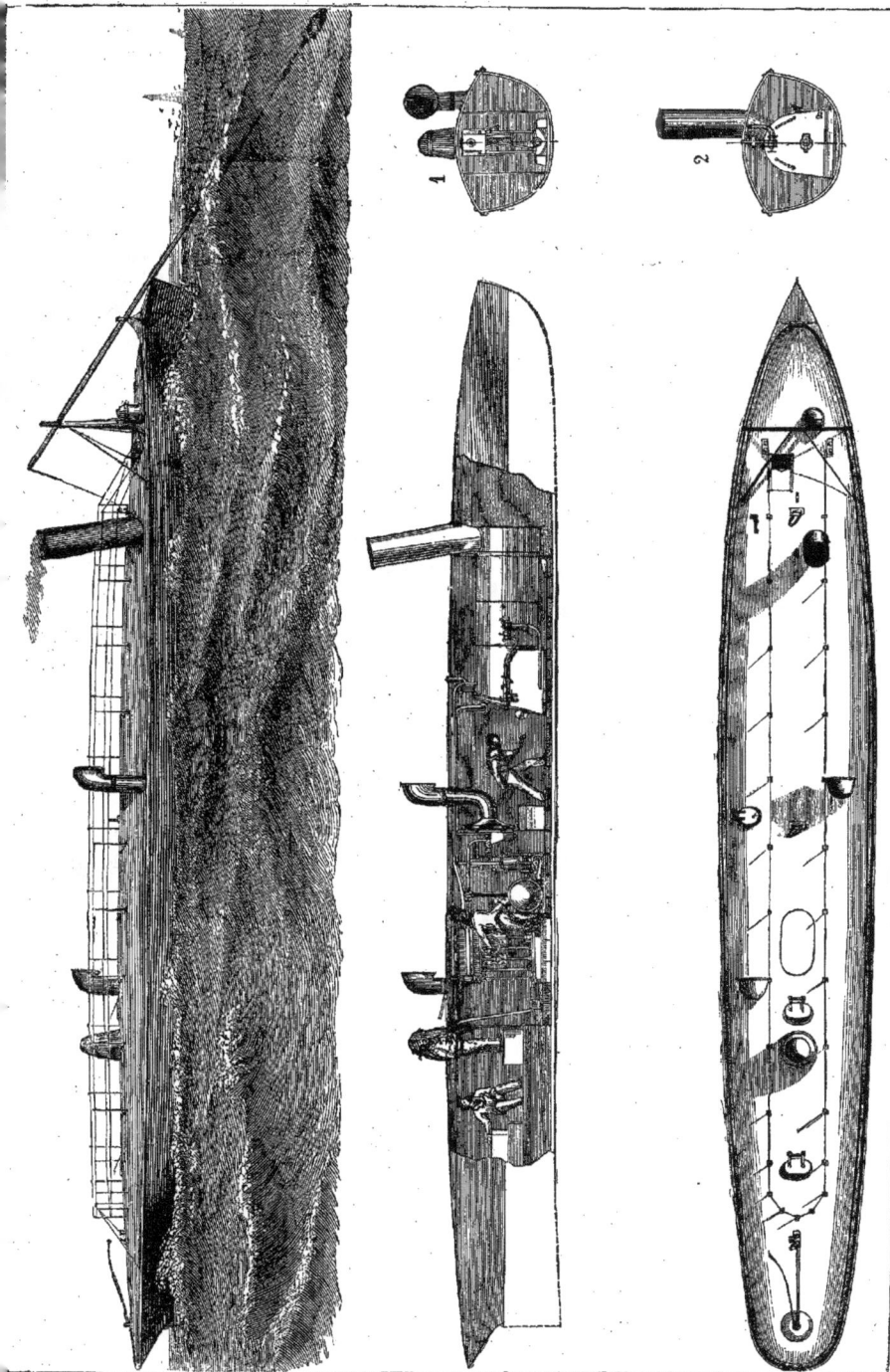

Fig 302. — Élévation et coupe des 100 bateaux torpilleurs construits à Saint-Pétersbourg.

1, coupe de la chambre de la machine. — 2, coupe de la soute aux approvisionnements.

Nous sommes de ceux qui approuvent cette sage philosophie politique, qui épargne l'argent des contribuables, sans exposer la nation à des dangers d'aucune sorte. La vitalité de l'Amérique est telle, les ressources de ses ateliers de construction sont si puissantes, qu'en cas de conflit armé, on verrait se renouveler le fait merveilleux de la guerre de Sécession, c'est-à-dire une flotte de guerre sortir des ports américains, en moins de temps qu'il n'en aurait fallu à l'Angleterre ou à la France pour construire, lancer et armer un seul bâtiment cuirassé.

On peut dire du Brésil ce que nous venons d'affirmer concernant les États-Unis. Après la guerre du Paraguay, le Brésil ne s'est pas occupé de remplacer sa flotte de guerre; il s'est borné à organiser une défense des côtes, très respectable, moyennant une flottille de torpilleurs. Mais, en cas de guerre, il improviserait très rapidement, à la façon des États-Unis, de grandes forces maritimes.

Le *Javary* est un ancien navire cuirassé qui remonte à la guerre de 1879 et que le gouvernement brésilien conserve comme type des vaisseaux de guerre.

Le Pérou, vaincu par le Chili, en 1879, vit alors ruiner sa petite marine. Le Chili possède donc seul une escadre de quelque importance. Les combats d'Iquique et de Fonta-Agar ont prouvé, d'ailleurs, toute la valeur militaire des équipages chiliens.

Les deux grands empires asiatiques, la Chine et le Japon, sont entrés, à leur tour, dans le mouvement militaire moderne. Ils ont, comme les nations de l'Europe et de l'Amérique, des cuirassés, des croiseurs rapides et des torpilleurs. Sans doute, les officiers instruits et les mécaniciens habiles font encore défaut aux Chinois, comme aux Japonais, mais ils ont le bon esprit d'embaucher des Européens, pour l'état-major de leurs navires, et même pour leurs équipages, en attendant qu'ils puissent trouver chez eux ce même personnel. Le contact des Européens finira par donner à leurs officiers et à leurs matelots les qualités de solidité, d'instruction et d'expérience nécessaires à la marine militaire.

Nous avons terminé cette rapide revue des flottes françaises et étrangères. Quand le jour viendra-t-il où ces flottes seront en présence? Il est à souhaiter qu'il soit très éloigné, car les batailles navales de l'avenir seront bien autrement redoutables que celles d'autrefois. La science, en se mêlant à la guerre, l'a rendue terrible et sanglante, dans des proportions que l'imagination peut à peine se figurer.

FIN DU SUPPLÉMENT AUX BATIMENTS CUIRASSÉS

SUPPLÉMENT

A

L'ART DE L'ÉCLAIRAGE

L'art de l'éclairage, public ou privé, comprend :

1° L'éclairage par les corps gras liquides (huiles);

2° L'éclairage par les corps gras solides (chandelle et bougie stéarique);

3° L'éclairage par le gaz;

4° L'éclairage électrique;

5° Enfin, l'éclairage par les hydro-carbures (huile de schiste et pétrole).

Dans les *Merveilles de la science* (1), nous avons étudié ces divers modes d'éclairage, au point de vue historique et technique. Nous avons, dans ce *Supplément*, à faire connaître les perfectionnements qui leur ont été apportés depuis l'année 1870 jusqu'à ce jour.

Des différents procédés d'éclairage énoncés plus haut, les deux premiers sont restés stationnaires. Les appareils d'éclairage par les huiles, c'est-à-dire les lampes à modérateur et les lampes Carcel, ne diffèrent point de ceux que nous avons décrits; et d'autre part, les procédés d'extraction et de prépa-

ration des huiles et de la stéarine n'ont subi aucune modification digne d'être signalée. On voyait, dans les galeries de l'Exposition universelle de 1889, les produits de la stéarinerie des principales nations des deux mondes, et sauf quelques modifications, d'importance secondaire, apportées à la préparation de la stéarine par la distillation des corps gras, les appareils ne différaient que bien peu de ceux que nous avons longuement décrits dans les *Merveilles de la science*.

L'industrie du gaz a réalisé, depuis 1870, quelques progrès, qui ont porté surtout sur le mode de combustion du gaz, c'est-à-dire ont consisté dans l'adoption de becs nouveaux servant à assurer une lumière, à la fois plus puissante et plus économique; mais les procédés mêmes de la préparation du gaz au moyen de la houille, et l'emploi des sous-produits de la distillation du charbon de terre, sont restés sans variations. Nous n'aurons, par conséquent, en ce qui concerne l'industrie du gaz, qu'à signaler les nouvelles dispositions de becs et l'emploi de substances éclairantes que l'on mélange

(1) Tome IV, pages 2-230.

quelquefois au gaz, à l'état de vapeurs, pour accroître son pouvoir lumineux.

Si l'industrie du gaz n'a que fort peu progressé, on ne peut en dire autant de celle des hydrocarbures liquides, non pour l'huile de schiste et les mélanges d'alcool et d'essence de térébenthine, qui ont, au contraire, perdu beaucoup de terrain, mais en ce qui concerne le pétrole. Il y a eu un bond immense dans la consommation de ce liquide éclairant, par suite de l'invention de nouveaux artifices pour la combustion de ses vapeurs amenées au bec. La construction des *lampes Linck*, ou *lampes à deux mèches*, a provoqué une véritable révolution dans l'usage du pétrole. Exclu des appartements, en raison des dangers auxquels exposait son maniement, le pétrole, grâce à ces nouveaux becs, est devenu d'un usage absolument sans danger. L'odeur qui le décelait et le caractérisait autrefois, ainsi que sa dangereuse inflammabilité, ont complètement disparu; si bien que ce liquide naturel, si longtemps proscrit de nos demeures, jouit aujourd'hui d'une vogue incontestable, et qu'il fait une concurrence sérieuse à l'huile à brûler, à la bougie stéarique et au gaz.

Mais de tous les modes d'éclairage, celui qui a pris, depuis 1870, le plus prodigieux développement, c'est l'éclairage électrique.

Nous avons signalé, dans les *Merveilles de la science*, les premiers débuts de l'éclairage par l'électricité, et constaté les doutes qui étaient émis en 1870, sur son avenir. Aujourd'hui, par un coup de baguette magique, pour ainsi dire, l'éclairage électrique, dont on a si longtemps désespéré, a pris possession des rues et places des grandes villes, des magasins, des lieux publics et des théâtres; et l'électricité appliquée à l'éclairage forme maintenant une science et un art, qui ont de savants maîtres, de splendides ateliers, qui occupent des milliers d'ouvriers, et nécessitent un grand nombre d'ingénieurs, uniquement consacrés à son service.

D'après les considérations qui précèdent, nous aurons à traiter, dans ce *Supplément* :

1° Des progrès de l'industrie du gaz, particulièrement de la construction des nouveaux becs, depuis 1870;

2° De l'éclairage électrique, dans son ensemble et dans ses détails;

3° Des perfectionnements apportés à l'extraction du pétrole, et de la forme et du mécanisme des becs où il est brûlé.

CHAPITRE PREMIER

LES BECS INTENSIFS, POUR L'ACCROISSEMENT DE LA PUISSANCE DE L'ÉCLAIRAGE PAR LE GAZ. — LES BECS A GAZ RÉCHAUFFÉ. — LE BEC SIEMENS. — LES BECS DELMAS, BANDSEPT, ETC. — L'ENRICHISSEMENT DU GAZ PAR DES VAPEURS CARBURÉES. — L'ALBO-CARBON ET LE BEC DÉRY. — SUBSTANCES ÉTRANGÈRES INTRODUITES DANS LA FLAMME, POUR EN ACCROÎTRE L'INCANDESCENCE. — LE BEC CLAMOND. — LE BEC POPP. — LE BEC AUER DE WELSBACH.

Devant les progrès incessants de la lumière électrique, les Compagnies de gaz ont dû chercher à perfectionner leur éclairage, à accroître la puissance de leurs foyers lumineux. C'est sous cette impulsion du progrès qu'ont été créés ce que l'on nomme aujourd'hui *les becs à gaz intensifs*, lesquels, composés d'une réunion de plusieurs flammes de gaz, produisent un effet lumineux considérable.

C'est dans la rue du Quatre-Septembre, à Paris, que l'on fit, pour la première fois, en 1878, l'expérience de ces becs : de là le nom, assez impropre, de *becs de la rue du Quatre-Septembre*, qu'on leur donna quelque temps, et qui a fait place aujourd'hui au nom, plus logique, de *bec intensif.*

L'accroissement notable d'effet lumineux est obtenu tout simplement par la réunion de six becs ordinaires, dits *papillons*. Ces six becs brûlent au milieu d'une coupe en cristal taillé, qui diffuse et égalise la lumière. Au-dessus de la coupe est un chapeau mé-

Fig. 303. — Bec à gaz intensif.

tallique, très poli, qui fait l'office de réflecteur (fig. 303).

Les *becs intensifs* sont placés à une hauteur de 3^m,20, et donnent, chacun, l'éclairage de 14 becs Carcel. Chaque bec n'éclaire pourtant que 180 mètres en surface ; ce qui le laisse bien au-dessous de l'effet lumineux de l'arc électrique.

Les *becs intensifs* sont aujourd'hui très répandus. Ils donnent un éclairage à la fois puissant et agréable. C'est ainsi que la rue de la Paix, à Paris, pourvue, de chaque côté, d'une rangée de lanternes à gaz, à bec intensif, présente vraiment, chaque soir, l'aspect d'un salon.

Les *becs intensifs* n'ont rien de scientifique, puisque tout l'outillage s'est réduit à réunir un certain nombre de becs de gaz, pour accroître l'effet éclairant ; mais on a développé une véritable science dans les combinaisons qui ont présidé à la création des becs dits *réchauffeurs de gaz*.

Deux facteurs seulement interviennent

dans la solution du problème consistant à accroître l'effet lumineux d'un bec de gaz : ce sont l'air et le gaz lui-même. Par l'invention des nouveaux brûleurs, on est arrivé à tirer un parti très important, comme rendement lumineux, de la chaleur provenant de la combustion du gaz.

L'artifice a consisté à utiliser la chaleur produite par la combustion du gaz, pour chauffer l'air qui doit alimenter cette même combustion. En effet, le pouvoir éclairant d'un gaz est d'autant plus fort que l'air qui l'alimente est plus chaud. C'est un principe qui a été de bonne heure reconnu par les physiciens.

Ce principe est commun à tous les *becs à gaz réchauffé*, qui ont été construits de nos jours. Nous décrirons les principaux, en commençant par le *bec Siemens*.

Le *bec Siemens* (fig. 304) est un véritable appareil de physique, ayant pour but de

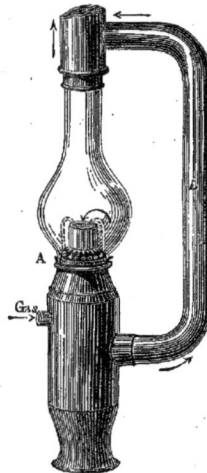

Fig. 304. — Bec à gaz Siemens.
A, brûleur ; L, cheminée

chauffer le gaz par sa propre combustion avant de l'amener au bec où il doit se brûler. Il est constitué par trois chambres concentriques, en bronze, A,B,C (fig. 305).

Le gaz est introduit par un tuyau *b* dans

la chambre annulaire B (3ᵉ figure, *coupe suivant ZZ*), où il se détend et arrive à n'avoir plus qu'une pression presque nulle; il sort de cette chambre par un tube annulaire, C, constitué par une série de petits tubes verticaux de 5 à 6 millimètres de diamètre *t* (2ᵉ figure, *coupe suivant YYY*).

A la sortie de ces tubes, il se mélange avec l'air qui débouche en *o* (1ʳᵉ figure), après s'être élevé dans la chambre A et avoir léché les parois des chambres intérieures.

La combustion s'effectue donc en *o* (fig. 305, 1ʳᵉ figure), et la nappe lumineuse, for-

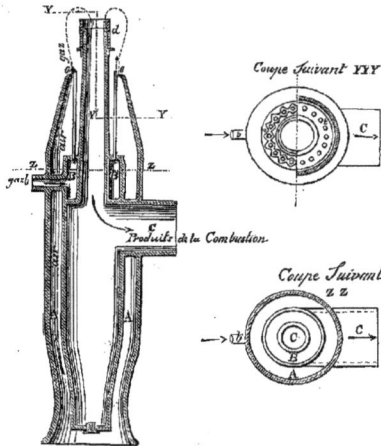

Fig. 305. — Coupe du bec à gaz Siemens.

mée par la juxtaposition des petits jets de gaz s'élève tout d'abord, puis se renverse, grâce à l'appel d'une cheminée latérale, L (fig. 304) autour d'un cylindre en matière réfractaire *n*, dont elle vient déborder l'arête supérieure en rentrant à l'intérieur de la chambre YC (fig. 305). Les parois de cette chambre YC se trouvent ainsi portées à une haute température par la seule chaleur des produits de la combustion qui s'échappent par la cheminée latérale.

L'air arrivant en sens inverse s'échauffe progressivement, au contact de ces parois, dans la chambre annulaire A, et atteint une température voisine de 500 degrés lorsqu'il se mélange en *o* avec le gaz, qui se trouve lui-même chauffé dans la chambre B. Un écran à dents, ou *déflecteur*, placé en *o* à la sortie de l'air, divise cet air en une série de lames, et de même un déflecteur placé à deux centimètres environ au-dessus du premier divise les jets de gaz, en sorte que air et gaz se trouvent intimement mélangés à l'intérieur des losanges que l'on voit figurés en coupe dans les deuxième et troisième figures. Grâce à cette disposition, l'intensité lumineuse est triplée.

Le tableau suivant donne les chiffres comparés de l'intensité lumineuse des becs Siemens avec celle des becs papillon ordinaires employés à Paris et celle du bec intensif.

	Consommation à l'heure.	Intensité lumineuse en cercles.	Consommation par heure et par carcel.
Bec des lanternes de la ville de Paris....	140 lit.	1,10	117 lit.
Bec intensif.........	1400	13	105 à 107
Bec Siemens n° 3....	600	13 à 15	40 à 45
— n° 2....	800	20 à 22	38 à 40
— n° 1....	1000	46 à 48	33 à 35

Ainsi, un bec Siemens brûlant 600 litres donne plus de lumière qu'un bec intensif brûlant 1400 litres, et il faut réduire sa consommation à 500 litres environ pour arriver à la même intensité lumineuse.

Le bec Siemens ne diffère pas par son aspect du bec ordinaire, car la cheminée latérale L (fig. 304), dans laquelle le gaz est chauffé, peut être disposée pour servir d'ornement.

Plusieurs villes, en Russie et en Allemagne, ont fait l'essai de ce nouveau système, qui a en sa faveur l'avantage d'une grande économie.

Le *bec Delmas-Azéma* se compose (fig. 306) d'un brûleur en stéatite, enfermé dans un globe ovale, G, de façon que l'air ne puisse pénétrer par-dessous. Ce globe, de la hauteur de la flamme, supporte une cheminée centrale aplatie suivant la forme de la flamme et qui constitue l'appareil réchauffeur. Un plissé, P, destiné à multiplier les surfaces d'échauffement, entoure la cheminée, et s'arrête à 15 millimètres de la partie supérieure. Il est contenu lui-même dans une enveloppe, D, qui embrasse sa partie supérieure et se prolonge à sa partie inférieure où il est fixé au globe, de façon à empêcher toute rentrée d'air.

Ajoutons que tout l'appareil est enveloppé par un troisième tube ovale, C, qui fait autour du globe une saillie uniforme de 10 millimètres et reçoit un réflecteur.

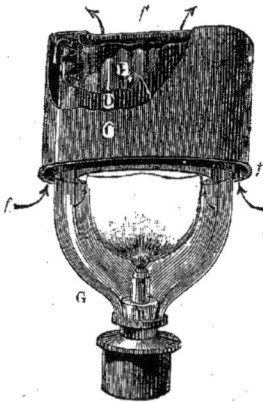

Fig. 306. — Bec à gaz réchauffeur de M. Delmas-Azéma.

Ces dispositions ont pour but d'obliger l'air, pour arriver au brûleur, à remonter par l'espace annulaire compris entre les tubes ovales C et D, en empruntant aux parties métalliques de ce dernier toute la chaleur due à l'échappement des produits de la combustion par la cheminée centrale.

Il existe deux types de becs donnant sans réflecteur, l'un 1,3 carcel pour 90 litres de gaz, l'autre 2,25 carcel pour 140 litres. Il dépenserait donc 69 ou 62 litres de gaz, pour produire l'effet d'une lampe Carcel.

Le *bec à gaz à air chaud* de M. Delmas-Azéma est placé dans toutes les lanternes à

gaz de la ville de Toulouse, qui économise, par son emploi, une somme annuelle de cent mille francs tout en ayant plus de 2/7 de lumière.

Il existe beaucoup d'autres *becs à gaz réchauffé*. A l'Exposition universelle de 1889, on voyait, dans le *pavillon du gaz*, la collection complète de tous les systèmes de ce genre. Nous nous contenterons de citer un de ceux qui furent les plus remarqués. Nous voulons parler du *bec multiplex* de M. Bandsept, de Bruxelles.

Le gaz a dans l'électricité un rival redoutable, dont il faut, à tout prix, égaler, sinon surpasser, la qualité maîtresse : la puissance lumineuse.

En se jetant dans la même voie que l'électricité, les gaziers ont abandonné, à tort peut-être, leur forte position : le fractionnement de la lumière, inaccessible encore actuellement à l'électricité, dans des conditions suffisamment économiques.

La divisibilité de la lumière est l'apanage du gaz, qui, en passant brusquement d'un extrême à l'autre, c'est-à-dire du bec ancien, ne donnant qu'un éclairage médiocre, au bec intensif, d'un éclat éblouissant, a négligé une transition dont l'absence se fait sentir aujourd'hui.

Les lampes à gaz, à bec intensif, répondent à un besoin spécial, et leur emploi est tout indiqué dans les vastes locaux et les établissements publics. Mais pour les usages domestiques, la lumière du gaz doit être détaillée sur tous les points où elle est nécessaire.

Les becs anciens, tout en répondant à ce programme, ne fournissent pas une clarté suffisante.

Les recherches devaient donc se porter sur la création d'un bec qui, dans les conditions d'économie des brûleurs en usage, produisît une clarté notablement supérieure. Dans ces conditions, le problème change de face. A la méthode du bec intensif, qui consiste à réunir en un point focal les actions calorifiques et lumineuses de masses gazeuses considérables, se substitue un procédé plus direct, permettant de retirer du gaz tout ce qu'il peut donner, même sous un faible volume.

Une telle solution n'est pas sans présenter de difficultés. M. A. Bandsept, ingénieur de Bruxelles, bien connu pour ses importants travaux en matière d'éclairage, est parvenu à en donner une solution simple et pratique, avec son *bec multiplex*, qui, d'après des expériences sérieuses, possède un pouvoir éclairant de deux carcels et demi, pour une consommation horaire de 125 à 130 litres, c'est-à-dire un carcel pour 50 litres de gaz environ.

Ce rendement est un des plus élevés que l'on puisse obtenir pour un aussi faible débit.

Le bec *multiplex* est caractérisé par un mode spécial d'éclairage, qu'on ne retrouve pas ailleurs. Son foyer, disposé au centre d'une coupe en verre, envoie ses rayons dans le champ horizontal et à la partie supérieure des espaces à éclairer, tandis que les appareils intensifs actuellement en usage projettent généralement leur lumière de haut en bas.

L'éclairement horizontal, réalisé par le nouveau bec, s'obtient en abaissant la position du brûleur, et en portant celui-ci à une distance assez considérable du conduit d'alimentation intérieure. Or, l'exécution de cette mesure n'est possible que dans les conditions particulières dans lesquelles la flamme est engendrée ici. La flamme monte librement vers la tubulure centrale du récupérateur ; elle est rendue absolument fixe par l'attraction qui s'exerce entre sa zone extrême de combustion complète, et le métal porté au rouge. Cette formation spéciale de la flamme est due à la combinaison des courants d'air intérieur et extérieur, dont l'effet est de ralentir le mouvement

ascensionnel du gaz, et de produire la combustion du mélange à la plus basse pression possible, développant ainsi le maximum de pouvoir éclairant.

Ajoutons que la construction très élémentaire de l'appareil donne pour l'allumage la facilité et la sécurité requises dans la pratique, et qu'elle dispense de tout entretien.

Le *bec multiplex* se compose, comme on le voit dans la figure ci-dessous, d'un petit brûleur vissé sur une colonnette qui se fixe dans la douille du porte-bec. Une couronne métallique *b*, supportée au moyen de trois tigelles brasées sur le porte-bec, présente

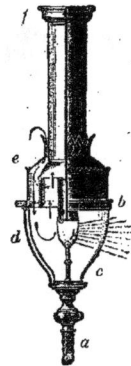

Fig. 307. — Bec à gaz multiplex de M. Bandsept.

une saillie circulaire, sur laquelle repose la coupe en cristal *d*, dont le col s'engage librement dans la douille inférieure *c*. La même couronne porte également le distributeur d'air *e*, surmonté de sa cheminée *f*, et qui prend toujours la position qui lui est assignée dans l'axe du brûleur, ce qui assure à la flamme sa régularité.

Le distributeur d'air, *e*, est constitué par un nombre impair de carneaux, en forme de V, aboutissant à une tubulure centrale, fermée par une grille sertie sur le bord.

Entre l'extrémité de cette tubulure et le brûleur, on ménage une distance déterminée d'après le volume de la flamme, celle-ci s'élevant jusqu'au niveau de la grille lorsque le bec fonctionne à son régime normal. Pour le type de 130 litres, brûleur de 9 3/4 millimètres de diamètre, avec trous de 1/3 de millimètre, cette distance est de 25 à 27 millimètres.

L'air d'alimentation entre par la partie supérieure de l'appareil, et s'échauffe en traversant le distributeur. Une partie de l'air ainsi chauffé va, de haut en bas, au centre de la flamme, et détermine un arrêt dans le mouvement ascendant du gaz, de sorte que la combustion s'effectue sous une vitesse modérée. L'autre partie entre dans la coupe en verre, où, après avoir perdu leur vitesse initiale par le frottement, les veines fluides changent de direction, pour alimenter la flamme extérieurement.

Le mélange gazeux s'effectue, par conséquent, à la plus basse pression possible, ce qui contribue à l'économie du gaz d'éclairage.

Sous l'action combinée des courants d'air intérieur et extérieur, la flamme, légèrement épanouie à l'origine, se redresse et se développe, suivant une nappe en *tulipe*, dont les ailes se trouvent sollicitées vers le bord de la tubulure centrale. L'attraction qui se manifeste entre le métal rougi et la nappe incandescente donne à la flamme une fixité remarquable, sans le secours d'aucun tuteur.

Le contact de la flamme avec le métal rougi n'est pas absolu. Une mince couche d'air calciné les sépare, et réalise la combustion lumineuse dans la partie supérieure de la flamme, celle qui avoisine la tubulure centrale. Grâce à l'interposition de cette couche isolante, le tamis nickelé se conserve indéfiniment, quelles que soient les températures admises par le bec.

C'est à la combinaison rationnelle des différents éléments contribuant au tirage qu'il faut attribuer la configuration spéciale du foyer, qui prend l'aspect d'une tulipe

lumineuse, dont le fond est la zone de préparation.

Le brûleur, éloigné à une distance relativement considérable du distributeur, abaisse la position du foyer lumineux dans la coupe de cristal. A ce point de vue, le bec nouveau se distingue essentiellement des autres becs intensifs à flammes épanouies, nécessairement confinées à la partie supérieure du globe. Au lieu de mouler la flamme sur un tuteur, ainsi que cela se pratique généralement, et ce qui exige un appel énergique d'air et de gaz dans la cheminée, la flamme est libre dans le bec multiplex. Elle doit sa fixité à un phénomène qui n'avait pas encore été mis à profit : l'attraction entre corps solides chauffés au rouge et les gaz en ignition

Le gaz arrivant par le bas (a) dans le bec multiplex, il n'y a plus d'obstructions, comme dans les lampes suspendues, où le plus souvent le tuyau adducteur traverse la cheminée et le récupérateur. Du reste, les carneaux du distributeur, spécialement profilés pour faciliter l'écoulement des produits de la combustion, évitent les dépôts de noir de fumée que l'on rencontre dans les lampes avec récupérateurs à fonds plats, contre lesquels les flammes vont buter. Ces récupérateurs ont, en outre, le défaut grave de se détériorer assez rapidement ; ce qui n'a plus lieu pour les carneaux en forme de V

L'allumage du bec se fait par la cheminée, à la manière ordinaire des becs à verre, ou bien en ouvrant l'appareil, pour mettre le feu au brûleur.

Nous ajouterons que ce système de bec a valu à son auteur, M. Bandsept, la médaille d'or, c'est-à-dire la plus haute distinction dans la catégorie des appareils intensifs, à l'Exposition universelle de Paris de 1889, et qu'il a donné partout où il a été employé les plus favorables résultats, en réalisant dans l'éclairage, tout à la fois économie de gaz et augmentation de pouvoir éclairant.

Un procédé dés tout différent précédents consiste à augmenter la puissance éclairante du gaz en le mélangeant, dans le brûleur même, avec des vapeurs carburées.

Le pétrole, l'essence de térébenthine, mélangés au gaz, à l'état de vapeurs, doublent son effet lumineux. Mais leur usage est peu pratique. La substance qui a donné les meilleurs résultats, c'est la naphtaline,

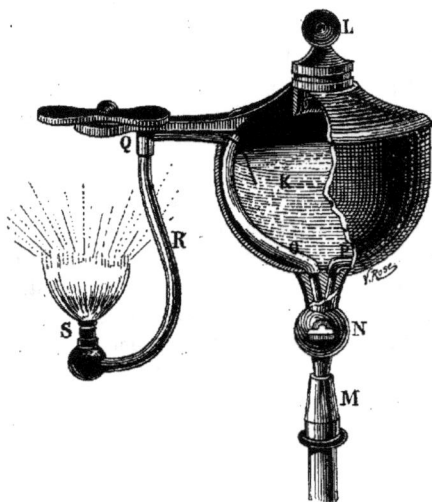

Fig. 308. — Bec à l'albo-carbon.

que les usines à gaz fournissent avec abondance et à bas prix.

M. Roosevelt, inventeur de ce système, appelle *albo-carbon* la naphtaline employée dans ce but particulier.

Dans le brûleur dit à l'*albo-carbon* (fig. 308), le gaz arrive par le tube M au robinet N, et traverse le récipient, K, rempli d'*albo-carbon*, d'où, après s'être enrichi, il parvient jusqu'au bec, S. Si on ne veut pas faire traverser le récipient de naphtaline par tout le gaz, on l'amène directement au bec, en tournant le robinet N plus large-

ment. Alors, en même temps qu'il traverse la naphtaline, K, en passant par le tube P, le gaz se rend directement au brûleur, S, par le tube O, Q, R. Le robinet, N, sert donc à régler l'émission du gaz carburé, en permettant de faire varier les quantités de gaz qui passent par l'un ou l'autre tuyau.

Comme la naphtaline n'est volatile qu'à une température élevée, il faut chauffer le récipient K. Pour cela, on place au-dessus du brûleur une plaque mobile Q, qui, en se chauffant, communique sa température au récipient et volatilise la naphtaline.

Le bec à l'*albo-carbon* est assez répandu aujourd'hui; son pouvoir éclairant est sensiblement supérieur à celui d'un bec ordinaire. En brûlant 80 à 90 litres de gaz par heure, il produit l'effet éclairant de deux lampes Carcel.

La *lampe Dery*, qui a été construite pour l'éclairage des voitures de chemin de fer, brûle également des vapeurs de naphtaline, mais avec des dispositions un peu différentes de celles des lampes de M. Roosevelt.

Le tuyau qui amène le gaz débouche à la partie supérieure d'un récipient en cuivre rouge, renfermant la naphtaline. Pour la volatiliser, on profite de la chaleur des produits de la combustion. Après s'être réchauffé, le gaz traverse ce récipient, où il se charge de matière carburante, et en sort par un autre tube, qui le conduit au brûleur.

L'air nécessaire à la combustion arrive au brûleur après avoir léché le récipient et s'être échauffé à son contact.

En usage dans beaucoup de gares de chemins de fer, la lampe de Dery produit un éclairage égal à celui d'une lampe Carcel et consommant par heure 55 litres de gaz et 2 grammes de naphtaline.

D'autres inventeurs ont essayé d'accroître la puissance lumineuse d'un bec de gaz en interposant dans la flamme un corbillon de platine, qui rougit et — c'est un fait d'expérience — rend la lumière plus vive et plus blanche.

M. Clamond a construit, avec des dispositions spéciales, un bec de ce genre, que M. Popp, l'inventeur des horloges pneumatiques, a rendu plus pratique.

La substance étrangère introduite au sein de la flamme, dans le *bec Popp*, est un globule de magnésie. Mais le globule de magnésie s'use vite, il faut le remplacer au bout de 12 à 15 heures; ce qui a empêché ce système de se répandre.

Un bec à gaz réchauffé plus simple que tous les précédents, est le *bec Auer*, du nom de son inventeur, M. Auer de Welsbach. C'est une application à l'éclairage du *bec Bunsen*, dont on se sert, dans les laboratoires de chimie, pour accroître considérablement la température de la combustion du gaz de l'éclairage.

On sait que le *bec Bunsen* est un tube vertical, ouvert à sa partie supérieure, et portant à sa partie inférieure, un peu en dessous de la tubulure par laquelle arrive le gaz, de petits trous, pour laisser passer de l'air. Le gaz aspire l'air, lequel se mélange intimement avec lui, et constitue une sorte de gaz tonnant, qui brûle avec une flamme bleue, peu lumineuse, mais extraordinairement chaude. M. Auer de Welsbach a mis à profit la très haute température de cette flamme, en lui communiquant un grand effet lumineux par l'interposition d'un corps étranger.

Pour cela M. Auer de Welsbach place par-dessus le bec Bunsen, une sorte de capuchon composé de substances terreuses (zircone, yttria, oxyde de lantane), d'une longueur de 6 à 7 centimètres, et en forme de cône, que l'on soutient au moyen d'un fil de platine, supporté par une tringle de cuivre et un anneau. Ce capuchon peut, d'ailleurs, s'élever ou s'abaisser au moyen

d'une vis de pression, placée au bas de l'appareil.

Quand on allume ce bec, la température excessivement élevée que le gaz a prise dans le bec Bunsen, fait rougir le capuchon, qui devient extraordinairement lumineux, et répand alors une lumière blanche très pure. D'après M. Auer, ce bec donne une lumière de 1,21 Carcel. pour une consommation de 98 litres de gaz, par heure; ce qui revient à brûler 80 litres de gaz pour obtenir, par heure, la lumière d'une lampe Carcel.

CHAPITRE II

L'ÉCLAIRAGE ÉLECTRIQUE. — HISTORIQUE. — DAVY DÉCOUVRE LE PHÉNOMÈNE ESSENTIEL SUR LEQUEL REPOSE L'ÉCLAIRAGE PAR L'ÉLECTRICITÉ. — LÉON FOUCAULT APPLIQUE A L'ÉCLAIRAGE LE PHÉNOMÈNE DE LA DÉCHARGE ÉLECTRIQUE DANS LE VIDE, DÉCOUVERT PAR DAVY. — LES RÉGULATEURS DE LA LUMIÈRE ÉLECTRIQUE. — RÉGULATEUR LÉON FOUCAULT ET DUBOSQ. — RÉGULATEUR SERRIN. — M. JABLOCHKOFF SUPPRIME TOUT RÉGULATEUR, PAR L'INVENTION DE LA BOUGIE ÉLECTRIQUE. — LA BOUGIE JABLOCHKOFF. — LAMPE WERDERMANN. — DÉCOUVERTE DE L'ÉCLAIRAGE ÉLECTRIQUE PAR L'INCANDESCENCE D'UN FIL FIN DANS LE VIDE. — M. DE CHANGY. — LES LAMPES RUSSES. — RECHERCHES ET TRAVAUX D'EDISON, DE SWANN, DE MAXIM ET DE LANE FOX.

Dans les *Merveilles de la science* (1), nous avons fait connaître le principe de l'éclairage électrique par l'arc lumineux voltaïque, et nous avons décrit les premiers appareils destinés à régler la marche des charbons lumineux. Il sera nécessaire, pour la clarté de ce qui doit suivre, de rappeler brièvement ce que nous avons dit, à ce propos, dans les *Merveilles de la science*.

Le premier créateur de l'éclairage par l'électricité est le chimiste anglais Humphry Davy, qui, en 1813, dans une expé-

(1) Tome IV, pages 214-226.

rience, restée célèbre, produisit un arc électrique, d'un éclat éblouissant, en effectuant
la décharge électrique d'une pile très puissante entre les deux fils conducteurs terminés par deux crayons de charbon de bois,
placés eux-mêmes dans un vase de cristal,
où existait le vide.

Cette belle expérience fut longtemps répétée dans les cours publics, où elle excitait une admiration universelle, sans que

Fig. 309. — M. Jablochkoff.

l'on songeât à l'appliquer à l'éclairage. Ce
fut le physicien français Léon Foucault, qui,
le premier, en 1844, transporta ce remarquable phénomène dans la pratique, et obtint un éclairage éblouissant, en se servant
de charbons de cornue de gaz, comme conducteurs du courant, et opérant, non plus
dans le vide, comme faisait Humphry Davy,
mais à l'air libre, grâce à la très faible
combustibilité de ce genre de charbon.

Comme les charbons s'usaient en brûlant
dans l'air, et s'usaient d'ailleurs inégale-

ment, il était nécessaire de les rapprocher,
au fur et à mesure de leur combustion, pour
maintenir égale la distance entre les deux
pointes du charbon et assurer ainsi la continuité de l'arc lumineux. De là la nécessité
de régulateurs.

Le premier régulateur construit par Léon
Foucault et Dubosq remplissait parfaitement cet office, et nous l'avons décrit dans
les Merveilles de la science (1). Nous avons
également décrit le régulateur Serrin, perfectionnement extrêmement remarquable
de l'appareil de Foucault et Dubosq, et qui
est encore aujourd'hui d'un grand usage
pour l'éclairage par l'arc électrique, en
raison de la perfection de ses organes et de
la régularité de son mécanisme.

En traitant de l'éclairage électrique dans
les Merveilles de la science, nous nous
sommes arrêté au régulateur Serrin, qui
permettant un usage très régulier et très
pratique de l'éclairage par l'arc électrique,
commença de donner une certaine extension
aux applications de l'éclairage par l'électricité. Nous avons dit que, permettant d'éclairer de grands espaces, l'arc électrique régu-
larisé par l'appareil Serrin, servait déjà,
en 1870, à favoriser les travaux de nuit en
différents chantiers.

Nous reprendrons la question de l'éclairage électrique, au point où nous en étions
resté en 1870 environ, dans les Merveilles de
la science.

C'est en 1876 que se produisit, dans
l'éclairage par l'arc électrique, la grande
révolution qui vint imprimer à cette industrie nouvelle une impulsion inattendue. Un
jeune ingénieur russe, M. Jablochkoff, inventait, à cette époque, ce qu'il appela la
bougie électrique, qui vint rendre inutile
l'emploi de tout régulateur, et imprimer,
par cette suppression, un élan immense aux

(1) Tome IV, page 219.

applications économiques de l'éclairage électrique par l'arc lumineux.

M. Jablochkoff a donné le nom de *bougie électrique* à un mode tout particulier de terminaison des pôles de la pile, entre lesquels le courant électrique se décharge, qui rend inutile tout moyen mécanique d'assurer le rapprochement des deux charbons, au fur et à mesure de leur usure par la combustion.

La *bougie électrique Jablochkoff* se compose de deux baguettes de charbon placées

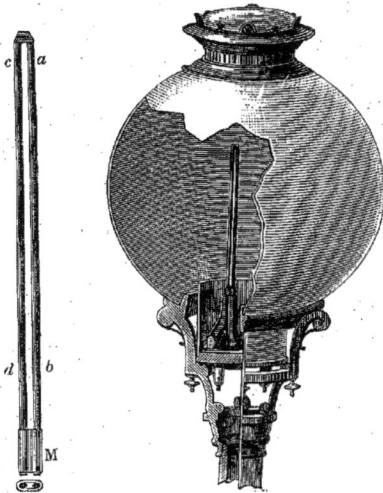

Fig. 310.
Bougie Jablochkoff.

Fig. 311.— Globe pour l'éclairage électrique par les bougies Jablochkoff.

parallèlement l'une à l'autre, et séparées par une matière isolante, fusible : le plâtre ; l'extrémité des deux charbons est donc seule visible. Ces deux extrémités sont exactement comme deux mèches de bougies placées en regard l'une de l'autre ; et c'est entre ces deux extrémités libres, c'est-à-dire en haut de ce double crayon que jaillit l'arc électrique. A mesure que les charbons brûlent, le plâtre fond, comme le corps gras d'une bougie ; il se volatilise, et laisse ainsi continuellement à nu la même longueur des deux charbons nécessaire à l'entretien de l'arc lumineux.

La figure 310 représente la *bougie électrique Jablochkoff*; *ab, cd*, sont les deux baguettes de charbon réunies inférieurement par un manchon, M, et séparées l'une de l'autre par une lame de plâtre.

Les *bougies Jablochkoff* sont enfermées dans un globe de verre dépoli ou émaillé, qui a pour effet d'atténuer la trop vive lumière de l'arc électrique, lequel, vu directement, blesserait les yeux. Nous représentons dans la figure 311, moitié en coupe, moitié en élévation, le globe de verre qui enveloppe la *bougie Jablochkoff*.

Cinq ou six bougies électriques sont placées sur le même support, et quand l'une a fini de se consumer, il faut qu'une autre la remplace. Pour cela, l'intervention de la main de l'homme est nécessaire. Il faut qu'à chaque intervalle d'une heure et demie environ, le surveillant des appareils fasse, au moyen d'une clef, tourner le disque porteur des bougies, et mette ainsi une bougie nouvelle en communication avec le courant.

Telle était, du moins, la disposition primitive employée par l'inventeur ; mais, nous n'avons pas besoin de le dire, l'intervention d'un surveillant avait un grand inconvénient. M. Jablochkoff arriva à le faire disparaître, par des dispositions très ingénieuses, que nous ferons connaître plus loin.

Un autre système de lampe électrique, qui a rendu quelques services, par la simplicité de son mécanisme, est celui de M. Werdermann, physicien anglais, qui fusionna son invention avec celle d'un physicien français, M. Reynier ; de sorte que le nom de *système Werdermann* engloba les deux inventions.

Le mécanisme de la lampe Werdermann consiste à faire pousser le charbon de bas en haut, au fur et à mesure de sa combustion, par un contre-poids, lequel, agissant comme pourrait le faire un ressort à boudin, remonte constamment le charbon, et le fait buter contre un disque supérieur, lequel sert à établir le courant.

La figure 312 fera comprendre ce mécanisme.

Une baguette de charbon est mobile à l'intérieur du tube métallique, T, et peut, un moyen d'un contre-poids attaché à une corde, qui se réfléchit sur une poulie, à l'intérieur du tube T, pousser de bas en haut ce charbon. L'extrémité supérieure de ce charbon vient buter contre un disque de cuivre, qui est en rapport avec le pôle négatif de la pile ou du générateur d'électricité, tandis que le tube métallique, T, com-

Fig. 312. — Lampe Werdermann.

munique avec le pôle positif. Il n'y a donc de portée à l'incandescence par le passage du courant que la partie d, du charbon comprise entre le tube métallique qui lui sert de support et le disque de cuivre supérieur. Cette partie incandescente n'a que trois quarts de pouce environ, et elle constitue le point lumineux.

Avec cette lampe, on peut obtenir, à volonté, l'arc voltaïque, en tenant les deux charbons un peu éloignés l'un de l'autre, ou l'*incandescence*, en les laissant en contact. Nous verrons plus loin l'utilité et le rôle spécial des lampes *à incandescence*. Disons seulement, pour le moment, que la lampe Werdermann peut remplir ce double rôle.

La lampe Werdermann obtint un certain succès en Angleterre. Elle y popularisa l'usage de l'éclairage électrique, pendant que la lampe Jablochkoff le popularisait en France.

Grâce à la bougie Jablochkoff et aux lampes qui furent construites pour leur application, l'éclairage électrique prit, à partir de 1876, une assez grande extension. La bougie électrique donnait le moyen de transporter largement ce mode d'éclairage dans la pratique ; ce qui était impossible avec le *régulateur électro-magnétique*, appareil coûteux et sujet à des dérangements. En même temps, M. Jablochkoff supprima la pile voltaïque, pour la production de l'électricité. Une machine à vapeur, actionnant une *machine électro-magnétique* de Gramme, rendit plus facile et plus économique, la production du courant voltaïque.

Ces deux perfectionnements permirent, en 1878, pendant l'Exposition universelle, d'éclairer, à Paris, par la lumière électrique, différentes places publiques et avenues. Ce mode d'éclairage fut continué en 1879, 1880 et 1881. Plusieurs villes importantes des pays étrangers, telles que Londres, New-York, Madrid, Bruxelles, etc., firent également l'essai, en 1879, 1880 et 1881, de ce nouveau mode d'éclairage.

L'Exposition internationale d'électricité, qui s'ouvrit au palais de l'Industrie, à Paris, pendant l'été et l'automne de 1881, permit d'apprécier les progrès qu'avait fait ce mode d'éclairage depuis quelques années. Et ces progrès étaient considérables. Nous allons les résumer brièvement.

Ce n'est point dans l'éclairage à grande intensité, dans l'éclairage des rues, des places publiques et des vastes espaces que l'on put constater, à l'Exposition de 1881, des progrès bien saillants. L'éclairage par l'arc voltaïque qui produit les puissantes et splendides illuminations que chacun connaît, était déjà arrivé à son apogée. On a lu plus haut la description des lampes Jablochkoff et Werdermann. Des systèmes fort nombreux de lampes à arc voltaïque figuraient à l'Exposition d'électricité de 1881. Tels sont ceux de M. Siemens, de M. Lontin, etc., etc. Mais ils ne diffèrent pas assez des systèmes Jablochkoff et Werderman, pour que nous entrions dans leur examen particulier (1).

La véritable et grande nouveauté, la révolution, on peut le dire, qui se révéla à l'Exposition internationale d'électricité de 1881, c'est la production d'un luminaire de petit volume, n'ayant plus la puissance de l'arc voltaïque, et se trouvant réduit aux proportions de l'éclairage domestique.

Quel est le procédé qui permet d'obtenir, avec le courant électrique, des foyers d'une faible intensité, applicables à l'éclairage des appartements? C'est ce que les électriciens appellent le *procédé par incandescence*. Mais ce terme a besoin, pour être compris, de quelques explications.

Si l'on réunit les deux pôles d'une pile voltaïque par un fil de métal, ou par une tige plate ou carrée de ce même métal, la recomposition des deux électricités contraires qui s'opère dans ce fil, ne s'accompagne d'aucun phénomène extérieur, quand le fil ou la tige ont une assez grande dimension. Mais si ce fil ou cette tige sont de faible section, et n'offrent ainsi à l'écoulement de l'électricité qu'un passage très réduit, l'électricité, s'accumulant en grande quantité dans cet étroit espace, échauffe le métal, le fait rougir, le porte à l'*incandescence*.

C'est là une expérience que l'on fait dans tous les cours de physique. Chaque assistant d'un cours de physique a vu le profes-

(1) Un système d'éclairage par l'arc voltaïque qui mérite une mention particulière, est celui que M. Clerc désigna sous le nom de *lampe-soleil*. L'arc voltaïque entoure des fragments de chaux, qu'il rend prodigieusement lumineux. Le grand volume de la masse échauffée donne à la lumière beaucoup de fixité. Il faut, toutefois, acheter cet avantage par une diminution de l'éclat ordinaire de l'arc jaillissant entre les deux pointes de charbon.

seur, quand il traite des effets de la pile voltaïque, réunir les deux pôles de la pile par des fils métalliques de faible section, et tout aussitôt, ces fils de rougir, et de fondre, quand le métal est très fusible, comme l'argent, l'or, le cuivre, et même quand il est peu fusible, comme le platine, si l'on accroît suffisamment l'intensité du courant.

C'est précisément ce phénomène d'*incandescence* dont on a tiré parti pour l'appli-

Fig. 318. — M. de Changy.

quer à l'éclairage par l'électricité. Les physiciens et les industriels se sont appliqués à rendre l'incandescence d'un fil de platine ou de charbon assez durable et assez éclatante pour servir de moyen d'éclairage.

On obtient ainsi une illumination de peu de puissance, mais qui est précisément ce que l'on recherchait pour l'éclairage de l'intérieur des maisons. C'est ce que l'on appelait, autrefois, la *division* de la lumière électrique, terme impropre, qui signifiait seulement son affaiblissement d'intensité, sa réduction à une médiocre intensité éclairante. On obtient, en effet, par l'incandescence, un éclairage de l'intensité d'environ deux becs Carcel.

Le premier qui essaya de créer l'*éclairage électrique par incandescence*, fut un ingénieur français, M. de Changy, qui, en 1859, publia de curieuses expériences sur l'incandescence électrique du platine employé comme moyen d'éclairage.

M. de Changy plaçait dans une clochette de verre le fil de platine rendu incandescent.

Les lampes de M. de Changy furent expérimentées dans les mines de houille de la Belgique, pour y servir de moyen d'éclairage à l'abri des atteintes du grisou. En effet, produite dans l'intérieur d'une clochette sans communication avec l'air des galeries, la lumière ne pouvait se communiquer au dehors, ni mettre le feu au grisou.

A cela ne se seraient point bornés certainement les usages de la *lampe à incandescence de platine* inventée par M. de Changy. Malheureusement, le platine entrait souvent en fusion, et les essais de l'inventeur français furent arrêtés par cet obstacle.

On pensa alors à substituer au platine le charbon, qui, étant calciné, devient bon conducteur de l'électricité, et est absolument infusible. Seulement, le charbon brûle à l'air. Il faut donc enfermer le charbon à l'intérieur d'une cloche dans laquelle on a fait le vide, ainsi que l'avait si ingénieusement exécuté Humphry Davy, en 1813, ou bien enfermer le charbon dans un gaz impropre à la combustion, comme l'oxyde de carbone ou l'azote.

C'est sur ce principe que l'on vit paraître, vers 1870, différentes lampes par incandescence, dues à MM. King, Lodyguine, Boulignies, Swan, Sawyer, etc. C'est ce que l'on appela les *lampes russes*.

Ces essais avaient tous mal réussi, lorsqu'on annonça, en 1879, que le physicien américain, Edison, avait résolu le problème de l'éclairage électrique, par incandescence.

Cette annonce était prématurée, car M. Edison n'en était encore, en 1879, qu'à

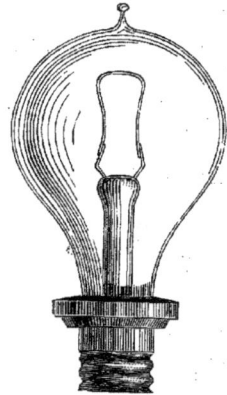
Fig. 314. — Bec de la lampe Edison.

la période des essais, et le procédé qu'il employait alors était assez imparfait. Aussi des doutes bien légitimes accueillirent-ils, en Europe, l'annonce de cette découverte.

Cependant, M. Edison continua ses re-

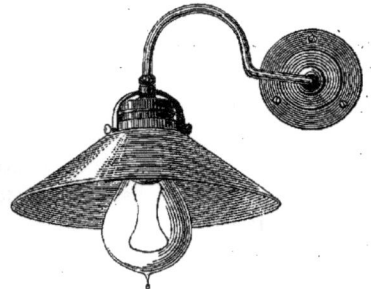
Fig. 315. — Lampe Edison.

cherches, et à force de patience et de sagacité, il finit par réaliser sa *lampe à incandescence*, dont les visiteurs admirèrent les effets à l'Exposition d'électricité de Paris, en 1881.

La *lampe à incandescence* de M. Edison

Fig. 316. — Lustre électrique Edison.

consiste en une petite cloche, de forme ovoïde, dans laquelle on a fait le vide, pour empêcher la combustion du charbon.

Le charbon est, en effet, le corps conducteur de l'électricité qui, porté à une très haute température par le passage du courant électrique, produit l'effet lumineux.

La manière de préparer ce charbon est ce qui présenta le plus de difficultés à M. Edison, comme aux autres inventeurs, ses rivaux. De la manière dont il est obtenu dépendent, en effet, l'éclat, la couleur et les qualités de la lumière.

M. Edison prépare aujourd'hui son charbon, non comme il le faisait d'abord, avec des feuilles de carton Bristol carbonisé

en vase clos, mais avec des filaments de bambou carbonisé. Les filaments de bambou, après leur calcination, se réduisent à l'épaisseur d'un crin de cheval. On en fait une sorte d'arc, et on fixe les deux extrémités de cet arc charbonneux dans un petit fil de platine, en rapport avec le courant électrique. On fait ensuite le vide dans cette petite cloche ; enfin on la scelle, pendant qu'elle est parfaitement privée d'air, au moyen d'un ciment particulier.

Chaque petit luminaire a environ la puissance de deux becs Carcel.

La figure 314 représente le bec Edison, qui, placé à volonté sur différents supports, forme une *lampe électrique* (fig. 315).

En réunissant un certain nombre de ces lampes, on compose un lustre, tel que ceux qui figuraient à l'Exposition d'électricité. On voit dans la figure 316 l'un de ces lustres formé de la réunion d'un certain nombre de lampes.

On pourrait craindre que ces petits ustensiles soient de peu de durée. Ils peuvent cependant servir, pendant mille heures. D'ailleurs, vu leur prix minime (1 fr. 25),

Fig. 317. — M. Edison.

on peut les remplacer sans grande conséquence, quand ils sont usés, de même que nous remplaçons les verres cassés de nos lampes à l'huile.

Nous n'avons pas besoin de dire que chaque lampe doit être mise en communication avec un courant électrique continu, fourni par une machine dynamo-électrique.

Pendant que M. Edison construisait, à New-York, sa *lampe à incandescence*, en perfectionnant la *lampe russe*, d'autres physiciens ou constructeurs, s'appliquant aux mêmes recherches, arrivaient à des résultats à peu près semblables.

MM. Swann, à Newcastle (Angleterre), Maxim, à New-York, et Lane Fox, à Londres, ont attaché leurs noms à des *lampes à incandescence électrique*, que nous ne signalerons qu'en peu de mots, car toute la différence entre ces lampes et celle d'Edison consiste dans la forme donnée au charbon conducteur, ou dans le mode d'attache du charbon aux deux pôles de la pile.

M. Swann persévérait dans l'emploi du carton Bristol carbonisé, pour composer le charbon conducteur placé dans l'ampoule, alors que M. Edison l'abandonnait, pour adopter le bambou. Il est arrivé plus tard à un très bon résultat, en substituant au carton le fil de coton.

Les filaments de charbon qui sont employés dans les *lampes Swann*, pour constituer le corps rayonnant, proviennent de fils ou de tresses de coton, renflés à leur bout. On les a plongés préalablement dans de l'acide sulfurique du commerce étendu de la moitié de son poids d'eau, pour les durcir et les transformer en papier-parchemin, — selon le procédé dont on me doit l'invention, soit dit en passant. — On les introduit alors dans de la poussière de charbon, et on les place ensuite dans la lampe, préalablement purgée d'air par la pompe pneumatique de Sprengel. Alors, on les porte à l'incandescence, en les faisant traverser par le courant électrique, ce qui a pour effet de chasser les gaz qu'ils pouvaient retenir et de les rendre conducteurs. Ainsi traité, le charbon a acquis beaucoup de densité et de résistance mécanique, et il peut servir à construire les lampes.

Comme la *lampe Édison*, la *lampe Swann* se compose donc d'une ampoule de verre dans laquelle on a fait le vide, et qui renferme deux porte-charbons en platine, munis de mâchoires et d'anneaux de pression, semblables à ceux de nos anciens porte-crayons métalliques. Le filament de charbon, placé entre ces mâchoires, est replié en hélice plate, de manière à former un anneau au milieu de l'ampoule, et à accumuler en ce milieu une plus grande quantité de lumière.

Une rue de la ville de Newcastle est éclairée par les *lampes Swann*. Différentes salles de l'Exposition internationale d'électricité, en 1881, étaient éclairées par le même système.

Un constructeur de New-York, M. Maxim, fabriqua ensuite des *lampes par incandescence*, d'un type particulier.

Fig. 318. — Lampe Maxim.

Le charbon employé par M. Maxim s'obtient en carbonisant légèrement, c'est-à-dire en faisant seulement roussir, le carton Bristol, entre deux plaques de fonte, convenablement chauffées. Ensuite, on le découpe, de manière à lui donner la forme d'un M. Pour le rendre plus dense, on le place dans une atmosphère de gaz hydrogène bicarboné, dans laquelle on le chauffe. Ce gaz, se décomposant, laisse du charbon, qui se dépose sur le papier à demi carbonisé. En faisant le vide dans cette même capacité, on extrait les gaz qui étaient retenus par le charbon. Des fils de platine sont fixés sur le charbon, et on scelle ces fils dans le verre par un mastic particulier (fig. 318).

Le prix de revient est le côté faible des

lampes électriques par incandescence. Leur puissance éclairante est fondée sur le rougissement à blanc du corps conducteur qui réunit les deux pôles d'une pile. Or, il faut, pour produire l'échauffement à blanc d'un conducteur continu, une quantité d'électricité beaucoup plus grande que pour provoquer une forte étincelle jaillissant entre les deux pôles d'une pile, et tenus à quelque distance l'un de l'autre. On a reconnu qu'il faut un courant quatre fois plus fort pour obtenir une lumière égale avec les lampes à incandescence qu'avec les lampes à arc voltaïque.

CHAPITRE III

DESCRIPTION DES APPAREILS EN USAGE POUR OBTENIR L'ÉCLAIRAGE PAR L'ARC VOLTAIQUE ET PAR LES FILS CONDUCTEURS INCANDESCENTS.

D'après l'historique et l'exposé qui précèdent, on voit que l'éclairage électrique s'obtient, industriellement, par deux procédés généraux :

1° Par le courant électrique disjoint, qui produit l'illumination de grands espaces, c'est-à-dire par *l'arc électrique;*

2° Par le courant électrique continu, circulant à l'intérieur d'un fil conducteur, et produisant l'incandescence de ce fil. On emploie, en d'autres termes, *l'arc voltaïque* pour obtenir un éclairage puissant, et éclairer les vastes étendues, et le *fil incandescent*, pour produire de petits éclairages.

ÉCLAIRAGE PAR L'ARC VOLTAIQUE.

L'éclairage par l'arc voltaïque résulte de la décharge, s'opérant au sein de l'air, d'un courant électrique, entre les deux pôles conducteurs, composés de charbon de cornue de gaz, matière conductrice de l'électricité et peu combustible à l'air, en raison de son énorme cohésion.

Cependant, quelque faible que soit la combustibilité à l'air des charbons de cornue de gaz, ces charbons s'usent forcément, par la combustion ; de là, la nécessité de les rapprocher, pour maintenir constante la longueur de l'arc éclairant.

Le maintien de l'égalité de longueur de l'arc voltaïque, s'obtient par deux moyens très différents :

1° Par des régulateurs mécaniques;

2° Par la disposition spéciale supprimant tout *régulateur mécanique*, c'est-à-dire par la *bougie Jablochkoff*.

Régulateurs de l'arc électrique. — L'arc électrique résultant de l'étincelle électrique jaillissant entre deux conducteurs de charbon, au sein de l'air, est en usage aujourd'hui dans un grand nombre de villes des deux mondes, tant pour l'éclairage des rues et places publiques, que pour celui des ateliers et des manufactures. L'avantage de ce système, c'est de produire une lumière très intense, avec une faible dépense d'électricité. Son inconvénient c'est que le mécanisme régulateur est sujet à des dérangements, quand il n'est pas fondé sur des principes de physique rigoureux, et construit par d'habiles fabricants.

Une perte d'électricité très sensible se constate si l'on compare l'intensité du courant produit par les machines dynamo-électriques et son intensité quand il est parvenu aux bornes de la lampe. Cette perte est de 30 pour 100 environ : mais il faut, à ce que l'on assure, l'accepter, car il est reconnu que sans la perte résultant de la résistance métallique intercalée entre la machine productrice d'électricité et les charbons éclairants, la lumière serait désagréable, irrégulière, et sujette à de fréquentes extinctions.

Nous avons décrit, dans les *Merveilles de la science*, le *régulateur Serrin*, le meilleur des appareils de ce genre. Mais il a un in-convénient, c'est qu'il ne peut être placé qu'isolément dans le circuit, c'est-à-dire qu'il ne peut servir à alimenter qu'une seule série de lampes : il est *monophote*, comme disent les électriciens qui aiment à parler grec.

Les régulateurs *polyphotes*, c'est-à-dire pouvant être disposés en série, sur des conducteurs de faible section, par de multiples dérivations d'un même courant, sont aujourd'hui très nombreux. Ce serait une tâche aussi fastidieuse qu'inutile que de faire connaître ici les centaines de *régulateurs mécaniques*, ou *électro-mécaniques*, qui sont en usage dans les deux mondes. Forcé de faire un choix, nous nous bornerons à signaler les appareils les plus en vogue. Ce sont les régulateurs Gramme, et Cance pour la France ; le régulateur Siemens, pour l'Allemagne ; et le régulateur Thomson-Houston, pour l'Amérique.

Il importe, avons-nous dit, que les régulateurs puissent s'installer sur un même circuit voltaïque, de manière que les lampes puissent fonctionner indépendamment les unes des autres. Les *lampes* dites *différentielles*, résolvent cette difficulté.

Les *lampes différentielles* les plus connues sont celle de Gramme et celle de M. Siemens, de Berlin.

Dans la *lampe différentielle*, c'est un électro-aimant qui, comme dans les régulateurs Foucault et Serrin, fait descendre le charbon supérieur. Seulement, cet électro-aimant n'est pas placé, comme dans les lampes Foucault et Serrin, sur le courant principal. C'est une dérivation de ce courant qui anime l'électro-aimant. De cette manière, lorsque l'arc électrique s'allonge, la dérivation de l'électro-aimant devient plus forte ; l'électro-aimant entre en action, et rapproche les charbons. Ce n'est donc plus, comme dans la lampe Serrin, l'intensité du courant total qui règle la marche des charbons, mais bien la résistance électrique de l'arc lumineux lui-même. Et comme la

Nous représentons dans la figure 319 le régulateur Gramme dans son aspect extérieur; dans la figure 320, sa vue en perspec-

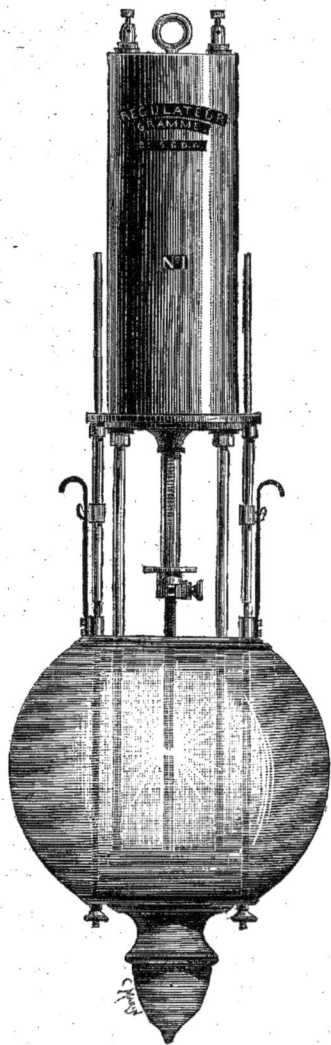

Fig. 319. — Vue extérieure du régulateur Gramme et de son globe.

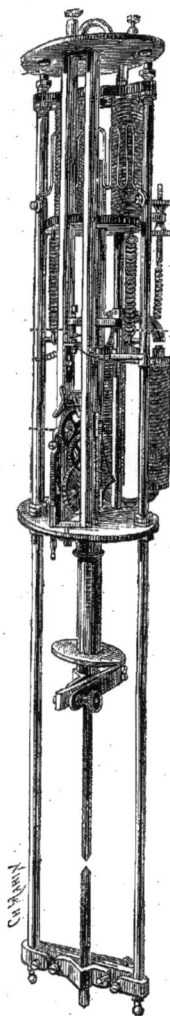

Fig. 320. — Régulateur Gramme (Vue perspective).

résistance de l'arc n'influe nullement sur le courant, comme les foyers sont indépendants les uns des autres, on peut disposer plusieurs foyers sur un même courant.

tive, et dans la figure 321, la coupe du même appareil.

Dans la lampe différentielle de Gramme, comme dans celles du même genre, le charbon supérieur est fixé à une crémaillère, qui engrène avec un rouage, lequel embraye avec une seconde crémaillère. Si l'arc électrique s'allonge, la bobine de dérivation le fait re-

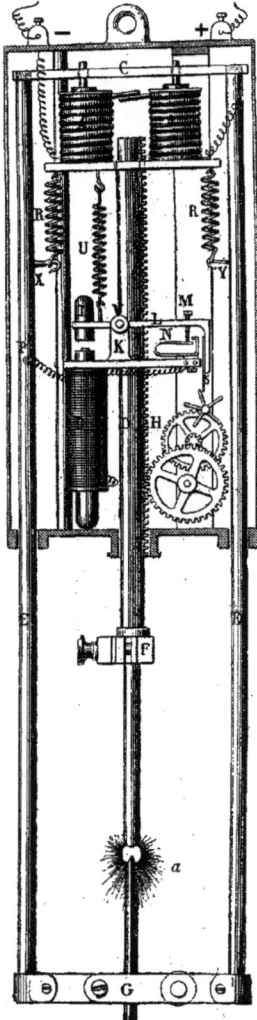

Fig. 321. — Régulateur Gramme (Coupe).

culer et attire son armature, en déclenchant le rouage qui permet à la crémaillère de descendre.

Le refoulement des charbons est produit par un autre électro-aimant. C'est

ce que montrent les figures 320 et 321.

Le charbon supérieur est attaché à une tige FD, se terminant par une crémaillère, liée à une traverse, C, qui n'est autre chose que l'armature d'un électro-aimant double, AA. La même armature fait partie d'un cadre EGEC, formé de la traverse supérieure C, de deux tiges verticales EE, et d'une traverse inférieure G, qui servent de porte-charbon négatif. Deux ressorts antagonistes, R, R, tendent à maintenir la traverse C, et, par suite, l'ensemble du cadre, éloigné des pôles de l'électro-aimant AA.

Le courant électrique arrive par la borne marquée du signe +, il sort par la borne marquée du signe — après avoir traversé l'électro-aimant AA. Tant que le courant électrique n'est pas établi, les deux pointes des crayons, a, sont en contact et pressés l'un contre l'autre, par l'effet des ressorts antagonistes, RR, dont on peut régler la tension à volonté. Quand on établit le courant, l'électro-aimant AA est actif et surmonte la puissance des ressorts. Alors, la traverse C est attirée et s'abaisse; le cadre ECEG s'abaisse également, les charbons s'écartent, et l'arc lumineux jaillit entre leurs pointes, a.

Le rapprochement des crayons, au fur et à mesure de leur usure, est produit par un second électro-aimant, B, d'une faible énergie. L'armature, I, de cet électro-aimant, B, est fixée à l'une des extrémités d'un levier, L, lequel, maintenu par un ressort antagoniste, U, oscille autour du point V, et est muni, à l'autre extrémité, d'une petite lame MS, recourbée à angle droit, et servant à embrayer le volant à ailettes d'un mouvement d'horlogerie, H. La tige, D, dont l'une des faces est taillée en crémaillère, engrène avec la roue principale du mouvement d'horlogerie, H; de sorte que la lame S, en empêchant le volant de tourner, empêche la tige D de descendre et tous les rouages du mouvement de défiler.

Si l'arc dépasse une longueur déterminée, l'intensité du courant principal diminue, et celle du courant dérivé augmente. Alors, l'armature I, de l'ectro-aimant B, se trouve attirée par l'électro-aimant B, et la crémaillère descend ; ce qui a pour effet de rapprocher les charbons.

La lampe différentielle Gramme présente une autre disposition particulière, qui donne aux mouvements des charbons une amplitude extrêmement faible, et, pour ainsi dire, imperceptible ; ce qui permet d'obtenir une lumière très fixe. Quand l'armature de l'électro-aimant B (fig. 321) a dégagé le rouage, elle rompt, en même temps, le courant dérivé en MN. Dès lors, l'attraction cesse, le rouage se trouve de nouveau embrayé et le charbon cesse de descendre. Mais aussitôt le courant dérivé se rétablit et peut produire un nouvel effet d'attraction, et ainsi de suite. Comme nous le disions, la distance des charbons est ainsi réglée par des mouvements extrêmement faibles et la lumière est d'une grande fixité.

Le régulateur construit par M. Siemens, de Berlin, est fondé sur ce principe qu'un cylindre de fer placé dans un *solénoïde*, ou aimant creux, monte ou descend dans la cavité intérieure du *solénoïde*, selon les variations d'intensité du courant.

Comme la représente le schéma de la figure 322, le porte-charbon *x* est fixé à l'extrémité d'un levier *y, y'*, mobile autour du point *b*, et dont l'autre bout est relié à un barreau de fer doux ZZ'. Ce barreau pénètre dans l'intérieur des deux bobines A et B, c'est-à-dire d'un *solénoïde*. La bobine A est à fil très fin, reliée en dérivation sur les bornes de l'appareil ; la bobine B est à gros fils, placés sur le circuit de l'arc lumineux. Suivant les variations de résistance de l'arc lumineux, l'attraction de l'une ou de l'autre de ces bobines est prédominante, et attire le noyau ZZ', en produisant le rapproche-

ment ou l'écartement des charbons, auxquels ce système est lié par l'intermédiaire du levier mobile *y, y'*.

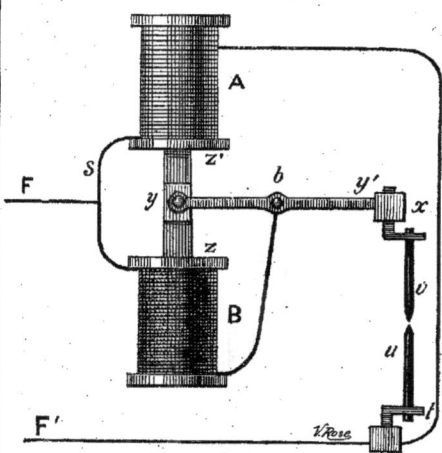

Fig. 322. — Schéma du régulateur Siemens.

On voit dans la figure 323, la coupe du *régulateur différentiel Siemens*. Le barreau de fer doux, S, traverse les deux aimants creux, ou *solénoïdes*, TT, RR. Le solénoïde, TT, est composé de fils fins très résistants, le solénoïde, RR, de gros fils, n'offrant presque aucune résistance.

Le courant électrique arrive au régulateur par la borne L, et se partage entre les deux bobines R et T ; la plus grande partie passant dans le solénoïde R et le porte-charbon supérieur L, traverse l'arc et le porte-charbon inférieur et quitte l'appareil par la borne M ; l'autre partie traversant le solénoïde T, s'échappe par la même sortie M.

Le courant principal traverse donc l'arc, qui lui oppose une résistance variable selon la distance des charbons. Les bobines attirent le barreau de fer doux, avec une intensité qui dépend de celle du courant et du nombre de tours de fils. Le barreau monte et descend, dès lors, par une série de mouvements dépendant uniquement de la résistance de l'arc lumineux. Quand les charbons s'écartent trop, la résistance de l'arc lumineux augmente en proportion, et l'action du solénoïde T s'accroît, et le barreau est déplacé vers le haut. Si, au contraire, la résistance de l'arc diminue, c'est le solénoïde R qui devient prépondérant, et le mouvement

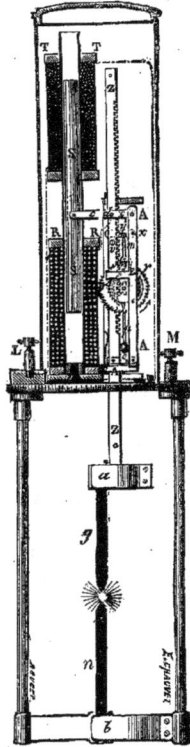

Fig. 323. — Régulateur Siemens.

inverse se produit. Si l'on règle convenablement le support des résistances des solénoïdes, l'équilibre du barreau sera indépendant des variations d'intensité du courant total : il ne dépendra plus que du rapport des courants principal et dérivé ou, ce qui revient au même, de la longueur de l'arc.

Tel est le principe du *régulateur différentiel*, ou de la *lampe différentielle Siemens*. Dans la figure 323 on voit les principaux organes auxquels on vient de faire allusion.

La tige supérieure, Z, porte, à l'aide de la pince, *a*, le charbon positif, *g* ; une traverse, *b*, porte le charbon négatif, *n*. La traverse *b* est fixe, de sorte que le foyer lumineux descend pendant toute la durée de la marche de l'appareil.

La *lampe à régulateur Cance* est aujourd'hui très répandue, en raison de sa simplicité. Son organe essentiel est une vis sans fin, verticale, qui peut tourner moyennant le mouvement d'un écrou, qui fait corps avec le porte-charbon du pôle positif.

Quand le courant électrique traverse l'appareil, les deux solénoïdes, ou aimants creux, placés sur le circuit de l'arc, et contenant un barreau de fer doux, attirent le barreau, qui est relié à une traverse supérieure. La traverse vient buter contre l'écrou supérieur et le maintient immobile; ce qui empêche la vis de tourner et le charbon supérieur de descendre. Lorsque l'arc augmente de longueur, l'attraction des solénoïdes, et par suite, la pression sur l'écrou, diminuent, et la vis tourne, en produisant le rapprochement des charbons.

Ce mécanisme est, en quelque sorte, un frein électrique; il possède une grande sensibilité et donne une fixité remarquable à la lumière.

On voit ces différents organes sur la figure 324 qui donne la coupe du *régulateur Cance*. Sur la vis centrale, V, se meut un écrou, A, faisant corps avec le porte-charbon positif, BB'. L'écrou, A, tend à descendre par son propre poids, et, comme les deux tringles latérales, CC, l'empêchent de tourner, il communique, en descendant, un mouvement de rotation à la vis V, laquelle est maintenue entre les deux plateaux de l'appareil.

A la partie supérieure de la lampe se trouve un second écrou, D, reposant sur une embase, E, fixée à la vis, et un plateau, F, soutenu par les noyaux en fer, ou armatures, GG, des solénoïdes, H, H. Les fils de ces solénoïdes sont en communication avec le circuit principal; ils re-

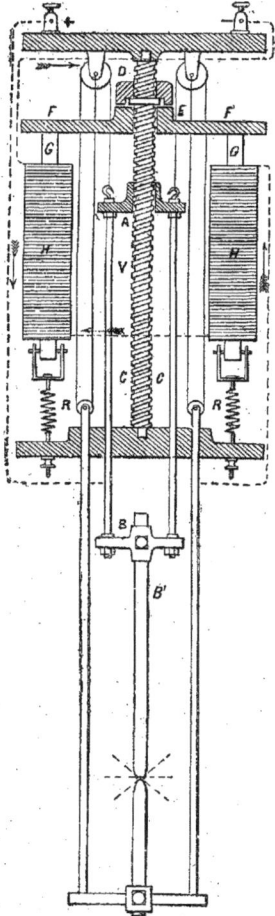

Fig. 324. — Coupe du régulateur Cance.

tiges de fer, GG sont poussées contre le plateau, F, et le soulèvent. Le plateau presse sur l'écrou supérieur, et l'entraîne dans son mouvement ascensionnel; ce qui fait tourner la vis de droite à gauche. La rotation de la vis détermine à son tour l'élévation de l'é-

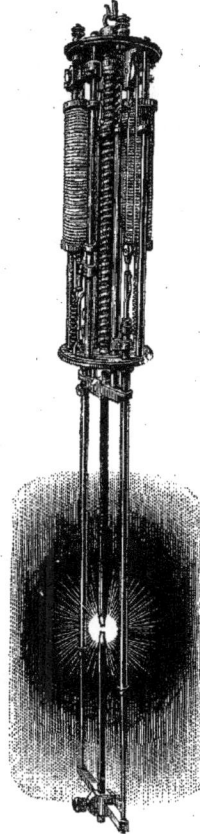

Fig. 325. — Régulateur Cance.

çoivent tout le courant alimentant l'arc lumineux.

Les ressorts antagonistes, RR, sont fixés à la partie inférieure des noyaux en fer, GG, et au moyen d'une vis de réglage au plateau inférieur de la lampe.

Voici comment fonctionne l'appareil. Dès que le courant traverse les solénoïdes, les

crou A et du porte-charbon supérieur B, B′, ce qui donne naissance à l'arc lumineux.

Si l'arc s'allonge et devient très grand, l'intensité du courant diminue, et les tiges GG, sollicitées par les ressorts RR, pressent moins fortement contre le plateau F; ce qui permet à la vis de tourner de gauche à droite, et à l'écrou de descendre, avec les pièces qui en dépendent. Les charbons se rapprochent, et l'arc prend les mêmes dimensions qu'avant l'écartement.

La figure 325 représente l'ensemble du régulateur Cance.

Bougie Jablochkoff. — L'invention de la bougie électrique, faite en 1876, par M. Jablochkoff, fut, avons-nous dit, dans l'historique, la cause déterminante de l'adoption générale de l'éclairage par l'arc électrique. En effet, ce système, si nouveau et si original, supprimait tout appareil mécanique coûteux, et exigeant pour son maniement, des personnes instruites. Le premier ouvrier venu pouvait allumer et surveiller les lampes. En réunissant plusieurs lampes sur un même support *automatique*, ou *chandelier automatique*, comme on l'appelle, on se procurait l'éclairage d'une soirée entière, sans que l'on eût à s'en occuper.

Le succès de cette invention fut donc grand et rapide. En 1878, l'avenue de l'Opéra, à Paris, fut éclairée tout entière par des bougies Jablochkoff. L'Hippodrome, plusieurs théâtres, et de grands magasins, comme ceux du Louvre, l'adoptèrent, en même temps.

On voit dans la figure 326, la splendide installation de bougies Jablochkoff dans la vaste enceinte de l'Hippodrome de Paris, faite dès les premiers temps de l'invention du savant russe.

Cependant, cette belle création n'a pas eu le développement commercial qu'elle promettait, et qu'auraient pu lui assurer ses inestimables qualités. C'est que les régulateurs qu'elle avait pour mission de détrôner, se sont, depuis son apparition, singulièrement perfectionnés et multipliés. Les *bougies électriques* ont conservé la place qu'elles avaient prise dès le début, dans quelques théâtres, et dans les grands magasins. Elle se sont introduites dans de nouvelles usines, mais elles sont loin d'avoir suivi la progression, toujours croissante, des régulateurs.

On leur reproche de coûter un peu plus cher que les simples charbons (ce qui est assez naturel) et d'exiger, à lumière égale, une force motrice supérieure à celle que demandent les régulateurs. Il faut noter encore que l'éclat et la couleur de la lumière sont sujets à des variations qui fatiguent la vue, et peuvent donner lieu, tantôt à des extinctions, tantôt à des accroissements subits d'intensité lumineuse, avec apparition de feu rougeâtre, et projection de parcelles de charbon incandescent. Enfin, leur intensité n'est que de 40 à 100 becs Carcel, dépassée, aujourd'hui, par la plupart des éclairages à arc munis d'un régulateur.

Il faut remarquer, d'ailleurs, que la bougie Jablochkoff exige l'emploi des courants alternatifs, qui ne sont point nécessaires dans l'éclairage par les régulateurs. En effet, on sait que les charbons placés aux deux pôles du courant, s'usent inégalement, que le charbon du pôle positif s'use deux fois plus vite que celui du pôle négatif. C'est précisément, d'ailleurs, sur l'idée de faire usage de courants alternatifs, c'est-à-dire d'un courant se distribuant tantôt à l'un, tantôt à l'autre pôle, pour parer à l'inconvénient de l'usure inégale des charbons, que repose le principe de l'invention des bougies Jablochkoff. Mais l'usage des courants alternatifs nécessite un appareil d'inversion qui n'est pas nécessaire dans l'éclairage par le courant continu.

Tels sont les avantages et les inconvénients de la bougie Jablochkoff; et ainsi s'explique que cette invention remarquable et qui fut si justement admirée, à l'époque de son apparition, n'ait pas vu confirmer par la suite les grands espoirs qu'elle avait fait naître. Les gens de finance, qui étaient restés froids à l'égard de l'éclairage électrique, à ses débuts, se jetèrent avec ardeur dans l'exploitation de la découverte du physicien russe; et de là partit le mouvement général des capitaux qui vint patronner l'éclairage électrique. Seulement, la spéculation ne réussit qu'à demi. La bougie Jablochkoff perdit rapidement toute sa valeur financière; tandis que l'éclairage électrique par les régulateurs, se développait rapidement,

Fig. 326. — L'Hippodrome de Paris éclairé par les bougies Jablochkoff.

avec l'appui des capitalistes de toute l'Europe.

La *Société Jablochkoff*, formée pour l'exploitation de l'invention du physicien russe, obtint de la ville de Paris l'éclairage de l'avenue de l'Opéra, et elle effectua cet éclairage, avec un éclat et un succès remarquables, pendant l'année 1878. Cette innovation fut très remarquée pendant l'Exposition universelle de 1878, mais, après l'expiration de cette concession, le contrat avec la ville de Paris ne fut pas renouvelé, et le gaz reprit sa place sur cette grande voie publique.

Un mot sur la fabrication et le mode d'emploi de la *bougie électrique*, que nous représentons dans la figure ci-dessous.

Les charbons généralement employés ont

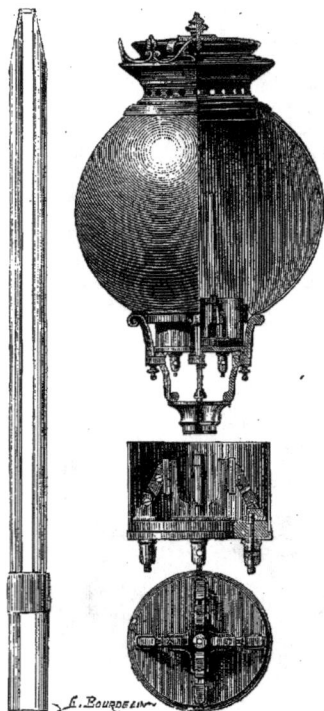

Fig. 327. — Bougie et chandelle Jablochkoff.

4 millimètres de diamètre. La matière isolante qui les sépare, se nomme *colombin*.

La substance servant de *colombin* a été plusieurs fois modifiée; car elle doit réunir différentes propriétés. Il faut qu'elle isole bien à froid, et qu'à la température de l'arc

voltaïque, elle devienne assez conductrice pour donner passage au courant, afin de limiter celui-ci à l'extrémité seule des charbons. La matière doit se consumer exactement, au fur et à mesure de l'usure de ces mêmes charbons. Il faut enfin qu'elle ne laisse pas d'espaces vides dans son intérieur, ce qui produirait des extinctions de lumière.

Le kaolin fut la première substance dont M. Jablochkoff fit usage. On lui substitua, plus tard, un mélange de sulfate de chaux et de sulfate de baryte, qu'on moule très facilement.

Les deux charbons étant toujours séparés par une matière isolante interposée, pour que l'allumage puisse se faire, il faut que les deux pointes de charbon soient mises préalablement en communication électrique. Dans ce but, on roule l'extrémité de la bougie dans du charbon ou du coke en poudre; la chaleur du courant électrique brûle le charbon, et l'arc prend ainsi naissance, pour continuer ensuite, aux dépens du *colombin*.

Comme les bougies sont d'une faible longueur, elles ne suffiraient pas à l'éclairage d'une soirée. De là la nécessité de placer plusieurs bougies sur un même support. Pour rendre ce moyen pratique, il faut que le remplacement d'une bougie consumée par une bougie neuve, se fasse automatiquement, c'est-à-dire sans qu'on ait besoin de toucher à la lampe, pendant sa marche Tel est le but du *chandelier automatique* de M. Jablochkoff.

Le *chandelier automatique* Jablochkoff porte six bougies, tenues chacune dans une pince à ressort, dont les branches sont isolées et communiquent avec les fils du courant voltaïque. Il est fondé sur le principe suivant. Toutes les bougies reçoivent à la fois le courant; celle qui offre le moins de résistance, ou le plus de conductibilité, brûle la première, et elle brûle jusqu'à extinction. Celle-ci étant usée, le courant

passe dans celle qui offre le moins de résistance, et ainsi de suite, pour toutes les bougies ; ce qui assure l'éclairage de la soirée.

Nous représentons dans la figure 328 le
chandelier Jablochkoff à dérivation. Il est
caractérisé par l'emploi d'un fil métallique

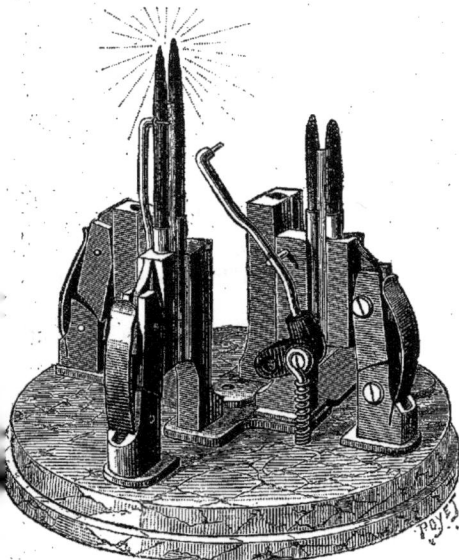

Fig. 328. — Chandelier Jablochkoff à dérivation.

qui tend un ressort et maintient un mécanisme, dont les deux positions extrêmes
correspondent au passage du courant :
1° dans une bougie ; 2° dans la bougie suivante. La dérivation se produit lorsque, la
première bougie étant usée, la flamme est
venue brûler le fil.

Cependant, avec le *chandelier à simple
dérivation*, il arrive souvent que le courant
passe trop vite d'une bougie à l'autre, qu'il
les allume en partie toutes, et n'en consume
aucune en entier ; ce qui produit des interruptions d'éclairage, et même une extinction totale.

Ce système, simple en théorie, fonctionnant assez mal dans la pratique, on a cherché d'autres *chandeliers automatiques*.

Dans les magasins du Louvre, à Paris,
on fait usage du *chandelier automatique* de
M. Clariot, qui repose sur le même principe
que celui du *chandelier automatique* de
la *Société Jablochkoff*, mais qui présente
de meilleures dispositions pour introduire
successivement les bougies neuves dans le
circuit.

Un constructeur étranger, M. Bobenrieth,
a imaginé un *chandelier automatique*, que
l'on considère comme supérieur au précédent. Son principe, c'est d'augmenter considérablement la résistance électrique des
amorces des bougies, en la portant, au lieu

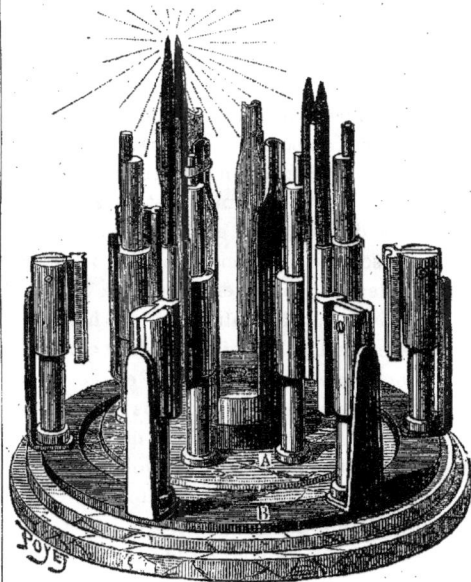

Fig. 329. — Chandelier Bobenrieth.

de 15 *ohms*, à 20 000 et même 100 000 *ohms*.
Grâce à ces grandes différences de résistance, les bougies s'allument à coup sûr.

La figure 329 représente le chandelier
Bobenrieth.

Le support est à six pinces : trois intérieures et trois extérieures. Les premières
sont en communication avec une rondelle
métallique, A, et toutes les pinces exté-

rieures, au contraire, sont isolées, au moyen d'un disque de porcelaine. Le disque central porte six petites tiges métalliques, reliées avec les six pinces intérieures, au moyen d'anneaux en plomb, que l'on place au moment même où l'on garnit le chandelier de bougies.

Quand le courant arrive, il traverse toutes les bougies, et allume la moins résistante : cette lampe se consume jusqu'à ce que l'anneau de plomb sur lequel elle repose, se fondant par l'effet de la chaleur qui vient l'atteindre, supprime son contact avec le disque central, et l'isole ainsi du circuit. Le courant allume alors la bougie de moindre résistance, et ainsi de suite.

En ce qui concerne la fabrication des bougies électriques, nous dirons que chaque bougie se compose de deux baguettes cylindriques, de charbon de cornue de gaz, de 4 millimètres de diamètre, et de 25 centimètres de longueur, et d'un *colombin*, ou lame isolante, qui sépare les crayons dans toute leur longueur, enfin de deux douilles de cuivre de 45 centimètres de hauteur, dans lesquelles s'emboîtent les deux crayons.

Le *colombin* aujourd'hui employé se compose, comme il a été dit plus haut, d'une partie de sulfate de baryte et de deux parties de plâtre. Ce mélange se volatilisant au fur et à mesure de la combustion des charbons, donne une lumière régulière.

Le mélange de plâtre et de sulfate de baryte est additionné d'eau, pour former une pâte, que l'on étend sur une plaque de marbre, et que l'on découpe à l'aide d'un outil approprié, de manière à lui donner transversalement la forme d'une lame concave sur ses deux champs; on la sèche enfin à l'étuve.

Il ne reste qu'à introduire le *colombin* entre les crayons, et à serrer les douilles en cuivre qui doivent maintenir cet assemblage. On coupe l'extrémité du *colombin* de façon qu'elle soit de 1/2 centimètre au-dessous des pointes des crayons, et on trempe l'extrémité de la bougie dans un mélange composé d'eau gommée, de coke et de plombagine, qui doit servir, comme nous l'avons dit, à produire l'allumage.

Quelquefois, on recouvre de cuivre chaque bougie; ce qui en augmente un peu la durée. On opère ce cuivrage par la galvanoplastie. Les bougies ordinaires durent deux heures lorsqu'elles sont cuivrées, et dix minutes de moins lorsqu'elles ne le sont pas. Malheureusement, le cuivrage ôte de la fixité à la lumière.

Pour éviter la casse ou la dislocation des éléments, on dispose les bougies dans des cadres en carton, garnis de feutre, que l'on place les uns sur les autres, dans une caisse en bois.

Les bougies de 4 millimètres donnent une intensité de quarante-cinq becs Carcel, lorsque l'intensité est mesurée, les deux crayons étant de face; et de quarante becs, lorsqu'ils sont mesurés de profil.

Si on entoure les bougies d'un globe opalin, l'éclairage diminue d'intensité, selon le diamètre du globe et sa nature. Les globes, dont on fait généralement usage, entraînent une perte de lumière de 20 pour 100.

Les bougies de 6 millimètres, dont on se sert dans plusieurs magasins, ainsi que pour l'éclairage des phares, des quais et des ports, donnent une intensité lumineuse de quatre-vingts becs Carcel, lorsqu'on mesure cette intensité de face, et de soixante-treize becs Carcel, lorsqu'on la mesure de profil.

La production annuelle des bougies Jablochkoff est, pour la France seulement, de 1 500 000. C'est l'éclairage des phares et des ports qui en consomme la plus grande partie.

ÉCLAIRAGE PAR INCANDESCENCE.

La lampe à incandescence est le mode d'éclairage électrique le plus répandu aujourd'hui, surtout pour les intérieurs, c'est-à-dire les appartements, les théâtres et les lieux publics. Cette préférence s'explique par l'extrême commodité que présente ce mode d'éclairage. Pour allumer, comme pour éteindre un bec électrique, il suffit de tourner un robinet. Le danger d'incendie est absolument écarté par ce luminaire, puisqu'il est à l'abri de tout contact atmosphérique. Si la clochette qui entoure le fil incandescent, vient à se briser, la lumière s'éteint immédiatement, car le filament de charbon brûle à l'air, et disparaît. Aucun entretien n'est nécessaire, le filament conducteur durant trois à quatre mois sans être usé. L'éclat de la lumière, ainsi que sa couleur, ne laissent rien à désirer. Enfin, la dépense n'est pas supérieure à celle de l'éclairage au gaz, et l'on est dispensé de tous les soins d'entretien, nécessaires avec les lampes à huile, ou de la surveillance qu'exige l'emploi du gaz ou du pétrole.

Tous ces avantages sont énormes; ils suffisent à expliquer l'emploi, si général aujourd'hui, de l'éclairage électrique par incandescence.

Comme on l'a vu, dans la partie historique de cette Notice, l'éclairage par l'incandescence d'un fil parcouru par un courant électrique, fut réalisé d'abord par M. de Changy, en France, en se servant d'un fil de platine qui rougissait à l'air libre, mais sans faire emploi du vide.

Les premières lampes électriques à fil placé dans le vide, furent les lampes dites *russes*, construites par Lodyguine, en 1872.

C'est en perfectionnant la *lampe russe* que M. Edison, en 1879, créa la première lampe électrique *industrielle,* fondée sur l'incandescence d'un filament de charbon, placé dans le vide. Le constructeur anglais Swann suivit de près Edison, et, à leur suite, différents concurrents créèrent des lampes auxquelles leur nom resta attaché, mais qui ne différaient que par la nature du filament de charbon, ou par le procédé servant à le fabriquer. M. Edison employa la fibre du bambou carbonisé; Swann, du coton tressé carbonisé; M. Maxim, du carton Bristol carbonisé; M. Anatole Gérard, du charbon aggloméré passé à la filière.

Quelle que soit la nature du filament carbonisé, celui-ci est placé dans le vide, pour empêcher sa combustion. La forme du vase, ou ampoule, dans lequel le filament conducteur est placé, varie selon les constructeurs.

Nous allons décrire les différentes lampes à incandescence qui existent aujourd'hui, et la manière de les construire.

Nous prendrons pour type la fabrication des lampes dans les ateliers de M. Edison à New-York, et à Ivry (Seine), le célèbre constructeur américain étant le premier qui ait rendu ce mode d'éclairage pratique et commercial.

La matière qui doit former, après sa carbonisation, le filament conducteur de la *lampe Edison,* c'est le bambou du Japon. Arrivé à l'usine, le bambou est découpé en petites lanières, puis recourbé en forme d'U, et introduit dans des boîtes plates en nickel, bien fermées. Ces boîtes sont entassées, par centaines, dans un fourneau, et on remplit de plombagine l'intervalle qui existe entre elles, pour empêcher l'accès de l'air. On chauffe alors fortement le fourneau. Par la chaleur, le filament de bambou est transformé en charbon solide, flexible, assez dur, et conserve la forme recourbée en U qu'on lui avait donnée, en le plaçant dans la boîte de nickel.

Chaque extrémité du filament de charbon est ensuite fixée à un fil de platine, contourné, au bas, en une sorte de pince. Le filament charbonneux est ainsi soutenu en l'air par un fil de platine recourbé, qui établit sa communication directe avec le courant électrique.

Il s'agit maintenant de placer le filament de charbon et le support de platine, dans l'ampoule de verre où l'on doit faire le vide.

Le fil de platine et le filament de charbon sont introduits dans un petit tube de verre, ouvert à ses deux extrémités, et soudés à ce tube, par le dard d'un chalumeau. Pour assurer la parfaite adhérence du filament de charbon avec le platine, on a eu le soin de recouvrir les deux parties de platine et charbon d'un dépôt galvanoplastique de cuivre, qui, par son excellente conductibilité, donne un contact parfait.

Le filament de charbon et son support de platine étant ainsi fixés au tube de verre, on les introduit dans une *ampoule*, ou cloche, en verre de Bohême, renflée en haut, ouverte par le bas, et se terminant en haut par un rétrécissement tubulaire. On ferme la partie inférieure de l'ampoule par une forte couche de plâtre, qui, en même temps, maintient le tube de verre et le filament de charbon bien en place.

Pour faire le vide dans la clochette, on met celle-ci en communication, par le petit tube qui la surmonte supérieurement, avec une *pompe de Sprengel*.

On sait que la *pompe de Sprengel*, en usage dans les laboratoires de physique, est un appareil qui sert à faire le vide par un moyen des plus simples : par la chute d'une quantité suffisante de mercure, qui, en tombant dans le vase inférieur et le remplissant, en chasse l'air devant lui. Mise en rapport, par sa tubulure supérieure, avec une *pompe de Sprengel*, la cloche est bientôt vide d'air, et quand le vide est obtenu, on la ferme en fondant au chalumeau la tubulure supérieure. On a eu toutefois la précaution, avant que le vide soit complètement obtenu, de faire passer, dans le conducteur de charbon, un courant voltaïque. Ce courant a échauffé le fil, et, par ce moyen, chassé les gaz qu'il contenait.

Le filament conducteur se trouve ainsi placé dans un espace absolument privé d'air ou d'autres gaz.

Pour mettre la cloche en rapport permanent avec le courant électrique, on enchâsse sa partie inférieure, qui était bouchée, comme il a été dit, par une forte couche de plâtre, sur une douille de laiton, filetée extérieurement, et reliée avec un des fils de platine.

La cloche ainsi préparée est apte à recevoir le courant électrique. Pour la fixer aux appareils d'éclairage, il suffit de poser la

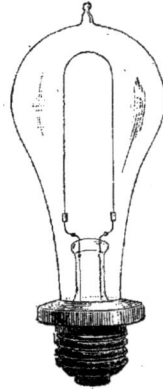

Fig. 330. — Bec de lampe Edison.

douille métallique filetée dont elle est pourvue, avec une pareille vis également filetée, qui la met en communication avec les fils du courant électrique.

La figure ci-dessus montre l'aspect de l'ensemble de la lampe électrique par incandescence d'Edison, telle qu'on la construit aujourd'hui.

Il existe deux types de *lampe à incandescence Édison*, l'une donnant une intensité de 16 bougies, l'autre de 10 bougies. Elles brûlent, en moyenne, mille heures, avant d'être usées.

La *lampe à incandescence Edison* est la plus répandue en France et aux États-Unis;

mais, en Angleterre, c'est la lampe Swann qui obtient la préférence.

C'est que l'on considère, en Angleterre, M. Swann comme l'inventeur de la lampe à incandescence électrique. Il est certain que, bien avant Edison, c'est-à-dire après l'apparition des lampes russes, M. Swann travaillait à rendre ces lampes pratiques, et qu'il en présenta des modèles très perfectionnés dans une conférence publique faite par lui, à Londres. Cependant, les lampes du constructeur anglais n'avaient pas encore atteint un degré suffisant de perfectionnement pour être livrées au commerce. C'est à la suite du succès obtenu par la lampe Edison, en Amérique, que M. Swann reprit ses recherches, et arriva à perfectionner la lampe qu'il fabrique actuellement.

Le filament du conducteur de la lampe Swann provient d'un gros fil de coton, préalablement *parcheminé* par son immersion dans l'acide sulfurique concentré. Il présente la forme d'une boucle, comme le représente la figure ci-dessous.

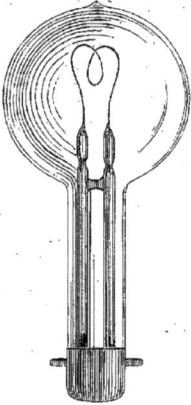

Fig. 331. — Bec de lampe Swann.

Les extrémités du filament charbonneux sont fixées à un support métallique, enveloppées de verre sur presque toute leur étendue, et maintenues par une traverse, également en verre. Les fils de platine conducteurs se terminent, à l'extérieur, par une capsule métallique qui sert à mettre la cloche en communication directe avec le courant.

D'autres fois, les fils de platine sont sou-

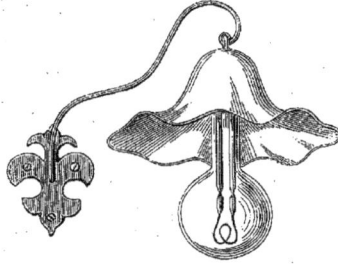

Fig. 332. — Lampe Swann.

dés, chacun à une rondelle métallique, fixée à une substance isolante que l'inventeur appelle *vitrite*.

La figure ci-dessus montre l'aspect que présente la lampe Swann, une fois mise en place.

Il existe plusieurs types de lampes Swann à incandescence donnant l'intensité de 5, 10, 16 ou 32 bougies.

Dans la *lampe Lane Fox,* en usage en Angleterre, comme la précédente, le filament conducteur consiste en une fibre végétale, que l'on soumet à un procédé imaginé par le constructeur américain Maxim, que nous avons déjà fait comnaître (page 401). Ce procédé, consiste à *nourrir le filament,* c'est-à-dire à le recouvrir secondairement de charbon, par la décomposition par la chaleur, au moyen d'une substance organique ajoutée au filament végétal.

C'est le chiendent ou la fibre du bouleau, qui servent à préparer le charbon conducteur, dans la lampe Lane Fox. Après avoir carbonisé le chiendent dans des boîtes bien fermées, on dépose encore du charbon dans les pores du produit, en les suspendant dans des vases de verre remplis de la substance gazeuse nommée *benzol*, et en carbonisant celui-ci par le passage d'un fort courant voltaïque. Porté à la chaleur rouge, le filament décompose les vapeurs de *benzol*, et les particules de charbon provenant de cette opération se déposent sur les parties les plus extérieures du filament.

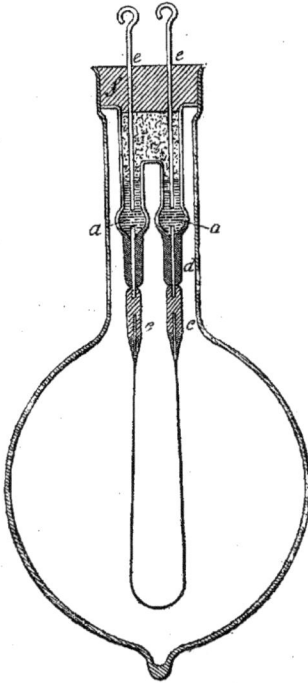

Fig. 333. — Bec de lampe Lane Fox.

Les filaments conducteurs ainsi constitués sont garnis, à leurs extrémités, de petits cylindres de charbon *cc* (fig. 333), et introduits dans l'ampoule de verre, au moyen des dispositions suivantes. Les petits cylindres de charbon *cc* sont rattachés à deux crochets de cuivre, *ee*, qui servent à relier les lampes avec le circuit voltaïque. La conductibilité électrique des cylindres de charbon *cc* avec les crochets de cuivre *ee*, est assurée par un petit réservoir, *aa*, plein de mercure. Le tout est fixé et maintenu, sur

la cloche, au moyen d'un bouchon de plâtre, *f*, qui remplit l'ouverture du cylindre en cristal.

La *lampe Anatole Gérard* (fig. 334), qui est exploitée en France, renferme un charbon provenant, non de la combustion d'une matière végétale, mais composé tout simplement de coke purifié et réduit en poudre très fine. Cette poudre agglomérée avec du brai et des matières gommeuses, forme une

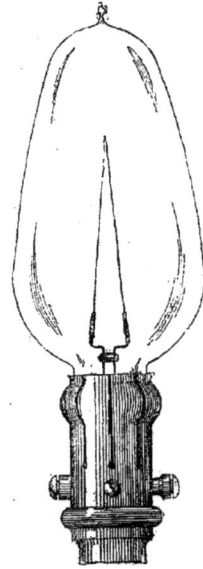

Fig. 334. — Bec de lampe Anatole Gérard.

pâte, que l'on passe à la filière, sous une forte pression. On donne à ce filament la forme d'un triangle, en réunissant ses deux bouts à leur partie supérieure.

Les extrémités libres de ce triangle sont fixées et soudées, au moyen d'une pâte de charbon, dans deux petits cylindres, également en charbon, montés sur des fils de platine, que l'on noie dans une tige d'émail qui traverse le col de l'ampoule. On les relie, à leur sortie, l'un à un collier en cuivre fixé au col de la lampe, l'autre à une

rondelle en cuivre isolée du collier métallique, et qui traverse la base de la cloche.

Ces lampes ne demandent qu'une assez
faible dépense de courant.

Les quatre types de lampes Anatole
Gérard, que l'on fabrique, produisent la lumière de 8, 15, 20 et 32 bougies.

Les *lampes Weston* sont très usitées aujourd'hui aux États-Unis. On voit dans les
rues de New-York beaucoup de ces lampes,

Fig. 335. — Lampe Weston.

de l'intensité de 125 bougies, pour l'éclairage des rues.

La matière qui compose les filaments des
lampes Weston (fig. 335) est une sorte de
cellulose, appelée *termidine*, qui s'obtient en
traitant du fort papier par un mélange d'a-
cides sulfurique et azotique, qui le dissout,
en formant du fulmicoton. On évapore
la dissolution jusqu'à consistance demi-
solide, et l'on coupe la matière en feuilles
de 0^{mm},15 d'épaisseur, qu'on plonge dans
l'ammoniaque pendant une heure environ.

après quoi on les lave et on les sèche.

Ces feuilles ont toutes les propriétés de
la cellulose. On les chauffe à une température élevée, et l'on obtient un filament de
charbon d'une grande résistance électrique
et d'une parfaite homogénéité.

Pour fixer le filament dans le charbon,
on l'attache à un fil de platine, terminé par
des boucles de jonction, et on l'introduit
dans un culot en verre, qui se soude à l'ampoule, pour former sa partie inférieure. On
réunit les boucles et les filaments au moyen
de petits boulons.

M. Weston fait usage, pour supporter ses
cloches, d'une douille particulière, qui établit ou ferme le passage du courant d'une
façon très simple.

Une lampe à incandescence nouvelle, qui
se fabrique à Paris, est la *lampe Cruto*, dont
le mode de fabrication est assez original.

On prend un fil de platine recouvert d'un
dépôt d'argent assez épais, et on passe ce
fil à la filière, jusqu'à ce que son diamètre
soit d'un dixième de millimètre. On dissout l'enveloppe d'argent, à l'aide d'acide
azotique, et l'on obtient ainsi un fil de
platine, d'un centième de millimètre de diamètre. On le coupe à la longueur voulue,
et on le recourbe en forme d'U ; puis on le
fixe, par ses deux extrémités, à deux pinces
métalliques, isolées l'une de l'autre, et
montées sur un support. Le tout est alors
enfermé dans une ampoule de verre, dans
laquelle on fait passer un courant de gaz
hydrogène bicarboné, et l'on fait traverser
le filament par un courant électrique. La
chaleur du courant décompose le bicarbure
d'hydrogène, et laisse un dépôt de charbon
sur le filament, Lorsque le dépôt de charbon a acquis l'épaisseur désirée, on arrête
le courant, et l'on fixe le filament sur des
supports de platine, à l'aide d'un dépôt de
charbon, obtenu également par la décomposition électrolytique du bicarbure d'hydro-

gène. Le tout est introduit dans l'ampoule, où on fait le vide ; puis on ferme la lampe.

Ces lampes sont généralement munies d'un culot en *vitrite*.

Les quatre types de ces lampes fournissent un éclairage de la valeur de 10, 16, 32 et 50 bougies.

Nous venons de faire connaître les principales lampes à incandescence en usage en France, en Angleterre et aux États-Unis. Il nous reste à dire que, depuis quelque temps, on commence à employer des lampes à incandescence ayant l'ambition d'entrer en concurrence avec les lampes à arc et les bougies Jablochkoff.

En forçant la tension du courant, on espère produire un éclairage supérieur à celui des lampes à incandescence ordinaires, et se rapprochant de celui des lampes à arc.

On a beaucoup remarqué, à l'Exposition universelle de 1889, les *lampes Sunbeam*, qui répondaient au programme sus-indiqué.

Spécialement construites pour des intensités lumineuses variant depuis 150 jusqu'à 1500 bougies, ces lampes conviendraient pour l'éclairage de grands espaces. Leur rendement lumineux est considérable, comparativement à celui des lampes à incandescence ordinaires, et la durée de leur service est beaucoup plus longue. Les globes dont on entoure les foyers lumineux, sont de grandes dimensions. Les types existants ont la puissance de 150, 200, 300, 400, 500, 600, 800, 1000, 1200, et 1500 bougies.

L'avantage de ce nouveau système serait de produire la même puissance éclairante que les bougies Jablochkoff, ou les lampes à arc, sans nécessiter le remplacement quotidien des crayons de charbon. C'est ce qui pourra amener le succès de ce nouveau système. La main-d'œuvre est, en effet, plus qu'une dépense : c'est une sujétion, qui présente quelquefois de graves inconvénients.

C'est à l'expérience à prononcer sur les avantages de la substitution dont il s'agit. Si le prix de la main-d'œuvre et celui des crayons de charbon diminuait, ou bien si la dépense de la force motrice s'abaissait, il pourrait arriver que la bougie Jablochkoff et la lampe à arc cédassent le pas aux lampes à incandescence à éclairage intensif. Mais ni l'expérience ni la pratique n'ont encore prononcé sur cette question, et l'avenir de cette innovation est problématique. Avec les lampes à incandescence on produit un éclairage aussi puissant qu'on le désire, en multipliant les becs. Il n'est pas prouvé qu'il y eût avantage économique à accroître la lumière obtenue par incandescence, dans une même ampoule de verre, pour lutter contre les bougies électriques ou les lampes à arc.

CHAPITRE IV

SOURCES D'ÉLECTRICITÉ POUR L'ÉCLAIRAGE.
LA MACHINE DYNAMO-ÉLECTRIQUE.

Le courant électrique qui doit fournir aux lampes à arc et aux lampes à incandescence leur illumination, au moyen des procédés et appareils que nous venons de faire connaître, peut être fourni par trois sources :

1° Par les machines dynamo-électriques, que l'on nomme, par abréviation, *machines dynamos* ou *dynamos* ;

2° Par les accumulateurs ;

3° Par la pile voltaïque.

Les *machines dynamos* sont employées pour fournir le courant aux lampes à arc et aux lampes à incandescence.

Les *accumulateurs* servent comme source auxiliaire, tenue en réserve, en cas d'accident, pendant la durée du service de l'éclairage.

Quant aux *piles voltaïques*, elles ne sont pas applicables à un éclairage important. Le

Fig. 336. — Machine dynamo-électrique Edison.

faible courant qu'elles produisent, ne saurait être utilisé que pour des éclairages de peu de durée, d'une soirée tout au plus. Nous ne les citons ici que pour mémoire, leur rôle étant presque nul, comparé aux deux autres sources d'électricité.

Machines dynamo-électriques, ou *dynamos*. — Nous avons consacré dans le premier volume de ce Supplément, un long chapitre et de nombreux dessins à décrire les principales machines dynamo-électriques, en distinguant les machines produisant un courant d'électricité continu et les machines donnant un courant alternatif (1).

Nous avons décrit et figuré, dans le chapitre qui leur est consacré, les *machines dynamos* à courant continu de MM. Gramme, Siemens, Bréguet, Brüsh, Edison, Bourgoin, Schükert, Gérard, Weston, Elmore, Mathé, etc.

Nous ajouterons ici, comme appareils construits depuis, ou récemment perfectionnés, les machines à courant continu de M. Edison, en Amérique, de M. Bréguet, en France, de M. Jaspar, en Belgique et de M. Thomson Houston, aux États-Unis.

Dans la machine dynamo-électrique Edison, que nous avons représentée par la figure 375 (page 440) du tome Ier de ce Supplément, l'*induit* était constitué par des fils se croisant d'un côté de l'âme cylindrique, et s'attachant, de l'autre côté de l'âme,

(1) Pages 432-451.

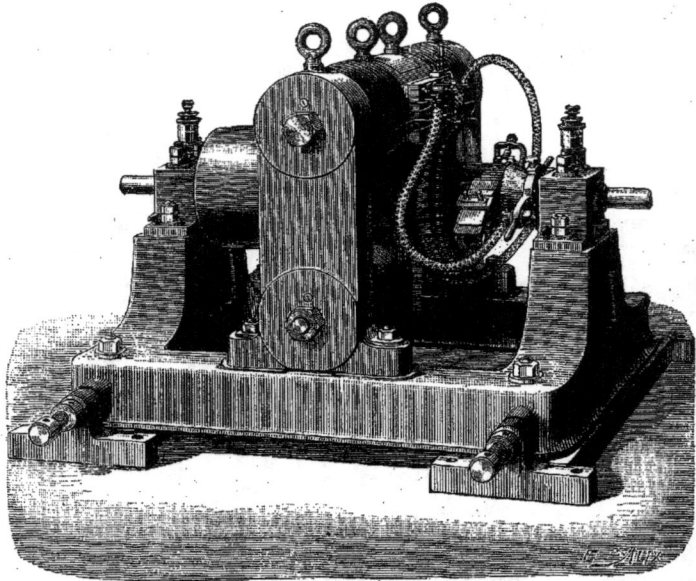

Fig. 337. — Machine dynamo-électrique Bréguet.

aux lamelles du collecteur. Une plaque de zinc très épaisse séparait les pièces polaires du bâti de la machine, afin de l'isoler, au point de vue magnétique, du reste de la *dynamo*.

En 1886, la *Société Edison* a construit, dans ses ateliers d'Ivry (Seine), d'après les études et les calculs de M. Pirou, directeur de ces ateliers, un nouveau type différant, par quelques dispositions secondaires, de celui que nous avons décrit, et qui est surtout remarquable par ses dimensions. Une de ces machines a été installée dans les sous-sols de l'Opéra de Paris. Nous la représentons dans la figure 336. Le poids total de ce puissant appareil, qui alimente, à l'Opéra, 1000 becs à incandescence, de la valeur de 16 bougies, est du poids de 100 tonnes. Il donne 95 pour 100 d'effet utile du courant électrique engendré.

A l'Opéra, chaque *machine dynamo* est actionnée séparément par une machine à vapeur à grande vitesse de MM. Wehyer et Richemond, de la force de 150 chevaux. C'est une des plus puissantes qui existent aujourd'hui en Europe.

Nous avons décrit, dans le tome Ier de ce Supplément, la *machine dynamo* de M. Bréguet. Un type un peu différent, et qui est d'un assez grand usage pour l'éclairage électrique, a été construit depuis. Nous le représentons dans la figure 337.

L'induit est un anneau Gramme, muni d'un collecteur cylindrique, et de *balais*, également du système Gramme.

L'inducteur est composé de deux barres horizontales, garnies de fils et de deux fortes traverses verticales.

Les pièces polaires sont fixées au milieu des barres horizontales. Les paliers sont très larges.

La poulie est placée entre deux paliers complètement indépendants de la machine qui est entraînée au moyen d'un accouple-

Fig. 338. — Machine dynamo-électrique Thomson-Houston.

ment élastique fort ingénieux, imaginé par M. Raffard. Une autre disposition nouvelle amortit les vibrations dues au moteur et assure à l'arbre moteur un mouvement très régulier.

Les *machines dynamos* de M. Bréguet sont installées à bord de différents navires, notamment de la *Champagne*, de la *Bretagne*, du *Lafayette*, et du *Saint-Germain*, de la Compagnie transatlantique, sur trente-deux bateaux du service des « Express » de la Seine ; aux raffineries de Saint-Louis, à Marseille, etc.

En Belgique, on se sert beaucoup des *machines dynamos* construites à Liège, par M. Jaspar, qui le premier, dans son pays, a construit de grands appareils électriques industriels, et à qui l'on doit les installations de lumière électrique des mines de Seraing (le Creusot de la Belgique), de Raismes, de Gamand, et celle de la place des Nations, à Bruxelles.

La machine *dynamo-électrique* de M. Jaspar, a un *induit* très allongé. L'*inducteur* est formé de deux pièces de fonte verticales.

Dans les appareils de la place des Nations, à Bruxelles, M. Jaspar a remplacé la

potence fixe supportant le foyer, par des mâts à bascule de son invention, qui permettent de garnir le régulateur de crayons, sans le secours d'une échelle.

La machine dynamo-électrique la plus en usage aux États-Unis, est celle de MM. Thomson-Houston, qui éclaire un grand nombre de voies publiques et d'ateliers. Elle a été importée en France ; et à l'Exposition de 1889, elle desservait une partie du circuit électrique qui distribuait la lumière dans les différentes salles.

La *machine dynamo* Thomson-Houston doit son succès au système de régulateur qui maintient constante l'intensité du courant électrique, quelle que soit la résistance intérieure, et à un petit appareil, appelé *soufflerie*, qui empêche la destruction du collecteur par les étincelles électriques. Grâce au régulateur automatique, le courant peut varier depuis la plus faible intensité jusqu'au nombre total de lampes qu'il s'agit d'alimenter, et la vitesse peut augmenter dans la même proportion, sans nuire au bon fonctionnement du circuit.

Nous donnons, dans la figure 338, la vue d'ensemble de la *machine dynamo* Thomson-Houston, et dans la figure 339 une coupe partielle.

L'*inducteur* est formé d'électro-aimants en fonte, I (fig. 339), placés sur le pro-

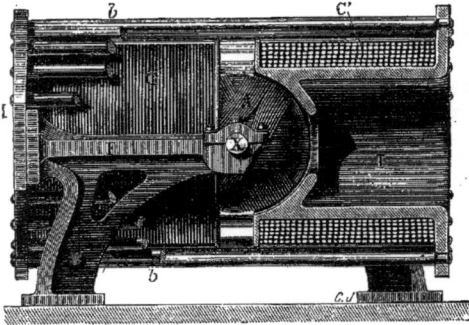

Fig. 339. — Coupe de l'inducteur de la machine Thomson-Houston.

longement l'un de l'autre et sur lesquels s'enroulent les fils de la bobine, C. Deux barres de fer, *bb*, maintiennent ce système rigide. Entre les cylindres I, se place l'*induit*, A, qui est sphérique, et qui est

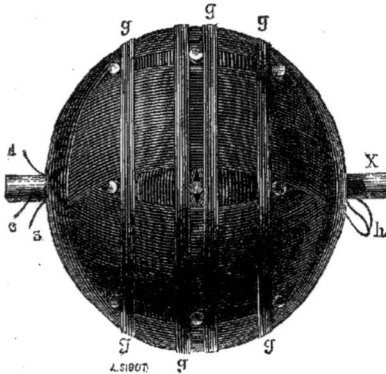

Fig. 340. — Induit et bobine de la machine Thomson-Houston.

enveloppé presque entièrement par les bobines de l'inducteur. Au centre de l'*induit*, ou armature, A, passe l'arbre moteur : on en voit la section en X.

Cet *induit*, A, a la forme d'une sphère

légèrement aplatie. Son noyau est composé d'une carcasse en fer ayant la forme d'un sphéroïde monté sur l'arbre X (fig. 340). Les pièces polaires sont deux disques de fonte, reliés par une série de traverses isolées, munies de tenons. Sur ces traverses est enroulée une certaine quantité de fils de fer *g*, *g*, recouverts de gomme-laque. On recouvre le noyau de l'armature ainsi formée de plusieurs couches de papier isolant, sur lequel on enroule le fil de cuivre isolé.

Nous omettons l'organe de la machine Thomson-Houston qui est particulier aux machines à arc, et qui ne se trouve pas dans les machines pour l'éclairage par incandescence ; nous voulons parler de la *soufflerie*, qui sert à préserver les collecteurs d'une usure trop rapide, moyennant une injection d'air froid.

Le *régulateur automatique* constitue la nouveauté de cette *machine dynamo*. L'effet de cet appareil est rapide et sûr ; on peut éteindre ou allumer un grand nombre de becs à la fois, sans troubler la marche des autres.

CHAPITRE V

DIVERS GENRES DE MOTEURS EN USAGE POUR ACTIONNER LES MACHINES DYNAMO-ÉLECTRIQUES. — MACHINES A VAPEUR, MOTEUR A GAZ, AIR COMPRIMÉ, CHUTES D'EAU ET TURBINES OU ROUES HYDRAULIQUES.

La production d'électricité, dans les machines dynamo-électriques que nous venons de décrire, étant due à la transformation du mouvement en électricité, on comprend que la force mécanique servant à engendrer le mouvement, puisse être fournie par un moteur quelconque. Dans la pratique, la force motrice qui actionne les *machines dynamos* est empruntée, selon les circonstances locales, à quatre sources différentes :

1° A la machine à vapeur ;
2° Au moteur à gaz;
3° A l'air comprimé, ou au vent ;
4° Aux chutes d'eau, ou aux turbines avec roues hydrauliques.

Machines à vapeur. — Une machine à vapeur quelconque peut actionner les *machines dynamos*. Il faut seulement qu'elle imprime à l'arbre moteur de la *dynamo* une vitesse suffisante. Nous avons décrit, dans ce Supplément, les machines à vapeur à grande vitesse (1); nous renvoyons à ce chapitre, pour la description des machines à grande vitesse de MM. Wehyer et Richemond, Garnier, Whitehouse, etc.

Les machines à vapeur à grande vitesse sont les meilleurs moteurs dont on puisse faire usage pour actionner les *machines dynamos*. Cependant, une machine à vapeur à vitesse moyenne, telle qu'elle existe dans les usines, les filatures, les manufactures diverses et les ateliers de construction, peut fournir de bons résultats, sous le rapport de l'économie, si elle est pourvue d'un *régulateur* très sensible, qui donne au mouvement l'uniformité exigée pour une marche très régulière.

La dépense de charbon est proportionnelle à la force produite.

Il est bon de remarquer que les machines à vapeur à condensation, c'est-à-dire les machines *compound*, dépensent moins de charbon que les machines à robinet, ou machines *genre Corliss*; mais cet avantage est jusqu'à un certain point contre-balancé par le prix plus élevé de ces machines, et la dépense d'eau nécessaire pour la condensation de la vapeur.

Les locomobiles peuvent être employées pour des installations temporaires; mais il faut prendre des machines à deux cylindres, dont la vitesse est plus régulière que celle des machines à un seul cylindre.

On se sert beaucoup, à Paris, des machines à vapeur *demi-fixes* de MM. Wehyer et Richemond. Nous avons décrit et représenté ces appareils dans ce Supplément (1). La chaudière et les cylindres à vapeur sont placés sur le même bâti, comme on peut le voir sur les divers dessins que nous en avons donnés. Dans les installations d'éclairage électrique des théâtres de Paris, ce sont les machines demi-fixes de MM. Wehyer et Richemond, qui fonctionnent généralement. Telles sont celles de l'Opéra.

Les constructeurs de machines à vapeur ont exécuté, depuis quelques années, des types particuliers, dans lesquels des moteurs à vapeur, comme le *moteur Westinghouse*, qui tourne à la vitesse de 200 tours à 300 tours par minute, sont attelés directement à la *dynamo*. Dans le présent volume (page 335, fig. 278) nous avons représenté une machine à grande vitesse attelée à une *dynamo*, qui sert à produire l'éclairage électrique du bâtiment cuirassé l'*Indomptable*.

Un tel moteur donne une lumière très fixe, en raison de la vitesse excessive, et d'ailleurs, uniforme, de l'arbre moteur, mais la consommation de vapeur est considérable, et la dépense est bien supérieure à celle des machines à vapeur ordinaires, séparées de la dynamo. Ce n'est donc que quand on dispose de peu d'espace, comme sur un navire, que l'on doit avoir recours à cette alliance sur le même bâti du moteur et de la *dynamo*.

Sur certaines machines pour l'éclairage des navires, comme sur celle de l'*Océanien*, on est allé jusqu'à donner à l'arbre de couche de la *dynamo*, une vitesse de 755 tours par minute; ce qui est excessif. Il est bon de ne pas dépasser la vitesse de 330 tours.

C'est pour réagir contre cette exagération que MM. Sautter et Lemonier ont

(1) Tome Ier, pages 324-330.

(1) Tome Ier, pages 80-95.

construit, pour les navires, la machine à lumière électrique dont il est question plus haut, et qui ne dépasse pas la vitesse de 300 tours.

La *machine à vapeur rotative*, c'est-à-dire supprimant toute transmission de mouvement, et agissant directement sur l'arbre moteur, était tout indiquée pour intervenir dans le cas qui vient d'être mentionné. On a adopté la machine rotative attelée à une *dynamo*, sur quelques paquebots. La dépense de vapeur est considérable, mais le navire, disposant d'une quantité de vapeur énorme, peut subvenir sans inconvénient à ce gaspillage.

Ce sont là, toutefois, des cas exceptionnels. L'habitude générale, pour les installations d'électricité, c'est l'usage des machines à vapeur demi-fixes, telles que les construisent, à Paris, MM. Wehyer et Richemond, Boulet et autres.

Moteur à gaz. — Le moteur à gaz offre de tels avantages, par sa facilité d'installation, que bien des magasins, dans les grandes villes, font usage de ce moteur, commode, sinon économique. Dans certains cas, d'ailleurs, c'est le seul agent de force auquel on puisse avoir recours, en raison de l'exiguïté de la place dont on dispose, et de l'impossibilité de faire usage d'une machine à vapeur.

Par l'instantanéité de son action, par la dépense strictement limitée à l'effet produit et l'avantage qui lui est propre de ne travailler qu'au moment nécessaire, le moteur à gaz offre quelquefois autant d'économie, bien calculée, qu'une machine à vapeur.

Il est toutefois une condition essentielle, quand on a recours au moteur à gaz, c'est d'employer un moteur à deux cylindres, et de placer un volant sur la *dynamo*. Sans cette précaution, la marche est irrégulière, et il se produit, dans l'éclairage, des variations d'éclat, extrêmement désagréables.

Air comprimé. — L'air comprimé constitue une force mécanique d'un emploi extrêmement commode, dans la pratique, si une canalisation convenable en permet la distribution irréprochable. C'est ce qu'a réalisé, à Paris, depuis plusieurs années, l'ingénieur autrichien, M. Victor Popp, à qui l'on doit la remarquable découverte de la distribution de l'heure aux cadrans des horloges des villes, au moyen de l'air comprimé.

M. Victor Popp a créé à Paris, à Ménilmontant (rue Saint-Fargeau), une vaste usine, dont la surface couverte est de plus de 2 000 mètres carrés, et qui occupe une superficie totale de 15 000 mètres carrés. Elle possède sept machines à vapeur, de la force de quatre cents chevaux chacune, et deux machines de cent chevaux, formant un total de trois mille chevaux de force, et pouvant prendre dans l'atmosphère, chaque jour, 93 000 mètres cubes d'air, pour les distribuer à Paris, avec six kilogrammes de pression. La consommation du charbon est de 50 000 kilogrammes par jour.

Ce producteur de force a l'avantage de rendre inutile toute installation de machine à vapeur ou de moteur à gaz, chez les particuliers, ou dans les établissements publics, installation qui n'est pas toujours possible, vu les craintes que propriétaires et locataires éprouvent du voisinage d'une machine à vapeur ou d'un moteur à gaz, et les procès qui s'ensuivent. Aussi M. Victor Popp a-t-il rendu un grand service à beaucoup de marchands et boutiquiers de Paris, ainsi qu'à divers théâtres, en leur distribuant, par sa canalisation, la force motrice nécessaire pour produire leur éclairage. Le prix, plus élevé, de cet agent moteur est largement compensé par ses avantages pratiques.

La canalisation d'air comprimé créée par M. Victor Popp, est utilisée, à Paris, sur toutes les voies qu'elle traverse. Sans parler de l'éclairage des boulevards, dans la section qui lui a été concédée, en 1889, M. Victor Popp dessert, pour leur éclairage électrique, beaucoup d'établissements importants, tels que plusieurs théâtres, plusieurs cafés des boulevards, les Montagnes-Russes, différents cercles, etc.

La canalisation de l'air comprimé, placée, tantôt dans les égouts, tantôt dans des tranchées, est aujourd'hui d'une longueur d'environ cinquante kilomètres.

Les *machines dynamos* actionnées par l'air comprimé, sont réparties en divers points de la canalisation, convenablement choisis.

M. Popp a créé, à Montpellier, une installation pareille à celle de Paris, pour l'éclairage du Grand-Théâtre, et celui de beaucoup de magasins et ateliers de la ville.

On peut rattacher à l'air comprimé employé comme moyen d'actionner les *machines dynamos*, et de produire l'éclairage électrique, l'usage du vent.

Le discrédit dans lequel sont tombés, dans notre siècle, les moulins à vent, tient à trois causes : le temps de leur chômage, qui est, en France, de plus d'un tiers du temps total, l'irrégularité de leur vitesse, et l'imperfection des récepteurs.

Le vent n'est utilisable, en effet, que lorsque sa vitesse est comprise entre certaines limites : de trois mètres à douze mètres par seconde. De plus, entre ces limites, les variations de son intensité ne permettent pas toujours d'employer directement la force disponible. D'où la nécessité d'avoir recours à des appareils qui emmagasinent ce travail imparfait, pour le restituer, avec perte il est vrai, mais sous une forme susceptible d'emploi.

Au point de vue des récepteurs du mouvement, il est nécessaire que la voilure augmente ou diminue automatiquement, quand la vitesse du vent varie en sens inverse. De la sorte, on *tend* à avoir une

production de travail constante, et si le vent tourne en tempête, les accidents sont évités.

Comme les moulins à vent d'aujourd'hui remplissent à peu près ces conditions, on a cherché de nouveau à les utiliser. En Hollande et en Égypte, on les emploie à faire manœuvrer des pompes d'épuisement. En Amérique, on les compte par centaines de mille. Leur rôle consiste à entretenir pleins d'eau les abreuvoirs des exploitations agricoles, ainsi que les réservoirs d'eau des stations de chemins de fer.

Lors de l'installation de la lumière électrique au phare de la côte du Havre, à l'extrémité du cap de la Hève, on a réussi à utiliser la force motrice du vent. Deux *machines dynamos*, actionnées par un moulin à vent, emmagasinent l'énergie électrique dans des accumulateurs, qui la distribuent ensuite, sous forme de lumière.

Cette dernière installation présente un certain intérêt au point de vue du moteur, et nous en donnerons la description.

Le moteur à vent est du système Halladay, modifié ; il développe, paraît-il, une force de dix-huit chevaux, mesurés sur l'arbre droit, par une vitesse de dix mètres de vent à la seconde.

Monté sur une charpente de bois, établie sur des massifs en maçonnerie, le moulin donne le mouvement, par l'intermédiaire d'un arbre vertical et de deux paires d'engrenages coniques, à un arbre de couche, placé à une hauteur convenable au-dessus du sol. Sur cet arbre de couche sont montées les poulies, qui, au moyen de courroies, commandent les *machines dynamos*, reliées elles-mêmes à une série d'accumulateurs.

Le moulin devait être automatique, résister aux tempêtes, développer, au besoin, une grande force, et être capable, cependant, de recueillir des souffles légers.

L'orientation automatique a été facilitée au moyen d'un jeu de galets interposés entre le plateau fixe et la plaque tournante, et d'un système de régulateur à boules, agissant par friction, sur un treuil, qui ouvre ou ferme la voilure, dont la projection sur un plan perpendiculaire à l'arbre du moulin, se trouve ainsi augmentée ou diminuée, suivant la vitesse du vent.

La voilure des ailes se distingue par un grand nombre d'ailettes droites, groupées en roues; cette disposition est particulière aux moulins américains.

Les deux machines dynamo-électriques développent, l'une et l'autre, aux bornes, à des vitesses variables, une différence de potentiel constante de soixante-quinze *volts*.

L'intensité du courant de la machine la plus petite, est de huit *ampères*, quand la vitesse de rotation de l'anneau est de cent tours à la minute, et de quarante *ampères*, quand cette vitesse atteint deux cent soixante tours. La plus grande donne un courant de quarante à cent *ampères*, pour une vitesse de rotation de l'anneau de deux cent cinquante à six cent cinquante tours, par minute.

Quant au rendement mécanique, il est de un à quatre chevaux-vapeur, pour la machine la plus petite, et de quatre à seize chevaux-vapeur pour la plus grande. Ces deux machines fonctionnent alternativement, suivant la quantité d'énergie emmagasinée dans les accumulateurs.

L'embrayage et le débrayage se font automatiquement.

Dans la séance du 2 mai 1888, de la *Société de physique* de Glasgow, le professeur Blith a décrit une expérience qu'il fit, dans l'été de 1887, sur l'emploi de la force motrice du vent pour la production de l'électricité destinée à fournir un éclairage.

M. Blith installa un petit moulin à vent, pour charger des accumulateurs, et procurer ainsi l'éclairage électrique dans le petit village de Marykirk, où il passait ses vacances. Le moulin était du type ancien, et s'élevait dans le jardin. La tour consistait en un trépied de bois, solidement assis sur le sol, et consolidé par des entretoises en bois. L'axe se trouvait à 11 mètres au-dessus du sol, et portait quatre ailes, à angle droit les unes sur les autres, de 4^m,30 de long. La machine dynamo-électrique, du type Burgin, était menée par une simple corde, et l'on obtenait une vitesse suffisante, même lorsque le moulin ne tournait pas très rapidement. Le courant chargeait 12 accumulateurs, qui alimentaient les lampes de la maison. On n'a jamais employé à la fois plus de 10 lampes de 8 bougies à vingt-cinq *volts*, mais on aurait pu aisément produire de quoi en alimenter beaucoup plus. Un jour, par une bonne brise, on obtint, en une demi-journée, de quoi s'éclairer pendant trois soirées, de trois à quatre heures chacune.

Chutes d'eau et roues hydrauliques. — Les chutes d'eau naturelles, lorsqu'elles ne sont pas trop éloignées du lieu où leur puissance doit être utilisée, offrent de grands avantages, comme force motrice économique, puisque l'on tire parti, de cette manière, d'une force fournie par la nature, et qui ne coûte que son aménagement à cet usage particulier.

On peut placer la roue ou la turbine près des lieux à éclairer; ou bien produire l'électricité à côté du cours d'eau, au moyen de la *machine dynamo*, et amener le courant à grande distance, jusqu'aux lampes.

La seule condition et la vraie difficulté, c'est de donner au courant ou à la chute d'eau, qui sont essentiellement variables, l'extrême régularité qu'exige l'éclairage électrique.

La *Société Edison* construit, pour le trans-

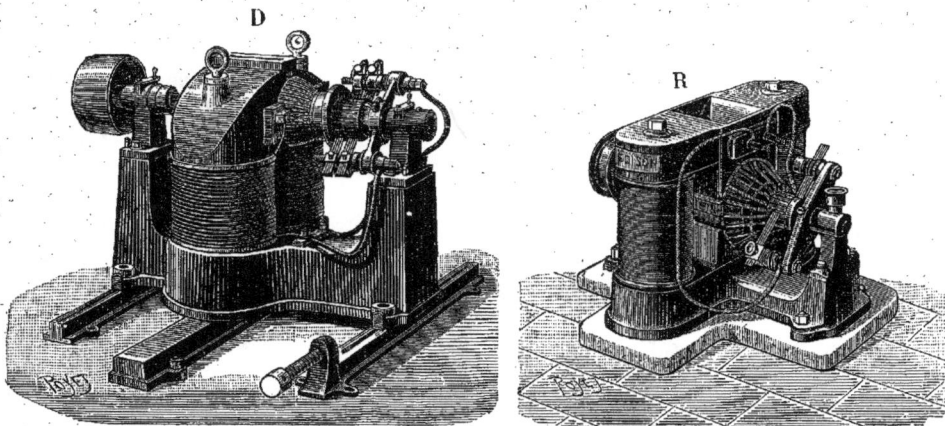

Fig. 340 et 341. — Dynamo, à armature supérieure, de la Société Edison, pour le transport de la force à distance, et machine réceptrice du courant.

D, *dynamo*. — R, *réceptrice*.

port de la force à distance, par l'électricité, des *dynamos* et des *réceptrices*, d'un type particulier, que nous représentons dans les figures ci-dessus.

La chute d'eau actionnant la *dynamo* dont nous donnons le dessin, envoie son courant, à distance, à la *réceptrice*, que nous figurons également, et l'électricité ainsi engendrée et transportée, peut servir à alimenter des lampes électriques.

Après ces explications théoriques, nous ferons connaître, à titre d'exemple, les cas réalisés jusqu'ici, de chutes d'eau utilisées pour le travail mécanique qui nous occupe.

La ville de Bourganeuf possède, depuis 1889, un éclairage électrique, pour lequel on a convenablement aménagé la chute d'eau dite de la *Maulde*, située en un lieu nommé les *Jonauds*, à un kilomètre environ de Saint-Martin-le-Château, et à quatorze kilomètres de Bourganeuf. La quantité d'eau que débite cette chute, même en

été, étant très supérieure à celle dont on avait besoin, on s'est contenté d'en dériver une partie, au moyen de conduites en fonte, qui amènent l'eau, sous pression, jusqu'au moteur, situé à 31 mètres plus bas.

Ce moteur est une turbine à axe horizontal, dont la puissance maxima est de 130 chevaux-vapeur, lorsqu'elle tourne à la vitesse de 150 tours par minute, et qui transmet son mouvement à la machine génératrice, située au premier étage du pavillon, au moyen de deux courroies, qui attaquent directement les poulies de cette dernière.

La machine génératrice d'électricité est à haute tension, et à deux anneaux égaux, montés sur le même arbre, et excités par deux inducteurs rectilignes, parallèles à l'axe de rotation, et dont les quatre pôles sont entièrement libres.

La ligne est formée de deux fils (un pour l'aller, l'autre pour le retour du courant), posés sur des poteaux en sapin, garnis d'isoloirs en porcelaine. Le fil, en bronze sili-

cieux, est nu, et son diamètre est de 5 millimètres.

La machine réceptrice est identique à la
génératrice, et comme elle, excitée à part,
au moyen de machines à basse tension,
qu'elle met en mouvement par deux courroies.

Au moment du démarrage, le champ
magnétique de la réceptrice est excité par
des accumulateurs, que l'on supprime dès
que la vitesse normale est obtenue.

Les machines à lumière électrique sont
du type Gramme, et construites par M. Breguet, pour donner chacune 110 *volts* et
250 *ampères*.

La marche des machines, grâce à l'emploi d'un rhéostat liquide, à circulation
d'eau, est d'une régularité irréprochable,
et leur conduite peut être confiée à de
simples ouvriers, installés à demeure, l'un à
la turbine, l'autre à la réceptrice. La durée
de la marche, qui dans les premiers temps
était de dix heures par jour (cinq heures
dans la journée pour charger les accumulateurs, cinq heures le soir pour l'éclairage
direct sans le secours de ceux-ci), a été
réduite à six heures.

Le préposé à la turbine est soumis au
même genre de vie qu'un gardien de phare.
Il doit, dans la mauvaise saison, s'approvisionner de vivres, pour une semaine au
moins, et se trouver isolé de toutes communications avec l'extérieur. Il est, d'ailleurs, dans un site absolument sauvage, et
n'a, en cas d'avarie, aucun secours à attendre que de lui-même.

C'est également pour produire un éclairage
électrique au moyen de la force d'une chute
d'eau transportée à distance, qu'une usine a
été créée en France, près de la ville de
Châteaulin, dans le département du Finistère.

L'inauguration de cette intéressante installation mécanique, a été faite le 20 mars
1887. L'usine est placée à environ 2 kilomètres et demi de la ville, sur le canal
de Nantes à Brest, près d'une écluse, où
existe une chute d'eau, de 1m,30 de hauteur.
La force motrice est fournie par une
turbine, de la force de 45 chevaux. Une
machine dynamo alimente directement les
lampes électriques, par des câbles en cuivre, de 12 millimètres de diamètre, d'une
longueur de 1900 mètres. Ces câbles aboutissent à des conducteurs de distribution,
dont la longueur totale est de 6 kilomètres. Les fils sont aériens. Les installations
intérieures sont faites avec des câbles environnés de plomb.

La *machine dynamo* est arrêtée à minuit,
heure à laquelle cesse l'éclairage public.
A partir de ce moment, le courant est fourni
aux lampes des abonnés qui désirent encore
s'éclairer, par une batterie de 60 accumulateurs.

L'éclairage public comprend 35 lanternes,
de la valeur de 10, 20, 30 et 50 bougies, qui
fournissent à l'éclairage des quais, des
ponts, des rues et des places publiques. Un
certain nombre sont placés dans la mairie,
l'église, les halles, les cafés, les hôtels, les
magasins et quelques maisons particulières.

La ville a traité à forfait avec les directeurs de l'usine, pour une somme de
1600 francs par an. Les abonnés payent
leur lumière à raison de 3 francs 50 par
lampe et par mois. L'entreprise est entre
les mains d'une petite société locale, dont
le capital est de 80 000 francs.

La station de Châteaulin a été exécutée
suivant le système adopté par M. E. Lamy,
pour diverses autres villes où il a déjà établi la lumière électrique. Elle montre les
avantages que présente l'électricité pour
l'éclairage des petites villes où il n'existe
pas d'usine à gaz, et où l'on peut disposer
d'une force hydraulique pouvant être amé-
nagée pour cet usage.

M. Lamy a déjà obtenu des concessions

analogues à Mende, Espalion, Saint-Hilaire du Harcouët, enfin à Léon (Espagne).

La lumière électrique produite par une force éloignée, a été également introduite, au commencement de mai 1887, dans les Grands-Moulins de Corbeil. L'installation, exécutée par la *Compagnie électrique*, comprend 300 lampes à incandescence, de 16 bougies, et une *machine dynamo* Gramme, de 30 chevaux de force.

Accumulateurs. — Les piles secondaires, ou *accumulateurs*, découvertes par le regretté physicien, Gaston Planté, ont été étudiées avec les détails nécessaires dans le tome Ier (pages 418-422) de ce *Supplément.*

Un accumulateur étant un appareil que l'on charge d'électricité, et qui restitue ensuite cette électricité, sous la forme d'un courant, peut être utilisé pour actionner les *machines dynamos* employées à produire l'éclairage électrique. Tel est, en effet, leur rôle, mais rôle limité par le peu de durée et la faible intensité du courant qui leur est propre.

Dans les grandes installations, les accumulateurs sont employés pour entretenir l'éclairage, quand la *machine dynamo* a été arrêtée, dans son fonctionnement, par un accident quelconque. Dans les théâtres par exemple, il y a toujours un certain nombre de caisses d'accumulateurs, qui sont apportées chargées, chaque matin, pour remplacer celles qui ont pu être dépensées la veille.

On emploie également les accumulateurs, en même temps que les *machines dynamos*, pour parer à l'impuissance du courant fourni par ces dernières, ou pour obvier aux irrégularités de lumière, résultant de l'irrégularité du moteur lui-même, cas plus rare que le précédent.

Les accumulateurs doivent être placés dans une pièce séparée de l'atelier mécanique, et jouissant d'une température moyenne. Chaque élément, ou *batterie*, doit être isolé, en le plaçant sur un support en porcelaine, ou en bois paraffiné. Chaque accumulateur doit être séparé du précédent par un intervalle de 2 à 3 centimètres, afin que l'on puisse facilement remplacer un élément qui ne fonctionne plus, par un autre.

Le récipient des accumulateurs se fait en verre, en grès, en bois doublé de plomb, ou en ébonite. On le remplit d'acide sulfurique étendu, au moment de le mettre en fonction.

Piles voltaïques. — La pile de Volta a été, pendant trois quarts de siècle, le seul moyen industriel de produire un courant électrique, et jusqu'à ce moment, les applications du courant électrique à l'éclairage furent à peu près nulles, la pile ne pouvant produire qu'un courant d'une intensité infime, si on le compare aux courants développés par les agents mécaniques. L'éclairage électrique, ainsi que d'autres grandes applications de l'électricité, n'ont pris naissance que le jour où la pile a été remplacée par des moteurs, tels que la vapeur, le moteur à gaz ou les forces naturelles. Si la pile voltaïque est encore conservée dans l'éclairage électrique, ce n'est que pour éclairer les appartements, pendant une soirée, et pour des installations domestiques passagères, alimentant tout au plus une dizaine de lampes à incandescence, qui ne doivent jamais fonctionner en même temps.

Ces considérations peuvent nous dispenser de citer les piles voltaïques qui servent à l'éclairage électrique, dans les conditions qui viennent d'être énoncées. Bornons-nous, en conséquence, à dire que la pile au bichromate de potasse, que nous avons décrite dans le *Supplément à la pile de Volta* du tome Ier de cet ouvrage (1) est la forme la plus commode pour obtenir cet éclairage momentané. Le prix de revient, calculé

_____

(1) Pages 391-393.

par des praticiens expérimentés, serait de 1 franc par heure, pour produire l'effet d'une lampe Carcel ; chiffre énorme, comme on le voit.

On trouve dans le commerce, sous le nom de *lampes électriques portatives*, de petits appareils ayant la forme d'une lampe à huile ou à pétrole, qui contiennent, dans le socle, une minuscule pile au bichromate de potasse, et une clochette à incandescence. Les marchands assurent que ces *lampes électriques portatives* peuvent remplacer les lampes à huile ou à pétrole, pour l'éclairage des appartements et des bureaux.

La vérité est que ces appareils sont de simples jouets, qui amusent pendant quelques heures, mais qui sont difficiles à manœuvrer, en raison des propriétés corrosives du liquide acide qui les alimente. Elles ne donnent qu'une lumière faible et d'une durée très courte. On les fait fonctionner deux ou trois fois, puis on les met au rebut. Les marchands de ces pauvres luminaires ont le soin de changer souvent de domicile, pour éviter les réclamations des acheteurs.

CHAPITRE VI

LES CONDUCTEURS ET LES APPAREILS DE MARCHE ET DE SURVEILLANCE, POUR L'ÉCLAIRAGE ÉLECTRIQUE.

Qu'il soit engendré par une machine dynamo-électrique, par un accumulateur, ou par une force naturelle (hydraulique ou atmosphérique), le courant d'électricité devant servir à l'éclairage, doit être amené, de la source productrice, au bec éclairant.

On désigne sous le nom de *conducteurs principaux* les fils métalliques, nus ou isolés, simples ou composés d'un assemblage de fils, qui servent à transporter l'énergie électrique de la source aux appareils qui doivent l'utiliser.

On donne le nom de canalisation, ou de *réseau électrique*, à l'ensemble des conducteurs, principaux et secondaires, composant un service d'éclairage.

Les conducteurs se font en cuivre ou en *bronze silicieux*, nom qui ne désigne guère autre chose que du cuivre pur ; car la conductibilité de cet alliage ne dépend que de la quantité de cuivre qu'il renferme, et non du silicium auquel il est associé en très faible proportion.

On ne pouvait songer à prendre ici, comme dans la télégraphie électrique, des fils de fer pour conducteurs, malgré leur excessif bon marché, par cette raison que le cuivre a une conductibibilité six fois supérieure à celle du fer ; ce qui permet de donner au fil un petit diamètre, tout en lui conservant une grande conductibilité.

Les fils de cuivre sont employés nus, quand il s'agit d'installations aériennes ; mais le plus souvent, ils sont isolés par une enveloppe de coton, de soie ou de caoutchouc.

On fait cette enveloppe avec une machine tout à fait analogue aux métiers des passementiers. Le fil de cuivre est tiré, d'une manière continue, par le moteur de l'usine, pendant qu'une bobine de coton, de soie ou de caoutchouc, tourne horizontalement autour du fil de cuivre, en le recouvrant exactement de spires réguliers. Suivant le degré d'isolement que l'on veut obtenir, on entoure le fil de cuivre de deux ou de trois couches de soie, de coton ou de caoutchouc, en alternant le sens d'enroulement, pour assurer un recouvrement complet.

Après avoir reçu l'enveloppe isolante de soie, de coton ou de caoutchouc, le fil est passé dans un bain de gomme laque, ou de bitume de Judée, pour le défendre de l'humidité.

En réunissant plusieurs fils ainsi recouverts, et les tordant ensemble, on obtient des *câbles conducteurs*. Quand il s'agit d'ins-

tallations très importantes, on réunit plusieurs de ces câbles, et on les recouvre
d'une nouvelle tresse de coton et d'une
tresse de soie, d'une couche de gutta-percha, puis d'une seconde tresse de coton,
imprégnée de résine, de paraffine ou de
vernis isolant; et l'on a ainsi de volumineux
câbles, à l'abri de toute attaque de l'eau, qui
servent aux canalisations souterraines ou
sous-marines.

La figure ci-dessous représente les câbles conducteurs souterrains construits par
M. Siemens, à Berlin. Ils sont, pour leur
défense extérieure, enveloppés d'un tube

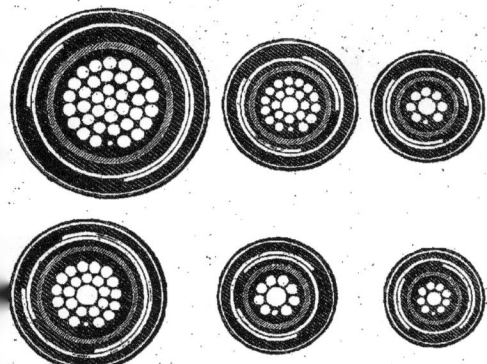

Fig. 342. — Coupe des câbles Siemens pour l'éclairage
électrique.

de plomb, et contiennent, à l'intérieur, une
enveloppe en tôle, qui augmente leur résistance. Les fils de cuivre de l'intérieur, sont
isolés par des tours de coton paraffiné.

Pour isoler ses *conducteurs principaux*,
la *Société Edison* fait usage de tiges de
cuivre, à section circulaire, au nombre de
deux ou trois, placées dans des tuyaux de
fer, isolées, et séparées par des cordes de
chanvre, comme le montre la figure 343.

Ces câbles sont posés dans une rigole de
bois ou de béton, remplie d'une couche isolante, composée de bitume de Judée et d'huile
lourde. On coule dans la rigole cette matière fondue par la chaleur; en se refroidis-
sant, elle demeure visqueuse et demi-solide.

La manière d'isoler les câbles souterrains
dans les rigoles qui les reçoivent, varie,

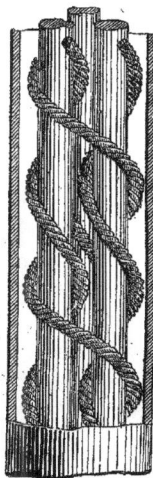

Fig. 343. — Conducteur Edison pour l'éclairage
électrique.

d'ailleurs, selon les fabricants. Il est facile
de comprendre que tout consiste à obtenir,
sans trop de dépense, un isolement parfait.

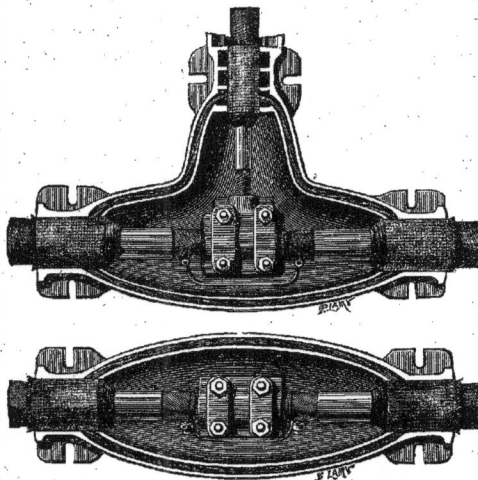

Fig. 344 et 345. — Boîtes de jonction de M. Siemens.

Comme les conducteurs, fils ou câbles,
ont une longueur limitée, il faut raccorder

Fig. 346. — Boîte de jonction d'une canalisation principale d'électricité avec une conduite d'immeuble.

les deux bouts, par des joints. On se sert, pour cela, de manchons de fer, semblables aux manchons de poterie qui unissent les tuyaux de drainage. Ces manchons sont en fer galvanisé, ou en bronze, d'un calibre correspondant à la grosseur du câble, et ils sont percés d'une ouverture longitudinale. On rattache ensemble, en les repliant plusieurs fois l'un sur l'autre, les fils, préalablement dénudés de leur enveloppe; puis on introduit leurs deux extrémités dans le manchon, et on coule par l'ouverture, de la soudure de plomb et d'étain.

Pour réunir les différentes branches des conducteurs principaux et celles-ci avec les conducteurs secondaires, il faut faire usage de *boîtes de jonction*.

Les figures 344 et 345 représentent les *boîtes de jonction* employées par M. Siemens, de Berlin. La première représente l'assemblage de deux conducteurs bout à bout, la seconde l'assemblage d'un conducteur principal avec un conducteur secondaire. Les boîtes sont en fonte, et en forme de coquille.

Les deux bouts du conducteur principal et celui du conducteur secondaire étant dépouillés de leur enveloppe isolante, et mis en contact, sont pincés fortement, à l'aide de quatre boulons, entre deux manchons de cuivre étamé. Les deux coquilles sont ensuite réunies au moyen de six forts boulons, et l'on remplit les vides avec une substance isolante.

Pour faire l'embranchement d'une conduite d'immeuble sur la conduite principale, la *Société Edison* emploie une *boîte de jonction* en fonte, que nous représentons sur la figure 346. Elle est placée en face de la machine à éclairer et sur le chemin de la conduite principale. Celle-ci y pénètre des deux côtés. A l'intérieur, les conducteurs sont mis à nu, et réunis, deux à deux, au moyen d'arcades métalliques, munies d'épe-

Fig. 347. — Boîte de jonction d'une canalisation d'immeuble avec une conduite d'appartement.

rons, auxquels viennent se rattacher les deux conducteurs de la conduite.

Pour greffer les conduites des différents appartements sur la conduite générale d'immeuble, on emploie des boîtes en fonte, analogues aux précédentes, mais plus petites (fig. 347). Elles sont hermétiquement fermées et recouvertes d'un enduit isolant.

Une question fondamentale, c'est le diamètre à donner aux conducteurs de cuivre, pour assurer une bonne conductibilité, sans s'exposer à voir le métal s'échauffer, rougir et se fondre, et sans, toutefois, que le prix de revient de la ligne soit trop élevé.

Les physiciens ont reconnu que la résistance qu'un fil de cuivre, et tous les métaux, en général, opposent au passage du courant électrique, est inversement proportionnelle à leur diamètre (si le corps est cylindrique) et proportionnelle à leur longueur. Plus le métal oppose de résistance au passage du courant, en raison de la petitesse de sa section, plus il s'échauffe ; et si la résistance est très considérable, le fil peut rougir et se fondre. Quand il s'échauffe, cette production de chaleur représente une forte dépense, l'électricité se perdant sous forme de chaleur, et une portion du courant étant ainsi dépensée sans produire de lumière.

Ainsi, plus le conducteur sera gros, moins il laissera perdre d'électricité. Mais on ne saurait employer des conducteurs d'un trop grand diamètre, sans augmenter considérablement le prix de l'installation de la ligne. C'est à l'ingénieur à déterminer la limite qu'il convient de ne pas dépasser, quant au diamètre du fil, pour ne pas être entraîné à des dépenses trop fortes de métal.

Pour assurer le bon fonctionnement d'un conducteur, on fait usage d'appareils,

Fig. 348. — Interrupteur de 1 à 3 lampes.

dits de *marche* et de *sûreté*. On comprend sous ce nom les instruments destinés à établir ou à interrompre le passage du courant, à le diriger sur un circuit ou sur un autre, à régler les *résistances*, et à

Fig. 349. — Interrupteur double, de 8 à 30 lampes.

Fig. 350. — Interrupteur de 30 à 80 lampes.

prévenir l'échauffement des conducteurs.

Les *appareils de marche* se manœuvrent à la main. Ils comprennent les *interrupteurs*, les *commutateurs* et les *résistances*. Les appareils de sûreté comprennent les *coupe-circuits* et les *parafoudres*.

Les *interrupteurs* sont des appareils qui, placés sur l'un des fils du circuit, établissent ou interrompent le passage de l'électricité, et servent ainsi à éteindre ou à allumer une ou plusieurs lampes.

Il existe beaucoup de types d'*interrupteurs*, applicables à la commande d'un nombre plus ou moins grand de lampes. L'*interrupteur à cheville* est le plus simple. Une cheville que l'on enfonce dans un trou percé dans une lame de cuivre, comme dans les *interrupteurs des téléphones*, et qui vient rencontrer les deux extrémités des fils conducteurs, met ces derniers en communication, ou rompt leur communication, quand il s'agit d'allumer ou d'éteindre le foyer lumineux. L'*interrupteur* le plus en usage pour allumer ou pour éteindre plusieurs lampes, est représenté dans la figure 348, qui se rapporte à 1 et 3 lampes.

Pour interrompre le circuit dans un nombre allant de 8 à 30 lampes, on se sert de l'*interrupteur* représenté par la figure 349, qui est à double conducteur.

Pour éteindre une série de 30 à 80 lampes, on a l'interrupteur que l'on voit dans la figure 350.

Enfin, comme *interrupteur* de 100 à 140 lampes, on a un appareil à manette, que représente la figure 351.

Les *commutateurs* servent à changer la direction d'un courant, c'est-à-dire à le faire passer à volonté sur l'un des fils avec lesquels il est en rapport.

On voit dans la figure 352 la forme donnée d'habitude au *commutateur*. C'est une manette, qui, en se déplaçant, peut mettre en action l'un quelconque des courants qui sont en rapport avec plusieurs plaques métalliques conductrices *a*, *b*, *c*.

Le *régulateur* du courant sert à proportionner l'intensité du courant électrique au nombre de lampes qu'il s'agit d'entretenir.

Le principe de cet appareil, c'est d'interposer sur le passage du courant des *résistances*, que l'on peut faire varier à volonté, et qui réduisent aux proportions désirées l'intensité du courant, et, par conséquent, de la lumière.

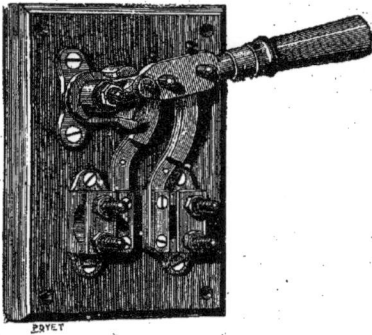

Fig. 351. — Interrupteur de 100 à 140 lampes.

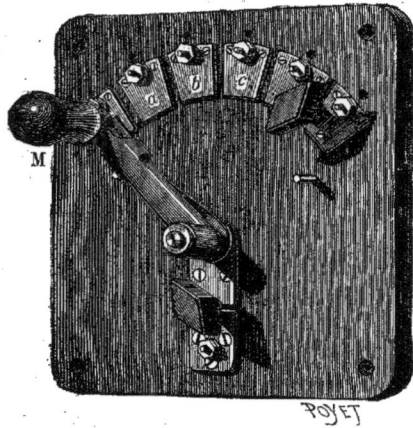

Fig. 352. — Commutateur, à six directions.

Les *résistances* se composent de fils métalliques (ordinairement en maillechort), tournés en hélice, et reliés entre eux par

peut se placer à volonté sur chacun des boutons. L'une des extrémités du circuit AB (fig. 353) est fixée au bouton *a*, qui lui-

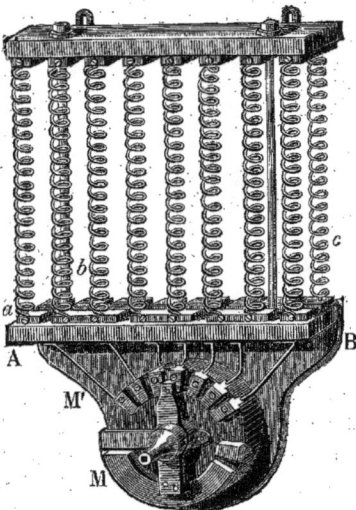

Fig. 353. — Régulateur du courant.

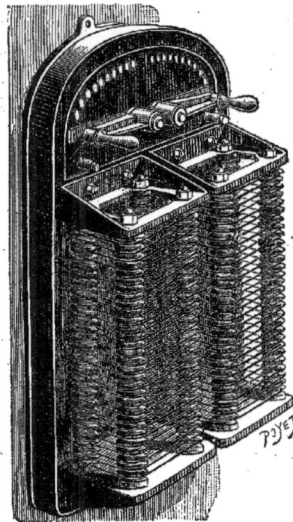

Fig. 354. — Régulateur électrique Edison.

leurs extrémités, de manière à former un circuit continu. L'extrémité de chacune de ces *résistances partielles* aboutit à des boutons, qui sont en communication avec un *commutateur* M' (fig. 353) dont la manette M

même est relié d'une manière permanente à la manette MM', par une lame de cuivre placée sous le socle de l'appareil, et qui n'est pas visible sur la figure 353. L'autre extrémité

Fig. 355, 356. — Coupe-circuits ronds et carré.

du circuit est reliée au bouton *b*, qui est lui-même également en communication avec l'une des extrémités de la série des *résistances*. Si l'on amène la manette M sur le bouton aboutissant au fil *a*, par exemple, les résistances *a b* se trouvent intercalées. Si la manette est amenée en contact du bouton aboutissant au fil *c*, toutes les résistances sont comprises dans le circuit. On comprend dès lors, qu'il soit facile de faire varier l'intensité du courant, et, par conséquent, de la lumière, dans les conducteurs, en intercalant dans ce circuit un plus ou moins grand nombre de résistances.

C'est sur le courant venant des inducteurs de la *machine dynamo* que le *régulateur* est placé.

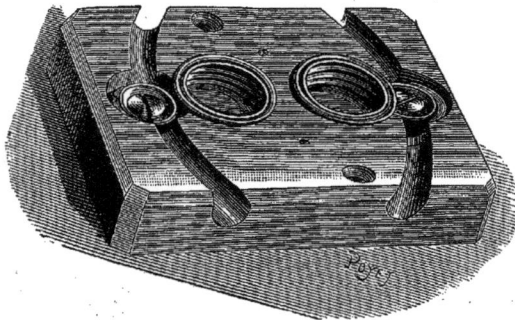

Fig. 357. — Coupe-circuit à double embranchement.

La *Société Edison* emploie un régulateur que nous représentons dans la figure 354, et qui est à manette double.

Le *coupe-circuit* est un appareil destiné à produire la rupture du courant, si l'échauffement allait jusqu'à la fusion du conducteur. Cet appareil se compose d'un fil de plomb, que l'on intercale dans le circuit, et qui fond si le courant vient à dépasser une intensité déterminée.

Le *coupe-circuit* se compose, disons-nous, d'un fil de plomb, de grosseur convenable, intercalé de place en place, dans le circuit. Son but est de rendre impossible tout incendie, et de sauvegarder les lampes des accidents que pourrait causer un courant trop intense.

Supposons que, pour une raison quelconque, il vienne à se produire un contact entre les fils d'aller et de retour. La plus grande partie du courant passera par ce contact, et les lampes s'éteindront. De plus, la résistance opposée au courant étant beaucoup plus faible qu'elle ne l'était quand il passait entièrement par les lampes, son intensité deviendra beaucoup plus forte, et les conducteurs s'échaufferont considérablement.

Le *coupe-circuit* remédie à ces dangers.

En effet, le point de fusion du plomb sera atteint bien avant que la température des fils de cuivre puisse enflammer l'enduit isolant qui les recouvre. Dès qu'une portion quelconque du circuit commencera à s'échauffer, les fils de plomb qui s'y trouvent fonderont, et arrêteront net le courant.

Il y a un *coupe-circuit* dans chaque boîte de jonction d'appartement, mais il y en a

Fig. 358. — Coupe-circuit principal, à lame de plomb.

aussi à chaque ramification de courant, voire même dans chaque support de lampe.

La *Société Edison* fabrique des *coupe-circuits* représentés dans les figures 355 et 356. Ce sont des coupe-circuits simples pour les faibles débits. La figure 357 montre un coupe-circuit à double embranchement, pour des circuits de 30 à 130 lampes à incandescence.

Pour des circuits de plus grande importance, au lieu d'un fil de plomb, on emploie, comme *coupe-circuit*, une lame de ce métal. L'appareil a alors la forme que repré-

Fig. 359. — Lame de plomb du coupe-circuit principal.

sentent les figures 358 et 359, la dernière donnant la coupe de la lame de plomb fusible.

Quant aux *parafoudres*, ils ne présentent aucune particularité qui les distingue de

ceux dont on fait usage dans les bureaux de télégraphie électrique et des téléphones.

CHAPITRE VII

LES USINES CENTRALES POUR LA PRODUCTION DES COURANTS ÉLECTRIQUES APPLICABLES A L'ÉCLAIRAGE.

Si l'on vous proposait, pour éclairer au gaz votre maison, d'installer dans la cave une usine à gaz; pour vous éclairer à la bougie, de fabriquer de la stéarine dans la cour; et pour vous procurer de l'huile à brûler, de planter un olivier ou de semer du colza dans le jardin, vous vous mettriez à rire, cher lecteur. C'est pourtant ce qu'on fait aujourd'hui, lorsque, pour éclairer une maison particulière, un théâtre, un établissement public ou un atelier, on place dans les caves une chaudière à vapeur, une machine à vapeur et une *machine dynamo*, afin d'obtenir, sur place, l'électricité destinée à l'éclairage. La plus simple réflexion indique que le moyen vraiment pratique et commode de s'éclairer à l'électricité, serait de se conformer au système établi pour l'éclairage au gaz, qui consiste à fabriquer le gaz dans de vastes usines, éloignées des centres de population, et à le distribuer aux particuliers, grâce à une canalisation souterraine. Il faudrait, en d'autres termes, créer des *usines à électricité*, comme on crée des usines à gaz, et distribuer l'électricité comme on distribue le gaz, au moyen d'un réseau de conducteurs.

C'est ce qu'avait compris et posé en principe, M. Edison, dès les premiers temps de la création de l'éclairage électrique. Il déclara que, pour que son emploi devînt général, il faudrait donner avec l'électricité tout ce que l'on donne avec le gaz, c'est-à-dire envoyer à domicile le courant d'électricité, et le faire payer aux particuliers et aux établissements publics au moyen de compteurs, analogues aux compteurs à gaz.

Et M. Edison ne se borna point à poser le principe. Il créa, dès l'année 1882, à New-York, une vaste *usine centrale*, qui est aujourd'hui la plus importante du nouveau monde.

L'avenir de la lumière électrique réside donc dans la création, au sein des villes, de vastes usines, où l'on fabriquerait l'électricité, pour la distribuer, sous forme de circuit, à l'intérieur des maisons et des établissements publics.

L'industrie de l'éclairage par l'électricité est de date trop récente pour que les *usines centrales* se soient encore beaucoup multipliées. Cependant, il en existe déjà un certain nombre en Europe, et surtout en Amérique. Nous en donnerons ici la description raisonnée ; mais nous devons, auparavant, entrer dans quelques explications sur les instruments et appareils que l'on met en œuvre dans ces curieux établissements.

La machine *dynamo-électrique* pouvant fournir des courants continus ou des courant alternatifs, les usines centrales produisent des courants continus ou des courants alternatifs, selon les besoins. Les courants continus ont été longtemps seuls à subvenir à l'éclairage ; mais depuis quelque temps, les courants alternatifs ont pris faveur. C'est pour l'éclairage du port du Havre que les courants alternatifs ont été employés pour la première fois, par cette raison que cet éclairage se fait au moyen de la bougie Jablochkoff, appareil qui ne peut fonctionner qu'avec les courants alternatifs.

Dans les *usines à courants continus*, qui servent, tant pour l'éclairage par incandescence, que pour l'éclairage par l'arc voltaïque, les *machines dynamos* sont actionnées chacune par un moteur spécial, ou groupées par deux, sur un même moteur. Chacun de ces ensembles s'appelle un *groupe-unité*, et une usine centrale se compose de la réunion d'un certain nombre de *groupes-unités*. On pourrait, sans doute, n'avoir qu'un moteur commun à toutes les *machines dynamos*, mais à cause des variations dans la consommation de l'électricité, pendant une grande partie de la journée, ce système serait peu économique.

Toutes les *machines dynamos*, réunies par paires, envoient leurs courants dans de fortes barres de cuivre, d'où partent les *conducteurs principaux*. Sur ces *conducteurs principaux* s'embranchent les *courants secondaires* (*dérivations*) pour les particuliers. Par les soudures entre les conducteurs principaux et les *conducteurs secondaires*, il y a toujours une perte de charge, mais elle est prévue dans les installations.

Tel est le mode de distribution des courants continus, pour les lampes à incandescence. Pour les lampes à arc, qu'elles soient munies d'un régulateur, ou composées de simples bougies Jablochkoff, on réunit également les *machines dynamos* par paires, et l'on fait aboutir leurs courants à de fortes barres de cuivre, d'où partent les *conducteurs principaux*, puis les *conducteurs secondaires* qui leur sont soudés. Il faut, toutefois, pour se contenter de ce mode de distribution générale, que les espaces à éclairer soient peu distants des *machines dynamos*. Pour l'éclairage de grandes étendues, comme une ville ou un vaste chantier, il faut des circuits distincts, alimentés chacun par une machine à vapeur spéciale.

Les conducteurs de cuivre, isolés comme nous l'avons indiqué dans le chapitre précédent, sont établis dans des gouttières de bois, ou de béton, enfouies sous le sol des rues. Ils amènent le courant aux lampes, qui sont disposées, de toutes manières, par unités ou par groupes, formant des luminaires séparés, ou des lustres. Dans le support des lampes ou des lustres, est une boîte, où aboutissent les fils; elle est munie d'une clef, que l'on tourne à la main, pour allumer ou éteindre la lampe. Il y a, en outre, dans chaque circuit un des *coupe-circuits*, que nous avons représentés plus haut (pages 436 et 437) muni de son fil de plomb, lequel, en cas d'excès de courant, fond, et interrompt le passage de l'électricité.

Les *usines à courants alternatifs* sont disposées comme celles à courants continus. Mais une découverte importante, celle des *transformateurs*, a permis de rendre plus économique et plus pratique l'emploi des courants alternatifs.

Les courants alternatifs sont d'une grande puissance, mais ils ne pourraient se prêter à l'alimentation de toutes les lampes différant de volume, ou à l'alimentation simultanée des lampes à arc et à celles à incandescence. L'appareil nommé *transformateur* par les inventeurs, parmi lesquels il faut citer MM. Gaulard et Gibbs, Gramme, Jablochkoff, Cabanellas, etc., ont pour effet de modifier les propriétés de ce courant

quant à son intensité, et de permettre de le diviser, pour le distribuer à des groupes différents de lampes.

Un *transformateur* se compose, en principe, d'une bobine d'induction de Ruhmkorff, dont le fil primaire est parcouru par les courants alternatifs venant de l'usine. En parcourant les sphères de la bobine de Ruhmkorff, les courants alternatifs développent, dans le fil secondaire de la bobine, des courants d'induction, lesquels sont susceptibles de se diviser, si l'on extrait un nombre plus ou moins grand de couples de l'appareil transformateur. L'éclairage peut prendre ainsi toutes les variations d'intensité que l'on désire.

Nous représentons, dans la figure 360, le *transformateur* de MM. Gaulard et Gibbs, le premier en date de ces appareils, qui fut présenté, en 1883, à l'Exposition de Londres, et en 1884, à celle de Paris. Il se compose de quatre colonnes verticales, en bois, reposant sur un socle, également en bois. Entre ces colonnes, se dresse une série de cylindres, composés d'un grand nombre de rondelles de cuivre, de 9 centimètres de diamètre intérieur, et excessivement minces. Ce système est destiné à produire l'effet de la bobine d'induction de Ruhmkorff. A cet effet, chaque disque est percé, au centre, d'un trou, de 2 centimètres de diamètre, et il porte une fente, en forme de rayon. Aux deux extrémités de chaque fente, le disque est relié aux deux disques placés au-dessus et au-dessous de lui, et cette liaison fait de l'ensemble une spirale de cuivre en forme de ruban, qui parcourt les circuits alternatifs. Entre les deux disques, il y a un troisième disque intercalé, et la réunion de ce dernier système fournit une seconde spirale insérée dans la première, mais isolée d'elle par un vernis qui couvre ses deux faces. Les disques sont, en outre, séparés les uns des autres, par des feuilles de papier-parchemin.

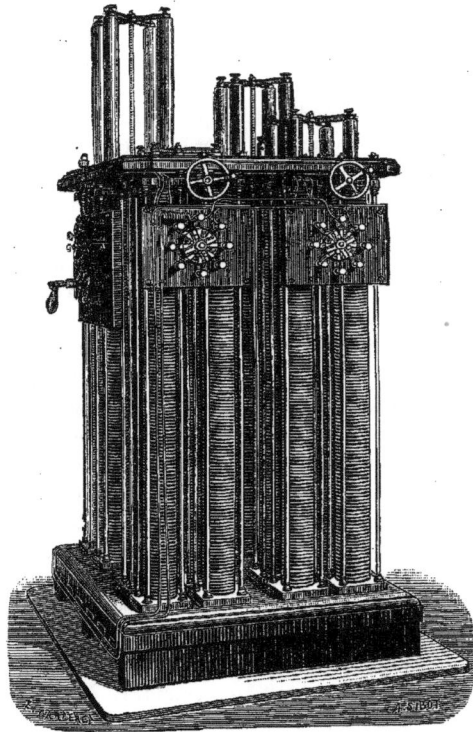

Fig. 360. — Transformateur de MM. Gaulard et Gibbs.

C'est dans ce dernier système que s'établit le courant d'induction, développé par le circuit primaire, et ce sont ces courants d'induction qui, jouissant de propriétés physiques autres que celles du courant primaire, serviront à alimenter les lampes. Pour obtenir une intensité variable d'éclairage, pour faire fonctionner par exemple des lampes à arc ou des lampes à incandescence, en nombre quelconque, on prend une quantité de couples transformateurs répondant à l'intensité de la force électro-motrice dont on a besoin pour l'éclairage.

Tel est le premier *transformateur* qui ait été construit, et qui est en usage dans beaucoup d'usines centrales.

Plusieurs physiciens ont construit des *transformateurs* d'une tout autre forme.

MM. Zapernowski, Deri et Blaty, ont pris des anneaux dont les bobines sont isolées les unes des autres, et qui constituent des bobines de Ruhmkorff économiques.

M. Diehl a construit un *transformateur*, qui fait partie intégrante de chaque lampe.

MM. Edison et Westinghouse ont proposé d'autres appareils du même genre, qui sont appliqués dans les usines d'Amérique.

On a beaucoup discuté sur les avantages et les inconvénients respectifs des courants continus et des courants alternatifs, dans les usines centrales. Les courants continus conviennent particulièrement pour le transport de la force à distance, et ils ont l'avantage de pouvoir servir aux opérations galvanoplastiques et électro-chimiques. Ils paraissent particulièrement favorables à l'alimentation des lampes à arc. Leur inconvénient, c'est de ne pouvoir s'étendre à une grande distance, et de perdre une partie de leur intensité en s'éloignant de leur point de départ. Les courants alternatifs ont, au contraire, un rayon d'action considérable, et peuvent éclairer des lieux très distants de leur source, sans rien perdre de leur puissance. Mais ils sont impropres aux décompositions chimiques, et ne conviennent pas au transport de la force motrice.

CHAPITRE VIII

LES USINES CENTRALES D'ÉLECTRICITÉ. — LES USINES CENTRALES DE PARIS.

Après ces considérations générales sur les usines centrales d'électricité, nous passons à l'énumération et à la description de celles qui existent aujourd'hui en France et à l'étranger.

Les usines centrales de Paris. — Dans une séance du mois de décembre 1888, le conseil municipal de Paris adopta le projet d'une commission qui avait été instituée pour prendre connaissance des demandes de concession faites par six compagnies d'éclairage électrique, à savoir : la *Compagnie continentale Edison*; la *Société Géraldy-Deprez*; M. Gaston Sencier; la *Société du secteur de la place Clichy*; la *Compagnie Victor Popp*; la *Compagnie parisienne électrique*.

La création d'une usine pour l'éclairage des Halles, ayant été décidée, des soumissions avaient été présentées par M. Belleville, par MM. Weyher et Richemond, Lecouteux

et Garnier, par la *Compagnie continentale Edison*, et M. Patin. Elles ne furent pas acceptées. La ville décida d'exécuter elle-même l'usine destinée à éclairer les Halles.

L'usine municipale des Halles a été inaugurée le 1er décembre 1889. Nous en donnerons la description plus loin.

Les concessions pour l'éclairage de certains quartiers de Paris furent accordées comme il suit :

Le réseau dévolu à M. Gaston Sencier comprenait l'avenue de la Grande-Armée, l'avenue des Champs-Élysées, les rues de Rivoli, du Louvre, Montmartre, du Faubourg-Montmartre, de Châteaudun, de Londres, de Constantinople, de Rome, Cardinet et de Tocqueville.

Le secteur attribué à la *Société anonyme d'éclairage électrique du secteur de la place Clichy*, comprenait : le boulevard Pereire, la rue de Rome, le boulevard Haussmann, la rue du Havre, la rue d'Amsterdam, l'avenue de Clichy, l'avenue de Saint-Ouen, jusqu'aux fortifications.

Le secteur de la *Compagnie continentale Edison* partait de l'avenue de Saint-Ouen (porte de Saint-Ouen) et était délimité par l'avenue de Saint-Ouen, l'avenue de Clichy, la rue de Clichy, la chaussée d'Antin, les grands boulevards jusqu'à la rue de Richelieu, la place de la Bourse (côté des numéros impairs), la rue Joquelet, la rue Montmartre, les grands boulevards jusqu'à la rue du Faubourg-Saint-Denis, le commencement de la rue du Faubourg-Saint-Denis, le faubourg Saint-Denis jusqu'à la rue d'Enghien, la rue Bergère, la rue du Faubourg-Montmartre, rue Grange-Batelière, rue Geoffroy-Marie, rue Richer, cité Trévise, rue Bleue, rue La Fayette, place Cadet, rue Rochechouart, boulevard Rochechouart, rue de Clignancourt, rue Ordener et rue du Mont-Cenis.

La *Compagnie parisienne d'électricité Victor Popp* a son réseau délimité ainsi :

rues de Belleville, du Faubourg-du-Temple, place de la République, boulevards Saint-Martin, Saint-Denis, Poissonnière, Montmartre, des Italiens, des Capucines, de la Madeleine, rue Royale, rue de Rivoli (traversée), place de la Concorde, quais des Tuileries, du Louvre, de la Mégisserie, de Gesvres, de l'Hôtel-de-Ville, des Célestins, Henri IV, place Mazas, quai de la Râpée et quai de Bercy jusqu'aux fortifications.

La *Compagnie parisienne électrique* a son secteur ainsi délimité : boulevard Ornano (porte Clignancourt), boulevard Barbès, rue du Faubourg-Poissonnière, rue Notre-Dame-de-Recouvrance, rue des Petits-Carreaux, rue Montorgueil, rue Baltard, rue du Pont-Neuf, quais des Orfèvres, quai du Pont-Neuf, rue de la Cité, parvis Notre-Dame, pont d'Arcole, rue du Temple, place de la République, rue du Faubourg-du-Temple, rue de l'Entrepôt, de Lancry, des Récollets, rue du Faubourg-Saint-Martin, rue de Flandre.

Le secteur de la *Société anonyme pour la transmission de la force par l'électricité* (*procédé Marcel Deprez*) part de la porte de Clignancourt, pour être délimité par le boulevard Arnaud, le boulevard Barbès, le boulevard de Magenta, la place de Roubaix, la rue de Dunkerque, le boulevard de Denain, la rue du Faubourg-Saint-Denis, la traversée des grands boulevards, la rue d'Aboukir, la rue du Caire, le boulevard de Sébastopol, le boulevard Saint-Martin, la place de la République, la rue de la Douane, le quai de Valmy et la rue d'Allemagne.

Telle est la répartition qui fut faite par la commission du conseil municipal, à la fin de l'année 1888, aux diverses Compagnies qui avaient sollicité les concessions de l'éclairage des rues de Paris, par l'électricité. Chacune de ces sociétés se mit à l'œuvre aussitôt.

Dès le mois de juin 1889, la *Société Popp*, qui emploie l'air comprimé pour fournir la force motrice et actionner les *dynamos*, et qui fait usage de lampes à arc, avec les appareils Thomson-Houston, avait terminé l'installation de l'éclairage électrique sur les grands boulevards.

Les lampes à arc avec régulateur, au nombre de 44, sont placées à 40 mètres les unes des autres, sur les trottoirs ou sur les refuges établis au milieu de la chaussée. Une *machine dynamo* à haute tension, de 2 500 *volts* et 30 *ampères*, excitée par une *dynamo* Gramme, fournit le courant. Des fils de cuivre, enveloppés d'une toile caoutchoutée, d'une couche de gutta-percha et d'une enveloppe en plomb, forment les câbles. On a placé ces câbles dans des conduites en fonte, de 20 centimètres de diamètre.

Une somme de 200 000 francs a été allouée aux trois sociétés chargées de l'éclairage des boulevards ; ce qui donne 50 000 francs pour prix de revient du kilomètre, par an.

La force employée pour alimenter d'électricité les stations par îlots, est de 590 chevaux-vapeur, pour les lieux suivants : rue Meyerbeer, 50 chevaux ; place de la Madeleine, 50 ; rue de Bondy, 50 ; passage des Panoramas, 100 ; rue Caumartin, 150 ; boulevard des Capucines, 50 ; rue Sainte-Anne, 20, rue de Franche-Comté, 20 ; Nouvelle-Bastille, 100.

Trois stations centrales, qui étaient en formation au mois d'août 1889, utilisent : rue Boissy-d'Anglas, 2000 chevaux ; Bourse du Commerce, 2000 ; rue Dieu, 1000 ; soit 5000 chevaux, dont 1250 de réserve, pour alimenter par des accumulateurs 150 000 lampes à incandescence.

L'*éclairage municipal* comprend 40 lampes à arcs de 2000 bougies chacune, ainsi réparties : rue Royale, 14 ; place de la Madeleine, 7 ; boulevard des Capucines, 6 ; place de l'Opéra, 8.

Les théâtres et concerts utilisent : 275 chevaux-vapeur, 176 lampes à arc et 1053 lampes à incandescence.

Les hôtels : 52 chevaux et 360 lampes à incandescence.

Les journaux : 95 chevaux-vapeur ; 9 arcs et 680 lampes à incandescence.

Les cafés-restaurants : 136 chevaux-vapeur, 49 arcs et 4066 lampes à incandescence.

Les cercles : 433 lampes à incandescence.

Divers : 134 chevaux ; 55 arcs et 1317 lampes à incandescence.

Le *secteur de la Société Rothschild-Marcel Deprez* comprend, entre autres, les boulevards Ornano, Barbès, Magenta, Sébastopol, les rues d'Aboukir, du Faubourg-Saint-Denis, la place de la République et le boulevard Saint-Martin.

La distribution est faite à 128 *volts* par réseau, à deux conducteurs et *feeders* : ce qui permet de mettre deux régulateurs en tension, concurremment avec des lampes à incandescence, de grande résistance ; la perte consentie est de 1,5 *volt* dans le réseau distributeur, et 12 *volts* dans les *feeders*.

L'alimentation du réseau est faite en partie par des accumulateurs, rechargés le jour, et débitant, la nuit, en dérivation sur les machines.

Au commencement du mois d'août 1889, deux stations centrales seulement étaient en activité ; l'une, rue de Bondy, 70, et l'autre, rue des Filles-Dieu.

La station de la *rue de Bondy* desservait, au même moment, les théâtres de l'Ambigu, des Folies-Dramatiques, de la Porte-Saint-Martin et de la Renaissance. Pour cet éclairage, elle a deux machines à vapeur demi-fixes horizontales Weyher et Richemond, de 75 chevaux chacune, commandant 4 *dynamos* Desroziers de 250 *ampères* et 120 *volts* ; plus, deux machines Lecouteux, de 70 chevaux chacune, actionnant 2 *dynamos* Thury, qui débitent 500 *ampères* et 120 *volts*, à la vitesse de 375 tours, et en outre, 8 tonnes d'accumulateurs.

En vue de l'éclairage public, on a installé quatre groupes, composés chacun d'un moteur Weyher et Richemond de 140 chevaux, et d'une *dynamo* Bréguet, débitant 750 *ampères*, sous une tension moyenne de 140 *volts*, à la vitesse de 200 tours à la minute.

Des accumulateurs sont également employés pour l'éclairage public ; leur poids total est de 75 tonnes, et ils peuvent fournir un courant de 1000 *ampères*, avec 135 *volts*.

A la station de la rue des Filles-Dieu, 2 moteurs Weyher et Richemond, de 120 chevaux, actionnent chacun une *dynamo* Marcel Deprez, de 100 chevaux-électriques.

Les deux stations dont il s'agit, sont reliées à la canalisation de distribution par 13 *feeders*, dont 7 pour la rue de Bondy et 6 pour la rue des Filles-Dieu.

L'éclairage public comprenait, au commencement d'août 1889, 25 lampes à arcs, de 10 *ampères*, réparties entre la place de la République et la porte Saint-Denis. La lanterne, de verre clair, différencie seule ces candélabres de ceux de la Compagnie Edison.

L'éclairage électrique de la place du Carrousel dépendait d'abord d'une station spéciale établie par la *Société lyonnaise de constructions mécaniques*. La *Compagnie continentale Edison*, chargée aujourd'hui de ce service, a fait établir, au mois d'août 1889, une canalisation, qui relie la place du Carrousel à sa station du Palais-Royal. Les câbles traversant la place du Palais-Royal et la rue de Rivoli, sont placés dans les égouts. Ils sont isolés et sous plomb, jusqu'au guichet de Rohan ; mais de là, et tout autour de la place, les fils sont nus, et portés par des isolateurs en porcelaine. Seize lampes à arc, avec régulateur de 10 *ampères*, du système Pieper, fixées sur des potences de 6 mètres de hauteur, assurent l'éclairage.

L'éclairage électrique du palais de l'Élysée par la *Compagnie continentale Edison*, est la première installation de Paris où les *transformateurs* aient été employés pour alimenter, à distance, les lampes électriques. Une *dynamo* Zipernowsky, à courants alternatifs, fut installée dans l'usine du Palais-Royal, pour desservir les transformateurs de l'Élysée. Deux câbles en cuivre constituent la canalisation entre ce palais et l'usine ; ces câbles ont une section de 50 millimètres ; ils sont très bien isolés et fixés à la voûte des égouts.

Les *transformateurs* sont au nombre de douze ; ils sont montés en dérivation sur les deux câbles. La tension sur le circuit primaire est d'environ 1800 *volts*. Chaque transformateur alimente un circuit de distribution, sur lequel les lampes à incandescence, de 44 *volts* chacune, sont reliées, d'après le système d'Edison, à trois fils.

L'éclairage électrique comporte 2 000 lampes à incandescence ; il est installé dans les salles des fêtes et dans tous les salons du rez-de-chaussée. Les lampes sont fixées sur des lustres et sur des appliques. La fixité de la lumière est remarquable.

Puisque nous venons de citer les diverses stations centrales desservies par la Compagnie Edison, nous donnerons la description de celle du Palais-Royal.

Cette station est établie dans un sous-sol de la seconde cour du Palais-Royal, où l'on arrive par une galerie souterraine, qui débouche dans la rue de Valois. La surface qu'elle occupe est rectangulaire, et longue de 28m,65 sur 18 mètres de largeur. Elle est divisée en deux parties principales : la grande salle des machines, de 21 mètres de long et 18 mètres de large, et la salle des générateurs, qui a 6m,15 de longueur sur 18 mètres de largeur.

Cette dernière salle renferme 5 générateurs Belleville, qui fournissent 1800 kilo-grammes de vapeur à l'heure ; elle est disposée pour recevoir plus tard deux autres chaudières. L'alimentation de l'eau est procurée par trois réservoirs placés sous les constructions de la rue de Valois ; la contenance de ces réservoirs est de 158 mètres cubes. On les remplit au moyen d'un puits et d'une pompe centrifuge, actionnée par une *dynamo* Edison, ou par les conduites d'eau de la ville. La fumée des foyers s'engage dans une conduite de 24 mètres de longueur, aboutissant à une cheminée, située sur la rue de Valois, et où arrive également le tuyau de décharge de la vapeur de condensation, ce qui en active le tirage.

La salle des machines est située à l'extrémité du couloir d'accès. Elle est éclairée par un dôme vitré, et renferme les condenseurs, les machines à vapeur, les *dynamos* et le tableau de distribution. Les deux condenseurs fournissent la vapeur aux machines à vapeur, au moyen d'une conduite en V, qui permet de les alimenter ensemble ou séparément, ou de prendre, en cas d'accident arrivé à un joint, la vapeur sur une branche ou sur l'autre.

Les machines à vapeur, au nombre de 8, sont placées sur deux rangs parallèles, au milieu de la salle, deux de chaque côté. Ces machines sont du système Weyher et Richemond, à triple expansion, avec 4 cylindres, dont 2 superposés ; elles marchent à 160 tours et ont une puissance de 150 chevaux. Chaque machine à vapeur actionne directement et sans transmission intermédiaire, une *dynamo* Edison.

Les *machines dynamos*, du même type que celles de l'Opéra, fournissent, à 150 tours par minute, 800 *ampères* et 101 *volts*. Elles se trouvent derrière les machines à vapeur qui les commandent, et sont reliées, deux à deux, en tension.

La distribution du courant s'effectue par le système à trois fils ; des *feeders* partent de l'usine, et arrivent en divers points du circuit d'alimentation ; celui-ci est fermé et fait le tour du jardin.

Les câbles conducteurs sont installés dans les égouts, sur les deux grands côtés du jardin, et sur le petit côté où se trouve l'usine. Ces conducteurs sont soutenus par des sup-

Fig. 361. — Usine centrale d'électricité du passage des Panoramas, à Paris.

ports en porcelaine, fixés à la voûte. Sur le quatrième côté du jardin, où il n'y a pas d'égout, on a placé des câbles sous plomb, dans l'intérieur d'une conduite en fonte, posée dans une tranchée.

Sur le circuit d'alimentation dont il vient

d'être question, sont branchées les dérivations des abonnés. Elles se composent d'un câble sous plomb, qui aboutit à un compteur, muni de deux interrupteurs, un du côté du réseau et un autre correspondant à un tableau de distribution.

Les grands clients de la station centrale du Palais-Royal se trouvent aux extrémités du circuit; ce sont les deux théâtres du Palais-Royal et de la Comédie-Française; ensuite le conseil d'État, la cour des comptes, l'Administration des bâtiments civils et des beaux-arts, etc. L'usine doit encore éclairer, plus tard, les galeries et les arcades du Palais-Royal et des immeubles attenants.

La puissance de cette station peut être ainsi portée jusqu'à 12 000 lampes, de 16 bougies.

Parmi les usines centrales parisiennes, nous devons citer encore celle du passage des Panoramas, qui éclaire le théâtre des Variétés, ainsi que quelques cafés environnants; et celle de la cité Bergère.

La première, qui peut fournir le courant électrique à 1500 lampes à incandescence de 10 bougies a été créée par M. Lippmann, et achevée par la Société d'éclairage électrique, à laquelle elle appartient. Nous représentons cette petite usine dans la figure 361.

La station de la cité Bergère a été créée par MM. Mildé et Clerc. La Compagnie Edison participe à son exploitation.

Elle dessert actuellement environ 1400 lampes, réparties dans les premières maisons du faubourg Montmartre et dans le pâté compris entre ce faubourg et la rue Drouot, d'une part, le boulevard Montmartre et la rue Grange-Batelière, d'autre part.

Elle emploie 2 locomobiles de 60 chevaux et 4 *dynamos* Gramme; 120 accumulateurs sont destinés, en cas d'accident, à remplacer l'une des *dynamos*, de telle sorte que le service des lampes se trouve toujours assuré.

Les conducteurs sont nus : ils franchissent la rue, en passant au-dessus des maisons portés sur des isolateurs en porcelaine, par des poteaux fixés sur les toits. Les conducteurs principaux, formés d'une tresse de fils de cuivre, ont une section de 75 millimètres carrés.

L'électricité se vend aux consommateurs 16 centimes par *ampère-heure* ce qui met le prix de la *lampe-heure* de 10 bougies à 4,8 centimes l'heure. A Paris le bec de gaz d'une carcel, consommant 120 litres à l'heure, coûte 3,6 centimes. La lumière électrique est donc, ici, de 30 pour 100 plus chère que le gaz.

La *Société d'appareillage et d'éclairage électriques* est chargée de l'éclairage de la gare Saint-Lazare. Cette installation comprend : les cours de la banlieue et du départ des grandes lignes, ainsi que la rue intérieure qui les réunit; — les vestibules et sous-sols établis au niveau des cours et de la rue intérieure; — la grande salle des Pas-Perdus, au premier étage, allant de la rue de Rome à la rue d'Amsterdam; — les salles d'attente; — les quais, et les voies sous les halles couvertes, jusqu'au pont de la place de l'Europe; — enfin, les salles de bagages à l'arrivée des grandes lignes.

L'ensemble de l'éclairage de la gare Saint-Lazare est fourni par 100 lampes à incandescence, de 10 et 16 bougies, 153 lampes à arc de 40 carcels, et 18 lampes à arc de 25 carcels.

La Compagnie de l'Ouest s'est réservé le droit de faire varier le nombre et l'emplacement des lampes. Les installations de la force motrice permettent de porter aux chiffres suivants, s'il est jugé utile, le nombre des lampes indiqué plus haut :

Pour les lampes à incandescence de 10 à 16 bougies...................... 125
Pour les lampes à arc de 40 carcels..... 175
    —   — de 25 carcels..... 20

L'usine qui produit le courant, est située à la tête du tunnel des Batignolles. Trois générateurs Belleville, pouvant produire 2 000 kilogrammes de vapeur à l'heure, alimentent trois machines à vapeur Lecouteux et Garnier, de 140 chevaux, tournant à 180 tours par minute. Chacune de ces machines commande deux *dynamos* Gramme, de 450 *ampères* et 100 *volts*, groupées en tension, et montées sur des châssis tendeurs. Deux groupes suffisent à l'éclairage, le troisième est en réserve.

La canalisation entre l'usine et le poste central, se compose de câbles, de 20 centimètres de section, dont l'enveloppe varie suivant les positions successives qu'ils occupent. Depuis l'usine jusqu'au pont de la place de l'Europe, les câbles sont sous plomb, et reposent sur des supports en fer galvanisé. Au delà, jusqu'à la tête des quais, les câbles sont sous tresse de soie ou coton revêtus de caoutchouc, et maintenus par des isolateurs en porcelaine, fixés par des brides sur des supports analogues aux précédents. De la tête des quais au tableau de distribution, les câbles sont sous plomb.

La canalisation secondaire réunissant chaque lampe à arc au tableau de distribution du poste central, est faite au moyen de câbles sans tresse, d'une section de 3 à 5,5 millimètres, suivant les distances des lampes au tableau.

Parmi les lampes de 10 carcels, 43 sont à découvert; les 110 autres lampes sont abritées.

Les prix sont les suivants, par heure d'éclairage, pour chaque espèce de lampes :

1º Pour les lampes à incandescence de 10 bougies.......................... 0^{fr},05
2º Pour les lampes à incandescence de 16 bougies.......................... 0 ,05
3º Pour les lampes à arc voltaïque de 25 carcels........................... 0 ,30
4º Pour les lampes à arc voltaïque de 40 carcels........................... 0, 40

Nous terminons ce tableau des installations parisiennes d'éclairage électrique, par la description de l'usine du pavillon des Halles centrales.

Nous avons dit que l'administration de la ville de Paris n'ayant pas voulu se soumettre aux conditions des Compagnies, avait décidé de faire construire elle-même cette usine, qui a été établie en vue de fournir de la lumière électrique à la consommation privée.

L'usine est destinée à l'éclairage des Halles et du triangle formé par les rues du Pont-Neuf, de Rivoli, des Halles, et aussi des rues Coquillière, des Petits-Champs, et de l'avenue de l'Opéra, jusqu'aux grands boulevards. La chambre des machines, qui constitue l'usine proprement dite, occupe la moitié sud du sous-sol du pavillon III. Elle comprend deux groupes séparés, de types absolument différents, et qui constituent, à proprement parler, deux usines tout à fait distinctes.

La première est composée de trois machines à vapeur à triple expansion, de 150 chevaux chacune, du système vertical. Elles actionnent 6 *dynamos* Edison, assemblées deux à deux, en série, selon le procédé dit « à trois fils » et produisant un courant continu, de 220 à 230 *volts*.

Ce groupe fournit l'éclairage des Halles centrales, composé de 500 lampes à incandescence de 16 bougies, placées dans les sous-sols, et de 180 lampes de 5 et 10 *ampères*, suspendues dans les pavillons. Le même courant alimente ensuite un circuit d'éclairage particulier, qui dessert le triangle formé par les rues du Pont-Neuf, de Rivoli et des Halles.

Le second groupe agit à haute tension. Il se compose de trois machines à vapeur horizontales, de 11 chevaux chacune, actionnant trois *dynamos*, à courants alternatifs.

Ces machines envoient leur courant dans une canalisation établie rue Coquillière, rue des Petits-Champs, et avenue de l'Opéra jusqu'aux boulevards.

La puissance de l'usine municipale sera donc de 960 chevaux, dont 640 seront seuls employés, un tiers étant consacré à la réserve. Elle pourra, en dehors de l'éclairage des Halles centrales, alimenter de 1200 à 1500 lampes dans le circuit du premier groupe, et de 4000 à 5000 dans le second groupe.

L'inauguration de l'usine municipale des Halles centrales, eut lieu le dimanche 1er décembre 1889. Elle était présidée par M. Yves Guyot, ministre des travaux publics, ayant à ses côtés MM. Rousselle, président du conseil municipal, Lozé, préfet de police, plusieurs sénateurs et députés, et la plupart des conseillers municipaux.

Nous disons que la force actuellement disponible pour l'usine centrale des Halles, est de 960 chevaux-vapeur, mais l'usine est disposée pour pouvoir, au besoin, doubler cette puissance.

Nous représentons dans la figure 362 l'usine électrique des Halles, supposée ainsi augmentée, avec son plafond exhaussé, pour permettre d'embrasser par la vue tout l'ensemble de l'usine, une fois achevée.

A gauche, on voit d'abord la série des chaudières à vapeur, du système Belleville, puis le groupe des machines *dynamo-électriques* Edison et des moteurs à vapeur Weyher et Richemond. Au fond, à droite, se trouve le groupe des *dynamos* Ferranti et des moteurs à vapeur Lecouteux et Garnier.

Les chaudières à vapeur, au nombre de six, peuvent fournir ensemble 10000 kilogrammes de vapeur, par heure. Elles sont installées, ainsi que le parc à charbon et tout ce qui concerne la production de vapeur, dans les travées de la voie qui sépare le pavillon III du pavillon IV des Halles.

La cheminée, construite dans l'angle in-térieur du pavillon n° 6, a les dimensions suivantes :

Hauteur au-dessus du sol........	40 mètres.
— — du sous-sol...	43m,34
Diamètre intérieur à la base.....	3 mètres.
— — au sommet...	1m,80

Cette cheminée repose sur un sol en maçonnerie ; elle est entourée d'un cylindre de briques, qui traverse la toiture du pavillon, débouche à l'extérieur, et sert ainsi de ventilateur à la chambre des machines.

La *Compagnie continentale Edison* fournit les courants continus à basse tension. Les *machines dynamos* qui engendrent ces courants, sont au nombre de six ; elles sont actionnées, comme il vient d'être dit, par les moteurs de MM. Weyher et Richemond, et font 600 tours par minute.

Les machines à vapeur, au nombre de trois actuellement, sont du système à triple expansion. La vapeur est admise d'abord dans un petit cylindre ; puis, de là, dans un deuxième plus grand, enfin, dans deux derniers cylindres plus grands que le précédent. La vapeur, admise à la pression de 10 kilogrammes dans le premier cylindre, se détend successivement dans les suivants, jusqu'aux derniers. On arrive ainsi à utiliser la presque totalité de la force de la vapeur introduite dans le premier cylindre.

Ces machines font tourner un arbre moteur, à chaque extrémité duquel passent les courroies destinées à actionner les *dynamos* Edison, et qui est pourvu d'un régulateur à boules.

Les *dynamos* de ce second groupe sont du système Ferranti, très en faveur aujourd'hui à Londres, pour l'éclairage électrique. Ces *machines dynamos* sont au nombre de trois, à courants alternatifs, de 113000 *watts*, chacune. Elles présentent des perfectionnements très importants, au point de vue pratique. Le bâti des inducteurs s'ouvre, ce qui facilite l'examen de la machine et son nettoyage ; le graissage se fait au

Fig. 362. — L'usine centrale d'électricité des Halles de Paris, après son achèvement

moyen d'un courant d'huile continu. Elles tournent à 500 tours par minute, et sont actionnées directement par les trois moteurs Lecouteux et Garnier, du type Corliss, c'est-à-dire que les régulateurs agissent directement sur les tiroirs d'admission de la vapeur. Le graissage est fait à l'huile minérale.

Le réseau extérieur, à basse tension, est divisé en trois circuits : un triangulaire, pour le côté impair de la rue des Halles, les côtés pairs de la rue de Rivoli et du Pont-Neuf; un second, pour le côté pair de la rue des Halles, et un troisième, pour le côté impair de la rue du Pont-Neuf. Ce réseau est installé pour fournir la lumière à 1500 lampes, allumées en même temps.

Le réseau extérieur à haute tension devra entretenir près de 4000 lampes, de 60 bougies. Il n'y a que deux circuits commandés par deux *dynamos* seulement, le troisième étant réservé en cas d'accident.

Le premier circuit comprend les côtés impairs des rues Coquillière, Croix-des-Petits-Champs, des Petits-Champs, de l'avenue de l'Opéra (entre la rue Gomboust et la rue Daunou), côté impair du boulevard des Capucines et du boulevard de la Madeleine.

Le second comprend le côté pair des rues Coquillière, Croix-des-Petits-Champs, des Petits-Champs, de l'avenue de l'Opéra, le côté impair du boulevard des Capucines (de la place de l'Opéra à la rue Daunou), puis le côté pair de ce même boulevard jusqu'à la rue Caumartin.

Les câbles du réseau à basse tension extérieur, sont posés sous les trottoirs, dans des conduits en ciment, de 0^m,26 sur 0^m,30 ; ils sont soutenus sur des crochets en fonte vitrifiée, de 1^m,50 en 1^m,50. Ces crochets sont attachés sur des cadres en bois, qu'on peut facilement enlever et replacer.

Les câbles à haute tension ont été placés dans les égouts.

Des précautions spéciales ont été prises pour empêcher toute perturbation, provenant de ces câbles, dans les réseaux téléphoniques et télégraphiques.

CHAPITRE IX

LES USINES CENTRALES DANS LES DÉPARTEMENTS ET A L'ÉTRANGER.

Les usines centrales d'électricité existant aujourd'hui dans les départements français, sont au nombre de soixante environ. Nous commencerons par en donner la liste, empruntée au *Bulletin international d'électricité* du 28 avril 1890.

Ain. — Nantua : Distribution partielle d'électricité (Guitton, ingénieur). — Pont-de-Vaux : Éclairage électrique de la ville.

Allier. — Montluçon : Société anonyme d'éclairage électrique de Montluçon (Mora, directeur).

Basses-Alpes. — Manosque : Société d'éclairage électrique de la ville (40 chevaux — 95 lampes à incandescence de 16 bougies, pour les rues et 216 lampes de 16 à 20 bougies, chez les particuliers).

Ariège. — Ax-les-Bains : Usine centrale municipale, 100 lampes de ville et lampes particulières, installée par M. Brillouin, mise en marche en octobre 1888. Moteurs hydrauliques.

Ardèche. — Bourg-Saint-Andéol : Société d'éclairage électrique (Lauzan, administrateur).

Ardennes. — Rethel : Société électrique rethelaise à Sault-le-Rethel (Gauson, directeur).

Aveyron. — Espalion : Éclairage électrique de la ville (Lamy et Cie).

Marseille. — Station de la rue du Pavillon (250 chevaux); Compagnie du gaz de Marseille ; Station de la rue Curiol, 23 (200 chevaux, M. Gilbert, administrateur).

Charente-Inférieure. — Marennes : Usine

d'éclairage électrique (Guitton, ingénieur).

Charente. — Angoulême : Usine centrale, 300 lampes moteurs à vapeur, mise en marche en janvier 1888, — montée par M. A. Brillouin, a été cédée en février 1890 à la Compagnie du gaz. Installation de 1000 lampes en montage (A. Brillouin, ingénieur-conseil).

Cher. — Vierzon-Ville : Usine d'éclairage électrique (Guitton, ingénieur).

Côte-d'Or. — Dijon : Usine d'éclairage électrique (De Brancion, ingénieur).

Creuse. — Bourganeuf : Éclairage électrique, usine de Nisme (Marcel Deprez, ingénieur).

Dordogne. — Périgueux : Usine électrique (Guitton, ingénieur). — Montpont : Éclairage électrique (Guitton, ingénieur).

Drôme. — Dieulefit et Valréas : Desservies par l'usine centrale d'électricité de Bécone (Lombard-Guérin, directeur).

Finistère. — Châteaulin : Usine d'éclairage électrique (Lamy et Cⁱᵉ).

Gard. — Lasalle : Éclairage électrique municipal. — Valleraugues : Éclairage électrique de la ville (Lamy).

Haute-Garonne. — Toulouse : Société toulousaine d'électricité, quai Saint-Pierre, 10.

Gironde. — Bordeaux : Usine d'éclairage électrique partiel, rue Sainte-Colombe, 24 (Société Edison).

Indre-et-Loire. — Tours : Compagnie d'éclairage électrique.

Isère. — Grenoble : Éclairage électrique de la ville, 900 lampes. — Usine d'éclairage électrique.

Jura. — Nantua : Station d'éclairage électrique.

Loir-et-Cher. — Saint-Aignan : Station centrale d'éclairage électrique.

Loire. — Saint-Étienne : Usine centrale d'électricité (200 chevaux, Société Edison et Cⁱᵉ).

Lozère. — Mende : Station centrale d'éclairage électrique (Lamy et Cⁱᵉ).

Manche. — Saint-Hilaire-du-Harcouët : Usine hydraulique d'éclairage électrique (Lamy et Cⁱᵉ).

Marne. — Reims : Usine d'éclairage électrique.

Meurthe-et-Moselle. — Nancy : Compagnie nancéenne d'éclairage électrique.

Meuse. — Verdun : L. Couten et Duhamel.

Morbihan. — Hennebont : Éclairage électrique de la ville (Bonfante, directeur).

Nord. — Cambrai : Usine centrale d'éclairage électrique.

Oise. — Compiègne : Station d'éclairage électrique, rue Pierre-Sauvage.

Orne. — Domfront : Éclairage électrique de la ville.

Basses-Pyrénées. — Pau : Station centrale électrique (Brillouin et Cⁱᵉ). — Oloron : Éclairage électrique de la ville d'Eaux-Bonnes, rue Chanzy, 32. — Pau : Usine centrale. Éclairage particulier et municipal, monté par M. A. Brillouin, concessionnaire, en janvier 1888. Force motrice à vapeur 1500 lampes. Mise en Société en mai 1889, sous le nom de Société électrique des Pyrénées. Installation hydraulique complémentaire en cours d'exécution. — Nay : Usine de 1500 lampes en montage. (A. Brillouin, concessionnaire.) Force hydraulique.

Hautes-Pyrénées. — Argelès : Usine centrale, éclairage municipal, éclairage des particuliers, etc. A. Brillouin, montée en juillet 1887, avec vapeur ; installation hydraulique en cours d'exécution. — Argelès : Usine d'éclairage électrique (Brillouin et Cⁱᵉ).

Pyrénées-Orientales. — Perpignan : Usine d'éclairage électrique, rue des Abreuvoirs (Lamy et Cⁱᵉ).

Rhône. — Lyon : Station centrale, rue de Savoie, 7 (Compagnie du gaz). Compagnie lyonnaise d'éclairage électrique de la ville (600 chevaux).

Sarthe. — Le Mans : Usine d'éclairage électrique (Compagnie du gaz Seguin). Société générale d'électricité du Mans fondée en mai 1887, reprise par M. A. Brillouin en juin 1889, 500 lampes.

Savoie. — Modane : Usine d'éclairage électrique (Fardel, directeur).

Haute-Savoie. — La Roche-sur-Foron : Usine d'éclairage électrique (Garnot).

Seine-Inférieure. — Rouen : Usine d'éclairage électrique (100 chevaux), rue Lafayette, 87 ; Société normande d'électricité, rue du Petit-Salut, 14. — Le Havre : Usine d'éclairage électrique (Mildé et Cie).

— Société normande d'électricité, fondée en octobre 1888 par MM. L. Lelordier et A. Brillouin, suite de L. Lelordier. Force motrice à vapeur de 300 chevaux, 2400 lampes.

Vaucluse. — Pertuis : Usine d'éclairage électrique de la ville.

Vendée. — La Roche-sur-Yon : Usine d'éclairage électrique (50 chevaux).

Haute-Vienne. — Limoges : Usine d'éclairage électrique, carrefour Tourny (Lamy et Cie).

Yonne. — Saint-Fargeau : Éclairage électrique de la ville (Luneau et Plagneux).

Algérie. — Milianah : Éclairage électrique de la ville (Galli et Dalloz). — Orléansville : Éclairage électrique de la Ville (Galli et Dalloz) (1).

Après cette liste générale, nous donnerons quelques détails sur les usines centrales d'électricité de France, qui présentent le plus d'intérêt.

L'usine centrale d'électricité de Tours, inaugurée en 1886, a fait la première application, en France, des transformateurs Gaulard et Gibbs. Elle a une capacité de 3500 lampes, de 16 bougies, mais qui ne sont pas toutes employées.

(1) Ainsi que l'on peut s'en rendre compte en parcourant cette liste, plusieurs usines à gaz fournissent simultanément, avec le gaz, la lumière électrique.

La force motrice est fournie à deux *dynamos* Siemens, par deux machines à vapeur Weyher et Richemond, de la force de 100 et de 150 chevaux, fournissant des courants alternatifs de 66 *ampères*.

L'usine est établie sur la place du Palais de Justice. Deux réseaux suivent la rue Royale ; chacun d'eux dessert un côté de cette rue, et est alimenté par une machine dynamo de l'usine.

La longueur totale de chaque réseau, aller et retour, est de 170 mètres. Les conducteurs en cuivre ont un diamètre de 7,5 millimètres. Ils sont isolés et renfermés dans une conduite en béton, qui est placée sous les trottoirs de la rue.

Les *conducteurs principaux* amènent le courant à quatre groupes de transformateurs Gaulard et Gibbs, reliés au centre de la zone qu'ils ont à éclairer, et établis sur le circuit principal.

Les réseaux secondaires qui partent de chaque groupe de transformateurs servent à alimenter les lampes au moyen de câbles de cuivre placés sous terre pour toutes les maisons de la rue Royale, et élevés en l'air pour les immeubles des rues adjacentes.

La longueur de chaque réseau secondaire ne dépasse guère 350 mètres.

Les lampes installées chez les abonnés, sont du système Swann, sur un réseau, et du système Woodhouse et Rawson, sur l'autre.

Les abonnés payent leur éclairage à raison de 3 francs 50 par mois et par lampe de 16 bougies.

L'usine centrale de Saint-Étienne (Loire) a été créée en 1885. Elle est située au centre de la ville, dans une cour de 300 mètres carrés. La vapeur est fournie par 4 chaudières, à foyer intérieur, du genre Farcot. Les machines à vapeur, au nombre de 4, sont du système *compound*, à la pression de 6 kilogrammes. Chaque moteur développe une force de 180 chevaux. Les ma-

chines dynamos sont au nombre de 7, du type Edison.

Le réseau de conducteurs sur lequel sont branchées les lampes, a un développement total de près de 5000 mètres.

L'installation de l'ensemble de l'usine a coûté environ 50 000 francs, somme qui a permis d'établir 5500 lampes, et de disposer de l'excès de vapeur pour distribuer de la force aux ateliers de la ville.

Dans une séance du mois d'avril 1890, de la *Société de l'industrie minérale de Saint-Étienne*, un ingénieur, M. Clermont, a résumé une étude faite en collaboration avec M. Cernesson, sur l'utilisation des forces naturelles de la région de Saint-Étienne. Il ressort de ce travail que les cours d'eau voisins pourraient fournir à un prix très modéré la force motrice nécessaire à l'industrie privée, et à l'éclairage de toute la ville de Saint-Étienne.

Nous avons déjà signalé l'usine centrale de Bourganeuf, comme un curieux exemple de l'utilisation des forces hydrauliques, pour la production de la lumière électrique. Cette usine, créée en 1885, fournit, en outre des 60 lanternes municipales, le courant à l'éclairage entier de la mairie, avec 20 lampes, celle de l'église, avec 7 lampes, et ceux des cafés, hôtels, magasins, etc., avec environ 100 lampes allumées.

Le moteur de cette usine est une chute d'eau, actionnant une roue, de 5 mètres de diamètre, qui fait 6 tours par minute. La chute a 11 mètres de hauteur, et un débit minimum de 250 litres par seconde. La *dynamo* tourne à 450 tours par minute.

Les fils conducteurs sont tendus en l'air. Ce sont des fils de cuivre posés sur des isolateurs ; leur développement, aller et retour, est de 3500 mètres. Le câble principal a 850 mètres de longueur, et 8,5 millimètres de diamètre.

Les lampes sont du système Woodhouse et Rawson, de 10 bougies chacune.

A la Roche-sur-Foron (Haute-Savoie), l'éclairage public est obtenu par 20 lampes Edison. Il doit fonctionner tout l'hiver, de quatre heures du soir à sept heures du matin, et l'été aux heures déterminées par un règlement municipal. La lumière est payée par la ville, 3000 francs par an.

L'éclairage privé comprend 300 lampes à incandescence Edison de 8,10, 16 et 32 bougies.

La force motrice est une chute d'eau, de 17 mètres, actionnant une turbine Girard, qui agit sur la *machine dynamo* en produisant 45 chevaux-vapeur.

La conduite de distribution est constituée par un câble principal, à section décroissante à partir de la machine.

Le câble, de 4000 mètres de développement, est aérien, et par conséquent, nu. Il se compose de fils de 3 millimètres, de 240 millimètres carrés de section. Il est porté par des poteaux, munis d'isolateurs. Les fils conduisant le courant aux lampes des particuliers, sont en cuivre, recouverts d'un isolant, que protège une gaine de plomb. Ils sont fixés sur des viroles en porcelaine et pourvues de coupe-circuits de sûreté et d'interrupteurs.

Dans les départements de la Drôme et de Vaucluse, deux petites villes, Dieulefit et Valréas, ont fait construire une station centrale d'éclairage électrique. L'usine, commune à ces deux localités, est à Béconne (Drôme), à une distance de 8 kilomètres de Dieulefit et de 15 kilomètres de Valréas. Elle est mue par une chute d'eau, empruntée, au moyen d'un canal de dérivation, à la petite rivière du Lez, dont le débit minimum est de $0^{m3},5$ par seconde. Le canal amène les eaux à un réservoir de 20 000 mètres cubes, formé d'une dépression naturelle, que l'on a barrée au moyen d'une digue empierrée. Le radier est de 24ᵐ,50 au-dessus des turbines, qui sont au nombre de deux, l'usine étant installée de manière à en mettre en action une troisième si cela devient nécessaire.

Ces turbines font 182 tours par minute, et développent 50 chevaux-vapeur ; elles actionnent trois *dynamos* Zipernowsky, à courants alternatifs, de 24000 *watts* chacune (2000 *volts* et 12 *ampères*), construites par la *Compagnie continentale Edison*. Une de ces machines sert pour le circuit de Dieulefit, une autre pour celui de Valréas, la troisième est en réserve.

Ces localités sont reliées aux *dynamos* par deux lignes aériennes. Le réseau secondaire de Dieulefit est unique; mais pour Valréas il a fallu trois groupes de transformateurs, formant autant de réseaux secondaires séparés.

L'éclairage public est produit par des lampes Edison-Swann, de 16 bougies ; quant à celui des particuliers, chacun a fait établir le système qu'il préfère.

Le prix de revient est d'environ 2 centimes par *lampe-heure*, de 16 bougies, soit le dixième de ce qu'aurait coûté le pétrole pour la même quantité de lumière. L'usine n'exige que deux personnes. Un seul employé est attaché au service de chaque ville, et il n'est occupé que quelques heures par jour.

L'éclairage électrique a été inauguré à Saint-Hilaire-du-Harcouët (Manche) le 5 mai 1889.

L'usine, installée à Vauroux, à 4 kilomètres, utilise une chute d'eau, pour produire la force motrice. Une *machine dynamo* Thury, pouvant donner 600 *volts* et 17 *ampères*, est mise en action par deux roues hydrauliques accouplées. Aux quatre coins de la ville, sont des batteries d'accumulateurs, qui reçoivent le courant de charge, pendant 16 heures.

C'est l'aiguille de l'horloge de la mairie qui, par son mouvement sur le cadran, allume et éteint à l'instant donné les lanternes municipales, lesquelles reçoivent directement le courant des accumulateurs.

A Montluçon (Allier), l'éclairage électrique des rues a été installé pour 600 lampes. L'installation comprend une machine à vapeur, d'une puissance maxima de 60 chevaux, et 2 *machines dynamos*, de 30 lampes chacune. La machine à vapeur actionnant les *machines dynamos* est horizontale, à condensation et à détente variable.

Le vapeur est fournie par une chaudière horizontale, à corps principal cylindrique tubulaire, et à 2 réchauffeurs latéraux. La consommation de charbon, pour une marche de 7 heures, est de 480 kilogrammes, le nombre des lampes allumées étant de 300. Les *machines dynamos* sont à courant continu, du type Edison, disposées en dérivation. Pour une vitesse de 950 tours, elles développent une force électromotrice de 105 *volts*. Chaque *machine dynamo* est munie d'un régulateur, d'un *ampèremètre* et d'un *woltmètre*. Les lampes sont à incandescence de 16 bougies, disposées sur trois réseaux reliant la station centrale à 3 postes, distants de 500 à 600 mètres. Les câbles, en cuivre, sont composés de 3 torons de 12 fils, de 2 millimètres de diamètre.

Quelques habitants de Cuxac (Aude) ont pris l'initiative d'utiliser une chute d'eau pour éclairer leur ville au moyen de l'électricité.

Une turbine, de la puissance de 40 chevaux-vapeur, actionne deux *machines dynamos* Gramme. La canalisation entre l'usine et la ville, est aérienne, et se compose de deux câbles, de 70 millimètres carrés de section, et d'un fil compensateur, de 20 millimètres carrés de section, devant alimenter les lampes-témoins de l'usine.

Une batterie d'accumulateurs, de 116 éléments, en dérivation sur le circuit principal, est gardée en réserve. La station peut desservir un maximum de 250 lampes, de 16 bougies ; et l'éclairage public est fourni par 50 lampes de 16 bougies, et 10 lampes de 10 bougies. La ville paye 3000 francs par an pour l'éclairage municipal.

Une station centrale d'électricité a été installée à Lyon, par la Compagnie du gaz. Elle dessert deux théâtres et quelques grands établissements. Des dispositions ont été prises pour satisfaire plus tard, les demandes des nouveaux clients ; on a installé 5000 lampes nouvelles.

Nous passons aux usines centrales existant à l'étranger.

D'immenses usines, peu nombreuses, établies pour distribuer la lumière dans une grande ville, ont paru aux autorités de Londres le meilleur système d'éclairage par l'électricité, de préférence à de nombreuses petites usines. Ce système a été appliqué par un ingénieur italien établi à Londres, M. de Ferranti.

La *London Supply Corporation* a créé à Deptford une usine plus considérable que celle de Grosvenor Gallery, qui existait déjà en 1884, et qui éclairait avec 33 000 lampes.

La station centrale, qui occupe un espace d'un hectare et demi, est située sur le bord de la Tamise, à côté des bâtiments de la *Compagnie de navigation* de Deptford. Les chaudières sont disposées dans le sens du fleuve, et de façon à pouvoir augmenter facilement leur nombre. La houille, amenée sur le quai, est hissée dans des paniers mus par une grue hydraulique, et conduite par un tramway aérien aux soutes à charbon, situées au sommet de l'édifice. Les nouveaux bâtiments que l'on construit, comprennent une chaufferie et deux salles de machines, occupant 64 mètres sur 60 mètres, avec 30 mètres de hauteur.

Le câble conducteur est formé de tubes concentriques, ayant la même section totale de 380 millimètres carrés ; le tube intérieur a $4^{mm},7$ d'épaisseur et celui de l'extérieur $12^{mm},3$. Entre ces deux tubes se trouve un espace de $12^{mm},6$, rempli d'une matière isolante fortement comprimée, coûtant 50 centimes le kilogramme. Cet isolant est placé sur le tube intérieur ; le tube extérieur est introduit par-dessus, et on exerce sur lui une forte pression, pour en former une masse compacte. Ce câble doit être posé par longueurs de 6 mètres, reliées par un joint à un raccord, à l'instar des canalisations de gaz. Il a un diamètre total de 60 millimètres. La perte totale de potentiel, depuis la machine jusqu'aux lampes, est inférieure à 3 pour 100.

Pour conduire le courant de la station centrale aux points de distribution dans la ville, on a eu l'idée d'utiliser les lignes des Compagnies de chemins de fer qui parcourent le sud de Londres ; en sorte que les conduites de câbles iront de Cannon Street à Kensington, pour continuer leur parcours après les fins de ligne. Deux câbles conducteurs ont pour buts : Cannon Street, Ludgate-Hill et Charing Cross, stations de distribution. Celles-ci sont constituées par un bâtiment, avec cave et grenier, aux gares terminant la voie ferrée, et dans lequel aboutissent les extrémités du câble primaire, lesquelles sont attachées à un transformateur, placé aussi dans le bâtiment.

Les *machines dynamos* employées par M. de Ferranti, ne diffèrent que par des détails de construction, des machines Siemens à courants alternatifs ; mais leurs dimensions sont colossales. L'armature des petites machines a $3^m,60$ de diamètre, avec une hauteur totale de $4^m,50$. Les grandes machines comportent $13^m,60$ de hauteur, avec un poids de 500 tonnes chacune !

L'électricité fournie doit être mesurée au

compteur. Chaque maison aura son compteur, contenu dans une boîte de petites dimensions. La consommation d'énergie électrique sera indiquée sur des cadrans, comme dans un compteur à gaz.

En résumé, Londres sera bientôt entièrement éclairé à l'électricité. Depuis 1888, dans les principales rues de la Cité et sur les ponts, le nouvel éclairage avait été essayé; malheureusement le prix de revient était trop élevé, et les premières compagnies qui s'établirent éprouvèrent de grosses difficultés financières. Un acte du Parlement, en 1889, a levé les obstacles qui empêchaient Londres de posséder la lumière électrique. Plusieurs grandes compagnies ont alors été fondées, avec un capital de 3 millions de livres sterling (75 millions de francs environ). Elles ne doivent pas se faire concurrence; on a dévolu à chacune d'elles un certain nombre de quartiers, auxquels elles devront distribuer l'électricité.

La *London Electric Supply Corporation* a installé son usine à Deptford. Cet établissement est dirigé par M. de Ferranti, qui a beaucoup contribué à l'amélioration des machines dynamo-électriques destinées à fournir la lumière, et s'est occupé des moyens de la distribuer facilement aux abonnés. La compagnie alimentera deux millions de lampes.

Ainsi que nous l'avons dit, la même Compagnie avait commencé par éclairer, en 1884, Grosvenor Gallery. Elle reçut alors différentes propositions des commerçants voisins, qui lui demandaient de leur fournir la lumière. Elle accepta de prendre ces nouveaux abonnés, et dut, en conséquence, augmenter son travail. Comme les demandes devenaient de plus plus nombreuses, la compagnie s'étendit et changea de nom et de local.

La construction des grandes usines de Deptford, avec leurs puissantes machines, a commencé au mois d'avril 1888. Voici ce que disait à ce sujet, le président de la Compagnie, en 1890 :

« Depuis 1888, nous avons travaillé nuit et jour. Aujourd'hui nous avons élevé une immense galerie et nous possédons des machines et des *dynamos* de la force de 3 000 chevaux. Deux autres machines et *dynamos* en construction sont de la force de 5000 chevaux chacune. Quand nous avons voulu construire ces machines, nous nous sommes adressés à la maison Krupp en Allemagne, au Creusot en France; aucun de ces établissements ne pouvait nous les livrer avant trois ans. Comme nous ne pouvions attendre cette époque, nous nous sommes décidés à construire nous-mêmes les machines dont nous avions besoin, et dans un an nous avons terminé notre installation. Jamais on n'avait construit de *dynamos* aussi grandes. Le tour employé pour façonner le grand arbre de couche, et de la taille de ceux qui servent à fabriquer les canons de 100 tonnes. Les arbres de couche ont 0m,90 de diamètre et pèsent 70 tonnes avant d'être tournés; ce sont les fontes d'acier les plus importantes qui aient jamais été faites en Écosse. L'armature des *dynamos* mesure 4 mètres de diamètre. Actuellement, les *dynamos* actionnées à Deptford alimentent 25 000 lampes et les *dynamos* en construction alimenteront cent mille lampes chacune. Ces nouvelles dynamos sont arrangées de façon qu'au moment où les demandes arrivent nous puissions les accoupler à deux machines de 5000 chevaux chacune; de cette façon chacune d'elles pourra alimenter 200 000 lampes au lieu de 100 000.

Nous n'employons pas de câbles pour distribuer l'électricité, mais un tube de cuivre, entouré d'un enduit isolant. Un second tube de cuivre recouvre cet enduit; ce tube est parcouru par le courant de retour; il est lui-même recouvert d'une couche isolante, et placé dans un tube de fer. De cette façon, nos conducteurs peuvent échapper aux chances de rupture, et nous n'aurons pas besoin de les enfermer dans des enduits spéciaux; il nous suffira de les enterrer. Le tube de fer est en fer, épais de 0m,005 environ; il est suffisamment flexible pour se recourber à angle droit sans se briser et en même temps assez résistant pour supporter sans s'écraser une forte charge. Tous les 6 mètres, il y a joint entre les tubes, et c'est à ces joints que l'on reliera les abonnés. Ce système de conducteurs ne présente aucun danger; on peut toucher impunément le tube de cuivre extérieur qui est relié à la terre Le courant primaire a une force électromotrice de 100 000 *volts*; cette tension n'avait jamais été atteinte jusqu'ici dans les applications électriques. »

La *Metropolitan Electric Supply Com-*

Fig. 363. — Machine dynamo-électrique Edison, employée dans les stations centrales de New-York.

pany avec ses six stations (Sardinia Street; Rathbane Place; Whitehall; Manchester Square; Waterloo Wharf et Greenmore Wharf) représente un capital de un demi-million de livres sterling. Ses six stations alimenteront 30 000 lampes.

Viendront ensuite d'autres compagnies, chargées de distribuer l'électricité aux différents quartiers de Londres.

Quant au coût de cette lumière, il est fixé par un acte du Parlement, à 0ᶠ,75 le *kilowat*, prix équivalent à celui du gaz, payé 0ᶠ,20 le mètre cube. L'installation des conduites dans une maison en construction n'est pas plus dispendieuse que celle du gaz, et

dans les maisons anciennes, la dépense à faire n'est pas énorme : les compagnies comptent pouvoir établir les appareils pour 50 francs.

L'éclairage électrique en Belgique. — Dans sa séance du 25 mars 1889, le conseil communal de Bruxelles a adopté le programme dont voici les principales clauses, pour la distribution de l'éclairage électrique à Bruxelles.

La ville de Bruxelles recevra une distribution d'électricité par canalisations souterraines, pouvant fournir de la lumière, de la force motrice et au besoin des courants utilisables pour d'autres applications.

On organisera, comme première installation, le service d'au moins 10 000 lampes, de 16 bougies.

La concession aux entrepreneurs sera au maximum de dix-huit ans.

L'éclairage électrique de la *Société des Houillères unies* a été inauguré en Belgique, au mois de mars 1889. M. Julien Dulait, ingénieur, est arrivé à d'excellents résultats, dans le bassin de Charleroi.

La *Société belge d'éclairage* a organisé, à Gand, une station centrale d'électricité pour l'éclairage privé. Mais la Compagnie du gaz ayant le monopole de l'éclairage, toute lumière autre que la sienne ne peut être distribuée que dans des immeubles limités.

La Société conduit à ses frais le câble jusqu'au seuil de l'habitation de l'abonné, et celui-ci paye son installation intérieure.

La *Société belge d'éclairage* emploie le système de distribution Tudor, par accumulateurs.

L'éclairage électrique en Allemagne. — Les principaux établissements électriques de Berlin sont ceux des *Usines d'électricité de Berlin*, dont le cercle d'action comprenait, au commencement de 1889, presque tous les quartiers intérieurs. La rue principale de la ville, *Sous les Tilleuls*, a vu son éclairage électrique établi en 1888. Les deux nouvelles stations centrales qui ont été installées, et l'agrandissement des deux stations qui existaient, ont donné, depuis, une importance considérable à l'éclairage de Berlin.

Le 30 mai 1889, on inaugurait l'éclairage électrique à Marienbad, en Allemagne. Le courant est fourni par quatre *dynamos Zipernowsky*, à courants alternatifs et à excitation séparée. Ces machines ont une vitesse de 500 tours par minute; elles produisent chacune 50 000 *watts*, et absorbent une force de 80 chevaux-vapeur. Des machines à vapeur les actionnent; elles sont excitées par 3 *machines dynamos*, à courants continus,

lesquelles donnent 3000 *watts*. L'usine est éloignée de 2 kilomètres, et le courant est conduit par des canalisations aériennes, supportées par des poteaux en bois. Des cages en fer posées sur ces poteaux, renferment les transformateurs; 60 lampes à incandescence sont employées pour l'éclairage public. L'éclairage privé emploie 1800 lampes à incandescence, et 48 régulateurs.

Le Dr Volt, président de la *station électrotechnique d'essai*, à Munich, a présenté à l'assemblée générale de l'*Union polytechnique* un rapport signalant les progrès sans cesse croissants de l'éclairage électrique dans cette ville.

Neuf Sociétés d'électricité, dont trois sont intéressées à l'entreprise municipale, ont établi, pour l'éclairage de Munich et de ses environs, 116 installations, comprenant 588 lampes à arc, et 23 231 lampes à incandescence, dont 4900 pour les trois théâtres royaux.

D'après les communications statistiques de M. Diehl, Munich, en 1885, comptait 30 établissements d'éclairage électrique, alimentant 133 lampes à arc et environ 3 770 lampes à incandescence. En évaluant l'intensité lumineuse d'une lampe à arc à 900 bougies normales, et celle d'une lampe à incandescence à 16 bougies, on arrive à une somme de 99 700 bougies, pour les lampes à arc et de 60 320 bougies pour les lampes à incandescence, soit à un total général de 160 020 bougies.

Il en résulte que, de 1885 à 1888, la quantité de lumière fournie par l'électricité, s'est élevée, à Munich, de 160 020 à 900 896 bougies.

A Erfurt, la *Compagnie continentale allemande*, propriétaire de l'usine à gaz de cette ville, a conclu un traité pour l'éclairage à l'électricité, au moyen de *machines dynamos* actionnées par des moteurs à gaz.

A Francfort-sur-le-Mein, la Compagnie du gaz a installé une petite usine électrique, à titre d'essai, pour l'éclairage de 12 lampes à arc et de 250 lampes à incandescence, au moyen d'accumulateurs.

A Elberfeld, une usine centrale a été créée, pour alimenter 3000 lampes à incandescence. On se propose de porter ce nombre à 10000. MM. Siemens et Halske, de Berlin, concessionnaires de cette entreprise, disposent de 7 machines à vapeur et de 14 *machines dynamos*, qui seront installées au fur et à mesure des besoins.

A Hambourg, à Lübeck, à Brême et à Leipzig, l'installation de l'éclairage public par l'électricité, est chose décidée.

A Cologne, on a établi une station centrale, alimentant 3000 lampes à incandescence, au moyen de moteurs à gaz.

A Magdebourg, les autorités municipales exploitent l'éclairage électrique pour leur propre compte.

A Francfort-sur-le-Mein, une commission a été instituée, pour mettre à l'étude l'adoption de l'éclairage électrique dans la ville.

En résumé, soixante villes allemandes possèdent actuellement des installations privées ou centrales d'éclairage électrique, comprenant 4000 foyers à arc, et 60 000 lampes à incandescence, et exigeant une puissance mécanique totale de 15 000 chevaux.

Dans une conférence faite en mai 1890, à la *Société des ingénieurs et architectes d'Autriche*, le professeur Englender a fait la description des usines centrales existant à Vienne. Elles sont au nombre de quatre :
1° La station centrale de l'*Imperial Continental Gas-Association*, construite pour l'éclairage des deux théâtres de la Cour ; 2° la station centrale de la maison Siemens et Halske ; 3° la station centrale de la *Compagnie d'électricité de Vienne* ; et 4° la station centrale de *la Compagnie d'électricité internationale* (Ganz et Cie), près du pont Kronprinz-Rudolph, sur le Danube.

La première de ces stations est une section de la Compagnie du gaz ; la deuxième appartient à une maison de commerce ; la troisième et la quatrième sont des entreprises de Sociétés par actions.

La station centrale de la *Gas-Association* emploie des machines dynamo-électriques du système Crampton.

Les chaudières ont 1056 mètres carrés de surface de chauffe. Le service d'éclairage est assuré par huit machines à vapeur *compound*, trois de 170 chevaux, cinq de 120 chevaux. Pour le service de jour, deux machines à vapeur seulement fonctionnent pour charger les accumulateurs ; le soir, on leur adjoint une troisième machine.

Le chargement des accumulateurs se fait à 150 *volts*, la décharge à 100 *volts*.

Les machines à vapeur de cette station ont des cylindres superposés, et s'échauffent très fortement ; mais en raison du grand nombre des machines de rechange, le service n'est pas interrompu ; en outre, elles ne tournent qu'à 350 tours, au lieu de 450.

A l'Opéra de Vienne, il y a environ 5500 lampes à incandescence ; au Nouveau Burgtheater, environ 5000, soit un total d'environ 10 000 lampes à incandescence, de 13 à 32 bougies. La canalisation est à conduite double, et les câbles sont en cuivre. La recherche de l'eau d'alimentation a présenté de grandes difficultés, attendu que l'on n'a pu en trouver même à 300 mètres de profondeur. Actuellement on la prend au quai François-Joseph, et on la recueille dans des réservoirs ; elle est épurée à la station centrale.

La *station centrale Siemens* est avantageusement située au centre de la ville, mais aussi très resserrée, et enfoncée dans un coin, sans chemin praticable pour les matériaux de chauffage. La machinerie comprend, provisoirement, deux machines à vapeur *compound*, à haute pression, de 200 chevaux, et une machine *compound* à haute pression, de 400 chevaux.

Après l'achèvement des travaux, cette station centrale possédera sept machines à vapeur de 200 chevaux, cinq de 400 chevaux, et des chaudières avec une surface de chauffe de plus de 2500 mètres carrés.

Les *machines dynamos* sont du système Siemens et Halske. On espère que, quand on aura placé dans la station centrale des machines de 2500 chevaux, il sera possible d'alimenter directement environ 30 000 lampes à incandescence, et en se servant d'accumulateurs, environ 100 000 lampes. La maison Siemens et Halske, malgré la récente création de cette station, alimente déjà environ 6500 lampes à incandescence et beaucoup de lampes à arc.

Les clients les plus importants sont le Théâtre populaire allemand, le Jockey-Club, les établissements de crédit, la Société de Banque, la Caisse d'épargne, Haas et fils, Sacher, le Stephanskeller, etc.

La station centrale de la *Compagnie d'électricité* est située entre deux grandes artères de communication. Elle possède actuellement cinq chaudières, deux machines à vapeur à 200 chevaux et une à 400 chevaux. Les machines à vapeur en fonction sont des machines *compound*, sans condensation, avec des cylindres juxtaposés à haute et moyenne pression, qui agissent sur un axe commun à double coude.

La station centrale en construction de la *Compagnie d'électricité internationale*, tant par la puissance des machines que par la grandeur de son secteur, est la plus importante ; elle travaille avec les courants alternatifs, d'après le système Zipernowsky-Déry.

L'hôtel de ville de Vienne est aujourd'hui éclairé en entier par l'électricité. Les travaux, commencés en 1885, ont été terminés en 1890.

Stations centrales de l'Italie. — La station centrale de Milan est la plus ancienne, et de beaucoup la plus importante de l'Italie, et on peut ajouter de toute l'Europe. L'usine est située dans le quartier de Sainte-Cunégonde. Elle commença par éclairer, à titre d'essai, le théâtre dal Varme, distant de 150 mètres de l'usine, et cet essai ayant réussi, l'usine fut définitivement construite pour l'éclairage des principaux édifices, ainsi que des rues et places de Milan.

L'usine de Sainte-Radegonde alimente plus de 10 000 lampes à incandescence, et plus de 100 lampes à arc, qui se distribuent, sans parler de la voie publique, à l'Hôtel de Ville (196 lampes à incandescence et 57 lampes à arc), au théâtre de la Scala (2566 lampes à incandescence et 12 lampes à arc) ; — au théâtre Manzoni (371 lampes à incandescence) ; — au théâtre Philodramatique (263 lampes à incandescence et 1 lampe à arc) ; — à l'hôtel Continental (473 lampes à incandescence) ; — à l'hôtel de Milan (238 lampes à incandescence) ; — aux cercles (334 lampes à incandescence) ; — aux cafés, brasseries, restaurants (859 lampes à incandescence et 11 lampes à arc) ; — aux magasins (1340 lampes à incandescence et 20 lampes à arc) ; — aux imprimeries (405 lampes à incandescence) ; — aux banques (610 lampes à incandescence) ; — aux appartements (104 lampes à incandescence) ; — à l'usine électrique (118 lampes à incandescence).

Le réseau des conducteurs est formé de câbles de cuivre, de 93 millimètres carrés de section, qui s'étendent sous le pavé des rues.

Le courant est distribué à ce réseau par des conducteurs principaux, de 250 à 600 millimètres carrés de section. Ces conducteurs, partant de l'usine, y recueillent le courant des *machines dynamos*, et le portent aux brûleurs.

Les prix sont ainsi fixés :

Pour une lampe de 10 bougies, 22 francs par an, plus 0 fr. 027 par heure d'éclairage.

Pour une lampe de 16 bougies, 35 francs

par an, plus 0 fr. 04 par heure d'éclairage.

En supposant 1000 heures d'éclairage par an, la lampe de 10 bougies revient ainsi à 50 francs, et celle de 16 bougies à 75 francs, pour une année.

Une usine centrale d'électricité a été établie à Rome, par la Compagnie du gaz. Cette station disposait d'abord d'une force de 2700 chevaux, pour éclairer la ville. L'énergie électrique atteint maintenant la puissance de 4400 chevaux, grâce à l'utilisation des chutes d'eau de Tivoli, éloignées de Rome de 30 kilomètres, et que l'on transmet par des *machines dynamos* et des fils de section convenable. Cette seconde usine a été organisée par la maison Ganz. La distribution est opérée d'après le système Zipernowsky; les courants sont alternatifs et à haute tension; les transformateurs sont placés aux différents centres d'alimentation.

Les usines centrales en Espagne. — Au commencement de 1889, on inaugurait, en Espagne, la station centrale de Durango, province de Bilbao. Cette station comprend l'éclairage des voies publiques de cette petite ville, par 300 lampes à incandescence.

Il en sera de même pour les villes de Cestona, Azpertia et Azcortia, province de Guipuzcoa, où l'on peut disposer d'une grande force hydraulique.

On projette aussi la formation d'une station centrale à Orense.

Les usines centrales aux États-Unis. — C'est dans les États-Unis d'Amérique que l'éclairage électrique a pris les plus grands développements. Dans ce pays, plus de 150 stations centrales, et 1000 installations isolées, qui sont la propriété de la seule *Société Edison.*

Les stations les plus importantes de la *Société Edison* sont celles de New-York, de Philadelphie, de Chicago et de Boston, éclairant, chacune, de 20000 à 40000 lampes. Le courant est produit par des *machines*

dynamos du type que nous représentons sur la figure 363 (page 457).

Les deux stations Edison de New-York alimentent, ensemble, 13 000 lampes, de 16 bougies. L'une, installée dans Pearl Street, possède 11 000 lampes à elle seule; l'autre, installée dans Liberty Street, en a plus de 2000.

D'autres sociétés, au nombre de plus de vingt, se partagent le reste de l'éclairage de New-York.

Nous empruntons au savant ouvrage de M. Hippolyte Fontaine, *l'Éclairage par l'électricité* (1), le tableau des installations isolées et des stations centrales desservies par les principales sociétés américaines, autres que celles d'Édison.

SOCIÉTÉS.	NOMBRE d'installations isolées.	NOMBRE de stations centrales.	NOMBRE DE LAMPES.		
			D'INSTALLATIONS isolées.	DE STATIONS centrales.	TOTAL.
United States C°......	235	22	48.000	12.400	60.400
Thomson-Houston C°..	21	64	5.500	33.850	39.350
Westinghouse C°......	51	51	19.400	84.000	103.400
Brush...............	44	11	11.010	4.600	15.610
Mather..............	80	2	20.200	1.100	21.300
Excelsior...........	5	1	1.300	250	1.550
Schaeffer...........	4	»	575	»	575
Van Depoële.........	3	»	220	»	220
Ball...............	3	»	800	»	800
F¹ Wayne Jenny......	5	2	1.300	1.200	2.500
Ind. Jenny..........	6	2	980	1.100	2.080
Thomas.............	2	1	250	500	750
Hecla..............	2	»	50	»	50
Schuyler...........	1	6	75	1.000	1.075
Heisler............	»	8	»	3.000	3.000
Sawyer Man.........	155	1	20.260	1.800	22.460
House C°............	4	1	1.100	800	1.900
	625	172	131.380	145.600	276.980

Ce qui donne un total de 145 600, pour les stations centrales, et de 131 380, pour installations isolées.

La *Société Thomson-Houston* alimente, à Boston, 590 régulateurs à arc, à Providence, 470, à Saint-Louis, 500, à Brooklyn, la plus importante station du monde entier, 1382 régulateurs.

La *Compagnie Westinghouse* est l'une des

(1) 1 vol. in-8°, 3ᵉ édition, Paris, 1886, chez Baudry, p. 593.

plus importantes; c'est elle qui exploite les brevets américains du transformateur Gaulard et Gibbs.

CHAPITRE X

LES APPLICATIONS DE LA LUMIÈRE ÉLECTRIQUE. — L'ÉCLAIRAGE DES VOIES PUBLIQUES ET DES MAGASINS. — L'ÉCLAIRAGE DES MAISONS PARTICULIÈRES ET DES APPARTEMENTS.

La lumière électrique peut remplacer, dans la plupart de leurs usages, l'éclairage au gaz et les lampes aux huiles minérales ou végétales. Nous pourrions nous borner à cet énoncé général. Cependant, l'installation de cet éclairage exige, selon les cas, des précautions particulières et des organes spéciaux. Nous devons, dès lors, examiner à part chacune de ces applications. Nous étudierons successivement :

1° L'éclairage des voies publiques et des magasins ;

2° L'éclairage des maisons particulières, et des appartements ;

3° L'éclairage des théâtres ;

4° L'éclairage des usines, ateliers et manufactures ;

5° L'éclairage des mines et travaux souterrains ;

6° L'éclairage des phares et des ports ;

7° L'éclairage des navires ;

8° Les applications de la lumière électrique à l'art de la guerre et à la marine militaire.

Éclairage des voies publiques, places et avenues. — L'application à l'éclairage des rues, places et avenues des grandes villes, au moyen de l'arc électrique, est tout naturellement indiquée, si l'on considère la grande puissance et la portée considérable de ce foyer lumineux. L'éclairage électrique des places et des rues, est, d'ailleurs, le cas le plus simple que l'on puisse rencontrer dans cette industrie. Il s'agit, en effet, d'alimenter, d'une manière uniforme et constante, un nombre déterminé de lanternes. La machine dynamo-électrique étant mise en marche, et réglée une fois pour toutes, doit développer, chaque soir, la même puissance, et on n'a plus à s'en occuper.

Aussi les applications de la lumière à l'éclairage des voies publiques, ont-elles été tentées de très bonne heure. En 1878, dès la découverte de la *bougie Jablochkoff*, l'avenue de l'Opéra, à Paris, était pourvue de ce mode brillant d'illumination ; et à Londres, quelques ponts et grandes rues se garnissaient, à la même époque, de lanternes électriques.

En Amérique, la lumière électrique a été également installée, de bonne heure, dans les rues d'un grand nombre de villes ; et aujourd'hui, beaucoup d'entre elles ne connaissent pas d'autre agent d'éclairage public.

Depuis 1890, les grands boulevards de Paris sont munis d'une rangée uniforme de lampes électriques, placées au milieu, ou sur les bords de la chaussée, depuis la Bastille jusqu'à la Madeleine. Leur service est distribué entre plusieurs Compagnies, dans des espaces, d'une longueur déterminée, appelés *secteurs*.

La place du Carrousel est éclairée, depuis plusieurs années, par quatorze lanternes, perchées sur de très hautes potences, munies du *régulateur horizontal* de M. Mersanne. Elles sont aujourd'hui rattachées à la station centrale du Palais-Royal, appartenant à la *Société Edison*. La place de la République et plusieurs autres grandes places de la capitale, sont également éclairées par des lampes à arc.

Aux États-Unis, un grand nombre de villes ont leurs rues éclairées par le même procédé. Nous avons parlé plus haut (page 461) des nombreuses stations centrales de la *Société Edison*, à New-York, parmi

Fig. 364. — Éclairage des rues de Minnéapolis.

lesquelles, beaucoup éclairent des rues et des places.

Un exemple intéressant en ce genre, nous est fourni par la ville de Détroit, qui compte 200 000 habitants, et dont l'éclairage est entièrement électrique. Il est fait, en général, par des lampes à arc, portées sur des pylônes en fer, dont la hauteur varie selon celle des maisons. Les conducteurs, de 5 millimètres de diamètre, sont tous aériens, supportés par des poteaux en bois, avec isolateurs en porcelaine.

Les pylônes sont la partie la plus curieuse de cette installation. Ils sont formés de tubes en fer, réunis bout à bout, et assemblés par des manchons. Pour changer, chaque jour, les crayons de charbon, les ouvriers sont élevés par un ascenseur à câble et à contrepoids, qu'ils manœuvrent eux-mêmes.

Dans la ville de Minnéapolis, qui est également éclairée en entier par l'électricité, les régulateurs sont suspendus entre deux poteaux, de 18 mètres de hauteur, placés à l'intersection des rues (fig. 364). Les régulateurs sont descendus, chaque jour, pour le remplacement des crayons; 225 régulateurs sont ainsi installés. La ville est, de plus, éclairée par une sorte de phare électrique, composé d'un mât en fer, de 85 mètres de hauteur, creux, et muni de 8 régulateurs.

Éclairage des grands magasins et des boutiques. — La maison de nouveautés et confections du *Louvre*, a, la première, à Paris, adopté la lumière électrique. Dès l'année 1878, sous la direction de M. Honoré, son ingénieur, les sous-sols de l'établissement étaient aménagés pour recevoir des *machines dynamos* Gramme et de Méritens, ainsi que les machines à vapeur nécessaires pour les actionner. La certitude d'éviter toute cause d'incendie, fut le motif déterminant de l'adoption, dans les *Magasins du Louvre*, de cet éclairage qui, aujourd'hui, a été perfectionné et étendu.

La bougie Jablochkoff fut adoptée à l'origine, et elle est encore conservée aujourd'hui. La puissance totale des machines à vapeur en service aux *Magasins du Louvre*, est de 250 chevaux. Le nombre des bougies Jablochkoff est de 250 ; les *chandeliers* sont du système Clariot.

Il a été reconnu, par une longue expérience, que l'on réalise ainsi une économie de plus de 30 pour 100 sur le prix du gaz. En même temps, on peut prolonger d'une heure ou deux, chaque soir, l'ouverture des magasins, et la surveillance de l'éclairage est plus facile. Ajoutons que la lumière électrique conserve aux étoffes leurs nuances les plus délicates.

L'installation de l'éclairage électrique dans les *Magasins du Bon Marché*, à Paris, a toute l'importance d'une usine centrale. Il y a dix machines à vapeur, dont la puissance totale est de 1200 chevaux. Bien entendu que toutes ces machines ne fonctionnent pas à la fois, les heures d'éclairage étant peu nombreuses ; mais elles reçoivent d'autres emplois pour les besoins du service de ce vaste établissement. Il a près de quarante *machines dynamos* Gramme et Edison.

Ce que l'on peut citer comme véritable modèle d'installation, c'est la salle où sont réunies vingt-quatre *dynamos* Gramme, et quatre machines à vapeur horizontales, de la force de 200 chevaux, chacune.

L'éclairage total a une intensité de 19188 carcels, fourni par 200 régulateurs Cance, 96 bougies Jablochkoff, et 1808 lampes à incandescence, de la force de 10 bougies.

En outre, les soirs de fête, les magasins sont éclairés extraordinairement par quatre régulateurs Gramme, de la force de 500 becs Carcel chacun.

Toutes les manœuvres d'allumage et d'extinction se font par ordres téléphoniques. Aucun appareil électrique n'est à la portée du public, ou des personnes étrangères au service de l'éclairage.

Édifiés de nouveau, à la suite de l'incendie qui les dévora, en 1882, par le fait du gaz, les *Magasins du Printemps* ont adopté l'éclairage électrique. Les bougies Jablochkoff composent la majeure partie de cette installation, l'une des plus belles de Paris. Elle comporte 300 bougies Jablochkoff et 255 lampes à incandescence.

Nous représentons, dans la figure 365, la grande nef des *Magasins du Printemps*, éclairée, le soir, par les lampes Jablochkoff.

Dans les *Magasins du Gagne-Petit*, à l'avenue de l'Opéra, on faisait autrefois usage de lampes à huile, les directeurs de cet établissement n'ayant jamais voulu donner accès au gaz, par crainte d'incendie ou d'explosion. Ils avaient fait construire des lampes Carcel, d'une puissance suffisante. L'éclairage électrique qui s'y trouve aujourd'hui, ne comporte point de bougies Jablochkoff, mais seulement des lampes à incandescence, au nombre de 400, et des lampes à arc et à régulateur, au nombre de dix, actionnées par des *machines dynamos* Edison. Une machine à vapeur, de la force de 100 chevaux, et une chaudière multitubulaire Collet, alimentent le tout.

Les 400 lampes Edison ont remplacé les 400 lampes à huile, qui dépensaient chacune pour 30 centimes d'huile par heure. Une économie considérable a été ainsi réalisée.

On vient de voir quelles sont les conditions d'installation de l'éclairage électrique dans les grands magasins de Paris, dont quelques-uns ont, au point de vue de l'éclairage, l'importance d'une usine centrale, si

Fig. 365. — Eclairage électrique de la nef des *Grands Magasins du Printemps*, à Paris.

l'on considère le nombre des brûleurs et la proportion de lumière distribuée. Les magasins ordinaires et les boutiques de Paris qui s'éclairent par l'électricité, reçoivent, nous n'avons pas besoin de le dire, une installation fort différente. On n'y trouve guère que des lampes à incandescence. Quant au moteur, c'est bien rarement la machine à vapeur, que les boutiquiers redoutent, à tort ou à raison. Le moteur à gaz est l'agent ordinaire actionnant les *machines dynamos*.

On se demande quelquefois pourquoi, puisque l'on s'adresse au gaz, pour actionner les *machines dynamos*, on ne conserve pas, purement et simplement, le gaz dans les boutiques. La raison en est que le gaz, relégué dans la cave, comme un simple manœuvre, expose à moins de chances d'explosion et d'incendie. C'est ensuite parce que la dépense est moindre avec le gaz actionnant une *machine dynamo*, que quand on le brûle dans les magasins.

Dans les magasins situés sur le trajet des conducteurs d'une usine centrale d'électricité, on peut obtenir une dérivation du courant, et par un simple conducteur secondaire, branché sur le conducteur principal, recevoir l'électricité, sans avoir à s'occuper de moteur d'aucune espèce. C'est ainsi qu'aux environs des usines centrales du Palais-Royal, de la cité Bergère, etc., les magasins sont alimentés d'électricité par ces usines centrales.

La distribution d'air comprimé, au moyen d'une canalisation spéciale, dans une des sections d'éclairage électrique des grands boulevards, est également mise à profit par les riverains de cette voie publique, pour obtenir des prises d'air comprimé, qui servent à actionner des *machines dynamos*, et à produire l'éclairage de leurs magasins. Mais c'est là un cas particulier et d'un rayon trop rare, pour fournir à beaucoup de consommateurs.

Éclairage des maisons et appartements. — Ce que nous venons de dire pour les magasins s'applique aux appartements, maisons et hôtels privés. Les lampes à incandescence sont ici le seul luminaire en usage, et la source d'électricité est empruntée le plus souvent à un moteur à gaz. Quelques essais ont été faits pour alimenter les lampes par des accumulateurs. Le fabricant d'accumulateurs fait apporter, chaque matin, les piles secondaires chargées et prêtes à fonctionner, et remporter les piles usées la veille. Mais ce système, outre qu'il revient à un prix élevé, est trop assujettissant pour un service quotidien.

Qu'il soit fourni par une machine à vapeur, par un moteur à gaz, ou par la dérivation d'une canalisation souterraine, l'éclairage électrique, employé dans les maisons, pour remplacer l'éclairage au gaz, à l'huile ou au pétrole, se recommande par des avantages particuliers, qu'un peu de réflexion fait saisir. Nous parlerons d'abord des avantages de ce mode d'éclairage, au point de vue de l'hygiène, dans les maisons et appartements.

Les corps actuellement employés comme agents d'éclairage ont un inconvénient radical, un vice irrémédiable : c'est qu'ils vicient l'air, en absorbant l'oxygène et émettant de l'acide carbonique. Ils s'emparent d'un gaz utile à la respiration, c'est-à-dire à la vie, et le remplacent par un gaz toxique. Quand on brûle du gaz, la vapeur d'eau et le gaz acide carbonique emplissent l'atmosphère de la pièce des produits de leur combustion ; l'eau se dépose sur les meubles, tentures, rideaux, qui ne peuvent pas s'en bien trouver ; l'acide carbonique entre dans nos poumons, qui s'en trouvent plus mal encore.

La chaleur qui accompagne la combustion du gaz, est un autre inconvénient de son emploi dans les appartements. Si l'on n'a pas à s'en plaindre en hiver, l'été, cette chaleur est intolérable.

Enfin, le dépôt de particules charbonneuses provenant de la combustion du gaz, est un autre résultat fâcheux de son usage.

L'air normal renferme environ 4 pour 10 000 de gaz acide carbonique ; quand l'air contient 1 pour 1000 d'acide carbonique, il est vicié ; s'il renferme 1 pour 100 d'acide carbonique, il peut occasionner l'asphyxie, ou des accidents de ce genre.

La bougie, l'huile ou le pétrole, produisent, en brûlant, de l'acide carbonique et de l'eau, tout comme le gaz. On ne peut donc se flatter de faire usage d'un éclairage plus hygiénique, en brûlant ces substances, au lieu de gaz.

Dans une brochure sur ce sujet, le docteur Hammont a donné le tableau des quantités d'air vicié, d'oxygène consommé et d'acide carbonique produit, pendant une heure, pour une intensité d'environ 12 bougies, par les différentes substances employées dans l'éclairage des appartements.

Voici le tableau résultant des expériences du docteur Hammont, et contenu dans le mémoire de ce savant.

MODE D'ÉCLAIRAGE.	OXYGÈNE consommé en litres.	ACIDE CARBONIQUE produit en litres.	AIR VICIÉ en litres.	CALORIES dégagées.
A l'électricité par incandescence...	0	0	0	34
Au gaz............	95	56	450	550
A l'huile...........	130	94	675	580
Au pétrole........	170	121	931	822
A l'essence minérale.............	180	130	940	830
A la bougie.......	240	175	1.240	940
A la chandelle.....	340	245	1.650	1.260

On voit, d'après ce tableau, que, seule, la lumière électrique ne consomme pas d'oxygène et ne produit pas d'acide carbonique. Elle ne dégage aucune chaleur sensible, ce qui est un avantage en été, et n'a d'autre inconvénient, en hiver, que de nécessiter le chauffage de l'appartement. Il est per-

mis de dire que la lumière électrique est, au point de vue hygiénique, une lumière parfaite.

En effet : 1° elle ne consomme pas d'oxygène et n'ajoute à l'air ni gaz acide carbonique, ni vapeur d'eau, ni parcelle de charbon, ni substance étrangère d'aucune sorte. N'ayant pas besoin, pour se produire, de l'oxygène de l'air, elle n'a rien à prendre à l'atmosphère ni rien à lui céder. Le filament de charbon, hermétiquement renfermé dans une clochette de verre, ne laisse rien échapper au dehors. Et non seulement l'air extérieur n'intervient point dans sa production, mais si, par accident, par exemple, la clochette de verre vient à se briser, et l'air à s'y introduire, aussitôt le courant est interrompu et la lumière s'éteint.

2° Le gaz et les autres moyens d'éclairage exposent à l'incendie. A combien d'accidents les fuites de gaz ne donnent-elles pas lieu ? Le pétrole causait autrefois des malheurs sans nombre, et les lumières à feu libre, lampes et bougies, que l'on transporte dans les appartements, sont une cause permanente d'incendie. Avec l'électricité, aucune crainte de ce genre. La lampe à incandescence échauffe à peine l'air. On peut la tenir à la main, sans se brûler ; l'entourer d'une étoffe légère, sans que l'étoffe roussisse. Aussi, jamais une lampe électrique n'a-t-elle causé d'incendie. Voilà un de ses plus grands avantages.

3° La lumière électrique est le plus obéissant des serviteurs. Elle s'allume ou s'éteint, à la volonté du maître de l'appartement, qui, même couché dans son lit, peut, en tournant simplement un robinet, s'éclairer ou se plonger dans l'obscurité, autant de fois qu'il le désire. Pouvant varier d'intensité, selon la volonté de celui qui l'emploie, la lumière électrique peut être éclatante comme le soleil, si l'on fait usage de l'arc voltaïque, ou réduite à l'état de veilleuse, si l'on prend une lampe à incandescence de petit modèle. C'est donc le plus docile des luminaires.

Prenons un exemple. Autrefois, à bord des navires, le passager, renfermé dans sa cabine, ne pouvait, quand la nuit était venue, faire usage de lampe ou de bougie : telle était la règle formelle du bord. Mais dans les navires qui sont aujourd'hui éclairés à l'électricité, chaque cabine contenant sa lampe électrique, le passager a la faculté

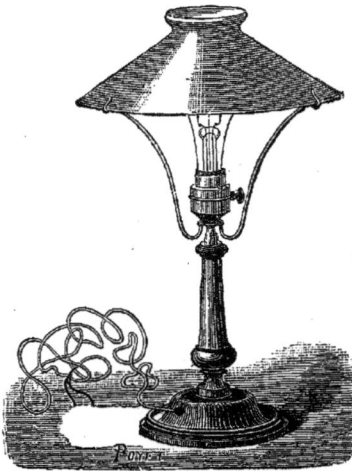

Fig. 366. — Lampe Edison, pour bureau.

de tenir sa lampe allumée toute la nuit, s'il le désire, et de charmer ses veilles par la lecture ou le travail.

4° Disons enfin que la lumière électrique n'est pas beaucoup plus chère que le gaz. On peut dire même que, tout en étant d'un prix supérieur à celui du gaz, cette différence est amplement compensée, si l'on tient compte de tous les dégâts que le gaz occasionne, dans les appartements, en altérant les métaux et les peintures, ce qui entraîne à autant de dépenses, pour les réparations.

Un électricien célèbre, M. Preece, directeur des télégraphes électriques de l'Angleterre, a installé dans sa maison la lumière électrique, et il en parle avec enthousiasme.

« Dans mon jardin, écrit M. Preece, j'ai fait construire une jolie petite maison, pour le moteur,

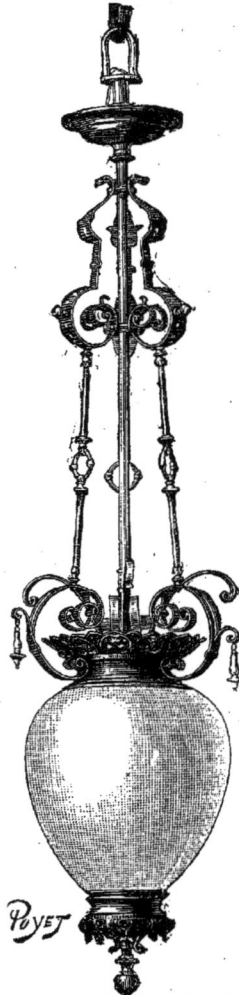

Fig. 367. — Lampe électrique de salon Edison, avec suspension.

et j'y ai logé une machine à gaz, de la force de 2 chevaux-vapeur, qui commande une petite machine *dynamo* Gramme, du poids de 100 kilos environ. Celle-ci me donne un courant suffisant pour mes besoins, 36 *ampères* avec 42 *volts*, soit

1512 *watts*. Ce courant est envoyé dans des batteries secondaires ou accumulateurs formés de simples plaques carrées de plomb, plongées dans l'acide sulfurique étendu ; il y a 17 accumulateurs. Le matin, mon jardinier met en marche le moteur à gaz qui travaille de neuf heures à une heure, et emmagasine dans les accumulateurs assez d'électricité pour la soirée et même la nuit suivante.

A l'intérieur de la maison, le courant est distribué par de gros fils de cuivre avec enveloppe isolante de caoutchouc. Des lampes sont posées dans chaque chambre, aux endroits utiles, de manière à répondre à toutes les exigences. Les montures des lampes fixes sont très simples et ingénieuses, pour permettre les remplacements lorsque le filament de charbon est usé. Il y a aussi des lampes mobiles pour descendre à la cave, circuler dans le jardin, ou plus simplement éclairer les recoins des appartements.

Ces dernières sont alimentées au moyen d'un câble qui se déroule plus ou moins suivant la longueur du trajet.

Pour éviter tout accident, j'emploie des lampes qui n'ont besoin que d'une force électro-motrice de 30 *volts*. A la porte de chaque pièce est un commutateur qui permet, avant d'entrer, d'éclairer l'intérieur, et d'éteindre quand on sort. C'est la suppression complète des allumettes.

Je n'ai pas visé à l'économie, car je tenais avant tout à assurer le service, et j'ai organisé l'éclairage complet de mon habitation. J'estime qu'une maison comme la mienne peut être dotée de la lumière électrique pour une dépense moyenne de 187f,50 par lampe. »

Dans une conférence, faite en 1886, à la *Société des arts de Londres*, dont il était président, M. Preece a déclaré que son installation électrique lui occasionne une dépense annuelle de 1500 francs, alors que l'éclairage au gaz ne lui coûtait que 750 francs. Mais il ajoute :

« Si maintenant, nous mettons en regard de ce supplément de dépense, la valeur d'une lumière fixe, la pureté de l'air, la suppression de la chaleur, des allumettes, de la bougie et de l'huile, le bien-être des gens, la conservation des peintures, des motifs de décorations et des livres, la propreté, la gaieté, la santé, la prolongation de l'existence, il n'y a pas à chercher de quel côté doit pencher la balance. »

M. Preece s'est toujours déclaré partisan décidé de l'éclairage domestique par l'électricité. Dans une conférence faite au Canada, il déclara « qu'ayant substitué l'électricité au gaz, dans sa maison, il avait la conviction de vivre trois ou quatre années de plus qu'il n'aurait vécu sans cela ».

Disons, en terminant l'examen de cette question, que ce n'est pas au point de vue de l'économie qu'il faut conseiller l'éclairage électrique des appartements. Il faut considérer la lumière électrique comme une lumière de luxe, d'exception, d'une propreté extraordinaire, d'un usage éminemment hygiénique et d'une sécurité absolue, mais non d'un véritable bon marché. Dans sa brochure sur l'*Éclairage électrique*, que nous avons déjà citée, le Dr Hammont disait :

« Quelle est la mère, qui donnerait à son enfant une nourriture qu'elle saurait dangereuse pour sa santé, parce qu'elle l'aurait à meilleur compte? Et cependant c'est ce que nous faisons chaque jour, en nous éclairant au gaz ! »

Nous ne terminerons pas ce chapitre sans traiter un point essentiel concernant l'usage de la lumière électrique dans les maisons particulières, les magasins ou ateliers. Nous voulons parler du mode de paiement de cet éclairage.

Quand on éclaire une voie publique par l'électricité, le prix de cet éclairage est arrêté, une fois pour toutes, par les administrations municipales, d'après l'étendue des rues ou places à éclairer. Mais pour les magasins, les appartements ou les ateliers, on ne peut songer à un abonnement. Il faut nécessairement que chaque consommateur paie son éclairage, conformément à la lumière qui lui a été distribuée. Les Compagnies d'éclairage électrique ont donc créé des *compteurs d'électricité*, qui, à l'instar des *compteurs de gaz*, indiquent à l'abonné la fraction qu'il a consommée de l'énergie totale produite à la station centrale.

Il existe quatre à cinq *compteurs d'électricité*. Le compteur inventé par M. Aubert, constructeur de Lausanne, a pour principe la mesure exacte du temps pendant lequel passe le courant. Le *compteur Cauderay*, plus compliqué, se compose, d'une horloge mise en mouvement par l'électricité, de plusieurs organes particuliers indiquant l'intensité du courant, enfin d'un mécanisme opérant la multiplication des deux facteurs du temps et de l'énergie électrique, et effectuant la totalisation des produits obtenus. Le *compteur Aron* repose sur le retard ou l'avance que peut produire un courant électrique sur la vitesse d'oscillation du pendule.

Le *compteur Cauderay* est le plus employé en France.

La *Société Edison* fait usage d'un compteur de l'invention du célèbre électricien de New-York, et qui est fondé sur un principe tout différent de ceux qui viennent d'être énumérés.

Le *compteur Edison* est basé sur la mesure de l'action chimique du courant. La même quantité d'électricité traversant un bain de substance saline décomposable, comme le sulfate de cuivre ou le sulfate de zinc, précipite toujours le même poids de métal.

Supposons que nous coupions en deux un circuit fermé, dans lequel circule un courant, que nous terminions les deux bouts par deux plaques de zinc, et que nous plongions les deux plaques dans une dissolution de sulfate de zinc. Une partie du métal de l'une des plaques (la plaque positive) se dissoudra, tandis qu'une quantité de zinc rigoureusement égale, se déposera sur la plaque négative. Or, la quantité de zinc déposée est proportionnelle à l'intensité du courant, et par suite, à la quantité d'électricité qui traverse la solution.

On voit dans la figure 368 deux flacons remplis de dissolution de sulfate de zinc, dans lesquels plongent deux lames de zinc, A, B, d'un poids connu. Une fraction déterminée du courant de l'abonné, est dérivée,

et envoyée à travers chacun des flacons. Il suffira de peser les plaques de zinc au bout d'un certain temps, pour connaître, par leur augmentation de poids, la quantité d'électricité fournie à l'abonné pendant ce temps. Comme, d'ailleurs, la force électromotrice a toujours été maintenue constante au moyen du régulateur, cette quantité d'électricité est proportionnelle à la quantité d'énergie consommée.

Le compteur électro-chimique Edison est d'une exactitude rigoureuse. Pour le faire comprendre, nous aurons recours à une comparaison.

Supposons une chute d'eau servant de force motrice; ce que l'on fera payer à l'abonné à cette force, ce ne sera pas le débit du cours d'eau, mais la quantité d'énergie fournie par la chute et utilisée. Or, cette énergie est à la fois proportionnelle à la quantité d'eau qui tombe, et à la hauteur d'où elle tombe. Quand la hauteur de chute est constante, on voit que le travail est précisément mesuré par le débit.

Des deux flacons A, B, que l'on voit dans le dessin représentant le *compteur Edison*, l'un sert à établir la somme à toucher tous les mois par la Compagnie, l'autre sert de contrôle. Il faut que l'indication que donne au bout de l'année le flacon A, cadre avec la somme des indications fournies par le flacon B.

La lampe électrique *l* qui se trouve au bas de l'armoire, sert à empêcher l'eau de geler en hiver, et voici par quel ingénieux moyen elle produit cet effet.

En temps ordinaire, la lampe ne brûle pas. Dans notre dessin on aperçoit au-dessus de la lampe, *l*, une plaque *a*, composée de deux métaux (cuivre et zinc) superposés, et qui sont de dilatation différente. A mesure que la température s'abaisse, la plaque métallique composée de ces deux métaux, se contracte; au moment où l'eau est sur le point de geler, la plaque *a* se contracte,

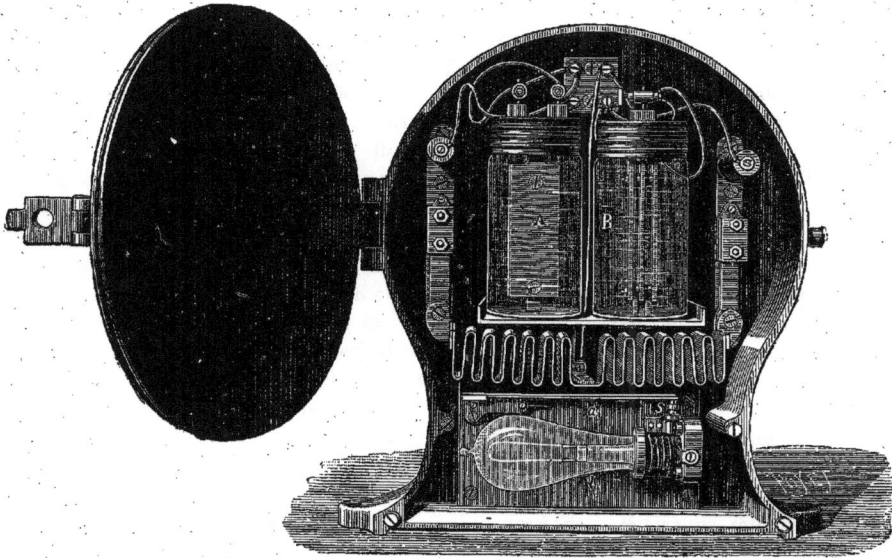

Fig. 368. — Compteur électro-chimique Edison.

touche le bouton fixé au socle métallique de la lampe, *s*, et établit ainsi la contact et le courant électrique. Alors, la lampe s'allume, s'échauffe, et elle donne assez de chaleur pour empêcher l'eau de geler. Dès que la température adoucie revient au degré ordinaire, la plaque se dilate, le contact cesse et la lampe s'éteint.

Des essais exécutés en 1890, aux États-Unis, ont mis parfaitement en évidence l'exactitude de cet appareil. Dans une première expérience, qui fut prolongée pendant six mois, avec six compteurs, on constata que les écarts entre leurs indications respectives n'atteignaient pas 1,5 pour 100. Dans une autre, faite à New-Brunswick, par M. W. S. Howell, on plaça sept compteurs sur un branchement qui alimentait dix lampes. D'après les relevés, les variations de mesurage correspondaient à une différence de prix de 0^f,075 seulement, pour la consommation totale.

CHAPITRE XI

L'ÉCLAIRAGE ÉLECTRIQUE DANS LES THÉÂTRES DE PARIS, DES DÉPARTEMENTS ET DE L'ÉTRANGER.

Le gaz employé pour l'éclairage des théâtres, a été reconnu comme une cause de tant d'inconvénients et de dangers, que sa suppression totale a été décidée partout. Aucune salle de théâtre ne se construit aujourd'hui, sans que l'électricité y soit introduite; et pour les anciens théâtres, on s'efforce, toutes les fois qu'on le peut, de substituer l'électricité au gaz.

Le gaz présente dans une salle de spectacle de notables inconvénients, et sur la scène, il expose à d'immenses dangers. Une grande quantité de décors, c'est-à-dire de toiles recouvertes de peintures, résinifiées par le temps, et inflammables comme des allumettes, sont accumulées dans les *frises*, où règne, d'ailleurs, une température prodigieusement élevée, qui accélérerait singulièrement la combustion des toiles. Qu'un coup de vent vienne pousser un lambeau de draperie contre un des becs d'une *herse*, aussitôt tout s'enflamme. C'est ce qui arriva au théâtre de l'Opéra-Comique, en 1887. Les cintres étaient encombrés de toiles, au milieu desquelles montaient et descendaient, en se balançant, des *herses*, qui portaient cinquante à soixante becs de gaz allumés. Les portants et les fermes étaient garnis de tuyaux, donnant des jets de gaz. Partout les matières les plus inflammables étaient au voisinage du feu. Un bec de gaz embrasa une toile flottante, et telle fut la cause de la catastrophe qui fit un si grand nombre de victimes, et qui, terrifiant le public, détermina les autorités supérieures, en France et à l'étranger, à proscrire le gaz de l'intérieur des théâtres.

Dans la salle, le gaz, disons-nous, présente, non des dangers, mais de notables inconvénients. Pendant l'été, il provoque une chaleur étouffante, et en tout temps, il vicie sensiblement l'air. Nous avons montré que la combustion du gaz, à l'intérieur des appartements, est une cause manifeste d'altération de l'air. Le même effet se produit nécessairement pour les salles de théâtres.

Pour se rendre compte exactement du degré de cette altération, il suffit de remarquer que la combustion d'un seul bec de gaz absorbe, par la formation de l'acide carbonique et de l'eau, autant d'oxygène que sept à huit personnes. Or, dans les salles de théâtre bien éclairées, on n'allume pas moins d'un bec de gaz par spectateur, et le plus souvent par deux spectateurs. L'air est ainsi appauvri en oxygène autant que s'il y avait dix fois plus de personnes dans la salle.

On a fait, en 1885, au Théâtre-Royal de la Cour, à Munich, des expériences, qui ont permis de comparer les résultats de l'éclairage électrique et de l'éclairage au gaz, au point de vue hygiénique. Dans la salle complètement remplie de spectateurs et éclairée à l'électricité, la température ne s'élevait, pendant la représentation, que de $+7°,7$ au parterre et de $+7°,4$ dans les galeries. Quand la salle était éclairée au gaz, la température s'élevait à $+11°,7$ et à $+12°,8$ dans les galeries. La quantité d'acide carbonique de l'air était, avec l'éclairage électrique, de 1,40 pour 100 au parterre et dans les galeries de 1,85; elle était de 2,61 et 3,28 pour 100 avec l'éclairage au gaz.

Si la combustion du gaz est incomplète, par suite d'un défaut de réglage des flammes, elles débordent, fument, et il se forme des produits accessoires, tels que l'acétylène, dont l'odeur est facile à reconnaître. Les particules de charbon qui ont échappé à la combustion, s'ajoutent alors aux poussières ordinaires, et s'introduisent dans les poumons.

Toutes ces causes d'altération, jointes à la respiration des spectateurs, finissent par rendre absolument malsain l'air d'une salle éclairée au gaz.

L'électricité, qui ne dépose, en éclairant, aucun corps étranger dans l'atmosphère de la salle, et qui ne peut communiquer l'incendie aux décors de la scène, est donc le plus merveilleux agent d'éclairage que l'on puisse rêver pour les théâtres.

Il serait superflu d'insister davantage sur une question au sujet de laquelle tout le monde est d'accord aujourd'hui. Il importe seulement de donner les règles générales de l'installation de l'éclairage électrique dans les salles de spectacle.

En premier lieu, on ne doit pas établir, à l'intérieur de la salle, des lampes à arc, en raison des fragments de charbon enflammé qui tombent souvent des bougies Jablochkoff, et qui peuvent devenir, pour

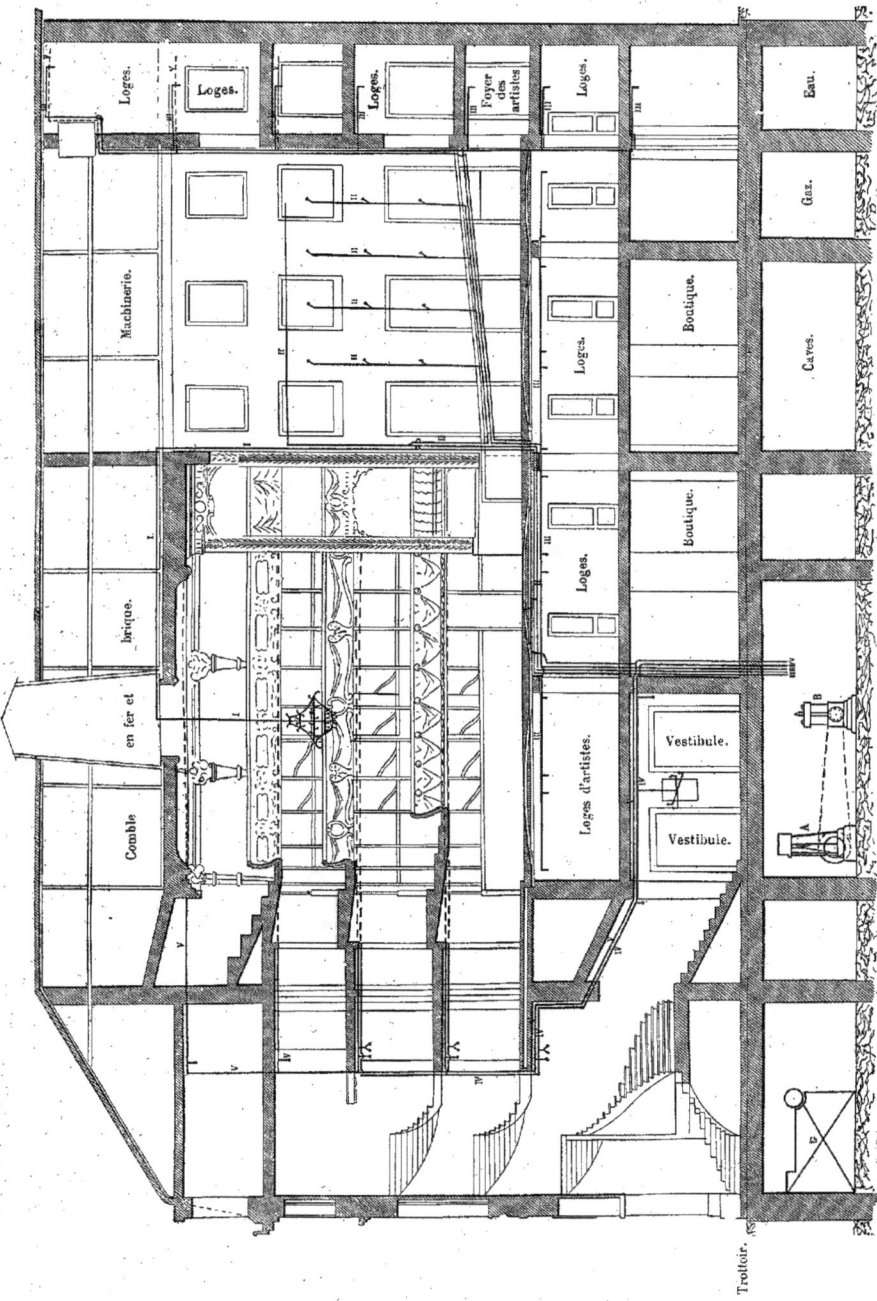

Fig. 369. — Éclairage électrique de la salle du théâtre du Palais-Royal, à Paris. (Coupe sur l'axe de la salle et dépendances.)

C, chaudière à vapeur inexplosible. — A, machine à vapeur de 35 chevaux. — B, machine dynamo-électrique. — I, circuit électrique du lustre. — II, circuit de la scène. — III, circuit des loges d'artistes — IV, circuit du vestibule, grand escalier, foyer, loges, première galerie. — V, circuit des galeries supérieures, alimenté par une batterie d'accumulateurs.

les spectateurs, une cause de panique. Il faut réserver les bougies électriques pour les façades, les terrasses extérieures, les escaliers, etc. Les becs à incandescence doivent seuls être placés dans la salle et les couloirs.

Le courant électrique qui alimente les becs, doit être produit loin du théâtre, et non dans ses sous-sols ou dépendances, comme on le fait trop souvent. L'usine mécanique doit en être éloignée autant que possible, et si une usine centrale est à peu de distance, c'est à cette source qu'il faut s'adresser. Les machines à vapeur et les générateurs sont, en effet, sujets à des accidents qui peuvent constituer un danger pour les théâtres.

Pour produire les effets variables d'éclairage de la scène et de la rampe, on se sert, comme dans les installations des maisons, de *régulateurs* à spires de maillechort, tels que nous les avons décrits et figurés (1). Les *régulateurs*, grâce à leurs *résistances* en maillechort, produisent toutes les gradations de lumière désirables, depuis la demi-obscurité jusqu'à l'éclatante clarté. Si l'on veut diminuer l'intensité lumineuse des lampes à arc, sans les éteindre, on peut glisser, devant le globe, des écrans dont l'épaisseur et la couleur varient suivant les besoins. Pour faire l'obscurité complète, on éteint les foyers, et on les remplace par une *résistance* équivalente, afin de ne pas changer le régime de marche du moteur.

Nous énumérerons maintenant les théâtres qui possèdent aujourd'hui l'éclairage électrique.

La première introduction de l'électricité dans les théâtres de Paris, remonte à l'année 1878, époque à laquelle les bougies Jablochkoff commencèrent à populariser cet éclairage. L'Hippodrome reçut alors la

(1) Page 435, figure 354.

belle installation que nous avons déjà signalée. Dix ans après, l'électricité était employée dans une cinquantaine de théâtres, tant en Europe qu'en Amérique. Citons, à Paris, le Grand-Opéra, le théâtre du Châtelet, les Variétés et le Palais-Royal ; à Londres, les salles du Prince, Empire, Syrie et Haymarket ; à Bruxelles, l'Alhambra et la salle Molière ; à Milan, la Scala et la salle Philodramatique ; à Saint-Pétersbourg, l'Alexandra ; à Anvers, le théâtre Flamand et le Grand-Théâtre ; et peu après, les théâtres de Prague, de Brünn, de Stuttgart, de Cologne, de Munich, de Carlsbad et de Magdebourg.

Les terribles incendies du théâtre des Arts, à Rouen en 1876, de Montpellier en 1879, de Nice en 1880, de Vienne (Autriche) en 1881, de l'Opéra-Comique de Paris, en 1887, d'Exeter (Angleterre) en 1887, émurent profondément l'opinion publique. Les municipalités obligèrent alors les directeurs de théâtres à substituer l'éclairage électrique à l'éclairage au gaz.

La plupart des directeurs de Paris se mirent les premiers à l'œuvre, pour obéir aux nouvelles prescriptions.

Aujourd'hui, les théâtres encore éclairés au gaz, ne sont à Paris, que des exceptions. L'Opéra, l'Opéra-Comique, la Comédie-Française, le Palais-Royal, le théâtre du Châtelet, le Vaudeville, les Variétés, l'Odéon, l'Éden, etc., sont éclairés par l'électricité.

Nous donnerons quelques détails sur les plus intéressantes de ces installations.

Le théâtre du Châtelet est entièrement éclairé à l'électricité ; le gaz en est complètement banni. La salle est garnie de lampes à incandescence. Il y a 4 lampes à bougies Jablochkoff, sur la terrasse qui surmonte la grande entrée du théâtre. Quand cela est nécessaire, des portants mobiles, munis de bougies Jablochkoff, sont mis en place, et allumés par un *commutateur*.

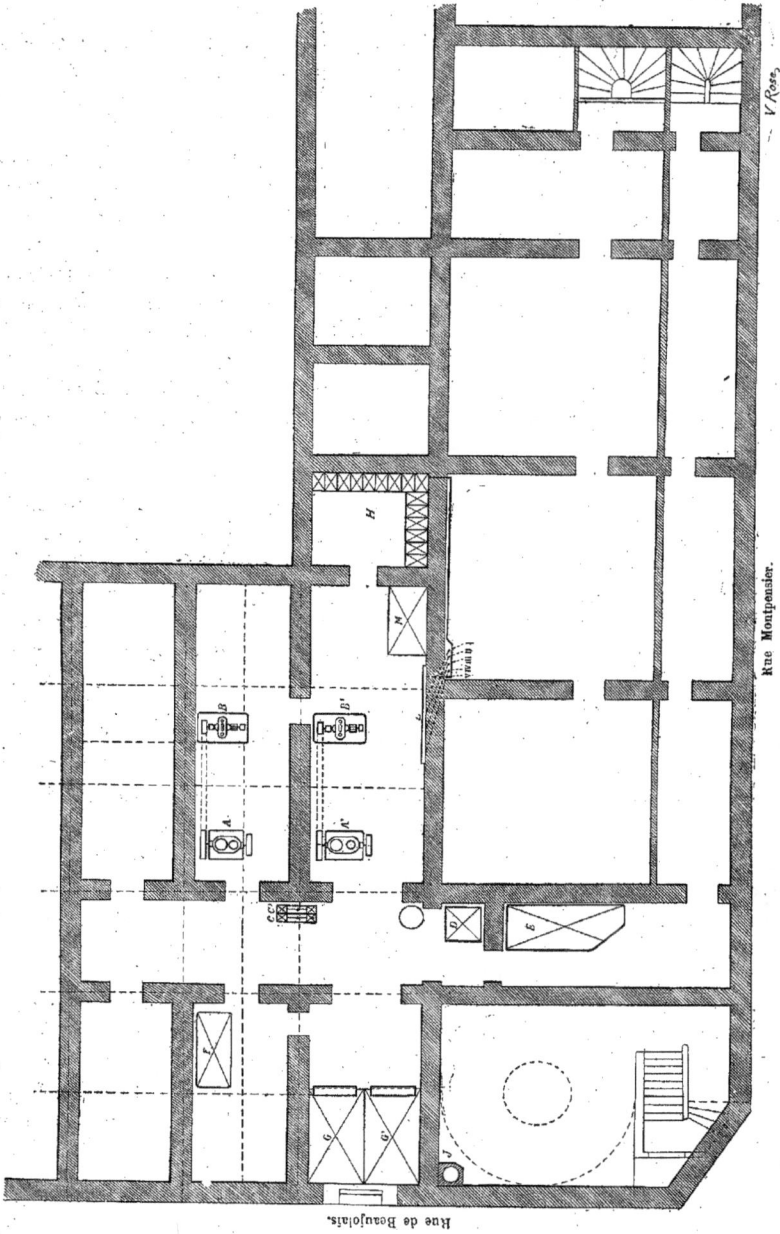

Fig. 370. — Plan du théâtre du Palais-Royal, à Paris. (Échelle de 0,02 par mètre.)

A,A′, machine pilon compound de 35 chevaux. — B,B′, dynamos de 53 volts et 450 ampères. — C,C′, pompes d'alimentation. — D, condenseurs. — E, réservoir d'eau de condensation. — F, réservoir d'alimentation. — GG′, générateurs Belleville. — I, cheminée en briques. — L, tableau de distribution. — M, bureau. — H, salle des accumulateurs.

Une machine à vapeur, de la force de plus de 100 chevaux, est établie dans le sous-sol répondant au péristyle du théâtre, du côté de la place du Châtelet.

Le théâtre des Variétés avait fait, en 1882-1883, des essais d'éclairage électrique, au moyen des accumulateurs. Suspendus le 1er mai 1883, en raison des mauvaises affaires de l'entrepreneur, ils furent repris, trois ans après, à la suite de la catastrophe de l'Opéra-Comique, et le 1er juillet 1887, ce théâtre faisait sa réouverture avec l'éclairage électrique.

La machine dynamo-électrique, qui engendre l'électricité, sert à la fois à éclairer le théâtre des Variétés et quelques boutiques du passage des Panoramas, qui lui est contigu.

Cet ensemble d'éclairage se compose actuellement de près de 600 lampes à incandescence de Woodhouse et Rawson (de Londres), de 98 *volts*. La salle du théâtre comprend 90 lampes de 16 bougies ; la rampe, 44 lampes de 20 bougies; les cinq herses, 23 lampes, chacune de 12 bougies; les portants, 3 lampes, chacune de 20 bougies. Le reste des lampes se trouve réparti dans les couloirs, foyer, façade et loges d'artistes. Dans le passage des Panoramas, les cafés et magasins, comprenant, jusqu'à ce jour, environ 1200 lampes, sont éclairés par des lampes de 10 bougies.

Le courant électrique est produit par des générateurs de vapeur, du système Collet, produisant 1000 kilogrammes de vapeur chacun, par vingt-quatre heures. L'alimentation d'eau de ces chaudières est faite par une petite machine à vapeur.

Les chaudières envoient leur vapeur dans deux machines à vapeur à condensation, du système *compound*, de la force de 75 chevaux-vapeur, chacune.

Chaque machine à vapeur actionne directement, par une courroie, une machine dynamo-électrique Gramme, de 400 am-pères et 110 *volts*, tournant à 625 tours par minute.

Une batterie d'accumulateurs, pour servir de secours, et pouvant alimenter 1200 lampes, est toujours prête à agir.

Une pompe sert à élever l'eau d'un puits, creusé à l'effet d'alimenter les condenseurs.

Toutes ces machines à vapeur et à électricité, installées dans les caves d'une maison de la rue Montmartre (n° 161), composent la petite usine centrale, dont nous avons donné la description et le dessin dans la figure 361 (page 445).

Le théâtre du Vaudeville est éclairé par l'usine centrale de la cité Bergère, appartenant à la *Société Edison*.

Depuis le mois de septembre 1886, le théâtre du Palais-Royal est entièrement éclairé par l'électricité. Tous les appareils, machines à vapeur, chaudières et machines dynamo-électriques, sont en double; et la moitié d'entre elles est toujours gardée en réserve, prête à remplacer l'autre, le cas échéant.

L'installation comporte 430 lampes à incandescence, dont 285 de 10 bougies, et 145 lampes de 20 bougies. Elles sont réparties sur cinq circuits différents, dont les extrémités aboutissent à un tableau de distribution, placé dans la salle des machines. Ces circuits desservent : le premier, le lustre de la salle, avec 165 lampes de 10 bougies; le second, la scène, avec 32 lampes de 20 bougies en verre dépoli sur la rampe, 100 lampes de 10 bougies sur les herses et 24 lampes de 20 bougies sur les portants; le troisième, les loges d'artistes et le magasin des costumes, et le quatrième, le vestibule d'entrée, l'escalier et les loges de la première galerie ; le cinquième circuit renferme une batterie de 27 accumulateurs et est destiné à fournir la lumière en cas d'arrêt accidentel des machines.

La salle des machines est placée dans le sous-sol, au-dessous du péristyle. Elle comporte, comme nous l'avons dit, une double installation. Deux machines dynamo-élec-

Fig. 371. — Salle des machines à vapeur, des machines dynamo-électriques, et des générateurs de vapeur, à l'Opéra de Paris.

triques Edison, marchant à 900 tours, et produisant chacune 55 *volts*, et 450 *ampères*, sont respectivement actionnées par deux machines à vapeur à condensation, du système *compound*, d'une force de 35 chevaux; elles font 300 tours par minute, et sont elles-mêmes alimentées par des chaudières inexplosibles Belleville.

Nous représentons dans les figures 369 et 370, la distribution des fils électriques pour l'éclairage de la salle et de la scène du théâtre du Palais-Royal. Les légendes qui accompagnent la coupe verticale de la scène et de la salle, ainsi que le plan, donnent l'explication du réseau des conducteurs aboutissant aux différentes parties de la salle, de la scène et de l'administration.

Le théâtre de la Renaissance est éclairé, depuis le mois d'octobre 1887, par des globes Swann. La salle et la scène ont reçu un brillant éclairage, et la façade rayonne, chaque soir, d'un grand éclat.

L'électricité est fournie par une machine dynamo-électrique, actionnée par une machine à vapeur, installée dans une maison particulière de la cité Riverin (rue de Bondy). Ce même moteur sert à alimenter d'électricité le théâtre de la Porte-Saint-Martin.

Au théâtre de la Porte-Saint-Martin, l'électricité a remplacé partout le gaz. Scène, salle, couloirs, dessous, bureaux, loges d'artistes, etc., sont éclairés par des globes à incandescence Swann. Le total de l'éclairage est de 1600 lampes à incandescence. Les lampes dites *de secours*, elles-mêmes, sont alimentées par des accumulateurs, qui n'ont aucune relation avec l'éclairage général.

La rampe, les herses, les portants, sont à trois effets : feux blancs, bleus et rouges, qui se produisent automatiquement par la simple pression d'un bouton.

Dans la salle, le lustre se compose d'un grand réflecteur en bronze doré, contenant 210 lampes à incandescence.

En outre, entre chaque loge d'artiste, au premier étage, se trouve une lampe électrique, enfermée dans un globe de verre dépoli, qui répand une lumière très douce et qui ne fatigue pas les yeux.

Comme il est dit plus haut, le courant électrique est engendré dans un immeuble de la cité Riverin, par une puissante machine à vapeur, et des machines dynamos, qui distribuent le courant électrique aux théâtres de la Renaissance et de la Porte-Saint-Martin.

C'est la Société Marcel Deprez qui a exécuté tous les travaux de cette installation.

C'est à la même source d'électricité, c'est-à-dire aux machines établies dans la cité Riverin, que s'alimente le théâtre de l'Ambigu, qui, le 26 novembre 1887, dans sa salle, restaurée et embellie, inaugura l'éclairage électrique. Toute l'installation, scène, salle, bureaux, couloirs, etc., est parfaitement entendue. Le lustre, en particulier, qui est placé à une grande hauteur, pour ne pas gêner la vue des spectateurs des galeries supérieures, est d'une parfaite élégance.

L'éclairage électrique du théâtre du Gymnase n'emprunte pas son courant électrique à l'usine à vapeur de la cité Riverin. La machine, de la force de 25 chevaux, est placée dans les dépendances du théâtre.

Nous en dirons autant de la Gaîté, qui, à la fin du mois de novembre 1888, inaugura un ensemble d'éclairage électrique parfaitement entendu. Il n'existe pas, au théâtre de la Gaîté, un seul bec de gaz.

N'oublions pas, dans cette revue, le Théâtre-Français. Ce théâtre subventionné, fut transformé par l'État, à la fin de l'été de 1888, sous le rapport de l'éclairage, par l'installation de l'électricité sur la scène et dans la salle. La source d'électricité est une machine à vapeur, de la force de 25 chevaux, installée dans l'usine centrale de la cour du Palais-Royal.

Les Montagnes-Russes, situées sur le boulevard des Capucines, sont éclairées par l'usine Popp, qui envoie l'air comprimé, pour actionner une *machine dynamo*.

Les Menus-Plaisirs (boulevard de Strasbourg), depuis le mois d'octobre 1887, sont également pourvus de lampes à incandescence. Le moteur est une machine à vapeur.

Près de ce théâtre, l'Eldorado, simple café-concert, rayonne, chaque soir, des feux du nouvel éclairage ; et non loin de lui, un autre café-concert, la Scala, brille des mêmes feux.

L'éclairage électrique est venu ajouter aux merveilles du Grand-Opéra, une valeur nouvelle.

En 1888, à la suite d'essais de tout genre, qui duraient depuis cinq ans, l'éclairage entier de l'Opéra par l'électricité, fut réalisé par la Compagnie Edison.

Les 8000 becs de gaz, qui constituaient l'ancien éclairage, furent tous supprimés, et remplacés par 6131 lampes à incandescence, dont voici la distribution :

	Lampes de 10 bougies.	Lampes de 16 bougies.
Administration......	1.165	40
Scène..............	1.568	120
Salle et pavillon....	1.212	306
Foyer et escalier....	1.010	642
Caves..............	68	»
Totaux........	5.023	1.108

En outre de ces 6131 lampes, l'éclairage comprend 22 bougies Jablochkoff, pour le péristyle du théâtre et le plafond du grand escalier, et 8 lampes à arc, pour la *loggia*.

Pour fournir l'électricité à ces lampes à incandescence et à arc, on a installé des chaudières Belleville dans les sous-sols de l'Opéra, dont les vastes profondeurs se prêtent si bien à les recevoir.

Elles alimentent :

Une machine à vapeur Corliss, de 250 che-

vaux, tournant à la vitesse de 60 tours par minute ;

Une machine à vapeur Armington, de 100 chevaux, tournant à 300 tours par minute ;

Quatre machines Weyher et Richemond, de 140 chevaux, tournant à 160 tours par minute ;

Une autre machine Weyher et Richemond, de 40 chevaux, tournant à 85 tours ;

Une machine Weyher et Richemond, de 20 chevaux, tournant à 100 tours ;

Ce qui représente une force de 970 chevaux-vapeur, pouvant facilement être portée, quand on le veut, à 1200.

La cheminée, qui a 1^m,36 de diamètre et 39 mètres de hauteur, est placée dans une cour intérieure.

Les chaudières produisent de la vapeur à 12 kilos de pression ; mais comme elles sont situées à une distance de 60 mètres des machines, on a créé une canalisation spéciale de la vapeur, pour éviter toute cause d'arrêt. On a réuni au centre toutes les conduites de vapeur partant des chaudières, de façon à former une véritable boucle se fermant sur les chaudières. Par ce moyen, on dirige la vapeur dans la conduite de droite ou dans celle de gauche, ou dans les deux à la fois.

L'eau nécessaire à l'alimentation des chaudières et à la condensation de la vapeur des machines, est empruntée en partie aux eaux de la ville, et en partie à un puits creusé à 39 mètres de profondeur. Le débit de ce puits est de 65 mètres cubes à l'heure, avec une dénivellation de 6 mètres. L'eau est élevée par une pompe, qu'actionne une transmission électrique.

Chaque machine à vapeur, de 140 chevaux, actionne une *machine dynamo*, de 800 *ampères*.

On a ainsi quatre groupes de machines pouvant alimenter 1000 lampes chacune, et pouvant fonctionner séparément ou simultanément.

Fig. 372. — Régulateur des effets de scène, ou *jeu d'orgue*, à l'Opéra de Paris.

Nous donnons dans la figure 371 (page 477), la vue générale de la salle des machines de l'usine de l'Opéra.

Les machines à vapeur actionnent 94 *dynamos* Edison.

Le courant des *dynamos* est amené à un premier tableau de distribution, de 4 mètres de largeur, sur 1 mètre de hauteur. Au-dessus et au-dessous de ce tableau, sont placés quatre conducteurs, composés de grandes barres de cuivre, qui les relient à deux autres tableaux de distribution, de $3^m,50$, sur $1^m,10$, desservant les circuits du théâtre.

A l'aide de commutateurs, on peut envoyer le courant des *machines dynamos* dans les barres du haut ou dans celles du bas.

Nous représentons, dans la figure 372, le *régulateur des effets de scène*, vulgairement nommé *jeu d'orgue*, qui sert à modérer l'intensité de la lumière des lampes de la salle.

On voit que les *résistances* sont montées sur des cadres *a*, *a'*, *a''*, placés perpendiculairement, le long du mur.

Les leviers que l'on voit sur notre dessin, sont portées, tous ensemble, par un arbre double, AA, de 4 mètres de long. Destinés à établir la communication électrique entre les résistances et le courant, ils sont munis d'un encliquetage qui permet de les embrayer à volonté sur une des roues qui sont calées sur chacun de ces arbres. On voit, au fond, l'homme qui seul suffit pour manœuvrer les leviers de tous les régulateurs, et régler ainsi l'intensité de la lumière.

Fig. 373. — Éclairage électrique des *herses*, sur la scène de l'Opéra de Paris.

De petites lampes à incandescence, semblables à celles de la salle, font apprécier le degré de l'éclairage.

On voit sur la figure 373 la distribution du courant électrique sur la scène de l'Opéra, pour l'éclairage des *herses*.

En admettant que toutes les machines fonctionnent en même temps, on disposerait, à l'Opéra, d'une force de 950 chevaux-vapeur, les machines dynamo-électriques ayant une capacité suffisante pour alimenter 7700 lampes (de la valeur de 16 bougies, de 0,75 *ampère*); mais, pour le service d'éclairage usuel, on allume seulement 5000 lampes de la valeur de 10 bougies, et 1000 lampes de 16 bougies chacune.

On voit, par les détails dans lesquels nous sommes entré, avec quelles proportions colossales est établi l'éclairage électrique, à l'Opéra de Paris. C'est la plus belle des installations électriques de théâtres du monde entier. Elle fait le plus grand honneur à l'ingénieur de la Compagnie Edison, M. Amédée Vernes, à qui on la doit.

En outre des théâtres dont nous venons de parler, plusieurs cafés-concerts et salles de réunion, à Paris, ont adopté l'éclairage électrique. Citons le cirque Oller (rue Saint-Honoré), dont l'installation électrique est admirablement entendue, et peut rivaliser avec celle de l'Hippodrome. Des machines à vapeur, alimentées par des chaudières inexplosibles, actionnent d'excellentes *machines dynamos*, qui distribuent dans la salle une magnifique lumière.

Nous n'entreprendrons pas la description de ces dernières installations, pour ne pas répéter ce que nous avons dit à propos de divers théâtres. Qu'il nous suffise de rappeler que l'éclairage électrique, qui assure une sécurité absolue contre les chances d'incendie, qui, en été, donne un éclairage sans chaleur, et, en toute saison, laisse l'air inal-téré, est déjà introduit dans la presque totalité des théâtres de Paris.

Nos grands théâtres de province n'ont pas attendu le signal venu de la capitale, pour adopter l'éclairage électrique. Marseille, Lyon, Bordeaux, Montpellier, Nîmes, etc., ont effectué, dès l'année 1886, cette utile modification de leur éclairage.

A l'étranger, le même mouvement s'est produit. A Madrid, par exemple, un ordre du gouvernement décrétait, au mois de juin 1887, l'installation de la lumière électrique dans ses salles de théâtre. L'Italie donnait, dans la Scala de Milan, un des plus beaux spécimens que l'on connaisse de l'éclairage d'un théâtre par l'électricité, et d'autres villes principales de la péninsule italienne suivaient cet exemple.

L'Angleterre, après le terrible événement d'Exeter, réformait, dans la plupart de ses salles de spectacle, son ancien éclairage. Bruxelles ne tardait pas à entrer dans la même voie, et les plus grands théâtres de l'Allemagne inauguraient à l'envi le nouveau système.

Ce serait tomber dans d'inutiles redites que d'examiner en détail les installations faites à l'étranger. Bornons-nous à dire que le mouvement consistant à substituer l'électricité au gaz, dans les théâtres, est universel, et d'ailleurs, pleinement justifié, car, nous le répétons, le seul moyen de prévenir l'incendie d'une salle de spectacle, c'est l'éclairage par l'électricité et la suppression totale du gaz.

Éclairage électrique des usines. — Les usines qui possèdent des machines à vapeur et des générateurs d'une grande puissance, peuvent consacrer une partie de leur force motrice à actionner des *machines dynamos*, et produire ainsi leur éclairage électrique à peu de frais. Celles qui ont pour force motrice une chute d'eau, peuvent également consacrer une partie de la puissance de ce moteur naturel, à actionner des *machines dynamos*, destinées à l'éclairage. Aussi est-ce dans les usines, manufactures et ateliers, que l'on vit se réaliser les premières applications économiques de la lumière électrique. Cet éclairage permet de continuer le travail la nuit ; ce qui est souvent un réel avantage, pour les ateliers. Ajoutez que les risques d'incendie sont totalement écartés, et que l'air conserve son oxygène, dans son intégrité.

L'éclairage par incandescence permet de disséminer de petites lampes dans les ateliers peu spacieux. Les lampes à arc à régulateur différentiel et les bougies Jablochkoff, conviennent pour les grands espaces, les *halls* des manufactures, les chantiers de construction, les gares de chemins de fer, etc.

Dans certains ateliers, comme les meuneries et les greniers à céréales, l'atmosphère est chargée de poussières ; et dans d'autres, comme les fabriques de papiers, il contient des vapeurs délétères. Les régulateurs seraient donc vite hors d'état de fonctionner. Les bougies Jablochkoff trouvent là leur place ; car on ne s'inquiète pas de la variation d'intensité lumineuse.

Les lampes à incandescence, quand elles sont employées, sont d'une puissance un peu élevée : de 16 à 20 bougies.

Dans beaucoup d'usines, on se sert d'une partie du courant électrique destiné à l'éclairage, pour actionner des transmissions de mouvements et manœuvrer des machines-outils.

Il serait complètement inutile de donner ici des exemples d'installation d'éclairage électrique dans les usines. C'est par milliers qu'on les compte aujourd'hui, et bientôt il n'existera pas une seule usine ou manufacture mue par la vapeur ou par une chute d'eau, qui ne soit pourvue d'un matériel pour la lumière électrique, et même pour la transmission de la puissance du moteur

à la manœuvre des machines-outils, à la ventilation, etc.

Éclairage des mines, des travaux souterrains et sous-marins. — Lorsque M. de Changy inventa sa lampe électrique ayant pour conducteur un fil de platine, sa première idée, en sa qualité d'ingénieur des mines, fut d'appliquer ce mode d'éclairage aux galeries des houillères. En effet, l'éclairage électrique paraît, dans ce cas, tout indiqué. Sans doute, la *lampe du mineur*, ou *lampe de Davy*, — bien entendu, avec les perfectionnements que lui ont apportés, de nos jours, Combes et tant d'autres ingénieurs, — a sauvé des milliers d'existences de mineurs, en les préservant de l'inflammation du *grisou* (gaz hydrogène bicarboné). Et pourtant, que d'accidents n'arrivent pas encore, par suite de l'imprudence et de l'insouciance des ouvriers, qui, malgré toutes les recommandations et menaces comminatoires qui leur sont faites, ouvrent leur lampe, pour voir plus clair, ou pour allumer leur pipe, et mettent ainsi le feu au terrible gaz ? La catastrophe arrivée à Saint-Étienne, le 29 juillet 1890, au puits Pellissier (concession de Villebœuf) où 118 ouvriers perdirent la vie, par l'inflammation du *grisou*, est encore présente à la mémoire de tous. La lampe électrique, enfermée dans une ampoule de verre, sans communication avec l'air des galeries, et qui éclaire sans chauffer l'air, semble toute désignée pour remplacer la *lampe de Davy*.

Aussi les lampes à incandescence ont-elles été installées dans quelques houillères, par exemple, dans celles de Blanzy (Loire) et de Rochebelle. Elles sont appliquées aux murs des galeries, des puits, des fronts de taille, des carrefours, des bureaux d'ingénieurs ou de chefs de chantiers. La machine productrice du courant électrique, est placée hors de la mine, et le fil conducteur descend au fond de la fosse, parfaitement isolé par un câble de plomb, enveloppé d'un ruban de caoutchouc.

Nous avons sous les yeux un rapport de l'ingénieur en chef des mines de Blanzy, en date du mois de mai 1890, donnant les résultats de l'installation de l'éclairage électrique dans ces mines.

Ce mode d'éclairage a été appliqué, pour la première fois, au puits de Magny, en juin 1883 ; il n'a pas cessé, depuis cette époque, de fonctionner dans de bonnes conditions.

L'installation se compose d'une petite machine à vapeur, placée au jour, d'une machine *dynamo-électrique* Edison, d'un câble conducteur métallique, qui, partant de la *dynamo*, donne la lumière à 29 lampes à incandescence, d'une intensité de 10 bougies, et à 24 lampes, de 10 bougies, les unes et les autres servant à l'éclairage des *recettes* extérieures, des salles des machines et chaudières, des abords du puits, des bureaux des ingénieurs, etc.

Sur le conducteur principal s'embranche un câble, qui descend dans le puits, jusqu'à la profondeur de 321 mètres, et qui sert à l'éclairage des *recettes* extérieures, à ce niveau, au moyen de 8 lampes à incandescence, de 16 bougies chacune. Les abords des puits sont ainsi parfaitement éclairés, jusqu'à une distance d'une soixantaine de mètres, et l'arrachage du charbon se fait avec la même sécurité qu'au jour. Tout accident résultant de fausses manœuvres ou des chutes du personnel, est, de cette manière, rendu impossible. L'ouvrier va et vient, sans être obligé de s'éclairer avec sa propre lampe. Les manœuvres se font avec la plus grande sécurité et plus rapidement.

La réussite de l'éclairage du puits de Magny, à 321 mètres de profondeur, a déterminé l'installation du même éclairage au fond des puits Chagot et Saint-François, dans lesquels le mouvement est plus considérable, par suite de la profondeur de 334 mètres, où se fait l'extraction pour le premier puits, et de 240 mètres, pour le second, chacune des *recettes* étant, pour le *sortage*, de 1200 chariots environ.

Ce mode d'éclairage a été trouvé, dans ces deux derniers puits, parfait, non seulement au point d'arrachage du charbon, mais sur d'assez longs parcours, dans les galeries d'accès.

« En résumé, dit le rapport de l'ingénieur en chef, l'éclairage électrique des mines de Blanzy pour les *recettes* et voies du fond, est très précieux pour la sécurité du personnel aux abords du puits, et la promptitude des manœuvres.

« Le câble qui descend dans les puits, est d'une composition spéciale, pour lui donner une grande résistance, et le soustraire aux chocs extérieurs qui pourraient le détériorer. »

Un accident très grave à redouter serait, en effet, l'écrasement du câble conducteur par un de ces éboulements de minerai ou de boisages, qui sont si fréquents dans les travaux d'extraction du charbon. Dans ce cas, les fils contenus dans le câble, se trouvant en contact, par le fait de cette rupture, le courant s'établirait entre eux ; toutes les lampes s'éteindraient, et, ce qui est plus grave, les fils conducteurs donnant passage à ce courant accidentel, pourraient s'échauffer, rougir et mettre le feu au *grisou*, s'il existait dans l'air des galeries.

Au lieu d'un câble conducteur distribuant la lumière à des lampes fixées aux parois de la mine, comme à Blanzy, on a souvent proposé de donner au mineur une lampe électrique alimentée, soit par une pile au bichromate de potasse (*lampe Trouvé*), soit par un petit accumulateur (*lampe Stella*). Mais une lampe électrique portative expose à un grand danger. Si elle se brise, elle peut, dit-on, enflammer le *grisou*. Sans doute, quand la clochette de verre d'une lampe électrique vient à se rompre par accident, le filament de charbon brule à l'air, disparaît, et le courant électrique étant interrompu, la lampe s'éteint. Mais selon beaucoup d'ingénieurs, le filament du charbon, même après son extinction, conserve, pendant cinq à six secondes, une température qui a été évaluée à 500°; et à cette température le *grisou* mêlé à l'air, détonne. Le bris accidentel de la lampe électrique d'un mineur, pourrait donc mettre le feu à un atmosphère *grisouteuse*.

C'est en raison de ce dernier danger, que les propriétaires des houillères et les ingénieurs, en tout pays, en France, en Angleterre, en Allemagne, en Amérique, hésitent à introduire la lumière électrique à l'intérieur des fosses à charbon; car, selon eux, la lumière électrique au fond des mines de houille, serait une cause perpétuelle de craintes, parfaitement fondées.

Il faut donc attendre de nouvelles recherches pour se prononcer sur l'opportunité de la substitution de la lumière électrique aux lampes portatives des mineurs, au fond des puits à charbon.

Si de grandes précautions sont nécessaires pour introduire la lumière électrique dans les houillères, on n'a pas à s'astreindre aux mêmes soins, quand il s'agit des mines métalliques, qui ne laissent jamais dégager le moindre gaz inflammable. Dans les exploitations souterraines des divers minerais et des carrières de pierre, l'éclairage électrique par incandescence rend d'incontestables services, en éclairant des lieux profonds sans les échauffer, et sans vicier l'atmosphère, comme l'huile ou le pétrole, ce qui rend plus aisé le travail des hommes.

Quand on veut pénétrer sans danger, dans une atmosphère irrespirable, par exemple pour chercher une fuite de gaz, on peut se servir d'une lampe à incandescence, alimentée par une batterie, au bichromate de potasse. M. Trouvé a construit une lampe de ce genre, qui a été adoptée pour le service d'incendie de la ville de Paris. La pile est contenue dans une gibecière, dont l'ouvrier est muni (fig. 374), et le fil aboutit à une lampe à incandescence, portée sur le front de l'opérateur, à l'aide d'une couronne de cuir (1).

On a imaginé récemment en Angleterre une autre lampe de sûreté contre les atmosphères suspectes. Elle est désignée sous le

Fig. 374. — Éclairage, au moyen d'une lampe électrique, d'une atmosphère suspecte.

nom de *lampe électrique Schanschieff*. C'est une lampe Edison, alimentée par une pile au bisulfate de mercure, comme la pile

(1) C'est cette même lampe électrique que M. Trouvé, à l'époque de la catastrophe de Saint-Étienne, a proposé d'appliquer à l'éclairage des houillères, de préférence à la lampe *Stella*, qui emploie des accumulateurs.

Marié-Davy, autrefois en usage, en France, pour les télégraphes de l'État.

La pile et la lampe sont portées sur une même boîte, que l'ouvrier tient à la main.

La *lampe électrique Schanschieff* est, en ce moment, à l'étude en Angleterre et en France; il est donc difficile de se prononcer sur ses avantages, comme sur ses dangers, en cas de rupture.

Dans les travaux souterrains et sous-marins, la lumière électrique a l'avantage d'éclairer avec beaucoup plus d'éclat que les lampes à huile, et de ne pas vicier l'air. Cet avantage est précieux dans le percement des longs tunnels. L'explosion de la poudre, employée pour faire sauter les roches, charge l'air de gaz irrespirables, lesquels éteignent souvent les lampes à huile, et en même temps, nuisent à la respiration des ouvriers. Avec les lampes électriques, rien de pareil à redouter.

Pour le fonçage des piles de ponts, qui se fait aujourd'hui au moyen de caissons pleins d'air comprimé, les lampes électriques ont leur place toute marquée.

L'éclairage des caissons se fait exactement de la même manière que celui d'une salle quelconque où l'on aurait disposé des lampes à incandescence. La *machine dynamo* est à l'extérieur, et le fil, bien isolé, descend dans les caissons qui servent à recevoir les ouvriers, occupés au creusement du sol. L'air n'étant pas vicié, les ouvriers travaillent plus longtemps sans souffrir de l'air comprimé. Enfin, le prix de revient de cet éclairage est peu élevé, bien que les mouvements des caissons provoquent d'assez fréquentes ruptures de lampes.

C'est avec cet éclairage que l'on a travaillé aux fondations du pont de la Tay, en Écosse, et du pont de Forth, en Angleterre, terminé en 1889. Sur ce dernier chantier, les ingénieurs avaient créé une installation générale de lumière électrique, pour tous les travaux, pendant la nuit. Il ne comprenait pas moins de 60 lampes à arc et 400 lampes à incandescence.

Dans les travaux qui furent exécutés, à la même époque, au port de l'île de la Réunion, on employa les piles Trouvé au bichromate de potasse, pour alimenter les lampes à incandescence.

Éclairage des ports et des phares. — La lumière électrique a rendu de grands services à la navigation, en permettant, pendant la nuit, l'entrée de certains ports, qui étaient autrefois inaccessibles dans l'obscurité. Au port du Havre, par exemple, les navires ne peuvent entrer qu'à l'heure de la pleine mer. Avant l'invention de la lumière électrique, les navires ne profitaient pas des marées de nuit, et ils étaient forcés d'attendre, dans la rade, le lever du jour. Depuis l'année 1881, dès qu'il y a marée de nuit, l'avant-port, les jetées et les écluses sont éclairés par des projections électriques, une heure avant et deux heures après le moment de la pleine marée. Les paquebots transatlantiques pénètrent aujourd'hui dans le port du Havre, comme en plein jour. Ainsi que nous l'avons dit, cet éclairage est fait par des bougies Jablochkoff, alimentées par des *machines dynamos* Gramme.

On voit dans la figure 375 l'ensemble de l'éclairage électrique du port du Havre.

Éclairage des phares. — Quant aux phares, l'application de la lumière électrique à la projection lointaine des signaux et feux de tout ordre, s'est fort étendue de nos jours. Comme nous consacrerons plus loin un *Supplément* à notre Notice sur les *Phares*, des *Merveilles de la science*, nous renvoyons le lecteur à ce chapitre supplémentaire, pour tout ce qui concerne l'état présent de l'éclairage des phares par la lumière électrique.

Éclairage des navires. — La lumière

électrique est installée aujourd'hui à bord des paquebots, des navires de commerce, des bâtiments cuirassés et des croiseurs.

Elle sert, dans les paquebots, à éclairer les salons et cabines des passagers.

On voit dans les figures 376 et 377 les

Fig. 375. — Le port du Havre éclairé à l'électricité.

lampes à incandescence employées sur l'*Océanien*, paquebot des *Messageries maritimes*. Ce sont des lampes Edison, de 12 bou-

gies, et des lampes Woodhouse et Rawson, de 20 à 40 bougies. Elles sont fixées sur des supports, en harmonie avec la décoration de ce paquebot. Celles qui sont placées dans les salons, ont des globes dépolis; les autres sont en verre clair, et pour la plupart, enfermées dans des lanternes, munies de verres dépolis.

Les lampes à incandescence distribuées sur le pont, sont mobiles et installées comme l'indique la figure ci-dessous. Quant

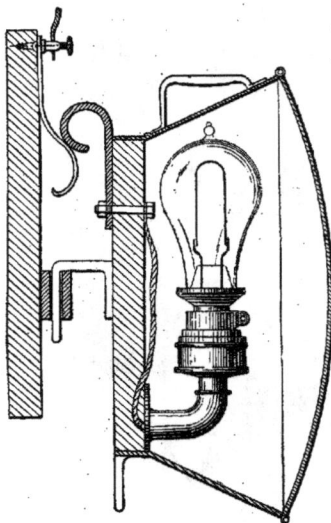

Fig. 376. — Lanterne électrique servant à l'éclairage du pont de l'*Océanien.*

aux lampes des cabines (fig. 377), elles sont placées à cheval sur les cloisons, parce qu'elles servent en même temps à éclairer les petits couloirs extérieurs qui desservent les cabines.

Dans les soutes à bagages, les lampes sont placées dans des lanternes que protègent des grillages.

L'éclairage du paquebot l'*Océanien,* installé par MM. Sautter et Lemonnier, comprend 200 lampes à incandescence Edison, de 12 bougies, pour les salons, couloirs et cabines; 21 lampes Woodhouse et Rawson, de 20 bougies, pour les grandes soutes à bagages et à marchandises; 3 lampes Woodhouse et Rawson de 40 bougies, pour

les feux de route. Une lampe à arc, avec régulateur Gramme, est suspendue, quand cela est nécessaire, à une vergue, pour éclairer les abords des navires, ainsi que le pont, et pour opérer les chargements ou les déchargements.

Les *machines dynamos* Gramme sont actionnées par un moteur à grande vitesse. Elles peuvent alimenter jusqu'à 180 lampes,

Fig. 377. — Lampe électrique des cabines de l'*Océanien.*

de 12 bougies. Le soir, les deux machines sont mises en mouvement. Vers onze heures, un certain nombre de lampes étant éteintes et réduites à 157, une seule *machine dynamo* continue à fonctionner.

La machine à vapeur, qui est du système Mégy, marche à la vitesse de 750 tours par minute. Une pareille allure, avons-nous déjà dit, est excessive. Il est bon de ne pas donner aux machines actionnant des *dynamos,* des vitesses de plus de 350 tours par minute.

C'est ce qu'ont pensé MM. Sautter et

Fig. 378. — Appareil de MM. Sautter et Lemonnier pour l'éclairage électrique des navires.
(A, machine à vapeur et B, machine dynamo-électrique.)

Lemonnier qui, dans l'installation électrique du navire de l'État, l'*Indomptable*, ont construit une machine à vapeur que nous représentons dans la figure 378, et qui ne dépasse pas la vitesse de 350 tours par minute.

La machine à vapeur est du système *compound*, à pilon. Tous les organes sont facilement accessibles, même pendant la marche. Un régulateur de vitesse est porté par l'arbre moteur.

Le nombre des lampes varie nécessairement, selon le tonnage du bâtiment. Il y a 500 lampes sur les grands paquebots transatlantiques, comme la *Bourgogne*, la *Bretagne*, la *Champagne*. Les paquebots ordinaires et les croiseurs, ont, ordinairement, 300 lampes. Les torpilleurs de ports de mer n'en ont pas plus de 25.

Le type de lampe employé est celui de 10 bougies. Leur intensité suffit pour les

locaux bas et resserrés des navires. Pour les feux de signaux et de route, on emploie des lampes de 20 ou 30 bougies.

La lumière électrique ne sert pas seulement, à bord des navires, à éclairer leurs différentes parties intérieures. Sur beaucoup de bâtiments, on l'emploie encore à produire un grand faisceau lumineux, lequel, visible de très loin sur la mer, a pour but de le signaler, et d'éviter ainsi les abordages mutuels, le plus grand danger de la navigation actuelle. En éclairant la route par un foyer électrique assez puissant, on prévient bien des malheurs. C'est ce qui est aujourd'hui bien compris. Sur tous les grands paquebots, marchant avec l'effrayante vitesse qui leur est propre, des feux, à l'avant et à l'arrière, signalent au loin leur approche.

Dans un cas particulier, l'emploi d'un

feu électrique a permis d'abréger la longueur des voyages. Nous voulons parler de la navigation de nuit, dans le canal de Suez. Depuis l'année 1886, la Compagnie du canal de Suez a autorisé le passage des bâtiments de commerce, ou postaux, dans le canal, aux conditions suivantes : 1° le navire sera muni, à l'avant, d'un projecteur électrique, d'une portée de 1 200 mètres, et à l'arrière, d'une lampe électrique, capable d'éclairer un champ circulaire de 200 à 300 mètres de diamètre ; 2° une lampe électrique, avec réflecteur, sera placée sur chaque bord du navire.

Cette augmentation de matériel pour la production de la lumière électrique, est très facile pour tout navire qui emploie déjà la lumière électrique ; et grâce à ce moyen, on effectue, pendant la nuit, en seize heures, la traversée du canal de Suez, qui demandait autrefois plus de quarante heures, par suite de l'interruption occasionnée par la nuit.

Ajoutons que la Compagnie du canal a installé sur la berge orientale, et vis-à-vis de chaque gare, plusieurs feux de direction, dans le but de faciliter la marche des vaisseaux.

Depuis que cette autorisation a été accordée, de nombreux navires se sont pourvus du matériel nécessaire, et traversent le canal pendant la nuit.

En résumé : augmentation de l'intensité de l'éclairage ; — suppression des chances d'incendie ; — augmentation du bien-être des passagers, et facilité qu'on leur donne de tenir leurs cabines éclairées la nuit ; — suppression des soins d'entretien des appareils d'éclairage ; — moyen de créer, à l'avant et à l'arrière, un phare éblouissant, destiné à prévenir les abordages ; — tels sont les avantages multiples de l'emploi de l'électricité à bord des navires de diverses catégories. Il est donc à désirer que l'installation de cette lumière sur des bâtiments de tout tonnage, devienne bientôt universelle.

Application de l'éclairage électrique à la guerre et à la marine militaire. — L'éclairage électrique, pendant les opérations des sièges, sert à produire, à l'aide des projecteurs du colonel Mangin, l'éclairage des positions ou travaux de l'ennemi, et à bord des navires, à promener des feux allongés pour déceler dans un vaste rayon la présence de torpilleurs ennemis. Nous avons, dans cet ouvrage, traité ces deux questions : la première, dans la *Notice sur la Télégraphie optique* (t. 1er, p. 494-502) la seconde, dans le *Supplément aux Bâtiments cuirassés* (tome II, page 333-335). Nous n'avons donc pas à revenir sur ces questions, et nous nous bornons à renvoyer le lecteur aux pages citées ci-dessus.

CHAPITRE XII

LE PÉTROLE. — SES NOUVEAUX GISEMENTS DÉCOUVERTS EN AMÉRIQUE ET EN ASIE.

Dans la Notice sur *l'Art de l'éclairage*, des *Merveilles de la science*, nous avons décrit les gisements de pétrole, en Amérique et en Asie, et nous avons fait connaître les procédés servant à l'extraction et à la purification de ce liquide naturel. Nous avons donné la description des premières lampes employées pour l'éclairage au pétrole, et signalé les premiers essais, remontant à l'année 1868, pour le chauffage des machines à vapeur au moyen du naphte (1). Depuis la publication de notre Notice, c'est-à-dire depuis l'année 1870, le nombre des pays et localités où l'on trouve du naphte, s'est prodigieusement multiplié, et comme conséquence de l'extraordinaire abondance de ce liquide sur les marchés des deux mondes, son usage industriel s'est accru dans des proportions considérables. Aujourd'hui,

_____

(1) Tome IV, pages 184-208.

par suite des perfectionnements apportés aux lampes à pétrole, l'emploi de ce liquide, comme agent d'éclairage, a pris une grande extension. L'huile à brûler, la bougie stéarique, le gaz lui-même, trouvent maintenant dans le pétrole un rival redoutable. L'huile à brûler, en particulier, a perdu la moitié de son débit commercial. Dans ce *Supplément*, consacré aux progrès réalisés depuis 1870 dans les découvertes et inventions que nous avons étudiées dans les *Merveilles de la science*, nous avons donc à traiter, en ce qui concerne le pétrole :

1° De la découverte de ses nouveaux gisements et de leur exploitation en Amérique en Asie, particulièrement en Russie, dans les régions de la mer Caspienne et de la mer Noire ;

2° Des progrès réalisés dans le mode d'extraction du liquide brut, et dans les moyens de le transporter, de ses sources naturelles aux usines de raffinage, ou aux lieux d'expédition et d'embarquement ;

3° Des progrès faits pour l'application de l'huile de naphte à l'éclairage, c'est-à-dire des nouvelles lampes inventées en Angleterre, en Amérique et en France, pour brûler le pétrole avec économie et sans danger.

Pour faire connaître d'une façon méthodique les nouveaux gisements du pétrole découverts récemment en Amérique et en Asie, ainsi que les progrès réalisés dans son exploitation, nous considérerons à part le pétrole d'Amérique et celui d'Asie.

PÉTROLE D'AMÉRIQUE.

Les anciens et nouveaux gisements découverts en Amérique, depuis 1870 jusqu'à ce jour, sont à peu près concentrés dans l'État de Pensylvanie. Ils sont distribués sur une étendue de terre de 500 kilomètres de longueur, et d'une largeur allant quelquefois jusqu'à 100 kilomètres. Commen-

çant dans le sud du Canada, la région pétrolifère traverse tout l'État de New-York. Bornée par les lacs Alleghanys, elle occupe la plus grande partie de la Pensylvanie, et se termine vers le Kentucky. Quant à la surface des gisements proprement dits, on compte 5 à 6 oasis d'huile minérale, dont la principale a 300 kilomètres carrés, superficie égale, à elle seule, à tous les autres gisements. Là, les exploitations sont tellement nombreuses que, dans un espace qui n'est pas plus grand que celui du département de la Seine, on compte plus de vingt mille puits d'extraction. Les usines, outils, ustensiles, réservoirs, etc., nécessaires à l'exploitation de ces puits, dépassent la valeur de deux milliards de francs.

Nous trouvons dans un travail de M. Ph. Delahaye, *l'Industrie du pétrole à l'Exposition de 1889*, un tableau statistique résumant le résultat de l'exploitation des gisements les plus importants des États-Unis, depuis leur découverte ou leur mise en exploitation, jusqu'en 1888.

Industrie du pétrole aux États-Unis.

	Pétrole brut en barils de 42 gallons (180 litres).		Valeur totale du pétrole et de ses dérivés exportés des États-Unis.
Années.	Production totale du pays.	Expéditions à l'étranger.	
1861	2.113.600	1.650.133	Inconnue
1862	3.056.606	3.001.571	—
1863	2.611.359	2.242.951	—
1864	2.116.182	1.842.061	10.782.689 dollars
1865	3.497.712	2.100.132	16.563.413
1866	3.597.527	3.010.921	24.830.887
1867	3.346.306	2.893.210	24.407.642
1868	3.715.741	3.482.510	21.810.676
1869	4.186.475	4.155.343	31.071.256
1870	5.308.046	5.293.168	32.668.900
1871	5.278.072	5 267.891	36.894.810
1872	6.505.774	5.899.942	34.058.390
1873	9.849.508	9.499.775	42.040.756
1874	11.102.114	8.821.500	41.245.815
1875	8.948.749	8.924.934	20.071.569
1876	9.142.940	9.083.949	32.915.786
1877	13.052.753	12.469.644	61.789.438
1878	15.011.425	13.750.090	46.574.974
1879	20.085.716	16.226.586	40.305.249
1880	24.788.950	15.839.020	36.218.025
1881	29.674.458	19.340.021	40.315.609
1882	25.789.190	22.094.209	51.282.706
1883	24.385.966	21.967.636	44.913.079
1884	23.596.945	23.053.902	47.103.248
1885	21.600.651	20.029.424	50.257.947
1886	25.854.822	25.382.445	50.199.844
1887	21.818.037	20.627.191	46.824.933
1888	16.128.000	»	»

Nous avons décrit, dans notre Notice des *Merveilles de la science,* avec les détails suffisants, la manière de creuser les puits pour l'extraction du pétrole, en Amérique. L'appareil de sondage, connu dans le pays sous le nom de *derrick,* et qui se compose d'une sonde semblable à celle de nos puits artésiens, n'a point varié dans son ensemble. On opère aujourd'hui de la manière suivante.

L'atelier se compose d'une charpente de bois, au sommet de laquelle est montée une poulie, où passe le câble qui permet de descendre et de remonter la tige de sonde. Des constructions sommaires abritent la machine à vapeur, qui, par l'intermédiaire d'une grande poulie-volant, commande les différents appareils mécaniques, à savoir : le balancier, pour le battage du trépan, le treuil pour le service de la pompe à sable, et le treuil de levage pour la manœuvre de la tige de sonde. Ces trois appareils sont employés, chacun à son tour, suivant l'avancement des travaux.

La tige de sonde américaine se compose d'un *trépan,* qui creuse le sol, et qui est attaché à une première *allonge,* consistant en une barre de fer de 8 à 9 mètres de longueur. Viennent ensuite des *étriers,* ou *glissières,* puis une allonge semblable à la première, mais moins longue (5 ou 6 mètres). Une *fourchette d'attache* relie la première la tige au câble du treuil de lavage.

Pour les gisements peu profonds, on se contente du *trépan,* de l'*allonge* inférieure et d'un anneau d'attache; la tige de sonde est menée directement par le câble du treuil de levage, d'où le nom de *sondage à la corde,* donné autrefois à cette opération.

Si l'on descend plus bas que 70 ou 80 mètres, on équipe la tige de sonde complète, et le battage du trépan s'effectue au moyen du balancier, qui porte à une de ses extrémités la tige, soutenue par l'intermédiaire de la vis d'avancement.

Voici comment on procède au forage, avec ces outils.

La tige de sonde montée dans le *derrick,* est introduite dans le trou où doit être creusé le puits. Elle est accrochée au balancier, qui la soulève et l'abaisse alternativement. Le trépan désagrège et broie la roche, par des chocs répétés, jusqu'à ce qu'il soit descendu de la longueur de la vis d'avancement. On retire alors la tige, au moyen du treuil de levage, et on la remplace par la *pompe à sable,* pour débarrasser le trou des débris qui s'y sont accumulés.

Ces opérations se reproduisent ensuite dans le même ordre, sauf accident ou remplacement d'un trépan usé.

Au fur et à mesure de l'avancement des travaux, on garnit l'intérieur du puits d'un coffrage en bois, à la partie supérieure, puis d'un tubage simple ou double, en fer, pour faciliter le départ des gaz combustibles qui sont quelquefois recueillis et utilisés pour le chauffage de la machine à vapeur.

Quand on a atteint le niveau de l'huile, on descend dans le puits une pompe, à piston-plongeur, dont la tige est fixée au balancier. L'huile est ainsi refoulée dans le puits et dirigée, par des tuyaux, jusqu'aux réservoirs.

Dans quelques circonstances où le travail paraît trop lent, ou quand le sol est par trop résistant, on a imaginé d'employer les torpilles, pour accélérer la dislocation du terrain. Au fond du puits qu'il s'agit d'agrandir, on fait descendre une cartouche de nitroglycérine, ou de dynamite très riche en nitroglycérine. Quand la cartouche est arrivée au fond du puits, on y laisse tomber une masse de fer, du poids de 10 kilogrammes. Le choc du fer écrase la capsule fulminante dont la cartouche est pourvue, et la nitroglycérine fait explosion.

La torpille est quelquefois chargée de 60 à 80 litres de nitroglycérine, dont l'effet destructeur équivaut à plus de 1000 kilogrammes de poudre de mine. On conçoit combien, avec de tels moyens de dislocation du sol, on peut accélérer le travail du forage.

Un immense progrès a été réalisé dans l'industrie de l'exploitation du pétrole américain, par l'idée originale, consistant à envoyer le naphte sortant du sol, à la station la plus prochaine d'une voie ferrée ou d'un canal, au moyen de conduites de fonte, dans lesquelles on fait couler l'huile, comme on y ferait circuler de l'eau.

Les conduites, pour le transport du pétrole, se sont prodigieusement multipliées en Amérique, depuis quelques années. Leur diamètre varie de 15 centimètres à 5 centimètres. On cite comme une merveille le gros tube qui, traversant les États de New-York et de Pensylvanie, conduit le pétrole jusqu'aux raffineries, et aux ports d'embarquement sur l'océan Atlantique.

Comme la pente naturelle ne suffirait pas pour faire voyager ainsi le liquide, des pompes de refoulement sont distribuées sur différentes sections du trajet, pour pousser le pétrole à l'intérieur de la conduite.

Les efforts nécessaires pour triompher de la pesanteur sont quelquefois énormes. On cite des conduites dans lesquelles la pression va jusqu'à 100 kilogrammes par centimètre carré. L'industrie américaine est parvenue à fabriquer des tubes de fonte capables de résister à ces énormes pressions.

Nous trouvons dans le journal le Génie civil, du 18 juin 1889, les renseignements qui vont suivre sur la création et le développement successif des lignes de conduite en fonte pour le transport du pétrole, des lieux d'origine aux ports d'embarquement.

« La première ligne qui fut établie, dit le Génie civil, allait de Pithole vers l'Oil Creek, et amenait l'huile d'une distance de un kilomètre environ. Trois pompes furent

installées, et l'on transportait de Pithole à Miller Farm, station située sur l'Oil Creek, environ 81 barils par jour.

« Cette ligne de conduite était souvent détruite par les charretiers, dont le monopole se trouvait compromis par suite de ce nouveau mode de transport, et on ne parvint à la préserver de la destruction, qu'en organisant des patrouilles armées. Un peu plus tard, on construisit une ligne reliant Pithole Creek à Island Well, sur une longueur de 12 kilomètres. En novembre 1865, une autre ligne relia Pithole à Titusville, qui devint le centre de districts de production, et en même temps un grand siège de raffinerie.

« Petit à petit on se mit à recueillir l'huile au moyen de conduites reliant les différents puits aux stations centrales; de là, on la transportait sur des charettes jusqu'aux stations de chemin de fer. Les entrepreneurs de transport firent encore une vive opposition, mais cette fois sans aucun succès, car en 1876, il y avait déjà 8 ou 9 compagnies différentes de lignes de conduite.

« En 1875, on posa une ligne de 90 kilomètres avec des conduites de $0^m,10$ de diamètre, allant jusqu'à Pittsburg. Il fallut, de nouveau faire garder cette ligne par des hommes armés, pour la préserver de la destruction par ceux dont elle lésait les intérêts.

« ... De grandes raffineries ayant été construites à Cleveland, Ohio, Pittsburg, Buffalo, New-York, et au bord de la mer, à Baton, Philadelphie, Baltimore, etc., la question de transport du pétrole devint capitale et les raffineurs s'associèrent pour racheter toutes les lignes de conduites qui existaient en ce moment.

« Les lignes de conduites en Amérique, sauf une, sont la propriété d'une seule Compagnie, le National Transit Company.

« Lorsque ces lignes furent décidées, l'expérience avait sans doute démontré les avantages du système consistant à amener le pétrole éloigné des régions d'huile par de petites conduites, à l'aide de pompes, mais au delà tout était supposition. Il y avait des tableaux théoriques montrant la résistance qu'il fallait vaincre pour faire passer des liquides dans des conduites pour de petites distances, et avec un calcul théorique simple, on pouvait se rendre compte approximativement du frottement pour de plus grandes distances, mais il n'y avait pas de tableaux établis d'après des résultats pratiques et il y avait là une nouvelle expérience à faire, celle de tenter de faire passer de l'huile dans des centaines de kilomètres de tuyaux dans un pays très accidenté, traversant deux chaînes de montagnes et un nombre incalculable de rivières et de criques.

« La science de l'ingénieur se trouvait là en face de nouvelles difficultés à surmonter et elles le furent avec plein succès. On avait réussi à amener l'huile de petites distances dans de petites conduites en faisant usage de pompes à un cylindre, appelées aussi *petit cheval*.

« La limite de leur puissance utile se fit bientôt sentir, par la rupture des conduites, par les défectuosités des joints de conduites, ainsi que par les nombreux accidents que causaient aux pompes les chocs constants à chaque changement de marche, sous la haute pression due à une résistance de frottement énorme.

« On installa fréquemment des pompes sur ces lignes locales, dont la plupart avaient de 20 à 25 kilomètres de long, et les conduites $0^m,05$ de diamètre, et où la résistance de frottement équivalait à une pression de 98 à 140 kilogrammes par centimètre carré. Les cylindres à vapeur de ces pompes avaient dans certain cas $0^m,75$ de diamètre ; elles actionnaient un plongeur de 10 à 12 centimètres $^1/_2$, et la secousse, à chaque changement de coup de piston à ces pressions, ressemblait au bruit produit par un canon.

Ces conditions étaient dès lors inadmissibles, aucun matériel et aucune conduite ne pouvaient résister à des efforts aussi violents.

« Le comité se décida à consulter M. Henry Worthington, de New-York, qui, de son vivant, passait pour le premier hydraulicien d'Amérique. Il fut chargé d'étudier la question, d'indiquer le système de pompe qui conviendrait le mieux pour ce travail. Le résultat fut la création et la construction d'une pompe du système de M. Worthington, qui fut montée près de Bradford, et reliée à une section de conduites de $0^m,10$ de diamètre, d'une longueur de 25 kilomètres, allant de Bradford à Carrolton, station située sur le chemin de fer de l'Érié. C'était une ligne nouvelle, mais constamment en réparation, pour les motifs énumérés précédemment.

« Le résultat du travail de cette pompe dépassa toutes les espérances, et amena une révolution complète dans le transport du pétrole. Son action, dans ces conditions difficiles, était d'une régularité parfaite ; le mouvement de la colonne d'huile dans la conduite, était uniforme et constant, tandis qu'avec l'ancien système de pompe à un cylindre, la colonne d'huile restait stationnaire après chaque coup de piston, avec une variation de pression de plusieurs centaines de kilogrammes. Avec la pompe Worthington on n'a aucun arrêt, l'écoulement est constant et la pression presque uniforme.

« De 1878 à 1881-1882, la construction des lignes de la *Trunk C°*, jusqu'au bord de la mer fut achevée, et à partir de ce moment, la raffinerie de l'huile sur les lieux mêmes, resta stationnaire ; puis, différentes raffineries ayant été détruites par le feu, l'opération cessa complètement, d'autant plus qu'au bord de la mer et des lacs, on construisait des raffineries considérables.

« La pompe d'épuisement, du type Worthington, est employée exclusivement par la *Nationnal Transit Company*. Les pompes varient de dimensions suivant le service auquel elles sont affectées. Sur les lignes de New-York, Pensylvanie, les types les plus parfaits de pompes de pression *compound* sont en service. Sur la ligne Buffalo-Cleveland et Pittsburg, on emploie des pompes *compound* sans condensation, tandis que, pour les lignes locales, on se sert d'une pompe ordinaire à haute pression. La moyenne de l'huile pompée dans une journée, est d'environ 28000 barils.

« Aux différentes stations d'épuisement on a installé plusieurs réservoirs en tôle, mesurant environ 27 mètres de diamètre et 10 mètres de haut, de telle sorte qu'on pompe l'huile des réservoirs d'une station, pour la conduire dans les réservoirs d'une autre station. Un jeu de pompes se trouve dans chaque station, de sorte qu'il ne peut y avoir aucune interruption, une pompe fonctionnant constamment.

« Sur les lignes principales de $0^m,15$ de diamètre, les pompes ont de 600 à 800 chevaux de force, tandis que celles établies sur les conduites de $0^m,100$ à $0^m,125$ varient de 150 à 200 chevaux; les lignes locales n'ont, par contre, que des appareils de 25 à 30 chevaux. Les conduites sont construites spécialement pour cet usage; elles sont en fer forgé et essayées avec le plus grand soin avant de quitter l'usine; elles sont connues dans cette branche d'industrie sous le nom de « conduites pour l'huile ». La longueur de chaque conduite est de $5^m,40$ et les extrémités sont terminées par des filets de vis au nombre de neuf par $0^m,025$, avec des accouplements taraudés.

« Les lignes sont posées en grande partie à 2 ou 3 pieds au-dessous du sol, et de distance en distance des coudes sont ménagés sur les conduites, afin de faciliter la dilatation et la contraction; ce qui évite les joints de dilatation.

« Les lignes ont été, au cours du fonc-

tionnement, obstruées de temps à autre par la précipitation de la paraffine qui adhérait aux conduites, réduisant ainsi, non seulement leur diamètre, mais encore l'écoulement du pétrole.

« Un moyen spécial est employé pour éviter toute obstruction; il est connu des employés sous le nom de *Go Devil*(1), parce qu'il parcourt bruyamment les conduites à la même vitesse que l'huile, poussé par la pression provenant des pompes. On se rend compte de la position de cet appareil, par le bruit qu'il fait lorsqu'il est en marche. Des relais d'hommes observent son passage, et s'il n'avance plus, la conduite doit être coupée et nettoyée à l'endroit où il s'est arrêté.

« Parmi les grands avantages résultant de l'application de nouvelles méthodes de transport, il en est un qui n'est pas à dédaigner : c'est la disparition du danger énorme qui menaçait sans cesse le public voyageant dans des trains, qui étaient souvent détruits par l'inflammation du pétrole. On n'en a vu que trop d'exemples aux États-Unis. »

Ces canalisations sont désignées en Amérique sous le nom de *pipe-lines* (lignes de tuyaux). Nous représentons dans la figure 379, une ligne de tuyaux transportant le pétrole, ainsi que les *wagons-citernes*, dans lesquels le pétrole est contenu, pour son voyage sur les voies ferrées.

Le long d'une estacade en charpente, formant quai, court une grosse conduite de fonte, qui est alimentée par les réservoirs de pétrole, et d'où partent des tubes plus petits, embranchés sur la conduite générale, et distants l'un de l'autre de la longueur d'un wagon. Pour remplir tous les wagons d'un train, on amène devant chaque tube d'embranchement un wagon, dans le réservoir

---

(1) Le *Go Devil* est un appareil qui gratte l'intérieur des conduites, en faisant un grand bruit. On pense que ce nom, qui signifie *Allez au diable*, lui a été donné par le premier ouvrier qui l'a introduit dans les conduites et qui a été surpris du vacarme qu'il faisait.

duquel on fait déboucher l'extrémité mobile du branchement; et cette manœuvre
une fois exécutée, il n'y a plus qu'à ouvrir chaque robinet, pour remplir tous les
wagons.

Les chiffres suivants donneront une idée

Fig. 379. — Tuyaux de conduites (pipe-line) et station de wagons-citernes, pour le transport du pétrole brut, en Amérique.

de l'immense développement que les *pipe-
lines* ont pris aux États-Unis. Le transport
du pétrole par les *pipe-lines* est actuellement exploité par plusieurs compagnies :

L'une est le *Tide Water Pipe Company*,
dont la maîtresse conduite va de Bixford à
Tamascud, sur une longueur de 275 kilomètres. La *National Transit Company* et

la *United Pipe-lines* sont incomparablement les plus importantes ; elles embrassent toutes les exploitations de la Pensylvanie, et possèdent au moins cinq grandes lignes qui vont jusqu'aux bords de l'Océan :

1° Ligne de New-York, en tuyaux de

Fig. 380. — Train de *wagon-citernes* arrivant au dock d'embarquement du pétrole, à Philadelphie.

150 millimètres, longueur 473ᵏᵐ, 6 renfermant 11 stations de pompes et divisée, par suite, en 11 sections, chacune de 40 à 48 kilomètres de longueur ;

2° Ligne de Philadelphie, en tuyaux de 150 millimètres, longueur 372 kilomètres, divisée en 7 sections ;

3° Ligne de Cleveland, en tuyaux de 125

millimètres, longueur 164 kilomètres, divisée en 4 sections;

4° Ligne de Baltimore, en tuyaux de 125 millimètres, longueur 106 kilomètres.

5° Ligne de Buffalo, en tuyaux de 100 millimètres, longueur 101 kilomètres.

Les longueurs de conduites exploitées en 1884, étaient :

1782 kilomètres en tuyaux de 150 millimètres
296 — — 125 —
476 — — 100 —
585 — — 75 —
7915 — — 50 —

Pour la *Tide Water Pipe Company* :

275 kilomètres en tuyaux de 150 millimètres.
25,5 — — 100 —
145 — — 75 —
544 — — 50 —

Au point de vue de l'emmagasinage du pétrole, ces sociétés disposaient, à la même date, dans les différentes stations de pompes :

Les premières, de :

1028 réservoirs en fer de 60.000 hectolitres chacun.
472 — — 42.500 —
21 — — 35.000 —
125 — en bois de 2.000 —

La dernière, de :

48 réservoirs en fer de 60.000 hectolitres chacun.
12 — — 42.500 —
35 — en bois de 2.000 —

La capacité totale d'emmagasinage s'élevait ainsi à près de 80 millions d'hectolitres.

Disons, en passant, que c'est par une imitation de cette dernière pratique que, dans nos grandes fabriques de sucre de betteraves du département du Nord, on effectue aujourd'hui le transport du jus de betteraves obtenu à la ferme, dans des conduites de fonte, qui les mènent aux usines où l'on doit en extraire le sucre cristallisé.

Des dispositions mécaniques particulières ont été imaginées pour faciliter le chargement des wagons à pétrole sur la voie des chemins de fer, et sa livraison dans les raffineries, ou dans la cale des navires destinés à le transporter.

Nous représentons dans la figure 380 (page 497) un train de *wagons-citernes* arrivant à Philadelphie, pour amener le pétrole aux quais d'embarquement, sur la Delawarre.

Les réservoirs dans lesquels le pétrole, sortant de sa source, est amené, par des conduites de fonte, et conservé avant son expédition, sont de dimensions colossales. Il n'est pas rare d'en trouver de la capacité de 500 000 litres. Ces réservoirs étant en tôle de fer, et non en bois, on comprend qu'il n'y ait point de limite à leurs dimensions.

Les plus grands sont au voisinage des puits. L'huile, à sa sortie du sol, recueillie dans ces réservoirs, et laissée quelque temps en repos, se rend, de là, par des tuyaux de faible diamètre, à la station du chemin de fer la plus rapprochée, en profitant de la pente naturelle du sol, ou en employant les pompes. Elle est emmagasinée, après quelques jours, dans d'autres réservoirs.

Dans les différentes stations, on trouve des pompes à vapeur, qui refoulent le liquide, quand la pente du sol est contraire.

Ainsi refoulé, le pétrole arrive finalement aux immenses réservoirs où s'approvisionnent les raffineries locales et les navires à destination de l'étranger.

Pour expédier le pétrole brut hors du pays d'origine, on employa d'abord des barils, qui furent fabriqués en bois de chêne, puis en tôle, et d'une capacité de 180 litres environ. Ils ne servent plus qu'à expédier le pétrole raffiné.

Quant au pétrole brut, on se sert, pour son transport sur les voies ferrées, de *wagons-citernes*, que nous avons représentés plus haut (fig. 379 et 380) et sur les rivières,

Fig. 381. — Le *Chigwel*, navire-pétrolier, ou *navire-citerne*, américain.

ou canaux, de *bateaux-citernes*, que l'on remplit au moyen des réservoirs dans les ateliers de chargement.

La forme des réservoirs mobiles varie suivant que le transport doit avoir lieu par voie ferrée ou par eau.

Le *wagon-citerne* est, comme on l'a vu dans les figures précédentes, un cylindre en tôle, fermé aux deux extrémités, surmonté, en son milieu, d'un dôme, comme les chaudières à vapeur, et logé sur un châssis en bois. Quant aux réservoirs des *bateaux-citernes*, leur forme dépend du creux du bateau, et elle est étudiée de manière à perdre le moins de place possible.

Pour les transports par mer, on a depuis longtemps renoncé à l'emploi des tonnes et des barils. On se sert hardiment du pétrole, comme fret, en emmagasinant ce liquide dans un bassin qui occupe toute la cale. C'est ce que l'on appelle les *navires-citernes*, ou *tank-steamer*.

La cale d'un *navire-citerne* est divisée, par deux cloisons longitudinales, en plusieurs compartiments distincts, pour que toute la masse liquide ne puisse pas se porter sur le même bord, et compromettre, par un déplacement brusque, la stabilité du navire. A l'avant et à l'arrière existent deux fortes cloisons, qui séparent les réservoirs, d'un côté, du poste des hommes de l'équipage, et de l'autre côté, de la chambre des machines à vapeur.

Sur ces modèles sont construits les navires pétroliers des maisons Armstrong et Cⁱᵉ, et Palmer, de Newcastle, le *Russian Prince*, le *Caucase*, le *Chigwell*, le *Robert Dickinson*, le *Patriarch*, l'*Ocean*, le *Chester*, etc.

Nous représentons dans la figure 381

un *navire-citerne*, ou *tanksteamer* américain (le *Chigwel*).

Les compartiments ont une forme légèrement conique, qui permet de maintenir à vide la stabilité du navire, sans recourir au *water ballast*, et de nettoyer plus facilement l'intérieur de la cale, pour loger le fret de retour.

Le transport des huiles brutes effectué par les navires pétroliers, a constitué un véritable progrès et une phase nouvelle pour l'exportation. Chaque jour, en Amérique, on construit de nouveaux navires de ce genre, ou l'on modifie leurs dispositions intérieures, en vue d'utiliser toute la capacité de la cale comme réservoir du naphte à transporter.

L'emploi de tels moyens de transport, avec appareils de chargement et de déchargement perfectionnés, a singulièrement simplifié le transport par mer, et réduit sensiblement les dépenses des expéditeurs, en abrégeant la durée des séjours des navires dans les ports.

Dans les premiers temps, les capitaines des *navires pétroliers* n'étaient pas sans inquiétude pour la sûreté de leurs navires, et la vie de leur équipage. Beaucoup d'entre eux refusaient cette dangereuse cargaison, et ceux qui l'acceptaient, étaient sur un continuel qui-vive, depuis le moment du départ jusqu'à l'arrivée à destination.

On raconte qu'un capitaine américain d'un de ces *navires pétroliers* naviguant par des grandes chaleurs, reconnut que le pétrole contenu dans la cale, commençait à bouillir. Les vapeurs pouvaient prendre feu, si elles arrivaient au foyer de la machine à vapeur! Épouvanté de cette terrifiante perspective, le capitaine ordonna d'éteindre le feu de la chaudière, pour continuer le voyage à la voile. Seulement, le *navire-pétrolier* était assez mal pourvu en fait de voiles, les constructeurs n'ayant jamais considéré l'éventualité de l'usage exclusif de la mâture ; et d'autre part, les vents étaient contraires. Le malheureux navire mit plus de deux mois à atteindre l'Angleterre, où il portait sa dangereuse cargaison. Ajoutez que tous les foyers se trouvant éteints, l'équipage en était réduit à ne manger que des vivres froids, et à passer les nuits dans les ténèbres.

On n'a pas oublié le terrible incendie des navires chargés de pétrole, qui, il y a vingt ans, détruisit, dans le port de Bordeaux, en même temps que ces navires, un nombre considérable de bâtiments de commerce.

Voici dans quelles circonstances se produisit ce désastre.

Un navire belge, *le Comte de Hainaut*, entrait dans la rade de Bordeaux, chargé de 100 barils d'huile de pétrole et de 1400 caisses d'essence. Il alla se placer près d'un chaland, chargé de transborder le pétrole. Le douanier qui devait donner le permis de circulation, n'y voyait plus clair, la nuit étant survenue. Il demande une lumière, et sans réfléchir, un mousse frotte une allumette sur sa vareuse. Aussitôt, les vapeurs de l'essence que l'on était occupé à transborder, s'enflamment ; une explosion formidable se produit ; mousse, douanier et patron, sont précipités dans la Gironde.

Le capitaine du port a, alors, la malheureuse idée de faire échouer la gabare incendiée sur un banc de sable. Mais bientôt, la marée montante arrivant, la gabare, qui continue de brûler, est enlevée par le flot, et descend tout enflammée vers le port.

Là, un nombre considérable de bâtiments devient la proie des flammes, et si les navires à vapeur n'avaient promptement fait gagner la mer à une multitude de bâtiments, tous ceux du port auraient été dévorés par les flammes. La population de Bordeaux, entassée sur les quais, regardait avec une morne épouvante, les péripéties de ce drame terrible.

De nos jours, des événements de ce genre sont rares. Tout au plus peut-on constater quelques désastres partiels, tel que celui de l'incendie qui se produisit à Rouen, il y a quelques années, d'un navire pétrolier américain, l'*Asturiano*, sur la Seine, à Dieppedalle, près de Rouen (fig. 382).

Du reste, la frayeur qu'inspiraient, à l'origine, les navires pétroliers, a eu un bon résultat. Pour répondre à toutes les craintes

Fig. 382. — Incendie du navire pétrolier américain l'*Asturiano*, à Dieppedalle, près de Rouen.

on a multiplié les mesures de précautions; si bien qu'aujourd'hui toutes les appréhensions ont disparu, et qu'une cargaison de pétrole est considérée comme aussi sûre que toute autre.

Quelle que soit l'abondance des gisements de pétrole dans la Pensylvanie et l'État de New-York, ainsi que ceux, moins riches, de l'Ohio, de Kentucky et de l'Indiana, l'Amérique possède d'autres régions où le pétrole est industriellement exploitable. Le Canada renferme des sources de naphte, qui paraissent la terminaison de celles des lacs Alleghanys. En 1862, on n'y creusa pas moins de 50 puits, dont quelques-uns fournissaient 3000 à 4000 litres d'huile minérale, par jour. Mais comme les débouchés manquaient, on ne continua pas, à cette époque, cette exploitation.

Dans la Californie, le pétrole a été découvert sur les côtes de l'océan Pacifique, par gîtes isolés, depuis San Francisco jusqu'à los Angelos et Santa Barbara, qui sont devenus des centres d'exploitation industrielle. Deux millions et demi de litres de pétrole furent fournis par la Californie, en 1879 ; et en 1882, ce nombre avait atteint 18 millions. Le mouvement a continué depuis.

Au Mexique, dans l'État de Vera-Cruz, dans le voisinage du port de Tuxpam, le naphte est si abondant que l'on voit plusieurs sources couler dans le lac, descendant des montagnes environnantes.

Même abondance dans l'île de la Trinité.

Le pétrole se rencontre à l'île de Cuba, mais il n'est pas exploité, vu l'état d'appauvrissement de cette possession espagnole.

Au Pérou, les gisements d'huile minérale s'étendent sur une longueur de 200 kilomètres, depuis le cap Blanco jusqu'à la rivière Tauly, non loin de la côte de l'océan Pacifique. On évalue à 16 000 kilomètres carrés la surface de ce district pétrolifère. Un puits creusé en 1876, fournit 140 000 litres par jour.

Dans les îles Barbades et dans la république de l'Équateur, on exploite un goudron épais, provenant probablement d'une oxydation à l'air de substances pétroliques.

PÉTROLE D'ASIE.

La Chine et le Japon possèdent des gisements de naphte, qui sont connus depuis un temps très reculé. Un voyageur, M. Benjamin Smith, dans un mémoire publié en 1877, au Tonkin, sur les *Pétroles du Japon*, dit que l'exploitation de ces sources a pris aujourd'hui une certaine importance. Ce voyageur vit des ouvriers japonais creuser des puits, qui avaient jusqu'à 100 mètres de profondeur, et y puiser de grandes quantités d'un pétrole visqueux.

L'Inde, dans les monts Himalaya, possède des gisements d'huile minérale.

La Birmanie et plusieurs îles situées près de la côte d'Arracan, en fournissent également.

Un voyageur anglais, le docteur Robertson, qui visitait l'Indo-Chine vers 1870, compta plus de 800 puits, sur une surface de 200 hectares. On y exploitait une couche pétrolifère, d'une épaisseur de 2 mètres, située à 150 mètres de profondeur. Ces divers gisements paraissent en rapport de continuité avec ceux de la Chine.

Mais c'est au nord-ouest de l'Asie, c'est-à-dire entre la mer Caspienne et la mer Noire, que l'on a découvert les sources de naphte les plus riches de l'univers. Leur abondance surpasse de beaucoup celle des plus importants districts de l'Amérique. On sait aujourd'hui, d'une façon certaine, qu'un vaste bassin souterrain d'huile minérale s'étend de la mer Caspienne à la mer Noire, en passant sous les montagnes du Caucase, et qu'il se prolonge même bien au delà de la mer Caspienne, dans le Turkestan.

Nous avons parlé, dans les *Merveilles de la science*, de l'exploitation des sources de pétrole à Bakou, sur la rive gauche de la mer Caspienne. Ces gisements étaient déjà singulièrement abondants, en 1870, mais ils ont été considérablement dépassés par ceux que l'on a découverts postérieurement, dans le district de Kouba, au bord occidental de la mer Noire. Dans la péninsule de Taman, des rivières de pétrole furent mises à jour, à la même époque et tout le pays devint le théâtre d'une véritable inondation d'huile minérale, dont on avait peine à contenir les torrents.

Des sociétés se sont formées, en Russie, pour exploiter régulièrement ces richesses nouvelles. Des conduites de fonte, semblables à celles d'Amérique, ont été posées, pour amener le naphte de Kouba au port de Noworodisk, sur la mer Noire.

Pendant que le pétrole de la mer Noire apparaissait au jour, celui de la mer Caspienne, c'est-à-dire le pétrole de Bakou, jaillissait par de nouveaux forages, produisant des débits prodigieux; de sorte que les régions de cette partie de la Russie méridionale devinrent le siège d'un véritable déluge d'huile minérale, que l'on ne savait comment recueillir, et dont la plus grande partie se perdait dans les rivières et les lacs de la région de Bakou.

C'est ainsi qu'en 1882 une fontaine jaillissant subitement, près de Bakou, donna une gerbe de 10 mètres de hauteur, égalant les plus puissantes de l'Amérique. Cette fontaine jaillissante n'était pas, d'ailleurs, un phénomène accidentel et passager, car, en 1884, lorsque M. Arthur Arnold, membre du Parlement d'Angleterre, visita Bakou, le jet n'avait rien perdu de sa puissance.

En 1887, un heureux coup de sonde faisait émerger, à Bakou, un torrent d'huile minérale, fournissant 5000 hectolitres par heure, et qui s'élançait à une hauteur supérieure à celle de la colonne Vendôme, à Paris. A ce jet formidable, le vent arrachait du sable, imprégné d'huile, qui allait recouvrir les maisons de Bakou, quoique la ville soit située à près de 5 kilomètres de la source. Il fut impossible d'arrêter cette rivière minérale, dont le courant augmenta pendant huit jours, et qui, après avoir donné jusqu'à 140 000 hectolitres d'huile par jour, diminua jusqu'à 10 000. On estime à 500 000 le nombre d'hectolitres d'huile qui furent perdus, faute de réservoirs.

Depuis cette époque, les sources de naphte, tant à Bakou que sur les bords de la Mer Noire, se sont tellement multipliées, que l'on a fini par ne savoir qu'en faire. Heureusement, le chemin de fer, de la longueur de 885 kilomètres, ouvert de Bakou à Batoum, en 1882, a permis de commencer les expéditions de pétrole brut sur la mer Noire; et en même temps, les propriétaires ont pris les mesures nécessaires pour exploiter régulièrement le produit. Une flotte traverse aujourd'hui la mer Noire et la Méditerranée, pour transporter le pétrole brut en Europe, où il fait une concurrence avantageuse aux pétroles d'Amérique.

L'exploitation du pétrole asiatique a pris aujourd'hui une importance considérable. On en jugera par les chiffres suivants :

Années.	Pétrole ou naphte par *pouds* de 16 kilogrammes.	
	Production.	Exportation.
1884	89.000.000	54.685.429
1885	115.000.000	68.601.310
1886	128.000.000	72.849.104
1887	131.000.000	79.495.123
1888	165.000.000	117.821.020

Il va sans dire que les industriels russes de Bakou ou de Kouba procèdent à l'exploitation des sources de naphte en se servant des mêmes procédés et appareils dont l'expérience a consacré les avantages en Amérique.

Le *derrick* de Pensylvanie a été transporté, sans aucun changement, aux bords de la Kouba et à Bakou. Le forage des puits s'opère de la même façon.

Nous représentons dans les figures 383 et 384, d'après des photographies, le *derrick* de Bakou. On voit dans la première gravure, la descente de la sonde dans le trou du forage, et dans la seconde, la machine à vapeur horizontale qui actionne l'arbre autour duquel la chaîne s'enroule, pour faire

Fig. 383. — Un *derrick* à Bakou.

descendre et pour relever l'outil foreur.

A l'imitation de l'Amérique, on a installé, dans le Caucase, des tubes de fonte, pour transporter le pétrole brut des puits jaillissants aux ports d'embarquement sur la mer Caspienne, ou sur les wagons de la voie ferrée de Bakou à Batoum.

Les *wagons-citernes* que nous avons décrits, en parlant de l'exploitation et du transport du pétrole américain, servent, sans aucun changement, à l'exploitation et au transport du pétrole.

C'est le chimiste suédois Nobel, le célè-bre inventeur de la dynamite, qui organisa le premier l'exploitation du naphte de Russie.

La question du transport du pétrole des bords de la mer Caspienne aux usines distillatoires de Bakou, préoccupa longtemps M. Nobel. Au début, pour amener le naphte on n'avait que de petits bateaux à voile, qui faisaient des voyages très irréguliers sur la mer Caspienne, et qui transportaient le liquide dans des tonneaux. M. Nobel fit construire en Suède des bateaux à vapeur, où le pétrole était transporté dans de grands

Fig. 384. — Machine à vapeur et transmission du mouvement à l'arbre de la chaîne du forage d'un puits d'huile minérale, à Bakou.

réservoirs de tôle. Ces bateaux traversèrent le réseau des canaux de la Russie, pour arriver à la mer Caspienne. Douze de ces bateaux sillonnent aujourd'hui cette mer. Grâce à cette organisation, le pétrole du Caucase a supplanté le pétrole américain, sur tous les marchés de la Russie.

L'huile est également transportée en Europe, par le chemin de fer du nord du Caucase.

Il est question d'établir, au sud de la chaîne du Caucase, un tuyau gigantesque, d'une longueur de 500 kilomètres, avec un diamètre qui permettrait de laisser passer chaque année, en neuf mois, 6 à 7 millions d'hectolitres de pétrole. Ce travail coûterait 50 millions de francs ; mais le prix de transport ne dépasserait pas 1^{fr},50 par hectolitre, depuis les environs de Bakou jusqu'à Batoum, ou Poti, les deux ports d'embarquement sur la mer Noire.

Parmi les exploitations de naphte, situées sur le versant nord du Caucase, celle d'Illsky est de beaucoup la plus importante, par sa production, autant que par sa situation près de la mer, avec laquelle les communications se trouvent facilitées au moyen d'une ligne de tuyaux.

Il existe sur le versant méridional de la chaîne principale du Caucase, un territoire à pétrole et des sources semblables à celles du versant nord, dont nous allons donner la description, au point de vue géographique et pittoresque.

A Kourilla, sur la ligne de Batoum à Tiflis, se trouvent d'énormes amas de minerai de manganèse, que l'on fait descendre des mines sur des chars, pour les transporter par chemin de fer.

En allant vers le nord, le chemin longe un torrent rapide, le Kourilla, traversé par un pont. En remontant la vallée, on trouve les mines de manganèse. En les laissant à gauche, on entre dans une gorge étroite, formée de rochers calcaires. Le chemin passe ensuite en un lieu où le torrent a creusé sa voie à 30 mètres au-dessous du sol, en formant une arche suspendue, enguirlandée de fougères couleur d'émeraude. Une rivière souterraine débouche en ce point dans le Kourilla.

En continuant à parcourir les montagnes, on atteint la forêt de Tchâla. Ici, le territoire à huile est situé à la surface d'une chaîne de montagnes qui sépare la vallée du Kourilla de celle du Riou.

L'altitude est de 1800 mètres; il y a quatre puits à huile, de 10 à 12 mètres de profondeur. Le roc est un trachyte dur, d'origine volcanique. En creusant un de ces puits, le fond du rocher éclata avec explosion pendant l'absence des ouvriers, et l'huile jaillit hors du puits.

Dans cette forêt, on voit plusieurs sources de pétrole; celles plus à l'est sont ferrugineuses, et près d'elles se trouve une source d'eau fraîche, très chargée d'acide carbonique. En ce point, l'huile est lourde, de couleur gris clair, aussi épaisse et visqueuse que l'huile de ricin. Ces sources sont à 1800 mètres plus bas que celles dont il vient d'être question, et à 160 kilomètres de la mer Noire. On y trouve les signes d'une formation d'huile, qui s'étend très loin dans la vallée du Riou.

Des sources d'huile existent aussi au sommet d'une montagne, entre Talaf et Signakh, à 1600 mètres d'altitude. Elles paraissent à la surface, dans un schiste argileux. De très grands volcans de boue se rencontrent encore dans cette localité; ils coulent dans la vallée de l'Alazan.

A quinze kilomètres au-dessous de Tiflis, sur les bords de la rivière Koura, on trouve beaucoup de puits à huile, ayant 25 mètres de profondeur. Le pétrole, qui est épais, filtre lentement dans ces puits, et est puisé dans des seaux. On le fait bouillir, et on

s'en sert pour rendre imperméable les outres qui servent à conserver le vin du pays.

Dans le désert de Shahari, au sud-est de Signakh, sont de nombreuses sources d'huile minérale dont les plus importantes sont celles de Zarskoe-Kolodshy. Là, des puits ont été creusés, et sont devenus productifs; mais, à cause des difficultés de communication, ils n'ont jamais pris beaucoup d'importance. Entre cette localité et l'extrémité sud-est du Caucase, où l'on trouve les plus vastes champs d'huile, il doit exister encore d'autres sources.

Mais la région de Bakou est encore de beaucoup la plus importante de toutes celles d'Europe et d'Asie, pour l'exploitation du naphte naturel. Les travaux de cette exploitation sont limités, pour le moment, à la péninsule d'Apchéron, formant l'extrémité orientale des monts Caucase.

L'huile émerge à la surface du sol, en plusieurs localités, depuis la péninsule de Taman, sur la mer Noire, jusqu'à la péninsule d'Apchéron, sur la mer Caspienne.

Quand l'huile ne surgit pas à fleur de sol, il suffit de creuser à quelque profondeur, pour la faire jaillir.

Le pétrole de Russie est un liquide épais et de couleur brune, avec de légers tons verts; il diffère, sous certains rapports, de celui qu'on trouve en Amérique. Ainsi, la pesanteur spécifique du pétrole brut américain est de 0,826, tandis que celle du pétrole du Caucase est de 0,872. Le pétrole de Russie est beaucoup moins riche que celui d'Amérique en huile propre à l'éclairage : le pétrole américain en donne 70 à 72 pour 100, tandis que celui de Russie n'en contient que de 25 à 30 pour 100. En revanche, le pétrole du Caucase contient en plus grande proportion l'huile propre à lubrifier les organes des machines

Pour être livré au commerce, le pétrole

de Russie doit être soumis à la distillation. Recueilli dans de grands cylindres de tôle, dès sa sortie du sol, où il est reçu dans des canaux en bois, il est amené, par un chemin de fer spécial, à l'usine de distillation.

Nous représentons dans la figure 385 une

Fig. 385. — Usine de distillation de pétrole brut à Bakou.

usine pour la distillation du pétrole brut, à Bakou.

Après cette distillation, le naphte russe est conservé dans des entrepôts et docks, d'où il est expédié en Europe.

CHAPITRE XIII

Le pétrole est un liquide prodigieusement complexe. C'est un mélange, dans les proportions les plus variables, d'un grand nombre de carbures d'hydrogène, de densité, de fusibilité et de points d'ébullition différents. De toutes les substances qu'il renferme, une seule, l'*huile à brûler*, distillant entre + 150° et + 280 °, est utilisable pour l'éclairage ; les autres produits, si l'on en excepte l'essence, qui est employée comme liquide éclairant, dans certaines conditions, sont impropres à l'éclairage. Il faut donc purifier, en d'autres termes, *raffiner* le pétrole, pour en retirer le produit servant à l'éclairage, c'est-à-dire le liquide qui distille entre + 150° et + 280 degrés.

C'est par la distillation opérée à la vapeur, dans des cornues de fonte, que l'on sépare les différents produits composant le pétrole brut. Nous avons donné, dans la Notice des *Merveilles de la science* (1), le dessin de l'appareil distillatoire en usage dans les nombreuses raffineries de MM. Deutsch. Nous n'avons qu'à renvoyer le lecteur à ce dessin, la disposition de l'appareil n'ayant point subi de changements. Il sera bon seulement de rappeler la série de produits successifs que l'on recueille, quand on soumet le pétrole brut à la distillation, dans les cornues des raffineries.

Ces produits sont :

1° Des gaz combustibles, mêlés à un véritable éther, l'*éther de pétrole*. C'est le liquide le plus volatil de ce mélange, car il bout entre + 45° et + 70°. Sa densité n'est

(1) Tome IV, page 196, fig. 113.

que de 0,65. Il forme avec l'air des mélanges explosifs ; de sorte qu'il faut prendre de grandes précautions quand on recueille les premiers produits de la distillation.

2° L'*essence de pétrole* ; c'est le produit qui distille de + 75° à + 120°. Sa densité est faible (0,702). Elle est, en même temps, très inflammable. C'est ce produit qui communique au pétrole mal rectifié l'inflammabilité que l'on redoutait tant autrefois. On le sépare aujourd'hui, avec le plus grand soin, dans la distillation.

3° L'*huile à brûler* ; c'est le produit essentiel du pétrole destiné à l'éclairage. Distillant, comme nous l'avons dit, entre + 150° et + 280°, ce liquide n'est pas inflammable par lui-même, il ne brûle que par l'intervention d'une mèche, comme les huiles végétales ; il est d'une couleur jaune clair, et ne se colore pas par l'acide sulfurique.

4° Les *huiles lourdes*, distillant entre + 280° et + 400°, que l'on emploie pour le graissage des machines. Certaines usines, en Russie, les consacrent au chauffage.

5° De la paraffine en petite quantité.

Voici, d'après M. Tate, chimiste américain, la proportion de ces substances, pour le pétrole de Pensylvanie :

Éther et essence de pétrole.....	14,7 à 15,2 p. 100
Huile à brûler..................	41,0 à 35,5 —
Huile de graissage..............	39,4 à 38,4 —
Paraffine.......................	2,0 à 3,0 —
Résidu charbonneux.............	2,1 à 2,7 —
Perte..........................	0,8 à 1,2 —

En distillant le pétrole brut, dans l'appareil que nous avons figuré dans les *Merveilles de la science*, on obtient les différents produits qui viennent d'être énumérés.

L'*huile à brûler* recueillie entre + 150° et + 280°, est mise à part, pour l'éclairage ; mais, avant de la livrer au commerce, il faut la purifier, en la traitant par l'acide sulfurique à 66°, ensuite par une lessive de soude caustique, qui neutralise les traces d'acide sulfurique restées après le lavage.

Cette dernière purification s'exécute dans l'appareil que nous avons représenté dans les *Merveilles de la science* (1), et qui n'a pas subi de notables perfectionnements. Nous

Fig. 386. — Vue d'ensemble de la raffinerie de pétrole de MM. Deutsch, à Pantin (Seine).

donnons seulement, dans la figure 386, la vue d'ensemble de la raffinerie de pétrole de MM. Deutsch, à Pantin (Seine).

L'huile de pétrole obtenue à la suite de

(1) Tome IV, page 197, fig. 114.

ces opérations, est un liquide incolore, dont la densité est au moins de 0,800, et qui ne doit pas donner de vapeurs inflammables à la température de + 35°.

Le *Conseil d'hygiène et de salubrité du département de la Seine* a publié une Instruction, à laquelle il faut se rapporter, pour caractériser le pétrole pur, propre à l'éclairage.

L'huile de pétrole, dit cette Instruction, ne doit pas peser moins de 800 grammes le litre, c'est-à-dire avoir 0,800 pour densité. Elle ne doit pas prendre feu par le contact d'un corps enflammé.

Pour constater cette propriété fondamentale, on verse du pétrole dans une soucoupe, et l'on y jette une allumette enflammée, qui doit s'y éteindre. Toute huile minérale destinée à l'éclairage, qui ne soutient pas cette épreuve, doit être rejetée, comme pouvant donner lieu à des dangers.

L'huile de pétrole, alors même qu'elle ne renferme plus les essences légères, qui lui communiquent la propriété de s'allumer au contact d'une flamme, n'en est pas moins une des matières les plus combustibles que l'on connaisse, quand on la brûle dans les conditions voulues. Si l'on en imbibe des tissus de lin, de coton ou de laine, son inflammabilité est remarquable. Aussi son emmagasinage et son débit exigent-ils une grande circonspection. L'huile de pétrole doit être conservée ou transportée dans des vases en métal, parfaitement clos. Les magasins qui servent de dépôts, doivent être éclairés par des lampes placées à l'extérieur, ou par des lampes de sûreté.

Avant d'allumer une lampe à pétrole, on doit remplir complètement le réservoir, et le fermer ensuite avec soin. Lorsque l'huile est sur le point d'être épuisée, il ne faut pas ajouter du liquide, pendant que la lampe brûle, mais l'éteindre et laisser refroidir la lampe, avant de l'ouvrir, pour la remplir à nouveau. Dans le cas où l'on voudrait introduire l'huile dans la lampe éteinte, avant son entier refroidissement, il est indispensable de tenir éloignée la lumière avec laquelle on s'éclaire, pour procéder à cette opération.

Il règne encore, en France, beaucoup de craintes et de préjugés contre l'éclairage au pétrole. L'énorme consommation de ce liquide, qui se fait aujourd'hui en Allemagne, en Angleterre et en Belgique, est une première réponse à cette crainte. Mais il faut aller plus loin, et expliquer comment les accidents se produisent avec le pétrole servant à l'éclairage.

Ce n'est que lorsqu'il est mal purifié que le pétrole est inflammable spontanément. Le naphte brut d'Amérique ou d'Asie, renferme, en effet, comme on vient de le voir, des matières volatiles, des essences, qui sont inflammables par elles-mêmes, c'est-à-dire par l'approche d'un corps en ignition. Mais le pétrole, quand il est pur, ne peut brûler que par l'intermédiaire d'une mèche, à l'instar des huiles grasses. Quand il a été débarrassé, par la distillation, de toutes essences étrangères, il n'est pas plus inflammable par lui-même que l'huile d'olive, ou l'huile de colza. Un boulet rouge peut y être plongé, sans qu'il s'allume; on peut en approcher une allumette enflammée, sans qu'il brûle. On peut même éteindre des bûches incandescentes dans du pétrole bien pur. En un mot le pétrole purifié n'est pas plus inflammable que les corps gras liquides.

En France, les épiciers vendent quelquefois, sous le nom de pétrole, des liquides contenant beaucoup d'essence très volatile; et c'est ce qui occasionnait autrefois, tant d'accidents. C'est pour cela que le pétrole s'enflammait, et que la lampe se brisait, répandant son liquide embrasé, et lorsque, par imprudence, on voulait verser du nouveau liquide dans le réservoir, pendant que la lampe brûlait.

En Angleterre, en Allemagne et en Belgique, les droits qui frappent le pétrole sont insignifiants ; les marchands peuvent, dès lors, livrer à un prix minime, un pétrole parfaitement rectifié. Aussi, les accidents d'incendie ou d'inflammation par le pétrole servant à l'éclairage, sont-ils excessivement rares en Allemagne et en Angleterre.

Il n'y a donc, en résumé, aucun danger à redouter de l'emploi du pétrole comme liquide éclairant, quand il a été convenablement rectifié.

Les perfectionnements apportés, au raffinage du pétrole, ont donc assuré à l'emploi de ce liquide comme agent d'éclairage, une nouvelle cause de sécurité. Mais ce qui est venu augmenter encore la généralisation de l'éclairage au pétrole, c'est le perfectionnement des lampes dans lesquelles on le brûle, et qui, telles qu'on les construit aujourd'hui, donnent une clarté très brillante, et ne dégagent aucune odeur, ni pendant leur combustion, ni au moment de leur extinction.

Nous allons passer en revue les nouvelles lampes en usage pour brûler le pétrole.

Commençons par rappeler la lampe primitive, que nous avons décrite dans notre Notice des *Merveilles de la science* (1) et à laquelle le lecteur est prié de se reporter. Il verra que la première lampe à pétrole, d'origine américaine, se composait simplement d'une mèche de coton tressée, trempant dans le liquide. Le récipient était large et évasé, et le verre fortement bombé, en une sorte de demi-globe.

Cette forme était disgracieuse et encombrante. Les lampes américaines avaient, en outre, le défaut d'exhaler une très mau-

vaise odeur, au moment de leur extinction.

C'est pour remédier à ce double défaut que fut inventée, vers 1870, la lampe dite *allemande*, que l'on construit encore aujourd'hui, en quantités considérables, en Prusse et en Allemagne, d'où nos fabricants la font venir. Ce genre de fabrication est toujours resté dévolu à l'Allemagne, en raison de l'excessif bon marché de la main-d'œuvre, en ce pays.

La lampe à pétrole allemande est caractérisée par l'emploi d'une mèche de coton plate, mais qui devient circulaire en s'enroulant autour du porte-mèche, et qui s'élève et s'abaisse au moyen d'une crémaillère. Elle est pourvue d'un appel d'air très actif, provoqué par une fente latérale, pratiquée au bas du foyer lumineux.

Nous représentons dans la figure 387 (page 512) le bec de la *lampe à pétrole allemande*, vu en perspective, et dans la figure 388 une coupe, montrant l'ouverture latérale qui donne accès à l'air.

La légende qui accompagne chacune de ces figures, explique l'effet de ces principaux organes.

Pour affranchir l'industrie française du tribut payé à l'Allemagne, et pour rendre l'éclairage au pétrole économique et brillant, M. Peigniet-Changeur a imaginé, en 1883, une disposition extrêmement ingénieuse, dont nous allons expliquer le mécanisme.

Le défaut capital des premières lampes à pétrole, c'est qu'au bout de quelques heures, le niveau du pétrole contenu dans le réservoir, ayant baissé, par suite de la combustion, et n'étant pas renouvelé, la capillarité, seule force qui déterminait l'ascension du liquide minéral, n'était plus assez active pour élever ce liquide en quantité suffisante jusqu'au bec. C'est ce qui faisait que la mèche, mal alimentée, charbonnait, devenait fumeuse, et répandait une odeur dé-

(1) Tome IV, pages 201, fig. 117.

sagréable, en même temps qu'elle perdait sensiblement de sa puissance éclairante.

M. Peigniet-Changeur, l'inventeur de la lampe qu'il a appelée *autorégulatrice et à courant constant*, est arrivé à obtenir l'alimentation constante et régulière de la mèche en élevant le liquide par une petite

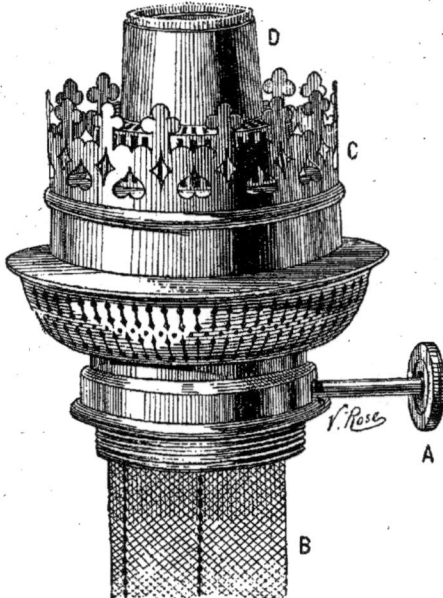

Fig. 387. — Bec de lampe à pétrole allemande.
(Vue extérieure).

A, clef faisant mouvoir la mèche. — B, mèche plate devenant circulaire. — C, galerie supportant le verre. — D, porte-mèche, siège de la combustion.

pompe foulante, analogue à celle des lampes Carcel. Par un mécanisme ingénieux adjoint à la petite pompe foulante des lampes Carcel, M. Peigniet-Changeur arrive à faire monter l'huile contenue dans le réservoir, au fur et à mesure de sa combustion ; de telle sorte que le jeu de la pompe foulante, placée au bas de l'appareil, n'amène à la mèche que la quantité de pétrole strictement nécessaire pour produire une belle flamme.

L'avantage de la lampe Peigniet-Chan-

geur, c'est que le liquide est toujours à une grande distance du brûleur. La mèche trempe dans un petit réservoir placé près du bec, et quand ce petit réservoir est plein, un flotteur en liège, ferme l'orifice supérieur du tube d'ascension de l'huile minérale, et arrête ainsi l'arrivée du li-

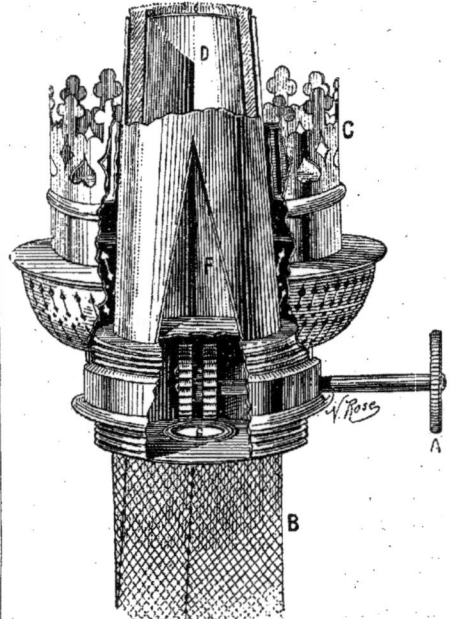

Fig. 388. — Coupe et vue intérieure du bec de la lampe à pétrole allemande.

D, bec vu en coupe à sa partie supérieure. — A, clef de l'engrenage faisant monter et descendre, par pression, la mèche. — F, fente latérale formant la prise d'air. — G, ouverture communiquant avec le réservoir de pétrole. — C, galerie supportant le verre. — B, mèche plate devenant circulaire.

quide. Il le laisse monter, quand le niveau a diminué. Ainsi, le pétrole n'afflue dans le réservoir, par le jeu de la pompe aspirante et foulante, que quand le liquide a baissé, par suite des progrès de la combustion ; et la pompe qui élève l'huile, ne fonctionne que quand le petit réservoir situé près du bec, s'est vidé en partie. De cette manière, la mèche est toujours baignée de pétrole ; dès lors, il ne peut jamais s'y faire de champignons, et on ne peut avoir ni fumée, ni odeur.

On voit dans les figures 389 et 390 l'en-

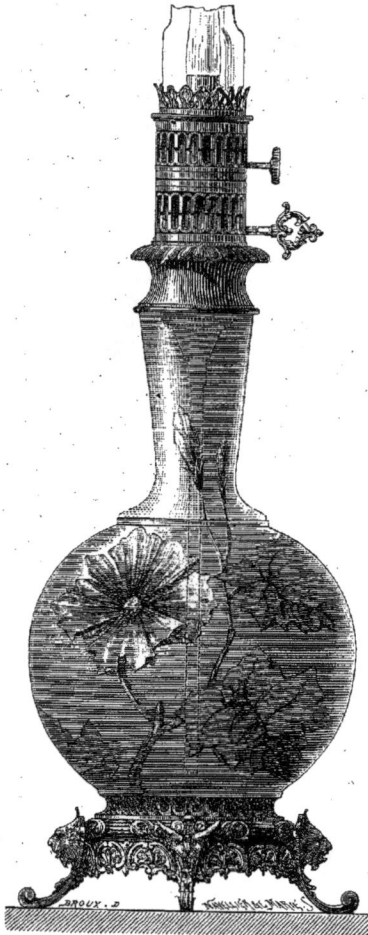

Fig. 389. — Lampe à pétrole Peigniet-Changeur.

semble et la coupe de la lampe Peigniet-Changeur.

B, est le petit réservoir supérieur, dans lequel plonge la mèche. Un flotteur en liège, H, suit les mouvements du liquide, et vient, quand le réservoir est rempli, fermer l'orifice d'arrivée de l'huile minérale, et interrompre le jeu des pompes ; I, est le tube

d'ascension du pétrole, qui est vertical, dans le modèle que nous représentons ici, mais qui peut être incliné, replié, infléchi à vo-

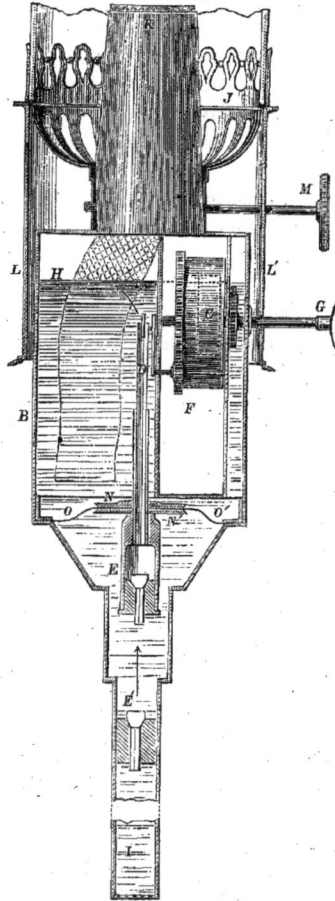

Fig. 390. — Coupe verticale montrant le mécanisme de la lampe Peigniet-Changeur.

B, récipient contenant : 1° le moteur d'horlogerie ; 2° la pompe ; 3° la quantité de pétrole, dont le niveau est constant. — H, flotteur, limitant le niveau de pétrole. — D, tube d'aspiration du liquide. — EE', clapets d'aspiration et de retenue. — C, moteur d'horlogerie. — G, clef de remontage du moteur, C. — I, tube d'aspiration du liquide. — K, bec à mèche ronde. — LL', porte-verre enveloppant le récipient et le bec. — J, galerie décorative. — M, bouton pour manœuvrer la mèche. — ON, O'N', diaphragme de la pompe aspirante.

lonté, c'est-à-dire prendre toutes les formes que le fabricant veut donner à la lampe.

La légende qui accompagne la coupe de

la lampe (fig. 390), donne l'explication des autres pièces du mécanisme.

On remarquera que le réservoir principal de pétrole étant placé à la partie inférieure, très loin du bec, contrairement à ce qui existait dans les lampes à pétrole primitives, on peut emmagasiner dans le corps de la lampe la quantité d'huile minérale que l'on désire, sans avoir à redouter le voisinage de la flamme. En outre, on peut, quand la lampe est vide, la remplir sans l'éteindre : il suffit d'en dévisser la partie supérieure et de verser de nouveau liquide dans le réservoir principal.

Nous ajouterons que le tube d'ascension du pétrole étant très étroit, on peut donner à cette lampe toutes les formes que l'on désire, et éviter l'aspect disgracieux que présentaient les premières lampes à pétrole, avec leur volumineux réservoir. On peut réaliser les dispositions artistiques les plus variées, comme on le fait pour les lampes Carcel et modérateur.

La lampe Peigniet-Changeur brûle pour 3 centimes d'huile par heure, pour un modèle de première grandeur. Sur l'éclairage à l'huile, c'est une économie de 80 pour 100, à clarté égale.

En 1884, a été inventée, en Angleterre, une nouvelle lampe à pétrole, caractérisée par l'emploi :

1° D'un *extincteur*, qui supprime instantanément la flamme, et empêche ainsi toute odeur, au moment de l'extinction ;

2° D'un *élévateur*, qui, par un simple levier à bascule, mû par le doigt, élève le globe et le verre, et découvre le bas de la mèche, pour permettre l'allumage.

Ajoutez à ces deux organes, une double mèche plate, et vous aurez les éléments essentiels de la *lampe Hinks*, ou *lampe duplex*, qui jouit en Angleterre et en France, d'une grande vogue.

Les quatre dessins que le lecteur a sous les yeux, expliquent le double mécanisme de la *lampe Hinks*, c'est-à-dire de l'*élévateur* et de l'*extincteur*.

La figure 391 donne la vue extérieure du bec de la lampe. La clef B, étant tournée à la main, élève le porte-verre, E, ainsi que le globe, G, pour permettre l'allumage.

On voit sur la figure 392, le porte-verre, E et le globe G, lorsqu'ils ont été élevés

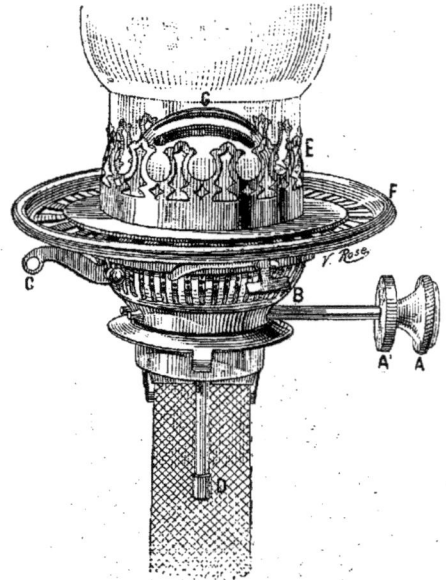

Fig. 391. — Vue extérieure du bec de la lampe Hinks.

AA', clefs faisant mouvoir les mèches. — B, clef de l'élévateur. — C, levier à bascule faisant mouvoir l'extincteur. — D, tige dirigeant le mouvement de l'élévateur. — E, galerie supportant le verre. — F, galerie supportant le globe. — G, bec bombé, avec deux fentes pour le passage des deux mèches.

par la tige H, quand la main a tourné la clef B. Avec l'autre main, on présente l'allumette à l'extrémité libre, JJ', de la double mèche, K.

Les figures 392, 393 montrent le jeu des extincteurs. Au moyen du levier à bascule, C, les extincteurs, JJ', étreignent la mèche, et l'extinction est subite.

L'*extincteur*, JJ', est constitué par une enveloppe en clinquant de cuivre, qui, lorsqu'elle est pressée, serre, comme dans un

étau, la double mèche, et l'éteint instantanément, sans que les vapeurs odorantes
puissent se répandre.

La *lampe Hinks* est portée généralement
sur un pied de cuivre assez élevé, et orné
d'une manière plus ou moins artistique. Le

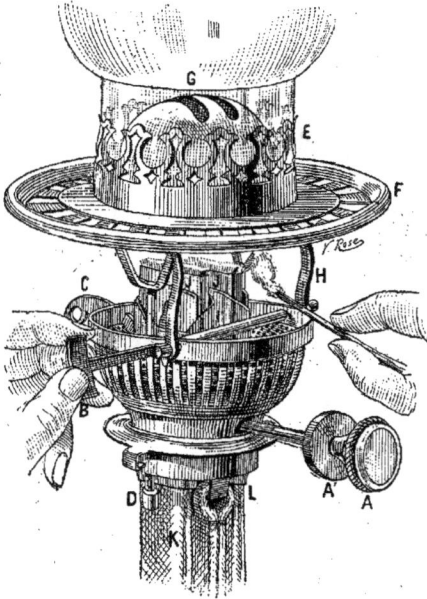

Fig. 392. — Mécanisme de l'élévateur.

H, levier élévateur. — C, extincteur. — JJ', extincteurs. — K,
mèche vue de côté. — E, galerie supportant le verre. — F, galerie supportant le globe. — G, verre bombé.

globe lui-même reçoit diverses formes ori-
ginales, selon le goût du fabricant.

On voit dans la figure 395 (p. 516), l'ensemble de la lampe Hinks, avec son pied
et son globe.

La *lampe Hinks* était à peine connue
en Angleterre qu'elle provoquait diverses
imitations, modifications ou perfectionnements, dans l'examen desquels il serait
superflu d'entrer ici. Contentons-nous de
dire qu'à Londres, on fabrique en grand
la lampe de M. Messenger, et la lampe de
M. Evered, toutes deux fondées sur les

mêmes principes que la lampe Hinks, et
qui se vendent en France, comme en Angleterre.

La lampe de M. Hinks, étant formée de
la réunion de deux mèches plates, a l'inconvé-

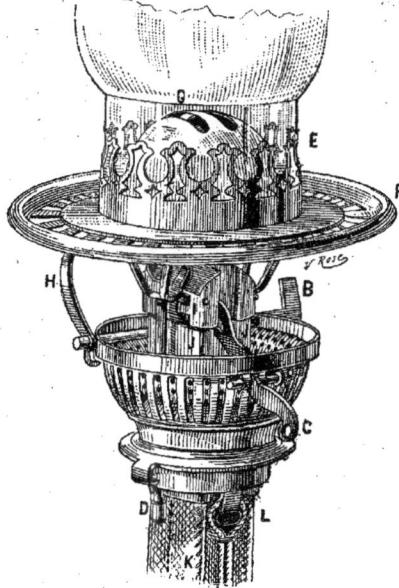

Fig. 393. — Mécanisme de l'extincteur.

JJ', extincteurs levés. — H, élévateur. — L, support d'une mèche
pliée en deux, pour faciliter l'ascension du pétrole dans les mèches
latérales. — K, mèche plate. — B, clef faisant mouvoir l'élévateur,
H. — C, levier à bascule faisant mouvoir l'extincteur.

nient inhérent à cette forme de mèche, c'est-
à-dire qu'elle n'éclaire bien que par les

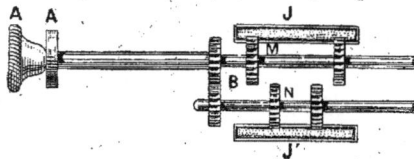

Fig. 394. — Détail du mécanisme moteur des mèches.

JJ', becs vus en plan. — A, clef faisant mouvoir la mèche de
gauche par les engrenages M. — A', clef faisant mouvoir la mèche
de droite par les engrenages N'.

deux faces et très peu par les deux tranches
Une mèche circulaire a seule l'avantage
d'éclairer uniformément autour d'elle. La

lampe à pétrole que l'on construit en Amé-

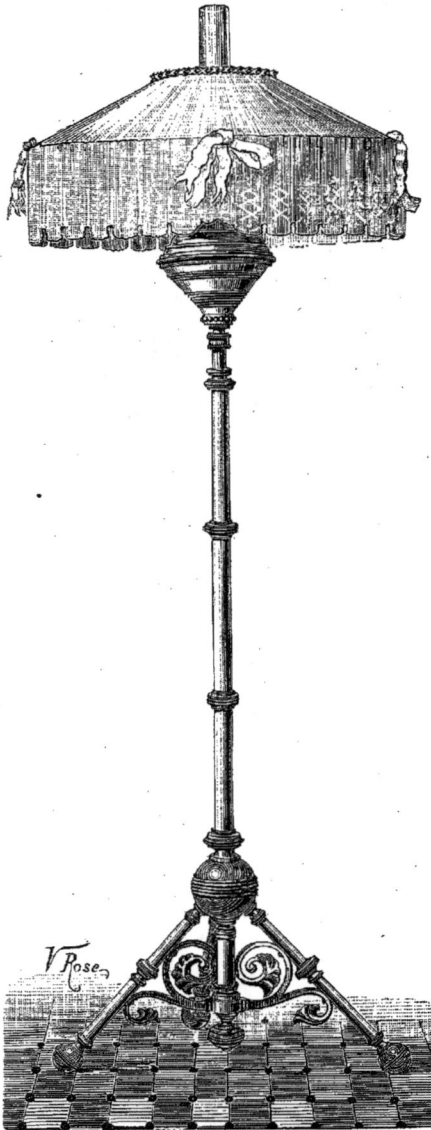

Fig. 395. — Vue d'ensemble de la lampe Hinks avec son pied et son globe.

rique, sous le nom de *lampe Rochester*, porte une mèche circulaire, comme la *lampe alle-*

mande, et donne, par conséquent, un éclairage préférable à celui des lampes anglaises. Mais la *lampe Rochester*, produit une lumière éblouissante, peu en harmonie avec les besoins ordinaires de l'éclairage

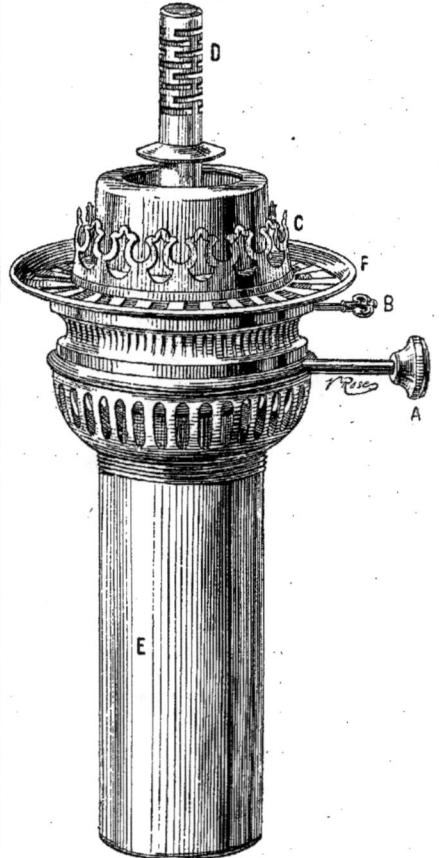

Fig. 396. — Vue extérieure de la lampe Sépulchre.

A, clef faisant mouvoir la mèche. — B, clef faisant mouvoir l'élévateur. — C, galerie supportant le verre. — F, galerie supportant le globe. — D, diffuseur d'air. — E, enveloppe amenant l'air extérieur dans le tube I (fig. 397) et empêchant le pétrole contenu dans le réservoir de s'échauffer au contact de la mèche.

domestique. Aussi dégage-t-elle une chaleur souvent intolérable.

La *lampe Rochester* est d'un grand usage en Amérique, terre natale du pétrole, où ce liquide est à très bas prix; mais elle consommé une trop grande quantité pour être d'un grand usage en Europe.

Un ingénieur belge, M. Sépulchre, a fort ingénieusement combiné toutes les dispo-

et la figure 397, la coupe explicative de la

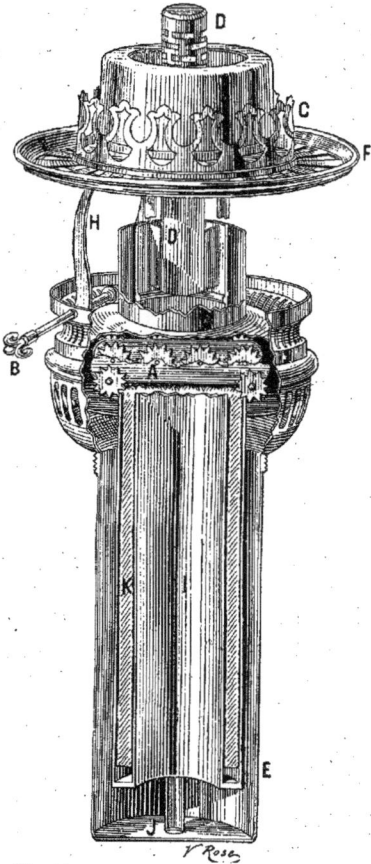

Fig. 397. — Coupe de la lampe Sepulchre.

DD', diffuseur d'air vu en dessus et en dessous du bec. — A, engrenages faisant monter et descendre la mèche K. — I, chemise métallique cylindrique enveloppant la mèche, et formant un tube à l'intérieur duquel arrive l'air extérieur qui monte dans le diffuseur. — J, petit tube, traversant l'enveloppe E ; il fait communiquer la mèche avec le réservoir à pétrole. — K, mèche vue en coupe. — C, support du verre. — F, galerie supportant le globe. — B, clef faisant soulever le bec à l'aide du levier H, pour permettre l'allumage facile. — E, tube isolant le pétrole du réservoir, de la mèche, et conduisant l'air extérieur dans le tube I et le diffuseur DD'.

sitions mécaniques imaginées jusqu'à ce jour, pour composer une lampe dans laquelle le pétrole brûle avec le plus vif éclat.

La figure 398 donne la vue perspective,

Fig. 398. — Vue d'ensemble de la lampe Sépulchre avec son pied et son globe.

lampe Sépulchre, que fabriquent, à Paris, MM. Schlossmacher et Aumeunier.

La mèche est protégée par une chemise, qui empêche toute explosion. Un réservoir intermédiaire, communiquant avec l'air extérieur, par la clef même de la lampe, assure le départ des vapeurs de pétrole, sans qu'il puisse y avoir d'inflammation ; à l'intérieur même de la flamme, un *diffuseur* introduit l'air nécessaire à la combustion. Un *élévateur*, semblable à celui des *lampes Hinks*, soulève le globe et le verre, quand il faut allumer. Malgré l'absence de l'*extincteur Hinks*, l'extinction ne s'accompagne d'aucune odeur, grâce à l'occlusion parfaite de la mèche à l'intérieur de son tuyau.

La *lampe Sépulchre*, fort répandue en France et en Belgique, donne, suivant les dimensions du bec, une intensité lumineuse de 10, 20, 30, 40 et 60 bougies.

Disons, toutefois, que la lampe à laquelle MM. Schlossmacher et Aumeunier, qui la fabriquent à Paris, conservent le nom de *lampe Sépulchre*, a subi de nombreux perfectionnements de la part de ces fabricants. Dans la *lampe Sépulchre* la mèche est enveloppée d'une toile métallique, qui empêche les parties de la mèche qui sont en ignition de communiquer le feu au pétrole du réservoir. Mais comme la mèche est en contact direct avec le pétrole, celui-ci s'échauffe et il y a là une source de danger.

Dans la *lampe Schlossmacher*, la mèche est complètement isolée du liquide par une enveloppe métallique E (fig. 397). Si par hasard la mèche venait à brûler, comme elle n'est point en contact avec le liquide, il ne peut y avoir d'accident.

La chambre ou réservoir intermédiaire, qui, dans la lampe belge, reçoit les vapeurs du pétrole et les fait élever à l'extérieur par un tout petit trou pratiqué dans l'axe même de la clef de mèche A (fig. 396), cette chambre est dans la lampe Schlossmacher, en contact direct avec l'air extérieur par une série de trous percés dans l'enveloppe, d'où résulte une aération complète.

Par suite de toutes ces dispositions, si la lampe vient accidentellement à se renverser, il n'y a aucun accident à redouter. Le pétrole se sépare de la mèche et la lampe s'éteint aussitôt.

L'*essence de pétrole* qui, mélangée au pétrole mal rectifié, causait les dangers de l'ancien éclairage par ce liquide, n'est pas bannie de la pratique. On a su l'approprier, par des dispositions spéciales, à un éclairage qui garantit toute sécurité, malgré l'extrême volatilité de ce liquide.

L'*essence de pétrole* sert à alimenter de petites lampes portatives, avec lesquelles on circule dans les appartements.

Le récipient de ces lampes est garni d'un corps spongieux (éponge, bourre de coton, etc.), qui absorbe l'essence, et alimente la mèche, par contact.

L'essence ne doit pas être en excès dans le récipient ; il faut pouvoir renverser celui-ci, sans que le liquide s'en échappe. Si cette précaution est bien observée, on n'a aucun accident à craindre. On peut même présenter une allumette enflammée au-dessus du brûleur dévissé ; l'essence brûle légèrement, et il suffit de boucher l'ouverture, pour obtenir l'extinction.

La lampe de M. Besnard, la lampe *Pigeon*, présentent ces qualités. Elles sont d'un usage courant dans les ménages pauvres, et y rendent de très nombreux services, grâce à l'économie qu'elles procurent et à la facilité avec laquelle on les déplace.

Les appareils de M. Rakowski, construits par M. L. Meyer, reposent sur le même principe. Ils ont la forme extérieure d'une bougie, avec cette supériorité qu'ils ne coulent pas et ne tachent pas les objets ou les vêtements, tout en produisant un éclairage fort économique.

Il faut ranger dans cette même série le

bougeoir de M. Chandor, de New-York, qui, bien qu'il consomme de l'huile de pétrole, est destiné aux mêmes usages que les lampes à l'essence minérale ; mais le principe de combustion en diffère essentiellement. C'est le gaz produit par la volatilisation de l'huile minérale, qui donne la flamme, et non la mèche elle-même.

Nous ne devons pas manquer de citer une catégorie toute particulière d'appareils pour brûler le pétrole : nous voulons parler des *carburateurs*, au moyen desquels on produit un mélange d'air et de vapeurs d'essence de pétrole, qui possède des propriétés combustibles et éclairantes au moins égales à celles du gaz de houille.

L'essence de pétrole employée dans ce but, est connue sous le nom de *gazoline*. Elle est caractérisée, commercialement, à l'état liquide, par une densité de 0,650 ; ses vapeurs, mélangées à l'air, brûlent avec une belle flamme, lorsqu'on emploie des becs convenables.

La variété des types de *carburateurs*, établis tous, d'ailleurs, sur le même principe, s'explique par les services qu'ils rendent dans les ateliers, les fermes, et, en général, dans tous les établissements situés hors du périmètre des canalisations de gaz. Ils fournissent un moyen simple, économique, et relativement sûr, de fabriquer sur place, et à froid, un combustible gazeux éclairant.

Les *carburateurs* au pétrole de MM. Faignot, Gourd et Dubois, que l'on peut considérer comme les types de ce genre d'appareils, comprennent trois éléments principaux : 1° un *aspirateur*, faisant fonction de pompe à air ; il est actionné par un treuil mis en mouvement par une corde, à l'extrémité de laquelle est suspendue un poids ; 2° une *cloche gazomètre*, qui emmagasine l'air venant de l'aspirateur et l'envoie dans les carburateurs ; 3° le *carbura-*

teur proprement dit, ou *récipient de gazoline*, dans lequel l'air se charge de vapeurs carburées.

Les récipients, en nombre variable, sont munis de mèches, ou tampons, en feutre, qui favorisent l'évaporation : ils sont, en outre, divisés en plusieurs compartiments, par des cloisons qui se chicanent, et entre lesquelles l'air est forcé de circuler. L'air ainsi saturé de vapeurs de gazoline, est conduit par des tuyaux en plomb, aux appareils d'éclairage.

Le carburateur Ch. Siefert est basé sur un principe identique ; il se distingue de l'appareil précédent par l'enveloppe du réservoir de gazoline, qui est entièrement immergée dans l'eau froide.

L'appareil Lothammer est aussi destiné à opérer la carburation de l'air, au moyen de la *gazoline* ; mais il présente cette particularité que la carburation s'y effectue au fur et à mesure de la consommation, et sans nécessiter une provision de gaz emmagasiné. L'aspiration de l'air est produite, non par un ventilateur actionné par un poids, comme dans les appareils précédents, mais par une pompe, que met en jeu un petit moteur alimenté à l'air carburé. Enfin la *gazoline* soumise à l'évaporation, se trouve renfermée dans un récipient où son niveau reste constant, grâce à la présence d'un siphon qui communique avec le réservoir d'alimentation.

Un autre point à signaler dans ce dernier carburateur, c'est la propriété qu'il possède, de donner une pression que l'on peut régler suivant les besoins, et qui est supérieure à celle des autres appareils du même genre ; de telle sorte que les condensations dans les conduites sont, dans une certaine mesure, atténuées. Il en résulte la possibilité d'employer des tuyaux d'assez faible diamètre, et de leur donner, quand les circonstances l'exigent, une direction quelconque, sans avoir à user de siphon.

Tous les *carburateurs de pétrole* dont nous venons de parler, se trouvaient rassemblés dans les galeries de l'Exposition universelle de 1889. La même exposition renfermait plusieurs autres types de *carburateurs*, tels que : celui de M. Jaunez (gaz soleil), qui produit la volatilisation de la gazoline par échauffement ; — celui de M. Monier (néogaz), où l'aspiration de l'air se fait au moyen d'un courant d'eau sans pression, ou d'un courant de vapeur ; — celui de M. Piépla, le plus ancien en date ; — celui de M. Quittet (gaz des villages) — enfin l'appareil Méneveau, assez recherché pour sa forme élégante et le peu de place qu'il occupe.

L'éclairage au pétrole serait le plus économique de tous, si, en certains pays, particulièrement en France, ce liquide n'était pas grevé de droits de douane et d'octroi excessifs, qui atteignent quelquefois jusqu'à 300 pour 100 de sa valeur. Si ces droits étaient supprimés, le pétrole se vendrait, à Paris, 20 centimes le litre.

Le pétrole est à vil prix en Amérique et en Russie. En Belgique, il vaut à peine 15 centimes le litre. L'abaissement des droits, en France, assurerait à nos populations le bienfait d'un éclairage brillant et à bon marché.

Disons, pour terminer ce sujet que deux industries auxquelles se rattachent les intérêts les plus considérables, sont, en ce moment, en lutte ouverte. Le gaz et l'électricité se trouvent en présence, le premier se flattant de demeurer en possession d'un privilège dont il jouit depuis un demi-siècle ; le second, se parant de la brillante auréole du progrès scientifique. On se demandait qui l'emporterait, dans cet homérique combat scientifique et industriel, et si l'électricité parviendrait à remplacer le gaz dans nos demeures, sur les places publiques, dans les ateliers, dans les théâtres. Au plus fort de cette lutte, un troisième champion, le pétrole, est entré dans la lice. Ce nouveau produit naturel n'a pas, comme l'électricité, l'appui d'une énorme quantité de recherches et de travaux, dus aux physiciens des deux mondes. Il est modeste et de basse origine ; il sort d'un trou de la terre, et ses amis, ses défenseurs, ses clients, humbles, comme lui, sont le travailleur et le pauvre. Mais il a en sa faveur, l'apanage essentiel, l'avantage fondamental : le bon marché. Le pétrole est beaucoup moins cher que le gaz, moins cher que l'électricité, et si les droits énormes qu'il supporte, en France, étaient supprimés, il nous donnerait la lumière avec une économie fabuleuse. Quant aux dangers qu'on reprochait autrefois à son emploi dans l'éclairage, le perfectionnement de sa rectification dans les raffineries, d'une part, et, d'autre part, les appareils irréprochables dont nous ont doté les lampistes allemands, anglais, américains, et français, ont dissipé toute crainte, et assuré à l'usage universel de ce liquide une sécurité complète.

En résumé, depuis la publication de notre Notice sur l'*Art de l'éclairage*, dans les *Merveilles de la science*, cet art, d'une utilité fondamentale dans les sociétés, a fait des progrès considérables. Il a été dans quelques-unes de ses branches le théâtre d'une véritable révolution. C'est ce que nous sommes heureux d'avoir signalé dans ce *Supplément*.

FIN DU SUPPLÉMENT A L'ART DE L'ÉCLAIRAGE.

SUPPLÉMENT

A

L'ART DU CHAUFFAGE

Dans la Notice des *Merveilles de la science*
sur l'*Art du chauffage* (1) nous avons étudié
le chauffage :

1° Par les cheminées;

2° Par les calorifères ;

3° Par les poêles;

4° Par le gaz.

Nous avons à faire connaître, dans ce
Supplément, les inventions réalisées dans
l'art du chauffage, depuis la publication de
cette Notice, c'est-à-dire depuis l'année 1870,
environ, jusqu'à ce jour.

Le chauffage par les *cheminées* et les *calorifères* n'a pas reçu, depuis 1870, de perfectionnements dignes d'être signalés, mais il
en a été autrement pour les poêles et le
gaz. En ce qui concerne les poêles, une
innovation très importante, si l'on considère son énorme extension, a été réalisée.
Nous voulons parler des *poêles à combustion lente*, ou *poêles mobiles*, qui se fabriquent aujourd'hui, en France, par centaines
de mille, chaque année. Le chauffage par le
gaz, qui n'en était qu'à ses débuts, au moment de la publication de notre Notice, s'est
prodigieusement développé, et tient maintenant une grande place dans les appartements, les ateliers et les cuisines. Ajoutons
qu'un agent de chauffage dont nous parlions à peine dans la même Notice, le pétrole, est entré, d'une façon régulière, dans
les usages industriels, particulièrement
pour le chauffage des chaudières des bateaux à vapeur de certains pays, et des
locomotives.

Nous avons donc à traiter, dans ce Supplément :

1° Des *poêles à combustion lente* ;

2° Des nouvelles applications du gaz de
l'éclairage (hydrogène bicarboné) au chauffage des fourneaux de cuisine, des poêles,
ou cheminées d'appartement, et des fourneaux d'ateliers.

3° Du pétrole employé pour remplacer
la houille, dans divers foyers industriels.

---

(1) Tome IV, pages 240-348.

CHAPITRE PREMIER

LES POÊLES A COMBUSTION LENTE.

L'origine de l'invention des *poêles à com-bustion lente* se trouve dans l'appareil que nous avons décrit dans les *Merveilles de la science*, sous le nom de *poêle à alimentation continue*. Nous en avons donné la description et la figure; le lecteur est prié de s'y reporter (1).

La théorie du *poêle à alimentation conti-nue*, qu'un constructeur anglais, Thomas Walker, avait fabriqué, après en avoir lui-même pris l'idée dans le foyer des hauts-fourneaux, consistait à alimenter de charbon et de minerai, un foyer, par le seul poids du combustible superposé. Comme on peut le voir par le dessin que nous en avons donné, le coke, dans l'appareil de Thomas Walker, était contenu dans un long tube central, fermé à sa partie supérieure par un cou-vercle, dont les bords saillants plongeaient dans un lit de sable. Par son seul poids, le coke descendait sur la grille, au fur et à mesure de sa combustion, qui s'opérait par le bas. Les gaz enflammés s'échappaient par un tube latéral.

Le poêle Walker fut introduit ou perfec-tionné, en France, par M. Gough, qui lui donna le nom de *calorifère phénix*, sous lequel il est encore connu et employé au-jourd'hui.

On suivra facilement sur la coupe que nous en donnons (fig. 399) les diverses par-ties dont le *calorifère phénix* se compose.

B est le cendrier; C, le régulateur placé à la porte qui se trouve à la base; E la porte du foyer, pourvue d'une feuille de mica transparente, à travers laquelle on voit briller le feu; FF est la calotte en fonte, où brûle le charbon; G la grille. Le courant d'air passe, du régulateur C, à travers cette

(1) Tome IV, page 293, figure 186.

grille, ainsi que l'indiquent les flèches. H, H, M, M, est un fort revêtement de fonte, qui protège le cylindre extérieur contre une chaleur excessive, et qui, combinée

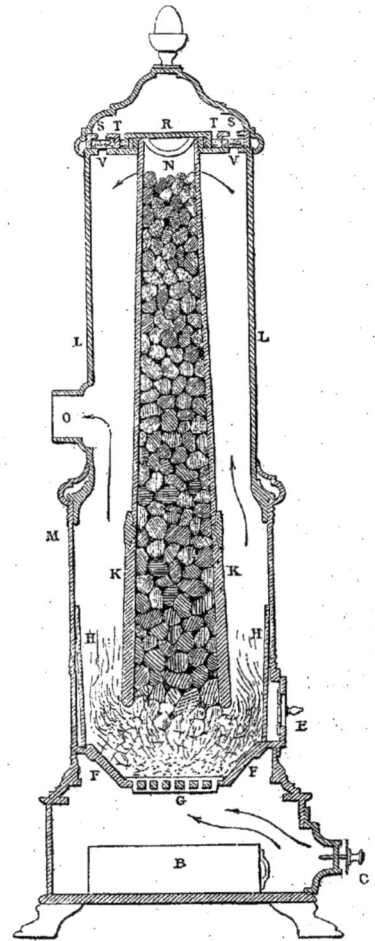

Fig. 399. — Calorifère phénix.

avec la petitesse du feu, maintient le poêle extrêmement chaud, même dans la partie isolée du fourneau. Sur cette partie, figurée par M, s'élève un cylindre en tôle, LL. De la surface du feu, la fumée s'élève et s'é-chappe par le tuyau latéral, O. En faisant passer ainsi la fumée sur cette grande surface rayonnante (l'air et le rayonnement emportant la chaleur du côté opposé), on économise la chaleur produite à sa plus grande intensité, en en laissant échapper par la cheminée, la plus petite quantité possible.

Au centre est le réservoir de coke, KKN, qui, étant rempli de combustible depuis le haut, entretient uniformément le feu au-dessous, jusqu'à ce que le combustible soit totalement consumé. Dans la partie supérieure, le foyer est privé d'air, au moyen du couvercle, R, qui est ensablé dans l'enclave, TT. Le combustible ne peut donc brûler, faute d'air, quoiqu'il pose perpendiculairement sur le feu.

On obtient ainsi un petit feu constamment entretenu, et une chaleur uniforme, pendant douze à dix-huit heures.

Le tuyau O, par où s'opère l'échappement des gaz provenant de la combustion, est placé environ à moitié de la hauteur totale de la colonne.

Le tirage se règle au moyen de l'introduction d'une quantité d'air plus ou moins grande, par le bouchon à vis C, pratiqué dans la porte inférieure qui sert à l'extraction du cendrier, B. La plaque de mica, E, encastrée dans une ouverture correspondante au foyer, permet de suivre la marche de la combustion, et d'apprécier le moment où il convient de nettoyer la grille ou de remettre du combustible.

Cette manière d'alimenter automatiquement un poêle, par le seul poids du combustible, renouvelé seulement chaque vingt-quatre heures, était d'un avantage pratique considérable. L'ingénieur russe, de Choubersky, s'emparant de cette idée, construisit le *poêle à alimentation continue*, qui reproduisait à peu près exactement le poêle de Walker ou de Gough. Mais l'ingénieur russe augmenta l'utilité de ce système, en munissant le poêle d'une paire de roulettes, qui permettent de le transporter d'une pièce à l'autre, et de chauffer ainsi alternativement l'antichambre, la salle à manger ou le salon.

Bien que chacun connaisse le poêle Choubersky, il ne sera pas inutile d'en donner une description précise.

La figure 400 donne la coupe en travers et la figure 401 l'élévation du poêle Choubersky. La légende qui accompagne la figure 400, donne l'explication des différentes parties de l'appareil.

On sait ce qui caractérise ce genre de poêle, c'est la lenteur de la combustion. La faible proportion de coke ou d'anthracite brûlée, procure une grande économie, tout en fournissant la quantité de chaleur strictement nécessaire au chauffage normal d'une pièce d'appartement.

Empressons-nous de dire, toutefois, que la lenteur de la combustion a un inconvénient. Comme une grande quantité de charbon se trouve en présence d'une très faible proportion d'air, il en résulte, comme nous l'enseigne la chimie, qu'au lieu de gaz acide carbonique, il se produit de l'oxyde de carbone, gaz éminemment toxique. Et si le tirage de la cheminée est faible ou nul, le gaz oxyde de carbone peut refluer dans la pièce d'appartement, et occasionner des accidents d'asphyxie aux personnes qui l'occupent.

Aux premiers temps de cette invention, la construction des *poêles Choubersky* était défectueuse, et l'on n'était pas suffisamment averti des dangers qu'ils peuvent présenter, dans certaines conditions. Telles furent les causes d'accidents assez nombreux, qui se produisirent, à cette époque, et qui émurent beaucoup l'opinion publique.

Grâce aux perfectionnements apportés aux appareils, ces accidents sont devenus aujourd'hui, extrêmement rares. Il est bon, toutefois, que le public en soit averti. Les poêles à combustion lente ont pris partout une extension immense, contre laquelle ne prévaudront pas les inconvénients qu'on

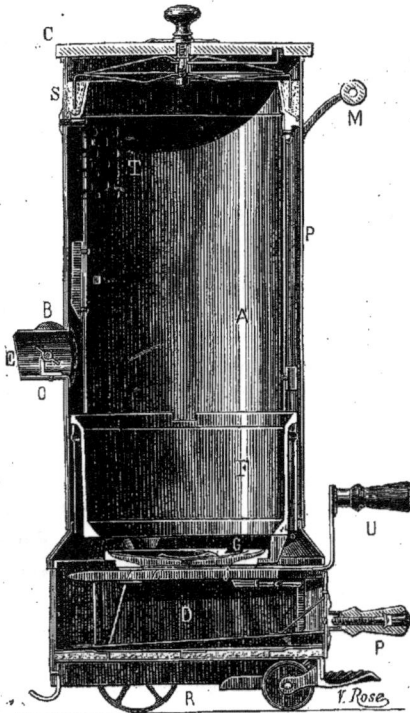

Fig. 400. — Coupe du poêle roulant de Choubersky.

C, couvercle mobile. — S, gorge remplie de sable fin, produisant l'occlusion. — M, manivelle, pour le transport du poêle. — R, roulettes. — AT, cylindre intérieur en tôle, recevant la chaleur, entouré d'une enveloppe extérieure, P. — F, partie du cylindre composant le foyer, et qui est en fonte. — U, manivelle pour agiter le cendrier et activer la combustion. — G, grille. — BE, tuyau d'échappement des gaz provenant de la combustion. — T, trous pour l'échappement desdits gaz. — O, valve obturatrice du tuyau, BE.

leur reproche. Le mieux donc est d'essayer de diminuer leurs dangers, en les signalant au public, afin que constructeurs et architectes les évitent, et que, d'un autre côté, les consommateurs observent les précautions dont l'oubli peut mettre leur vie en péril.

A ce point de vue, il est très important de connaître les détails de la discussion qui eut lieu à l'Académie de médecine de Paris, en 1889, et dans laquelle la question des dangers des poêles mobiles fut longuement agitée.

C'est le Dr Lancereaux qui mit le premier ce sujet sur le tapis, dans une communication faite à l'Académie de médecine, le 5 février 1889, où il énumérait les dangers qui résultent, dans certaines circonstances, de l'usage des poêles mobiles, à combustion lente.

Dans toute combustion, il se forme, entre autres produits, du gaz acide carbonique et du gaz oxyde de carbone et comme nous l'avons dit plus haut, toutes les fois que l'acide carbonique passe sur un excès de charbon incandescent, il se transforme partiellement en oxyde de carbone. Or, l'oxyde de carbone est un poison violent. A dose un peu forte, il tue sans retour ; à dose faible, il tue encore, dans un temps plus ou moins long, mais on ne peut échapper à son action délétère ; à dose extrêmement minime, il est encore dangereux à respirer, parce que ses effets, devenus chroniques, se traduisent par une anémie et des accidents nerveux dont on recherche souvent la cause ailleurs.

Les poêles à combustion lente réalisent cette condition, c'est-à-dire mettent en présence l'acide carbonique avec un excès de charbon : d'où résulte nécessairement la production de gaz oxyde de carbone.

Dans sa communication à l'Académie de médecine, le Dr Lancereaux commençait par rapporter trois cas d'empoisonnement graves, observés par lui, dans sa clientèle, et causés par les poêles mobiles ; puis, il abordait la question fondamentale, à savoir la cause de ces accidents.

« Tous les poêles mobiles, dit le Dr Lancereaux, ont pour but de donner une combustion lente, continue et d'être transportables. La mobilité s'obtient en garnissant le poêle d'un soubassement à roulettes ; la continuité, en chargeant, toutes les douze heures avec du coke, et, toutes les vingt-quatre heures avec de l'anthracite, le cylindre intérieur du poêle. Quant à la lenteur, elle est l'effet du mode suivant lequel s'opère le tirage ; et comme, dans ces poêles, on cherche à réaliser une économie de combustible, il en résulte que l'appel d'air est aussi faible que possible ; car moins il entre d'oxygène dans le poêle, et moins on brûle de combustible.

« Les recherches anémométriques du Dr Vallin l'ont, en effet, conduit, dit le Dr Lancereaux, à reconnaître que, dans un poêle mobile ordinaire, le tirage ne fait arriver au foyer que 4 mètres cubes d'air par kilogramme de coke brûlé, quand cette quantité de combustible exige 9 mètres cubes d'air pour que tout le carbone soit transformé en acide carbonique, et alors, le produit de la combustion est surtout de l'oxyde de carbone.

« Aussi peut-on dire de ces appareils, ajoute M. Lancereaux, qu'ils sont des foyers de production de gaz toxiques, et que plus ils sont économiques, plus ils sont dangereux. »

Les poêles mobiles se composent, en général, comme le représente la figure 400, de deux cylindres concentriques de tôle, entre lesquels existe une sorte de chambre, que l'on pourrait appeler *chambre de sûreté*, si certains constructeurs n'avaient eu la malheureuse idée d'en annihiler le rôle, en perçant, sur le cylindre extérieur, des ouvertures, dites *bouches de chaleur*.

Le cylindre intérieur, en tôle AT, reçoit le combustible. Il est fermé par un couvercle circulaire, reçu dans une gorge ou rainure, formée, à la partie supérieure, par la réunion du cylindre extérieur et du cylindre intérieur. Cette rainure est remplie de sable fin, qui a pour but de rendre la fermeture hermétique, mais l'oc-

clusion n'est jamais garantie, et les gaz peuvent s'échapper, par suite de l'imperfection de ce mode de clôture.

Les causes de l'échappement des gaz à l'intérieur des pièces, sont, d'après le

Fig. 401. — Poêle Choubersky (vue extérieure).

Dr Lancereaux : l'adaptation imparfaite du couvercle, la mauvaise disposition de la plaque mobile, enfin le refoulement des vapeurs de charbon. Il suffit de la présence d'un fragment de coke ou d'une pierre, dans le sable, de l'oxydation avec perforation du couvercle, ou de toute autre circonstance, pour que la fermeture du poêle ne soit pas hermétique, et que les gaz puissent s'échapper dans l'appartement. Les plaques mobiles, malgré tous les soins que l'on apporte à leur ajustement, laissent parfois filtrer les gaz, quand surtout elles ne présentent qu'un seul orifice pour le tuyau du poêle, sans ventouse inférieure. Le refoulement des gaz se conçoit facilement pour les poêles mobiles pourvus d'un tuyau muni d'une valve incapable d'obturer complètement leur calibre.

S'il existe des fissures et des communications entre les cheminées de deux appartements voisins, des dangers peuvent exister, dit le Dr Lancereaux, pour les personnes des étages supérieurs, ou même des étages inférieurs. Beaucoup de cas d'empoisonnement à distance par les poêles mobiles, ont été signalés par MM. Boutmy, Henri de Boyer et autres médecins.

Il est enfin un dernier danger, rare pourtant dans ce cas, car il résulte de la température trop élevée du foyer de combustion. On sait que la fonte se laisse traverser, à une haute température, par les gaz, et surtout par l'oxyde de carbone. Le cylindre intérieur des poêles mobiles a pour but de remédier à cet inconvénient, en créant une chambre à enveloppe externe; mais c'est à la condition, comme il est dit plus haut, que cette enveloppe externe ne sera pas percée d'orifices, dits *bouches de chaleur;* car ces orifices permettent au gaz de s'échapper dans l'appartement.

En résumé, les poêles économiques, ou poêles mobiles, reposent, dit le Dr Lancereaux, sur un principe défectueux, au point de vue de l'hygiène, et ils offrent, par les raisons déduites plus haut, des dangers sérieux.

Pour remédier à ces dangers, le Dr Lancereaux proposait à l'Académie de demander à qui de droit, des mesures administratives, qu'il énonçait en ces termes :

1° N'autoriser la vente des poêles qu'à la condition que le tirage soit suffisant pour transformer tout le carbone en acide carbonique; .

2° N'autoriser l'ajustement du tuyau d'un poêle mobile à une cheminée quelconque qu'à la condition que cette cheminée ait un tirage convenable et suffisant pour le dégagement facile des vapeurs et des gaz provenant de la combustion;

3° Exiger, avant la pose d'un poêle, l'examen des cheminées voisines, de façon à éviter le refoulement ou la filtration des gaz d'une cheminée dans une autre, et à préserver les intéressés ou leurs voisins de l'empoisonnement oxycarboné à distance;

4° Prévenir le public du danger qu'il court en laissant séjourner, la nuit, un poêle à combustion lente dans une chambre où l'on couche, ou même dans une chambre voisine.

Dans la séance du 26 mars 1889, M. le Dr Vallin combattit l'idée de faire intervenir l'administration dans la question dont il s'agit. Il pensait qu'il vaudrait mieux, sans recourir à aucun règlement de police, signaler au public les dangers que présentent quelquefois les poêles mobiles, et les moyens de se mettre à l'abri de ces dangers.

Le Dr Lancereaux demandait que l'on n'autorisât la vente des poêles mobiles qu'à la condition que leur tirage soit suffisant pour transformer tout le carbone en accide carbonique, et s'opposer ainsi à la formation d'oxyde de carbone.

« Cette mesure, dit le Dr Vallin, aurait pour effet de prohiber la vente de tous les poêles qui existent aujourd'hui dans le commerce, aussi bien en France que dans le reste de l'Europe. Depuis qu'on a reconnu les avantages économiques des poêles à combustion lente, on n'en veut plus d'autres. On est tombé d'une extrémité dans une autre. En 1829, d'Arcet demandait qu'on donnât à un poêle, de bonne dimension, une ouverture pour l'arrivée de l'air neuf, soit par la grille, soit par la porte d'entrée, équivalant à douze carrés de 1 décimètre. Mais on gaspillait, ainsi, le calorique, en faisant traverser le foyer par des centaines de mètres cubes d'air froid, qu'on chauffait à + 50 ou à + 60 degrés, pour le verser dans l'atmosphère extérieure, au sommet de la cheminée, sans que les calories ainsi soustraites, eussent en rien servi à chauffer la chambre. Aujourd'hui, on tombe dans l'excès inverse ; la presque totalité des poêles modernes n'ont plus qu'une ouverture de huit à dix carrés de 1 centimètre, munie d'opercules, ne laissant librement ouverts que deux ou trois trous, d'un centimètre. Au point de vue de la dépense du combustible et de l'échauffement de l'appartement, l'économie est énorme, mais la salubrité et le bien-être sont complètement sacrifiés. On peut affirmer qu'il n'y a pas un poêle moderne dont les produits de combustion ne contiennent une proportion d'oxyde de carbone beaucoup plus grande que dans une cheminée ordinaire.

« Ces poêles sont surtout dangereux quand ils sont mal construits, et quand on ne sait pas s'en servir ; mais au lieu de les supprimer tous en bloc, il faut signaler leurs lacunes et les moyens de se mettre à l'abri du danger.

« Au lieu de réduire les orifices de telle façon que, dans un poêle mobile consommant 10 kilogrammes de coke en vingt-quatre heures, il ne passe que 40 mètres cubes d'air dans le même temps, alors qu'il est besoin de 100 mètres cubes pour transformer tout le carbone en acide carbonique, il faudrait, tout au moins, laisser arriver ce dernier volume d'air sur le combustible.

« En outre, dans la plupart des poêles, ce n'est pas l'entrée de l'air dans le foyer qui est rétrécie, c'est la sortie des gaz résultant de la combustion. Ces gaz ne peuvent s'échapper qu'à travers les trous ménagés dans l'enveloppe intérieure, avant d'aller gagner, par des chemins compliqués, le tuyau de fumée, fixé à l'enveloppe extérieure. Ces poêles fonctionnent donc tous comme un ancien poêle dont on aurait presque complètement fermé la clef. Le danger est plus grand encore que si l'on avait rétréci l'orifice d'arrivée de l'air, car

les gaz toxiques résultant de la combustion, n'ayant qu'une issue très difficile, peuvent aisément refluer dans la pièce habitée.

« Enfin, la petite quantité d'air et de gaz provenant du foyer, a abandonné une grande partie de son calorique aux parois de l'appareil ; elle n'est plus capable de chauffer le coffre de la cheminée ou les parties élevées du tuyau de fumée. La différence avec la température extérieure au niveau du toit est très faible, le tirage est donc presque nul. Le moindre tourbillon de l'air détermine des reflux de gaz toxiques dans l'appartement. Il faudrait donc savoir produire la quantité de chaleur nécessaire pour assurer un tirage protecteur.

« On ne saurait trop engager les fabricants à supprimer la clef, qui permet de mettre l'appareil en petite marche, pendant la nuit, alors qu'on ne peut secouer la cendre accumulée, et qui augmente la difficulté de sortie des gaz de la combustion ; la plupart des cas de mort survenus pendant la nuit, ont été dus à cette cause.

« Il faut trouver un autre mode de fermeture que l'immersion du couvercle dans le sable. Celui-ci n'est pas suffisamment renouvelé ; quand il n'est pas très bien desséché, il amène rapidement l'oxydation et la destruction de la saillie métallique du couvercle, dont le bord, frangé et perforé, laisse passer, alors, les gaz toxiques.

« Enfin, il faut rappeler sans cesse que le danger augmente avec le déplacement fréquent de ces poêles. Chaque cheminée à laquelle ceux-ci sont susceptibles de s'adapter, doit être munie d'un tuyautage fixe, d'une grande hauteur ; il est indispensable de l'échauffer chaque fois, par un feu clair et rapide, pour déterminer le tirage, avant d'y apporter l'appareil.

« Ces conseils, ajoute le Dr Vallin, ont été sans doute bien des fois placés sous les yeux du public, soit par les conseils d'hygiène, soit par la presse scientifique ; mais on ne saurait les renouveler trop souvent, et si l'Académie de médecine devait intervenir, il vaudrait peut-être mieux, au lieu de demander la prohibition de tous les appareils suspects, qu'elle rédigeât une instruction, qui serait largement répandue dans le public. »

Le Dr Lancereaux propose aussi « d'exiger, avant la pose d'un poêle, l'examen de la cheminée, afin de s'assurer que son tirage est convenable et suffisant ». Mais de quelle façon exiger cette expertise ? Faudra-t-il, pour placer un poêle chez soi, subir les mêmes formalités que pour placer un bec de gaz ? Dans ce dernier cas, la garantie est tellement illusoire au point de vue de l'hygiène publique et du danger d'explosion, que l'exemple ne mérite guère d'être imité. La garantie, on pourrait la chercher dans une vigilance plus grande de l'architecte, qui, avant de livrer une maison terminée, devrait s'assurer, par des expériences précises, que tous les rouages de cette machine compliquée fonctionnent d'une façon irréprochable : réseau d'égout, canalisation de l'eau, tuyaux de chute, gaines de fumée, prises d'air et d'appareils de chauffage.

M. Vallin pensait que l'Académie pourrait rédiger une *Instruction*, qui, étant largement répandue dans le public, le renseignerait sur les meilleurs moyens d'employer ce mode de chauffage, en évitant ses inconvénients.

M. Vallin fit connaître, à ce propos, un usage anglais, qu'il serait très utile d'importer dans notre pays. Il s'agit des *Associations de protection sanitaire*. En payant une faible cotisation annuelle, chaque locataire, ou propriétaire, est assuré d'une visite périodique faite dans son logement, ou sa maison, par un ou plusieurs agents sanitaires, lesquels, par des expériences ingénieuses, contrôlent la salubrité et le bon fonctionnement de toutes les parties de l'habitation. Les rapports annuels publiés à Londres, par plusieurs de ces Sociétés, font voir combien sont nombreuses et souvent inattendues les causes d'insalubrité auxquelles on a pu ainsi obvier.

Le Dr Le Roy de Méricourt déclara, comme le Dr Vallin, qu'il n'était pas nécessaire de faire intervenir l'administration dans le choix d'un appareil de chauffage. « L'hygiéniste, dit M. Le Roy de Méricourt, a surtout pour mission d'instruire, d'expliquer, de persuader. Il doit faire appel à l'intelligence, au raisonnement des populations, et non les traiter en mineures, ayant besoin d'être tenues en tutelle par les pouvoirs publics. L'initiative particulière, aidée par les idées de solidarité, qui ont fait de très grands progrès dans notre pays, surtout depuis que la liberté des associations nous est acquise, doit suffire pour éclairer le public sur le soin de sa santé.

Il était important de connaître la composition des gaz provenant de la combustion des poêles mobiles.

Dans la même séance, du 26 mars 1889, le Dr Dujardin-Beaumetz fit connaître le résultat d'analyses qu'il avait faites, de concert avec le Dr G. de Saint-Martin, des produits gazeux de cette combustion. Voici les nombres qu'il a trouvés :

Expériences de MM. Dujardin-Beaumetz et de Saint-Martin, en 1889.

I. — Combustion du coke.

	Gaz acide carbonique.	Gaz oxyde de carbone.	
Petite marche normale de jour	15,26	0,55	
Petite marche le matin ..	4,00	3,94	
— le jour, sans plaque ...	16,54	0,60	en volumes.
Grande marche le jour, remué	9,64	1,17	
Grande marche le matin.	3,10	0,75	

II. — Combustion de l'anthracite.

	Gaz acide carbonique.	Gaz oxyde de carbone.	
Marche normale, le jour.	13,56	0,51	
— la nuit.	5,57	2,38	en volumes.
Partie supérieure du poêle.	9,65	1,26	

Expériences de M. Marié-Davy.

	Gaz acide carbonique.	Gaz oxyde de carbone.	
I. Petite vitesse, chargement plein	14,05	0,78	
Petite vitesse, chauffe plein..............	13,20	0,44	
II. Refoulement par obturation...........	6,00	0,64	
Refoulement par à-coups ...,........	3,05	0,06	en volumes.
III. Le matin, non remué, chargement.......	8,56	1,98	
Le matin, non remué, chauffe...........	8,07	1,04	
IV. Grande vitesse, chargement...........	10,04	0,60	
Grande vit., chauffe.	9,15	6,07	

Le Dr Brouardel cita d'autres nombres, obtenus avec le poêle Choubersky. Les voici :

	Acide carbonique.	Oxyde de carbone.	
Prise de midi, petite marche avec agitation toutes les heures...,.........	12	9	
Prise de quatre heures, petite marche avec agitation toutes les heures.	14	10	en volumes.
Prise à huit heures du matin, le poêle étant en grande marche et non agité depuis minuit....	13	10	

Il résulte de ces derniers chiffres, que la proportion de l'acide carbonique et de l'oxyde de carbone n'est pas plus grande, dans les bons poêles mobiles mis en marche rapide, que dans les cheminées ordinaires.

Pour M. Brouardel, la mobilité des appareils est plus à incriminer que leur construction même. Il arrive souvent, en effet, qu'une cheminée dans laquelle on introduit le tuyau d'un poêle mobile, est très froide, et que le tirage s'y fait alors de l'extérieur à l'intérieur, c'est-à-dire que les produits

de la combustion refluent dans la pièce. Il faut, en effet, un temps assez long pour échauffer le tuyau d'une cheminée froide où l'on porte un poêle mobile, et quand on place un de ces poêles dans une cheminée

Fig. 402. — M. de Choubersky.

froide, on s'expose à des refoulements de fumée et de gaz, à moins qu'on ne produise un feu clair et rapide dans ladite cheminée, avant d'y introduire le tuyau du poêle mobile.

M. G. Colin (d'Alfort) n'a pas constaté sur lui-même d'inconvénients aux poêles à combustion lente, quand ils sont chauffés par le bois ; mais il croit qu'il n'en saurait être de même si le combustible employé est le coke ou le charbon de terre maigre, cassé en morceaux, que l'on vend sous le nom d'anthracite.

Les poêles à combustion lente, alimentés par le coke ou l'anthracite, lui paraissent redoutables, à un triple point de vue :

1° Parce que le coke et le charbon de terre qui les alimentent, dégagent une énorme proportion d'oxyde de carbone, comme on peut en juger par l'ampleur des flammes bleuâtres aux forges des ateliers, même lorsque la combustion est suractivée par l'insufflation ;

2° En raison de l'extrême lenteur de la combustion, lenteur qui a pour conséquence, inévitable, avec de tels combustibles, de porter à son maximum la production de l'oxyde de carbone ;

3° Ils le sont, enfin, à cause de l'insuffisance du tirage, due à ce que la colonne d'air et de gaz échappés du poêle, n'est pas ou ne se maintient pas assez échauffée, en se déversant dans une cheminée ample et à parois froides, pour s'élever au dehors.

« Sur ces poêles, dit M. Colin (d'Alfort), on pourrait faire graver l'étiquette : *toxique*, comme on le fait sur les flacons des officines contenant des substances vénéneuses. »

De son côté, le Dr Léon Colin fit ressortir les dangers de laisser un poêle mobile dans une chambre à coucher, ou dans une pièce adjacente.

Les dangers de l'entraînement du gaz oxyde de carbone, tiennent souvent aux deux causes suivantes :

1° Imperfection de nos demeures, comme en tant de maisons où des fissures accidentelles font communiquer les différents tuyaux de fumée ; sans parler de celles où un noyau unique dessert les cheminées des appartements superposés. Ce dernier type d'insalubrité tend à disparaître de Paris, où, depuis 1875, il est interdit de l'appliquer aux maisons nouvelles ; mais aujourd'hui encore, au dire de M. Bunel, architecte de la préfecture, on le retrouverait peut-être dans plus de 2500 maisons. Ce n'est qu'en cas d'incendie survenu en ces maisons, qu'il est obligatoirement remplacé par le système de tuyaux séparés. Les habitants des vieux quartiers de Paris sont donc particulièrement en droit de se demander, si pareil défaut n'impose pas à toute la population de l'immeuble une redoutable solidarité, en cas d'introduction d'un poêle mobile dans un appartement.

2° La négligence ou l'ignorance des personnes auxquelles est confié le soin de l'appareil : négligence et ignorance atteignant parfois des proportions étonnantes, comme chez ce malheureux, asphyxié, 50, rue Château-Landon, qui s'était couché et endormi sans fermer son poêle Choubersky, dont le couvercle se trouva sur une table voisine. (Rapport de M. Michel Lévy).

Ces considérations, témoignant d'inconvénients étrangers à la construction même des appareils, exonèrent jusqu'à un certain point, dit le Dr Léon Colin, l'industrie des poêles mobiles ; mais si, de ce fait, on doit renoncer à supprimer ou à réglementer cette industrie, et écarter également toute proposition d'enquête domiciliaire chez les particuliers, il n'en est plus de même sur le terrain de la médecine publique. Là, l'Académie est dans son rôle, en signalant au gouvernement les collectivités qu'il a le droit et la mission de protéger. Elle peut, par exemple, à l'occasion, appuyer son *veto* sur la quatrième conclusion de l'*Instruction* du *Conseil de salubrité de la Seine* : « L'emploi de ces appareils est dangereux, est-il dit dans cette *Instruction*, dans toutes les pièces où des personnes se tiennent en permanence et dont la ventilation n'est pas largement assurée par des orifices constamment et directement ouverts à l'air libre. »

Cet article signifie : interdiction de ces appareils dans toutes les pièces occupées par des réunions d'individus soumis au bénéfice d'une surveillance sanitaire. On peut en prendre texte, s'il est nécessaire, pour réclamer l'interdiction ou la suppression des poêles mobiles dans les casernes, les hôpitaux, les écoles militaires, absolument comme on devrait en prendre texte pour les exclure, en vertu d'un droit analogue de surveillance, des ministères, des ateliers, des lycées, des écoles, et surtout de certaines écoles privées, où, paraît-il, le poêle économique aurait fait son apparition. Si, en pareilles conditions, c'est-à-dire durant des réunions de jour, on court moins de risques d'asphyxie que pendant la nuit, on subit, en revanche, tous les dangers de l'intoxication chronique.

C'est ici qu'il ne faut même pas compter, autant qu'on le fait, sur les orifices d'aération qui, on peut en être sûr, s'ils sont accessibles, seront soigneusement obstrués par les personnes placées au voisinage de ces orifices, absolument comme, dans nos casernes, le soldat s'évertue à clore hermétiquement les ouvertures de ventilation qu'on a pu laisser à sa portée.

Comptera-t-on davantage, pour enlever alors tout danger à l'appareil, sur la suppression de la clef régulatrice, sur le fonctionnement constant du poêle en *grande marche*? Il est à craindre, dit le Dʳ Colin, que le jour où *la petite* marche sera supprimée, le fabricant ne nous fournisse des poêles à tirage, invariable, il est vrai, mais, par économie pour l'acquéreur, ce tirage sera invariablement réduit à celui d'une ouverture aussi étroite peut-être que celle du plus faible tirage d'aujourd'hui.

M. Léon Colin crut devoir rappeler, à propos de cette discussion, l'existence d'une *Instruction*, selon lui fort complète, qui avait été rédigée en 1880, par le *Conseil de salubrité de la Seine, Instruction* dont voici les termes :

Il a lieu de proscrire formellement l'emploi des appareils et poêles économiques à faible tirage, dits *poêles mobiles*, dans les chambres à coucher et les pièces adjacentes. L'emploi de ces appareils est dangereux dans toutes les pièces dans lesquelles des personnes se tiennent d'une façon permanente et dont la ventilation n'est pas assurée par des

orifices constamment et directement ouverts à l'air libre. Dans tous les cas, le tirage doit être convenablement garanti par des tuyaux ou cheminées d'une section utile et d'une hauteur suffisante, convenablement étanches, ne présentant aucune fissure ou communication avec les appartements contigus, et débouchant au-dessus des fenêtres voisines.

Il est inutile que ces cheminées ou tuyaux soient munis d'appareils sensibles indiquant que le tirage s'effectue dans le sens normal.

Les orifices de chargement doivent être clos d'une façon hermétique, et il est nécessaire de ventiler largement le local, chaque fois qu'il vient d'être procédé à un chargement de combustible.

Le Dʳ Laborde insista sur les inconvénients des poêles mobiles, tout en repoussant les mesures administratives qui interdiraient ces appareils.

Tout le monde, dit le Dʳ Ferréol, est d'accord sur ce point que les poêles à combustion lente font courir des dangers sérieux à la santé publique. Je m'empresse cependant de reconnaître que ces appareils ne sont pas seulement commodes et économiques, mais qu'ils chauffent très bien.

Le Dʳ Ferréol proposa d'approuver l'instruction rédigée par le *Conseil de salubrité de la Seine*, que nous venons de citer, en y ajoutant d'autres recommandations, qui consistent surtout à éloigner les poêles mobiles des chambres habitées la nuit.

Dans la séance du 16 avril, le professeur Verneuil communiqua à l'Académie de médecine, une observation qui mettait nettement en évidence les dangers des poêles à combustion lente.

Il s'agit d'un empoisonnement causé par un poêle mobile, placé dans un cabinet de toilette, voisin de la chambre à coucher.

M. X..., âgé de quarante-cinq ans environ, et sa femme, de deux ans plus jeune, jouissant tous deux d'une santé satisfaisante, rentraient chez eux le samedi 21 janvier 1888, à dix heures du soir. Ils transportèrent un poêle mobile, situé dans le salon, dans un cabinet de toilette, en communication avec leur chambre à coucher, laissèrent la porte ouverte, mettant le poêle « à la petite marche », et se couchèrent ensuite.

Le poêle était bien ajusté dans la cheminée de ce dernier, dont le foyer était hermétiquement bouché par une plaque spéciale. Tout paraissait donc disposé comme les jours précédents.

Les époux X... s'endorment. Par suite de circonstances spéciales, on les croit à la campagne, et c'est seulement le lundi, à midi, c'est-à-dire après trente-huit heures, que, soupçonnant un accident, on se décide à enfoncer la porte. M. le Dr Guinard, chef de clinique de M. Verneuil, d'abord appelé en toute hâte, trouve M. et Mme X... étendus dans leur lit, et ne donnant plus signe de vie. Cependant la respiration artificielle et la flagellation firent reparaître le pouls, et quelques faibles mouvements respiratoires.

Grâce à une bonne médication, le danger immédiat paraissait conjuré, quand, à trois heures et demie, M. Verneuil vit les deux asphyxiés, qui étaient encore sans connaissance et dans un état complet de résolution et d'insensibilité. Mme X.... reprit ses sens le même jour, vers cinq heures. M. X...., au contraire, resta dans le coma jusqu'au lendemain matin ; mais il est à remarquer que son lit était beaucoup plus rapproché du poêle et sur le trajet de communication des deux pièces. Lorsqu'on pénétra dans la chambre, le lundi, le poêle était complètement vide, tout le charbon était consumé.

Les deux malades échappèrent à la mort, mais le rétablissement fut lent, et traversé par divers accidents.

Tout porte à croire que si les secours énergiques et prolongés avaient tardé davantage à se produire, les époux X.... auraient péri tous les deux.

Après la lecture de cette observation de M. Verneuil, le Dr Lancereaux, rapporteur

de la commission, crut devoir résumer la discussion, et faire connaître de nouvelles observations d'accidents d'empoisonnement, dus aux mêmes causes.

Le Dr Lancereaux commence par établir que tous les membres de l'Académie paraissent d'accord pour reconnaître les dangers que présentent les poêles mobiles. Le seul point sur lequel les opinions diffèrent, est celui de savoir si l'industrie des poêles à combustion lente doit être abandonnée à l'initiative privée, ou soumise à une réglementation administrative.

Dans un État civilisé, dit le Dr Lancereaux, le devoir de l'administration supérieure est de s'occuper du bien général, même au détriment des intérêts particuliers, et de garantir, dans la mesure du possible, la santé publique. Or, le poêle mobile est dangereux, non seulement pour les personnes qui l'emploient, mais encore, dans une même maison, pour le reste des habitants.

Il ne s'agit donc pas ici d'un simple danger privé, mais, dans quelques circonstances, au moins, d'un véritable danger public. S'il en est ainsi, n'y a-t-il pas lieu d'exiger, pour la construction et la pose d'un poêle mobile, des mesures telles qu'il ne puisse nuire aux personnes qui ont eu le bon esprit de s'en priver? L'administration n'intervient-elle pas, chaque jour, et avec raison, dans des questions d'hygiène, qui, comme celle qui nous occupe, appartiennent tout autant au domaine de l'hygiène privée qu'à celui de l'hygiène publique?

Après une liberté, pour ainsi dire absolue, accordée à la construction des cheminées, l'administration n'a-t-elle pas cru devoir réglementer, il y quatorze ans, cette même construction, prescrire le système unitaire, et exiger que chaque cheminée ait son conduit distinct, tant pour éviter les dangers d'incendie, que ceux pouvant résulter du refoulement des gaz d'une cheminée dans une autre? On ne voit pas en quoi des mesures appliquées à la construction des poêles, seraient plus abusives que celles qui concernent la réglementation des cheminées. D'un autre côté, personne n'oserait trouver mauvaises les mesures que prend aujourd'hui l'administration, contre l'insalubrité et l'insuffisance des logements?

Or, une chambre dans laquelle brûle en permanence un poêle à combustion lente n'est-elle pas un logement insalubre et dangereux, au premier chef? « En conséquence, dit le Dr Lancereaux, je ne vois, pour mon compte, rien d'exclusif à ce que les poêles mobiles soient soumis à certaines mesures de police sanitaire. »

Les analyses de M. le Dr Dujardin-Beaumetz et du Dr J. de Saint-Martin ne modifient en rien ce que nous savons des dangers des poêles mobiles; car ce qu'il importe de connaître en pareil cas, ce n'est pas la quantité proportionnelle des gaz qui s'échappent par le tuyau d'un poêle ou d'une cheminée, mais bien la proportion des substances délétères qui se répandent dans la pièce où brûle ce poêle, en un mot, dans l'air que nous respirons.

MM. Le Roy de Méricourt et Ferréol, très partisans de la douce chaleur des poêles mobiles, se consolent assez facilement, dit le Dr Lancereaux, des accidents que déterminent ces appareils, lorsqu'ils viennent nous dire que les progrès réalisés dans les sciences appliquées ayant été, à leur début, achetés par quelques dangers, il est naturel qu'il en soit de même pour les poêles mobiles.

Il semble un peu osé de comparer l'invention de ces poêles à une découverte scientifique : c'est, et ce sera toujours, dit le Dr Lancereaux, une invention malheureuse, car malgré les meilleurs conseils, on n'arrivera jamais à faire comprendre au public toutes les causes du danger et à

les lui faire éviter. Après cette discussion, les accidents pourront être moins fréquents et moins désastreux qu'autrefois, uniquement parce qu'on évitera de se servir des poêles mobiles, et non parce qu'on s'en servira avec plus de précautions.

Ces accidents, d'ailleurs, sont, à l'heure actuelle, des plus communs. Il y a quelques jours, on a pu lire dans la plupart des journaux qu'un officier distingué de notre armée succombait, asphyxié par un poêle mobile placé la nuit dans sa chambre à coucher, et qu'il avait oublié de fermer.

M. Lancereaux cite d'autres faits du même genre.

Le 7 février 1890, mourait, rue Legendre, n° 89, une jeune femme de vingt-neuf ans, qui, après avoir transporté son poêle roulant dans la pièce où elle se trouvait, n'avait pas, par inattention, engagé le tuyau dans l'ouverture ménagée dans le tablier de la cheminée.

Le 18 février, une dame, âgée de cinquante-neuf ans, succombait, rue Château-Landon, à une asphyxie du même genre, produite par un poêle Choubersky : elle avait oublié d'y apposer le couvercle.

Le professeur Potain a envoyé à une commission instituée au *Conseil de salubrité de la Seine* dans le but de rechercher les moyens propres à éviter les dangers des poêles mobiles, plusieurs observations, très curieuses et très intéressantes, en ce sens que, dans la plupart des cas il s'agit d'empoisonnement à distance.

M. le Dr Poulet, médecin principal, a, de son côté, rapporté le fait de l'empoisonnement général de la famille du Dr Mussat, son gendre, médecin-major au 44e régiment de ligne. Il s'agissait encore d'un poêle Choubersky, que l'on plaçait dans une niche de salle à manger. Tout l'hiver 1887-1888, ce poêle avait été allumé, sans produire d'autres accidents que des vertiges et de la tendance aux lipothymies. C'est en octobre 1888, lorsque ce poêle fut allumé pour la première fois, que survint l'empoisonnement de toute la famille, bien qu'elle ne séjournât dans la salle à manger qu'au moment des repas.

Rien ne pouvait faire prévoir le défaut de tirage du poêle mobile, qui, jusqu'alors, n'avait occasionné aucun accident sérieux. Voilà précisément un des grands dangers de ce système : c'est qu'on est pris, tout à coup et à l'improviste, par un fonctionnement accidentellement vicieux de l'appareil, et cela même lorsqu'il se trouve entre les mains de gens instruits. Il est digne de remarque, en effet, que les victimes du poêle toxique, pour me servir de l'expression de notre collègue, M. Gabriel Colin, ne sont pas toujours des personnes ignorantes du danger, mais souvent des personnes le connaissant parfaitement, comme des ingénieurs, des médecins, des pharmaciens, etc.

Un cas, observé par les Drs Margerin (de Valenciennes) et Wannebroucq de (Lille), mérite d'attirer d'autant plus l'attention, que le poêle mobile, cause de la catastrophe, se trouvait loin de la pièce occupée par les victimes.

Le 16 décembre 1888, au matin, une jeune enfant était trouvée asphyxiée dans une chambre du premier étage ; la bonne, qui couchait dans la même pièce, respirait encore, mais ne tardait pas à succomber également. Les symptômes observés donnaient aux médecins traitants la certitude que cette double asphyxie avait été causée par l'invasion dans la chambre d'une quantité notable d'oxyde de carbone.

La chambre en question était isolée des deux côtés par un double corridor traversant toute la maison, avec jour par deux fenêtres donnant sur un jardin, sans communication directe, par conséquent, avec des chambres voisines. Le feu de la cheminée de cette chambre n'avait pas été allumé. La mère, en rentrant le soir, vers dix heures, était allée voir son enfant. Trouvant la chambre un peu froide, elle avait été sur le point de faire allumer le feu, mais elle s'était contentée de bien fermer la porte, qui avait été garnie récemment (ainsi que les fenêtres) de bourrelets, afin d'empêcher l'accès de l'air extérieur. Nulle autre cause possible d'intoxication qu'un poêle mobile placé dans le vestibule du rez-de-chaussée, et dont la conduite de fumée venait déboucher dans un tuyau de cheminée qui avait été établi spécialement pour le service de cet appareil, tuyau contigu avec celui desservant la cheminée du salon situé au rez-de-chaussée, au-dessous de ladite chambre.

Nous passons sur d'autres observations du même genre, citées par le Dr Lancereaux, pour dire qu'à côté des accidents aigus, il existe des accidents chroniques, beaucoup plus fréquents et moins bien connus.

Une personne âgée de trente ans, brodeuse, vint consulter le Dr Lancereaux pour une céphalée et vertiges, de la tendance aux lipothymies, un anéantissement général, et un désordre de la sensibilité tactile qui l'empêchaient de diriger son aiguille, et lui faisaient croire qu'elle marchait sur du feutre. Elle avait, en outre, du tremblement de la langue, de la myodopsie, des rêves nocturnes, une diminution notable de la mémoire, de mauvaises digestions et une décoloration manifeste des téguments. Cette dame se chauffait, depuis trois ans, à l'aide d'un poêle Choubersky, marchant toujours en petite vitesse, et placé dans la cheminée de la salle à manger. Ce renseignement mit le Dr Lancereaux sur la voie du vrai diagnostic : la malade lui affirma, en effet, que les accidents dont elle se plaignait se manifestaient, depuis trois ans, pendant la saison de l'hiver, à partir du moment où elle commençait à allumer son poêle, dans la salle à manger, malgré son habitude de travailler dans une chambre voisine de la salle à manger.

Ce fait montre tout à la fois les difficultés d'un diagnostic précis, en pareil cas, et l'ignorance où l'on est encore de tous les accidents pouvant résulter de l'empoisonnement lent par l'oxyde de carbone, empoisonnement qui ne manque jamais de se produire chez les personnes qui séjournent dans des pièces chauffées par un poêle mobile, alors même qu'il marche aussi bien que possible.

Aussi, d'accord avec le Dr Léon Colin, M. Lancereaux serait-il d'avis de proscrire le poêle à combustion lente partout où il y a agglomération de personnes, surtout si ces personnes sont jeunes : particulièrement dans les crèches, les écoles, les pensionnats, les lycées, les ateliers, les casernes et les hôpitaux.

On dit souvent que les poêles mobiles sont des appareils délicats, exigeant, de la part de ceux qui les emploient, une certaine attention, mais qu'ils ne présentent, finalement, pour des gens soigneux et attentifs, aucun danger ; et que, par conséquent, il suffit, pour éviter tout accident, d'adresser au public quelques *instructions* sur leurs inconvénients. On ne peut nier pourtant que ces poêles ne soient des producteurs puissants d'oxyde de carbone, c'est-à-dire d'un gaz éminemment nuisible à la santé et insidieusement toxique, même à très faible dose. S'il en est ainsi, les faits rapportés plus haut, desquels il résulte que des cheminées construites d'après le système unitaire, détériorées, ou présentant un vice de construction ignoré jusque-là, et même bien construites, mais soumises tout à coup à un changement brusque de l'atmosphère, peuvent être l'occasion de graves accidents, dans la partie d'une habitation plus ou moins distincte et éloignée de celle où fonctionne un poêle mobile, ne doivent-ils

pas conduire à la conclusion que ce poêle, en raison même de son mode de construction, est un appareil qui exige des conditions d'installation spéciales, du moins en ce qui concerne les maisons à loyers comportant de nombreux logements?

Cette conclusion est celle à laquelle on est obligé de s'arrêter. Éclairer le public sur le danger des poêles mobiles, ne suffirait pas à faire disparaître les cas d'empoisonnement par ces appareils. Il y a donc lieu d'appeler l'attention des pouvoirs publics sur les dangers du poêle à combustion lente, non seulement pour les personnes qui s'en servent, mais encore pour les voisins.

Cette dernière communication du Dr Lancereaux avait épuisé le sujet. Dans la même séance, l'Académie de médecine vota les conclusions qui exprimaient l'opinion à peu près unanime de ses membres, sur cette importante question d'hygiène publique.

Voici le texte de ces conclusions :

1° Il y a lieu de proscrire formellement l'emploi des appareils dits *poêles économiques*, à faible tirage, dans les chambres à coucher et dans les pièces adjacentes.

2° Dans tous les cas, le tirage d'un poêle à combustion lente doit être convenablement garanti par des tuyaux ou cheminées d'une section et d'une hauteur suffisantes, complètement étanches, ne présentant aucune fissure ou communication avec les appartements contigus, et débouchant au-dessus des fenêtres voisines. Il est utile que ces cheminées ou tuyaux soient munis d'appareils sensibles indiquant que le tirage s'effectue dans le sens normal.

3° Il est nécessaire de se tenir en garde, principalement dans le cas où le poêle en question est en petite marche, contre les perturbations atmosphériques qui pourraient venir paralyser le tirage et même déterminer un refoulement des gaz à l'intérieur de la pièce.

4° Tout poêle à combustion lente qui présente des *bouches de chaleur* devra être rejeté; car celles-ci suppriment l'utilité de la chambre de sûreté, constituée par le cylindre creux intérieur, compris entre les deux enveloppes de tôle ou de fonte, et permettent au gaz oxyde de carbone de s'échapper dans l'appartement.

5° Les orifices de chargement d'un poêle à combustion lente doivent être clos d'une façon hermétique, et il est nécessaire de ventiler largement le local chaque fois qu'il vient d'être procédé à un chargement de combustible.

6° L'emploi de cet appareil de chauffage est dangereux dans les pièces où des personnes se tiennent d'une façon permanente, et dont la ventilation n'est pas largement assurée par des orifices constamment et directement ouverts à l'air libre; il doit être proscrit dans les crèches, les écoles, et les lycées.

7° En dernier lieu, l'Académie croit de son devoir de signaler à l'attention des pouvoirs publics les dangers des poêles à combustion lente, et en particulier des poêles mobiles, tant pour ceux qui en font usage que pour leurs voisins. Elle émet le vœu que l'administration supérieure veuille bien faire étudier les règles à prescrire pour y remédier.

On ne pouvait guère formuler de conclusions plus précises, étant donné l'usage universel des poêles mobiles, en France et dans toute l'Europe. L'invention de l'ingénieur russe Choubersky a été un véritable bienfait pour les populations, qui trouvent dans cet ingénieux appareil un moyen de chauffage éminemment économique, et par conséquent, une cause de bien-être et de préservation des maladies. Le succès immense du *poêle Choubersky* et des imitations qu'on en fait chaque jour, depuis que le brevet est tombé dans le domaine public, prouve à quels besoins généraux il répond. Il y aurait donc ingratitude à faire trop fortement ressortir ses inconvénients. Toute chose, en ce monde, a son bon et son mauvais côté; la sagesse consiste à prendre le bien et à chercher les moyens d'éviter le mal. Usez des poêles mobiles, si vous voulez avoir un appartement constamment chauffé à une douce température; mais étudiez bien votre cheminée, assurez-vous que son tirage est suffisamment actif, et s'il est possible, maintenez-le en place, son transport pouvant devenir une cause de dangers. Faites de votre poêle mobile une chose immobile, de

votre cheminée roulante une cheminée qui ne roule pas; et, dans tous les cas, ne le placez jamais dans votre chambre à coucher.

J'avoue, pour mon compte, ma prédilection pour ce mode de chauffage, dont j'use chaque hiver. Il est si commode de n'avoir pas à s'occuper de son feu; de n'avoir de bois, ni dans sa cave, ni dans son appartement; de n'avoir jamais à redouter d'incendie ou d'accident de cheminée, le foyer étant clos et entouré de toutes parts; de trouver le matin, en se levant, et le soir en rentrant, une pièce chauffée, et d'avoir de l'eau chaude à toute heure du jour et de la nuit! Seulement, *je veille au grain*, comme disent les bonnes gens.

Le *poêle Choubersky*, une fois tombé dans le domaine public, a été l'objet de modifications particulières, qui ont fait surgir différents appareils, ayant chacun leur utilité, dans des conditions données, toutefois sous la réserve générale, consistant à les bannir des chambres à coucher et à ne point les déplacer.

Il ne sera pas sans intérêt de faire connaître la nombreuse descendance du *poêle Choubersky*. Nous ne signalerons toutefois que ceux de ces appareils qui sont le plus répandus en France.

Le *calorifère Mauguin*, que nous représentons en coupe dans la figure 403, présente l'avantage d'un mode de nettoyage tout particulier de la grille, au moyen de rondelles excentrées, qui, manœuvrées du dehors par une manivelle, viennent passer entre les barreaux pour *piquer* le feu. Un vase saturateur, rempli d'eau, peut être placé à la partie supérieure, ainsi qu'un chauffe-assiettes, pour les salles à manger. Ces dispositions ne sont pas figurées sur notre dessin.

Le *calorifère Mauquin* paraît établi dans des conditions qui en rendent l'usage avantageux et exempt de dangers, si l'on prend

Le *calorifère mobile du Docteur* a été établi par le docteur A. Godefroy, qui paraît s'être spécialement préoccupé d'empêcher les retours dans la pièce chauffée d'aucune

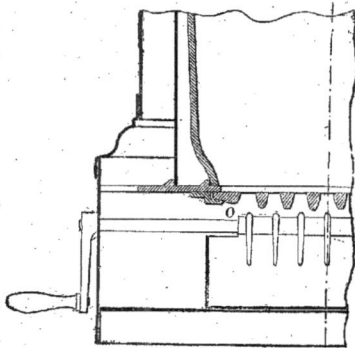

Fig. 404. — Calorifère du Docteur (coupe).

portion des gaz entraînés dans la cheminée.

Dans ce but, l'ouverture de la cheminée est bouchée par une plaque percée d'un orifice unique, O (fig. 404, 405). C'est par ce trou

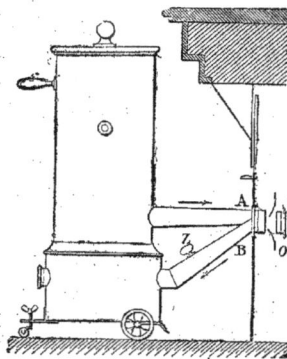

Fig. 405. — Calorifère du Docteur (perspective).

que pénètre un tuyau double, dont la branche A est destinée à conduire dans le corps de la cheminée les gaz provenant de la combustion ; tandis que la branche B ramène dans le foyer de l'air pris également dans la cheminée, et qui sert à entretenir la combustion. Le robinet Z, placé sur le tuyau B,

Fig. 403. — Calorifère Mauguin (coupe).

les précautions nécessaires pour assurer le tirage et la ventilation.

permet de régler convenablement le tirage.

Ainsi, la cheminée sert simultanément à évacuer les gaz brûlés, et à donner l'accès à l'air, pour entretenir la combustion. Cette anomalie s'explique par la différence de température qui produit, pour les premiers, une colonne ascendante centrale, et pour le second, des contre-courants, qui descendent latéralement.

Il résulte de ces conditions toutes particulières, que, pour bien fonctionner, il faut à ce poêle une cheminée à tuyau très large, qui permette au double courant de se produire. En supposant que ce fonctionnement théorique se réalisât, ce genre de poêle n'opérerait aucun renouvellement de l'air dans les pièces chauffées; de sorte qu'il faudrait que la ventilation de la pièce fût provoquée par d'autres moyens.

Le *poêle Richelieu*, et le *poêle roulant à feu visible*, ne diffèrent pas, d'une manière fondamentale, du poêle Choubersky. Dans le *poêle roulant à feu visible*, le feu est rendu apparent par une plaque transparente de mica, qui ferme le devant du foyer. C'est une disposition que présentent aujourd'hui beaucoup d'autres poêles mobiles.

Nous signalerons encore un appareil assez répandu, la *Salamandre*, que construit à Paris, M. Chaboche.

La *Salamandre* est une cheminée roulante, qui ne diffère que par sa forme, du poêle Choubersky. Par son large bouclier, qui forme le devant du foyer, elle ressemble, sans doute, extérieurement, à une cheminée à coke, mais, en réalité, sa disposition intérieure est la même que celle du poêle Choubersky. Comme dans ce dernier poêle, on y renouvelle deux fois ou une fois, par vingt-quatre heures, le coke ou l'anthracite, que l'on introduit par un orifice supérieur percé au-dessus du bouclier.

La *Salamandre* est munie de roues, pour pouvoir la déplacer et l'adapter à l'ouverture d'autres cheminées. La devanture est garnie d'une petite plaque de mica, qui laisse apercevoir le feu.

La *Française* est une cheminée mobile rivale de la *Salamandre*, et dont les dispositions sont à peu près les mêmes. Elle diffère de la *Salamandre* en ce qu'elle chauffe au moyen d'une circulation d'air, et non directement.

Dans le *poêle Cadé*, le charbon brûle en chauffant directement la pièce, c'est-à-dire sans interposition d'enveloppe de tôle ou de mica; ce qui est plutôt un inconvénient qu'un avantage, en raison de la possibilité du refoulement des gaz à l'intérieur. La combustion étant assez vive, il se produit probablement peu d'oxyde de carbone. Il faut seulement faire usage de combustible menu, comme le coke n° 0, ou l'anthracite, c'est-à-dire d'un combustible qui ne puisse passer à travers les barreaux de la grille. A défaut de ce combustible, on pourrait se trouver pris au dépourvu. Le foyer est de faible capacité, et ne renferme que peu de charbon soumis à l'incandescence, bien que sa surface apparente soit relativement grande; de sorte que, malgré la combustion vive, la consommation du charbon est faible.

Un ingénieur de mérite, M. Mouton, a construit et mis dans le commerce, un bon poêle mobile, qu'il décore du nom de *Flamboyant*. C'est un poêle à combustion lente, avec rayonnement direct du feu. Il paraît assurer une bonne ventilation. En effet, la ventilation est provoquée par la prise d'air du foyer, qui se trouve dans un espace circulaire ménagé dans le socle du poêle. Ce courant d'air a assez de force pour empêcher d'arriver à la température rouge toutes les parties métalliques du foyer.

Le poêle mobile de M. Mouton est caractérisé par une *clef de sécurité*, munie d'un ressort qui ne peut se déplacer sans le secours de la main, tandis que la plupart des clefs adaptées aux poêles mobiles, ne conservant pas toujours la position qu'on leur a donnée, peuvent se déranger de cette position, et produire une fermeture tout autre que celle que l'on veut maintenir.

Ce poêle brûle tous les combustibles : coke, anthracite, cardiff, etc. Avec le coke, on le remplit matin et soir ; avec l'anthracite, une fois seulement par vingt-quatre heures ; ce qui est, d'ailleurs, la règle pour tous les poêles mobiles.

Nous mentionnerons enfin le *poêle anglais*, à combustion lente, ou *poêle Musgrave*, que nous représentons dans la figure ci-dessous. L'air frais amené de l'extérieur,

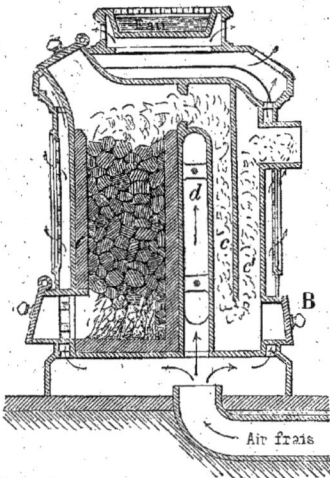

Fig. 406. — Poêle anglais. (Poêle Musgrave.)

passe en dessous du foyer, et contourne la colonne dans laquelle se fait la combustion du coke. Les parois du foyer sont en briques réfractaires.

Ce poêle diffère des précédents par son aspect extérieur, mais on y trouve leurs dispositifs essentiels, c'est-à-dire la charge du combustible à de longs intervalles, l'utilisation très complète de la chaleur, qui, se répandant par rayonnement et par échauffement de l'air pris au dehors, renouvelle ainsi l'air de l'appartement. Un bassin d'eau rend à l'atmosphère desséchée l'humidité nécessaire.

Le foyer, composé de briques réfractaires, peut contenir suffisamment de combustible pour brûler de 8 à 24 heures, suivant la grandeur du poêle. Une porte sur le haut permet l'introduction du coke ; une autre, au bas, à coulisse, B, sert à l'admission de l'air et à l'enlèvement des cendres. La même porte, B, sert aussi à régler le tirage, de façon à produire une combustion excessivement lente, et à réaliser une notable économie.

La fumée et les gaz chauffés passent par deux calorifères secondaires *c, c'*, qui peuvent retarder leur sortie jusqu'à ce que leur calorique soit entièrement absorbé.

Entre les deux couches de charbon en ignition, est ménagé un espace *d*, au travers duquel circule l'air frais, qui s'élève dans l'appartement, au fur et à mesure qu'il s'échauffe.

Nous avons dit, en parlant du danger des *poêles à combustion lente*, que ce danger réside souvent dans son transport d'une pièce à l'autre ; car le tuyau froid de la nouvelle cheminée où on le porte, ne produit souvent aucun tirage, et expose à des refoulements de l'air vicié dans l'intérieur de la pièce. Les *poêles à combustion lente non transportables* sont donc bien préférables, sous le rapport de la sécurité, à tous ceux dont on vient de faire mention.

La *Société franco-américaine de chauffage* fabrique, à Paris, des appareils à combustion lente, non transportables, qui rentrent dans cette dernière catégorie, c'est-à-dire assurent la sécurité par leur situation fixe. Tels sont :

1° Le *Phare-poêle*, à coke ou à anthracite,

dont le fonctionnement est fondé sur les mêmes principes que ceux déjà décrits, mais qui s'en distingue par l'apparence du foyer. La paroi extérieure du foyer est garnie

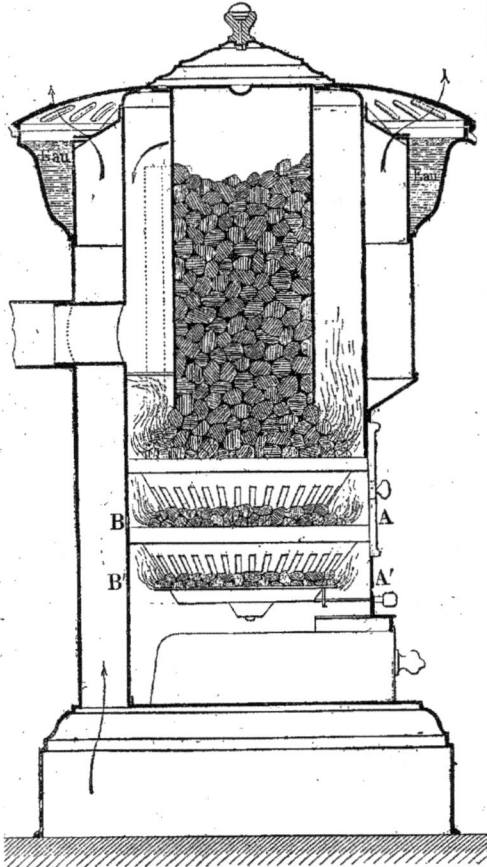

Fig. 407. — Coupe du phare scolaire.

de plaques de mica, à travers lesquelles le rayonment du calorique s'opère.

2° Le *Phare scolaire*. Ce dernier appareil rentre dans la catégorie des appareils fixes, auxquels on doit donner la préférence, en raison de la possibilité qu'ils offrent de se prêter à un appel d'air provenant du dehors, et de former ainsi un véritable calorifère, rationnellement installé. On voit dans la

figure 407 la coupe de ce dernier poêle. Il est pourvu d'un bassin d'eau, et une lame de mica A A′, B B′, ferme le foyer, en laissant voir le feu.

Au même titre, c'est-à-dire comme ayant l'avantage de renouveler l'air d'une façon très large, il faut citer le *poêle tubulaire ventilateur* de M. Auguste Besson, que l'on voit dans plusieurs bureaux, écoles, hôpitaux, etc. C'est un calorifère dans lequel l'air servant au chauffage, est puisé au dehors, tandis que l'air alimentant la combustion, est pris dans la pièce même, dont il assure ainsi la ventilation, par l'expulsion de l'air vicié.

Le *poêle Besson* chauffe donc en ventilant.

Une chambre de chauffe reçoit, à leur sortie du foyer, les gaz provenant de la combustion. Cette chambre est traversée, dans toute sa hauteur, par une série de tubes verticaux, en tôle, ouverts à leurs deux extrémités, et qui, multipliant la surface de chauffe, fournissent un rendement de 85 pour 100 du calorique produit par le combustible.

Ces tubes éloignés et isolés du foyer, ne peuvent jamais être surchauffés ; ils empruntent exclusivement leur thermalité aux produits gazeux de la combustion, et donnent passage à l'air de l'appartement, ou, par un appel ménagé sous le socle, à l'air de l'extérieur.

L'air les traverse de bas en haut, y élève sa température, et par une ventilation croissante, porte au loin, la chaleur.

L'enveloppe extérieure de l'appareil, plus éloignée encore du foyer, ne fournit qu'un faible rayonnement, permettant de rester et travailler dans son voisinage, sans être incommodé.

La charge de combustible s'introduit dans un cylindre central en fonte, par un couvercle en fonte, qui, soigneusement refermé, préserve de toute émanation. La grille sur laquelle s'opère la combustion, est composée de barreaux disposés suivant une surface de tronc de cône.

Avant d'être déversé dans la pièce, l'air, comme il vient d'être dit, se réchauffe. Un réservoir d'eau, permettant de saturer de

Fig. 408. — Poêle ventilateur Besson.

vapeur l'air de la pièce, est placé à la partie supérieure de ce poêle-calorifère, qui paraît ainsi répondre à toutes les conditions exigées par l'hygiène et l'économie domestique.

Nous représentons dans les figures 408 et 409 le poêle Besson en élévation et en coupe. La légende qui accompagne la figure 409 permet de suivre la marche de l'air, son échauffement et sa sortie.

Un modèle plus grand, se voit dans beaucoup d'églises, hôpitaux et grands établissements.

La marche de l'air froid et la sortie de l'air chaud sont les mêmes dans ces grands

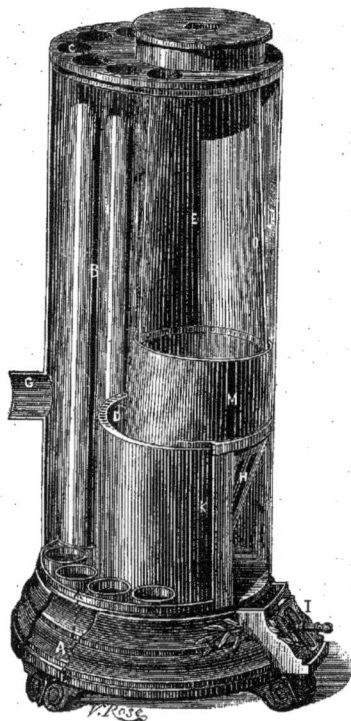

Fig. 409. — Coupe du poêle ventilateur Besson.

A, entrée de l'air froid. — B, tubes conducteurs de l'air chaud. — C, sortie de l'air chaud. — D, entrée dans la chambre de chaleur des produits de la combustion. — O E, colonne en tôle, recevant le combustible. — G, échappement des gaz brûlés et de la fumée. — H, foyer. — I, cendrier. — K, enveloppe du foyer. — M, partie en fonte de la colonne recevant le combustible.

calorifères fixes que celles que nous avons indiquées dans la légende de la figure 409.

En résumé, les poêles à combustion lente, avec les perfectionnements qu'ils ont reçus depuis quelques années, sont d'un usage très économique, et ont réalisé un progrès sensible, par la bonne utilisation du combustible, que l'on charge à de longs intervalles, et qui brûle d'une façon continue, en n'exigeant que peu de surveillance.

Les très nombreuses variétés de *poêles à*

combustion lente qui existent aujourd'hui, et qui sont entrés dans le commerce, à la suite de l'invention du *poêle Choubersky*, sont assurément de bons perfectionnements du type primitif de M. de Choubersky; mais le public, peu au courant de ces distinctions techniques, confond tous ces poêles mobiles avec le modèle primitif, et appelle *Choubersky* tout poêle mobile, quel que soit son nom commercial. Faisons comme le bon public, et disons, en terminant ce chapitre, que les recommandations générales que nous avons données, pour faire usage des poêles à combustion lente, doivent toujours être observées, quel que soit l'appareil employé.

Nous rappellerons ces précautions, en ces termes :

1° Un poêle mobile n'est bon que si on le rend immobile; en d'autres termes, que si on se met à l'abri du refoulement des gaz, dans l'appartement, en le laissant toujours en place; la cheminée nouvelle, avec son tuyau froid, pouvant donner un très mauvais tirage;

2° Il ne faut jamais introduire de poêle à combustion lente, quel qu'il soit, dans une chambre à coucher.

Avec ces deux précautions, on peut faire usage, avec de grands avantages pratiques et économiques, des poêles à combustion lente

---

CHAPITRE II

Théoriquement, le gaz de l'éclairage (hydrogène bicarboné) est le plus avantageux de tous les combustibles, au point de vue du rendement calorifique. En effet, un kilogramme de bois, en brûlant, ne développe que 6000 à 7000 *calories*, un kilogramme de houille n'en produit qu'environ 7500 à 8000, et ces chiffres se réduisent de moitié au moins dans l'application pratique; tandis qu'un même poids de gaz produit approximativement 13 000 *calories*. En outre, l'action comburante de l'oxygène est évidemment beaucoup plus complète quand elle s'exerce sur un gaz que sur un combustible solide. La production du calorique et son utilisation sont donc bien supérieures avec le gaz qu'avec le bois ou le charbon.

Comme moyen de chauffage domestique, le gaz de l'éclairage a deux emplois : 1° la cuisson des aliments; 2° le chauffage des appartements, par des cheminées ou des poêles, convenablement agencés dans ce but.

Ajoutons que, comme agent de chauffage industriel, le gaz trouve une foule d'applications dans les arts et manufactures, et que, pour chaque fabrication spéciale, on a créé des fourneaux particuliers, utilisant le mieux possible le calorique.

Nous allons donc passer en revue : la *cuisine au gaz*, — le *chauffage des appartements par le gaz*, — le *chauffage industriel au moyen du gaz.*

Cuisine au gaz. — Au point de vue théorique, il est facile de se rendre compte des avantages que le gaz présente, pour la préparation des aliments, et le chauffage des liquides et boissons.

Pour élever un litre d'eau de 0° à + 100°, avec du charbon de bois, coûtant 0 fr. 20 le kilogramme, on dépense 0 fr. 16; si on brûle du gaz, coûtant 0 fr. 30 le mètre cube, on dépense seulement 0 fr. 013.

Quelques chiffres feront ressortir les résultats qu'on peut obtenir par l'emploi du gaz pour la cuisine.

Un pot-au-feu (composé de un kilogramme de bœuf, 3 litres d'eau, 0 kil. 130 de légumes assortis) en cuisant pendant cinq heures, consomme 480 litres de gaz; ce qui représente, au prix de 30 centimes le mètre cube, une dépense de 14 centimes; — une tasse de chocolat, composée d'un demi-litre de lait et d'une quantité convenable de chocolat, délayée dans un peu d'eau, est préparée en huit minutes, avec une dépense de 30 litres de gaz; — un bœuf à la mode, pesant, en totalité, viandes et légumes, environ 1 kil. 800, se cuit en quinze minutes, avec 110 litres de gaz; — un roti (gigot de mouton) pesant 1 kil. 980, est cuit en une heure et demie, avec 600 litres de gaz; — un poulet de 1 kil. 370, n'exige que 350 à 370 litres de gaz.

Quant aux avantages pratiques de la cuisine opérée avec le gaz, nous ne saurions mieux faire que de comparer le fourneau ordinaire des cuisines où l'on brûle le charbon de bois, avec le fourneau à gaz.

Sur un fourneau ordinaire, à charbon de bois, vous avez trois ou quatre trous de foyer, que recouvre une hotte; plus, une grillade, au fond, munie d'un large tuyau, à fort tirage, activé par une trappe mobile.

Pour commencer, il faut allumer le charbon dans un des trous de foyer. Il faut, pour cela, tout l'attirail suivant : caisse à charbon, braise, copeaux, pincettes. On met de la braise et des copeaux dans le foyer, et on allume. On place un petit tuyau à main au-dessus du feu, pour activer le tirage; car ces foyers tirent mal. On est souvent obligé d'ouvrir la fenêtre, pour chasser la fumée. La braise une fois prise, à grand renfort de soufflet, on ajoute du charbon de bois, et on place au-dessus, la casserole qui contient la préparation à faire cuire. Si le feu se ralentit, on souffle; mais alors, la cendre s'élève du foyer, et vient se répandre sur tout ce qui est sur le fourneau. Il arrive parfois que le charbon se tasse, en brûlant; alors, le récipient perd l'équilibre, et le contenu se déverse sur le foyer, en produisant des odeurs désagréables. Si vous voulez faire cuire une côtelette, l'odeur

est intolérable : il faut, nécessairement, la placer sous la hotte de la grillade, pour éviter les émanations de graisse brûlée.

Bref, les procédés actuels ont des désagréments sans nombre, et demandent beaucoup de soin et de main-d'œuvre, sans compter que l'on perd le charbon qui reste allumé, quand on n'a plus besoin de feu.

Voici maintenant ce qu'il faut pour la cuisine au gaz.

Ici, plus de charbon, ni de pincettes, ni de tuyau à main, pour activer le tirage; rien de l'attirail ordinaire. Pour allumer le feu, vous ouvrez le robinet du gaz et vous approchez une allumette. Voilà du feu tout de suite, et en quantité suffisante. Vous faut-il plus de flamme? vous ouvrez davantage le robinet, et tout est dit. Le mets, une fois cuit, il faut éteindre le feu : vous fermez le robinet. Vous faut-il du feu, la nuit, pour préparer un médicament, ou de la tisane? Le gaz est toujours prêt.

Comprenez-vous maintenant, bon lecteur, tous les avantages pratiques du gaz employé à la cuisine? Comprenez-vous pourquoi la cuisine au gaz est devenue populaire?

Quant à ses avantages, au point de vue gastronomique, nous ne saurions mieux faire, pour les mettre en évidence, que de citer quelques pages d'une courte brochure, publiée en 1890, par une dame anglaise Mme Alting-Mees, qui, enthousiaste de ce procédé, s'était fait son apôtre ardent.

Mme Alting-Mees faisait, à l'Exposition universelle de 1889, dans le pavillon du Gaz, des conférences qui attiraient beaucoup de curieux, et dans lesquelles, après avoir prononcé l'oraison funèbre de la cuisine au charbon, elle chantait les louanges de la cuisine au gaz. Elle a répété ces mêmes conférences dans les principales villes du nord de la France et en Belgique, et les a résumées dans la brochure dont nous parlons.

« La cuisine au gaz, dit la conférencière

anglaise, est éminemment propre. Ici, plus de cendres, de poussière noire, ni de suie qui, non seulement salissent les mains, la figure et les vêtements, mais tout ce qui se trouve dans la cuisine, ne respectant même pas les mets qui doivent bientôt paraître sur la table. Pas de grands nettoyages des rôtissoires ; un linge, mouillé d'une dissolution légère de sel de soude, pour enlever les taches de graisse, et une brosse à polir, passée une fois par semaine sur l'appareil à rôtir au gaz, suffisent.

« Les casseroles, lèchefrites, et autres ustensiles, ne se salissent plus, extérieurement, par la fumée et la suie ; partant, moins d'entretien et économie de temps.

« Plus de charbon à monter de la cave, plus de provision de bois, ni de copeaux ; plus d'allumage, ni surtout de rallumage de poêles ; plus de cheminées qui, s'obstinant à ne pas vouloir tirer, renvoyent la fumée dans toute la maison.

« La cuisine au gaz, au contraire, est toujours prête : un simple robinet à tourner et, sans perte de temps, sans préliminaires, le feu est prêt à opérer la cuisson des aliments. D'une docilité sans égale, par une simple manœuvre de robinet, son intensité augmente, diminue, varie à l'infini, suivant les besoins de la cuisson. Une fois réglée, son intensité se maintient des heures entières, sans avoir besoin qu'on s'en occupe. Pourrait-on en dire autant de la cuisine faite au charbon ?

« La cuisson faite, on ferme le robinet, et l'on supprime instantanément toute dépense, et aussi toute chaleur, ce qui, principalement en été, est un avantage inappréciable. Que de cuisines qui, en été sont de véritables lieux de supplice, deviendraient habitables et saines, par l'emploi du gaz ?

« En résumé, la cuisine au gaz a pour elle *l'hygiène, l'ordre, la propreté, la facilité, le contrôle parfait de la chaleur, l'économie de temps et d'argent !*

« L'usage des foyers au charbon, avec leur allumage et rallumage, représente une telle somme de travail secondaire, non seulement pénible mais désagréable, qu'il oblige seul bien des ménages bourgeois à avoir une servante. Il est à remarquer que plus l'emploi du gaz est généralisé dans un ménage, plus on devient indépendant de ses domestiques. Que de mères de famille, par l'adoption de la cuisine au gaz, deviendraient maîtresses de maison !

« Aujourd'hui que tout est disposé, dans nos habitations, en vue du confortable, pour augmenter le bien-être et améliorer les conditions hygiéniques de la vie, la routine a cependant su maintenir la cuisine au charbon. Pourquoi, malgré tous les avantages qu'elle présente, la cuisine au gaz n'est-elle pas adoptée par tout le monde ? Certes, elle se propage ; en Amérique et en Angleterre, elle est même complètement entrée dans les us et coutumes ; à Paris, c'est par milliers que s'installent les appareils pour la cuisine au gaz ; dans les autres parties de la France et en Belgique, on commence aussi à l'adopter, mais qu'est-ce qui arrête le plus grand nombre de ménages d'en faire usage ? Le préjugé !

« Il est inévitable, dit-on, qu'un goût de gaz ne se transmette aux aliments ainsi préparés.

« A cela que répondre, si ce n'est : *Essayez.*

« Un préjugé qui a la vie dure, comme tous les préjugés, vous objecte l'odeur des mets. Les réchauds à gaz, dit-on, empoisonnent l'air !

« Il fut un temps où cette objection pouvait sembler sérieuse. Les premiers réchauds, en effet, étaient assez mal combinés, et brûlaient le gaz dans de mauvaises conditions. Ces appareils ont, malheureusement, à un certain moment, donné raison à la critique, mais aujourd'hui, on peut, sans crainte d'être incommodé par la moindre odeur, faire usage des réchauds et autres appareils que l'on construit.

« Conseillons, néanmoins, de tenir les réchauds en état de propreté; car le meilleur des appareils, si les trous en sont partiellement bouchés, soit par de la mine de plomb, de la graisse ou toute autre matière, brûle imparfaitement le gaz, et répand alors une mauvaise odeur, à laquelle s'ajoute encore celle de la décomposition des corps gras que le nettoyage n'a pas fait disparaître. »

C'est à tort que l'on a longtemps prétendu que le gaz donne aux aliments une odeur désagréable. Le gaz qui brûle, ne répand aucune odeur; il ne saurait, par conséquent, en communiquer aucune. La cuisine faite au gaz donne quelquefois une odeur particulière; mais cette odeur ne provient que du mauvais état des brûleurs, dans lesquels la combustion est incomplète, et dont les flammes sont pâles, ce qui indique le manque d'air.

Il faut donc faire usage de bons appareils; et ceci nous conduit à donner la description des principaux ustensiles pour la cuisine au gaz.

Ces appareils sont assez divers. Nous distinguerons les *réchauds*, les *rôtissoires* et les *cuisinières*.

Réchauds. — Il existe des *réchauds à un seul feu et à plusieurs feux*. Nous représentons dans la figure ci-dessous le *réchaud*

Fig. 410. — Réchaud à gaz à un seul feu.

à un seul feu, et dans la figure 411 le réchaud à deux feux.

Il est bon, dans les ménages, d'être toujours muni d'un réchaud à gaz à un seul feu; ne fût-ce que pour avoir la possibilité de faire chauffer, la nuit, de l'eau, ou une

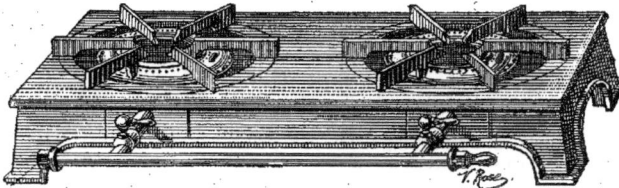

Fig. 411. — Réchaud à gaz à deux feux.

boisson quelconque, pour un enfant ou un malade.

Il est, du reste, une foule de circonstances dans lesquelles il est utile, sinon urgent, d'avoir promptement du feu, pour quelques minutes seulement. Dans ces cas, aucun appareil n'est plus pratique que le réchaud à gaz.

Pour faire la cuisine, il faut avoir un réchaud à deux ou trois feux, dont un au moins à deux robinets.

En choisissant le réchaud, il faut avoir

soin de prendre un appareil dont la flamme ne soit ni trop rapprochée ni trop éloignée du fond de la casserole, qu'on y placera. Trop rapprochée, le gaz brûle mal, et l'on s'expose à avoir une mauvaise odeur; trop éloignée, on perd de la chaleur. Environ quatre centimètres entre le brûleur et le fond de la casserole, est la meilleure distance.

Il est bon de passer, de temps au temps, une grosse épingle dans les trous du brûleur, afin de les nettoyer, et de laisser tou-

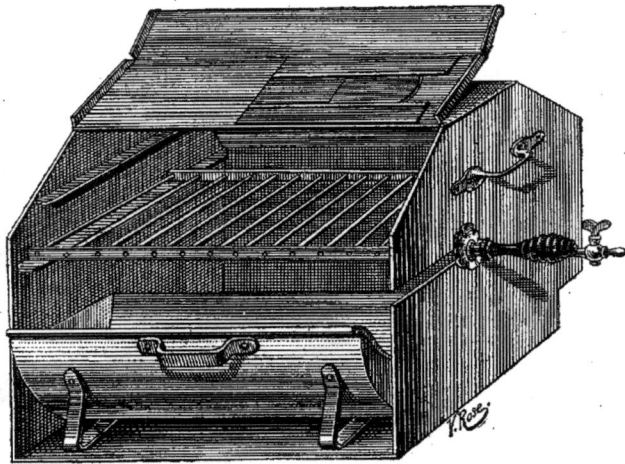

Fig. 412. — Rôtissoire au gaz.

jours le passage du gaz complètement libre.

Dans tous les réchauds, on brûle le gaz mélangé avec de l'air, c'est-à-dire que la flamme est bleue et non éclairante. Généralement, plus la flamme est bleue, meilleur est le réchaud. Il faut même rejeter ceux dont la flamme présente une pointe légèrement blanche, car le gaz y brûle dans de mauvaises conditions.

Rôtissoires. — Ces appareils servent à la fois à rôtir et à griller les viandes. Ils sont à flamme bleue ou à flamme blanche, ces derniers brûlant, par conséquent, le gaz non mélangé préalablement à de l'air ; ce sont ceux de ce dernier système qui sont les plus répandus. La rampe se trouve dans la partie supérieure de l'appareil, qui est muni d'une grille et d'une broche : la grille sert pour les côtelettes, rumsteaks, etc., la seconde pour les rôtis de toute nature.

Avec le rôtissage au gaz, point de préparatifs préliminaires. Pour un grand gigot, par exemple, on allumera le gaz, pour chauffer la rôtissoire, cinq ou dix minutes avant d'y mettre le rôti ; puis, celui-ci placé, on a soin de laisser brûler le gaz assez fort,

pendant un quart d'heure, pour saisir la viande ; après quoi, on peut baisser la flamme de moitié, pour terminer la cuisson.

Il y a trois résultats obtenus par cette manière de procéder : d'abord, la viande étant vivement saisie, est plus belle en apparence ; elle est aussi plus saine, par la même raison ; enfin, ce qui n'est pas le moins important, la viande perd 25 p. 100 de son poids en moins que si elle était cuite au charbon. La viande étant vivement saisie, l'albumine des couches extérieures se trouve immédiatement solidifiée, et dans cet état, formant une enveloppe impénétrable aux autres jus, elle conserve ceux-ci en entier à l'intérieur. Ce point est capital, tant au point de vue économique qu'au point de vue hygiénique.

La viande étant de toutes les dépenses ménagères, la plus forte (après le loyer), n'est-il pas de première importance de trouver moyen de diminuer les pertes de valeur causées par la cuisson? Il y a ici une économie si grande, qu'à ce point de vue seul, la cuisine au gaz mériterait d'être

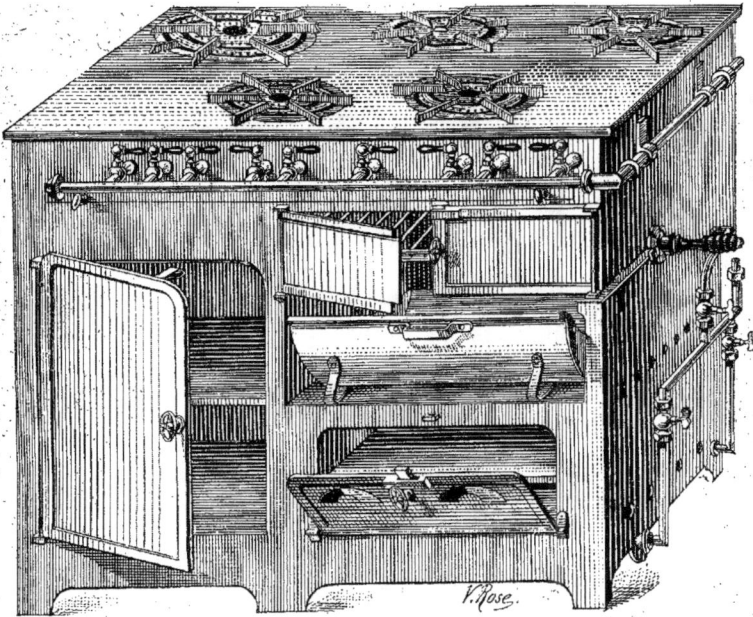

Fig. 413. — Cuisinière au gaz, petit modèle.

adoptée. Le four au charbon rend 60 pour 100 de viande cuite, la rôtissoire au gaz en rend 75 pour 100: voilà une économie réelle et palpable.

Au point de vue hygiénique, le four, ou la rôtissoire au gaz, est de beaucoup préférable au four au charbon, parce que cet appareil réunit les deux conditions indispensables au rôtissage, et qu'un bon rôtissage conserve à la viande tous ses principes nutritifs et digestifs sans les altérer. Qu'est-ce en effet, que rôtir? C'est exposer la viande à l'action du feu, dans un courant d'air libre, et sans qu'elle touche à la graisse d'arrosage. Quand on réunit ces deux conditions, on rôtit bien; fût-ce en plein champ. Trouve-t-on ces conditions dans un four à charbon? Évidemment non. Dans les rôtissoires au gaz on a, d'une part, la libre circulation de l'air, et d'autre part, grâce à la forme des grilles intérieures ou à l'emploi

de la broche, on évite la lèchefrite, et par conséquent, le contact de la viande avec la graisse d'arrosage. Celle-ci coule dans un plat ou un récipient formant le fond de la rôtissoire où l'on peut la puiser, pour arroser la viande, comme il convient de le faire.

Nous représentons dans la figure 412 le modèle de *rôtissoire au gaz* le plus en usage.

Fours. — Les fours, à l'encontre des rôtissoires, sont fermés par une porte, qui empêche la circulation de l'air à l'intérieur. Ils sont munis d'une rampe, qui brûle généralement le gaz à flamme blanche.

L'usage du four au gaz est le même que celui du four au charbon. Comme les rôtissoires, on en fait de différentes grandeurs suivant les besoins du ménage.

Certains appareils sont construits de façon à pouvoir être utilisés à volonté

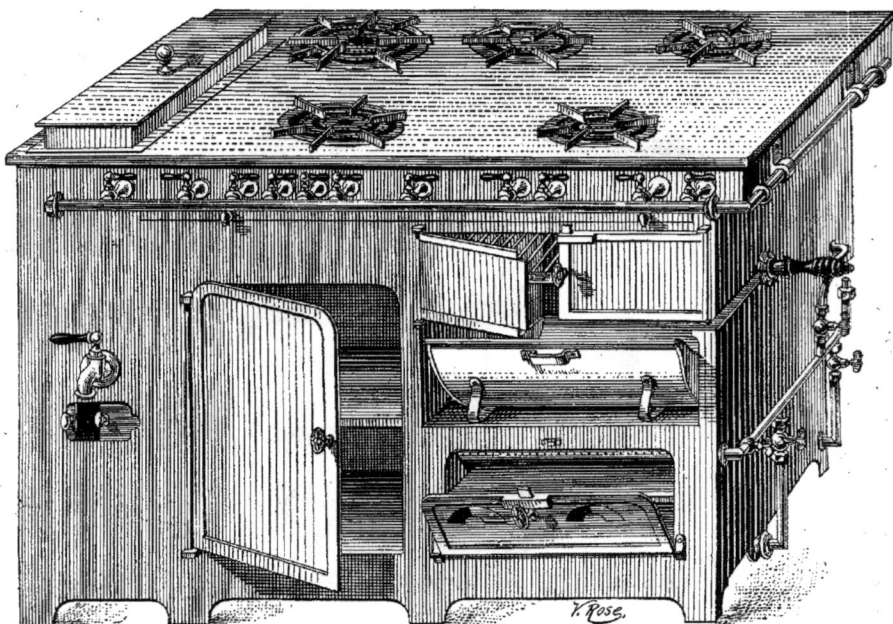

Fig. 414. — Cuisinière au gaz complète.

comme rôtissoire, ou comme four. D'autres se composent d'un four superposé à une rôtissoire. Ce dernier genre d'appareil est très pratique, car la chaleur développée par la rampe de la rôtissoire peut maintenir dans le four une température suffisante à la cuisson de bien des plats.

Cuisinières. — On appelle *cuisinières* les fourneaux complets à gaz. On en fait de types très divers. Celles pour les ménages bourgeois, comportent généralement quatre flammes de réchauds, une rôtissoire, un four et un réservoir d'eau chaude.

Il existe des types pour petits ménages, comportant un double réchaud et une rôtissoire.

Aux personnes qui ne voudraient pas installer une *cuisinière* complète, on conseille de prendre un réchaud à trois feux et une rôtissoire avec four superposé. Ces deux appareils, prenant peu de place, sont suffi-sants pour les besoins journaliers d'une cuisine bourgeoise.

Les figures 413 et 414 représentent deux types de *cuisinière au gaz*, ne différant l'une de l'autre que par le nombre des accessoires.

La *Compagnie parisienne pour l'éclairage et le chauffage au gaz* a fait construire des modèles particuliers de *cuisinières au gaz*, dans le but de répondre à une objection qui était faite à la cuisine au gaz. On lui reprochait, d'imposer, pendant l'hiver, une dépense supplémentaire, pour le chauffage des cuisines. L'appareil mixte que nous représentons dans les figures 415 et 416, permet l'emploi du coke, quand il fait froid, celui du gaz, quand il fait chaud.

Cette substitution s'opère sans qu'il y ait aucune installation à modifier, aucun appareil à déplacer.

Enfin, on peut, avec cet appareil chauffé

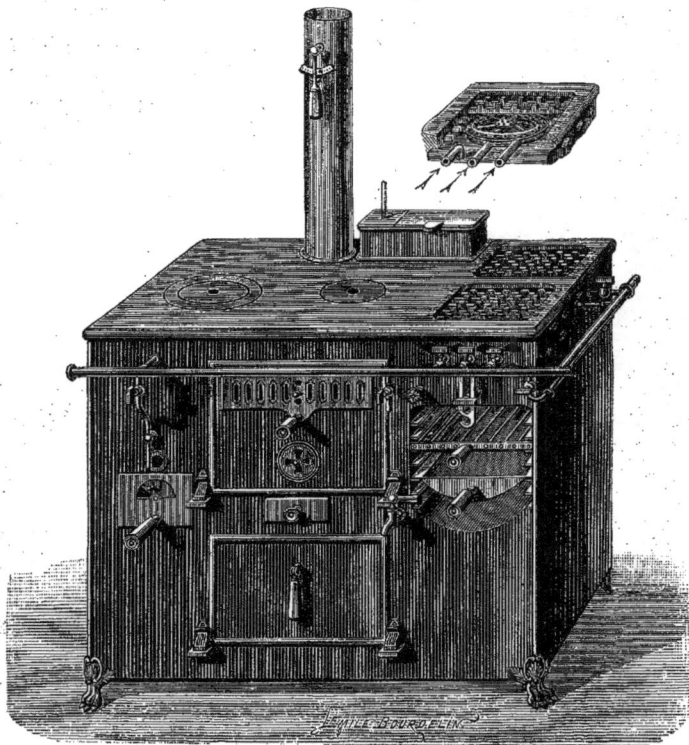

Fig. 415. — Cuisinière mixte au gaz et au coke (petit modèle).

au coke, disposer d'une plaque chaude, d'un four, d'un bain-marie ; et l'on trouve, en outre, une rôtissoire, une grillade, alimentées par le gaz, qui donnent des produits bien supérieurs à ceux obtenus dans les fours au charbon ou au coke.

Dans ces appareils, l'allumage du coke est fait au moyen d'un bec de gaz qui se dégage dans un tube, au-dessous de la grille, et qui est percé de trous qui disséminent la flamme dans le coke et en rendent l'allumage facile. On fait ainsi disparaître l'inconvénient que l'on reproche parfois au coke. L'allumage, par ce système, est toujours sûr et rapide. La dépense (100 à 150 litres de gaz) n'est pas supérieure à celle qu'entraînent les margotins, allume-feux, etc. On a, en outre, l'avantage de ne pas encrasser les fourneaux, comme ceux qui sont chauffés au bois.

Enfin si dans la journée, la cuisinière a négligé son fourneau, si elle le retrouve presque éteint, il lui suffit de rallumer un instant le bec de gaz, pour que le fourneau reprenne son allure.

Un flotteur placé dans le réservoir d'eau chaude, fait monter et descendre une tige extérieure, qui indique, à tout instant, la hauteur de l'eau, et met à l'abri des coups de feu, qui brûleraient une chaudière mise à sec.

Le four et l'étuve ne présentent rien de particulier ; ce sont les mêmes dispositions que dans les appareils similaires au coke ;

seulement, le four peut être chauffé au gaz, au moyen d'une rampe intérieure, lorsque le coke n'est pas allumé.

Les brûleurs à gaz sont tous amovi-bles, par conséquent, très faciles à nettoyer.

Si l'on veut faire une grillade avec ces appareils, il faut :

1° Allumer la rampe à gaz pendant cinq mi-

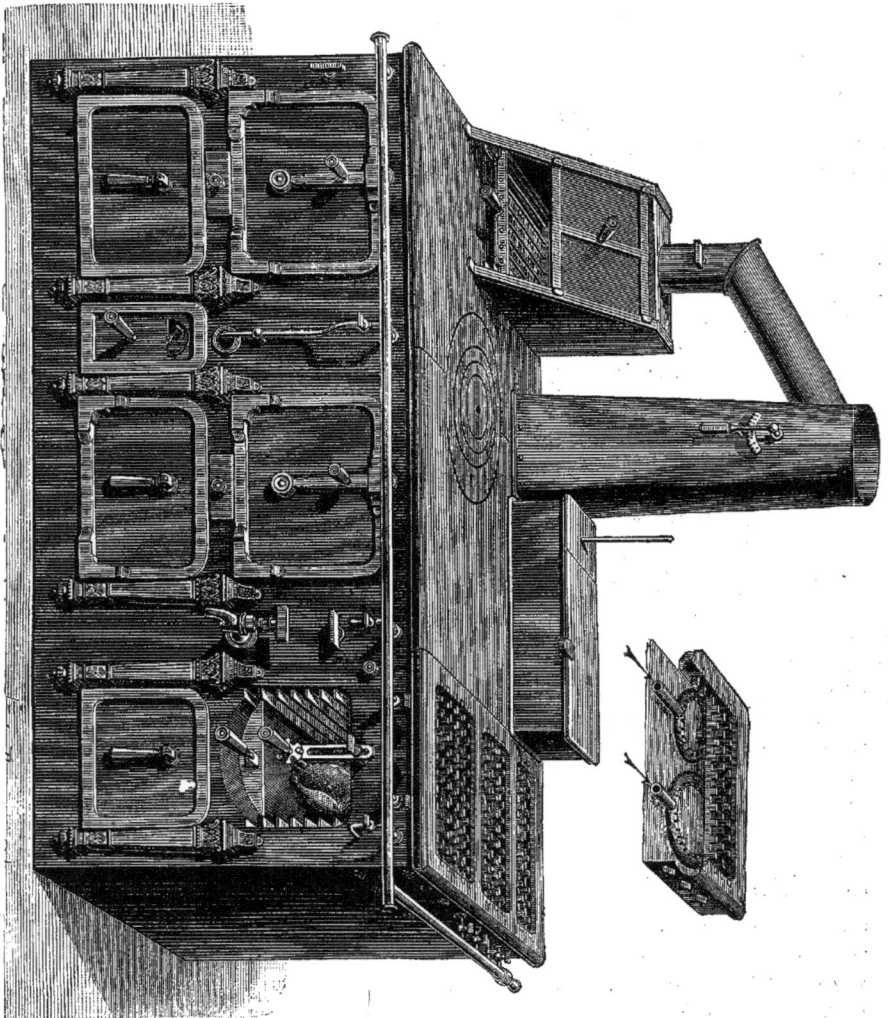

Fig. 416. — Cuisinière mixte au gaz et au coke (grand modèle).

nutes, et placer le gril le plus près possible des flammes, la lèchefrite restant en bas;

2° Placer les viandes à griller près des flammes, et relever la lèche-frite autant que possible. Aussitôt que les viandes sont saisies et commencent à rendre leur jus, on abaisse la lèchefrite de façon que le jus ne soit pas surchauffé et calciné.

Dans ces appareils, la chaleur des produits de la combustion n'est pas perdue, comme dans les autres systèmes. Ils circulent autour du bain-marie, avant de se rendre dans la cheminée, et quand on fait rôtir une pièce importante, gigot, dinde, etc., l'eau du bain-marie arrive à l'ébullition.

En outre des appareils divers que nous venons de passer en revue, il en est d'autres qu'il n'est pas hors de propos de citer, en parlant de la cuisine au gaz. Tel est le *torréfacteur pour le café*. Chauffé par le gaz, cet appareil donne une chaleur qui peut être modifiée à volonté et réglée de façon à rester invariable.

Les *lessiveuses à gaz* sont appelées également à rendre des services dans un ménage.

Citons encore les appareils pour le chauffage instantané de l'eau, appareils qui ont leur place toute marquée dans les cabinets de toilette, et le *chauffe-bains à gaz*. La combustion d'un mètre cube de gaz suffit pour le chauffage d'un bain.

Chauffage des appartements par le gaz. — Les avantages du chauffage des appartements par le gaz, peuvent se résumer comme il suit.

L'allumage est instantané, et ne demande l'emploi d'aucun combustible supplémentaire, tels que boules résineuses, margotins, copeaux, etc. : une allumette suffit. Les produits de la combustion étant tous gazeux, ne produisent aucun encrassement dans les tuyaux de la cheminée, et ne nécessitent pas ces ramonages périodiques, qui sont parfois si désagréables.

Avec le chauffage des appartements par le gaz, on peut employer des appareils légers, en tôle, qui s'échauffent rapidement, et permettent de jouir instantanément de la chaleur. Un poêle, une cheminée, alimentés par le charbon, le bois ou le coke, ne donnent de chaleur qu'après une longue attente. Avec le gaz, l'effet est instantané, et on arrête la chaleur dès qu'elle devient inutile.

Faisons, toutefois, cette remarque que le gaz ne saurait être substitué aux procédés généraux de chauffage pour les grandes pièces, c'est-à-dire aux calorifères de cave ou aux poêles à charbon, qui chauffent de très grands espaces, économiquement et d'une manière continue. Mais pour élever rapidement la température de petits locaux, le gaz est un agent parfait.

Dans un cabinet de toilette, où il faut, pour quelques instants, une douce température, dans une salle de bains, une salle à manger, et même dans certains magasins et boutiques où le client n'est attendu qu'à certaines heures, rien ne vaut le chauffage par le gaz, au point de vue de la commodité, sinon de l'économie.

Ces réserves posées, disons que l'on se sert pour le chauffage au gaz, de *cheminées et de poêles*.

Une *cheminée à gaz* se compose d'une série de tubes à gaz horizontaux, dans lesquels le gaz brûle en chauffant par le rayonnement, comme les combustibles ordinaires.

Fig. 417. — Cheminée à gaz à bûches d'amiante.

Les produits de la combustion ne sauraient, sans inconvénient, pour la santé des

Fig. 418. — Cheminée à gaz à boules de terre.

personnes, demeurer dans la pièce ; on doit les évacuer par le tuyau de la cheminée.

Un constructeur de Paris, M. Legrand, pour utiliser le mieux possible la chaleur de la combustion du gaz, a imaginé de placer le foyer dans un coffre en tôle, à parois garnies de terre, que l'on place dans l'intérieur d'une cheminée ordinaire. Le recouvrement cintré du foyer renvoie une grande partie de la chaleur dans la pièce. Une ouverture, ménagée dans le coffre, laisse dégager dans la cheminée les produits de la combustion. Cette enveloppe est complétée par une chambre à air, ayant sur sa face antérieure, une galerie à jour, qui donne issue à une partie de l'air chauffé.

Pour donner à un foyer à gaz l'illusion de l'aspect ordinaire d'un feu de bûches, les constructeurs ont adopté des dispositions très diverses et fort ingénieuses. On fait dégager le gaz par de petites ouvertures percées dans une bûche métallique, figurant le bois. On fait également, avec de l'amiante entremêlée à des bûches métalliques, des foyers qui simulent la flamme d'une cheminée.

L'appareil Marini est formé d'une couronne métallique, au centre de laquelle se trouve un brûleur, composé de tubes parallèles, percés de trous, qui donnent passage à de petits jets de flamme blanche, recouverts en partie par de l'amiante.

L'amiante, mise en contact avec le gaz en combustion, devient incandescente, et augmente, par son rayonnement, l'intensité du foyer, en même temps qu'elle donne l'apparence d'un feu de bois ou de charbon.

On voit dans la figure 417 une cheminée à gaz à bûches d'amiante.

La *Compagnie parisienne* a mis récemment dans le commerce une cheminée à gaz dans laquelle le gaz, amené par une série de quatre à cinq rampes, munies chacune d'un robinet spécial, porte à l'incandescence des boules en terre réfractaire, mêlées d'amiante. Ces boules augmentent la surface de rayonnement, et donnent à l'ensemble l'aspect d'un foyer au coke (fig. 418).

La disposition du brûleur est telle que les robinets de commande ne peuvent jamais s'échauffer, ni se gripper ; ce qui en rend le fonctionnement toujours facile, sans exposer la personne qui les manœuvre à se brûler les doigts.

La commande de chaque rampe, à l'aide d'un robinet spécial, permet de diminuer la chaleur développée, et par suite, la dépense de gaz, sans nuire à la bonne allure du foyer.

L'emploi des boules réfractaires, qui deviennent incandescentes, assure la parfaite combustion du gaz, qui se fait toujours avec excès d'air, de manière à supprimer toute odeur désagréable.

Ces appareils, qui sont munis d'un système spécial pour la circulation de l'air, de bouches de chaleur et de tuyaux de dégagement, se placent devant toutes les cheminées, et jamais à l'intérieur ce qui leur ferait perdre les trois quarts de leur puissance de chauffage. La saillie extérieure ne dépasse pas 24 centimètres.

L'allumage est très simple ; il suffit d'ouvrir un seul robinet et de présenter une allumette ; une très légère explosion se produit, on peut alors successivement ouvrir les autres robinets. Pour éviter cette petite explosion qui, bien que sans danger, effraye certaines personnes, les derniers types construits sont pourvus, sur le côté, d'un petit tube percé de trous, qui peut être allumé sans aucune explosion, et qui enflamme ensuite la première rampe intérieure, quand on ouvre le robinet qui l'alimente.

On voit dans beaucoup de magasins de Paris, des cheminées à gaz, qui sont caractérisées par un *foyer réflecteur*, en cuivre poli, lequel produit un effet de rayonnement considérable. Le gaz brûle au fond et en haut du coffre. Par ce moyen, la chaleur est renvoyée en plus grande quantité dans la pièce, et l'éclat du métal réflecteur réjouit les yeux.

Les *cheminées à gaz à foyer réflecteur* sont construites comme il suit.

A la partie supérieure, existe une rampe

Fig. 419. — Cheminée à réflecteur de cuivre ondulé.

horizontale, en fer, percée d'une série de trous, qui projettent des jets de gaz, à flamme blanche. L'intérieur de la cheminée est garni d'une plaque de cuivre poli, qui constitue le réflecteur.

La plaque de cuivre, au lieu d'être unie, est tourmentée d'une série d'ondulations, qui fournissent autant de surfaces réfléchissantes. Les deux parois latérales du foyer sont recouvertes des mêmes plaques en cuivre poli.

Ces cheminées sont commodes pour se chauffer les pieds. Il suffit de se placer debout, pour sécher ses chaussures mouillées, sans avoir l'ennui de se brûler la figure. Si une dame approche sa robe du foyer, le tissu n'a aucun contact avec la rampe du gaz, qui, placée au fond, ne saurait communiquer le feu. Les enfants peuvent sans danger jouer devant un tel foyer.

Le cuivre échauffé se ternissant toujours,

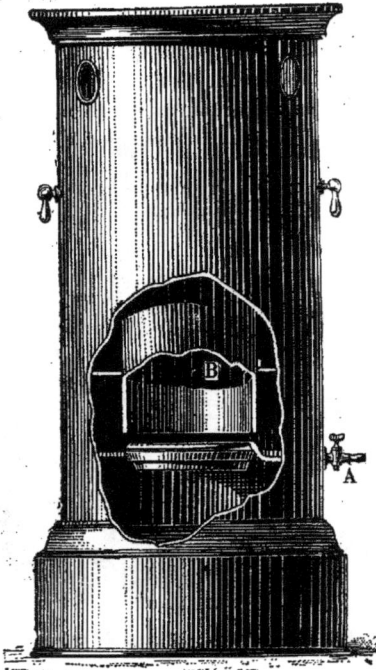

Fig. 420. — Coupe d'un poêle simple à gaz.

il faut entretenir toutes les surfaces en bon état de propreté, au moyen du tripoli.

Ces foyers sont fabriqués soit en cuivre rouge, soit en laiton, dont les pouvoirs réflecteurs sont peu différents. On préfère généralement le reflet rosé du cuivre au reflet jaune du laiton.

Nous donnons dans la figure 419 le dessin d'une cheminée à gaz avec foyer réflecteur.

Les *poêles à gaz* peuvent être distingués en *poêles simples* et en *poêles-calorifères*.

Les *poêles simples* sont formés par une simple enveloppe en fonte, ou en tôle, dans laquelle on place le foyer, qui émet, par rayonnement, la plus grande partie du calorique de la flamme du gaz.

Un grand nombre de modèles de poêles

Fig. 421. — Poêle à coke.

à gaz, qui ne varient que par la forme et l'ornementation extérieures, ainsi que par la disposition des brûleurs, sont employés aujourd'hui. Les meilleurs sont ceux qui, par leur disposition intérieure, permettent aux produits de la combustion de perdre la plus grande partie de leur chaleur avant de se dégager dans la cheminée; ce qui est indispensable pour l'hygiène.

Il faut rejeter les poêles à gaz microscopiques, que l'on trouve chez quelques appareilleurs, et qui, étant dépourvus du tuyau de dégagement des produits de la combustion, déversent ces produits dans la pièce, et vicient l'air, en donnant les buées de

Fig. 422. — Poêle à gaz.

vapeur, qui altèrent les papiers de tenture, les couleurs et la dorure.

Nous donnons dans la figure 420 la coupe du poêle à gaz le plus répandu. Le gaz arrivant par le robinet A, suit un cylindre intérieur de tôle B, enveloppe destinée à préserver la paroi extérieure du poêle d'une trop forte élévation de température, et les produits de la combustion

se dégagent par un tube, non visible sur notre dessin, pour s'écouler dans le tuyau d'une cheminée.

La *Compagnie parisienne du gaz* construit des poêles à gaz, pourvus du brûleur que nous avons représenté plus haut, en parlant des cheminée à gaz (fig. 418).

Elle construit également des *calorifères mixtes* c'est-à-dire pouvant brûler à volonté le coke ou le gaz. Dans ces appareils, comme du reste dans les cheminées dont il vient d'être parlé, au brûleur à gaz peut être substituée une grille à coke. En prenant soin de fermer la clef de réglage, on transforme ainsi soi-même, en un instant, l'appareil à gaz en un calorifère à coke.

On voit sur les figures 421, 422, ces deux derniers types : la figure 421 représente le *poêle à coke*, la figure 422 le *poêle à gaz*, lesquels ainsi qu'il vient d'être dit, peuvent changer à volonté d'affectation, c'est-à-dire marcher au coke ou au gaz.

Ce qui distingue les *poêles-calorifères* des *poêles simples*, c'est que les premiers sont disposés de manière à déterminer un appel d'air de la pièce dans l'intérieur de l'appareil. L'air vient s'échauffer au contact de leurs parois, sans se mélanger aux produits de la combustion. Il parcourt ensuite quelques tuyaux, auxquels il cède du calorique, et s'échappe dans la pièce à chauffer. En outre, la paroi externe de l'appareil agit, comme dans les poêles ordinaires, pour communiquer à la pièce son calorique par voie de rayonnement.

Nous donnons dans la figure 423 la coupe verticale du *calorifère* que construit à Paris, M. Wagner. La légende qui accompagne cette figure explique la route suivie par les gaz dans les conduits intérieurs et son issue au dehors. On voit le groupe de tubes, BP, dans lesquels l'air chauffé par le gaz, circule, avant de se dégager dans une cheminée.

La *Compagnie parisienne du gaz* a mis

dans le commerce un poêle tubulaire à gaz, qu'elle désigne sous le nom de *calorifère-tambour*.

Le caractère spécial de cet appareil, c'est son débit fixe, proportionné à ses dimen-

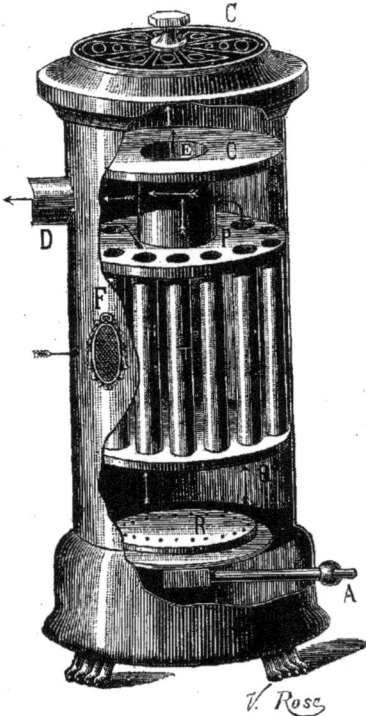

Fig. 423. — Coupe du calorifère à gaz de M. Wagner.

A, tube auquel on adapte le tuyau en caoutchouc amenant le gaz. — R, couronne percée tout autour de trous pour l'allumage du gaz. — B, P, deux plaques d'obturation reliant tous les tubes T, et formant le système tubulaire de chauffage. — Les gaz brûlés par la rampe R, traversent les tubes T, et s'échappent ensuite par le tuyau D, dans la cheminée de l'appartement. Ces tubes n'ayant ainsi aucune communication avec l'air de l'appartement, il n'y a aucune odeur à redouter. — F, trous percés dans l'enveloppe du poêle, par où pénètre l'air à échauffer. Cet air froid remplit l'espace vide, entre les tubes T, s'échauffe, monte par le gros tuyau vertical E, et s'échappe dans l'appartement par les vides du couvercle C.

sions, et à sa masse. Ce débit invariable, a permis d'employer les flammes blanches, qui donnent le maximum de chaleur, et dont l'emploi était jusqu'ici peu usité, par la crainte des fumées et des dépôts charbonneux qui se produisent, lorsque la con-

sommation des appareils vient, sous l'influence des fortes pressions, à dépasser la limite normale.

Les produits de la combustion sont refroidis par leur passage à travers des plaques en terre réfractaire, et ensuite dans un

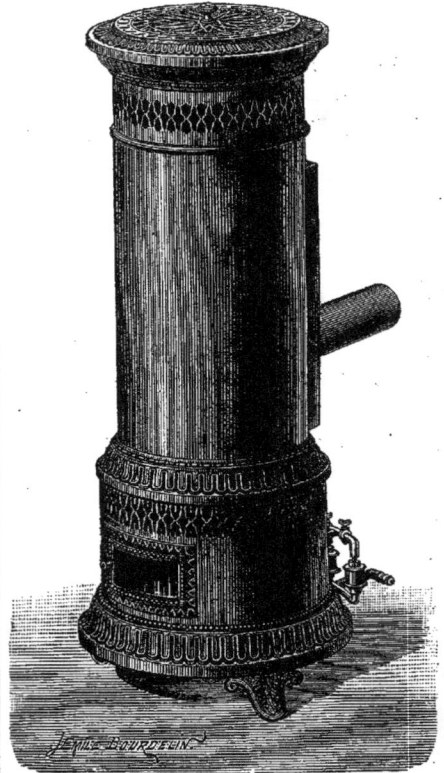

Fig. 424. — Poêle tubulaire à gaz de la Compagnie parisienne.

tambour extérieur, auquel est raccordé le tuyau d'échappement.

Une série de tuyaux en cuivre, chauffés extérieurement par le gaz qui brûle, donnent intérieurement passage à un courant d'air qui vient déboucher à la partie supérieure, de l'appareil.

Ces tuyaux sont, à leur extrémité supérieure, entourés d'une couche de sable, qui, en complétant l'étanchéité absolue des joints, absorbe la chaleur considérable qui

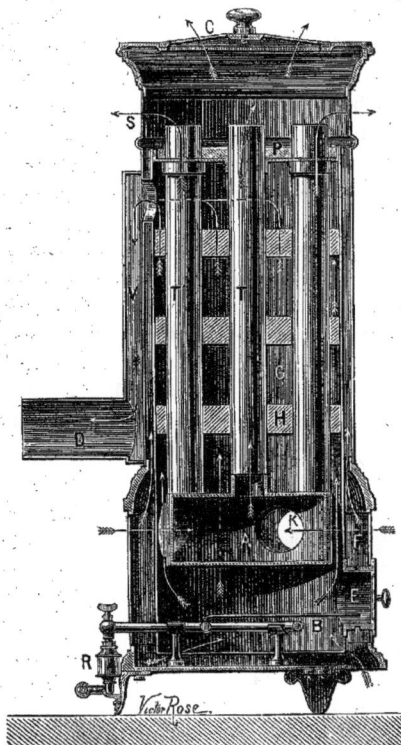

Fig. 425. — Coupe du poêle tubulaire de la Compagnie parisienne.

R, robinet et tuyau d'arrivée du gaz qui se rend dans la rampe à gaz. — B, rampe à gaz, de forme circulaire, servant de foyer au calorifère. — E, porte du foyer semblable à celle d'un poêle ordinaire. — A, chambre circulaire, recevant l'air froid, qui entre par les ouvertures K, cet air s'échauffe au-dessus du foyer, monte à l'intérieur des tubes T, pour s'échapper ensuite par le haut du poêle dans l'appartement. Cet air, étant complètement séparé des gaz provenant de la combustion, ne peut entraîner avec lui aucune odeur nuisible. — C, couvercle et S, galerie par où s'échappe l'air chauffé. — G, chambre de chauffe enveloppant les tubes T. Cette chambre est la continuation du foyer B : Elle est fermée en haut par une plaque obturatrice P, qui force les produits de la combustion à s'échapper par le tuyau V, D, qui les emmène dans la cheminée. Cette chambre G, est garnie de cloisons H, qui maintiennent l'écartement des tubes T. — Ces cloisons, percées de trous pour le passage du gaz, sont en briques pour augmenter tout d'abord la surface de chauffe, et ensuite conserver de la chaleur longtemps après l'extinction du feu. Ces cloisons ont en outre l'avantage de modérer l'évacuation trop rapide des produits de la combustion et de les maintenir plus longtemps en contact avec les tuyaux T, où s'échauffe l'air froid.

se manifeste toujours sur le plafond de la chambre de combustion.

La figure 424 donne la vue extérieure du poêle tubulaire de la Compagnie parisienne et la figure 425 la coupe de cet appareil. La légende qui accompagne ce dessin montre la marche à l'intérieur des tuyaux de l'air venant de la pièce et son échappement dans la cheminée de l'appartement.

On munit quelquefois les *poêles calorifères à gaz* de l'appareil réflecteur en cuivre dont nous avons parlé à propos des *cheminées à réflecteur*. L'air s'échauffe au contact des parois métalliques, et se dégage ensuite dans la pièce, par les bouches de chaleur latérales ; les gaz de la combustion s'échappent séparément hors de la pièce, par un autre tuyau.

Chauffage industriel. — Dans l'industrie, les emplois du gaz de l'éclairage, comme moyen calorifique, sont aujourd'hui immenses. Le gaz, en effet, se prête à merveille à toutes les sortes d'opérations, dans les manufactures et dans les arts. Un tel champ serait infini à parcourir ; nous nous bornerons à dire quelques mots des différentes industries qui ont recours à ce moyen commode et économique de produire, au moment voulu et dans la seule proportion nécessaire, la chaleur qu'exige l'exécution d'une opération manufacturière.

Pour *l'apprêt des tissus*, il faut, quand le tissu quitte le métier, détruire le velouté des fils par le grillage. Ce *grillage* ou *duvetage*, se fait par le gaz, bien mieux que par le feu, comme on l'exécutait autrefois.

Dans la *chapellerie*, le gaz est employé pour chauffer les formes métalliques qui reçoivent les coiffes à presser. Il sert aussi à chauffer les fers pour l'encollage.

Le repassage des chapeaux se fait avec des fers chauffés au gaz.

Le gaz ne s'applique pas seulement à la fabrication des chapeaux. Il est également employé, chez les chapeliers détaillants, pour les *coups de fer* à donner aux chapeaux prêts à livrer, ou pour restaurer les vieux chapeaux.

Chez les coiffeurs. le gaz est employé pour le chauffage des fers, longs et ronds, et pour faire chauffer l'eau à l'usage de la barbe.

Dans la *cordonnerie*, c'est-à-dire la fabrication en grand des chaussures de cuir, on fait usage du gaz pour le chauffage des nombreux outils employés dans les ateliers. Des *apprêteuses mécaniques* servent à fixer les élastiques entre les deux tiges des bottines. On emploie, pour cela, un fer chauffé à l'intérieur par le gaz, auquel on imprime un mouvement ascendant, au moyen d'une pédale. Des tubes à air et à gaz servent au chauffage des *mailloches*, pour brunir les talons de cuir. D'autres fers, chauffés à l'intérieur, par le gaz, servent à lisser les pourtours des semelles.

Les *relieurs-doreurs* chauffent leurs fers par le gaz, en employant une rampe, qui est divisée en deux parties, et dont on règle l'intensité calorifique au moyen d'un robinet, pour chacune des demi-rampes. Une seule rampe est allumée, quand on n'a qu'un seul fer à chauffer.

Les *fabricants de boutons* emploient avec avantage la *chandelle au gaz*.

Les *souffleurs de verre* travaillaient autrefois le verre et l'émail, avec une lampe à huile, dans laquelle on injectait un fort courant d'air, au moyen d'un soufflet, mis en action par le pied. Aujourd'hui, le *chalumeau du souffleur de verre* est constitué par une flamme de gaz, dans laquelle de l'air est insufflé.

C'est ainsi que l'émailleur fabrique les fleurs artificielles pour parures, les bouquets artificiels, en émail, les épingles de coiffures et de châles, les émaux pour bijoux, les perles, poires, gouttes d'eau, pendants d'oreilles, un grand nombre de pièces pour passementerie, et une infinité d'autres articles de verroterie.

Parmi les pièces en verre blanc, se modelant par le soufflage et le cintrage, sous l'influence de la chaleur, nous citerons encore les baromètres, thermomètres, aéromètres, les tubes, de formes diverses, pour les laboratoires de chimie, les alcoomètres, les pèse-acides, les pèse-sels, les niveaux à bulle d'air, les compte-gouttes, et un grand nombre d'instruments pour les sciences.

Les pièces de verrerie moulées à la presse, se font dans des moules creux en fonte, ou mieux, en acier, pour obtenir des pièces pleines. On emploie, à cet effet, des presses à levier, ou des presses à vis, fabriquées par M. Boscher, mécanicien à Paris.

C'est avec cette même presse qu'on fabrique un grand nombre d'objets dits *articles de Paris* tels que boutons, imitation, de camées, poignées de parapluies, poignées d'ombrelles et de cannes, etc.

Le moulage s'exécute avec une rapidité qui permet de les produire à un très bas prix. On présente les baguettes d'émail ou de verre à l'action de la flamme du gaz, et on fait couler la matière fondue dans la matrice qui doit lui donner sa forme.

Les *fleuristes* se servent de gaz pour chauffage des petites étuves, qui donnent une chaleur à peu près constante et peu coûteuse. Ils l'emploient aussi, pour le chauffage des plaques en fonte, destinées à communiquer la chaleur nécessaire aux matrices à *gaufrer*.

Les *gainiers*, les fabricants de registres, les relieurs, et plusieurs autres professions, faisant usage du papier, du carton et des peaux, chauffent au bain-marie leur colle forte, au moyen du gaz.

L'appareil dont ils se servent est divisé en quatre compartiments. Dans le premier, est liquéfiée la *colle de Cologne*, dans le second, la colle forte proprement dite, dans le troisième la *colle demi-forte*. Le quatrième sert à préparer chaque espèce de colle, pour l'amener à la liquidité avant de la verser dans le compartiment qui lui est réservé. Cet appareil est placé sur l'établi, à proximité des ouvriers qui en font usage.

Les *gaufreurs de cuirs et de peaux* se servent de machines à gaufrer et à plisser, composées de deux cylindres creux, ayant des longueurs et des diamètres proportionnés au travail à effectuer, et qui sont chauffés à l'intérieur, par le gaz, qui procure une chaleur régulière et continue.

Ces cylindres creux, auxquels on imprime un mouvement continuel de rotation, sont pourvus de cannelures, s'engageant l'une dans l'autre, avec des dimensions correspondant au travail à produire. On les emploie à gaufrer les cuirs, les papiers peints, les rubans de satin, le taffetas, les effilés et la soie pour passementerie, la paille pour chapeaux, les tulles, la lingerie, les jupons, les tours de tête et divers autres articles.

Le *gaufrage* et la *dorure à plat* et *en relief*, sur le papier, les étoffes et les cuirs, s'exécutent avec des fers chauffés au gaz.

Chez les fabricants de papiers peints, les mêmes outils servent à faire, à chaud, le *reps* sur l'or, et le *frappage sans or* sur le velouté.

Pour dorer les couvertures et les ornements, les relieurs tracent des empreintes à la résine; et sous l'influence de la chaleur fournie par l'outil à gaz, la résine fond, en faisant adhérer l'or sur le papier ou le cuir. On opère de la même manière pour obtenir, par la pression à chaud, la dorure sur plat, des livres, recouverts soit en toile, soit en papier.

Les cartonnages de fantaisie, comprenant les boîtes-bonbonnières et les autres objets décorés en relief et dorés, se font aussi avec des fers chauffés au gaz.

Dans ces dernières applications, le gaz est le producteur de chaleur le plus sûr que l'on puisse employer, en raison de la régularité de la température qu'il donne,

condition indispensable pour ce genre de travaux.

Sur le comptoir de beaucoup de pharmaciens, on voit un petit fourneau, composé d'un cylindre en fonte, contenant, au fond, une rampe à gaz. Ce fourneau sert à chauffer les liquides, à faire fondre la cire à cacheter, et même à fabriquer les emplâtres et le sparadrap.

Chez la plupart des marchands de vins et liquoristes, on trouve aujourd'hui de *petites chauffeuses*, en porcelaine, plus ou moins décorée, qui servent à maintenir chauds, dans un bain-marie, le punch, le thé et le café. Ces appareils qui, pour la plupart, fonctionnent sans interruption, depuis le matin jusqu'à une heure avancée de la soirée, occasionnent une faible dépense, en raison de petit nombre de jets de gaz et de leur faible débit. L'eau du bain-marie n'a besoin que d'être maintenue à $+90$ degrés environ, pour entretenir ces liquides chauds, d'une manière constante.

On voit souvent les peintres-barbouilleurs occupés à enlever les anciennes couches de peinture, pour en appliquer de nouvelles, se servir d'une flamme de gaz sortant d'un tuyau de caoutchouc, qu'il tiennent à la main. Ils ramollissent ainsi la vieille peinture par la chaleur; puis ils la détachent, au moyen d'un grattoir. Quelquefois, au lieu d'une simple flamme de gaz, on se sert d'une *chandelle à gaz*, c'est-à-dire d'un courant de gaz mélangé à de l'air, qui donne une flamme blanche beaucoup plus chaude.

Les tailleurs emploient le gaz pour chauffer les fers, ou *carreaux*, qui leur servent à rabattre les coutures, par la pression à chaud. Ils ont, pour cela, un appareil divisé en cases, dans chacune desquelles est un fer, que chauffe une plaque de fonte, portée au rouge par une série de rampes à gaz, réglées, chacune, par un robinet spécial.

Un fer chauffé à l'intérieur par un tuyau

de gaz, mélangé préalablement d'air, est aussi employé, dans diverses maisons de confections, pour rabattre les coutures des paletots, pantalons, vestons et autres vêtements.

La soudure des métaux s'effectue, dans une foule d'industries, par différents *chalumeaux à gaz*, appropriés à chaque opération, et dans le détail desquels nous ne saurions entrer ici. Bornons-nous à dire que depuis la soudure des grandes pièces, dans l'industrie des bronzes d'art, jusqu'aux petites soudures que font les bijoutiers, pour les articles de parure et les chaînes, on opère avec un chalumeau à gaz, dont la forme est calculée sur le travail à exécuter.

Les fabricants de boîtes en fer-blanc se servent uniquement, aujourd'hui, pour leurs soudures, du gaz, qui leur procure une économie notable, puisqu'un ouvrier qui soudait, autrefois, avec le charbon de bois, 700 boîtes cylindriques de 1/2 litre, en produit, avec le gaz, 1200. La dépense en charbon, qui était autrefois de 10 centimes par heure (ou 2ᵏ,500 à 8 francs les 100 kilos, prix de gros) est, avec le gaz, pour le même temps, de 135 litres à 30 centimes le 1000, soit de 4 centimes par heure.

Ces chiffres parlent suffisamment en faveur du gaz, et indiquent l'économie que ce mode de chauffage présente dans cette fabrication, toujours annexée à la préparation des conserves alimentaires.

Les ferblantiers qui fabriquent et ferment les boîtes de conserves alimentaires et celles à sardines, et ceux qui fabriquent les objets dits *articles de Paris*, ainsi que d'autres professions dans lesquelles on fait des soudures fines, linéaires, ou des simples *points de soudure*, se servent d'un fer chauffé par le gaz. Par une combinaison ingénieuse, on fait arriver le gaz et l'air, comme dans la *chandelle à gaz* dont nous avons parlé plus haut; seulement au lieu que le dard du chalumeau soit à air libre, il vient ici lécher le talon

du fer à souder, et lui communiquer une chaleur régulière et constante.

Si l'on se sert d'un seul fer, on se contente d'un ventilateur, mû par le pied de l'ouvrier: mais dans les grands ateliers on se sert d'un gazomètre à air, qui fonctionne à l'aide de contrepoids, et quelquefois d'un ventilateur hydraulique.

Les fabricants de jouets d'enfants, d'encriers, d'articles pour fumeurs, etc., font usage du gaz pour leurs soudures.

Les pièces vernies, teintées ou colorées, sont séchées également dans un four chauffé par le gaz, où l'on n'a pas à craindre les poussières qui se déposent sur les parties vernissées, comme dans les étuves ordinaires.

Les lampistes, qui soudent le fer-blanc ou le zinc, font également du gaz un usage, qui leur permet de fabriquer rapidement et à bon marché.

Pour la mise en plomb des vitraux d'église, on se sert également d'un fer chauffé par le gaz.

Les articles de ménage tels que seaux, bains de pied, bidons et tous les ustensiles en zinc ou en fer-blanc, sont soudés avec le gaz.

Disons, en résumé, que la plupart des petites industries emploient aujourd'hui le gaz de l'éclairage, comme agent producteur de calorique. Le plus grand nombre des appareils de chauffage à gaz qui existent dans les ateliers, sont dus à l'initiative des industriels, qui les ont adaptés, avec beaucoup d'intelligence, aux besoins de leur fabrication.

Dans la grande industrie métallurgique, le gaz est souvent le seul combustible employé pour la fusion des métaux ou des matières devant faciliter cette fusion. Seulement, comme il serait impossible de faire usage du gaz de l'éclairage, en raison de sou prix, on fabrique, pour ainsi dire, le gaz sur place. On distille les charbons maigres dans l'usine, et on obtient ainsi un composé gazeux, qui produit tous les effets calorifiques du gaz.

La distillation de la houille maigre se fait dans un appareil spécial, nommé *gazogène*, où elle est décomposée à basse température et transformée en un mélange d'hydrogène protocarboné et d'oxyde de carbone. On dirige ce mélange dans les foyers, où on les brûle, avec un courant d'air, préalablement surchauffé.

Le *chauffage par gazogène* est principalement appliqué aux opérations métallurgiques, à la cuisson des produits céramiques, aux verreries, etc.

Dans les laboratoires de chimie, le gaz de l'éclairage a remplacé, de nos jours, le charbon de bois, autrefois seul en usage, concurremment avec la lampe à alcool, pour toutes les opérations où intervient la chaleur. On ne trouve plus une seule caisse à charbon de bois, dans les laboratoires modernes. Cette substitution a rendu faciles bien des opérations, qui étaient très pénibles jadis, et elle permet d'effectuer des expériences devant lesquelles on aurait reculé avec les anciens fourneaux à charbon.

C'est dans le laboratoire particulier de Würtz, situé rue Garancière, dans l'hôtel occupé aujourd'hui par la librairie Plon, que le gaz fut, pour la première fois, substitué au charbon, dans les opérations chimiques.

Le gaz fut ensuite appliqué dans le laboratoire particulier de Pelouze, rue Dauphine, ensuite dans le laboratoire du même chimiste à la Monnaie, enfin dans le laboratoire de Ch. Gerhrardt, rue Monsieur-le-Prince.

La pression pendant le jour, faisant défaut, à cette époque (1850-1852), il fallait avoir des gazomètres, que l'on emplissait le soir, pour les travaux du lendemain. Lorsque, en 1856, la *Compagnie parisienne*

pour l'éclairage et le chauffage au gaz, se constitua, apportant l'engagement de fournir le gaz le jour, comme la nuit, tous les laboratoires de chimie installèrent le chauffage au gaz.

Les premiers appareils de laboratoire pour le chauffage à gaz, et qui se composaient de tubes métalliques venaient d'Allemagne. Ils ne répondaient qu'imparfaitement aux besoins des manipulateurs. C'est alors que M. Wiesnegg père créa l'outillage actuel, qui sert, dans les laboratoires de chimie, à effectuer, au moyen du gaz, toutes les opérations demandant l'intervention de la chaleur.

Ces opérations étant d'un nombre infiniment grand, et d'un ordre essentiellement varié, nous n'entreprendrons pas de passer en revue les appareils de chauffage au gaz qui se trouvent dans les laboratoires actuels. Bornons-nous à dire que, depuis la simple ébullition d'un liquide, jusqu'à l'analyse organique élémentaire, en passant par toutes les calcinations, combustions, distillations, évaporations, séchages à l'étuve, etc., etc., tout chauffage, dans les laboratoires de chimie, se fait aujourd'hui avec des appareils à gaz. La plupart de ces appareils se construisent, d'ailleurs, selon les besoins et les demandes des opérateurs, en vue des recherches qu'ils ont à exécuter.

Nous n'avons pu traiter que d'une façon très sommaire la question des emplois du gaz dans les différentes industries modernes. Les personnes qui désireraient des renseignements plus complets à ce sujet, avec des dessins d'appareils, les trouveront exposés avec beaucoup de soin dans un volume in-12, publié à la *Librairie scientifique et industrielle* d'Eugène Lacroix, sous ce titre : *Le chauffage par le gaz considéré dans ses diverses applications* par G. Germinet.

Ajoutons que M. G. Germinet, homme instruit et modeste, possédant à fond la connaissance de tout ce qui se rattache à l'industrie du gaz, consacre ses loisirs à la préparation d'un ouvrage, ou recueil considérable, car il ne formerait pas moins de dix à douze volumes, uniquement consacrés à l'*éclairage et au chauffage par le gaz.*

CHAPITRE III

LE CHAUFFAGE AU PÉTROLE. — APPAREILS EN USAGE EN RUSSIE POUR L'APPLICATION DU PÉTROLE AU CHAUFFAGE DES CHAUDIÈRES DES BATEAUX A VAPEUR. — LE PÉTROLE, AGENT DE CHAUFFAGE DANS LES LOCOMOTIVES ET DANS LES FOYERS DES USINES. — LE PÉTROLE EMPLOYÉ DANS LE CHAUFFAGE DOMESTIQUE. — APPAREILS ET USAGE; LEURS DANGERS.

L'introduction du pétrole, comme matière combustible, dans les foyers des chaudières à vapeur, et des locomotives, et son usage dans les usines ou manufactures, sont appelés à produire une véritable révolution dans l'industrie générale des peuples.

Depuis longtemps on s'inquiétait de l'excessive consommation annuelle de la houille, par suite de l'immense développement de l'industrie dans les deux mondes ; et l'on calculait avec effroi le nombre d'années qui nous séparent de l'instant où toutes les mines de houille du globe seraient épuisées.

En 1873, une commission d'enquête fut chargée, en Angleterre, de rechercher le maximum de temps que l'on peut assigner à l'entier épuisement de la masse de houille qui forme la richesse minière de la Grande-Bretagne, et l'on trouva que, dans une moyenne de quatre siècles, cet approvisionnement naturel aurait disparu.

Voici pourtant qu'au moment où l'on commençait à s'inquiéter de l'avenir de notre production manufacturière, le pétrole s'annonce comme devant servir de succédané à la houille.

Jusqu'ici, l'attention publique s'était uni-

quement portée sur l'Amérique, comme région productive de l'huile minérale de pétrole. Mais nos lecteurs ont appris, dans les chapitres précédents, que des gisements de plus en plus abondants de naphte, ont été découverts en Russie, entre la mer Caspienne et la mer Noire. Le nombre de ces gisements s'accroît chaque jour ; de telle sorte que le pétrole de Russie dépasse aujourd'hui, par son abondance, celui de l'Amérique.

C'est ce qui a conduit à faire usage de pétrole comme succédané de la houille, dans les foyers industriels.

Cette idée n'est pas, d'ailleurs, de date récente. Dès 1868, comme nous l'avons dit dans les *Merveilles de la science* (1), Sainte-Claire Deville faisait de nombreuses et remarquables expériences pour employer le pétrole comme agent de chauffage des chaudières à vapeur. Ce mode de chauffage fut essayé, à cette même époque, en France, par la Compagnie du chemin de fer de l'Est, et à Cherbourg, à bord d'un navire de l'État.

En Angleterre, en 1880, un petit bateau à vapeur, le *Billi Collins*, navigua sur la Tamise, au moyen du pétrole, grâce à un appareil construit par le directeur de l'*Hydrocarbon Gas Company*. Les expériences réussirent, et la question fut pratiquement résolue. On constata qu'il était facile de ré gler la combustion, en ouvrant ou fermant plus ou moins, les robinets de débit du pétrole.

L'expérience fut répétée sur une canonnière à vapeur, qui exécuta de nombreux parcours entre Londres et Gravesend.

Ces essais, pourtant, ne furent pas continués, en France ni en Angleterre, en raison du prix du pétrole.

En Amérique, les essais furent tout à fait concluants. A Boston, une pompe à incendie, dont le foyer était alimenté par

(1) Tome IV, pages 207-208.

la vapeur de pétrole, arrivait toujours la première en activité sur le lieu du sinistre.

Dans la Pensylvanie, le même système de chauffage fut appliqué à des locomotives avec une économie notable; car on se trouvait sur les lieux mêmes de production.

Quant à la manière dont le pétrole était alors brûlé sous les chaudières, elle était des plus simples. On faisait couler le liquide brut le long du foyer, au moyen d'un robinet et d'un tube percé de trous. Dans d'autres appareils, on transformait le liquide en vapeur, par la chaleur; et c'est cette vapeur qui était brûlée dans le foyer.

Vers 1885, l'abondance et le bas prix des résidus de la distillation du pétrole, dans le Caucase, décidèrent les ingénieurs russes à faire servir ces résidus au chauffage des chaudières des bateaux à vapeur. L'ingénieur en chef de la traction du chemin de fer du Volga, M. Thomas Urghart, est parvenu, grâce à un ensemble de dispositions fort bien comprises, à créer des foyers qui ont fait leurs preuves en Russie et aux États-Unis, pour le service des locomotives et des bateaux à vapeur.

Pour assurer la combustion complète des huiles brutes, ou des résidus de la distillation, il faut les amener dans le foyer à un état de division extrême, afin que l'air soit mis en contact avec le pétrole par des surfaces très multipliées. Pour obtenir cette division, on place le naphte dans une chaudière pleine d'eau, et on porte le mélange à l'ébullition. La vapeur d'eau entraîne mécaniquement le naphte, à l'état de particules très fines, et ce mélange, dirigé dans le foyer, brûle avec une activité extraordinaire, sans produire aucune fumée, c'est-à-dire avec une combustion rigoureusement complète.

On appelle en Russie *pulvérisateur Forçounka* le récipient de vapeur d'eau et de pétrole, muni d'un tube, qui conduit ce mélange dans le foyer des locomotives. La

vapeur avec laquelle on entraîne le pétrole liquide, est empruntée à la chaudière de la locomotive.

Dans le type de locomotive actuellement adopté sur les chemins de fer russes, le réservoir d'huile minérale se trouve dans le tender, entre les deux côtés du réservoir d'eau, dans la partie concentrique qu'occupait autrefois le charbon. Chaque réservoir est muni d'un tube de niveau, de 25 millimètres de diamètre, dont la graduation indique la quantité de pétrole restant dans le réservoir. Pour une locomotive à six roues, la capacité de ce réservoir est d'environ 3 tonnes 1/2; ce qui suffit à un parcours de 450 kilomètres, avec un train de 480 tonnes sans compter la machine ni le tender.

L'emploi des résidus de pétrole (*astatki*) pour le chauffage des foyers des chaudières marines, a également donné de très bons résultats dans la Russie d'Europe. Les nombreux navires qui composent la flotte de la mer Caspienne, et qui remontent le Volga, jusqu'aux environs de Tsaritzin, sont munis aujourd'hui de ce système, et réalisent, de ce fait, de notables économies.

Les bateaux à vapeur de la mer Caspienne qui font usage du pétrole, brûlent seulement 2^k,250 de liquide par heure et par cheval-vapeur, tandis qu'auparavant, ils brûlaient près de 10^k,500 de houille, dans les mêmes conditions.

En France, les droits qui pèsent sur les résidus du pétrole, ont empêché jusqu'ici de les appliquer en grand au chauffage des chaudières des bateaux à vapeur. Cependant, l'essai en a été fait, en septembre 1885, par M. d'Allest, ingénieur en chef de la *Compagnie Fraissinet*, à Marseille, qui a cherché à l'appliquer aux navires de la marine militaire et principalement aux torpilleurs.

Les expériences eurent lieu à bord du torpilleur l'*Aube*.

On brûlait le pétrole à l'état de vapeurs. L'*Aube* était muni de deux brûleurs par foyer. Ces brûleurs étant composés de deux buses coniques emboîtées l'une dans l'autre, la vapeur de pétrole pénétrait dans la buse extérieure, et sortait de l'appareil, sous forme de nappe gazeuse, de 1 à 2 millimètres d'épaisseur.

Le pétrole arrive donc, en nappe circulaire gazeuse très mince, dans la buse ; là, il rencontre un jet de vapeur d'eau, qui le pulvérise, et le lance dans le foyer, sous forme de fine poussière.

Pendant les essais, qui durèrent cinq heures environ, les brûleurs fonctionnèrent avec une régularité parfaite. La pression à la chaudière se maintint toujours au maximum. Les chauffeurs, restés sur le pont, regardaient avec étonnement ces nouveaux engins, qui rendaient leur présence à bord à peu près inutile.

Pendant les manœuvres, et lorsqu'il fallut ralentir la marche, les ingénieurs de la Compagnie se rendirent maîtres de la pression avec une facilité surprenante. Il leur suffit d'éteindre un à un les brûleurs en fermant simplement le robinet d'arrivée du pétrole.

La consommation moyenne d'huile minérale, fut, pendant l'essai, de 115 kilogrammes d'huile minérale par heure : la consommation de charbon aurait été, dans les mêmes conditions, de 201 kilogrammes. Le pétrole a donc présenté un rendement supérieur de 74 pour 100 de celui du charbon.

Le pétrole employé comme agent de chauffage, a d'autres avantages dans la navigation maritime.

Une tonne de houille occuperait un volume presque double de celui qu'occupent 1000 kilogrammes de pétrole. Il est donc possible d'augmenter ainsi la place destinée au fret.

Les incendies causés par la combustion spontanée du charbon, ne sont plus à craindre. Les arrimages à bord sont faciles : une simple pompe suffit. Même avantage, en ce qui concerne les chauffeurs, dont on peut diminuer le nombre, puisqu'une pompe actionnée par la machine, peut les remplacer, leur travail, qui se réduit à régler le débit du liquide.

Ajoutons que le pétrole étant exempt de soufre, ne saurait endommager les parois des chaudières, ni encrasser les tubes. Quand le tirage est bien réglé, le naphte ne laisse pas dégager au-dessus du navire, comme ceux qui sont chauffés au charbon, un long panache de fumée, qui, en temps de guerre, révèle leur présence. Avec le pétrole, il n'y a pas à piquer le combustible, pour faciliter la circulation de l'air dans les foyers : les brûleurs fonctionnent comme des becs de gaz. Enfin, il n'y a production ni de cendres ni de fumée, par sa combustion.

Les huiles minérales renfermant beaucoup d'hydrogène, leur combustion produit de la vapeur d'eau ; c'est pour cela que les lieux éclairés au gaz sont un peu humides, lorsqu'ils sont clos ; 1 kilogramme d'huile minérale engendre 4350 grammes d'eau, en brûlant. On pourrait condenser cette vapeur, à sa sortie des fourneaux, et se servir de cette eau, pour alimenter la chaudière. Elle aurait la pureté de l'eau distillée, et ne donnerait lieu à aucune incrustation, ni à aucun dépôt.

Voilà bien des conditions avantageuses pour l'emploi du nouveau combustible.

Mais la supériorité du pétrole, comme agent de chauffage, réside surtout dans sa haute puissance calorifique. L'expérience a démontré que cette puissance est presque le double de celle du charbon : avec 65 kilogrammes de pétrole, on produit autant de vapeur qu'avec 100 kilogrammes de charbon.

On savait déjà, d'après des expériences anciennes de Sainte-Claire Deville, qu'un kilogramme de pétrole fait évaporer 15 kilogrammes d'eau, tandis que le charbon de Cardiff ne réduit en vapeur que 8 kilogrammes d'eau

En résumé, par l'économie d'espace que donne le combustible minéral, et par l'ac-croissement de puissance thermique que procurent de bons appareils de combustion,

Fig. 426. — Docks et entrepôt de pétrole à Batoum (Caucase).

le pétrole est extrêmement précieux pour la navigation à vapeur.

Pour les *torpilleurs*, le pétrole présenterait de grands avantages. Il permettrait de supprimer ces étroites chambres de chauffe, dont nous avons parlé, en traitant des *torpilleurs*, dans ce même volume, chambres où les marins sont soumis à un emprisonnement horrible, et en même temps, exposés aux plus grands dangers, si un tube de la chaudière vient à faire explosion. L'entretien du feu est, au contraire, ici, des plus simples. Il se réduit à surveiller l'arrivée de l'huile dans les foyers; il ne demande que l'attention soutenue d'un seul chauffeur, au lieu d'exiger, comme aujourd'hui, un nombreux personnel, instruit et difficile à recruter. Le naphte ayant une plus grande puissance calorifique que le charbon, permet, comme nous l'avons dit, à poids égal de combustible embarqué, d'aller plus loin et la chaudière est plus légère. Enfin, on supprime la fumée, les étincelles et les escarbilles, qui dévoilent à l'adversaire l'approche d'un torpilleur.

L'emploi du pétrole liquide a été étudié récemment aux États-Unis sur les locomotives, par la Compagnie du *Pensylvania Railroad*, et sur les bateaux à vapeur, par M. A.-J. Stevens, notamment sur le steamer *Solano*, du port de San Francisco.

Ajoutons que le problème de l'emploi du pétrole pour le chauffage des locomotives, a été complètement résolu par les expériences de M. Thomas Urghart (1) sur le *Great Estern Railway*.

Il restait à trouver le moyen de brûler simultanément le pétrole et la houille. M. Holden, ingénieur du gaz, est parvenu à ce résultat en introduisant le pétrole liquide, mélangé d'air, dans la *boîte à feu* de la locomotive, au-dessus d'une mince couche de charbon incandescent, grâce à un injecteur spécial, et à brûler les deux combustibles ensemble, sans modifier autrement le foyer de la locomotive, que d'y placer un certain

(1) Voir le *Portefeuille des machines d'Oppermann*, février 1885.

nombre de tubes de plus, qui n'empêchent pas, d'ailleurs, de se servir du même foyer pour la marche ordinaire de la locomotive.

M. Holden obtient ainsi une combustion sans fumée, et une grande production de chaleur, avec économie de combustible. Les menus, le charbon commun, le lignite, le bois, la tourbe, la sciure de bois, peuvent s'employer comme combustibles solides. L'air nécessaire à la combustion, n'ayant pas à traverser en excès le combustible, le tirage habituel reste suffisant, et l'orifice du *tuyau soufflant* des locomotives peut être augmenté de 50 à 60 pour 100. On réduit ainsi l'usure de la boîte à feu, des tubes et de la boîte à fumée, ainsi que de la cheminée; enfin on évite la production des étincelles et l'entraînement des cendres.

La pression de la vapeur dans une chaudière munie de ce dispositif, peut être réglée avec précision. Elle peut, à volonté, être augmentée ou diminuée, en faisant varier la quantité de combustible liquide, d'une manière correspondante. Cet avantage est particulièrement appréciable pour les locomotives, dans le cas d'une surcharge, d'un vent violent, ou d'une rampe fortement inclinée. La mise en feu des machines de secours peut se faire rapidement. D'autre part, quand une machine se trouve arrêtée par un signal, on peut diminuer immédiatement la production de vapeur, et le combustible liquide peut être tenu en réserve, pour le moment opportun.

Le dispositif imaginé par M. Holden pour le chauffage mixte des locomotives au moyen du pétrole et de la houille, a été décrit dans le numéro de juillet 1890 des *Annales de la construction d'Oppermann*, auquel nous renvoyons, pour le détail des dispositions du foyer et de l'*injecteur de pétrole*.

Les premières expériences de M. Holden ont été faites à Stratford, sur une chaudière de l'atelier de préparation du gaz pour l'éclairage des trains du *Great Eastern Railway*. On produit en grande abondance, dans ces ateliers, un goudron, dont on ne pouvait se débarrasser à aucun prix; on le brûle maintenant sous la chaudière, qui a été pourvue de l'appareil de combustion dès 1886.

Le tableau suivant, que nous empruntons au mémoire de M. Holden, publié dans les *Annales de la construction d'Opperman*, résume les résultats obtenus avec deux locomotives, la première fonctionnant avec le dispositif Holden, tandis que la seconde était chauffée à la houille seule.

	1	2
Parcours total..............	1 531 *km.*	1 531 *km.*
Charbon employé.........	6 126 *kg.*	12 576 *kg.*
Combustible liquide.......	4 762	»
Calcaire...................	355	»
Consommation en charbon par kilomètre...........	4	8,2
Consommation en combustible liquide.............	3,1	»
Consommation en calcaire.	0,231	»
Consommation totale de charbon, huile et calcaire par kilomètre..........	7,331	8,2
Proportion de combustible liquide et de calcaire employés avec le charbon..	83 0/0	»
Prix de revient par kilomètre..................	0ʰ,147	0ʰ,152

Deux locomotives *express*, munies de cet appareil, ont donné de bons résultats. L'une a commencé à rouler en janvier 1889 et a parcouru 49 600 kilomètres, sans avarie.

L'appareil Holden a été adopté également avec faveur dans les Indes, et sur les chemins de fer Argentins-Mexicains. Il est à l'essai en Angleterre, sur le *North Eastern Railway*, le *Lancashire and Yorkshire Railway*, enfin sur le *Metropolitan District Railway*.

L'adoption de ce système, sur les bâtiments de guerre, où le combustible liquide viendrait, dit M. Holden, jouer le rôle

d'auxiliaire de la houille, pourrait être d'un intérêt considérable, dans certains cas. Il est déjà appliqué sur une machine marine qui fait un service régulier sur la Tamise. Ce steamer, qui brûlait 1 tonne 1/2 de houille par journée de dix-neuf heures, ne consomme maintenant que 914 kilos de combustible liquide, et 101ᵏ,5 de charbon.

Dans les usines, les avantages du chauffage au pétrole sont moins marqués. Ce système doit être, pour le moment, réservé aux régions voisines des pays producteurs du naphte. En Russie, dans le bassin du Volga, jusqu'aux environs de Moscou, les résidus de pétrole ont remplacé le charbon, pour le chauffage des foyers d'usines. Ce combustible présente, dans les villes, l'avantage, inappréciable, de ne pas produire de fumée.

En Amérique, cette dernière considération a suffi pour faire établir une ligne de tuyaux de 320 kilomètres, qui amène à Chicago les huiles brutes de la région de Lima, et permet de substituer le combustible liquide au charbon bitumineux, qui était une cause incessante de plaintes et de procès intentés aux industriels.

Le pétrole est donc, dès à présent, en mesure de remplacer le charbon, comme agent de chauffage sur les locomotives, sur les bateaux à vapeur et dans les usines. On peut espérer qu'il pourra se prêter avec les mêmes avantages aux opérations de la métallurgie, qui exigent une haute température.

En métallurgie, le chauffage au pétrole, ou plutôt à l'air chargé de vapeurs de pétrole, se recommande tout particulièrement, parce qu'il donne un moyen sûr d'obtenir des températures élevées, sans introduire aucune impureté, qui puisse altérer la qualité du métal. Après les premiers essais, dirigés, il y a une quinzaine d'années, par

M. Eames, aux États-Unis, pour les fours à réchauffer, il convient de citer les applications faites par M. Nordenfelt, dans la fabrication du fer « mitis », par la Compagnie des aciéries de Barrow-on-Furness, pour le chauffage d'un four Siemens, enfin dans la fabrication de l'acier par le procédé Snelus.

Nous ne devons pas négliger de dire, en terminant, que le pétrole et l'essence de pétrole servent à produire un chauffage économique, à l'usage des ménages pauvres. On trouve dans le commerce plusieurs types de *fourneaux à pétrole*, dans lesquels, au lieu de chauffer par le gaz, on chauffe par la vapeur de pétrole et l'essence vaporisée.

Ces appareils se composent d'un réservoir d'*essence de pétrole*, qui, grâce à une mèche qui aspire le liquide et le vaporise, fournit un courant de vapeur, que l'on enflamme dans le *réchaud à gaz à un seul feu*, que nous avons décrit dans cette même Notice (page 545, fig. 406).

De semblables appareils sont assurément précieux dans les localités où il n'existe pas d'usine à gaz, et il en s'est vendu des centaines de mille.

Ainsi, dans l'état actuel des choses, le naphte russe ou américain est un succédané extrêmement utile de la houille, pour le chauffage des chaudières des navires, pour celles des locomotives et des machines fixes des usines, et il promet de devenir un agent précieux de calorique dans les opérations de la métallurgie. En d'autres termes, le naphte, comme il est dit au début de ce chapitre, est appelé à produire un jour une véritable révolution dans l'industrie générale des nations, en se substituant à la houille, quand celle-ci fera défaut.

Mais, dira-t-on, le pétrole existe-t-il, dans les profondeurs de la terre, en quantité suffisante pour suffire au chauffage des chaudières des bateaux à vapeur, à celles des manufactures et des usines métallurgiques ? Nous avons, à propos de l'éclairage au pétrole, cité les immenses gisements de ce produit naturel, en Amérique et en Asie. Mais ces gisements ne sont pas les seuls à signaler. On a trouvé récemment du naphte en Égypte ; et en Europe il ne fait pas défaut. A Coolbrookdale, en Angleterre, on connaît une source qui prend son origine dans une couche de houille. A Gabian (Hérault) le pétrole est également en rapport avec le terrain houiller. A Neuchâtel (Suisse) le pétrole se lie à des lignites de la formation tertiaire. Au puy de la Paix, en Auvergne, on a trouvé un bitume liquide, qui donne du pétrole et de l'asphalte. En Italie, on a recueilli du pétrole : à Amiano, dans le duché de Parme ; au Monte-Zepho, près de Modène ; au Monte-Ciaro, près de Plaisance.

Beaucoup d'autres sources naturelles de naphte seront certainement trouvées en Europe et en Asie, dans un intervalle de temps peu éloigné, et l'on peut conclure de tout ce qui précède que nous sommes, comme nous le disions au début de ce chapitre, à l'aurore d'une véritable révolution industrielle dans la production du calorique.

SUPPLÉMENT

AU

MOTEUR A GAZ

(LES MOTEURS A GAZ ET A PÉTROLE)

Il faut reconnaître que la génération présente est singulièrement favorisée, en ce qui concerne les petits moteurs, surtout si l'on compare les ressources dont elle dispose aujourd'hui, avec celles d'autrefois. Je me rappelle les insignifiants moteurs dont on se servait, au temps de ma jeunesse, pour les travaux agricoles : le vieux cheval de labour, attaché, les yeux bandés, au manège du moulin d'olives; — le cheval des marais de la Camargue, qui venait *dépiquer* les gerbes de blé, en les foulant de son sabot de corne, et qui écrasait autant de grains qu'il en séparait d'intacts; — l'homme de peine, qui, chez le potier du village, tournait la manivelle, pour façonner les tuyaux de drainage ou les briques. Dans les villes, le cheval et l'homme étaient les seuls moteurs de la petite industrie, et ces moteurs vivants travaillaient huit heures par jour, pour se reposer seize heures. Quel changement aujourd'hui! On a, dans les campagnes, la locomobile, qui accomplit, avec une économie et une promptitude extraordinaires, tous les travaux agricoles, grâce à des appareils mécaniques singulièrement perfectionnés, et le moteur à pétrole, si on se méfie de la vapeur.

Les petits industriels n'ont, dans les villes, que l'embarras du choix, pour actionner leurs métiers, leurs tours, leurs scies, leurs presses typographiques, leurs ascenseurs, etc., etc. Ils ont la pression des eaux, qui, à Paris, à Lyon, à Londres, etc., fournit une énergie, souvent considérable. Ils ont des machines à vapeur, à marche rapide, occupant la place la plus petite possible, et accomplissant un travail continu, d'une grande puissance. Ils ont l'air comprimé, qui, par de savantes méthodes, leur est envoyé dans une canalisation cachée sous le pavé des rues, qui peut actionner, dans l'atelier, toutes sortes de mécanismes, et qui entre également chez

S. T. II.

165

l'ouvrier en chambre, pour l'exécution des plus minimes travaux. Ils ont encore le moteur électrique. Partout où il existe une canalisation d'électricité pour l'éclairage, une simple prise de courant, une *dérivation*, suffit, et le moteur électrique, qui est gros comme le poing, fait une besogne importante, sans bruit, sans danger, sans nécessiter de courant d'eau refroidissante. Ils ont enfin le *moteur à gaz*, de toutes forces, depuis un quart de cheval-vapeur, jusqu'à 50 chevaux.

De tous les moteurs dont dispose aujourd'hui la petite industrie, le *moteur à gaz* est plus répandu. Les avantages pratiques et l'économie qui sont l'apanage de la machine à gaz, expliquent sa grande diffusion actuelle. Ces avantages ressortiront suffisamment des considérations et des chiffres qui vont suivre.

Comparons le prix du travail obtenu de l'homme employé à faire tourner une manivelle, avec celui que l'on obtient en employant un moteur à gaz, particulièrement le *moteur horizontal Otto*, que nous prendrons pour type, dans ce parallèle.

La journée d'un homme employé à faire tourner une manivelle, se paye, dans tous les pays industriels, au moins 3 francs 50. Seulement, un ouvrier ne peut travailler sans interruption ; il se repose fréquemment, et ces repos absorbent un temps, qui réduit la journée à un effectif réel de sept heures. L'heure absolue de travail d'un manœuvre employé à faire tourner une manivelle, revient donc à 50 centimes.

Un *moteur à gaz horizontal Otto*, de la force d'un demi-cheval-vapeur, équivaut à la force de quatre hommes, et pour produire cette force, le moteur consomme 650 litres de gaz par heure. En évaluant à à 40 centimes (ce qui est un chiffre élevé), le prix du gaz, on voit qu'un moteur d'un demi-cheval, développant la force de quatre

hommes, dépenserait, environ 20 centimes de gaz par heure, c'est-à-dire 30 centimes de moins que l'homme de peine tournant la manivelle, tout en produisant un travail quadruple. Mais comme il suffit de produire, avec le moteur à gaz, le quart de cette force, pour représenter le travail d'un homme, la dépense de gaz se réduirait à 80 ou 100 litres de gaz par heure (auxquels il faut, toutefois, joindre 300 litres de gaz, qui est la consommation régulière et constante, pour faire marcher le moteur à vide). La dépense totale pour produire, par heure, la force équivalente à celle d'un homme, sera d'environ 400 litres de gaz, c'est-à-dire le prix de 16 centimes.

On dépensera donc seulement 16 centimes par heure, avec le moteur à gaz, au lieu de 50 centimes que l'on est obligé de dépenser en employant l'homme comme moteur.

Le moteur à gaz Otto procure donc une économie de 70 à 75 pour 100 sur l'homme employé à tourner une manivelle, même en supposant le gaz coûtant 40 centimes le mètre cube, prix excessif, car, dans beaucoup de villes, il se réduit à 20 centimes, et il est à Paris de 30 centimes.

Comparons maintenant le prix de revient du travail obtenu au moyen d'un cheval attelé à un manège, à celui que l'on obtient en employant un moteur à gaz horizontal, que nous supposerons toujours du système Otto.

Nous ferons d'abord remarquer que la force effective d'un moteur à gaz d'un cheval-vapeur, équivaut à peu près à la force de deux chevaux ordinaires. Par suite, le prix d'achat du moteur à gaz étant à peu près le même que celui de deux chevaux ordinaires, à force égale, le moteur à gaz n'est pas plus coûteux d'acquisition que le moteur animé.

Mais la dépréciation annuelle subie par

Fig. 427. — Moteur à gaz horizontal Otto, de 4 chevaux de force, actionnant, dans le domaine d'Amfreville (Eure) :

Pompe à eau pour la ferme.	Machine à battre, avec élévateur de grains.	Laveur de racines.	2 meules à affûter.	Trieur de grains.
Pompe à eau pour le château.	Meules à concasser.	Coupe-racines.	Tire-sacs.	Pressoir mécanique.
Pompe à purin.	Hache-paille.	Cribleur de menues pailles.	Tarare.	Pompe à cidre.

un cheval est très considérable, et l'animal est, en outre, exposé à toute sorte d'accidents, maladies et mortalité, qui exposent son propriétaire à des pertes considérables.

Le moteur à gaz, au contraire, ne s'use que d'une manière insignifiante, et sa durée est, pour ainsi dire, indéfinie.

Au point de vue du premier établissement, l'avantage reste, en définitive, au moteur à gaz.

Examinons maintenant la dépense journalière occasionnée par un cheval :

		fr. c.	
Sa nourriture exige	18 livres de foin, coûtant. . . .	» 54	2 fr. 12
	9 litres d'avoine coûtant. . . .	1 08	
	paille, y compris litière . . .	» 50	

La ferrure — l'impôt — l'entretien des harnais coûtent. . . . . . 0 fr. 50

Le temps de l'homme qui le soigne, représente au moins. . . . 0 fr. 50

La location ou l'intérêt de la valeur des bâtiments, de l'écurie et du local où est installé le manège, représente au moins. . . 0 fr. 50

Ce qui donne pour le prix de revient d'une journée de cheval. 3 fr. 50

Mais le cheval n'étant utilisé au maximum que 300 jours par an, à cause des chômages occasionnés par les dimanches, les fêtes ou autres circonstances, il faut répartir la dépense de 65 jours de chômage sur les 300 jours de travail effectif. Nous aurons donc 65 × 3 fr. 50 = 227 fr. 50 à diviser entre 300 jours ; ce qui représente par jour. . . . . . 0 fr. 75

Le prix total d'une journée de travail d'un cheval est, ainsi, de . 4 fr. 25

La durée du travail d'un cheval attelé à un manège, ne peut être supérieure à huit heures par jour. Ces huit heures de travail effectif coûtant 4 francs 25, l'heure revient à 50 centimes environ.

Or, un moteur à gaz horizontal, de la force d'un cheval-vapeur, qui est équivalent, comme nous l'avons dit, à la force de deux chevaux ordinaires, ne dépensera qu'un mètre cube de gaz à l'heure — soit (en admettant pour le gaz le prix de 40 centimètres le mètre cube) 40 centimes par heure, au lieu de 50 que coûte l'heure du cheval attelé au manège.

On obtiendra ainsi une force double, tout en dépensant 10 centimes par heure de moins.

Si l'on ne fait produire à ce même moteur à gaz que la force équivalente à celle du cheval attelé au manège, il ne dépensera que 600 à 700 litres de gaz à l'heure, c'est-à-dire environ de 25 à 30 centimes.

Le moteur à gaz procure donc une économie de 50 pour 100 sur le travail produit par un cheval attelé à un manège.

Une comparaison importante à faire, c'est celle du prix de revient du travail du moteur à gaz avec celui de la machine à vapeur.

Le prix d'un moteur à gaz est environ le même que celui d'une machine à vapeur bien établie et de force correspondante.

Quant à l'entretien, la machine à vapeur donne lieu à des réparations fréquentes, qui sont nécessitées presque toutes par la chaudière. Le moteur à gaz, n'ayant pas de chaudière, et son mécanisme étant plus simple que celui de la machine à vapeur, l'entretien en est beaucoup plus facile, et ne donne lieu qu'à peu de réparations. Le moteur à gaz est donc, sous ce rapport, beaucoup plus économique.

En ce qui concerne l'installation, la machine à vapeur nécessite, en général, des constructions spéciales. Si elle est du type

Fig. 428. — Moteur à gaz Otto de un demi-cheval de force, actionnant deux scies à volant, pour la préparation des peaux, dans une manufacture de chaussures.

demi-fixe ou locomobile, ces constructions sont moins importantes; mais il faut, dans tous les cas, construire une cheminée coûteuse, et la fumée de cette cheminée motive toujours les plaintes des voisins et amène des désagréments.

Une machine à vapeur ne peut s'installer qu'au rez-de-chaussée ; le local qui se trouve au-dessus, s'il en existe, ne peut être utilisé que pour des ateliers, à cause du bruit de la machine et de la chaleur qu'elle répand.

Ces inconvénients disparaissent avec le moteur à gaz, qui peut s'installer à la cave, comme à tout étage, et qui fonctionne sans donner de fumée.

Dans le cas de changement de domicile, le moteur à gaz n'exige que le déplacement de quelques tubes de conduite de gaz et d'eau, et il se transporte comme tout autre meuble. Le déplacement d'une machine à vapeur entraîne toujours, au contraire, à cause de la cheminée, des frais considérables ; et si la machine à vapeur n'est pas du type locomobile, il faut faire la dépense de constructions particulières, pour l'établissement de la chaudière et du moteur sur de nouvelles et solides fondations.

Les avantages généraux, sous le rapport de la commodité et de l'usage pratique, sont donc en faveur du moteur à gaz, comparé à la machine à vapeur.

Quant à la dépense, l'avantage n'est plus assurément du côté du moteur à gaz. La machine à vapeur, grâce aux perfectionnements qu'elle a reçus, entre les mains de Corliss et des ingénieurs qui ont réalisé les divers types à grande détente, à savoir les machines *compound*, avec les formes dites *tandem*, à *pilon*, etc., fournissent actuellement l'énergie motrice avec une économie extraordinaire, contre laquelle le moteur à gaz ne saurait avoir la prétention de lutter.

Il importe, toutefois, de faire remarquer que le parallèle du prix de revient du moteur à gaz et de la machine à vapeur, pour être possible, ne doit pas porter sur le travail continu de l'une et de l'autre. Dans la plupart des cas, et surtout dans les petites localités, le travail que l'on demande au moteur à gaz n'est pas continu; il ne s'opère qu'à des périodes souvent assez espacées. Par exemple, pour les tirages des journaux, le moteur à gaz ne doit marcher que quelques heures, et s'arrêter ensuite. Dans les brasseries, dans les fabriques, d'eaux gazeuses, dans les fonderies et dans beaucoup d'autres industries, l'action du moteur est intermittente. Si ce moteur est une machine à vapeur, il n'en faut pas moins conserver et payer un mécanicien, toute la journée, pour la faire marcher au moment voulu ; il faut chauffer à l'avance la chaudière, la maintenir en pression, pendant le temps où l'on ne travaille pas. Par suite, la dépense de la machine à vapeur est presque aussi considérable que si on la faisait fonctionner utilement toute la journée.

Avec le moteur à gaz, au contraire, la dépense est réduite au strict nécessaire pour la force réellement utilisée, et l'on obtient alors une économie réelle sur la machine à vapeur.

Nous ajouterons que la machine à vapeur ne peut être conduite que par des ouvriers spéciaux ; enfin, qu'elle entraîne nécessairement un certain désordre. Le charbon, les cendres, produisent une poussière noire, qui, agglutinée par la vapeur huileuse qui s'échappe des divers joints ou robinets, engendre une malpropreté inévitable.

Le moteur à gaz est toujours prêt à marcher. Il suffit d'en approcher une allumette, pour le mettre en action, et une fois qu'il est en marche, on n'a plus à s'en occuper.

La propreté la plus grande peut régner autour du moteur, puisqu'il n'y a plus ni charbon, ni fuites de vapeur, et que les organes de la machine sont disposés de façon que les huiles de graissage sont recueillies dans des réservoirs spéciaux.

Fig. 423. — Moteur Otto, de quatre chevaux de force, actionnant quatre cylindres apprêteurs de tissus avec leurs tendeurs, plus un ventilateur, destiné à activer la flamme du gaz chauffant le cylindre. Le tuyau d'échappement est utilisé pour chauffer les apprêts.

Le moteur à gaz peut être établi dans le plus luxueux magasin, comme dans un atelier.

Nous avons dit, dans les *Merveilles de la science* (1) que l'invention du moteur à gaz est due à un mécanicien français, d'un grand mérite, M. Lenoir, et décrit l'appareil que l'on doit à cet ingénieur. Le *moteur*

Fig. 430. — M. Otto.

Lenoir a suffi pendant vingt ans aux besoins de l'industrie, mais des perfectionnements considérables ont été apportés, de nos jours, à cet appareil. Le perfectionnement fondamental qu'il a reçu est dû à un constructeur de Cologne, M. Otto, qui le fit connaître en 1878. Après le succès universel du moteur Otto, un grand nombre d'ingénieurs, français et étrangers, ont créé d'autres types, qui en diffèrent plus ou moins, et qui ont

(1) Tome IV, pages 682-688.

chacun leurs avantages particuliers. Ce *Supplément* sera donc consacré :

1° Au *moteur à gaz Otto*, de beaucoup le plus répandu ;

2° Aux machines à gaz différant du moteur Otto.

CHAPITRE PREMIER

LE MOTEUR A GAZ OTTO HORIZONTAL ET VERTICAL.

On a vu, dans notre Notice sur le *moteur à gaz*, des *Merveilles de la science*, que la machine à gaz de M. Lenoir, inventée en 1867, ressemblait complètement à une machine à vapeur horizontale et n'était, en réalité qu'un cylindre de machine à vapeur horizontale, dans lequel la vapeur était remplacée par un mélange de gaz d'éclairage et d'air, lequel étant enflammé, poussait le piston et produisait ainsi l'effet d'impulsion mécanique de la vapeur. La machine Lenoir se composait, en effet, d'un cylindre à l'intérieur duquel on enflammait le gaz par une étincelle électrique, empruntée à une machine à induction de Ruhmkorff. Dans cet appareil, ou utilisait sur les deux faces du piston la puissance explosive du mélange détonant de gaz et d'air.

Ce moteur consommait 3 mètres cubes de gaz, par heure et par force de cheval produite.

La modification radicale qui fut apportée au moteur Lenoir par M. Otto, est fondée sur le principe suivant :

Un piston se meut dans un cylindre, et aspire, pendant toute sa course, le mélange explosible de gaz et d'air. Puis, ce mélange est comprimé par le piston, pendant sa marche rétrograde, dans une chambre faisant suite au cylindre. Le mélange comprimé est alors enflammé ; l'explosion, puis la détente des gaz ont lieu, et donnent au piston l'impulsion motrice. En revenant sur ses pas, le piston chasse à l'air libre

Fig. 431. — Moteur à gaz horizontal Otto, actionnant un métier à tisser les rubans de soie.

les produits de l'explosion, dont une partie cependant est conservée dans la chambre de compression.

Le cycle du moteur Otto s'opère donc en quatre temps : 1° aspiration du mélange détonant ; 2° compression dudit mélange ; 3° explosion et détente ; 4° échappement du gaz brûlé.

C'est à ce principe, appliqué pour la première fois par le mécanicien de Cologne, qu'il faut attribuer les succès du moteur à gaz. La compression préalable réduit la consommation de gaz à moins d'un mètre cube par cheval et par heure, et la marche à quatre temps, telle que M. Otto l'a réalisée, exclut toute complication de mécanisme.

Le moteur Otto compte deux types : le *moteur horizontal* et le *moteur vertical*.

Nous décrirons d'abord le moteur horizontal à un seul cylindre, représenté en coupe dans les figures 432, 433 et 434.

L'admission et l'allumage du mélange explosif d'air et de gaz se fait dans le cylindre *C* (fig. 430), au moyen d'un tiroir, mû par un arbre de distribution, D, tournant deux fois moins vite que celui du moteur. L'échappement des produits de l'explosion a lieu par la soupape *e* (fig. 432, 433 et 434) actionnée par un levier et une came fixe montée sur l'arbre de distribution.

Une came *g* (fig. 433), fixée sur un manchon monté sur l'arbre de distribution, mais pouvant se déplacer sous l'action du régulateur, commande la soupape d'admission G (fig. 432), du gaz au tiroir de distribution.

Lorsque le moteur tourne à sa vitesse normale, la position occupée par le manchon est telle que la soupape d'admission se trouve soulevée par la came lors de la rotation de l'arbre de distribution ; au contraire dès que la vitesse du moteur augmente, le manchon est déplacé sous l'action du régulateur, la came ne rencontre plus le levier qui commande la soupape d'admis-

sion ; l'introduction du gaz dans le cylindre ne se fait plus, et le moteur est ramené à sa vitesse normale. La sensibilité du régulateur permet de maintenir la vitesse du moteur aussi régulière que possible.

Pendant sa première course en avant, le piston aspire le mélange d'air et de gaz dans la chambre de compression C (fig. 434), et dans le cylindre à travers le canal I (fig. 435) pratiqué dans le fond du cylindre. L'air est amené par le tuyau *a*, au travers du récipient placé sous le cylindre, et le gaz pénètre, au travers du robinet G et des orifices *d*, dans le canal JJ', où s'opère le mélange de gaz et d'air.

L'introduction du mélange cesse lorsque le piston est arrivé à bout de course. Au retour du piston tous les orifices se trouvent fermés, en sorte que le piston comprime, dans la chambre de compression C (fig. 434), le mélange précédemment admis.

Une fois le piston à fond de course, l'allumage s'opère au moyen de deux brûleurs, l'un fixe *b* (fig. 435), l'autre mobile. Le brûleur mobile se compose d'une chambre I, pratiquée dans le tiroir, alimentée de gaz par un conduit *b'* (fig. 435). Le gaz qui remplit la chambre s'enflamme au bec *b* et la flamme ainsi obtenue est transportée à l'orifice I, par le déplacement du tiroir, et provoque l'inflammation du mélange comprimé. Au moment de l'inflammation du mélange explosif, il n'y a plus de communication entre la flamme *b* et le canal I ; en sorte que l'extinction du bec allumé ne se produit jamais et l'inflammation a toujours lieu de la façon la plus certaine.

L'inflammation du mélange explosif projette le piston en avant ; c'est ce qui constitue la période motrice.

L'impulsion ainsi donnée au volant ramène ensuite le piston en arrière ; la soupape d'échappement se soulève sous l'action de la came *e* (fig. 432 et 433) et les produits de l'explosion sont chassés à l'air libre.

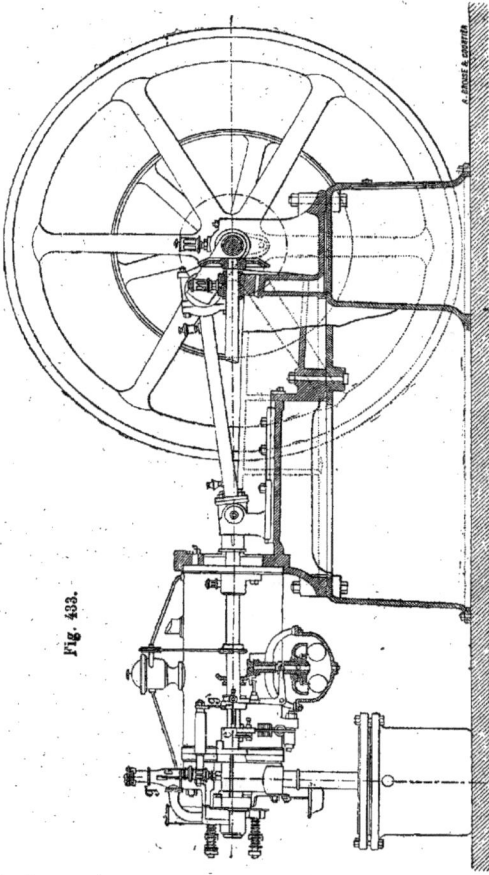

Fig. 433.

Fig. 432.

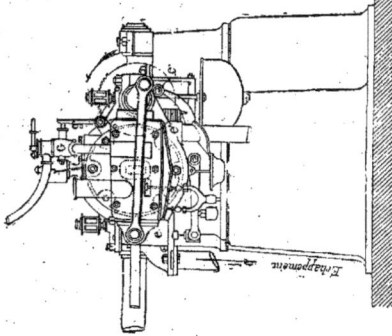

L'chappement.

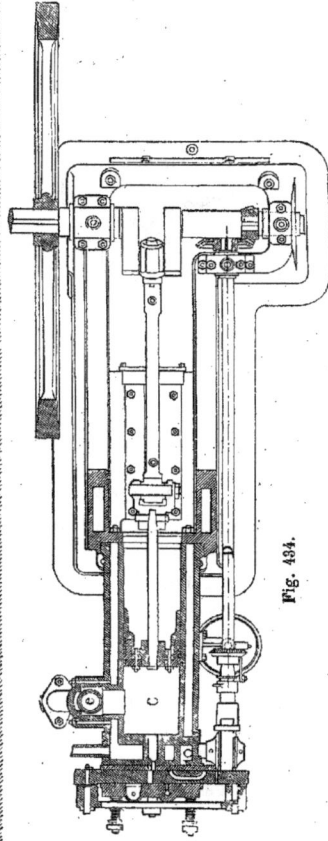

Fig. 434.

Fig. 432, 433, 434. — Coupes du moteur à gaz horizontal Otto.

Organes d'inflammation extérieure du gaz, d'admission dans le cylindre, de compression et d'expulsion. Circulation d'eau autour du cylindre, pour son refroidissement.

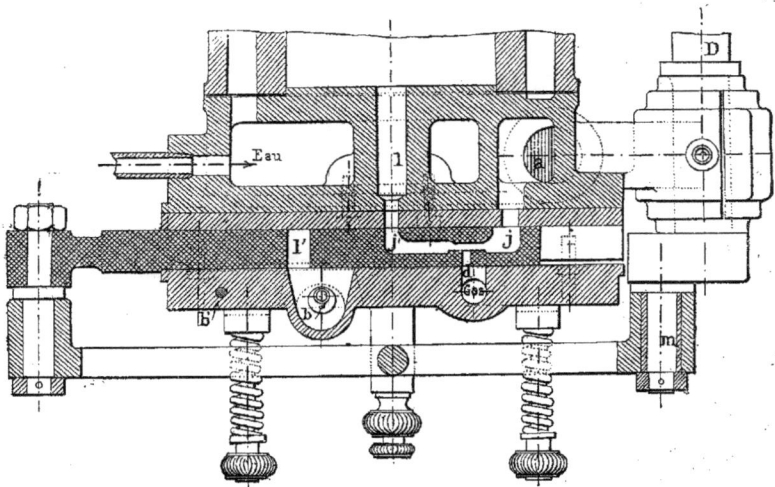

Fig. 435. — Coupe du brûleur et des tuyaux d'échappement du gaz brûlé.

pendant toute la marche arrière du piston.

Voici, en résumé, la marche des différents organes de l'appareil.

L'air aspiré par *a* (fig. 435) pénètre dans le canal *j* du tiroir: le gaz arrive dans ce même canal par une série de petits trous, *d*, dans une direction perpendiculaire à celle de l'air : le mélange se fait donc intimement. De là, le mélange se rend dans le canal, *l*, qui débouche dans la chambre de compression, ménagée à l'arrière du cylindre entre le fond du piston et celui du cylindre. Le tiroir fait ainsi l'office de distributeur; il remplit aussi celui d'allumeur. Pour cela, il est muni d'une chambre, *l'*, sans cesse alimentée de gaz pur, au moyen de différents petits canaux aboutissant à un conduit de gaz, *b*. Un brûleur permanent se trouve en *b*, au centre d'une cheminée. Lorsque le tiroir se déplace, le gaz contenu dans la chambre *l'*, s'enflamme, au contact du bec *b*; on obtient ainsi, en quelque sorte un brûleur mobile. Le tiroir, dans son mouvement, transporte la flamme de *b* en *l*.

Pour empêcher que le brûleur mobile ne soit soufflé par les gaz comprimés dans le cylindre lorsque l'orifice *l'* vient à dépasser la lumière *l'*, la chambre *l'* est mise, au préalable, en communication avec le conduit *l*, par une série de petits canaux qui qui permettent au mélange comprimé de pénétrer progressivement dans la chambre *l'*. Il s'établit un équilibre de pression entre la chambre *l'* et l'intérieur du cylindre, et, même, les gaz de la chambre *l'*, continuant de brûler dans un espace clos, augmentent de pression et sont violemment projetés vers l'intérieur du cylindre dès que l'orifice *l'* dépasse l'orifice *l*. L'allumage est donc absolument certain, le bec *b* ne pouvant être soufflé par suite de son isolement du canal d'inflammation *l*. Il est à remarquer que l'allumage se faisant par le canal *l*, qui, forcément, ne contient que du mélange détonant absolument pur, puisqu'il sert à son admission, la certitude de l'allumage est doublement assurée.

M. Otto a résolu, le premier, le problème difficile consistant à enflammer du gaz à une pression élevée, à l'aide d'une flamme brûlant à la pression atmosphérique, c'est-à-dire au dehors. Sa solution, aussi heureuse que remarquable, a largement contribué au succès de son moteur.

La figure 436, donne la vue en perspective du moteur Otto à un seul cylindre, dont nous venons d'analyser les organes essentiels.

Les principaux organes du moteur hori-

Fig. 436. — Vue perspective du moteur horizontal Otto, à un seul cylindre.

zontal se retrouvent dans le *moteur vertical*, dont le seul avantage est d'être moins encombrant.

La figure 437 représente ce moteur.

Les mêmes organes que l'on voit en coupe dans la figure 435, se trouvent ici indiqués par les mêmes lettres.

Dans le moteur vertical, la circulation

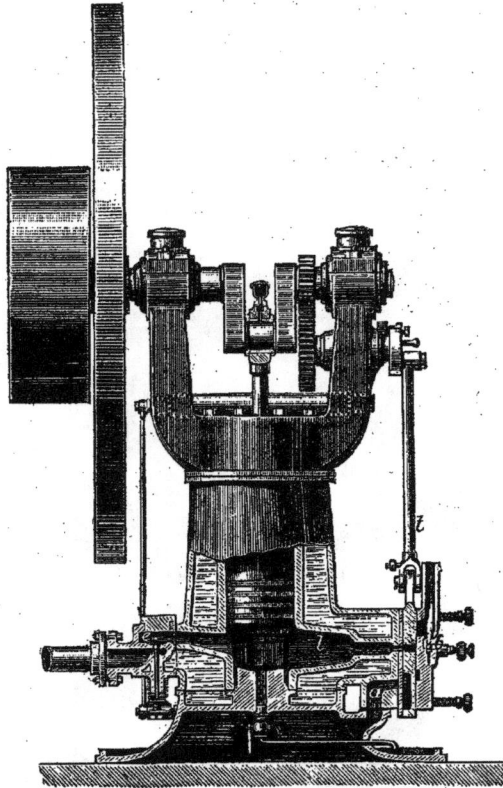

Fig. 437. — Moteur à gaz Otto vertical.

d'eau est établie non seulement autour du cylindre, mais encore autour de tous les autres organes, condition éminemment favorable à leur conservation.

Le régulateur est tout différent de celui du moteur horizontal; il est du type à pendule d'inertie. Il est représenté dans la figure 438.

La bielle, *t*, du tiroir est animée d'un mouvement alternatif, qui se transmet au coulisseau, guidé par un support horizontal cylindrique fixé au côté de la machine. Le coulisseau est traversé par un axe mobile qui porte à l'une de ses extrémités la tige du pendule, *p*, et à l'autre extrémité le bras *g'*.

Lorsque la vitesse de la machine est normale, l'extrémité du bras *g'* vient buter contre la tige *g* de la soupape d'admission de gaz, G, terminée par un cran. L'amplitude de l'oscillation du poids *p* est, on le comprend, d'autant plus grande que la vitesse de la machine est plus considérable. Il arrive donc que lorsque la vitesse s'accélère, le poids *p* restant en arrière, le bras *g'* ne se relève pas assez tôt pour rencontrer le cran de la soupape *g*, pendant son déplacement transversal. Lorsque la vitesse diminue par trop, le bras *g'* passe au contraire au-dessus de la tige de la soupape. Pour la mise en marche du moteur on ouvre la

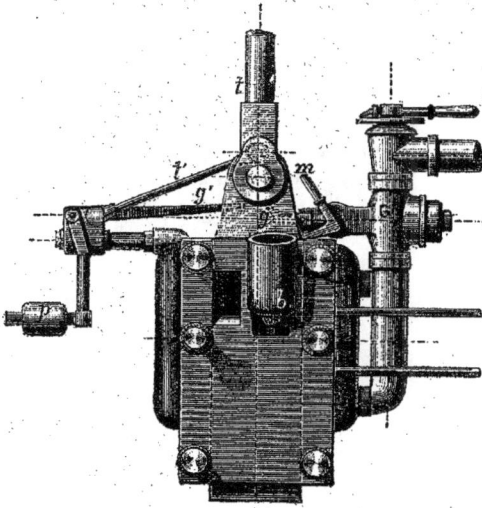

Fig. 438. — Régulateur à gaz Otto.

soupape en relevant à la main le levier *m*.

La *Compagnie française des moteurs à gaz*, concessionnaire, pour la France, des brevets Otto, construit également des moteurs horizontaux à deux cylindres, spécialement appliqués à la production de la lumière électrique.

Nous représentons ce type de moteur dans la figure 439.

Les moteurs à deux cylindres diffèrent peu, dans les détails, des moteurs à un cylindre.

Cependant, pour les grands moteurs de 40, 50 et 60 chevaux, la distribution par tiroir est remplacée par une distribution par soupapes; les dimensions des orifices de passage de l'air et du gaz auraient nécessité des tiroirs trop volumineux. Le tiroir est toutefois conservé pour l'allumage.

Pour compléter la série de ses moteurs, la *Compagnie française des moteurs à gaz* avait envoyé à l'Exposition universelle de 1889, un moteur de 100 chevaux, à quatre cylindres. L'emploi de quatre cylindres est justifié, d'abord, par la régularité

parfaite qui en résulte, ensuite, par la difficulté, non pas d'exécuter, mais de faire fonctionner industriellement des cylindres de moteurs à gaz d'un trop grand diamètre.

Il ne faut pas oublier, en effet, que, dans les moteurs à gaz, le graissage et les phénomènes de dilatation et de déformation de la fonte jouent un rôle autrement important que dans les machines à vapeur, et d'autant plus considérable qu'il s'agit de pistons et de cylindres d'un plus grand diamètre.

La mise en marche du moteur de 100 chevaux se fait au moyen d'un treuil, qui se débraye automatiquement dès qu'une explosion a eu lieu. Le treuil commande l'arbre de couche du côté opposé au volant; il est actionné par un petit moteur, de deux chevaux.

A l'Exposition de 1878, un moteur à gaz de 4 chevaux était considéré comme une merveille; c'est à peine si les moteurs de 40, 50 et 100 chevaux, qui figuraient à l'Exposition de 1889, ont provoqué quelque étonnement! Ces puissants appareils ont, en effet, déjà fait leurs preuves industrielles.

Nous citerons, entre autres, les stations

Fig. 439. — Moteur horizontal Otto, à deux cylindres, de 40 et 50 chevaux. (Longueur, 4m,65; largeur, 2m,05; hauteur, 2m,07; poids, 10 550 kilos.)

d'électricité de Reims, Toulon, Toulouse, Montpellier, Bordeaux où des groupes de moteurs Otto de 40, 50 et 60 chevaux-vapeur produisent la force motrice nécessaire.

Il faut dire, cependant, que ces différentes

Fig. 440. — Moteur à pétrole Otto.

stations d'électricité ont été créées par des Compagnies gazières, pour lesquelles le seul obstacle à l'emploi de puissants moteurs à gaz, le prix élevé du gaz, n'est pas à considérer.

CHAPITRE II

Les moteurs à gaz de petite force ne sont pratiques qu'autant qu'ils sont reliés à une canalisation générale de gaz. Les *moteurs à pétrole* sont venus combler cette lacune; leur emploi est tout indiqué chaque fois que le gaz d'éclairage n'existe pas.

C'est à tort que l'on désigne généralement sous le nom de *moteurs à pétrole*, à la fois les moteurs fonctionnant avec des essences légères (gazoline, benzine, etc.) pesant de 650 à 700 grammes le litre, et les huiles lourdes, pesant de 800 à 840 grammes par litre, c'est-à-dire ayant 0,800 à 0,840 de densité. Les deux genres de moteurs fonctionnent, il est vrai, d'après les principes des moteurs à gaz, mais la façon de produire le gaz diffère complètement.

Dans les *moteurs à essence*, le gaz s'obtient par la simple carburation de l'air, traversant, soit directement une couche de liquide, soit des substances qui en sont imprégnées. Il faut nécessairement que les essences ainsi employées soient très volatiles. Souvent, pour favoriser l'évaporation, on se sert de la chaleur perdue des gaz d'échappement, ou de l'eau de refroidissement. C'est toujours le piston moteur qui aspire, au travers de la substance carburatrice, l'air destiné à former le gaz, lequel, mélangé à une certaine quantité d'air frais, forme le mélange détonant.

La consommation d'essence par cheval et par heure, varie, suivant la force et le type des moteurs, entre 400 et 500 grammes. Le prix généralement élevé des essences (50 à 60 centimes le litre) est un obstacle à l'emploi des moteurs à essence, partout où le gaz existe. Cependant, dans les campagnes, ils peuvent rendre de grands services. Leur emploi est tout indiqué pour les petites embarcations, les tricycles : plusieurs applications de ce genre figuraient à l'Exposition universelle de 1889.

Le mode de formation du gaz est tout différent dans les *moteurs à pétrole*. L'huile se volatilise dans une sorte de chaudière chauffée, à la mise en marche du moteur, par une lampe, puis, par les gaz d'échappement. Les vapeurs de pétrole sont directement aspirées par le piston.

Les moteurs à pétrole consomment de 300 à 500 grammes d'huile par cheval et par heure. Ces mêmes huiles, incomplètement brûlées dans le cylindre, servent au graissage du piston.

Le moteur à pétrole est éminemment économique; mais il est d'invention trop récente pour permettre de se prononcer sur sa valeur pratique.

C'est M. Otto qui a construit le *moteur à pétrole* le plus répandu. Nous le représentons, en élévation, dans la figure 440.

Les *moteurs Otto à pétrole* ne diffèrent des moteurs à gaz que par la distribution et le système d'inflammation. On voit ces deux derniers organes représentés dans les figures 441 et 442. Le tiroir est remplacé par une soupape n d'admission du mélange. Le gaz arrive par la soupape r, que commande le régulateur; l'air est aspiré au travers du tuyau Q et du robinet de réglage B (fig. 442).

Une étincelle électrique, produite par la rupture d'un courant fourni par un inflammateur magnéto-électrique, enflamme le mélange détonant.

L'appareil magnéto-électrique est constitué par une série d'aimants, E, entre les pôles lesquels se meut une bobine, sous l'action d'une palette c, montée sur l'arbre de distribution, d'une équerre ab, calée sur l'axe de la bobine, et d'un ressort de rappel, d.

Le courant s'établit, d'une part, de la bobine à la borne, p (fig. 442), en communication avec la tige centrale, s, isolée du

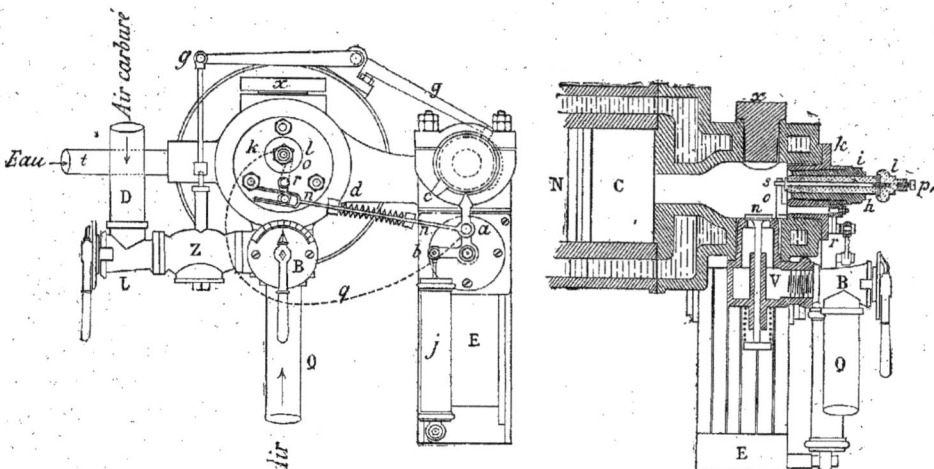

Fig. 441, 442. — Système d'inflammation du pétrole, dans le moteur Otto.

reste de la machine par une tube en porcelaine, *h*, d'autre part, de la bobine E au doigt, *o*. La machine étant en marche, lorsque la palette, *c*, vient à quitter la branche, *a*, de l'équerre, le rappel brusque de la bobine détermine la formation d'un courant, qui est aussitôt interrompu entre la tige, *s*, et le doigt, *o*, par le choc de la bielle, *n*, contre la tête du petit levier, *r*.

L'étincelle ainsi obtenue est chaude et bien nourrie; les chocs répétés du marteau, *o*, sur la tige, *s*, empêchent les dépôts d'huile ou de noir de fumée de se former à l'extrémité de cette dernière. Les chances de *ratés* sont donc, pour ainsi dire, nulles avec ce système d'inflammation, qui présente encore un grand avantage, celui de supprimer les sujétions de toutes sortes que les piles entraînent avec elles.

Dans la construction du *moteur Otto à pétrole*, on s'est, comme pour les moteurs à gaz, appliqué surtout à rendre les différents organes de distribution et d'inflammation aussi accessibles que possible. La visite de la soupape d'admission se fait en enlevant le chapeau, *x*; la pointe de con-

tact, *s*, et sa porcelaine se démontent en un tour de clef, donné à la douille filetée *i*.

Il nous reste peu de chose à dire du *carburateur* qui accompagne les moteurs à pétrole : les figures 443, 444 suffisent à faire comprendre le fonctionnement de cet appareil.

L'air à carburer, aspiré par le piston du moteur, pénètre dans le liquide, par un tube, T, venant déboucher au centre d'un disque, percé d'une série de canaux, dirigés suivant des rayons, afin de diviser l'air le plus possible, et d'en augmenter la carburation. Le carburateur est muni d'une chemise, E E, pour la circulation de l'eau chaude, et d'un double fond, D, pour l'échappement des gaz.

Un clapet de sûreté, S, placé sur le tuyau amenant le gaz du carburateur au moteur, et un flotteur, *f*, complètent cet appareil, d'une très grande simplicité.

La mise en train des moteurs à pétrole est instantanée; leur entretien est insignifiant, puisque les piles, si onéreuses et si délicates, sont supprimées, et remplacées par un inflammateur magnéto-électrique. Les causes d'incendie sont nulles, puisqu'il n'existe aucune flamme apparente, l'allumage se faisant, comme nous l'avons dit, par une étincelle électrique, jaillissant à l'intérieur du cylindre. La dépense de gazoline ou d'essence de pétrole (pesant de 650 à 700

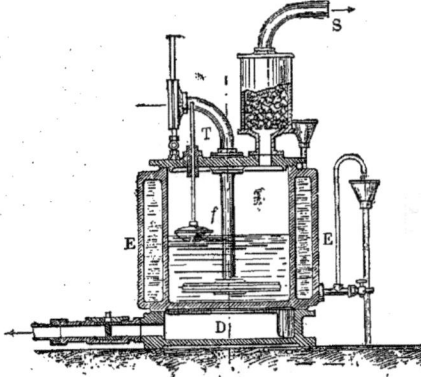

Fig. 443. — Coupe du carburateur du moteur à pétrole.

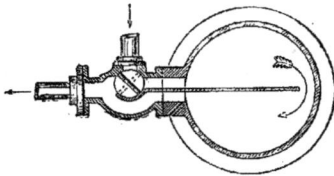

Fig. 444. — Coupe de l'enveloppe du carburateur.

grammes le litre) est inférieure à 500 grammes par cheval et par heure; elle est réglée automatiquement par le régulateur, et est sensiblement proportionnelle au travail produit. Enfin le graissage de la machine et la carburation de l'air se faisant automatiquement, la surveillance des moteurs à pétrole est nulle, pourvu qu'avant chaque mise en train, les graisseurs et le carburateur, dont la capacité est calculée pour une dizaine d'heures de marche, soient remplis.

CHAPITRE III

MOTEURS A GAZ ET A PÉTROLE DONT LA CONSTRUCTION DIFFÈRE DE CELLE DU MOTEUR OTTO. — MOTEURS LENOIR, RAVEL, BENZ, KŒRTING, BENIER, DURAND. — MOTEURS A GAZ AMÉRICAINS, ANGLAIS ET BELGES.

Construit en 1878, le moteur Otto fut longtemps le seul de son espèce. Mais son succès provoqua une nombreuse concurrence. Cinq ans après son apparition, c'est-à-dire en 1883, dix mille moteurs de ce genre fonctionnaient, tant en Europe qu'en Amérique. Actuellement, MM. Crossley frères, de Manchester, concessionnaires des brevets Otto pour l'Angleterre, ont construit plus de 17 000 moteurs Otto. Ce succès a stimulé l'émulation des inventeurs, et l'on a vu apparaître, depuis 1883 jusqu'à ce jour, une grande quantité de moteurs à gaz. Il nous suffira de dire, qu'en Angleterre seulement, et dans un espace de trois ans, seize systèmes distincts ont été créés, et bientôt abandonnés.

Forcé de faire un choix dans le grand nombre de machines à gaz et dont les principaux spécimens figuraient à l'Exposition universelle de 1889, nous nous attacherons à ceux qui ont acquis quelque notoriété. A ce titre, nous devons signaler d'abord, le *nouveau moteur Lenoir*.

M. Lenoir est, comme on l'a vu, dans notre Notice des *Merveilles de la science*, le premier inventeur de la machine à gaz. Mais M. Otto ayant perfectionné l'appareil de M. Lenoir, par la compression du mélange détonant avant l'allumage, et la suppression de l'étincelle électrique, M. Lenoir a abandonné son type primitif, pour adopter un modèle nouveau, reposant sur les principes inaugurés par M. Otto.

Le *nouveau moteur Lenoir* est exploité en France par la *Compagnie parisienne du gaz*, d'une part, et par MM. Rouart frères, d'autre part.

Il existe peu de différence entre les deux

Fig. 445. — Nouveau moteur à gaz Lenoir, construit par la *Compagnie parisienne du gaz.*

A, réservoir de gaz. — B, appareil électrique pour l'inflammation du gaz.

appareils, du moins en ce qui concerne les moteurs à un seul cylindre. Nous représentons dans la figure ci-dessus, le nouveau *moteur Lenoir de la Compagnie parisienne du gaz.*

L'allumage se fait au moyen d'une étincelle électrique ; le courant est fourni par des piles et une bobine d'induction.

Un arbre de distribution parallèle à l'arbre coudé, tournant deux fois moins vite que lui, comme dans le moteur Otto, commande la soupape d'échappement, placée à l'arrière du cylindre, par l'intermédiaire d'une tringle. Une autre tringle, parallèle à la première, et commandée de la même façon, transmet le mouvement à un doigt, qui, lorsque la vitesse est normale, vient buter contre la tige de la soupape d'admission. Ce doigt est articulé, et oscille sous l'action d'un régulateur à boules, commandé par courroie.

Le moteur Lenoir de la *Compagnie parisienne du gaz* est muni de glissières cylindriques, qu'il est nécessaire de démonter, pour visiter le cylindre ; mais le piston est ainsi parfaitement guidé.

Ce qui distingue surtout le nouveau mo-

teur Lenoir des autres moteurs à quatre temps, c'est la forme particulière de sa chambre de compression, qui est rapportée à la suite du cylindre, au lieu d'être prélevée sur sa longueur. La pièce ainsi rapportée est munie d'ailettes de refroidissement, grâce auxquelles les parois intérieures de la chambre de compression et du cylindre, sont maintenues à une température beaucoup plus élevée que si elles étaient, comme dans les autres moteurs, refroidies par une circulation d'eau. L'action de ce *réchauffeur,* jointe à celle de la compression préalable (élevée 4 à 5 kilogrammes) a permis d'abaisser la consommation de gaz dans les moteurs Lenoir à 700 litres, même pour les plus petites forces.

Le moteur à deux cylindres de M. Lenoir, construit par MM. Rouart frères (fig. 446), diffère du type à un seul cylindre construit par la *Compagnie parisienne,* que nous venons de décrire.

Les deux cylindres sont entourés d'une chemise commune. Les deux bielles motrices attaquent une même manivelle. On supprime ainsi le palier intermédiaire, en

Fig. 446. — Nouveau moteur Lenoir à deux cylindres, construit par MM. Rouart frères.

même temps qu'on simplifie la fabrication de l'arbre de couche. Les moteurs à gaz à deux cylindres se prêtent à cette disposition, car les explosions se produisant alternativement dans chaque cylindre, à un tour de volant d'intervalle, les manivelles motrices sont calées à 360° et se trouvent donc forcément dans un même plan, du même côté de l'axe de l'arbre coudé.

Les moteurs à deux cylindres de la *Compagnie parisienne du gaz* se rapprochent beaucoup des moteurs Otto ; comme eux, ils ont deux cylindres séparés et un arbre de distribution, passant entre les deux cylindres. L'arbre de distribution commande le régulateur, les soupapes d'échappement et la soupape d'admission, comme dans les moteurs Otto.

La *Compagnie parisienne du gaz* avait installé à l'Exposition de 1889, un grand nombre de moteurs de 16 à 24 chevaux, pour actionner des dynamos, donnant ainsi une preuve éclatante de l'alliance possible du gaz et de l'électricité.

Parmi les autres machines à gaz, nous citerons, en France, les moteurs Ravel, Benz, Boulet, Benier, Durand ; puis, en Amérique et en Angleterre, les moteurs Baldwin, Dot et Otto-Crossley.

Dans les moteurs exclusivement voués au pétrole, nous distinguerons les moteurs Ragot et Dietrichs, l'un belge, l'autre français.

Tandis que les divers moteurs à compression actuellement en usage, sont à quatre temps, c'est-à-dire ne donnent qu'une explosion pour deux tours de volant, soit *un coup de piston utile sur quatre*, le moteur Ravel est à deux temps, et donne, par conséquent, une explosion par tour de volant, soit *un coup de piston utile sur deux*.

Il résulte de cette disposition, pour ce moteur, les avantages suivants :

1° Pour un même volume de machine, la puissance obtenue est le double de celle que produisent les autres moteurs, à quatre temps ;

2° Sa marche présente une régularité qu'on n'a pu obtenir dans les autres moteurs qu'en accouplant deux cylindres ;

3° Comparé aux moteurs à quatre temps,

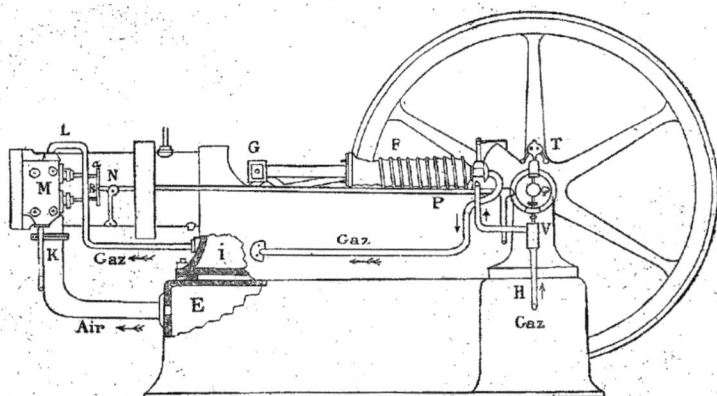

Fig. 447. — Coupe d'ensemble du moteur à gaz Ravel.

le moteur Ravel *est exempt de chocs*, car, à puissance égale, la surface de son piston est réduite de moitié, et, par conséquent, la pression initiale due à l'explosion est plus faible de moitié;

4° Sa marche étant absolument *régulière*

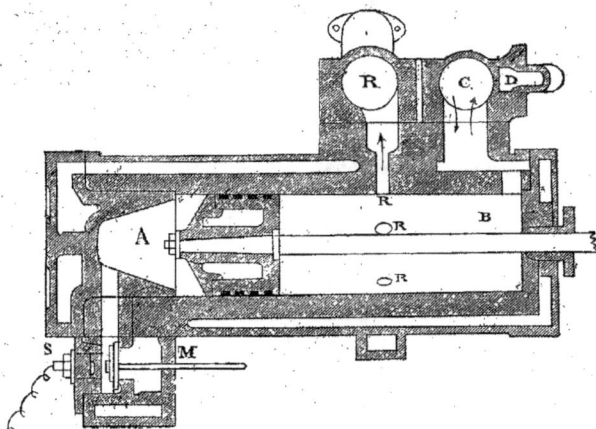

Fig. 448. — Coupe du cylindre du moteur à gaz Ravel.

et silencieuse, ce moteur est particulièrement propre aux installations d'éclairage électrique.

Nous donnons dans la figure 447 la coupe du moteur Ravel et dans la figure 448 la coupe de cylindre seul.

Le cylindre est fermé aux deux extrémités. L'avant du cylindre sert de pompe de compression d'air. Du cylindre, l'air se rend dans un réservoir, E, ménagé dans le socle. Deux soupapes, l'une d'aspiration, l'autre de refoulement, règlent la circulation de l'air.

Une pompe à gaz, dont le piston est directement commandé par le piston moteur, comprime le gaz dans un réservoir, *i*.

Un régulateur, commandé par l'extrémité de l'arbre de couche opposée au volant,

Fig. 449. — Moteur à gaz Ravel.

règle l'admission du gaz, à son entrée dans la pompe.

L'admission du gaz et de l'air au cylindre moteur, se fait à l'aide de deux soupapes, placées dans une boîte, M, fixée latéralement et à l'arrière du cylindre. Cette boîte est reliée, d'une part au réservoir de gaz, d'autre part au réservoir d'air par deux tuyaux. Une tringle qui reçoit son mouvement de l'arbre moteur, actionne les deux soupapes.

L'échappement des produits de l'explosion se fait à l'avant du cylindre, à travers une série d'orifices, disposés sur le pourtour du cylindre et débouchant dans un conduit circulaire, aboutissant lui-même à une boîte à soupape d'échappement.

L'arbre coudé commande la soupape d'échappement par l'intermédiaire de cames, de tringles et de leviers, disposés le long du bâti, du côté du volant.

Connaissant ces différents organes, on se rendra facilement compte du fonctionnement de la machine. Supposons qu'une explosion ayant eu lieu, le piston se trouve à bout de course (fig. 448), vers l'avant du cylindre. Celui-ci est alors rempli des produits de la combustion que le piston en revenant sur ses pas, chasse à l'air libre, à travers les orifices, R. Dès que le piston commence sa marche rétrograde, la soupape d'admission d'air s'ouvre; l'air comprimé pénètre dans le cylindre, et chasse devant lui les produits de la combustion, jusqu'à ce que le piston ait recouvert les orifices d'échappement R. Le gaz, également sous pression dans son réservoir, pénètre dans le cylindre, avec un léger retard sur l'air afin d'éviter des pertes directes par l'échappement. L'admission du gaz et de l'air n'a lieu que pendant le temps stricte-

Fig. 450. — Moteur Boulet (système Kœrting-Lieckfeld).

ment nécessaire pour remplir le cylindre de mélange détonant. Le piston, en continuant sa marche rétrograde, comprime dans la chambre A le mélange qui est allumé par une étincelle électrique, produite au moyen d'une pile et d'une bobine d'induction, lorsque le piston est arrivé à fond de course. Tandis que la face arrière du piston comprime le mélange, l'autre face aspire l'air qui est comprimé à son tour pendant la période motrice.

Le gaz passe, dans la pompe de compression, par les mêmes phases que l'air à l'avant du cylindre moteur.

Les moteurs Ravel tournent à 160 et 180 tours. On conçoit donc que la succession rapide des inflammations, à raison de trois par seconde, ait été un grand obstacle à vaincre, étant donnée surtout la multiplicité des organes en jeu. M. Ravel a très habilement surmonté toutes ces difficultés, en comprimant le gaz et l'air dans des réservoirs séparés, d'où ils peuvent, grâce à leur pression, se rendre dans le cylindre moteur, malgré le temps infiniment court pendant lequel les soupapes d'admission peuvent impunément rester ouvertes.

En résumé le moteur Ravel est d'une conception originale, qui fait honneur à son inventeur.

Le moteur Benz présente une certaine analogie avec le moteur Ravel.

Comme lui, il est muni d'une pompe à gaz ; l'avant de son cylindre sert à comprimer de l'air dans un réservoir ménagé dans le bâti. La pompe à gaz refoule directement le gaz dans le cylindre moteur.

L'échappement des gaz brûlés, au lieu de se faire à l'avant du cylindre, près du fond du piston, lorsque celui-ci est à bout de course, comme dans le moteur Ravel, s'effectue à travers un orifice unique, pratiqué dans le fond du cylindre. Les produits de l'explosion sont évacués au moyen d'une chasse violente d'air. A cet effet, l'air pénètre dans la chambre de compression par un orifice ménagé à la partie inférieure du cylindre, voisin de celui d'échappement, mais surmonté d'un coude dirigé à l'opposé de l'orifice d'échappement afin d'empêcher le passage direct de l'air à la décharge.

Un tiroir disposé le long du cylindre, du côté du volant, règle le passage de l'air dans la pompe et le réservoir.

Une soupape commande l'entrée de l'air comprimé dans le cylindre moteur ; son mouvement lui est transmis de l'arbre de couche par une longue bielle actionnant un arbre transversal placé sous le cylindre et agissant par l'intermédiaire d'une came sur un levier. L'extrémité de ce levier soulève la soupape.

Une petite soupape règle également l'introduction du gaz, qui se rend directement de la pompe de compression dans le cylindre.

Le moteur du système Kœrting-Lieckfeld construit à Paris, par M. J. Boulet est du système dit à *quatre coups de piston*, c'est-à-dire celui qui donne avec économie la plus grande somme de travail.

Un cylindre unique, avec son piston, fonctionnent d'abord comme pompe, pour aspirer et comprimer alternativement le mélange de gaz et d'air, puis comme moteur en enflammant ce mélange et en le transformant en effet utile.

Les quatre mouvements du piston sont :

Première course, ou premier mouvement ascendant : aspiration du mélange de gaz et d'air ;

Deuxième course, ou premier mouvement descendant : compression du mélange aspiré ;

Troisième course, ou deuxième mouvement ascendant : inflammation du mélange gazeux, produisant une force effective transmise à l'arbre à manivelle portant le volant et à la poulie motrice ;

Quatrième course, ou deuxième mouvement descendant : évacuation des gaz de combustion.

L'entrée du mélange du gaz et de l'air, son inflammation, et l'évacuation des produits gazeux, se font par des soupapes ; opérations, qui, dans beaucoup de moteurs, se font au moins partiellement par des tiroirs.

Le tiroir est remplacé par un *allumeur* d'un système particulier, d'une construction très simple composé, comme on le voit sur la figure 450 :

1° D'une colonne en fonte sur laquelle sont groupés tous les organes du mouvement ;

2° D'un cylindre placé dans la partie inférieure du bâti ; on se sert, pour le refroidir, d'eau introduite sous pression par le bas, et qui ressort par le haut ;

3° Des soupapes disposées, sur le devant du moteur, l'une à côté de l'autre, disposition qui rend leur accès facile et permet de visiter aisément le moteur ;

4° D'un régulateur, à masse centrifuge,

Fig. 451. — Moteur Bénier.

agissant sur le levier de commande des soupapes, qui règle d'une façon exacte le nombre de tours du moteur.

La simplicité de ce moteur le rend d'un prix modique.

Le moteur Bénier (fig. 451), d'une construction aussi simple que robuste, est très ramassé. La simplicité de sa construction permet de le mettre entre les mains de tout le monde. Un tiroir, commandé par came et ressorts de rappel, règle l'admission du mélange gazeux et fait en même temps l'office d'allumeur. L'échappement s'effectue au moyen d'une soupape mue par une came spéciale. L'introduction du gaz se règle à la main.

Le moteur Bénier a l'avantage d'avoir une circulation d'eau autour du cylindre : précaution absolument indispensable si on veut garantir l'intérieur du cylindre contre une usure rapide.

La consommation du moteur Bénier est naturellement élevée; elle est rachetée,

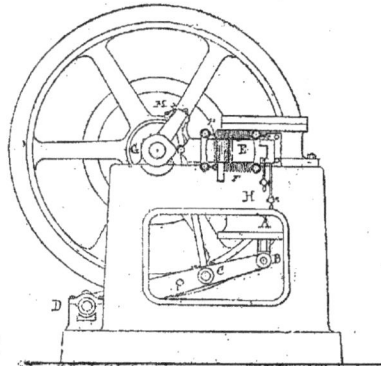

Fig. 452. — Coupe du moteur Benier.

r, tiroir pour l'introduction du gaz. — A, cylindre recevant le mélange gazeux et le courant d'eau refroidisseur. — G, axe du volant. — BCD, levier par le renvoi du mouvement. — E, tiroir d'échappement.

dans une certaine mesure, par la modicité du prix de vente, résultant de la grande simplicité de ce moteur.

Fig. 453. — Moteur à gaz Durand.

Ce moteur, qui s'applique à toutes les industries, n'exige aucune fondation ; il n'a pas de socle, il suffit de le relier à la conduite du gaz pour qu'il soit prêt à fonctionner.

Nous donnons dans la figure 452 la coupe du *moteur Bénier*.

Dans le *moteur Durand* (fig. 453), on en est revenu à l'allumage du gaz par le courant électrique. Seulement, l'inventeur a perfectionné d'une manière très avantageuse le mode d'inflammation du gaz. Au lieu des piles, dont l'usage est souvent incommode, M. Durand produit le courant destiné à enflammer le gaz, par une machine magnéto-électrique, dans laquelle la bobine est animée d'un mouvement de rotation, et non d'un mouvement alternatif, qui, à la longue, affaiblirait les aimants.

Les bornes de la machine électrique sont reliées l'une, à une broche qui pénètre verticalement dans la chambre de compression, l'autre, à un petit arbre pénétrant horizontalement dans la même chambre. La broche et l'arbre traversent chacun une douille en porcelaine qui les isole du reste de la machine.

L'arbre porte à son extrémité, dans l'intérieur du cylindre, une sorte de molette à quatre pans.. Au sommet de chaque angle est pratiquée, sur toute la largeur de la molette, une rainure, qui établit une solution de continuité du périmètre de la molette entre deux pans consécutifs. La broche verticale est terminée à son extrémité inférieure, c'est-à-dire celle qui pénètre dans le cylindre, par une lame flexible qui repose précisément sur la molette dont nous venons de parler. Un ressort

Fig. 454. — Moteur à gaz Baldwin.

en spirale presse sur l'extrémité opposée de la broche afin d'assurer le contact de la lame et de la molette; le courant est ainsi fermé. L'interruption, et par suite, l'étincelle n'a lieu que lorsque la lame franchit une rainure, c'est-à-dire quitte brusquement l'un des pans de la molette pour prendre le contact du pan suivant. Ce dispositif a le grand avantage de maintenir continuellement les deux pôles dans le plus grand état de propreté. De plus, il permet de donner à l'arbre un mouvement de rotation très lent (il tourne en effet huit fois moins vite que le moteur). L'usure est donc aussi réduite que possible.

On a reproché, mais à tort, au système d'allumage de M. Durand de prélever une partie notable de la force du moteur pour actionner la machine électrique. La quantité de gaz consommée de ce chef, dans le cylindre moteur, ne dépasse certainement pas celle qui est nécessaire à l'alimentation d'un inflammateur à tube incandescent.

Passons aux moteurs étrangers.

Le *moteur Baldwin* (fig. 454), en usage en Amérique, se distingue par une grande simplicité.

La commande de toutes les soupapes de distribution se fait automatiquement; et c'est le piston lui-même, qui, en découvrant l'orifice d'échappement, remplit l'office de soupape d'échappement.

Il n'existe donc dans le moteur Baldwin aucun des nombreux organes extérieurs qui se rencontrent dans les autres moteurs à gaz. Le cylindre est fermé aux deux extrémités. L'avant sert de pompe de compression du mélange de gaz et d'air, emmagasiné dans un réservoir renfermé dans le socle. Du réservoir le mélange se rend, tout formé, dans une chambre ménagée dans la partie postérieure du cylindre, en chassant devant lui les produits de l'explosion précédente.

Une paroi, de forme concave, percée d'un orifice, sépare la chambre de l'intérieur du

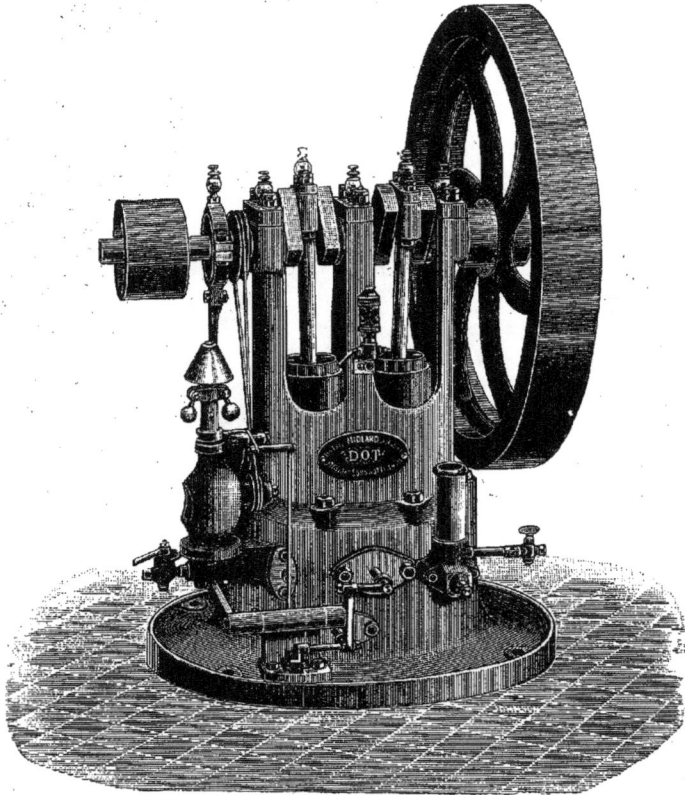

Fig. 455. — Moteur Dot.

cylindre. En avant de cette paroi, se trouve un *retardeur*, ayant pour mission de diriger les produits de l'explosion, chassés par le mélange détonant, vers le centre du cylindre, et de les empêcher ainsi de se mélanger avec ce dernier. Malgré cela, il est à craindre qu'une partie du mélange explosif ne passe directement à la décharge. Le régulateur agit sur une tige qui commande un secteur en forme de coin. Ce coin limite la levée de la soupape d'admission du mélange, qui se fait automatiquement. L'étincelle d'allumage est fournie par une petite machine électrique commandée directement par friction par le volant.

La compression du gaz et de l'air dans un réservoir unique, est certainement une grande simplification, et l'on peut dire que le moteur Baldwin réalise un *desideratum* : celui de la construction économique

Un moteur à gaz en usage en Angleterre, le *moteur Dot*, est représenté dans la figure ci-dessus.

Ce moteur est à deux cylindres égaux, ouverts à une extrémité. Il rappelle beaucoup, par son aspect général, les moteurs à quatre temps à deux cylindres. Les pistons attaquent directement les manivelles de l'arbre de couche, formant entre elles un angle de 65 degrés. Le mélange explosif se forme dans l'un des cylindres, celui le plus éloigné du volant. L'autre cylindre est moteur. L'admission et l'échappement sont commandés par des soupapes.

Le régulateur agit sur une valve d'admission de gaz, mais sans jamais la fermer complètement.

L'allumage se fait par tube incandescent.

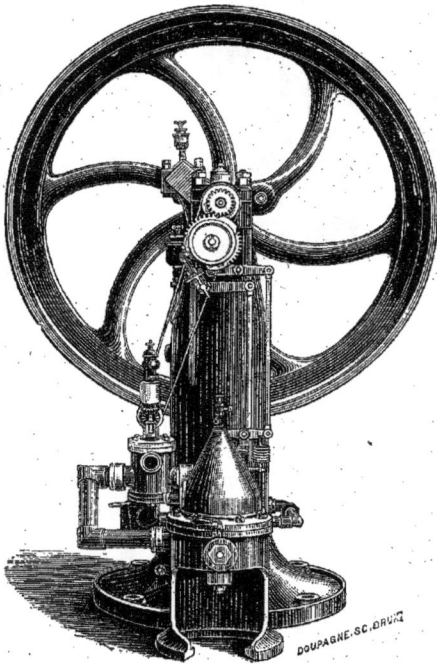

Fig. 456. — Moteur Ragot.

On ne saurait trop louer, au point de vue de l'entretien et de la conservation, la disposition qui consiste à laisser les cylindres ouverts à l'une des extrémités.

Le *moteur Dot*, de la force d'un cheval, tourne, à la vitesse de 280 tours par minute.

Tous les moteurs à gaz que nous venons de passer en revue, peuvent être transformés en moteurs à pétrole, moyennant l'adjonction d'un *carburateur*. Cependant il est un groupe de ces appareils qui est particulièrement construit pour l'usage du pétrole. Citons le moteur de M. Gaston Ragot, de Bruxelles, et le moteur Dietrichs.

Le moteur Ragot peut fonctionner avec des huiles *lourdes de pétrole* ayant 0,820 à 0,830 de densité. Les plus lourdes, et le pétrole de Russie, peuvent être employés.

On retrouve dans ce moteur tous les organes et mécanismes des autres moteurs à gaz à inflammation électrique par piles. Mais son carburateur, d'une très grande simplicité, ne présente aucune analogie avec ceux précédemment décrits. Il est composé (fig. 456), d'un cône en cuivre, boulonné sur un support en fonte, surmonté d'une chambre qui est en communication avec les gaz d'échappement. Le support et la chambre sont seule d'une pièce. Le sommet du cône est muni d'un *injecteur pulvérisateur*, qui pulvérise finement le liquide par suite de la dépression qui se produit dans la double enveloppe de cône. Le pétrole se volatilise dans le cône, d'où il est aspiré directement par le piston moteur, pour former, avec l'air aspiré d'autre part, le mélange détonant. Le cône est chauffé, en pleine marche de la machine, par les gaz d'échappement, et à la mise en train par une lampe placée dans le support.

On fait la *mise en marche* en portant le cône à la température voulue au bout de dix à douze minutes, au moyen d'une lampe spéciale.

En ce qui concerne l'allumage des gaz détonants, M. Gaston Ragot construit des moteurs n'usant pas de l'électricité, grâce à un simple tube chauffé par une petite lampe à pétrole lourd. Mais l'allumage par l'électricité est plus économique. D'autre part, le régulateur a été étudié pour donner une explosion à chaque deux tours, quelle que soit la force employée. C'est ce qui permet de réaliser le *desideratum* des électriciens, en leur permettant de donner avec

Fig. 457. — Moteur Sécurité (moteur Dietrichs).

le moteur à gaz et à pétrole de M. Ragot, une régularité de marche de 1/100 de *volt*, ce que ne peut faire aucun autre moteur à pétrole.

Le *moteur Dietrichs*, que les constructeurs désignent sous le nom de *moteur Sécurité*, ne fonctionne qu'avec le pétrole et toutes ses variétés.

Un arbre de distribution, tournant deux fois moins vite que l'arbre de couche, commande le régulateur, la soupape d'échappement et l'obturateur chargé d'établir la communication entre la chambre de compression et la capsule incandescente servant à l'allumage.

Un réservoir à écoulement constant, divisé en deux compartiments, contenant, l'un, de la gazoline, pour la mise en train, l'autre du pétrole brut pour la marche, déverse le liquide, goutte à goutte, dans un récipient reposant sur le sol, à l'arrière de la machine,

et qui est chauffé par les gaz d'échappement. Un régulateur règle le débit du liquide.

L'appareil d'inflammation est une des particularités remarquables de ce moteur; la capsule d'allumage est fixée à l'arrière du cylindre, dans un canal mis en communication à l'instant voulu avec la chambre de compression, à l'aide d'un obturateur. La capsule est chauffée et maintenue au rouge, au moyen d'une flamme de chalumeau alimentée par un courant d'air carburé sous pression. L'air se carbure en entraînant avec lui de l'essence, déversée, en un mince filet, sur son passage, par un tuyau branché sur un second réservoir à essence placé sur le réservoir. Le tuyau qui alimente le chalumeau, avant de déboucher contre la capsule, forme, sur une partie de sa longueur, un serpentin, qui est enfermé dans une chambre cylindrique rapportée à l'arrière du cylindre. Cette chambre communique avec le logement de la capsule, qui lui cède une partie de sa chaleur perdue. L'air carburé arrive déjà chaud à l'extrémité du chalumeau.

Deux pompes, l'une manœuvrée à la main, avant la mise en marche du moteur, l'autre commandée par un excentrique calé sur l'arbre moteur, fournissent l'air comprimé destiné à l'allumage.

Le *moteur Sécurité* paraît moins simple que le moteur Ragot. Cela tient surtout à la différence des systèmes d'allumage. Celui du *moteur Sécurité* est, à vrai dire, assez complexe, mais, d'autre part, il offre des avantages que n'ont pas les inflammateurs par piles.

Le moteur à pétrole étant surtout un moteur agricole, comme on est encore peu familiarisé, à la campagne, avec la manipulation des piles, M. Dietrichs a adopté, au lieu de l'inflammation par l'étincelle électrique, l'inflammation directe des vapeurs de pétrole. On peut seulement redouter

que la gazoline dont on fait usage, aussi bien pour la mise en train que pour l'allumage, n'expose à des dangers, vu son extrême volatilité.

Toutes les machines à gaz dont il vient d'être question sont susceptibles de développer une assez grande énergie mécanique; il nous reste à signaler les petites machines à gaz ne développant que quelques kilogrammètres de force. Ici se rangent les moteurs Forest, Salomon et Tentin, Bischop, Pauhard et Levassor, qui répondent aux besoins de la petite industrie, et présentent des dispositions ingénieuses, ayant pour but de rendre l'emploi de la force à domicile, au moyen du gaz, économique et commode. Leurs organes différant peu de ceux des appareils que nous avons décrits en détail dans cette Notice, nous devons nous borner à cette mention générale, pour ne pas tomber dans des redites.

FIN DU SUPPLÉMENT AUX MOTEURS A GAZ ET A PÉTROLE.

SUPPLÉMENT

PHARES

(LES PHARES ÉLECTRIQUES — LA TOUR EIFFEL)

———————•—➤━◆━◄•———————

La description des phares français et étrangers, avec leur matériel, leurs instruments, leur régime administratif et leur distribution sur notre littoral, a été exposée avec beaucoup d'étendue dans notre Notice sur les *Phares*, des *Merveilles de la science*, publiée en 1870 (1). Depuis cette époque, aucune innovation, digne d'être signalée, n'a été introduite dans le service général des phares, ni dans la construction des appareils optiques servant au signalement lointain et à la reconnaissance de nos côtes; mais un progrès sensible a été réalisé dans l'espèce du foyer éclairant. La lumière électrique a été substituée, dans un certain nombre de phares, français et étrangers, à l'huile minérale (pétrole) qui avaient été uniquement employée jusqu'à l'année 1863.

Dans notre Notice sur les *Phares*, des *Merveilles de la science*, nous avons consacré un chapitre (2) aux premières appli-

(1) Tome IV, pages 414-528.
(2) Pages 453-460.

cations de la lumière électrique dans les phares, et décrit les appareils électriques et optiques qui ont été installés, en 1863, dans les deux phares du cap de la Hève, au Havre. Cette installation avait été faite surtout pour étudier, par un service pratique et quotidien, les avantages de la lumière électrique dans ce cas spécial. On était alors, en effet, encore incertain sur l'utilité de ce nouveau système d'éclairage des lanternes des phares.

Depuis cette époque, la question a été résolue d'une manière à peu près définitive. Dès l'année 1870, un rapport de M. Quinette de Richemont, ingénieur en chef des ponts et chaussées, sur le résultat des services des phares électriques du cap de la Hève, mettait hors de doute les avantages du nouveau procédé.

D'après ce rapport, les navigateurs étaient unanimes à reconnaître les bons services que leur rendaient les phares électriques. L'augmentation de portée des feux, permettait à bien des navires de continuer leur marche et d'entrer au port la nuit, alors qu'ils n'auraient pas pu le faire avec les phares à l'huile.

Grâce au perfectionnement des appareils, la lumière électrique qui, d'abord, laissait à désirer, par sa mobilité, était arrivée peu à peu à être d'une fixité remarquable. D'autre part, les craintes que l'on avait exprimées *a priori* concernant de la délicatesse des régulateurs de la lumière électrique, ne s'étaient pas réalisées. Les extinctions avaient été courtes et peu nombreuses.

Les bons résultats constatés depuis 1870 dans les deux phares électriques du cap de la Hève, ont déterminé l'application de ce même mode d'éclairage à plusieurs phares, français et étrangers. Citons ceux du cap Gris-Nez (Pas-de-Calais), de Planier (Marseille), de la Palmyre (Gironde), de Baleville (île de Ré), de Calais, de Dunkerque et de l'Ailly (France); en Angleterre celui du cap Lizard; en Russie, ceux d'Odessa et de Cronstadt; en Égypte, celui de Port-Saïd; au Brésil, celui de Bazza; en Portugal, celui de Roccas.

Il est nécessaire de faire connaître ici les circonstances dans lesquelles l'éclairage électrique a été substitué à l'éclairage à l'huile minérale dans les phares français dont nous venons de citer les noms.

Après l'introduction de l'éclairage électrique dans les phares de la Hève et du cap Gris-Nez, on voulut attendre que l'expérience eût confirmé les avantages de ce nouveau système d'éclairage, avant d'en étendre l'application. Mais des plaintes s'élevaient sur l'insuffisance du phare de la Palmyre et de celui de Planier, à Marseille. Le phare de la Palmyre est destiné à signaler, concurremment avec celui de la Conche, l'entrée de la Gironde, par la passe du Nord. Il était éclairé à l'huile et, par les temps brumeux, sa portée étant insuffisante, des navires avaient éprouvé des accidents. L'administration décida d'éclairer à l'électricité les phares de la Palmyre et de Planier. En 1880, eut lieu l'allumage électrique de ces deux phares.

Les cinq premiers phares électriques (la Hève, Gris-Nez, la Palmyre et Planier) avaient été établis sans vue d'ensemble, et pour ainsi dire, indépendamment les uns des autres. On courait le risque, en continuant d'agir ainsi, sans plan préalable, d'arriver à des résultats peu concordants. L'administration décida de mettre à l'étude un projet général pour l'installation de la lumière électrique, d'après des préceptes uniformes, dans les phares français qui seraient reconnus comme réclamant cette transformation. Une étude générale fu donc préparée par les ingénieurs du service des phares, au ministère des travaux publics, et le ministre présenta, en 1881, à la Chambre des députés, un projet de loi à ce sujet.

Ce projet de loi avait pour but d'établir l'éclairage électrique dans tous les phares des côtes de France, et d'installer des signaux sonores pour suppléer à l'insuffisance des phares, en temps de brume.

Sur quarante-six phares qui garnissent nos côtes, quatre étaient déjà pourvus d'appareils électriques de grande puissance : ceux de la Hève (phare double), du cap Gris-Nez et de Planier; il s'agissait d'appliquer le même système d'éclairage aux quarante-deux autres. La dépense était évaluée à 7 millions. On calculait, d'autre part, que l'installation de signaux sonores, produits par des trompettes à vapeur, par les temps de brume, coûterait un million.

La première application aurait lieu, pour les deux ordres de perfectionnements, sur les phares de Dunkerque, Calais, Gris-nez (restauré), et le double phare de la Conche.

Le projet de loi faisait remarquer qu'au

Fig. 458. — Ancienne machine magnéto-électrique de la *Compagnie l'Alliance*.

prix de cette dépense de 8 millions, relativement faible, on assurerait le capital immense que représentent 225 000 navires environ, qui fréquentent chaque année nos ports de commerce.

Les dispositions générales de ce projet ont servi de principe à tous les travaux qui ont été exécutés depuis, et à ceux qui le seront plus tard pour l'établissement de grands phares électriques.

NOMS DES PHARES.	DATE DE L'ALLUMAGE.	DÉPENSE TOTALE pour la construction des bâtiments et des appareils.
		Fr.
La Hève (deux feux fixes, sud et nord)............	26 déc. 1863. 1er sept. 1865.	204.000
La Palmyre (feu alternativement rouge et vert)...	3 nov. 1881.	109.100
Planier (feu scintillant)...	1er déc. 1881.	175.300
Le Baleru (feu scintillant).	1er oct. 1882.	142.800
Calais (feu scintillant).....	1er oct. 1883.	85.200
La Conche (2 feux fixes)...	15 oct. 1884.	214.000
Gris-Nez (feu scintillant)..	15 sept. 1885.	149.200
Dunkerque (feu scintillant).	1er oct. 1885.	138.200

Actuellement (1891) dix phares sont éclairés par l'électricité sur le littoral de la France. Le tableau ci-dessus résume les principaux renseignements qui les concernent.

Le phare de Planier est le premier qui ait été établi dans les conditions prévues au projet général. Les machines à vapeur sont du système *compound*, avec condensation par surface. Leur force est de 5 chevaux-vapeur.

Le phare de Baleru est le second qui ait été exécuté d'après les principes du même projet. Les machines à vapeur sont des locomobiles, et la machine électrique une *machine magneto* de M. de Méritens, avec des régulateurs Serrin.

Les phares de Dunkerque, Calais, Gris-Nez, la Conche, ont été transformés conformément au plan général.

Le phare de Calais a deux machines *magnéto-électriques* Méritens, avec quatre ré-

Fig. 459. — Machine magnéto-électrique de M. de Méritens.

gulateurs Serrin, et deux locomobiles à vapeur.

Les deux phares jumeaux de la Conche ont été transformés en phares électriques. Il y a quatre machines magnéto-électriques de Méritens, avec huit régulateurs Serrin, et deux machines à vapeur locomobiles.

La première installation du phare électrique de Gris-Nez, qui remontait à 1869, n'a pu être conservée. La machine de l'*Alliance* a été remplacée pas deux *machines magnéto-électriques* de M. de Méritens. Quant à l'appareil optique, on a dû le remplacer par un autre, d'un plus grand diamètre, devant donner des signaux d'un ordre nouveau.

Le phare de Dunkerque, qui termine la série des phares électriques fonctionnant actuellement, renferme deux machines à vapeur fixes et deux machines magnéto-électriques de Méritens, actionnant quatre lampes électriques.

Dans le projet général des ingénieurs, la dépense de la transformation d'un phare à l'huile en phare électrique, avait été évaluée, en moyenne, à 125 000 francs. La dépense faite pour les huit phares nouveaux ne s'est pas beaucoup éloignée de cette estimation; car si l'on excepte le phare de la Palmyre, qui est dans des conditions particulières, et celui de Calais, dont l'installation est provisoire, la dépense a été de 125 000 francs, en moyenne.

Quant aux dépenses d'entretien annuel d'un phare électrique français, elle est d'après l'ouvrage de M. Allard sur *les Phares*, publié en 1890, de 14 628 francs à la Palmyre, de 22 535 francs à Planier; de 18 602 francs au Baleru; de 17 000 à Calais; et de 17 000 à Gris-Nez; ce qui donne une moyenne une moyenne de 18 000 francs pour les dépenses d'entretien annuel.

Si l'on compare la dépense annuelle d'un phare électrique à celle des phares à l'huile, qui fonctionnaient autrefois, on trouve que le rapport est de 1,7 à la Conche, de 2,3 à Planier, et de 2,4 à Calais. Or, l'intensité lumineuse est augmentée avec le phare électrique dans une bien plus grande proportion (1).

L'éclairage électrique de la lanterne d'un phare, nécessite une machine à vapeur, une *machine dynamo-électrique*, ou une machine *magnéto-électrique* et un appareil particulier, qui diffère de la *lanterne à échelons*, éclairée par une lampe à huile minérale.

La machine à vapeur qui sert, dans les phares électriques, à actionner la *machine dynamo-électrique* est, dans les phares français, une locomobile. Dans les phares étrangers, c'est le plus souvent une machine *compound*, horizontale, au sujet de laquelle il serait inutile d'entrer dans aucune explication.

Quant à la machine destinée à produire le courant électrique, comme les bougies Jablochkoff (c'est-à-dire sans régulateur) sont seules employées dans les phares français, et que les bougies Jablochkoff ne peuvent fonctionner qu'avec des courants électriques alternatifs, les machines magnéto-électriques, qui produisent des courants alternatifs, sont de rigueur.

On sait qu'une *machine magnéto-électrique* résulte de l'emploi des aimants naturels jouant le rôle d'inducteurs.

Ainsi qu'il a été dit dans la Notice sur les *Phares*, des *Merveilles de la science*, l'ancienne *machine magnéto-électrique de l'Alliance* est la première qui ait été employée dans les phares.

Cette machine, que nous représentons dans la figure 458, est composée d'un certain nombre de rouleaux en bronze, C, armés à leur circonférence de 16 bobines d'induction chacun. Ces rouleaux, fixés sur un arbre horizontal, actionné par le moteur, tournent entre huit gros courants permanents, en fer à cheval B, B. Comme chaque aimant a deux pôles, une série présente

16 pôles régulièrement espacés; il y a donc autant de pôles que de bobines, de telle sorte que, quand l'une d'elles est en face d'un pôle, les 15 autres se trouvent également en face des pôles correspondants. Le courant produit arrive aux charbons en traversant le régulateur R.

On sait que l'inégalité d'usure des deux charbons, dans la bougie Jablochkoff, est prévenue, comme nous l'avons dit plusieurs fois, par ce fait que la lampe reçoit des courants alternativement positifs et négatifs.

Les machines de l'*Alliance* furent employées aux phares de la Hève, du cap Gris-Nez, à Cronstadt, à Odessa, mais les variations d'intensité lumineuse furent trouvées trop considérables, et cet appareil est remplacé, de nos jours, par celui que construit en Belgique et en France, M. de Méritens, et qui n'est qu'une heureuse modification de la machine primitive de l'*Alliance*.

Dans le tome Ier de ce *Supplément* (1), nous avons donné la description et le dessin de la *machine magnéto-électrique* de M. de Méritens, appliquée à l'éclairage électrique dans les usines et manufactures. Nous représentons ici (fig. 459) la *machine magnéto-électrique* de M. de Méritens, en usage dans les phares. Elle se compose d'une série d'aimants permanents A, A', A'' placés horizontalement, et d'un *induit*, formé de bobines, *bb'*, en nombre double des aimants. L'*induit* est monté sur une roue en bronze, les aimants permanents sont fixés sur deux carcasses également en bronze.

Les machines *magnéto-électriques* employées pour produire le courant avec les bougies Jablochkoff, donnent de très bons résultats dans les phares.

Une des plus intéressantes applications des machines dynamo-électriques de M. de Méritens, a été réalisée pour l'éclairage du pont de Forth, en Angleterre, en 1887.

---

(1) Allard, *les Phares*, 1 vol. in-4°, avec figures et planches. Paris, 1890, chez Rothschild (p. 383).

(1) *Supplément à l'électro-magnétisme* (p. 449-450 ; fig. 369-389).

Le phare de l'île de May, sur le pont de Forth, reçut une installation hydraulique, qui développait une lumière équivalente à 3 *millions de bougies*. C'est le maximum de ce qui a été obtenu jusqu'ici. Les derniers perfectionnements apportés dans la construction des appareils électriques et optiques par les physiciens et les industriels avaient été employés à réaliser, dans l'île de May, pour cette intéressante application du transport de la force par l'électricité.

La chambre des machines à vapeur et des dynamos employés à la production de la lumière électrique, était placée à 265 mètres du phare, près d'un petit lac, dont la chute d'eau était utilisée pour la condensation de la vapeur de la machine. On y avait placé deux *dynamos* à courants alternatifs de Méritens, actionnés respectivement par deux machines à vapeur, lesquelles ne devaient fonctionner simultanément que par les grands brouillards. En temps ordinaire, une seule machine marchait et l'autre était en réserve.

Les *dynamos* se composaient de 60 aimants permanents en fer à cheval, disposés suivant les rayons d'une circonférence et répartis en cinq rangées. Au centre tournait l'armature, formée elle-même de 5 anneaux ; sa vitesse était de 600 tours par minute.

Le courant était conduit au phare par deux tiges de cuivre, de 35 millimètres de diamètre, renfermées dans un conduit de pierre cimentée. Une communication téléphonique reliait le phare et la chambre des machines.

Il y avait deux lampes électriques : l'une était placée au centre de la lentille du phare et fonctionnait chaque nuit ; l'autre était en réserve, et toute prête pour l'allumage, s'il le fallait. Les charbons avaient 38 millimètres de diamètre.

Une autre application intéressante de la machine magnéto-électrique de M. de Méritens à l'éclairage des phares, a été réalisée, en 1888, dans le phare Sainte-Catherine, situé à la pointe méridionale de l'île de Wight. Les charbons, dont le diamètre est de 70 millimètres, ne sont pas cylindriques, mais cannelés, ce qui a pour effet de maintenir l'arc à leur centre, de diminuer leur élévation de température et d'assurer à la lampe une meilleure alimentation d'air. L'intensité lumineuse du foyer est de 60 000 bougies.

Les chaudières, machines à vapeur, *dynamos* et compresseurs d'air (ces derniers produisant la rotation de l'appareil dioptrique à seize panneaux de verre, placé autour du foyer électrique, et servant au fonctionnement de la sirène) sont logés dans un petit bâtiment, à droite de la tour. Les machines à vapeur sont au nombre de trois, du système *compound*, d'une force nominale de 12 chevaux chacune, mais pouvant fournir, au besoin, un total de 48 chevaux. Elles sortent des ateliers de M. Robey (de Lincoln.) Les chaudières sont chauffées au coke.

Le jour de l'inauguration, les trois chaudières étaient en pression, bien qu'une seule machine fût utilisée pour actionner une des *dynamos*. Prête pour un usage immédiat, avec feu couvert et de la vapeur à la pression de $10^k,548$ par centimètre carré, la seconde machine était reliée à une *dynamo* de rechange, n'attendant que le mouvement d'un levier pour fonctionner aussitôt, en cas d'accident dans le premier groupe de machines.

La troisième machine à vapeur sert surtout à comprimer l'air, pour le fonctionnement de la sirène, en cas de brouillard. Cependant des compresseurs d'air spéciaux sont reliés à chacune des trois machines, pour servir, en cas d'urgence ; et d'immenses réservoirs sont constamment maintenus chargés d'air à une pression de $114^k,064$

par centimètre carré, de sorte que le signal d'alarme peut être donné à toute heure du jour ou de la nuit.

Les deux *machines dynamos*, construites par M. de Méritens, ont une puissance telle que, si toutes deux fonctionnaient concurremment, la lumière concentrée dans la lanterne équivaudrait à 6 millions de bougies. L'inducteur comprend 60 aimants permanents, formés, chacun, de huit plaques d'acier. L'armature, qui a 0ᵐ,762 de diamètre, se compose de cinq anneaux, renfermant chacun 24 bobines, disposées en groupes de 4 en tension et de 6 en quantité.

Dans l'installation, tout est en double, et parfois en triple, pour parer à la possibilité d'une extinction de la lumière, même de courte durée.

L'installation de l'éclairage électrique dans les lanternes à échelons des phares, exige, avons-nous dit, des dispositions particulières différentes de celles des foyers à huile ou à pétrole.

Les appareils optiques des phares électriques sont calculés comme ceux des phares ordinaires, mais en tenant compte de l'énorme réduction de volume du foyer éclairant, dont l'intensité focale est environ 600 plus grande que celle d'une lampe à l'huile. C'est d'après cette considération qu'au début, c'est-à-dire dans l'installation des phares de la Hève, on avait cru pouvoir réduire à 30 centimètres le diamètre des lentilles. Mais on a reconnu plus tard qu'il fallait doubler ce diamètre. On a donc donné à l'appareil optique du phare de Planier, 60 centimètres de diamètre, et dans les phares anglais, on le porte même à un mètre.

Pour produire les éclats des *feux tournants*, on se sert de lentilles verticales qui se meuvent en avant des tambours des feux fixes, disposition qui permet d'augmenter à volonté la durée des éclats, relativement

à celle des éclipses, et qui constitue l'un des plus précieux avantages de l'éclairage électrique des lanternes des phares.

MM. Sautter et Lemonnier, les mécaniciens constructeurs attachés aux travaux des phares français, ont adopté, pour l'installation des phares électriques, tout un ensemble nouveau de dispositions optiques.

On trouve dans le savant ouvrage de M. H. Fontaine que nous avons plusieurs fois cité, *l'Éclairage par l'électricité* (1), des renseignements techniques sur cette question, renseignements qui ont été fournis à l'auteur par MM. Sautter et Lemonnier, et que nous reproduirons textuellement.

Lorsque le feu doit être fixe, la partie optique de l'appareil se compose d'un tambour lenticulaire, de forme convenable, qui rend les rayons horizontaux dans le plan vertical, en les laissant diverger dans le plan horizontal.

Les dimensions de ce tambour varient suivant les machines. Le diamètre de 0ᵐ,50 (appareil de quatrième ordre) est suffisant pour les dynamos de 25 ampères.

Il convient de l'augmenter quand les courants sont plus puissants, afin d'éloigner le verre du foyer et éviter qu'il ne se brise par suite du trop grand échauffement.

Avec des intensités de 45 ampères, il faut des optiques ayant 0ᵐ,75 de diamètre, et avec des intensités de 80 ampères, des optiques de 1 mètre de diamètre.

L'augmentation de diamètre des appareils est sensiblement proportionnelle à l'augmentation de diamètre des rayons de carbone entre lesquels se produit l'arc voltaïque, et qui détermine à peu de chose près les dimensions de la lumière électrique ; il en résulte que la divergence verticale reste la même dans les trois types d'appareils.

Lorsque le phare doit être tournant, on enveloppe l'optique de feu fixe d'un tambour mobile formé de lentilles droites verticales dont la forme varie suivant l'apparence qu'on veut donner au feu.

Les phares tournants électriques ont sur les phares tournants à l'huile ce très grand avantage, que l'on peut donner aux éclats une durée égale à celle des éclipses.

Dans les phares à l'huile, quand on concentre la lumière sous forme d'éclats, on a deux buts en vue : 1° augmenter l'intensité et par suite la portée

(1) 1 vol. in-8°, chez Baudry, 1886 (p. 638-940).

du phare; 2° créer une apparence différente de celle du feu fixe.

On ne peut atteindre le premier de ces buts qu'en donnant à l'éclat une durée beaucoup plus courte que celle de l'éclipse, ou, en d'autres termes, en faisant l'angle du faisceau lumineux une faible partie de l'angle sous-tendu par la lentille. Du reste, cet angle dépend de la dimension du foyer lumineux, et on ne peut l'augmenter, soit en augmentant cette dimension, soit en changeant la distance focale de la lentille, qu'en se condamnant à perdre une partie de la lumière, puisque la divergence se produit non seulement dans le plan horizontal, le seul dans lequel elle est utilisée pour prolonger les éclats, mais dans tous les sens.

Avec la combinaison de lentilles verticales et d'un tambour cylindrique, qui sert à produire les éclats dans les phares électriques, on peut, en donnant aux lentilles verticales une courbure convenable, augmenter autant qu'on le veut la divergence des faisceaux dans le plan horizontal seulement et diminuer en proportion la durée des éclipses.

La portée d'un phare électrique de la plus petite dimension reste néanmoins très supérieure à celle des plus puissants phares à l'huile.

On peut s'en convaincre par les chiffres suivants :

L'intensité lumineuse d'un phare de premier ordre à feu fixe avec lampe à six mèches équivaut à 1105 becs carcel.

L'intensité lumineuse d'un panneau annulaire de 45° d'un phare de premier ordre tournant, avec lampe à 6 mèches, équivaut à 9847 becs carcel. C'est la plus grande intensité lumineuse qu'on puisse obtenir avec un phare à l'huile.

La divergence du faisceau donnée par ce même panneau est de 7° 7′, et la durée de l'éclat est environ le sixième de la durée de l'éclipse qui le précède et qui le suit.

En appliquant au calcul de l'intensité lumineuse des phares électriques les méthodes de M. Allard, et en partant des mesures photométriques, prises dans différentes directions, d'une lampe électrique alimentée par une dynamo Gramme de 25 ampères, on trouve que l'intensité lumineuse d'un phare électrique de 0m,50 de diamètre à feu fixe équivaut au moins à 20000 becs carcel.

Cette même lumière, concentrée au moyen de lentilles droites mobiles, en faisceaux ayant une divergence telle que la durée des éclipses soit égale à celle des éclats, équivaudra à 40000 becs carcel, c'est-à-dire qu'elle sera quatre fois plus intense que celle des plus puissants phares à l'huile, avec une durée d'éclipse beaucoup moindre.

Avec une dynamo Gramme de 45 ampères, l'intensité lumineuse d'un phare électrique de 0m,75 de diamètre sera d'environ 60000 becs ou 100000 becs pour le feu fixe (suivant que la machine sera couplée en tension ou en quantité) et de 160000 ou 320000 becs pour le feu tournant.

Les chiffres donnés pour les feux tournants correspondent, dans les trois types, à une durée d'éclats égale à la durée des éclipses.

On conçoit que, disposant d'une telle quantité de lumière, on n'ait pas à se préoccuper de concentrer plus ou moins les faisceaux, afin d'augmenter ainsi la portée du phare. Le seul objet des lentilles mobiles des appareils tournants est alors de produire des apparences caractéristiques qui distinguent nettement chaque phare des phares voisins.

L'emploi de la lumière électrique et celui des groupes d'éclats (beaucoup plus faciles à réaliser avec cette lumière qu'avec les lampes à huile) fournit un nombre d'apparences suffisant pour que l'on puisse se dispenser de faire figurer parmi les caractères distinctifs d'un phare tournant, la durée de l'intervalle qui sépare les apparitions de deux éclats successifs.

Chaque phare dit son nom plus vite, plus nettement, et sans obliger l'observateur à consulter sa montre.

Enfin si le nombre des apparences réalisées avec la même lumière blanche paraît insuffisant, on peut recourir à la lumière rouge, ou, ce qui toujours préférable, à une combinaison d'éclats blancs et d'éclats rouges, sans craindre de trop diminuer la portée du feu, qui, même après la perte causée par la coloration, restera supérieure à celle des plus puissants appareils à huile.

Nous venons de faire connaître les dispositions nouvelles, prises dans les phares, pour l'installation de la lumière électrique. Demandons-nous maintenant, quelle est l'utilité précise de ce nouveau mode d'éclairage?

Et d'abord, si l'on compare, sous le rapport de l'intensité, le foyer électrique d'un phare à un foyer à l'huile, on trouve que l'intensité d'un feu fixe de premier ordre, équivaut seulement à 1105 becs carcel, tandis que celle d'un feu électrique atteint de 30000 à 200000 becs carcel. Pour les *éclats*, tout ce qu'on peut obtenir avec l'huile, c'est une intensité maxima de 9850 becs carcel, tandis que la lumière électrique donne de 60000 à 400000 becs carcel.

Disons pourtant, qu'en définitive et en

dépit de cette augmentation d'intensité, il a été constaté (malgré bien des assertions contraires) que la lumière électrique ne perce pas le brouillard mieux que celle des lampes à huile, à pétrole, et même que la flamme du gaz.

D'autre part, la *portée de visibilité* n'est pas plus grande avec l'électricité qu'avec les lampes à pétrole, ou même avec la flamme du gaz, qui a été expérimentée dans ce but. Tant que l'on n'aura pas trouvé le moyen d'accroître la distance de *visibilité* de la lumière électrique, les gouvernements hésiteront à généraliser son emploi dans les phares, car son installation et son entretien sont assez coûteux et ne sont pas toujours justifiés par les avantages.

M. Allard, inspecteur général des phares, de France, a fait une série d'expériences et de calculs, qu'il a consigné dans un mémoire *Sur l'intensité et la portée des phares*, et qui renferme les comparaisons suivantes :

Si l'on prend à titre d'exemple, un phare de premier ordre, à l'huile minérale, comme celui de Dunkerque, donnant un éclat de 6250 carcels, et en supposant un appareil vingt fois plus puissant, c'est-à-dire de 125 000 carcels, il est facile, dit M. Allard, de déterminer la portée des deux foyers. Par une transparence moyenne de l'atmosphère, les portées correspondant à ces deux intensités lumineuses sont 53 kilomètres et 75,40 kilomètres; on gagne 42 p. 100. La portée est ainsi augmentée dans le rapport de 1 à 1,42 lorsque l'intensité l'avait été dans le rapport de 1 à 20.
Par un état de l'atmosphère moins transparent, les portées sont de 24 et de 32 kilomètres; on ne gagne plus que 34 p. 100.
Enfin par un temps de brouillard qui règne pendant dix nuits environ par an, les portées sont respectivement réduites à 3,7 et 4,6 kilomètres. On gagne à peine 24 p. 100 en multipliant par 20 l'intensité du phare.

Ainsi, les phares électriques ne dépassent pas en *portée* les phares à l'huile minérale.

MM. Sautter et Lemonnier avaient eu une idée très ingénieuse pour augmenter la distance de *visibilité* des feux électriques. Comme la courbure de la terre est le seul obstacle à une portée plus considérable des feux, ils avaient pensé que si l'on éclairait avec puissance les nuages, dans la région du ciel au-dessus du phare, les navigateurs pourraient reconnaître la position de ce même phare, avant que leur œil eût atteint le plan de l'horizon tangent à la courbure de la terre, et passant par le foyer lumineux du phare.

MM. Sautter et Lemonnier firent des expériences dans ce sens, au phare de Berdiansk, aux bords de la mer d'Azow. L'appareil optique était dirigé de telle sorte qu'une partie de la lumière était envoyée verticalement sur les nuages. On constata ainsi que les feux électriques étaient aperçus à une distance beaucoup plus grande. C'est là un résultat très important : il est fâcheux que ces expériences n'aient pas été poursuivies, de manière à amener une application pratique de ce fait intéressant. On a pensé, sans doute, que comme les nuages ne couvrent pas toujours le ciel, dans nos climats, et qu'ils sont fort rares dans les régions méridionales, ce procédé ne serait pas susceptible d'une application générale.

Sauf l'adoption de la lumière électrique dans un certain nombre de phares, français et étrangers, on n'a pas apporté de perfectionnement sensible à leur outillage optique et mécanique, pas plus qu'à leur style architectural, depuis l'année 1870, date de la publication de notre Notice des *Merveilles de la science*. Mais un monument, héroïque, pour ainsi dire, apparut à l'Exposition universelle de 1889. La tour Eiffel est venue étonner le monde industriel, par la hardiesse de sa construction, par ses proportions extraordinaires, par la nouveauté des principes mécaniques qu'elle a inaugurés, par l'emploi exclusif du fer dans les édifices, enfin par la puissance du foyer lumineux qui la surmonte, et la portée des feux qu'elle promène aux quatre coins du ciel.

Le gigantesque monument du Champ de Mars, n'a pas été édifié uniquement pour la plus grande satisfaction des badauds parisiens, des oisifs, des désœuvrés, des inutiles de ce monde, qui aiment à aller faire des déjeuners à 25 francs par tête, à 60 mètres au-dessus du niveau de la Seine. La tour Eiffel peut être considérée comme un phare appelé à devenir d'une grande utilité en temps de guerre, à servir, en temps de paix, à résoudre beaucoup de questions scientifiques, à montrer enfin les merveilles que peut réaliser aujourd'hui l'art de l'ingénieur et du métallurgiste. A ce titre, ce monument doit trouver place dans le Supplément à notre Notice sur les *Phares*, et nos lecteurs nous sauront gré, sans doute, de leur donner une description détaillée et précise de cette immense construction de fer, à fondations de granit, qui a fait l'admiration de toutes les nations du monde, et qui a tant contribué au grand succès de l'Exposition universelle de Paris, en 1889.

On a donné bien souvent les dimensions de la tour Eiffel, comparées à celles des monuments les plus élevés sortis de la main de l'homme. Nous croyons pourtant utile de les rappeler en quelques lignes.

La croix du Panthéon, à Paris, n'a pas plus de 80 mètres. La flèche de la cathédrale d'Amiens a 100 mètres; celle des Invalides à Paris, 105; le dôme de la cathédrale de Milan, 109; la coupole de Saint-Paul de Londres, 110; le clocher neuf de la cathédrale de Chartres, 113; la flèche de l'église d'Anvers, 120; la coupole de Saint-Pierre de Rome, 132; la tour de Saint-Étienne à Vienne, 138; le Munster de Strasbourg, 142. La cathédrale de Rouen arrivait à 150 mètres. La cathédrale de Cologne avait conquis le premier rang avec ses 156 mètres.

Combien la tour Eiffel, avec ses 300 mètres bien comptés, dépasse ces dimensions!

C'est pour rivaliser, sous le rapport des dimensions, avec les monuments les plus élevés du globe, que les Anglais et les Américains songèrent, de nos jours, à créer des monuments d'une hauteur prodigieuse. Déjà, en 1833, un des plus grands ingénieurs de l'Angleterre, Trewithick, dont le nom est resté attaché à l'histoire des premiers temps de la locomotive, proposait de construire une tour en fonte, qui aurait eu 1000 pieds anglais de hauteur et 30 pieds environ à la base; mais ce projet, que n'accompagnait aucune étude sérieuse, ne fut considéré en Angleterre que comme une excentricité.

Il en fut autrement du monument proposé par les ingénieurs américains en 1848, et qui consistait à construire à Washington un obélisque de pierre, dépassant en hauteur tout ce qui s'était vu.

On se proposait d'abord d'élever une pyramide de 183 mètres de hauteur; mais, en 1854, quand la maçonnerie arriva à la hauteur de 46 mètres, on s'aperçut qu'elle s'inclinait d'une façon tellement inquiétante, qu'on suspendit les travaux. Ils ne furent repris qu'en 1877; mais on fut obligé, pour des raisons de solidité, et pour éviter l'écrasement des matériaux, de réduire la hauteur qu'on avait assignée d'abord au monument, et on la fixa définitivement à 169 mètres.

C'est seulement en 1880, qu'après avoir refait de nouvelles fondations, on reprit les travaux de la partie supérieure, qui marchèrent alors régulièrement, mais très lentement, c'est-à-dire à raison de 30 mètres d'élévation par année. L'ouvrage fut inauguré le 21 février 1885 : il avait coûté 7100000 francs.

A Washington, la construction de la tour en maçonnerie avait présenté tant de difficultés, qu'à l'occasion de l'Exposition de Philadelphie, en 1874, deux ingénieurs, MM. Clarke et Reeves, publièrent un projet consistant à élever une tour, non en maçonnerie, mais en fer. Ils proposaient un cylindre en fer, de 9 mètres de diamètre, maintenu par une série de contreforts métalliques, disposés sur tout son pourtour, et venant se rattacher à une base, dont le diamètre était de 48 mètres.

Ce nouveau projet laissait une grande place à la critique. D'ailleurs les Américains, malgré leur esprit novateur et l'enthousiasme national que cette conception excitait, reculèrent devant son exécution.

D'autres projets furent conçus, en d'autres pays, pour construire des tours, les unes en maçonnerie, les autres en métal allié à la maçonnerie, enfin en bois. Telle était la tour que l'on destinait à l'Exposition de Bruxelles de 1888. Mais aucun de ces derniers projets n'a été mis à l'étude. Ils sont restés dans le domaine du rêve, et des conceptions aussi faciles à enfanter par un ingénieur, que difficiles à exécuter par un constructeur.

Il en a été tout autrement du projet de notre tour de 300 mètres.

Voici dans quelles circonstances le plan en fut arrêté.

En 1885, après les études que M. Eiffel et les ingénieurs américains avaient eu l'occasion de faire sur de hautes piles métalliques supportant les viaducs de chemin de fer, comme celui de Garabit, M. Eiffel fut conduit à penser que l'on pouvait donner à des piles de viaduc, sans difficultés très considérables, des hauteurs bien plus grandes que celles qui avaient été réalisées jusqu'alors. Avant cette époque, les piles métalliques ne dépassaient pas 70 mètres. Il étudia, pour cet ordre d'idées, une grande pile de viaduc de 120 mètres de hauteur, avec 40 mètres de base.

C'est l'ensemble de ces recherches qui conduisit M. Eiffel, en vue de l'Exposition universelle de 1889, à proposer l'exécution d'une tour de 300 mètres. L'avant-projet avait été préparé par deux ingénieurs d'un mérite hors ligne, MM. Nouguier et Kœchlin, ingénieurs de l'usine Eiffel à Levallois-Perret, et par M. Sauvestre, architecte.

L'idée fondamentale de ces pylônes reposait sur un procédé de construction qui est particulier à M. Eiffel, et dont le principe consiste à donner aux arêtes de la pyramide une courbure telle, que cette pyramide soit capable de résister aux efforts transversaux du vent, sans nécessiter la réunion de ces arêtes par des tiges diagonales, comme on le fait habituellement.

D'après cette idée, on décida de donner à la tour la forme d'une pyramide à quatre arbalétriers courbés, isolés l'un de l'autre, et simplement réunis par des ceintures formant le plancher des étages. A la partie supérieure seulement, et quand les arbalétriers seraient suffisamment rapprochés, on devait employer les diagonales ordinaires.

C'est au mois de juin 1886 qu'une commission, nommée par M. Lockroy, alors ministre du commerce et de l'industrie, et présidée par M. Alphand, accepta définitivement le projet présenté par M. Eiffel. Le 8 janvier 1887 fut signée la convention avec l'État et la Ville de Paris, fixant les conditions dans lesquelles la tour devait être construite.

L'emplacement choisi pour le futur monument fut le Champ de Mars, par cette bonne raison que la tour était née de l'Exposition, qu'elle devait contribuer à son embellissement, et qu'elle ne pouvait, par conséquent, se trouver ailleurs que dans l'enceinte du Champ de Mars.

On a dit souvent qu'au lieu de la placer au Champ de Mars, on aurait dû l'édifier au Trocadéro, pour que sa hauteur fût augmentée de toute l'élévation de la colline du Trocadéro. Mais d'abord, la place aurait manqué; il aurait fallu démolir le palais même du Trocadéro, et d'autre part, le sol, composé d'anciennes carrières pleines d'an-

Fig. 460. — Tour Eiffel de 300 mètres.

fractuosités, n'aurait donné qu'une base de peu de solidité. D'après M. Eiffel, on n'aurait, du reste, bénéficié que d'une différence de hauteur de 24 mètres seulement; ce qui n'avait qu'une importance secondaire.

Au contraire, à son emplacement actuel, elle forme une entrée triomphale au Champ de Mars, qui, aujourd'hui, conserve une partie des constructions et édifices de l'Exposition de 1889. Sous ses grands arceaux, on voit, du pont d'Iéna, se découper le dôme central, qui conduit à la galerie des machines, et de chaque côté les dômes des galeries des Beaux-Arts et des Arts libéraux, où ils s'encadrent merveilleusement.

En un mot, au grand étonnement de beaucoup de personnes, la tour encadre tout et n'écrase rien.

A tous ces points de vue, les uns de nécessité pratique, les autres de groupement architectural, on n'aurait pu choisir un autre emplacement.

Nous nous sommes un peu attardé à des considérations historiques, qui avaient leur utilité. Arrivons maintenant à la description du monument, en nous plaçant à sa base.

Là, ce qui frappe d'abord, et déconcerte quelque peu l'œil et l'esprit du visiteur, c'est la bizarre inclinaison des immenses arceaux qui servent de base à la colonne monumentale. Si vous demandez à un ingénieur la cause, la raison d'être, de ce mode spécial d'inclinaison et d'obliquité des courbes de la base, il vous dira que c'est par le calcul qu'on a été conduit à adopter cette courbe, et que nulle autre n'aurait été propre à à supporter l'effort prodigieux du poids de métal que représente ladite masse.

Mais ce n'est pas seulement l'inclinaison et l'évidement de la base qui donnent à la tour toute sa solidité; cette qualité lui est assurée encore par l'immense profondeur de ses fondations. Ces fondations, ou *piliers*, au nombre de quatre, sont désignés sous

les noms de *piliers Nord, Sud, Est* et *Ouest*.

Quand on examine ces quatre supports, on est loin de se douter des travaux vraiment cyclopéens qu'il a fallu exécuter pour les asseoir dans le sol. Il n'est donc pas hors de propos de rappeler tout ce qu'il a fallu faire pour donner aux quatre bases de la tour leur inébranlable assiette.

Les nombreux sondages entrepris par M. Eiffel dans le Champ de Mars, prouvèrent que l'assise inférieure de ce sol est formée d'une énorme couche d'argile plastique, qui n'a pas moins de 16 mètres d'épaisseur, et qui repose sur la craie. Sèche et compacte, cette argile peut supporter des charges de 3 à 4 kilogrammes par centimètre carré.

La couche d'argile, légèrement inclinée depuis l'École militaire jusqu'à la Seine, est surmontée d'un banc de sable et gravier, compact, éminemment propre à recevoir des fondations. Jusqu'aux environs de la balustrade qui sépare le Champ de Mars proprement dit appartenant à l'État, du square appartenant à la Ville, c'est-à-dire à peu près à la hauteur de la rue de l'Université, cette couche de sable et gravier a une hauteur, à peu près constante, de 6 à 7 mètres. Au delà, on entre dans l'ancien lit de la Seine; et l'action des eaux a réduit l'épaisseur de cette couche, qui va toujours en diminuant, pour devenir à peu près nulle quand on arrive au lit actuel.

La couche solide de sable et gravier est surmontée elle-même d'une épaisseur variable de sable fin, de sable vaseux et de remblais de toute nature, impropres à recevoir des fondations.

Certaines considérations administratives ayant dû faire renoncer à implanter la tour dans la partie du Champ de Mars appartenant à l'État, où les fondations n'auraient présenté aucune difficulté, on se décida à la reporter à l'extrême limite du square. Les fondations de chacun de ses pieds sont ainsi séparées de l'argile par une épaisseur suffisante de gravier.

C'est sur ce sol solide qu'on posa les fondations, consistant en quatre piles de maçonnerie. Les fondations ont été faites au moyen de l'air comprimé, à l'aide de caissons en tôle, de 6 mètres de long, sur 16 de large, au nombre de quatre pour chaque pile.

Connaissant bien les bases sur lesquelles repose la tour, nous pouvons en décrire les différentes parties.

Pour arriver à la première plate-forme, qui est à 58 mètres du sol, on peut se passer d'ascenseur. La montée est si douce et si facile, les marches qui conduisent à la première plate-forme, sont si larges et d'une si faible pente, qu'il serait vraiment fâcheux de se priver du spectacle charmant que donne cette ascension. Dix minutes suffisent pour franchir les 350 marches, et l'œil est incessamment charmé du spectacle qu'il rencontre jusqu'à la première plate-forme.

Cette surface est immense, elle ne mesure pas moins de 4200 mètres carrés. La partie centrale, qui est à jour, sur une étendue de 900 mètres carrés, permet de plonger le regard dans l'intervalle des quatre piliers, et de mesurer la hauteur à laquelle on se trouve, tout en ayant le spectacle des constructions qui ont été conservées dans le Champ de Mars.

On a inscrit sur la frise qui environne le premier étage, les noms des ingénieurs et des savants français qui ont le plus contribué au progrès des sciences, dans notre siècle.

La plate-forme, qui peut recevoir mille visiteurs, se compose d'une partie centrale, où l'on avait installé, pendant l'Exposition de 1889, quatre restaurants : un restaurant français, un *bar* flamand, un restaurant russe et un buffet anglo-américain. Ces quatre établissements étaient entourés d'une galerie-terrasse, qui recevait les promeneurs.

Aux quatre coins de la plate-forme se trouve le débouché des quatre ascenseurs qui permettent au visiteur timide de gravir sans fatigue cette hauteur.

Nous n'avons rien dit de cet ascenseur, ayant admis que nous ne nous sommes servis pour monter que de l'ascenseur dont nous a gratifié la nature. Nous ne pouvons cependant nous dispenser de décrire les appareils mécaniques qui servent à élever les amateurs, du sol au premier étage.

Deux systèmes différents remplissent cet office : l'ascenseur du système Roux et Combaluzier, et l'ascenseur américain de M. Otis.

MM. Roux et Combaluzier, constructeurs français, ont modifié l'ascenseur hydraulique en usage aujourd'hui dans les maisons particulières et les hôtels, de manière à l'adapter au cas particulier d'un élevateur obligé de suivre certaines inflexions dans sa course, et ne pouvant, dès lors, conserver la rigidité propre au piston des ascenseurs hydrauliques ordinaires.

Le piston articulé de MM. Roux et Combaluzier agit par compression, comme dans les ascenseurs à tige verticale ; seulement la tige est articulée. Il est, en effet, constitué par une série de petits pistons, ayant la forme de tiges à fourches, qui sont, en outre, munis de deux galets en chaque point d'attache.

Quand on introduit ce piston dans un conduit circulaire, il le parcourt sans difficulté, si l'on vient agir sur lui par refoulement. Il se courbe et serpente, en suivant les sinuosités de ce conduit, comme le ferait une chaîne tirée par son extrémité libre. Si l'on fixe ce piston au plancher d'une cabine d'ascenseur, et que l'on actionne ce piston par un moteur à vapeur installé au-dessous de la cage de l'ascenseur, on fera suivre à la cabine le chemin que l'on voudra, pourvu que le conduit dans lequel sera logé le piston suive lui-même le chemin à parcourir. En joignant les deux extrémités de ce piston flexible, on en fait une chaîne sans fin, qui se meut sur deux poulies. La poulie inférieure donne le mouvement, et la supérieure sert de moyen de renvoi.

Du premier étage de la tour, on a déjà sous les yeux un spectacle intéressant; mais

Fig. 461. — M. Eiffel.

nous ne pouvons nous y attarder, il s'agit de monter plus haut : *Excelsior !*

L'accès de la première plate-forme à la deuxième se fait par un escalier, ou par un ascenseur. Nous vous supposons, cher lecteur, assez déterminé et assez valide pour gravir l'escalier tournant, et nous allons commencer, avec vous, l'ascension par cette voie.

Il est plus pénible de gravir ce deuxième escalier; car ses marches sont assez étroites, et sa révolution sur son axe est un peu courte; ce qui oblige à tourner sans cesse. Mais si votre organisation vous a suffisamment prémuni contre le vertige, vous supporterez facilement cet exercice. Du reste, la vue est continuellement arrêtée par l'entre-croisement extraordinaire de poutres métalliques qui servent de cage à l'escalier; et si l'on veut combattre le vertige, il faut s'appliquer à regarder avec soin le mode d'articulation des pièces composant la carcasse de la tour.

C'est, en effet, une véritable merveille que cet assemblage de petites poutres de fer, en nombre incalculable, dont le treillis constitue toute la structure de la tour. Quand on se reporte par la pensée à la manière dont ces mille jointures métalliques ont été assemblées et fixées, on ne peut s'empêcher d'admirer la hardiesse de l'homme et les ressources de l'industrie, qui ne recule devant aucune impossibilité apparente.

La première partie de la tour n'offrait pas de difficulté de construction; mais, pour élever la partie allant de la première plate-forme à la deuxième, on ne pouvait se servir des procédés de montage qui avaient été suivis pour porter la construction métallique à la hauteur de 50 mètres. Les poutres métalliques ne pouvaient, en effet, être posées dans l'espace, où tout appui manquait. Le procédé de construction adopté fut d'une hardiesse remarquable. On éleva quatre grands pylônes, en charpente, de 45 mètres de hauteur; et sur ces constructions de bois provisoires, on posa les poutres de fer, destinées à relier les quatre faces des montants de la tour. Ces quatre montants furent rapprochés peu à peu, par le moyen employé dans ce cas, et qui consiste à faire écouler une provision de sable qui, par sa chute, soulève les arbalétriers : ce qui rapproche progressivement les piles mobiles des poutres métalliques.

Pour monter le reste de la partie métal-

Fig. 462. — Une cabine de l'ascenseur de la tour Eiffel.

lique, on fixa sur le plancher, obtenu comme il vient d'être dit, quatre énormes grues. C'est au moyen des cordes attachées à ces grues, que les pièces de fer arrivaient aux ouvriers, qui étaient perchés dans la membrure. C'était un spectacle curieux que ces pièces de fer, levées par les grues, se balançant dans l'air, jusqu'au moment où elles allaient s'abattre, comme d'elles-mêmes, au point précis où elles devaient se placer. Alors, les ouvriers riveurs approchaient les clous rougis au feu des trous percés par avance dans chaque pièce, et à coups de marteau, ils en opéraient la rivure inébranlable.

Ce n'est qu'à partir de 150 mètres que les poutres et les pièces de fer ont été hissées par une locomobile, placée à l'étage inférieur.

Du premier au second étage, il y a 380 marches à gravir ; la montée exige 40 minutes.

C'est par l'escalier tournant que nous avons supposé le voyageur aérien parvenu à la deuxième plate-forme ; mais le plus grand nombre des visiteurs, il faut le dire, montent par l'ascenseur.

L'appareil employé ici est l'ascenseur américain Otis, qui fonctionne déjà jusqu'au premier étage, et qui diffère de l'ascenseur Roux et Combaluzier, en ce que le piston hydraulique au lieu d'agir dans un tube divisé en tronçons, fait tourner un arbre, autour duquel s'enroule une corde comme dans les roues hydrauliques du système Armstrong.

Que l'on y arrive par l'ascenseur ou par l'escalier, la deuxième plate-forme offre au visiteur un très intéressant spectacle. On est à 116 mètres au-dessus du sol, et la surface totale de ce plancher est de 1400 mètres environ. La plateforme n'est qu'un simple promenoir, d'une longueur de 150 mètres et d'une largeur de $2^m,60$, mais du haut de cet observatoire la vue est splendide ; c'est Paris tout entier, avec son enceinte immense, ses monuments, ses avenues, ses grandes places, et les sillons de ses grandes rues. Là toutes les hauteurs s'aplanissent. On voit le Trocadéro tomber au niveau de la Seine, et le Mont-Valérien s'affaisser dans la plaine. Les collines de Montmartre seules produisent comme une tache blanche à l'extrémité de l'horizon. Versailles, avec ses longues avenues, apparaît au loin. C'est comme une ascension en ballon captif. Les objets apparaissent, en effet, avec des dimensions les plus réduites. Les hommes sont comme des mouches, et les édifices ressemblent aux petites maisons de bois qui servent de jouets aux enfants.

L'esprit s'exalte à ce spectacle ; la pensée se transforme et s'agrandit. On voit sous ses pieds la fourmilière humaine. Les dômes et les toits des édifices du Champ de Mars, conservés après l'Exposition, brillent comme des points étincelants au soleil. Les lignes des allées, des chemins, des passerelles et des ponts, ainsi que la Seine, se détachent en blanc sur le fond du tableau, qu'égayent les tons heureux de la végétation environnante.

Mais ne nous attardons pas en si beau chemin. Montons encore : *Excelsior !*

Ici, quelle que soit la bonne volonté du touriste, il n'y a plus possibilité, pour lui, de se servir de ses jambes, s'il veut continuer sa montée ; il faut qu'il prenne l'ascenseur. Encore faudra-t-il, à moitié chemin, qu'il effectue un transbordement de cabine.

Faisons remarquer que rien n'empêcherait de monter par l'escalier qui existe à l'intérieur de la colonne. Seulement, cet escalier, fort étroit, ne pourrait livrer passage à plus d'une personne, et dès lors, il ne suffirait pas. C'est donc à l'ascenseur qu'il faut avoir recours.

Cet ascenseur est d'un système tout particulier, imaginé par M. Édoux, à qui l'on doit la plupart des appareils d'élévation en usage dans les maisons et hôtels. Il assure une sécurité absolue. Il se compose de deux cabines reliées par des câbles : l'une des cabines effectue le transport depuis la seconde plate-forme jusqu'à un *plancher intermédiaire* construit à cet effet ; l'autre cabine élève les fardeaux depuis le *plancher intermédiaire* jusqu'au troisième étage.

Ce plancher intermédiaire, disposé à mi-hauteur entre le second étage et la plate-forme supérieure, est le point de départ de l'ascenseur Édoux, c'est-à-dire d'un ascenseur hydraulique vertical à piston plongeur, analogue à celui du Trocadéro, dont la cabine est disposée sur l'extrémité de ce piston. Cette cabine effectue le transport jusqu'à la plate-forme supérieure, soit une course de 80 mètres.

Elle est reliée par des câbles à une deuxième qui forme contrepoids, et qui effectuera le transport des voyageurs du deuxième étage jusqu'à ce plancher intermédiaire, sur une hauteur égale à 80 mètres ; de manière qu'à l'aide de ces deux cabines, voyageant en sens contraire, et par un simple transbordement à mi-hauteur, on effectue une course totale de 160 mètres.

Le guidage de l'ascenseur est constitué par une poutre-caisson, occupant le centre de la tour, d'une hauteur de $160^m,40$, et par deux autres poutres de section plus petite, l'une, à gauche, allant du second étage au plancher intermédiaire, et l'autre, à droite, allant de ce dernier plancher au sommet de la tour.

La première cabine est portée par deux pistons de presse hydraulique de $0^m,32$ de diamètre, donnant ensemble une section de 1600 centimètres carrés, et se déplaçant dans des cylindres en acier de $0^m,38$ de diamètre. Ces deux pistons sont articulés à leur partie supérieure sur un palonnier, dont le milieu porte la cabine ; de cette façon, celle-ci s'élève toujours régulièrement, sans être influencée en rien par les légères variations de vitesse des pistons, variations ne pouvant résulter, et cela dans une très faible mesure, que de frottements inégaux aux garnitures des pistons.

De la partie supérieure de cette première cabine et des deux extrémités du palonnier partent quatre câbles, qui, passant par des poulies établies au sommet de la tour, soutiennent la deuxième cabine; deux des câbles s'attachent sur un palonnier, au milieu duquel est suspendue cette cabine ; les deux autres câbles sont fixés directement au corps de la cabine même, et sont destinés à servir de système de sécurité.

Les cabines, qui peuvent élever 750 personnes à l'heure, ont une surface de 14 mètres carrés, et contiennent environ 63 personnes. Chaque cabine ne parcourant que la moitié de la course totale, il en résulte un échange de l'une à l'autre, à la hauteur du plancher intermédiaire; cet échange se fait par deux chemins distincts et par suite sans perte de temps. La durée d'une ascension avec la vitesse de $0^m,90$ par seconde, se décompose ainsi : une minute et demie pour la course de chaque cabine et une minute pour le passage de l'une à l'autre, soit 5 minutes pour un voyage aller et retour, ou 4 minutes pour la durée du trajet de la deuxième plate-forme au sommet.

Les deux cylindres moteurs des cabines sont alimentés par un cône distributeur, assurant ainsi dans chacun d'eux une admission égale, et donnant pour le piston des déplacements égaux.

Ce distributeur est alimenté lui-même par un réservoir situé au sommet de la tour, et d'une capacité d'environ 20 000 litres.

Un frein très puissant permet de répondre absolument de tout accident et d'affirmer que, dans le cas de rupture d'un organe important de l'ascenseur, les visi-

teurs portés par la cabine n'auraient à redouter aucune chute.

Tous les ascenseurs de la tour Eiffel sont mus par l'eau. Ils ont nécessité l'installation de plusieurs systèmes de pompes à vapeur : les unes du système Girard, pour les ascenseurs Roux et Otis ; les autres du système Worthington, pour l'ascenseur Édoux. Ces pompes effectuent un travail continu de 300 chevaux-vapeur.

L'ensemble des ascenseurs de la tour permet d'élever par heure 2350 personnes au premier et au deuxième étage, et 750 personnes au sommet; l'ascension totale s'effectue en sept minutes.

On a calculé que 10 000 visiteurs peuvent se trouver à la fois dans la tour, répandus sur les deux plates-formes, les escaliers ou les ascenseurs.

La troisième plate-forme, à laquelle nous voici parvenus, est à 276 mètres au-dessus du sol. Elle ne contient guère qu'une grande salle, de 66 mètres carrés de surface, pouvant recevoir 800 personnes. Tout son pourtour est fermé par des glaces, qui permettent d'observer, à l'abri du vent, qui est souvent très fort à cette hauteur, le magnifique panorama que l'on embrasse circulairement.

Inutile de dire que la vue est toute différente à cette hauteur qu'aux niveaux inférieurs. On aperçoit Paris et ses environs, comme sur une carte de géographie en relief, mais avec une couleur de tons très peu variés : la verdure paraît noire, et les rues ressemblent à des sillons clairs, sur un fond brun et monotone. Aucun bruit ne monte à cette hauteur; la ville, si fiévreuse et si mouvementée, apparaît comme le séjour du silence et de l'immobilité. C'est un amas de pierres, d'où ne sort aucune rumeur.

Beaucoup de personnes préfèrent la vue du premier étage à cette dernière, l'extrême élévation ne permettant plus de rien discerner bien distinctement.

On assure qu'à cette hauteur la vue atteint

jusqu'à 90 kilomètres, et que, quand le temps est exceptionnellement clair, par exemple après de grandes averses qui ont bien balayé l'atmosphère, la vue peut s'étendre à 200 kilomètres (50 lieues).

Ce sont là toutefois des prévisions de calcul plutôt que des observations réalisées. Ce qui est avéré, c'est qu'on a aperçu les feux nocturnes de la tour Eiffel du haut des collines d'Orléans. C'est un résultat bon à noter ; car il s'agit d'un fait constaté directement, et non d'une évaluation du calcul.

Le public n'est pas admis à monter au-dessus de la troisième plate-forme (276 mètres) ; mais là ne se termine pas le monument. Sa hauteur totale étant de 300 mètres, ce dernier métrage est occupé par le campanile et la flèche, lesquels, mis bout à bout, complètent les 300 mètres.

Le campanile (fig. 463) est composé de quatre parois à treillis, terminées en arceaux, et supportant un phare d'une puissance et d'une portée visuelle qui surpassent tout ce qui a été vu jusqu'à ce jour. Un petit escalier tournant conduit les personnes de service à l'appareil optique qui constitue le phare.

Le campanile est affecté spécialement à des laboratoires scientifiques, qui sont au nombre de trois. Le premier est consacré aux observations astronomiques, le second à la météorologie et à la physique du globe, le troisième à l'histoire naturelle et à la biologie, ainsi qu'aux études de l'air au point de vue micrographique.

Tout le monde a vu, à Paris, les feux diversement colorés (blanc, vert et rouge) que la sommité de la tour Eiffel lançait chaque soir, pendant l'Exposition de 1889, dans toutes les directions. Il n'est donc pas sans intérêt de donner quelques détails sur l'appareil dioptrique qui produit ces magnifiques éclats.

Il s'agissait de porter les rayons lumineux émanés d'un foyer électrique, dans un

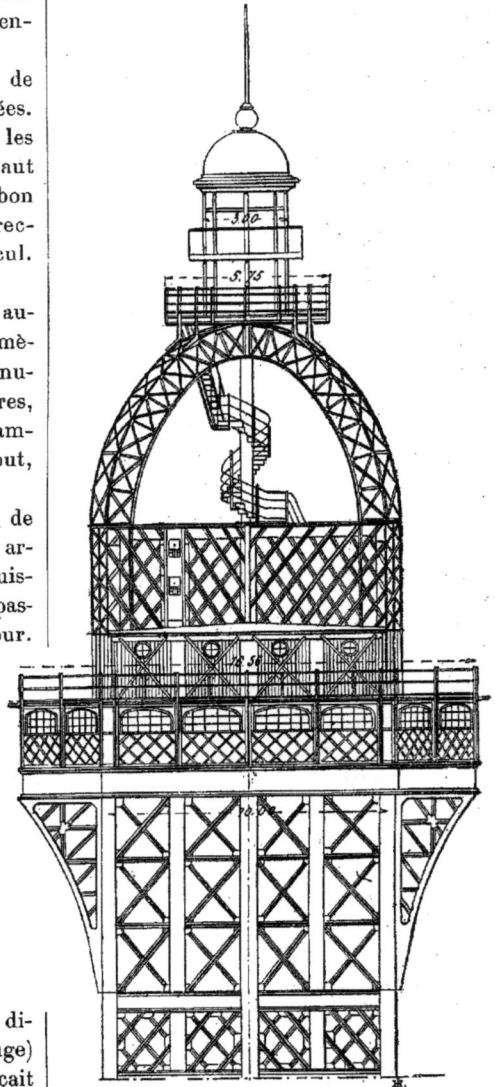

Fig. 463. — Le campanile de la tour Eiffel.

cercle de plus de 100 kilomètres. Jamais jusque-là, on n'avait envisagé l'idée d'une pareille portée, et aucun éclairage de phare

Fig. 404. — Le phare électrique de la tour Eiffel.

ne donnait le moyen de comparaison applicable à ce cas.

Au lieu d'un seul foyer électrique, comme dans nos phares, on a pris 48 foyers, d'une égale intensité, que l'on a disposés à trois hauteurs différentes. Cette source lumineuse totale représente 3000 *ampères*.

La différence de couleur des feux n'est pas produite par des foyers différents : c'est tout simplement un mécanisme d'horlogerie qui fait tourner devant la source lumineuse une série de plaques de verre diversement colorées, lesquelles, par leur succession et leur interposition, produisent la variation des couleurs. C'est, d'ailleurs, le moyen employé dans les phares de nos côtes pour diversifier les feux qui signalent aux navigateurs l'entrée des ports.

C'est ainsi que, chaque nuit, le phare de la tour Eiffel promenait ses feux colorés aux divers points de l'horizon.

Ajoutons que son rayon de projection était trop grand pour que les feux fussent aperçus du Champ de Mars. On ne pouvait les voir que d'une distance de 1500 mètres, c'est-à-dire des Champs-Élysées, des Invalides ou de la place de la Concorde.

Le phare proprement dit, que nous représentons sur la figure 464, est constitué par deux systèmes superposés d'éléments optiques, comprenant : 1° un système de verres dioptriques, ou tambour (réfracteur simple), destiné à porter la lumière à grande distance. La divergence des rayons est due aux dimensions de la source lumineuse obtenue par un arc voltaïque de 5500 carcels ; 2° un système d'éléments catadioptriques, ou à réflexion totale. Les éléments ont été calculés pour éclairer les abords de la tour, de 1500 mètres jusqu'à l'horizon, dans un angle de 11°,5.

Le tambour dioptrique supérieur multiplie la lumière par 13, et la fait passer de 5500 carcels à 70 000. L'anneau catadioptrique partie inférieure de l'appareil

optique, la multiplie dans des proportions moindres, mais suffisantes.

La lumière qu'envoient ces anneaux de verre taillé, superposés, est graduée suivant la distance, et augmente à mesure que l'on s'éloigne de l'axe de la tour. L'intensité visible à Paris dans les éclats est de 24 146 carcels à 1503 mètres de la tour ; elle est de 64 474 carcels à 1850 mètres, de 86 711 carcels à 2194 mètres, de 99 283 carcels à 2500 mètres. A 4120 mètres, le *tambour mobile* commence à faire sentir ses effets : son intensité est de 63 398 carcels dans le feu fixe, et de 516 761 carcels dans les éclats.

Les projecteurs (système Mangin), au nombre de deux, ont été construits par MM. Sautter et Lemonnier. Ils ont 0^m,90 de diamètre, et sont formés d'un miroir aplanétique. Le foyer lumineux, placé très près du miroir, est une lampe électrique à arc, de même intensité que celle du phare. Les charbons de cette lampe sont inclinés à 45 degrés. Le projecteur, monté sur un socle, se meut dans tous les sens, à l'aide de deux volants, que l'on manœuvre à la main. L'intensité moyenne du rayon lumineux est de 6 à 8 millions de becs Carcel.

Il a été possible, avec de bonnes lunettes, d'éclairer les objets à 11 kilomètres. On peut éclairer de haut en bas des objets très rapprochés, jusqu'à 275 mètres du pied de la tour.

La portée du phare en ligne droite étant de 203 kilomètres, on peut le voir de très loin quand on est sur un lieu élevé.

Il paraît que le phare de la tour Eiffel a été vu à Bar-sur-Aube, qui est à 190 kilomètres de Paris. L'observateur était sur une colline de 300 mètres d'altitude. Il a encore été vu du haut de la cathédrale de Chartres, à 75 kilomètres de Paris, et du haut de la cathédrale d'Orléans, à 115 kilomètres. A ces grandes distances, on le voit comme un point lumineux.

Outre les feux colorés produits par les verres tournants, on sait que le phare de la tour Eiffel projette circulairement d'énormes faisceaux de lumière blanche. Ces projections sont opérées par le même appareil qui sert, à bord de nos navires cuirassés, à scruter l'horizon, et à éclairer puissamment un point quelconque de la mer ou du rivage, particulièrement quand il s'agit de reconnaître la présence d'un bateau-torpilleur. Les projecteurs électriques servaient à lancer des gerbes lumineuses qui venaient frapper Paris et ses environs, jusqu'à une distance de 8 à 10 kilomètres.

On voit sur la figure 465, l'installation des projecteurs sur la terrasse de la deuxième plate-forme.

La partie extrême de la tour est une petite terrasse surmontant le phare, et qui se trouve juste à 300 mètres de hauteur. De là part le drapeau, aux couleurs françaises, qui décore triomphalement le monument dû au génie de notre nation.

On arrive du campanile à la terrasse terminale par un petit escalier tournant, placé dans un véritable tuyau métallique, qui n'a que 80 centimètres de diamètre.

Ce sont de simples échelons de fer, ne donnant passage qu'à une seule personne à la fois. C'est par là que M. Eiffel, le 31 mars 1889, à 2 heures 40 minutes, alla hisser le drapeau annonçant le moment de la terminaison de l'entreprise.

Beaucoup de personnes s'imaginent que la hampe qui supporte le drapeau est un paratonnerre. C'est une erreur. La tour Eiffel n'a pas besoin de paratonnerre. Elle est elle-même le plus beau des paratonnerres connus, et elle protège un espace considérable dans son rayon. Cette énorme masse métallique est, en effet, mise en communication constante avec la couche aquifère du sol du Champ de Mars, par des conducteurs métalliques spéciaux, enfouis sous chaque pilier. La conductibilité de cet immense paratonnerre est ainsi suffisamment assurée.

C'est dans la terrasse terminale surmontant le drapeau, que l'on a pu s'assurer, par des observations directes, d'un fait que l'on avait souvent discuté à l'avance, sans avoir aucune autre base que le calcul, à savoir les oscillations que la tour pourrait éprouver par l'effet du vent. On avait calculé qu'au sommet, ces oscillations ne dépasseraient pas 10 centimètres. Les observations faites jusqu'à ce jour, par les plus grands vents qui aient pu survenir, ont confirmé cette prévision du calcul. On peut donc être assuré que la tour, dans les conditions ordinaires de l'atmosphère, sera aussi inébranlable qu'un roc, et cela de sa base au sommet.

Il est intéressant de savoir que la tour de 300 mètres, qui pèse 6500 tonnes, aurait pu avoir un poids deux fois moindre, s'il n'avait pas fallu tenir compte du vent. Avec 3000 tonnes de fer elle suffisait aux exigences de sa propre stabilité; mais on aurait couru le risque de voir la tour tout entière, un jour de bourrasque, s'abattre sur le Champ de Mars. Les violences et les surprises du vent imposent à tous ceux qui bâtissent une excessive prudence. On sait, en effet, ce qui s'est passé en 1884 à l'embouchure de la Tay en Écosse. Un pont de tôle traversait ce bras de mer. Des milliers de trains l'avaient franchi impunément; mais une nuit la tempête sévit avec tant de fureur que le vent emporta le pont, avec un train de chemin de fer qui le traversait et qu'on n'a plus revu.

Il faut donc que toute construction soit plus forte que le vent. M. Eiffel a voulu prévoir, comme possibles, des cyclones que nos latitudes n'ont jamais connus. Si une de ces terribles trombes vient jamais à se produire, il y aura à Paris bien des ruines, mais le monument du Champ de Mars restera debout : *impavidum ferient ruinæ!*

On s'est demandé quelquefois ce qu'a coûté le monument de M. Eiffel, et si les péages des visiteurs pendant l'Exposition ont couvert les frais de construction. On a à cet égard des renseignements précis. Les frais de construction ont été les suivants :

	Fr.
Fondations, maçonnerie, soubassements..........................	900 000
Montage métallique ; fers; octroi pour les fers........................	3 800 000
Peinture ; quatre couches, dont deux au minium....................	200 000
Ascenseurs et machines............	1 200 000
Restaurants, décoration des plates-formes de la tour; installations diverses.......................	400 000
Total........	6 500 000

Les ascenseurs ont coûté 600 000 francs de plus qu'on ne l'avait prévu.

Sur cette somme de 6 500 000 francs, l'État a donné à M. Eiffel une subvention de 1 500 000 francs et la ville de Paris a concédé le terrain. Mais dans un délai de vingt années à partir de la clôture de l'Exposition la tour appartiendra à l'État.

En attendant, la jouissance en appartient à une société financière, qui a été formée par M. Eiffel et deux ou trois grandes maisons de banque, au capital de 5 millions et demi.

On sait aujourd'hui que les recettes de la seule année de l'Exposition ont permis de rembourser intégralement le capital.

Notre visite aux étages de la tour prendra fin ici.

Nous avons parcouru de bas en haut notre monument national. Nous n'avons qu'à redescendre par l'*ascenseur*, ou plutôt par le *descenseur*, qui, en peu de minutes, nous ramènera au pied du monument.

Connaissant bien maintenant notre tour de 300 mètres, nous pouvons répondre, en la quittant, à une question qui a été bien souvent agitée, avant et pendant son édification. « A quoi peut servir la tour du Champ de Mars? »

« A rien! » disait-on, avant son édification, et de très bonne foi. Les opinions ont singulièrement changé depuis ; car maintenant, on professe qu'elle peut servir à tout.

La science sera appelée à profiter la première de l'existence de cet immense mât métallique, dans une foule de cas que les physiciens, les astronomes et les naturalistes se sont empressés de consigner.

Écoutons, par exemple, pour l'astronomie, l'un des plus illustres représentants de cette science, M. Janssen, directeur de l'observatoire de Meudon.

Il est incontestable, a dit M. Janssen, que c'est au point de vue météorologique que la tour pourra rendre à la science les plus réels services. Une des plus grandes difficultés des observations météorologiques réside dans l'influence perturbatrice de la station même où l'on observe. Comment connaître, par exemple, la véritable direction du vent, si un obstacle tout local le fait dévier? Et comment conclure la vraie température de l'air avec un thermomètre influencé par le rayonnement des objets environnants? Aussi les éléments météorologiques des grands centres habités se prennent-ils en général en dehors même de ces centres; et encore est-il nécessaire de s'élever toujours à une certaine hauteur au-dessus du sol. La tour donne une solution immédiate de ces questions. Elle s'élève à une grande hauteur, et par la nature de sa construction elle ne modifie en rien les éléments météorologiques à observer.

Il est vrai que 300 mètres ne sont pas négligeables au point de vue de la chute de la pluie, de la température et de la pression ; mais cette circonstance donne un intérêt de plus pour l'institution d'expériences comparatives sur les variations dues à l'altitude.

Je m'insiste pas sur les autres usages scientifiques qui ont été signalés, avec raison. Je dirai seulement que la tour pourrait donner lieu à de très intéressantes observations électriques. Il est certain qu'il se fera presque constamment des échanges entre le sol et l'atmosphère par ce grand paratonnerre métallique de 300 mètres. Ces conditions sont uniques, et il y aurait un très grand intérêt à prendre des dispositions pour étudier le passage du flux électrique à la pointe terminale de la tour. Il sera souvent énorme et même d'ob-

Fig. 465. — Installation des projecteurs de lumière électrique sur la terrasse du deuxième étage de la tour Eiffel.

servation dangereuse ; mais on pourrait prendre des dispositions spéciales pour éviter tout accident, et alors on obtiendrait des résultats du plus grand intérêt.

Je voudrais encore recommander l'institution d'un service de photographies météorologiques. Une belle série de photographies nous donnerait les formes, les mouvements, les modifications qu'éprouvent les nuages et les accidents de l'atmosphère, depuis le lever du soleil jusqu'à son coucher.

Enfin je pourrais signaler aussi d'intéressantes observations d'astronomie physique, et en particulier l'étude du spectre tellurique, qui se ferait là dans des conditions exceptionnelles.

Ainsi la tour sera utile à la science ; ce n'est de sa part que de la reconnaissance, car sans la science jamais elle n'aurait pu être élevée.

En ce qui touche les observations astronomiques proprement dites, la pureté de l'air à cette grande hauteur et l'absence des brumes basses qui recouvrent le plus souvent l'horizon de Paris permettront de faire un grand nombre d'observations d'astronomie physique, souvent impossibles sous le ciel de Paris.

La tour du Champ de Mars sera, en outre, un observatoire météorologique merveilleux, dans lequel on pourra étudier utilement, au point de vue de l'hygiène et de la physique, la direction et la violence des courants atmosphériques, l'état et la composition chimique de l'atmosphère, son électrisation, son hygrométrie, la variation de température à diverses hauteurs, l'étude de la polarisation atmosphérique, etc.

Un astronome attaché à l'observatoire de Paris, M. Pierre Puiseux, a écrit ce qui suit, à propos des services que la tour Eiffel rendra aux astronomes :

Il est hors de doute que la tour pourra recevoir des applications utiles aux études astronomiques. La mobilité de la plate-forme sous l'influence du vent exclut sans doute les observations qui ont pour but de fixer la position précise des astres, mais elle laisse le champ libre à la plupart des recherches d'astronomie physique. Des spectroscopes destinés à analyser la lumière du soleil et des étoiles, à constater les mouvements propres des astres par le déplacement des raies, fonctionneraient mieux à 300 mètres de hauteur qu'au niveau du sol. L'élimination des poussières et des brumes locales permettrait de suivre le soleil plus près de l'horizon. De là un sérieux avantage pour l'étude des raies telluriques dues à l'absorption de la lumière solaire par l'atmosphère.

Un appareil à photographie lunaire ou solaire serait aussi d'un bon usage ; son emploi serait surtout indiqué dans le cas de passages de Mercure ou d'éclipses s'effectuant près de l'horizon. Les photographies d'étoiles ou de nébuleuses, exigeant une pose appréciable, seraient plus exposées à être contrariées par le vent et devraient être réservées pour les nuits calmes. Il faut faire attention cependant qu'une translation latérale de l'instrument n'a pas d'influence nuisible ; l'essentiel est que l'axe optique reste parallèle à lui-même. Il semble difficile de décider avant l'expérience si les mouvements causés par le vent seront bien de cette nature. En tout cas, les aspects physiques de la lune, des planètes, des nébuleuses, pourront être étudiés et dessinés dans des conditions favorables.

Un chercheur ou un télescope de grande ouverture, installé au sommet de la tour, permettra de suivre les astres qui n'atteindraient qu'une faible hauteur sur l'horizon de Paris. Ces observations ne sauraient rivaliser d'exactitude avec celles des observatoires fixes, mais elles pourraient être effectuées dans des cas où celles-ci deviennent impossibles. Or, on sait que, pour les astres nouvellement découverts, il est important d'obtenir le plus tôt possible des mesures même approchées.

Une étude également intéressante pour la météorologie et l'astronomie sera celle de la variation de la température avec l'altitude. Toutes les théories de la réfraction données jusqu'à présent reposent sur des hypothèses gratuites et souvent démenties par l'expérience. »

En ce qui concerne la physique du globe, on disposera, pour la première fois, d'un poste aérien d'observation parfaitement fixe, ce qui est autrement avantageux que la nacelle d'un ballon, toujours secouée par les vents, dans une ascension. Il est évident que l'on pourra poursuivre ainsi, par tous les temps, des travaux depuis longtemps commencés sur la loi de la chute des corps, la résistance de l'air à différentes vitesses, les lois de l'élasticité, de la compression des gaz ou des vapeurs, etc. On pourra mesurer directement les épaisseurs d'une atmosphère de mercure dans les pressions très élevées, au lieu de les évaluer par le calcul, comme on a été forcé de le faire jusqu'ici.

Quant à la météorologie, on étudiera la direction du vent et la force des courants atmosphériques, la décroissance de la densité de l'air, son état d'hygrométrie, l'électricité atmosphérique, la loi de la décroissance, de la température, etc.

C'est ce que Hervé Mangon expliquait fort bien, dans une communication adressée, le 3 mai 1888, à la Société météorologique de France.

La tour Eiffel permettra, selon Hervé Mangon, d'organiser un grand nombre d'observations et d'expériences météorologiques du plus haut intérêt, parmi lesquelles nous citerons au hasard les suivantes :

La loi de décroissance de la température avec la hauteur serait facilement observée, et les variations dues aux vents, aux nuages, etc., fourniraient certainement de nombreux renseignements, qui nous font jusqu'à présent complètement défaut.

La quantité de pluie qui tombe à différentes hauteurs sur une même verticale, a été très diversement estimée. Cette question, si intéressante pour la théorie de la formation de la pluie, serait résolue par quelques années d'observations faites au moyen d'une quinzaine de pluviomètres, régulièrement espacés sur la hauteur de la Tour.

La brume, le brouillard, la rosée, forment souvent à la surface du sol, des masses de moins de 300 mètres de hauteur; on pourrait donc observer ces météores sur toute leur épaisseur, faire des prises d'air à diverses hauteurs, mesurer le volume d'eau à l'état globulaire tenu en suspension dans chaque couche. Ce volume liquide est beaucoup plus considérable que celui qui répond à la vapeur d'eau, et sa connaissance expliquerait comment des nuages d'un faible volume versent quelquefois sur le sol des quantités d'eau si considérables.

L'état hygrométrique de l'air varie avec la hauteur. Rien ne serait plus facile que d'étudier ces changements, si l'on pouvait observer au même instant des instruments placés à d'assez grandes distances les uns au-dessus des autres.

L'évaporation donnerait également lieu à de très utiles expériences.

L'électricité atmosphérique, sur laquelle on ne possède encore que des notions si imparfaites, devrait faire à l'observatoire de la tour l'objet des recherches les plus actives. La différence de tension électrique entre deux points situés à 300 mètres de distance verticale est probablement très considérable et donnerait lieu à des phénomènes du plus grand intérêt.

La vitesse du vent croît, en général, avec rapidité, quand on s'écarte de la surface du sol; la tour permettrait de déterminer la loi d'augmentation de cette vitesse jusqu'à 300 mètres, et probablement un peu plus haut. Cette détermination, indépendamment de son intérêt théorique fournirait à l'aérostation d'utiles renseignements.

La transparence de l'air pourrait être observée, sur la tour, dans des conditions exceptionnellement favorables, soit suivant la verticale, soit suivant les lignes d'une inclinaison donnée.

Indépendamment des observations météorologiques que nous venons de citer, la tour du Champ de Mars permettra encore de réaliser un grand nombre d'expériences qu'il est impossible de tenter aujourd'hui, On pourra, par exemple, établir des manomètres allant jusqu'à 400 atmosphères, qui pourront servir à graduer expérimentalement les manomètres des presses hydrauliques, et à établir des pendules dont chaque oscillation durerait plus d'un quart de minute, etc., etc.

Grâce à sa hauteur, on pourra répéter sur une échelle grandiose la célèbre expérience de Foucault pour la démonstration de la rotation de la terre. Un pendule, composé d'une masse de fer suspendue à un fil de 200 mètres de longueur, venant heurter de chacune de ses oscillations des sacs de terre disposés autour de la circonférence tangente au fil, permettra de montrer avec une ampleur, imprévue jusqu'ici, le phénomène de la rotation de notre globe sur son axe.

En résumé, on peut assurer qu'à l'heure qu'il est, il est peu de savants qui ne pensent à réaliser, à l'aide de la tour Eiffel, une expérience quelconque, se rattachant plus spécialement à l'objet de leurs études.

Ce sera donc pour tous un observatoire et un laboratoire tels qu'il n'en aura jamais été mis à la disposition de la science.

Au point de vue de l'art de la guerre, la tour Eiffel est appelée à rendre des services réels. On pourra observer les mouvements de l'ennemi dans un rayon de plus de 60 kilomètres, et cela par-dessus les hauteurs qui entourent Paris, et sur lesquelles sont construits nos plus beaux forts de défense. Si on eût possédé la tour Eiffel pendant le siège de Paris, les chances auraient peut-être autrement tourné. En effet, cet observatoire stratégique mettra en communication constante Paris et la province. Ce sera l'investissement annihilé, et le mot d'ordre envoyé jusqu'à de prodigieuses distances. La télégraphie optique, grâce à la tour Eiffel, permettra de communiquer de Paris à Rouen, à Alençon, à Beauvais, etc., en passant par-dessus la tête de l'assiégeant.

L'ennemi tenterait sans doute d'envoyer des obus au Champ de Mars ; mais nos forts sont situés à une si grande distance de la ville qu'ils garantissent la tour des coups de l'artillerie ennemie. Il faudrait prendre un fort, et un fort une fois pris, c'en est fait de la capitale. Mais un obus n'aurait aucune prise sur la tour ; le projectile n'y produirait aucun autre effet que quelques fers cassés, qui seraient assez vite réparés.

Aux premiers temps de la découverte des ballons, on disait, non sans quelque mépris, devant l'illustre Franklin : « A quoi peuvent servir les ballons? » Le philosophe américain répondit : « A quoi peut servir l'enfant qui vient de naître? » On pourrait rééditer à propos de la tour de l'Exposition, la belle parole du physicien de Philadelphie ; mais il n'est pas nécessaire de s'en rapporter à l'avenir pour préciser les emplois utiles que pourra recevoir l'admirable édifice qui se dresse au Champ de Mars. Il est certain, d'ores et déjà, qu'il rendra de grands services à la science et qu'il sera très utile en cas de guerre.

FIN DU SUPPLÉMENT AUX PHARES.

LE
PHONOGRAPHE

CHAPITRE PREMIER

LA DÉCOUVERTE DU PHONOGRAPHE PAR M. EDISON ET SA
PRÉSENTATION A L'ACADÉMIE DES SCIENCES DE PARIS.
— LE PHONAUTOGRAPHE DE LÉON SCOTT DE MARTIN-
VILLE PRÉCÈDE L'INVENTION D'EDISON. — VIE ET TRA-
VAUX DE LÉON SCOTT DE MARTINVILLE.

Le 11 mai 1878, il se passa des choses
étranges à l'Académie des sciences de Paris.
Pendant la séance publique, un des plus
savants physiciens de cette assemblée,
Th. Du Moncel, présenta à ses collègues un
appareil vraiment merveilleux, puisqu'il reproduisait la voix humaine, qu'il parlait,
chantait, et répétait les sons, préalablement
fixés et emmagasinés à sa surface.

L'inventeur était M. Edison, le célèbre
électricien des États-Unis.

Quoique le téléphone nous ait habitués à
bien des surprises scientifiques venant du
nouveau monde, l'annonce de l'existence
d'une machine enregistrant les sons, laissait
les assistants fort incrédules. Mais il fallut
bien se rendre à l'évidence.

L'aide de M. Edison, envoyé de New-York
pour faire connaître en Europe le *phonographe*, s'était placé devant sa machine, qui
ressemble à une boîte à musique, et qui a
un mètre de long sur 20 centimètres de
large, et il prononça, à voix très haute, les
mots suivants :

— *M. Edison a l'honneur de saluer Messieurs les membres de l'Académie.*

Alors il tourna la manivelle, et la machine
répéta distinctement :

— *M. Edison a l'honneur de saluer Messieurs les membres de l'Académie.*

Ensuite l'opérateur, appliquant de nouveau ses lèvres sur l'embouchure de la
machine, dit textuellement :

— *Monsieur phonographe, parlez-vous
français ?*

Il tourna la manivelle, et l'instrument
répéta :

— *Monsieur phonographe, parlez-vous
français ?*

Ces paroles furent parfaitement enten-
dues de tout le monde. Seulement, le timbre
n'était plus le même que celui des paroles
prononcées ; l'instrument parlait beaucoup
plus bas, et à la manière d'un ventriloque.

L'assistance était stupéfaite : on paraissait croire à une mystification. Th. du Moncel, fut prié par ses collègues de vouloir
bien remplacer l'opérateur.

Du Moncel s'approcha donc de la boîte parlante, et dit, d'une voix très forte :

— *L'Académie remercie M. Edison de son intéressante communication.*

L'instrument répéta les paroles de Th. Du Moncel.

Académiciens et public, tout le monde était interdit, tant cette découverte était merveilleuse et imprévue.

L'étonnement qui se manifesta, au sein de l'Académie, eut un résultat extraordinaire, et auquel on était loin de s'attendre. Un savant illustre, le docteur Bouillaud, ne pouvait en croire ses oreilles. Il soupçonnait quelque supercherie, quelque mystification ; car le soupçon de supercherie est encore le grand cheval de bataille de bien des savants, en présence d'un phénomène qui dépasse les données ordinaires et les faits habituels. Bouillaud, sceptique par essence, flairait donc une supercherie, de la part de Th. Du Moncel. A peine ce dernier avait-il terminé sa communication, que Bouillaud quittait sa place, pour aller examiner de près la personne de son savant confrère, et reconnaître s'il ne cachait point dans sa bouche quelque *pratique* de polichinelle, qui aurait produit les sons entendus. N'ayant pu rien découvrir de ce genre sur Th. Du Moncel, notre enragé sceptique songea à un effet de ventriloquie.

La salle des séances de l'Académie française est attenante à celle de l'Académie des sciences ; Bouillaud s'empressa de pénétrer dans la salle de l'Académie française, pour s'assurer qu'il n'y avait point, dans cette pièce, quelque individu caché, qui, opérant par la ventriloquie, aurait trompé, par ce fallacieux moyen, la docte assemblée. Mais il n'y avait personne dans cette salle ; la ventriloquie était donc hors de cause.

Bouillaud revint à sa place, nullement convaincu, d'ailleurs, de la sincérité de l'expérience, et croyant toujours à l'existence de quelque compère. Et nous pouvons ajouter que l'estimable docteur a conservé jusqu'à sa mort son doute philosophique, à l'encontre du phonographe, qui ne fut jamais, à ses yeux, qu'une adroite mystification.

Nous avons rapporté cette anecdote pour que nos neveux n'ignorent point quel accueil on réservait encore aux découvertes scientifiques, à la fin du XIXe siècle, dans le sanctuaire le plus célèbre et le plus autorisé de la science européenne.

En quoi consiste cependant le merveilleux appareil que M. Edison avait baptisé du nom de *phonographe* ? quelle est son origine scientifique ? quels sont son mécanisme et ses effets ?

L'inventeur du phonographe est certainement M. Edison ; mais il est juste de mentionner les recherches et les travaux qui avaient été entrepris avant lui dans cette direction, et qui ont facilité sa tâche.

C'est ici qu'il faut enregistrer les curieux travaux d'un homme patient et modeste, Léon Scott de Martinville

Simple typographe et correcteur d'imprimerie, Léon Scott de Martinville consacra dix années de sa vie à la poursuite du problème : *La parole s'inscrivant elle-même*, et il atteignit parfaitement son but, par l'invention de son *phonautographe*, appareil connu de tous les physiciens, car il a été souvent mis en expérience dans les cours de physique et dans les conférences.

Dès l'année 1856, Léon Scott avait combiné l'instrument qu'il nommait *phonautographe*. Le premier, il avait imaginé d'inscrire les vibrations de la voix humaine au moyen d'un style métallique se promenant sur une surface de papier revêtue de noir de fumée.

Le *phonautographe* de Léon Scott, tel qu'on le construit aujourd'hui, se compose comme le représente la figure 466 (page 632) d'une caisse en bois, en forme de pyramide tronquée, ouverte à sa base, et revêtue, à l'intérieur, d'une épaisse couche de plâtre, destinée à empêcher les vibrations des parois de la caisse. On parle devant la grande face de la pyramide B. Le sommet de cette pyramide est fermé par un tympan A, en forme de tambour, et dont les membranes sont composées de trois tuniques, deux en caoutchouc et une tunique centrale en baudruche. Les deux membranes sont tendues par un petit appareil en ivoire, destiné à jouer le même rôle que la chaîne des osselets dans l'oreille humaine, et qui augmente de beaucoup la sensibilité du tympan. On voit la coupe de ce petit appareil dans la partie supérieure de la figure 466. Lorsqu'on chante dans le conduit EG, les vibrations de la voix sont transmises au style FC, qui les écrit en blanc sur un cylindre tournant, recouvert d'une feuille de papier, sur laquelle on a déposé au préalable une couche de noir de fumée.

L'appareil de Léon Scott inscrit les vibrations sonores. Le phonographe a fait un pas de plus, puisqu'il commence par inscrire les vibrations du son, et que par un complément inattendu de la première opération, il répète les sons inscrits sur une surface plane, métallique ou autre, ce que ne peut faire le *phonautographe*.

Le phonographe d'Edison n'est donc pas sans liens de parenté avec le *phonautographe* de Léon Scott. Si celui-ci n'est pas le fils de celui-là, on peut dire qu'il existe entre eux une filiation très évidente.

Pauvre Léon Scott! que de travaux, de peines, de dépenses, difficilement réalisées, t'a inspiré cette découverte, qui fut la préoccupation et la passion de ta vie! En vain tu essayas de convaincre les corps savants de l'importance et de la réalité du phénomène de *la parole s'inscrivant elle-même*. En ce siècle d'inventeurs presque toujours bien accueillis partout, tu ne trouvas, toi, que froideur, découragement et dédain.

Tu fus empêché par la mauvaise fortune, de poursuivre tes recherches, et tu ne recueillis point le juste fruit de tes longs efforts. Tu n'as pu voir tes droits de créateur et d'inventeur reconnus et proclamés comme ils le sont aujourd'hui.

J'ai connu Léon Scott, qui était correcteur à l'imprimerie Martinet, rue Mignon. Je le voyais journellement, en 1858 et 1860, quand je faisais paraître, chez Victor Masson, mes premiers ouvrages de vulgarisation scientifique. Partant de l'expérience d'un physicien anglais, Young, qui était parvenu à faire tracer sur un cylindre métallique, les vibrations d'une tige de métal, et des expériences de Duhamel et de Wertheim, qui avaient inscrit par le même moyen les vibrations des cordes et de diapasons, Léon Scott avait merveilleusement réussi à faire inscrire par une pointe vibrante, les sons de la parole et du chant, sur une feuille de papier, préalablement recouverte de noir de fumée, et se déroulant d'un mouvement uniforme.

Je dois reconnaître, toutefois, que tout le monde, à l'imprimerie et chez les éditeurs, regrettait la passion de recherches et d'expériences qui consumait le pauvre typographe, et épuisait ses forces, comme ses ressources. On ne voyait en lui qu'une sorte de Balthazar Claës, ou de Nicolas Flamel, à la poursuite de l'absolu ou de la pierre philosophale; de sorte que chacun l'engageait, charitablement, à s'occuper de sa profession, et non de physique.

On se trompait, puisqu'il était sur la voie d'une des plus grandes découvertes de notre siècle. Si, au lieu d'être un simple ouvrier, vivant du produit de sa journée, il eut fait partie d'un corps universitaire, on ne peut mettre en doute qu'ayant les moyens de pousser plus loin ses recherches, il n'eût réalisé la découverte qui devait illustrer Edison.

L'histoire des inventions qui ont marqué leur place dans le développement et les

Fig. 466. — Le phonautographe.

progrès de l'esprit humain, est toujours intéressante à connaître. En ce qui concerne l'invention du phonographe, cet intérêt augmente pour nous, puisqu'il s'agit d'établir que le phonographe a pour première origine un appareil dû à un inventeur français, c'est-à-dire le *phonautographe* auquel M. Edison a fait des emprunts évidents. On nous permettra donc de développer les faits venus à notre connaissance sur les travaux et la personne de Léon Scott.

Léon Scott de Martinville était le petit-fils du baron Scott de Martinville, dont nous avons dit quelques mots dans les *Merveilles de la science* (Notice sur les *Aérostats*) (1) comme ayant, dès 1789, proposé un appareil pour la direction des ballons. Le baron Scott de Martinville avait ouvert, à cette époque, une souscription, pour réaliser son projet des ballons dirigeables. Les troubles des temps empêchèrent la

(1) Tome II, page 590.

souscription d'aboutir. Il nous est resté de cet effort un volume très intéressant du baron Scott de Martinville, intitulé *l'Aérostat dirigeable* (in-8°, 1789).

Édouard Scott de Martinville était né à Paris, le 24 avril 1817. Il était fils d'Auguste-Toussaint de Martinville, également né à Paris, sur la paroisse de Saint-Sulpice, et fils lui-même d'un autre Auguste-Toussaint de Martinville, baron de Balweary, né à Rennes, le 1er novembre 1732. Il descendait d'une ancienne famille de Bretagne, primitivement originaire d'Écosse, et qui remontait, par seize degrés, à Michel Scott, baron de Balweary, auteur du célèbre traité de *la Physiognomie.*

Auguste-Toussaint Ier, mort en 1800, à Châlon-sur-Saône, chef de bataillon, avait été ruiné par la Révolution. Il s'était occupé d'inventions, en particulier, comme il est dit plus haut, de la *direction des aérostats*, question sur laquelle il proposait une solution pour un problème qui n'est pas encore résolu. Après sa mort, son

Fig. 467. — Léon Scott fait fonctionner son phonautographe devant la *Société d'encouragement pour l'industrie nationale.*

fils entra, à l'âge de treize ans, dans l'imprimerie Courcier, à laquelle il resta attaché, et qu'il dirigea pendant vingt-deux ans.

Léon Scott, fils du précédent, fut obligé, comme l'avait été son père, de suspendre de bonne heure ses études. Il entra, fort jeune, dans l'imprimerie scientifique de Mallet-Bachelier. Là, il eut le bonheur d'être distingué par le célèbre naturaliste Étienne Geoffroy Saint-Hilaire, qui le consultait sur ses travaux. Ce dernier reconnut au jeune typographe des aptitudes scientifiques toutes particulières et un esprit ingénieux, prévision qui devait se réaliser plus tard.

En 1852, corrigeant, un jour, dans l'imprimerie de Martinet, les *bons à tirer* de la première édition du *Traité de physiologie* du professeur Longet, il lui vint l'idée d'appliquer les moyens acoustiques que la nature a réalisés dans l'oreille humaine à la fixation graphique des sons de la voix du chant et des instruments. Il comptait arriver, par cette voie, à une sténographie acoustique de la parole, sans le secours de main d'homme.

Cette prétention hardie ne rencontra partout que des incrédules. Isidore Geoffroy Saint-Hilaire, président de l'Académie des sciences, que Léon Scott pria, le 26 janvier 1857, de déposer, en son nom, un paquet cacheté, constatant la prise de possession du principe de sa découverte, ne cacha pas son envie de rire, à cette communication du pauvre typographe.

Cependant, le professeur Pouillet (de l'Institut) ayant appris, par le chimiste Barreswill, les tentatives auxquelles se livrait Léon Scott, se fit un devoir de gravir jusqu'à sa mansarde, et sur sa recommandation, la *Société d'encouragement* admit l'inventeur à faire fonctionner devant elle (fig. 467), un appareil rudimentaire, qui, néanmoins, enregistrait merveilleusement les signes de la parole et du chant. La *Société d'encouragement* fit alors les frais de la première annuité d'un brevet d'invention de l'instrument.

Léon Scott avait construit ce *phonautographe* rudimentaire, avec le secours d'un ouvrier de ses amis.

Un jour, vers 1860, on donnait une conférence sur l'acoustique, dans l'amphithéâtre de la Faculté des sciences, à la Sorbonne. L'appareil de Léon Scott y figurait. On le fit fonctionner, et à la grande surprise des trois mille personnes qui composaient l'assemblée, il écrivit correctement les sons des deux tuyaux d'orgue montés sur même soufflerie, à un mètre de distance de l'appareil. Mais qui le croirait? Le nom de Léon Scott ne fut pas prononcé : l'opérateur recueillit seul l'hommage que méritait l'inventeur, pour avoir réalisé un tel résultat par huit années de travail solitaire, et en dépensant son petit héritage maternel.

Cependant, le *phonautographe* attira peu, à cette époque l'attention. Quelques démonstrations de son mécanisme, dans les cours publics de physique, voilà tout ce que put obtenir cet appareil. Si l'on veut savoir la raison de ce froid accueil, écoutons le curieux entretien que Léon Scott eut un jour avec le physicien Becquerel père, qui habitait alors au Jardin des Plantes.

Léon Scott avait eu le bonheur, insigne pour un correcteur d'imprimerie, de découvrir un certain nombre de distractions très graves au point de vue scientifique, dans les *bons à tirer* d'un mémoire académique dû à la plume d'une personne qui touchait de très près à ce professeur. Il profita de l'occasion pour demander à parler au savant déjà illustre qui avait fait des travaux extrêmement remarquables en physique. Il osa lui raconter ses espérances, les promesses de son conduit acoustique, de son tympan artificiel et de son style inscripteur, pour la solution de son grand problème « la *parole s'écrivant elle-même* ».

Becquerel père voulut bien l'écouter poliment et avec résignation. Quand il eut fini de parler, il le regarda, avec une nuance de compassion, et lui dit :

« J'ai entendu, un peu comme tout le monde, parler de votre affaire. Mais, au préalable, je me permettrai de vous poser, dans votre intérêt, cette question : Monsieur Scott, êtes-vous riche ?

— Hélas, non, répondit Léon Scott ; cette recherche est en voie d'épuiser mes dernières réserves.

— Eh bien, c'est fâcheux, c'est très fâcheux pour vous. Il vous faudrait un rapport académique, pour frapper, au ministère de l'instruction publique, à la porte du cabinet de M. Servaux, sous-chef de division, chargé de la répartition des encouragements aux savants. Une commission a été nommée, n'est-ce pas, à l'Académie des sciences, pour l'examen de votre mémoire ?

— Oui, monsieur.

— Eh bien, elle ne se réunira jamais, ou je me tromperais fort. Il vous faudra dépenser dix mille francs et cinq années de travail pour réunir les matériaux et faire la rédaction d'un mémoire conforme au programme qui vous sera imposé. Si vous arrivez jusqu'au bout sans être découragé, vous obtiendrez peut-être, à grand' peine, un encouragement de deux mille francs. Comprenez cela. On nomme à l'Académie de trois à six commissions, tous les lundis. Combien en voyez-vous qui se réunissent ? Combien présentent un rapport ? Vous devez connaître tout cela, vous qui travaillez, depuis l'âge de quinze ans, dites-vous, dans des imprimeries scientifiques. Chez nous, il y a les anciens qui mettent en ordre leurs travaux antérieurs, ou qui se reposent sur leurs lauriers ; c'est trop juste, n'est-ce pas ? et vous en feriez autant à leur place. Il y a les jeunes, tels que moi, par exemple, mais nous avons, comme vous, notre rôti sur le feu. Nous ne pouvons le quitter, sans qu'il

brûle, pour aller voir fonctionner votre appareil, pour suivre vos expériences. Et d'abord, je ne fais pas partie de vos commissaires ; il me faudrait laisser en souffrance les recherches délicates, coûteuses, que vous savez, et dont j'attends de beaux résultats. »

Et comme Léon Scott poussait un soupir de tristesse.

« Et puis, reprit le professeur, il y a une chose qui m'effraye pour vous, et que vos membranes ne vous ont pas dit : *Les questions ont leur heure !* Quand nous naviguons dans l'archipel scientifique, nous avons soin de choisir les questions propres à captiver l'attention. Même en matière de science, il faut être de son temps. Votre affaire est, au fond, de l'acoustique. Mauvaise chance pour vous ! Les ingénieurs, les médecins, les musiciens, ont horreur de l'acoustique. A l'exception de ceux qui jouent du violon, ces derniers ne sont pas bien sûrs que la vibration des corps existe. Qui est-ce qui travaille l'acoustique, chez nous ? Personne. On revoit ses notes avant de commencer son cours d'acoustique. Ah ! si Savart n'était pas mort, vous eussiez trouvé quelqu'un à qui parler. Votre machine l'eût empoigné, à la condition toutefois qu'elle ne s'avisât point de contredire un seul passage de ses mémoires sur des questions d'acoustique, mémoires au nombre de deux cents. Mais, je vous le répète, l'acoustique est tombée en catalepsie, depuis Savart, et vous ne prétendez pas sans doute la galvaniser. Si vous nous parliez de la lumière, de l'électricité, à la bonne heure, voilà les questions à l'ordre du jour.

— Alors, monsieur, vous me conseillez d'abandonner la partie ?

— Non pas précisément. Cherchez, pour vous amuser, comme distraction, à écrire la parole à vos moments perdus. Ce sera dur, mais très intéressant. Si l'Allemagne ne se met pas sur la piste, vous avez le temps de vous retourner et de voir venir. Gardez donc pour vous vos trouvailles. Tâchez de ressembler à Fresnel, qui faisait des expériences très délicates sur la lumière avec des appareils dits *à la ficelle*. Ne vous pressez pas, allez doucement, à pas comptés. Un jour arrivera, peut-être un peu tard, où l'on fera quelque part un coup d'éclat dans le champ de l'acoustique, qui ne donne

CHEVALLIER

Fig. 468. — Léon Scott.

rien depuis vingt ans. Alors, vous remonterez sur l'eau, et le succès viendra, si vous l'avez mérité. »

Ainsi parla le docte personnage, qui semblait entrevoir, dans les limbes de l'avenir, la découverte d'Edison. Léon Scott le remercia avec effusion de ses conseils et il se retira.

Les questions ont leur heure, avait dit le physicien philosophe. L'heure du *phonautographe* devait venir! Ce fut le jour où

Edison, complétant la découverte de Léon Scott, fit répéter par l'instrument les ondulations sonores inscrites sur sa surface !

Sur le bruit de la découverte de Léon Scott, un constructeur d'instruments de physique, de Kœnigsberg, qui se consacrait spécialement à l'acoustique, Rudolph Kœnig, s'offrit à construire l'appareil, et à l'exploiter en commun avec l'inventeur. Un traité fut conclu entre eux, le 30 avril 1859.

Voici un extrait de cet acte d'association :

Au commencement de février 1859, M. Rudolph Kœnig, constructeur d'instruments d'acoustique, s'est mis en rapport avec M. Scott, et lui a offert de lui venir en aide, pour l'exploitation de son invention. Il s'est engagé à construire les appareils fondés sur ledit procédé. M. Scott a accepté la proposition de M. Kœnig. En conséquence, l'appareil rudimentaire construit par les soins de M. Scott, a été transporté, avec ses accessoires, dans l'établissement de M. Kœnig. La composition du noir de fumée convenable, la nature du style flexible et les moyens de fixation employés par M. Scott, ont été communiqués à M. Kœnig. Ces messieurs ont expérimenté ensemble, et M. Scott a reconnu en M. Kœnig le talent de constructeur, les connaissances en acoustique et en facture, ainsi que l'adresse expérimentale indispensable pour la bonne exploitation scientifique et industrielle de la découverte que M. Scott a appelé *phonautographie* M. Kœnig a construit aujourd'hui un appareil destiné aux expérimentations publiques.

En conséquence de ce qui précède, M. Scott, titulaire du brevet n° 31470, reconnaît à M. Kœnig le droit exclusif de construire et délivrer au commerce l'appareil pour écrire les sons de l'air et tous autres fondés sur l'un des moyens brevetés par lui. »

Voici les moyens brevetés par Léon Scott, dans un *certificat d'addition au brevet de 1857*, et qui porte la date du 29 juillet 1859 : 1° le cylindre et son mouvement ; 2° le chronomètre et son support ; 3° le diapason pointeur et son support ; 4° la membrane et son appareil de tension ; 5° le style souple ; 6° la cuve et son support ; 7° la lampe fumeuse et le noir spécial ; 8° la fixation des épreuves.

Le typographe de l'imprimerie Martinet n'était pas sans rencontrer des sympathies actives, de la part des personnes qui s'intéressaient au progrès scientifique. En ce qui me concerne, je m'efforçai de répandre la connaissance de son appareil, et dans ce but, je publiai dans *l'Année scientifique de 1858* (3e année) un article assez étendu, exposant les bases et procédés inventés par Léon Scott, pour inscrire les vibrations sonores.

Voici cet article de *l'Année scientifique* :

« M. Léon Scott, enfant de la presse, puisqu'il remplit depuis vingt ans les fonctions de correcteur d'imprimerie, a observé des faits neufs et originaux, relativement à la manière de fixer graphiquement, sur une surface plane, les vibrations des corps en état de sonorité.

« M. Léon Scott croit être sur la voie qui mène à la solution de ce grand problème : *la parole s'écrivant elle-même*. Mais, avant tout, il importe de bien s'entendre sur les termes de ce problème, et sur les limites dans lesquelles l'auteur le renferme.

« Malgré les travaux persévérants de plusieurs générations d'expérimentateurs et de théoriciens, nous ne savons encore aujourd'hui que fort peu de chose sur le mécanisme de la voix, sur les conditions acoustiques de la parole. Qu'est-ce, en effet, par exemple, que le timbre des instruments ou des voix ? Qu'est-ce, dans le fluide sonore, que l'articulation ? Nul ne saurait en ce moment résoudre ces questions d'une manière expérimentale. Fait étrange ! la constitution première de toutes les langues, leurs harmonies particulières, pivotent sur le phénomène phonétique, et dans beaucoup de ses parties, le phénomène phonétique nous est encore inconnu.

« On ne saurait pourtant imputer, sans injustice, cette lacune dans nos connaissances à la timidité des efforts de nos contemporains ou de nos devanciers. Leurs acquisitions en acoustique ont coûté des peines infinies, et méritent toute notre reconnaissance. On est parvenu à compter, à mesurer des mouvements si rapides et si mystérieux, que le témoignage de nos sens est impuissant à nous les faire saisir. Mais le progrès des sciences physiques languit faute d'un instrument qui permette de voir, d'observer les conditions, les phases successives des phénomènes naturels. Sans l'invention des instruments d'optique, par exemple, l'astronomie serait encore dans les langes du berceau.

« L'instrument qui doit servir à l'observation des phénomènes phonétiques, M. Scott espère l'avoir trouvé. Il pense que l'on peut contraindre la nature à constituer elle-même une langue générale écrite de tous les sons.

« On comprend, au seul énoncé de ce problème, les immenses et décourageantes difficultés qui l'environnent. Qu'est-ce, en effet, que la voix ? Un mouvement périodique de l'air provoqué par le jeu de nos organes. Mais ce mouvement est très complexe et infiniment délicat. Sa délicatesse est telle que quand on parle dans une chambre sombre, éclairée seulement par un rayon de soleil, les plus fines poussières en suspension dans l'atmosphère, et qui sont visibles dans l'espace lumineux, n'en sont pas agitées d'une manière sensible. D'un autre côté, ce mouvement si subtil est extrêmement rapide, puisque dans le seul intervalle d'une seconde, sept cents à huit cents vibrations sonores s'accomplissent, pour produire un son d'une hauteur peu élevée.

« Comment pouvoir recueillir une trace nette et précise d'un tel mouvement, qui serait incapable de faire frémir un cil de notre paupière ?

« Si l'on pouvait poser sur cet air qui produit les sons, par ses vibrations rapides, une plume, un style, cette plume, ce style formerait une trace sur une couche fluide convenablement préparée. Mais où trouver un point d'appui pour cette plume? Comment la fixer à ce fluide fugitif, impalpable, invisible?

« Dans l'examen attentif de l'oreille interne de l'homme, M. Scott a trouvé le moyen de résoudre ce problème si difficile, et de construire un appareil susceptible de recevoir l'impression des sons, de la transporter et de l'inscrire sur une surface plane.

« Que voit-on, en effet, dans l'oreille interne? D'abord un conduit. Mais qu'est-ce qu'un conduit en acoustique, et à quoi peut-il servir? Une expérience mémorable, due à l'illustre Biot, doyen de l'Académie des sciences, va nous en fournir une explication complète, applicable à notre objet. Au commencement de ce siècle, pendant une nuit, Biot, placé à l'une des extrémités d'un aqueduc de fonte, d'une longueur de 950 mètres, put établir une conversation à voix très basse avec un second interlocuteur placé à l'autre extrémité de ce tube immense. Ainsi, avec un conduit d'une longueur quelconque, convenablement isolé de tout mouvement extérieur et de toute agitation des couches de l'air, le plus faible murmure de la voix est intégralement transmis à toute distance. Le conduit amène sans altération, sans déperdition, l'onde sonore, si complexe qu'elle soit, d'une des extrémités à l'autre, en la préservant de toutes les causes accidentelles qui pourraient la troubler; et si le conduit est par lui-même incapable de vibrer, si aucune transmission du mouvement vibratoire ne s'accomplit dans la route, le fluide poursuivra indéfiniment son mouvement primitif, avec sa pureté, sa netteté, son intensité originelles. Il est évident, d'après cela, que si l'on prend un conduit façonné en entonnoir à l'un de ses bouts, on pourra s'en servir pour recueillir les sons par son pavillon, et les diriger, sans qu'ils soient altérés en aucune façon, vers sa petite extrémité.

« Poursuivons l'examen de l'oreille. A la suite du conduit auditif, on rencontre une membrane mince, demi-tendue et inclinée : c'est la membrane du tympan. Qu'est-ce qu'une membrane mince et demi-tendue, dans cette architecture physique qui nous occupe? C'est, suivant la juste définition du physiologiste Müller, quelque chose de mixte, moitié solide, moitié fluide. Une membrane participe des solides par sa cohérence, et des fluides par l'extrême facilité de déplacement de toutes ses molécules. Elle est l'intermédiaire employé par la nature pour une transmission aussi parfaite que possible, du mouvement d'un fluide à un solide. Cette membrane, qui termine le conduit auditif, nous fournira le point d'appui que nous cherchons pour notre plume.

« Nous avons dit qu'il était nécessaire, pour la solution intégrale du problème, que le style appliqué sur le fluide en vibration, ou, ce qui reviendrait au même, sur la membrane, marquât sa trace sur un corps demi-fluide. En effet, tout mode d'inscription du mouvement qui exigerait, pour tracer la gravure, un effort appréciable, serait impossible à ce burin quasi aérien. La couche sensible ne devra donc offrir aucune résistance à ces délicates empreintes. De même qu'il a pris un demi-solide pour agent graphique, M. Scott a donc pris un demi-fluide pour matrice : c'est le noir de fumée. Une mince couche de noir de fumée déposée à l'état semi-fluide sur un corps quelconque (métal, bois, papier, tissu) animé d'un mouvement de progression uniforme, afin que les traces formées ne rentrent pas les unes dans les autres, telle est la surface propre à recevoir les traits de la plume.

« En résumé, l'appareil employé par M. Scott, pour obtenir l'impression graphique des sons, se compose d'un conduit évasé à son extrémité en une sorte de pavillon, qui sert à recueillir les sons de la voix ou d'un instrument en état de sonorité. L'extrémité qui termine ce conduit est fermée par une membrane mince, convenablement tendue et qui porte un crayon ou style excessivement léger. Ce crayon, mis en mouvement par les vibrations de la membrane provoquées par les sons, inscrit lui-même la trace de son mouvement sur un papier recouvert de noir de fumée, placé au-devant du crayon, qui se déroule lentement et uniformément par l'effet d'un rouage d'horlogerie. Les traces laissées sur ce papier peuvent ensuite être reproduites et fixées à jamais grâce à la photographie.

« M. Wertheim, un de nos jeunes physiciens, avait déjà obtenu, par des dispositions analogues, l'impression écrite des vibrations du diapason, et il avait rendu plus visibles, par ce moyen, les vibrations sonores des corps, effet que l'on n'avait mis en évidence jusque-là que par l'expérience des lignes nodales, tracées au moyen du sable sur les membranes vibrantes, selon le méthode de Chladni, Duhamel et Savart. Mais M. Scott a singulièrement perfectionné ces dispositions expérimentales, et il a fait une étude approfondie de l'emploi d'un appareil de ce genre pour l'examen des questions délicates qui sont du ressort de l'acoustique.

« Ne pouvant passer en revue toutes les questions de l'acoustique qui pourront recevoir des éclaircissements utiles de l'appareil graphique de M. Scott, nous citerons seulement les principales.

« La question du timbre, par exemple, sur laquelle on est si peu d'accord, pourra recevoir d'excellentes lumières de cette graphie des sons. M. Scott a déjà réuni un certain nombre d'épreuves, qui présentent les sons de la voix comparés à ceux du cornet à piston, du hautbois, du diapason, etc. Les instruments, comme on pouvait le pressentir, se distinguent d'avec les voix par les caractères de leurs vibrations. Ainsi l'accord parfait, donné par le cornet à piston, recueilli sur le noir de fumée, dans l'appareil de M. Scott, donne des figures fort dissemblables, par leurs formes et leurs dimensions, de celles que fournit le même accord parfait émané d'un instrument à cordes ou de la voix humaine. La même différence se remarque dans le tracé graphique que donne le chant comparé avec le tracé des cris explosifs, des rugissements, etc.

« M. Scott a constaté ce fait curieux que le son d'un instrument ou d'une voix fournit une suite de vibrations d'autant plus régulières, plus égales, et par conséquent plus isochrones, qu'il est plus pur pour l'oreille et mieux filé. Dans le cri déchirant, dans les sons aigres des instruments, les ondes de condensation sont irrégulières, inégales, non isochrones. Aussi pourrait-on dire qu'il y a, à ce point de vue, des sons faux et discords d'une manière absolue. Dans une épreuve de M. Scott qui montre les mauvais sons de la voix, c'est-à-dire les sons voilés, on reconnaît avec un peu d'attention, une, quelquefois deux et même trois vibrations secondaires, combinées avec l'onde principale.

« Telles sont les principales questions de l'acoustique qui pourront recevoir des éclaircissements de l'emploi de l'instrument de M. Scott.

« Mais, dira-t-on, à quoi bon cet art nouveau, dont l'exécution paraît si délicate? Si une question semblable eût été, au commencement de notre siècle, adressée à Volta, l'illustre inventeur de la pile électrique, il eût été, à coup sûr, bien empêché de répondre : « Cela sert à l'analyse chimique, à la galvanoplastie et à la télégraphie. » C'est une réponse analogue que pourrait faire l'auteur du travail qui nous occupe à celui qui lui poserait aussi, à propos de ses recherches, la question du *cui bonum*?

« On peut dire dès à présent que la *graphie des sons*, essayée par M. Scott, est appelée à fonder sur des bases nouvelles la sténographie. Une sténographie manuelle aussi rapide que la parole, est d'une impossibilité radicale. En effet, dans la courte durée d'une seconde, la voix peut donner dix sons syllabiques; or, la main la plus agile ne saurait, dans le même espace de temps, former, non pas même des signes variés, mais des points uniformes. La sténographie littérale étant irréalisable, on a songé aux moyens de condenser, d'abréger, de figurer les sons principaux, en négligeant toutes les syllabes accessoires. Mais un tel travail fait sur la langue écrite, devrait être précédé d'une étude approfondie de la langue phonétique. Cette reconstitution du langage sur une base scientifique ne serait pas à dédaigner pour la vérification de la langue écrite, car personne n'ignore que l'orthographe française est un compromis incohérent entre la prononciation et l'étymologie. L'art nouveau essayé par M. Scott fournira les bases de cette étude préalable.

« L'écriture et l'imprimerie expriment la parole, il est vrai, mais la parole morte et décolorée. Vous venez d'entendre réciter de beaux vers par Rachel : écrivez-les, et donnez-les à lire à un enfant, vous ne les reconnaîtrez plus. Pour leur rendre la vie, il eût fallu les accentuer, les noter, comme en musique; encore le but n'eût-il été que très imparfaitement atteint. Il manque là quelque chose; c'est ce que sentent beaucoup d'hommes éclairés, mais sans espoir de combler la lacune. La *phonautographie* de M. Scott fournira le moyen d'imprimer à l'écriture ordinaire l'expression qui lui manque, c'est-à-dire de traduire graphiquement la pensée par l'expression de la parole; car l'amplitude du tracé graphique ou la faible dimension de ce même tracé, correspondraient exactement à ces diverses inflexions de la voix dont la déclamation s'accompagne.

« Les travaux de M. Scott nous semblent donc marquer le début d'un art plein d'originalité, bien qu'il soit difficile, dès aujourd'hui, d'en prévoir et d'en fixer le développement et les applications. Si nous ajoutons que M. Scott, travailleur solitaire, ne dispose, comme la plupart des inventeurs, que de médiocres ressources, et que, depuis un grand nombre d'années, il prend ses heures d'expériences sur les heures du travail de sa profession, nous donnerons un motif de plus à l'intérêt et à la sympathie que ses recherches doivent inspirer aux amis des sciences. »

Ainsi, comme il était dit plus haut, le *phonautographe* de Léon Scott enregistrait les sons de la parole, mais il ne la reproduisait pas. Ce n'était que la moitié de la solution du problème. M. Edison est parvenu tout à la fois à enregistrer et à reproduire la parole et le chant. Voilà comment se trouva achevée la solution du problème abordé par Léon Scott, vingt ans auparavant.

Mais Léon Scott ne devait tirer aucun profit du brillant complément de ses travaux réalisé par le physicien des États-Unis. Dès l'annonce de la présentation du phonographe à l'Académie des sciences, il rappela les travaux, fit valoir ses droits, dont Édison avait absolument négligé de tenir compte. Il faisait remarquer que la membrane vibrante, le style et une surface inscrivant les ondulations de la voix, dont se servait le physicien de New-York, se trouvaient consignés dans son brevet, et existaient dans son *phonautographe*. Edison se tint coi.

Dans un article de *l'Année scientifique* de 1878 (22° année), en rapportant la communication de Th. Du Moncel à l'Académie des sciences, je signalais les travaux de Léon Scott, comme ayant sérieusement contribué à l'invention nouvelle, mais cette revendication resta sans écho.

Quelques amis conseillèrent alors à Léon

Scott de solliciter du Ministre de l'instruction publique, un encouragement pécuniaire, pour la continuation de ses expériences. Mais ses démarches n'aboutirent qu'à une fin de non-recevoir, nettement formulée.

Cette dernière période des tentatives du malheureux inventeur est consignée dans une lettre que Léon Scott m'adressa, le 13 mars 1879, et que l'on me permettra de rapporter ici, car c'est un véritable document historique sur des faits trop peu connus.

Voici donc la lettre de Léon Scott :

Paris, 13 mars 1879.

A Monsieur Louis Figuier.

J'ai reçu l'exemplaire dont vous avez bien voulu me faire don de la *vingt-deuxième année* de la belle publication scientifique que vous poursuivez avec une perfection qui ne s'est jamais démentie. Vous avez parlé de votre pauvre protégé de 1856, avec ce tact et ce bon cœur que connaissent tous les travailleurs scientifiques, et qui vous fait tant d'honneur. Je vous en remercie de toute mon âme.

Je vous dois, monsieur, un récit succinct de mes démarches pour revendiquer la part qui m'appartient dans l'invention des procédés de la *phonographie*, et pour poursuivre le but primitif que je m'étais proposé, beaucoup plus important, selon moi, que celui atteint par le phonographe Edison. Vous vous souvenez que je ne voulais pas répéter la parole, mais l'inscrire en caractères acoustiques.

Le constructeur qui, deux ans après les expériences que vous connaissez, s'était adressé à moi, M. Rudolph Kœnig (de Kœnigsberg), s'était arrangé pour s'approprier le produit des brevets et, avec le concours de M. l'abbé Moigno, s'emparer pour lui seul de la *coïnvention*. C'est là l'écueil de tous les inventeurs qui ne sont pas gens de métier et entrepreneurs.

Comme l'Académie n'avait pas voulu s'intéresser à ma communication du 15 juillet 1861 au sujet de l'inscription au moyen de solides (chaîne artificielle des osselets), je laissai tomber, par découragement, mes brevets en février 1864. M. Kœnig resta maître du terrain et ne fit rien de bon du phonautographe, entiché qu'il était des résonnateurs de M. Helmötz et des *flammes chantantes*. D'ailleurs, M. Kœnig a toujours été hostile aux travailleurs français.

Quand parut, en décembre 1871, l'invention de M. Edison, proclamée comme la huitième merveille

du monde, j'y reconnus immédiatement l'adaptation de cinq des moyens de mon brevet du 25 mars 1857 et du certificat d'addition du 29 juillet 1859. Je me présentai alors chez le célèbre professeur de physique de l'École polytechnique, M. Jamin, qui m'accueillit fort bien, reconnut de très bonne grâce qu'il avait été mis en erreur au sujet de la *coïnvention* de M. Kœnig et qui me conseilla de m'adresser directement au ministre de l'instruction publique, pour lui demander un subside de deux mille francs, afin de poursuivre mes expériences à partir du point où je les avais laissées en 1861, et en mettant à profit de nouveaux ajustements que j'avais conçus depuis cette époque.

M. Jamin poussa la bonté jusqu'à me remettre, pour M. le ministre de l'instruction publique (alors M. Bardoux), une lettre ainsi conçue :

« Termes, par Grandpré (Ardennes), 23 septembre 1878.

« Monsieur le Ministre,

« M. Scott de Martinville a imaginé, il y a une dizaine d'années, un appareil nommé phonautographe qui écrit sur un cylindre tournant les vibrations de la parole : cet appareil, qui est dans tous les cabinets de physique, est une des pièces du phonographe.

» M. Edison, à la vérité, a réussi à reproduire la parole avec cette écriture, ce qui est un progrès considérable ; mais M. Scott avait résolu la moitié du problème. C'est un ancien ouvrier typographe, et ce sont des difficultés d'argent qui l'ont arrêté dans des recherches du plus haut intérêt.

» Tout n'est pas fini ; on peut maintenant étudier les relations de l'écriture autographique avec la parole elle-même et apprendre à quelles sortes de vibrations correspondent les diverses voyelles. Cette question, M. Scott croit pouvoir la résoudre ; mais il lui faudrait un secours d'argent que j'ai l'honneur de demander pour lui à Votre Excellence, sachant avec quelle libéralité vous favorisez les études scientifiques. Jamais un meilleur emploi ne pourra être fait des fonds de l'État.

« Veuillez agréer, monsieur le ministre, l'assurance de tout mon respect.

« J. Jamin. »

M. Bardoux accorda une audience à mon ami, M. Jules Baudry, éditeur, qui voulut bien me présenter au ministre. Ce dernier se montra frappé de la lettre de M. Jamin, et me prodigua le baume de ses belles promesses et de ses protestations de bonne volonté. Il renvoya ma demande à un comité existant dans son ministère pour l'*encouragement des études scientifiques*.

Le rapporteur était M. Paul Desains, de l'Académie des sciences. Cet excellent homme voulut bien, dans son rapport, conclure à donner satisfaction à ma demande. Mais l'affaire traîna en longueur : un conflit eut lieu entre M. Dumesnil et M. Servaux, chefs, l'un de l'enseignement supérieur, l'autre, des encouragements. Ils épuisèrent d'un seul coup les 250 000 francs disponibles pour les savants en 1879, et, finalement, après sept mois de démarches et d'instances, je reçus, à ma grande déception, la missive suivante au nom du ministre :

MINISTÈRE   Paris, 17 janvier 1879.
DE
L'INSTRUCTION PUBLIQUE
ET DES BEAUX-ARTS.

« Monsieur, par votre lettre du 3 janvier courant, vous appelez de nouveau mon attention sur l'appareil inventé par vous et qui aurait servi de base à l'invention du téléphone ; par suite, vous demandez qu'une somme de deux mille francs vous soit allouée pour vous permettre d'achever l'appareil sténographe de la parole dont vous êtes également l'inventeur.

« Vos travaux ont été justement appréciés et il serait désireux que l'administration de l'instruction publique pût les encourager.

« Malheureusement, et malgré toutes les demandes qui ont été adressées aux Chambres, il n'existe au budget de mon département aucun crédit qui puisse être affecté à ces sortes de dépenses.

« Je ne puis, en conséquence, que vous exprimer regret de ne pouvoir accueillir favorablement votre demande.

« Recevez, monsieur, l'assurance de ma considération distinguée.

« *Le ministre de l'instruction publique,*
des cultes et des beaux-arts.

« BARDOUX. »

Vous voyez, monsieur, avec quel sans-gêne et quelle légèreté, on traite, en 1879, les inventeurs nationaux. Supposez, pour un moment, que je fusse en mesure, — comme j'en ai la conviction — de faire faire un pas décisif à la difficile question de la sténographie acoustique, et voilà le bénéfice d'un tel succès perdu pour mon pays, au profit sans doute des intérêts exotiques que M. le comte du Moncel a pris en mains avec une chaleur si étrange et si funeste aux travailleurs français. Énumérez les récompenses honorifiques, décorations, grandes médailles, produits des conférences dont M. Edison a été comblé ; comparez le résultat avec les sacrifices, les déboires, les contestations dont j'ai été victime pendant tant d'années, pour aboutir, en fin de compte, à l'oubli presque

complet et à une gêne voisine de la misère, et demandez-vous de quelle dose d'amour de la science ou de folie de l'invention il faut se sentir possédé pour se lancer dans une pareille carrière et « décrocher les mâts de cocagne » au profit des Yankees.

Je me rappelle, monsieur, toutes les choses excellentes que vous avez dites sur ce sujet et je crains que vous n'ayez qu'un chagrin, celui d'avoir eu trop raison dans vos appréciations. Je vous suis, je vous le répète, infiniment reconnaissant, de votre généreuse protestation en ma faveur.

J'ai l'honneur d'être, honoré monsieur, votre humble, dévoué et reconnaissant serviteur,

LÉON SCOTT DE MARTINVILLE.

Ainsi éconduit par les bureaux du ministère de la rue de Grenelle, frustré de tout espoir et dénué de ressources, Léon Scott fut forcé de renoncer à la lutte. Quelques années auparavant, il était entré, comme bibliothécaire et conservateur des manuscrits, chez M. Firmin Didot, qui l'employait à étendre sa collection, par des voyages à l'étranger. Ce travail ayant pris fin, il ouvrit, vers 1876, au fond de la cour de la maison n° 9 de la rue Vivienne, une petite boutique de marchand d'estampes, où il vécut pauvrement jusqu'à sa mort, arrivée le 26 avril 1879 (1).

Sa veuve a grand'peine à vivre. Elle a une fille aînée, qui donne des leçons de musique, et un fils, qui se prépare aux examens de l'École polytechnique. Elle sollicite un secours de la *Société de secours des amis des sciences*, fondée par le baron Thénard, pour venir en aide aux veuves et enfants des savants tombés dans l'infortune, et Dieu sait si elle a droit à la charitable attention de cette Société.

D'autre part, on lit dans le *Bulletin inter-*

(1) Au mois de mai 1878, Léon Scott fit paraître une très curieuse brochure, où il revendique ses droits de premier inventeur du phonographe. Cet opuscule, qui renferme l'histoire intéressante des luttes d'un travailleur obscur contre l'indifférence des corps savants et les lacunes de la loi, est intitulé *le Problème de la parole s'inscrivant elle-même*, par Léon Scott de Martinville, typographe.

Fig. 469. — Le phonographe. Vue extérieure.

national d'électricité n° de septembre 1890 :
« La Compagnie fondée à Londres pour
l'exploitation du nouveau phonographe
d'Edison, a acheté son brevet 6 millions. »

Sic vos non vobis mellificatis apes.
Sic vos non vobis nidificatis oves.

CHAPITRE II

DESCRIPTION DU PREMIER PHONOGRAPHE D'EDISON.
SES AVANTAGES ET SES DÉFAUTS.

Ce qui a conduit M. Edison, paraît-il, à
la découverte du phonographe, c'est son
idée de transmettre automatiquement les
signaux du télégraphe Morse. Il voulait
effectuer les signaux du télégraphe Morse,
au moyen d'un style traceur, sur une
feuille de papier entourant un cylindre
creusé d'une rainure en spirale. Les dentelures produites par le style devaient, en
repassant sous la même pointe, transmettre
automatiquement la dépêche.

C'est, après cette application du *style traceur* à l'enregistrement des signaux du télégraphe Morse, que M. Edison eut l'idée d'enregistrer et de reproduire la parole, dans
un instrument, qu'il appela *phonographe*.

Faisons, en passant, une remarque gram-
maticale sur le nom de *phonographe* donné
par Edison à cet appareil. En grec, le mot
φόνος ne veut pas dire *voix*, mais *meurtre*.
D'après cette étymologie, *phonographe* si-
gnifierait *instrument qui enregistre les
meurtres*. C'est le mot φωνή, qui signifie, en
grec, *voix*. Il faudrait donc dire *phonégraphe*,
et non *phonographe*, si l'on voulait se conformer au grec.

Quoi qu'il en soit de ce nom, consacré
par l'usage, nous dirons que le *phonographe*
ressemble à une serinette ou à une boîte
à musique, et nous allons voir qu'au fond,
son mécanisme se rapproche de celui de
la vulgaire serinette. L'appareil se compose, comme le montre la figure 469, d'un
cylindre en cuivre C, disposé horizontalement, et soutenu par un axe, que l'on fait
manœuvrer avec une vis V. Cette vis tourne
dans un écrou, lequel fait avancer ou reculer
le cylindre C. Une manivelle, B, permet de
faire tourner le cylindre C, lequel, tout
en tournant, avance ou recule, suivant le
sens dans lequel on fait agir la manivelle.

Une embouchure, D, est fixée sur le cylindre.

Au fond de cette embouchure se trouve
un diaphragme métallique, semblable à
celui du téléphone, et dont le centre porte,
comme la lame vibrante du téléphone, une

Fig. 470. — Détails du cylindre, de l'embouchure et de la lame vibrante du phonographe d'Edison.

A, Vis servant à fixer le bâti B après que l'on a réglé la pression de la pointe traçante P. — C, B, Bâti supportant l'embouchure V, le lame vibrante L et la pince S. — E, Vis servant au réglage de la pression de la pointe traçante sur la feuille d'étain. — L, Lame vibrante qui donne l'impulsion au ressort r supportant la pointe traçante P. — M, Poignée servant à faire avancer ou à reculer le bâti B. — N, Manivelle à l'aide de laquelle on fait tourner le rouleau R, au fur et à mesure que l'on parle. — P, Pointe traçante servant à imprimer sur la feuille d'étain les vibrations que la voix communique à la lame L. — R, Rouleau sur lequel est enroulée la feuille d'étain qui doit enregistrer les paroles prononcées dans l'embouchure V. — S, Pince qui est fixée au bâti B pour supporter le ressort r. — V, Embouchure au-dessus de laquelle on parle pour faire vibrer la lame L. — E. Ouverture faisant communiquer l'embouchure V avec la lame vibrante L. — r, Ressort auquel est fixée la pointe traçante P.

pointe en métal, regardant le cylindre et peu distante de celui-ci.

Quand on parle dans l'embouchure D (fig. 469), les vibrations de la voix doivent faire vibrer la membrane métallique placée à l'orifice de l'embouchure, et le style fixé à cette membrane, doit tracer une spirale sur la surface du cylindre, si, pendant que cette membrane vibre par l'effet de la voix appliquée sur l'embouchure, la main droite de l'opérateur agit sur la manivelle B, pour faire tourner le cylindre, lequel avance tout à la fois, comme il vient d'être dit, en ligne droite et horizontalement.

Or, autour du cylindre C, on a, d'avance, appliqué une feuille d'étain, et l'on a tracé sur cette bande de feuille d'étain une rainure, un sillon creux, en forme de spirale.

Pour régler la pression suivant laquelle la pointe traçante doit s'appuyer sur la bande d'étain, et y imprimer des marques correspondant aux vibrations de la voix, on se sert d'un petit système articulé dont on comprendra bien le jeu, grâce à la figure 470 qui donne une coupe verticale de la moitié de cet l'appareil.

Le petit pilier B (fig. 470) supporte la lame vibrante L, placée près de l'embouchure V. Ce système de support se compose du levier articulé B, et d'une rainure dans laquelle s'engage une vis A. La lame vibrante L, placée dans l'embouchure V, est supportée en bas par une large pince r, Un manche M, en rapport avec le levier B, permet, quand on desserre la vis A, de faire avancer ou reculer la pointe traçante placée dans l'embouchure. Pour régler la pression de la pointe traçante, il suffit donc de tirer plus ou moins le manche M et de serrer fortement la vis A, quand on a obtenu le degré convenable de pression.

Quand on parle dans l'embouchure V, tout en tournant la manivelle, comme le montre la figure 470, le diaphragme métallique se met à vibrer, et la pointe qu'il porte vient toucher la feuille d'étain, à l'endroit où elle passe sur le sillon en spirale. Lorsque la membrane et le style exécutent leurs vibrations, la feuille d'étain n'est pas toujours frappée par le style; alors, les traits imprimés sur la feuille d'étain sont dentelés. Ces dentelures sont la reproduction exacte de vibrations des sons qui les ont produites.

Il reste maintenant à répéter, à faire entendre les paroles ainsi imprimées sur le papier d'étain.

Les sons émis par la voix sont représentés, comme nous venons de le dire, par des vibrations, qui ont été enregistrées sur le métal. Il faut que ces vibrations renaissent au dehors, sous la forme des sons primitifs.

La première condition, c'est d'exécuter la reproduction des sons dans la même durée de temps qu'elles ont été faites, c'est-à-dire qu'il importe de faire tourner le cylindre avec la même vitesse qu'il avait pendant qu'il inscrivait les vibrations sonores.

Pour la reproduction des sons de la voix, c'est tout simplement le même appareil qui les reforme, par le même moyen qui avait servi à les enregistrer. Le phonographe *enregistreur* est le même que le phonographe *répétiteur*.

La machine parle au moyen de la feuille d'étain enroulée et de la pointe qui, appliquée de nouveau à sa surface, fait de nouveau vibrer la membrane métallique. Les vibrations de celle-ci sont traduites au dehors et amplifiées par l'intermédiaire de l'embouchure à laquelle on peut appliquer un porte-voix en carton mince.

Cette reproduction de la voix correspond donc à sa réception par le phonographe. La pointe qui touche le cylindre tournant, reçoit de lui les soubresauts que lui avait imprimés la membrane mise en mouvement par la voix, et les mouvements de la marche

Fig. 471. — Reproduction des sons de la voix.

du cylindre sur la feuille d'étain agissent sur la membrane de manière à lui faire répéter les sons qu'avait émis la voix, sous l'impulsion des lèvres. C'est ce que représente la figure 471.

Ainsi, le mécanisme est, comme nous le disions en commençant, très analogue à celui des serinettes, des orgues de Barbarie et des boîtes à musique. Dans le phonographe, la machine inscrit elle-même les sons sur le cylindre, puis elle traduit en voix ce qu'elle a inscrit en petites aspérités sur ce cylindre.

On met donc, avec le phonographe, la parole en portefeuille.

Dans l'échelle musicale, la hauteur des sons dépend du nombre des vibrations fournies par le corps vibrant dans un temps donné. Conséquemment, la parole peut être reproduite par le phonographe sur un ton dont l'élévation dépend de la vitesse de rotation que l'on donne au cylindre. Cette vitesse est-elle la même que celle de l'enregistrement, le ton des paroles reproduites est le même que le ton des paroles prononcées. Si cette vitesse est plus grande, le ton est plus bas.

Comme les appareils tournés à la main,

Fig. 172. — Exhibition du phonographe dans les cours et conférences (inscription des sons).

n'ont pas de mouvement très régulier, il en résulte que la reproduction du chant est toujours défectueuse. L'instrument chante faux, ou ne donne que des sons peu perceptibles.

Un horloger, M. Hardy, a muni le phonographe d'un mouvement d'horlogerie, qui rend égaux les deux mouvements de réception et de répétition, et avec cette addition le phonographe chante juste.

Quand la parole a été ainsi enregistrée, la théorie indique qu'on peut la reproduire plusieurs fois ; mais à chaque fois les sons deviennent plus faibles et plus confus, parce que les accidents de la feuille métallique vont en s'affaiblissant, à mesure que le nombre des reproductions est multiplié.

CHAPITRE III

LE NOUVEAU PHONOGRAPHE D'EDISON.
SES APPLICATIONS.

Malgré l'espoir et les annonces de l'inventeur, le phonographe est resté à peu près sans application, pendant dix années. On pourrait même dire qu'il fut complètement oublié dans cet intervalle, aucune application pratique n'étant venue le faire passer dans les habitudes générales, à l'instar du téléphone. Dans les cours de physique, le professeur exhibait devant son auditoire, la petite serinette à répétition, venue d'Amérique. Il amusait l'assistance, en faisant redire à l'instrument des paroles ou des chants qu'il venait de prononcer devant le cylindre d'étain, en faisant sortir de la musique, des chants, ou de petits rouleaux métalliques qu'il passait dans l'instrument. Mais c'était tout. Le public qui, en 1878, s'était passionné pour cette invention, l'avait absolument perdue de vue, dix années après.

C'est sans doute cette indifférence qui, blessant l'amour-propre de l'inventeur, l'amena à reprendre, pour le perfectionner, l'appareil de 1878.

Comme on l'a vu par les dessins que nous en avons donnés, cet appareil est formé de trois parties : un pavillon de réception

Fig. 473. — Exhibition du phonographe dans les cours et conférences (répétition des sons).

pour la voix, avec une plaque vibrante, un cylindre cannelé en hélice portant une feuille de papier d'étain, sur laquelle s'inscrivent les vibrations de la plaque, et un pavillon d'émission qui reproduit ces vibrations. L'arbre du cylindre porte une vis de même pas que l'hélice de la surface, de manière que la pointe de la plaque du récepteur puisse parcourir la feuille d'étain lorsqu'on tourne la manivelle.

Cet instrument permettait, comme nous l'avons dit, de recevoir et de reproduire la parole, mais imparfaitement. Les sons avaient un nasillement très désagréable.

Dans le nouvel instrument que M. Edison annonçait, en mai 1888, dans les journaux des deux mondes, il y a un récepteur et un transmetteur, comme dans l'appareil primitif.

Par son aspect il ressemble à un tour d'ébéniste. L'arbre principal est fileté entre ses supports, et prolongé à l'un des bouts, pour recevoir un cylindre en cire durcie, sur lequel doivent s'imprimer les vibrations de la voix. Parallèlement à l'arbre du cy-

lindre, est disposée une tige à coulisse, sur laquelle est un arbre creux. Ce dernier porte, à l'une de ses extrémités, une tige, munie d'un écrou, qui embrasse la partie filetée de l'arbre principal, et à l'autre une pièce articulée pourvue de deux diaphragmes, dont les positions respectives peuvent être interchangées à volonté et instantanément. Dans le diaphragme employé comme récepteur, la pointe qui imprime sur le cylindre de cire est fixée au centre dudit diaphragme, et peut osciller dans le sens vertical ; elle tend à être ramenée dans sa position primitive par un ressort fixé à gauche sur la paroi de la boîte. Dans le diaphragme transmetteur, la pointe fait partie d'une tige articulée sur la paroi de la boîte et repose, par son propre poids, sur le cylindre ; elle transmet au diaphragme les vibrations par l'intermédiaire d'un fil d'acier recourbé. Les deux plaques vibrantes sont en baudruche.

La tige qui porte les diaphragmes est munie d'une raclette tournante, destinée à aviver la surface du cylindre en cire.

Le mouvement est donné à l'arbre au moyen de cônes de friction actionnés par un petit moteur électrique, placé sur la table qui supporte l'appareil.

Le courant est fourni par une ou deux piles au bichromate de potasse. Un régulateur très sensible maintient une vitesse uniforme.

On commence par faire manœuvrer la raclette, pour nettoyer le cylindre en cire; puis on arrête sa marche, et on place la pièce qui porte les diaphragmes dans la position de départ, en mettant en action le récepteur seul. On donne alors le mouvement au cylindre, qui tourne devant la pointe.

Lorsque l'impression est terminée, on arrête la machine, on ramène l'appareil au départ, et on remplace le récepteur par le transmetteur. La pointe repasse par les empreintes laissées sur le cylindre, et reproduit dans le diaphragme les vibrations correspondantes.

Les résultats sont assez satisfaisants. L'articulation est nette et distincte, ainsi que la reproduction des inflexions de la parole, du ton et des modulations. Cela est dû à la régularité du mouvement et à la propriété que possède le cylindre de cire de recevoir les empreintes et à la délicatesse du récepteur. On voit dans la figure 474, (page 649), l'opérateur inscrivant les sons de la voix dans le nouveau phonographe.

Cet appareil fonctionna à Bath, pendant la réunion de l'*Association britannique*, qui se tint dans cette ville au mois de septembre 1888.

Les physiciens anglais et étrangers reconnurent que le transport de la voix n'était pas à mettre en doute, et que sa conservation indéfinie est un fait acquis. Cependant la reproduction de la parole n'est parfaite qu'à la condition de mettre à son oreille deux tuyaux acoustiques, terminés chacun par une petite ampoule de verre : ce qui est un pas en arrière, car dans le phonographe primitif la voix se faisait entendre sans l'emploi d'aucun cornet acoustique.

On peut embrancher plusieurs paires de petits tubes acoustiques sur un tube unique, mais plus le nombre des auditeurs est grand, moins bien on entend. Si la parole de l'opérateur est nette et rigoureuse, l'effet de la reproduction par l'instrument est parfait et produit l'illusion des sons de la voix et du chant.

Mais le phonographe ne peut rendre que ce qu'on lui a confié : le son ne s'améliore point parce qu'on l'*a mis en bouteille*. C'est ce qui fait que quelques personnes ont cru que le phonographe jouait faux, et chantait faux.

Pour juger de sa véritable puissance de reproduction, il ne faut pas s'en rapporter aux *phonogrammes* qui nous viennent d'Amérique, il faudrait avoir sous l'oreille les sons originaux et leur reproduction dans les tubes phonographiques.

Le phonographe peut parler fort, et se faire entendre de toute une salle. Mais il faut se servir d'un porte-voix, qui donne une sorte de voix de polichinelle. Pour entendre la reproduction parfaite de sons originaux, il faut mettre, comme nous le disons plus haut, à son oreille deux tuyaux acoustiques, terminés chacun par une ampoule en verre.

Cependant, lorsqu'on est en tête à tête avec le phonographe, et que l'impression a été vigoureuse, bien nette et bien entaillée sur la cire, par une émission vigoureuse, l'effet est excellent.

Le nombre de mots qu'on peut mettre sur le tube qui reçoit les empreintes, peut aller jusqu'à mille. Mais un long discours ne serait pas entendu facilement. On devra donc se borner à des morceaux assez courts, et parfaitement prononcés. Si veut se faire entendre dans toute l'étendue d'une salle, il faut, comme on l'a dit plus haut, employer un porte-voix métallique, et mettre le tube à l'oreille de chaque auditeur; ce qui est un inconvénient, parce qu'avec cet intermédiaire, les sons se trouvent modifiés désa-vantageusement. Voilà pourquoi le tuyau acoustique adapté à un instrument pour chaque personne est nécessaire pour entendre la reproduction de la parole dans toute sa perfection.

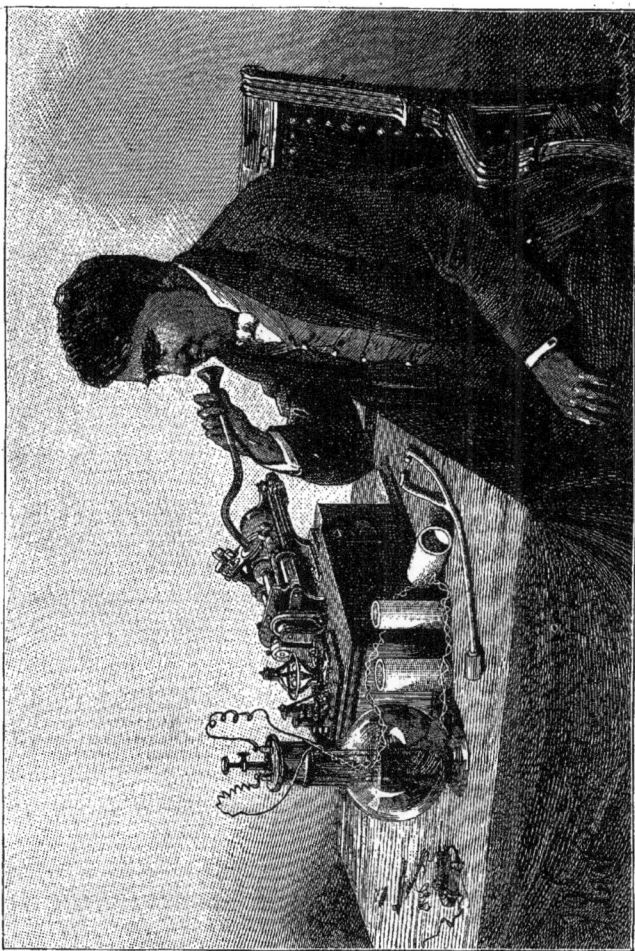

Fig. 474. — Le nouveau phonographe d'Edison.

En résumé, un progrès a été fait sur l'ancien instrument, mais il n'est pas en rapport avec ce qui avait été annoncé dans les prospectus lancés d'Amérique.

Le nouveau phonographe d'Edison fut une des curiosités de l'Exposition universelle de 1889.

Sur une table étaient déposés, avec le phonographe (fig. 475, p. 653), des manchons de cire très mince, pouvant enregistrer chacun plus de mille mots, et les reproduire avec une certaine netteté, — et des appareils transmetteurs, composés d'un tube en caoutchouc, se divisant à son extrémité en deux branches, munies d'ampoules de verre, que l'auditeur introduisait dans ses oreilles. Des groupes de visiteurs assis autour de la table; d'autres groupes, debout entre des barrières, attendaient leur tour, pour aller entendre le phonographe s'exprimer dans tous les dialectes connus.

Lorsqu'on voulait parler dans le phonographe, on revêtait d'un manchon de cire, le cylindre métallique qui glisse sur une rainure graduée; on fixait un petit cornet acoustique sur le diaphragme, membrane de métal très peu épaisse, mise en mouvement par un mécanisme très simple, qu'actionnait une pile électrique. On mettait l'appareil en action; le manchon tournait rapidement; la membrane, impressionnée par les sons, vibrait, et l'aiguille dont elle est munie à sa partie inférieure, traçait sur la cire des séries de points et de traits imperceptibles.

Quand, au contraire, on désirait recueillir les sons émis à distance par plusieurs personnes, des chanteurs ou des instrumentistes, on employait, non plus un cornet acoustique, mais un entonnoir, proportionné à la masse des sons à emmagasiner, et le tube en caoutchouc dont nous avons parlé servait de transmetteur entre le phonographe et l'auditeur.

On plaçait sur le cylindre métallique un des manchons de cire qui avait enregistré les sons : l'appareil était mis en mouvement, et l'aiguille, repassant dans les trous et les traits tracés sur le manchon au fur et à mesure de la réception des sons, les transmettait au diaphragme, qui les répercutait. C'était l'opération inverse de la précédente, et l'appareil répétait le *phonogramme* autant de fois qu'on le désirait.

Passons aux applications dont le nouveau phonographe serait susceptible, selon l'inventeur, qui énonçait les propositions suivantes, dans une communication adressée, en juin 1889, à l'Académie des sciences de Paris :

1° On peut dicter la correspondance et la faire transcrire à loisir par un employé ne sachant qu'écrire et épeler correctement; on peut la faire transcrire par le typographe, ou la faire imprimer directement, ce qui a déjà été fait en Angleterre et en Amérique.

2° On peut transmettre sa voix par la poste, au moyen du phonogramme. La voix de celui qui parle s'entend avec ses propres inflexions.

3° Les hommes d'État, les avocats, les prédicateurs et orateurs, peuvent étudier leurs discours, ayant l'avantage inappréciable d'enregistrer leurs idées au fur et à mesure qu'elles se présentent, avec une rapidité que l'articulation seule peut égaler. Ils peuvent surtout s'entendre parler, comme les autres les entendent. Les acteurs, les chanteurs, peuvent répéter leurs rôles, et sont en mesure de corriger eux-mêmes leur articulation et leur prononciation.

Les journalistes peuvent parler, au lieu d'écrire, leurs articles, qui peuvent être imprimés directement. La voix des hommes célèbres peut être conservée à l'infini, aussi bien que les derniers adieux d'un mourant, ou les paroles d'un parent que l'on aime.

Grâce aux perfectionnements qui lui ont été apportés, le phonographe reproduit fidèlement la voix humaine, prononce nettement les diphtongues les plus difficiles, répète tous les bruits, même la musique d'un orchestre.

Nous avons entendu, à l'Exposition, des romances qui avaient été chantées plusieurs semaines auparavant dans l'atelier d'Edison, et la voix de la cantatrice, ainsi emmagasinée pendant un mois, n'avait rien perdu de sa fraîcheur.

Le phonographe parle toutes les langues. Le prince Taïeb-bey lui adressa la parole en arabe, et Mistral en provençal : le phonographe répéta leur conversation avec toutes les inflexions de voix et l'accent de chacun de ses interlocuteurs.

M. Edison regrettant qu'on ne pût conserver avec fidélité la voix et les intonations de nos hommes célèbres, orateurs, savants ou musiciens, a eu l'idée de faire des *phonogrammes*, qui recueilliraient leur discours ou leurs chants, pour les générations futures.

On assure que l'Institut songe à aménager une sorte de bibliothèque, dans laquelle seront déposés des manchons destinés à enregistrer la voix de ses membres. Ce ne sera pas un des moindres prodiges de l'avenir, que de faire parler les morts.

Mentionnons ici une application intéressante du phonographe au diagnostic des maladies de l'oreille.

L'examen fonctionnel de l'ouïe est d'une grande importance pour le diagnostic et le pronostic des maladies de l'appareil auditif.

Les sources sonores employées jusqu'à ce jour, pour mesurer l'acuité auditive, ne remplissent pas les conditions d'un bon *acoumètre*. La voix humaine, qui nous donnerait la meilleure idée de l'acuité auditive, est une source sonore qui n'est pas constante chez le même médecin, et encore moins chez les différents médecins. Son emploi exige aussi des appartements très vastes.

Le nouveau phonographe d'Edison remplit toutes les conditions d'un bon acoumètre, ainsi que l'a montré M. Lichtwitz.

1° Il émet tous les sons et bruits perceptibles pour une oreille normale, et surtout la parole, avec toutes ses inflexions. On peut donc, à l'aide du phonographe, composer des *phonogrammes*, susceptibles de servir d'*échelles acoumétriques*, à l'instar des échelles optométriques. Sur ces phonogrammes sont inscrits les voyelles, les consonnes, syllabes, mots et phrases, d'après leur intensité et d'après leur valeur acoustique, telle qu'elle a été établie par O. Wolf, et qui contiendront de plus toutes les gammes des sons musicaux.

2° Le phonographe est une source sonore à peu près constante, puisqu'il est capable de reproduire un nombre presque illimité de fois la parole inscrite. Il permet donc de comparer l'acuité auditive des différents malades, et chez le même malade à différentes époques de sa maladie.

3° Les phonographes étant des appareils d'une construction identique, reproduiront, avec la même intensité et le même timbre, les phonogrammes uniformes. Il suffira d'approcher d'un phonographe reproduisant un phonogramme étalon, et, à une distance fixe, un second phonographe, qui reproduira un nombre considérable de phonogrammes identiques.

Grâce à l'uniformité des phonographes et des phonogrammes, les médecins auristes de tous les pays pourront comparer entre eux les résultats de leurs examens de l'ouïe.

4° L'emploi du phonographe est facile et il n'exige ni trop de temps ni de trop vastes espaces. On fait entendre à l'oreille malade, munie du tube acoustique du phonographe, les différents phonogrammes, l'un après l'autre. On descend dans l'échelle acoumétrique jusqu'à ce qu'on soit arrivé au phonogramme que le malade n'entend plus, et qui indique la limite de l'acuité auditive.

Cette méthode diffère de celles employées jusqu'à présent, en ce que la source sonore reste toujours à la même distance de l'oreille, et que c'est l'intensité du son qui varie seule. L'examen est limité à une oreille et n'est pas troublé par des bruits ambiants.

Signalons une autre application : l'emmagasinage, par le phonographe, des gestes et des jeux de la physionomie.

Une personne parle devant le phonographe. Elle fait, en parlant, des gestes et des mouvements de physionomie. M. Guéroult croit qu'il serait possible d'emmagasiner ces gestes et ces mouvements, de façon à pouvoir les reproduire plus tard, en correspondance exacte avec les paroles prononcées, et même à pouvoir les transmettre à distance.

M. Guéroult suppose qu'au moment où le cylindre du phonographe commence à tourner, on prenne, de la personne qui parle, des photographies instantanées, à intervalles égaux, d'un dixième de seconde chacun. Si la révolution du cylindre s'opère en trente secondes, par exemple, on aura 300 photographies. Une fois développées, on les dispose sur un *phénakisticope*, faisant lui-même sa révolution en 30 secondes. Les photographies passant successivement devant l'œil de l'observateur, avec une vitesse d'un dixième de seconde, l'appareil reproduira tous les mouvements de la personne, en vertu du principe de la persistance des impressions de la rétine. Et comme il n'y a pas de syllabe qui, pour être prononcée, demande moins d'un dixième de seconde, les gestes et les jeux de physionomie suivront exactement le mouvement de la parole reproduite par le phonographe. Il serait donc possible, pour un acteur ou un orateur par exemple, de reproduire, au bout d'un temps quelconque, tout à la fois le texte et l'action d'un discours.

Dans un article inséré au mois de septembre 1890, dans le recueil la *Science illustrée*, M. W. de Fonvielle énumérait comme il suit les applications les plus récentes de l'instrument du physicien de New-York :

Les applications du phonographe ne sont pas encore aussi nombreuses que M. Edison l'avait supposé lors de la reprise de ses travaux en 1888, à la section de Bath de l'*Association britannique*, cependant nous avons à enregistrer un développement très remarquable dans la direction signalée par l'inventeur.

En Amérique, il s'est formé un grand nombre de compagnies concessionnaires, qui ont tenu au commencement de juin 1890, un meeting à Chicago, et adopté des résolutions importantes. Elles ont mieux fait que de pérorer, elles ont donné l'exemple d'un progrès bien remarquable, et menaçant même l'industrie des sténographes.

Tous les discours ont été phonographiés par des opérateurs qui répétaient à voix basse dans le tube d'un instrument, ce qu'ils entendaient. Lorsqu'un cylindre était fini, il était rapidement transporté par un assistant dans un autre appareil, et servait à dicter les phrases recueillies à un autre opérateur chargé de mener une machine à imprimer. C'était la répétition en grand de l'expérience à laquelle le public assistait en 1889 dans la galerie des Machines, lorsqu'il s'arrêtait devant une partie de l'exposition d'Edison.

La marche de l'opération a été si satisfaisante, que c'est de la sorte que le compte rendu du meeting a été imprimé.

Quelques jours après le phonographe a donné la preuve de la rapidité avec laquelle il peut rivaliser avec les meilleurs sténographes. C'est ainsi que l'on a recueilli à l'auditorium de Chicago, le discours de M. Depeu, célèbre orateur new-yorkais, qui faisait une excellente conférence sur l'exposition de 1863, et donnait son adhésion au choix fait par le congrès de Washington.

La rapidité a été tellement grande que tous les journaux de Chicago recevaient des épreuves de l'exorde avant que M. Depeu ait eu le temps de commencer sa péroraison.

Il est vrai que les sténographes de nos assemblées délibérantes ne sont pas de pures machines, et qu'ils remettent sur pied les discours prononcés à la tribune nationale. Les harangues de nos honorables ne arrivent qu'après un véritable travail orthopédique et un épluchage cacographique ; bien peu de députés et de sénateurs sont à même de se passer de ce véritable blanchissage. Il n'en était pas de même à Chicago, où M. Depeu, parfaitement maître de sa parole et de son sujet, avait la même correction que jadis Jules Favre, et n'avait pas besoin de correcteur.

On a employé en Amérique le phonographe à un usage auquel nous ne croyons pas que l'on puisse adresser une objection quelconque. En effet, on s'en est servi pour recueillir les chants de guerre et les traditions de plusieurs tribus indiennes qui sont sur le point de disparaître. Ces impressions phonographiques seront conservées dans un musée de Washington, et serviront aux

Fig. 475. — Le nouveau phonographe d'Edison à l'Exposition universelle de 1889.

études linguistiques comparées des générations futures.

Dans un grand nombre d'écoles des États-Unis on commence à faire un emploi constant du phonographe pour l'étude des langues étrangères, afin de bien mettre dans l'oreille des élèves les articulations difficiles.

Lors de la fête du 4 Juillet, anniversaire de la déclaration d'indépendance des États-Unis, M. le colonel Gouraud a fait entendre aux Américains la voix de M. Harrison, le président actuel. Comme il ne peut quitter le sol de l'Union pendant toute la durée de sa législature, le représentant d'Edison en Europe a eu raison de dire, que c'était la première fois qu'on entendait de ce côté de l'Atlantique des paroles prononcées par l'hôte de la Maison-Blanche.

On doit dire cependant, pour rendre hommage à la vérité, que les articulations laissaient à désirer. Quoique M. Harrisson ait la voix faible, cette circonstance n'aurait pas nui, si l'honorable président avait parlé avec une netteté suffisante. Ce n'est pas tant le volume de la voix, que la modulation des sons qui est indispensable. Le phonographe rendra aux orateurs, aux acteurs et aux hommes d'État, la même nature de services qu'un miroir aux coquettes.

Le mariage de M. Stanley, qui a été célébré le 12 juillet 1890, à l'abbaye de Westminster, avec une pompe royale, a donné lieu à d'autres expériences phonographiques internationales. Deux phonographes ont été placés dans l'abbaye de Westminster, pendant la cérémonie. L'un d'eux, mis en opération près de l'orgue, a reçu l'impression de la marche nuptiale. Il a été remis au célèbre explorateur comme un cadeau de noces de M. Edison. L'autre restera dans les mains de M. le colonel Gouraud, qui s'en servira dans sa communication à l'Association britannique dans sa session du mois de septembre. On l'a fait fonctionner dans le clocher, et il a conservé l'impression du joyeux carillonnage.

Nous pensons que ces sonneries, dont on dit merveille, viendront à Paris, et retentiront aux oreilles des membres de l'Académie des sciences.

Mme Patti avait toujours refusé obstinément de chanter dans un phonographe. Les journaux américains prétendent qu'à Chicago même, le jour où elle a eu tant de succès à l'auditorium, on est parvenu, à l'aide d'un phonographe bien placé et habilement dissimulé, à lui voler ses plus belles notes. Si cela n'est pas vrai, c'est au moins bien trouvé.

Une curieuse application industrielle du phonographe a vu le jour en 1890. Nous voulons parler de la *poupée phonographe*, qui fit fureur en Amérique, à cette époque. Nous allons décrire, avec les figures à l'appui, cette amusante application.

On voit dans la figure 476 la poupée, qui ressemble à tous les jouets de ce genre. Voici en quoi consiste le mécanisme qui la fait parler.

Le corps est en fer-blanc, l'intérieur est creux, la partie supérieure de la poitrine est

Fig. 476. — La poupée phonographe.

disposée comme un fond d'écumoire, percée

Fig. 477. — La poupée nue.

de trous nombreux et d'assez fort calibre. Voilà pour le contenant.

Quant au contenu, la pièce capitale se compose d'un mécanisme d'horlogerie se remontant avec une clef (fig. 477), et actionnant un tambour en communication par un style, avec la plaque de résonance et de vibration d'un électro-aimant.

Ceci posé, la description est facile et se comprend aisément. Un volant armé

Fig. 478. — Appareil recevant l'impression des sons.

sent successivement devant un porte-voix. Ainsi que le montre la figure 479, la jeune fille cause, chante, rit ou pleure devant le porte-voix ; elle y psalmodie des airs populaires, et au fur et à mesure, ces vibrations, au moyen de la tige, se gravent dans la gutta-percha qui enveloppe le tambour, en formant des creux qui plus tard, feront vibrer au passage le style de la plaque résonnante dans la poupée.

La jeune fille s'arrête. C'est fait, le tam-

Fig. 479. — La parleuse.

d'une courroie sert à régulariser le mouvement d'ensemble d'un tambour T (fig. 478). Sur ce tambour est appliquée et s'enroule une feuille de gutta-percha. Un pavillon, P, reçoit les paroles et inflexions de le voix destinées à s'inscrire sur la surface du tambour.

Dans une immense salle, des jeunes filles sont assises sur des bancs séparés les uns des autres. Enfilés devant elles, sur une tige qui glisse, les tambours pas-

bour est *armé*. Il n'y a plus qu'à l'introduire dans le corps de la poupée, monté sur le mécanisme d'horlogerie (fig. 477) qui le fera mouvoir.

Deux tours de clef donnés par un trou dissimulé dans le dos, et le volant se mettra en marche, entraînant avec lui le tambour qui glissera à gauche ou à droite sur son arbre, pressé par le ressort.

Dans ce mouvement, les creux de la gutta-percha feront, au passage, trembler le style, lequel, à son tour, transmettra ses vibrations à la plaque, d'où elles s'échapperont, sous forme de sons articulés, par le cornet supérieur appliqué contre les trous de la poitrine de la poupée.

Le jouet parlera et répétera automatiquement et à volonté l'air ou les paroles gravés sur la gutta-percha.

On le voit, c'est en définitive un phonographe très simplifié, introduit dans un

Fig. 480. — Magasin d'habillement et d'emballage des poupées phonographiques.

jouet, et l'illusion complète la vraisemblance. Quelle joie pour les petites filles !

La figure 480 nous montre l'intérieur du magasin d'habillement et d'emballage des poupées phonographiques.

L'usine Edison peut fabriquer chaque jour 500 poupées, dont toutes les pièces sont soigneusement numérotées et repérées,

pour pouvoir être changées en cas d'avarie. Chaque poupée a, sur la boîte qui la contient, son nom et le catalogue des airs qu'elle chante ou des morceaux qu'elle récite. Elle pourra devenir à la fois un moyen d'amusement et un instrument d'étude pour l'enfant.

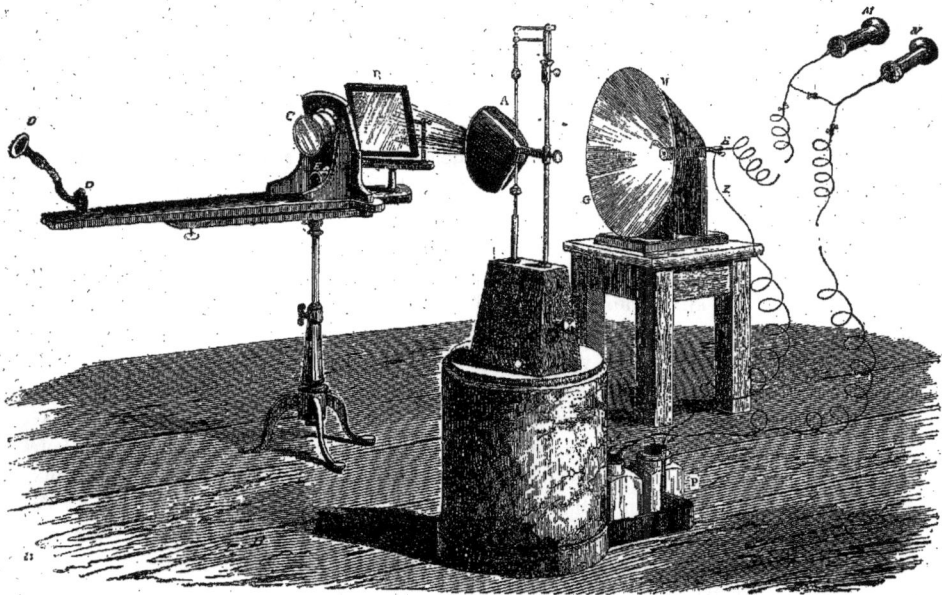

Fig. 481. — Le photophone.

CHAPITRE IV

LE PHOTOPHONE.

A l'invention du phonographe d'Edison, qui a fait le sujet des deux chapitres précédents, nous croyons devoir adjoindre une découverte extraordinaire due à un autre savant américain. Nous voulons parler du *photophone*, dont M. Graham Bell, l'inventeur du *téléphone*, fit en 1880 la prodigieuse découverte.

Nous disons la prodigieuse découverte. Il est impossible, en effet, de concevoir une plus brillante invention. M. Graham Bell *a fait parler la lumière!*

Ces mots suffisent pour faire apprécier l'immense originalité, et en même temps la portée extraordinaire de cette invention. Un rayon de lumière vient remplacer, comme transmetteur du son, les corps solides, liquides ou gazeux. Un rayon de soleil

ou de lumière électrique fait l'office de conducteur métallique, pour transmettre les sons du téléphone. Cela confond vraiment l'imagination!

Les découvertes qui ont vu le jour à la fin de notre siècle, le téléphone, le phonographe, le microphone, le photophone, nous dévoilent une branche toute nouvelle de la physique, un ordre de faits dont les anciens physiciens n'avaient aucune idée. Il s'agit de phénomènes qui se passent dans l'intimité des molécules des corps, et qui se traduisent par des effets d'induction électrique ou électro-magnétique, ou par diverses vibrations des molécules d'une prodigieuse sensibilité, se manifestant pourtant au dehors et produisant des effets physiques extérieurs appréciables. Dans tous ces phénomènes nouveaux, on voit l'électricité jouer le rôle de la chaleur, la chaleur se changer en électricité, l'électricité produire le son, et venir, à son tour, produire les vibrations sonores. On voit, en un mot, les forces physiques se remplacer, se suppléer l'une l'autre; ce qui amène à conclure, par des faits indiscutables, à l'identité de toutes ces forces, c'est-à-dire à ce que l'on a appelé, avec raison, *l'unité des forces physiques.*

En raison de leur siège, qui se trouve dans l'intimité des molécules et en raison du peu de temps qui s'est écoulé depuis qu'ils se sont révélés aux savants, ces phénomènes électriques et électro-magnétiques, ces effets d'induction, ces vibrations moléculaires, sont souvent difficiles à expliquer par les lois actuellement connues dans la science. Il est donc sage de ne pas faire encore trop de théorie, de ne pas se presser de chercher des explications. Ce qu'il importe, c'est d'enregistrer les faits acquis, surtout quand ils se traduisent par la construction d'instruments de physique.

Tel est le cas du *photophone* de M. Graham Bell, dont la théorie physique est difficile à donner, et qu'il faut pour le moment se borner à faire connaître dans ses dispositions et dans ses effets. C'est ce que nous allons faire.

Le mot *photophone* est formé de deux mots grecs : φῶς, lumière, et φωνή, voix. L'appareil auquel M. Graham Bell a donné ce nom, bien justifié, sert à transmettre les sons, et surtout ceux de la voix humaine, au moyen de la lumière. Les rayons lumineux sont le véhicule au moyen duquel le son se transmet à distance.

M. Graham Bell a trouvé le moyen de convertir les vibrations lumineuses en vibrations sonores. Il a mis en évidence ce grand fait, que les vibrations lumineuses produisent un son, quand elles sont suffisamment rapides.

Le principe général du photophone, l'instrument pratique dont la construction a été la conséquence de la découverte de ce fait fondamental, peut se résumer comme il suit.

Prenons un miroir concave, sur lequel tombe un rayon lumineux, et parlons derrière ce miroir; la surface du miroir réfléchissant variera dans sa forme, sous l'influence des vibrations vocales, et le rayon incident variera d'intensité au point d'incidence, suivant que la courbure du miroir vibrant s'atténuera ou s'exagérera. Si maintenant on recueille à distance sur un miroir plan, le rayon réfléchi, on y percevra la trace de ces variations d'intensité, et, par des dispositions particulières de l'appareil récepteur, ces variations d'intensité pourront produire, à leur tour, des vibrations sonores, identiques aux vibrations vocales du départ. Les sons de la voix seront donc transmis à distance, sans aucun autre intermédiaire que le rayon lumineux.

Ainsi, tandis que le téléphone nécessite des conducteurs métalliques, pour joindre entre elles les deux stations en correspondance, dans le photophone le récepteur est tout à fait indépendant du transmetteur. Un faisceau de lumière traversant l'espace d'un poste à l'autre, sans rencontrer d'obstacle opaque, suffit pour produire l'effet cherché. Cette condition n'est même pas absolue; car certaines substances qui forment écran n'empêchent pas toujours les communications verbales de s'établir par l'intermédiaire du rayon lumineux.

Le principe sur lequel est basé le photophone était connu depuis un certain temps. En 1873, M. Willoughby Smith avait constaté que le corps simple connu sous le nom de sélénium, et qui appartient à la famille chimique du soufre, présente une résistance bien plus faible au passage du courant électrique, lorsqu'il est exposé à la lumière que lorsqu'il est dans l'obscurité. En d'autres termes, M. Willoughby Smith avait découvert que le sélénium exposé au soleil est conducteur de l'électricité, et qu'il ne la conduit pas s'il est dans l'obscurité.

Bien des essais furent tentés pour mettre à profit cette singulière propriété du sélénium. Nous n'entrerons pas ici dans les détails relatifs à ces recherches, afin d'arriver tout de suite à la description de l'appareil de M. Graham Bell.

Pour rendre sensibles les propriétés du sélénium, cet ingénieux physicien dispose comme il suit l'expérience.

Un crayon de sélénium EF (fig. 481) est placé dans le courant continu d'une pile voltaïque, P, et introduit, en même temps, dans le circuit d'un téléphone, NN, propre à transmettre les sons de la voix. On fait tomber sur le crayon de sélénium qui se trouve au foyer F d'un grand miroir concave, M, un faisceau lumineux, que l'on éclipse un grand nombre de fois en une seconde de temps, grâce au miroir concave tournant A qui est éclairé par le miroir plan B. Ce sont donc des émissions lumineuses successives et très rapprochées. Chacune de ces émissions occasionne une variation dans la résistance électrique du sélénium, placé au foyer du grand miroir concave, M, et par suite dans l'intensité du courant dont le circuit est le siège. Le téléphone placé dans ce circuit subit de cette manière des alternatives d'aimantations et de désaimantations correspondantes. Admettons qu'il se produise de la sorte 435 éclairs, il en résultera un nombre égal de variations dans le courant, et la plaque du téléphone récepteur exécutera 435 vibrations, c'est-à-dire donnera la note *la* du diapason normal.

Pour transmettre de même la voix humaine, M. Bell dispose deux petites lames voisines et parallèles, percées de fentes étroites, en regard l'une de l'autre, permettant à un faisceau lumineux de les traverser librement. L'une de ces lames est solidaire d'un support fixe, l'autre dépend d'une membrane téléphonique mince à laquelle elle est perpendiculaire. Lorsqu'on parle contre cette membrane, elle vibre et entraîne la lame dans tous ses mouvements. Alors les deux fentes cessent de se correspondre et le faisceau de lumière est éclipsé à certains instants en entier ou partiellement. Ce faisceau subit de la sorte, constamment, des variations dans son intensité, lesquelles correspondent exactement aux diverses amplitudes des vibrations de la membrane. C'est ce que M. Bell appelle un rayon de lumière *ondulatoire*.

L'appareil récepteur est disposé à l'autre station, séparée de la précédente par une distance quelconque. Cet appareil récepteur se compose du sélénium, de la pile et du téléphone articulant. Le rayon ondulatoire dirigé sur le sélénium, l'impressionne à chaque instant, en raison de son intensité. Il en résulte des variations *ondulatoires* dans la résistance du sélénium, et des vibrations correspondantes dans le téléphone. Ainsi, on entend avec ce téléphone les paroles prononcées vis-à-vis de la membrane de la première station.

La meilleure disposition consiste à faire réfléchir le faisceau lumineux sur un miroir plan et flexible, tel qu'une feuille de mica argenté ou de verre mince. On parle alors contre ce miroir, et ce sont ses propres vibrations qui modifient constamment la direction du rayon réfléchi.

Quant à la source de lumière, on s'est servi du soleil, dont les rayons concentrés sur le miroir à l'aide d'une lentille C (fig. 481) étaient rendus parallèles par une autre lentille aussitôt après leur réflexion. On s'est également servi d'un foyer électrique et même d'une lampe à gaz ou à pétrole.

Dans les expériences qui furent faites à Paris, à la fin du mois d'octobre 1880, dans les ateliers de M. Bréguet, les rayons du foyer électrique étaient reçues sur un réflecteur parabolique, qui les condensait tous en un même point : le foyer de ce miroir.

C'est à ce foyer que se trouvait le fragment de sélénium à impressionner. Ce dernier faisait, comme précédemment, partie du circuit d'une pile et d'un téléphone ordinaire.

Les correspondances par le photophone exigeront des stations qui ne soient séparées par aucun obstacle, mur, maison, montagne. On pourrait surmonter ces difficultés au moyen de miroirs métalliques ou réflecteurs, pour dévier la lumière; mais ces réflexions, absorbant une notable partie des rayons incidents, enlèveraient une partie de leur puissance et en réduiraient la portée.

Parmi les conséquences théoriques qui découlent de la découverte du photophone, il faut enregistrer les suivantes :

En premier lieu, la physique assigne une durée notable à la propagation des sons. Cette proposition est démentie. Il n'y a pas de *vitesse du son*, puisque cette vitesse est égale, grâce aux nouvelles dispositions, à celle de la lumière.

Le photophone semble mettre en défaut un autre dogme scientifique, beaucoup plus absolu. On enseigne, en effet, que les sons ne se propagent pas dans le vide. Mais, puisque la lumière se transmet dans le vide aussi bien et même mieux qu'à travers l'atmosphère, est-il possible de dire plus longtemps que le son ne se propage pas dans le vide? Il est de toute évidence que, sur les ailes du nouvel instrument, le son peut traverser l'espace, et aller aussi vite et aussi loin qu'un rayon de lumière.

Faut-il conclure de ce que le son peut franchir l'espace à cheval sur un rayon de soleil, que l'on pourrait, avec le nouvel instrument créé par le physicien d'Amérique, recevoir, grâce aux rayons de lumière qui en émanent, des sons et des paroles envoyées par les habitants des astres qui font partie de notre système solaire? En supposant : 1° que ces astres soient habités par des humanités semblables à la nôtre ; 2° que ces humanités ayant eu un développement intellectuel pareil au nôtre, ont pu découvrir, comme nous, le photophone, pourrait-on conserver l'espérance d'échanger des paroles avec les populations de Mars, de Vénus, ou tout au moins de la Lune, si elle est habitée?

Cette pensée est du domaine du roman, mais le roman est si curieux, si intéressant, si fécond en aperçus splendides, que l'on peut se permettre, en passant, cette éblouissante échappée dans l'infini des cieux.

Pour revenir à la réalité scientifique, nous nous demanderons quel est l'avenir et quelles seront les applications du photophone? L'instrument est bien récent encore pour que l'on se permette ces prévisions. Il est, en effet, évident que le photophone est encore dans l'enfance, et que de grands et sérieux perfectionnements devront lui être apportés.

Cependant, en raisonnant sur l'état présent de ce merveilleux instrument, on peut dire d'abord qu'il menace sérieusement la télégraphie électrique, et le téléphone lui-même. Il nous donne, en effet, le moyen de correspondre, sans aucun conducteur métallique, d'un point visible à un autre point visible, d'une manufacture à un atelier, d'un château à un village, d'une maison à une autre. La télégraphie aérienne, qui a disparu à l'avènement de la télégraphie électrique, pourra reprendre possession de son domaine, grâce à des postes convenablement espacés dans la campagne, comme l'étaient autrefois les postes du télégraphe Chappe. Il suffira que le soleil brille ou que des foyers électriques soient placés entre les deux stations, pour établir une *correspondance parlée* entre ces deux stations, correspondance instantanée, qui serait, par conséquent, plus rapide encore que la correspondance télégraphique.

L'art militaire est appelé à profiter largement du photophone. Une ville assiégée pourrait correspondre, par des *rayons lumineux parlants*, avec le reste du pays non investi.

La pensée se porte naturellement, en présence de cette admirable découverte, au siège de Paris en 1870-1871, et l'on se demande avec regret si le sort de notre capitale et celui de nos villes bloquées par les troupes allemandes n'auraient pas été différents si l'on eût possédé à cette époque un tel instrument !

Les signaux solaires sont, du reste, déjà en usage dans les armées actuelles. Nous avons fait mention, dans le *Supplément à la télégraphie aérienne*, des appareils de télégraphie optique dont sont pourvus tous les corps d'armée de différentes nations. Mais il ne s'agit ici que d'éclairs envoyés d'un poste à l'autre, répondant à des signes conventionnels. Combien différent est le photophone, par lequel on ferait *parler le soleil!*

Dans la marine, le photophone serait d'une évidente utilité. En mer, rien n'arrête, rien ne limite, comme sur la terre, la marche directe des rayons lumineux. On pourrait donc se parler de navire à navire, grâce à la lumière du soleil ou à la lumière électrique, comme si l'on était bord à bord.

Les phares, les sémaphores, au lieu de simples feux d'avertissement, pourraient envoyer, avec la parole, tous les renseignements nécessaires, répondre aux questions des navires en pleine mer, leur transmettre tous les avis, les recommandations utiles concernant l'entrée du port, les nouvelles du pays, etc. De véritables conversations s'établiraient ainsi entre l'équipage et les phares ou sémaphores du littoral.

Nous anticipons peut-être un peu sur l'avenir, par toutes ces prévisions séduisantes ; mais on ne peut mettre en doute que ces brillantes promesses, en ce qui touche les applications du photophone à la correspondance parlée, sur terre et sur mer, ne se réalisent dans un temps plus ou moins éloigné. Le juste enthousiasme qu'a excité dans l'esprit de tous les physiciens, la découverte que nous venons d'exposer, excusera auprès de nos lecteurs ces espérances anticipées et impatientes.

L'inventeur du photophone a, d'ailleurs, justifié lui-même ces audacieuses prévisions sur l'avenir de son appareil. Il a conçu, par une vue supérieure, la pensée la plus audacieuse qui puisse venir à l'esprit d'un physicien. L'idée lui est venue de saisir, grâce au photophone, le retentissement des bruits qui se passent à la surface du soleil !

Supposons qu'on ait pris un grand nombre de photographies d'une même tache solaire, et que les variations de cette tache soient assez accentuées. On ne craindra pas alors que les rayons fugitifs de la lumière qui affectent le photophone, puissent se perdre inutilement. On fera passer ces photographies devant le photophone, en les éclairant avec la lumière électrique, et les variations de lumière produites par chacune des parties de la photographie, donneront un *écho* des bruits qui avaient nécessairement accompagné ces variations dans l'astre radieux lui-même.

Voici comment cette idée est venue à M. Graham Bell. Pendant le séjour qu'il fit à Paris, au mois de novembre 1881, il visitait l'Observatoire de Meudon, où il avait été invité par M. Janssen, il examina avec beaucoup de soin les grandes photographies qu'on y fait pour l'étude de la surface solaire. M. Janssen lui apprit alors qu'il constatait des mouvements d'une rapidité prodigieuse dans la matière photosphérique, et M. Graham Bell eut aussitôt l'idée d'employer le photophone à la reproduction des bruits qui doivent nécessairement se produire à la surface de l'astre, en raison de ces mouvements.

M. Janssen trouva l'idée très belle, et engagea M. Graham Bell à en tenter la réalisation, à Meudon même, mettant tous les instruments de l'Observatoire à sa disposition.

Le temps s'étant montré très beau, le 6 novembre 1880, M. Graham Bell vint à Meudon, en vue de cette expérience. Une grande image solaire, de 0^m,65 de diamètre, fut explorée avec le cylindre au sélénium. Les phénomènes ne furent pas assez marqués pour que l'on puisse affirmer le succès de l'expérience, mais M. Graham Bell ne désespère pas de réussir par de nouvelles études.

Quoi qu'il en soit, le projet de recueillir les bruits du soleil, au moyen d'un instrument de physique, est une des idées les plus extraordinaires qui puissent venir à l'esprit d'un physicien, et nous ne saurions mieux terminer que par cette grande visée scientifique, notre *Supplément aux Merveilles de la science.*

FIN DU SUPPLÉMENT AUX MERVEILLES DE LA SCIENCE.

TABLE DES MATIÈRES

SUPPLÉMENT A LA PHOTOGRAPHIE.

SUPPLÉMENT AUX POUDRES DE GUERRE.

(LES EXPLOSIFS).

SUPPLÉMENT AUX BATIMENTS CUIRASSÉS.

(LES BATIMENTS CUIRASSÉS, LES CROISEURS ET LES TORPILLEURS.)

SUPPLÉMENT A L'ART DE L'ÉCLAIRAGE.

SUPPLÉMENT A L'ART DU CHAUFFAGE.

SUPPLÉMENT AU MOTEUR A GAZ.

(LES MOTEURS A GAZ ET A PÉTROLE).

SUPPLÉMENT AUX PHARES.

(LES PHARES ÉLECTRIQUES. — LA TOUR EIFFEL) (p. 602).

PHONOGRAPHE.

FIN DE LA TABLE DES MATIÈRES DU SECOND VOLUME.

INDEX ALPHABÉTIQUE

DES PRINCIPAUX NOMS CITÉS DANS CET OUVRAGE